U0199887

作 者 简 介

申庆彪，中国原子能科学研究院研究员。1938年9月生于河北省固安县。1963年7月毕业于当时校址在北京的中国科学技术大学(近代物理系理论物理专业)，毕业论文导师是朱洪元先生，同年分配到中国原子能科学研究院工作。1963年9月至1965年1月参加于敏、黄祖洽领导的氢弹理论组，后来长期从事低能和中能核反应理论、核多体理论及核数据理论科研工作。多次出国参加国际学术会议，并于1985～1987年在美国肯塔基大学做访问学者开展合作研究。获得12项国家级或部级科学技术进步奖，其中5项是第一获奖人，出版了专著《低能和中能核反应理论》(上册)和(中册)，作为第一作者或参与者发表学术论文三百余篇。还研制了APMN等多个核反应理论计算程序。负责提出和发展的Skyrme力微观光学势理论(*Z. Phys.*, 1981, A303:69 和 *Phys.Rev.*, 2009, C80:024604)在学术界有较大的反响，在此基础上国内外学者开展了多项研究工作，发表了多篇相关学术论文，至今该理论仍然是最符合实验数据的微观光学势理论。在研制自动寻找最佳符合实验数据的理论模型参数程序时，提出和发展的对每个可调参数能分别自动调节步长的最速下降法(*Nucl.Sci.Eng.*, 2002, 141:78)，尽最大可能促使每个可调参数都做出本身能做出的最大贡献，大大提高了获得最佳理论模型参数的速度，对于后来多人的相关科研工作获得更多的科研成果发挥了重要作用。在本书中创新性地发展了自旋$\frac{1}{2}$和1粒子与任意自旋非极化靶核和剩余核发生核反应可用于具体计算的极化理论，找到了二阶及二阶以上张量球基坐标系和正交直角坐标系之间的幺正变换关系式，提出和发展了相对论核反应Dirac S矩阵理论，首次提出建立极化核数据库的具体构想和方案，首次提出并发展了描述极化粒子输运的Monte-Carlo方法和极化粒子输运方程，为把微观世界客观存在的极化现象引入与人类现实生活密切相关的核工程项目的研究和设计提供了一条可进行探索的技术途径。

本书由蔡崇海教授 审校

蔡崇海，南开大学教授。1941 年 1 月生于四川省开江县。1959 年考入北京大学，1965 年毕业于北京大学(技术物理系核物理专业)，同年被录取为该系胡济民教授的研究生，由于“文化大革命”未能完成学业。1968 年起先后在北京 194 研究所（核反应堆工程）、中国核动力研究设计院、中国原子能科学研究院等单位从事反应堆物理及群常数等方面的研究工作。1978～1981 年在中国科学技术大学研究生院和中国原子能科学研究院重读研究生，1981 年获理学硕士学位。1981 年底开始在南开大学物理系任教，1988 年晋升副教授，1995 年晋升教授，1998 年成为博士生导师，2006 年退休。科研工作的重点是原子核反应理论、核数据理论计算及核反应模型程序的研制。单独或为主先后完成了若干个大中型核模型计算程序，都收录在中国核数据中心程序库中，其中 MUP2、FUP1、CMUP2、CFUP1 和 CCRMN 等程序还被欧洲 NEA Data Bank 程序库收入用于国际交流，为我国的核数据事业做出了重要贡献并赢得了国际荣誉。在此基础上，从 1994 年开始，逐步研制、完善了三个大型核模型计算程序：MEND(用于中重核)，MENDF(用于裂变核)和 GMEND(用于光核反应)，为建立我国的中能核数据库提供了必需的计算工具，若干研究者已经利用它们完成了不少研究计算工作，发表了许多科研论文。2012~2013 年又为中国原子能科学研究院研制了一个 R 矩阵及自旋 $\frac{1}{2}$ 粒子极化计算的程序。还为申庆彪的专著《低能和中能核反应理论》(上册)和(中册)做了审校。获国家级科技进步奖三项、部委级科技进步奖六项，其中《中重核快中子数据计算统一程序（MUP2）》及《中子光学模型参数自动调节程序（AUJP）》获 1986 年国家教委科技进步奖二等奖及 1987 年国家科学技术进步奖三等奖，是第一获奖人。1989 年获“天津市优秀科技工作者”称号。累计在国内外核心期刊及以上等级的学术刊物上发表科研论文 100 多篇。教学工作方面主要是为研究生讲授《高等量子力学》和《原子核反应理论》课程；为本科生讲授《粒子物理导论》课程，并编印了《量子力学习题解答》。

核反应极化理论

Polarization Theory of Nuclear Reactions

申庆彪　著

科 学 出 版 社

北 京

内 容 简 介

本书发展了描述自旋1/2和1的入射粒子与具有任意自旋的非极化靶核和剩余核发生核反应的极化理论，研究了两个极化轻粒子发生核反应的极化理论，找到了二阶及二阶以上张量球基坐标系和正交直角坐标系之间的幺正变换关系式，给出了研究自旋等于或大于3/2粒子极化现象的理论方法。还发展了描述氘核入射发生破裂反应的轴对称转动核连续离散化耦合道(CDCC)理论，又对相对论核反应理论作了介绍，并提出和发展了相对论核反应Dirac S矩阵理论。在现有的描述核子在核介质中运动的输运理论中都没有考虑极化现象，认为所有粒子都是非极化的，从微观物理角度看这是一种近似方法。为了能更加逼真地描述自然界客观存在的物理过程，本书首次提出建立极化核数据库的具体方案和方法，首次提出并发展了描述极化粒子输运的Monte-Carlo方法和极化粒子输运方程，为把微观世界客观存在的极化现象引入与人类现实生活密切相关的核工程项目的研究和设计提供了一条可进行探索的技术途径。

本书可作为理论核物理专业以及核工程计算领域的教师、科研人员、研究生的参考书。

图书在版编目(CIP)数据

核反应极化理论/申庆彪著. —北京：科学出版社，2020.6

ISBN 978-7-03-064338-4

Ⅰ. ①核… Ⅱ. ①申… Ⅲ. ①核反应-极化处理-研究 Ⅳ. ①O571.4

中国版本图书馆 CIP 数据核字(2020) 第 021565 号

责任编辑：刘凤娟 郭学雯／责任校对：彭珍珍
责任印制：吴兆东／封面设计：无极书装

科学出版社 出版
北京东黄城根北街16号
邮政编码：100717
http://www.sciencep.com

北京虎彩文化传播有限公司 印刷
科学出版社发行 各地新华书店经销
*
2020年6月第 一 版 开本：720×1000 B5
2020年6月第一次印刷 印张：39 3/4 插页：1
字数：777 000

定价：299.00元

(如有印装质量问题，我社负责调换)

前　　言

微观粒子在由核子–核子相互作用形成的原子核势场中运动时，不仅坐标位置和动量会不断发生变化，粒子和原子核本身还会进行自转运动，称为自旋。粒子和原子核的自旋值是量子化的，只能取整数或半奇数。实验和理论均已经证明，作用在自旋 $\frac{1}{2}$ 核子上的核势包含自旋–轨道耦合势，作用在自旋 1 氘核上的核势不仅包含自旋–轨道耦合势，还包含张量势。在核结构理论中，自旋–轨道耦合势会引起原子核单粒子能级劈裂。自旋为 $\frac{1}{2}$ 的两个核子可以耦合成总自旋 $S=0$ 和 1 两种状态，对于 $S=1$ 的状态存在张量势。氘核的自旋等于 1，在研究氘核结构时发现，不仅存在 $L=0$ 的 S 态，还存在 $L=2$ 的 D 态，研究结果表明核子–核子之间存在张量势。在核反应理论中，由于在核势中包含与自旋有关的自旋–轨道耦合势和张量势，因而自旋磁量子数不同的粒子所感受的作用力是不同的，于是其运动行为也会不同，所对应的出射粒子角分布也会不同，在某一方向上具有不同自旋磁量子数的出射粒子份额当然也会不同，这就是核反应极化现象。

人们是通过对核反应的各种可观测量的研究来认识原子核这个微观体系的。通过研究核反应的各种反应截面、角分布、能谱、双微分截面可以研究核力、核结构及核反应机制。但是，如果只对粒子和原子核的非极化状态进行研究，对原子核的认识就有局限性。而极化现象极大地丰富了从散射和核反应中所能获得的数据，提供了关于能改变自旋取向的相互作用的信息，为核结构或反应机制的研究提供了重要的验证资料。此外，关于极化效应对核聚变率的影响是具有应用前景的研究课题。目前还有人在研究利用两个极化轻核发生的核反应 $\vec{\mathrm{d}}(\vec{\mathrm{t}},\mathrm{n})\alpha$ 或 $\vec{\mathrm{d}}(\vec{\mathrm{d}},\mathrm{n})^3\mathrm{He}$ 来产生定向中子源，并探讨其民用和军用前景。

从核反应振幅出发计算核反应各种极化物理量的理论称为核反应极化理论。早在 20 世纪 50 年代，Wolfenstein 等就对核反应极化现象进行了理论研究，后来陆续发表了一些研究极化现象的论文，其中有的文献也包含了一些介绍核反应极化实验方面的内容。1972 年，Ohlsen 发表在 *Rep. Prog. Phys.* 的论文是一篇经典的核反应极化理论文章，1974 年，Robson 又发表了题目为 *The Theory of Polarization Phenomena* 的一本仅有 119 页的图书。在他们的论文中，介绍了极化理论的基本知识，对于自旋 $\frac{1}{2}$ 粒子与自旋为 0 的靶核发生弹性散射的极化理论给出了较详细的计算表达式，对自旋 1 粒子与自旋为 0 的靶核发生弹性散射的极化理论给出了部分计算表达式，还进行了一些具体计算并与实验数据进行了比较。在 Ohlsen 的论文中，还对相互作用的两个粒子都是极化的少体核反应极化问题进行了简要介绍。在相对论光学模型中，可以把狄拉克 (Dirac) 方程化成类薛定谔 (Schrödinger) 方程，因而也可以对核子与自旋为 0 的靶核发生弹性散射的极化物理量进行计算。对于靶核和剩余核自旋不等于 0 的核反应，1965 年，Tamura 在他关于耦合道计算的论文中，对于核子的弹性散射和集体非弹道给出了用波函数对泡利 (Pauli) 矩阵求平均值的方法计算出射核子极化率的计算公式，也有人在此基础上探索研究相应的分析本领，在 Robson 的著作中，对于具有任意自旋的入射粒子与具有任意自旋的靶核发生核反应的极化问题，仅在复数球基坐标系中用形式理论进行了初步探索，尚不具有实用价值。但是一直没有人给出可适用于自旋 $\frac{1}{2}$ 和 1 粒子与自旋不等于 0 的靶核的各种两体直接反应道的系统性的极化理论和可以进行具体计算的清晰的理论公式，因而也就无法全面开展自旋 $\frac{1}{2}$ 和 1 粒子与自旋不等于 0 的靶核发生反应之后各种极化物理量的计算工作。由于大多数原子核 (包括所有奇 A 核) 的自旋不等于 0，所以核反应极化理论的发展受到了制约。

只给出用核反应振幅计算核反应各种极化物理量的理论公式，而对于核反应振幅本身不做任何具体研究的理论只能称为核反应极化理论的形式理论。我们知道 S 矩阵理论是描述核反应的基础理论，由 S 矩阵理论给出的反应振幅表达式满足角动量守恒和宇称守恒等物理性质要求。本书对于自旋 $\frac{1}{2}$ 和 1 粒子与非极化的自旋为 I 的靶核、自旋为 I' 的剩余核发生的任意两体直接核反应，在确定的靶核和剩余核自旋磁量子数为 M_I 和 M_I' 的情况下，发现核反应振幅矩阵元之间存在一些内在关系，于是在求极化量的公式中当对 M_I 和 M_I' 求和时，利用这些关系式，有些项会相互抵消，有些项由于相等而合并，这样就得到了大大简化的计算各种极化物理量的清晰表达式。以 $\vec{\frac{1}{2}}+\mathrm{A}\to\vec{\frac{1}{2}}+\mathrm{B}$ 反应为例，其中 $\vec{\frac{1}{2}}$ 代表自旋为 $\frac{1}{2}$ 的极化粒子，当 A 和 B 的自旋均为 0 时，并用右手规则选取 y 轴垂直于反应平面，前人给出的结果已经明确指出，极化分析本领 $A_i(i=x,y,z)$ 和非极化入射粒子所对应的出射粒子极化率 $P^{0i}(i=x,y,z)$ 只有 y 分量不等于 0；9 项极化转移系数 $K_i^j(i,j=x,y,z)$ 中只有 5 项不等于 0。本书严格证明了对于 A 和 B 的自旋均不等于 0 但是均为非极化的情况，上述结论仍然成立，这一结果以前没人给出过。并且我们把上述方法用于研究 $\vec{1}+\mathrm{A}\to\vec{1}+\mathrm{B}$ 反应，以及靶核和 (或) 剩余核的自旋不等于 0 的 $\vec{1}+\mathrm{A}\to\vec{\frac{1}{2}}+\mathrm{B}$ 和 $\vec{\frac{1}{2}}+\mathrm{A}\to\vec{1}+\mathrm{B}$ 反应的极化现象。在用右手规则选取 y 轴垂直于反应平面的情况下，对这些反应的研究同样发现有一些极化量的分量会等于 0，而且有一定的规律性。上述现象的出现是由于核反应过程满足宇称守恒。我们知道，光学模型、耦合道光学模型、扭曲波玻恩近似 (DWBA)、R 矩阵理论、相移分析方法，乃至某些微观核反应理论等都可以用来计算核反应的 S 矩阵元，这些理论属于通常意义上的核反应理论。因而可以说，利用本书给出的理论方法，自旋 $\frac{1}{2}$ 和 1 粒子与具有任意自旋的非极化靶核和剩余核的核反应极化理论已经达到了可以进行实际计算的阶段。

本书包括 6 章。第 1 章介绍核反应极化理论基础知识，包括自旋算符、不可约张量、极化算符、密度矩阵等。

第 2 章介绍自旋 $\frac{1}{2}$ 粒子的核反应极化理论，先后介绍了泡利矩阵、自旋 $\frac{1}{2}$ 粒子束流的极化、自旋 $\frac{1}{2}$ 非极化和极化粒子与自旋 0 靶核发生弹性散射的极化理论、自旋 $\frac{1}{2}$ 粒子与自旋 0 靶核连续发生三次弹性散射的极化理论、研究核反应极化问题的两种理论方法；然后介绍可用于各种两体反应道的 $\vec{\frac{1}{2}}+\mathrm{A}\rightarrow\vec{\frac{1}{2}}+\mathrm{B}$ 反应极化理论，并给出了同时考虑极化靶核和极化剩余核自旋 $\frac{1}{2}$ 粒子的核反应极化理论；最后对两个入射道粒子都是极化的 $\vec{\frac{1}{2}}+\vec{\frac{1}{2}}\rightarrow\vec{\frac{1}{2}}+\vec{\frac{1}{2}}$ 反应的极化问题进行了理论研究。

第 3 章介绍自旋 1 粒子的核反应极化理论，先后介绍了自旋 1 粒子的自旋算符和极化算符、自旋 1 入射粒子的矢量极化率和张量极化率、自旋 1 粒子与自旋 0 靶核的弹性散射振幅、同时含有矢量极化和张量极化的自旋 1 粒子与自旋 0 靶核发生弹性散射的极化理论、在靶核和剩余核自旋不为 0 情况下自旋 1 粒子核反应极化理论的一般形式；然后分别介绍非极化靶核和剩余核的 $\vec{1}+\mathrm{A}\rightarrow\vec{1}+\mathrm{B}$，$\vec{1}+\mathrm{A}\rightarrow\vec{\frac{1}{2}}+\mathrm{B}$，$\vec{\frac{1}{2}}+\mathrm{A}\rightarrow\vec{1}+\mathrm{B}$ 反应以及 $\vec{\frac{1}{2}}+\vec{1}$ 和 $\vec{1}+\vec{1}$ 反应极化理论；此外，还介绍了含张量势的氘核唯象光学势及相应的径向方程、描述氘核与原子核发生反应的折叠模型、只适用于靶核自旋为 0 的描述弱束缚态轻复杂粒子入射发生破裂反应的球形核 CDCC 理论，本书还发展了描述弱束缚态轻复杂粒子入射发生破裂反应的轴对称转动核 CDCC 理论，该理论可以用于具有任意自旋的靶核并可以考虑原子核的激发态。上述理论属于自旋 1 氘核参与的核反应理论。

第 4 章首先给出了自旋 $\frac{3}{2}$ 粒子在球基坐标系中的核反应极化理论，然后在研究自旋 1 粒子极化理论所需要的五维二阶张量时，找到了二阶张量球基坐标系和正交直角坐标系之间的幺正变换关系式，再根据矢量（一阶张量）和二阶张量球基坐标系和正交直角坐标系之间的幺正变换关系式的规律性，用递推法找到了三阶及三阶以上张量球基坐标系和正交直角坐标系之间的幺正变换关系式，并引入了推广泡利矩阵，从而给出了可以系统研究自旋 $\geqslant\frac{3}{2}$ 粒子极化现象的理论方法。最后，从基本的电磁场 Maxwell 方程出发，介绍了电磁场量子化方法，初步探讨了光子束极化理论。

第 5 章介绍相对论核反应极化理论，首先介绍了相对论量子力学基础理论、相对论坐标系变换、相对论光学模型、唯象光学势与核子极化量计算，还发展了相对论核反应 Dirac S 矩阵理论，并对包含弹性散射和集体非弹的 Dirac 耦合道理论、相对论集体形变相对论扭曲波玻恩近似 (RDWBA) 方法、弹性散射和非弹性散射相对论冲量近似、(p,n) 反应的相对论冲量近似等理论进行了介绍和改进；然后介绍了相对论经典场论与量子强子动力学中的拉格朗日 (Lagrange) 密度、零温相对论格林函数理论、核子相对论微观光学势实部及相对论核物质性质、核子相对论微观光学势虚部以及四级交换图对相对论微观光学势虚部的贡献；接着又介绍了相对论 Bethe-Salpeter 方程、Bonn 单玻色子交换势、基于 Dirac-Brueckner-Hartree-Fock 理论的核子相对论微观光学势；最后介绍了自旋为 1 粒子的 Proca 相对论动力学方程和 Weinberg 相对论动力学方程及其在氘核与原子核弹性散射计算中的应用，并对考虑了入射氘核内部结构的相对论核反应理论进行了讨论。上述理论是研究中能核子和氘核诱发核反应的基础性的相对论核反应理论，通过求解相应的动力学方程可以得到反应振幅，进而可以求得包括极化物理量在内的各种微观物理量。

第 6 章介绍极化粒子输运理论基础。关于极化电子输运理论早已经有人在研究，本章提出开展极化核输运理论研究。为了使理论公式简化，人们通常把 y 轴选在与反应平面垂直方向，这时方位角 $\varphi=0$。如果想把核反应极化过程引入粒子输运理论，必须要知道任意 (θ,φ) 角的极化物理量。本章介绍了 $\frac{\vec{1}}{2}+\mathrm{A}\to\frac{\vec{1}}{2}+\mathrm{B}$，$\vec{1}+\mathrm{A}\to\vec{1}+\mathrm{B}$，$\vec{1}+\mathrm{A}\to\frac{\vec{1}}{2}+\mathrm{B}$ 和 $\frac{\vec{1}}{2}+\mathrm{A}\to\vec{1}+\mathrm{B}$ 反应与极角 θ 和方位角 φ 同时有关的极化理论，提出了建立极化核数据库的具体构想，并给出了对于上述每种核反应在极化核数据库中应该存放哪些仅与极角 θ 有关的极化物理量，还给出了由这些库存极化物理量计算与 (θ,φ) 角同时有关的各种极化物理量分量的方法，而且都给出了具体计算公式。关于自旋为 0 的 α 粒子参与的 $\frac{\vec{1}}{2}+\mathrm{A}\to0+\mathrm{B}$，$0+\mathrm{A}\to\frac{\vec{1}}{2}+\mathrm{B}$，$\vec{1}+\mathrm{A}\to0+\mathrm{B}$ 和 $0+\mathrm{A}\to\vec{1}+\mathrm{B}$ 只有入射道或出射道是极化的反应比较容易处理。此外，对于有极化反应道参与的各种可能的反应过程，还给出了用 Monte-Carlo 方法进行模拟计算时处理坐标系的转动方法以及极化率的传递方法，并给出了自旋为 $\frac{1}{2}$ 和 1 的极化粒子输运方程。最后，对极化粒子输运理论今后的发展可能遇到的问题进行了展望性讨论。

通常的粒子输运理论是研究粒子通量函数 $\psi(\vec{r},\vec{p},t)$，而本书所提出的极化粒子输运理论是研究粒子通量函数 $\psi(\vec{r},\vec{p},s,t)$，对于核子来说取 $s=\frac{1}{2},-\frac{1}{2}$，对于氘核来说取 $s=1,0,-1$。在通常粒子输运理论的计算中，只需要用与自旋无关的通常的核数据，而在本书所提出的极化粒子输运理论中，对于部分反应道需要用与自旋有关的极化核数据。由于粒子之间客观存在着与自旋有关的自旋–轨道耦合力和张量力，因而具有不同自旋磁量子数的粒子发生核反应后所对应的出射粒子可观测物理量是不同的，可以说极化粒子输运理论能够更加逼真地描述自然界客观存在的物理过程。至于在什么情况下才需要考虑极化粒子输运过程，这是今后有待研究的课题。

在本书出现的理论公式中 50% 以上是新推导的，本书的主要创新点是：

(1) 发展了自旋 $\frac{1}{2}$ 和 1 粒子与具有任意自旋的非极化靶核和剩余核发生各种两体直接核反应的可用于具体计算的核反应极化理论系统，突破了以前在靶核和剩余核自旋不等于 0 的情况下无法全面计算各种极化物理量的瓶颈。

(2) 找到了二阶及二阶以上张量球基坐标系和正交直角坐标系之间的幺正变换关系式，给出了研究自旋 $\geqslant \frac{3}{2}$ 粒子极化现象的理论方法。

(3) 发展了描述弱束缚态轻复杂粒子入射发生破裂反应的轴对称转动核 CDCC 理论，把原来只适用于自旋为 0 靶核的 CDCC 理论发展成为可以用于任意自旋靶核并且还可以考虑靶核激发态的非弹反应道。

(4) 提出和发展了相对论核反应 Dirac S 矩阵理论，于是当由 Dirac 方程解出自旋 $\frac{1}{2}$ 粒子的反应振幅后，便可以用该理论计算包括极化在内的各种微观物理量，而且当入射粒子能量相当低时相对论核反应 Dirac S 矩阵理论会自动退化成自旋 $\frac{1}{2}$ 粒子通常的非相对论 S 矩阵理论。

(5) 首次提出建立极化核数据库的构想，给出了对于 $\vec{\frac{1}{2}}+\mathrm{A}\to\vec{\frac{1}{2}}+\mathrm{B}$，$\vec{1}+\mathrm{A}\to\vec{1}+\mathrm{B}$，$\vec{1}+\mathrm{A}\to\vec{\frac{1}{2}}+\mathrm{B}$ 和 $\vec{\frac{1}{2}}+\mathrm{A}\to\vec{1}+\mathrm{B}$ 反应在极化核数据库中应该存放哪些仅与极角 θ 有关的极化物理量，并讨论了从实验数据和理论计算获得这些数据的方法。还给出了由这些库存极化物理量计算与 (θ,φ) 角同时有关的各种极化物理量分量的理论公式。

(6) 首次提出开展极化核输运理论研究的构想，并发展了描述极化粒子输运的 Monte-Carlo 方法和极化粒子输运方程。核反应极化现象在微观世界中是客观存在的，在现有的中子及其他重粒子输运理论中都不考虑极化现象，只能被看作是一种近似。为了更加逼真地描述自然界客观存在的物理过程，特别是在出射粒子角分布明显呈现各向异性的情况下应该开展极化核输运理论研究。这就说明开展极化核输运理论研究具有必要性。本书给出了自旋 $\frac{1}{2}$ 和 1 粒子与具有任意自旋的非极化靶核和剩余核发生各种两体直接反应的核反应极化理论系统，又给出了研究自旋 $\geqslant \frac{3}{2}$ 粒子极化现象的理论方法，这就使得开展极化核输运理论研究具有了可行性。

本书第一次提出建立极化核数据库和开展极化核输运理论研究构想，未来必然会遇到困难和挑战，但是这一构想毕竟是一条可以把微观世界客观存在的极化现象引入与人类现实生活密切相关的核工程项目的研究和设计中进行探索的途径。

南开大学蔡崇海教授对本书做了非常认真仔细的审校，在审校过程中对书稿中绝大部分理论公式都进行了仔细推导，发现、纠正了不少错误，提出了很多宝贵的甚至是关键性的修改意见。当我把推导的靶核和剩余核自旋均不等于 0 的 $\vec{\frac{1}{2}}+\mathrm{A}\rightarrow\vec{\frac{1}{2}}+\mathrm{B}$ 反应各种极化物理量的一般性计算公式交给蔡崇海教授后，他将其编入 R 矩阵程序并进行了计算，在计算结果中发现对于靶核和剩余核自旋不等于 0 的情况，也有不少极化物理量的分量等于 0，还发现某些反应振幅矩阵元之间存在一定关系。然后，我对相关理论公式进行了仔细分析和推导，在理论上证明出在计算结果中看到的反应振幅矩阵元之间的关系确实存在，而且利用这些关系式又可以严格证明计算结果为 0 的那些极化物理量分量确实应该等于 0。这是本书在核反应极化理论中所走出的最关键的一步突破，本书后面所得到的某些结果也与这一步密切相关。由此可以看出蔡崇海教授对本书做出了非常重要的贡献。在此不仅对蔡崇海教授表示衷心感谢，也为我在科研事业上有这样一位优秀的合作者而感到万分荣幸。

中国原子能科学研究院韩银录研究员对本书的撰写和出版自始至终给予了真诚的帮助和支持，作者在此表示诚挚感谢。北京应用物理与计算数学研究所郭海瑞副研究员与山西大同大学徐永丽副教授阅读了部分手稿，对他们所提出的建议和给予的帮助表示感谢。作者非常感谢赵凤泉同志为本书所完成的大量文稿、公式、图表的排录、修改工作。

我今年 82 周岁，经过几年艰苦工作完成了本书的撰写任务，这与也是 82 周岁的我的夫人田野副研究员在资料整理和内容讨论等专业方面的帮助和生活方面的关心以及精神方面的鼓励和支持密切相关，在此表示衷心感谢。

仅以此书纪念我的父亲申玉田和母亲孔庆文，他们是在河北省固安县申家庄操劳了一生的普通农民。

本书出版获得了核数据重点实验室、中国核数据中心的资助，作者在此表示衷心感谢。

申庆彪

2020 年 1 月 1 日 于北京

目　　录

第 1 章　核反应极化理论基础知识

1.1 引　　言

处在原子核势场中的微观粒子在核力的作用下进行运动，其坐标位置和动量不断发生变化，同时粒子和原子核本身还会进行自转运动，称为自旋。粒子和原子核的自旋值是量子化的，如 α 粒子的自旋为 0，中子、质子、氚、^{3}He 的自旋为 $\frac{1}{2}$，氘和 ^{6}Li 的自旋为 1，^{5}He、^{5}Li、^{7}Li、^{7}Be、^{9}Be 的自旋为 $\frac{3}{2}$，自旋的单位是 $\hbar$。粒子的自旋通常用 S 表示，它在某一空间方向的投影称为自旋磁量子数，取值为 $S, S-1, \cdots, -S$。靶核的自旋通常用 I 表示。

在核结构理论中，核子的自旋–轨道耦合势会引起原子核单粒子能级劈裂，在核反应过程中，自旋磁量子数不同的粒子所感受的核力不同，其运动行为也会不同，于是会产生极化现象。粒子的自旋 $\vec{S}$ 在坐标空间中是个矢量，它在核反应系统中的平均值 $\left\langle\vec{S}\right\rangle$ 称为粒子极化矢量，如果 $\left\langle\vec{S}\right\rangle$ 不等于 0，便称这种粒子是极化的，否则便是非极化的。

两个自旋为 $\frac{1}{2}$ 的核子可以耦合成总自旋 $S=0$ 和 1 两种状态，对于 $S=1$ 的状态存在张量势。张量势是非中心势，这时轨道角动量 L 不再是好量子数，在解薛定谔方程时不同的 L 分波之间会发生耦合。就是因为核子–核子之间存在张量力，在研究氘核结构时发现不仅存在 $L=0$ 的 S 态，还存在 $L=2$ 的 D 态。已知氘核的自旋等于 1，氘核自旋磁量子数有 $-1,0,1$ 三种状态，不仅自旋–轨道耦合势对这三种状态的作用强度是不同的，而且张量势对它们的作用强度也是不同的。氘核自旋 $\vec{S}$ 是个矢量，而且由氘核自旋 $\vec{S}$ 还可以构成二阶张量。因而对于氘核来说不仅有矢量极化，还有张量极化，它们都是可观测量。对于自旋大于 1 的粒子来说具有更复杂的极化可观测量。在核物理实验中，极化现象大大地丰富了从散射和核反应中所能获得的数据，提供了关于能改变自旋取向的相互作用的信息，为核结构或反应机制的研究提供了重要的验证资料。

核反应极化理论就是从核反应振幅出发计算核反应各种极化物理量的理论。早在 20 世纪 50 年代，Wolfenstein 等就对核反应极化现象进行了理论研究 [1-3]，后来陆续发表了一些研究极化现象的论文 [4-22]，其中有的文献也包含了一些介绍核反应极化实验方面的内容。1972 年，Ohlsen 发表在 *Rep. Prog. Phys.* 的论文 [6] 是一篇经典的核反应极化理论文章，1974 年，Robson 又发表了题目为 *The Theory of*

Polarization Phenomena 的一本简短的图书 [9]。在他们的论文中，对于自旋 $\frac{1}{2}$ 粒子与自旋 0 靶核发生弹性散射的极化理论做了较详细的介绍，对于自旋 1 粒子与自旋 0 靶核发生弹性散射的极化理论给出了部分计算表达式，还进行了一些具体计算并与实验数据进行了比较。在 Ohlsen 的论文中，还简要介绍了两个极化粒子的少体核反应极化问题。对于靶核和剩余核自旋不等于 0 的核反应，1965 年，Tamura 在他的论文 [23] 中，对于核子的弹性散射和集体非弹道给出了用波函数对泡利矩阵求平均值的方法计算出射核子极化率的计算公式，也有人在此基础上对于相应的极化分析本领进行了探索 [24,25]，在 Robson 的著作 [9] 中，仅在复数球基坐标系中用形式理论对于具有任意自旋的入射粒子与具有任意自旋的靶核发生核反应的极化问题进行了初步探索，尚不具有实用价值。但是一直没有人给出可适用于自旋 $\frac{1}{2}$ 和 1 粒子与自旋不为 0 的靶核的各种两体直接反应道的系统性的极化理论和可以进行具体计算的清晰的理论公式，因而也就无法全面开展自旋 $\frac{1}{2}$ 和 1 粒子与自旋不等于 0 的靶核发生反应之后各种极化物理量的计算工作。

为了对极化物理量进行具体计算，就必须用核反应理论 [26,27] 研究如何得到相应的反应振幅。我们知道利用 j-j 耦合 [26] 或 S-L 耦合 [27] 的 S 矩阵理论，可以给出两体核反应的散射振幅或反应振幅的表达式，其中包含 C-G 系数、球谐函数、勒让德 (Legendre) 函数和 S 矩阵元。其中关键问题是如何计算 S 矩阵元。在核反应理论中，对于核子–核子、核子–氘核弹性散射可用相移分析方法计算 S 矩阵元，而且把相移分析方法延伸用于其他核反应类型也是可能的。对于轻核共振能区可用 R 矩阵理论计算 S 矩阵元。用球形核光学模型可以计算靶核自旋为 0 情况下粒子发生弹性散射时的 S 矩阵元，对于自旋 $\frac{1}{2}$ 粒子与自旋 0 靶核发生弹性散射的极化问题在参考文献 [26] 中做了介绍，其中所用的 S 矩阵元是由球形核光学模型计算的。目前已有两组作者给出了 200MeV 以下能区氘核的普适唯象光学势 [28,29]，但是，在确定这两套氘核光学势参数时并未考虑氘核的极化数据，另外一套适用于 12~90MeV 能区的氘核普适光学势 [30] 也只考虑了矢量极化数据。为了得到能同时符合包括矢量极化和张量极化数据在内的各种氘核可观测量，在氘核光学势中应该包含张量势。用耦合道光学模型可以计算非弹性散射道的 S 矩阵元。用扭曲波玻恩近似 (DWBA) 方法可以得到两体直接反应的 T 矩阵元，并可换算成 S 矩阵元 [26]。随着计算机的发展，同时考虑弹性散射、非弹性散射及其他两体直接核反应的耦合反应道理论可以同时给出这些反应道的 S 矩阵元。另外，从核力出发的三体核反应理论也可以给出散射振幅或反应振幅，因而也可以考虑用三体核反应理论对极化可观测量进行具体计算。由于在研究平衡态和预平衡态的核反应理论中都要做统计平均假设，因而不必考虑极化问题。

我们知道，角动量的量子理论是研究如何从反应振幅求得各种极化物理量的主要理论工具，在这方面可以查到非常详细、实用的参考文献 [31]。基于上述情况，当前有可能在现有的核反应极化理论基础上，发展出适用范围更广的可进行具体计算的实用性核反应极化理论。

本书将研究自旋 $\frac{1}{2}$ 和 1 粒子与具有任意自旋的非极化靶核和剩余核发生各种两体直接反应的核反应极化理论，其中包括靶核或剩余核自旋肯定不等于 0 的 $\vec{1}+\mathrm{A}\to\vec{\frac{1}{2}}+\mathrm{B}$ 和 $\vec{\frac{1}{2}}+\mathrm{A}\to\vec{1}+\mathrm{B}$ 反应，$\vec{\frac{1}{2}}$ 和 $\vec{1}$ 分别代表自旋等于 $\frac{1}{2}$ 和 1 的极化粒子，对于入射道的两个粒子都是极化的核反应极化理论也要进行研究，对于自旋 $\frac{3}{2}$ 粒子的核反应极化理论和光子束极化理论也将进行研究。本书还将对相对论核反应理论及相应的极化理论进行研究。我们知道在某些能区，即使靶核、剩余核、入射粒子都是非极化的，一般情况下出射粒子也是极化的。对于中子入射来说，自旋向上和自旋向下的中子所感受的核力不同，运动行为也就不同。虽然在核反应中极化现象是客观存在的，但是当前人们在研究核输运过程时都只用非极化的核反应数据，不考虑极化效应，显然在某些能区这种做法只是一种近似，为此本书在最后一章将对如何建立极化核数据库和发展极化核输运理论问题进行研究和讨论。

1.2 自旋算符

一般我们取自然单位制，即令 $c=\hbar=1$，在实际计算时，无量纲自旋和自旋投影全应该乘以 $\hbar$。

对于坐标空间一般采用笛卡儿坐标系，也就是直角坐标系，坐标空间的矢量 $\vec{r}$ 可用 (x,y,z) 表示。极化理论方面的权威人士 Ohlsen 指出，在形式上构建另外一种用复数表示的坐标系在进行理论推导时具有很多优点 [7]，这时三维空间的坐标矢量 $\vec{r}$ 可用 (r_1,r_0,r_{-1}) 表示。在角动量的量子理论专著 [31] 中，把用 (r,θ,φ) 表示的坐标系称为极坐标 (Polar Coordinate) 系，把用 (r_1,r_0,r_{-1}) 表示的坐标系称为球坐标 (Spherical Coordinate) 系，一篇发表在 *Phys. Rev.* 的极化理论文章 [32] 中也称其为球坐标系。在 Rose 所著的《角动量理论》(*Elementary Theory of Angular Momentum*)[33] 一书中称用 (r_1,r_0,r_{-1}) 表示的坐标系为 "球坐标表示法"，并给出了笛卡儿基矢和球基矢之间的关系。为了不与用 (r,θ,φ) 表示的球坐标系相混淆，本书将用 (r_1,r_0,r_{-1}) 表示的坐标系称为球基坐标 (Spherical Basis Coordinate) 系。注意到，在自旋为 S 的空间中，有 $2S+1$ 个球基坐标轴。

如果粒子的自旋为 S，自旋算符 $\hat{S}$ 是一个有三个分量的矢量，可用三个 $(2S+1)\times(2S+1)$ 的方矩阵表示。$\hat{S}$ 是厄米矩阵

$$\hat{S}^{+} = \hat{S} \tag{1.2.1}$$

对于直角坐标分量有

$$\left(\hat{S}_i\right)^{+} = \hat{S}_i, \quad i = x, y, z \tag{1.2.2}$$

对于球基坐标分量有

$$\left(\hat{S}_\mu\right)^{+} \equiv \hat{S}^{\mu} = (-1)^{\mu} \hat{S}_{-\mu}, \quad \mu = \pm 1, 0 \tag{1.2.3}$$

自旋算符 $\hat{S}$ 满足以下关系式

$$\hat{S} \times \hat{S} = \mathrm{i}\hat{S} \tag{1.2.4}$$

还满足以下对易关系

$$\left[\left(\vec{a} \cdot \hat{S}\right), \left(\vec{b} \cdot \hat{S}\right)\right] = \mathrm{i}\left(\vec{a} \times \vec{b}\right) \cdot \hat{S} \tag{1.2.5}$$

其中，$\vec{a}$ 和 $\vec{b}$ 是任意常数矢量。当令 $\vec{a} = \vec{\mathrm{e}}_i, \vec{b} = \vec{\mathrm{e}}_k \, (i, k = x, y, z)$，$\vec{\mathrm{e}}_i$ 和 $\vec{\mathrm{e}}_k$ 是直角坐标系基矢时，由式 (1.2.5) 可以求得

$$\left[\hat{S}_i, \hat{S}_k\right] = \mathrm{i}\varepsilon_{ikl}\hat{S}_l, \quad \left[\hat{S}^2, \hat{S}_i\right] = 0, \quad i, k, l = x, y, z \tag{1.2.6}$$

其中

$$\varepsilon_{ikl} = \begin{cases} 1, & ikl\,\text{按}\,xyz\,\text{正循环排列} \\ -1, & ikl\,\text{按}\,xyz\,\text{逆循环排列} \\ 0, & ikl\,\text{中有任意两个指标取相同值} \end{cases} \tag{1.2.7}$$

并有

$$\hat{S}^2 = \sum_i \hat{S}_i^2 = \hat{S}_x^2 + \hat{S}_y^2 + \hat{S}_z^2 \tag{1.2.8}$$

参考文献 [26] 的式 (3.4.48) 给出了球基矢的定义，式 (3.4.51) 和式 (3.4.52) 给出了一个矢量的球基坐标表示

$$\vec{A} = \sum_{\mu=-1}^{1} (-1)^{\mu} A_{\mu} \vec{\mathrm{e}}_{-\mu} \tag{1.2.9}$$

$$A_1 = -\frac{1}{\sqrt{2}}(A_x + \mathrm{i}A_y), \quad A_0 = A_z, \quad A_{-1} = \frac{1}{\sqrt{2}}(A_x - \mathrm{i}A_y) \tag{1.2.10}$$

并可以求得

$$\hat{S}^2=\sum_{\mu}(-1)^{\mu}\hat{S}_{-\mu}\hat{S}_{\mu}=\sum_{\mu}\hat{S}^{\mu}\hat{S}_{\mu} \tag{1.2.11}$$

自旋函数可以用 $\chi(\sigma)$ 表示，σ 是自旋在 z 轴上的投影，$\sigma=S,S-1,\cdots,-S$。$\chi(\sigma)$ 通常可用 $2S+1$ 元素的列矩阵表示

$$\chi=\begin{pmatrix}\chi(S)\\ \chi(S-1)\\ \vdots\\ \chi(-S)\end{pmatrix} \tag{1.2.12}$$

对应的厄米共轭函数为

$$\chi^{+}=(\chi^{*}(S)\quad \chi^{*}(S-1)\ \cdots\quad \chi^{*}(-S)) \tag{1.2.13}$$

其归一化条件为

$$\chi^{+}\chi=\sum_{\sigma=-S}^{S}|\chi(\sigma)|^2=1 \tag{1.2.14}$$

自旋基矢函数是描述具有确定自旋和自旋在 z 轴上投影的自旋态波函数。自旋基矢函数 χ_{Sm} 是自旋算符 $\hat{S}^2$ 和 $\hat{S}_z$ 共同的本征函数，满足

$$\hat{S}^2\chi_{Sm}=S(S+1)\chi_{Sm},\quad \hat{S}_z\chi_{Sm}=m\chi_{Sm} \tag{1.2.15}$$

在球基表象中，自旋基矢函数 $\chi_{Sm}(\sigma)$ 与自旋变量 σ 的关系是

$$\chi_{Sm}(\sigma)=\delta_{m\sigma} \tag{1.2.16}$$

如果把这些基矢函数用列矩阵写出来便有

$$\chi_{S\ S}=\begin{pmatrix}1\\0\\ \vdots\\0\\0\end{pmatrix},\quad \chi_{S\ S-1}=\begin{pmatrix}0\\1\\ \vdots\\0\\0\end{pmatrix},\quad \cdots,\quad \chi_{S\ -S}=\begin{pmatrix}0\\0\\ \vdots\\0\\1\end{pmatrix} \tag{1.2.17}$$

$2S+1$ 个自旋基矢函数集 $\chi_{Sm}\,(m=S,S-1,\cdots,-S)$ 构成正交归一的完备函数系，其正交归一条件是

$$\chi_{Sm}^{+}\chi_{Sm'}=\delta_{mm'} \tag{1.2.18}$$

其完备性可以用矩阵形式表示为

$$\sum_{m=-S}^{S}\chi_{Sm}\chi_{Sm}^{+}=\hat{I} \tag{1.2.19}$$

$\hat{I}$ 是 $(2S+1)\times(2S+1)$ 的单位矩阵。

自旋算符 $\hat{S}$ 的球基坐标分量可用自旋基矢函数 χ_{Sm} 展开 [31]

$$\hat{S}_{\mu}=\sqrt{S(S+1)}\sum_{mm'}C_{Sm\ 1\mu}^{Sm'}\chi_{Sm'}\chi_{Sm}^{+},\quad \mu=\pm1,0 \tag{1.2.20}$$

由式 (1.2.20) 和式 (1.2.16) 可以求得在球基表象中自旋矩阵球基坐标的矩阵元为

$$\left(\hat{S}_{\mu}\right)_{\sigma'\sigma}=\sqrt{S(S+1)}C_{S\sigma\ 1\mu}^{S\sigma'},\quad \sigma,\sigma'=S,S-1,\cdots,-S \tag{1.2.21}$$

利用以下关系式可以从式 (1.2.20) 给出的球基坐标中的自旋分量求得自旋算符 $\hat{S}$ 在直角坐标系中的分量

$$\hat{S}_x=\frac{1}{\sqrt{2}}\left(\hat{S}_{-1}-\hat{S}_1\right),\quad \hat{S}_y=\frac{\mathrm{i}}{\sqrt{2}}\left(\hat{S}_{-1}+\hat{S}_1\right),\quad \hat{S}_z=\hat{S}_0 \tag{1.2.22}$$

其逆变换关系为

$$\hat{S}_1=-\frac{1}{\sqrt{2}}\left(\hat{S}_x+\mathrm{i}\hat{S}_y\right),\quad \hat{S}_0=\hat{S}_z,\quad \hat{S}_{-1}=\frac{1}{\sqrt{2}}\left(\hat{S}_x-\mathrm{i}\hat{S}_y\right) \tag{1.2.23}$$

对矩阵求迹 (tr) 就是对矩阵的对角元求和。在直角坐标系中有以下对自旋矩阵乘积的求迹公式 [31]

$$\begin{aligned}
&\mathrm{tr}\left\{\hat{S}_i\right\}=0,\quad \mathrm{tr}\left\{\hat{S}_i\hat{S}_k\right\}=\frac{S(S+1)(2S+1)}{3}\delta_{ik}\\
&\mathrm{tr}\left\{\hat{S}_i\hat{S}_k\hat{S}_l\right\}=\mathrm{i}\frac{S(S+1)(2S+1)}{6}\varepsilon_{ikl}\\
&\mathrm{tr}\left\{\hat{S}_i\hat{S}_k\hat{S}_l\hat{S}_j\right\}=\frac{S(S+1)(2S+1)}{15}\left\{\left[S(S+1)+\frac{1}{2}\right](\delta_{ik}\delta_{lj}+\delta_{ij}\delta_{kl})\right.\\
&\qquad\left.+[S(S+1)-2]\,\delta_{il}\delta_{kj}\right\},\quad i,k,l,j=x,y,z
\end{aligned} \tag{1.2.24}$$

在以上表达式的第三式等号右边，第一个符号 i 代表虚数。在球基坐标系中有以下

对自旋矩阵乘积的求迹公式 [31]

$$\operatorname{tr}\left\{\hat{S}_\mu\right\}=0,\quad \operatorname{tr}\left\{\hat{S}_\mu\hat{S}_\nu\right\}=\frac{S(S+1)(2S+1)}{3}(-1)^\mu\,\delta_{\mu\ -\nu}$$

$$\operatorname{tr}\left\{\hat{S}_\mu\hat{S}_\nu\hat{S}_\lambda\right\}=-\frac{S(S+1)(2S+1)}{\sqrt{6}}\begin{pmatrix}1&1&1\\ \mu&\nu&\lambda\end{pmatrix}=\frac{S(S+1)(2S+1)}{3\sqrt{2}}(-1)^{1+\lambda}C_{1\mu\ 1\nu}^{1\ -\lambda}$$

$$\begin{aligned}\operatorname{tr}\left\{\hat{S}_\mu\hat{S}_\nu\hat{S}_\lambda\hat{S}_\rho\right\}=&\frac{S(S+1)(2S+1)}{15}\left\{\left[S(S+1)+\frac{1}{2}\right](-1)^{\mu+\lambda}\right.\\ &\times\left(\delta_{\mu\ -\nu}\delta_{\lambda\ -\rho}+\delta_{\mu\ -\rho}\delta_{\nu\ -\lambda}\right)\\ &\left.+[S(S+1)-2](-1)^{\mu+\nu}\delta_{\mu\ -\lambda}\delta_{\nu\ -\rho}\right\},\quad \mu,\nu,\lambda,\rho=\pm1,0\end{aligned}\tag{1.2.25}$$

1.3 不可约张量

Wigner D 函数 $D_{MM'}^J(\alpha,\beta,\gamma)$ 被定义为转动算符 $\hat{D}(\alpha,\beta,\gamma)$ 在具有确定的角动量 J 和磁量子数 M 的本征态中的矩阵元

$$\left\langle JM\left|\hat{D}(\alpha,\beta,\gamma)\right|J'M'\right\rangle=\delta_{JJ'}D_{MM'}^J(\alpha,\beta,\gamma)\tag{1.3.1}$$

其中，α,β,γ 是欧拉角。具有角动量 JM 的量子系统波函数 Ψ_{JM} 按以下方式进行坐标系转动

$$\Psi_{JM'}^{\sigma'}(\theta',\varphi')=\sum_{M=-J}^{J}\Psi_{JM}^{\sigma}(\theta,\varphi)\,D_{MM'}^J(\alpha,\beta,\gamma)\tag{1.3.2}$$

其中，θ,φ 和 θ',φ' 分别是初始的和转动后的坐标系的极角和方位角；σ 和 σ' 分别是初始的和新系统的自旋变量。θ,φ 和 θ',φ' 满足以下关系式 [31]

$$\begin{aligned}&\cos\theta'=\cos\theta\cos\beta+\sin\theta\sin\beta\cos(\varphi-\alpha)\\ &\cot(\varphi'+\gamma)=\cot(\varphi-\alpha)\cos\beta-\frac{\cot\theta\sin\beta}{\sin(\varphi-\alpha)}\end{aligned}\tag{1.3.3}$$

其逆关系式为

$$\begin{aligned}&\cos\theta=\cos\theta'\cos\beta-\sin\theta'\sin\beta\cos(\varphi'+\gamma)\\ &\cot(\varphi-\alpha)=\cot(\varphi'+\gamma)\cos\beta+\frac{\cot\theta'\sin\beta}{\sin(\varphi'+\gamma)}\end{aligned}\tag{1.3.4}$$

粒子自旋在其线性动量方向上的投影称为螺旋值，自旋 S 粒子的螺旋值取为 $\lambda=S,S-1,\cdots,-S$。令 $\vec{n}=\vec{p}/p$ 是粒子动量方向的单位矢量，θ 和 φ 是 $\vec{n}$ 的极角和方位角。螺旋基矢函数 $\chi_{S\lambda}(\theta,\varphi)$ 是算符 $\hat{S}^2$ 和 $\hat{S}\cdot\vec{n}$ 的共同本征函数

$$\hat{S}^2\chi_{S\lambda}(\theta,\varphi)=S(S+1)\chi_{S\lambda}(\theta,\varphi),\quad \hat{S}\cdot\vec{n}\chi_{S\lambda}(\theta,\varphi)=\lambda\chi_{S\lambda}(\theta,\varphi)\tag{1.3.5}$$

螺旋基矢函数可由相对于 z 轴所定义的一般自旋基矢函数通过转动变换而得到 [31]

$$\begin{aligned}
&\chi_{S\lambda}(\theta,\varphi)=\sum_m D^S_{m\lambda}(\varphi,\theta,0)\,\chi_{Sm}\\
&\chi_{Sm}=\sum_\lambda D^S_{-\lambda\ -m}(0,\theta,\varphi)\,\chi_{S\lambda}(\theta,\varphi)\\
&\chi^+_{S\lambda}(\theta,\varphi)=\sum_m(-1)^{\lambda-m}D^S_{-m\ -\lambda}(\varphi,\theta,0)\,\chi^+_{Sm}\\
&\chi^+_{Sm}=\sum_\lambda(-1)^{\lambda-m}D^S_{\lambda m}(0,\theta,\varphi)\,\chi^+_{S\lambda}(\theta,\varphi)
\end{aligned}\tag{1.3.6}$$

螺旋基矢函数所满足的正交归一化条件为

$$\chi^+_{S\lambda'}(\theta,\varphi)\,\chi_{S\lambda}(\theta,\varphi)=\delta_{\lambda'\lambda}\tag{1.3.7}$$

所满足的完备性条件为

$$\sum_\lambda \chi_{S\lambda}(\theta,\varphi)\chi^+_{S\lambda}(\theta,\varphi)=\hat{I}\tag{1.3.8}$$

不可约张量是指这些张量在坐标系转动时与角动量算符的本征函数按相同方式进行变换。假设 $\mathscr{M}_J$ 是 J 阶不可约张量，J 可以是非负的整数或半奇数，它有 $2J+1$ 个分量 $\mathscr{M}_{JM}$，$M=-J,-J+1,\cdots,J$。当坐标系进行转动时，$\mathscr{M}_{JM}$ 按以下方式进行线性变换

$$\begin{aligned}
\mathscr{M}_{JM'}(X')&=\hat{D}(\alpha,\beta,\gamma)\,\mathscr{M}_{JM'}(X)\left[\hat{D}(\alpha,\beta,\gamma)\right]^{-1}\\
&=\sum_{M=-J}^{J}\mathscr{M}_{JM}(X)D^J_{MM'}(\alpha,\beta,\gamma)
\end{aligned}\tag{1.3.9}$$

其中，X 和 X' 分别表示初始和转动后系统的所有宗量。可见这种转动的线性变换系数就是 Wigner D 函数。其实角动量算符 $\hat{J},\hat{L},\hat{S}$ 就是 1 阶不可约张量，球谐函数 Y_{lm} 是 l 阶不可约张量，自旋波函数是 S 阶不可约张量。

不可约张量 $\mathscr{M}_{JM}$ 与角动量算符的球基坐标分量满足以下对易关系

$$\begin{aligned}
&\left[\hat{J}_{\pm1},\mathscr{M}_{JM}\right]=\mp\frac{1}{\sqrt{2}}\mathrm{e}^{\pm\mathrm{i}\delta}\sqrt{J(J+1)-M(M\pm1)}\mathscr{M}_{J\ M\pm1}\\
&\left[\hat{J}_0,\mathscr{M}_{JM}\right]=M\mathscr{M}_{JM}
\end{aligned}\tag{1.3.10}$$

可把上式用更紧致的形式写出来

$$\left[\hat{J}_\mu,\mathscr{M}_{JM}\right]=\mathrm{e}^{\mathrm{i}\mu\delta}\sqrt{J(J+1)}C^{J\ M+\mu}_{JM\ 1\mu}\mathscr{M}_{J\ M+\mu}\tag{1.3.11}$$

由以上关系式可以得到

$$\left[\hat{j}^2, \mathscr{M}_{JM}\right] = J(J+1)\mathscr{M}_{JM} \tag{1.3.12}$$

我们取相位 $\delta = 0$，即 $e^{\pm i\delta} = 1$。对于整数 J 我们要求 $\mathscr{M}_{JM}$ 满足

$$(\mathscr{M}_{JM})^* = (-1)^{-M}\mathscr{M}_{J\ -M} \tag{1.3.13}$$

此式与球谐函数的相位选择相一致。还可以定义另一种不可约张量

$$\tilde{\mathscr{M}}_{JM} = i^J \mathscr{M}_{JM} \tag{1.3.14}$$

对它们便有

$$\left(\tilde{\mathscr{M}}_{JM}\right)^* = (-1)^{J-M}\tilde{\mathscr{M}}_{J\ -M} \tag{1.3.15}$$

用这种方式定义的不可约张量可以同时用于 J 为整数和半奇数的情况，这时 $J-M$ 总是整数。参照式 (1.2.3) 我们用 $\mathscr{M}_{JM}$ 和 $\mathscr{M}_J^M$ 分别表示不可约张量 $\mathscr{M}_J$ 的协变分量和抗变分量，并有以下关系式

$$\mathscr{M}_J^M = (\mathscr{M}_{JM})^* = (-1)^{-M}\mathscr{M}_{J\ -M}, \quad \tilde{\mathscr{M}}_J^M = \left(\tilde{\mathscr{M}}_{JM}\right)^* = (-1)^{J-M}\tilde{\mathscr{M}}_{J\ -M} \tag{1.3.16}$$

具有相同阶数的两个不可约张量 $\mathscr{M}_J$ 和 $\mathscr{N}_J$ 的标量积被定义为

$$(\mathscr{M}_J \cdot \mathscr{N}_J) = \sum_M (-1)^{-M}\mathscr{M}_{JM}\mathscr{N}_{J\ -M} = \sum_M \mathscr{M}_{JM}\mathscr{N}_{JM}^* = \sum_M \mathscr{M}_{JM}\mathscr{N}_J^M \tag{1.3.17}$$

$$\left(\tilde{\mathscr{M}}_J \cdot \tilde{\mathscr{N}}_J\right) = \sum_M (-1)^{J-M}\tilde{\mathscr{M}}_{JM}\tilde{\mathscr{N}}_{J\ -M} = \sum_M \tilde{\mathscr{M}}_{JM}\tilde{\mathscr{N}}_{JM}^* = \sum_M \tilde{\mathscr{M}}_{JM}\tilde{\mathscr{N}}_J^M \tag{1.3.18}$$

两个不可约张量 $\mathscr{M}_{J_1}$ 和 $\mathscr{N}_{J_2}$ 的不可约张量积的定义为

$$\mathscr{L}_{JM} = \sum_{M_1 M_2} C_{J_1 M_1\ J_2 M_2}^{JM}\mathscr{M}_{J_1 M_1}\mathscr{N}_{J_2 M_2} \tag{1.3.19}$$

并可表示成

$$\mathscr{L}_J \equiv \{\mathscr{M}_{J_1} \otimes \mathscr{N}_{J_2}\}_J \tag{1.3.20}$$

而 $\mathscr{M}_{J_1 M_1}\mathscr{N}_{J_2 M_2}$ 是这两个不可约张量具有 $(2J_1+1)(2J_2+1)$ 个分量的直积，根据式 (1.3.19) 可以得到

$$\mathscr{M}_{J_1 M_1}\mathscr{N}_{J_2 M_2} = \sum_{J=|J_1-J_2|}^{J_1+J_2} C_{J_1 M_1\ J_2 M_2}^{JM}\mathscr{L}_{JM} \tag{1.3.21}$$

该式表明该直积是可约的，可用具有不同 J 值的不可约张量 $\mathscr{L}_{JM}$ 来展开。如果用按式 (1.3.14) 定义的 $\tilde{\mathscr{M}}_{J_1M_1}$ 和 $\tilde{\mathscr{N}}_{J_2M_2}$ 来得到 $\tilde{\mathscr{L}}_{JM}$，可以证明

$$(\tilde{\mathscr{L}}_{JM})^* = (-1)^{J-M}\tilde{\mathscr{L}}_{J\ -M} \tag{1.3.22}$$

此式表明 $\tilde{\mathscr{M}}_{J_1M_1}$,$\tilde{\mathscr{N}}_{J_2M_2}$ 和 $\tilde{\mathscr{L}}_{JM}$ 都满足关系式 (1.3.15)，然而，虽然 $\mathscr{M}_{J_1M_1}$ 和 $\mathscr{N}_{J_2M_2}$ 满足关系式 (1.3.13)，但是 $\mathscr{L}_{JM}$ 并不满足关系式 (1.3.13)。由以上讨论可以理解，在写核反应的耦合波函数时为什么要用 $\mathrm{i}^l\mathrm{Y}_{lm_l}$ 而不是仅用 Y_{lm_l}。

1.4 极 化 算 符

粒子的自旋不同所具有的自旋可观测量也就不同。表 1.1 给出了各种自旋粒子所对应的自旋可观测量的种类。

表 1.1　各种自旋粒子所对应的自旋可观测量的种类

自旋可观测量种类	粒子自旋 S				
	0	$\frac{1}{2}$	1	$\frac{3}{2}$	……
非极化，标量，0 阶张量	√	√	√	√	……
矢量，1 阶张量		√	√	√	……
2 阶张量			√	√	……
3 阶张量				√	……
……					……

极化算符是用来描述粒子极化状态的。极化算符 $\hat{T}_{LM}(S)(M=-L,-L+1,\cdots,L$ 和 $L=0,1,\cdots,2S;L$ 和 M 均为整数) 是作用在自旋函数上的 $(2S+1)\times(2S+1)$ 方矩阵。在坐标系进行转动时该算符按由式 (1.3.9) 给出的方式用 Wigner D 函数进行线性变换，即 $\hat{T}_{LM}(S)$ 是 L 阶不可约张量。根据式 (1.3.11) 可以写出极化算符 $\hat{T}_{LM}(S)$ 与自旋算符的球基坐标分量 $S_\mu\ (\mu=\pm1,0)$ 的对易关系为

$$\left[\hat{S}_\mu,\hat{T}_{LM}(S)\right] = \sqrt{L(L+1)}C_{LM\ 1\mu}^{L\ M+\mu}\hat{T}_{L\ M+\mu}(S) \tag{1.4.1}$$

用以下条件对极化算符进行归一化

$$\mathrm{tr}\left\{\hat{T}_{LM}(S)\hat{T}^+_{L'M'}(S)\right\} = (2S+1)\,\delta_{LL'}\delta_{MM'} \tag{1.4.2}$$

并按以下关系式来选择相位因子

$$\hat{T}^+_{LM}(S) = (-1)^M\hat{T}_{L\ -M}(S) \tag{1.4.3}$$

以上三式就把极化算符 $\hat{T}_{LM}(S)$ 完全确定了。对于 $\hat{T}_{LM}(S)$ 本书采用了与极化理论文章 [6, 34] 中 $S=1$ 的公式相一致的定义，而与角动量量子理论专著 [31] 中所定义的 $\hat{T}_{LM}(S)$ 相比多乘了一个因子 $\sqrt{2S+1}$。由于有关系式 $\mathrm{tr}\left\{\hat{\sigma}_{\mu}\hat{\sigma}_{\mu'}^{+}\right\}=2\delta_{\mu\mu'}$，再参考式 (1.4.2) 可知本书所定义的 $T_{1M}\left(\dfrac{1}{2}\right)$ 就等于泡利矩阵 $\hat{\sigma}_M$。极化算符 $\hat{T}_{LM}(S)$ 共有 $\sum\limits_{L=0}^{2S}(2L+1)=(2S+1)^2$ 个线性独立分量，每个分量都是 $(2S+1)\times(2S+1)$ 的方矩阵。这 $(2S+1)^2$ 个方矩阵就构成了一组完备线性独立矩阵。

极化算符 $\hat{T}_{LM}(S)$ 可用自旋基矢函数 χ_{Sm} 来表示

$$\hat{T}_{LM}(S)=\sqrt{2L+1}\sum_{mm'}C_{Sm\ LM}^{Sm'}\chi_{Sm'}\chi_{Sm}^{+} \tag{1.4.4}$$

其逆关系式为

$$\chi_{Sm'}\chi_{Sm}^{+}=\sum_{LM}\frac{\sqrt{2L+1}}{2S+1}C_{Sm\ LM}^{Sm'}\hat{T}_{LM}(S) \tag{1.4.5}$$

利用球基表象中的关系式 (1.2.16) 由式 (1.4.4) 可以得到在球基表象中 $\hat{T}_{LM}(S)$ 的矩阵元为

$$\left[\hat{T}_{LM}(S)\right]_{\sigma'\sigma}=\sqrt{2L+1}\,C_{S\sigma\ LM}^{S\sigma'},\quad \sigma,\sigma'=-S,-S+1,\cdots,S \tag{1.4.6}$$

当 $L=0$ 时由上式可得

$$\hat{T}_{00}(S)=\hat{I} \tag{1.4.7}$$

$\hat{I}$ 是 $(2S+1)\times(2S+1)$ 的单位矩阵。把式 (1.2.20) 与 $L=1$ 时的式 (1.4.4) 对比可以得到

$$\hat{T}_{1M}(S)=\sqrt{\frac{3}{S(S+1)}}\hat{S}_M,\quad M=\pm1,0 \tag{1.4.8}$$

根据式 (1.4.2) 可知由 $\dfrac{1}{\sqrt{(2S+1)}}\hat{T}_{LM}(S)$ 构成一组完备线性独立矩阵，因而任意一个 $(2S+1)\times(2S+1)$ 的方矩阵 $\hat{A}$ 都可以用极化算符 $\dfrac{1}{\sqrt{(2S+1)}}\hat{T}_{LM}(S)$ 系列进行展开

$$\hat{A}=\frac{1}{\sqrt{2S+1}}\sum_{L=0}^{2S}\sum_{M=-L}^{L}A_{LM}\hat{T}_{LM}(S) \tag{1.4.9}$$

利用式 (1.4.2) 由上式可以求得

$$\mathrm{tr}\left\{\hat{A}\hat{T}_{LM}^{+}(S)\right\}=\sqrt{2S+1}A_{LM} \tag{1.4.10}$$

如果 $\hat{A}$ 是厄米的，即 $\hat{A}^+ = \hat{A}$，利用式 (1.4.3) 由式 (1.4.9) 可以求得

$$\begin{aligned}\hat{A} = \hat{A}^+ &= \frac{1}{\sqrt{2S+1}} \sum_{LM} A^*_{LM} (-1)^M \hat{T}_{L\ -M}(S) \\ &= \frac{1}{\sqrt{2S+1}} \sum_{LM} A^*_{L\ -M} (-1)^M \hat{T}_{LM}(S) \end{aligned} \tag{1.4.11}$$

对比式 (1.4.9) 和式 (1.4.11) 可得

$$A_{LM} = (-1)^M A^*_{L\ -M}, \quad A^*_{LM} = (-1)^M A_{L\ -M} \tag{1.4.12}$$

并有以下展开式 [31]

$$\hat{T}_{L_1M_1}(S)\hat{T}_{L_2M_2}(S) = \hat{L}_1\hat{L}_2\hat{S} \sum_{LM} (-1)^{L_1+L_2+L} W(L_1L_2SS;LS) C^{LM}_{L_1M_1\ L_2M_2} \hat{T}_{LM}(S) \tag{1.4.13}$$

其中，$\hat{L} \equiv \sqrt{2L+1}, \hat{S} \equiv \sqrt{2S+1}$，把式 (1.4.4) 代入式 (1.4.13) 右端可得

$$I_R \equiv \hat{L}_1\hat{L}_2\hat{S} \sum_{LM} (-1)^{L_1+L_2+L} \hat{L} W(L_1L_2SS;LS) C^{LM}_{L_1M_1\ L_2M_2} \sum_{mm'} C^{Sm'}_{Sm\ LM} \chi_{Sm'} \chi^+_{Sm} \tag{1.4.14}$$

把式 (1.4.4) 代入式 (1.4.13) 左端并利用式 (1.2.18) 可得

$$\begin{aligned} I_L &\equiv \hat{L}_1\hat{L}_2 \left(\sum_{m_1m_1'} C^{Sm_1'}_{Sm_1\ L_1M_1} \chi_{Sm_1'} \chi^+_{Sm_1} \right) \left(\sum_{m_2m_2'} C^{Sm_2'}_{Sm_2\ L_2M_2} \chi_{Sm_2'} \chi^+_{Sm_2} \right) \\ &= \hat{L}_1\hat{L}_2 \sum_{m_1m'm} C^{Sm'}_{Sm_1\ L_1M_1} C^{Sm_1}_{Sm\ L_2M_2} \chi_{Sm'} \chi^+_{Sm} \end{aligned} \tag{1.4.15}$$

利用以下 C-G 系数和拉卡系数公式

$$\sum_{\varepsilon} C^{e\varepsilon}_{a\alpha\ b\beta} C^{c\gamma}_{e\varepsilon\ d\delta} = \sum_{f\phi} \hat{e}\hat{f} W(abcd;ef) C^{f\phi}_{b\beta\ d\delta} C^{c\gamma}_{a\alpha\ f\phi} \tag{1.4.16}$$

可以求得

$$\begin{aligned} &\sum_{m_1} C^{Sm'}_{Sm_1\ L_1M_1} C^{Sm_1}_{Sm\ L_2M_2} \\ =& \sum_{LM} \hat{S}\hat{L} W(SL_2SL_1;SL) C^{LM}_{L_2M_2\ L_1M_1} C^{Sm'}_{Sm\ LM} \\ =& \sum_{LM} (-1)^{L_1+L_2+L} \hat{S}\hat{L} W(L_1L_2SS;LS) C^{LM}_{L_1M_1\ L_2M_2} C^{Sm'}_{Sm\ LM} \end{aligned} \tag{1.4.17}$$

把此式代入式 (1.4.15) 就证明了式 (1.4.13) 的两端是相等的。

极化算符满足以下对易关系 [31]

$$\left[\hat{T}_{L_1M_1}(S),\hat{T}_{L_2M_2}(S)\right]=\hat{L}_1\hat{L}_2\hat{S}\sum_{L_3}(-1)^{L_1+L_2+L_3}\left[1-(-1)^{L_1+L_2+L_3}\right]\times W\left(L_1L_2SS;L_3S\right)C^{L_3M_3}_{L_1M_1\ L_2M_2}\hat{T}_{L_3M_3}(S)\quad(1.4.18)$$

根据式 (1.4.8) 可知式 (1.4.1) 只是式 (1.4.18) 在 $L_1=1$ 情况下的特例。极化算符的反对易关系为

$$\left\{\hat{T}_{L_1M_1}(S),\hat{T}_{L_2M_2}(S)\right\}=\hat{L}_1\hat{L}_2\hat{S}\sum_{L_3}(-1)^{L_1+L_2+L_3}\left[1+(-1)^{L_1+L_2+L_3}\right]\times W\left(L_1L_2SS;L_3S\right)C^{L_3M_3}_{L_1M_1\ L_2M_2}\hat{T}_{L_3M_3}(S)\quad(1.4.19)$$

注意到引入的符号 $\hat{S}\equiv\sqrt{2S+1}$，由式 (1.4.2)、式 (1.4.3) 和式 (1.4.7) 可以得到

$$\mathrm{tr}\left\{\hat{T}_{LM}(S)\right\}=\hat{S}^2\delta_{L0}\delta_{M0}\quad(1.4.20)$$

$$\mathrm{tr}\left\{\hat{T}_{L_1M_1}(S)\hat{T}_{L_2M_2}(S)\right\}=(-1)^{M_1}\hat{S}^2\delta_{L_1L_2}\delta_{M_1\ -M_2}\quad(1.4.21)$$

利用式 (1.4.13) 和式 (1.4.21) 可以求得

$$\mathrm{tr}\left\{\hat{T}_{L_1M_1}(S)\hat{T}_{L_2M_2}(S)\hat{T}_{L_3M_3}(S)\right\}=(-1)^{L_1+L_2+L_3+M_3}\hat{L}_1\hat{L}_2\hat{S}^3C^{L_3\ -M_3}_{L_1M_1\ L_2M_2}W\left(L_1L_2SS;L_3S\right)\quad(1.4.22)$$

利用式 (1.4.13) 和式 (1.4.22) 又可以求得

$$\begin{aligned}&\mathrm{tr}\left\{\hat{T}_{L_1M_1}(S)\hat{T}_{L_2M_2}(S)\hat{T}_{L_3M_3}(S)\hat{T}_{L_4M_4}(S)\right\}\\
=&\sum_{L\leqslant 2S}(-1)^{L_1+L_2+L}\hat{L}_1\hat{L}_2\hat{S}W\left(L_1L_2SS;LS\right)C^{L\ M_1+M_2}_{L_1M_1\ L_2M_2}\\
&\times(-1)^{L+L_3+L_4+M_4}\hat{L}\hat{L}_3\hat{S}^3C^{L_4\ -M_4}_{L\ M_1+M_2\ L_3M_3}W\left(LL_3SS;L_4S\right)\\
=&(-1)^{L_1+L_2+L_3+L_4+M_4}\hat{L}_1\hat{L}_2\hat{L}_3\hat{S}^4\sum_{L\leqslant 2S}\hat{L}C^{L\ M_1+M_2}_{L_1M_1\ L_2M_2}C^{L_4\ -M_4}_{L\ M_1+M_2\ L_3M_3}\\
&\times W\left(L_1L_2SS;LS\right)W\left(LL_3SS;L_4S\right)\end{aligned}\quad(1.4.23)$$

1.5 密度矩阵

密度矩阵的定义为 [31]

$$\hat{\rho}=\sum_{\alpha}w_\alpha\left|\psi_\alpha\right\rangle\left\langle\psi_\alpha\right|\quad(1.5.1)$$

其中，$|\psi_\alpha\rangle$ 是系统的第 α 个分状态；w_α 为权重，归一化条件要求

$$\sum_\alpha w_\alpha = 1 \tag{1.5.2}$$

显然由式 (1.5.1) 定义的密度矩阵是厄米的。

设 $\{|\varphi_i\rangle\}$ 为一组完备正交基，密度矩阵 $\hat{\rho}$ 在该正交基中的矩阵元为

$$\rho_{ik} = \langle\varphi_i|\hat{\rho}|\varphi_k\rangle = \sum_\alpha \langle\varphi_i|\psi_\alpha\rangle w_\alpha \langle\psi_\alpha|\varphi_k\rangle \tag{1.5.3}$$

一般情况下 $\hat{\rho}$ 并非是对角矩阵。对可观测量 $\hat{O}$ 求迹的定义为

$$\mathrm{tr}\left\{\hat{O}\right\} = \sum_i \langle\varphi_i|\hat{O}|\varphi_i\rangle \tag{1.5.4}$$

利用式 (1.5.1)、式 (1.5.2) 和式 (1.5.4) 以及波函数的正交归一化性质，对密度矩阵求迹可得

$$\mathrm{tr}\{\hat{\rho}\} = \sum_i \langle\varphi_i|\sum_\alpha w_\alpha |\psi_\alpha\rangle\langle\psi_\alpha \mid \varphi_i\rangle = \sum_\alpha w_\alpha \sum_i \langle\psi_\alpha \mid \varphi_i\rangle\langle\varphi_i|\,\psi_\alpha\rangle = \sum_\alpha w_\alpha = 1 \tag{1.5.5}$$

任意物理量 $\hat{O}$ 的平均值为

$$\left\langle\hat{O}\right\rangle = \frac{\sum\limits_\alpha w_\alpha \langle\psi_\alpha|\hat{O}|\psi_\alpha\rangle}{\sum\limits_\alpha w_\alpha \langle\psi_\alpha \mid \psi_\alpha\rangle} \tag{1.5.6}$$

正交基 $|\varphi_i\rangle$ 的完备性条件为

$$\sum_i |\varphi_i\rangle\langle\varphi_i| = \hat{I} \tag{1.5.7}$$

这里 $\hat{I}$ 是单位矩阵。注意到，矩阵元是数值，可以与其他物理量交换位置，于是利用式 (1.5.7) 和式 (1.5.3) 可以把式 (1.5.6) 改写为

$$\begin{aligned}\left\langle\hat{O}\right\rangle &= \frac{\sum\limits_{\alpha ik} w_\alpha \langle\psi_\alpha \mid \varphi_k\rangle\langle\varphi_k|\hat{O}|\varphi_i\rangle\langle\varphi_i \mid \psi_\alpha\rangle}{\sum\limits_{\alpha i} w_\alpha \langle\psi_\alpha \mid \varphi_i\rangle\langle\varphi_i \mid \psi_\alpha\rangle} \\ &= \frac{\sum\limits_{ik}\left\{\sum\limits_\alpha \langle\varphi_i \mid \psi_\alpha\rangle w_\alpha \langle\psi_\alpha \mid \varphi_k\rangle\right\}\langle\varphi_k|\hat{O}|\varphi_i\rangle}{\sum\limits_i\left\{\sum\limits_\alpha \langle\varphi_i \mid \psi_\alpha\rangle w_\alpha \langle\psi_\alpha \mid \varphi_i\rangle\right\}}\end{aligned}$$

$$= \frac{\sum_{ik} \rho_{ik} O_{ki}}{\sum_i \rho_{ii}} = \frac{\mathrm{tr}\left\{\hat{\rho}\hat{O}\right\}}{\mathrm{tr}\left\{\hat{\rho}\right\}} = \frac{\mathrm{tr}\left\{\hat{O}\hat{\rho}\right\}}{\mathrm{tr}\left\{\hat{\rho}\right\}} \tag{1.5.8}$$

自旋 S 粒子的极化密度矩阵 $\hat{\rho}$ 是按以下方式在自旋空间中用自旋波函数 $\chi(\sigma)$ 定义的 $(2S+1)\times(2S+1)$ 的方矩阵

$$\rho_{\sigma\sigma'} = \left\langle \chi(\sigma)\chi^*(\sigma') \right\rangle_\xi \tag{1.5.9}$$

用矩阵形式写出则为

$$\hat{\rho} = \left\langle \chi\chi^+ \right\rangle_\xi \tag{1.5.10}$$

上面两式中的 $\langle\ \rangle_\xi$ 代表统计平均。如果是纯态便有

$$\hat{\rho} = \chi\chi^+ = |\chi\rangle\langle\chi| \tag{1.5.11}$$

由以上定义可以看出上述密度矩阵是厄米的，即

$$\hat{\rho}^+ = \hat{\rho}, \quad \hat{\rho}^*_{\sigma\sigma'} = \hat{\rho}_{\sigma'\sigma} \tag{1.5.12}$$

并要求上述密度矩阵是归一化的，即

$$\mathrm{tr}\left\{\hat{\rho}\right\} = 1, \quad \sum_\sigma \rho_{\sigma\sigma} = 1 \tag{1.5.13}$$

对于纯态，由式 (1.5.11) 和式 (1.2.14) 可以证明

$$\hat{\rho}^2 = \chi\chi^+\chi\chi^+ = \chi\chi^+ = \hat{\rho} \tag{1.5.14}$$

我们用 $|\chi_\mathrm{i}\rangle$ 和 $|\chi_\mathrm{f}\rangle$ 分别代表自旋空间的初态和末态，反应振幅 $\hat{F}$ 按下式定义

$$|\chi_\mathrm{f}\rangle = \hat{F}|\chi_\mathrm{i}\rangle \tag{1.5.15}$$

利用式 (1.5.11) 可以把初态和末态的密度矩阵分别表示成

$$\hat{\rho}_\mathrm{in} = |\chi_\mathrm{i}\rangle\langle\chi_\mathrm{i}| \tag{1.5.16}$$

$$\hat{\rho}_\mathrm{out} = |\chi_\mathrm{f}\rangle\langle\chi_\mathrm{f}| = \hat{F}|\chi_\mathrm{i}\rangle\langle\chi_\mathrm{i}|\hat{F}^+ = \hat{F}\hat{\rho}_\mathrm{in}\hat{F}^+ \tag{1.5.17}$$

利用自旋基矢态 $|\chi_{Sm}\rangle$ 的完备性条件可以求得任意物理量 $\hat{O}$ 在末态的平均值为

$$\left\langle \hat{O} \right\rangle = \frac{\langle\chi_\mathrm{f}|\hat{O}|\chi_\mathrm{f}\rangle}{\langle\chi_\mathrm{f}\mid\chi_\mathrm{f}\rangle} = \frac{\langle\chi_\mathrm{i}|\hat{F}^+\hat{O}\hat{F}|\chi_\mathrm{i}\rangle}{\langle\chi_\mathrm{i}|\hat{F}^+\hat{F}|\chi_\mathrm{i}\rangle}$$

$$= \frac{\sum_{mm'} \langle \chi_{\mathrm{i}} | \hat{F}^{+} | \chi_{Sm} \rangle \langle \chi_{Sm} | \hat{O} | \chi_{Sm'} \rangle \langle \chi_{Sm'} | \hat{F} | \chi_{\mathrm{i}} \rangle}{\sum_{m} \langle \chi_{\mathrm{i}} | \hat{F}^{+} | \chi_{Sm} \rangle \langle \chi_{Sm} | \hat{F} | \chi_{\mathrm{i}} \rangle} \tag{1.5.18}$$

由于矩阵元 $\langle \cdots \rangle$ 是数值，因而矩阵元可以与其他物理量交换位置，于是可把上式改写成

$$\begin{aligned}
\langle \hat{O} \rangle &= \frac{\sum_{mm'} \langle \chi_{Sm'} | \hat{F} | \chi_{\mathrm{i}} \rangle \langle \chi_{\mathrm{i}} | \hat{F}^{+} | \chi_{Sm} \rangle \langle \chi_{Sm} | \hat{O} | \chi_{Sm'} \rangle}{\sum_{m} \langle \chi_{Sm} | \hat{F} | \chi_{\mathrm{i}} \rangle \langle \chi_{\mathrm{i}} | \hat{F}^{+} | \chi_{Sm} \rangle} \\
&= \frac{\sum_{m'} \langle \chi_{Sm'} | \hat{F} | \chi_{\mathrm{i}} \rangle \langle \chi_{\mathrm{i}} | \hat{F}^{+} \hat{O} | \chi_{Sm'} \rangle}{\sum_{m} \langle \chi_{Sm} | \hat{F} | \chi_{\mathrm{i}} \rangle \langle \chi_{\mathrm{i}} | \hat{F}^{+} | \chi_{Sm} \rangle} \\
&= \frac{\mathrm{tr}\{\hat{\rho}_{\mathrm{out}} \hat{O}\}}{\mathrm{tr}\{\hat{\rho}_{\mathrm{out}}\}} = \frac{\mathrm{tr}\{\hat{O} \hat{\rho}_{\mathrm{out}}\}}{\mathrm{tr}\{\hat{\rho}_{\mathrm{out}}\}}
\end{aligned} \tag{1.5.19}$$

式 (1.5.19) 是在自旋空间中求得的与式 (1.5.8) 完全相同的公式。如果用式 (1.5.18) 第一等式研究极化问题，就称为求期望值方法；如果用式 (1.5.19) 右端求迹表达式研究极化问题，就称为求迹方法。这两种方法是完全等价的。

如果密度矩阵 $\hat{\rho}$ 是归一的，根据式 (1.5.19) 可知，任意极化算符 $\hat{T}$ 在由密度矩阵 $\hat{\rho}$ 描述的态中的期望值均可表示成

$$\left\langle \hat{T} \right\rangle = \mathrm{tr}\left\{ \hat{T} \hat{\rho} \right\} = \mathrm{tr}\left\{ \hat{\rho} \hat{T} \right\} \tag{1.5.20}$$

自旋 S 粒子的归一化的密度矩阵 $\hat{\rho}$ 可用已构成的一组完备线性独立矩阵 $\frac{1}{\sqrt{2S+1}} \times \hat{T}_{LM}(S)$ 展开，并把展开系数用 $\frac{1}{\sqrt{2S+1}} t_{LM}(S)$ 表示，于是可以写出

$$\hat{\rho} = \frac{1}{2S+1} \sum_{L=0}^{2S} t_L(S) \cdot \hat{T}_L(S) \tag{1.5.21}$$

$\hat{T}_L$ 就是前面讨论的极化算符，而 t_L 称为统计张量，它是空间坐标函数。由上式可以看出，本书未采用参考文献 [31] 所定义的极化算符，而是采用了由式 (1.4.2) 进行归一化的极化算符，这种做法是有优点的，当用由式 (1.5.21) 给出的密度矩阵进一步求微分截面时，由于对初态求平均而在公式前面需要乘上的 $\frac{1}{2S+1}$ 因子会自动出现。式 (1.5.21) 中的点乘代表由式 (1.3.16) 所定义的两个不可约张量的标量

积，于是可把式 (1.5.21) 改写成

$$\hat{\rho}=\frac{1}{2S+1}\sum_{L=0}^{2S}\sum_{M=-L}^{L}(-1)^{M}t_{L\ -M}(S)\hat{T}_{LM}(S)$$
$$=\frac{1}{2S+1}\sum_{L=0}^{2S}\sum_{M=-L}^{L}t_{LM}(S)(-1)^{M}\hat{T}_{L\ -M}(S)\tag{1.5.22}$$

根据式 (1.5.20)、式 (1.5.22) 和式 (1.4.21) 可以求得

$$\left\langle\hat{T}_{LM}(S)\right\rangle=\mathrm{tr}\left\{\hat{\rho}\hat{T}_{LM}(S)\right\}=t_{LM}(S)\tag{1.5.23}$$

上式表明 $t_{LM}(S)$ 正是极化算符 $\hat{T}_{LM}(S)$ 在由归一化的密度矩阵 $\hat{\rho}$ 所描述的态中的期望值。

在球基表象中，利用式 (1.4.6) 可以求得

$$(-1)^{M}\left(\hat{T}_{L\ -M}(S)\right)_{\sigma\sigma'}=(-1)^{M}\sqrt{2L+1}C_{S\sigma'\ L\ -M}^{S\sigma}=\sqrt{2L+1}C_{S\sigma\ LM}^{S\sigma'}\tag{1.5.24}$$

把此式代入式 (1.5.22) 便得到

$$\rho_{\sigma\sigma'}=\sum_{LM}\frac{\sqrt{2L+1}}{2S+1}C_{S\sigma\ LM}^{S\sigma'}t_{LM}(S)\tag{1.5.25}$$

利用 C-G 系数公式

$$C_{S\sigma\ LM}^{S\sigma'}=(-1)^{S-\sigma}\frac{\sqrt{2S+1}}{\sqrt{2L+1}}C_{S\sigma\ S\ -\sigma'}^{L\ -M}\tag{1.5.26}$$

由式 (1.5.25) 可以求得

$$\sum_{\sigma\sigma'}C_{S\sigma\ LM}^{S\sigma'}\rho_{\sigma\sigma'}=\frac{\sqrt{2S+1}}{\sqrt{2L+1}}\sum_{\sigma\sigma'}\sum_{L'M'}\frac{\sqrt{2L'+1}}{2S+1}\frac{\sqrt{2S+1}}{\sqrt{2L'+1}}C_{S\sigma\ S\ -\sigma'}^{L\ -M}C_{S\sigma\ S\ -\sigma'}^{L'\ -M'}t_{L'M'}(S)$$
$$=\frac{1}{\sqrt{2L+1}}t_{LM}(S)\tag{1.5.27}$$

于是得到

$$t_{LM}(S)=\sqrt{2L+1}\sum_{\sigma\sigma'}C_{S\sigma\ LM}^{S\sigma'}\rho_{\sigma\sigma'}\tag{1.5.28}$$

利用式 (1.5.13) 由上式很容易求得

$$t_{00}(S)=1\tag{1.5.29}$$

再利用式 (1.4.20)、式 (1.5.29) 和式 (1.4.7)，很容易证明由式 (1.5.21) 或式 (1.5.22) 所定义的自旋空间的密度矩阵 $\hat{\rho}$ 是归一化的。根据式 (1.5.12) 和式 (1.5.28) 可以证明

$$t_{LM}^{*}(S)=\sqrt{2L+1}\sum_{\sigma\sigma'}(-1)^{M}C_{S\sigma'\ L\ -M}^{S\sigma}\rho_{\sigma'\sigma}=(-1)^{M}t_{L\ -M}(S) \tag{1.5.30}$$

参考文献

[1] Wolfenstein L, Ashkin J. Invariance conditions on the scattering amplitudes for spin $\frac{1}{2}$ particles. Phys. Rev., 1952, 85: 947

[2] Wolfenstein L. Possible triple-scattering experimrnts. Phys. Rev., 1954, 96: 1654

[3] Wolfenstein L. Polarization of fast nucleons. Ann. Rev. Nucl. Sci., 1956, 6:43

[4] Hoshizaki N. Appendix: formalism of nucleon-nucleon scattering. Prog. Theor. Phys. Suppl., 1968, 42: 107

[5] Binstock J, Bryan R. Nucleon-nucleon scattering near 50MeV. Ⅱ. Sensitivity of various n-p observables to the phase parameters. Phys. Rev., 1974, D9: 2528

[6] Ohlsen G G. Polarization transfer and spin correlation experiments in nuclear physics. Rep. Prog. Phys., 1972, 35: 717

[7] Ohlsen G G, Gammel J L, Keaton P W. Description ^{4}He(d,d)^{4}He polarization-transfer experiments. Phys. Rev., 1972, C5: 1205

[8] Salzman G C, Mitchell C K, Ohlsen G G. Techniques for polarization transfer coefficient determination. Nucl. Inst. and Meth., 1973, 109: 61

[9] Robson B A. The Theory of Polarization Phenomena. Oxford: Clarendon Press, 1974

[10] Sperisen F, Gruebler W, Konig V. A general formalism for polarization transfer measurements. Nucl. Inst. and Meth., 1983, 204: 491

[11] Seiler F, Darden S E, Mcintyre L C, et al. Tensor polarization of deuterons scattered from He^{4} between 4 and 7.5MeV. Nucl. Phys., 1964, 53: 65

[12] Schwandt P, Haeberli W. Elastic scattering of polarized deuterons from ^{27}Al, Si and ^{60}Ni between 7 and 11MeV. Nucl. Phys., 1968, A110: 585

[13] Cords H, Din G U, Ivanovich M, et al. Tensor polarization of deuterons from ^{12}C-d elastic scattering. Nucl. Phys., 1968, A113: 608

[14] Schwandt P, Haeberli W. Optical-model analysis of d-Ca polarization and cross-section measurements from 5 to 34MeV. Nucl. Phys., 1969, A123: 401

[15] Gruebler W, Konig V, Schmelzbach P A, et al. Elastic scatteriong of vector polarized deutrons on ^{4}He. Nucl. Phys., 1969, A134: 686

[16] Djaloeis A, Nurzynski J. Tensor polarization of deuterons from the Mg(d, d)Mg elastic scattering at 7.0MeV. Nucl. Phys., 1971, A163: 113

[17] Djaloeis A, Nurzynski J. Tensor polarization and differential cross sections for the elastic scattering of deuterons by Si at low energies. Nucl. Phys., 1972, A181: 280

[18] Irshad M, Robson B A. Elastic scattering of 15MeV deuterons. Nucl. Phys., 1974, A218: 504

[19] Goddard R P, Haeberli W. The optical model for elastic scattering of 10 to 15MeV polarized deuterons from medium-weight nuclei. Nucl. Phys., 1979, A316: 116

[20] Matsuoka N, Sakai H, Saito T, et al. Optical model and folding model potential for elastic scattering of 56MeV polarized deuterons. Nucl. Phys., 1986, A455: 413

[21] Takei M, Aoki Y, Tagishi Y, et al. Tensor interaction in elastic scattering of polarized deutrons from medium-weight nuclei near E_d=22MeV. Nucl. Phys., 1987, A472: 41

[22] Iseri Y, Kameyama H, Kamimura M, et al. Virtual breakup effects in elastic scattering of polarized deutrons. Nucl. Phys., 1988, A490: 383

[23] Tamura T. Analyses of the scattering of nuclear particles by collective nuclei in terms of the coupled-channel calculation. Rev. Mod. Phys., 1965, 37: 679

[24] Li Rui, Sun W L, Soukhovitskii E S, et al. Dispersive coupled-channels optical-model potential with soft-rotator couplings for Cr, Fe, and Ni isotopes. Phys. Rev., 2013, C87: 054611

[25] Sun W L, Li R, Soukhovitskii E S, et al. A fully Lane-consistent dispersive optical model potential for even Fe isotopes based on a soft-rotator model. Nucl. Data Sheets, 2014, 118: 191

[26] 申庆彪. 低能和中能核反应理论 (上册). 北京：科学出版社，2005: 128, 295, 146, 196

[27] 申庆彪. 低能和中能核反应理论 (中册). 北京：科学出版社，2012: 114, 117, 138, 152

[28] An H X, Cai C H. Global deuteron optical model potential for the energy range up to 183MeV. Phys. Rev., 2006, C73: 054605

[29] Han Y L, Shi Y Y, Shen Q B. Deuteron global optical model potential for energies up to 200MeV. Phys. Rev., 2006, C74: 044615

[30] Daehnick W W, Childs J D, Vrcelj Z. Global optical model potential for elastic deuteron scattering from 12 to 90MeV. Phys. Rev., 1980, C21: 2253

[31] Varshalovich D A, Moskalev A N, Khersonskii V K. Quantum Theory of Angular Momentum. Singapore: World Scientific, 1988

[32] Zhang J S, Liu K F, Shuy G W. Neutron suppression in polarized dd fusion reaction. Phys. Rev., 1999, C60: 054614

[33] 洛斯 M E. 角动量理论. 万乙，译. 上海：上海科学技术出版社，1963

[34] Lakin W. Spin polarization of the deuteron. Phys. Rev., 1955, 98: 139

第2章　自旋 $\frac{1}{2}$ 粒子的核反应极化理论

2.1　泡利矩阵

根据式 (1.2.17)，自旋 $S=\frac{1}{2}$ 粒子的自旋基矢函数取为

$$\chi_{\frac{1}{2}\,\frac{1}{2}}=\begin{pmatrix}1\\0\end{pmatrix},\quad \chi_{\frac{1}{2}\,-\frac{1}{2}}=\begin{pmatrix}0\\1\end{pmatrix} \tag{2.1.1}$$

利用式 (2.1.1) 和表 2.1，由式 (1.2.20) 可以求得自旋 $\frac{1}{2}$ 粒子的自旋算符在球基坐标系的分量为

$$\hat{S}_1=-\frac{1}{\sqrt{2}}\begin{pmatrix}0&1\\0&0\end{pmatrix},\quad \hat{S}_0=\frac{1}{2}\begin{pmatrix}1&0\\0&-1\end{pmatrix},\quad \hat{S}_{-1}=\frac{1}{\sqrt{2}}\begin{pmatrix}0&0\\1&0\end{pmatrix} \tag{2.1.2}$$

表 2.1　C-G 系数 $C^{jm}_{l\;m-\mu\;1\mu}$ 表 [1]

	$\mu=1$	$\mu=0$	$\mu=-1$
$j=l+1$	$\sqrt{\frac{(l+m)(l+m+1)}{2(l+1)(2l+1)}}$	$\sqrt{\frac{(l-m+1)(l+m+1)}{(l+1)(2l+1)}}$	$\sqrt{\frac{(l-m)(l-m+1)}{2(l+1)(2l+1)}}$
$j=l$	$-\sqrt{\frac{(l+m)(l-m+1)}{2l(l+1)}}$	$\frac{m}{\sqrt{l(l+1)}}$	$\sqrt{\frac{(l-m)(l+m+1)}{2l(l+1)}}$
$j=l-1$	$\sqrt{\frac{(l-m)(l-m+1)}{2l(2l+1)}}$	$-\sqrt{\frac{(l-m)(l+m)}{l(2l+1)}}$	$\sqrt{\frac{(l+m)(l+m+1)}{2l(2l+1)}}$

利用式 (1.2.22) 由上式可以求得自旋 $\frac{1}{2}$ 粒子自旋算符的直角坐标系的分量为

$$\hat{S}_x=\frac{1}{2}\begin{pmatrix}0&1\\1&0\end{pmatrix},\quad \hat{S}_y=\frac{1}{2}\begin{pmatrix}0&-\mathrm{i}\\\mathrm{i}&0\end{pmatrix},\quad \hat{S}_z=\frac{1}{2}\begin{pmatrix}1&0\\0&-1\end{pmatrix} \tag{2.1.3}$$

对于自旋 $\frac{1}{2}$ 粒子，令

$$\hat{S}=\frac{1}{2}\hat{\sigma} \tag{2.1.4}$$

$\hat{\sigma}$ 称为泡利矩阵，由式 (2.1.2) 和式 (2.1.3) 可以得到泡利矩阵的球基坐标系分量和直角坐标系分量分别为

$$\hat{\sigma}_{+1}=\begin{pmatrix}0 & -\sqrt{2}\\ 0 & 0\end{pmatrix},\quad \hat{\sigma}_0=\begin{pmatrix}1 & 0\\ 0 & -1\end{pmatrix},\quad \hat{\sigma}_{-1}=\begin{pmatrix}0 & 0\\ \sqrt{2} & 0\end{pmatrix} \tag{2.1.5}$$

$$\hat{\sigma}_x=\begin{pmatrix}0 & 1\\ 1 & 0\end{pmatrix},\quad \hat{\sigma}_y=\begin{pmatrix}0 & -\mathrm{i}\\ \mathrm{i} & 0\end{pmatrix},\quad \hat{\sigma}_z=\begin{pmatrix}1 & 0\\ 0 & -1\end{pmatrix} \tag{2.1.6}$$

泡利矩阵具有以下性质

$$\hat{\sigma}_i^+=\hat{\sigma}_i,\quad i=x,y,z \tag{2.1.7}$$

$$\hat{\sigma}_\mu^+=(-1)^\mu\hat{\sigma}_{-\mu},\quad \mu=\pm1,0 \tag{2.1.8}$$

$$\hat{\sigma}_i^2=\hat{I},\quad i=x,y,z \tag{2.1.9}$$

$$\hat{\sigma}^2=\hat{\sigma}_x^2+\hat{\sigma}_y^2+\hat{\sigma}_z^2=3\hat{I} \tag{2.1.10}$$

$$\hat{\sigma}_x\hat{\sigma}_y=-\hat{\sigma}_y\hat{\sigma}_x=\mathrm{i}\hat{\sigma}_z,\quad \hat{\sigma}_y\hat{\sigma}_z=-\hat{\sigma}_z\hat{\sigma}_y=\mathrm{i}\hat{\sigma}_x,\quad \hat{\sigma}_z\hat{\sigma}_x=-\hat{\sigma}_x\hat{\sigma}_z=\mathrm{i}\hat{\sigma}_y \tag{2.1.11}$$

可以把式 (2.1.9) 与式 (2.1.11) 合并写成

$$\hat{\sigma}_i\hat{\sigma}_k=\delta_{ik}\hat{I}+\mathrm{i}\sum_l\varepsilon_{ikl}\hat{\sigma}_l \tag{2.1.12}$$

ε_{ikl} 的定义见式 (1.2.7)。$\hat{I}$ 是二维单位矩阵。泡利矩阵满足以下对易和反对易关系

$$\hat{\sigma}\times\hat{\sigma}=2\mathrm{i}\hat{\sigma},\quad [\hat{\sigma}_i,\hat{\sigma}_k]=2\mathrm{i}\varepsilon_{ikl}\hat{\sigma}_l,\quad \{\hat{\sigma}_i,\hat{\sigma}_k\}=2\delta_{ik}\hat{I},\quad i=x,y,z \tag{2.1.13}$$

$$[\hat{\sigma}_\mu,\hat{\sigma}_\nu]=-2\sqrt{2}C_{1\mu\ 1\nu}^{1\lambda}\hat{\sigma}_\lambda,\quad \{\hat{\sigma}_\mu,\hat{\sigma}_\nu\}=2(-1)^\mu\delta_{\mu\ -\nu}\hat{I},\quad \mu,\nu,\lambda=\pm1,0 \tag{2.1.14}$$

由式 (2.1.8) 和式 (2.1.14) 又可得到

$$[\hat{\sigma}_\mu^+,\hat{\sigma}_\nu]=2\sqrt{2}(-1)^{1+\mu}C_{1\ -\mu\ 1\nu}^{1\ \nu-\mu}\hat{\sigma}_{\nu-\mu},\quad \mu,\nu=\pm1,0 \tag{2.1.15}$$

设 $\vec{a}$ 为常矢量，利用反对易关系式 (2.1.13) 可以证明

$$\left(\vec{a}\cdot\hat{\sigma}\right)\left(\vec{a}\cdot\hat{\sigma}\right)=\left(a_x^2+a_y^2+a_z^2\right)\hat{I}=a^2\hat{I} \tag{2.1.16}$$

再利用式 (2.1.12) 可以证明 [2]

$$\hat{\sigma}\left(\vec{a}\cdot\hat{\sigma}\right)=\vec{a}+\mathrm{i}\left(\vec{a}\times\hat{\sigma}\right),\quad \left(\vec{a}\cdot\hat{\sigma}\right)\hat{\sigma}=\vec{a}-\mathrm{i}\left(\vec{a}\times\hat{\sigma}\right) \tag{2.1.17}$$

有矢量公式

$$\vec{a}\times\left(\vec{b}\times\vec{c}\right)=\vec{b}\left(\vec{a}\cdot\vec{c}\right)-\vec{c}\left(\vec{a}\cdot\vec{b}\right) \tag{2.1.18}$$

于是求得

$$\left(\hat{\sigma}\times\vec{a}\right)\times\vec{a}=-a^2\hat{\sigma}+\left(\vec{a}\cdot\hat{\sigma}\right)\vec{a} \tag{2.1.19}$$

利用式 (2.1.12) 及 ε_{ijk} 的性质可以证明

$$\left(\vec{a}\cdot\hat{\sigma}\right)\hat{\sigma}\left(\vec{a}\cdot\hat{\sigma}\right)=2\left(\vec{a}\cdot\hat{\sigma}\right)\vec{a}-a^2\hat{\sigma} \tag{2.1.20}$$

泡利矩阵球基坐标系分量作用在自旋基矢态上有以下关系式

$$\hat{\sigma}_\mu\chi_{\frac{1}{2}m}=-\sqrt{3}C_{1\ \mu\ \frac{1}{2}m}^{\frac{1}{2}\ m+\mu}\chi_{\frac{1}{2}\ m+\mu}=\sqrt{2}(-1)^{\frac{1}{2}-m}C_{\frac{1}{2}\ m+\mu\ \frac{1}{2}\ -m}^{1\ \mu}\chi_{\frac{1}{2}\ m+\mu} \tag{2.1.21}$$

并可求得

$$\langle m\left|\hat{\sigma}\right|m\rangle=\sum_\mu(-1)^\mu\langle m\left|\hat{\sigma}_\mu\right|m\rangle\vec{\mathrm{e}}_{-\mu}=\sqrt{2}\sum_\mu(-1)^{\mu+\frac{1}{2}-m}C_{\frac{1}{2}\ m+\mu\ \frac{1}{2}\ -m}^{1\ \mu}\vec{\mathrm{e}}_{-\mu} \tag{2.1.22}$$

利用式 (2.1.9) 和式 (2.1.11) 可以证明泡利矩阵乘积有以下求迹公式

$$\begin{aligned}&\mathrm{tr}\left\{\hat{\sigma}_i\right\}=0,\quad \mathrm{tr}\left\{\hat{\sigma}_i\hat{\sigma}_k\right\}=2\delta_{ik},\quad \mathrm{tr}\left\{\hat{\sigma}_i\hat{\sigma}_k\hat{\sigma}_l\right\}=2\mathrm{i}\varepsilon_{ikl}\\&\mathrm{tr}\left\{\hat{\sigma}_i\hat{\sigma}_k\hat{\sigma}_l\hat{\sigma}_m\right\}=2\left(\delta_{ik}\delta_{lm}-\delta_{il}\delta_{km}+\delta_{im}\delta_{kl}\right),\quad i,k,l,m=x,y,z\end{aligned} \tag{2.1.23}$$

对于泡利矩阵的球基坐标分量的乘积有以下求迹公式 [1]

$$\begin{aligned}&\mathrm{tr}\left\{\hat{\sigma}_\mu\right\}=0,\quad \mathrm{tr}\left\{\hat{\sigma}_\mu\hat{\sigma}_\nu\right\}=2(-1)^\mu\delta_{\mu\ -\nu}\\&\mathrm{tr}\left\{\hat{\sigma}_\mu\hat{\sigma}_\nu\hat{\sigma}_\lambda\right\}=-2\sqrt{6}\begin{pmatrix}1&1&1\\\mu&\nu&\lambda\end{pmatrix}=2\sqrt{2}(-1)^{1+\lambda}C_{1\mu\ 1\nu}^{1\ -\lambda}\\&\mathrm{tr}\left\{\hat{\sigma}_\mu\hat{\sigma}_\nu\hat{\sigma}_\lambda\hat{\sigma}_\rho\right\}=2(-1)^\mu\Big\{(-1)^\lambda\delta_{\mu\ -\nu}\delta_{\lambda\ -\rho}-(-1)^\nu\delta_{\mu\ -\lambda}\delta_{\nu\ -\rho}\\&\qquad\qquad+(-1)^\nu\delta_{\mu\ -\rho}\delta_{\nu\ -\lambda}\Big\},\quad \mu,\nu,\lambda,\rho=\pm1,0\end{aligned} \tag{2.1.24}$$

2.2 自旋 $\frac{1}{2}$ 粒子束流的极化

通过上一级的散射或核反应来获得极化粒子束流是一种常用的实验方法，另外，当非极化的粒子束流通过外加均匀强磁场时会把具有不同磁量子数的粒子区分开，也是一种获得极化粒子束流的实验方法。

自旋 $\frac{1}{2}$ 粒子的任意自旋波函数 $X_{\frac{1}{2}}$ 可以用自旋基矢函数展开

$$X_{\frac{1}{2}}=\sum_{m=-\frac{1}{2}}^{\frac{1}{2}}a^m\chi_{\frac{1}{2}m}=\begin{pmatrix}a^{\frac{1}{2}}\\a^{-\frac{1}{2}}\end{pmatrix} \tag{2.2.1}$$

其中，a^m 是自旋函数 $X_{\frac{1}{2}}$ 的抗变分量。与式 (2.2.1) 对应的厄米共轭函数为

$$X_{\frac{1}{2}}^{+}=\sum_{m=-\frac{1}{2}}^{\frac{1}{2}} a^{m*}\chi_{\frac{1}{2}m}^{+}=\begin{pmatrix} a^{\frac{1}{2}*} & a^{-\frac{1}{2}*} \end{pmatrix} \tag{2.2.2}$$

由归一化条件

$$X_{\frac{1}{2}}^{+}X_{\frac{1}{2}}=1 \tag{2.2.3}$$

可以得到

$$\left|a^{\frac{1}{2}}\right|^{2}+\left|a^{-\frac{1}{2}}\right|^{2}=1 \tag{2.2.4}$$

因而可以把 a^m 解释为粒子自旋在 z 轴上的投影为 m 的概率振幅。如果粒子自旋是沿 z 轴方向的，便有

$$a^{\frac{1}{2}}=1,\quad a^{-\frac{1}{2}}=0,\quad X_{\frac{1}{2}}=\chi_{\frac{1}{2}\frac{1}{2}}=\begin{pmatrix} 1 \\ 0 \end{pmatrix} \tag{2.2.5}$$

这时粒子沿 z 轴方向是完全极化的。如果粒子自旋是沿负 z 轴方向的，便有

$$a^{\frac{1}{2}}=0,\quad a^{-\frac{1}{2}}=1,\quad X_{\frac{1}{2}}=\chi_{\frac{1}{2}\ -\frac{1}{2}}=\begin{pmatrix} 0 \\ 1 \end{pmatrix} \tag{2.2.6}$$

这时粒子沿负 z 轴方向是完全极化的。

对于纯态自旋 $\dfrac{1}{2}$ 粒子的极化密度矩阵可以写成

$$\hat{\rho}=X_{\frac{1}{2}}X_{\frac{1}{2}}^{+}=\left(\sum_{m} a^{m}\chi_{\frac{1}{2}m}\right)\left(\sum_{m'} a^{m'*}\chi_{\frac{1}{2}m'}^{+}\right) \tag{2.2.7}$$

这里没有要求 $X_{\frac{1}{2}}$ 和 $\hat{\rho}$ 是归一化的。$\hat{\rho}$ 的矩阵元为

$$\rho_{ik}=\chi_{\frac{1}{2}i}^{+}\hat{\rho}\chi_{\frac{1}{2}k}=a^{i}a^{k*} \tag{2.2.8}$$

写成矩阵形式则为

$$\hat{\rho}=X_{\frac{1}{2}}X_{\frac{1}{2}}^{+}=\begin{pmatrix} \left|a^{\frac{1}{2}}\right|^{2} & a^{\frac{1}{2}}a^{-\frac{1}{2}*} \\ a^{-\frac{1}{2}}a^{\frac{1}{2}*} & \left|a^{-\frac{1}{2}}\right|^{2} \end{pmatrix} \tag{2.2.9}$$

首先可以求得

$$I\equiv \operatorname{tr}\{\hat{\rho}\}=\left|a^{\frac{1}{2}}\right|^{2}+\left|a^{-\frac{1}{2}}\right|^{2} \tag{2.2.10}$$

再定义自旋 $\frac{1}{2}$ 粒子的极化率为

$$Ip_i = \langle \sigma_i \rangle, \quad i = x, y, z \tag{2.2.11}$$

利用由式 (1.5.19) 给出的期望值法，再根据式 (2.2.11)、式 (2.1.6) 和式 (2.2.9)，便可以得到以下的极化率

$$\begin{aligned} Ip_x &= a^{\frac{1}{2}} a^{-\frac{1}{2}*} + a^{-\frac{1}{2}} a^{\frac{1}{2}*} = 2\mathrm{Re}\left(a^{\frac{1}{2}} a^{-\frac{1}{2}*}\right) \\ Ip_y &= \mathrm{i}\left(a^{\frac{1}{2}} a^{-\frac{1}{2}*} - a^{-\frac{1}{2}} a^{\frac{1}{2}*}\right) = -2\mathrm{Im}\left(a^{\frac{1}{2}} a^{-\frac{1}{2}*}\right) \\ Ip_z &= \left|a^{\frac{1}{2}}\right|^2 - \left|a^{-\frac{1}{2}}\right|^2 \end{aligned} \tag{2.2.12}$$

其中，Re 和 Im 分别表示取实部和取虚部。以上结果表明，只有束流粒子波函数在不同的自旋磁量子数的分波上有相同的概率，而且不同分波之间又不相干，束流才是非极化的。于是由式 (2.2.9) 和式 (2.2.12) 得到

$$\hat{\rho} = \frac{1}{2} I \begin{pmatrix} 1 + p_z & p_x - \mathrm{i}p_y \\ p_x + \mathrm{i}p_y & 1 - p_z \end{pmatrix} \tag{2.2.13}$$

假设来自极化离子源的自旋 $\frac{1}{2}$ 粒子在沿外磁场方向具有极化矢量 $\vec{p}$，$\vec{p}$ 的方向就是粒子极化方向。要注意，粒子极化方向和粒子束流运动方向是两码事。这里先把粒子极化方向选为 z 轴。在以粒子极化方向为 z 轴的 xyz 坐标系中，粒子极化矢量分量一定满足 $p_x = p_y = 0$，于是由式 (2.2.13) 可以看出，在这种情况下粒子密度矩阵为对角矩阵。我们用 $N_{\frac{1}{2}}$ 和 $N_{-\frac{1}{2}}$ 分别代表对应于自旋向上和自旋向下的相对粒子数，并要求它们满足归一化条件

$$N_{\frac{1}{2}} + N_{-\frac{1}{2}} = 1 \tag{2.2.14}$$

在以粒子极化方向为 z 轴的 xyz 坐标系中，自旋 $\frac{1}{2}$ 粒子的密度矩阵为

$$\begin{aligned} \hat{\rho}_0 &= \begin{pmatrix} \sqrt{N_{\frac{1}{2}}} \\ 0 \end{pmatrix} \begin{pmatrix} \sqrt{N_{\frac{1}{2}}} & 0 \end{pmatrix} + \begin{pmatrix} 0 \\ \sqrt{N_{-\frac{1}{2}}} \end{pmatrix} \begin{pmatrix} 0 & \sqrt{N_{-\frac{1}{2}}} \end{pmatrix} \\ &= \begin{pmatrix} N_{\frac{1}{2}} & 0 \\ 0 & N_{-\frac{1}{2}} \end{pmatrix} \end{aligned} \tag{2.2.15}$$

于是根据式 (2.2.14)、式 (2.2.15) 和式 (2.1.6) 可以求得

$$I = \mathrm{tr}\left\{\hat{\rho}_0\right\} = N_{\frac{1}{2}} + N_{-\frac{1}{2}} = 1, \quad Ip_z = \mathrm{tr}\left\{\hat{\sigma}_z \hat{\rho}_0\right\} = N_{\frac{1}{2}} - N_{-\frac{1}{2}} \tag{2.2.16}$$

$$Ip_i = \mathrm{tr}\left\{\hat{\sigma}_i \hat{\rho}_0\right\} = 0, \quad i = x, y \tag{2.2.17}$$

上述情况属于不同自旋磁量子数的粒子态之间互不相干，但是处在不同自旋磁量子数的粒子态的份额可能不相等的极化粒子态。

上面是在入射粒子极化方向为 z 轴的 xyz 坐标系中给出的结果。如果我们选用以入射粒子运动方向为 z' 轴的 $x'y'z'$ 新坐标系，并假设原坐标系的 z 轴在 $x'y'z'$ 坐标系中的极角为 θ，方位角为 φ。在两种坐标系中具有粒子数意义的 $I = N_{\frac{1}{2}} + N_{-\frac{1}{2}}$ 不会改变，但是原来的极化分量 $Ip_z = N_{\frac{1}{2}} - N_{-\frac{1}{2}}$ 在新坐标系中的三个分量分别为

$$\begin{aligned} &Ip_{x'} = \left(N_{\frac{1}{2}} - N_{-\frac{1}{2}}\right)\sin\theta\cos\varphi, \quad Ip_{y'} = \left(N_{\frac{1}{2}} - N_{-\frac{1}{2}}\right)\sin\theta\sin\varphi \\ &Ip_{z'} = \left(N_{\frac{1}{2}} - N_{-\frac{1}{2}}\right)\cos\theta \end{aligned} \tag{2.2.18}$$

利用式 (2.2.18) 和式 (2.2.13)，可以得到在 $x'y'z'$ 坐标系中的极化密度矩阵为

$$\hat{\rho}' = \frac{1}{2}\begin{pmatrix} \left(N_{\frac{1}{2}} + N_{-\frac{1}{2}}\right) + \left(N_{\frac{1}{2}} - N_{-\frac{1}{2}}\right)\cos\theta & \left(N_{\frac{1}{2}} - N_{-\frac{1}{2}}\right)\sin\theta \mathrm{e}^{-\mathrm{i}\varphi} \\ \left(N_{\frac{1}{2}} - N_{-\frac{1}{2}}\right)\sin\theta \mathrm{e}^{\mathrm{i}\varphi} & \left(N_{\frac{1}{2}} + N_{-\frac{1}{2}}\right) - \left(N_{\frac{1}{2}} - N_{-\frac{1}{2}}\right)\cos\theta \end{pmatrix} \tag{2.2.19}$$

设 $\chi'_{\frac{1}{2}\frac{1}{2}}$ 和 $\chi'_{\frac{1}{2}\ -\frac{1}{2}}$ 是在新的 $x'y'z'$ 坐标系中沿其运动方向的粒子自旋波函数的分量，相应的粒子数权重仍然是 $N_{\frac{1}{2}}$ 和 $N_{-\frac{1}{2}}$。令

$$\chi'_{\frac{1}{2}\frac{1}{2}} = \begin{pmatrix} u \\ v \end{pmatrix}, \quad \chi'_{\frac{1}{2}\ -\frac{1}{2}} = \begin{pmatrix} t \\ s \end{pmatrix} \tag{2.2.20}$$

可以求得

$$\hat{\rho}' = \sum_m N_m \chi'_{\frac{1}{2}m} \chi^{+\prime}_{\frac{1}{2}m} = \begin{pmatrix} N_{\frac{1}{2}}|u|^2 + N_{-\frac{1}{2}}|t|^2 & N_{\frac{1}{2}}uv^* + N_{-\frac{1}{2}}ts^* \\ N_{\frac{1}{2}}u^*v + N_{-\frac{1}{2}}t^*s & N_{\frac{1}{2}}|v|^2 + N_{-\frac{1}{2}}|s|^2 \end{pmatrix} \tag{2.2.21}$$

把式 (2.2.21) 与式 (2.2.19) 对比可得

$$\begin{aligned} &uu^* = \frac{1}{2}(1+\cos\theta), \quad vv^* = \frac{1}{2}(1-\cos\theta) \\ &uv^* = \frac{1}{2}\sin\theta \mathrm{e}^{-\mathrm{i}\varphi}, \quad u^*v = \frac{1}{2}\sin\theta \mathrm{e}^{\mathrm{i}\varphi} \\ &tt^* = \frac{1}{2}(1-\cos\theta), \quad ss^* = \frac{1}{2}(1+\cos\theta) \\ &ts^* = -\frac{1}{2}\sin\theta \mathrm{e}^{-\mathrm{i}\varphi}, \quad t^*s = -\frac{1}{2}\sin\theta \mathrm{e}^{\mathrm{i}\varphi} \end{aligned} \tag{2.2.22}$$

利用三角公式可把上式化成

$$
\begin{aligned}
&uu^* = \cos^2\frac{\theta}{2}, && vv^* = \sin^2\frac{\theta}{2}\\
&uv^* = \sin\frac{\theta}{2}\cos\frac{\theta}{2}\mathrm{e}^{-\mathrm{i}\varphi}, && u^*v = \sin\frac{\theta}{2}\cos\frac{\theta}{2}\mathrm{e}^{\mathrm{i}\varphi}\\
&tt^* = \sin^2\frac{\theta}{2}, && ss^* = \cos^2\frac{\theta}{2}\\
&ts^* = -\sin\frac{\theta}{2}\cos\frac{\theta}{2}\mathrm{e}^{-\mathrm{i}\varphi}, && t^*s = -\sin\frac{\theta}{2}\cos\frac{\theta}{2}\mathrm{e}^{\mathrm{i}\varphi}
\end{aligned} \tag{2.2.23}
$$

于是可以求得

$$
\begin{aligned}
&u = \cos\frac{\theta}{2}\mathrm{e}^{-\mathrm{i}\frac{\varphi}{2}}, && v = \sin\frac{\theta}{2}\mathrm{e}^{\mathrm{i}\frac{\varphi}{2}}\\
&t = -\sin\frac{\theta}{2}\mathrm{e}^{-\mathrm{i}\frac{\varphi}{2}}, && s = \cos\frac{\theta}{2}\mathrm{e}^{\mathrm{i}\frac{\varphi}{2}}
\end{aligned} \tag{2.2.24}
$$

当然，在上式中 u 和 v 或 t 和 s 同时改变正负号仍然满足式 (2.2.23)，这只是相位取法问题，波函数的平方才具有概率的物理意义。于是可把式 (2.2.20) 改写成

$$
\chi'_{\frac{1}{2}\frac{1}{2}} = \begin{pmatrix} \cos\frac{\theta}{2}\mathrm{e}^{-\mathrm{i}\frac{\varphi}{2}} \\ \sin\frac{\theta}{2}\mathrm{e}^{\mathrm{i}\frac{\varphi}{2}} \end{pmatrix}, \quad \chi'_{\frac{1}{2}\ -\frac{1}{2}} = \begin{pmatrix} -\sin\frac{\theta}{2}\mathrm{e}^{-\mathrm{i}\frac{\varphi}{2}} \\ \cos\frac{\theta}{2}\mathrm{e}^{\mathrm{i}\frac{\varphi}{2}} \end{pmatrix} \tag{2.2.25}
$$

自旋 $\frac{1}{2}$ 粒子的螺旋基矢函数 $\chi_{\frac{1}{2}\lambda}(\theta,\varphi)\left(\lambda=\pm\frac{1}{2}\right)$ 描述其自旋在其线性动量方向 $\vec{n}(\theta,\varphi)=\vec{p}/p$ 上的投影为 λ 的自旋态。这些函数是算符 $\hat{S}^2$ 和 $\hat{S}\cdot\vec{n}$ 的共同本征函数

$$
\hat{S}^2\chi_{\frac{1}{2}\lambda}(\theta,\varphi) = \frac{3}{4}\chi_{\frac{1}{2}\lambda}(\theta,\varphi), \quad \left(\hat{S}\cdot\vec{n}\right)\chi_{\frac{1}{2}\lambda}(\theta,\varphi) = \lambda\chi_{\frac{1}{2}\lambda}(\theta,\varphi) \tag{2.2.26}
$$

根据式 (1.3.6) 可以从通常的自旋基矢函数 $\chi_{\frac{1}{2}m}$ 求得相应的螺旋基矢函数为

$$
\chi_{\frac{1}{2}\lambda}(\theta,\varphi) = \sum_m D^{\frac{1}{2}}_{m\lambda}(\varphi,\theta,0)\,\chi_{\frac{1}{2}m} \tag{2.2.27}
$$

$$
\chi_{\frac{1}{2}m} = \sum_\lambda D^{\frac{1}{2}}_{-\lambda\ -m}(0,\theta,\varphi)\,\chi_{\frac{1}{2}\lambda}(\theta,\varphi) \tag{2.2.28}
$$

相应的厄米共轭表达式为

$$
\chi^+_{\frac{1}{2}\lambda}(\theta,\varphi) = \sum_m (-1)^{\lambda-m} D^{\frac{1}{2}}_{-m\ -\lambda}(\varphi,\theta,0)\,\chi^+_{\frac{1}{2}m} \tag{2.2.29}
$$

$$
\chi^+_{\frac{1}{2}m} = \sum_m (-1)^{\lambda-m} D^{\frac{1}{2}}_{\lambda m}(0,\theta,\varphi)\,\chi^+_{\frac{1}{2}\lambda}(\theta,\varphi) \tag{2.2.30}
$$

其正交归一化条件为

$$\chi^{+}_{\frac{1}{2}\lambda'}(\theta,\varphi)\,\chi_{\frac{1}{2}\lambda}(\theta,\varphi)=\delta_{\lambda'\lambda} \tag{2.2.31}$$

完备性条件为

$$\sum_{\lambda}\chi_{\frac{1}{2}\lambda}(\theta,\varphi)\,\chi^{+}_{\frac{1}{2}\lambda}(\theta,\varphi)=\hat{I} \tag{2.2.32}$$

D 函数有以下表达式

$$D^{J}_{MM'}(\alpha,\beta,\gamma)=\mathrm{e}^{-\mathrm{i}M\alpha}d^{J}_{MM'}(\beta)\,\mathrm{e}^{-\mathrm{i}M'\gamma} \tag{2.2.33}$$

表 2.2 给出了 $d^{\frac{1}{2}}_{MM'}(\beta)$ 的具体表达式。于是由式 (2.2.27) 和式 (2.2.29) 可以得到螺旋函数的具体表达式为 [1]

$$\chi_{\frac{1}{2}\frac{1}{2}}(\theta,\varphi)=\begin{pmatrix}\cos\dfrac{\theta}{2}\mathrm{e}^{-\mathrm{i}\frac{\varphi}{2}}\\ \sin\dfrac{\theta}{2}\mathrm{e}^{\mathrm{i}\frac{\varphi}{2}}\end{pmatrix},\quad \chi_{\frac{1}{2}\,-\frac{1}{2}}(\theta,\varphi)=\begin{pmatrix}-\sin\dfrac{\theta}{2}\mathrm{e}^{-\mathrm{i}\frac{\varphi}{2}}\\ \cos\dfrac{\theta}{2}\mathrm{e}^{\mathrm{i}\frac{\varphi}{2}}\end{pmatrix} \tag{2.2.34}$$

$$\chi^{+}_{\frac{1}{2}\frac{1}{2}}(\theta,\varphi)=\begin{pmatrix}\cos\dfrac{\theta}{2}\mathrm{e}^{\mathrm{i}\frac{\varphi}{2}} & \sin\dfrac{\theta}{2}\mathrm{e}^{-\mathrm{i}\frac{\varphi}{2}}\end{pmatrix},\quad \chi^{+}_{\frac{1}{2}\,-\frac{1}{2}}(\theta,\varphi)=\begin{pmatrix}-\sin\dfrac{\theta}{2}\mathrm{e}^{\mathrm{i}\frac{\varphi}{2}} & \cos\dfrac{\theta}{2}\mathrm{e}^{-\mathrm{i}\frac{\varphi}{2}}\end{pmatrix} \tag{2.2.35}$$

式 (2.2.34) 与由式 (2.2.25) 给出的结果完全一致。

表 2.2 $d^{\frac{1}{2}}_{MM'}(\beta)$ 的表达式 [1]

M	M'	
	$\frac{1}{2}$	$-\frac{1}{2}$
$\frac{1}{2}$	$\cos\frac{\beta}{2}$	$-\sin\frac{\beta}{2}$
$-\frac{1}{2}$	$\sin\frac{\beta}{2}$	$\cos\frac{\beta}{2}$

当 $S=\dfrac{1}{2}$ 时，由式 (1.5.21) 可以写出对应的归一化的极化密度矩阵为

$$\hat{\rho}=\frac{1}{2}\left[t_{00}\hat{T}_{00}\left(\frac{1}{2}\right)+\vec{t}_{1}\cdot\hat{T}_{1}\left(\frac{1}{2}\right)\right] \tag{2.2.36}$$

由式 (1.4.8) 可以求得

$$\hat{T}_{1}\left(\frac{1}{2}\right)=2\hat{S}=\hat{\sigma} \tag{2.2.37}$$

可见 $\hat{T}_{1}\left(\dfrac{1}{2}\right)$ 就等于泡利矩阵 $\hat{\sigma}$。再令

$$\vec{p}=\vec{t}_{1} \tag{2.2.38}$$

并利用式 (1.4.7) 和式 (1.5.29)，由式 (2.2.36) 可以得到

$$\hat{\rho}=\frac{1}{2}\left(\hat{I}+\vec{p}\cdot\hat{\sigma}\right) \tag{2.2.39}$$

把上式在直角坐标系中展开则为

$$\hat{\rho}=\frac{1}{2}\left(\hat{I}+p_x\hat{\sigma}_x+p_y\hat{\sigma}_y+p_z\hat{\sigma}_z\right) \tag{2.2.40}$$

注意到入射粒子的密度矩阵 $\hat{\rho}$ 是归一化的，再利用式 (1.5.19) 和求迹公式 (2.1.23) 可以求得

$$\left\langle\vec{\sigma}\right\rangle=\mathrm{tr}\left\{\vec{\sigma}\hat{\rho}\right\}=\vec{p} \tag{2.2.41}$$

可见 $\vec{p}$ 是系统的极化矢量，其绝对值 p 称为极化度，并有 $0\leqslant p\leqslant 1$。根据式 (2.2.38) 和式 (1.5.28) 可以得到

$$p_\mu=\sqrt{3}\sum_{\sigma\sigma'}C_{\frac{1}{2}\sigma\ 1\mu}^{\frac{1}{2}\sigma'}\rho_{\sigma\sigma'} \tag{2.2.42}$$

对于 $\vec{p}=0$ 的非极化状态，由式 (2.2.39) 可得

$$\hat{\rho}_{\mathrm{unpol}}=\frac{1}{2}\hat{I} \tag{2.2.43}$$

2.3　自旋 $\frac{1}{2}$ 非极化粒子与自旋 0 靶核发生弹性散射的极化理论

参考文献 [2] 中的式 (5.5.14) 给出的自旋 $\frac{1}{2}$ 粒子与自旋 0 靶核发生形状弹性散射时在非极化情况下的微分截面为

$$\frac{\mathrm{d}\sigma^0}{\mathrm{d}\Omega}=\frac{1}{2}\sum_{\mu\mu'}\left|F_{\mu'\mu}(\theta,\varphi)\right|^2 \tag{2.3.1}$$

其中，散射振幅为

$$F_{\mu'\mu}(\theta,\varphi)=f_{\mathrm{C}}(\theta)\,\delta_{\mu'\mu}+\frac{\mathrm{i}\sqrt{\pi}}{k}\sum_{lj}\sqrt{2l+1}\mathrm{e}^{2\mathrm{i}\sigma_l}\left(1-S_l^j\right)C_{l0\ \frac{1}{2}\mu}^{j\mu}C_{lm_l\ \frac{1}{2}\mu'}^{j\mu}\mathrm{Y}_{lm_l}(\theta,\varphi) \tag{2.3.2}$$

式中，k 是粒子波数；S_l^j 是由球形核光学模型求得的 S 矩阵元；$f_{\mathrm{C}}(\theta)$ 是库仑散射振幅，在参考文献 [2] 中的式 (3.3.41) 已给出

$$f_{\mathrm{C}}(\theta)=-\frac{\eta}{2k\sin^2\dfrac{\theta}{2}}\mathrm{e}^{-\mathrm{i}\eta\ln\left(\sin^2\frac{\theta}{2}\right)+2\mathrm{i}\sigma_0} \tag{2.3.3}$$

其中

$$\eta = \frac{\mu z Z e^2}{\hbar^2 k} \tag{2.3.4}$$

式中，z 和 Z 分别为入射粒子和靶核电荷数；μ 为约化质量。相移因子 σ_l 满足关系式

$$\mathrm{e}^{2\mathrm{i}\sigma_l} = \frac{\Gamma(l+1+\mathrm{i}\eta)}{\Gamma(l+1-\mathrm{i}\eta)}, \quad \sigma_0 = \frac{1}{2\mathrm{i}}\ln\frac{\Gamma(1+\mathrm{i}\eta)}{\Gamma(1-\mathrm{i}\eta)} \tag{2.3.5}$$

式中，Γ 是伽马函数。

有如下的球谐函数和缔合 Legendre 函数表达式

$$\mathrm{Y}_{lm_l}(\theta,\varphi) = (-1)^{m_l}\sqrt{\frac{2l+1}{4\pi}}\sqrt{\frac{(l-m_l)!}{(l+m_l)!}}\mathrm{P}_l^{m_l}(\cos\theta)\,\mathrm{e}^{\mathrm{i}m_l\varphi} \tag{2.3.6}$$

$$\mathrm{P}_l^{-m}(x) = (-1)^m\frac{(l-m)!}{(l+m)!}\mathrm{P}_l^m(x) \tag{2.3.7}$$

于是可以求得

$$\mathrm{Y}_{l1} = -\sqrt{\frac{2l+1}{4\pi}}\sqrt{\frac{1}{l(l+1)}}\mathrm{P}_l^1\mathrm{e}^{\mathrm{i}\varphi}, \quad \mathrm{Y}_{l\ -1} = \sqrt{\frac{2l+1}{4\pi}}\sqrt{\frac{1}{l(l+1)}}\mathrm{P}_l^1\mathrm{e}^{-\mathrm{i}\varphi} \tag{2.3.8}$$

由表 2.3 可以求得以下 C-G 系数

$$\begin{aligned} C_{l0\ \frac{1}{2}\frac{1}{2}}^{l+\frac{1}{2}\ \frac{1}{2}} &= \sqrt{\frac{l+1}{2l+1}}, \quad C_{l0\ \frac{1}{2}\frac{1}{2}}^{l-\frac{1}{2}\ \frac{1}{2}} = -\sqrt{\frac{l}{2l+1}} \\ C_{l0\ \frac{1}{2}\ -\frac{1}{2}}^{l+\frac{1}{2}\ -\frac{1}{2}} &= \sqrt{\frac{l+1}{2l+1}}, \quad C_{l0\ \frac{1}{2}\ -\frac{1}{2}}^{l-\frac{1}{2}\ -\frac{1}{2}} = \sqrt{\frac{l}{2l+1}} \end{aligned} \tag{2.3.9}$$

$$\begin{aligned} C_{l1\ \frac{1}{2}\ -\frac{1}{2}}^{l+\frac{1}{2}\ \frac{1}{2}} &= \sqrt{\frac{l}{2l+1}}, \quad C_{l1\ \frac{1}{2}\ -\frac{1}{2}}^{l-\frac{1}{2}\ \frac{1}{2}} = \sqrt{\frac{l+1}{2l+1}} \\ C_{l\ -1\ \frac{1}{2}\frac{1}{2}}^{l+\frac{1}{2}\ -\frac{1}{2}} &= \sqrt{\frac{l}{2l+1}}, \quad C_{l\ -1\ \frac{1}{2}\frac{1}{2}}^{l-\frac{1}{2}\ -\frac{1}{2}} = -\sqrt{\frac{l+1}{2l+1}} \end{aligned} \tag{2.3.10}$$

把式 (2.3.8) ~ 式 (2.3.10) 代入式 (2.3.2) 便可求得

$$F_{\frac{1}{2}\frac{1}{2}}(\theta,\varphi) = F_{-\frac{1}{2}\ -\frac{1}{2}}(\theta,\varphi) = A(\theta) \tag{2.3.11}$$

$$F_{\frac{1}{2}\ -\frac{1}{2}}(\theta,\varphi) = -\mathrm{i}B(\theta)\,\mathrm{e}^{-\mathrm{i}\varphi} \tag{2.3.12}$$

$$F_{-\frac{1}{2}\ \frac{1}{2}}(\theta,\varphi) = \mathrm{i}B(\theta)\,\mathrm{e}^{\mathrm{i}\varphi} \tag{2.3.13}$$

用矩阵形式写出则为

$$\hat{F}(\theta,\varphi)=\begin{pmatrix} A(\theta) & -\mathrm{i}B(\theta)\,\mathrm{e}^{-\mathrm{i}\varphi} \\ \mathrm{i}B(\theta)\,\mathrm{e}^{\mathrm{i}\varphi} & A(\theta) \end{pmatrix},\quad \hat{F}^{+}(\theta,\varphi)=\begin{pmatrix} A^{*}(\theta) & -\mathrm{i}B^{*}(\theta)\,\mathrm{e}^{-\mathrm{i}\varphi} \\ \mathrm{i}B^{*}(\theta)\,\mathrm{e}^{\mathrm{i}\varphi} & A^{*}(\theta) \end{pmatrix} \tag{2.3.14}$$

其中

$$A(\theta)=f_{\mathrm{C}}(\theta)+\frac{\mathrm{i}}{2k}\sum_{l}\left[(l+1)\left(1-S_{l}^{l+\frac{1}{2}}\right)+l\left(1-S_{l}^{l-\frac{1}{2}}\right)\right]\mathrm{e}^{2\mathrm{i}\sigma_{l}}\mathrm{P}_{l}(\cos\theta) \tag{2.3.15}$$

$$B(\theta)=\frac{1}{2k}\sum_{l}\left(S_{l}^{l+\frac{1}{2}}-S_{l}^{l-\frac{1}{2}}\right)\mathrm{e}^{2\mathrm{i}\sigma_{l}}\mathrm{P}_{l}^{1}(\cos\theta) \tag{2.3.16}$$

表 2.3　C-G 系数 $C_{l\,m-\mu\,\frac{1}{2}\mu}^{jm}$ 表

	$\mu=\frac{1}{2}$	$\mu=-\frac{1}{2}$
$j=l+\frac{1}{2}$	$\sqrt{\dfrac{l+m+\frac{1}{2}}{2l+1}}$	$\sqrt{\dfrac{l-m+\frac{1}{2}}{2l+1}}$
$j=l-\frac{1}{2}$	$-\sqrt{\dfrac{l-m+\frac{1}{2}}{2l+1}}$	$\sqrt{\dfrac{l+m+\frac{1}{2}}{2l+1}}$

根据式 (2.2.39) 可以把极化入射粒子密度矩阵写成

$$\hat{\rho}_{\mathrm{in}}=\frac{1}{2}\left(\hat{I}+\vec{p}_{\mathrm{in}}\cdot\hat{\sigma}\right) \tag{2.3.17}$$

根据式 (2.2.41) 可知 $\vec{p}_{\mathrm{in}}$ 是入射粒子的极化矢量。散射振幅的物理意义在于把它作用到初态上可以得到末态，因而在假设靶核自旋为 0 的情况下，弹性散射出射粒子的极化密度矩阵可以写成

$$\hat{\rho}_{\mathrm{out}}=\hat{F}\hat{\rho}_{\mathrm{in}}\hat{F}^{+} \tag{2.3.18}$$

再假设入射粒子也是非极化的，即 $\vec{p}_{\mathrm{in}}=0$，这时式 (2.3.17) 简化为

$$\hat{\rho}_{\mathrm{in}}^{0}=\frac{1}{2}\hat{I} \tag{2.3.19}$$

式 (2.3.18) 被简化为

$$\hat{\rho}_{\mathrm{out}}^{0}=\frac{1}{2}\hat{F}\hat{F}^{+} \tag{2.3.20}$$

于是根据式 (2.3.14) 可以求得出射粒子的微分截面为

$$\frac{\mathrm{d}\sigma^{0}}{\mathrm{d}\Omega}=\mathrm{tr}\left\{\hat{\rho}_{\mathrm{out}}^{0}\right\}=|A(\theta)|^{2}+|B(\theta)|^{2} \tag{2.3.21}$$

设在质心系中入射粒子波矢为 $\vec{k}_\mathrm{i}$，出射粒子波矢为 $\vec{k}_\mathrm{f}$，$\vec{k}_\mathrm{i}$ 和 $\vec{k}_\mathrm{f}$ 形成了反应平面，并引入以下单位矢量

$$\vec{I}=\frac{\vec{k}_\mathrm{i}}{\left|\vec{k}_\mathrm{i}\right|},\quad \vec{F}=\frac{\vec{k}_\mathrm{f}}{\left|\vec{k}_\mathrm{f}\right|} \tag{2.3.22}$$

$$\vec{n}=\frac{\vec{k}_\mathrm{i}\times\vec{k}_\mathrm{f}}{\left|\vec{k}_\mathrm{i}\times\vec{k}_\mathrm{f}\right|}=\frac{\vec{I}\times\vec{F}}{\left|\vec{I}\times\vec{F}\right|} \tag{2.3.23}$$

$$\vec{P}=\frac{\vec{I}+\vec{F}}{\left|\vec{I}+\vec{F}\right|},\quad \vec{K}=\frac{\vec{F}-\vec{I}}{\left|\vec{F}-\vec{I}\right|} \tag{2.3.24}$$

很容易看出

$$\vec{n}\cdot\vec{P}=0,\quad \vec{n}\cdot\vec{K}=0 \tag{2.3.25}$$

又可以证明

$$\vec{P}\cdot\vec{K}=\frac{1}{\left|\vec{I}+\vec{F}\right|\left|\vec{F}-\vec{I}\right|}\left(\vec{I}\cdot\vec{F}-1+1-\vec{I}\cdot\vec{F}\right)=0 \tag{2.3.26}$$

可见 $\vec{K},\vec{n},\vec{P}$ 构成直角坐标系。

由于泡利矩阵 $\hat{\sigma}$ 和二维单位矩阵 $\hat{I}$ 构成了完备性独立二维矩阵，对于由式 (2.3.14) 给出的代表散射振幅的二维矩阵 $\hat{F}(\theta,\varphi)$ 可做如下展开

$$\hat{F}(\theta,\varphi)=a(\theta,\varphi)\hat{I}+b(\theta,\varphi)\vec{h}\cdot\hat{\sigma} \tag{2.3.27}$$

我们取直角坐标系的 x,y,z 轴的单位矢量分别为 $\vec{K},\vec{n},\vec{P}$, 于是可以写出

$$\vec{h}\cdot\hat{\sigma}=h_x\left(\vec{K}\cdot\hat{\sigma}\right)+h_y\left(\vec{n}\cdot\hat{\sigma}\right)+h_z\left(\vec{P}\cdot\hat{\sigma}\right) \tag{2.3.28}$$

在靶核自旋为 0 的情况下，散射振幅 $\hat{F}(\theta,\varphi)$ 必须满足宇称守恒要求，即当进行空间反射时 $\hat{F}(\theta,\varphi)$ 必须保持不变。由式 (2.3.22) ~ 式 (2.3.24) 可以看出，当进行空间反射时 $\vec{K}\to-\vec{K},\vec{n}\to\vec{n},\vec{P}\to-\vec{P}$，因而当式 (2.3.28) 在式 (2.3.27) 中出现时应有 $h_x=h_z=0$，并取 $h_y=h=1$，可见 $\vec{h}=\vec{n}$ 为出射粒子极化方向的单位矢量，于是可把式 (2.3.27) 改写成

$$\hat{F}(\theta,\varphi)=a(\theta,\varphi)\hat{I}+b(\theta,\varphi)\vec{n}\cdot\hat{\sigma} \tag{2.3.29}$$

现在我们重新选取坐标系。取入射粒子方向 (即 $\vec{k}_{\mathrm{i}}$ 方向) 为 z 轴，xy 平面与 $\vec{k}_{\mathrm{i}}$ 垂直，设 $\vec{k}_{\mathrm{f}}$ 在 xy 平面上的投影为 $\vec{p}_{\mathrm{f}}$，即 $\vec{p}_{\mathrm{f}}$ 处在反应平面与 xy 平面的交叉线上。由式 (2.3.23) 已知单位矢量 $\vec{n}$ 垂直于反应平面，由于 $\vec{n}$ 与 z 轴垂直而且通过坐标原点，因而 $\vec{n}$ 也处在 xy 平面中，图 2.1 给出了 $\vec{p}_{\mathrm{f}}$ 和 $\vec{n}$ 在 xy 平面中的矢量关系。

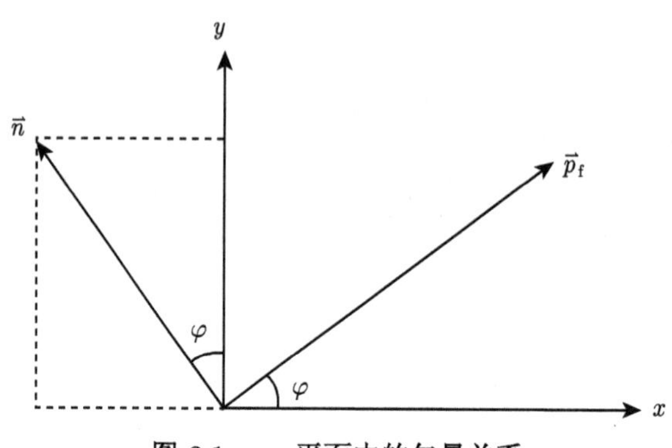

图 2.1　xy 平面中的矢量关系

图中的 φ 是出射粒子波矢 $\vec{k}_{\mathrm{f}}$ 的方位角。根据图 2.1 可以写出

$$\vec{n}\cdot\hat{\sigma}=-\hat{\sigma}_x\sin\varphi+\hat{\sigma}_y\cos\varphi \tag{2.3.30}$$

参考式 (2.1.6) 可把上式用矩阵形式写成

$$\vec{n}\cdot\hat{\sigma}=\begin{pmatrix}0 & -\mathrm{i}\mathrm{e}^{-\mathrm{i}\varphi}\\ \mathrm{i}\mathrm{e}^{\mathrm{i}\varphi} & 0\end{pmatrix} \tag{2.3.31}$$

把式 (2.3.14) 的第一式和式 (2.3.31) 代入式 (2.3.29) 便得到

$$a(\theta,\varphi)=A(\theta),\quad b(\theta,\varphi)=B(\theta) \tag{2.3.32}$$

于是可把式 (2.3.29) 改写成

$$\hat{F}(\theta,\varphi)=A(\theta)\hat{I}+B(\theta)\,\vec{n}\cdot\hat{\sigma} \tag{2.3.33}$$

当把 y 轴选择在沿 $\vec{n}$ 方向时，式 (2.3.33) 和式 (2.3.14) 分别变成

$$\hat{F}=A\hat{I}+B\hat{\sigma}_y \tag{2.3.34}$$

$$\hat{F}=\begin{pmatrix}A & -\mathrm{i}B\\ \mathrm{i}B & A\end{pmatrix},\quad \hat{F}^{+}=\begin{pmatrix}A^* & -\mathrm{i}B^*\\ \mathrm{i}B^* & A^*\end{pmatrix} \tag{2.3.35}$$

下面采用另一种方法对 $\hat{F}$ 进行讨论。可把 $\hat{F}$ 用 $\hat{I}$ 和 $\hat{\sigma}_i\,(i=x,y,z)$ 展开成

$$\hat{F}=a\hat{I}+u\hat{\sigma}_x+b\hat{\sigma}_y+v\hat{\sigma}_z \tag{2.3.36}$$

用矩阵表示则为

$$\begin{pmatrix} A & -\mathrm{i}B \\ \mathrm{i}B & \mathrm{A} \end{pmatrix}=a\begin{pmatrix} 1 & 0 \\ 0 & 1 \end{pmatrix}+u\begin{pmatrix} 0 & 1 \\ 1 & 0 \end{pmatrix}+b\begin{pmatrix} 0 & -\mathrm{i} \\ \mathrm{i} & 0 \end{pmatrix}+v\begin{pmatrix} 1 & 0 \\ 0 & -1 \end{pmatrix} \tag{2.3.37}$$

由式 (2.3.37) 的四个矩阵元得到

$$a+v=A,\quad u-\mathrm{i}b=-\mathrm{i}B,\quad u+\mathrm{i}b=\mathrm{i}B,\quad a-v=A \tag{2.3.38}$$

由上式立即得到

$$v=0,\quad u=0,\quad a=A,\quad b=B \tag{2.3.39}$$

也就是说由式 (2.3.36) 立即可以得到式 (2.3.34)。上述结果表明，由核反应理论所得到的散射振幅 $\hat{F}$ 本身已经自动满足了物理上的各种对称性要求，不必再另外加以限制。

把式 (2.3.33) 代入入射粒子也是非极化情况下的式 (2.3.20) 可得

$$\hat{\rho}^0_{\mathrm{out}}=\frac{1}{2}\left(A\hat{I}+B\vec{n}\cdot\hat{\sigma}\right)\left(A^*\hat{I}+B^*\vec{n}\cdot\hat{\sigma}\right) \tag{2.3.40}$$

利用式 (2.1.16)，由上式可得

$$\hat{\rho}^0_{\mathrm{out}}=\frac{1}{2}\left[\left(|A|^2+|B|^2\right)\hat{I}+(AB^*+A^*B)\left(\vec{n}\cdot\hat{\sigma}\right)\right] \tag{2.3.41}$$

由于由上式给出的 $\hat{\rho}^0_{\mathrm{out}}$ 不是归一化的，根据式 (1.5.8) 和式 (2.1.17) 再利用求迹公式 (2.1.23) 可以求得出射粒子的微分截面和极化矢量分别为

$$I^0=\mathrm{tr}\left\{\hat{\rho}^0_{\mathrm{out}}\right\}=|A|^2+|B|^2 \tag{2.3.42}$$

$$\vec{P}^0_{\mathrm{out}}=\langle\hat{\sigma}\rangle^0_{\mathrm{out}}=\frac{\mathrm{tr}\left\{\hat{\sigma}\hat{\rho}^0_{\mathrm{out}}\right\}}{\mathrm{tr}\left\{\hat{\rho}^0_{\mathrm{out}}\right\}}=\frac{AB^*+A^*B}{|A|^2+|B|^2}\vec{n}=\frac{2\mathrm{Re}\,(AB^*)}{|A|^2+|B|^2}\vec{n} \tag{2.3.43}$$

其中，$\mathrm{Re}(\cdots)$ 代表取实数部分。

由图 2.1 可以看出，如果选择 y 轴沿 $\vec{n}$ 方向，便有方位角 $\varphi=0$，这时可以称出射粒子极化矢量是沿 y 轴方向的。出射粒子极化矢量的数值 $P^0_{\mathrm{out}}(\theta)$ 也称为极化度。

2.4　自旋 $\dfrac{1}{2}$ 极化粒子与自旋 0 靶核发生弹性散射的极化理论

如果入射粒子是极化的，就应该使用由式 (2.3.17) 给出的入射粒子的极化密度矩阵。把式 (2.3.17) 和式 (2.3.33) 代入式 (2.3.18)，再注意到 $\hat{\sigma}$ 是厄米矩阵便可得到

$$\hat{\rho}_{\text{out}} = \frac{1}{2}\left(A\hat{I} + B\vec{n}\cdot\hat{\sigma}\right)\left(\hat{I} + \vec{p}_{\text{in}}\cdot\hat{\sigma}\right)\left(A^*\hat{I} + B^*\vec{n}\cdot\hat{\sigma}\right) = \hat{\rho}^0_{\text{out}} + \hat{\rho}^1_{\text{out}} \tag{2.4.1}$$

其中，$\hat{\rho}^0_{\text{out}}$ 代表 $\vec{p}_{\text{in}}=0$ 的项，并且已由式 (2.3.41) 给出。利用式 (2.1.17) 和式 (2.1.20) 可以求得

$$\begin{aligned}
&\left(A\hat{I} + B\vec{n}\cdot\hat{\sigma}\right)\hat{\sigma}\left(A^*\hat{I} + B^*\vec{n}\cdot\hat{\sigma}\right)\\
=&|A|^2\hat{\sigma} + AB^*\hat{\sigma}\left(\vec{n}\cdot\hat{\sigma}\right) + A^*B\left(\vec{n}\cdot\hat{\sigma}\right)\hat{\sigma} + |B|^2\left(-\hat{\sigma} + 2\left(\vec{n}\cdot\hat{\sigma}\right)\vec{n}\right)\\
=&\left(|A|^2 - |B|^2\right)\hat{\sigma} + \left[\left(AB^* + A^*B\right)\hat{I} + 2|B|^2\left(\vec{n}\cdot\hat{\sigma}\right)\right]\vec{n}\\
&+\mathrm{i}\left(AB^* - A^*B\right)\left(\vec{n}\times\hat{\sigma}\right)
\end{aligned} \tag{2.4.2}$$

于是得到

$$\begin{aligned}
\hat{\rho}^1_{\text{out}} =&\frac{1}{2}\left\{\left(|A|^2 - |B|^2\right)\hat{\sigma} + \left[\left(AB^* + A^*B\right)\hat{I} + 2|B|^2\left(\vec{n}\cdot\hat{\sigma}\right)\right]\vec{n}\right.\\
&\left.+\mathrm{i}\left(AB^* - A^*B\right)\left(\vec{n}\times\hat{\sigma}\right)\right\}\cdot\vec{p}_{\text{in}}
\end{aligned} \tag{2.4.3}$$

把式 (2.3.41) 和式 (2.4.3) 代入式 (2.4.1) 可得

$$\begin{aligned}
\hat{\rho}_{\text{out}} =&\frac{1}{2}\left\{(|A|^2 + |B|^2)\hat{I} + (AB^* + A^*B)(\vec{n}\cdot\hat{\sigma})\right.\\
&+\left[(|A|^2 - |B|^2)\hat{\sigma} + ((AB^* + A^*B)\hat{I} + 2|B|^2(\vec{n}\cdot\hat{\sigma}))\vec{n}\right.\\
&\left.\left.+\mathrm{i}(AB^* - A^*B)(\vec{n}\times\hat{\sigma})\right]\cdot\vec{p}_{\text{in}}\right\}
\end{aligned} \tag{2.4.4}$$

利用求迹公式 (2.1.23)，由式 (2.4.4) 可以求得极化入射粒子情况下出射粒子的角分布为

$$\frac{\mathrm{d}\sigma}{\mathrm{d}\varOmega} = \mathrm{tr}\left\{\hat{\rho}_{\text{out}}\right\} = |A|^2 + |B|^2 + 2\mathrm{Re}\left(AB^*\right)\left(\vec{n}\cdot\vec{p}_{\text{in}}\right) \tag{2.4.5}$$

由上式可知只有 $\vec{p}_{\text{in}}$ 在 $\vec{n}$ 方向上的投影不为 0 时 $\vec{p}_{\text{in}}$ 对出射粒子角分布才有贡献。根据式 (2.3.21) 可以把式 (2.4.5) 改写成 [3]

$$\frac{\mathrm{d}\sigma}{\mathrm{d}\varOmega} = \frac{\mathrm{d}\sigma^0}{\mathrm{d}\varOmega}\left[1 + \left(\vec{n}\cdot\vec{p}_{\text{in}}\right)A_y\left(\theta\right)\right] \tag{2.4.6}$$

其中，$A_y(\theta)$ 称为分析本领，这里下标 y 是指把 y 轴选在 $\vec{n}$ 方向，通过把式 (2.4.6) 与式 (2.4.5) 进行对比可以看出，$A_y(\theta)$ 在自旋 0 靶核情况下正好等于由式 (2.3.43) 给出的非极化入射粒子所对应的出射粒子的极化矢量值 $P_{\text{out}}^0(\theta)$。假设入射粒子极化矢量 $\vec{p}_{\text{in}}$ 沿着 $\vec{n}$ 方向自旋向上和自旋向下的分量分别为 p_+ 和 p_-，即

$$\vec{p}_{\text{in}} = (p_+ - p_-)\,\vec{n} \tag{2.4.7}$$

并定义

$$\frac{\mathrm{d}\sigma_\pm}{\mathrm{d}\Omega} = \frac{\mathrm{d}\sigma^0}{\mathrm{d}\Omega}\left[1 \pm p_\pm A_y(\theta)\right] \tag{2.4.8}$$

由上式可以求得

$$\begin{aligned} p_+\frac{\mathrm{d}\sigma_-}{\mathrm{d}\Omega} &= p_+\frac{\mathrm{d}\sigma^0}{\mathrm{d}\Omega}(1 - p_-A_y) = \frac{\mathrm{d}\sigma^0}{\mathrm{d}\Omega}(p_+ - p_+p_-A_y) \\ p_-\frac{\mathrm{d}\sigma_+}{\mathrm{d}\Omega} &= p_-\frac{\mathrm{d}\sigma^0}{\mathrm{d}\Omega}(1 + p_+A_y) = \frac{\mathrm{d}\sigma^0}{\mathrm{d}\Omega}(p_- + p_-p_+A_y) \end{aligned} \tag{2.4.9}$$

利用式 (2.4.8)，再把式 (2.4.9) 中的两式相加便可得到

$$A_y(\theta) = \frac{\dfrac{\mathrm{d}\sigma_+}{\mathrm{d}\Omega} - \dfrac{\mathrm{d}\sigma_-}{\mathrm{d}\Omega}}{(p_+ + p_-)\dfrac{\mathrm{d}\sigma^0}{\mathrm{d}\Omega}} = \frac{\dfrac{\mathrm{d}\sigma_+}{\mathrm{d}\Omega} - \dfrac{\mathrm{d}\sigma_-}{\mathrm{d}\Omega}}{p_+\dfrac{\mathrm{d}\sigma_-}{\mathrm{d}\Omega} + p_-\dfrac{\mathrm{d}\sigma_+}{\mathrm{d}\Omega}} \tag{2.4.10}$$

如果用 $\dfrac{\mathrm{d}\sigma_\pm}{\mathrm{d}\Omega}$ 分别代表入射粒子自旋向上 $(p_+ = 1, p_- = 0)$ 和自旋向下 $(p_+ = 0,\ p_- = 1)$ 完全极化情况下的微分截面，这时可把式 (2.4.8) 改写成

$$\frac{\mathrm{d}\sigma_\pm}{\mathrm{d}\Omega} = \frac{\mathrm{d}\sigma^0}{\mathrm{d}\Omega}\left[1 \pm A_y(\theta)\right] \tag{2.4.11}$$

并可得到

$$A_y(\theta) = \frac{\dfrac{\mathrm{d}\sigma_+}{\mathrm{d}\Omega} - \dfrac{\mathrm{d}\sigma_-}{\mathrm{d}\Omega}}{\dfrac{\mathrm{d}\sigma_+}{\mathrm{d}\Omega} + \dfrac{\mathrm{d}\sigma_-}{\mathrm{d}\Omega}} \tag{2.4.12}$$

这正是分析本领名称的来源。

利用矢量公式

$$\vec{a} \cdot \left(\vec{b} \times \vec{c}\right) = \left(\vec{a} \times \vec{b}\right) \cdot \vec{c} \tag{2.4.13}$$

可以求得

$$\left(\vec{n} \times \hat{\sigma}\right) \cdot \vec{p}_{\text{in}} = -\hat{\sigma} \cdot \left(\vec{n} \times \vec{p}_{\text{in}}\right) \tag{2.4.14}$$

利用式 (2.1.22) 和式 (2.4.14)，由式 (2.4.4) 可以求得

$$\mathrm{tr}\left\{\hat{\sigma}\hat{\rho}_{\text{out}}\right\} = \left[AB^* + A^*B + 2\left|B\right|^2\left(\vec{n} \cdot \vec{p}_{\text{in}}\right)\right]\vec{n}$$

$$+\left(|A|^2-|B|^2\right)\vec{p}_{\rm in}-{\rm i}\left(AB^*-A^*B\right)\left(\vec{n}\times\vec{p}_{\rm in}\right) \tag{2.4.15}$$

由式 (2.4.5) 和式 (2.4.15) 可以求得极化入射粒子情况下出射粒子的极化矢量为

$$\begin{aligned}\vec{P}_{\rm out}&=\frac{{\rm tr}\left\{\hat{\sigma}\hat{\rho}_{\rm out}\right\}}{{\rm tr}\left\{\hat{\rho}_{\rm out}\right\}}\\&=\frac{2\left[{\rm Re}\left(AB^*\right)+|B|^2\left(\vec{n}\cdot\vec{p}_{\rm in}\right)\right]\vec{n}+\left(|A|^2-|B|^2\right)\vec{p}_{\rm in}+2{\rm Im}\left(AB^*\right)\left(\vec{n}\times\vec{p}_{\rm in}\right)}{|A|^2+|B|^2+2{\rm Re}\left(AB^*\right)\left(\vec{n}\cdot\vec{p}_{\rm in}\right)}\end{aligned} \tag{2.4.16}$$

其中，${\rm Im}(\cdots)$ 代表取虚数部分。若 $\vec{p}_{\rm in}$ 是已知的，由上式可以求出 $\vec{P}_{\rm out}$ 的数值和方向，$P_{\rm out}$ 称为极化入射粒子情况下出射粒子的极化度。当 $\vec{p}_{\rm in}=0$ 时，式 (2.4.16) 便退化到式 (2.3.43)。

用 $\vec{n}$ 点乘式 (2.4.16) 可得

$$\vec{n}\cdot\vec{P}_{\rm out}=\frac{2{\rm Re}\left(AB^*\right)+\left(|A|^2+|B|^2\right)\left(\vec{n}\cdot\vec{p}_{\rm in}\right)}{|A|^2+|B|^2+2{\rm Re}\left(AB^*\right)\left(\vec{n}\cdot\vec{p}_{\rm in}\right)} \tag{2.4.17}$$

并可把上式改写成

$$\vec{n}\cdot\vec{p}_{\rm in}=\frac{\left(|A|^2+|B|^2\right)\left(\vec{n}\cdot\vec{P}_{\rm out}\right)-2{\rm Re}\left(AB^*\right)}{|A|^2+|B|^2-2{\rm Re}\left(AB^*\right)\left(\vec{n}\cdot\vec{P}_{\rm out}\right)} \tag{2.4.18}$$

该式表明，如果 $\vec{P}_{\rm out}$ 在 $\vec{n}$ 方向上的投影是已知的，便可反推出 $\vec{p}_{\rm in}$ 在 $\vec{n}$ 上的投影。当出射粒子极化矢量 $\vec{P}_{\rm out}=0$ 时，由上式可得

$$\vec{n}\cdot\vec{p}_{\rm in}=-\frac{2{\rm Re}\left(AB^*\right)}{|A|^2+|B|^2} \tag{2.4.19}$$

对于由式 (2.3.21) 和式 (2.3.43) 给出的由自旋 $\dfrac{1}{2}$ 非极化入射粒子和自旋 0 靶核所得到的出射粒子的微分截面和极化矢量值，分别引入符号

$$I^0=|A|^2+|B|^2 \tag{2.4.20}$$

$$P=\frac{2{\rm Re}\left(AB^*\right)}{|A|^2+|B|^2} \tag{2.4.21}$$

再引入两个符号

$$Q=\frac{2{\rm Im}\left(AB^*\right)}{|A|^2+|B|^2} \tag{2.4.22}$$

$$W = \frac{|A|^2 - |B|^2}{|A|^2 + |B|^2} \tag{2.4.23}$$

首先求得

$$\begin{aligned}&\left(|A|^2 - |B|^2\right)^2 + [2\mathrm{Im}\,(AB^*)]^2 + [2\mathrm{Re}\,(AB^*)]^2 \\ =&|A|^4 + |B|^4 - 2|A|^2|B|^2 + 4|A|^2|B|^2 = \left(|A|^2 + |B|^2\right)^2\end{aligned} \tag{2.4.24}$$

于是可以证明

$$W^2 + Q^2 + P^2 = 1 \tag{2.4.25}$$

若认为 P 和 Q 是独立的极化函数，便可认为 W 不是独立的极化函数，并可把式 (2.4.16) ~ 式 (2.4.18) 改写成

$$\vec{P}_{\text{out}} = \frac{\left[P + (1-W)\left(\vec{n}\cdot\vec{p}_{\text{in}}\right)\right]\vec{n} + W\vec{p}_{\text{in}} + Q\left(\vec{n}\times\vec{p}_{\text{in}}\right)}{1 + P\left(\vec{n}\cdot\vec{p}_{\text{in}}\right)} \tag{2.4.26}$$

$$\vec{n}\cdot\vec{P}_{\text{out}} = \frac{P + \left(\vec{n}\cdot\vec{p}_{\text{in}}\right)}{1 + P\left(\vec{n}\cdot\vec{p}_{\text{in}}\right)} \tag{2.4.27}$$

$$\vec{n}\cdot\vec{p}_{\text{in}} = \frac{\left(\vec{n}\cdot\vec{P}_{\text{out}}\right) - P}{1 - P\left(\vec{n}\cdot\vec{P}_{\text{out}}\right)} \tag{2.4.28}$$

我们选择入射粒子方向 $\vec{k}_{\text{i}}$ 为 z 轴，$\vec{n}$ 的方向为 y 轴，按右手坐标系原则选择 x 轴。由图 2.1 可知在该坐标系中 $\varphi = 0$。该坐标系也是入射粒子的螺旋坐标系。本节研究的是一次反应过程，入射粒子和出射粒子可以在同一坐标系中研究。我们用 $\vec{\mathrm{e}}_x, \vec{\mathrm{e}}_y, \vec{\mathrm{e}}_z$ 代表 x, y, z 轴的单位矢量，且有 $\vec{n} = \vec{\mathrm{e}}_y$。$\vec{p}_{\text{in}}$ 是入射粒子的极化矢量，属于反应前入射粒子束流的性质，可按式 (2.2.12) 确定 $\vec{p}_{\text{in}}$ 的三个分量 p_x, p_y, p_z。当取 $\vec{p}_{\text{in}} = p_z\vec{\mathrm{e}}_z$ 时，由式 (2.4.5)、式 (2.4.26)、式 (2.4.20) ~ 式 (2.4.23) 可得

$$I = I^0 = |A|^2 + |B|^2, \quad \vec{P}_{\text{out}} = P\vec{\mathrm{e}}_y + p_z W\vec{\mathrm{e}}_z + p_z Q\vec{\mathrm{e}}_x \tag{2.4.29}$$

由图 2.2 可以看出

$$\tan\beta = \frac{Q}{W} = \frac{2\mathrm{Im}\,(AB^*)}{|A|^2 - |B|^2} = \frac{2\mathrm{Im}\,(AB^*)}{I^0 W} \tag{2.4.30}$$

其中，β 是质心系的角度。以上结果表明，当入射粒子只在 z 轴方向有极化率 p_z 时，散射后在 z 轴方向还有极化率 $p_z W$，而在 x 轴方向也产生了极化率 $p_z Q$。当取 $\vec{p}_{\text{in}} = p_x\vec{\mathrm{e}}_x$ 时，由式 (2.4.5)、式 (2.4.26)、式 (2.4.20) ~ 式 (2.4.23) 可得

$$I = I^0 = |A|^2 + |B|^2, \quad \vec{P}_{\text{out}} = P\vec{\mathrm{e}}_y + p_x W\vec{\mathrm{e}}_x - p_x Q\vec{\mathrm{e}}_z \tag{2.4.31}$$

此式表明，当入射粒子只在 x 轴方向有极化率 p_x 时，散射后在 x 轴方向还有极化率 p_xW，而在 z 轴方向也产生了极化率 $-p_xQ$。鉴于以上结果，我们称 Q 为自旋转动函数，而称 W(Wolfenstein) 为自旋延续函数 [4,5]。以上结果还表明，当入射粒子只在 x 轴方向或在 z 轴方向被极化时，出射粒子的微分截面等于非极化入射粒子的微分截面。当取 $\vec{p}_{\text{in}} = p_y\vec{\text{e}}_y$ 时，由式 (2.4.5)、式 (2.4.26) 以及式 (2.4.20) ~ 式 (2.4.23) 可得

$$I = |A|^2 + |B|^2 + 2\text{Re}\left(AB^*\right)p_y = I^0\left(1 + p_yP\right), \quad \vec{P}_{\text{out}} = \frac{P + p_y}{1 + p_yP}\vec{\text{e}}_y \tag{2.4.32}$$

可见当 $\vec{p}_{\text{in}} = p_y\vec{\text{e}}_y$ 时其微分截面与非极化入射粒子的微分截面不同，而且出射粒子极化矢量只出现在 $\vec{\text{e}}_y$ 方向。

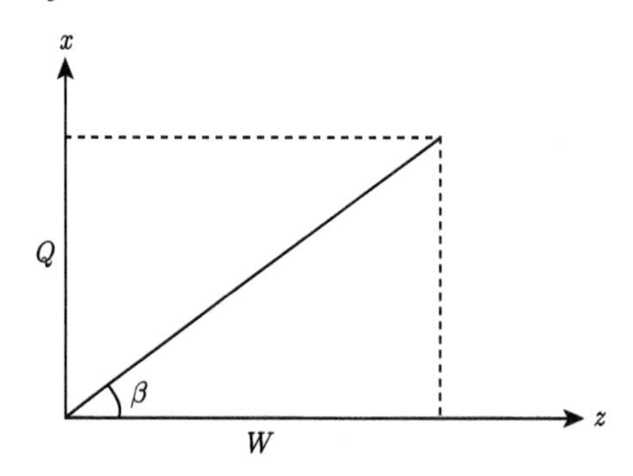

图 2.2　$\vec{p}_{\text{in}} = p_z\vec{\text{e}}_z$ 时在散射平面中极化矢量关系图

当用 P^x, P^y, P^z 代表 $\vec{P}_{\text{out}}$ 的三个分量时，由式 (2.4.16) 可以得到

$$\begin{aligned} P^x &= \frac{\left(|A|^2 - |B|^2\right)p_x + 2\text{Im}\left(AB^*\right)p_z}{|A|^2 + |B|^2 + 2\text{Re}\left(AB^*\right)p_y} = \frac{p_xW + p_zQ}{1 + p_yP} \\ P^y &= \frac{2\text{Re}\left(AB^*\right) + \left(|A|^2 + |B|^2\right)p_y}{|A|^2 + |B|^2 + 2\text{Re}\left(AB^*\right)p_y} = \frac{P + p_y}{1 + p_yP} \\ P^z &= \frac{\left(|A|^2 - |B|^2\right)p_z - 2\text{Im}\left(AB^*\right)p_x}{|A|^2 + |B|^2 + 2\text{Re}\left(AB^*\right)p_y} = \frac{p_zW - p_xQ}{1 + p_yP} \end{aligned} \tag{2.4.33}$$

在所选择的坐标系中，由式 (2.3.35)、式 (2.1.23) 和式 (2.4.21) 可以求得

$$P^i\left(\theta\right) \equiv \frac{\text{tr}\left\{\hat{\sigma}_i\hat{F}\hat{F}^+\right\}}{\text{tr}\left\{\hat{F}\hat{F}^+\right\}} = \delta_{iy}P \tag{2.4.34}$$

其中，$P^i\left(\theta\right)$ 代表由非极化入射粒子所得到的出射粒子极化矢量 i 分量的数值。同

时又可以求得

$$A_i(\theta) \equiv \frac{\operatorname{tr}\left\{\hat{F}\hat{\sigma}_i\hat{F}^+\right\}}{\operatorname{tr}\left\{\hat{F}\hat{F}^+\right\}} = \delta_{iy}P, \quad A_y(\theta) = P \tag{2.4.35}$$

其中，$A_i(\theta)$ 代表入射粒子初始极化矢量中 i 分量的分析本领。显然，对于自旋 0 靶核有

$$P^i(\theta) = A_i(\theta) = \delta_{iy}P \tag{2.4.36}$$

都只在 y 轴方向可能不为 0。再定义

$$K_i^k(\theta) = \frac{\operatorname{tr}\left\{\hat{\sigma}_k\hat{F}\hat{\sigma}_i\hat{F}^+\right\}}{\operatorname{tr}\left\{\hat{F}\hat{F}^+\right\}}, \quad i,k = x,y,z \tag{2.4.37}$$

代表从第 i 个初态极化分量到第 k 个末态极化分量的极化转移系数。表 2.4 列出了利用式 (2.3.35)、式 (2.1.6) 和式 (2.1.23) 由式 (2.4.37) 求出的自旋 $\dfrac{1}{2}$ 粒子与自旋 0 靶核的 $K_i^k(\theta)$ 的具体结果，其中空白处为 0。

表 2.4　自旋 $\frac{1}{2}$ 粒子与自旋 0 靶核的极化转移系数 $K_i^k(\theta)$

出射 k	入射 i		
	x	y	z
x	W		Q
y		1	
z	$-Q$		W

微分截面为 I，极化矢量为 $\vec{p}$ 的自旋 $\dfrac{1}{2}$ 粒子的微分数据可用以下 Stokes 矢量表示 [6]

$$S_c = I\begin{pmatrix} 1 \\ p_x \\ p_y \\ p_z \end{pmatrix}_c \tag{2.4.38}$$

其中，c 表示所选用的坐标系。下边我们用 $S_c^{(\mathrm{i})}$ 和 $S_c^{(\mathrm{f})}$ 分别代表入射粒子和出射粒子的 Stokes 矢量，在本节它们都是在同一坐标系 c 中给出的。利用前面的符号可以写出

$$S_c^{(\mathrm{i})} = I^0\begin{pmatrix} 1 \\ p_x \\ p_y \\ p_z \end{pmatrix}_c, \quad S_c^{(\mathrm{f})} = I\begin{pmatrix} 1 \\ P^x \\ P^y \\ P^z \end{pmatrix}_c \tag{2.4.39}$$

在式 (2.4.6) 中令 $\dfrac{\mathrm{d}\sigma}{\mathrm{d}\Omega}=I, \dfrac{\mathrm{d}\sigma^0}{\mathrm{d}\Omega}=I^0, \vec{n}\cdot\vec{p}_{\mathrm{in}}=p_y, A_y(\theta)=P$，再根据式 (2.4.32) 和式 (2.4.33)，由式 (2.4.39) 可以得到以下关系式

$$S_c^{(\mathrm{f})}=\hat{Z}_{cc}S_c^{(\mathrm{i})} \tag{2.4.40}$$

其中，$\hat{Z}_{cc}$ 是 4×4 矩阵，称为 Mueller 矩阵 [6]，具体形式为

$$\hat{Z}_{cc}=\begin{pmatrix} 1 & 0 & P & 0 \\ 0 & W & 0 & Q \\ P & 0 & 1 & 0 \\ 0 & -Q & 0 & W \end{pmatrix}_{cc} \tag{2.4.41}$$

2.5　自旋 $\dfrac{1}{2}$ 粒子与自旋 0 靶核连续发生三次弹性散射的极化理论

本节研究自旋 $\dfrac{1}{2}$ 粒子与自旋 0 靶核连续发生三次弹性散射的极化理论。为了简单起见，本节规定必须是同一种入射粒子，但是靶核可以相同，也可以不同。考虑到对微分截面和极化物理量的计算必须在质心系中进行，而对粒子的追踪和抽样应该在实验室系中进行，因而要考虑坐标系变换问题。由于一般都是选择粒子入射方向为 z 轴，因而质心系 C 和实验室系 L 之间的变换也是沿 z 轴方向进行的，所以在这种变换下只有极角 θ 会发生变化，方位角 φ 不受影响。

设 $I_C(\theta_C,\varphi)$ 和 $I_L(\theta_L,\varphi)$ 分别是质心系和实验室系出射粒子角分布，由参考文献 [2] 中的式 (2.2.35) 和式 (2.2.56) 可以得到它们之间的坐标变换关系为

$$I_L(\theta_L,\varphi)=X(\theta_C)\,I_C(\theta_C,\varphi),\quad I_C(\theta_C,\varphi)=Y(\theta_L)\,I_L(\theta_L,\varphi) \tag{2.5.1}$$

其中

$$X(\theta_C)=\frac{\left(1+\gamma^2+2\gamma\cos\theta_C\right)^{3/2}}{|1+\gamma\cos\theta_C|} \tag{2.5.2}$$

$$Y(\theta_L)=\frac{\sqrt{1-\gamma^2\sin^2\theta_L}}{\left(\sqrt{1-\gamma^2\sin^2\theta_L}+\gamma\cos\theta_L\right)^2} \tag{2.5.3}$$

对于弹性散射来说

$$\gamma=\frac{m}{M}\leqslant 1 \tag{2.5.4}$$

其中，m 和 M 分别为入射粒子和靶核质量。对于极化可观测量 P,Q,W，由于其表达式的分子和分母同时需要进行坐标系变换，因而有

$$\begin{gathered} P_C(\theta_C,\varphi)=P_L(\theta_L,\varphi),\quad Q_C(\theta_C,\varphi)=Q_L(\theta_L,\varphi) \\ W_C(\theta_C,\varphi)=W_L(\theta_L,\varphi) \end{gathered} \tag{2.5.5}$$

两种坐标系之间的角度关系为

$$\begin{aligned} \cos\theta_C &= \cos\theta_L\sqrt{1-\gamma^2\sin^2\theta_L} - \gamma\sin^2\theta_L \\ \cos\theta_L &= \frac{\gamma+\cos\theta_C}{\left(1+\gamma^2+2\gamma\cos\theta_C\right)^{1/2}} \end{aligned} \tag{2.5.6}$$

对于弹性散射来说有以下能量关系

$$E_C = \frac{M}{m+M}E_L \tag{2.5.7}$$

$$\varepsilon_C = \frac{M}{m+M}E_C \tag{2.5.8}$$

$$\varepsilon_L = \varepsilon_C\left(1+\gamma^2+2\gamma\cos\theta_C\right) \tag{2.5.9}$$

其中，E_C 和 E_L 分别是质心系和实验室系入射粒子相对于靶核的总动能；ε_C 和 ε_L 分别是质心系和实验室系出射粒子的动能。把式 (2.5.6) 的第一式代入式 (2.5.9) 可得

$$\varepsilon_L = \varepsilon_C\left[1+\gamma^2+2\gamma\left(\cos\theta_L\sqrt{1-\gamma^2\sin^2\theta_L} - \gamma\sin^2\theta_L\right)\right] \tag{2.5.10}$$

假设第一次散射的入射粒子束是沿 z 轴方向入射的，并且是非极化的。为了使第一次散射后的极化方向是沿 y 轴的，我们选择 $\varphi_1=0$，于是根据 2.4 节的讨论，可以写出发生第一次散射后在质心系 C_1 中的 Stokes 矢量为

$$S_{C_1}^{(\mathrm{f})} = I_{C_1}\begin{pmatrix} 1 \\ 0 \\ P_{C_1} \\ 0 \end{pmatrix} \tag{2.5.11}$$

利用式 (2.3.42) 和式 (2.3.43) 可以写出

$$I_{C_1} = |A_1|^2 + |B_1|^2 \tag{2.5.12}$$

$$P_{C_1} = \frac{2\mathrm{Re}\left(A_1B_1^*\right)}{|A_1|^2+|B_1|^2} \tag{2.5.13}$$

A_i 和 B_i 的表达式已由式 (2.3.15) 和式 (2.3.16) 给出。再利用式 (2.5.1) 可以得到第一次散射后在实验室系 L_1 中的 Stokes 矢量为

$$S_{L_1}^{(\mathrm{f})} = X\left(\theta_{C_1}\right)I_{C_1}\begin{pmatrix} 1 \\ 0 \\ P_{C_1} \\ 0 \end{pmatrix} \tag{2.5.14}$$

用式 (2.5.6) 便可以把上式右端的角度 θ_{C_1} 改用 θ_{L_1} 表示。

图 2.3 是粒子头两次散射的实验室系的坐标图。坐标轴 y_1 和 y_2 相互平行，均取垂直页面向上方向。第二次散射入射粒子方向为 z_2 轴，与 z_1 轴的夹角为 θ_{L_1}。第一次散射入射粒子流在 C_1 系中的波矢为

$$k_1 = \frac{\sqrt{2\mu_1 E_{C_1}}}{\hbar} \tag{2.5.15}$$

μ_1 是约化质量

$$\mu_1 = \frac{m}{m+M_1} \tag{2.5.16}$$

由于 L_1 系与 L_2 系的 y 轴相互平行，因而在 L_2 系中入射粒子的 Stokes 矢量可以直接由式 (2.5.14) 得到

$$S_{L_2}^{(\mathrm{i})} = X\left(\theta_{C_1}\right) I_{C_1} \begin{pmatrix} 1 \\ 0 \\ P_{C_1} \\ 0 \end{pmatrix} \tag{2.5.17}$$

变换到 C_2 系则为

$$S_{C_2}^{(\mathrm{i})} = Y\left(\theta_{L_1}\right) X\left(\theta_{C_1}\right) I_{C_1} \begin{pmatrix} 1 \\ 0 \\ P_{C_1} \\ 0 \end{pmatrix} \equiv I_{C_2}^{(\mathrm{i})} \begin{pmatrix} 1 \\ 0 \\ p_{C_2}^{(\mathrm{i})} \\ 0 \end{pmatrix} \tag{2.5.18}$$

即第二次散射入射粒子在 x_2 轴和 z_2 轴方向没有极化分量。

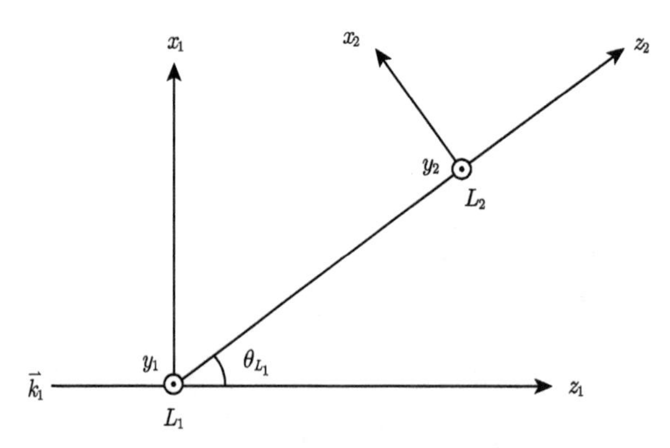

图 2.3　粒子头两次散射的实验室系的坐标图

第二次散射后末态 Stokes 矢量可表示为

$$S_{C_2}^{(\mathrm{f})} = I_{C_2}^{(\mathrm{f})} \begin{pmatrix} 1 \\ P_{x_2} \\ P_{y_2} \\ P_{z_2} \end{pmatrix} \tag{2.5.19}$$

第二次散射入射粒子流在 C_2 系中的波矢为

$$k_2 = \frac{\sqrt{2\mu_2 \varepsilon_{C_2}}}{\hbar} \tag{2.5.20}$$

$$\varepsilon_{C_2} = \frac{M_2}{m + M_2} \varepsilon_{L_1} \tag{2.5.21}$$

$$\varepsilon_{L_1} = \varepsilon_{C_1} \left[1 + \gamma_1^2 + 2\gamma_1 \left(\cos\theta_{L_1} \sqrt{1 - \gamma^2 \sin^2\theta_{L_1}} - \gamma_1 \sin^2\theta_{L_1} \right) \right] \tag{2.5.22}$$

$$\varepsilon_{C_1} = \frac{M_1}{m + M_1} E_{C_1} \tag{2.5.23}$$

$$E_{C_1} = \frac{M_1}{m + M_1} E_{L_1} \tag{2.5.24}$$

可见 k_2 是与角度 θ_{L_1} 有关的。

设在 C_2 系中第二次散射出射粒子波矢 $\vec{k}_2^{(\mathrm{f})}$ 的极角为 θ_{C_2}，方位角为 φ_2，在 $x_2 y_2$ 平面上的投影为 $p_2^{(\mathrm{f})}$(图 2.4)。根据式 (2.3.14) 可把第二次散射的散射振幅写成

$$\begin{aligned} \hat{F}_2(\theta_{C_2}, \varphi_2) &= \begin{pmatrix} A_2(\theta_{C_2}) & -\mathrm{i} B_2(\theta_{C_2}) \mathrm{e}^{-\mathrm{i}\varphi_2} \\ \mathrm{i} B_2(\theta_{C_2}) \mathrm{e}^{\mathrm{i}\varphi_2} & A_2(\theta_{C_2}) \end{pmatrix} \\ \hat{F}_2^{+}(\theta_{C_2}, \varphi_2) &= \begin{pmatrix} A_2^*(\theta_{C_2}) & -\mathrm{i} B_2^*(\theta_{C_2}) \mathrm{e}^{-\mathrm{i}\varphi_2} \\ \mathrm{i} B_2^*(\theta_{C_2}) \mathrm{e}^{\mathrm{i}\varphi_2} & A_2^*(\theta_{C_2}) \end{pmatrix} \end{aligned} \tag{2.5.25}$$

并可求得

$$\hat{F}_2 \hat{F}_2^{+} = \begin{pmatrix} |A_2|^2 + |B_2|^2 & -\mathrm{i}(A_2 B_2^* + B_2 A_2^*) \mathrm{e}^{-\mathrm{i}\varphi_2} \\ \mathrm{i}(A_2 B_2^* + B_2 A_2^*) \mathrm{e}^{\mathrm{i}\varphi_2} & |A_2|^2 + |B_2|^2 \end{pmatrix} \tag{2.5.26}$$

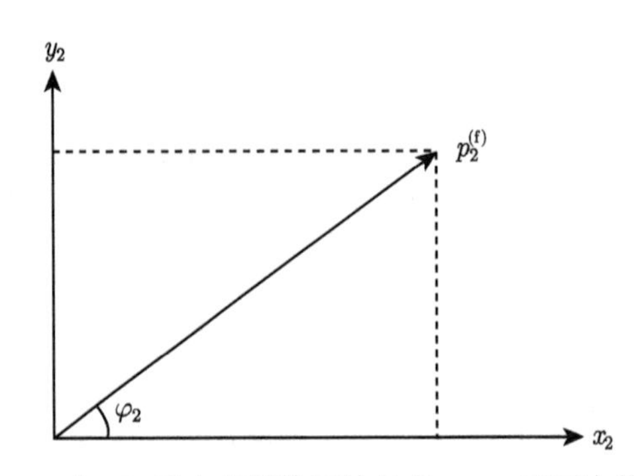

图 2.4　在 C_2 系中出射粒子波矢在 x_2y_2 平面上的投影

利用式 (2.5.26) 和式 (2.1.6) 可以求得第二次入射粒子非极化部分的贡献为

$$I_{C_2}^0 = \frac{1}{2}\text{tr}\left\{\hat{F}_2\hat{F}_2^+\right\} = |A_2|^2 + |B_2|^2 \tag{2.5.27}$$

$$I_{C_2}^0 P_{x_2}^0 = \frac{1}{2}\text{tr}\left\{\hat{\sigma}_x\hat{F}_2\hat{F}_2^+\right\} = -2\text{Re}\,(A_2B_2^*)\sin\varphi_2 = -I_{C_2}^0 P_{C_2}\sin\varphi_2 \tag{2.5.28}$$

$$I_{C_2}^0 P_{y_2}^0 = \frac{1}{2}\text{tr}\left\{\hat{\sigma}_y\hat{F}_2\hat{F}_2^+\right\} = 2\text{Re}\,(A_2B_2^*)\cos\varphi_2 = I_{C_2}^0 P_{C_2}\cos\varphi_2 \tag{2.5.29}$$

$$I_{C_2}^0 P_{z_2}^0 = \frac{1}{2}\text{tr}\left\{\hat{\sigma}_z\hat{F}_2\hat{F}_2^+\right\} = 0 \tag{2.5.30}$$

其中

$$P_{C_2} = \frac{2\text{Re}\,(A_2B_2^*)}{|A_2|^2 + |B_2|^2} \tag{2.5.31}$$

当考虑由式 (2.5.18) 给出的 C_2 系的初态时，由式 (2.5.25) 和式 (2.1.6) 先求出

$$\begin{aligned}
\hat{F}_2\sigma_y\hat{F}_2^+ &= \begin{pmatrix} A_2 & -\mathrm{i}B_2\mathrm{e}^{-\mathrm{i}\varphi_2} \\ \mathrm{i}B_2\mathrm{e}^{\mathrm{i}\varphi_2} & A_2 \end{pmatrix}\begin{pmatrix} B_2^*\mathrm{e}^{\mathrm{i}\varphi_2} & -\mathrm{i}A_2^* \\ \mathrm{i}A_2^* & B_2^*\mathrm{e}^{-\mathrm{i}\varphi_2} \end{pmatrix} \\
&= \begin{pmatrix} A_2B_2^*\mathrm{e}^{\mathrm{i}\varphi_2} + B_2A_2^*\mathrm{e}^{-\mathrm{i}\varphi_2} & -\mathrm{i}(|A_2|^2 + |B_2|^2\,\mathrm{e}^{-2\mathrm{i}\varphi_2}) \\ \mathrm{i}(|A_2|^2 + |B_2|^2\,\mathrm{e}^{2\mathrm{i}\varphi_2}) & B_2A_2^*\mathrm{e}^{\mathrm{i}\varphi_2} + A_2B_2^*\mathrm{e}^{-\mathrm{i}\varphi_2} \end{pmatrix}
\end{aligned} \tag{2.5.32}$$

又可以求得第二次入射粒子极化部分的贡献为

$$I_{C_2}^1 = \frac{1}{2}\text{tr}\left\{\hat{F}_2\hat{\sigma}_y\hat{F}_2^+\right\} = I_{C_2}^0 P_{C_2}\cos\varphi_2 \tag{2.5.33}$$

$$I_{C_2}^0 P_{x_2}^1 = \frac{1}{2}\text{tr}\left\{\hat{\sigma}_x\hat{F}_2\hat{\sigma}_y\hat{F}_2^+\right\} = -I_{C_2}^0\frac{1}{2}\,(1 - W_{C_2})\sin(2\varphi_2) \tag{2.5.34}$$

$$\begin{aligned}
I_{C_2}^0 P_{y_2}^1 &= \frac{1}{2}\text{tr}\left\{\hat{\sigma}_y\hat{F}_2\hat{\sigma}_y\hat{F}_2^+\right\} = |A_2|^2 + |B_2|^2\cos(2\varphi_2) \\
&= I_{C_2}^0\left[1 - \frac{1}{2}\,(1 - W_{C_2})\,(1 - \cos(2\varphi_2))\right]
\end{aligned} \tag{2.5.35}$$

$$I_{C_2}^0 P_{z_2}^1 = \frac{1}{2}\mathrm{tr}\left\{\hat{\sigma}_z \hat{F}_2 \hat{\sigma}_y \hat{F}_2^+\right\} = -2\mathrm{Im}\left(A_2 B_2^*\right)\sin\varphi_2 = -I_{C_2}^0 Q_{C_2}\sin\varphi_2 \tag{2.5.36}$$

其中

$$Q_{C_2} = \frac{2\mathrm{Im}\left(A_2 B_2^*\right)}{|A_2|^2 + |B_2|^2} \tag{2.5.37}$$

$$W_{C_2} = \frac{|A_2|^2 - |B_2|^2}{|A_2|^2 + |B_2|^2} \tag{2.5.38}$$

利用以上结果再根据式 (2.5.18) 可以得到

$$I_{C_2}^{(\mathrm{f})} = I_{C_2}^{(\mathrm{i})} I_{C_2}^0 \left(1 + p_{C_2}^{(\mathrm{i})} P_{C_2}\cos\varphi_2\right) \tag{2.5.39}$$

$$P_{x_2} = P_{x_2}^0 + p_{C_2}^{(\mathrm{i})} P_{x_2}^1 = -P_{C_2}\sin\varphi_2 - p_{C_2}^{(\mathrm{i})}\frac{1}{2}\left(1 - W_{C_2}\right)\sin\left(2\varphi_2\right) \tag{2.5.40}$$

$$P_{y_2} = P_{y_2}^0 + p_{C_2}^{(\mathrm{i})} P_{y_2}^1 = P_{C_2}\cos\varphi_2 + p_{C_2}^{(\mathrm{i})}\left[1 - \frac{1}{2}\left(1 - W_{C_2}\right)\left(1 - \cos\left(2\varphi_2\right)\right)\right] \tag{2.5.41}$$

$$P_{z_2} = P_{z_2}^0 + p_{C_2}^{(\mathrm{i})} P_{z_2}^1 = -p_{C_2}^{(\mathrm{i})} Q_{C_2}\sin\varphi_2 \tag{2.5.42}$$

这样便得到了由式 (2.5.19) 给出的二次散射后的末态 Stokes 矢量。再将其变换到 L_2 系则为

$$S_{L_2}^{(\mathrm{f})} = X\left(\theta_{C_2}\right) S_{C_2}^{(\mathrm{f})} = X\left(\theta_{C_2}\right) I_{C_2}^{(\mathrm{f})} \begin{pmatrix} 1 \\ P_{x_2} \\ P_{y_2} \\ P_{z_2} \end{pmatrix} \tag{2.5.43}$$

图 2.5 给出了第三次散射的实验室坐标系。z_3 轴与 z_2 轴夹角为 θ_{L_2}，z_3 轴在 L_2 系中的极角为 θ_{L_2}，方位角为 φ_2。由式 (2.5.43) 可知 L_2 系中极化矢量为

$$\vec{P}^{L_2} \equiv P_{x_2}\vec{\mathrm{e}}_x + P_{y_2}\vec{\mathrm{e}}_y + P_{z_2}\vec{\mathrm{e}}_z \tag{2.5.44}$$

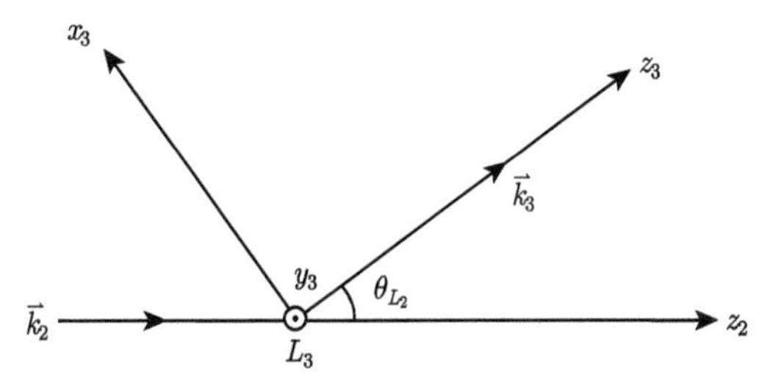

图 2.5　第三次散射的实验室坐标系

根据式 (2.2.33) 和表 2.5 可以得到

$$\hat{D}^1(\alpha,\beta,\gamma)=\begin{pmatrix}\frac{1+\cos\beta}{2}\mathrm{e}^{-\mathrm{i}(\alpha+\gamma)} & -\frac{\sin\beta}{\sqrt{2}}\mathrm{e}^{-\mathrm{i}\alpha} & \frac{1-\cos\beta}{2}\mathrm{e}^{\mathrm{i}(\gamma-\alpha)}\\ \frac{\sin\beta}{\sqrt{2}}\mathrm{e}^{-\mathrm{i}\gamma} & \cos\beta & -\frac{\sin\beta}{\sqrt{2}}\mathrm{e}^{\mathrm{i}\gamma}\\ \frac{1-\cos\beta}{2}\mathrm{e}^{\mathrm{i}(\alpha-\gamma)} & \frac{\sin\beta}{\sqrt{2}}\mathrm{e}^{\mathrm{i}\alpha} & \frac{1+\cos\beta}{2}\mathrm{e}^{\mathrm{i}(\gamma+\alpha)}\end{pmatrix} \tag{2.5.45}$$

表 2.5　$d^1_{MM'}(\beta)$ 的表达式 [1]

M	M'		
	1	0	−1
1	$\frac{1+\cos\beta}{2}$	$-\frac{\sin\beta}{\sqrt{2}}$	$\frac{1-\cos\beta}{2}$
0	$\frac{\sin\beta}{\sqrt{2}}$	$\cos\beta$	$-\frac{\sin\beta}{\sqrt{2}}$
−1	$\frac{1-\cos\beta}{2}$	$\frac{\sin\beta}{\sqrt{2}}$	$\frac{1+\cos\beta}{2}$

根据式 (1.3.2) 可以写出

$$A'_{1M'}=\sum_M A_{1M}D^1_{MM'}(\alpha,\beta,\gamma) \tag{2.5.46}$$

利用式 (2.5.46)、式 (2.5.45) 和式 (1.2.23) 可以得到

$$\begin{aligned}A'_{11}=&-\frac{1+\cos\beta}{2}\mathrm{e}^{-\mathrm{i}(\alpha+\gamma)}\frac{1}{\sqrt{2}}(A_x+\mathrm{i}A_y)+\frac{\sin\beta}{\sqrt{2}}\mathrm{e}^{-\mathrm{i}\gamma}A_z\\&+\frac{1-\cos\beta}{2}\mathrm{e}^{\mathrm{i}(\alpha-\gamma)}\frac{1}{\sqrt{2}}(A_x-\mathrm{i}A_y)\end{aligned}$$

$$A'_{10}=\frac{\sin\beta}{\sqrt{2}}\mathrm{e}^{-\mathrm{i}\alpha}\frac{1}{\sqrt{2}}(A_x+\mathrm{i}A_y)+\cos\beta A_z+\frac{\sin\beta}{\sqrt{2}}\mathrm{e}^{\mathrm{i}\alpha}\frac{1}{\sqrt{2}}(A_x-\mathrm{i}A_y)$$

$$\begin{aligned}A'_{1\ -1}=&-\frac{1-\cos\beta}{2}\mathrm{e}^{\mathrm{i}(\gamma-\alpha)}\frac{1}{\sqrt{2}}(A_x+\mathrm{i}A_y)-\frac{\sin\beta}{\sqrt{2}}\mathrm{e}^{\mathrm{i}\gamma}A_z\\&+\frac{1+\cos\beta}{2}\mathrm{e}^{\mathrm{i}(\gamma+\alpha)}\frac{1}{\sqrt{2}}(A_x-\mathrm{i}A_y)\end{aligned} \tag{2.5.47}$$

再利用式 (1.2.22) 由式 (2.5.47) 可以求得

$$\begin{aligned}A'_x=&\frac{1}{\sqrt{2}}(A'_{1\ -1}-A'_{11})\\=&\left[-\frac{1-\cos\beta}{4}\mathrm{e}^{\mathrm{i}(\gamma-\alpha)}+\frac{1+\cos\beta}{4}\mathrm{e}^{-\mathrm{i}(\alpha+\gamma)}\right](A_x+\mathrm{i}A_y)\end{aligned}$$

$$
\begin{aligned}
&+\left[\frac{1+\cos\beta}{4}\mathrm{e}^{\mathrm{i}(\gamma+\alpha)}-\frac{1-\cos\beta}{4}\mathrm{e}^{\mathrm{i}(\alpha-\gamma)}\right](A_x-\mathrm{i}A_y)-\left[\frac{\sin\beta}{2}\mathrm{e}^{\mathrm{i}\gamma}+\frac{\sin\beta}{2}\mathrm{e}^{-\mathrm{i}\gamma}\right]A_z \\
=&\left[\frac{1+\cos\beta}{2}\cos(\alpha+\gamma)-\frac{1-\cos\beta}{2}\cos(\alpha-\gamma)\right]A_x \\
&+\left[\frac{1+\cos\beta}{2}\sin(\alpha+\gamma)-\frac{1-\cos\beta}{2}\sin(\alpha-\gamma)\right]A_y-\sin\beta\cos\gamma A_z \\
=&\frac{1}{2}\left[(1+\cos\beta)(\cos\alpha\cos\gamma-\sin\alpha\sin\gamma)-(1-\cos\beta)(\cos\alpha\cos\gamma+\sin\alpha\sin\gamma)\right]A_x \\
&+\frac{1}{2}\left[(1+\cos\beta)(\sin\alpha\cos\gamma+\cos\alpha\sin\gamma)-(1-\cos\beta)(\sin\alpha\cos\gamma-\cos\alpha\sin\gamma)\right]A_y \\
&-\sin\beta\cos\gamma A_z \\
=&(\cos\beta\cos\alpha\cos\gamma-\sin\alpha\sin\gamma)A_x \\
&+(\cos\beta\sin\alpha\cos\gamma+\cos\alpha\sin\gamma)A_y-\sin\beta\cos\gamma A_z
\end{aligned}
\tag{2.5.48}
$$

用同样方法还可以求得

$$
\begin{aligned}
A_y' =& -(\cos\beta\cos\alpha\sin\gamma+\sin\alpha\cos\gamma)A_x \\
&-(\cos\beta\sin\alpha\sin\gamma-\cos\alpha\cos\gamma)A_y+\sin\beta\sin\gamma A_z \\
A_z' =& \sin\beta\cos\alpha A_x+\sin\beta\sin\alpha A_y+\cos\beta A_z
\end{aligned}
\tag{2.5.49}
$$

于是可以得到

$$
A_i' = \sum_{k=x,y,z} A_k a_{ki}, \quad i=x,y,z \tag{2.5.50}
$$

由矩阵元 a_{ki} 所构成的转动矩阵为 [1]

$$
\begin{aligned}
&\hat{a}(\alpha,\beta,\gamma) \\
=&\begin{pmatrix}
\cos\beta\cos\alpha\cos\gamma-\sin\alpha\sin\gamma & -\cos\beta\cos\alpha\sin\gamma-\sin\alpha\cos\gamma & \sin\beta\cos\alpha \\
\cos\beta\sin\alpha\cos\gamma+\cos\alpha\sin\gamma & -\cos\beta\sin\alpha\sin\gamma+\cos\alpha\cos\gamma & \sin\beta\sin\alpha \\
-\sin\beta\cos\gamma & \sin\beta\sin\gamma & \cos\beta
\end{pmatrix}
\end{aligned}
\tag{2.5.51}
$$

如果取 $\alpha=\varphi,\beta=\theta,\gamma=0$，式 (2.5.51) 便退化成

$$
\hat{B}(\theta,\varphi)=\begin{pmatrix}
\cos\theta\cos\varphi & -\sin\varphi & \sin\theta\cos\varphi \\
\cos\theta\sin\varphi & \cos\varphi & \sin\theta\sin\varphi \\
-\sin\theta & 0 & \cos\theta
\end{pmatrix}
\tag{2.5.52}
$$

转动矩阵 $\hat{D}^J(\alpha,\beta,\gamma)$ 的逆矩阵为 $\left[\hat{D}^J(\alpha,\beta,\gamma)\right]^{-1} = \left[\hat{D}^J(\alpha,\beta,\gamma)\right]^{+}$，由于由

式 (2.5.52) 给出的 $\hat{B}(\theta,\varphi)$ 是实数矩阵，因而其逆矩阵就是它的转置矩阵，即

$$\hat{b}(\theta,\varphi)=\tilde{B}(\theta,\varphi)=\begin{pmatrix}\cos\theta\cos\varphi & \cos\theta\sin\varphi & -\sin\theta\\ -\sin\varphi & \cos\varphi & 0\\ \sin\theta\cos\varphi & \sin\theta\sin\varphi & \cos\theta\end{pmatrix} \tag{2.5.53}$$

可以看出当 $\theta=\varphi=0$ 时，$\hat{B}$ 和 $\hat{b}$ 都是单位矩阵。

当物体和坐标系同时转动时，物体和坐标系之间的相对关系不会发生变化。设 $\hat{D}(\alpha,\beta,\gamma)$ 为转动欧拉角算符，于是可得

$$\left\{\hat{D}(\alpha,\beta,\gamma)\right\}_{物体}\cdot\left\{\hat{D}(\alpha,\beta,\gamma)\right\}_{坐标系}=1$$

$$\left\{D^{J}_{MM'}(\alpha,\beta,\gamma)\right\}_{物体}=\left\{\left[D^{-1}(\alpha,\beta,\gamma)\right]^{J}_{MM'}\right\}_{坐标系} \tag{2.5.54}$$

在由式 (1.5.21) 给出的密度矩阵中，$t_L(S)\cdot\hat{T}_L(S)$ 是标量，具有转动不变性。我们把代表粒子的矢量自旋算符或张量极化算符的 $\hat{T}_L(S)$ 看成是坐标系，而把代表粒子矢量极化率或张量极化率的 $t_L(S)$ 看成是物体的物理量。式 (2.5.50) 所给出的是坐标系的转动关系，而粒子极化矢量是物体性质，因而其对应的转动关系为

$$p'_i=\sum_{k=x,y,z}p_k b_{ki}=\sum_{k=x,y,z}B_{ik}p_k,\quad i=x,y,z \tag{2.5.55}$$

例如，假设转动前粒子极化矢量的分量为 $p_x=p_y=0,\ p_z=p_Z$，然后将该粒子极化矢量转动 (θ,φ) 角，根据式 (2.5.55) 和式 (2.5.52) 可以求得 $p'_x=\sin\theta\cos\varphi\ p_Z$，$p'_y=\sin\theta\sin\varphi\ p_Z$，$p'_z=\cos\theta\ p_Z$，这正是我们熟悉的结果。这个例子也可以这样理解，在以极化矢量方向为 Z 轴的 XYZ 直角坐标系中，只有 p_Z 分量不为 0，然后将坐标系逆转角度 (θ,φ)，同样也会得到上述结果。

由式 (2.5.44) 给出的 $\vec{P}^{L_2}$ 是在 L_2 系中的极化矢量。L_3 系相对于 L_2 系转动了角度 (θ_{L_2},φ_2)，设 $\vec{p}^{L_3}$ 是在 L_3 系中所描述的 $\vec{P}^{L_2}$，这种情况相当于只把坐标系转动了角度 (θ_{L_2},φ_2)，而物体并未转动，因而有

$$\vec{p}^{L_3}=\hat{b}(\theta_{L_2},\varphi_2)\vec{P}^{L_2} \tag{2.5.56}$$

再利用式 (2.5.53) 可得

$$\begin{aligned}
p_{x_3}&=\cos\theta_{L_2}\cos\varphi_2P_{x_2}+\cos\theta_{L_2}\sin\varphi_2P_{y_2}-\sin\theta_{L_2}P_{z_2}\\
p_{y_3}&=-\sin\varphi_2P_{x_2}+\cos\varphi_2P_{y_2}\\
p_{z_3}&=\sin\theta_{L_2}\cos\varphi_2P_{x_2}+\sin\theta_{L_2}\sin\varphi_2P_{y_2}+\cos\theta_{L_2}P_{z_2}
\end{aligned} \tag{2.5.57}$$

把由式 (2.5.43) 给出的 L_2 系的末态，经过由式 (2.5.57) 对极化矢量的变换后便可得到 L_3 系中的初态为

$$S_{L_3}^{(\mathrm{i})} = X(\theta_{C_2}) I_{C_2}^{(\mathrm{f})} \begin{pmatrix} 1 \\ p_{x_3} \\ p_{y_3} \\ p_{z_3} \end{pmatrix} \tag{2.5.58}$$

再把 $S_{L_3}^{(\mathrm{i})}$ 变换到 C_3 系则为

$$S_{C_3}^{(\mathrm{i})} = Y(\theta_{L_2}) X(\theta_{C_2}) I_{C_2}^{(\mathrm{f})} \begin{pmatrix} 1 \\ p_{x_3} \\ p_{y_3} \\ p_{z_3} \end{pmatrix} \equiv I_{C_3}^{(\mathrm{i})} \begin{pmatrix} 1 \\ p_{x_3}^{(\mathrm{i})} \\ p_{y_3}^{(\mathrm{i})} \\ p_{z_3}^{(\mathrm{i})} \end{pmatrix} \tag{2.5.59}$$

第三次散射后末态 Stokes 矢量可表示为

$$S_{C_3}^{(\mathrm{f})} = I_{C_3}^{(\mathrm{f})} \begin{pmatrix} 1 \\ P_{x_3} \\ P_{y_3} \\ P_{z_3} \end{pmatrix} \tag{2.5.60}$$

第三次散射入射粒子流在 C_3 系中的波矢为

$$k_3 = \frac{\sqrt{2\mu_3 \varepsilon_{C_3}}}{\hbar} \tag{2.5.61}$$

$$\varepsilon_{C_3} = \frac{M_3}{m + M_3} \varepsilon_{L_2} \tag{2.5.62}$$

$$\varepsilon_{L_2} = \varepsilon_{C_2} \left[1 + \gamma_2^2 + 2\gamma_2 \left(\cos\theta_{L_2} \sqrt{1 - \gamma_2^2 \sin^2\theta_{L_2}} - \gamma_2 \sin^2\theta_{L_2}\right)\right] \tag{2.5.63}$$

$$\gamma_2 = \frac{m}{M_2} \tag{2.5.64}$$

ε_{C_2} 已由式 (2.5.21) 给出。可见 k_3 是 θ_{L_1} 和 θ_{L_2} 的函数。

设在 C_3 系中第三次散射出射粒子波矢 $\vec{k}_3^{(\mathrm{f})}$ 的极角为 θ_{C_3}，方位角为 φ_3，在 x_3y_3 平面上的投影为 $p_3^{(\mathrm{f})}$(图 2.6)。参照式 (2.5.27) ~ 式 (2.5.31)，发生第三次散射其非极化部分的贡献为

$$I_{C_3}^0 = \frac{1}{2}\mathrm{tr}\left\{\hat{F}_3 \hat{F}_3^+\right\} = |A_3|^2 + |B_3|^2 \tag{2.5.65}$$

$$I_{C_3}^0 P_{x_3}^0 = \frac{1}{2}\mathrm{tr}\left\{\hat{\sigma}_x \hat{F}_3 \hat{F}_3^+\right\} = -I_{C_3}^0 P_{C_3} \sin\varphi_3 \tag{2.5.66}$$

$$I_{C_3}^0 P_{y_3}^0 = \frac{1}{2}\mathrm{tr}\left\{\hat{\sigma}_y \hat{F}_3 \hat{F}_3^+\right\} = I_{C_3}^0 P_{C_3} \cos\varphi_3 \tag{2.5.67}$$

$$I_{C_3}^0 P_{z_3}^0 = \frac{1}{2}\mathrm{tr}\left\{\hat{\sigma}_z \hat{F}_3 \hat{F}_3^+\right\} = 0 \tag{2.5.68}$$

其中

$$P_{C_3} = \frac{2\mathrm{Re}\left(A_3 B_3^*\right)}{\left|A_3\right|^2 + \left|B_3\right|^2} \tag{2.5.69}$$

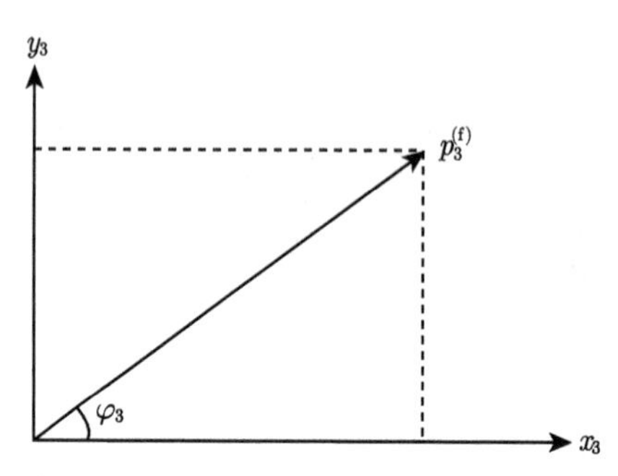

图 2.6　在 C_3 系中出射粒子波矢在 x_3y_3 平面上的投影

对比式 (2.5.59) 和式 (2.5.18)，我们应该注意到，第二次散射的入射粒子束流仅在 y 方向有极化，即 $p_{y_2}^{(\mathrm{i})} = p_{C_2}^{(\mathrm{i})}, p_{x_2}^{(\mathrm{i})} = p_{z_2}^{(\mathrm{i})} = 0$，而第三次散射的入射粒子束流却是在 x, y, z 三个方向都有极化，即 $p_{x_3}^{(\mathrm{i})}, p_{y_3}^{(\mathrm{i})}, p_{z_3}^{(\mathrm{i})}$ 全都不为 0。参照式 (2.5.33) ~ 式 (2.5.38) 可得

$$I_{C_3}^{1y} = \frac{1}{2}\mathrm{tr}\left\{\hat{F}_3 \hat{\sigma}_y \hat{F}_3^+\right\} = I_{C_3}^0 P_{C_3} \cos\varphi_3 \tag{2.5.70}$$

$$I_{C_3}^0 P_{x_3}^{1y} = \frac{1}{2}\mathrm{tr}\left\{\hat{\sigma}_x \hat{F}_3 \hat{\sigma}_y \hat{F}_3^+\right\} = -I_{C_3}^0 \frac{1}{2}\left(1 - W_{C_3}\right)\sin\left(2\varphi_3\right) \tag{2.5.71}$$

$$I_{C_3}^0 P_{y_3}^{1y} = \frac{1}{2}\mathrm{tr}\left\{\hat{\sigma}_y \hat{F}_3 \hat{\sigma}_y \hat{F}_3^+\right\} = I_{C_3}^0 \left[1 - \frac{1}{2}\left(1 - W_{C_3}\right)\left(1 - \cos\left(2\varphi_3\right)\right)\right] \tag{2.5.72}$$

$$I_{C_3}^0 P_{z_3}^{1y} = \frac{1}{2}\mathrm{tr}\left\{\hat{\sigma}_z \hat{F}_3 \hat{\sigma}_y \hat{F}_3^+\right\} = -I_{C_3}^0 Q_{C_3} \sin\varphi_3 \tag{2.5.73}$$

其中

$$Q_{C_3} = \frac{2\mathrm{Im}\left(A_3 B_3^*\right)}{\left|A_3\right|^2 + \left|B_3\right|^2} \tag{2.5.74}$$

$$W_{C_3} = \frac{\left|A_3\right|^2 - \left|B_3\right|^2}{\left|A_3\right|^2 + \left|B_3\right|^2} \tag{2.5.75}$$

参考式 (2.5.32)，由式 (2.5.25) 和式 (2.1.6) 可以求得

$$\hat{F}_3 \hat{\sigma}_x \hat{F}_3^+$$

$$=\begin{pmatrix} A_3 & -\mathrm{i}B_3\mathrm{e}^{-\mathrm{i}\varphi_3} \\ \mathrm{i}B_3\mathrm{e}^{\mathrm{i}\varphi_3} & A_3 \end{pmatrix}\begin{pmatrix} \mathrm{i}B_3^*\mathrm{e}^{\mathrm{i}\varphi_3} & A_3^* \\ A_3^* & -\mathrm{i}B_3^*\mathrm{e}^{-\mathrm{i}\varphi_3} \end{pmatrix}$$

$$=\begin{pmatrix} \mathrm{i}\left(A_3B_3^*\mathrm{e}^{\mathrm{i}\varphi_3}-B_3A_3^*\mathrm{e}^{-\mathrm{i}\varphi_3}\right) & |A_3|^2-|B_3|^2\mathrm{e}^{-2\mathrm{i}\varphi_3} \\ |A_3|^2-|B_3|^2\mathrm{e}^{2\mathrm{i}\varphi_3} & \mathrm{i}\left(B_3A_3^*\mathrm{e}^{\mathrm{i}\varphi_3}-A_3B_3^*\mathrm{e}^{-\mathrm{i}\varphi_3}\right) \end{pmatrix} \tag{2.5.76}$$

$$\hat{F}_3\hat{\sigma}_z\hat{F}_3^+=\begin{pmatrix} A_3 & -\mathrm{i}B_3\mathrm{e}^{-\mathrm{i}\varphi_3} \\ \mathrm{i}B_3\mathrm{e}^{\mathrm{i}\varphi_3} & A_3 \end{pmatrix}\begin{pmatrix} A_3^* & -\mathrm{i}B_3^*\mathrm{e}^{-\mathrm{i}\varphi_3} \\ -\mathrm{i}B_3^*\mathrm{e}^{\mathrm{i}\varphi_3} & -A_3^* \end{pmatrix}$$

$$=\begin{pmatrix} |A_3|^2-|B_3|^2 & -\mathrm{i}\left(A_3B_3^*-B_3A_3^*\right)\mathrm{e}^{-\mathrm{i}\varphi_3} \\ \mathrm{i}\left(B_3A_3^*-A_3B_3^*\right)\mathrm{e}^{\mathrm{i}\varphi_3} & -\left(|A_3|^2-|B_3|^2\right) \end{pmatrix} \tag{2.5.77}$$

进而可以求出在 x 和 z 方向的第三次入射粒子极化部分的贡献为

$$I_{C_3}^{1x}=\frac{1}{2}\mathrm{tr}\left\{\hat{F}_3\hat{\sigma}_x\hat{F}_3^+\right\}=-I_{C_3}^0P_{C_3}\sin\varphi_3 \tag{2.5.78}$$

$$I_{C_3}^0P_{x_3}^{1x}=\frac{1}{2}\mathrm{tr}\left\{\hat{\sigma}_x\hat{F}_3\hat{\sigma}_x\hat{F}_3^+\right\}=I_{C_3}^0\left[1-\frac{1}{2}\left(1-W_{C_3}\right)\left(1+\cos\left(2\varphi_3\right)\right)\right] \tag{2.5.79}$$

$$I_{C_3}^0P_{y_3}^{1x}=\frac{1}{2}\mathrm{tr}\left\{\hat{\sigma}_y\hat{F}_3\hat{\sigma}_x\hat{F}_3^+\right\}=-I_{C_3}^0\frac{1}{2}\left(1-W_{C_3}\right)\sin\left(2\varphi_3\right) \tag{2.5.80}$$

$$I_{C_3}^0P_{z_3}^{1x}=\frac{1}{2}\mathrm{tr}\left\{\hat{\sigma}_z\hat{F}_3\hat{\sigma}_x\hat{F}_3^+\right\}=-I_{C_3}^0Q_{C_3}\cos\varphi_3 \tag{2.5.81}$$

$$I_{C_3}^{1z}=\frac{1}{2}\mathrm{tr}\left\{\hat{F}_3\hat{\sigma}_z\hat{F}_3^+\right\}=0 \tag{2.5.82}$$

$$I_{C_3}^0P_{x_3}^{1z}=\frac{1}{2}\mathrm{tr}\left\{\hat{\sigma}_x\hat{F}_3\hat{\sigma}_z\hat{F}_3^+\right\}=I_{C_3}^0Q_{C_3}\cos\varphi_3 \tag{2.5.83}$$

$$I_{C_3}^0P_{y_3}^{1z}=\frac{1}{2}\mathrm{tr}\left\{\hat{\sigma}_y\hat{F}_3\hat{\sigma}_z\hat{F}_3^+\right\}=I_{C_3}^0Q_{C_3}\sin\varphi_3 \tag{2.5.84}$$

$$I_{C_3}^0P_{z_3}^{1z}=\frac{1}{2}\mathrm{tr}\left\{\hat{\sigma}_z\hat{F}_3\hat{\sigma}_z\hat{F}_3^+\right\}=I_{C_3}^0W_{C_3} \tag{2.5.85}$$

利用式 (2.5.65) ~ 式 (2.5.68)，式 (2.5.70) ~ 式 (2.5.73) 以及式 (2.5.78) ~ 式 (2.5.85) 可以求得在式 (2.5.60) 中所出现的以下各物理量

$$I_{C_3}^{(\mathrm{f})}=I_{C_3}^{(\mathrm{i})}I_{C_3}^0\left[1-P_{C_3}\left(p_{x_3}^{(\mathrm{i})}\sin\varphi_3-p_{y_3}^{(\mathrm{i})}\cos\varphi_3\right)\right] \tag{2.5.86}$$

$$\begin{aligned}P_{x_3}=&-P_{C_3}\sin\varphi_3+p_{x_3}^{(\mathrm{i})}\left[1-\frac{1}{2}\left(1-W_{C_3}\right)\left(1+\cos\left(2\varphi_3\right)\right)\right]\\&-p_{y_3}^{(\mathrm{i})}\frac{1}{2}\left(1-W_{C_3}\right)\sin\left(2\varphi_3\right)+p_{z_3}^{(\mathrm{i})}Q_{C_3}\cos\varphi_3\end{aligned} \tag{2.5.87}$$

$$\begin{aligned} P_{y_3} = & P_{C_3}\cos\varphi_3 - p_{x_3}^{(\mathrm{i})}\frac{1}{2}\left(1-W_{C_3}\right)\sin\left(2\varphi_3\right) \\ & + p_{y_3}^{(\mathrm{i})}\left[1-\frac{1}{2}\left(1-W_{C_3}\right)\left(1-\cos\left(2\varphi_3\right)\right)\right] + p_{z_3}^{(\mathrm{i})}Q_{C_3}\sin\varphi_3 \end{aligned} \tag{2.5.88}$$

$$P_{z_3} = -p_{x_3}^{(\mathrm{i})}Q_{C_3}\cos\varphi_3 - p_{y_3}^{(\mathrm{i})}Q_{C_3}\sin\varphi_3 + p_{z_3}^{(\mathrm{i})}W_{C_3} \tag{2.5.89}$$

这样便得到了由式 (2.5.60) 给出的三次散射后的末态 Stokes 矢量，再将其变换到 L_3 系则为

$$S_{L_3}^{(\mathrm{f})} = X\left(\theta_{C_3}\right)S_{C_3}^{(\mathrm{f})} = X\left(\theta_{C_3}\right)I_{C_3}^{(\mathrm{f})}\begin{pmatrix} 1 \\ P_{x_3} \\ P_{y_3} \\ P_{z_3} \end{pmatrix} \tag{2.5.90}$$

本节介绍的方法可用于研究自旋 $\frac{1}{2}$ 粒子与自旋 0 靶核仅发生弹性散射时的 Monte-Carlo 输运过程，当然这时要随时记录出射粒子的位置。对于第一次散射我们把 x 轴选在散射平面上，相当于 $\varphi_1 = 0$，而第二次和第三次散射都可以选择任意方位角 φ_2 和 φ_3，所以过程显得比较复杂。如果发生弹性散射时，上述的 I^0, P, Q, W 均能以已知的核数据形式给出，而且输运过程仅在实验室系进行，问题将得到简化。不过实际的粒子输运过程还会有多种类型的反应发生，尚有不少问题有待进一步研究。关于极化核数据库和极化核输运理论问题将在本书最后一章进行讨论。

2.6　研究核反应极化问题的两种理论方法

前面介绍的核反应极化理论是建立在密度矩阵和求迹方法基础之上的，其实也可以根据自旋波函数的正交归一性利用求期望值方法 [2,7,8] 研究核反应极化理论，本节将介绍这种直接计算极化可观测量的方法。

式 (2.3.14) ~ 式 (2.3.16) 给出了自旋 $\frac{1}{2}$ 粒子与自旋 0 靶核发生弹性散射时的散射振幅。利用式 (2.3.33) 和式 (2.1.16) 可以求得

$$\hat{F}^{+}\hat{F} = (|A|^2 + |B|^2)\hat{I} + 2\mathrm{Re}(AB^*)(\vec{n}\cdot\hat{\sigma}) \tag{2.6.1}$$

通常取入射粒子方向为 z 轴，这时 $\vec{n}$ 是位于 xy 平面中的单位矢量。如果入射粒子是非极化的，不同入射粒子自旋磁量子数分波之间不相干，利用式 (2.1.1) 和式 (2.6.1) 可以求得微分截面为

$$I^0 \equiv \frac{\mathrm{d}\sigma^0}{\mathrm{d}\Omega} = \frac{1}{2}\sum_{\mu}\left\langle \chi_{\frac{1}{2}\mu}\left|\hat{F}^{+}\hat{F}\right|\chi_{\frac{1}{2}\mu}\right\rangle = |A|^2 + |B|^2 \tag{2.6.2}$$

利用式 (2.3.33)、式 (2.1.17) 和式 (2.1.20) 可以求得

$$\begin{aligned}\hat{F}^{+}\hat{\sigma}\hat{F} &= \left(A^{*}\hat{I}+B^{*}\vec{n}\cdot\hat{\sigma}\right)\hat{\sigma}\left(A\hat{I}+B\vec{n}\cdot\hat{\sigma}\right)\\ &= \left(|A|^{2}-|B|^{2}\right)\hat{\sigma}+2\left[\mathrm{Re}(AB^{*})+|B|^{2}\left(\vec{n}\cdot\hat{\sigma}\right)\right]\vec{n}\\ &\quad -\mathrm{i}\left(AB^{*}-A^{*}B\right)\left(\vec{n}\times\hat{\sigma}\right)\end{aligned} \tag{2.6.3}$$

对于非极化入射粒子，利用式 (2.1.1)、式 (2.1.6)、式 (2.3.31) 和式 (2.6.3) 又可以求得出射粒子的极化矢量为

$$\vec{P}^{0}_{\mathrm{out}}=\langle\hat{\sigma}\rangle^{0}_{\mathrm{out}}=\frac{1}{I^{0}}\frac{1}{2}\sum_{\mu}\left\langle\chi_{\frac{1}{2}\mu}|\hat{F}^{+}\hat{\sigma}\hat{F}|\chi_{\frac{1}{2}\mu}\right\rangle=\frac{2\mathrm{Re}(AB^{*})}{|A|^{2}+|B|^{2}}\vec{n} \tag{2.6.4}$$

式 (2.6.2) 和式 (2.6.4) 与式 (2.3.21) 和式 (2.3.43) 完全一样。

式 (2.2.1) 给出了自旋 $\frac{1}{2}$ 粒子的任意自旋波函数 $X_{\frac{1}{2}}$，它是基矢态 $\chi_{\frac{1}{2}\frac{1}{2}}$ 和 $\chi_{\frac{1}{2}\ -\frac{1}{2}}$ 的混合态，表明在 $X_{\frac{1}{2}}$ 中具有不同自旋磁量子数的态之间有耦合，或者说它们是相干的。这时由式 (2.2.12) 可以看出，用 $X_{\frac{1}{2}}$ 描述的入射粒子束流是极化的。正交归一化条件要求

$$\left\langle X_{\frac{1}{2}}\ \middle|\ X_{\frac{1}{2}}\right\rangle=1 \tag{2.6.5}$$

并定义

$$\vec{p}_{\mathrm{in}}=\left\langle X_{\frac{1}{2}}\left|\hat{\sigma}\right|X_{\frac{1}{2}}\right\rangle \tag{2.6.6}$$

为入射粒子极化矢量。利用式 (2.6.1)、式 (2.6.5) 和式 (2.6.6) 可以求得

$$I\equiv\frac{\mathrm{d}\sigma}{\mathrm{d}\Omega}=\left\langle X_{\frac{1}{2}}\left|\hat{F}^{+}\hat{F}\right|X_{\frac{1}{2}}\right\rangle=|A|^{2}+|B|^{2}+2\mathrm{Re}\left(AB^{*}\right)\left(\vec{n}\cdot\vec{p}_{\mathrm{in}}\right) \tag{2.6.7}$$

该式与式 (2.4.5) 完全一致。再利用式 (2.6.3)、式 (2.6.5) 和式 (2.6.6) 可以求得极化入射粒子情况下出射粒子的极化矢量为

$$\begin{aligned}\vec{P}_{\mathrm{out}}&=\frac{1}{I}\left\langle X_{\frac{1}{2}}\left|\hat{F}^{+}\hat{\sigma}\hat{F}\right|X_{\frac{1}{2}}\right\rangle\\ &=\frac{2\left[\mathrm{Re}\left(AB^{*}\right)+|B|^{2}\left(\vec{n}\cdot\vec{p}_{\mathrm{in}}\right)\right]\vec{n}+\left(|A|^{2}-|B|^{2}\right)\vec{p}_{\mathrm{in}}+2\mathrm{Im}\left(AB^{*}\right)\left(\vec{n}\times\vec{p}_{\mathrm{in}}\right)}{|A|^{2}+|B|^{2}+2\mathrm{Re}\left(AB^{*}\right)\left(\vec{n}\cdot\vec{p}_{\mathrm{in}}\right)}\end{aligned} \tag{2.6.8}$$

此式与式 (2.4.16) 完全一致。

以上结果表明，在靶核自旋为 0 的情况下，利用由式 (1.5.18) 的第一等式和式 (1.5.19) 最后两个等式分别给出的求期望值方法和求迹方法所得到的自旋 $\frac{1}{2}$ 粒子的极化理论公式是完全一致的。

2.7　$\frac{\vec{1}}{2}+\mathrm{A}\rightarrow\frac{\vec{1}}{2}+\mathrm{B}$ 反应极化理论

对于靶核和剩余核自旋不等于 0 的情况，参考文献 [2] 的式 (3.8.20) 给出了 j-j 耦合方式的不考虑极化情况下的微分截面为

$$\frac{\mathrm{d}\sigma_{\alpha'n',\alpha n}}{\mathrm{d}\Omega}=\frac{1}{\hat{i}^2\hat{I}^2}\sum_{\mu M_I\mu' M_I'}\left|f_{\alpha'n'\mu'M_I',\alpha n\mu M_I}(\Omega)\right|^2 \tag{2.7.1}$$

从上式可以看出，在入射粒子、靶核和剩余核都是非极化的情况下，出射粒子属于那种处于所有入射粒子、出射粒子、靶核和剩余核不同自旋磁量子数的态都互不相干，但是在各种自旋磁量子数态中所占的份额却可能不相同的极化粒子。然而，在式 (2.7.1) 中对末态粒子自旋磁量子数求和再对初态粒子自旋磁量子数求平均以后，它就变成出射粒子的总微分截面了。出现在式 (2.7.1) 中的反应振幅已由参考文献 [2] 的式 (3.8.12) 给出

$$\begin{aligned}f_{\alpha'n'\mu'M_I',\alpha n\mu M_I}(\Omega)=&f_{\mathrm{C}}(\theta)\,\delta_{\alpha'n',\alpha n}\delta_{\mu'M_I',\mu M_I}\\&+\frac{\mathrm{i}\sqrt{\pi}}{k}\sum_{ljl'j'J}\hat{l}\mathrm{e}^{\mathrm{i}(\sigma_l+\sigma_{l'})}\left(\delta_{\alpha'n'l'j',\alpha nlj}-S^J_{\alpha'n'l'j',\alpha nlj}\right)\\&\times C^{j\mu}_{l0\ i\mu}C^{JM}_{j\mu\ IM_I}C^{j'm_j'}_{l'm_l'\ i'\mu'}C^{JM}_{j'm_j'\ I'M_I'}\mathrm{Y}_{l'm_l'}(\theta,\varphi)\end{aligned} \tag{2.7.2}$$

在以上表示式中引进了简化符号 $\hat{i}\equiv\sqrt{2i+1}$ 等。符号 α 和 α' 分别代表入射粒子和出射粒子的种类，n 和 n' 分别代表靶核和剩余核所处的能级标号。$S^J_{\alpha'n'l'j',\alpha nlj}$ 是核反应 S 矩阵元。对于 S-L 耦合方式，式 (2.7.1) 仍然适用，其反应振幅需改成由参考文献 [9] 的式 (13.8.13) 给出的形式

$$\begin{aligned}f_{\alpha'n'\mu'M_I',\alpha n\mu M_I}(\Omega)=&f_{\mathrm{C}}(\theta)\,\delta_{\alpha'n',\alpha n}\delta_{\mu'M_I',\mu M_I}\\&+\frac{\mathrm{i}\sqrt{\pi}}{k}\sum_{lSl'S'J}\hat{l}\mathrm{e}^{\mathrm{i}(\sigma_l+\sigma_{l'})}\left(\delta_{\alpha'n'l'S',\alpha nlS}-S^J_{\alpha'n'l'S',\alpha nlS}\right)\\&\times C^{JM}_{l0\ SM}C^{SM}_{i\mu\ IM_I}C^{JM}_{l'm_l'\ S'M_S'}C^{S'M_S'}_{i'\mu'\ I'M_I'}\mathrm{Y}_{l'm_l'}(\theta,\varphi)\end{aligned} \tag{2.7.3}$$

核子–核子弹性散射只是由式 (2.7.3) 所描述的核反应中的一个特例，相当于在上式中取 $\alpha'=\alpha,n'=n,i=i'=I=I'=\frac{1}{2}$。

式 (2.3.6) 已给出

$$\mathrm{Y}_{l'm_l'}(\theta,\varphi)=(-1)^{m_l'}\sqrt{\frac{2l'+1}{4\pi}}\sqrt{\frac{(l'-m_l')!}{(l'+m_l')!}}\mathrm{P}^{m_l'}_{l'}(\cos\theta)\,\mathrm{e}^{\mathrm{i}m_l'\varphi} \tag{2.7.4}$$

由式 (2.7.2) 和式 (2.7.3) 中的 C-G 系数均可以得到

$$m_l' = \mu + M_I - \mu' - M_I' \tag{2.7.5}$$

在入射粒子和出射粒子自旋均为 $\frac{1}{2}$ 的情况下，对于 j-j 耦合和 S-L 耦合方式分别引入以下符号

$$\begin{aligned} f_{\mu'\mu}^{ll'J}(m_l') =& \hat{l}\hat{l}'\mathrm{e}^{\mathrm{i}(\sigma_l+\sigma_{l'})}\sqrt{\frac{(l'-m_l')!}{(l'+m_l')!}}\sum_{jj'} C_{l0\ \frac{1}{2}\mu}^{j\mu} C_{j\mu\ IM_I}^{JM} \\ & \times C_{l'm_l'\ \frac{1}{2}\mu'}^{j'm_j'} C_{j'm_j'\ I'M_I'}^{JM}\left(\delta_{\alpha'n'l'j',\alpha nlj} - S_{\alpha'n'l'j',\alpha nlj}^{J}\right) \end{aligned} \tag{2.7.6}$$

$$\begin{aligned} f_{\mu'\mu}^{ll'J}(m_l') =& \hat{l}\hat{l}'\mathrm{e}^{\mathrm{i}(\sigma_l+\sigma_{l'})}\sqrt{\frac{(l'-m_l')!}{(l'+m_l')!}}\sum_{SS'} C_{l0\ SM}^{JM} C_{\frac{1}{2}\mu\ IM_I}^{SM} \\ & \times C_{l'm_l'\ S'M_S'}^{JM} C_{\frac{1}{2}\mu'\ I'M_I'}^{S'M_S'}\left(\delta_{\alpha'n'l'S',\alpha nlS} - S_{\alpha'n'l'S',\alpha nlS}^{J}\right) \end{aligned} \tag{2.7.7}$$

于是在两种角动量耦合方式下反应振幅均可以统一写成以下形式

$$\begin{aligned} f_{\alpha'n'\mu'M_I',\alpha n\mu M_I}(\Omega) =& f_{\mathrm{C}}(\theta)\,\delta_{\alpha'n',\alpha n}\delta_{\mu'M_I',\mu M_I} \\ & + \frac{\mathrm{i}}{2k}(-1)^{\mu+M_I-\mu'-M_I'}\sum_{ll'J} f_{\mu'\mu}^{ll'J}(\mu+M_I-\mu'-M_I') \\ & \times \mathrm{P}_{l'}^{\mu+M_I-\mu'-M_I'}(\cos\theta)\,\mathrm{e}^{\mathrm{i}(\mu+M_I-\mu'-M_I')\varphi} \end{aligned} \tag{2.7.8}$$

注意到在上式等号右边第一项中含有 $\delta_{\mu'M_I',\mu M_I}$，因而可以乘上等于 1 的因子 $\mathrm{e}^{\mathrm{i}(M_I-M_I')\varphi}$，令

$$\begin{aligned} A_{M_I'M_I}(\theta) =& f_{\mathrm{C}}(\theta)\,\delta_{\alpha'n',\alpha n}\delta_{M_I',M_I} \\ & + \frac{\mathrm{i}}{2k}(-1)^{M_I-M_I'}\sum_{ll'J} f_{\frac{1}{2}\frac{1}{2}}^{ll'J}(M_I-M_I')\mathrm{P}_{l'}^{M_I-M_I'}(\cos\theta) \end{aligned} \tag{2.7.9}$$

$$B_{M_I'M_I}(\theta) = -\frac{1}{2k}(-1)^{M_I-M_I'-1}\sum_{ll'J} f_{\frac{1}{2}\ -\frac{1}{2}}^{ll'J}(M_I-M_I'-1)\mathrm{P}_{l'}^{M_I-M_I'-1}(\cos\theta) \tag{2.7.10}$$

$$C_{M_I'M_I}(\theta) = \frac{1}{2k}(-1)^{M_I-M_I'+1}\sum_{ll'J} f_{-\frac{1}{2}\ \frac{1}{2}}^{ll'J}(M_I-M_I'+1)\mathrm{P}_{l'}^{M_I-M_I'+1}(\cos\theta) \tag{2.7.11}$$

$$\begin{aligned} D_{M_I'M_I}(\theta) =& f_{\mathrm{C}}(\theta)\,\delta_{\alpha'n',\alpha n}\delta_{M_I',M_I} \\ & + \frac{\mathrm{i}}{2k}(-1)^{M_I-M_I'}\sum_{ll'J} f_{-\frac{1}{2}\ -\frac{1}{2}}^{ll'J}(M_I-M_I')\,\mathrm{P}_{l'}^{M_I-M_I'}(\cos\theta) \end{aligned} \tag{2.7.12}$$

引入以下简化符号

$$F_{\mu'\mu}(\theta,\varphi)\equiv f_{\alpha'n'\mu'M_I',\alpha n\mu M_I}(\Omega) \tag{2.7.13}$$

便可以得到

$$F_{\frac{1}{2}\frac{1}{2}}(\theta,\varphi)=A_{M_I'M_I}(\theta)\,\mathrm{e}^{\mathrm{i}\left(M_I-M_I'\right)\varphi} \tag{2.7.14}$$

$$F_{\frac{1}{2}\,-\frac{1}{2}}(\theta,\varphi)=-\mathrm{i}B_{M_I'M_I}(\theta)\,\mathrm{e}^{\mathrm{i}\left(M_I-M_I'\right)\varphi}\mathrm{e}^{-\mathrm{i}\varphi} \tag{2.7.15}$$

$$F_{-\frac{1}{2}\,\frac{1}{2}}(\theta,\varphi)=\mathrm{i}C_{M_I'M_I}(\theta)\,\mathrm{e}^{\mathrm{i}\left(M_I-M_I'\right)\varphi}\mathrm{e}^{\mathrm{i}\varphi} \tag{2.7.16}$$

$$F_{-\frac{1}{2}\,-\frac{1}{2}}(\theta,\varphi)=D_{M_I'M_I}(\theta)\,\mathrm{e}^{\mathrm{i}\left(M_I-M_I'\right)\varphi} \tag{2.7.17}$$

在略掉 A,B,C,D 的下标 $M_I'M_I$ 和宗量 (θ) 的情况下，可把具有确定 $M_I'M_I$ 的反应振幅写成

$$\hat{F}=\begin{pmatrix} A & -\mathrm{i}B\mathrm{e}^{-\mathrm{i}\varphi} \\ \mathrm{i}C\mathrm{e}^{\mathrm{i}\varphi} & D \end{pmatrix}\mathrm{e}^{\mathrm{i}\left(M_I-M_I'\right)\varphi},\quad \hat{F}^{+}=\begin{pmatrix} A^* & -\mathrm{i}C^*\mathrm{e}^{-\mathrm{i}\varphi} \\ \mathrm{i}B^*\mathrm{e}^{\mathrm{i}\varphi} & D^* \end{pmatrix}\mathrm{e}^{-\mathrm{i}\left(M_I-M_I'\right)\varphi} \tag{2.7.18}$$

我们先研究靶核和剩余核都是非极化的情况，这时不同的 M_I 分波之间不相干，不同的 M_I' 分波之间也不相干。对于具有确定的 $M_I'M_I$ 分波来说，由式 (2.7.18) 可以求得

$$\begin{aligned}\hat{F}\hat{F}^{+}&=\begin{pmatrix} A & -\mathrm{i}B\mathrm{e}^{-\mathrm{i}\varphi} \\ \mathrm{i}C\mathrm{e}^{\mathrm{i}\varphi} & D \end{pmatrix}\begin{pmatrix} A^* & -\mathrm{i}C^*\mathrm{e}^{-\mathrm{i}\varphi} \\ \mathrm{i}B^*\mathrm{e}^{\mathrm{i}\varphi} & D^* \end{pmatrix}\\ &=\begin{pmatrix} |A|^2+|B|^2 & -\mathrm{i}\left(AC^*+BD^*\right)\mathrm{e}^{-\mathrm{i}\varphi} \\ \mathrm{i}\left(CA^*+DB^*\right)\mathrm{e}^{\mathrm{i}\varphi} & |C|^2+|D|^2 \end{pmatrix}\end{aligned} \tag{2.7.19}$$

为了简单起见，我们把 y 轴选在垂直于反应平面的 $\vec{n}$ 方向，这时 $\varphi=0$，于是式 (2.7.18) 和式 (2.7.19) 被分别简化为

$$\hat{F}=\begin{pmatrix} A & -\mathrm{i}B \\ \mathrm{i}C & D \end{pmatrix},\quad \hat{F}^{+}=\begin{pmatrix} A^* & -\mathrm{i}C^* \\ \mathrm{i}B^* & D^* \end{pmatrix} \tag{2.7.20}$$

$$\hat{F}\hat{F}^{+}=\begin{pmatrix} |A|^2+|B|^2 & -\mathrm{i}\left(AC^*+BD^*\right) \\ \mathrm{i}\left(CA^*+DB^*\right) & |C|^2+|D|^2 \end{pmatrix} \tag{2.7.21}$$

由式 (2.7.21) 可以求得

$$I^0=\frac{1}{2}\mathrm{tr}\left\{\hat{F}\hat{F}^{+}\right\}=\frac{1}{2}\left(|A|^2+|B|^2+|C|^2+|D|^2\right) \tag{2.7.22}$$

由式 (2.7.20) 和式 (2.1.6) 又可以求得

$$\hat{\sigma}_x\hat{F}^{+}=\begin{pmatrix} \mathrm{i}B^* & D^* \\ A^* & -\mathrm{i}C^* \end{pmatrix},\quad \hat{\sigma}_y\hat{F}^{+}=\begin{pmatrix} B^* & -\mathrm{i}D^* \\ \mathrm{i}A^* & C^* \end{pmatrix},\quad \hat{\sigma}_z\hat{F}^{+}=\begin{pmatrix} A^* & -\mathrm{i}C^* \\ -\mathrm{i}B^* & -D^* \end{pmatrix} \tag{2.7.23}$$

$$\hat{F}\hat{\sigma}_x\hat{F}^+=\begin{pmatrix}\mathrm{i}(AB^*-BA^*) & AD^*-BC^*\\ -CB^*+DA^* & \mathrm{i}(CD^*-DC^*)\end{pmatrix}$$

$$\hat{F}\hat{\sigma}_y\hat{F}^+=\begin{pmatrix}AB^*+BA^* & -\mathrm{i}(AD^*+BC^*)\\ \mathrm{i}(CB^*+DA^*) & CD^*+DC^*\end{pmatrix}$$

$$\hat{F}\hat{\sigma}_z\hat{F}^+=\begin{pmatrix}|A|^2-|B|^2 & -\mathrm{i}(AC^*-BD^*)\\ \mathrm{i}(CA^*-DB^*) & |C|^2-|D|^2\end{pmatrix}\tag{2.7.24}$$

由式 (2.7.24) 可以求得

$$\begin{aligned}A_x&=\frac{1}{2I^0}\mathrm{tr}\left\{\hat{F}\hat{\sigma}_x\hat{F}^+\right\}=-\frac{1}{I^0}\mathrm{Im}\left(AB^*+CD^*\right)\\ A_y&=\frac{1}{2I^0}\mathrm{tr}\left\{\hat{F}\hat{\sigma}_y\hat{F}^+\right\}=\frac{1}{I^0}\mathrm{Re}\left(AB^*+CD^*\right)\\ A_z&=\frac{1}{2I^0}\mathrm{tr}\left\{\hat{F}\hat{\sigma}_z\hat{F}^+\right\}=\frac{1}{2I^0}\left(|A|^2-|B|^2+|C|^2-|D|^2\right)\end{aligned}\tag{2.7.25}$$

由式 (2.7.21) 和式 (2.1.6) 又可以求得

$$P^{0x}=\frac{1}{2I^0}\mathrm{tr}\left\{\hat{\sigma}_x\hat{F}\hat{F}^+\right\}=\frac{\mathrm{i}}{2I^0}(CA^*+DB^*-AC^*-BD^*)=\frac{1}{I^0}\mathrm{Im}(AC^*+BD^*)$$

$$P^{0y}=\frac{1}{2I^0}\mathrm{tr}\left\{\hat{\sigma}_y\hat{F}\hat{F}^+\right\}=\frac{1}{2I^0}(CA^*+DB^*+AC^*+BD^*)=\frac{1}{I^0}\mathrm{Re}(AC^*+BD^*)$$

$$P^{0z}=\frac{1}{2I^0}\mathrm{tr}\left\{\hat{\sigma}_z\hat{F}\hat{F}^+\right\}=\frac{1}{2I^0}\left(|A|^2+|B|^2-|C|^2-|D|^2\right)\tag{2.7.26}$$

再定义

$$K_i^k=\frac{1}{2I^0}\mathrm{tr}\left\{\hat{\sigma}_k\hat{F}\hat{\sigma}_i\hat{F}^+\right\},\quad i,k=x,y,z\tag{2.7.27}$$

由式 (2.7.24) 和式 (2.1.6) 可以求得

$$K_x^x=\frac{1}{2I^0}(-CB^*+DA^*+AD^*-BC^*)=\frac{1}{I^0}\mathrm{Re}(AD^*-BC^*)$$

$$K_x^y=\frac{\mathrm{i}}{2I^0}(CB^*-DA^*+AD^*-BC^*)=-\frac{1}{I^0}\mathrm{Im}(AD^*-BC^*)$$

$$K_x^z=\frac{\mathrm{i}}{2I^0}(AB^*-BA^*-CD^*+DC^*)=-\frac{1}{I^0}\mathrm{Im}(AB^*-CD^*)$$

$$K_y^x=\frac{\mathrm{i}}{2I^0}(CB^*+DA^*-AD^*-BC^*)=\frac{1}{I^0}\mathrm{Im}(AD^*+BC^*)$$

$$K_y^y=\frac{1}{2I^0}(CB^*+DA^*+AD^*+BC^*)=\frac{1}{I^0}\mathrm{Re}(AD^*+BC^*)$$

$$K_y^z=\frac{1}{2I^0}(AB^*+BA^*-CD^*-DC^*)=\frac{1}{I^0}\mathrm{Re}(AB^*-CD^*)$$

$$K_z^x = \frac{\mathrm{i}}{2I^0}(CA^* - DB^* - AC^* + BD^*) = \frac{1}{I^0}\mathrm{Im}(AC^* - BD^*)$$

$$K_z^y = \frac{1}{2I^0}(CA^* - DB^* + AC^* - BD^*) = \frac{1}{I^0}\mathrm{Re}(AC^* - BD^*)$$

$$K_z^z = \frac{1}{2I^0}\left(|A|^2 - |B|^2 - |C|^2 + |D|^2\right) \tag{2.7.28}$$

由式 (2.7.9) ~ 式 (2.7.12) 引入的 A, B, C, D 是有下标 $M_I' M_I$ 的，因而前面所求出的 $I^0, A_i, P^{0k}, K_i^k (i,k = x,y,z)$ 也有下标 $M_I' M_I$。在靶核和剩余核都是非极化的情况下，引入对 M_I 求平均同时对 M_I' 求和的符号

$$\tilde{\Sigma} \equiv \frac{1}{2I+1}\sum_{M_I M_I'} \tag{2.7.29}$$

于是由式 (2.7.22) 可以求得非极化入射粒子的微分截面为

$$\bar{I}^0 = \tilde{\Sigma} I^0 \tag{2.7.30}$$

由式 (2.7.25) 可以求得入射粒子的分析本领为

$$\bar{A}_i = \frac{1}{\bar{I}^0}\tilde{\Sigma} I^0 A_i, \quad i = x,y,z \tag{2.7.31}$$

根据式 (2.2.39) 和式 (2.2.10) 可以求得极化入射粒子的微分截面为

$$\bar{I} = \bar{I}^0\left(1 + \sum_{i=x,y,z} p_i \bar{A}_i\right) \tag{2.7.32}$$

其中，$p_i (i = x,y,z)$ 是入射粒子的极化率。由式 (2.7.26) 可以求得非极化入射粒子所对应的出射粒子的极化率为

$$\bar{P}^{0k} = \frac{1}{\bar{I}^0}\tilde{\Sigma} I^0 P^{0k}, \quad k = x,y,z \tag{2.7.33}$$

由式 (2.7.28) 可以求得极化转移系数为

$$\bar{K}_i^k = \frac{1}{\bar{I}^0}\tilde{\Sigma} I^0 K_i^k, \quad i,k = x,y,z \tag{2.7.34}$$

由以上三式及式 (2.2.39) 可以求得极化入射粒子所对应的出射粒子的极化率为

$$\bar{P}^k = \frac{\bar{I}^0}{\bar{I}}\left(\bar{P}^{0k} + \sum_{i=x,y,z} p_i \bar{K}_i^k\right), \quad k = x,y,z \tag{2.7.35}$$

根据参考文献 [2] 的式 (3.2.8) 和式 (3.2.12)，在 $\varphi=0$ 的情况下可得

$$\mathrm{Y}_{lm}(\theta,0)=(-1)^m\sqrt{\frac{(2l+1)(l-m)!}{4\pi(l+m)!}}\mathrm{P}_l^m(\cos\theta) \tag{2.7.36}$$

$$\mathrm{Y}_{l\ -m}(\theta,0)=(-1)^m\sqrt{\frac{(2l+1)(l+m)!}{4\pi(l-m)!}}\mathrm{P}_l^{-m}(\cos\theta) \tag{2.7.37}$$

由参考文献 [2] 的式 (3.2.10) 又可得到

$$\mathrm{P}_l^m(\cos\theta)=(-1)^m\frac{(l+m)!}{(l-m)!}\mathrm{P}_l^{-m}(\cos\theta) \tag{2.7.38}$$

把式 (2.7.38) 代入式 (2.7.36)，并利用式 (2.7.37) 可得

$$\mathrm{Y}_{lm}(\theta,0)=(-1)^m\mathrm{Y}_{l\ -m}(\theta,0) \tag{2.7.39}$$

我们用 S-L 耦合的式 (2.7.3) 进行分析。有以下关系式

$$\begin{aligned}&C_{\frac{1}{2}\mu\ IM_I}^{S\ \mu+M_I}=(-1)^{I+\frac{1}{2}-S}C_{\frac{1}{2}\ -\mu\ I\ -M_I}^{S\ -\mu-M_I}, && C_{\frac{1}{2}\mu'\ I'M_I'}^{S'\ \mu'+M_I'}=(-1)^{I'+\frac{1}{2}-S'}C_{\frac{1}{2}\ -\mu'\ I'\ -M_I'}^{S'\ -\mu'-M_I'}\\ &C_{l0\ SM}^{JM}=(-1)^{l+S-J}C_{l0\ S\ -M}^{J\ -M}, && C_{l'm_l'\ S'M_S'}^{JM}=(-1)^{l'+S'-J}C_{l'\ -m_l'\ S'\ -M_S'}^{J\ -M}\end{aligned} \tag{2.7.40}$$

把式 (2.7.3) 分成两项，先看第二项。对于不含 φ 角部分，利用式 (2.7.39) 和式 (2.7.40)，看看当所有自旋磁量子数都改变符号后会出来什么相位因子 $(-1)^{l+S-J+l'+S'-J+I+\frac{1}{2}-S+I'+\frac{1}{2}-S'+\mu+M_I-\mu'-M_I'}=(-1)^{2J-1+l+I+l'+I'+\mu+M_I-\mu'-M_I'}$，用 π_i,π_i',π_I 和 π_I' 分别代表入射粒子、出射粒子、靶核和剩余核的宇称，若 $\pi_i\pi_I=\pi_i'\pi_I'$，l 和 l' 应同奇偶，这时令 $\varPi=0$；若 $\pi_i\pi_I=-\pi_i'\pi_I'$，l 和 l' 应奇偶不同，这时令 $\varPi=1$，可用公式表示成

$$\varPi=\begin{cases}0, & 当\pi_i\pi_I=\pi_i'\pi_I'时\\ 1, & 当\pi_i\pi_I=-\pi_i'\pi_I'时\end{cases} \tag{2.7.41}$$

在入射粒子和出射粒子自旋均为 $\frac{1}{2}$ 的情况下，靶核自旋 I 和剩余核自旋 I' 必须同时是整数或半奇数，若 I 和 I' 均为整数，J 为半奇数，$(-1)^{2J-1}=1$，这时令 $\varLambda=0$；若 I 和 I' 均为半奇数，J 为整数，$(-1)^{2J-1}=-1$ 这时令 $\varLambda=1$，可用公式表示成

$$\varLambda=\begin{cases}0, & 当I和I'均为整数时\\ 1, & 当I和I'均为半奇数时\end{cases} \tag{2.7.42}$$

于是可以得到

$$f^{(2)}_{\alpha'n'\mu'M'_I,\alpha n\mu M_I}(\theta)=(-1)^{\Pi+\Lambda+I+I'+\mu+M_I-\mu'-M'_I}f^{(2)}_{\alpha'n'-\mu'-M'_I,\alpha n-\mu-M_I}(\theta) \tag{2.7.43}$$

再来研究式 (2.7.3) 中的等号右边第一项。对于弹性散射来说，$\Pi=0,I'=I$，$(-1)^{\Lambda+2I}=1$，δ 算符要求 $\mu=\mu',M_I=M'_I$，所以 $f^{(1)}$ 也满足由式 (2.7.43) 给出的关系式，因而对于总的反应振幅 f 中与 φ 角无关部分有关系式

$$f_{\alpha'n'\mu'M'_I,\alpha n\mu M_I}(\theta)=(-1)^{\Pi+\Lambda+I+I'+\mu+M_I-\mu'-M'_I}f_{\alpha'n'-\mu'-M'_I,\alpha n-\mu-M_I}(\theta) \tag{2.7.44}$$

由式 (2.7.14) ~ 式 (2.7.17) 可以看出

$$\begin{aligned}
A_{M'_IM_I}(\theta)&=f_{\alpha'n'\frac{1}{2}M'_I,\alpha n\frac{1}{2}M_I}(\theta)\\
B_{M'_IM_I}(\theta)&=\mathrm{i}f_{\alpha'n'\frac{1}{2}M'_I,\alpha n-\frac{1}{2}M_I}(\theta)\\
C_{M'_IM_I}(\theta)&=-\mathrm{i}f_{\alpha'n'-\frac{1}{2}M'_I,\alpha n\frac{1}{2}M_I}(\theta)\\
D_{M'_IM_I}(\theta)&=f_{\alpha'n'-\frac{1}{2}M'_I,\alpha n-\frac{1}{2}M_I}(\theta)
\end{aligned} \tag{2.7.45}$$

根据式 (2.7.44) 和式 (2.7.45) 可得

$$D_{M'_IM_I}(\theta)=(-1)^{\Pi+\Lambda+I+I'+M_I-M'_I}A_{-M'_I\ -M_I}(\theta) \tag{2.7.46}$$

$$C_{M'_IM_I}(\theta)=(-1)^{\Pi+\Lambda+I+I'+M_I-M'_I}B_{-M'_I\ -M_I}(\theta) \tag{2.7.47}$$

在式 (2.7.46) 和式 (2.7.47) 中相位因子 $L\equiv\Pi+\Lambda+I+I'+M_I-M'_I$ 肯定为整数，因而必然有 $(-1)^{2L}=1$。在由式 (2.7.29) 给出的求和号 $\tilde{\Sigma}$ 中，对 M_I 和 $-M_I$ 求和都是从 $-I$ 到 I，对 M'_I 和 $-M'_I$ 求和都是从 $-I'$ 到 I'，于是利用式 (2.7.46) 和式 (2.7.47) 可以证明

$$\begin{gathered}
\tilde{\Sigma}\mathrm{Im}(AB^*+CD^*)=\tilde{\Sigma}\mathrm{Im}(AB^*+BA^*)=0\\
\tilde{\Sigma}\mathrm{Re}(AB^*+CD^*)=\tilde{\Sigma}\mathrm{Re}(AB^*+BA^*)=2\tilde{\Sigma}\mathrm{Re}(AB^*)\\
\tilde{\Sigma}\mathrm{Im}(AC^*+BD^*)=\tilde{\Sigma}\mathrm{Im}(AC^*+CA^*)=0\\
\tilde{\Sigma}\mathrm{Re}(AC^*+BD^*)=\tilde{\Sigma}\mathrm{Re}(AC^*+CA^*)=2\tilde{\Sigma}\mathrm{Re}(AC^*)\\
\tilde{\Sigma}\mathrm{Im}(AB^*-CD^*)=\tilde{\Sigma}\mathrm{Im}(AB^*-BA^*)=2\tilde{\Sigma}\mathrm{Im}(AB^*)\\
\tilde{\Sigma}\mathrm{Re}(AB^*-CD^*)=\tilde{\Sigma}\mathrm{Re}(AB^*-BA^*)=0\\
\tilde{\Sigma}\mathrm{Im}(AC^*-BD^*)=\tilde{\Sigma}\mathrm{Im}(AC^*-CA^*)=2\tilde{\Sigma}\mathrm{Im}(AC^*)\\
\tilde{\Sigma}\mathrm{Re}(AC^*-BD^*)=\tilde{\Sigma}\mathrm{Re}(AC^*-CA^*)=0\\
\tilde{\Sigma}\left|D\right|^2=\tilde{\Sigma}\left|A\right|^2,\quad \tilde{\Sigma}\left|C\right|^2=\tilde{\Sigma}\left|B\right|^2
\end{gathered} \tag{2.7.48}$$

此外还可以证明

$$\begin{aligned}\sum_{M_IM_I'}A_{M_I'M_I}D^*_{M_I'M_I}=&\frac{1}{2}\sum_{M_IM_I'}(A_{M_I'M_I}D^*_{M_I'M_I}+A_{-M_I'\ -M}D^*_{-M_I'\ -M_I})\\=&\frac{1}{2}\sum_{M_IM_I'}(A_{M_I'M_I}D^*_{M_I'M_I}+D_{M_I'M}A^*_{M_I'M_I})\end{aligned}\tag{2.7.49}$$

可见 AD^* 是实数，同样可以证明 BC^* 也是实数，于是可以得到

$$\tilde{\Sigma}\mathrm{Im}(AD^*\pm BC^*)=0\tag{2.7.50}$$

利用式 (2.7.30)、式 (2.7.22) 和式 (2.7.48) 可以得到

$$\bar{I}^0=\tilde{\Sigma}\left(|A|^2+|B|^2\right)\tag{2.7.51}$$

利用式 (2.7.31)、式 (2.7.25) 和式 (2.7.48) 又可以得到

$$\bar{A}_x=\bar{A}_z=0,\quad \bar{A}_y=\frac{2}{\bar{I}^0}\tilde{\Sigma}\mathrm{Re}(AB^*)\tag{2.7.52}$$

于是式 (2.7.32) 可改写成

$$\bar{I}=\bar{I}^0(1+p_y\bar{A}_y)\tag{2.7.53}$$

利用式 (2.7.33)、式 (2.7.26) 和式 (2.7.48) 还可以得到

$$\bar{P}^{0x}=\bar{P}^{0z}=0,\quad \bar{P}^{0y}=\frac{2}{\bar{I}^0}\tilde{\Sigma}\mathrm{Re}(AC^*)\tag{2.7.54}$$

再利用式 (2.7.34)、式 (2.7.28)、式 (2.7.48) 和式 (2.7.50) 可以求得

$$\begin{aligned}&\bar{K}_x^y=\bar{K}_y^x=\bar{K}_y^z=\bar{K}_z^y=0,\quad \bar{K}_x^x=\frac{1}{\bar{I}^0}\tilde{\Sigma}\mathrm{Re}(AD^*-BC^*)\\&\bar{K}_x^z=-\frac{2}{\bar{I}^0}\tilde{\Sigma}\mathrm{Im}(AB^*),\quad \bar{K}_y^y=\frac{1}{\bar{I}^0}\tilde{\Sigma}\mathrm{Re}(AD^*+BC^*)\\&\bar{K}_z^x=\frac{2}{\bar{I}^0}\tilde{\Sigma}\mathrm{Im}(AC^*),\quad \bar{K}_z^z=\frac{1}{\bar{I}^0}\tilde{\Sigma}\left(|A|^2-|B|^2\right)\end{aligned}\tag{2.7.55}$$

并可把式 (2.7.35) 改写成

$$\begin{aligned}&\bar{P}^x=\frac{\bar{I}^0}{\bar{I}}(p_x\bar{K}_x^x+p_z\bar{K}_z^x),\quad \bar{P}^y=\frac{\bar{I}^0}{\bar{I}}(\bar{P}^{0y}+p_y\bar{K}_y^y)\\&\bar{P}^z=\frac{\bar{I}^0}{\bar{I}}(p_x\bar{K}_x^z+p_z\bar{K}_z^z)\end{aligned}\tag{2.7.56}$$

对于确定的 $M_I'M_I$ 分波来说，由式 (2.7.22) 可得

$$(I^0)^2=\frac{1}{4}\left[|A|^4+|B|^4+|C|^4+|D|^4+2\left(|A|^2|B|^2+|A|^2|C|^2+|A|^2|D|^2\right.\right.$$

$$+ |B|^2 |C|^2 + |B|^2 |D|^2 + |C|^2 |D|^2 \Big) \Big] \tag{2.7.57}$$

由式 (2.7.28) 可得

$$\begin{aligned}(K_z^z)^2 =& \frac{1}{4(I^0)^2} \Big[|A|^4 + |B|^4 + |C|^4 + |D|^4 + 2 \Big(|A|^2 |D|^2 + |B|^2 |C|^2 \\ & - |A|^2 |B|^2 - |A|^2 |C|^2 - |B|^2 |D|^2 - |C|^2 |D|^2 \Big) \Big]\end{aligned} \tag{2.7.58}$$

$$\begin{aligned}(K_x^x)^2 =& \frac{1}{4(I^0)^2} (AD^* + A^*D - CB^* - C^*B)^2 \\ =& \frac{1}{4(I^0)^2} [\, (AD^* + A^*D)^2 + (CB^* + C^*B)^2 \\ & -2AD^*CB^* - 2AD^*C^*B - 2A^*DCB^* - 2A^*DC^*B]\end{aligned} \tag{2.7.59}$$

$$\begin{aligned}(K_y^y)^2 =& \frac{1}{4(I^0)^2} (AD^* + A^*D + CB^* + C^*B)^2 \\ =& \frac{1}{4(I^0)^2} [\, (AD^* + A^*D)^2 + (CB^* + C^*B)^2 \\ & +2AD^*CB^* + 2AD^*C^*B + 2A^*DCB^* + 2A^*DC^*B]\end{aligned} \tag{2.7.60}$$

注意到

$$\begin{aligned}\mathrm{Re}(AB^* + CD^*) &= \mathrm{Re}(AB^* + C^*D) \\ \mathrm{Im}(AB^* - CD^*) &= \mathrm{Im}(AB^* + C^*D)\end{aligned} \tag{2.7.61}$$

由式 (2.7.25) 和式 (2.7.28) 可得

$$\begin{aligned}(A_y)^2 + (K_x^z)^2 =& \frac{1}{(I^0)^2} |AB^* + DC^*|^2 \\ =& \frac{1}{(I^0)^2} \Big(|A|^2 |B|^2 + |D|^2 |C|^2 + AB^*D^*C + A^*BDC^* \Big)\end{aligned} \tag{2.7.62}$$

再注意到

$$\begin{aligned}\mathrm{Re}(AC^* + BD^*) &= \mathrm{Re}(AC^* + B^*D) \\ \mathrm{Im}(AC^* - BD^*) &= \mathrm{Im}(AC^* + B^*D)\end{aligned} \tag{2.7.63}$$

由式 (2.7.26) 和式 (2.7.28) 可得

$$\begin{aligned}(P^{0y})^2 + (K_z^x)^2 =& \frac{1}{(I^0)^2} |AC^* + DB^*|^2 \\ =& \frac{1}{(I^0)^2} \Big(|A|^2 |C|^2 + |D|^2 |B|^2 + AC^*D^*B + A^*CDB^* \Big)\end{aligned} \tag{2.7.64}$$

于是在 M_I 和 M_I' 取确定值情况下得到了以下关系式

$$(A_y)^2+(K_x^z)^2+(K_z^z)^2+(P^{0y})^2+(K_z^x)^2+(K_x^x)^2-(K_y^y)^2=1 \tag{2.7.65}$$

2.4 节已经指出，当靶核和剩余核的自旋均为 0，并选取 y 轴垂直于反应平面时，极化分析本领 $A_i(i=x,y,z)$ 和非极化入射粒子所对应的出射粒子极化率 P^{0i} $(i=x,y,z)$ 只有 y 分量不等于 0；9 项极化转移系数 K_i^j $(i,j=x,y,z)$ 中只有 5 项不等于 0。本节的理论推导已经证明：对于靶核和剩余核的自旋均不等于 0 但是都是非极化的情况下，上述结论仍然成立，这是由于核反应过程满足宇称守恒的结果。如果在式 (2.7.51) ~ 式 (2.7.56) 中，令 $D=A,C=B$，并去掉求和号 $\bar{\Sigma}$，它们便自动退化成由 2.4 节给出的靶核和剩余核的自旋均为 0 时的结果，同时式 (2.7.65) 也会自动退化成式 (2.4.25)。

2.8 极化靶核和极化剩余核自旋 $\dfrac{1}{2}$ 粒子核反应极化理论

设 $\varPhi_{IM_I}$ 为靶核沿 z 轴的自旋基矢波函数，参照式 (2.2.1)，自旋为 I 的靶核任意自旋波函数 $\varPhi_I$ 可表示成 [7]

$$\varPhi_I=\sum_{M_I}a^{M_I}\varPhi_{IM_I} \tag{2.8.1}$$

其中，a^{M_I} 是抗变分量，也可称为靶核极化率。与其对应的厄米共轭函数为

$$\varPhi_I^+=\sum_{M_I}a^{M_I*}\varPhi_{IM_I}^+ \tag{2.8.2}$$

归一化条件要求

$$\sum_{M_I}\left|a^{M_I}\right|^2=1 \tag{2.8.3}$$

如果靶核的自旋波函数 $\varPhi_I$ 可用沿 z' 轴 (例如，靶核运动方向沿 z' 轴) 的自旋基矢波函数 $\varPhi_{IN_I}$ 展开成

$$\varPhi_I=\sum_{N_I}a^{N_I}\varPhi_{IN_I} \tag{2.8.4}$$

如果展开系数 a^{N_I} 是已知的，而 z' 轴与 z 轴并不平行，这时利用 D 函数可以求得

$$a^{M_I}=\sum_{N_I}D_{N_IM_I}^I(\varphi_A,\theta_A,0)\,a^{N_I} \tag{2.8.5}$$

其中，θ_A 和 φ_A 分别是 z 轴在 z' 轴坐标系中的极角和方位角。剩余核自旋波函数 $\varPhi_{I'}$ 可表示成

$$\varPhi_{I'}=\sum_{M_I'}b^{M_I'}\varPhi_{I'M_I'} \tag{2.8.6}$$

其中，$b^{M_I'}$ 是抗变分量，也可称为剩余核极化率。归一化条件为

$$\sum_{M_I'}\left|b^{M_I'}\right|^2=1 \tag{2.8.7}$$

在 2.7 节的讨论中我们假设靶核和剩余核都是非极化的，即靶核和剩余核处在不同自旋磁量子数的概率相等，而且相互之间不相干。但是，靶核和剩余核不同的 M_I 和 M_I' 态与入射粒子和出射粒子发生作用后对反应振幅的贡献却可能不相同，但是仍然保持不相干性。现在我们假设靶核和剩余核分别处在由式 (2.8.1) 和式 (2.8.6) 描述的任意自旋波函数状态，也就是说分别处在不同的 M_I 和 M_I' 的混合态，这时要考虑不同 M_I 和不同 M_I' 之间的相干效应，也就是假设靶核和剩余核均处在极化态。

在图 2.1 中我们选取 y 轴沿垂直反应平面的单位矢量 $\vec{n}$ 的方向，这时方位角 $\varphi=0$。考虑到式 (2.8.1) 和式 (2.8.6)，参照式 (2.7.20) 我们把反应振幅表示成

$$\begin{aligned}
\hat{F}&=\sum_{M_IM_I'}a^{M_I}b^{M_I'}\begin{pmatrix}A_{M_I'M_I} & -\mathrm{i}B_{M_I'M_I}\\ \mathrm{i}C_{M_I'M_I} & D_{M_I'M_I}\end{pmatrix}\\
\hat{F}^+&=\sum_{\bar{M}_I\bar{M}_I'}a^{\bar{M}_I*}b^{\bar{M}_I'*}\begin{pmatrix}A^*_{\bar{M}_I'\bar{M}_I} & -\mathrm{i}C^*_{\bar{M}_I'\bar{M}_I}\\ \mathrm{i}B^*_{\bar{M}_I'\bar{M}_I} & D^*_{\bar{M}_I'\bar{M}_I}\end{pmatrix}
\end{aligned} \tag{2.8.8}$$

参照式 (2.7.22) 可以写出

$$\begin{aligned}
I^0_{\bar{M}_I'\bar{M}_IM_I'M_I}=&\frac{1}{2}\Big(A^*_{\bar{M}_I'\bar{M}_I}A_{M_I'M_I}+B^*_{\bar{M}_I'\bar{M}_I}B_{M_I'M_I}\\
&+C^*_{\bar{M}_I'\bar{M}_I}C_{M_I'M_I}+D^*_{\bar{M}_I'\bar{M}_I}D_{M_I'M_I}\Big)
\end{aligned} \tag{2.8.9}$$

参照式 (2.7.25) 又可以写出

$$\begin{aligned}
A_{x,\bar{M}_I'\bar{M}_IM_I'M_I}=&-\frac{1}{I^0_{\bar{M}_I'\bar{M}_IM_I'M_I}}\mathrm{Im}\left(A_{M_I'M_I}B^*_{\bar{M}_I'\bar{M}_I}+C_{M_I'M_I}D^*_{\bar{M}_I'\bar{M}_I}\right)\\
A_{y,\bar{M}_I'\bar{M}_IM_I'M_I}=&\frac{1}{I^0_{\bar{M}_I'\bar{M}_IM_I'M_I}}\mathrm{Re}\left(A_{M_I'M_I}B^*_{\bar{M}_I'\bar{M}_I}+C_{M_I'M_I}D^*_{\bar{M}_I'\bar{M}_I}\right)\\
A_{z,\bar{M}_I'\bar{M}_IM_I'M_I}=&\frac{1}{2I^0_{\bar{M}_I'\bar{M}_IM_I'M_I}}\Big(A^*_{\bar{M}_I'\bar{M}_I}A_{M_I'M_I}-B^*_{\bar{M}_I'\bar{M}_I}B_{M_I'M_I}\\
&+C^*_{\bar{M}_I'\bar{M}_I}C_{M_I'M_I}-D^*_{\bar{M}_I'\bar{M}_I}D_{M_I'M_I}\Big)
\end{aligned} \tag{2.8.10}$$

参照式 (2.7.26) 又可以写出

$$P^{0x}_{\bar{M}_I'\bar{M}_IM_I'M_I}=\frac{1}{I^0_{\bar{M}_I'\bar{M}_IM_I'M_I}}\mathrm{Im}\left(A_{M_I'M_I}C^*_{\bar{M}_I'\bar{M}_I}+B_{M_I'M_I}D^*_{\bar{M}_I'\bar{M}_I}\right)$$

$$P^{0y}_{\bar{M}'_I\bar{M}_IM'_IM_I}=\frac{1}{I^0_{\bar{M}'_I\bar{M}_IM'_IM_I}}\mathrm{Re}\left(A_{M'_IM_I}C^*_{\bar{M}'_I\bar{M}_I}+B_{M'_IM_I}D^*_{\bar{M}'_I\bar{M}_I}\right)$$

$$P^{0z}_{\bar{M}'_I\bar{M}_IM'_IM_I}=\frac{1}{2I^0_{\bar{M}'_I\bar{M}_IM'_IM_I}}\left(A^*_{\bar{M}'_I\bar{M}_I}A_{M'_IM_I}+B^*_{\bar{M}'_I\bar{M}_I}B_{M'_IM_I}\right.$$
$$\left.-C^*_{\bar{M}'_I\bar{M}_I}C_{M'_IM_I}-D^*_{\bar{M}'_I\bar{M}_I}D_{M'_IM_I}\right) \tag{2.8.11}$$

参照式 (2.7.28) 还可以写出

$$K^x_{x,\bar{M}'_I\bar{M}_IM'_IM_I}=\frac{1}{I^0_{\bar{M}'_I\bar{M}_IM'_IM_I}}\mathrm{Re}\left(A_{M'_IM_I}D^*_{\bar{M}'_I\bar{M}_I}-B_{M'_IM_I}C^*_{\bar{M}'_I\bar{M}_I}\right)$$
$$K^y_{x,\bar{M}'_I\bar{M}_IM'_IM_I}=-\frac{1}{I^0_{\bar{M}'_I\bar{M}_IM'_IM_I}}\mathrm{Im}\left(A_{M'_IM_I}D^*_{\bar{M}'_I\bar{M}_I}-B_{M'_IM_I}C^*_{\bar{M}'_I\bar{M}_I}\right)$$
$$K^z_{x,\bar{M}'_I\bar{M}_IM'_IM_I}=-\frac{1}{I^0_{\bar{M}'_I\bar{M}_IM'_IM_I}}\mathrm{Im}\left(A_{M'_IM_I}B^*_{\bar{M}'_I\bar{M}_I}-C_{M'_IM_I}D^*_{\bar{M}'_I\bar{M}_I}\right)$$
$$K^x_{y,\bar{M}'_I\bar{M}_IM'_IM_I}=\frac{1}{I^0_{\bar{M}'_I\bar{M}_IM'_IM_I}}\mathrm{Im}\left(A_{M'_IM_I}D^*_{\bar{M}'_I\bar{M}_I}+B_{M'_IM_I}C^*_{\bar{M}'_I\bar{M}_I}\right)$$
$$K^y_{y,\bar{M}'_I\bar{M}_IM'_IM_I}=\frac{1}{I^0_{\bar{M}'_I\bar{M}_IM'_IM_I}}\mathrm{Re}\left(A_{M'_IM_I}D^*_{\bar{M}'_I\bar{M}_I}+B_{M'_IM_I}C^*_{\bar{M}'_I\bar{M}_I}\right)$$
$$K^z_{y,\bar{M}'_I\bar{M}_IM'_IM_I}=\frac{1}{I^0_{\bar{M}'_I\bar{M}_IM'_IM_I}}\mathrm{Re}\left(A_{M'_IM_I}B^*_{\bar{M}'_I\bar{M}_I}-C_{M'_IM_I}D^*_{\bar{M}'_I\bar{M}_I}\right)$$
$$K^x_{z,\bar{M}'_I\bar{M}_IM'_IM_I}=\frac{1}{I^0_{\bar{M}'_I\bar{M}_IM'_IM_I}}\mathrm{Im}\left(A_{M'_IM_I}C^*_{\bar{M}'_I\bar{M}_I}-B_{M'_IM_I}D^*_{\bar{M}'_I\bar{M}_I}\right)$$
$$K^y_{z,\bar{M}'_I\bar{M}_IM'_IM_I}=\frac{1}{I^0_{\bar{M}'_I\bar{M}_IM'_IM_I}}\mathrm{Re}(A_{M'_IM_I}C^*_{\bar{M}'_I\bar{M}_I}-B_{M'_IM_I}D^*_{\bar{M}'_I\bar{M}_I})$$
$$K^z_{z,\bar{M}'_I\bar{M}_IM'_IM_I}=\frac{1}{2I^0_{\bar{M}'_I\bar{M}_IM'_IM_I}}\left(A^*_{\bar{M}'_I\bar{M}_I}A_{M'_IM_I}-B^*_{\bar{M}'_I\bar{M}_I}B_{M'_IM_I}\right.$$
$$\left.-C^*_{\bar{M}'_I\bar{M}_I}C_{M'_IM_I}+D^*_{\bar{M}'_I\bar{M}_I}D_{M'_IM_I}\right) \tag{2.8.12}$$

引入以下求和符号

$$\bar{\Sigma}\equiv\frac{1}{2I+1}\sum_{M_I\bar{M}_IM'_I\bar{M}'_I}a^{\bar{M}^*_I}a^{M_I}b^{\bar{M}'_I{}^*}b^{M'_I} \tag{2.8.13}$$

参照式 (2.7.30) 可以得到

$$\bar{I}^0=\bar{\Sigma}I^0_{\bar{M}'_I\bar{M}_IM'_IM_I} \tag{2.8.14}$$

再参照式 (2.7.31) 可以得到

$$\bar{A}_i=\frac{1}{\bar{I}^0}\bar{\Sigma}I^0_{\bar{M}'_I\bar{M}_IM'_IM_I}A_{i,\bar{M}'_I\bar{M}_IM'_IM_I},\quad i=x,y,z \tag{2.8.15}$$

下边给出在这里仍然适用的式 (2.7.32)

$$\bar{I} = \bar{I}^0 \left(1 + \sum_{i=x,y,z} p_i \bar{A}_i\right) \tag{2.8.16}$$

参照式 (2.7.33) 可以得到

$$\bar{P}^{0k} = \frac{1}{\bar{I}^0} \bar{\Sigma} I^0_{\bar{M}'_I \bar{M}_I M'_I M_I} P^{0k}_{\bar{M}'_I \bar{M}_I M'_I M_I}, \quad k = x, y, z \tag{2.8.17}$$

再参照式 (2.7.34) 可以得到

$$\bar{K}_i^k = \frac{1}{\bar{I}^0} \bar{\Sigma} I^0_{\bar{M}'_I \bar{M}_I M'_I M_I} K^k_{i,\bar{M}'_I \bar{M}_I M'_I M_I}, \quad i, k = x, y, z \tag{2.8.18}$$

下边再给出在这里仍然适用的式 (2.7.35)

$$\bar{P}^k = \frac{\bar{I}^0}{\bar{I}} \left(\bar{P}^{0k} + \sum_{i=x,y,z} p_i \bar{K}_i^k\right), \quad k = x, y, z \tag{2.8.19}$$

在本节给出的表达式中，只有在靶核和 (或) 剩余核的极化率 a^{M_I} 和 (或)$b^{M'_I}$ 是已知的情况下，才能对极化靶核和 (或) 极化剩余核自旋 $\dfrac{1}{2}$ 粒子核反应的极化物理量进行具体计算。靶核和剩余核的非极化条件分别是

$$a^{\bar{M}_I^*} a^{M_I} = \delta_{\bar{M}_I M_I} \tag{2.8.20}$$

$$b^{\bar{M}'_I{}^*} b^{M'_I} = \delta_{\bar{M}'_I M'_I} \tag{2.8.21}$$

如果把式 (2.8.20) 和式 (2.8.21) 代入式 (2.8.9) ~ 式 (2.8.19)，这些表达式便自动退化成由式 (2.7.22)、式 (2.7.25)、式 (2.7.26)、式 (2.7.28) ~ 式 (2.7.35) 给出的计算非极化靶核和非极化剩余核自旋 $\dfrac{1}{2}$ 粒子核反应极化物理量的表达式。

2.9　$\vec{\dfrac{1}{2}} + \vec{\dfrac{1}{2}}$ 反应极化理论

本节将研究两个极化的自旋均为 $\dfrac{1}{2}$ 的不同粒子之间发生反应的极化理论，并以 n-p 弹性散射为例进行研究。

对于核子–核子相互作用使用 S-L 角动量耦合方式。由式 (2.7.3) 可以写出 n-p 弹性散射的反应振幅为

$$f_{\mu'\nu',\mu\nu}(\Omega) = \frac{\mathrm{i}\sqrt{\pi}}{k} \sum_{lSl'S'J} \hat{l} \mathrm{e}^{\mathrm{i}(\sigma_l + \sigma_{l'})} \left(\delta_{l'S',lS} - S^J_{l'S',lS}\right)$$

$$\times C_{l0\ SM}^{JM} C_{\frac{1}{2}\mu\ \frac{1}{2}\nu}^{SM} C_{l'm_l'\ S'M_S'}^{JM} C_{\frac{1}{2}\mu'\ \frac{1}{2}\nu'}^{S'M_S'} \mathrm{Y}_{l'm_l'}(\theta,\varphi) \tag{2.9.1}$$

其中，S 矩阵元 $S_{l'S',lS}^{J}$ 可用核子–核子弹性散射的相移分析方法进行计算。还可以看出

$$m_l' = \mu + \nu - \mu' - \nu' \tag{2.9.2}$$

其中，μ 和 μ'、ν 和 ν' 分别代表入射中子、靶核质子的入射道和出射道的自旋磁量子数。引入以下符号

$$\begin{aligned} f_{\mu'\nu',\mu\nu}^{ll'J} =& \hat{l}\hat{l}'\mathrm{e}^{\mathrm{i}(\sigma_l+\sigma_{l'})}\sqrt{\frac{(l'-m_l')!}{(l'+m_l')!}}\sum_{SS'} C_{l0\ SM}^{JM} C_{\frac{1}{2}\mu\ \frac{1}{2}\nu}^{SM} C_{l'm_l'\ S'M_S'}^{JM} C_{\frac{1}{2}\mu'\ \frac{1}{2}\nu'}^{S'M_S'} \\ & \times \left(\delta_{l'S',lS} - S_{l'S',lS}^{J}\right) \end{aligned} \tag{2.9.3}$$

再利用式 (2.7.4)，由式 (2.9.1) 可得

$$f_{\mu'\nu',\mu\nu}(\Omega) = F_{\mu'\nu',\mu\nu}(\theta)\mathrm{e}^{\mathrm{i}(\mu+\nu-\mu'-\nu')\varphi} \tag{2.9.4}$$

$$F_{\mu'\nu',\mu\nu}(\theta) = \frac{\mathrm{i}}{2k}(-1)^{\mu+\nu-\mu'-\nu'}\sum_{ll'J} f_{\mu'\nu',\mu\nu}^{ll'J}\mathrm{P}_{l'}^{\mu+\nu-\mu'-\nu'}(\cos\theta) \tag{2.9.5}$$

考虑到宇称守恒，l 和 l' 必须同奇偶，于是可以得到以下 C-G 系数关系式

$$\begin{aligned} & C_{l0\ S\ \mu+\nu}^{J\ \mu+\nu} C_{\frac{1}{2}\mu\ \frac{1}{2}\nu}^{S\ \mu+\nu} C_{l'\ \mu+\nu-\mu'-\nu'\ S'\ \mu'+\nu'}^{J\ \mu+\nu} C_{\frac{1}{2}\mu'\ \frac{1}{2}\nu'}^{S'\ \mu'+v'} \\ =& C_{l0\ S\ -\mu-\nu}^{J\ -\mu-\nu} C_{\frac{1}{2}\ -\mu\ \frac{1}{2}\ -\nu}^{S\ -\mu-\nu} C_{l'\ -\mu-\nu+\mu'+\nu'\ S'\ -\mu'-\nu'}^{J\ -\mu-\nu} C_{\frac{1}{2}\ -\mu'\ \frac{1}{2}\ -\nu'}^{S'\ -\mu'-\nu'} \end{aligned} \tag{2.9.6}$$

再注意到关系式 (2.7.38)，由式 (2.9.3) 和式 (2.9.5) 可以得到

$$F_{-\mu'-\nu',-\mu-\nu}(\theta) = (-1)^{\mu+\nu-\mu'-\nu'}F_{\mu'\nu',\mu\nu}(\theta) \tag{2.9.7}$$

取 y 轴沿垂直于反应平面的 $\vec{n}$ 方向，这时 $\varphi=0$。根据式 (2.9.7) 引入以下矩阵元符号

$$\begin{aligned} & A(\theta)=F_{\frac{1}{2}\frac{1}{2},\frac{1}{2}\frac{1}{2}}(\theta) = F_{-\frac{1}{2}\ -\frac{1}{2},-\frac{1}{2}\ -\frac{1}{2}}(\theta), \quad B(\theta)=\mathrm{i}F_{\frac{1}{2}\frac{1}{2},\frac{1}{2}\ -\frac{1}{2}}(\theta)=-\mathrm{i}F_{-\frac{1}{2}\ -\frac{1}{2},-\frac{1}{2}\ \frac{1}{2}}(\theta) \\ & C(\theta)=\mathrm{i}F_{\frac{1}{2}\frac{1}{2},-\frac{1}{2}\ \frac{1}{2}}(\theta)=-\mathrm{i}F_{-\frac{1}{2}\ -\frac{1}{2},\frac{1}{2}\ -\frac{1}{2}}(\theta), \quad D(\theta)=-F_{\frac{1}{2}\frac{1}{2},-\frac{1}{2}\ -\frac{1}{2}}(\theta)=-F_{-\frac{1}{2}\ -\frac{1}{2},\frac{1}{2}\ \frac{1}{2}}(\theta) \\ & E(\theta)=\mathrm{i}F_{\frac{1}{2}\ -\frac{1}{2},-\frac{1}{2}\ -\frac{1}{2}}(\theta)=-\mathrm{i}F_{-\frac{1}{2}\ \frac{1}{2},\frac{1}{2}\frac{1}{2}}(\theta), \quad F(\theta)=F_{\frac{1}{2}\ -\frac{1}{2},-\frac{1}{2}\ \frac{1}{2}}(\theta)=F_{-\frac{1}{2}\ \frac{1}{2},\frac{1}{2}\ -\frac{1}{2}}(\theta) \\ & G(\theta)=F_{\frac{1}{2}\ -\frac{1}{2},\frac{1}{2}\ -\frac{1}{2}}(\theta)=F_{-\frac{1}{2}\ \frac{1}{2},-\frac{1}{2}\ \frac{1}{2}}(\theta), \quad H(\theta)=\mathrm{i}F_{-\frac{1}{2}\ \frac{1}{2},-\frac{1}{2}\ -\frac{1}{2}}(\theta)=-\mathrm{i}F_{\frac{1}{2}\ -\frac{1}{2},\frac{1}{2}\frac{1}{2}}(\theta) \end{aligned} \tag{2.9.8}$$

于是可把式 (2.9.5) 给出的 4×4 反应矩阵表示成

$$\hat{F}=\begin{pmatrix} A & -\mathrm{i}B & -\mathrm{i}C & -D \\ \mathrm{i}H & G & F & -\mathrm{i}E \\ \mathrm{i}E & F & G & -\mathrm{i}H \\ -D & \mathrm{i}C & \mathrm{i}B & A \end{pmatrix},\quad \hat{F}^{+}=\begin{pmatrix} A^{*} & -\mathrm{i}H^{*} & -\mathrm{i}E^{*} & -D^{*} \\ \mathrm{i}B^{*} & G^{*} & F^{*} & -\mathrm{i}C^{*} \\ \mathrm{i}C^{*} & F^{*} & G^{*} & -\mathrm{i}B^{*} \\ -D^{*} & \mathrm{i}E^{*} & \mathrm{i}H^{*} & A^{*} \end{pmatrix} \tag{2.9.9}$$

其中，$\hat{F}$ 的矩阵元 $F_{\mu'\nu',\mu\nu}(\theta)$ 具有双下标，μ' 和 ν' 分别对应中子和质子末态，μ 和 ν 分别对应中子和质子初态。$\mu(\mu')$ 和 $\nu(\nu')$ 取值都是 $\pm\dfrac{1}{2}$。如果把 4×4 矩阵 $\hat{F}$ 分为 4 个 2×2 的小矩阵，我们会发现，左上角 2×2 矩阵的 $\mu'=\mu=\dfrac{1}{2}$，右下角 2×2 矩阵的 $\mu'=\mu=-\dfrac{1}{2}$，右上角 2×2 矩阵的 $\mu'=\dfrac{1}{2}$，$\mu=-\dfrac{1}{2}$，左下角 2×2 矩阵的 $\mu'=-\dfrac{1}{2},\mu=\dfrac{1}{2}$。这 4 个 2×2 小矩阵的第二组下标 ν',ν 的排列方式都是相同的：左上角为 $\dfrac{1}{2}\,\dfrac{1}{2}$，右下角为 $-\dfrac{1}{2}-\dfrac{1}{2}$，右上角为 $\dfrac{1}{2}-\dfrac{1}{2}$，左下角为 $-\dfrac{1}{2}\,\dfrac{1}{2}$。为了方便后面的运算，我们引入以下 2×2 子矩阵

$$\hat{t}_{\mu'\mu}=\begin{pmatrix} F_{\mu'\frac{1}{2},\mu\frac{1}{2}} & F_{\mu'\frac{1}{2},\mu\,-\frac{1}{2}} \\ F_{\mu'-\frac{1}{2},\mu\frac{1}{2}} & F_{\mu'-\frac{1}{2},\mu\,-\frac{1}{2}} \end{pmatrix} \tag{2.9.10}$$

为了简单起见，下面用下标 + 代表 $\dfrac{1}{2}$，用下标 − 代表 $-\dfrac{1}{2}$，于是根据式 (2.9.8) 或式 (2.9.9) 可以写出

$$\begin{aligned} &\hat{t}_{++}=\begin{pmatrix} A & -\mathrm{i}B \\ \mathrm{i}H & G \end{pmatrix},\quad \hat{t}_{++}^{+}=\begin{pmatrix} A^{*} & -\mathrm{i}H^{*} \\ \mathrm{i}B^{*} & G^{*} \end{pmatrix} \\ &\hat{t}_{+-}=\begin{pmatrix} -\mathrm{i}C & -D \\ F & -\mathrm{i}E \end{pmatrix},\quad \hat{t}_{+-}^{+}=\begin{pmatrix} \mathrm{i}C^{*} & F^{*} \\ -D^{*} & \mathrm{i}E^{*} \end{pmatrix} \\ &\hat{t}_{-+}=\begin{pmatrix} \mathrm{i}E & F \\ -D & \mathrm{i}C \end{pmatrix},\quad \hat{t}_{-+}^{+}=\begin{pmatrix} -\mathrm{i}E^{*} & -D^{*} \\ F^{*} & -\mathrm{i}C^{*} \end{pmatrix} \\ &\hat{t}_{--}=\begin{pmatrix} G & -\mathrm{i}H \\ \mathrm{i}B & A \end{pmatrix},\quad \hat{t}_{--}^{+}=\begin{pmatrix} G^{*} & -\mathrm{i}B^{*} \\ \mathrm{i}H^{*} & A^{*} \end{pmatrix} \end{aligned} \tag{2.9.11}$$

并可把由式 (2.9.9) 给出的矩阵 $\hat{F}$ 表示成

$$\hat{F}=\begin{pmatrix} \hat{t}_{++} & \hat{t}_{+-} \\ \hat{t}_{-+} & \hat{t}_{--} \end{pmatrix},\quad \hat{F}^{+}=\begin{pmatrix} \hat{t}_{++}^{+} & \hat{t}_{-+}^{+} \\ \hat{t}_{+-}^{+} & \hat{t}_{--}^{+} \end{pmatrix} \tag{2.9.12}$$

根据式 (2.2.40) 可以写出归一化的入射道的极化密度矩阵为

$$\hat{\rho}_{\rm in}=\frac{1}{4}\left(\hat{I}+p_{{\rm n}x}\hat{\sigma}_x^{\rm n}+p_{{\rm n}y}\hat{\sigma}_y^{\rm n}+p_{{\rm n}z}\hat{\sigma}_z^{\rm n}\right)\left(\hat{I}+p_{{\rm p}x}\hat{\sigma}_x^{\rm p}+p_{{\rm p}y}\hat{\sigma}_y^{\rm p}+p_{{\rm p}z}\hat{\sigma}_z^{\rm p}\right) \tag{2.9.13}$$

其中，$p_{{\rm n}i}$ 和 $p_{{\rm p}j}\,(i,j=x,y,z)$ 分别为入射道中子和质子的极化率。$\hat{\sigma}_i^{\rm n}\,(i=x,y,z)$ 只作用在与中子态相应的第一组下标 μ',μ 上，$\hat{\sigma}_j^{\rm p}\,(j=x,y,z)$ 只作用在与质子态相应的第二组下标 ν',ν 上。

设 $\hat{A}$ 和 $\hat{B}$ 分别为 n 维和 m 维方矩阵，其直积的定义为

$$\left(\hat{A}\times\hat{B}\right)_{ia,jb}\equiv A_{ij}B_{ab} \tag{2.9.14}$$

设 $\hat{I}$ 是 2×2 单位矩阵，$\hat{0}$ 是 2×2 零矩阵，利用上述直积定义可得

$$\hat{\varSigma}_i^{\rm n}\equiv\hat{\sigma}_i^{\rm n}\times\hat{I}=\begin{pmatrix}\sigma_{i,++}^{\rm n}\hat{I} & \sigma_{i,+-}^{\rm n}\hat{I}\\ \sigma_{i,-+}^{\rm n}\hat{I} & \sigma_{i,--}^{\rm n}\hat{I}\end{pmatrix} \tag{2.9.15}$$

$$\hat{\varSigma}_j^{\rm p}\equiv\hat{I}\times\hat{\sigma}_j^{\rm p}=\begin{pmatrix}\hat{\sigma}_j^{\rm p} & \hat{0}\\ \hat{0} & \hat{\sigma}_j^{\rm p}\end{pmatrix} \tag{2.9.16}$$

可见所得到的 4×4 矩阵 $\hat{\varSigma}_i^{\rm n}$ 只作用在中子的下标 μ',μ 上，$\hat{\varSigma}_j^{\rm p}$ 只作用在质子的下标 ν',ν 上。$\hat{\varSigma}_i^{\rm n}$ 和 $\hat{\varSigma}_j^{\rm p}$ 是相互对易的。再设 $\hat{I}_4$ 是 4×4 单位矩阵，于是可把式 (2.9.13) 改写成

$$\hat{\rho}_{\rm in}=\frac{1}{4}\left(\hat{I}_4+p_{{\rm n}x}\hat{\varSigma}_x^{\rm n}+p_{{\rm n}y}\hat{\varSigma}_y^{\rm n}+p_{{\rm n}z}\hat{\varSigma}_z^{\rm n}\right)\left(\hat{I}_4+p_{{\rm p}x}\hat{\varSigma}_x^{\rm p}+p_{{\rm p}y}\hat{\varSigma}_y^{\rm p}+p_{{\rm p}z}\hat{\varSigma}_z^{\rm p}\right) \tag{2.9.17}$$

在入射道中 n 和 p 都是非极化的情况下出射粒子的微分截面为

$$I_0\equiv\frac{{\rm d}\sigma^0}{{\rm d}\varOmega}=\frac{1}{4}{\rm tr}\left\{\hat{F}\hat{F}^+\right\} \tag{2.9.18}$$

把式 (2.9.9) 代入上式立即得到

$$I_0=\frac{1}{2}\left(|A|^2+|B|^2+|C|^2+|D|^2+|E|^2+|F|^2+|G|^2+|H|^2\right) \tag{2.9.19}$$

在非极化入射道情况下出射粒子 n 和 p 的极化矢量分量分别为

$$P_0^{ki'}=\frac{{\rm tr}\{\hat{\varSigma}_{i'}^k\hat{F}\hat{F}^+\}}{{\rm tr}\{\hat{F}\hat{F}^+\}},\quad k={\rm n,p},\quad i'=x',y',z' \tag{2.9.20}$$

由式 (2.9.12) 可以得到

$$\hat{F}\hat{F}^{+}=\begin{pmatrix}\hat{t}_{++}\hat{t}_{++}^{+}+\hat{t}_{+-}\hat{t}_{+-}^{+} & \hat{t}_{++}\hat{t}_{-+}^{+}+\hat{t}_{+-}\hat{t}_{--}^{+}\\ \hat{t}_{-+}\hat{t}_{++}^{+}+\hat{t}_{--}\hat{t}_{+-}^{+} & \hat{t}_{-+}\hat{t}_{-+}^{+}+\hat{t}_{--}\hat{t}_{--}^{+}\end{pmatrix}\equiv\begin{pmatrix}\hat{g}_{++} & \hat{g}_{+-}\\ \hat{g}_{-+} & \hat{g}_{--}\end{pmatrix} \tag{2.9.21}$$

利用式 (2.9.11) 又可以求得

$$\begin{aligned}\hat{g}_{++}&=\begin{pmatrix}A & -\mathrm{i}B\\ \mathrm{i}H & G\end{pmatrix}\begin{pmatrix}A^{*} & -\mathrm{i}H^{*}\\ \mathrm{i}B^{*} & G^{*}\end{pmatrix}+\begin{pmatrix}-\mathrm{i}C & -D\\ F & -\mathrm{i}E\end{pmatrix}\begin{pmatrix}\mathrm{i}C^{*} & F^{*}\\ -D^{*} & \mathrm{i}E^{*}\end{pmatrix}\\&=\begin{pmatrix}|A|^{2}+|B|^{2}+|C|^{2}+|D|^{2} & -\mathrm{i}\left(AH^{*}+BG^{*}+CF^{*}+DE^{*}\right)\\ \mathrm{i}\left(HA^{*}+GB^{*}+FC^{*}+ED^{*}\right) & |H|^{2}+|G|^{2}+|F|^{2}+|E|^{2}\end{pmatrix}\end{aligned} \tag{2.9.22}$$

$$\begin{aligned}\hat{g}_{+-}&=\begin{pmatrix}A & -\mathrm{i}B\\ \mathrm{i}H & G\end{pmatrix}\begin{pmatrix}-\mathrm{i}E^{*} & -D^{*}\\ F^{*} & -\mathrm{i}C^{*}\end{pmatrix}+\begin{pmatrix}-\mathrm{i}C & -D\\ F & -\mathrm{i}E\end{pmatrix}\begin{pmatrix}G^{*} & -\mathrm{i}B^{*}\\ \mathrm{i}H^{*} & A^{*}\end{pmatrix}\\&=\begin{pmatrix}-\mathrm{i}\left(AE^{*}+BF^{*}+CG^{*}+DH^{*}\right) & -\left(AD^{*}+BC^{*}+CB^{*}+DA^{*}\right)\\ HE^{*}+GF^{*}+FG^{*}+EH^{*} & -\mathrm{i}\left(HD^{*}+GC^{*}+FB^{*}+EA^{*}\right)\end{pmatrix}\end{aligned} \tag{2.9.23}$$

$$\begin{aligned}\hat{g}_{-+}&=\begin{pmatrix}\mathrm{i}E & F\\ -D & \mathrm{i}C\end{pmatrix}\begin{pmatrix}A^{*} & -\mathrm{i}H^{*}\\ \mathrm{i}B^{*} & G^{*}\end{pmatrix}+\begin{pmatrix}G & -\mathrm{i}H\\ \mathrm{i}B & A\end{pmatrix}\begin{pmatrix}\mathrm{i}C^{*} & F^{*}\\ -D^{*} & \mathrm{i}E^{*}\end{pmatrix}\\&=\begin{pmatrix}\mathrm{i}\left(EA^{*}+FB^{*}+GC^{*}+HD^{*}\right) & EH^{*}+FG^{*}+GF^{*}+HE^{*}\\ -\left(DA^{*}+CB^{*}+BC^{*}+AD^{*}\right) & \mathrm{i}\left(DH^{*}+CG^{*}+BF^{*}+AE^{*}\right)\end{pmatrix}\end{aligned} \tag{2.9.24}$$

$$\begin{aligned}\hat{g}_{--}&=\begin{pmatrix}\mathrm{i}E & F\\ -D & \mathrm{i}C\end{pmatrix}\begin{pmatrix}-\mathrm{i}E^{*} & -D^{*}\\ F^{*} & -\mathrm{i}C^{*}\end{pmatrix}+\begin{pmatrix}G & -\mathrm{i}H\\ \mathrm{i}B & A\end{pmatrix}\begin{pmatrix}G^{*} & -\mathrm{i}B^{*}\\ \mathrm{i}H^{*} & A^{*}\end{pmatrix}\\&=\begin{pmatrix}|E|^{2}+|F|^{2}+|G|^{2}+|H|^{2} & -\mathrm{i}\left(ED^{*}+FC^{*}+GB^{*}+HA^{*}\right)\\ \mathrm{i}\left(DE^{*}+CF^{*}+BG^{*}+AH^{*}\right) & |D|^{2}+|C|^{2}+|B|^{2}+|A|^{2}\end{pmatrix}\end{aligned} \tag{2.9.25}$$

可以看出，把式 (2.9.21)、式 (2.9.22) 和式 (2.9.25) 代入式 (2.9.18) 同样可以得到式 (2.9.19)。首先由式 (2.1.6) 和式 (2.9.21) ~ 式 (2.9.25) 求得

$$\hat{\Sigma}_{x}^{\mathrm{n}}\hat{F}\hat{F}^{+}=\begin{pmatrix}\hat{0} & \hat{I}\\ \hat{I} & \hat{0}\end{pmatrix}\begin{pmatrix}\hat{g}_{++} & \hat{g}_{+-}\\ \hat{g}_{-+} & \hat{g}_{--}\end{pmatrix}=\begin{pmatrix}\hat{g}_{-+} & \hat{g}_{--}\\ \hat{g}_{++} & \hat{g}_{+-}\end{pmatrix} \tag{2.9.26}$$

$$P_0^{\mathrm{n}x'}=0 \tag{2.9.27}$$

$$\hat{\varSigma}_y^{\mathrm{n}}\hat{F}\hat{F}^+=\begin{pmatrix}\hat{0} & -\mathrm{i}\hat{I}\\ \mathrm{i}\hat{I} & \hat{0}\end{pmatrix}\begin{pmatrix}\hat{g}_{++} & \hat{g}_{+-}\\ \hat{g}_{-+} & \hat{g}_{--}\end{pmatrix}=-\mathrm{i}\begin{pmatrix}\hat{g}_{-+} & \hat{g}_{--}\\ -\hat{g}_{++} & -\hat{g}_{+-}\end{pmatrix} \tag{2.9.28}$$

$$P_0^{\mathrm{n}y'}=\frac{1}{I_o}\mathrm{Re}\left(AE^*+BF^*+CG^*+DH^*\right) \tag{2.9.29}$$

$$\hat{\varSigma}_z^{\mathrm{n}}\hat{F}\hat{F}^+=\begin{pmatrix}\hat{I} & \hat{0}\\ \hat{0} & -\hat{I}\end{pmatrix}\begin{pmatrix}\hat{g}_{++} & \hat{g}_{+-}\\ \hat{g}_{-+} & \hat{g}_{--}\end{pmatrix}=\begin{pmatrix}\hat{g}_{++} & \hat{g}_{+-}\\ -\hat{g}_{-+} & -\hat{g}_{--}\end{pmatrix} \tag{2.9.30}$$

$$P_0^{\mathrm{n}z'}=0 \tag{2.9.31}$$

因为

$$\hat{\varSigma}_j^{\mathrm{p}}\hat{F}\hat{F}^+=\begin{pmatrix}\hat{\sigma}_j^{\mathrm{p}} & \hat{0}\\ \hat{0} & \hat{\sigma}_j^{\mathrm{p}}\end{pmatrix}\begin{pmatrix}\hat{g}_{++} & \hat{g}_{+-}\\ \hat{g}_{-+} & \hat{g}_{--}\end{pmatrix}=\begin{pmatrix}\hat{\sigma}_j^{\mathrm{p}}\hat{g}_{++} & \hat{\sigma}_j^{\mathrm{p}}\hat{g}_{+-}\\ \hat{\sigma}_j^{\mathrm{p}}\hat{g}_{-+} & \hat{\sigma}_j^{\mathrm{p}}\hat{g}_{--}\end{pmatrix} \tag{2.9.32}$$

所以 $\hat{\varSigma}_j^{\mathrm{p}}$ 作用在 4×4 矩阵上相当于 $\hat{\sigma}_j^{\mathrm{p}}$ 分别作用在其分块的 2×2 矩阵上。为了求 $P^{\mathrm{p}i'}$ 首先计算

$$\begin{aligned}
&\hat{\sigma}_x^{\mathrm{p}}\hat{g}_{++}\\
=&\begin{pmatrix}0 & 1\\ 1 & 0\end{pmatrix}\begin{pmatrix}|A|^2+|B|^2+|C|^2+|D|^2 & -\mathrm{i}\left(AH^*+BG^*+CF^*+DE^*\right)\\ \mathrm{i}\left(HA^*+GB^*+FC^*+ED^*\right) & |H|^2+|G|^2+|F|^2+|E|^2\end{pmatrix}\\
=&\begin{pmatrix}\mathrm{i}\left(HA^*+GB^*+FC^*+ED^*\right) & |H|^2+|G|^2+|F|^2+|E|^2\\ |A|^2+|B|^2+|C|^2+|D|^2 & -\mathrm{i}\left(AH^*+BG^*+CF^*+DE^*\right)\end{pmatrix}\\
&\hat{\sigma}_x^{\mathrm{p}}\hat{g}_{--}\\
=&\begin{pmatrix}0 & 1\\ 1 & 0\end{pmatrix}\begin{pmatrix}|E|^2+|F|^2+|G|^2+|H|^2 & -\mathrm{i}\left(ED^*+FC^*+GB^*+HA^*\right)\\ \mathrm{i}\left(DE^*+CF^*+BG^*+AH^*\right) & |D|^2+|C|^2+|B|^2+|A|^2\end{pmatrix}\\
=&\begin{pmatrix}\mathrm{i}\left(DE^*+CF^*+BG^*+AH^*\right) & |D|^2+|C|^2+|B|^2+|A|^2\\ |E|^2+|F|^2+|G|^2+|H|^2 & -\mathrm{i}\left(ED^*+FC^*+GB^*+HA^*\right)\end{pmatrix}
\end{aligned} \tag{2.9.33}$$

把式 (2.9.33) 代入式 (2.9.20) 可得

$$P_0^{\mathrm{p}x'}=0 \tag{2.9.34}$$

参考式 (2.9.33) 可得

$$\hat{\sigma}_y^{\mathrm{p}}\hat{g}_{++}=\begin{pmatrix}HA^*+GB^*+FC^*+ED^* & -\mathrm{i}\left(|H|^2+|G|^2+|F|^2+|E|^2\right)\\ \mathrm{i}\left(|A|^2+|B|^2+|C|^2+|D|^2\right) & AH^*+BG^*+CF^*+DE^*\end{pmatrix}$$

$$\hat{\sigma}_y^{\rm p}\hat{g}_{--} = \begin{pmatrix} DE^* + CF^* + BG^* + AH^* & -{\rm i}\left(|D|^2 + |C|^2 + |B|^2 + |A|^2\right) \\ {\rm i}\left(|E|^2 + |F|^2 + |G|^2 + |H|^2\right) & ED^* + FC^* + GB^* + HA^* \end{pmatrix} \tag{2.9.35}$$

把式 (2.9.35) 代入式 (2.9.20) 可得

$$P_0^{{\rm p}y'} = \frac{1}{I_0}{\rm Re}\left(AH^* + BG^* + CF^* + DE^*\right) \tag{2.9.36}$$

参考式 (2.9.33) 可得

$$\begin{aligned} \hat{\sigma}_z^{\rm p}\hat{g}_{++} &= \begin{pmatrix} |A|^2 + |B|^2 + |C|^2 + |D|^2 & -{\rm i}\left(AH^* + BG^* + CF^* + DE^*\right) \\ -{\rm i}\left(HA^* + GB^* + FC^* + ED^*\right) & -\left(|H|^2 + |G|^2 + |F|^2 + |E|^2\right) \end{pmatrix} \\ \hat{\sigma}_z^{\rm p}\hat{g}_{--} &= \begin{pmatrix} |E|^2 + |F|^2 + |G|^2 + |H|^2 & -{\rm i}\left(ED^* + FC^* + GB^* + HA^*\right) \\ -{\rm i}\left(DE^* + CF^* + BG^* + AH^*\right) & -\left(|D|^2 + |C|^2 + |B|^2 + |A|^2\right) \end{pmatrix} \end{aligned} \tag{2.9.37}$$

把式 (2.9.37) 代入式 (2.9.20) 可得

$$P_0^{{\rm p}z'} = 0 \tag{2.9.38}$$

以上结果表明，$P_0^{{\rm n}x'} = P_0^{{\rm n}z'} = P_0^{{\rm p}x'} = P_0^{{\rm p}z'} = 0, P_0^{{\rm n}y'} \neq 0, P_0^{{\rm p}y'} \neq 0$。

极化分析本领的定义为

$$A_i^k = \frac{{\rm tr}\left\{\hat{F}\hat{\Sigma}_i^k\hat{F}^+\right\}}{{\rm tr}\left\{\hat{F}\hat{F}^+\right\}}, \quad k = {\rm n}, {\rm p}; \quad i = x, y, z \tag{2.9.39}$$

$$A_{ij}^{\rm np} = \frac{{\rm tr}\left\{\hat{F}\hat{\Sigma}_i^{\rm n}\hat{\Sigma}_j^{\rm p}\hat{F}^+\right\}}{{\rm tr}\left\{\hat{F}\hat{F}^+\right\}}, \quad i, j = x, y, z \tag{2.9.40}$$

也可以称 $A_{ij}^{\rm np}$ 为关联分析本领 [10]。由式 (2.1.6) 和式 (2.9.12) 可以求得

$$\begin{aligned} &\hat{F}\hat{\Sigma}_x^{\rm n}\hat{F}^+ \\ &= \begin{pmatrix} \hat{t}_{++} & \hat{t}_{+-} \\ \hat{t}_{-+} & \hat{t}_{--} \end{pmatrix}\begin{pmatrix} \hat{0} & \hat{I} \\ \hat{I} & \hat{0} \end{pmatrix}\begin{pmatrix} \hat{t}_{++}^+ & \hat{t}_{-+}^+ \\ \hat{t}_{+-}^+ & \hat{t}_{--}^+ \end{pmatrix} = \begin{pmatrix} \hat{t}_{++} & \hat{t}_{+-} \\ \hat{t}_{-+} & \hat{t}_{--} \end{pmatrix}\begin{pmatrix} \hat{t}_{+-}^+ & \hat{t}_{--}^+ \\ \hat{t}_{++}^+ & \hat{t}_{-+}^+ \end{pmatrix} \\ &= \begin{pmatrix} \hat{t}_{++}\hat{t}_{+-}^+ + \hat{t}_{+-}\hat{t}_{++}^+ & \hat{t}_{++}\hat{t}_{--}^+ + \hat{t}_{+-}\hat{t}_{-+}^+ \\ \hat{t}_{-+}\hat{t}_{+-}^+ + \hat{t}_{--}\hat{t}_{++}^+ & \hat{t}_{-+}\hat{t}_{--}^+ + \hat{t}_{--}\hat{t}_{-+}^+ \end{pmatrix} \equiv \begin{pmatrix} \hat{X}_{++}^{\rm n} & \hat{X}_{+-}^{\rm n} \\ \hat{X}_{-+}^{\rm n} & \hat{X}_{--}^{\rm n} \end{pmatrix} \end{aligned} \tag{2.9.41}$$

由式 (2.9.11) 可以求得

$$\hat{X}^{\mathrm{n}}_{++}=\begin{pmatrix} A & -\mathrm{i}B \\ \mathrm{i}H & G \end{pmatrix}\begin{pmatrix} \mathrm{i}C^* & F^* \\ -D^* & \mathrm{i}E^* \end{pmatrix}+\begin{pmatrix} -\mathrm{i}C & -D \\ F & -\mathrm{i}E \end{pmatrix}\begin{pmatrix} A^* & -\mathrm{i}H^* \\ \mathrm{i}B^* & G^* \end{pmatrix}$$
$$=\begin{pmatrix} \mathrm{i}\,(AC^*+BD^*-CA^*-DB^*) & AF^*+BE^*-CH^*-DG^* \\ -\,(HC^*+GD^*-FA^*-EB^*) & \mathrm{i}\,(HF^*+GE^*-FH^*-EG^*) \end{pmatrix} \tag{2.9.42}$$

$$\hat{X}^{\mathrm{n}}_{+-}=\begin{pmatrix} A & -\mathrm{i}B \\ \mathrm{i}H & G \end{pmatrix}\begin{pmatrix} G^* & -\mathrm{i}B^* \\ \mathrm{i}H^* & A^* \end{pmatrix}+\begin{pmatrix} -\mathrm{i}C & -D \\ F & -\mathrm{i}E \end{pmatrix}\begin{pmatrix} -\mathrm{i}E^* & -D^* \\ F^* & -\mathrm{i}C^* \end{pmatrix}$$
$$=\begin{pmatrix} AG^*+BH^*-CE^*-DF^* & -\mathrm{i}\,(AB^*+BA^*-CD^*-DC^*) \\ \mathrm{i}\,(HG^*+GH^*-FE^*-EF^*) & HB^*+GA^*-FD^*-EC^* \end{pmatrix} \tag{2.9.43}$$

$$\hat{X}^{\mathrm{n}}_{-+}=\begin{pmatrix} \mathrm{i}E & F \\ -D & \mathrm{i}C \end{pmatrix}\begin{pmatrix} \mathrm{i}C^* & F^* \\ -D^* & \mathrm{i}E^* \end{pmatrix}+\begin{pmatrix} G & -\mathrm{i}H \\ \mathrm{i}B & A \end{pmatrix}\begin{pmatrix} A^* & -\mathrm{i}H^* \\ \mathrm{i}B^* & G^* \end{pmatrix}$$
$$=\begin{pmatrix} -\,(EC^*+FD^*-GA^*-HB^*) & \mathrm{i}\,(EF^*+FE^*-GH^*-HG^*) \\ -\mathrm{i}\,(DC^*+CD^*-BA^*-AB^*) & -\,(DF^*+CE^*-BH^*-AG^*) \end{pmatrix} \tag{2.9.44}$$

$$\hat{X}^{\mathrm{n}}_{--}$$
$$=\begin{pmatrix} \mathrm{i}E & F \\ -D & \mathrm{i}C \end{pmatrix}\begin{pmatrix} G^* & -\mathrm{i}B^* \\ \mathrm{i}H^* & A^* \end{pmatrix}+\begin{pmatrix} G & -\mathrm{i}H \\ \mathrm{i}B & A \end{pmatrix}\begin{pmatrix} -\mathrm{i}E^* & -D^* \\ F^* & -\mathrm{i}C^* \end{pmatrix}$$
$$=\begin{pmatrix} \mathrm{i}\,(EG^*+FH^*-GE^*-HF^*) & EB^*+FA^*-GD^*-HC^* \\ -\,(DG^*+CH^*-BE^*-AF^*) & \mathrm{i}\,(DB^*+CA^*-BD^*-AC^*) \end{pmatrix} \tag{2.9.45}$$

$$A^{\mathrm{n}}_x=0 \tag{2.9.46}$$

$$\hat{F}\hat{\Sigma}^{\mathrm{n}}_y\hat{F}^+=\begin{pmatrix} \hat{t}_{++} & \hat{t}_{+-} \\ \hat{t}_{-+} & \hat{t}_{--} \end{pmatrix}\begin{pmatrix} \hat{0} & -\mathrm{i}\hat{I} \\ \mathrm{i}\hat{I} & \hat{0} \end{pmatrix}\begin{pmatrix} \hat{t}^+_{++} & \hat{t}^+_{-+} \\ \hat{t}^+_{+-} & \hat{t}^+_{--} \end{pmatrix}$$
$$=\mathrm{i}\begin{pmatrix} \hat{t}_{++} & \hat{t}_{+-} \\ \hat{t}_{-+} & \hat{t}_{--} \end{pmatrix}\begin{pmatrix} -\hat{t}^+_{+-} & -\hat{t}^+_{--} \\ \hat{t}^+_{++} & \hat{t}^+_{-+} \end{pmatrix}$$
$$=-\,\mathrm{i}\begin{pmatrix} \hat{t}_{++}\hat{t}^+_{+-}-\hat{t}_{+-}\hat{t}^+_{++} & \hat{t}_{++}\hat{t}^+_{--}-\hat{t}_{+-}\hat{t}^+_{-+} \\ \hat{t}_{-+}\hat{t}^+_{+-}-\hat{t}_{--}\hat{t}^+_{++} & \hat{t}_{-+}\hat{t}^+_{--}-\hat{t}_{--}\hat{t}^+_{-+} \end{pmatrix}\equiv\begin{pmatrix} \hat{Y}^{\mathrm{n}}_{++} & \hat{Y}^{\mathrm{n}}_{+-} \\ \hat{Y}^{\mathrm{n}}_{-+} & \hat{Y}^{\mathrm{n}}_{--} \end{pmatrix} \tag{2.9.47}$$

由式 (2.9.11) 可以求得

$$\hat{Y}^{\mathrm{n}}_{++} = -\mathrm{i}\begin{pmatrix} A & -\mathrm{i}B \\ \mathrm{i}H & G \end{pmatrix}\begin{pmatrix} \mathrm{i}C^* & F^* \\ -D^* & \mathrm{i}E^* \end{pmatrix} + \mathrm{i}\begin{pmatrix} -\mathrm{i}C & -D \\ F & -\mathrm{i}E \end{pmatrix}\begin{pmatrix} A^* & -\mathrm{i}H^* \\ \mathrm{i}B^* & G^* \end{pmatrix}$$
$$= \begin{pmatrix} AC^* + BD^* + CA^* + DB^* & -\mathrm{i}\,(AF^* + BE^* + CH^* + DG^*) \\ \mathrm{i}\,(HC^* + GD^* + FA^* + EB^*) & HF^* + GE^* + FH^* + EG^* \end{pmatrix} \tag{2.9.48}$$

$$\hat{Y}^{\mathrm{n}}_{+-} = -\mathrm{i}\begin{pmatrix} A & -\mathrm{i}B \\ \mathrm{i}H & G \end{pmatrix}\begin{pmatrix} G^* & -\mathrm{i}B^* \\ \mathrm{i}H^* & A^* \end{pmatrix} + \mathrm{i}\begin{pmatrix} -\mathrm{i}C & -D \\ F & -\mathrm{i}E \end{pmatrix}\begin{pmatrix} -\mathrm{i}E^* & -D^* \\ F^* & -\mathrm{i}C^* \end{pmatrix}$$
$$= \begin{pmatrix} -\mathrm{i}\,(AG^* + BH^* + CE^* + DF^*) & -(AB^* + BA^* + CD^* + DC^*) \\ HG^* + GH^* + FE^* + EF^* & -\mathrm{i}\,(HB^* + GA^* + FD^* + EC^*) \end{pmatrix} \tag{2.9.49}$$

$$\hat{Y}^{\mathrm{n}}_{-+} = -\mathrm{i}\begin{pmatrix} \mathrm{i}E & F \\ -D & \mathrm{i}C \end{pmatrix}\begin{pmatrix} \mathrm{i}C^* & F^* \\ -D^* & \mathrm{i}E^* \end{pmatrix} + \mathrm{i}\begin{pmatrix} G & -\mathrm{i}H \\ \mathrm{i}B & A \end{pmatrix}\begin{pmatrix} A^* & -\mathrm{i}H^* \\ \mathrm{i}B^* & G^* \end{pmatrix}$$
$$= \begin{pmatrix} \mathrm{i}\,(EC^* + FD^* + GA^* + HB^*) & EF^* + FE^* + GH^* + HG^* \\ -(DC^* + CD^* + BA^* + AB^*) & \mathrm{i}\,(DF^* + CE^* + BH^* + AG^*) \end{pmatrix} \tag{2.9.50}$$

$$\hat{Y}^{\mathrm{n}}_{--} = -\mathrm{i}\begin{pmatrix} \mathrm{i}E & F \\ -D & \mathrm{i}C \end{pmatrix}\begin{pmatrix} G^* & -\mathrm{i}B^* \\ \mathrm{i}H^* & A^* \end{pmatrix} + \mathrm{i}\begin{pmatrix} G & -\mathrm{i}H \\ \mathrm{i}B & A \end{pmatrix}\begin{pmatrix} -\mathrm{i}E^* & -D^* \\ F^* & -\mathrm{i}C^* \end{pmatrix}$$
$$= \begin{pmatrix} EG^* + FH^* + GE^* + HF^* & -\mathrm{i}\,(EB^* + FA^* + GD^* + HC^*) \\ \mathrm{i}\,(DG^* + CH^* + BE^* + AF^*) & \mathrm{D}\mathrm{B}^* + CA^* + BD^* + AC^* \end{pmatrix} \tag{2.9.51}$$

$$A^{\mathrm{n}}_y = \frac{1}{I_0}\mathrm{Re}\,(AC^* + BD^* + EG^* + FH^*) \tag{2.9.52}$$

$$\hat{F}\hat{\Sigma}^{\mathrm{n}}_z\hat{F}^+$$
$$= \begin{pmatrix} \hat{t}_{++} & \hat{t}_{+-} \\ \hat{t}_{-+} & \hat{t}_{--} \end{pmatrix}\begin{pmatrix} \hat{I} & \hat{0} \\ \hat{0} & -\hat{I} \end{pmatrix}\begin{pmatrix} \hat{t}^+_{++} & \hat{t}^+_{-+} \\ \hat{t}^+_{+-} & \hat{t}^+_{--} \end{pmatrix} = \begin{pmatrix} \hat{t}_{++} & \hat{t}_{+-} \\ \hat{t}_{-+} & \hat{t}_{--} \end{pmatrix}\begin{pmatrix} \hat{t}^+_{++} & \hat{t}^+_{-+} \\ -\hat{t}^+_{+-} & -\hat{t}^+_{--} \end{pmatrix}$$
$$= \begin{pmatrix} \hat{t}_{++}\hat{t}^+_{++} - \hat{t}_{+-}\hat{t}^+_{+-} & \hat{t}_{++}\hat{t}^+_{-+} - \hat{t}_{+-}\hat{t}^+_{--} \\ \hat{t}_{-+}\hat{t}^+_{++} - \hat{t}_{--}\hat{t}^+_{+-} & \hat{t}_{-+}\hat{t}^+_{-+} - \hat{t}_{--}\hat{t}^+_{-+} \end{pmatrix} \equiv \begin{pmatrix} \hat{Z}^{\mathrm{n}}_{++} & \hat{Z}^{\mathrm{n}}_{+-} \\ \hat{Z}^{\mathrm{n}}_{-+} & \hat{Z}^{\mathrm{n}}_{--} \end{pmatrix} \tag{2.9.53}$$

由式 (2.9.11) 可以求得

$$\hat{Z}^{\mathrm{n}}_{++} = \begin{pmatrix} A & -\mathrm{i}B \\ \mathrm{i}H & G \end{pmatrix}\begin{pmatrix} A^* & -\mathrm{i}H^* \\ \mathrm{i}B^* & G^* \end{pmatrix} - \begin{pmatrix} -\mathrm{i}C & -D \\ F & -\mathrm{i}E \end{pmatrix}\begin{pmatrix} \mathrm{i}C^* & F^* \\ -D^* & \mathrm{i}E^* \end{pmatrix}$$

$$=\begin{pmatrix} |A|^2+|B|^2-|C|^2-|D|^2 & -\mathrm{i}\,(AH^*+BG^*-CF^*-DE^*) \\ \mathrm{i}\,(HA^*+GB^*-FC^*-ED^*) & |H|^2+|G|^2-|F|^2-|E|^2 \end{pmatrix} \tag{2.9.54}$$

$$\hat{Z}^{\mathrm{n}}_{+-}=\begin{pmatrix} A & -\mathrm{i}B \\ \mathrm{i}H & G \end{pmatrix}\begin{pmatrix} -\mathrm{i}E^* & -D^* \\ F^* & -\mathrm{i}C^* \end{pmatrix}-\begin{pmatrix} -\mathrm{i}C & -D \\ F & -\mathrm{i}E \end{pmatrix}\begin{pmatrix} G^* & -\mathrm{i}B^* \\ \mathrm{i}H^* & A^* \end{pmatrix}$$
$$=\begin{pmatrix} -\mathrm{i}\,(AE^*+BF^*-CG^*-DH^*) & -(AD^*+BC^*-CB^*-DA^*) \\ HE^*+GF^*-FG^*-EH^* & -\mathrm{i}\,(HD^*+GC^*-FB^*-EA^*) \end{pmatrix} \tag{2.9.55}$$

$$\hat{Z}^{\mathrm{n}}_{-+}=\begin{pmatrix} \mathrm{i}E & F \\ -D & \mathrm{i}C \end{pmatrix}\begin{pmatrix} A^* & -\mathrm{i}H^* \\ \mathrm{i}B^* & G^* \end{pmatrix}-\begin{pmatrix} G & -\mathrm{i}H \\ \mathrm{i}B & A \end{pmatrix}\begin{pmatrix} \mathrm{i}C^* & F^* \\ -D^* & \mathrm{i}E^* \end{pmatrix}$$
$$=\begin{pmatrix} \mathrm{i}\,(EA^*+FB^*-GC^*-HD^*) & EH^*+FG^*-GF^*-HE^* \\ -(DA^*+CB^*-BC^*-AD^*) & \mathrm{i}\,(DH^*+CG^*-BF^*-AE^*) \end{pmatrix} \tag{2.9.56}$$

$$\hat{Z}^{\mathrm{n}}_{--}=\begin{pmatrix} \mathrm{i}E & F \\ -D & \mathrm{i}C \end{pmatrix}\begin{pmatrix} -\mathrm{i}E^* & -D^* \\ F^* & -\mathrm{i}C^* \end{pmatrix}-\begin{pmatrix} G & -\mathrm{i}H \\ \mathrm{i}B & A \end{pmatrix}\begin{pmatrix} G^* & -\mathrm{i}B^* \\ \mathrm{i}H^* & A^* \end{pmatrix}$$
$$=\begin{pmatrix} |E|^2+|F|^2-|G|^2-|H|^2 & -\mathrm{i}\,(ED^*+FC^*-GB^*-HA^*) \\ \mathrm{i}\,(DE^*+CF^*-BG^*-AH^*) & |D|^2+|C|^2-|B|^2-|A|^2 \end{pmatrix} \tag{2.9.57}$$

$$A^{\mathrm{n}}_z=0 \tag{2.9.58}$$

参考式 (2.9.21) 和式 (2.9.16) 可以写出

$$\hat{F}\hat{\Sigma}^{\mathrm{p}}_x\hat{F}^+=\begin{pmatrix} \hat{t}_{++}\hat{\sigma}^{\mathrm{p}}_x\hat{t}^+_{++}+\hat{t}_{+-}\hat{\sigma}^{\mathrm{p}}_x\hat{t}^+_{+-} & \hat{t}_{++}\hat{\sigma}^{\mathrm{p}}_x\hat{t}^+_{-+}+\hat{t}_{+-}\hat{\sigma}^{\mathrm{p}}_x\hat{t}^+_{--} \\ \hat{t}_{-+}\hat{\sigma}^{\mathrm{p}}_x\hat{t}^+_{++}+\hat{t}_{--}\hat{\sigma}^{\mathrm{p}}_x\hat{t}^+_{+-} & \hat{t}_{-+}\hat{\sigma}^{\mathrm{p}}_x\hat{t}^+_{-+}+\hat{t}_{--}\hat{\sigma}^{\mathrm{p}}_x\hat{t}^+_{--} \end{pmatrix}\equiv\begin{pmatrix} \hat{X}^{\mathrm{p}}_{++} & \hat{X}^{\mathrm{p}}_{+-} \\ \hat{X}^{\mathrm{p}}_{-+} & \hat{X}^{\mathrm{p}}_{--} \end{pmatrix} \tag{2.9.59}$$

$$\hat{X}^{\mathrm{p}}_{++}=\begin{pmatrix} A & -\mathrm{i}B \\ \mathrm{i}H & G \end{pmatrix}\begin{pmatrix} 0 & 1 \\ 1 & 0 \end{pmatrix}\begin{pmatrix} A^* & -\mathrm{i}H^* \\ \mathrm{i}B^* & G^* \end{pmatrix}$$
$$+\begin{pmatrix} -\mathrm{i}C & -D \\ F & -\mathrm{i}E \end{pmatrix}\begin{pmatrix} 0 & 1 \\ 1 & 0 \end{pmatrix}\begin{pmatrix} \mathrm{i}C^* & F^* \\ -D^* & \mathrm{i}E^* \end{pmatrix}$$
$$=\begin{pmatrix} A & -\mathrm{i}B \\ \mathrm{i}H & G \end{pmatrix}\begin{pmatrix} \mathrm{i}B^* & G^* \\ A^* & -\mathrm{i}H^* \end{pmatrix}+\begin{pmatrix} -\mathrm{i}C & -D \\ F & -\mathrm{i}E \end{pmatrix}\begin{pmatrix} -D^* & \mathrm{i}E^* \\ \mathrm{i}C^* & F^* \end{pmatrix}$$

$$
=\begin{pmatrix} \mathrm{i}\,(AB^* - BA^* + CD^* - DC^*) & AG^* - BH^* + CE^* - DF^* \\ -\,(HB^* - GA^* + FD^* - EC^*) & \mathrm{i}\,(HG^* - GH^* + FE^* - EF^*) \end{pmatrix} \tag{2.9.60}
$$

$$
\begin{aligned}
\hat{X}^{\mathrm{p}}_{+-} &= \begin{pmatrix} A & -\mathrm{i}B \\ \mathrm{i}H & G \end{pmatrix}\begin{pmatrix} 0 & 1 \\ 1 & 0 \end{pmatrix}\begin{pmatrix} -\mathrm{i}E^* & -D^* \\ F^* & -\mathrm{i}C^* \end{pmatrix} \\
&\quad + \begin{pmatrix} -\mathrm{i}C & -D \\ F & -\mathrm{i}E \end{pmatrix}\begin{pmatrix} 0 & 1 \\ 1 & 0 \end{pmatrix}\begin{pmatrix} G^* & -\mathrm{i}B^* \\ \mathrm{i}H^* & A^* \end{pmatrix} \\
&= \begin{pmatrix} A & -\mathrm{i}B \\ \mathrm{i}H & G \end{pmatrix}\begin{pmatrix} F^* & -\mathrm{i}C^* \\ -\mathrm{i}E^* & -D^* \end{pmatrix} + \begin{pmatrix} -\mathrm{i}C & -D \\ F & -\mathrm{i}E \end{pmatrix}\begin{pmatrix} \mathrm{i}H^* & A^* \\ G^* & -\mathrm{i}B^* \end{pmatrix} \\
&= \begin{pmatrix} AF^* - BE^* + CH^* - DG^* & -\mathrm{i}\,(AC^* - BD^* + CA^* - DB^*) \\ \mathrm{i}\,(HF^* - GE^* + FH^* - EG^*) & HC^* - GD^* + FA^* - EB^* \end{pmatrix}
\end{aligned} \tag{2.9.61}
$$

$$
\begin{aligned}
\hat{X}^{\mathrm{p}}_{-+} &= \begin{pmatrix} \mathrm{i}E & F \\ -D & \mathrm{i}C \end{pmatrix}\begin{pmatrix} 0 & 1 \\ 1 & 0 \end{pmatrix}\begin{pmatrix} A^* & -\mathrm{i}H^* \\ \mathrm{i}B^* & G^* \end{pmatrix} \\
&\quad + \begin{pmatrix} G & -\mathrm{i}H \\ \mathrm{i}B & A \end{pmatrix}\begin{pmatrix} 0 & 1 \\ 1 & 0 \end{pmatrix}\begin{pmatrix} \mathrm{i}C^* & F^* \\ -D^* & \mathrm{i}E^* \end{pmatrix} \\
&= \begin{pmatrix} \mathrm{i}E & F \\ -D & \mathrm{i}C \end{pmatrix}\begin{pmatrix} \mathrm{i}B^* & G^* \\ A^* & -\mathrm{i}H^* \end{pmatrix} + \begin{pmatrix} G & -\mathrm{i}H \\ \mathrm{i}B & A \end{pmatrix}\begin{pmatrix} -D^* & \mathrm{i}E^* \\ \mathrm{i}C^* & F^* \end{pmatrix} \\
&= \begin{pmatrix} -\,(EB^* - FA^* + GD^* - HC^*) & \mathrm{i}\,(EG^* - FH^* + GE^* - HF^*) \\ -\mathrm{i}\,(DB^* - CA^* + BD^* - AC^*) & -\,(DG^* - CH^* + BE^* - AF^*) \end{pmatrix}
\end{aligned} \tag{2.9.62}
$$

$$
\begin{aligned}
\hat{X}^{\mathrm{p}}_{--} &= \begin{pmatrix} \mathrm{i}E & F \\ -D & \mathrm{i}C \end{pmatrix}\begin{pmatrix} 0 & 1 \\ 1 & 0 \end{pmatrix}\begin{pmatrix} -\mathrm{i}E^* & -D^* \\ F^* & -\mathrm{i}C^* \end{pmatrix} \\
&\quad + \begin{pmatrix} G & -\mathrm{i}H \\ \mathrm{i}B & A \end{pmatrix}\begin{pmatrix} 0 & 1 \\ 1 & 0 \end{pmatrix}\begin{pmatrix} G^* & -\mathrm{i}B^* \\ \mathrm{i}H^* & A^* \end{pmatrix} \\
&= \begin{pmatrix} \mathrm{i}E & F \\ -D & \mathrm{i}C \end{pmatrix}\begin{pmatrix} F^* & -\mathrm{i}C^* \\ -\mathrm{i}E^* & -D^* \end{pmatrix} + \begin{pmatrix} G & -\mathrm{i}H \\ \mathrm{i}B & A \end{pmatrix}\begin{pmatrix} \mathrm{i}H^* & A^* \\ G^* & -\mathrm{i}B^* \end{pmatrix} \\
&= \begin{pmatrix} \mathrm{i}\,(EF^* - FE^* + GH^* - HG^*) & EC^* - FD^* + GA^* - HB^* \\ -\,(DF^* - CE^* + BH^* - AG^*) & \mathrm{i}\,(DC^* - CD^* + BA^* - AB^*) \end{pmatrix}
\end{aligned} \tag{2.9.63}
$$

$$A_x^{\mathrm{p}}=0 \tag{2.9.64}$$

参考式 (2.9.21) 和式 (2.9.16) 又可以写出

$$\hat{F}\Sigma_y^{\mathrm{p}}\hat{F}^+=\begin{pmatrix}\hat{t}_{++}\hat{\sigma}_y^{\mathrm{p}}\hat{t}_{++}^+ + \hat{t}_{+-}\hat{\sigma}_y^{\mathrm{p}}\hat{t}_{+-}^+ & \hat{t}_{++}\hat{\sigma}_y^{\mathrm{p}}\hat{t}_{-+}^+ + \hat{t}_{+-}\hat{\sigma}_y^{\mathrm{p}}\hat{t}_{--}^+ \\ \hat{t}_{-+}\hat{\sigma}_y^{\mathrm{p}}\hat{t}_{++}^+ + \hat{t}_{--}\hat{\sigma}_y^{\mathrm{p}}\hat{t}_{+-}^+ & \hat{t}_{-+}\hat{\sigma}_y^{\mathrm{p}}\hat{t}_{-+}^+ + \hat{t}_{--}\hat{\sigma}_y^{\mathrm{p}}\hat{t}_{--}^+\end{pmatrix}\equiv\begin{pmatrix}\hat{Y}_{++}^{\mathrm{p}} & \hat{Y}_{+-}^{\mathrm{p}} \\ \hat{Y}_{-+}^{\mathrm{p}} & \hat{Y}_{--}^{\mathrm{p}}\end{pmatrix} \tag{2.9.65}$$

$$\begin{aligned}\hat{Y}_{++}^{\mathrm{p}}=&\begin{pmatrix}A & -\mathrm{i}B \\ \mathrm{i}H & G\end{pmatrix}\begin{pmatrix}0 & -\mathrm{i} \\ \mathrm{i} & 0\end{pmatrix}\begin{pmatrix}A^* & -\mathrm{i}H^* \\ \mathrm{i}B^* & G^*\end{pmatrix} \\ &+\begin{pmatrix}-\mathrm{i}C & -D \\ F & -\mathrm{i}E\end{pmatrix}\begin{pmatrix}0 & -\mathrm{i} \\ \mathrm{i} & 0\end{pmatrix}\begin{pmatrix}\mathrm{i}C^* & F^* \\ -D^* & \mathrm{i}E^*\end{pmatrix} \\ =&\begin{pmatrix}A & -\mathrm{i}B \\ \mathrm{i}H & G\end{pmatrix}\begin{pmatrix}B^* & -\mathrm{i}G^* \\ \mathrm{i}A^* & H^*\end{pmatrix}+\begin{pmatrix}-\mathrm{i}C & -D \\ F & -\mathrm{i}E\end{pmatrix}\begin{pmatrix}\mathrm{i}D^* & E^* \\ -C^* & \mathrm{i}F^*\end{pmatrix} \\ =&\begin{pmatrix}AB^*+BA^*+CD^*+DC^* & -\mathrm{i}\,(AG^*+BH^*+CE^*+DF^*) \\ \mathrm{i}\,(HB^*+GA^*+FD^*+EC^*) & HG^*+GH^*+FE^*+EF^*\end{pmatrix}\end{aligned} \tag{2.9.66}$$

$$\begin{aligned}\hat{Y}_{+-}^{\mathrm{p}}=&\begin{pmatrix}A & -\mathrm{i}B \\ \mathrm{i}H & G\end{pmatrix}\begin{pmatrix}0 & -\mathrm{i} \\ \mathrm{i} & 0\end{pmatrix}\begin{pmatrix}-\mathrm{i}E^* & -D^* \\ F^* & -\mathrm{i}C^*\end{pmatrix} \\ &+\begin{pmatrix}-\mathrm{i}C & -D \\ F & -\mathrm{i}E\end{pmatrix}\begin{pmatrix}0 & -\mathrm{i} \\ \mathrm{i} & 0\end{pmatrix}\begin{pmatrix}G^* & -\mathrm{i}B^* \\ \mathrm{i}H^* & A^*\end{pmatrix} \\ =&\begin{pmatrix}A & -\mathrm{i}B \\ \mathrm{i}H & G\end{pmatrix}\begin{pmatrix}-\mathrm{i}F^* & -C^* \\ E^* & -\mathrm{i}D^*\end{pmatrix}+\begin{pmatrix}-\mathrm{i}C & -D \\ F & -\mathrm{i}E\end{pmatrix}\begin{pmatrix}H^* & -\mathrm{i}A^* \\ \mathrm{i}G^* & B^*\end{pmatrix} \\ =&\begin{pmatrix}-\mathrm{i}\,(AF^*+BE^*+CH^*+DG^*) & -\,(AC^*+BD^*+CA^*+DB^*) \\ HF^*+GE^*+FH^*+EG^* & -\mathrm{i}\,(HC^*+GD^*+FA^*+EB^*)\end{pmatrix}\end{aligned} \tag{2.9.67}$$

$$\begin{aligned}\hat{Y}_{-+}^{\mathrm{p}}=&\begin{pmatrix}\mathrm{i}E & F \\ -D & \mathrm{i}C\end{pmatrix}\begin{pmatrix}0 & -\mathrm{i} \\ \mathrm{i} & 0\end{pmatrix}\begin{pmatrix}A^* & -\mathrm{i}H^* \\ \mathrm{i}B^* & G^*\end{pmatrix} \\ &+\begin{pmatrix}G & -\mathrm{i}H \\ \mathrm{i}B & A\end{pmatrix}\begin{pmatrix}0 & -\mathrm{i} \\ \mathrm{i} & 0\end{pmatrix}\begin{pmatrix}\mathrm{i}C^* & F^* \\ -D^* & \mathrm{i}E^*\end{pmatrix} \\ =&\begin{pmatrix}\mathrm{i}E & F \\ -D & \mathrm{i}C\end{pmatrix}\begin{pmatrix}B^* & -\mathrm{i}G^* \\ \mathrm{i}A^* & H^*\end{pmatrix}+\begin{pmatrix}G & -\mathrm{i}H \\ \mathrm{i}B & A\end{pmatrix}\begin{pmatrix}\mathrm{i}D^* & E^* \\ -C^* & \mathrm{i}F^*\end{pmatrix}\end{aligned}$$

$$
=\begin{pmatrix} \mathrm{i}\,(EB^*+FA^*+GD^*+HC^*) & EG^*+FH^*+GE^*+HF^* \\ -(DB^*+CA^*+BD^*+AC^*) & \mathrm{i}\,(DG^*+CH^*+BE^*+AF^*) \end{pmatrix} \tag{2.9.68}
$$

$$
\begin{aligned}
\hat{Y}^{\mathrm{p}}_{--} &= \begin{pmatrix} \mathrm{i}E & F \\ -D & \mathrm{i}C \end{pmatrix}\begin{pmatrix} 0 & -\mathrm{i} \\ \mathrm{i} & 0 \end{pmatrix}\begin{pmatrix} -\mathrm{i}E^* & -D^* \\ F^* & -\mathrm{i}C^* \end{pmatrix} \\
&\quad + \begin{pmatrix} G & -\mathrm{i}H \\ \mathrm{i}B & A \end{pmatrix}\begin{pmatrix} 0 & -\mathrm{i} \\ \mathrm{i} & 0 \end{pmatrix}\begin{pmatrix} G^* & -\mathrm{i}B^* \\ \mathrm{i}H^* & A^* \end{pmatrix} \\
&= \begin{pmatrix} \mathrm{i}E & F \\ -D & \mathrm{i}C \end{pmatrix}\begin{pmatrix} -\mathrm{i}F^* & -C^* \\ E^* & -\mathrm{i}D^* \end{pmatrix} + \begin{pmatrix} G & -\mathrm{i}H \\ \mathrm{i}B & A \end{pmatrix}\begin{pmatrix} H^* & -\mathrm{i}A^* \\ \mathrm{i}G^* & B^* \end{pmatrix} \\
&= \begin{pmatrix} EF^*+FE^*+GH^*+HG^* & -\mathrm{i}\,(EC^*+FD^*+GA^*+HB^*) \\ \mathrm{i}\,(DF^*+CE^*+BH^*+AG^*) & DC^*+CD^*+BA^*+AB^* \end{pmatrix}
\end{aligned} \tag{2.9.69}
$$

$$
A_y^{\mathrm{p}} = \frac{1}{I_0}\mathrm{Re}\,(AB^*+CD^*+EF^*+GH^*) \tag{2.9.70}
$$

参考式 (2.9.21) 和式 (2.9.16) 又可以写出

$$
\hat{F}\hat{\Sigma}^{\mathrm{p}}_z\hat{F}^+ = \begin{pmatrix} \hat{t}_{++}\hat{\sigma}^{\mathrm{p}}_z\hat{t}^+_{++}+\hat{t}_{+-}\hat{\sigma}^{\mathrm{p}}_z\hat{t}^+_{+-} & \hat{t}_{++}\hat{\sigma}^{\mathrm{p}}_z\hat{t}^+_{-+}+\hat{t}_{+-}\hat{\sigma}^{\mathrm{p}}_z\hat{t}^+_{--} \\ \hat{t}_{-+}\hat{\sigma}^{\mathrm{p}}_z\hat{t}^+_{++}+\hat{t}_{--}\hat{\sigma}^{\mathrm{p}}_z\hat{t}^+_{+-} & \hat{t}_{-+}\hat{\sigma}^{\mathrm{p}}_z\hat{t}^+_{-+}+\hat{t}_{--}\hat{\sigma}^{\mathrm{p}}_z\hat{t}^+_{--} \end{pmatrix} \equiv \begin{pmatrix} \hat{Z}^{\mathrm{p}}_{++} & \hat{Z}^{\mathrm{p}}_{+-} \\ \hat{Z}^{\mathrm{p}}_{-+} & \hat{Z}^{\mathrm{p}}_{--} \end{pmatrix} \tag{2.9.71}
$$

$$
\begin{aligned}
\hat{Z}^{\mathrm{p}}_{++} &= \begin{pmatrix} A & -\mathrm{i}B \\ \mathrm{i}H & G \end{pmatrix}\begin{pmatrix} 1 & 0 \\ 0 & -1 \end{pmatrix}\begin{pmatrix} A^* & -\mathrm{i}H^* \\ \mathrm{i}B^* & G^* \end{pmatrix} \\
&\quad + \begin{pmatrix} -\mathrm{i}C & -D \\ F & -\mathrm{i}E \end{pmatrix}\begin{pmatrix} 1 & 0 \\ 0 & -1 \end{pmatrix}\begin{pmatrix} \mathrm{i}C^* & F^* \\ -D^* & \mathrm{i}E^* \end{pmatrix} \\
&= \begin{pmatrix} A & -\mathrm{i}B \\ \mathrm{i}H & G \end{pmatrix}\begin{pmatrix} A^* & -\mathrm{i}H^* \\ -\mathrm{i}B^* & -G^* \end{pmatrix} + \begin{pmatrix} -\mathrm{i}C & -D \\ F & -\mathrm{i}E \end{pmatrix}\begin{pmatrix} \mathrm{i}C^* & F^* \\ D^* & -\mathrm{i}E^* \end{pmatrix} \\
&= \begin{pmatrix} |A|^2-|B|^2+|C|^2-|D|^2 & -\mathrm{i}\,(AH^*-BG^*+CF^*-DE^*) \\ \mathrm{i}\,(HA^*-GB^*+FC^*-ED^*) & |H|^2-|G|^2+|F|^2-|E|^2 \end{pmatrix}
\end{aligned} \tag{2.9.72}
$$

$$
\begin{aligned}
\hat{Z}^{\mathrm{p}}_{+-} &= \begin{pmatrix} A & -\mathrm{i}B \\ \mathrm{i}H & G \end{pmatrix}\begin{pmatrix} 1 & 0 \\ 0 & -1 \end{pmatrix}\begin{pmatrix} -\mathrm{i}E^* & -D^* \\ F^* & -\mathrm{i}C^* \end{pmatrix} \\
&\quad + \begin{pmatrix} -\mathrm{i}C & -D \\ F & -\mathrm{i}E \end{pmatrix}\begin{pmatrix} 1 & 0 \\ 0 & -1 \end{pmatrix}\begin{pmatrix} G^* & -\mathrm{i}B^* \\ \mathrm{i}H^* & A^* \end{pmatrix}
\end{aligned}
$$

$$
=\begin{pmatrix} A & -\mathrm{i}B \\ \mathrm{i}H & G \end{pmatrix}\begin{pmatrix} -\mathrm{i}E^* & -D^* \\ -F^* & \mathrm{i}C^* \end{pmatrix}+\begin{pmatrix} -\mathrm{i}C & -D \\ F & -\mathrm{i}E \end{pmatrix}\begin{pmatrix} G^* & -\mathrm{i}B^* \\ -\mathrm{i}H^* & -A^* \end{pmatrix}
$$

$$
=\begin{pmatrix} -\mathrm{i}\,(AE^*-BF^*+CG^*-DH^*) & -(AD^*-BC^*+CB^*-DA^*) \\ HE^*-GF^*+FG^*-EH^* & -\mathrm{i}\,(HD^*-GC^*+FB^*-EA^*) \end{pmatrix} \tag{2.9.73}
$$

$$
\hat{Z}^{\mathrm{p}}_{-+}=\begin{pmatrix} \mathrm{i}E & F \\ -D & \mathrm{i}C \end{pmatrix}\begin{pmatrix} 1 & 0 \\ 0 & -1 \end{pmatrix}\begin{pmatrix} A^* & -\mathrm{i}H^* \\ \mathrm{i}B^* & G^* \end{pmatrix}
$$

$$
+\begin{pmatrix} G & -\mathrm{i}H \\ \mathrm{i}B & A \end{pmatrix}\begin{pmatrix} 1 & 0 \\ 0 & -1 \end{pmatrix}\begin{pmatrix} \mathrm{i}C^* & F^* \\ -D^* & \mathrm{i}E^* \end{pmatrix}
$$

$$
=\begin{pmatrix} \mathrm{i}E & F \\ -D & \mathrm{i}C \end{pmatrix}\begin{pmatrix} A^* & -\mathrm{i}H^* \\ -\mathrm{i}B^* & -G^* \end{pmatrix}+\begin{pmatrix} G & -\mathrm{i}H \\ \mathrm{i}B & A \end{pmatrix}\begin{pmatrix} \mathrm{i}C^* & F^* \\ D^* & -\mathrm{i}E^* \end{pmatrix}
$$

$$
=\begin{pmatrix} \mathrm{i}\,(EA^*-FB^*+GC^*-HD^*) & EH^*-FG^*+GF^*-HE^* \\ -(DA^*-CB^*+BC^*-AD^*) & \mathrm{i}\,(DH^*-CG^*+BF^*-AE^*) \end{pmatrix} \tag{2.9.74}
$$

$$
\hat{Z}^{\mathrm{p}}_{--}=\begin{pmatrix} \mathrm{i}E & F \\ -D & \mathrm{i}C \end{pmatrix}\begin{pmatrix} 1 & 0 \\ 0 & -1 \end{pmatrix}\begin{pmatrix} -\mathrm{i}E^* & -D^* \\ F^* & -\mathrm{i}C^* \end{pmatrix}
$$

$$
+\begin{pmatrix} G & -\mathrm{i}H \\ \mathrm{i}B & A \end{pmatrix}\begin{pmatrix} 1 & 0 \\ 0 & -1 \end{pmatrix}\begin{pmatrix} G^* & -\mathrm{i}B^* \\ \mathrm{i}H^* & A^* \end{pmatrix}
$$

$$
=\begin{pmatrix} \mathrm{i}E & F \\ -D & \mathrm{i}C \end{pmatrix}\begin{pmatrix} -\mathrm{i}E^* & -D^* \\ -F^* & \mathrm{i}C^* \end{pmatrix}+\begin{pmatrix} G & -\mathrm{i}H \\ \mathrm{i}B & A \end{pmatrix}\begin{pmatrix} G^* & -\mathrm{i}B^* \\ -\mathrm{i}H^* & -A^* \end{pmatrix}
$$

$$
=\begin{pmatrix} |E|^2-|F|^2+|G|^2-|H|^2 & -\mathrm{i}\,(ED^*-FC^*+GB^*-HA^*) \\ \mathrm{i}\,(DE^*-CF^*+BG^*-AH^*) & |D|^2-|C|^2+|B|^2-|A|^2 \end{pmatrix} \tag{2.9.75}
$$

$$
A^{\mathrm{p}}_z=0 \tag{2.9.76}
$$

参考式 (2.9.41) 可以写出

$$
\hat{F}\hat{\Sigma}^{\mathrm{n}}_x\hat{\Sigma}^{\mathrm{p}}_i\hat{F}^+=\begin{pmatrix} \hat{t}_{++}\hat{\sigma}^{\mathrm{p}}_i\hat{t}^+_{+-}+\hat{t}_{+-}\hat{\sigma}^{\mathrm{p}}_i\hat{t}^+_{++} & \hat{t}_{++}\hat{\sigma}^{\mathrm{p}}_i\hat{t}^+_{--}+\hat{t}_{+-}\hat{\sigma}^{\mathrm{p}}_i\hat{t}^+_{-+} \\ \hat{t}_{-+}\hat{\sigma}^{\mathrm{p}}_i\hat{t}^+_{+-}+\hat{t}_{--}\hat{\sigma}^{\mathrm{p}}_i\hat{t}^+_{++} & \hat{t}_{-+}\hat{\sigma}^{\mathrm{p}}_i\hat{t}^+_{--}+\hat{t}_{--}\hat{\sigma}^{\mathrm{p}}_i\hat{t}^+_{-+} \end{pmatrix}
$$

$$
\equiv\begin{pmatrix} \hat{X}^i_{++} & \hat{X}^i_{+-} \\ \hat{X}^i_{-+} & \hat{X}^i_{--} \end{pmatrix},\quad i=x,y,z \tag{2.9.77}
$$

$$
\begin{aligned}
\hat{X}^x_{++} &= \begin{pmatrix} A & -\mathrm{i}B \\ \mathrm{i}H & G \end{pmatrix}\begin{pmatrix} 0 & 1 \\ 1 & 0 \end{pmatrix}\begin{pmatrix} \mathrm{i}C^* & F^* \\ -D^* & \mathrm{i}E^* \end{pmatrix} \\
&\quad + \begin{pmatrix} -\mathrm{i}C & -D \\ F & -\mathrm{i}E \end{pmatrix}\begin{pmatrix} 0 & 1 \\ 1 & 0 \end{pmatrix}\begin{pmatrix} A^* & -\mathrm{i}H^* \\ \mathrm{i}B^* & G^* \end{pmatrix} \\
&= \begin{pmatrix} A & -\mathrm{i}B \\ \mathrm{i}H & G \end{pmatrix}\begin{pmatrix} -D^* & \mathrm{i}E^* \\ \mathrm{i}C^* & F^* \end{pmatrix} + \begin{pmatrix} -\mathrm{i}C & -D \\ F & -\mathrm{i}E \end{pmatrix}\begin{pmatrix} \mathrm{i}B^* & G^* \\ A^* & -\mathrm{i}H^* \end{pmatrix} \\
&= \begin{pmatrix} -(AD^*-BC^*-CB^*+DA^*) & \mathrm{i}(AE^*-BF^*-CG^*+DH^*) \\ -\mathrm{i}(HD^*-GC^*-FB^*+EA^*) & -(HE^*-GF^*-FG^*+EH^*) \end{pmatrix}
\end{aligned} \tag{2.9.78}
$$

$$
\begin{aligned}
\hat{X}^x_{+-} &= \begin{pmatrix} A & -\mathrm{i}B \\ \mathrm{i}H & G \end{pmatrix}\begin{pmatrix} 0 & 1 \\ 1 & 0 \end{pmatrix}\begin{pmatrix} G^* & -\mathrm{i}B^* \\ \mathrm{i}H^* & A^* \end{pmatrix} \\
&\quad + \begin{pmatrix} -\mathrm{i}C & -D \\ F & -\mathrm{i}E \end{pmatrix}\begin{pmatrix} 0 & 1 \\ 1 & 0 \end{pmatrix}\begin{pmatrix} -\mathrm{i}E^* & -D^* \\ F^* & -\mathrm{i}C^* \end{pmatrix} \\
&= \begin{pmatrix} A & -\mathrm{i}B \\ \mathrm{i}H & G \end{pmatrix}\begin{pmatrix} \mathrm{i}H^* & A^* \\ G^* & -\mathrm{i}B^* \end{pmatrix} + \begin{pmatrix} -\mathrm{i}C & -D \\ F & -\mathrm{i}E \end{pmatrix}\begin{pmatrix} F^* & -\mathrm{i}C^* \\ -\mathrm{i}E^* & -D^* \end{pmatrix} \\
&= \begin{pmatrix} \mathrm{i}(AH^*-BG^*-CF^*+DE^*) & |A|^2-|B|^2-|C|^2+|D|^2 \\ -\left(|H|^2-|G|^2-|F|^2+|E|^2\right) & \mathrm{i}(HA^*-GB^*-FC^*+ED^*) \end{pmatrix}
\end{aligned} \tag{2.9.79}
$$

$$
\begin{aligned}
\hat{X}^x_{-+} &= \begin{pmatrix} \mathrm{i}E & F \\ -D & \mathrm{i}C \end{pmatrix}\begin{pmatrix} 0 & 1 \\ 1 & 0 \end{pmatrix}\begin{pmatrix} \mathrm{i}C^* & F^* \\ -D^* & \mathrm{i}E^* \end{pmatrix} \\
&\quad + \begin{pmatrix} G & -\mathrm{i}H \\ \mathrm{i}B & A \end{pmatrix}\begin{pmatrix} 0 & 1 \\ 1 & 0 \end{pmatrix}\begin{pmatrix} A^* & -\mathrm{i}H^* \\ \mathrm{i}B^* & G^* \end{pmatrix} \\
&= \begin{pmatrix} \mathrm{i}E & F \\ -D & \mathrm{i}C \end{pmatrix}\begin{pmatrix} -D^* & \mathrm{i}E^* \\ \mathrm{i}C^* & F^* \end{pmatrix} + \begin{pmatrix} G & -\mathrm{i}H \\ \mathrm{i}B & A \end{pmatrix}\begin{pmatrix} \mathrm{i}B^* & G^* \\ A^* & -\mathrm{i}H^* \end{pmatrix} \\
&= \begin{pmatrix} -\mathrm{i}(ED^*-FC^*-GB^*+HA^*) & -\left(|E|^2-|F|^2-|G|^2+|H|^2\right) \\ |D|^2-|C|^2-|B|^2+|A|^2 & -\mathrm{i}(DE^*-CF^*-BG^*+AH^*) \end{pmatrix}
\end{aligned} \tag{2.9.80}
$$

$$
\begin{aligned}
\hat{X}^x_{--} &= \begin{pmatrix} \mathrm{i}E & F \\ -D & \mathrm{i}C \end{pmatrix}\begin{pmatrix} 0 & 1 \\ 1 & 0 \end{pmatrix}\begin{pmatrix} G^* & -\mathrm{i}B^* \\ \mathrm{i}H^* & A^* \end{pmatrix} \\
&\quad + \begin{pmatrix} G & -\mathrm{i}H \\ \mathrm{i}B & A \end{pmatrix}\begin{pmatrix} 0 & 1 \\ 1 & 0 \end{pmatrix}\begin{pmatrix} -\mathrm{i}E^* & -D^* \\ F^* & -\mathrm{i}C^* \end{pmatrix}
\end{aligned}
$$

$$=\begin{pmatrix} \mathrm{i}E & F \\ -D & \mathrm{i}C \end{pmatrix}\begin{pmatrix} \mathrm{i}H^* & A^* \\ G^* & -\mathrm{i}B^* \end{pmatrix}+\begin{pmatrix} G & -\mathrm{i}H \\ \mathrm{i}B & A \end{pmatrix}\begin{pmatrix} F^* & -\mathrm{i}C^* \\ -\mathrm{i}E^* & -D^* \end{pmatrix}$$

$$=\begin{pmatrix} -(EH^*-FG^*-GF^*+HE^*) & \mathrm{i}(EA^*-FB^*-GC^*+HD^*) \\ -\mathrm{i}(DH^*-CG^*-BF^*+AE^*) & -(DA^*-CB^*-BC^*+AD^*) \end{pmatrix} \tag{2.9.81}$$

$$A_{xx}^{\mathrm{np}}=-\frac{1}{I_0}\mathrm{Re}(AD^*-BC^*+EH^*-FG^*) \tag{2.9.82}$$

$$\hat{X}_{++}^{y}=\begin{pmatrix} A & -\mathrm{i}B \\ \mathrm{i}H & G \end{pmatrix}\begin{pmatrix} 0 & -\mathrm{i} \\ \mathrm{i} & 0 \end{pmatrix}\begin{pmatrix} \mathrm{i}C^* & F^* \\ -D^* & \mathrm{i}E^* \end{pmatrix}$$

$$+\begin{pmatrix} -\mathrm{i}C & -D \\ F & -\mathrm{i}E \end{pmatrix}\begin{pmatrix} 0 & -\mathrm{i} \\ \mathrm{i} & 0 \end{pmatrix}\begin{pmatrix} A^* & -\mathrm{i}H^* \\ \mathrm{i}B^* & G^* \end{pmatrix}$$

$$=\begin{pmatrix} A & -\mathrm{i}B \\ \mathrm{i}H & G \end{pmatrix}\begin{pmatrix} \mathrm{i}D^* & E^* \\ -C^* & \mathrm{i}F^* \end{pmatrix}+\begin{pmatrix} -\mathrm{i}C & -D \\ F & -\mathrm{i}E \end{pmatrix}\begin{pmatrix} B^* & -\mathrm{i}G^* \\ \mathrm{i}A^* & H^* \end{pmatrix}$$

$$=\begin{pmatrix} \mathrm{i}(AD^*+BC^*-CB^*-DA^*) & AE^*+BF^*-CG^*-DH^* \\ -(HD^*+GC^*-FB^*-EA^*) & \mathrm{i}(HE^*+GF^*-FG^*-EH^*) \end{pmatrix} \tag{2.9.83}$$

$$\hat{X}_{+-}^{y}=\begin{pmatrix} A & -\mathrm{i}B \\ \mathrm{i}H & G \end{pmatrix}\begin{pmatrix} 0 & -\mathrm{i} \\ \mathrm{i} & 0 \end{pmatrix}\begin{pmatrix} G^* & -\mathrm{i}B^* \\ \mathrm{i}H^* & A^* \end{pmatrix}$$

$$+\begin{pmatrix} -\mathrm{i}C & -D \\ F & -\mathrm{i}E \end{pmatrix}\begin{pmatrix} 0 & -\mathrm{i} \\ \mathrm{i} & 0 \end{pmatrix}\begin{pmatrix} -\mathrm{i}E^* & -D^* \\ F^* & -\mathrm{i}C^* \end{pmatrix}$$

$$=\begin{pmatrix} A & -\mathrm{i}B \\ \mathrm{i}H & G \end{pmatrix}\begin{pmatrix} H^* & -\mathrm{i}A^* \\ \mathrm{i}G^* & B^* \end{pmatrix}+\begin{pmatrix} -\mathrm{i}C & -D \\ F & -\mathrm{i}E \end{pmatrix}\begin{pmatrix} -\mathrm{i}F^* & -C^* \\ E^* & -\mathrm{i}D^* \end{pmatrix}$$

$$=\begin{pmatrix} AH^*+BG^*-CF^*-DE^* & -\mathrm{i}\left(|A|^2+|B|^2-|C|^2-|D|^2\right) \\ \mathrm{i}\left(|H|^2+|G|^2-|F|^2-|E|^2\right) & HA^*+GB^*-FC^*-ED^* \end{pmatrix} \tag{2.9.84}$$

$$\hat{X}_{-+}^{y}=\begin{pmatrix} \mathrm{i}E & F \\ -D & \mathrm{i}C \end{pmatrix}\begin{pmatrix} 0 & -\mathrm{i} \\ \mathrm{i} & 0 \end{pmatrix}\begin{pmatrix} \mathrm{i}C^* & F^* \\ -D^* & \mathrm{i}E^* \end{pmatrix}$$

$$+\begin{pmatrix} G & -\mathrm{i}H \\ \mathrm{i}B & A \end{pmatrix}\begin{pmatrix} 0 & -\mathrm{i} \\ \mathrm{i} & 0 \end{pmatrix}\begin{pmatrix} A^* & -\mathrm{i}H^* \\ \mathrm{i}B^* & G^* \end{pmatrix}$$

$$=\begin{pmatrix} \mathrm{i}E & F \\ -D & \mathrm{i}C \end{pmatrix}\begin{pmatrix} \mathrm{i}D^* & E^* \\ -C^* & \mathrm{i}F^* \end{pmatrix}+\begin{pmatrix} G & -\mathrm{i}H \\ \mathrm{i}B & A \end{pmatrix}\begin{pmatrix} B^* & -\mathrm{i}G^* \\ \mathrm{i}A^* & H^* \end{pmatrix}$$

$$=\begin{pmatrix} -\left(ED^*+FC^*-GB^*-HA^*\right) & \mathrm{i}\left(|E|^2+|F|^2-|G|^2-|H|^2\right) \\ -\mathrm{i}\left(|D|^2+|C|^2-|B|^2-|A|^2\right) & -\left(DE^*+CF^*-BG^*-AH^*\right) \end{pmatrix} \tag{2.9.85}$$

$$\hat{X}^y_{--}=\begin{pmatrix} \mathrm{i}E & F \\ -D & \mathrm{i}C \end{pmatrix}\begin{pmatrix} 0 & -\mathrm{i} \\ \mathrm{i} & 0 \end{pmatrix}\begin{pmatrix} G^* & -\mathrm{i}B^* \\ \mathrm{i}H^* & A^* \end{pmatrix}$$

$$+\begin{pmatrix} G & -\mathrm{i}H \\ \mathrm{i}B & A \end{pmatrix}\begin{pmatrix} 0 & -\mathrm{i} \\ \mathrm{i} & 0 \end{pmatrix}\begin{pmatrix} -\mathrm{i}E^* & -D^* \\ F^* & -\mathrm{i}C^* \end{pmatrix}$$

$$=\begin{pmatrix} \mathrm{i}E & F \\ -D & \mathrm{i}C \end{pmatrix}\begin{pmatrix} H^* & -\mathrm{i}A^* \\ \mathrm{i}G^* & B^* \end{pmatrix}+\begin{pmatrix} G & -\mathrm{i}H \\ \mathrm{i}B & A \end{pmatrix}\begin{pmatrix} -\mathrm{i}F^* & -C^* \\ E^* & -\mathrm{i}D^* \end{pmatrix}$$

$$=\begin{pmatrix} \mathrm{i}\left(EH^*+FG^*-GF^*-HE^*\right) & EA^*+FB^*-GC^*-HD^* \\ -\left(DH^*+CG^*-BF^*-AE^*\right) & \mathrm{i}\left(DA^*+CB^*-BC^*-AD^*\right) \end{pmatrix} \tag{2.9.86}$$

$$A^{\mathrm{np}}_{xy}=0 \tag{2.9.87}$$

$$\hat{X}^z_{++}=\begin{pmatrix} A & -\mathrm{i}B \\ \mathrm{i}H & G \end{pmatrix}\begin{pmatrix} 1 & 0 \\ 0 & -1 \end{pmatrix}\begin{pmatrix} \mathrm{i}C^* & F^* \\ -D^* & \mathrm{i}E^* \end{pmatrix}$$

$$+\begin{pmatrix} -\mathrm{i}C & -D \\ F & -\mathrm{i}E \end{pmatrix}\begin{pmatrix} 1 & 0 \\ 0 & -1 \end{pmatrix}\begin{pmatrix} A^* & -\mathrm{i}H^* \\ \mathrm{i}B^* & G^* \end{pmatrix}$$

$$=\begin{pmatrix} A & -\mathrm{i}B \\ \mathrm{i}H & G \end{pmatrix}\begin{pmatrix} \mathrm{i}C^* & F^* \\ D^* & -\mathrm{i}E^* \end{pmatrix}+\begin{pmatrix} -\mathrm{i}C & -D \\ F & -\mathrm{i}E \end{pmatrix}\begin{pmatrix} A^* & -\mathrm{i}H^* \\ -\mathrm{i}B^* & G^* \end{pmatrix}$$

$$=\begin{pmatrix} \mathrm{i}\left(AC^*-BD^*-CA^*+DB^*\right) & AF^*-BE^*-CH^*+DG^* \\ -\left(HC^*-GD^*-FA^*+EB^*\right) & \mathrm{i}\left(HF^*-GE^*-FH^*+EG^*\right) \end{pmatrix} \tag{2.9.88}$$

$$\hat{X}^z_{+-}=\begin{pmatrix} A & -\mathrm{i}B \\ \mathrm{i}H & G \end{pmatrix}\begin{pmatrix} 1 & 0 \\ 0 & -1 \end{pmatrix}\begin{pmatrix} G^* & -\mathrm{i}B^* \\ \mathrm{i}H^* & A^* \end{pmatrix}$$

$$+\begin{pmatrix} -\mathrm{i}C & -D \\ F & -\mathrm{i}E \end{pmatrix}\begin{pmatrix} 1 & 0 \\ 0 & -1 \end{pmatrix}\begin{pmatrix} -\mathrm{i}E^* & -D^* \\ F^* & -\mathrm{i}C^* \end{pmatrix}$$

$$=\begin{pmatrix} A & -\mathrm{i}B \\ \mathrm{i}H & G \end{pmatrix}\begin{pmatrix} G^* & -\mathrm{i}B^* \\ -\mathrm{i}H^* & -A^* \end{pmatrix}+\begin{pmatrix} -\mathrm{i}C & -D \\ F & -\mathrm{i}E \end{pmatrix}\begin{pmatrix} -\mathrm{i}E^* & -D^* \\ -F^* & \mathrm{i}C^* \end{pmatrix}$$

$$
=\begin{pmatrix} AG^*-BH^*-CE^*+DF^* & -\mathrm{i}\,(AB^*-BA^*-CD^*+DC^*) \\ \mathrm{i}\,(HG^*-GH^*-FE^*+EF^*) & HB^*-GA^*-FD^*-EC^* \end{pmatrix} \tag{2.9.89}
$$

$$
\begin{aligned}
\hat{X}^z_{-+} &= \begin{pmatrix} \mathrm{i}E & F \\ -D & \mathrm{i}C \end{pmatrix}\begin{pmatrix} 1 & 0 \\ 0 & -1 \end{pmatrix}\begin{pmatrix} \mathrm{i}C^* & F^* \\ -D^* & \mathrm{i}E^* \end{pmatrix} \\
&\quad + \begin{pmatrix} G & -\mathrm{i}H \\ \mathrm{i}B & A \end{pmatrix}\begin{pmatrix} 1 & 0 \\ 0 & -1 \end{pmatrix}\begin{pmatrix} A^* & -\mathrm{i}H^* \\ \mathrm{i}B^* & G^* \end{pmatrix} \\
&= \begin{pmatrix} \mathrm{i}E & F \\ -D & \mathrm{i}C \end{pmatrix}\begin{pmatrix} \mathrm{i}C^* & F^* \\ D^* & -\mathrm{i}E^* \end{pmatrix} + \begin{pmatrix} G & -\mathrm{i}H \\ \mathrm{i}B & A \end{pmatrix}\begin{pmatrix} A^* & -\mathrm{i}H^* \\ -\mathrm{i}B^* & -G^* \end{pmatrix} \\
&= \begin{pmatrix} -(EC^*-FD^*-GA^*+HB^*) & \mathrm{i}\,(EF^*-FE^*-GH^*+HG^*) \\ -\mathrm{i}\,(DC^*-CD^*-BA^*+AB^*) & -(DF^*-CE^*-BH^*+AG^*) \end{pmatrix}
\end{aligned} \tag{2.9.90}
$$

$$
\begin{aligned}
\hat{X}^z_{--} &= \begin{pmatrix} \mathrm{i}E & F \\ -D & \mathrm{i}C \end{pmatrix}\begin{pmatrix} 1 & 0 \\ 0 & -1 \end{pmatrix}\begin{pmatrix} G^* & -\mathrm{i}B^* \\ \mathrm{i}H^* & A^* \end{pmatrix} \\
&\quad + \begin{pmatrix} G & -\mathrm{i}H \\ \mathrm{i}B & A \end{pmatrix}\begin{pmatrix} 1 & 0 \\ 0 & -1 \end{pmatrix}\begin{pmatrix} -\mathrm{i}E^* & -D^* \\ F^* & -\mathrm{i}C^* \end{pmatrix} \\
&= \begin{pmatrix} \mathrm{i}E & F \\ -D & \mathrm{i}C \end{pmatrix}\begin{pmatrix} G^* & -\mathrm{i}B^* \\ -\mathrm{i}H^* & -A^* \end{pmatrix} + \begin{pmatrix} G & -\mathrm{i}H \\ \mathrm{i}B & A \end{pmatrix}\begin{pmatrix} -\mathrm{i}E^* & -D^* \\ -F^* & \mathrm{i}C^* \end{pmatrix} \\
&= \begin{pmatrix} \mathrm{i}\,(EG^*-FH^*-GE^*+HF^*) & EB^*-FA^*-GD^*+HC^* \\ -(DG^*-CH^*-BE^*+AF^*) & \mathrm{i}\,(DB^*-CA^*-BD^*+AC^*) \end{pmatrix}
\end{aligned} \tag{2.9.91}
$$

$$
A^{\mathrm{np}}_{xz} = -\frac{1}{I_0}\mathrm{Im}\,(AC^*-BD^*+EG^*-FH^*) \tag{2.9.92}
$$

参照式 (2.9.47) 可以写出

$$
\begin{aligned}
\hat{F}\hat{\Sigma}^{\mathrm{n}}_y\hat{\Sigma}^{\mathrm{p}}_i\hat{F}^+ &= -\mathrm{i}\begin{pmatrix} \hat{t}_{++}\hat{\sigma}^{\mathrm{p}}_i\hat{t}^+_{+-} - \hat{t}_{+-}\hat{\sigma}^{\mathrm{p}}_i\hat{t}^+_{++} & \hat{t}_{++}\hat{\sigma}^{\mathrm{p}}_i\hat{t}^+_{--} - \hat{t}_{+-}\hat{\sigma}^{\mathrm{p}}_i\hat{t}^+_{-+} \\ \hat{t}_{-+}\hat{\sigma}^{\mathrm{p}}_i\hat{t}^+_{+-} - \hat{t}_{--}\hat{\sigma}^{\mathrm{p}}_i\hat{t}^+_{++} & \hat{t}_{-+}\hat{\sigma}^{\mathrm{p}}_i\hat{t}^+_{--} - \hat{t}_{--}\hat{\sigma}^{\mathrm{p}}_i\hat{t}^+_{-+} \end{pmatrix} \\
&\equiv \begin{pmatrix} \hat{Y}^i_{++} & \hat{Y}^i_{+-} \\ \hat{Y}^i_{-+} & \hat{Y}^i_{--} \end{pmatrix}, \quad i=x,y,z
\end{aligned} \tag{2.9.93}
$$

$$
\hat{Y}^x_{++} = -\mathrm{i}\begin{pmatrix} A & -\mathrm{i}B \\ \mathrm{i}H & G \end{pmatrix}\begin{pmatrix} 0 & 1 \\ 1 & 0 \end{pmatrix}\begin{pmatrix} \mathrm{i}C^* & F^* \\ -D^* & \mathrm{i}E^* \end{pmatrix}
$$

$$
\begin{aligned}
&+\mathrm{i}\begin{pmatrix} -\mathrm{i}C & -D \\ F & -\mathrm{i}E \end{pmatrix}\begin{pmatrix} 0 & 1 \\ 1 & 0 \end{pmatrix}\begin{pmatrix} A^* & -\mathrm{i}H^* \\ \mathrm{i}B^* & G^* \end{pmatrix} \\
&=-\mathrm{i}\begin{pmatrix} A & -\mathrm{i}B \\ \mathrm{i}H & G \end{pmatrix}\begin{pmatrix} -D^* & \mathrm{i}E^* \\ \mathrm{i}C^* & F^* \end{pmatrix}+\mathrm{i}\begin{pmatrix} -\mathrm{i}C & -D \\ F & -\mathrm{i}E \end{pmatrix}\begin{pmatrix} \mathrm{i}B^* & G^* \\ A^* & -\mathrm{i}H^* \end{pmatrix} \\
&=\begin{pmatrix} \mathrm{i}\left(AD^*-BC^*+CB^*-DA^*\right) & AE^*-BF^*+CG^*-DH^* \\ -\left(HD^*-GC^*+FB^*-EA^*\right) & \mathrm{i}\left(HE^*-GF^*+FG^*-EH^*\right) \end{pmatrix}
\end{aligned}
\tag{2.9.94}
$$

$$
\begin{aligned}
\hat{Y}^x_{+-}=&-\mathrm{i}\begin{pmatrix} A & -\mathrm{i}B \\ \mathrm{i}H & G \end{pmatrix}\begin{pmatrix} 0 & 1 \\ 1 & 0 \end{pmatrix}\begin{pmatrix} G^* & -\mathrm{i}B^* \\ \mathrm{i}H^* & A^* \end{pmatrix} \\
&+\mathrm{i}\begin{pmatrix} -\mathrm{i}C & -D \\ F & -\mathrm{i}E \end{pmatrix}\begin{pmatrix} 0 & 1 \\ 1 & 0 \end{pmatrix}\begin{pmatrix} -\mathrm{i}E^* & -D^* \\ F^* & -\mathrm{i}C^* \end{pmatrix} \\
=&-\mathrm{i}\begin{pmatrix} A & -\mathrm{i}B \\ \mathrm{i}H & G \end{pmatrix}\begin{pmatrix} \mathrm{i}H^* & A^* \\ G^* & -\mathrm{i}B^* \end{pmatrix}+\mathrm{i}\begin{pmatrix} -\mathrm{i}C & -D \\ F & -\mathrm{i}E \end{pmatrix}\begin{pmatrix} F^* & -\mathrm{i}C^* \\ -\mathrm{i}E^* & -D^* \end{pmatrix} \\
=&\begin{pmatrix} AH^*-BG^*+CF^*-DE^* & -\mathrm{i}\left(|A|^2-|B|^2+|C|^2-|D|^2\right) \\ \mathrm{i}\left(|H|^2-|G|^2+|F|^2-|E|^2\right) & HA^*-GB^*+FC^*-ED^* \end{pmatrix}
\end{aligned}
\tag{2.9.95}
$$

$$
\begin{aligned}
\hat{Y}^x_{-+}=&-\mathrm{i}\begin{pmatrix} \mathrm{i}E & F \\ -D & \mathrm{i}C \end{pmatrix}\begin{pmatrix} 0 & 1 \\ 1 & 0 \end{pmatrix}\begin{pmatrix} \mathrm{i}C^* & F^* \\ -D^* & \mathrm{i}E^* \end{pmatrix} \\
&+\mathrm{i}\begin{pmatrix} G & -\mathrm{i}H \\ \mathrm{i}B & A \end{pmatrix}\begin{pmatrix} 0 & 1 \\ 1 & 0 \end{pmatrix}\begin{pmatrix} A^* & -\mathrm{i}H^* \\ \mathrm{i}B^* & G^* \end{pmatrix} \\
=&-\mathrm{i}\begin{pmatrix} \mathrm{i}E & F \\ -D & \mathrm{i}C \end{pmatrix}\begin{pmatrix} -D^* & \mathrm{i}E^* \\ \mathrm{i}C^* & F^* \end{pmatrix}+\mathrm{i}\begin{pmatrix} G & -\mathrm{i}H \\ \mathrm{i}B & A \end{pmatrix}\begin{pmatrix} \mathrm{i}B^* & G^* \\ A^* & -\mathrm{i}H^* \end{pmatrix} \\
=&\begin{pmatrix} -\left(ED^*-FC^*+GB^*-HA^*\right) & \mathrm{i}\left(|E|^2-|F|^2+|G|^2-|H|^2\right) \\ -\mathrm{i}\left(|D|^2-|C|^2+|B|^2-|A|^2\right) & -\left(DE^*-CF^*+BG^*-AH^*\right) \end{pmatrix}
\end{aligned}
\tag{2.9.96}
$$

$$
\begin{aligned}
\hat{Y}^x_{--}=&-\mathrm{i}\begin{pmatrix} \mathrm{i}E & F \\ -D & \mathrm{i}C \end{pmatrix}\begin{pmatrix} 0 & 1 \\ 1 & 0 \end{pmatrix}\begin{pmatrix} G^* & -\mathrm{i}B^* \\ \mathrm{i}H^* & A^* \end{pmatrix} \\
&+\mathrm{i}\begin{pmatrix} G & -\mathrm{i}H \\ \mathrm{i}B & A \end{pmatrix}\begin{pmatrix} 0 & 1 \\ 1 & 0 \end{pmatrix}\begin{pmatrix} -\mathrm{i}E^* & -D^* \\ F^* & -\mathrm{i}C^* \end{pmatrix}
\end{aligned}
$$

$$
=-\mathrm{i}\begin{pmatrix} \mathrm{i}E & F \\ -D & \mathrm{i}C \end{pmatrix}\begin{pmatrix} \mathrm{i}H^* & A^* \\ G^* & -\mathrm{i}B^* \end{pmatrix}+\mathrm{i}\begin{pmatrix} G & -\mathrm{i}H \\ \mathrm{i}B & A \end{pmatrix}\begin{pmatrix} F^* & -\mathrm{i}C^* \\ -\mathrm{i}E^* & -D^* \end{pmatrix}
$$

$$
=\begin{pmatrix} \mathrm{i}(EH^*-FG^*+GF^*-HE^*) & EA^*-FB^*+GC^*-HD^* \\ -(DH^*-CG^*+BF^*-AE^*) & \mathrm{i}(DA^*-CB^*+BC^*-AD^*) \end{pmatrix} \tag{2.9.97}
$$

$$
A_{yx}^{\mathrm{np}}=0 \tag{2.9.98}
$$

$$
\begin{aligned}
\hat{Y}_{++}^{y}=&-\mathrm{i}\begin{pmatrix} A & -\mathrm{i}B \\ \mathrm{i}H & G \end{pmatrix}\begin{pmatrix} 0 & -\mathrm{i} \\ \mathrm{i} & 0 \end{pmatrix}\begin{pmatrix} \mathrm{i}C^* & F^* \\ -D^* & \mathrm{i}E^* \end{pmatrix} \\
&+\mathrm{i}\begin{pmatrix} -\mathrm{i}C & -D \\ F & -\mathrm{i}E \end{pmatrix}\begin{pmatrix} 0 & -\mathrm{i} \\ \mathrm{i} & 0 \end{pmatrix}\begin{pmatrix} A^* & -\mathrm{i}H^* \\ \mathrm{i}B^* & G^* \end{pmatrix} \\
=&-\mathrm{i}\begin{pmatrix} A & -\mathrm{i}B \\ \mathrm{i}H & G \end{pmatrix}\begin{pmatrix} \mathrm{i}D^* & E^* \\ -C^* & \mathrm{i}F^* \end{pmatrix}+\mathrm{i}\begin{pmatrix} -\mathrm{i}C & -D \\ F & -\mathrm{i}E \end{pmatrix}\begin{pmatrix} B^* & -\mathrm{i}G^* \\ \mathrm{i}A^* & H^* \end{pmatrix} \\
=&\begin{pmatrix} AD^*+BC^*+CB^*+DA^* & -\mathrm{i}(AE^*+BF^*+CG^*+DH^*) \\ \mathrm{i}(HD^*+GC^*+FB^*+EA^*) & HE^*+GF^*+FG^*+EH^* \end{pmatrix}
\end{aligned} \tag{2.9.99}
$$

$$
\begin{aligned}
\hat{Y}_{+-}^{y}=&-\mathrm{i}\begin{pmatrix} A & -\mathrm{i}B \\ \mathrm{i}H & G \end{pmatrix}\begin{pmatrix} 0 & -\mathrm{i} \\ \mathrm{i} & 0 \end{pmatrix}\begin{pmatrix} G^* & -\mathrm{i}B^* \\ \mathrm{i}H^* & A^* \end{pmatrix} \\
&+\mathrm{i}\begin{pmatrix} -\mathrm{i}C & -D \\ F & -\mathrm{i}E \end{pmatrix}\begin{pmatrix} 0 & -\mathrm{i} \\ \mathrm{i} & 0 \end{pmatrix}\begin{pmatrix} -\mathrm{i}E^* & -D^* \\ F^* & -\mathrm{i}C^* \end{pmatrix} \\
=&-\mathrm{i}\begin{pmatrix} A & -\mathrm{i}B \\ \mathrm{i}H & G \end{pmatrix}\begin{pmatrix} H^* & -\mathrm{i}A^* \\ \mathrm{i}G^* & B^* \end{pmatrix}+\mathrm{i}\begin{pmatrix} -\mathrm{i}C & -D \\ F & -\mathrm{i}E \end{pmatrix}\begin{pmatrix} -\mathrm{i}F^* & -C^* \\ E^* & -\mathrm{i}D^* \end{pmatrix} \\
=&\begin{pmatrix} -\mathrm{i}(AH^*+BG^*+CF^*+DE^*) & -\left(|A|^2+|B|^2+|C|^2+|D|^2\right) \\ |H|^2+|G|^2+|F|^2+|E|^2 & -\mathrm{i}(HA^*+GB^*+FC^*+ED^*) \end{pmatrix}
\end{aligned} \tag{2.9.100}
$$

$$
\begin{aligned}
\hat{Y}_{-+}^{y}=&-\mathrm{i}\begin{pmatrix} \mathrm{i}E & F \\ -D & \mathrm{i}C \end{pmatrix}\begin{pmatrix} 0 & -\mathrm{i} \\ \mathrm{i} & 0 \end{pmatrix}\begin{pmatrix} \mathrm{i}C^* & F^* \\ -D^* & \mathrm{i}E^* \end{pmatrix} \\
&+\mathrm{i}\begin{pmatrix} G & -\mathrm{i}H \\ \mathrm{i}B & A \end{pmatrix}\begin{pmatrix} 0 & -\mathrm{i} \\ \mathrm{i} & 0 \end{pmatrix}\begin{pmatrix} A^* & -\mathrm{i}H^* \\ \mathrm{i}B^* & G^* \end{pmatrix} \\
=&-\mathrm{i}\begin{pmatrix} \mathrm{i}E & F \\ -D & \mathrm{i}C \end{pmatrix}\begin{pmatrix} \mathrm{i}D^* & E^* \\ -C^* & \mathrm{i}F^* \end{pmatrix}+\mathrm{i}\begin{pmatrix} G & -\mathrm{i}H \\ \mathrm{i}B & A \end{pmatrix}\begin{pmatrix} B^* & -\mathrm{i}G^* \\ \mathrm{i}A^* & H^* \end{pmatrix}
\end{aligned}
$$

$$
= \begin{pmatrix} \mathrm{i}\,(ED^* + FC^* + GB^* + HA^*) & |E|^2 + |F|^2 + |G|^2 + |H|^2 \\ -\left(|D|^2 + |C|^2 + |B|^2 + |A|^2\right) & \mathrm{i}\,(DE^* + CF^* + BG^* + AH^*) \end{pmatrix} \tag{2.9.101}
$$

$$
\begin{aligned}
\hat{Y}^y_{--} =& -\mathrm{i}\begin{pmatrix} \mathrm{i}E & F \\ -D & \mathrm{i}C \end{pmatrix}\begin{pmatrix} 0 & -\mathrm{i} \\ \mathrm{i} & 0 \end{pmatrix}\begin{pmatrix} G^* & -\mathrm{i}B^* \\ \mathrm{i}H^* & A^* \end{pmatrix} \\
&+\mathrm{i}\begin{pmatrix} G & -\mathrm{i}H \\ \mathrm{i}B & A \end{pmatrix}\begin{pmatrix} 0 & -\mathrm{i} \\ \mathrm{i} & 0 \end{pmatrix}\begin{pmatrix} -\mathrm{i}E^* & -D^* \\ F^* & -\mathrm{i}C^* \end{pmatrix} \\
=& -\mathrm{i}\begin{pmatrix} \mathrm{i}E & F \\ -D & \mathrm{i}C \end{pmatrix}\begin{pmatrix} H^* & -\mathrm{i}A^* \\ \mathrm{i}G^* & B^* \end{pmatrix} + \mathrm{i}\begin{pmatrix} G & -\mathrm{i}H \\ \mathrm{i}B & A \end{pmatrix}\begin{pmatrix} -\mathrm{i}F^* & -C^* \\ E^* & -\mathrm{i}D^* \end{pmatrix} \\
=& \begin{pmatrix} EH^* + FG^* + GF^* + HE^* & -\mathrm{i}\,(EA^* + FB^* + GC^* + HD^*) \\ \mathrm{i}\,(DH^* + CG^* + BF^* + AE^*) & DA^* + CB^* + BC^* + AD^* \end{pmatrix}
\end{aligned} \tag{2.9.102}
$$

$$
A^{\mathrm{np}}_{yy} = \frac{1}{I_0}\mathrm{Re}\,(AD^* + BC^* + EH^* + FG^*) \tag{2.9.103}
$$

$$
\begin{aligned}
\hat{Y}^z_{++} =& -\mathrm{i}\begin{pmatrix} A & -\mathrm{i}B \\ \mathrm{i}H & G \end{pmatrix}\begin{pmatrix} 1 & 0 \\ 0 & -1 \end{pmatrix}\begin{pmatrix} \mathrm{i}C^* & F^* \\ -D^* & \mathrm{i}E^* \end{pmatrix} \\
&+\mathrm{i}\begin{pmatrix} -\mathrm{i}C & -D \\ F & -\mathrm{i}E \end{pmatrix}\begin{pmatrix} 1 & 0 \\ 0 & -1 \end{pmatrix}\begin{pmatrix} A^* & -\mathrm{i}H^* \\ \mathrm{i}B^* & G^* \end{pmatrix} \\
=& -\mathrm{i}\begin{pmatrix} A & -\mathrm{i}B \\ \mathrm{i}H & G \end{pmatrix}\begin{pmatrix} \mathrm{i}C^* & F^* \\ D^* & -\mathrm{i}E^* \end{pmatrix} + \mathrm{i}\begin{pmatrix} -\mathrm{i}C & -D \\ F & -\mathrm{i}E \end{pmatrix}\begin{pmatrix} A^* & -\mathrm{i}H^* \\ -\mathrm{i}B^* & -G^* \end{pmatrix} \\
=& \begin{pmatrix} AC^* - BD^* + CA^* - DB^* & -\mathrm{i}\,(AF^* - BE^* + CH^* - DG^*) \\ \mathrm{i}\,(HC^* - GD^* + FA^* - EB^*) & HF^* - GE^* + FH^* - EG^* \end{pmatrix}
\end{aligned} \tag{2.9.104}
$$

$$
\begin{aligned}
\hat{Y}^z_{+-} =& -\mathrm{i}\begin{pmatrix} A & -\mathrm{i}B \\ \mathrm{i}H & G \end{pmatrix}\begin{pmatrix} 1 & 0 \\ 0 & -1 \end{pmatrix}\begin{pmatrix} G^* & -\mathrm{i}B^* \\ \mathrm{i}H^* & A^* \end{pmatrix} \\
&+\mathrm{i}\begin{pmatrix} -\mathrm{i}C & -D \\ F & -\mathrm{i}E \end{pmatrix}\begin{pmatrix} 1 & 0 \\ 0 & -1 \end{pmatrix}\begin{pmatrix} -\mathrm{i}E^* & -D^* \\ F^* & -\mathrm{i}C^* \end{pmatrix} \\
=& -\mathrm{i}\begin{pmatrix} A & -\mathrm{i}B \\ \mathrm{i}H & G \end{pmatrix}\begin{pmatrix} G^* & -\mathrm{i}B^* \\ -\mathrm{i}H^* & -A^* \end{pmatrix} + \mathrm{i}\begin{pmatrix} -\mathrm{i}C & -D \\ F & -\mathrm{i}E \end{pmatrix}\begin{pmatrix} -\mathrm{i}E^* & -D^* \\ -F^* & \mathrm{i}C^* \end{pmatrix}
\end{aligned}
$$

$$
=\begin{pmatrix} -\mathrm{i}\,(AG^*-BH^*+CE^*-DF^*) & -(AB^*-BA^*+CD^*-DC^*) \\ HG^*-GH^*+FE^*-EF^* & -\mathrm{i}\,(HB^*-GA^*+FD^*-EC^*) \end{pmatrix} \tag{2.9.105}
$$

$$
\begin{aligned}
\hat{Y}^z_{-+}=&-\mathrm{i}\begin{pmatrix} \mathrm{i}E & F \\ -D & \mathrm{i}C \end{pmatrix}\begin{pmatrix} 1 & 0 \\ 0 & -1 \end{pmatrix}\begin{pmatrix} \mathrm{i}C^* & F^* \\ -D^* & \mathrm{i}E^* \end{pmatrix} \\
&+\mathrm{i}\begin{pmatrix} G & -\mathrm{i}H \\ \mathrm{i}B & A \end{pmatrix}\begin{pmatrix} 1 & 0 \\ 0 & -1 \end{pmatrix}\begin{pmatrix} A^* & -\mathrm{i}H^* \\ \mathrm{i}B^* & G^* \end{pmatrix} \\
=&-\mathrm{i}\begin{pmatrix} \mathrm{i}E & F \\ -D & \mathrm{i}C \end{pmatrix}\begin{pmatrix} \mathrm{i}C^* & F^* \\ D^* & -\mathrm{i}E^* \end{pmatrix}+\mathrm{i}\begin{pmatrix} G & -\mathrm{i}H \\ \mathrm{i}B & A \end{pmatrix}\begin{pmatrix} A^* & -\mathrm{i}H^* \\ -\mathrm{i}B^* & -G^* \end{pmatrix} \\
=&\begin{pmatrix} \mathrm{i}\,(EC^*-FD^*+GA^*-HB^*) & EF^*-FE^*+GH^*-HG^* \\ -(DC^*-CD^*+BA^*-AB^*) & \mathrm{i}\,(DF^*-CE^*+BH^*-AG^*) \end{pmatrix}
\end{aligned} \tag{2.9.106}
$$

$$
\begin{aligned}
\hat{Y}^z_{--}=&-\mathrm{i}\begin{pmatrix} \mathrm{i}E & F \\ -D & \mathrm{i}C \end{pmatrix}\begin{pmatrix} 1 & 0 \\ 0 & -1 \end{pmatrix}\begin{pmatrix} G^* & -\mathrm{i}B^* \\ \mathrm{i}H^* & A^* \end{pmatrix} \\
&+\mathrm{i}\begin{pmatrix} G & -\mathrm{i}H \\ \mathrm{i}B & A \end{pmatrix}\begin{pmatrix} 1 & 0 \\ 0 & -1 \end{pmatrix}\begin{pmatrix} -\mathrm{i}E^* & -D^* \\ F^* & -\mathrm{i}C^* \end{pmatrix} \\
=&-\mathrm{i}\begin{pmatrix} \mathrm{i}E & F \\ -D & \mathrm{i}C \end{pmatrix}\begin{pmatrix} G^* & -\mathrm{i}B^* \\ -\mathrm{i}H^* & -A^* \end{pmatrix}+\mathrm{i}\begin{pmatrix} G & -\mathrm{i}H \\ \mathrm{i}B & A \end{pmatrix}\begin{pmatrix} -\mathrm{i}E^* & -D^* \\ -F^* & \mathrm{i}C^* \end{pmatrix} \\
=&\begin{pmatrix} EG^*-FH^*+GE^*-HF^* & -\mathrm{i}\,(EB^*-FA^*+GD^*-HC^*) \\ \mathrm{i}\,(DG^*-CH^*+BE^*-AF^*) & DB^*-CA^*+BD^*-AC^* \end{pmatrix}
\end{aligned} \tag{2.9.107}
$$

$$
A^{\mathrm{np}}_{yz}=0 \tag{2.9.108}
$$

参照式 (2.9.53) 可以写出

$$
\begin{aligned}
\hat{F}\hat{\Sigma}^{\mathrm{n}}_z\hat{\Sigma}^{\mathrm{p}}_i\hat{F}^+=&\begin{pmatrix} \hat{t}_{++}\hat{\sigma}^{\mathrm{p}}_i\hat{t}^+_{++}-\hat{t}_{+-}\hat{\sigma}^{\mathrm{p}}_i\hat{t}^+_{+-} & \hat{t}_{++}\hat{\sigma}^{\mathrm{p}}_i\hat{t}^+_{-+}-\hat{t}_{+-}\hat{\sigma}^{\mathrm{p}}_i\hat{t}^+_{--} \\ \hat{t}_{-+}\hat{\sigma}^{\mathrm{p}}_i\hat{t}^+_{++}-\hat{t}_{--}\hat{\sigma}^{\mathrm{p}}_i\hat{t}^+_{+-} & \hat{t}_{-+}\hat{\sigma}^{\mathrm{p}}_i\hat{t}^+_{-+}-\hat{t}_{--}\hat{\sigma}^{\mathrm{p}}_i\hat{t}^+_{--} \end{pmatrix} \\
\equiv&\begin{pmatrix} \hat{Z}^i_{++} & \hat{Z}^i_{+-} \\ \hat{Z}^i_{-+} & \hat{Z}^i_{--} \end{pmatrix},\quad i=x,y,z
\end{aligned} \tag{2.9.109}
$$

$$
\hat{Z}^x_{++}=\begin{pmatrix} A & -\mathrm{i}B \\ \mathrm{i}H & G \end{pmatrix}\begin{pmatrix} 0 & 1 \\ 1 & 0 \end{pmatrix}\begin{pmatrix} A^* & -\mathrm{i}H^* \\ \mathrm{i}B^* & G^* \end{pmatrix}
$$

$$
-\begin{pmatrix} -\mathrm{i}C & -D \\ F & -\mathrm{i}E \end{pmatrix}\begin{pmatrix} 0 & 1 \\ 1 & 0 \end{pmatrix}\begin{pmatrix} \mathrm{i}C^* & F^* \\ -D^* & \mathrm{i}E^* \end{pmatrix}
$$

$$
=\begin{pmatrix} A & -\mathrm{i}B \\ \mathrm{i}H & G \end{pmatrix}\begin{pmatrix} \mathrm{i}B^* & G^* \\ A^* & -\mathrm{i}H^* \end{pmatrix}-\begin{pmatrix} -\mathrm{i}C & -D \\ F & -\mathrm{i}E \end{pmatrix}\begin{pmatrix} -D^* & \mathrm{i}E^* \\ \mathrm{i}C^* & F^* \end{pmatrix}
$$

$$
=\begin{pmatrix} \mathrm{i}\,(AB^*-BA^*-CD^*+DC^*) & AG^*-BH^*-CE^*+DF^* \\ -(HB^*-GA^*-FD^*+EC^*) & \mathrm{i}\,(HG^*-GH^*-FE^*+EF^*) \end{pmatrix} \tag{2.9.110}
$$

$$
\hat{Z}^x_{+-}=\begin{pmatrix} A & -\mathrm{i}B \\ \mathrm{i}H & G \end{pmatrix}\begin{pmatrix} 0 & 1 \\ 1 & 0 \end{pmatrix}\begin{pmatrix} -\mathrm{i}E^* & -D^* \\ F^* & -\mathrm{i}C^* \end{pmatrix}
$$

$$
-\begin{pmatrix} -\mathrm{i}C & -D \\ F & -\mathrm{i}E \end{pmatrix}\begin{pmatrix} 0 & 1 \\ 1 & 0 \end{pmatrix}\begin{pmatrix} G^* & -\mathrm{i}B^* \\ \mathrm{i}H^* & A^* \end{pmatrix}
$$

$$
=\begin{pmatrix} A & -\mathrm{i}B \\ \mathrm{i}H & G \end{pmatrix}\begin{pmatrix} F^* & -\mathrm{i}C^* \\ -\mathrm{i}E^* & -D^* \end{pmatrix}-\begin{pmatrix} -\mathrm{i}C & -D \\ F & -\mathrm{i}E \end{pmatrix}\begin{pmatrix} \mathrm{i}H^* & A^* \\ G^* & -\mathrm{i}B^* \end{pmatrix}
$$

$$
=\begin{pmatrix} AF^*-BE^*-CH^*+DG^* & -\mathrm{i}\,(AC^*-BD^*-CA^*+DB^*) \\ \mathrm{i}\,(HF^*-GE^*-FH^*+EG^*) & HC^*-GD^*-FA^*+EB^* \end{pmatrix} \tag{2.9.111}
$$

$$
\hat{Z}^x_{-+}=\begin{pmatrix} \mathrm{i}E & F \\ -D & \mathrm{i}C \end{pmatrix}\begin{pmatrix} 0 & 1 \\ 1 & 0 \end{pmatrix}\begin{pmatrix} A^* & -\mathrm{i}H^* \\ \mathrm{i}B^* & G^* \end{pmatrix}
$$

$$
-\begin{pmatrix} G & -\mathrm{i}H \\ \mathrm{i}B & A \end{pmatrix}\begin{pmatrix} 0 & 1 \\ 1 & 0 \end{pmatrix}\begin{pmatrix} \mathrm{i}C^* & F^* \\ -D^* & \mathrm{i}E^* \end{pmatrix}
$$

$$
=\begin{pmatrix} \mathrm{i}E & F \\ -D & \mathrm{i}C \end{pmatrix}\begin{pmatrix} \mathrm{i}B^* & G^* \\ A^* & -\mathrm{i}H^* \end{pmatrix}-\begin{pmatrix} G & -\mathrm{i}H \\ \mathrm{i}B & A \end{pmatrix}\begin{pmatrix} -D^* & \mathrm{i}E^* \\ \mathrm{i}C^* & F^* \end{pmatrix}
$$

$$
=\begin{pmatrix} -(EB^*-FA^*-GD^*+HC^*) & \mathrm{i}\,(EG^*-FH^*-GE^*+HF^*) \\ -\mathrm{i}\,(DB^*-CA^*-BD^*+AC^*) & -(DG^*-CH^*-BE^*+AF^*) \end{pmatrix} \tag{2.9.112}
$$

$$
\hat{Z}^x_{--}=\begin{pmatrix} \mathrm{i}E & F \\ -D & \mathrm{i}C \end{pmatrix}\begin{pmatrix} 0 & 1 \\ 1 & 0 \end{pmatrix}\begin{pmatrix} -\mathrm{i}E^* & -D^* \\ F^* & -\mathrm{i}C^* \end{pmatrix}
$$

$$
-\begin{pmatrix} G & -\mathrm{i}H \\ \mathrm{i}B & A \end{pmatrix}\begin{pmatrix} 0 & 1 \\ 1 & 0 \end{pmatrix}\begin{pmatrix} G^* & -\mathrm{i}B^* \\ \mathrm{i}H^* & A^* \end{pmatrix}
$$

$$=\begin{pmatrix} \mathrm{i}E & F \\ -D & \mathrm{i}C \end{pmatrix}\begin{pmatrix} F^* & -\mathrm{i}C^* \\ -\mathrm{i}E^* & -D^* \end{pmatrix}-\begin{pmatrix} G & -\mathrm{i}H \\ \mathrm{i}B & A \end{pmatrix}\begin{pmatrix} \mathrm{i}H^* & A^* \\ G^* & -\mathrm{i}B^* \end{pmatrix}$$

$$=\begin{pmatrix} \mathrm{i}\,(EF^*-FE^*-GH^*+HG^*) & EC^*-FD^*-GA^*+HB^* \\ -\,(DF^*-CE^*-BH^*+AG^*) & \mathrm{i}\,(DC^*-CD^*-BA^*+AB^*) \end{pmatrix} \tag{2.9.113}$$

$$A_{zx}^{\mathrm{np}}=-\frac{1}{I_0}\mathrm{Im}\,(AB^*-CD^*+EF^*-GH^*) \tag{2.9.114}$$

$$\hat{Z}_{++}^{y}=\begin{pmatrix} A & -\mathrm{i}B \\ \mathrm{i}H & G \end{pmatrix}\begin{pmatrix} 0 & -\mathrm{i} \\ \mathrm{i} & 0 \end{pmatrix}\begin{pmatrix} A^* & -\mathrm{i}H^* \\ \mathrm{i}B^* & G^* \end{pmatrix}$$

$$-\begin{pmatrix} -\mathrm{i}C & -D \\ F & -\mathrm{i}E \end{pmatrix}\begin{pmatrix} 0 & -\mathrm{i} \\ \mathrm{i} & 0 \end{pmatrix}\begin{pmatrix} \mathrm{i}C^* & F^* \\ -D^* & \mathrm{i}E^* \end{pmatrix}$$

$$=\begin{pmatrix} A & -\mathrm{i}B \\ \mathrm{i}H & G \end{pmatrix}\begin{pmatrix} B^* & -\mathrm{i}G^* \\ \mathrm{i}A^* & H^* \end{pmatrix}-\begin{pmatrix} -\mathrm{i}C & -D \\ F & -\mathrm{i}E \end{pmatrix}\begin{pmatrix} \mathrm{i}D^* & E^* \\ -C^* & \mathrm{i}F^* \end{pmatrix}$$

$$=\begin{pmatrix} AB^*+BA^*-CD^*-DC^* & -\mathrm{i}\,(AG^*+BH^*-CE^*-DF^*) \\ \mathrm{i}\,(HB^*+GA^*-FD^*-EC^*) & HG^*+GH^*-FE^*-EF^* \end{pmatrix} \tag{2.9.115}$$

$$\hat{Z}_{+-}^{y}=\begin{pmatrix} A & -\mathrm{i}B \\ \mathrm{i}H & G \end{pmatrix}\begin{pmatrix} 0 & -\mathrm{i} \\ \mathrm{i} & 0 \end{pmatrix}\begin{pmatrix} -\mathrm{i}E^* & -D^* \\ F^* & -\mathrm{i}C^* \end{pmatrix}$$

$$-\begin{pmatrix} -\mathrm{i}C & -D \\ F & -\mathrm{i}E \end{pmatrix}\begin{pmatrix} 0 & -\mathrm{i} \\ \mathrm{i} & 0 \end{pmatrix}\begin{pmatrix} G^* & -\mathrm{i}B^* \\ \mathrm{i}H^* & A^* \end{pmatrix}$$

$$=\begin{pmatrix} A & -\mathrm{i}B \\ \mathrm{i}H & G \end{pmatrix}\begin{pmatrix} -\mathrm{i}F^* & -C^* \\ E^* & -\mathrm{i}D^* \end{pmatrix}-\begin{pmatrix} -\mathrm{i}C & -D \\ F & -\mathrm{i}E \end{pmatrix}\begin{pmatrix} H^* & -\mathrm{i}A^* \\ \mathrm{i}G^* & B^* \end{pmatrix}$$

$$=\begin{pmatrix} -\mathrm{i}\,(AF^*+BE^*-CH^*-DG^*) & -\,(AC^*+BD^*-CA^*-DB^*) \\ HF^*+GE^*-FH^*-EG^* & -\mathrm{i}\,(HC^*+GD^*-FA^*-EB^*) \end{pmatrix} \tag{2.9.116}$$

$$\hat{Z}_{-+}^{y}=\begin{pmatrix} \mathrm{i}E & F \\ -D & \mathrm{i}C \end{pmatrix}\begin{pmatrix} 0 & -\mathrm{i} \\ \mathrm{i} & 0 \end{pmatrix}\begin{pmatrix} A^* & -\mathrm{i}H^* \\ \mathrm{i}B^* & G^* \end{pmatrix}$$

$$-\begin{pmatrix} G & -\mathrm{i}H \\ \mathrm{i}B & A \end{pmatrix}\begin{pmatrix} 0 & -\mathrm{i} \\ \mathrm{i} & 0 \end{pmatrix}\begin{pmatrix} \mathrm{i}C^* & F^* \\ -D^* & \mathrm{i}E^* \end{pmatrix}$$

$$
=\begin{pmatrix} \mathrm{i}E & F \\ -D & \mathrm{i}C \end{pmatrix}\begin{pmatrix} B^* & -\mathrm{i}G^* \\ \mathrm{i}A^* & H^* \end{pmatrix}-\begin{pmatrix} G & -\mathrm{i}H \\ \mathrm{i}B & A \end{pmatrix}\begin{pmatrix} \mathrm{i}D^* & E^* \\ -C^* & \mathrm{i}F^* \end{pmatrix}
$$

$$
=\begin{pmatrix} \mathrm{i}\left(EB^*+FA^*-GD^*-HC^*\right) & EG^*+FH^*-GE^*-HF^* \\ -\left(DB^*+CA^*-BD^*-AC^*\right) & \mathrm{i}\left(DG^*+CH^*-BE^*-AF^*\right) \end{pmatrix} \tag{2.9.117}
$$

$$
\hat{Z}^y_{--}=\begin{pmatrix} \mathrm{i}E & F \\ -D & \mathrm{i}C \end{pmatrix}\begin{pmatrix} 0 & -\mathrm{i} \\ \mathrm{i} & 0 \end{pmatrix}\begin{pmatrix} -\mathrm{i}E^* & -D^* \\ F^* & -\mathrm{i}C^* \end{pmatrix}
$$

$$
-\begin{pmatrix} G & -\mathrm{i}H \\ \mathrm{i}B & A \end{pmatrix}\begin{pmatrix} 0 & -\mathrm{i} \\ \mathrm{i} & 0 \end{pmatrix}\begin{pmatrix} G^* & -\mathrm{i}B^* \\ \mathrm{i}H^* & A^* \end{pmatrix}
$$

$$
=\begin{pmatrix} \mathrm{i}E & F \\ -D & \mathrm{i}C \end{pmatrix}\begin{pmatrix} -\mathrm{i}F^* & -C^* \\ E^* & -\mathrm{i}D^* \end{pmatrix}-\begin{pmatrix} G & -\mathrm{i}H \\ \mathrm{i}B & A \end{pmatrix}\begin{pmatrix} H^* & -\mathrm{i}A^* \\ \mathrm{i}G^* & B^* \end{pmatrix}
$$

$$
=\begin{pmatrix} EF^*+FE^*-GH^*-HG^* & -\mathrm{i}\left(EC^*+FD^*-GA^*-HB^*\right) \\ \mathrm{i}\left(DF^*+CE^*-BH^*-AG^*\right) & DC^*+CD^*-BA^*-AB^* \end{pmatrix} \tag{2.9.118}
$$

$$
A^{\mathrm{np}}_{zy}=0 \tag{2.9.119}
$$

$$
\hat{Z}^z_{++}=\begin{pmatrix} A & -\mathrm{i}B \\ \mathrm{i}H & G \end{pmatrix}\begin{pmatrix} 1 & 0 \\ 0 & -1 \end{pmatrix}\begin{pmatrix} A^* & -\mathrm{i}H^* \\ \mathrm{i}B^* & G^* \end{pmatrix}
$$

$$
-\begin{pmatrix} -\mathrm{i}C & -D \\ F & -\mathrm{i}E \end{pmatrix}\begin{pmatrix} 1 & 0 \\ 0 & -1 \end{pmatrix}\begin{pmatrix} \mathrm{i}C^* & F^* \\ -D^* & \mathrm{i}E^* \end{pmatrix}
$$

$$
=\begin{pmatrix} A & -\mathrm{i}B \\ \mathrm{i}H & G \end{pmatrix}\begin{pmatrix} A^* & -\mathrm{i}H^* \\ -\mathrm{i}B^* & -G^* \end{pmatrix}-\begin{pmatrix} -\mathrm{i}C & -D \\ F & -\mathrm{i}E \end{pmatrix}\begin{pmatrix} \mathrm{i}C^* & F^* \\ D^* & -\mathrm{i}E^* \end{pmatrix}
$$

$$
=\begin{pmatrix} |A|^2-|B|^2-|C|^2+|D|^2 & -\mathrm{i}\left(AH^*-BG^*-CF^*+DE^*\right) \\ \mathrm{i}\left(HA^*-GB^*-FC^*+ED^*\right) & |H|^2-|G|^2-|F|^2+|E|^2 \end{pmatrix} \tag{2.9.120}
$$

$$
\hat{Z}^z_{+-}=\begin{pmatrix} A & -\mathrm{i}B \\ \mathrm{i}H & G \end{pmatrix}\begin{pmatrix} 1 & 0 \\ 0 & -1 \end{pmatrix}\begin{pmatrix} -\mathrm{i}E^* & -D^* \\ F^* & -\mathrm{i}C^* \end{pmatrix}
$$

$$
-\begin{pmatrix} -\mathrm{i}C & -D \\ F & -\mathrm{i}E \end{pmatrix}\begin{pmatrix} 1 & 0 \\ 0 & -1 \end{pmatrix}\begin{pmatrix} G^* & -\mathrm{i}B^* \\ \mathrm{i}H^* & A^* \end{pmatrix}
$$

$$
=\begin{pmatrix} A & -\mathrm{i}B \\ \mathrm{i}H & G \end{pmatrix}\begin{pmatrix} -\mathrm{i}E^* & -D^* \\ -F^* & \mathrm{i}C^* \end{pmatrix}-\begin{pmatrix} -\mathrm{i}C & -D \\ F & -\mathrm{i}E \end{pmatrix}\begin{pmatrix} G^* & -\mathrm{i}B^* \\ -\mathrm{i}H^* & -A^* \end{pmatrix}
$$

$$=\begin{pmatrix} -\mathrm{i}\left(AE^*-BF^*-CG^*+DH^*\right) & -\left(AD^*-BC^*-CB^*+DA^*\right) \\ HE^*-GF^*-FG^*+EH^* & -\mathrm{i}\left(HD^*-GC^*-FB^*+EA^*\right) \end{pmatrix} \tag{2.9.121}$$

$$\begin{aligned}\hat{Z}^z_{-+}=&\begin{pmatrix} \mathrm{i}E & F \\ -D & \mathrm{i}C \end{pmatrix}\begin{pmatrix} 1 & 0 \\ 0 & -1 \end{pmatrix}\begin{pmatrix} A^* & -\mathrm{i}H^* \\ \mathrm{i}B^* & G^* \end{pmatrix}\\ &-\begin{pmatrix} G & -\mathrm{i}H \\ \mathrm{i}B & A \end{pmatrix}\begin{pmatrix} 1 & 0 \\ 0 & -1 \end{pmatrix}\begin{pmatrix} \mathrm{i}C^* & F^* \\ -D^* & \mathrm{i}E^* \end{pmatrix}\\ =&\begin{pmatrix} \mathrm{i}E & F \\ -D & \mathrm{i}C \end{pmatrix}\begin{pmatrix} A^* & -\mathrm{i}H^* \\ -\mathrm{i}B^* & -G^* \end{pmatrix}-\begin{pmatrix} G & -\mathrm{i}H \\ \mathrm{i}B & A \end{pmatrix}\begin{pmatrix} \mathrm{i}C^* & F^* \\ D^* & -\mathrm{i}E^* \end{pmatrix}\\ =&\begin{pmatrix} \mathrm{i}\left(EA^*-FB^*-GC^*+HD^*\right) & EH^*-FG^*-GF^*+HE^* \\ -\left(DA^*-CB^*-BC^*+AD^*\right) & \mathrm{i}\left(DH^*-CG^*-BF^*+AE^*\right) \end{pmatrix}\end{aligned} \tag{2.9.122}$$

$$\begin{aligned}\hat{Z}^z_{--}=&\begin{pmatrix} \mathrm{i}E & F \\ -D & \mathrm{i}C \end{pmatrix}\begin{pmatrix} 1 & 0 \\ 0 & -1 \end{pmatrix}\begin{pmatrix} -\mathrm{i}E^* & -D^* \\ F^* & -\mathrm{i}C^* \end{pmatrix}\\ &-\begin{pmatrix} G & -\mathrm{i}H \\ \mathrm{i}B & A \end{pmatrix}\begin{pmatrix} 1 & 0 \\ 0 & -1 \end{pmatrix}\begin{pmatrix} G^* & -\mathrm{i}B^* \\ \mathrm{i}H^* & A^* \end{pmatrix}\\ =&\begin{pmatrix} \mathrm{i}E & F \\ -D & \mathrm{i}C \end{pmatrix}\begin{pmatrix} -\mathrm{i}E^* & -D^* \\ -F^* & \mathrm{i}C^* \end{pmatrix}-\begin{pmatrix} G & -\mathrm{i}H \\ \mathrm{i}B & A \end{pmatrix}\begin{pmatrix} G^* & -\mathrm{i}B^* \\ -\mathrm{i}H^* & -A^* \end{pmatrix}\\ =&\begin{pmatrix} |E|^2-|F|^2-|G|^2+|H|^2 & -\mathrm{i}\left(ED^*-FC^*-GB^*+HA^*\right) \\ \mathrm{i}\left(DE^*-CF^*-BG^*+AH^*\right) & |D|^2-|C|^2-|B|^2+|A|^2 \end{pmatrix}\end{aligned} \tag{2.9.123}$$

$$A^{\mathrm{np}}_{zz}=\frac{1}{2I_0}\left(|A|^2-|B|^2-|C|^2+|D|^2+|E|^2-|F|^2-|G|^2+|H|^2\right) \tag{2.9.124}$$

根据前面所得到的非零的分析本领，在极化入射道情况下利用式 (2.9.17) 可以得到出射粒子的微分截面为

$$I\equiv\frac{\mathrm{d}\sigma}{\mathrm{d}\Omega}=\mathrm{tr}\left\{\hat{F}\hat{\rho}_{\mathrm{in}}\hat{F}^+\right\}=I_0\left(1+\sum_{k=\mathrm{n,p}}p_{ky}A^k_y+p_{\mathrm{n}y}p_{\mathrm{p}y}A^{\mathrm{np}}_{yy}+\sum_{i,j=x,z}p_{\mathrm{n}i}p_{\mathrm{p}j}A^{\mathrm{np}}_{ij}\right) \tag{2.9.125}$$

其中，A^{np}_{yy} 和 $A^{\mathrm{np}}_{ij}(i,j=x,z)$ 是关联分析本领 [10]。

定义以下极化转移系数

$$K^{ki'}_{mi}\equiv\frac{\mathrm{tr}\left\{\hat{\Sigma}^k_{i'}\hat{F}\hat{\Sigma}^m_i\hat{F}^+\right\}}{\mathrm{tr}\left\{\hat{F}\hat{F}^+\right\}},\quad k,m=\mathrm{n,p};\quad i=x,y,z;\quad i'=x',y',z' \tag{2.9.126}$$

$$K_{\mathrm{nip}j}^{ki'} \equiv \frac{\mathrm{tr}\left\{\hat{\Sigma}_{i'}^{k}\hat{F}\hat{\Sigma}_{i}^{\mathrm{n}}\hat{\Sigma}_{j}^{\mathrm{p}}\hat{F}^{+}\right\}}{\mathrm{tr}\left\{\hat{F}\hat{F}^{+}\right\}}, \quad k=\mathrm{n,p}; \quad i,j=x,y,z; \quad i'=x',y',z' \tag{2.9.127}$$

也可以称 $K_{\mathrm{nip}j}^{ki'}$ 为入射粒子的关联极化转移系数，对于出射粒子可以不考虑关联问题。利用前面所得到的 $\hat{F}\hat{\Sigma}_{i}^{m}\hat{F}^{+}\,(m=\mathrm{n,p},i=x,y,z)$ 和 $\hat{F}\hat{\Sigma}_{i}^{\mathrm{n}}\hat{\Sigma}_{j}^{\mathrm{p}}\hat{F}^{+}\,(i,j=x,y,z)$ 的矩阵表达式，可以求得以下极化转移系数:

$$I_0K_{\mathrm{n}x}^{\mathrm{n}x'} = \mathrm{Re}\,(AG^*+BH^*-CE^*-DF^*)$$

$$I_0K_{\mathrm{n}x}^{\mathrm{n}z'} = -\mathrm{Im}\,(AC^*+BD^*-EG^*-FH^*)$$

$$I_0K_{\mathrm{n}x}^{\mathrm{p}x'} = \mathrm{Re}\,(AF^*+BE^*-CH^*-DG^*)$$

$$I_0K_{\mathrm{n}x}^{\mathrm{p}z'} = -\mathrm{Im}\,(AC^*+BD^*+EG^*+FH^*)$$

$$I_0K_{\mathrm{n}y}^{\mathrm{n}y'} = \mathrm{Re}\,(AG^*+BH^*+CE^*+DF^*)$$

$$I_0K_{\mathrm{n}y}^{\mathrm{p}y'} = \mathrm{Re}\,(AF^*+BE^*+CH^*+DG^*)$$

$$I_0K_{\mathrm{n}z}^{\mathrm{n}x'} = \mathrm{Im}\,(AE^*+BF^*-CG^*-DH^*)$$

$$I_0K_{\mathrm{n}z}^{\mathrm{n}z'} = \frac{1}{2}\left(|A|^2+|B|^2-|C|^2-|D|^2-|E|^2-|F|^2+|G|^2+|H|^2\right)$$

$$I_0K_{\mathrm{n}z}^{\mathrm{p}x'} = \mathrm{Im}\,(AH^*+BG^*-CF^*-DE^*)$$

$$I_0K_{\mathrm{n}z}^{\mathrm{p}z'} = \frac{1}{2}\left(|A|^2+|B|^2-|C|^2-|D|^2+|E|^2+|F|^2-|G|^2-|H|^2\right)$$

$$I_0K_{\mathrm{p}x}^{\mathrm{n}x'} = \mathrm{Re}\,(AF^*-BE^*+CH^*-DG^*)$$

$$I_0K_{\mathrm{p}x}^{\mathrm{n}z'} = -\mathrm{Im}\,(AB^*+CD^*-EF^*-GH^*)$$

$$I_0K_{\mathrm{p}x}^{\mathrm{p}x'} = \mathrm{Re}\,(AG^*-BH^*+CE^*-DF^*)$$

$$I_0K_{\mathrm{p}x}^{\mathrm{p}z'} = -\mathrm{Im}\,(AB^*+CD^*+EF^*+GH^*)$$

$$I_0K_{\mathrm{p}y}^{\mathrm{n}y'} = \mathrm{Re}\,(AF^*+BE^*+CH^*+DG^*)$$

$$I_0K_{\mathrm{p}y}^{\mathrm{p}y'} = \mathrm{Re}\,(AG^*+BH^*+CE^*+DF^*)$$

$$I_0K_{\mathrm{p}z}^{\mathrm{n}x'} = \mathrm{Im}\,(AE^*-BF^*+CG^*-DH^*)$$

$$I_0K_{\mathrm{p}z}^{\mathrm{n}z'} = \frac{1}{2}\left(|A|^2-|B|^2+|C|^2-|D|^2-|E|^2+|F|^2-|G|^2+|H|^2\right)$$

$$I_0K_{\mathrm{p}z}^{\mathrm{p}x'} = \mathrm{Im}\,(AH^*-BG^*+CF^*-DE^*)$$

$$I_0K_{\mathrm{p}z}^{\mathrm{p}z'} = \frac{1}{2}\left(|A|^2-|B|^2+|C|^2-|D|^2+|E|^2-|F|^2+|G|^2-|H|^2\right)$$

$$I_0K_{\mathrm{n}x\mathrm{p}x}^{\mathrm{n}y'} = -\mathrm{Re}\,(AH^*-BG^*-CF^*+DE^*)$$

$$I_0K_{\mathrm{n}x\mathrm{p}x}^{\mathrm{p}y'} = -\mathrm{Re}\,(AE^*-BF^*-CG^*+DH^*)$$

$$
\begin{aligned}
I_0K_{\mathrm{n}x\mathrm{p}y}^{\mathrm{n}x'} &= \mathrm{Re}\,(AH^*+BG^*-CF^*-DE^*)\\
I_0K_{\mathrm{n}x\mathrm{p}y}^{\mathrm{n}z'} &= -\mathrm{Im}\,(AD^*+BC^*-EH^*-FG^*)\\
I_0K_{\mathrm{n}x\mathrm{p}y}^{\mathrm{p}x'} &= \mathrm{Re}\,(AE^*+BF^*-CG^*-DH^*)\\
I_0K_{\mathrm{n}x\mathrm{p}y}^{\mathrm{p}z'} &= -\mathrm{Im}\,(AD^*+BC^*+EH^*+FG^*)\\
I_0K_{\mathrm{n}x\mathrm{p}z}^{\mathrm{n}y'} &= -\mathrm{Im}\,(AG^*-BH^*-CE^*+DF^*)\\
I_0K_{\mathrm{n}x\mathrm{p}z}^{\mathrm{p}y'} &= -\mathrm{Im}\,(AF^*-BE^*-CH^*+DG^*)\\
I_0K_{\mathrm{n}y\mathrm{p}x}^{\mathrm{n}x'} &= \mathrm{Re}\,(AH^*-BG^*+CF^*-DE^*)\\
I_0K_{\mathrm{n}y\mathrm{p}x}^{\mathrm{n}z'} &= -\mathrm{Im}\,(AD^*-BC^*-EH^*+FG^*)\\
I_0K_{\mathrm{n}y\mathrm{p}x}^{\mathrm{p}x'} &= \mathrm{Re}\,(AE^*-BF^*+CG^*-DH^*)\\
I_0K_{\mathrm{n}y\mathrm{p}x}^{\mathrm{p}z'} &= -\mathrm{Im}\,(AD^*-BC^*+EH^*-FG^*)\\
I_0K_{\mathrm{n}y\mathrm{p}y}^{\mathrm{n}y'} &= \mathrm{Re}\,(AH^*+BG^*+CF^*+DE^*)\\
I_0K_{\mathrm{n}y\mathrm{p}y}^{\mathrm{p}y'} &= \mathrm{Re}\,(AE^*+BF^*+CG^*+DH^*)\\
I_0K_{\mathrm{n}y\mathrm{p}z}^{\mathrm{n}x'} &= \mathrm{Im}\,(AG^*-BH^*+CE^*-DF^*)\\
I_0K_{\mathrm{n}y\mathrm{p}z}^{\mathrm{n}z'} &= \mathrm{Re}\,(AC^*-BD^*-EG^*+FH^*)\\
I_0K_{\mathrm{n}y\mathrm{p}z}^{\mathrm{p}x'} &= \mathrm{Im}\,(AF^*-BE^*+CH^*-DG^*)\\
I_0K_{\mathrm{n}y\mathrm{p}z}^{\mathrm{p}z'} &= \mathrm{Re}\,(AC^*-BD^*+EG^*-FH^*)\\
I_0K_{\mathrm{n}z\mathrm{p}x}^{\mathrm{n}y'} &= -\mathrm{Im}\,(AF^*-BE^*-CH^*+DG^*)\\
I_0K_{\mathrm{n}z\mathrm{p}x}^{\mathrm{p}y'} &= -\mathrm{Im}\,(AG^*-BH^*-CE^*+DF^*)\\
I_0K_{\mathrm{n}z\mathrm{p}y}^{\mathrm{n}x'} &= \mathrm{Im}\,(AF^*+BE^*-CH^*-DG^*)\\
I_0K_{\mathrm{n}z\mathrm{p}y}^{\mathrm{n}z'} &= \mathrm{Re}\,(AB^*-CD^*-EF^*+GH^*)\\
I_0K_{\mathrm{n}z\mathrm{p}y}^{\mathrm{p}x'} &= \mathrm{Re}\,(AG^*+BH^*-CE^*-DF^*)\\
I_0K_{\mathrm{n}z\mathrm{p}y}^{\mathrm{p}z'} &= \mathrm{Re}\,(AB^*-CD^*+EF^*-GH^*)\\
I_0K_{\mathrm{n}z\mathrm{p}z}^{\mathrm{n}y'} &= \mathrm{Re}\,(AE^*-BF^*-CG^*+DH^*)\\
I_0K_{\mathrm{n}z\mathrm{p}z}^{\mathrm{p}y'} &= \mathrm{Re}\,(AH^*-BG^*-CF^*+DE^*)
\end{aligned}
\tag{2.9.128}
$$

前面没给出的其他极化转移系数分量均为 0。

根据前面所得到的非零的极化转移系数，在极化入射道情况下利用式 (2.9.17) 可以得到出射粒子的极化矢量的分量分别为

$$
P^{ky'}=\frac{I_0}{I}\left(P_0^{ky'}+\sum_{m=\mathrm{n,p}}p_{my}K_{my}^{ky'}+p_{\mathrm{ny}}p_{\mathrm{py}}K_{\mathrm{nypy}}^{ky'}+\sum_{i,j=x,z}p_{\mathrm{n}i}p_{\mathrm{p}j}K_{\mathrm{n}i\mathrm{p}j}^{ky'}\right),\quad k=\mathrm{n,p}
\tag{2.9.129}
$$

$$
P^{ki'}=\frac{I_0}{I}\left(\sum_{\substack{m=\mathrm{n,p}\\ i=x,z}}p_{mi}K_{mi}^{ki'}+p_{\mathrm{ny}}\sum_{i=x,z}p_{\mathrm{p}i}K_{\mathrm{nyp}i}^{ki'}+p_{\mathrm{py}}\sum_{i=x,z}p_{\mathrm{n}i}K_{\mathrm{n}i\mathrm{py}}^{ki'}\right)
$$

$$
k=\mathrm{n,p};\quad i'=x',z'
\tag{2.9.130}
$$

如果不把 y 轴选在垂直于反应平面的 $\vec{n}$ 方向，利用含方位角 φ 的式 (2.9.4) 进行上述推导，便可得到同时包含 θ 和 φ 的各种极化物理量的计算公式。

参 考 文 献

[1] Varshalovich D A, Moskalev A N, Khersonskii V K. Quantum Theory of Angular Momentum. Singapore: World Scientific, 1988

[2] 申庆彪. 低能和中能核反应理论 (上册). 北京：科学出版社，2005: 128, 295, 146, 196

[3] Kocher D C, Bertrand F E, Gross E E, et al. ^{58}Ni($\vec{\mathrm{p}}$, p') reaction at 60MeV: Study of the analyzing power for inelastic excitation of the giant resonance of the nuclear continuum and of low-lying bound states. Phys. Rev., 1976, C14: 1392

[4] Wolfenstein L. Possible triple-scattering experimrnts. Phys. Rev., 1954, 96: 1654

[5] Wolfenstein L. Polarization of fast nucleons. Ann. Rev. Nucl. Sci., 1956, 6: 43

[6] Robson B A. The Theory of Polarization Phenomena. Oxford: Clarendon Press, 1974

[7] Tamura T. Analyses of the scattering of nuclear particles by collective nuclei in terms of the coupled-channel calculation. Rev. Mod. Phys., 1965, 37: 679

[8] Joachain C J. Quantum Collision Theory. Amsterdam: North-Holland Publishing Company, 1975: 488

[9] 申庆彪. 低能和中能核反应理论 (中册). 北京：科学出版社，2012: 114, 117, 138, 152

[10] Ohlsen G G. Polarization transfer and spin correlation experiments in nuclear physics. Rep. Prog. Phys., 1972, 35: 717

第3章　自旋 1 粒子的核反应极化理论

3.1　自旋 1 粒子的自旋算符和极化算符

3.1.1　$S=1$ 自旋算符和极化算符的一般表达式 [1-3]

$S=1$ 自旋基矢函数 $\chi_m\,(m=\pm1,\ 0)$ 是自旋算符 $\hat{S}^2$ 和 $\hat{S}_z$ 的共同本征函数

$$\hat{S}^2\chi_m = S(S+1)\chi_m = 2\chi_m, \quad \hat{S}_z\chi_m = m\chi_m \tag{3.1.1}$$

可见，在 $S=1$ 的情况下有

$$\hat{S}^2 = 2\hat{I} \tag{3.1.2}$$

其中

$$\hat{I} = \begin{pmatrix} 1 & 0 & 0 \\ 0 & 1 & 0 \\ 0 & 0 & 1 \end{pmatrix} \tag{3.1.3}$$

球基坐标中的自旋基矢函数 $\chi_m\,(m=\pm1,\ 0)$ 和直角坐标中的自旋基矢函数 $\chi_i\,(i=x,y,z)$ 之间的变换关系为

$$\chi_x = \frac{1}{\sqrt{2}}(\chi_{-1}-\chi_1), \quad \chi_y = \frac{\mathrm{i}}{\sqrt{2}}(\chi_{-1}+\chi_1), \quad \chi_z = \chi_0 \tag{3.1.4}$$

$$\chi_1 = -\frac{1}{\sqrt{2}}(\chi_x+\mathrm{i}\chi_y), \quad \chi_0 = \chi_z, \quad \chi_{-1} = \frac{1}{\sqrt{2}}(\chi_x-\mathrm{i}\chi_y) \tag{3.1.5}$$

正交归一化条件为

$$\chi_{m'}^+\chi_m = \delta_{m'm}, \quad \chi_i^+\chi_k = \delta_{ik} \tag{3.1.6}$$

完备性条件为

$$\sum_{m=\pm1,0}\chi_m\chi_m^+ = \hat{I}, \quad \sum_{i=x,y,z}\chi_i\chi_i^+ = \hat{I} \tag{3.1.7}$$

当粒子自旋 $S=1$ 时，自旋算符 $\hat{S}$ 和极化算符 $\hat{T}_{LM}(L=0,1,2;-L\leqslant M\leqslant L)$ 均为 3×3 的方矩阵。这时由式 (1.4.7) 可得

$$\hat{T}_{00} = \hat{I} \tag{3.1.8}$$

由式 (1.4.8) 可得

$$\hat{T}_{1M} = \sqrt{\frac{3}{2}}\hat{S}_M, \quad M = \pm 1, 0 \tag{3.1.9}$$

再由式 (3.1.9) 和式 (1.2.23) 可得

$$\hat{T}_{1\,\pm 1} = \mp\frac{\sqrt{3}}{2}(\hat{S}_x \pm \mathrm{i}\hat{S}_y), \quad \hat{T}_{10} = \sqrt{\frac{3}{2}}\hat{S}_z \tag{3.1.10}$$

由式 (1.4.4) 又可以得到

$$\hat{T}_{2M} = \sqrt{5}\sum_{mm'} C_{1m\ 2M}^{1m'}\chi_{m'}\chi_m^+ \tag{3.1.11}$$

由式 (1.2.20) 还可以得到

$$\hat{S}_\mu = \sqrt{2}\sum_{mm'} C_{1m\ 1\mu}^{1m'}\chi_{m'}\chi_m^+ \tag{3.1.12}$$

再令

$$\hat{X} = \sqrt{3}\sum_{\mu\nu} C_{1\mu\ 1\nu}^{2M}\hat{S}_\mu\hat{S}_\nu \tag{3.1.13}$$

把式 (3.1.12) 代入式 (3.1.13)，利用式 (1.2.18) 和 $W(1111;12) = \dfrac{1}{6}$，再利用关系式

$$\sum_{\beta\delta\varepsilon} C_{a\alpha\ b\beta}^{e\varepsilon} C_{e\varepsilon\ d\delta}^{c\gamma} C_{b\beta\ d\delta}^{f\phi} = \hat{e}\hat{f} C_{a\alpha\ f\phi}^{c\gamma} W(abcd;ef) \tag{3.1.14}$$

通过与式 (3.1.11) 对比可得 $\hat{X} = \hat{T}_{2M}$，即

$$\hat{T}_{2M} = \sqrt{3}\sum_{\mu\nu} C_{1\mu\ 1\nu}^{2M}\hat{S}_\mu\hat{S}_\nu, \quad M = \pm 2, \pm 1, 0 \tag{3.1.15}$$

上式给出的是 $\hat{T}_{2M}$ 在球基坐标中的表达式，它共有 5 个线性独立分量，每个分量都是 3×3 方矩阵。

由表 2.1 可以得到具有确定 m 值的 C-G 系数 $C_{l\ m-\mu\ 1\mu}^{jm}$ 的表达式，并列在表 3.1 中。

表 3.1 C-G 系数 $C^{jm}_{l\ m-\mu\ 1\mu}$ 的表示式

j	$m-\mu$	$\mu=1$	$\mu=0$	$\mu=-1$
$l+1$	0	$\sqrt{\frac{l+2}{2(2l+1)}}$	$\sqrt{\frac{l+1}{2l+1}}$	$\sqrt{\frac{l+2}{2(2l+1)}}$
l	0	$-\frac{1}{\sqrt{2}}$	0	$\frac{1}{\sqrt{2}}$
$l-1$	0	$\sqrt{\frac{l-1}{2(2l+1)}}$	$-\sqrt{\frac{l}{2l+1}}$	$\sqrt{\frac{l-1}{2(2l+1)}}$
$l+1$	1	$\sqrt{\frac{(l+2)(l+3)}{2(l+1)(2l+1)}}$	$\sqrt{\frac{l(l+2)}{(l+1)(2l+1)}}$	$\sqrt{\frac{l}{2(2l+1)}}$
l	1	$-\sqrt{\frac{(l-1)(l+2)}{2l(l+1)}}$	$\frac{1}{\sqrt{l(l+1)}}$	$\frac{1}{\sqrt{2}}$
$l-1$	1	$\sqrt{\frac{(l-2)(l-1)}{2l(2l+1)}}$	$-\sqrt{\frac{(l-1)(l+1)}{l(2l+1)}}$	$\sqrt{\frac{l+1}{2(2l+1)}}$
$l+1$	-1	$\sqrt{\frac{l}{2(2l+1)}}$	$\sqrt{\frac{l(l+2)}{(l+1)(2l+1)}}$	$\sqrt{\frac{(l+2)(l+3)}{2(l+1)(2l+1)}}$
l	-1	$-\frac{1}{\sqrt{2}}$	$-\frac{1}{\sqrt{l(l+1)}}$	$\sqrt{\frac{(l+2)(l-1)}{2l(l+1)}}$
$l-1$	-1	$\sqrt{\frac{l+1}{2(2l+1)}}$	$-\sqrt{\frac{(l-1)(l+1)}{l(2l+1)}}$	$\sqrt{\frac{(l-2)(l-1)}{2l(2l+1)}}$
$l+1$	2	$\sqrt{\frac{(l+3)(l+4)}{2(l+1)(2l+1)}}$	$\sqrt{\frac{(l-1)(l+3)}{(l+1)(2l+1)}}$	$\sqrt{\frac{(l-1)l}{2(l+1)(2l+1)}}$
l	2	$-\sqrt{\frac{(l-2)(l+3)}{2l(l+1)}}$	$\frac{2}{\sqrt{l(l+1)}}$	$\sqrt{\frac{(l-1)(l+2)}{2l(l+1)}}$
$l-1$	2	$\sqrt{\frac{(l-3)(l-2)}{2l(2l+1)}}$	$-\sqrt{\frac{(l-2)(l+2)}{l(2l+1)}}$	$\sqrt{\frac{(l+1)(l+2)}{2(2l+1)}}$
$l+1$	-2	$\sqrt{\frac{(l-1)l}{2(l+1)(2l+1)}}$	$\sqrt{\frac{(l-1)(l+3)}{(l+1)(2l+1)}}$	$\sqrt{\frac{(l+3)(l+4)}{2(l+1)(2l+1)}}$
l	-2	$-\sqrt{\frac{(l-1)(l+2)}{2l(l+1)}}$	$-\frac{2}{\sqrt{l(l+1)}}$	$\sqrt{\frac{(l-2)(l+3)}{2l(l+1)}}$
$l-1$	-2	$\sqrt{\frac{(l+1)(l+2)}{2l(2l+1)}}$	$-\sqrt{\frac{(l-2)(l+2)}{l(2l+1)}}$	$\sqrt{\frac{(l-3)(l-2)}{2l(2l+1)}}$

由表 3.1 又可以提取出 C-G 系数 $C^{1m}_{1\ m-\mu\ 1\mu}$ 的具体结果，并列在表 3.2 中。

表 3.2 C-G 系数 $C_{1\ m-\mu\ 1\mu}^{1m}$

μ	m		
	1	0	−1
1	$-\dfrac{1}{\sqrt{2}}$	$-\dfrac{1}{\sqrt{2}}$	0
0	$\dfrac{1}{\sqrt{2}}$	0	$-\dfrac{1}{\sqrt{2}}$
−1	0	$\dfrac{1}{\sqrt{2}}$	$\dfrac{1}{\sqrt{2}}$

由表 3.1 还可以提取出 C-G 系数 $C_{1\mu\ 1\nu}^{2\ \mu+\nu}$ 的具体结果，并列在表 3.3 中。

表 3.3 C-G 系数 $C_{1\mu\ 1\nu}^{2\ \mu+\nu}$

μ	ν		
	1	0	−1
1	1	$\dfrac{1}{\sqrt{2}}$	$\dfrac{1}{\sqrt{6}}$
0	$\dfrac{1}{\sqrt{2}}$	$\dfrac{2}{\sqrt{6}}$	$\dfrac{1}{\sqrt{2}}$
−1	$\dfrac{1}{\sqrt{6}}$	$\dfrac{1}{\sqrt{2}}$	1

利用式 (3.1.15)、式 (1.2.23)、式 (3.1.2) 和表 3.3 可以求得

$$\begin{aligned}\hat{T}_{20} &= \sqrt{2}\hat{S}_z^2 - \frac{1}{2\sqrt{2}}[(\hat{S}_x + \mathrm{i}\hat{S}_y)(\hat{S}_x - \mathrm{i}\hat{S}_y) + (\hat{S}_x - \mathrm{i}\hat{S}_y)(\hat{S}_x + \mathrm{i}\hat{S}_y)] \\ &= \sqrt{2}\hat{S}_z^2 - \frac{1}{2\sqrt{2}}(2\hat{S}_x^2 + 2\hat{S}_y^2) = \frac{1}{\sqrt{2}}[3\hat{S}_z^2 - (\hat{S}_x^2 + \hat{S}_y^2 + \hat{S}_z^2)] \\ &= \frac{1}{\sqrt{2}}(3\hat{S}_z^2 - 2)\end{aligned} \tag{3.1.16}$$

$$\hat{T}_{2\ \pm1} = \mp\frac{\sqrt{3}}{2}\left[\left(\hat{S}_x \pm \mathrm{i}\hat{S}_y\right)\hat{S}_z + \hat{S}_z\left(\hat{S}_x \pm \mathrm{i}\hat{S}_y\right)\right] \tag{3.1.17}$$

$$\hat{T}_{2\ \pm2} = \frac{\sqrt{3}}{2}\left(\hat{S}_x \pm \mathrm{i}\hat{S}_y\right)^2 \tag{3.1.18}$$

式 (3.1.10) 和式 (3.1.16) ~ 式 (3.1.18) 在参考文献 [4], [5] 中已给出，可见我们由式 (1.4.4) 确定的 T_{LM} 在核反应极化理论中是通用形式。

在直角坐标系中可用 9 个 3×3 方矩阵 $\hat{Q}_{ik}\ (i,k = x,y,z)$ 与 $\hat{T}_{2M}(M = \pm2, \pm1, 0)$ 等价，但是我们要求 $\hat{Q}_{ik}$ 满足条件

$$\sum_{i=x,y,z} \hat{Q}_{ii} = 0 \tag{3.1.19}$$

$$\hat{Q}_{ik} = \hat{Q}_{ki}, \quad i \neq k; \quad i,k = x,y,z \tag{3.1.20}$$

式 (3.1.19) 和式 (3.1.20) 分别要求 $\hat{Q}$ 是无迹张量和对称张量，此二式分别对其张量元给出 1 个和 3 个约束条件，因而 $\hat{Q}_{ik}$ 也只有 5 个是线性独立的。如果我们按照参考文献 [2] 给出的以下关系式选取 $\hat{Q}_{ik}$：

$$\begin{aligned}
&\hat{Q}_{xx} = \frac{\sqrt{3}}{2}\left(\hat{T}_{22} + \hat{T}_{2\ -2}\right) - \frac{1}{\sqrt{2}}\hat{T}_{20}, \quad \hat{Q}_{xy} = \hat{Q}_{yx} = \frac{\mathrm{i}\sqrt{3}}{2}\left(\hat{T}_{2\ -2} - \hat{T}_{22}\right)\\
&\hat{Q}_{yy} = -\frac{\sqrt{3}}{2}\left(\hat{T}_{22} + \hat{T}_{2\ -2}\right) - \frac{1}{\sqrt{2}}\hat{T}_{20}, \quad \hat{Q}_{xz} = \hat{Q}_{zx} = \frac{\sqrt{3}}{2}\left(\hat{T}_{2\ -1} - \hat{T}_{21}\right)\\
&\hat{Q}_{zz} = \sqrt{2}\hat{T}_{20}, \quad \hat{Q}_{yz} = \hat{Q}_{zy} = \frac{\mathrm{i}\sqrt{3}}{2}\left(\hat{T}_{2\ -1} + \hat{T}_{21}\right)\\
&\hat{Q}_{xx-yy} \equiv \hat{Q}_{xx} - \hat{Q}_{yy} = \sqrt{3}\left(\hat{T}_{2\ -2} + \hat{T}_{22}\right)
\end{aligned} \tag{3.1.21}$$

显然所得到的 $\hat{Q}_{ik}$ 满足式 (3.1.19) 和式 (3.1.20)，并可得到其逆变关系式为

$$\hat{T}_{2\ \pm 2} = \frac{1}{2\sqrt{3}}\left(\hat{Q}_{xx-yy} \pm 2\mathrm{i}\hat{Q}_{xy}\right), \quad \hat{T}_{2\ \pm 1} = \mp\frac{1}{\sqrt{3}}\left(\hat{Q}_{xz} \pm \mathrm{i}\hat{Q}_{yz}\right), \quad \hat{T}_{20} = \frac{1}{\sqrt{2}}\hat{Q}_{zz} \tag{3.1.22}$$

由以上结果可以看出，$\hat{Q}_{xy}, \hat{Q}_{xz}, \hat{Q}_{yz}, \hat{Q}_{xx-yy}, \hat{Q}_{zz}$ 构成了直角坐标系中的 5 个线性独立的张量算符。

我们取 [2]

$$\hat{Q}_{ik} = \frac{3}{2}\left(\hat{S}_i\hat{S}_k + \hat{S}_k\hat{S}_i - \frac{4}{3}\delta_{ik}\hat{I}\right), \quad i,k = x,y,z \tag{3.1.23}$$

此式早在 1958 年就由 Goldfarb 发表在*Nucl.Phys.*,7, 622 的文章给出。可以直接看出由上式给出的 $\hat{Q}_{ik}$ 满足式 (3.1.20)，再利用式 (3.1.2) 可以证明它也满足式 (3.1.19)。把式 (3.1.15) 代入式 (3.1.21) 的第一式可得

$$\begin{aligned}
\hat{Q}_{xx} =& \sum_{\mu\nu}\left[\frac{3}{2}\left(C_{1\mu\ 1\nu}^{22} + C_{1\mu\ 1\nu}^{2\ -2}\right) - \sqrt{\frac{3}{2}}C_{1\mu\ 1\nu}^{20}\right]\hat{S}_\mu\hat{S}_\nu\\
=& \frac{3}{2}\left(C_{11\ 11}^{22}\hat{S}_1\hat{S}_1 + C_{1\ -1\ 1\ -1}^{2\ -2}\hat{S}_{-1}\hat{S}_{-1}\right)\\
&- \sqrt{\frac{3}{2}}\left(C_{11\ 1\ -1}^{20}\hat{S}_1\hat{S}_{-1} + C_{10\ 10}^{20}\hat{S}_0\hat{S}_0 + C_{1\ -1\ 11}^{20}\hat{S}_{-1}\hat{S}_1\right)
\end{aligned} \tag{3.1.24}$$

利用表 3.3 或参考文献 [1] 可以得到

$$C_{11\ 11}^{22} = C_{1\ -1\ 1\ -1}^{2\ -2} = 1, \quad C_{11\ 1\ -1}^{20} = C_{1\ -1\ 11}^{20} = \frac{1}{\sqrt{6}}, \quad C_{10\ 10}^{20} = \frac{2}{\sqrt{6}} \tag{3.1.25}$$

利用式 (3.1.25)、式 (1.2.23) 和式 (3.1.2)，由式 (3.1.24) 可以得到

$$\begin{aligned}\hat{Q}_{xx} =&\frac{3}{4}\left[\left(\hat{S}_x+\mathrm{i}\hat{S}_y\right)^2+\left(\hat{S}_x-\mathrm{i}\hat{S}_y\right)^2\right]\\&+\frac{1}{4}\left[\left(\hat{S}_x+\mathrm{i}\hat{S}_y\right)\left(\hat{S}_x-\mathrm{i}\hat{S}_y\right)-4\hat{S}_z^2+\left(\hat{S}_x-\mathrm{i}\hat{S}_y\right)\left(\hat{S}_x+\mathrm{i}\hat{S}_y\right)\right]\\=&\frac{3}{2}\left(\hat{S}_x^2-\hat{S}_y^2\right)+\frac{1}{4}\left(\hat{S}_x^2-\mathrm{i}\hat{S}_x\hat{S}_y+\mathrm{i}\hat{S}_y\hat{S}_x+\hat{S}_y^2-4\hat{S}_z^2+\hat{S}_x^2+\mathrm{i}\hat{S}_x\hat{S}_y-\mathrm{i}\hat{S}_y\hat{S}_x+\hat{S}_y^2\right)\\=&\frac{3}{2}\hat{S}_x^2-\frac{3}{2}\hat{S}_y^2+\frac{1}{2}\hat{S}_x^2+\frac{1}{2}\hat{S}_y^2-\hat{S}_z^2=3\hat{S}_x^2-\left(\hat{S}_x^2+\hat{S}_y^2+\hat{S}_z^2\right)=3\hat{S}_x^2-2\hat{I}\end{aligned} \tag{3.1.26}$$

可见由式 (3.1.21) 得到的 $\hat{Q}_{xx}$ 与由式 (3.1.23) 得到的 $\hat{Q}_{xx}$ 是完全一致的。对于 $\hat{Q}$ 的其他分量也可用类似方法进行证明，因而由式 (3.1.21) 和由式 (3.1.23) 给出的 $\hat{Q}_{ik}$ 是完全一致的。

$S=1$ 球基坐标系中的 9 个矩阵 $\hat{T}_{LM}\,(L=0,1,2;-L\leqslant M\leqslant L)$ 与直角坐标系中的 $\hat{I},\hat{S},\hat{Q}_{ik}$ 中 9 个线性独立矩阵是等价的。

由于 $S=1$ 的自旋基矢函数有两种取法，因而其自旋算符和极化算符也有两种表示方法，在本书中称其为两种表象 (representation)。注意到，在本节前面给出的包括式 (3.1.23) 在内的表达式对于两种表象都适用。

3.1.2　球基表象中的具体表达式

在球基表象中球基坐标的自旋基矢函数的分量被定义为

$$\chi_{Sm}(\sigma)=\delta_{m\sigma},\quad m,\sigma=S,S-1,\cdots,-S+1,-S \tag{3.1.27}$$

在 $S=1$ 的情况下有

$$\chi_1=\begin{pmatrix}1\\0\\0\end{pmatrix},\quad \chi_0=\begin{pmatrix}0\\1\\0\end{pmatrix},\quad \chi_{-1}=\begin{pmatrix}0\\0\\1\end{pmatrix} \tag{3.1.28}$$

显然满足

$$\chi_m^*=\chi_m,\quad m=\pm1,0 \tag{3.1.29}$$

利用式 (1.2.22) 或式 (3.1.4)，由式 (3.1.28) 可以求得在球基表象中 $S=1$ 粒子的直角坐标系自旋基矢函数的表示式为

$$\chi_x=\frac{1}{\sqrt{2}}\begin{pmatrix}-1\\0\\1\end{pmatrix},\quad \chi_y=\frac{\mathrm{i}}{\sqrt{2}}\begin{pmatrix}1\\0\\1\end{pmatrix},\quad \chi_z=\begin{pmatrix}0\\1\\0\end{pmatrix} \tag{3.1.30}$$

式 (1.2.21) 给出了在球基表象中自旋矩阵在球基坐标系中的矩阵元，在 $S=1$ 的情况下由该式可得

$$\left(\hat{S}_\mu\right)_{\sigma'\sigma} = \sqrt{2}C_{1\sigma\ 1\mu}^{1\sigma'}, \quad \mu,\sigma,\sigma' = \pm 1, 0 \tag{3.1.31}$$

利用表 3.2，由式 (3.1.31) 可以得到在球基表象中，$S=1$ 粒子自旋算符球基坐标系分量的表示式为

$$\hat{S}_1 = -\begin{pmatrix} 0 & 1 & 0 \\ 0 & 0 & 1 \\ 0 & 0 & 0 \end{pmatrix}, \quad \hat{S}_0 = \begin{pmatrix} 1 & 0 & 0 \\ 0 & 0 & 0 \\ 0 & 0 & -1 \end{pmatrix}, \quad \hat{S}_{-1} = \begin{pmatrix} 0 & 0 & 0 \\ 1 & 0 & 0 \\ 0 & 1 & 0 \end{pmatrix} \tag{3.1.32}$$

再利用式 (1.2.22) 和式 (3.1.32) 可以求得在球基表象中，$S=1$ 粒子自旋算符直角坐标系分量的表示式为

$$\hat{S}_x = \frac{1}{\sqrt{2}}\begin{pmatrix} 0 & 1 & 0 \\ 1 & 0 & 1 \\ 0 & 1 & 0 \end{pmatrix}, \quad \hat{S}_y = \frac{\mathrm{i}}{\sqrt{2}}\begin{pmatrix} 0 & -1 & 0 \\ 1 & 0 & -1 \\ 0 & 1 & 0 \end{pmatrix}, \quad \hat{S}_z = \begin{pmatrix} 1 & 0 & 0 \\ 0 & 0 & 0 \\ 0 & 0 & -1 \end{pmatrix} \tag{3.1.33}$$

上述自旋算符矩阵满足以下关系式

$$\hat{S}_i^+ = \hat{S}_i, \quad i = x, y, z \tag{3.1.34}$$

$$\hat{S}_\mu^+ = (-1)^\mu \hat{S}_{-\mu}, \quad \mu = \pm 1, 0 \tag{3.1.35}$$

利用式 (3.1.33)，由式 (3.1.23) 可以求得在球基表象中 $\hat{Q}_{ik}$ 的具体表达式为 [3]

$$\begin{aligned}
&\hat{Q}_{xx} = \frac{1}{2}\begin{pmatrix} -1 & 0 & 3 \\ 0 & 2 & 0 \\ 3 & 0 & -1 \end{pmatrix}, \quad \hat{Q}_{yy} = \frac{1}{2}\begin{pmatrix} -1 & 0 & -3 \\ 0 & 2 & 0 \\ -3 & 0 & -1 \end{pmatrix}, \quad \hat{Q}_{zz} = \begin{pmatrix} 1 & 0 & 0 \\ 0 & -2 & 0 \\ 0 & 0 & 1 \end{pmatrix} \\
&\hat{Q}_{xy} = \hat{Q}_{yx} = \frac{3\mathrm{i}}{2}\begin{pmatrix} 0 & 0 & -1 \\ 0 & 0 & 0 \\ 1 & 0 & 0 \end{pmatrix}, \quad \hat{Q}_{xz} = \hat{Q}_{zx} = \frac{3}{2\sqrt{2}}\begin{pmatrix} 0 & 1 & 0 \\ 1 & 0 & -1 \\ 0 & -1 & 0 \end{pmatrix} \\
&\hat{Q}_{yz} = \hat{Q}_{zy} = \frac{3\mathrm{i}}{2\sqrt{2}}\begin{pmatrix} 0 & -1 & 0 \\ 1 & 0 & 1 \\ 0 & -1 & 0 \end{pmatrix}, \quad \hat{Q}_{xx-yy} \equiv \hat{Q}_{xx} - \hat{Q}_{yy} = 3\begin{pmatrix} 0 & 0 & 1 \\ 0 & 0 & 0 \\ 1 & 0 & 0 \end{pmatrix}
\end{aligned} \tag{3.1.36}$$

由上式可以看出 $\hat{Q}_{ik}$ 是厄米矩阵

$$\hat{Q}_{ik}^+ = \hat{Q}_{ik} \tag{3.1.37}$$

而且还可以看出 $\hat{Q}_{xx}, \hat{Q}_{yy}, \hat{Q}_{zz}, \hat{Q}_{xz}, \hat{Q}_{zx}, \hat{Q}_{xx-yy}$ 是实数，而 $\hat{Q}_{xy}, \hat{Q}_{yx}, \hat{Q}_{yz}, \hat{Q}_{zy}$ 是纯虚数。

利用式 (3.1.8)、式 (3.1.9)、式 (3.1.32)、式 (3.1.22) 和式 (3.1.36) 可以得到在球基表象中极化算符 $\hat{T}_{LM}$ 的具体表达式为

$$\hat{T}_{00}=\begin{pmatrix}1&0&0\\0&1&0\\0&0&1\end{pmatrix},\quad \hat{T}_{11}=-\sqrt{\frac{3}{2}}\begin{pmatrix}0&1&0\\0&0&1\\0&0&0\end{pmatrix},\quad \hat{T}_{10}=\sqrt{\frac{3}{2}}\begin{pmatrix}1&0&0\\0&0&0\\0&0&-1\end{pmatrix}$$
$$\hat{T}_{1\ -1}=\sqrt{\frac{3}{2}}\begin{pmatrix}0&0&0\\1&0&0\\0&1&0\end{pmatrix},\quad \hat{T}_{22}=\sqrt{3}\begin{pmatrix}0&0&1\\0&0&0\\0&0&0\end{pmatrix},\quad \hat{T}_{21}=\sqrt{\frac{3}{2}}\begin{pmatrix}0&-1&0\\0&0&1\\0&0&0\end{pmatrix}$$
$$\hat{T}_{20}=\frac{1}{\sqrt{2}}\begin{pmatrix}1&0&0\\0&-2&0\\0&0&1\end{pmatrix},\quad \hat{T}_{2\ -1}=\sqrt{\frac{3}{2}}\begin{pmatrix}0&0&0\\1&0&0\\0&-1&0\end{pmatrix},\quad \hat{T}_{2\ -2}=\sqrt{3}\begin{pmatrix}0&0&0\\0&0&0\\1&0&0\end{pmatrix} \tag{3.1.38}$$

由上式看出所有 $\hat{T}_{LM}(L=0,1,2;-L\leqslant M\leqslant L)$ 均为实数，而且满足

$$\hat{T}^{+}_{LM}=(-1)^{M}\hat{T}_{L\ -M} \tag{3.1.39}$$

由式 (1.4.6) 可知在球基表象中 $S=1$ 的极化算符的矩阵元为

$$\left(\hat{T}_{LM}(1)\right)_{\sigma'\sigma}=\sqrt{2L+1}C^{1\sigma'}_{1\sigma\ LM},\quad L=0,1,2;\quad -L\leqslant M\leqslant L;\quad \sigma,\sigma'=\pm1,0 \tag{3.1.40}$$

3.1.3　直角基表象中的具体表达式

在直角基表象中 $S=1$ 自旋基矢函数直角坐标系的分量被定义为

$$\chi_i(\sigma)=\delta_{i\sigma},\quad i,\sigma=x,y,z \tag{3.1.41}$$

相应的自旋基矢函数为

$$\chi_x=\begin{pmatrix}1\\0\\0\end{pmatrix},\quad \chi_y=\begin{pmatrix}0\\1\\0\end{pmatrix},\quad \chi_z=\begin{pmatrix}0\\0\\1\end{pmatrix} \tag{3.1.42}$$

显然满足

$$\chi_i^{*}=\chi_i,\quad i=x,y,z \tag{3.1.43}$$

利用式 (3.1.5) 和式 (3.1.42) 可以求得在直角基表象中，$S=1$ 粒子在球基坐标系中自旋基矢函数的表示式为

$$\chi_1=-\frac{1}{\sqrt{2}}\begin{pmatrix}1\\ \mathrm{i}\\ 0\end{pmatrix},\quad \chi_0=\begin{pmatrix}0\\ 0\\ 1\end{pmatrix},\quad \chi_{-1}=\frac{1}{\sqrt{2}}\begin{pmatrix}1\\ -\mathrm{i}\\ 0\end{pmatrix} \tag{3.1.44}$$

并满足关系式

$$\chi_m^*=(-1)^m\chi_{-m},\quad m=\pm 1,0 \tag{3.1.45}$$

利用式 (3.1.44) 和由表 3.2 给出的 C-G 系数，由式 (3.1.12) 可以求得

$$\hat{S}_1=\frac{1}{\sqrt{2}}\begin{pmatrix}0&0&1\\ 0&0&\mathrm{i}\\ -1&-\mathrm{i}&0\end{pmatrix},\quad \hat{S}_0=\begin{pmatrix}0&-\mathrm{i}&0\\ \mathrm{i}&0&0\\ 0&0&0\end{pmatrix},\quad \hat{S}_{-1}=\frac{1}{\sqrt{2}}\begin{pmatrix}0&0&1\\ 0&0&-\mathrm{i}\\ -1&\mathrm{i}&0\end{pmatrix} \tag{3.1.46}$$

根据式 (1.2.22)，由式 (3.1.46) 可以求得

$$\hat{S}_x=\begin{pmatrix}0&0&0\\ 0&0&-\mathrm{i}\\ 0&\mathrm{i}&0\end{pmatrix},\quad \hat{S}_y=\begin{pmatrix}0&0&\mathrm{i}\\ 0&0&0\\ -\mathrm{i}&0&0\end{pmatrix},\quad \hat{S}_z=\begin{pmatrix}0&-\mathrm{i}&0\\ \mathrm{i}&0&0\\ 0&0&0\end{pmatrix} \tag{3.1.47}$$

式 (3.1.46) 和式 (3.1.47) 分别给出了在直角基表象中，$S=1$ 粒子在球基坐标系和直角坐标系中自旋算符的具体表达式。$\hat{S}_i$ 的矩阵元可以写作

$$\left(\hat{S}_i\right)_{kl}=-\mathrm{i}\varepsilon_{ikl},\quad i,k,l=x,y,z \tag{3.1.48}$$

其中，ε_{ikl} 已由式 (1.2.7) 给出。并有以下关系式

$$\left(\hat{S}_i\right)^+=\hat{S}_i,\quad i=x,y,z \tag{3.1.49}$$

$$\left(\hat{S}_\mu\right)^+=(-1)^\mu\hat{S}_{-\mu},\quad \mu=\pm 1,0 \tag{3.1.50}$$

把式 (3.1.47) 代入式 (3.1.23) 可以得到在直角基表象中 $\hat{Q}_{ik}$ 的具体表达式为

$$\hat{Q}_{xx}=\begin{pmatrix}-2&0&0\\ 0&1&0\\ 0&0&1\end{pmatrix},\quad \hat{Q}_{yy}=\begin{pmatrix}1&0&0\\ 0&-2&0\\ 0&0&1\end{pmatrix},\quad \hat{Q}_{zz}=\begin{pmatrix}1&0&0\\ 0&1&0\\ 0&0&-2\end{pmatrix}$$

$$\hat{Q}_{xy}=\hat{Q}_{yz}=\frac{3}{2}\begin{pmatrix}0&-1&0\\ -1&0&0\\ 0&0&0\end{pmatrix},\quad \hat{Q}_{xz}=\hat{Q}_{zx}=\frac{3}{2}\begin{pmatrix}0&0&-1\\ 0&0&0\\ -1&0&0\end{pmatrix}$$

$$\hat{Q}_{yz} = \hat{Q}_{zy} = \frac{3}{2}\begin{pmatrix} 0 & 0 & 0 \\ 0 & 0 & -1 \\ 0 & -1 & 0 \end{pmatrix}, \quad \hat{Q}_{xx-yy} \equiv \hat{Q}_{xx} - \hat{Q}_{yy} = 3\begin{pmatrix} -1 & 0 & 0 \\ 0 & 1 & 0 \\ 0 & 0 & 0 \end{pmatrix} \tag{3.1.51}$$

其矩阵元可归纳成

$$\left(\hat{Q}_{ik}\right)_{lm} = -\frac{3}{2}\left(\delta_{il}\delta_{km} + \delta_{im}\delta_{kl} - \frac{2}{3}\delta_{ik}\delta_{lm}\right), \quad i,k,l,m = x,y,z \tag{3.1.52}$$

此式只适用于直角基表象中的直角坐标系，并有

$$\hat{Q}_{ik}^{+} = \hat{Q}_{ik}, \quad \hat{Q}_{ik}^{*} = \hat{Q}_{ik} \tag{3.1.53}$$

利用式 (3.1.8)、式 (3.1.9)、式 (3.1.46)、式 (3.1.22) 和式 (3.1.51) 可以得到在直角基表象中极化算符 $\hat{T}_{LM}(1)$ 的具体表达式为

$$\begin{aligned}
&\hat{T}_{00} = \begin{pmatrix} 1 & 0 & 0 \\ 0 & 1 & 0 \\ 0 & 0 & 1 \end{pmatrix}, \quad \hat{T}_{11} = \frac{\sqrt{3}}{2}\begin{pmatrix} 0 & 0 & 1 \\ 0 & 0 & \mathrm{i} \\ -1 & -\mathrm{i} & 0 \end{pmatrix} \\
&\hat{T}_{10} = \sqrt{\frac{3}{2}}\begin{pmatrix} 0 & -\mathrm{i} & 0 \\ \mathrm{i} & 0 & 0 \\ 0 & 0 & 0 \end{pmatrix}, \quad \hat{T}_{1\,-1} = \frac{\sqrt{3}}{2}\begin{pmatrix} 0 & 0 & 1 \\ 0 & 0 & -\mathrm{i} \\ -1 & \mathrm{i} & 0 \end{pmatrix} \\
&\hat{T}_{22} = \frac{\sqrt{3}}{2}\begin{pmatrix} -1 & -\mathrm{i} & 0 \\ -\mathrm{i} & 1 & 0 \\ 0 & 0 & 0 \end{pmatrix}, \quad \hat{T}_{21} = \frac{\sqrt{3}}{2}\begin{pmatrix} 0 & 0 & 1 \\ 0 & 0 & \mathrm{i} \\ 1 & \mathrm{i} & 0 \end{pmatrix} \\
&\hat{T}_{20} = \frac{1}{\sqrt{2}}\begin{pmatrix} 1 & 0 & 0 \\ 0 & 1 & 0 \\ 0 & 0 & -2 \end{pmatrix}, \quad \hat{T}_{2\,-1} = \frac{\sqrt{3}}{2}\begin{pmatrix} 0 & 0 & -1 \\ 0 & 0 & \mathrm{i} \\ -1 & \mathrm{i} & 0 \end{pmatrix} \\
&\hat{T}_{2\,-2} = \frac{\sqrt{3}}{2}\begin{pmatrix} -1 & \mathrm{i} & 0 \\ \mathrm{i} & 1 & 0 \\ 0 & 0 & 0 \end{pmatrix}
\end{aligned} \tag{3.1.54}$$

$\hat{T}_{LM}$ 还满足以下关系式

$$\hat{T}_{LM}^{+} = (-1)^{M}\hat{T}_{L\,-M}, \quad \hat{T}_{LM}^{*} = (-1)^{L+M}\hat{T}_{L\,-M}, \quad L = 0,1,2; \quad -L \leqslant M \leqslant L \tag{3.1.55}$$

3.1.4 球基和直角基坐标系之间的变换关系

这里的坐标系变换是指在不同坐标系中极化量分量之间的变换关系。

矢量 $\vec{A}$ 的直角坐标系分量 A_x, A_y, A_z 与球基坐标系抗变分量 A^{+1}, A^0, A^{-1} 及协变分量 A_{+1}, A_0, A_{-1} 之间可用以下么正矩阵 $\hat{U}$ 进行变换

$$\hat{U} = \begin{pmatrix} -\frac{1}{\sqrt{2}} & \frac{\mathrm{i}}{\sqrt{2}} & 0 \\ 0 & 0 & 1 \\ \frac{1}{\sqrt{2}} & \frac{\mathrm{i}}{\sqrt{2}} & 0 \end{pmatrix}, \quad \hat{U}^{+} = \hat{U}^{-1} = \begin{pmatrix} -\frac{1}{\sqrt{2}} & 0 & \frac{1}{\sqrt{2}} \\ -\frac{\mathrm{i}}{\sqrt{2}} & 0 & -\frac{\mathrm{i}}{\sqrt{2}} \\ 0 & 1 & 0 \end{pmatrix} \tag{3.1.56}$$

其变换关系为

$$\begin{pmatrix} A^{+1} \\ A^0 \\ A^{-1} \end{pmatrix} = \hat{U} \begin{pmatrix} A_x \\ A_y \\ A_z \end{pmatrix}, \quad \begin{pmatrix} A_x \\ A_y \\ A_z \end{pmatrix} = \hat{U}^{-1} \begin{pmatrix} A^{+1} \\ A^0 \\ A^{-1} \end{pmatrix} \tag{3.1.57}$$

$$\begin{pmatrix} A_{+1} \\ A_0 \\ A_{-1} \end{pmatrix} = \hat{U}^{*} \begin{pmatrix} A_x \\ A_y \\ A_z \end{pmatrix}, \quad \begin{pmatrix} A_x \\ A_y \\ A_z \end{pmatrix} = \hat{U}^{-1*} \begin{pmatrix} A_{+1} \\ A_0 \\ A_{-1} \end{pmatrix} \tag{3.1.58}$$

例如，用

$$\begin{pmatrix} \hat{S}_1 \\ \hat{S}_0 \\ \hat{S}_{-1} \end{pmatrix} = \begin{pmatrix} -\frac{1}{\sqrt{2}} & -\frac{\mathrm{i}}{\sqrt{2}} & 0 \\ 0 & 0 & 1 \\ \frac{1}{\sqrt{2}} & -\frac{\mathrm{i}}{\sqrt{2}} & 0 \end{pmatrix} \begin{pmatrix} \hat{S}_x \\ \hat{S}_y \\ \hat{S}_z \end{pmatrix} \tag{3.1.59}$$

可以得到式 (1.2.23)，用

$$\begin{pmatrix} \hat{S}_x \\ \hat{S}_y \\ \hat{S}_z \end{pmatrix} = \begin{pmatrix} -\frac{1}{\sqrt{2}} & 0 & \frac{1}{\sqrt{2}} \\ \frac{\mathrm{i}}{\sqrt{2}} & 0 & \frac{\mathrm{i}}{\sqrt{2}} \\ 0 & 1 & 0 \end{pmatrix} \begin{pmatrix} \hat{S}_1 \\ \hat{S}_0 \\ \hat{S}_{-1} \end{pmatrix} \tag{3.1.60}$$

可以得到式 (1.2.22)。式 (3.1.4) 和式 (3.1.5) 给出的变换关系也可以用上述方法求得。

极化张量分量 $\hat{T}_{2M}$ 和 $\hat{Q}_{ij}$ 之间的变换关系已由式 (3.1.21) 和式 (3.1.22) 给出。

如果使用球基坐标系，自旋算符和极化算符都能够统一用不可约张量 $\hat{T}_{LM}$ $(L = 1, 2; M = -L, \cdots, L)$ 表示，每一个 $\hat{T}_{LM}$ 都是独立的，处理起来很方便，适

合于理论计算，其缺点在于，只有 $\hat{T}_{L0}$ 是可观测量，而 $M \neq 0$ 的 $\hat{T}_{LM}$ 不是可观测量，在 $\hat{S}^2$ 和 $\hat{S}_z$ 的共同本征态中，其期望值不是实数 (在方位角 $\varphi = 0$ 的特殊情况下会变成实数)。如果使用直角坐标系，自旋算符和极化算符不能用统一的数学形式表示，只能分别表示为矢量 $\hat{S}_i(i = x, y, z)$ 和二阶可约张量 $\hat{Q}_{ij}(i, j = x, y, z)$，在 9 个 $\hat{Q}_{ij}$ 中只有 5 个是独立的，但是上述所有分量的期望值都是实数，都是可观测的物理量。

3.1.5　球基和直角基表象之间的变换关系

表象变换是指同一极化物理量在球基坐标系或直角坐标系中的分量在不同表象中其 3×3 矩阵表达式之间的变换关系。

设 $\hat{A}_S$ 和 $\hat{A}_C$ 分别为球基表象和直角基表象中的同一极化分量的 3×3 矩阵表达式，它们之间应满足以下关系式

$$\hat{A}_S \hat{U} = \hat{U} \hat{A}_C, \quad \hat{A}_S = \hat{U} \hat{A}_C \hat{U}^{-1}, \quad \hat{A}_C = \hat{U}^{-1} \hat{A}_S \hat{U} \tag{3.1.61}$$

式 (3.1.32) 和式 (3.1.46) 分别给出

$$\hat{S}_{1,S} = -\begin{pmatrix} 0 & 1 & 0 \\ 0 & 0 & 1 \\ 0 & 0 & 0 \end{pmatrix}, \quad \hat{S}_{1,C} = \frac{1}{\sqrt{2}} \begin{pmatrix} 0 & 0 & 1 \\ 0 & 0 & \mathrm{i} \\ -1 & -\mathrm{i} & 0 \end{pmatrix} \tag{3.1.62}$$

利用式 (3.1.56) 给出的 $\hat{U}$ 可以证明

$$\begin{gathered}
\hat{S}_{1,S} \hat{U} = -\begin{pmatrix} 0 & 1 & 0 \\ 0 & 0 & 1 \\ 0 & 0 & 0 \end{pmatrix} \begin{pmatrix} -\frac{1}{\sqrt{2}} & \frac{\mathrm{i}}{\sqrt{2}} & 0 \\ 0 & 0 & 1 \\ \frac{1}{\sqrt{2}} & \frac{\mathrm{i}}{\sqrt{2}} & 0 \end{pmatrix} = -\begin{pmatrix} 0 & 0 & 1 \\ \frac{1}{\sqrt{2}} & \frac{\mathrm{i}}{\sqrt{2}} & 0 \\ 0 & 0 & 0 \end{pmatrix} \\
\hat{U} \hat{S}_{1,C} = \begin{pmatrix} -\frac{1}{\sqrt{2}} & \frac{\mathrm{i}}{\sqrt{2}} & 0 \\ 0 & 0 & 1 \\ \frac{1}{\sqrt{2}} & \frac{\mathrm{i}}{\sqrt{2}} & 0 \end{pmatrix} \begin{pmatrix} 0 & 0 & \frac{1}{\sqrt{2}} \\ 0 & 0 & \frac{\mathrm{i}}{\sqrt{2}} \\ -\frac{1}{\sqrt{2}} & -\frac{\mathrm{i}}{\sqrt{2}} & 0 \end{pmatrix} = \begin{pmatrix} 0 & 0 & -1 \\ -\frac{1}{\sqrt{2}} & -\frac{\mathrm{i}}{\sqrt{2}} & 0 \\ 0 & 0 & 0 \end{pmatrix}
\end{gathered} \tag{3.1.63}$$

式 (3.1.63) 表明，对于 $\hat{S}_1$ 式 (3.1.61) 是成立的。再举例，式 (3.1.36) 和式 (3.1.51) 分别给出

$$\hat{Q}_{xx,S} = \frac{1}{2} \begin{pmatrix} -1 & 0 & 3 \\ 0 & 2 & 0 \\ 3 & 0 & -1 \end{pmatrix}, \quad \hat{Q}_{xx,C} = \begin{pmatrix} -2 & 0 & 0 \\ 0 & 1 & 0 \\ 0 & 0 & 1 \end{pmatrix} \tag{3.1.64}$$

再利用式 (3.1.56) 给出的 $\hat{U}$ 可以证明

$$\hat{Q}_{xx,S}\hat{U}=\frac{1}{2}\begin{pmatrix}-1&0&3\\0&2&0\\3&0&-1\end{pmatrix}\begin{pmatrix}-\frac{1}{\sqrt{2}}&\frac{\mathrm{i}}{\sqrt{2}}&0\\0&0&1\\\frac{1}{\sqrt{2}}&\frac{\mathrm{i}}{\sqrt{2}}&0\end{pmatrix}=\frac{1}{2}\begin{pmatrix}2\sqrt{2}&\sqrt{2}\,\mathrm{i}&0\\0&0&2\\-2\sqrt{2}&\sqrt{2}\,\mathrm{i}&0\end{pmatrix}$$

$$\hat{U}\hat{Q}_{xx,C}=\begin{pmatrix}-\frac{1}{\sqrt{2}}&\frac{\mathrm{i}}{\sqrt{2}}&0\\0&0&1\\\frac{1}{\sqrt{2}}&\frac{\mathrm{i}}{\sqrt{2}}&0\end{pmatrix}\begin{pmatrix}-2&0&0\\0&1&0\\0&0&1\end{pmatrix}=\begin{pmatrix}\sqrt{2}&\frac{\mathrm{i}}{\sqrt{2}}&0\\0&0&1\\-\sqrt{2}&\frac{\mathrm{i}}{\sqrt{2}}&0\end{pmatrix}\tag{3.1.65}$$

式 (3.1.65) 表明，对于 $\hat{Q}_{xx}$ 式 (3.1.61) 也是成立的。事实上式 (3.1.61) 可以用于任何极化物理量分量的表象变换。

3.2 与自旋 1 粒子的自旋算符和极化算符相关的一些数学公式

3.2.1 $S=1$ 自旋波函数和自旋算符的坐标转动

球基坐标中 $S=1$ 的自旋波函数 $\chi_m\,(m=\pm1,0)$ 可通过 Wigner D 函数 $\hat{D}^1\,(\alpha,\beta,\gamma)$ 进行转动，即

$$\chi'_{m'}=\sum_{m=\pm1,0}\hat{D}^1_{mm'}\,(\alpha,\beta,\gamma)\chi_m\tag{3.2.1}$$

式 (2.5.45) 已经根据式 (2.2.33) 和表 2.5 给出

$$\hat{D}^1\,(\alpha,\beta,\gamma)=\begin{pmatrix}\frac{1+\cos\beta}{2}\mathrm{e}^{-\mathrm{i}(\alpha+\gamma)}&-\frac{\sin\beta}{\sqrt{2}}\mathrm{e}^{-\mathrm{i}\alpha}&\frac{1-\cos\beta}{2}\mathrm{e}^{\mathrm{i}(\gamma-\alpha)}\\\frac{\sin\beta}{\sqrt{2}}\mathrm{e}^{-\mathrm{i}\gamma}&\cos\beta&-\frac{\sin\beta}{\sqrt{2}}\mathrm{e}^{\mathrm{i}\gamma}\\\frac{1-\cos\beta}{2}\mathrm{e}^{\mathrm{i}(\alpha-\gamma)}&\frac{\sin\beta}{\sqrt{2}}\mathrm{e}^{\mathrm{i}\alpha}&\frac{1+\cos\beta}{2}\mathrm{e}^{\mathrm{i}(\gamma+\alpha)}\end{pmatrix}\tag{3.2.2}$$

对于直角坐标系中 $S=1$ 的自旋波函数 $\chi_i(i=x,y,z)$ 可按如下方式进行转动

$$\chi'_i=\sum_{k=x,y,z}\chi_k a_{ki}\tag{3.2.3}$$

由矩阵元 a_{ki} 所构成的转动矩阵已由式 (2.5.51) 给出 [1]

$$\hat{a}(\alpha,\beta,\gamma) = \begin{pmatrix} \cos\beta\cos\alpha\cos\gamma-\sin\alpha\sin\gamma & -\cos\beta\cos\alpha\sin\gamma-\sin\alpha\cos\gamma & \sin\beta\cos\alpha \\ \cos\beta\sin\alpha\cos\gamma+\cos\alpha\sin\gamma & -\cos\beta\sin\alpha\sin\gamma+\cos\alpha\cos\gamma & \sin\beta\sin\alpha \\ -\sin\beta\cos\gamma & \sin\beta\sin\gamma & \cos\beta \end{pmatrix} \tag{3.2.4}$$

转动矩阵 $\hat{D}^1(\alpha,\beta,\gamma)$ 的逆矩阵为 [1]

$$\left[\hat{D}^1(\alpha,\beta,\gamma)\right]^{-1} = \left[\hat{D}^1(\alpha,\beta,\gamma)\right]^{+} = \hat{D}^1(-\gamma,-\beta,-\alpha) = \hat{D}^1(\pi-\gamma,\beta,-\pi-\alpha) \tag{3.2.5}$$

此外，在 $S=1$ 的情况下由式 (1.3.5) ~ 式 (1.3.8) 可以得到自旋螺旋基矢函数的相应关系式。

3.2.2　$S=1$ 自旋算符和极化算符对自旋基矢函数的作用

在球基坐标系中自旋算符 $\hat{S}_\mu\,(\mu=\pm1,0)$ 和极化算符 $\hat{T}_{2M}\,(M=\pm2,\pm1,0)$ 作用在自旋基矢函数 $\chi_m\,(m=\pm1,0)$ 上可得 [1]

$$\hat{S}_\mu\chi_m = \sqrt{2}C_{1m\ 1\mu}^{1\ m+\mu}\chi_{m+\mu} \tag{3.2.6}$$

$$\hat{T}_{2M}\chi_m = \sqrt{5}C_{1m\ 2M}^{1\ m+M}\chi_{m+M} \tag{3.2.7}$$

在直角坐标系中自旋算符 $\hat{S}_i\,(i=x,y,z)$ 和极化算符 $\hat{Q}_{ik}\,(i,k=x,y,z)$ 作用在自旋基矢函数 $\chi_i\,(i=x,y,z)$ 上可得 [1]

$$\hat{S}_i\chi_k = \mathrm{i}\varepsilon_{ikl}\chi_l \tag{3.2.8}$$

$$\hat{Q}_{ik}\chi_l = \frac{3}{2}\left(\frac{2}{3}\delta_{ik}\chi_l - \delta_{il}\chi_k - \delta_{kl}\chi_i\right) \tag{3.2.9}$$

3.2.3　$S=1$ 自旋算符和极化算符的乘积 [1]

1. 直角坐标系算符分量 $\hat{S}_i$ 和 $\hat{Q}_{ik}$ 的乘积 ($i,\ k,\ l$ 等取 $x,\ y,\ z$)

式 (1.2.4) 和式 (1.2.6) 已经给出

$$\hat{S}\times\hat{S} = \mathrm{i}\hat{S}, \quad [\hat{S}_i,\hat{S}_k] \equiv \hat{S}_i\hat{S}_k - \hat{S}_k\hat{S}_i = \mathrm{i}\varepsilon_{ikl}\hat{S}_l \tag{3.2.10}$$

由式 (3.1.23) 和式 (3.2.10) 第二式可以得到

$$\hat{S}_i\hat{S}_k = \frac{2}{3}\delta_{ik}\hat{I} + \frac{\mathrm{i}}{2}\varepsilon_{ikl}\hat{S}_l + \frac{1}{3}\hat{Q}_{ik} \tag{3.2.11}$$

利用 $\sum_i \hat{Q}_{ii} = 0$ 由上式可以求得

$$\hat{S}^2 = \hat{S}_x^2 + \hat{S}_y^2 + \hat{S}_z^2 = 2\hat{I} \tag{3.2.12}$$

$$\{\hat{S}_i, \hat{S}_k\} \equiv \hat{S}_i\hat{S}_k + \hat{S}_k\hat{S}_i = \frac{4}{3}\delta_{ik}\hat{I} + \frac{2}{3}\hat{Q}_{ik} \tag{3.2.13}$$

还有

$$\begin{aligned}\hat{S}_i\hat{S}_k\hat{S}_l =& \frac{\mathrm{i}}{3}\varepsilon_{ikl}\hat{I} + \frac{1}{2}\left(\delta_{ik}\hat{S}_l + \delta_{kl}\hat{S}_i\right) + \frac{\mathrm{i}}{3}\sum_m \varepsilon_{ilm}\hat{Q}_{km} \\ =& \frac{\mathrm{i}}{3}\varepsilon_{ikl}\hat{I} + \frac{1}{2}\left(\delta_{ik}\hat{S}_l + \delta_{kl}\hat{S}_i\right) + \frac{\mathrm{i}}{6}\sum_m \left(\varepsilon_{ikm}\hat{Q}_{lm} + \varepsilon_{ilm}\hat{Q}_{km} + \varepsilon_{klm}\hat{Q}_{im}\right)\end{aligned} \tag{3.2.14}$$

由上式可以求得

$$\hat{S}_i\hat{S}_k\hat{S}_l + \hat{S}_l\hat{S}_k\hat{S}_i = \delta_{ik}\hat{S}_l + \delta_{kl}\hat{S}_i \tag{3.2.15}$$

$$\hat{S}_i\hat{S}_k\hat{S}_i = \delta_{ik}\hat{S}_i (\text{不对 } i \text{ 求和}), \quad \sum_i \hat{S}_i\hat{S}_k\hat{S}_i = \hat{S}_k \tag{3.2.16}$$

$$\hat{S}_i\hat{S}_k\hat{S}_k + \hat{S}_k\hat{S}_k\hat{S}_i = \hat{S}_i + \delta_{ik}\hat{S}_k \quad (\text{不对 } k \text{ 求和}) \tag{3.2.17}$$

$$\hat{S}_x\hat{S}_y\hat{S}_z + \hat{S}_y\hat{S}_z\hat{S}_x + \hat{S}_z\hat{S}_x\hat{S}_y = \mathrm{i}\hat{I}, \quad \hat{S}_x\hat{S}_z\hat{S}_y + \hat{S}_z\hat{S}_y\hat{S}_x + \hat{S}_y\hat{S}_x\hat{S}_z = -\mathrm{i}\hat{I} \tag{3.2.18}$$

$$\hat{S}_x\hat{S}_z\hat{S}_z = \hat{S}_y\hat{S}_y\hat{S}_x = \frac{1}{2}\hat{S}_x - \frac{\mathrm{i}}{3}\hat{Q}_{yz}, \quad \hat{S}_x\hat{S}_y\hat{S}_y = \hat{S}_z\hat{S}_z\hat{S}_x = \frac{1}{2}\hat{S}_x + \frac{\mathrm{i}}{3}\hat{Q}_{yz} \tag{3.2.19}$$

$$\hat{S}_y\hat{S}_x\hat{S}_x = \hat{S}_z\hat{S}_z\hat{S}_y = \frac{1}{2}\hat{S}_y - \frac{\mathrm{i}}{3}\hat{Q}_{xz}, \quad \hat{S}_y\hat{S}_z\hat{S}_z = \hat{S}_x\hat{S}_x\hat{S}_y = \frac{1}{2}\hat{S}_y + \frac{\mathrm{i}}{3}\hat{Q}_{xz} \tag{3.2.20}$$

$$\hat{S}_z\hat{S}_y\hat{S}_y = \hat{S}_x\hat{S}_x\hat{S}_z = \frac{1}{2}\hat{S}_z - \frac{\mathrm{i}}{3}\hat{Q}_{xy}, \quad \hat{S}_z\hat{S}_x\hat{S}_x = \hat{S}_y\hat{S}_y\hat{S}_z = \frac{1}{2}\hat{S}_z + \frac{\mathrm{i}}{3}\hat{Q}_{xy} \tag{3.2.21}$$

此外还有

$$\hat{S}_i^{2n} = \frac{2}{3}\hat{I} + \frac{\hat{Q}_{ii}}{3}, \quad n = 1, 2, \cdots; \quad \hat{S}_i^{2n+1} = \hat{S}_i, \quad n = 0, 1, 2, \cdots \tag{3.2.22}$$

如果 $\vec{n}$ 是单位矢量便有

$$\begin{aligned}&\left(\hat{S}\cdot\vec{n}\right)^{2k} = \frac{2}{3}\hat{I} + \frac{1}{3}\sum_{il} n_i n_l \hat{Q}_{il}, \quad k = 1, 2, 3, \cdots; \\ &\left(\hat{S}\cdot\vec{n}\right)^{2k+1} = \left(\hat{S}\cdot\vec{n}\right), \quad k = 0, 1, 2, \cdots\end{aligned} \tag{3.2.23}$$

另外还有

$$\hat{Q}_{ik}\hat{S}_l = \frac{3}{4}\left(\delta_{il}\hat{S}_k + \delta_{kl}\hat{S}_i - \frac{2}{3}\delta_{ik}\hat{S}_l\right) + \frac{\mathrm{i}}{2}\sum_m \left(\varepsilon_{ilm}\hat{Q}_{km} + \varepsilon_{klm}\hat{Q}_{im}\right) \tag{3.2.24}$$

$$\hat{S}_i\hat{Q}_{kl} = \frac{3}{4}\left(\delta_{ik}\hat{S}_l + \delta_{il}\hat{S}_k - \frac{2}{3}\delta_{kl}\hat{S}_i\right) + \frac{\mathrm{i}}{2}\sum_m\left(\varepsilon_{ikm}\hat{Q}_{lm} + \varepsilon_{ilm}\hat{Q}_{km}\right) \tag{3.2.25}$$

$$\begin{aligned}\hat{Q}_{ik}\hat{Q}_{lm} =& \frac{3}{2}\left(\delta_{il}\delta_{km} + \delta_{im}\delta_{kl} - \frac{2}{3}\delta_{ik}\delta_{lm}\right)\hat{I} \\ & - \frac{3}{4}\left(\delta_{il}\hat{Q}_{km} + \delta_{im}\hat{Q}_{kl} + \delta_{km}\hat{Q}_{il} + \delta_{kl}\hat{Q}_{im} - \frac{4}{3}\delta_{ik}\hat{Q}_{lm} - \frac{4}{3}\delta_{lm}\hat{Q}_{ik}\right) \\ & + \frac{9\mathrm{i}}{8}\sum_p\left(\delta_{il}\varepsilon_{kmp}\hat{S}_p + \delta_{im}\varepsilon_{klp}\hat{S}_p + \delta_{kl}\varepsilon_{imp}\hat{S}_p + \delta_{km}\varepsilon_{ilp}\hat{S}_p\right)\end{aligned} \tag{3.2.26}$$

2. **自旋算符 $\hat{S}$ 和极化算符 $\hat{T}_{LM}$ 球基坐标系分量的乘积** $(\mu,\nu=\pm1,0)$

有以下公式 [1]

$$\hat{S}_\mu\hat{S}_\nu = \frac{2}{3}(-1)^\mu\delta_{\mu\ -\nu}\hat{I} - \frac{1}{\sqrt{2}}C_{1\mu\ 1\nu}^{1\lambda}\hat{S}_\lambda + \frac{1}{\sqrt{3}}C_{1\mu\ 1\nu}^{2M}\hat{T}_{2M} \tag{3.2.27}$$

由上式可以求得

$$\hat{S}^2 = -\hat{S}_1\hat{S}_{-1} + \hat{S}_0\hat{S}_0 - \hat{S}_{-1}\hat{S}_1 = 2\hat{I} \tag{3.2.28}$$

$$\left[\hat{S}_\mu,\hat{S}_\nu\right] \equiv \hat{S}_\mu\hat{S}_\nu - \hat{S}_\nu\hat{S}_\mu = -\sqrt{2}C_{1\mu\ 1\nu}^{1\lambda}\hat{S}_\lambda \tag{3.2.29}$$

$$\left\{\hat{S}_\mu,\hat{S}_\nu\right\} \equiv \hat{S}_\mu\hat{S}_\nu + \hat{S}_\nu\hat{S}_\mu = \frac{4}{3}(-1)^\mu\delta_{\mu\ -\nu}\hat{I} + \frac{2}{\sqrt{3}}C_{1\mu\ 1\nu}^{2M}\hat{T}_{2M} \tag{3.2.30}$$

还有

$$\hat{S}_{\pm1}^2 = \frac{1}{\sqrt{3}}\hat{T}_{2\ \pm2}, \quad \hat{S}_{\pm1}^3 = \hat{S}_{\pm1}^4 = \hat{S}_{\pm1}^5 = \cdots = 0 \tag{3.2.31}$$

$$\hat{S}_0^2 = \frac{2}{3}\hat{I} + \frac{\sqrt{2}}{3}\hat{T}_{20} \tag{3.2.32}$$

$$\hat{S}_0^{2n} = \hat{S}_0^2, \quad n=1,2,\cdots; \quad \hat{S}_0^{2n+1} = \hat{S}_0, \quad n=0,1,2,\cdots \tag{3.2.33}$$

$$\hat{T}_{L_1M_1}\hat{T}_{L_2M_2} = \sqrt{3}\hat{L}_1\hat{L}_2\sum_L(-1)^{L_1+L_2+L}W(L_1L_211;L1)C_{L_1M_1\ L_2M_2}^{LM}\hat{T}_{LM} \tag{3.2.34}$$

由式 (3.2.34) 可以求得

$$\hat{T}_{LM}\hat{T}_{00} = \hat{T}_{00}\hat{T}_{LM} = \hat{T}_{LM}, \quad L=0,1,2; \quad -L \leqslant M \leqslant L \tag{3.2.35}$$

$$\hat{S}_\mu\hat{T}_{2M} = -\frac{\sqrt{5}}{2}C_{1\mu\ 2M}^{1\nu}\hat{S}_\nu - \sqrt{\frac{3}{2}}C_{1\mu\ 2M}^{2N}\hat{T}_{2N} \tag{3.2.36}$$

$$\hat{T}_{2M}\hat{S}_\mu = -\frac{\sqrt{5}}{2}C_{1\mu\ 2M}^{1\nu}\hat{S}_\nu + \sqrt{\frac{3}{2}}C_{1\mu\ 2M}^{2N}\hat{T}_{2N} \tag{3.2.37}$$

$$\hat{T}_{2M}\hat{T}_{2N} = (-1)^M\delta_{M\ -N}\hat{I} + \frac{3}{2}\sqrt{\frac{5}{2}}C_{2M\ 2N}^{1\mu}\hat{S}_\mu + \frac{\sqrt{7}}{2}C_{2M\ 2N}^{2\Lambda}\hat{T}_{2\Lambda} \tag{3.2.38}$$

3.2.4　对 $S=1$ 自旋算符和极化算符求迹

当 $S=1$ 时由式 (1.2.24) 可得

$$\begin{gathered}\operatorname{tr}\left\{\hat{S}_i\right\}=0,\quad \operatorname{tr}\left\{\hat{S}_i\hat{S}_k\right\}=2\delta_{ik},\quad \operatorname{tr}\left\{\hat{S}_i\hat{S}_k\hat{S}_l\right\}=\mathrm{i}\varepsilon_{ikl}\\ \operatorname{tr}\left\{\hat{S}_i\hat{S}_k\hat{S}_l\hat{S}_m\right\}=\delta_{ik}\delta_{lm}+\delta_{im}\delta_{kl}\end{gathered}\tag{3.2.39}$$

对于 $\hat{Q}_{ik}$ 有求迹公式 [1]

$$\begin{aligned}&\operatorname{tr}\left\{\hat{Q}_{ik}\right\}=0,\quad \operatorname{tr}\left\{\hat{S}_i\hat{Q}_{kl}\right\}=0,\quad \operatorname{tr}\left\{\hat{Q}_{ik}\hat{S}_l\right\}=0\\ &\operatorname{tr}\left\{\hat{Q}_{ik}\hat{Q}_{lm}\right\}=\frac{9}{2}\left(\delta_{il}\delta_{km}+\delta_{kl}\delta_{im}-\frac{2}{3}\delta_{ik}\delta_{lm}\right)\\ &\operatorname{tr}\left\{\hat{Q}_{ii}\hat{Q}_{ii}\right\}=6,\quad \operatorname{tr}\left\{\hat{Q}_{ii}\hat{Q}_{kk}\right\}_{i\neq k}=-3,\quad \operatorname{tr}\left\{\hat{Q}_{ik}\hat{Q}_{ik}\right\}_{i\neq k}=\frac{9}{2}\end{aligned}\tag{3.2.40}$$

在以上二式中 $i,k,l,m=x,y,z$。

设 a_{ij} 和 b_{ij} 分别是矩阵 A 和 B 的矩阵元，于是可以证明

$$\operatorname{tr}\{AB\}=\sum_i\sum_j a_{ij}b_{ji}=\sum_j\sum_i b_{ji}a_{ij}=\operatorname{tr}\{BA\}\tag{3.2.41}$$

自然可以证明

$$\operatorname{tr}\{ABC\}=\operatorname{tr}\{CAB\}=\operatorname{tr}\{BCA\}\tag{3.2.42}$$

利用式 (3.2.42)、式 (3.2.40)、式 (3.2.10)、式 (3.2.11) 和 $Q_{lm}=Q_{ml}$ 可得

$$\begin{aligned}\operatorname{tr}\left\{\hat{S}_m\hat{Q}_{ik}\hat{S}_l\right\}=&\operatorname{tr}\left\{\hat{Q}_{ik}\hat{S}_l\hat{S}_m\right\}=\frac{1}{3}\operatorname{tr}\left\{\hat{Q}_{ik}\hat{Q}_{lm}\right\}\\ =&\frac{3}{2}\left(\delta_{il}\delta_{km}+\delta_{kl}\delta_{im}-\frac{2}{3}\delta_{ik}\delta_{lm}\right)\end{aligned}\tag{3.2.43}$$

利用式 (3.2.42)、式 (3.2.40)、式 (3.2.39)、式 (3.2.24) 或式 (3.2.25) 或式 (3.2.26) 可得

$$\begin{aligned}\operatorname{tr}\left\{\hat{S}_j\hat{Q}_{ik}\hat{Q}_{lm}\right\}&=\operatorname{tr}\left\{\hat{Q}_{ik}\hat{Q}_{lm}\hat{S}_j\right\}\\ &=\frac{9\mathrm{i}}{4}\left(\delta_{il}\varepsilon_{kmj}+\delta_{im}\varepsilon_{klj}+\delta_{kl}\varepsilon_{imj}+\delta_{km}\varepsilon_{ilj}\right)\end{aligned}\tag{3.2.44}$$

可把式 (3.2.24) 改写成

$$\hat{Q}_{ik}\hat{S}_j=\frac{3}{4}\left(\delta_{ij}\hat{S}_k+\delta_{kj}\hat{S}_i-\frac{2}{3}\delta_{ik}\hat{S}_j\right)+\frac{\mathrm{i}}{2}\sum_n\left(\varepsilon_{ijn}\hat{Q}_{kn}+\varepsilon_{kjn}\hat{Q}_{in}\right)\tag{3.2.45}$$

再利用式 (3.2.40) 和式 (3.2.44) 可以求得

$$\begin{aligned}
\operatorname{tr}\left\{\hat{Q}_{ik}\hat{S}_j\hat{Q}_{lm}\right\} =& \frac{9\mathrm{i}}{4}\sum_n\left[\varepsilon_{ijn}\left(\delta_{kl}\delta_{nm}+\delta_{nl}\delta_{km}-\frac{2}{3}\delta_{kn}\delta_{lm}\right)\right.\\
&\left.+\varepsilon_{kjn}\left(\delta_{il}\delta_{nm}+\delta_{nl}\delta_{im}-\frac{2}{3}\delta_{in}\delta_{lm}\right)\right]\\
=&\frac{9\mathrm{i}}{4}\left(\varepsilon_{ijm}\delta_{kl}+\varepsilon_{ijl}\delta_{km}-\frac{2}{3}\varepsilon_{ijk}\delta_{lm}+\varepsilon_{kjm}\delta_{il}+\varepsilon_{kjl}\delta_{im}-\frac{2}{3}\varepsilon_{kji}\delta_{lm}\right)\\
=&-\frac{9\mathrm{i}}{4}\left(\delta_{il}\varepsilon_{kmj}+\delta_{im}\varepsilon_{klj}+\delta_{kl}\varepsilon_{imj}+\delta_{km}\varepsilon_{ilj}\right)\\
=&-\operatorname{tr}\left(\hat{S}_j\hat{Q}_{ik}\hat{Q}_{lm}\right)
\end{aligned}\tag{3.2.46}$$

当 $S=1$ 时由式 (1.2.25) 可得

$$\begin{aligned}
&\operatorname{tr}\left\{\hat{S}_\mu\right\}=0,\quad \operatorname{tr}\left\{\hat{S}_\mu\hat{S}_\nu\right\}=2(-1)^\mu\delta_{\mu\ -\nu}\\
&\operatorname{tr}\left\{\hat{S}_\mu\hat{S}_\nu\hat{S}_\lambda\right\}=-\sqrt{6}\begin{pmatrix}1&1&1\\ \mu&\nu&\lambda\end{pmatrix}=\sqrt{2}(-1)^{1+\lambda}C_{1\mu\ 1\nu}^{1\ -\lambda}\\
&\operatorname{tr}\left\{\hat{S}_\mu\hat{S}_\nu\hat{S}_\lambda\hat{S}_\rho\right\}=(-1)^{\mu+\lambda}\left(\delta_{\mu\ -\nu}\delta_{\lambda\ -\rho}+\delta_{\mu\ -\rho}\delta_{\nu\ -\lambda}\right)
\end{aligned}\tag{3.2.47}$$

其中，$\mu,\nu,\lambda,\rho=\pm1,0$。由式 (1.4.20) ~ 式 (1.4.23) 又可得到

$$\begin{aligned}
&\operatorname{tr}\left\{T_{LM}(1)\right\}=3\delta_{L0}\delta_{M0},\quad \operatorname{tr}\left\{T_{L_1M_1}(1)T_{L_2M_2}(1)\right\}=3(-1)^{M_1}\delta_{L_1L_2}\delta_{M_1\ -M_2}\\
&\operatorname{tr}\left\{T_{L_1M_1}(1)T_{L_2M_2}(1)T_{L_3M_3}(1)\right\}\\
=&3\sqrt{3}(-1)^{L_1+L_2+L_3+M_3}\hat{L}_1\hat{L}_2C_{L_1M_1\ L_2M_2}^{L_3\ -M_3}W\left(L_1L_211;L_31\right)\\
&\operatorname{tr}\left\{\hat{T}_{L_1M_1}(1)\hat{T}_{L_2M_2}(1)\hat{T}_{L_3M_3}(1)\hat{T}_{L_4M_4}(1)\right\}\\
=&9(-1)^{L_1+L_2+L_3+L_4+M_4}\hat{L}_1\hat{L}_2\hat{L}_3\\
&\times\sum_{L\leqslant2}\hat{L}C_{L_1M_1\ L_2M_2}^{L\ M_1+M_2}C_{L\ M_1+M_2\ L_3M_3}^{L_4\ -M_4}W\left(L_1L_211;L1\right)W\left(LL_311;L_41\right)
\end{aligned}\tag{3.2.48}$$

利用式 (3.1.9)，由式 (3.2.48) 还可以求得

$$\operatorname{tr}\left\{\hat{S}_{M_1}\hat{T}_{L_2M_2}(1)\right\}=\operatorname{tr}\left\{\hat{T}_{L_2M_2}(1)\hat{S}_{M_1}\right\}=\sqrt{6}(-1)^{M_1}\delta_{1L_2}\delta_{M_1\ -M_2}\tag{3.2.49}$$

$$\begin{aligned}
&\operatorname{tr}\left\{\hat{S}_{M_1}\hat{T}_{L_2M_2}(1)\hat{T}_{L_3M_3}(1)\right\}\\
=&-3\sqrt{6}(-1)^{L_2+L_3+M_3}\hat{L}_2C_{1M_1\ L_2M_2}^{L_3\ -M_3}W\left(1L_211;L_31\right)
\end{aligned}\tag{3.2.50}$$

$$\operatorname{tr}\left\{\hat{T}_{L_2M_2}(1)\hat{S}_{M_1}\hat{T}_{L_3M_3}(1)\right\}$$

$$
\begin{aligned}
&= -3\sqrt{6}(-1)^{L_2+L_3+M_3}\hat{L}_2 C^{L_3\ -M_3}_{L_2M_2\ 1M_1} W(L_2111;L_31) \\
&= 3\sqrt{6}(-1)^{M_3}\hat{L}_2 C^{L_3\ -M_3}_{1M_1\ L_2M_2} W(1L_211;L_31) \\
&= -(-1)^{L_2+L_3}\mathrm{tr}\left\{\hat{S}_{M_1}\hat{T}_{L_2M_2}(1)\hat{T}_{L_3M_3}(1)\right\}
\end{aligned} \tag{3.2.51}
$$

根据式 (3.2.42) 可得

$$
\mathrm{tr}\left\{\hat{T}_{L_2M_2}(1)\hat{T}_{L_3M_3}(1)\hat{S}_{M_1}\right\} = \mathrm{tr}\left\{\hat{S}_{M_1}\hat{T}_{L_2M_2}(1)\hat{T}_{L_3M_3}(1)\right\} \tag{3.2.52}
$$

又可求得

$$
\mathrm{tr}\left\{\hat{S}_{M_1}\hat{S}_{M_2}\hat{T}_{L_3M_3}(1)\right\} = 6\sqrt{3}(-1)^{L_3+M_3} C^{L_3\ -M_3}_{1M_1\ 1M_2} W(1111;L_31) \tag{3.2.53}
$$

$$
\begin{aligned}
\mathrm{tr}\left\{\hat{S}_{M_1}\hat{T}_{L_3M_3}(1)\hat{S}_{M_2}\right\} &= 6(-1)^{L_3+M_3}\hat{L}_3 C^{1\ -M_2}_{1M_1\ L_3M_3} W(1L_311;11) \\
&= 6\sqrt{3}(-1)^{M_3} C^{L_3\ -M_3}_{1M_1\ 1M_2} W(1111;L_31) \\
&= (-1)^{L_3}\mathrm{tr}\left\{\hat{S}_{M_1}\hat{S}_{M_2}\hat{T}_{L_3M_3}(1)\right\}
\end{aligned} \tag{3.2.54}
$$

根据式 (3.2.42) 可得

$$
\mathrm{tr}\left\{\hat{T}_{L_3M_3}(1)\hat{S}_{M_1}\hat{S}_{M_2}\right\} = \mathrm{tr}\left\{\hat{S}_{M_1}\hat{S}_{M_2}\hat{T}_{L_3M_3}(1)\right\} = \mathrm{tr}\left\{\hat{S}_{M_2}\hat{T}_{L_3M_3}(1)\hat{S}_{M_1}\right\} \tag{3.2.55}
$$

3.2.5 $S=1$ 粒子的任意自旋波函数和密度矩阵

自旋 $S=1$ 粒子的任意自旋波函数 χ 可按以下形式展开

$$
\chi = \sum_{m=\pm1,0} a^m\chi_m = \sum_{m=\pm1,0} (-1)^m a_{-m}\chi_m = \sum_{i=x,y,z} a_i\chi_i \tag{3.2.56}
$$

其厄米共轭波函数 χ^+ 为

$$
\chi^+ = \sum_{m=\pm1,0} a^{m*}\chi_m^+ = \sum_{m=\pm1,0} (-1)^m a_{-m}^*\chi_m^+ = \sum_{i=x,y,z} a_i^*\chi_i^+ \tag{3.2.57}
$$

通常把 $\vec{a}$ 称为自旋 $S=1$ 粒子的极化矢量。归一化条件 $\chi^+\chi=1$ 要求

$$
|\vec{a}|^2 = \vec{a}^* \cdot \vec{a} = 1 \tag{3.2.58}
$$

令 $\vec{a}=\vec{a}_\mathrm{r}+\mathrm{i}\vec{a}_\mathrm{i}$，可以求得

$$
\vec{a}\times\vec{a}^* = -\mathrm{i}\left(\vec{a}_\mathrm{r}\times\vec{a}_\mathrm{i} - \vec{a}_\mathrm{i}\times\vec{a}_\mathrm{r}\right) = -2\mathrm{i}\left(\vec{a}_\mathrm{r}\times\vec{a}_\mathrm{i}\right) \tag{3.2.59}
$$

于是我们可以用极化矢量 $\vec{a}$ 定义一个实数矢量 $\vec{p}$

$$
\vec{p} \equiv \mathrm{i}[\vec{a}\times\vec{a}^*] \tag{3.2.60}
$$

可见矢量 $\vec{p}$ 垂直于矢量 $\vec{a}$。

利用球基坐标展开式

$$\vec{A}=\sum_{\mu=-1}^{1}(-1)^{\mu}A_{\mu}\vec{\mathrm{e}}_{-\mu}=\sum_{\mu=-1}^{1}A^{-\mu}\vec{\mathrm{e}}_{-\mu} \tag{3.2.61}$$

由式 (3.2.60) 可以写出

$$\vec{p}=\mathrm{i}\sum_{mn}a^{-m}a^{-n*}\left(\vec{\mathrm{e}}_{-m}\times\vec{\mathrm{e}}^{*}_{-n}\right) \tag{3.2.62}$$

利用表达式

$$\vec{\mathrm{e}}_{m}\times\vec{\mathrm{e}}_{n}=\mathrm{i}\sqrt{2}C_{1m\ 1n}^{1\ m+n}\vec{\mathrm{e}}_{m+n} \tag{3.2.63}$$

可以求得

$$\begin{aligned}\vec{\mathrm{e}}_{-m}\times\vec{\mathrm{e}}^{*}_{-n}=&(-1)^{-n}\vec{\mathrm{e}}_{-m}\times\vec{\mathrm{e}}_{n}=\mathrm{i}\sqrt{2}(-1)^{-n}C_{1\ -m\ 1n}^{1\ -m+n}\vec{\mathrm{e}}_{-m+n}\\=&-\mathrm{i}\sqrt{2}(-1)^{m-n}C_{1\ -m\ 1\ m-n}^{1\ -n}\vec{\mathrm{e}}_{-m+n}\end{aligned} \tag{3.2.64}$$

把式 (3.2.64) 代入式 (3.2.62) 便得到

$$\begin{aligned}\vec{p}=&\sqrt{2}\sum_{mn}a^{-m}a^{-n*}(-1)^{m-n}C_{1\ -m\ 1\ m-n}^{1\ -n}\vec{\mathrm{e}}_{-m+n}\\=&\sqrt{2}\sum_{mn}a^{m}a^{n*}(-1)^{-m+n}C_{1m\ 1\ -m+n}^{1n}\vec{\mathrm{e}}_{m-n}\end{aligned} \tag{3.2.65}$$

把此式与式 (3.2.61) 对比可得

$$p_{\mu}=\sqrt{2}\sum_{mn}C_{1m\ 1\mu}^{1n}a^{m}a^{n*},\quad m,n,\mu=\pm1,0 \tag{3.2.66}$$

参照式 (1.5.28) 和式 (1.5.9) 可得

$$p_{\mu}=\sqrt{\frac{2}{3}}t_{1\mu},\quad \mu=\pm1,0 \tag{3.2.67}$$

其实根据式 (1.5.23)，从 $t_{1\mu}$ 到 p_{μ} 的变换与从 $\hat{T}_{1\mu}$ 到 $\hat{S}_{\mu}$ 的变换是一样的，于是由式 (3.1.9) 可以直接得到式 (3.2.67)。

当 $S=1$ 时根据式 (1.5.11) 和式 (1.5.22) 可把归一化的密度矩阵 $\hat{\rho}$ 按 L 值分成三项

$$\chi\chi^{+}=\hat{\rho}=\hat{\rho}_{0}+\hat{\rho}_{1}+\hat{\rho}_{2} \tag{3.2.68}$$

由式 (1.5.22)、式 (1.5.29) 和式 (3.1.8) 可得

$$\hat{\rho}_{0}=\frac{1}{3}t_{00}\hat{T}_{00}=\frac{1}{3}\hat{I} \tag{3.2.69}$$

由式 (1.5.22)、式 (3.1.9) 和式 (3.2.67) 可得

$$\hat{\rho}_1=\frac{1}{3}\sum_{\mu=-1}^{1}(-1)^{\mu}t_{1\ -\mu}\hat{T}_{1\mu}=\frac{1}{2}\sum_{\mu=-1}^{1}(-1)^{\mu}p_{-\mu}\hat{S}_{\mu}=\frac{1}{2}\vec{p}\cdot\hat{S} \tag{3.2.70}$$

再令二阶不可约张量

$$p_2=t_2 \tag{3.2.71}$$

通常把 t_2 或 p_2 称为统计张量或极化张量，并且可以写出

$$\hat{\rho}_2=\frac{1}{3}\sum_{\mu=-2}^{2}(-1)^{M}t_{2\ -M}\hat{T}_{2M}=\frac{1}{3}p_2\cdot\hat{T}_2 \tag{3.2.72}$$

上式中的 $p_2\cdot\hat{T}_2$ 代表由式 (1.3.16) 所定义的两个不可约二阶张量的标量积。由式 (1.5.28)、式 (1.5.9) 和式 (3.2.71) 可知

$$p_{2M}=t_{2M}=\sqrt{5}\sum_{mn}C_{1m\ 2M}^{1n}a^m a^{n*},\quad m,n=\pm1,0;\quad M=\pm2,\pm1,0 \tag{3.2.73}$$

于是根据式 (3.2.68) ~ 式 (3.2.70) 和式 (3.2.72) 可把 $S=1$ 时的密度矩阵用紧致形式和用球基坐标系分别表示成

$$\chi\chi^+=\hat{\rho}=\frac{1}{3}\left(\hat{I}+\frac{3}{2}\vec{p}\cdot\hat{S}+p_2\cdot\hat{T}_2\right) \tag{3.2.74}$$

$$\chi\chi^+=\hat{\rho}=\frac{1}{3}\left[\hat{I}+\frac{3}{2}\sum_{\mu=-1}^{1}(-1)^{\mu}p_{-\mu}\hat{S}_{\mu}+\sum_{M=-2}^{2}(-1)^{M}p_{2\ -M}\hat{T}_{2M}\right] \tag{3.2.75}$$

下面在直角坐标系中讨论式 (3.2.74)。式 (3.2.74) 中的每一项在自旋空间中都是 3×3 的方矩阵。$\vec{p}$ 是由 3 个实数分量构成的空间坐标中的矢量，$\hat{S}$ 是由 3 个自旋空间中的 3×3 方矩阵作为空间坐标中的分量而构成的矢量，p_2 是由 9 个数值分量构成的坐标空间中的二阶张量，$\hat{T}_2$ 是由 9 个自旋空间中的二阶张量 (3×3 方矩阵) 作为分量而构成的坐标空间中的二阶张量。在直角坐标系中矢量 $\vec{p}$ 和 $\hat{S}$ 的三个分量分别为 p_i 和 $\hat{S}_i\,(i=x,y,z)$。在直角坐标系中两个二阶张量的标量积的定义为

$$T\cdot Q=\left(\sum_{ik}T_{ik}\vec{\mathrm{e}}_k\vec{\mathrm{e}}_i\right):\left(\sum_{lm}Q_{lm}\vec{\mathrm{e}}_l\vec{\mathrm{e}}_m\right)=\sum_{ik}T_{ik}Q_{ik} \tag{3.2.76}$$

其中，符号 “:” 代表先后两次将靠近的两个矢量进行点乘。3.1 节已指出，直角坐标系中 9 个 $\hat{Q}_{ik}$ 与球基坐标系中的 5 个 $\hat{T}_{2M}$ 是等价的，二阶张量 p_2 和 $\hat{T}_2$ 在直

角坐标系中的 9 个分量分别为 p_{ik} 和 $\hat{Q}_{ik}\,(i,k=x,y,z)$。根据式 (3.1.21) 可以写出 5 个独立极化张量算符从球基坐标系变换到直角坐标系的关系式为

$$\begin{pmatrix} \hat{H}_{xx-yy} \\ \hat{H}_{xy} \\ \hat{H}_{xz} \\ \hat{H}_{yz} \\ \hat{H}_{zz} \end{pmatrix} \equiv \begin{pmatrix} \sqrt{\frac{1}{6}}\hat{Q}_{xx-yy} \\ \sqrt{\frac{2}{3}}\hat{Q}_{xy} \\ \sqrt{\frac{2}{3}}\hat{Q}_{xz} \\ \sqrt{\frac{2}{3}}\hat{Q}_{yz} \\ \sqrt{\frac{1}{2}}\hat{Q}_{zz} \end{pmatrix} = \begin{pmatrix} \frac{1}{\sqrt{2}} & 0 & 0 & 0 & \frac{1}{\sqrt{2}} \\ -\mathrm{i}\frac{1}{\sqrt{2}} & 0 & 0 & 0 & \mathrm{i}\frac{1}{\sqrt{2}} \\ 0 & -\frac{1}{\sqrt{2}} & 0 & \frac{1}{\sqrt{2}} & 0 \\ 0 & \mathrm{i}\frac{1}{\sqrt{2}} & 0 & \mathrm{i}\frac{1}{\sqrt{2}} & 0 \\ 0 & 0 & 1 & 0 & 0 \end{pmatrix} \begin{pmatrix} \hat{T}_{2\ 2} \\ \hat{T}_{2\ 1} \\ \hat{T}_{2\ 0} \\ \hat{T}_{2\ -1} \\ \hat{T}_{2\ -2} \end{pmatrix} \tag{3.2.77}$$

$\hat{U}$ 是 5×5 矩阵，并有

$$\hat{U}\hat{U}^{+} = \begin{pmatrix} \frac{1}{\sqrt{2}} & 0 & 0 & 0 & \frac{1}{\sqrt{2}} \\ -\mathrm{i}\frac{1}{\sqrt{2}} & 0 & 0 & 0 & \mathrm{i}\frac{1}{\sqrt{2}} \\ 0 & -\frac{1}{\sqrt{2}} & 0 & \frac{1}{\sqrt{2}} & 0 \\ 0 & \mathrm{i}\frac{1}{\sqrt{2}} & 0 & \mathrm{i}\frac{1}{\sqrt{2}} & 0 \\ 0 & 0 & 1 & 0 & 0 \end{pmatrix} \begin{pmatrix} \frac{1}{\sqrt{2}} & \mathrm{i}\frac{1}{\sqrt{2}} & 0 & 0 & 0 \\ 0 & 0 & -\frac{1}{\sqrt{2}} & -\mathrm{i}\frac{1}{\sqrt{2}} & 0 \\ 0 & 0 & 0 & 0 & 1 \\ 0 & 0 & \frac{1}{\sqrt{2}} & -\mathrm{i}\frac{1}{\sqrt{2}} & 0 \\ \frac{1}{\sqrt{2}} & -\mathrm{i}\frac{1}{\sqrt{2}} & 0 & 0 & 0 \end{pmatrix}$$
$$= \begin{pmatrix} 1 & 0 & 0 & 0 & 0 \\ 0 & 1 & 0 & 0 & 0 \\ 0 & 0 & 1 & 0 & 0 \\ 0 & 0 & 0 & 1 & 0 \\ 0 & 0 & 0 & 0 & 1 \end{pmatrix} \tag{3.2.78}$$

可见由式 (3.2.77) 给出的从 $\hat{T}_{2M}$ 到 $\hat{H}_i$ 的变换是幺正变换，极化张量基矢函数 $(\hat{H}_{xx-yy},\hat{H}_{xy},\hat{H}_{xz},\hat{H}_{yz},\hat{H}_{zz})$ 构成了五维空间正交直角坐标系坐标轴的单位矢量，所对应的

$$(h_{xx-yy},h_{xy},h_{xz},h_{yz},h_{zz}) \equiv \left(\sqrt{\frac{1}{6}}p_{xx-yy},\sqrt{\frac{2}{3}}p_{xy},\sqrt{\frac{2}{3}}p_{xz},\sqrt{\frac{2}{3}}p_{yz},\sqrt{\frac{1}{2}}p_{zz}\right)$$

为五维空间正交直角坐标系极化张量分量。由式 (1.5.23) 可知 p_{ij} 应该是 $\hat{Q}_{ij}$ 的期望值，因而从 p_{2M} 到 p_{ij} 的变换关系与从 $\hat{T}_{2M}$ 到 $\hat{Q}_{ij}$ 的变换关系是一样的，于是

可以得到

$$\sum_M (-1)^M p_{2\ -M}\hat{T}_{2M} = \frac{2}{3}\left(p_{xy}\hat{Q}_{xy} + p_{xz}\hat{Q}_{xz} + p_{yz}\hat{Q}_{yz}\right) + \frac{1}{6}p_{xx-yy}\hat{Q}_{xx-yy} + \frac{1}{2}p_{zz}\hat{Q}_{zz} \tag{3.2.79}$$

其中，$p_{xx-yy} \equiv p_{xx} - p_{yy}$。从 $\hat{Q}_{xx} + \hat{Q}_{yy} + \hat{Q}_{zz} = 0$ 和 $p_{xx} + p_{yy} + p_{zz} = 0$ 可以求得

$$\frac{1}{6}(p_{xx} - p_{yy})\left(\hat{Q}_{xx} - \hat{Q}_{yy}\right) + \frac{1}{2}p_{zz}\hat{Q}_{zz} = \frac{1}{3}\left(p_{xx}\hat{Q}_{xx} + p_{yy}\hat{Q}_{yy} + p_{zz}\hat{Q}_{zz}\right) \tag{3.2.80}$$

于是再利用式 (3.1.20)，由式 (3.2.79) 可得

$$\begin{aligned}\sum_M (-1)^M p_{2\ -M}\hat{T}_{2M} =& \frac{2}{3}\left(p_{xy}\hat{Q}_{xy} + p_{xz}\hat{Q}_{xz} + p_{yz}\hat{Q}_{yz}\right) \\ &+ \frac{1}{3}\left(p_{xx}\hat{Q}_{xx} + p_{yy}\hat{Q}_{yy} + p_{zz}\hat{Q}_{zz}\right) \\ =& \frac{1}{3}\sum_{ij} p_{ij}\hat{Q}_{ij}\end{aligned} \tag{3.2.81}$$

如果采用由角动量量子理论专著 [1] 给出的方法，把式 (3.1.21) 等号右端变换系数都除以 $\sqrt{3}$，把式 (3.1.22) 等号右端变换系数都乘以 $\sqrt{3}$，对应于由变换关系式 (3.2.77) 所得到的为 $\hat{Q}'_{ij}$，并可以得到

$$\sum_M (-1)^M p_{2\ -M}\hat{T}_{2M} = \sum_{ij} p'_{ij}\hat{Q}'_{ij} \tag{3.2.82}$$

但是要注意到 $\hat{T}_{2M}$ 有 5 项，$\hat{Q}'_{ij}$ 有 9 项，因而 $p'_{ij}\hat{Q}'_{ij}$ 的平均值比 $(-1)^M p_{2\ -M}\hat{T}_{2M}$ 的平均值要小 1.8 倍，$\hat{Q}'_{ij}$ 的平均值比 $\hat{T}_{2M}$ 的平均值要小 $\sqrt{1.8} \approx 1.34$ 倍。当用式 (3.2.81) 时，$\hat{Q}_{ij}$ 的平均值比 $\hat{T}_{2M}$ 的平均值要大 $\sqrt{\dfrac{3}{1.8}} \approx 1.29$ 倍。可见使用其中任何一种方法 $\hat{Q}_{ij}$ 的期望值范围与 $\hat{T}_{2M}$ 的期望值范围都相差不大。虽然在参考文献 [1] 中所给出的由式 (3.2.82) 所代表的变换方法在数学形式上更好一些，但是由式 (3.2.81)、式 (3.1.21) 和式 (3.1.22) 给出的变换方式已被从事极化理论研究的人们广泛使用 [2,3,6]，故本书也使用由式 (3.2.81) 所代表的变换方式，即使用由式 (3.1.21) 和式 (3.1.22) 所给出的变换公式。根据上述选择在直角坐标系中可把式 (3.2.74) 写成

$$\chi\chi^+ = \hat{\rho} = \frac{1}{3}\left(\hat{I} + \frac{3}{2}\sum_i p_i\hat{S}_i + \frac{1}{3}\sum_{ik} p_{ik}\hat{Q}_{ik}\right) \tag{3.2.83}$$

其中，$\hat{\rho}, \hat{I}, \hat{S}_i, \hat{Q}_{ik}$ 在自旋空间中都是 3×3 方矩阵。

在直角坐标系中有

$$\vec{\mathrm{e}}_k \times \vec{\mathrm{e}}_l = \varepsilon_{ikl}\vec{\mathrm{e}}_i, \quad i,k,l = x,y,z \tag{3.2.84}$$

于是可把式 (3.2.60) 改写成

$$\vec{p} = \mathrm{i}\sum_{ikl}\varepsilon_{ik\ell}a_k a_\ell^* \vec{\mathrm{e}}_i \tag{3.2.85}$$

即

$$p_i = \mathrm{i}\sum_{k\ell}\varepsilon_{ik\ell}a_k a_l^*, \quad i,k,\ell = x,y,z \tag{3.2.86}$$

下面我们在直角基表象中求直角坐标系的表达式 (3.2.83) 中每一项在自旋空间中的第 l 行第 m 列的矩阵元。首先，根据式 (3.2.56) 和式 (3.2.57) 可以写出

$$\rho_{\ell m} = a_\ell a_m^* \tag{3.2.87}$$

$$\left(\frac{1}{3}\hat{I}\right)_{\ell m} = \frac{1}{3}\delta_{\ell m} \tag{3.2.88}$$

利用式 (3.2.86) 和直角基表象中 $\hat{S}_i$ 矩阵元的表达式 (3.1.48) 可得

$$\frac{1}{2}\sum_i p_i\left(\hat{S}_i\right)_{\ell m} = \frac{1}{2}\sum_i\sum_{jn}\varepsilon_{ijn}a_j a_n^*\varepsilon_{i\ell m} = \frac{1}{2}\left(a_\ell a_m^* - a_m a_\ell^*\right) \tag{3.2.89}$$

再利用由式 (3.1.52) 给出的在直角基表象中 $\hat{Q}_{ik}$ 矩阵元的表示式可得

$$\begin{aligned}\frac{1}{9}\sum_{ik}p_{ik}\left(\hat{Q}_{ik}\right)_{\ell m} &= -\frac{1}{6}\sum_{ik}p_{ik}\left(\delta_{i\ell}\delta_{km} + \delta_{im}\delta_{k\ell} - \frac{2}{3}\delta_{ik}\delta_{\ell m}\right)\\ &= -\frac{1}{6}\left[p_{\ell m} + p_{m\ell} - \frac{2}{3}\left(\sum_i p_{ii}\right)\delta_{\ell m}\right]\end{aligned} \tag{3.2.90}$$

利用式 (3.2.87) ~ 式 (3.2.90)，由式 (3.2.83) 可得

$$0 = \frac{1}{3}\delta_{\ell m} - \frac{1}{2}\left(a_\ell a_m^* + a_m a_\ell^*\right) - \frac{1}{6}\left(p_{\ell m} + p_{m\ell}\right) + \frac{1}{9}\left(\sum_i p_{ii}\right)\delta_{\ell m} \tag{3.2.91}$$

由上式立即可以看出

$$p_{\ell m} = p_{m\ell}, \quad \ell \neq m; \quad \ell, m = x,y,z \tag{3.2.92}$$

即 p_2 是对称张量，再令

$$\sum_{i=x,y,z} p_{ii} = 0 \tag{3.2.93}$$

即要求 p_2 是无迹张量。于是由式 (3.2.91) 可以得到

$$p_{\ell m}=-\frac{3}{2}\left(a_\ell a_m^*+a_m a_\ell^*-\frac{2}{3}\delta_{\ell m}\right) \tag{3.2.94}$$

由此式可以看出 $p_{\ell m}$ 是实数，而且 $p_{\ell m}$ 也只有 5 个分量是独立的。由式 (3.2.94) 给出的 $p_{\ell m}$ 是在直角基表象中进行证明的。

根据式 (1.5.19)，利用式 (3.2.75)、式 (3.2.47) ~ 式 (3.2.49) 可以求得

$$\langle\hat{S}\rangle=\chi^+\hat{S}\chi=\mathrm{tr}\{\hat{\rho}\hat{S}\}=\vec{p} \tag{3.2.95}$$

$$\langle\hat{T}_{2M}\rangle=\chi^+\hat{T}_{2M}\chi=\mathrm{tr}\{\hat{\rho}\hat{T}_{2M}\}=p_{2M} \tag{3.2.96}$$

再利用式 (3.2.83)、式 (3.2.39) 和式 (3.2.40) 同样可以得到式 (3.2.95)，同时还可以求得

$$\langle\hat{Q}_{\ell m}\rangle=\chi^+\hat{Q}_{\ell m}\chi=\mathrm{tr}\{\hat{\rho}\hat{Q}_{\ell m}\}=\frac{1}{9}\sum_{ik}p_{ik}\frac{9}{2}\left(\delta_{i\ell}\delta_{km}+\delta_{k\ell}\delta_{im}-\frac{2}{3}\delta_{ik}\delta_{\ell m}\right)=p_{\ell m} \tag{3.2.97}$$

在推导该式时需用到式 (3.2.92) 和式 (3.2.93)。

3.3 自旋 1 入射粒子的矢量极化率和张量极化率

选取入射粒子方向 $\vec{k}_{\text{in}}$ 为 z 轴，出射粒子的 $\vec{k}_{\text{out}}$ 与 z 轴夹角为 θ，并定义单位矢量 $\vec{n}=(\vec{k}_{\text{in}}\times\vec{k}_{\text{out}})/|\vec{k}_{\text{in}}\times\vec{k}_{\text{out}}|$，$\hat{n}$ 垂直于由 $\vec{k}_{\text{in}}$ 和 $\vec{k}_{\text{out}}$ 构成的反应平面。如果把 y 轴选在 $\vec{n}$ 方向，$\vec{k}_{\text{out}}$ 便处在 xz 平面上，这时出射粒子方位角 $\varphi=0$。第 2 章的结果已指出，在上述 xyz 坐标系中，对于自旋 $\frac{1}{2}$ 粒子散射问题，如果入射粒子是非极化的，出射粒子便只有 y 轴方向的极化率不为 0，即出射粒子是沿 $\vec{n}$ 方向极化的，所以有时也称 $\vec{n}$ 为出射粒子的极化轴方向。事实上，如果入射粒子是极化的，出射粒子的极化率在 x，y，z 三个方向均有可能不为 0。

现在我们来讨论自旋 $S=1$ 入射粒子的极化率问题。极化粒子束流是由极化离子源提供的，而入射粒子的量子化轴是与实验装置的磁场方向相一致的，粒子的量子化轴方向就是粒子的极化方向。我们选取 Z 轴沿粒子量子化轴方向，在直角坐标系 XYZ 中 X 轴和 Y 轴具有任意性。我们用 N_μ 代表束流中的自旋 1 粒子在自旋磁量子数 $\mu(=\pm1,0)$ 子空间的份额，显然应该满足以下归一化条件

$$N_1+N_0+N_{-1}=1 \tag{3.3.1}$$

参照 2.2节对于自旋 $\frac{1}{2}$ 粒子的讨论，在以自旋 $S=1$ 粒子极化方向为 Z 轴的 XYZ

坐标系中，入射粒子的极化矢量的 3 个分量和极化张量的 5 个独立分量，除去 p_Z 和 p_{ZZ} 以外都应该等于 0，而且在这种情况下粒子的密度矩阵应该为对角矩阵。参照式 (2.2.15) 可以写出在这种情况下的密度矩阵为

$$\hat{\rho}_0=\begin{pmatrix}\sqrt{N_1}\\0\\0\end{pmatrix}\begin{pmatrix}\sqrt{N_1} & 0 & 0\end{pmatrix}+\begin{pmatrix}0\\\sqrt{N_0}\\0\end{pmatrix}\begin{pmatrix}0 & \sqrt{N_0} & 0\end{pmatrix}+\begin{pmatrix}0\\0\\\sqrt{N_{-1}}\end{pmatrix}\begin{pmatrix}0 & 0 & \sqrt{N_{-1}}\end{pmatrix}$$
$$=\begin{pmatrix}N_1 & 0 & 0\\0 & N_0 & 0\\0 & 0 & N_{-1}\end{pmatrix}\tag{3.3.2}$$

根据式 (3.3.1)，式 (3.3.2) 和式 (3.1.33) 可以求得

$$\begin{aligned}&I=\operatorname{tr}\{\hat{\rho}_0\}=N_1+N_0+N_{-1}=1,\quad p_Z=\operatorname{tr}\left\{\hat{S}_Z\hat{\rho}_0\right\}=N_1-N_{-1}\\&p_i=\operatorname{tr}\left\{\hat{S}_i\hat{\rho}_0\right\}=0,\qquad i=X,Y\end{aligned}\tag{3.3.3}$$

根据式 (3.3.1)，式 (3.3.2) 和式 (3.1.36) 又可以求得

$$\begin{aligned}p_{ZZ}&=\operatorname{tr}\left\{\hat{Q}_{ZZ}\hat{\rho}_0\right\}=N_1-2N_0+N_{-1}\\p_i&=\operatorname{tr}\left\{\hat{Q}_i\hat{\rho}_0\right\}=-\frac{1}{2}(N_1-2N_0+N_{-1})=-\frac{1}{2}p_{ZZ},\quad i=XX,YY\\p_j&=\operatorname{tr}\left\{\hat{Q}_j\hat{\rho}_0\right\}=0,\qquad j=XY,XZ,YZ,XX-YY\end{aligned}\tag{3.3.4}$$

这种情况也属于处于不同自旋磁量子数的粒子态互不相干，但是其份额可能不相等的极化粒子态。可以看出由式 (3.3.4) 给出的结果满足由式 (3.2.93) 给出的 $p_{XX}+p_{YY}+p_{ZZ}=0$。还可以看出 $1\geqslant p_Z\geqslant -1$，$1\geqslant p_{ZZ}\geqslant -2$。如果 $N_1=N_0=N_{-1}=\frac{1}{3}$，便有 $p_Z=0$ 和 $p_{ZZ}=0$，这时是非极化的。而且只要 $N_1=N_{-1}$ 便有 $p_Z=0$，只要 $N_0=\frac{1}{3}$ 便有 $p_{ZZ}=0$。

并注意到，如果选用由式 (3.2.82) 所代表的坐标变换方式，由于 $\hat{Q}'_{zz}=\frac{1}{\sqrt{3}}\hat{Q}_{zz}$，根据式 (3.3.4) 便有 $p'_{ZZ}=\frac{1}{\sqrt{3}}p_{ZZ}$，于是可以确保式 (3.2.81) 第二个等号右端与式 (3.2.82) 等号右端给出的结果相等。

假设 Z 轴与 z 轴的夹角为 β，Z 轴在 xyz 坐标系的 xy 平面上的投影与 x 轴的夹角为 ψ，这是通常的球坐标选法。前边所谈的选取 $\vec{n}$ 与 y 轴夹角 $\varphi=0$，是为了使出射粒子处在 xz 平面中，即出射粒子的 $\vec{k}_{\text{out}}$ 在 xy 平面上的投影相对于 x 轴

的夹角 $\varphi=0$，上述 φ 角与这里的 ψ 角是两码事。很容易写出

$$p_x=p_Z\sin\beta\cos\psi,\quad p_y=p_Z\sin\beta\sin\psi,\quad p_z=p_Z\cos\beta \tag{3.3.5}$$

上式可用矩阵形式写成

$$\begin{pmatrix} p_x \\ p_y \\ p_z \end{pmatrix}=\begin{pmatrix} U_{xx} & U_{xy} & \sin\beta\cos\psi \\ U_{yx} & U_{yy} & \sin\beta\sin\psi \\ U_{zx} & U_{zy} & \cos\beta \end{pmatrix}\begin{pmatrix} 0 \\ 0 \\ p_Z \end{pmatrix} \tag{3.3.6}$$

并可缩写成

$$\vec{p}_{xyz}=U\vec{p}_{XYZ} \tag{3.3.7}$$

其中，U 是 3×3 实矩阵，只有 U_{xz},U_{yz},U_{zz} 是已知的。设 $\tilde{U}$ 是 U 的转置矩阵，要求 U 是幺正矩阵，即应该满足 $U\tilde{U}=I$。

对于矢量 $\vec{A}$ 和 $\vec{B}$ 定义外积

$$(AB)\equiv\vec{A}\tilde{\vec{B}}=\begin{pmatrix} A_x \\ A_y \\ A_z \end{pmatrix}(B_xB_yB_z)=\begin{pmatrix} A_xB_x & A_xB_y & A_xB_z \\ A_yB_x & A_yB_y & A_yB_z \\ A_zB_x & A_zB_y & A_zB_z \end{pmatrix} \tag{3.3.8}$$

令 $\vec{A}'=U\vec{A}$，便有 $\tilde{\vec{A}}'=\tilde{\vec{A}}\tilde{U}$，于是可得

$$(AB)'=U(AB)\tilde{U} \tag{3.3.9}$$

由式 (3.3.4) 可知在 XYZ 坐标系中张量极化率为

$$\vec{p}\vec{p}_{XYZ}=\begin{pmatrix} -\frac{1}{2}p_{ZZ} & 0 & 0 \\ 0 & -\frac{1}{2}p_{ZZ} & 0 \\ 0 & 0 & p_{ZZ} \end{pmatrix} \tag{3.3.10}$$

并可重新写成

$$\vec{p}\vec{p}_{XYZ}=\frac{3}{2}p_{ZZ}\begin{pmatrix} 0 & 0 & 0 \\ 0 & 0 & 0 \\ 0 & 0 & 1 \end{pmatrix}-\frac{1}{2}p_{ZZ}\begin{pmatrix} 1 & 0 & 0 \\ 0 & 1 & 0 \\ 0 & 0 & 1 \end{pmatrix} \tag{3.3.11}$$

用式 (3.3.9) 将其变换到 xyz 坐标系便有

$$\vec{p}\vec{p}_{xyz}=\frac{3}{2}p_{ZZ}U\begin{pmatrix} 0 & 0 & 0 \\ 0 & 0 & 0 \\ 0 & 0 & 1 \end{pmatrix}\tilde{U}-\frac{1}{2}p_{ZZ}\begin{pmatrix} 1 & 0 & 0 \\ 0 & 1 & 0 \\ 0 & 0 & 1 \end{pmatrix} \tag{3.3.12}$$

其中，用到 $U\tilde{U}=I$。由式 (3.3.12) 和式 (3.3.6) 可以求得

$$\vec{p}\vec{p}_{xyz}=\frac{3}{2}p_{ZZ}U\begin{pmatrix}0&0&0\\0&0&0\\\sin\beta\cos\psi&\sin\beta\sin\psi&\cos\beta\end{pmatrix}-\frac{1}{2}p_{ZZ}\begin{pmatrix}1&0&0\\0&1&0\\0&0&1\end{pmatrix}\tag{3.3.13}$$

进而求得

$$\begin{aligned}&p_{xx}=\frac{1}{2}\left(3\sin^2\beta\cos^2\psi-1\right)p_{ZZ},\quad p_{yy}=\frac{1}{2}\left(3\sin^2\beta\sin^2\psi-1\right)p_{ZZ}\\&p_{zz}=\frac{1}{2}\left(3\cos^2\beta-1\right)p_{ZZ},\quad p_{xy}=\frac{3}{2}\sin^2\beta\cos\psi\sin\psi p_{ZZ}\\&p_{xz}=\frac{3}{2}\sin\beta\cos\beta\cos\psi p_{ZZ}\quad p_{yz}=\frac{3}{2}\sin\beta\cos\beta\sin\psi p_{ZZ}\end{aligned}\tag{3.3.14}$$

由上式可以看出 $p_{xx}+p_{yy}+p_{zz}=0$，并有

$$p_{xx-yy}\equiv p_{xx}-p_{yy}=\frac{3}{2}\sin^2\beta\cos(2\psi)p_{ZZ}\tag{3.3.15}$$

利用式 (3.1.22)、式 (3.3.14) 和式 (3.3.15) 可以求得入射粒子在球基坐标系中的张量极化率为

$$\begin{aligned}&p_{2\ \pm2}=\frac{\sqrt{3}}{4}\sin^2\beta\ \mathrm{e}^{\pm2\mathrm{i}\psi}p_{ZZ},\quad p_{2\ \pm1}=\mp\frac{\sqrt{3}}{4}\sin\left(2\beta\right)\mathrm{e}^{\pm\mathrm{i}\psi}p_{ZZ}\\&p_{20}=\frac{1}{2\sqrt{2}}\left(3\cos^2\beta-1\right)p_{ZZ}\end{aligned}\tag{3.3.16}$$

3.4　自旋 1 粒子与自旋 0 靶核的弹性散射振幅

由参考文献 [7] 中的式 (5.5.51) 可以写出自旋为 1 的入射粒子与自旋为 0 的靶核发生弹性散射时的散射振幅为

$$F_{\mu'\mu}(\theta,\varphi)=f_{\mathrm{C}}(\theta)\,\delta_{\mu'\mu}+\frac{\mathrm{i}\sqrt{\pi}}{k}\sum_{\ell j}C_{\ell0\ 1\mu}^{j\mu}C_{\ell\ \mu-\mu'\ 1\mu'}^{j\mu}\left(1-S_\ell^j\right)\mathrm{e}^{2\mathrm{i}\sigma_\ell}\mathrm{Y}_{\ell\ \mu-\mu'}(\theta,\varphi)\tag{3.4.1}$$

其中，S_l^j 为 S 矩阵元。令

$$f_{\mu'\mu}^{\ell}=\hat{\ell}^2\sum_{j}C_{\ell0\ 1\mu}^{j\mu}C_{\ell\ \mu-\mu'\ 1\mu'}^{j\mu}\left(1-S_\ell^j\right)\tag{3.4.2}$$

这里，$\hat{\ell}\equiv\sqrt{2\ell+1}$，再引入符号

$$\alpha_\ell^+=1-S_\ell^{\ell+1},\quad \alpha_\ell^0=1-S_\ell^{\ell},\quad \alpha_\ell^-=1-S_\ell^{\ell-1}\tag{3.4.3}$$

利用由表 3.1 给出的 C-G 系数可以求得

$$f_{00}^{\ell}=(\ell+1)\,\alpha_{\ell}^{+}+\ell\alpha_{\ell}^{-} \tag{3.4.4}$$

$$f_{11}^{\ell}=f_{-1\ -1}^{\ell}=\frac{1}{2}\left[(\ell+2)\,\alpha_{\ell}^{+}+(2\ell+1)\,\alpha_{\ell}^{0}+(\ell-1)\,\alpha_{\ell}^{-}\right] \tag{3.4.5}$$

$$f_{10}^{\ell}=f_{-1\ 0}^{\ell}=\sqrt{\frac{\ell\,(\ell+1)}{2}}\left(\alpha_{\ell}^{+}-\alpha_{\ell}^{-}\right) \tag{3.4.6}$$

$$f_{01}^{\ell}=f_{0\ -1}^{\ell}=\frac{1}{\sqrt{2\ell\,(\ell+1)}}\left[\ell\,(\ell+2)\,\alpha_{\ell}^{+}-(2\ell+1)\,\alpha_{\ell}^{0}-(\ell-1)\,(\ell+1)\,\alpha_{\ell}^{-}\right] \tag{3.4.7}$$

$$f_{1\ -1}^{\ell}=f_{-1\ 1}^{\ell}=\frac{1}{2}\sqrt{\frac{(\ell-1)\,(\ell+2)}{\ell\,(\ell+1)}}\left[\ell\alpha_{\ell}^{+}-(2\ell+1)\,\alpha_{\ell}^{0}+(\ell+1)\,\alpha_{\ell}^{-}\right] \tag{3.4.8}$$

由参考文献 [7] 的式 (3.2.8)、式 (3.2.10) 和式 (3.2.12) 可以求得

$$\mathrm{Y}_{\ell 0}=\sqrt{\frac{2\ell+1}{4\pi}}\mathrm{P}_{\ell},\quad \mathrm{Y}_{\ell\ \pm1}=\mp\sqrt{\frac{2\ell+1}{4\pi}}\sqrt{\frac{1}{\ell\,(\ell+1)}}\mathrm{P}_{\ell}^{1}\mathrm{e}^{\pm\mathrm{i}\varphi}$$

$$\mathrm{Y}_{\ell\ \pm2}=\sqrt{\frac{2\ell+1}{4\pi}}\sqrt{\frac{1}{(\ell-1)\,\ell\,(\ell+1)\,(\ell+2)}}\mathrm{P}_{\ell}^{2}\mathrm{e}^{\pm2\mathrm{i}\varphi} \tag{3.4.9}$$

根据式 (3.4.1) ~ 式 (3.4.9)，令

$$A\,(\theta)=f_{\mathrm{C}}\,(\theta)+\frac{\mathrm{i}}{2k}\sum_{\ell}\left[(\ell+1)\,\alpha_{\ell}^{+}+\ell\alpha_{\ell}^{-}\right]\mathrm{e}^{2\mathrm{i}\sigma_{\ell}}\mathrm{P}_{\ell}\,(\cos\theta) \tag{3.4.10}$$

$$B\,(\theta)=f_{\mathrm{C}}\,(\theta)+\frac{\mathrm{i}}{2k}\sum_{\ell}\frac{1}{2}\left[(\ell+2)\,\alpha_{\ell}^{+}+(2\ell+1)\,\alpha_{\ell}^{0}+(\ell-1)\,\alpha_{\ell}^{-}\right]\mathrm{e}^{2\mathrm{i}\sigma_{\ell}}\mathrm{P}_{\ell}\,(\cos\theta) \tag{3.4.11}$$

$$C\,(\theta)=-\frac{1}{2k}\sum_{\ell}\frac{1}{\sqrt{2}}\left(\alpha_{\ell}^{+}-\alpha_{\ell}^{-}\right)\mathrm{e}^{2\mathrm{i}\sigma_{\ell}}\mathrm{P}_{\ell}^{1}\,(\cos\theta) \tag{3.4.12}$$

$$\begin{aligned}&D\,(\theta)\\=&-\frac{1}{2k}\sum_{\ell}\frac{1}{\sqrt{2}}\frac{1}{\ell\,(\ell+1)}\left[\ell\,(\ell+2)\,\alpha_{\ell}^{+}-(2\ell+1)\,\alpha_{\ell}^{0}-(\ell-1)\,(\ell+1)\,\alpha_{\ell}^{-}\right]\mathrm{e}^{2\mathrm{i}\sigma_{\ell}}\mathrm{P}_{\ell}^{1}\,(\cos\theta)\end{aligned} \tag{3.4.13}$$

$$E\,(\theta)=-\frac{\mathrm{i}}{2k}\sum_{\ell}\frac{1}{2\ell\,(\ell+1)}\left[\ell\alpha_{\ell}^{+}-(2\ell+1)\,\alpha_{\ell}^{0}+(\ell+1)\,\alpha_{\ell}^{-}\right]\mathrm{e}^{2\mathrm{i}\sigma_{\ell}}\mathrm{P}_{\ell}^{2}\,(\cos\theta) \tag{3.4.14}$$

于是由式 (3.4.1) 得到

$$F_{00}\,(\theta,\varphi)=A\,(\theta)\,,\quad F_{11}\,(\theta,\varphi)=F_{-1\ -1}\,(\theta,\varphi)=B\,(\theta)\,,\quad F_{10}\,(\theta,\varphi)=-\mathrm{i}C\,(\theta)\,\mathrm{e}^{-\mathrm{i}\varphi}$$

$$F_{-1\ 0}\,(\theta,\varphi)=\mathrm{i}C\,(\theta)\,\mathrm{e}^{\mathrm{i}\varphi},\quad F_{01}\,(\theta,\varphi)=\mathrm{i}D\,(\theta)\,\mathrm{e}^{\mathrm{i}\varphi},\quad F_{0\ -1}\,(\theta,\varphi)=-\mathrm{i}D\,(\theta)\,\mathrm{e}^{-\mathrm{i}\varphi}$$

$$F_{1\ -1}(\theta,\varphi) = -E(\theta)\,\mathrm{e}^{-2\mathrm{i}\varphi},\quad F_{-1\ 1}(\theta,\varphi) = -E(\theta)\,\mathrm{e}^{2\mathrm{i}\varphi} \tag{3.4.15}$$

这样由式 (3.4.1) 给出的矩阵元在球基表象中便可构成如下形式的散射矩阵

$$\hat{F}(\theta,\varphi) = \begin{pmatrix} B(\theta) & -\mathrm{i}C(\theta)\,\mathrm{e}^{-\mathrm{i}\varphi} & -E(\theta)\,\mathrm{e}^{-2\mathrm{i}\varphi} \\ \mathrm{i}D(\theta)\,\mathrm{e}^{\mathrm{i}\varphi} & A(\theta) & -\mathrm{i}D(\theta)\,\mathrm{e}^{-\mathrm{i}\varphi} \\ -E(\theta)\,\mathrm{e}^{2\mathrm{i}\varphi} & \mathrm{i}C(\theta)\,\mathrm{e}^{\mathrm{i}\varphi} & B(\theta) \end{pmatrix}$$

$$\hat{F}^{+}(\theta,\varphi) = \begin{pmatrix} B^*(\theta) & -\mathrm{i}D^*(\theta)\,\mathrm{e}^{-\mathrm{i}\varphi} & -E^*(\theta)\,\mathrm{e}^{-2\mathrm{i}\varphi} \\ \mathrm{i}C^*(\theta)\,\mathrm{e}^{\mathrm{i}\varphi} & A^*(\theta) & -\mathrm{i}C^*(\theta)\,\mathrm{e}^{-\mathrm{i}\varphi} \\ -E^*(\theta)\,\mathrm{e}^{2\mathrm{i}\varphi} & \mathrm{i}D^*(\theta)\,\mathrm{e}^{\mathrm{i}\varphi} & B^*(\theta) \end{pmatrix} \tag{3.4.16}$$

略去 A, B, C, D, E 的宗量 (θ)，由式 (3.4.16) 可以求得

$$\hat{F}\hat{F}^{+} = \begin{pmatrix} B & -\mathrm{i}C\mathrm{e}^{-\mathrm{i}\varphi} & -E\mathrm{e}^{-2\mathrm{i}\varphi} \\ \mathrm{i}D\mathrm{e}^{\mathrm{i}\varphi} & A & -\mathrm{i}D\mathrm{e}^{-\mathrm{i}\varphi} \\ -E\mathrm{e}^{2\mathrm{i}\varphi} & \mathrm{i}C\mathrm{e}^{\mathrm{i}\varphi} & B \end{pmatrix} \begin{pmatrix} B^* & -\mathrm{i}D^*\mathrm{e}^{-\mathrm{i}\varphi} & -E^*\mathrm{e}^{-2\mathrm{i}\varphi} \\ \mathrm{i}C^*\mathrm{e}^{\mathrm{i}\varphi} & A^* & -\mathrm{i}C^*\mathrm{e}^{-\mathrm{i}\varphi} \\ -E^*\mathrm{e}^{2\mathrm{i}\varphi} & \mathrm{i}D^*\mathrm{e}^{\mathrm{i}\varphi} & B^* \end{pmatrix}$$

$$= \begin{pmatrix} |B|^2+|C|^2+|E|^2 & -\mathrm{i}(BD^*+CA^*+ED^*)\,\mathrm{e}^{-\mathrm{i}\varphi} & -\left(\mathrm{B}E^*+|C|^2+EB^*\right)\mathrm{e}^{-2\mathrm{i}\varphi} \\ \mathrm{i}(DB^*+AC^*+DE^*)\,\mathrm{e}^{\mathrm{i}\varphi} & 2|D|^2+|A|^2 & -\mathrm{i}(DB^*+AC^*+DE^*)\,\mathrm{e}^{-\mathrm{i}\varphi} \\ -\left(EB^*+|C|^2+BE^*\right)\mathrm{e}^{2\mathrm{i}\varphi} & \mathrm{i}(BD^*+CA^*+ED^*)\,\mathrm{e}^{\mathrm{i}\varphi} & |B|^2+|C|^2+|E|^2 \end{pmatrix} \tag{3.4.17}$$

并可求得非极化入射粒子的微分截面为

$$I_0 = \frac{1}{3}\mathrm{tr}\{\hat{F}\hat{F}^{+}\} = \frac{1}{3}[|A|^2+2(|B|^2+|C|^2+|D|^2+|E|^2)] \tag{3.4.18}$$

根据式 (3.2.75) 可把由式 (3.4.16) 给出的散射矩阵在球基坐标系中展开成

$$\hat{F} = \frac{1}{3}u\hat{I} + \frac{1}{2}\sum_{\mu}(-1)^{\mu}v_{-\mu}\hat{S}_{\mu} + \frac{1}{3}\sum_{M}(-1)^{M}w_{-M}\hat{T}_{2M} \tag{3.4.19}$$

利用在球基表象中由式 (3.1.32) 给出的 $\hat{S}_{\mu}$ 和由式 (3.1.38) 给出的 $\hat{T}_{2M}$，由式 (3.4.16) 和式 (3.4.19) 可得

$$B = \frac{1}{3}u + \frac{1}{2}v_0 + \frac{1}{3\sqrt{2}}w_0,\quad -\mathrm{i}C\mathrm{e}^{-\mathrm{i}\varphi} = \frac{1}{2}v_{-1} + \frac{1}{\sqrt{6}}w_{-1}$$

$$-E\mathrm{e}^{-2\mathrm{i}\varphi} = \frac{1}{\sqrt{3}}w_{-2},\quad \mathrm{i}D\mathrm{e}^{\mathrm{i}\varphi} = -\frac{1}{2}v_1 - \frac{1}{\sqrt{6}}w_1$$

$$
\begin{aligned}
&A=\frac{1}{3}u-\frac{\sqrt{2}}{3}w_0,\quad -\mathrm{i}D\mathrm{e}^{-\mathrm{i}\varphi}=\frac{1}{2}v_{-1}-\frac{1}{\sqrt{6}}w_{-1}\\
&-Ee^{2\mathrm{i}\varphi}=\frac{1}{\sqrt{3}}w_2,\quad \mathrm{i}C\mathrm{e}^{\mathrm{i}\varphi}=-\frac{1}{2}v_1+\frac{1}{\sqrt{6}}w_1\\
&B=\frac{1}{3}u-\frac{1}{2}v_0+\frac{1}{3\sqrt{2}}w_0
\end{aligned}\tag{3.4.20}
$$

由上式可得

$$
\begin{aligned}
&u=A+2B,\quad v_{-1}=-\mathrm{i}\,(D+C)\,\mathrm{e}^{-\mathrm{i}\varphi},\quad v_0=0,\quad v_1=-\mathrm{i}\,(D+C)\,\mathrm{e}^{\mathrm{i}\varphi}\\
&w_{-2}=-\sqrt{3}E\mathrm{e}^{-2\mathrm{i}\varphi},\quad w_{-1}=\mathrm{i}\sqrt{\frac{3}{2}}\,(D-C)\,\mathrm{e}^{-\mathrm{i}\varphi},\quad w_0=-\sqrt{2}(A-B)\\
&w_1=-\mathrm{i}\sqrt{\frac{3}{2}}\,(D-C)\,\mathrm{e}^{\mathrm{i}\varphi},\quad w_2=-\sqrt{3}E\mathrm{e}^{2\mathrm{i}\varphi}
\end{aligned}\tag{3.4.21}
$$

以上结果表明，$\hat{F}$ 中含有矢量极化项 $\hat{S}_1$ 和 $\hat{S}_{-1}$，也含有张量极化项 $\hat{T}_{2M}(M=\pm2,\pm1,0)$。如果 $\varphi=0$，便有 $v_{-1}=v_1,w_{-2}=w_2,w_{-1}=-w_1$，这时矢量项只有 $\hat{S}_1$ 项，张量项只有 $\hat{T}_{20},\hat{T}_{21},\hat{T}_{22}$ 三项。

利用式 (1.2.23) 和式 (3.4.21) 可以求得

$$
\begin{aligned}
&\frac{1}{2}\sum_{\mu}(-1)^{\mu}v_{-\mu}\hat{S}_{\mu}\\
=&\frac{1}{2\sqrt{2}}v_{-1}\left(\hat{S}_x+\mathrm{i}\hat{S}_y\right)+\frac{1}{2}v_0\hat{S}_z-\frac{1}{2\sqrt{2}}v_1\left(\hat{S}_x-\mathrm{i}\hat{S}_y\right)\\
=&\frac{1}{2\sqrt{2}}\,(v_{-1}-v_1)\,\hat{S}_x+\frac{1}{2}v_0\hat{S}_z+\frac{\mathrm{i}}{2\sqrt{2}}\,(v_{-1}+v_1)\,\hat{S}_y\\
=&-\frac{\mathrm{i}}{2\sqrt{2}}\,(D+C)\left(\mathrm{e}^{-\mathrm{i}\varphi}-\mathrm{e}^{\mathrm{i}\varphi}\right)\hat{S}_x+\frac{1}{2\sqrt{2}}\,(D+C)\left(\mathrm{e}^{-\mathrm{i}\varphi}+\mathrm{e}^{\mathrm{i}\varphi}\right)\hat{S}_y\\
=&-\frac{1}{\sqrt{2}}\,(D+C)\sin\varphi\hat{S}_x+\frac{1}{\sqrt{2}}\,(D+C)\cos\varphi\hat{S}_y\\
=&\frac{1}{\sqrt{2}}\,(D+C)\left(\cos\varphi\hat{S}_y-\sin\varphi\hat{S}_x\right)
\end{aligned}\tag{3.4.22}
$$

利用式 (3.1.22) 和式 (3.4.21) 可以求得

$$
\begin{aligned}
&\frac{1}{3}\sum_{M}(-1)^{M}w_{-M}\hat{T}_{2M}\\
=&\frac{1}{6\sqrt{3}}w_2\left(\hat{Q}_{xx-yy}-2\mathrm{i}\hat{Q}_{xy}\right)-\frac{1}{3\sqrt{3}}w_1\left(\hat{Q}_{xz}-\mathrm{i}\hat{Q}_{yz}\right)+\frac{1}{3\sqrt{2}}w_0\hat{Q}_{zz}\\
&+\frac{1}{3\sqrt{3}}w_{-1}\left(\hat{Q}_{xz}+\mathrm{i}\hat{Q}_{yz}\right)+\frac{1}{6\sqrt{3}}w_{-2}\left(\hat{Q}_{xx-yy}+2\mathrm{i}\hat{Q}_{xy}\right)\\
=&-\frac{1}{3}(A-B)\hat{Q}_{zz}+\frac{\mathrm{i}}{3\sqrt{2}}\,(D-C)\left(\mathrm{e}^{\mathrm{i}\varphi}+\mathrm{e}^{-\mathrm{i}\varphi}\right)\hat{Q}_{xz}
\end{aligned}
$$

$$
\begin{aligned}
&+\frac{1}{3\sqrt{2}}(D-C)\left(\mathrm{e}^{\mathrm{i}\varphi}-\mathrm{e}^{-\mathrm{i}\varphi}\right)\hat{Q}_{yz}-\frac{1}{6}E\left(\mathrm{e}^{2\mathrm{i}\varphi}+\mathrm{e}^{-2\mathrm{i}\varphi}\right)\hat{Q}_{xx-yy} \\
&+\frac{\mathrm{i}}{3}E\left(\mathrm{e}^{2\mathrm{i}\varphi}-\mathrm{e}^{-2\mathrm{i}\varphi}\right)\hat{Q}_{xy} \\
=&-\frac{1}{3}(A-B)\hat{Q}_{zz}+\mathrm{i}\frac{\sqrt{2}}{3}(D-C)\left(\cos\varphi\hat{Q}_{xz}+\sin\varphi\hat{Q}_{yz}\right) \\
&-\frac{1}{3}E\left(\cos(2\varphi)\hat{Q}_{xx-yy}+2\sin(2\varphi)\hat{Q}_{xy}\right)
\end{aligned}
\tag{3.4.23}
$$

把式 (3.4.21) 的第一式及式 (3.4.22)、式 (3.4.23) 代入式 (3.4.19) 可得

$$
\begin{aligned}
\hat{F}=&\frac{1}{3}(A+2B)\hat{I}+\frac{1}{\sqrt{2}}(D+C)\left(\cos\varphi\hat{S}_y-\sin\varphi\hat{S}_x\right) \\
&+\mathrm{i}\frac{\sqrt{2}}{3}(D-C)\left(\cos\varphi\hat{Q}_{xz}+\sin\varphi\hat{Q}_{yz}\right) \\
&-\frac{1}{3}E\left[\cos(2\varphi)\hat{Q}_{xx-yy}+2\sin(2\varphi)\hat{Q}_{xy}\right]-\frac{1}{3}(A-B)\hat{Q}_{zz}
\end{aligned}
\tag{3.4.24}
$$

如果取 y 轴沿 $\vec{n}$ 方向，便有 $\varphi=0$，这时式 (3.4.24) 被简化为

$$
\begin{aligned}
\hat{F}=&\frac{1}{3}(A+2B)\hat{I}+\frac{1}{\sqrt{2}}(D+C)\hat{S}_y+\mathrm{i}\frac{\sqrt{2}}{3}(D-C)\hat{Q}_{xz} \\
&-\frac{1}{3}E\hat{Q}_{xx-yy}-\frac{1}{3}(A-B)\hat{Q}_{zz}
\end{aligned}
\tag{3.4.25}
$$

此式与参考文献 [3] 中给出的结果在项目上是一致的。利用求迹公式 (3.2.39) 和式 (3.2.40) 由式 (3.4.25) 可以求得

$$
\begin{aligned}
I_0=&\frac{1}{3}\mathrm{tr}\{\hat{F}\hat{F}^+\}=\frac{1}{3}\left[\frac{1}{3}(A+2B)(A^*+2B^*)+(D+C)(D^*+C^*)\right. \\
&\left.+(D-C)(D^*-C^*)+\frac{2}{3}(A-B)(A^*-B^*)+2|E|^2\right] \\
=&\frac{1}{3}\left[|A|^2+2\left(|B|^2+|C|^2+|D|^2+|E|^2\right)\right]
\end{aligned}
\tag{3.4.26}
$$

此式与式 (3.4.18) 完全一致。

式 (3.4.16) 是球基表象中的散射矩阵 $\hat{F}$，并用式 (3.4.19) 将其在球基坐标系中展开，其展开系数已由式 (3.4.21) 给出。而式 (3.4.24) 是被变换到直角坐标系中的散射矩阵 $\hat{F}$，我们用 $F_{\mu'\mu}\,(\mu,\mu'=\pm1,0)$ 表示其在球基表象中球基坐标系的矩阵元，根据式 (3.4.24) 和球基表象中的式 (3.1.33) 和式 (3.1.36) 可以得到

$$
F_{11}=\frac{1}{3}(A+2B)-\frac{1}{3}(A-B)=B
$$

$$
F_{10}=-\frac{1}{2}(D+C)(\mathrm{i}\cos\varphi+\sin\varphi)+\frac{1}{2}(D-C)(\mathrm{i}\cos\varphi+\sin\varphi)=-\mathrm{i}C\mathrm{e}^{-\mathrm{i}\varphi}
$$

$$
\begin{aligned}
&F_{1\ -1} = -E\left[\cos(2\varphi) - \mathrm{i}\sin(2\varphi)\right] = -E\mathrm{e}^{-2\mathrm{i}\varphi} \\
&F_{01} = \frac{1}{2}(D+C)(\mathrm{i}\cos\varphi - \sin\varphi) + \frac{1}{2}(D-C)(\mathrm{i}\cos\varphi - \sin\varphi) = \mathrm{i}D\mathrm{e}^{\mathrm{i}\varphi} \\
&F_{00} = \frac{1}{3}(A+2B) + \frac{2}{3}(A-B) = A \\
&F_{0\ -1} = \frac{1}{2}(D+C)(-\mathrm{i}\cos\varphi - \sin\varphi) + \frac{1}{2}(D-C)(-\mathrm{i}\cos\varphi - \sin\varphi) \\
&\qquad = -\mathrm{i}D\mathrm{e}^{-\mathrm{i}\varphi} \\
&F_{-1\ 1} = -E\left[\cos(2\varphi) + \mathrm{i}\sin(2\varphi)\right] = -E\mathrm{e}^{2\mathrm{i}\varphi} \\
&F_{-1\ 0} = \frac{1}{2}(D+C)(\mathrm{i}\cos\varphi - \sin\varphi) - \frac{1}{2}(D-C)(\mathrm{i}\cos\varphi - \sin\varphi) = \mathrm{i}C\mathrm{e}^{\mathrm{i}\varphi} \\
&F_{-1\ -1} = \frac{1}{3}(A+2B) - \frac{1}{3}(A-B) = B
\end{aligned} \tag{3.4.27}
$$

上述结果与式 (3.4.16) 是一致的。以上讨论都是在球基表象中进行的。

3.5 自旋 1 非极化粒子与自旋 0 靶核发生弹性散射的极化理论

根据式 (3.2.83) 我们将在直角坐标系中写出入射粒子的密度矩阵。由于 $\hat{Q}_{ik} = \hat{Q}_{ki}$，当 $i \neq k$ 时我们只保留其中一项，但是要在前边乘以 2，于是可以写出

$$
\begin{aligned}
\hat{\rho}_{\text{in}} =& \frac{1}{3}\left[\hat{I} + \frac{3}{2}\left(p_x\hat{S}_x + p_y\hat{S}_y + p_z\hat{S}_z\right) + \frac{2}{3}\left(p_{xy}\hat{Q}_{xy} + p_{xz}\hat{Q}_{xz} + p_{yz}\hat{Q}_{yz}\right)\right. \\
&\left. + \frac{1}{3}\left(p_{xx}\hat{Q}_{xx} + p_{yy}\hat{Q}_{yy} + p_{zz}\hat{Q}_{zz}\right)\right]
\end{aligned} \tag{3.5.1}
$$

其中，p_i 是入射粒子极化矢量的分量；p_{ik} 是入射粒子极化张量的分量。式 (3.1.19) 要求

$$
\hat{Q}_{xx} + \hat{Q}_{yy} + \hat{Q}_{zz} = \begin{pmatrix} 0 & 0 & 0 \\ 0 & 0 & 0 \\ 0 & 0 & 0 \end{pmatrix} \tag{3.5.2}
$$

式 (3.2.93) 要求

$$
p_{xx} + p_{yy} + p_{zz} = 0 \tag{3.5.3}
$$

利用式 (3.2.39) 和式 (3.2.40)，由式 (3.5.1) 和式 (3.5.3) 很容易证明

$$
p_i = \left\langle \hat{S}_i \right\rangle = \operatorname{tr}\left\{\hat{S}_i\hat{\rho}_{\text{in}}\right\}, \quad i = x, y, z \tag{3.5.4}
$$

$$
p_{ik} = \left\langle \hat{Q}_{ik} \right\rangle = \operatorname{tr}\left\{\hat{Q}_{ik}\hat{\rho}_{\text{in}}\right\}, \quad i, k = x, y, z \tag{3.5.5}
$$

根据式 (3.5.2) 和式 (3.5.3) 可以求得

$$\frac{1}{2}(p_{xx}-p_{yy})\left(\hat{Q}_{xx}-\hat{Q}_{yy}\right)+\frac{3}{2}p_{zz}\hat{Q}_{zz}=p_{xx}\hat{Q}_{xx}+p_{yy}\hat{Q}_{yy}+p_{zz}\hat{Q}_{zz} \tag{3.5.6}$$

$$\frac{1}{2}(p_{xx}-p_{zz})\left(\hat{Q}_{xx}-\hat{Q}_{zz}\right)+\frac{3}{2}p_{yy}\hat{Q}_{yy}=p_{xx}\hat{Q}_{xx}+p_{yy}\hat{Q}_{yy}+p_{zz}\hat{Q}_{zz} \tag{3.5.7}$$

$$\frac{1}{2}(p_{yy}-p_{zz})\left(\hat{Q}_{yy}-\hat{Q}_{zz}\right)+\frac{3}{2}p_{xx}\hat{Q}_{xx}=p_{xx}\hat{Q}_{xx}+p_{yy}\hat{Q}_{yy}+p_{zz}\hat{Q}_{zz} \tag{3.5.8}$$

注意到由式 (3.4.25) 给出的 $\hat{F}$ 及在变换式 (3.1.22) 中出现的 $\hat{Q}_{xx-yy}$，利用式 (3.5.6) 可把式 (3.5.1) 改写成

$$\begin{aligned}\hat{\rho}_{\text{in}}=&\frac{1}{3}\left[\hat{I}+\frac{3}{2}\left(p_x\hat{S}_x+p_y\hat{S}_y+p_z\hat{S}_z\right)+\frac{2}{3}\left(p_{xy}\hat{Q}_{xy}+p_{xz}\hat{Q}_{xz}+p_{yz}\hat{Q}_{yz}\right)\right.\\&\left.+\frac{1}{6}(p_{xx}-p_{yy})\left(\hat{Q}_{xx}-\hat{Q}_{yy}\right)+\frac{1}{2}p_{zz}\hat{Q}_{zz}\right]\end{aligned} \tag{3.5.9}$$

利用式 (3.2.39) 和式 (3.2.40)，由式 (3.5.9) 仍然可以得到式 (3.5.4) 和式 (3.5.5)，还可以求得

$$p_{xx-yy}\equiv p_{xx}-p_{yy}=\left\langle\hat{Q}_{xx}-\hat{Q}_{yy}\right\rangle=\text{tr}\left\{\left(\hat{Q}_{xx}-\hat{Q}_{yy}\right)\hat{\rho}_{\text{in}}\right\} \tag{3.5.10}$$

这时由 $\hat{Q}_{xx-yy}\equiv\hat{Q}_{xx}-\hat{Q}_{yy}$ 和 $\hat{Q}_{zz},\hat{Q}_{xy},\hat{Q}_{xz},\hat{Q}_{yz}$ 构成 5 个独立的张量算符。在实际应用中既可以选用式 (3.5.1)，也可以选用式 (3.5.9)。本书一般选用只保留 5 个独立张量算符的式 (3.5.9)。

如果入射粒子束流只在 y 轴方向被极化，即 $p_x=p_z=0$，$p_{xy}=p_{xz}=p_{yz}=0$，$p_{xx}=p_{zz}=-\frac{1}{2}p_{yy}$，$\hat{Q}_{xx}=\hat{Q}_{zz}=-\frac{1}{2}\hat{Q}_{yy}$，这时根据式 (3.5.1) 和式 (3.5.7) 可以写出

$$\hat{\rho}_{\text{in}}=\frac{1}{3}\left(\hat{I}+\frac{3}{2}p_y\hat{S}_y+\frac{1}{2}p_{yy}\hat{Q}_{yy}\right) \tag{3.5.11}$$

式 (3.5.11) 是一种特例。

如果入射粒子是非极化的，便有

$$\hat{\rho}_{\text{in}}^0=\frac{1}{3}\hat{I} \tag{3.5.12}$$

$$\hat{\rho}_{\text{out}}^0=\frac{1}{3}\hat{F}\hat{F}^+ \tag{3.5.13}$$

在 3.4 节由式 (3.4.18) 已经给出

$$\frac{\mathrm{d}\sigma^0}{\mathrm{d}\Omega}=I_0=\text{tr}\left(\hat{\rho}_{\text{out}}^0\right)=\frac{1}{3}\text{tr}\left\{\hat{F}\hat{F}^+\right\}=\frac{1}{3}\left[|A|^2+2\left(|B|^2+|C|^2+|D|^2+|E|^2\right)\right] \tag{3.5.14}$$

当把 y 轴取在沿 $\vec{n}$ 方向时，$\varphi=0$，这时可把式 (3.4.16) 和式 (3.4.17) 简写成

$$\hat{F}=\begin{pmatrix} B & -\mathrm{i}C & -E \\ \mathrm{i}D & A & -\mathrm{i}D \\ -E & \mathrm{i}C & B \end{pmatrix},\quad \hat{F}^{+}=\begin{pmatrix} B^{*} & -\mathrm{i}D^{*} & -E^{*} \\ \mathrm{i}C^{*} & A^{*} & -\mathrm{i}C^{*} \\ -E^{*} & \mathrm{i}D^{*} & B^{*} \end{pmatrix} \tag{3.5.15}$$

$$\begin{aligned}&\hat{F}\hat{F}^{+}\\ =&\begin{pmatrix} |B|^2+|C|^2+|E|^2 & -\mathrm{i}\left(BD^{*}+CA^{*}+ED^{*}\right) & -\left(BE^{*}+|C|^2+EB^{*}\right) \\ \mathrm{i}\left(DB^{*}+AC^{*}+DE^{*}\right) & 2|D|^2+|A|^2 & -\mathrm{i}\left(DB^{*}+AC^{*}+DE^{*}\right) \\ -\left(EB^{*}+|C|^2+BE^{*}\right) & \mathrm{i}\left(BD^{*}+CA^{*}+ED^{*}\right) & |B|^2+|C|^2+|E|^2 \end{pmatrix}\end{aligned} \tag{3.5.16}$$

我们定义

$$P_0^{i'}=\frac{\operatorname{tr}\left\{\hat{S}_{i'}\hat{F}\hat{F}^{+}\right\}}{\operatorname{tr}\left\{\hat{F}\hat{F}^{+}\right\}},\quad i'=x',y',z' \tag{3.5.17}$$

为非极化入射粒子所对应的出射粒子极化矢量的分量，再定义

$$P_0^{i'}=\frac{\operatorname{tr}\{\hat{Q}_{i'}\hat{F}\hat{F}^{+}\}}{\operatorname{tr}\{\hat{F}\hat{F}^{+}\}},\quad i'=x'y',x'z',y'z',x'x'-y'y',z'z' \tag{3.5.18}$$

为非极化入射粒子所对应的出射粒子极化张量的分量。利用式 (3.1.33)、式 (3.1.36)、式 (3.5.14) 和式 (3.5.16)，由式 (3.5.17) 和式 (3.5.18) 可以求得

$$P_0^{x'}=\frac{1}{3\sqrt{2}I_0}[\mathrm{i}(DB^{*}+AC^{*}+DE^{*})-\mathrm{i}(DB^{*}+AC^{*}+DE^{*})]=0 \tag{3.5.19}$$

$$\begin{aligned}P_0^{y'}=&\frac{\mathrm{i}}{3\sqrt{2}I_0}\left[-\mathrm{i}\left(DB^{*}+AC^{*}+DE^{*}\right)-2\mathrm{i}\left(BD^{*}+CA^{*}+ED^{*}\right)\right.\\&\left.-\mathrm{i}\left(DB^{*}+AC^{*}+DE^{*}\right)\right]=\frac{2\sqrt{2}}{3I_0}\operatorname{Re}\left(DB^{*}+AC^{*}+DE^{*}\right)\end{aligned} \tag{3.5.20}$$

$$P_0^{z'}=\frac{1}{3I_0}\left[\left(|B|^2+|C|^2+|E|^2\right)-\left(|B|^2+|C|^2+|E|^2\right)\right]=0 \tag{3.5.21}$$

$$P_0^{x'y'}=\frac{\mathrm{i}}{2I_0}\left[\left(EB^{*}+|C|^2+BE^{*}\right)-\left(BE^{*}+|C|^2+EB^{*}\right)\right]=0 \tag{3.5.22}$$

$$\begin{aligned}P_0^{x'z'}=&\frac{1}{2\sqrt{2}I_0}\left[\mathrm{i}\left(DB^{*}+AC^{*}+DE^{*}\right)-2\mathrm{i}\left(BD^{*}+CA^{*}+ED^{*}\right)\right.\\&\left.+\mathrm{i}\left(DB^{*}+AC^{*}+DE^{*}\right)\right]=-\frac{\sqrt{2}}{I_0}\operatorname{Im}\left(DB^{*}+AC^{*}+DE^{*}\right)\end{aligned} \tag{3.5.23}$$

$$P_0^{y'z'} = \frac{\mathrm{i}}{2\sqrt{2}I_0}\left[-\mathrm{i}\left(DB^* + AC^* + DE^*\right) + \mathrm{i}\left(DB^* + AC^* + DE^*\right)\right] = 0 \tag{3.5.24}$$

$$\begin{aligned} P_0^{x'x'-y'y'} =& \frac{1}{I_0}\left[-\left(EB^* + |C|^2 + BE^*\right) - \left(BE^* + |C|^2 + EB^*\right)\right] \\ =& -\frac{2}{I_0}\left[|C|^2 + 2\mathrm{Re}\left(EB^*\right)\right] \end{aligned} \tag{3.5.25}$$

$$\begin{aligned} P_0^{z'z'} =& \frac{1}{3I_0}\left[\left(|B|^2 + |C|^2 + |E|^2\right) - 2\left(2|D|^2 + |A|^2\right) + \left(|B|^2 + |C|^2 + |E|^2\right)\right] \\ =& \frac{2}{3I_0}\left(|B|^2 + |C|^2 + |E|^2 - |A|^2 - 2|D|^2\right) \end{aligned} \tag{3.5.26}$$

上述结果说明只有 $P_0^{i'}$ $(i' = y', x'z', x'x' - y'y', z'z')$ 不为 0。以上结果还表明，在靶核和剩余核自旋为 0 的情况下，即使入射自旋 1 粒子是非极化的，出射自旋 1 粒子的矢量极化率和张量极化率一般情况下也不为 0，即出射粒子也是极化的。

3.6　同时含有矢量极化和张量极化的自旋 1 粒子与自旋 0 靶核发生弹性散射的极化理论

如果入射的自旋 1 粒子同时含有矢量极化和张量极化成分，就要考虑由式 (3.5.9) 给出的入射粒子密度矩阵中第一项后面的各项。

我们定义

$$A_i = \frac{\mathrm{tr}\{\hat{F}\hat{S}_i\hat{F}^+\}}{\mathrm{tr}\{\hat{F}\hat{F}^+\}}, \quad i = x, y, z \tag{3.6.1}$$

为矢量极化分析本领，再定义

$$A_i = \frac{\mathrm{tr}\{\hat{F}\hat{Q}_i\hat{F}^+\}}{\mathrm{tr}\{\hat{F}\hat{F}^+\}}, \quad i = xy, xz, yz, xx - yy, zz \tag{3.6.2}$$

为张量极化分析本领。利用式 (3.1.33)、式 (3.1.36)、式 (3.5.14) 和式 (3.5.15)，由式 (3.6.1) 和式 (3.6.2) 可以求得

$$\hat{S}_x\hat{F}^+ = \frac{1}{\sqrt{2}}\begin{pmatrix} \mathrm{i}C^* & A^* & -\mathrm{i}C^* \\ B^* - E^* & 0 & B^* - E^* \\ \mathrm{i}C^* & A^* & -\mathrm{i}C^* \end{pmatrix},$$

$$\hat{F}\hat{S}_x\hat{F}^+ = \frac{1}{\sqrt{2}}\left(\begin{matrix} \mathrm{i}\left(BC^* - CB^* + CE^* - EC^*\right) & BA^* - EA^* \\ AB^* - AE^* & 0 \\ -\mathrm{i}\left(EC^* - CB^* + CE^* - BC^*\right) & -EA^* + BA^* \end{matrix}\right.$$

$$\left.\begin{matrix} -\mathrm{i}\left(BC^*+CB^*-CE^*-EC^*\right) \\ AB^*-AE^* \\ \mathrm{i}\left(EC^*+CB^*-CE^*-BC^*\right) \end{matrix}\right) \tag{3.6.3}$$

$$A_x=\frac{1}{3\sqrt{2}I_0}\left[\mathrm{i}\left(BC^*-CB^*+CE^*-EC^*\right)+\mathrm{i}\left(EC^*+CB^*-CE^*-BC^*\right)\right]=0 \tag{3.6.4}$$

$$\hat{S}_y\hat{F}^+=\frac{\mathrm{i}}{\sqrt{2}}\begin{pmatrix} -\mathrm{i}C^* & -A^* & \mathrm{i}C^* \\ B^*+E^* & -2\mathrm{i}D^* & -\left(E^*+B^*\right) \\ \mathrm{i}C^* & A^* & -\mathrm{i}C^* \end{pmatrix}$$

$$\hat{F}\hat{S}_y\hat{F}^+=\frac{\mathrm{i}}{\sqrt{2}}\left(\begin{matrix} -\mathrm{i}\left(BC^*+CB^*+CE^*+EC^*\right) & -\left(BA^*+2CD^*+EA^*\right) \\ 2DC^*+AB^*+AE^* & -2\mathrm{i}\left(DA^*+AD^*\right) \\ \mathrm{i}\left(EC^*+CB^*+CE^*+BC^*\right) & EA^*+2CD^*+BA^* \end{matrix}\right.$$

$$\left.\begin{matrix} \mathrm{i}\left(BC^*+CE^*+CB^*+EC^*\right) \\ -\left(2DC^*+AE^*+AB^*\right) \\ -\mathrm{i}\left(EC^*+CE^*+CB^*+BC^*\right) \end{matrix}\right) \tag{3.6.5}$$

$$\begin{aligned} A_y=&\frac{\mathrm{i}}{3\sqrt{2}I_0}[-\mathrm{i}(BC^*+CB^*+CE^*+EC^*)-2\mathrm{i}(DA^*+AD^*) \\ &-\mathrm{i}(EC^*+CE^*+CB^*+BC^*)] \\ =&\frac{2\sqrt{2}}{3I_0}\mathrm{Re}(BC^*+CE^*+DA^*) \end{aligned} \tag{3.6.6}$$

$$\hat{S}_z\hat{F}^+=\begin{pmatrix} B^* & -\mathrm{i}D^* & -E^* \\ 0 & 0 & 0 \\ E^* & -\mathrm{i}D^* & -B^* \end{pmatrix}$$

$$\hat{F}\hat{S}_z\hat{F}^+=\begin{pmatrix} |B|^2-|E|^2 & -\mathrm{i}\left(BD^*-ED^*\right) & -\left(BE^*-EB^*\right) \\ \mathrm{i}\left(DB^*-DE^*\right) & 0 & -\mathrm{i}\left(DE^*-DB^*\right) \\ -\left(EB^*-BE^*\right) & \mathrm{i}\left(ED^*-BD^*\right) & |E|^2-|B|^2 \end{pmatrix} \tag{3.6.7}$$

$$A_z=\frac{1}{3I_0}\left[\left(|B|^2-|E|^2\right)+\left(|E|^2-|B|^2\right)\right]=0 \tag{3.6.8}$$

$$\hat{Q}_{xy}\hat{F}^+=\frac{3\mathrm{i}}{2}\begin{pmatrix} E^* & -\mathrm{i}D^* & -B^* \\ 0 & 0 & 0 \\ B^* & -\mathrm{i}D^* & -E^* \end{pmatrix}$$

$$\hat{F}\hat{Q}_{xy}\hat{F}^{+}=\frac{3\mathrm{i}}{2}\begin{pmatrix} BE^{*}-EB^{*} & -\mathrm{i}\left(BD^{*}-ED^{*}\right) & -|B|^{2}+|E|^{2} \\ \mathrm{i}\left(DE^{*}-DB^{*}\right) & 0 & -\mathrm{i}\left(DB^{*}-DE^{*}\right) \\ -|E|^{2}+|B|^{2} & \mathrm{i}\left(ED^{*}-BD^{*}\right) & EB^{*}-BE^{*} \end{pmatrix} \tag{3.6.9}$$

$$A_{xy}=\frac{\mathrm{i}}{2I_0}\left[\left(BE^{*}-EB^{*}\right)+\left(EB^{*}-BE^{*}\right)\right]=0 \tag{3.6.10}$$

$$\hat{Q}_{xz}\hat{F}^{+}=\frac{3}{2\sqrt{2}}\begin{pmatrix} \mathrm{i}C^{*} & A^{*} & -\mathrm{i}C^{*} \\ B^{*}+E^{*} & -2iD^{*} & -\left(E^{*}+B^{*}\right) \\ -\mathrm{i}C^{*} & -A^{*} & \mathrm{i}C^{*} \end{pmatrix}$$

$$\hat{F}\hat{Q}_{xz}\hat{F}^{+}=\frac{3}{2\sqrt{2}}\begin{pmatrix} \mathrm{i}\left(BC^{*}-CB^{*}-CE^{*}+EC^{*}\right) & BA^{*}-2CD^{*}+EA^{*} & -\mathrm{i}\left(BC^{*}-CE^{*}-CB^{*}+EC^{*}\right) \\ -2DC^{*}+AB^{*}+AE^{*} & 2\mathrm{i}\left(DA^{*}-AD^{*}\right) & 2DC^{*}-AE^{*}-AB^{*} \\ -\mathrm{i}\left(EC^{*}-CB^{*}-CE^{*}+BC^{*}\right) & -EA^{*}+2CD^{*}-BA^{*} & \mathrm{i}\left(EC^{*}-CE^{*}-CB^{*}+BC^{*}\right) \end{pmatrix} \tag{3.6.11}$$

$$\begin{aligned} A_{xz}=&\frac{1}{2\sqrt{2}I_0}\left[\mathrm{i}\left(BC^{*}-CB^{*}-CE^{*}+EC^{*}\right)+2\mathrm{i}\left(DA^{*}-AD^{*}\right)\right.\\ &\left.+\mathrm{i}\left(EC^{*}-CE^{*}-CB^{*}+BC^{*}\right)\right]\\ =&-\frac{\sqrt{2}}{I_0}\mathrm{Im}\left(BC^{*}+DA^{*}+EC^{*}\right) \end{aligned} \tag{3.6.12}$$

$$\hat{Q}_{yz}\hat{F}^{+}=\frac{3\mathrm{i}}{2\sqrt{2}}\begin{pmatrix} -\mathrm{i}C^{*} & -A^{*} & \mathrm{i}C^{*} \\ B^{*}-E^{*} & 0 & -E^{*}+B^{*} \\ -\mathrm{i}C^{*} & -A^{*} & \mathrm{i}C^{*} \end{pmatrix}$$

$$\hat{F}\hat{Q}_{yz}\hat{F}^{+}=\frac{3\mathrm{i}}{2\sqrt{2}}\begin{pmatrix} -\mathrm{i}\left(BC^{*}+CB^{*}-CE^{*}-EC^{*}\right) & -BA^{*}+EA^{*} & \mathrm{i}\left(BC^{*}+CE^{*}-CB^{*}-EC^{*}\right) \\ AB^{*}-AE^{*} & 0 & -AE^{*}+AB^{*} \\ \mathrm{i}\left(EC^{*}+CB^{*}-CE^{*}-BC^{*}\right) & EA^{*}-BA^{*} & -\mathrm{i}\left(EC^{*}+CE^{*}-CB^{*}-BC^{*}\right) \end{pmatrix} \tag{3.6.13}$$

$$A_{yz}=\frac{\mathrm{i}}{2\sqrt{2}I_0}\left[-\mathrm{i}\left(BC^*+CB^*-CE^*-EC^*\right)-\mathrm{i}\left(EC^*+CE^*-CB^*-BC^*\right)\right]=0 \tag{3.6.14}$$

$$\hat{Q}_{xx-yy}\hat{F}^+=3\begin{pmatrix} -E^* & \mathrm{i}D^* & B^* \\ 0 & 0 & 0 \\ B^* & -\mathrm{i}D^* & -E^* \end{pmatrix}$$

$$\hat{F}\hat{Q}_{xx-yy}\hat{F}^+=3\begin{pmatrix} -BE^*-EB^* & \mathrm{i}\left(BD^*+ED^*\right) & |B|^2+|E|^2 \\ -\mathrm{i}\left(DE^*+DB^*\right) & -2|D|^2 & \mathrm{i}\left(DB^*+DE^*\right) \\ |E|^2+|B|^2 & -\mathrm{i}\left(ED^*+BD^*\right) & -EB^*-BE^* \end{pmatrix} \tag{3.6.15}$$

$$A_{xx-yy}=\frac{1}{I_0}\left[-2\left(BE^*+EB^*\right)-2|D|^2\right]=-\frac{2}{I_0}\left[2\mathrm{Re}\left(BE^*\right)+|D|^2\right] \tag{3.6.16}$$

$$\hat{Q}_{zz}\hat{F}^+=\begin{pmatrix} B^* & -\mathrm{i}D^* & -E^* \\ -2\mathrm{i}C^* & -2A^* & 2\mathrm{i}C^* \\ -E^* & \mathrm{i}D^* & B^* \end{pmatrix}$$

$$\begin{aligned}&\hat{F}\hat{Q}_{zz}\hat{F}^+\\&=\begin{pmatrix} |B|^2-2|C|^2+|E|^2 & -\mathrm{i}\left(BD^*-2CA^*+ED^*\right) & -BE^*+2|C|^2-EB^* \\ \mathrm{i}\left(DB^*-2AC^*+DE^*\right) & 2|D|^2-2|A|^2 & -\mathrm{i}\left(DE^*-2AC^*+DB^*\right) \\ -EB^*+2|C|^2-BE^* & \mathrm{i}\left(ED^*-2CA^*+BD^*\right) & |E|^2-2|C|^2+|B|^2 \end{pmatrix}\end{aligned} \tag{3.6.17}$$

$$\begin{aligned}A_{zz}=&\frac{1}{3I_0}\left[2\left(|B|^2-2|C|^2+|E|^2\right)+2|D|^2-2|A|^2\right]\\=&\frac{2}{3I_0}\left(|B|^2+|E|^2+|D|^2-|A|^2-2|C|^2\right)\end{aligned} \tag{3.6.18}$$

以上结果表明只有 $A_i\,(i=y,xz,xx-yy,zz)$ 不为 0。

根据式 (3.5.9)，可以写出极化入射粒子所对应的出射粒子的微分截面为

$$\frac{\mathrm{d}\sigma}{\mathrm{d}\Omega}=I=I_0\left(1+\frac{3}{2}p_yA_y+\frac{2}{3}p_{xz}A_{xz}+\frac{1}{6}p_{xx-yy}A_{xx-yy}+\frac{1}{2}p_{zz}A_{zz}\right) \tag{3.6.19}$$

定义

$$K_i^{i'}=\frac{\mathrm{tr}\{\hat{S}_{i'}\hat{F}\hat{S}_i\hat{F}^+\}}{\mathrm{tr}\{\hat{F}\hat{F}^+\}},\quad i=x,y,z;\quad i'=x',y',z' \tag{3.6.20}$$

为入射粒子极化矢量到出射粒子极化矢量的极化转移系数，再定义

$$K_i^{i'}=\frac{\mathrm{tr}\{\hat{Q}_{i'}\hat{F}\hat{S}_i\hat{F}^+\}}{\mathrm{tr}\{\hat{F}\hat{F}^+\}},\quad i=x,y,z;\quad i'=x'y',x'z',y'z',x'x'-y'y',z'z' \tag{3.6.21}$$

为入射粒子极化矢量到出射粒子极化张量的极化转移系数，再定义

$$K_i^{i'} = \frac{\text{tr}\{\hat{S}_{i'}\hat{F}\hat{Q}_i\hat{F}^+\}}{\text{tr}\{\hat{F}\hat{F}^+\}}, \quad i = xy, xz, yz, xx-yy, zz; \quad i' = x', y', z' \tag{3.6.22}$$

为入射粒子极化张量到出射粒子极化矢量的极化转移系数，再定义

$$\begin{aligned} K_i^{i'} =& \frac{\text{tr}\{\hat{Q}_{i'}\hat{F}\hat{Q}_i\hat{F}^+\}}{\text{tr}\{\hat{F}\hat{F}^+\}}, \quad i = xy, xz, yz, xx-yy, zz \\ & i' = x'y', x'z', y'z', x'x'-y'y', z'z' \end{aligned} \tag{3.6.23}$$

为入射粒子极化张量到出射粒子极化张量的极化转移系数。

利用式 (3.1.33)、式 (3.1.36)、式 (3.5.14) 及在本节前面所求得的矩阵 $\hat{F}\hat{S}_i\hat{F}^+$ 和 $\hat{F}\hat{Q}_i\hat{F}^+$，由式 (3.6.20) ~ 式 (3.6.23) 可以求得

$$\begin{aligned} K_x^{x'} =& \frac{1}{6I_0}\left[(AB^* - AE^*) + 2(BA^* - EA^*) + (AB^* - AE^*)\right] \\ =& \frac{2}{3I_0}\text{Re}\,(AB^* - AE^*) \end{aligned} \tag{3.6.24}$$

$$K_x^{y'} = \frac{\text{i}}{6I_0}\left[(-AB^* + AE^*) + (AB^* - AE^*)\right] = 0 \tag{3.6.25}$$

$$\begin{aligned} K_x^{z'} =& \frac{1}{3\sqrt{2}I_0}\left[\text{i}\,(BC^* - CB^* + CE^* - EC^*) + \text{i}\,(BC^* - CB^* + CE^* - EC^*)\right] \\ =& -\frac{2\sqrt{2}}{3I_0}\text{Im}\,(BC^* + CE^*) \end{aligned} \tag{3.6.26}$$

$$\begin{aligned} K_x^{x'y'} =& \frac{\text{i}}{2\sqrt{2}I_0}\left[-\text{i}\,(BC^* + CB^* - CE^* - EC^*) - \text{i}\,(BC^* + CB^* - CE^* - EC^*)\right] \\ =& \frac{\sqrt{2}}{I_0}\text{Re}\,(CB^* - EC^*) \end{aligned} \tag{3.6.27}$$

$$K_x^{x'z'} = \frac{1}{4I_0}\left[(AB^* - AE^*) - (AB^* - AE^*)\right] = 0 \tag{3.6.28}$$

$$\begin{aligned} K_x^{y'z'} =& \frac{\text{i}}{4I_0}\left[-(AB^* - AE^*) + 2(BA^* - EA^*) - (AB^* - AE^*)\right] \\ =& \frac{1}{I_0}\text{Im}\,(AB^* - AE^*) \end{aligned} \tag{3.6.29}$$

$$\begin{aligned} K_x^{x'x'-y'y'} =& \frac{1}{\sqrt{2}I_0}\left[-\text{i}\,(EC^* - CB^* + CE^* - BC^*)\right. \\ & \left.-\text{i}\,(BC^* + CB^* - CE^* - EC^*)\right] = 0 \end{aligned} \tag{3.6.30}$$

$$K_x^{z'z'} = \frac{1}{3\sqrt{2}I_0}\left[\mathrm{i}\left(BC^* - CB^* + CE^* - EC^*\right) - \mathrm{i}\left(BC^* - CB^* + CE^* - EC^*\right)\right] = 0 \tag{3.6.31}$$

$$K_y^{x'} = \frac{\mathrm{i}}{6I_0}\left[\left(2DC^* + AB^* + AE^*\right) - \left(2DC^* + AB^* + AE^*\right)\right] = 0 \tag{3.6.32}$$

$$K_y^{y'} = -\frac{1}{6I_0}\left[\left(-2DC^* - AB^* - AE^*\right) + \left(-2BA^* - 4CD^* - 2EA^*\right) + \left(-2DC^* - AB^* - AE^*\right)\right] = \frac{2}{3I_0}\mathrm{Re}\left(AB^* + AE^* + 2DC^*\right) \tag{3.6.33}$$

$$K_y^{z'} = \frac{\mathrm{i}}{3\sqrt{2}I_0}\left[-\mathrm{i}\left(BC^* + CB^* + CE^* + EC^*\right) + \mathrm{i}\left(BC^* + CB^* + CE^* + EC^*\right)\right] = 0 \tag{3.6.34}$$

$$K_y^{x'y'} = -\frac{1}{2\sqrt{2}I_0}\left[-\mathrm{i}\left(BC^* + CB^* + CE^* + EC^*\right) + \mathrm{i}\left(BC^* + CB^* + CE^* + EC^*\right)\right] = 0 \tag{3.6.35}$$

$$K_y^{x'z'} = \frac{\mathrm{i}}{4I_0}\left[\left(AB^* + AE^* + 2DC^*\right) - 2\left(BA^* + EA^* + 2CD^*\right) + \left(AB^* + AE^* + 2DC^*\right)\right] = -\frac{1}{I_0}\mathrm{Im}\left(AB^* + AE^* + 2DC^*\right) \tag{3.6.36}$$

$$K_y^{y'z'} = -\frac{1}{4I_0}\left[-\left(AB^* + AE^* + 2DC^*\right) + \left(AB^* + AE^* + 2DC^*\right)\right] = 0 \tag{3.6.37}$$

$$K_y^{x'x'-y'y'} = \frac{\mathrm{i}}{\sqrt{2}I_0}\left[\mathrm{i}\left(EC^* + CB^* + CE^* + BC^*\right) + \mathrm{i}\left(BC^* + CE^* + CB^* + EC^*\right)\right] = -\frac{2\sqrt{2}}{I_0}\mathrm{Re}\left(CB^* + EC^*\right) \tag{3.6.38}$$

$$\begin{aligned}K_y^{z'z'} =& \frac{\mathrm{i}}{3\sqrt{2}I_0}\left[-\mathrm{i}\left(BC^* + CB^* + CE^* + EC^*\right) + 4\mathrm{i}\left(AD^* + DA^*\right)\right.\\ &\left.-\mathrm{i}\left(BC^* + CB^* + CE^* + EC^*\right)\right]\\ =& \frac{2\sqrt{2}}{3I_0}\mathrm{Re}\left(BC^* + CE^* - 2DA^*\right)\end{aligned} \tag{3.6.39}$$

$$\begin{aligned}K_z^{x'} =& \frac{1}{3\sqrt{2}I_0}\left[\mathrm{i}\left(DB^* - DE^*\right) - 2\mathrm{i}\left(BD^* - ED^*\right) + \mathrm{i}\left(DB^* - DE^*\right)\right]\\ =& -\frac{2\sqrt{2}}{3I_0}\mathrm{Im}\left(DB^* - DE^*\right)\end{aligned} \tag{3.6.40}$$

$$K_z^{y'} = \frac{\mathrm{i}}{3\sqrt{2}I_0}\left[-\mathrm{i}\left(DB^* - DE^*\right) + \mathrm{i}\left(DB^* - DE^*\right)\right] = 0 \tag{3.6.41}$$

$$K_z^{z'} = \frac{1}{3I_0}\left[\left(|B|^2 - |E|^2\right) + \left(|B|^2 - |E|^2\right)\right] = \frac{2}{3I_0}\left(|B|^2 - |E|^2\right) \tag{3.6.42}$$

$$K_z^{x'y'} = \frac{\mathrm{i}}{2I_0}\left[\left(EB^* - BE^*\right) - \left(BE^* - EB^*\right)\right] = -\frac{2}{I_0}\mathrm{Im}\left(EB^*\right) \tag{3.6.43}$$

$$K_z^{x'z'} = \frac{1}{2\sqrt{2}I_0}\left[\mathrm{i}\left(DB^* - DE^*\right) - \mathrm{i}\left(DB^* - DE^*\right)\right] = 0 \tag{3.6.44}$$

$$\begin{aligned} K_z^{y'z'} =& \frac{\mathrm{i}}{2\sqrt{2}I_0}\left[-\mathrm{i}\left(DB^* - DE^*\right) - 2\mathrm{i}\left(BD^* - ED^*\right) - \mathrm{i}\left(DB^* - DE^*\right)\right] \\ =& \frac{\sqrt{2}}{I_0}\mathrm{Re}\left(DB^* - DE^*\right) \end{aligned} \tag{3.6.45}$$

$$K_z^{x'x'-y'y'} = \frac{1}{I_0}\left[-\left(EB^* - BE^*\right) - \left(BE^* - EB^*\right)\right] = 0 \tag{3.6.46}$$

$$K_z^{z'z'} = \frac{1}{3I_0}\left[\left(|B|^2 - |E|^2\right) + \left(|E|^2 - |B|^2\right)\right] = 0 \tag{3.6.47}$$

$$\begin{aligned} K_{xy}^{x'} =& \frac{\mathrm{i}}{2\sqrt{2}I_0}\left[-\mathrm{i}\left(DB^* - DE^*\right) - 2\mathrm{i}\left(BD^* - ED^*\right) - \mathrm{i}\left(DB^* - DE^*\right)\right] \\ =& \frac{\sqrt{2}}{I_0}\mathrm{Re}\left(BD^* - DE^*\right) \end{aligned} \tag{3.6.48}$$

$$K_{xy}^{y'} = -\frac{1}{2\sqrt{2}I_0}\left[\mathrm{i}\left(DB^* - DE^*\right) - \mathrm{i}\left(DB^* - DE^*\right)\right] = 0 \tag{3.6.49}$$

$$K_{xy}^{z'} = \frac{\mathrm{i}}{2I_0}\left[\left(BE^* - EB^*\right) - \left(EB^* - BE^*\right)\right] = -\frac{2}{I_0}\mathrm{Im}\left(BE^*\right) \tag{3.6.50}$$

$$K_{xy}^{x'y'} = -\frac{3}{4I_0}\left[\left(|E|^2 - |B|^2\right) + \left(-|B|^2 + |E|^2\right)\right] = \frac{3}{2I_0}\left(|B|^2 - |E|^2\right) \tag{3.6.51}$$

$$K_{xy}^{x'z'} = \frac{3\mathrm{i}}{4\sqrt{2}I_0}\left[\mathrm{i}\left(DE^* - DB^*\right) + \mathrm{i}\left(DB^* - DE^*\right)\right] = 0 \tag{3.6.52}$$

$$\begin{aligned} K_{xy}^{y'z'} =& -\frac{3}{4\sqrt{2}I_0}\left[-\mathrm{i}\left(DE^* - DB^*\right) - 2\mathrm{i}\left(BD^* - ED^*\right) + \mathrm{i}\left(DB^* - DE^*\right)\right] \\ =& -\frac{3}{\sqrt{2}I_0}\mathrm{Im}\left(BD^* + DE^*\right) \end{aligned} \tag{3.6.53}$$

$$K_{xy}^{x'x'-y'y''} = \frac{3\mathrm{i}}{2I_0}\left(-|E|^2 + |B|^2 - |B|^2 + |E|^2\right) = 0 \tag{3.6.54}$$

$$K_{xy}^{z'z'} = \frac{\mathrm{i}}{2I_0}\left[(BE^* - EB^*) + (EB^* - BE^*)\right] = 0 \tag{3.6.55}$$

$$K_{xz}^{x'} = \frac{1}{4I_0}\left[(-2DC^* + AB^* + AE^*) + (2DC^* - AE^* - AB^*)\right] = 0 \tag{3.6.56}$$

$$\begin{aligned} K_{xz}^{y'} =& \frac{\mathrm{i}}{4I_0}\left[(2DC^* - AB^* - AE^*) + 2\left(BA^* - 2CD^* + EA^*\right)\right. \\ &\left. + (2DC^* - AE^* - AB^*)\right] = \frac{1}{I_0}\mathrm{Im}\left(AB^* + AE^* - 2DC^*\right) \end{aligned} \tag{3.6.57}$$

$$K_{xz}^{z'} = \frac{1}{2\sqrt{2}I_0}\left[\mathrm{i}\left(BC^* - CB^* - CE^* + EC^*\right) - \mathrm{i}\left(BC^* - CB^* - CE^* + EC^*\right)\right] = 0 \tag{3.6.58}$$

$$K_{xz}^{x'y'} = \frac{3\mathrm{i}}{4\sqrt{2}I_0}\left[\mathrm{i}\left(EC^* - CB^* - CE^* + BC^*\right) - \mathrm{i}\left(BC^* - CE^* - CB^* + EC^*\right)\right] = 0 \tag{3.6.59}$$

$$\begin{aligned} K_{xz}^{x'z'} =& \frac{3}{8I_0}\left[(AB^* + AE^* - 2DC^*) + 2\left(BA^* + EA^* - 2CD^*\right)\right. \\ &\left. + (AB^* + AE^* - 2DC^*)\right] = \frac{3}{2I_0}\mathrm{Re}\left(AB^* + AE^* - 2DC^*\right) \end{aligned} \tag{3.6.60}$$

$$K_{xz}^{y'z'} = \frac{3\mathrm{i}}{8I_0}\left[(2DC^* - AB^* - AE^*) - (2DC^* - AE^* - AB^*)\right] = 0 \tag{3.6.61}$$

$$\begin{aligned} K_{xz}^{x'x'-y'y'} =& \frac{3}{2\sqrt{2}I_0}\left[-\mathrm{i}\left(EC^* - CB^* - CE^* + BC^*\right)\right. \\ &\left. -\mathrm{i}\left(BC^* - CE^* - CB^* + EC^*\right)\right] = -\frac{3\sqrt{2}}{I_0}\mathrm{Im}\left(CB^* - EC^*\right) \end{aligned} \tag{3.6.62}$$

$$\begin{aligned} K_{xz}^{z'z'} =& \frac{1}{2\sqrt{2}I_0}\left[-\mathrm{i}\left(CB^* - BC^* + CE^* - EC^*\right) + 4\mathrm{i}\left(AD^* - DA^*\right)\right. \\ &\left. -\mathrm{i}\left(CB^* - BC^* + CE^* - EC^*\right)\right] = -\frac{\sqrt{2}}{I_0}\mathrm{Im}\left(BC^* - CE^* - 2DA^*\right) \end{aligned} \tag{3.6.63}$$

$$\begin{aligned} K_{yz}^{x'} =& \frac{\mathrm{i}}{4I_0}\left[(AB^* - AE^*) - 2\left(BA^* - EA^*\right) + (AB^* - AE^*)\right] \\ =& -\frac{1}{I_0}\mathrm{Im}\left(AB^* - AE^*\right) \end{aligned} \tag{3.6.64}$$

$$K_{yz}^{y'} = -\frac{1}{4I_0}\left[-\left(AB^* - AE^*\right) + (AB^* - AE^*)\right] = 0 \tag{3.6.65}$$

$$\begin{aligned} K_{yz}^{z'} =& \frac{\mathrm{i}}{2\sqrt{2}I_0}\left[-\mathrm{i}\left(BC^* + CB^* - CE^* - EC^*\right) + \mathrm{i}\left(EC^* + CE^* - CB^* - BC^*\right)\right] \\ =& \frac{\sqrt{2}}{I_0}\mathrm{Re}\left(BC^* - CE^*\right) \end{aligned} \tag{3.6.66}$$

$$K_{yz}^{x'y'} = -\frac{3}{4\sqrt{2}I_0}\left[-\mathrm{i}\left(EC^* + CB^* - CE^* - BC^*\right) + \mathrm{i}\left(BC^* + CE^* - CB^* - EC^*\right)\right]$$
$$= -\frac{3}{\sqrt{2}I_0}\mathrm{Im}\left(CB^* + EC^*\right) \tag{3.6.67}$$

$$K_{yz}^{x'z'} = \frac{3\mathrm{i}}{8I_0}\left[\left(AB^* - AE^*\right) - \left(AB^* - AE^*\right)\right] = 0 \tag{3.6.68}$$

$$K_{yz}^{y'z'} = -\frac{3}{8I_0}\left[-\left(AB^* - AE^*\right) - 2\left(BA^* - EA^*\right) - \left(AB^* - AE^*\right)\right]$$
$$= \frac{3}{2I_0}\mathrm{Re}\left(AB^* - AE^*\right) \tag{3.6.69}$$

$$K_{yz}^{x'x'-y'y'} = \frac{3\mathrm{i}}{2\sqrt{2}I_0}\left[\mathrm{i}\left(EC^* + CB^* - CE^* - BC^*\right)\right.$$
$$\left. + \mathrm{i}\left(BC^* + CE^* - CB^* - EC^*\right)\right] = 0 \tag{3.6.70}$$

$$K_{yz}^{z'z'} = \frac{\mathrm{i}}{2\sqrt{2}I_0}\left[-\mathrm{i}\left(BC^* + CB^* - CE^* - EC^*\right)\right.$$
$$\left. - \mathrm{i}\left(EC^* + CE^* - CB^* - BC^*\right)\right] = 0 \tag{3.6.71}$$

$$K_{xx-yy}^{x'} = \frac{1}{\sqrt{2}I_0}\left[-\mathrm{i}\left(DE^* + DB^*\right) + \mathrm{i}\left(BD^* + ED^*\right)\right.$$
$$\left. - \mathrm{i}\left(ED^* + BD^*\right) + \mathrm{i}\left(DB^* + DE^*\right)\right] = 0 \tag{3.6.72}$$

$$K_{xx-yy}^{y'}$$
$$= \frac{\mathrm{i}}{\sqrt{2}I_0}\left[\mathrm{i}\left(DE^* + DB^*\right) + \mathrm{i}\left(BD^* + ED^*\right) + \mathrm{i}\left(ED^* + BD^*\right) + \mathrm{i}\left(DB^* + DE^*\right)\right]$$
$$= -\frac{2\sqrt{2}}{I_0}\mathrm{Re}\left(BD^* + DE^*\right) \tag{3.6.73}$$

$$K_{xx-yy}^{z'} = \frac{1}{I_0}\left[-BE^* - EB^* + EB^* + BE^*\right] = 0 \tag{3.6.74}$$

$$K_{xx-yy}^{x'y'} = \frac{3\mathrm{i}}{2I_0}\left[-|E|^2 - |B|^2 + |B|^2 + |E|^2\right] = 0 \tag{3.6.75}$$

$$K_{xx-yy}^{x'z'} = \frac{3}{2\sqrt{2}I_0}\left[-\mathrm{i}\left(DE^* + DB^*\right) + \mathrm{i}\left(BD^* + ED^*\right)\right.$$
$$\left. + \mathrm{i}\left(ED^* + BD^*\right) - \mathrm{i}\left(DB^* + DE^*\right)\right]$$
$$= -\frac{3\sqrt{2}}{I_0}\mathrm{Im}\left(BD^* - DE^*\right) \tag{3.6.76}$$

$$K_{xx-yy}^{y'z'} = \frac{3\mathrm{i}}{2\sqrt{2}I_0}\left[\mathrm{i}\left(DE^* + DB^*\right) + \mathrm{i}\left(BD^* + ED^*\right) - \mathrm{i}\left(ED^* + BD^*\right)\right.$$

$$-\mathrm{i}\left(DB^* + DE^*\right)] = 0 \tag{3.6.77}$$

$$K_{xx-yy}^{x'x'-y'y'} = \frac{3}{I_0}\left(|E|^2 + |B|^2 + |B|^2 + |E|^2\right) = \frac{6}{I_0}\left(|B|^2 + |E|^2\right) \tag{3.6.78}$$

$$K_{xx-yy}^{z'z'} = \frac{1}{I_0}\left(-BE^* - EB^* + 4|D|^2 - EB^* - BE^*\right) = -\frac{4}{I_0}\left[\mathrm{Re}\left(BE^*\right) - |D|^2\right] \tag{3.6.79}$$

$$K_{zz}^{x'} = \frac{1}{3\sqrt{2}I_0}\left[\mathrm{i}\left(DB^* - 2AC^* + DE^*\right) - \mathrm{i}\left(DE^* - 2AC^* + DB^*\right)\right] = 0 \tag{3.6.80}$$

$$\begin{aligned} K_{zz}^{y'} =& \frac{\mathrm{i}}{3\sqrt{2}I_0}\left[-\mathrm{i}\left(DB^* - 2AC^* + DE^*\right) - 2\mathrm{i}\left(BD^* - 2CA^* + ED^*\right)\right. \\ & \left.-\mathrm{i}\left(DB^* - 2AC^* + DE^*\right)\right] \\ =& \frac{2\sqrt{2}}{3I_0}\mathrm{Re}(DB^* + DE^* - 2AC^*) \end{aligned} \tag{3.6.81}$$

$$K_{zz}^{z'} = \frac{1}{3I_0}\left[\left(|B|^2 - 2|C|^2 + |E|^2\right) + \left(-|E|^2 + 2|C|^2 - |B|^2\right)\right] = 0 \tag{3.6.82}$$

$$K_{zz}^{x'y'} = \frac{\mathrm{i}}{2I_0}\left[\left(EB^* - 2|C|^2 + BE^*\right) - \left(BE^* - 2|C|^2 + EB^*\right)\right] = 0 \tag{3.6.83}$$

$$\begin{aligned} K_{zz}^{x'z'} =& \frac{1}{2\sqrt{2}I_0}\left[\mathrm{i}\left(DB^* - 2AC^* + DE^*\right) - 2\mathrm{i}\left(BD^* - 2CA^* + ED^*\right)\right. \\ & \left.+\mathrm{i}\left(DB^* - 2AC^* + DE^*\right)\right] \\ =& -\frac{\sqrt{2}}{I_0}\mathrm{Im}(DB^* + DE^* - 2AC^*) \end{aligned} \tag{3.6.84}$$

$$K_{zz}^{y'z'} = \frac{\mathrm{i}}{2\sqrt{2}I_0}\left[-\mathrm{i}\left(DB^* - 2AC^* + DE^*\right) + \mathrm{i}\left(DB^* - 2AC^* + DE^*\right)\right] = 0 \tag{3.6.85}$$

$$\begin{aligned} K_{zz}^{x'x'-y'y'} =& \frac{1}{I_0}\left(-EB^* + 2|C|^2 - BE^* - BE^* + 2|C|^2 - EB^*\right) \\ =& -\frac{4}{I_0}\left[\mathrm{Re}\left(EB^*\right) - |C|^2\right] \end{aligned} \tag{3.6.86}$$

$$\begin{aligned} K_{zz}^{z'z'} =& \frac{1}{3I_0}\left[\left(|B|^2 - 2|C|^2 + |E|^2\right) - 4\left(|D|^2 - |A|^2\right) + \left(|E|^2 - 2|C|^2 + |B|^2\right)\right] \\ =& \frac{2}{3I_0}\left(|B|^2 + |E|^2 + 2|A|^2 - 2|C|^2 - 2|D|^2\right) \end{aligned} \tag{3.6.87}$$

从前面的结果可以看出

$$\begin{aligned} & K_{xy}^{x'} = K_z^{y'z'}, \quad K_{xy}^{z'} = -K_z^{x'y'}, \quad K_{xy}^{x'y'} = \frac{9}{4}K_z^{z'}, \quad K_{xy}^{y'z'} = -\frac{9}{4}K_z^{x'} \\ & K_{yz}^{x'} = -K_x^{y'z'}, \quad K_{yz}^{z'} = K_x^{x'y'}, \quad K_{yz}^{x'y'} = -\frac{9}{4}K_x^{z'}, \quad K_{yz}^{y'z'} = \frac{9}{4}K_x^{x'} \end{aligned} \tag{3.6.88}$$

我们把自旋 1 粒子的直角坐标的标号分成两组

$$\varepsilon_1 = y, xz, xx-yy, zz; \quad \varepsilon_2 = x, z, xy, yz \tag{3.6.89}$$

对于极化转移系数 $K_i^{i'}$ 来说，由于宇称守恒的原因，只有 i 和 i' 处在同一组时 $K_i^{i'}$ 才不为 0，否则 $K_i^{i'}$ 必定为 0。属于 ε_1 的不为 0 的 $K_i^{i'}$ 共有 16 个，对于 ε_2 来说，不为 0 的 $K_i^{i'}$ 也有 16 个，考虑到式 (3.6.88)，属于 ε_2 的不为 0 的 $K_i^{i'}$ 只有 8 个是独立的，即不为 0 的 $K_i^{i'}$ 总共只有 24 个是独立的。并注意到前面给出的 $P_0^{i'}$ 和 A_i 只有在第一坐标标号 ε_1 中才不为 0。

根据式 (3.5.9) 可以写出极化入射粒子所对应的出射粒子的极化矢量和极化张量的分量分别为

$$P^{i'} = (I_0/I)\left(P_0^{i'} + \frac{3}{2}p_y K_y^{i'} + \frac{2}{3}p_{xz}K_{xz}^{i'} + \frac{1}{6}p_{xx-yy}K_{xx-yy}^{i'} + \frac{1}{2}p_{zz}K_{zz}^{i'}\right)$$
$$i' = \varepsilon_1' = y', x'z', x'x'-y'y', z'z' \tag{3.6.90}$$

$$P^{i'} = (I_0/I)\left(\frac{3}{2}p_x K_x^{i'} + \frac{3}{2}p_z K_z^{i'} + \frac{2}{3}p_{xy}K_{xy}^{i'} + \frac{2}{3}p_{yz}K_{yz}^{i'}\right)$$
$$i' = \varepsilon_2' = x', z', x'y', y'z' \tag{3.6.91}$$

利用式 (1.5.29) 和式 (3.1.8)，在 $S=1$ 的情况下由式 (1.5.22) 可以写出归一化的入射粒子密度矩阵为

$$\hat{\rho}_{\text{in}} = \frac{1}{3}\left[\hat{I} + \sum_{\mu}(-1)^{\mu}(-\text{i}t_{1\ -\mu})\left(\text{i}\hat{T}_{1\mu}\right) + \sum_{M}(-1)^{M} t_{2\ -M}\hat{T}_{2M}\right] \tag{3.6.92}$$

利用式 (3.2.48) 可以证明

$$\left\langle \text{i}\hat{T}_{1\mu}\right\rangle = \text{tr}\left\{\text{i}\hat{T}_{1\mu}\hat{\rho}_{\text{in}}\right\} = \text{i}t_{1\mu}, \quad \left\langle \hat{T}_{2\mu}\right\rangle = \text{tr}\left\{\hat{T}_{2M}\hat{\rho}_{\text{in}}\right\} = t_{2M} \tag{3.6.93}$$

我们定义

$$\text{i}T_{1\mu} = \frac{\text{tr}\left\{\hat{F}\text{i}\hat{T}_{1\mu}F^{+}\right\}}{\text{tr}\left\{\hat{F}F^{+}\right\}}, \quad \mu = \pm 1, 0; \quad T_{2M} = \frac{\text{tr}\left\{\hat{F}\hat{T}_{2M}F^{+}\right\}}{\text{tr}\left\{\hat{F}F^{+}\right\}}, \quad M = \pm 2, \pm 1, 0 \tag{3.6.94}$$

这里的 $\text{i}T_{1\mu}$ 和 T_{2M} 已不再是算符，参考式 (3.6.1) 和式 (3.6.2)，可称 $\text{i}T_{1\mu}$ 和 T_{2M} 为球基坐标系中的极化分析本领。

当 y 轴不与单位矢量 $\vec{n}$ 平行时，其散射振幅 $\hat{F}$ 已由式 (3.4.16) 给出，并可把

$\hat{F}$ 和 $\hat{F}^+$ 简写成

$$\hat{F}=\begin{pmatrix} B & -\mathrm{i}C\mathrm{e}^{-\mathrm{i}\varphi} & -E\mathrm{e}^{-2\mathrm{i}\varphi} \\ \mathrm{i}D\mathrm{e}^{\mathrm{i}\varphi} & A & -\mathrm{i}D\mathrm{e}^{-\mathrm{i}\varphi} \\ -E\mathrm{e}^{2\mathrm{i}\varphi} & \mathrm{i}C\mathrm{e}^{\mathrm{i}\varphi} & B \end{pmatrix}, \quad \hat{F}^+=\begin{pmatrix} B^* & -\mathrm{i}D^*\mathrm{e}^{-\mathrm{i}\varphi} & -E^*\mathrm{e}^{-2\mathrm{i}\varphi} \\ \mathrm{i}C^*\mathrm{e}^{\mathrm{i}\varphi} & A^* & -\mathrm{i}C^*\mathrm{e}^{-\mathrm{i}\varphi} \\ -E^*\mathrm{e}^{2\mathrm{i}\varphi} & \mathrm{i}D^*\mathrm{e}^{\mathrm{i}\varphi} & B^* \end{pmatrix} \tag{3.6.95}$$

由式 (3.1.38)、式 (3.6.95)、式 (3.4.18) 和式 (3.6.94) 可以求得

$$\mathrm{i}\hat{T}_{11}\hat{F}^+=-\sqrt{\frac{3}{2}}\,\mathrm{i}\begin{pmatrix} \mathrm{i}C^*\mathrm{e}^{\mathrm{i}\varphi} & A^* & -\mathrm{i}C^*\mathrm{e}^{-\mathrm{i}\varphi} \\ -E^*\mathrm{e}^{2\mathrm{i}\varphi} & \mathrm{i}D^*\mathrm{e}^{\mathrm{i}\varphi} & B^* \\ 0 & 0 & 0 \end{pmatrix}$$

$$\begin{aligned} \mathrm{i}T_{11}&=-\frac{\sqrt{3}\,\mathrm{i}}{3\sqrt{2}I_0}\left[\mathrm{i}\left(BC^*+CE^*\right)\mathrm{e}^{i\varphi}+\mathrm{i}\left(DA^*+AD^*\right)\mathrm{e}^{\mathrm{i}\varphi}+\mathrm{i}\left(EC^*+CB^*\right)\mathrm{e}^{\mathrm{i}\varphi}\right] \\ &=\frac{\sqrt{2}}{\sqrt{3}I_0}\mathrm{Re}\left(CB^*+CE^*+AD^*\right)\mathrm{e}^{\mathrm{i}\varphi} \end{aligned} \tag{3.6.96}$$

$$\mathrm{i}\hat{T}_{10}\hat{F}^+=\sqrt{\frac{3}{2}}\,\mathrm{i}\begin{pmatrix} B^* & -\mathrm{i}D^*\mathrm{e}^{-\mathrm{i}\varphi} & -E^*\mathrm{e}^{-2\mathrm{i}\varphi} \\ 0 & 0 & 0 \\ E^*\mathrm{e}^{2\mathrm{i}\varphi} & -\mathrm{i}D^*\mathrm{e}^{\mathrm{i}\varphi} & -B^* \end{pmatrix}$$

$$\mathrm{i}T_{10}=\frac{\sqrt{3}\,\mathrm{i}}{3\sqrt{2}I_0}\left[\left(|B|^2-|E|^2\right)+\left(|E|^2-|B|^2\right)\right]=0 \tag{3.6.97}$$

$$\mathrm{i}\hat{T}_{1\ -1}\hat{F}^+=\sqrt{\frac{3}{2}}\,\mathrm{i}\begin{pmatrix} 0 & 0 & 0 \\ B^* & -\mathrm{i}D^*\mathrm{e}^{-\mathrm{i}\varphi} & -E^*\mathrm{e}^{-2\mathrm{i}\varphi} \\ \mathrm{i}C^*\mathrm{e}^{\mathrm{i}\varphi} & A^* & -\mathrm{i}C^*\mathrm{e}^{-\mathrm{i}\varphi} \end{pmatrix}$$

$$\begin{aligned} \mathrm{i}T_{1\ -1}&=\frac{\sqrt{3}\,\mathrm{i}}{3\sqrt{2}I_0}\left[-\mathrm{i}\left(CB^*+EC^*\right)\mathrm{e}^{-\mathrm{i}\varphi}-\mathrm{i}\left(AD^*+DA^*\right)\mathrm{e}^{-\mathrm{i}\varphi}-\mathrm{i}\left(CE^*+BC^*\right)\mathrm{e}^{-\mathrm{i}\varphi}\right] \\ &=\frac{\sqrt{2}}{\sqrt{3}I_0}\mathrm{Re}\left(CB^*+CE^*+AD^*\right)\mathrm{e}^{-\mathrm{i}\varphi} \end{aligned} \tag{3.6.98}$$

$$\hat{T}_{22}\hat{F}^+=\sqrt{3}\begin{pmatrix} -E^*\mathrm{e}^{2\mathrm{i}\varphi} & \mathrm{i}D^*\mathrm{e}^{\mathrm{i}\varphi} & B^* \\ 0 & 0 & 0 \\ 0 & 0 & 0 \end{pmatrix}$$

$$T_{22}=-\frac{1}{\sqrt{3}I_0}\left(BE^*+|D|^2+EB^*\right)\mathrm{e}^{2\mathrm{i}\varphi}=-\frac{1}{\sqrt{3}I_0}\left[2\mathrm{Re}\left(BE^*\right)+|D|^2\right]\mathrm{e}^{2\mathrm{i}\varphi} \tag{3.6.99}$$

$$\hat{T}_{21}\hat{F}^{+}=\sqrt{\frac{3}{2}}\begin{pmatrix}-\mathrm{i}C^{*}\mathrm{e}^{\mathrm{i}\varphi} & -A^{*} & \mathrm{i}C^{*}\mathrm{e}^{-\mathrm{i}\varphi}\\ -E^{*}\mathrm{e}^{2\mathrm{i}\varphi} & \mathrm{i}D^{*}\mathrm{e}^{\mathrm{i}\varphi} & B^{*}\\ 0 & 0 & 0\end{pmatrix}$$

$$\begin{aligned}T_{21}=&\frac{1}{\sqrt{6}I_0}\left[-\mathrm{i}\left(BC^{*}-CE^{*}\right)\mathrm{e}^{\mathrm{i}\varphi}-\mathrm{i}\left(DA^{*}-AD^{*}\right)\mathrm{e}^{\mathrm{i}\varphi}-\mathrm{i}\left(EC^{*}-CB^{*}\right)\mathrm{e}^{\mathrm{i}\varphi}\right]\\ =&-\frac{\sqrt{2}}{\sqrt{3}I_0}\mathrm{Im}\left(CB^{*}+CE^{*}+AD^{*}\right)\mathrm{e}^{\mathrm{i}\varphi}\end{aligned}\tag{3.6.100}$$

$$\hat{T}_{20}\hat{F}^{+}=\frac{1}{\sqrt{2}}\begin{pmatrix}B^{*} & -\mathrm{i}D^{*}\mathrm{e}^{-\mathrm{i}\varphi} & -E^{*}\mathrm{e}^{-2\mathrm{i}\varphi}\\ -2\mathrm{i}C^{*}\mathrm{e}^{\mathrm{i}\varphi} & -2A^{*} & 2\,\mathrm{i}C^{*}\mathrm{e}^{-\mathrm{i}\varphi}\\ -E^{*}\mathrm{e}^{2\mathrm{i}\varphi} & \mathrm{i}D^{*}\mathrm{e}^{\mathrm{i}\varphi} & B^{*}\end{pmatrix}$$

$$\begin{aligned}T_{20}=&\frac{1}{3\sqrt{2}I_0}\left[\left(|B|^2-2|C|^2+|E|^2\right)+\left(|D|^2-2|A|^2+|D|^2\right)+\left(|E|^2-2|C|^2+|B|^2\right)\right]\\ =&\frac{\sqrt{2}}{3I_0}\left(|B|^2+|E|^2-|A|^2+|D|^2-2|C|^2\right)\end{aligned}\tag{3.6.101}$$

$$\hat{T}_{2\ -1}\hat{F}^{+}=\sqrt{\frac{3}{2}}\begin{pmatrix}0 & 0 & 0\\ B^{*} & -\mathrm{i}D^{*}\mathrm{e}^{-\mathrm{i}\varphi} & -E^{*}\mathrm{e}^{-2\mathrm{i}\varphi}\\ -\mathrm{i}C^{*}\mathrm{e}^{\mathrm{i}\varphi} & -A^{*} & \mathrm{i}C^{*}\mathrm{e}^{-\mathrm{i}\varphi}\end{pmatrix}$$

$$\begin{aligned}T_{2\ -1}=&\frac{\sqrt{3}}{3\sqrt{2}I_0}\left[-\mathrm{i}\left(CB^{*}-EC^{*}\right)\mathrm{e}^{-\mathrm{i}\varphi}-\mathrm{i}\left(AD^{*}-DA^{*}\right)\mathrm{e}^{-\mathrm{i}\varphi}-\mathrm{i}\left(CE^{*}-BC^{*}\right)\mathrm{e}^{-\mathrm{i}\varphi}\right]\\ =&\frac{\sqrt{2}}{\sqrt{3}I_0}\mathrm{Im}\left(CB^{*}+CE^{*}+AD^{*}\right)\mathrm{e}^{-\mathrm{i}\varphi}\end{aligned}\tag{3.6.102}$$

$$\hat{T}_{2\ -2}\hat{F}^{+}=\sqrt{3}\begin{pmatrix}0 & 0 & 0\\ 0 & 0 & 0\\ B^{*} & -\mathrm{i}D^{*}\mathrm{e}^{-\mathrm{i}\varphi} & -E^{*}\mathrm{e}^{-2\mathrm{i}\varphi}\end{pmatrix}$$

$$T_{2\ -2}=-\frac{1}{\sqrt{3}I_0}\left(EB^{*}+|D|^2+BE^{*}\right)\mathrm{e}^{-2\mathrm{i}\varphi}=-\frac{1}{\sqrt{3}I_0}\left[2\mathrm{Re}\left(BE^{*}\right)+|D|^2\right]\mathrm{e}^{-2\mathrm{i}\varphi}\tag{3.6.103}$$

于是根据式 (3.6.92) 可以写出自旋 1 极化入射粒子束流与自旋 0 靶核发生弹性散射后的微分截面为

$$\begin{aligned}\frac{\mathrm{d}\sigma}{\mathrm{d}\Omega}=&I\left(\theta,\varphi\right)=\mathrm{tr}\{\hat{F}\hat{\rho}_{\mathrm{in}}\hat{F}^{+}\}\\ =&I_0\left(\theta\right)[1+\mathrm{i}t_{1\ -1}\left(\mathrm{i}T_{11}\right)+\mathrm{i}t_{11}\left(\mathrm{i}T_{1\ -1}\right)\end{aligned}$$

$$+t_{2\ -2}T_{22}-t_{2\ -1}T_{21}+t_{20}T_{20}-t_{21}T_{2\ -1}+t_{22}T_{2\ -2}] \tag{3.6.104}$$

在上式中所出现的球基坐标系中的分辨本领已由式 (3.6.96)、 式 (3.6.98) ～ 式 (3.6.103) 给出。

利用式 (3.6.1)、式 (1.2.22) 和式 (3.1.9)，由式 (3.6.96) ～ 式 (3.6.98) 可以求得

$$A_x=\frac{-\mathrm{i}}{\sqrt{3}}\left(\mathrm{i}T_{1\ -1}-\mathrm{i}T_{11}\right)=-\frac{2\sqrt{2}}{3I_0}\mathrm{Re}\left(CB^*+CE^*+AD^*\right)\sin\varphi \tag{3.6.105}$$

$$A_y=\frac{1}{\sqrt{3}}\left(\mathrm{i}T_{1\ -1}+\mathrm{i}T_{11}\right)=\frac{2\sqrt{2}}{3I_0}\mathrm{Re}\left(CB^*+CE^*+AD^*\right)\cos\varphi \tag{3.6.106}$$

$$A_z=\sqrt{\frac{2}{3}}\left(-\mathrm{i}\right)\mathrm{i}T_{10}=0 \tag{3.6.107}$$

再利用式 (1.2.22) 和式 (3.2.67)，再注意到式 (3.6.93) 可以求得

$$p_x=\frac{1}{\sqrt{3}}\left(t_{1\ -1}-t_{11}\right),\quad p_y=\frac{1}{\sqrt{3}}\left(\mathrm{i}t_{1\ -1}+\mathrm{i}t_{11}\right),\quad p_z=\sqrt{\frac{2}{3}}t_{10} \tag{3.6.108}$$

其逆关系式为

$$\mathrm{i}t_{11}=\frac{\sqrt{3}}{2}\left(p_y-\mathrm{i}p_x\right),\quad \mathrm{i}t_{1\ -1}=\frac{\sqrt{3}}{2}\left(p_y+\mathrm{i}p_x\right),\quad t_{10}=\sqrt{\frac{3}{2}}p_z \tag{3.6.109}$$

当 $\varphi=0$ 时，式 (3.6.105)、式 (3.6.106) 和式 (3.6.107) 便分别退化为式 (3.6.4)、式 (3.6.6) 和式 (3.6.8)。这时由于 $A_x=0$，便有 $\mathrm{i}T_{1\ -1}=\mathrm{i}T_{11}$，于是由式 (3.6.106) 可得

$$A_y=\frac{2}{\sqrt{3}}\mathrm{i}T_{11},\quad \mathrm{i}T_{11}=\frac{\sqrt{3}}{2}A_y \tag{3.6.110}$$

此式与在参考文献 [2] 中给出的关系式是一致的。

利用式 (3.6.2) 和式 (3.1.21)，由式 (3.6.99) ～ 式 (3.6.103) 可以求得

$$A_{xy}=\frac{\mathrm{i}\sqrt{3}}{2}\left(T_{2\ -2}-T_{22}\right)=-\frac{1}{I_0}\left[2\mathrm{Re}\left(BE^*\right)+\left|D\right|^2\right]\sin\left(2\varphi\right) \tag{3.6.111}$$

$$A_{xz}=\frac{\sqrt{3}}{2}\left(T_{2\ -1}-T_{21}\right)=\frac{\sqrt{2}}{I_0}\mathrm{Im}\left(CB^*+CE^*+AD^*\right)\cos\varphi \tag{3.6.112}$$

$$A_{yz}=\frac{\mathrm{i}\sqrt{3}}{2}\left(T_{2\ -1}+T_{21}\right)=\frac{\sqrt{2}}{I_0}\mathrm{Im}\left(CB^*+CE^*+AD^*\right)\sin\varphi \tag{3.6.113}$$

$$A_{xx-yy}=\sqrt{3}\left(T_{2\ -2}+T_{22}\right)=-\frac{2}{I_0}\left[2\mathrm{Re}\left(BE^*\right)+\left|D\right|^2\right]\cos\left(2\varphi\right) \tag{3.6.114}$$

$$A_{zz}=\sqrt{2}T_{20}=\frac{2}{3I_0}\left(\left|B\right|^2+\left|E\right|^2-\left|A\right|^2+\left|D\right|^2-2\left|C\right|^2\right) \tag{3.6.115}$$

根据式 (3.1.21)、式 (3.2.71) 和式 (3.6.93) 可得

$$
\begin{aligned}
&p_{xy}=\frac{\mathrm{i}\sqrt{3}}{2}\left(t_{2\ -2}-t_{22}\right),\quad p_{xz}=\frac{\sqrt{3}}{2}\left(t_{2\ -1}-t_{21}\right),\quad p_{yz}=\frac{\mathrm{i}\sqrt{3}}{2}\left(t_{2\ -1}+t_{21}\right),\\
&p_{xx-yy}=\sqrt{3}\left(t_{2\ -2}+t_{22}\right),\quad p_{zz}=\sqrt{2}t_{20}
\end{aligned}
\tag{3.6.116}
$$

再利用式 (3.1.22) 又可得到

$$
t_{2\ \pm2}=\frac{1}{2\sqrt{3}}\left(p_{xx-yy}\pm 2\mathrm{i}p_{xy}\right),\quad t_{2\ \pm1}=\mp\frac{1}{\sqrt{3}}\left(p_{xz}\pm \mathrm{i}p_{yz}\right),\quad t_{20}=\frac{1}{\sqrt{2}}p_{zz}
\tag{3.6.117}
$$

当 $\varphi=0$ 时，式 (3.6.111) ~ 式 (3.6.115) 分别退化为式 (3.6.10)、式 (3.6.12)、式 (3.6.14)、式 (3.6.16) 和式 (3.6.18)。这时由于 $A_{xy}=0, A_{yz}=0$，由式 (3.1.21) 可知 $T_{2\ -2}=T_{22}, T_{2\ -1}=-T_{21}$，并可得到

$$
A_{xz}=-\sqrt{3}T_{21},\quad A_{xx-yy}=2\sqrt{3}T_{22},\quad A_{zz}=\sqrt{2}T_{20}
\tag{3.6.118}
$$

由上式又可得到

$$
T_{21}=-\frac{1}{\sqrt{3}}A_{xz},\quad T_{20}=\frac{1}{\sqrt{2}}A_{zz},\quad T_{22}=\frac{1}{2\sqrt{3}}A_{xx-yy}
\tag{3.6.119}
$$

参考文献 [5], [8]~[18] 给出了一些原子核的氘核弹性散射矢量极化和张量极化分析本领的测量和理论计算结果，而且大多数是以 $\mathrm{i}T_{11}, T_{20}, T_{21}, T_{22}$ 形式给出的。

如果入射粒子束流只在 y 轴方向有极化，这时初态密度矩阵应采用由式(3.5.11)给出的形式，对应的出射粒子的微分截面为

$$
\frac{\mathrm{d}\sigma}{\mathrm{d}\Omega}=I(\theta)=\mathrm{tr}\left\{\hat{F}\hat{\rho}_{\mathrm{in}}\hat{F}^{+}\right\}=I_0(\theta)\left[1+\frac{3}{2}P_yA_y(\theta)+\frac{1}{2}P_{yy}A_{yy}(\theta)\right]
\tag{3.6.120}
$$

参考文献 [19]~[21] 给出了在这种极化情况下某些靶核的氘核弹性散射极化分析本领 $A_y(\theta)$ 和 $A_{yy}(\theta)$ 的测量和计算结果。

如果用球形核光学模型或 R 矩阵理论计算出氘核与自旋 0 靶核发生弹性散射的 S 矩阵元，便可以用本节所介绍的理论进行极化数据计算。

3.7 在靶核和剩余核自旋不为 0 情况下自旋 1 粒子核反应极化理论的一般形式

式 (2.7.2) 和式 (2.7.3) 分别给出了 $j-j$ 耦合 [7] 和 $S-L$ 耦合 [22] 的反应振幅表达式。在入射粒子和出射粒子自旋均为 1 的情况下，对于 $j-j$ 耦合和 $S-L$

耦合方式分别引入以下符号

$$f_{\mu'\mu}^{ll'J}(m_l') = \hat{l}\hat{l}' \mathrm{e}^{\mathrm{i}(\sigma_l+\sigma_{l'})}\sqrt{\frac{(l'-m_l')!}{(l'+m_l')!}}\sum_{jj'} C_{l0\ 1\mu}^{j\mu} C_{j\mu\ IM_I}^{JM} \times C_{l'm_l'\ 1\mu'}^{j'm_j'} C_{j'm_j'\ I'M_I'}^{JM}\left(\delta_{\alpha'n'l'j',\alpha nlj} - S_{\alpha'n'l'j',\alpha nlj}^{J}\right) \tag{3.7.1}$$

$$f_{\mu'\mu}^{ll'J}(m_l') = \hat{l}\hat{l}' \mathrm{e}^{\mathrm{i}(\sigma_l+\sigma_{l'})}\sqrt{\frac{(l'-m_l')!}{(l'+m_l')!}}\sum_{SS'} C_{l0\ SM}^{JM} C_{1\mu\ IM_I}^{SM} \times C_{l'm_l'\ S'M_S'}^{JM} C_{1\mu'\ I'M_I'}^{S'M_S'}\left(\delta_{\alpha'n'l'S',\alpha nlS} - S_{\alpha'n'l'S',\alpha nlS}^{J}\right) \tag{3.7.2}$$

于是根据式 (2.7.2) ~ 式 (2.7.5) 在两种角动量耦合方式下反应振幅可以统一写成以下形式

$$f_{\alpha'n'\mu'M_I',\alpha n\mu M_I}(\Omega) = f_{\mathrm{C}}(\theta)\,\delta_{\alpha'n',\alpha n}\delta_{\mu'M_I',\mu M_I} + \frac{\mathrm{i}}{2k}(-1)^{\mu+M_I-\mu'-M_I'} \times \sum_{ll'J} f_{\mu'\mu}^{ll'J}(\mu+M_I-\mu'-M_I')\,\mathrm{P}_{l'}^{\mu+M_I-\mu'-M_I'}(\cos\theta)\,\mathrm{e}^{\mathrm{i}(\mu+M_I-\mu'-M_I')\varphi} \tag{3.7.3}$$

注意到在上式第一项中含有 δ_{M_I',M_I}，因而可以乘上等于 1 的 $\mathrm{e}^{\mathrm{i}(M_I-M_I')\varphi}$，令

$$A_{M_I'M_I}(\theta) = f_{\mathrm{C}}(\theta)\,\delta_{\alpha'n',\alpha n}\delta_{M_I',M_I} + \frac{\mathrm{i}}{2k}(-1)^{M_I-M_I'}\sum_{ll'J} f_{00}^{ll'J}(M_I-M_I')\,\mathrm{P}_{l'}^{M_I-M_I'}(\cos\theta) \tag{3.7.4}$$

$$B_{M_I'M_I}(\theta) = f_{\mathrm{C}}(\theta)\,\delta_{\alpha'n',\alpha n}\delta_{M_I',M_I} + \frac{\mathrm{i}}{2k}(-1)^{M_I-M_I'}\sum_{ll'J} f_{11}^{ll'J}(M_I-M_I')\,\mathrm{P}_{l'}^{M_I-M_I'}(\cos\theta) \tag{3.7.5}$$

$$H_{M_I'M_I}(\theta) = f_{\mathrm{C}}(\theta)\,\delta_{\alpha'n',\alpha n}\delta_{M_I',M_I} + \frac{\mathrm{i}}{2k}(-1)^{M_I-M_I'}\sum_{ll'J} f_{-1\ -1}^{ll'J}(M_I-M_I')\,\mathrm{P}_{l'}^{M_I-M_I'}(\cos\theta) \tag{3.7.6}$$

$$C_{M_I'M_I}(\theta) = -\frac{1}{2k}(-1)^{M_I-M_I'-1}\sum_{ll'J} f_{10}^{ll'J}(M_I-M_I'-1)\ \mathrm{P}_{l'}^{M_I-M_I'-1}(\cos\theta) \tag{3.7.7}$$

$$G_{M_I'M_I}(\theta) = \frac{1}{2k}(-1)^{M_I-M_I'+1}\sum_{ll'J} f_{-1\ 0}^{ll'J}(M_I-M_I'+1)\,\mathrm{P}_{l'}^{M_I-M_I'+1}(\cos\theta) \tag{3.7.8}$$

$$D_{M_I'M_I}(\theta) = -\frac{1}{2k}(-1)^{M_I-M_I'-1}\sum_{ll'J} f_{0\ -1}^{ll'J}(M_I-M_I'-1)\ \mathrm{P}_{l'}^{M_I-M_I'-1}(\cos\theta) \tag{3.7.9}$$

$$O_{M_I' M_I}(\theta) = \frac{1}{2k}(-1)^{M_I - M_I' + 1} \sum_{ll'J} f_{01}^{ll'J}(M_I - M_I' + 1)\ \mathrm{P}_{l'}^{M_I - M_I' + 1}(\cos\theta) \quad (3.7.10)$$

$$E_{M_I' M_I}(\theta) = -\frac{\mathrm{i}}{2k}(-1)^{M_I - M_I' - 2} \sum_{ll'J} f_{1\ -1}^{ll'J}(M_I - M_I' - 2)\ \mathrm{P}_{l'}^{M_I - M_I' - 2}(\cos\theta) \quad (3.7.11)$$

$$F_{M_I' M_I}(\theta) = -\frac{\mathrm{i}}{2k}(-1)^{M_I - M_I' + 2} \sum_{ll'J} f_{-1\ 1}^{ll'J}(M_I - M_I' + 2)\ \mathrm{P}_{l'}^{M_I - M_I' + 2}(\cos\theta) \quad (3.7.12)$$

引入以下符号

$$F_{\mu'\mu}(\theta,\varphi) = f_{\alpha' n' \mu' M_I', \alpha n \mu M_I}(\Omega) \quad (3.7.13)$$

便可以得到

$$F_{00}(\theta,\varphi) = A_{M_I' M_I}(\theta)\,\mathrm{e}^{\mathrm{i}(M_I - M_I')\varphi} \quad (3.7.14)$$

$$F_{11}(\theta,\varphi) = B_{M_I' M_I}(\theta)\,\mathrm{e}^{\mathrm{i}(M_I - M_I')\varphi} \quad (3.7.15)$$

$$F_{-1\ -1}(\theta,\varphi) = H_{M_I' M_I}(\theta)\,\mathrm{e}^{\mathrm{i}(M_I - M_I')\varphi} \quad (3.7.16)$$

$$F_{10}(\theta,\varphi) = -\mathrm{i}C_{M_I' M_I}(\theta)\,\mathrm{e}^{\mathrm{i}(M_I - M_I')\varphi}\mathrm{e}^{-\mathrm{i}\varphi} \quad (3.7.17)$$

$$F_{-1\ 0}(\theta,\varphi) = \mathrm{i}G_{M_I' M_I}(\theta)\,\mathrm{e}^{\mathrm{i}(M_I - M_I')\varphi}\mathrm{e}^{\mathrm{i}\varphi} \quad (3.7.18)$$

$$F_{0\ -1}(\theta,\varphi) = -\mathrm{i}D_{M_I' M_I}(\theta)\,\mathrm{e}^{\mathrm{i}(M_I - M_I')\varphi}\mathrm{e}^{-\mathrm{i}\varphi} \quad (3.7.19)$$

$$F_{01}(\theta,\varphi) = \mathrm{i}O_{M_I' M_I}(\theta)\,\mathrm{e}^{\mathrm{i}(M_I - M_I')}\mathrm{e}^{\mathrm{i}\varphi} \quad (3.7.20)$$

$$F_{1\ -1}(\theta,\varphi) = -E_{M_I' M_I}(\theta)\,\mathrm{e}^{\mathrm{i}(M_I - M_I')}\mathrm{e}^{-2\mathrm{i}\varphi} \quad (3.7.21)$$

$$F_{-1\ 1}(\theta,\varphi) = -F_{M_I' M_I}(\theta)\,\mathrm{e}^{\mathrm{i}(M_I - M_I')}\mathrm{e}^{2\mathrm{i}\varphi} \quad (3.7.22)$$

在略掉 A，B，H，C，G，D，O，E，F 的下标 $M_I' M_I$ 和宗量 (θ) 的情况下，可把具有确定 $M_I' M_I$ 的反应振幅 $\hat{F}$ 写成

$$\hat{F} = \begin{pmatrix} B & -\mathrm{i}C\mathrm{e}^{-\mathrm{i}\varphi} & -E\mathrm{e}^{-2\mathrm{i}\varphi} \\ \mathrm{i}O\mathrm{e}^{\mathrm{i}\varphi} & A & -\mathrm{i}D\mathrm{e}^{-\mathrm{i}\varphi} \\ -F\mathrm{e}^{2\mathrm{i}\varphi} & \mathrm{i}G\mathrm{e}^{\mathrm{i}\varphi} & H \end{pmatrix} \mathrm{e}^{\mathrm{i}(M_I - M_I')\varphi} \quad (3.7.23)$$

把此式与式 (3.4.16) 进行对比可知，当靶核自旋 $I=0$ 和剩余核自旋 $I'=0$ 时便有

$$\begin{aligned} &A_{M_I' M_I} = A, \quad H_{M_I' M_I} = B_{M_I' M_I} = B, \quad G_{M_I' M_I} = C_{M_I' M_I} = C \\ &O_{M_I' M_I} = D_{M_I' M_I} = D, \quad F_{M_I' M_I} = E_{M_I' M_I} = E \end{aligned} \quad (3.7.24)$$

在靶核和剩余核都是非极化的情况下，$\hat{F}$ 和 $\hat{F}^{+}$ 矩阵元的磁量子数下标是一样的(不相干性)。于是由式 (3.7.23) 可以得到

$$\hat{F}^{+}=\begin{pmatrix} B^{*} & -\mathrm{i}O^{*}\mathrm{e}^{-\mathrm{i}\varphi} & -F^{*}\mathrm{e}^{-2\mathrm{i}\varphi} \\ \mathrm{i}C^{*}\mathrm{e}^{\mathrm{i}\varphi} & A^{*} & -\mathrm{i}G^{*}\mathrm{e}^{-\mathrm{i}\varphi} \\ -E^{*}\mathrm{e}^{2\mathrm{i}\varphi} & \mathrm{i}D^{*}\mathrm{e}^{\mathrm{i}\varphi} & H^{*} \end{pmatrix}\mathrm{e}^{-\mathrm{i}(M_I-M_I')\varphi} \tag{3.7.25}$$

$$\hat{F}\hat{F}^{+}=\begin{pmatrix} |B|^2+|C|^2+|E|^2 & -\mathrm{i}\left(BO^{*}+CA^{*}+ED^{*}\right)\mathrm{e}^{-\mathrm{i}\varphi} & -\left(BF^{*}+CG^{*}+EH^{*}\right)\mathrm{e}^{-2\mathrm{i}\varphi} \\ \mathrm{i}\left(OB^{*}+AC^{*}+DE^{*}\right)\mathrm{e}^{\mathrm{i}\varphi} & |O|^2+|A|^2+|D|^2 & -\mathrm{i}\left(OF^{*}+AG^{*}+DH^{*}\right)\mathrm{e}^{-\mathrm{i}\varphi} \\ -\left(FB^{*}+GC^{*}+HE^{*}\right)\mathrm{e}^{2\mathrm{i}\varphi} & \mathrm{i}\left(FO^{*}+GA^{*}+HD^{*}\right)\mathrm{e}^{\mathrm{i}\varphi} & |F|^2+|G|^2+|H|^2 \end{pmatrix} \tag{3.7.26}$$

对于确定的 $M_I'M_I$ 由式 (3.7.26) 可以求得

$$I_0=\frac{1}{3}\mathrm{tr}\{\hat{F}\hat{F}^{+}\}=\frac{1}{3}(|A|^2+|B|^2+|H|^2+|C|^2+|G|^2+|D|^2+|O|^2+|E|^2+|F|^2) \tag{3.7.27}$$

为了简单起见，把 y 轴选在沿 $\vec{n}$ 方向，这时 $\varphi=0$，于是由式 (3.7.23)、式 (3.7.25) 和式 (3.7.26) 可得

$$\hat{F}=\begin{pmatrix} B & -\mathrm{i}C & -E \\ \mathrm{i}O & A & -\mathrm{i}D \\ -F & \mathrm{i}G & H \end{pmatrix},\quad \hat{F}^{+}=\begin{pmatrix} B^{*} & -\mathrm{i}O^{*} & -F^{*} \\ \mathrm{i}C^{*} & A^{*} & -\mathrm{i}G^{*} \\ -E^{*} & \mathrm{i}D^{*} & H^{*} \end{pmatrix} \tag{3.7.28}$$

$$\hat{F}\hat{F}^{+}=\begin{pmatrix} |B|^2+|C|^2+|E|^2 & -\mathrm{i}\left(BO^{*}+CA^{*}+ED^{*}\right) & -\left(BF^{*}+CG^{*}+EH^{*}\right) \\ \mathrm{i}\left(OB^{*}+AC^{*}+DE^{*}\right) & |O|^2+|A|^2+|D|^2 & -\mathrm{i}\left(OF^{*}+AG^{*}+DH^{*}\right) \\ -\left(FB^{*}+GC^{*}+HE^{*}\right) & \mathrm{i}\left(FO^{*}+GA^{*}+HD^{*}\right) & |F|^2+|G|^2+|H|^2 \end{pmatrix} \tag{3.7.29}$$

对于确定的 $M_I'M_I$，我们定义

$$P_0^{i'}=\frac{\mathrm{tr}\{\hat{S}_{i'}\hat{F}\hat{F}^{+}\}}{\mathrm{tr}\{\hat{F}\hat{F}^{+}\}},\quad i'=x',y',z' \tag{3.7.30}$$

为非极化入射粒子所对应的出射粒子极化矢量的分量，而

$$P_0^{i'}=\frac{\mathrm{tr}\{\hat{Q}_{i'}\hat{F}\hat{F}^{+}\}}{\mathrm{tr}\{\hat{F}\hat{F}^{+}\}},\quad i'=x'y',x'z',y'z',x'x'-y'y',z'z' \tag{3.7.31}$$

为非极化入射粒子所对应的出射粒子极化张量的分量。利用式 (3.1.33)、(3.1.36)、式 (3.1.27)、式 (3.7.29)，由式 (3.7.30) 和式 (3.7.31) 可以求得

$$\begin{aligned}P_0^{x'} =& \frac{1}{3\sqrt{2}I_0}\left[\mathrm{i}\left(OB^* + AC^* + DE^*\right) - \mathrm{i}\left(BO^* + CA^* + ED^*\right)\right.\\&\left.+\mathrm{i}\left(FO^* + GA^* + HD^*\right) - \mathrm{i}\left(OF^* + AG^* + DH^*\right)\right]\\=& -\frac{\sqrt{2}}{3I_0}\mathrm{Im}\left[\left(OB^* + AC^* + DE^*\right) + \left(FO^* + GA^* + HD^*\right)\right]\end{aligned} \tag{3.7.32}$$

$$\begin{aligned}P_0^{y'} =& \frac{\mathrm{i}}{3\sqrt{2}I_0}\left[-\mathrm{i}\left(OB^* + AC^* + DE^*\right) - \mathrm{i}\left(BO^* + CA^* + ED^*\right)\right.\\&\left.-\mathrm{i}\left(FO^* + GA^* + HD^*\right) - \mathrm{i}\left(OF^* + AG^* + DH^*\right)\right]\\=& \frac{\sqrt{2}}{3I_0}\mathrm{Re}\left[\left(OB^* + AC^* + DE^*\right) + \left(FO^* + GA^* + HD^*\right)\right]\end{aligned} \tag{3.7.33}$$

$$P_0^{z'} = \frac{1}{3I_0}\left[\left(|B|^2 + |C|^2 + |E|^2\right) - \left(|H|^2 + |G|^2 + |F|^2\right)\right] \tag{3.7.34}$$

$$\begin{aligned}P_0^{x'y'} =& \frac{\mathrm{i}}{2I_0}\left[\left(FB^* + GC^* + HE^*\right) - \left(BF^* + CG^* + EH^*\right)\right]\\=& -\frac{1}{I_0}\mathrm{Im}\left(FB^* + GC^* + HE^*\right)\end{aligned} \tag{3.7.35}$$

$$\begin{aligned}P_0^{x'z'} =& \frac{1}{2\sqrt{2}I_0}\left[\mathrm{i}\left(OB^* + AC^* + DE^*\right) - \mathrm{i}\left(BO^* + CA^* + ED^*\right)\right.\\&\left.-\mathrm{i}\left(FO^* + GA^* + HD^*\right) + \mathrm{i}\left(OF^* + AG^* + DH^*\right)\right]\\=& -\frac{1}{\sqrt{2}I_0}\mathrm{Im}\left[\left(OB^* + AC^* + DE^*\right) - \left(FO^* + GA^* + HD^*\right)\right]\end{aligned} \tag{3.7.36}$$

$$\begin{aligned}P_0^{y'z'} =& \frac{\mathrm{i}}{2\sqrt{2}I_0}\left[-\mathrm{i}\left(OB^* + AC^* + DE^*\right) - \mathrm{i}\left(BO^* + CA^* + ED^*\right)\right.\\&\left.+\mathrm{i}\left(FO^* + GA^* + HD^*\right) + \mathrm{i}\left(OF^* + AG^* + DH^*\right)\right]\\=& \frac{1}{\sqrt{2}I_0}\mathrm{Re}\left[\left(OB^* + AC^* + DE^*\right) - \left(FO^* + GA^* + HD^*\right)\right]\end{aligned} \tag{3.7.37}$$

$$\begin{aligned}P_0^{x'x'-y'y'} =& \frac{1}{I_0}\left[-\left(FB^* + GC^* + HE^*\right) - \left(BF^* + CG^* + EH^*\right)\right]\\=& -\frac{2}{I_0}\mathrm{Re}\left(FB^* + GC^* + HE^*\right)\end{aligned} \tag{3.7.38}$$

$$P_0^{z'z'} = \frac{1}{3I_0}\left[|B|^2 + |C|^2 + |E|^2 + |F|^2 + |G|^2 + |H|^2 - 2\left(|O|^2 + |A|^2 + |D|^2\right)\right] \tag{3.7.39}$$

而且当 $I = I' = 0$ 时利用式 (3.7.24) 可以看出，这时式 (3.7.32) ~ 式 (3.7.39) 会自动退化为式 (3.5.19) ~ 式 (3.5.26).

对于确定的 $M_I'M_I$ 我们定义

$$A_i = \frac{\mathrm{tr}\{\hat{F}\hat{S}_i\hat{F}^+\}}{\mathrm{tr}\{\hat{F}\hat{F}^+\}}, \quad i = x, y, z \tag{3.7.40}$$

$$A_i = \frac{\mathrm{tr}\{\hat{F}\hat{Q}_i\hat{F}^+\}}{\mathrm{tr}\{\hat{F}\hat{F}^+\}}, \quad i = xy, xz, yz, xx-yy, zz \tag{3.7.41}$$

分别为极化矢量分析本领和极化张量分析本领。利用式 (3.1.33)、(3.1.36)、式 (3.7.27) 和式 (3.7.28)，由式 (3.7.40) 和式 (3.7.41) 可以求得

$$\hat{S}_x\hat{F}^+ = \frac{1}{\sqrt{2}}\begin{pmatrix} \mathrm{i}C^* & A^* & -\mathrm{i}G^* \\ B^*-E^* & \mathrm{i}\,(D^*-O^*) & H^*-F^* \\ \mathrm{i}C^* & A^* & -\mathrm{i}G^* \end{pmatrix}$$

$$\hat{F}\hat{S}_x\hat{F}^+ = \frac{1}{\sqrt{2}}\begin{pmatrix} \mathrm{i}\,(BC^*-CB^*+CE^*-EC^*) & BA^*-EA^*+CD^*-CO^* & -\mathrm{i}\,(BG^*-EG^*+CH^*-CF^*) \\ AB^*-AE^*-OC^*+DC^* & \mathrm{i}\,(OA^*-DA^*+AD^*-AO^*) & OG^*-DG^*+AH^*-AF^* \\ -\mathrm{i}\,(FC^*-GB^*+GE^*-HC^*) & -FA^*+HA^*-GD^*+GO^* & \mathrm{i}\,(FG^*-HG^*+GH^*-GF^*) \end{pmatrix} \tag{3.7.42}$$

$$A_x = -\frac{\sqrt{2}}{3I_0}\mathrm{Im}\,(BC^*+CE^*+OA^*+AD^*+FG^*+GH^*) \tag{3.7.43}$$

$$\hat{S}_y\hat{F}^+ = \frac{\mathrm{i}}{\sqrt{2}}\begin{pmatrix} -\mathrm{i}C^* & -A^* & \mathrm{i}G^* \\ B^*+E^* & -\mathrm{i}\,(D^*+O^*) & -(F^*+H^*) \\ \mathrm{i}C^* & A^* & -\mathrm{i}G^* \end{pmatrix}$$

$$\hat{F}\hat{S}_y\hat{F}^+ = \frac{\mathrm{i}}{\sqrt{2}}\begin{pmatrix} -\mathrm{i}\,(BC^*+CB^*+CE^*+EC^*) & -(BA^*+EA^*+CD^*+CO^*) & \mathrm{i}\,(BG^*+EG^*+CF^*+CH^*) \\ DC^*+OC^*+AB^*+AE^* & -\mathrm{i}\,(OA^*+DA^*+AD^*+AO^*) & -(OG^*+DG^*+AF^*+AH^*) \\ \mathrm{i}\,(FC^*+HC^*+GB^*+GE^*) & FA^*+HA^*+GD^*+GO^* & -\mathrm{i}\,(FG^*+HG^*+GF^*+GH^*) \end{pmatrix} \tag{3.7.44}$$

$$A_y = \frac{\sqrt{2}}{3I_0}\mathrm{Re}\,(BC^*+CE^*+OA^*+AD^*+FG^*+GH^*) \tag{3.7.45}$$

$$\hat{S}_z\hat{F}^+ = \begin{pmatrix} B^* & -\mathrm{i}O^* & -F^* \\ 0 & 0 & 0 \\ E^* & -\mathrm{i}D^* & -H^* \end{pmatrix}$$

$$\hat{F}\hat{S}_z\hat{F}^+ = \begin{pmatrix} |B|^2-|E|^2 & -\mathrm{i}\,(BO^*-ED^*) & -(BF^*-EH^*) \\ \mathrm{i}\,(OB^*-DE^*) & |O|^2-|D|^2 & -\mathrm{i}\,(OF^*-DH^*) \\ -(FB^*-HE^*) & \mathrm{i}\,(FO^*-HD^*) & |F|^2-|H|^2 \end{pmatrix} \tag{3.7.46}$$

$$A_z = \frac{1}{3I_0}\left(|B|^2-|H|^2+|F|^2-|E|^2+|O|^2-|D|^2\right) \tag{3.7.47}$$

$$\hat{Q}_{xy}\hat{F}^+ = \frac{3\mathrm{i}}{2}\begin{pmatrix} E^* & -\mathrm{i}D^* & -H^* \\ 0 & 0 & 0 \\ B^* & -\mathrm{i}O^* & -F^* \end{pmatrix}$$

$$\hat{F}\hat{Q}_{xy}\hat{F}^+ = \frac{3\mathrm{i}}{2}\begin{pmatrix} BE^*-EB^* & -\mathrm{i}\,(BD^*-EO^*) & -BH^*+EF^* \\ \mathrm{i}\,(OE^*-DB^*) & OD^*-DO^* & -\mathrm{i}\,(OH^*-DF^*) \\ -FE^*+HB^* & \mathrm{i}\,(FD^*-HO^*) & FH^*-HF^* \end{pmatrix} \tag{3.7.48}$$

$$A_{xy} = -\frac{1}{I_0}\mathrm{Im}\,(BE^*+OD^*+FH^*) \tag{3.7.49}$$

$$\hat{Q}_{xz}\hat{F}^+ = \frac{3}{2\sqrt{2}}\begin{pmatrix} \mathrm{i}C^* & A^* & -\mathrm{i}G^* \\ B^*+E^* & -\mathrm{i}\,(O^*+D^*) & -(F^*+H^*) \\ -\mathrm{i}C^* & -A^* & \mathrm{i}G^* \end{pmatrix}$$

$$\hat{F}\hat{Q}_{xz}\hat{F}^+ = \frac{3}{2\sqrt{2}}\begin{pmatrix} \mathrm{i}\,(BC^*-CB^*-CE^*+EC^*) & BA^*-CO^*-CD^*+EA^* & -\mathrm{i}\,(BG^*-CF^*-CH^*+EG^*) \\ -OC^*-DC^*+AB^*+AE^* & \mathrm{i}\,(OA^*+DA^*-AO^*-AD^*) & OG^*+DG^*-AF^*-AH^* \\ -\mathrm{i}\,(FC^*-GB^*-GE^*+HC^*) & -FA^*+GO^*+GD^*-HA^* & \mathrm{i}\,(FG^*-GF^*-GH^*+HG^*) \end{pmatrix} \tag{3.7.50}$$

$$A_{xz} = -\frac{1}{\sqrt{2}I_0}\mathrm{Im}\,(BC^*-CE^*+OA^*-AD^*+FG^*-GH^*) \tag{3.7.51}$$

$$\hat{Q}_{yz}\hat{F}^+ = \frac{3\mathrm{i}}{2\sqrt{2}}\begin{pmatrix} -\mathrm{i}C^* & -A^* & \mathrm{i}G^* \\ B^*-E^* & \mathrm{i}\,(D^*-O^*) & -(F^*-H^*) \\ -\mathrm{i}C^* & -A^* & \mathrm{i}G^* \end{pmatrix}$$

$$\hat{F}\hat{Q}_{yz}\hat{F}^{+} = \frac{3\mathrm{i}}{2\sqrt{2}}\begin{pmatrix} -\mathrm{i}\,(BC^*+CB^*-CE^*-EC^*) & -BA^*+EA^*+CD^*-CO^* & \mathrm{i}\,(BG^*-EG^*+CF^*-CH^*) \\ AB^*-AE^*+OC^*-DC^* & -\mathrm{i}\,(OA^*-DA^*-AD^*+AO^*) & -AF^*+AH^*-OG^*+DG^* \\ \mathrm{i}\,(FC^*-HC^*+GB^*-GE^*) & FA^*-HA^*-GD^*+GO^* & -\mathrm{i}\,(FG^*-HG^*+GF^*-GH^*) \end{pmatrix} \tag{3.7.52}$$

$$A_{yz} = \frac{1}{\sqrt{2}I_0}\mathrm{Re}\,(BC^*-CE^*+OA^*-AD^*+FG^*-GH^*) \tag{3.7.53}$$

$$\hat{Q}_{xx-yy}\hat{F}^{+} = 3\begin{pmatrix} -E^* & \mathrm{i}D^* & H^* \\ 0 & 0 & 0 \\ B^* & -\mathrm{i}O^* & -F^* \end{pmatrix}$$

$$\hat{F}\hat{Q}_{xx-yy}\hat{F}^{+} = 3\begin{pmatrix} -BE^*-EB^* & \mathrm{i}\,(BD^*+EO^*) & BH^*+EF^* \\ -\mathrm{i}\,(OE^*+DB^*) & -(OD^*+DO^*) & \mathrm{i}\,(OH^*+DF^*) \\ FE^*+HB^* & -\mathrm{i}\,(FD^*+HO^*) & -(FH^*+HF^*) \end{pmatrix} \tag{3.7.54}$$

$$A_{xx-yy} = -\frac{2}{I_0}\mathrm{Re}\,(BE^*+OD^*+FH^*) \tag{3.7.55}$$

$$\hat{Q}_{zz}\hat{F}^{+} = \begin{pmatrix} B^* & -\mathrm{i}O^* & -F^* \\ -2\mathrm{i}C^* & -2A^* & 2\mathrm{i}G^* \\ -E^* & \mathrm{i}D^* & H^* \end{pmatrix}$$

$$\hat{F}\hat{Q}_{zz}\hat{F}^{+} = \begin{pmatrix} |B|^2-2|C|^2+|E|^2 & -\mathrm{i}\,(BO^*-2CA^*+ED^*) & -BF^*+2CG^*-EH^* \\ \mathrm{i}\,(OB^*-2AC^*+DE^*) & |O|^2-2|A|^2+|D|^2 & -\mathrm{i}\,(OF^*-2AG^*+DH^*) \\ -FB^*+2GC^*-HE^* & \mathrm{i}\,(FO^*-2GA^*+HD^*) & |F|^2-2|G|^2+|H|^2 \end{pmatrix} \tag{3.7.56}$$

$$A_{zz} = \frac{1}{3I_0}\left[|B|^2+|H|^2+|E|^2+|F|^2+|O|^2+|D|^2-2\left(|C|^2+|A|^2+|G|^2\right)\right] \tag{3.7.57}$$

当 $I = I' = 0$ 时利用式 (3.7.24) 可以看出，这时式 (3.7.42) ~ 式 (3.7.57) 会自动退化为式 (3.6.3) ~ 式 (3.6.18)。

对于确定的 $M_I' M_I$ 我们仍用由式 (3.6.20) ~ 式 (3.6.23) 给出的公式形式定义极化转移系数。利用式 (3.1.33)、式 (3.1.36)、式 (3.7.27) 及本节前面所求得的矩阵 $\hat{F}\hat{S}_i\hat{F}^+$ 和 $\hat{F}\hat{Q}_i\hat{F}^+$，由式 (3.6.20) ~ 式 (3.6.23) 可以求得

$$K_x^{x'} = \frac{1}{3I_0}\mathrm{Re}\,(AB^* + DC^* + GO^* + HA^* - OC^* - AE^* - FA^* - GD^*) \quad (3.7.58)$$

$$K_x^{y'} = \frac{1}{3I_0}\mathrm{Im}\,(AB^* + DC^* + GO^* + HA^* - OC^* - AE^* - FA^* - GD^*) \quad (3.7.59)$$

$$K_x^{z'} = -\frac{\sqrt{2}}{3I_0}\mathrm{Im}\,(BC^* + CE^* - FG^* - GH^*) \quad (3.7.60)$$

$$K_x^{x'y'} = \frac{1}{\sqrt{2}I_0}\mathrm{Re}\,(GB^* + HC^* - FC^* - GE^*) \quad (3.7.61)$$

$$K_x^{x'z'} = \frac{1}{2I_0}\mathrm{Re}\,(AB^* + DC^* - GO^* - HA^* - OC^* - AE^* + FA^* + GD^*) \quad (3.7.62)$$

$$K_x^{y'z'} = \frac{1}{2I_0}\mathrm{Im}\,(AB^* + DC^* - GO^* - HA^* - OC^* - AE^* + FA^* + GD^*) \quad (3.7.63)$$

$$K_x^{x'x'-y'y'} = -\frac{\sqrt{2}}{I_0}\mathrm{Im}\,(GB^* + HC^* - FC^* - GE^*) \quad (3.7.64)$$

$$K_x^{z'z'} = -\frac{\sqrt{2}}{3I_0}\mathrm{Im}\,[BC^* + CE^* + FG^* + GH^* - 2\,(OA^* + AD^*)] \quad (3.7.65)$$

$$K_y^{x'} = -\frac{1}{3I_0}\mathrm{Im}\,(AB^* + DC^* + GO^* + HA^* + OC^* + AE^* + FA^* + GD^*) \quad (3.7.66)$$

$$K_y^{y'} = \frac{1}{3I_0}\mathrm{Re}\,(AB^* + DC^* + GO^* + HA^* + OC^* + AE^* + FA^* + GD^*) \quad (3.7.67)$$

$$K_y^{z'} = \frac{\sqrt{2}}{3I_0}\mathrm{Re}\,(BC^* + CE^* - FG^* - GH^*) \quad (3.7.68)$$

$$K_y^{x'y'} = -\frac{1}{\sqrt{2}I_0}\mathrm{Im}\,(GB^* + HC^* + FC^* + GE^*) \quad (3.7.69)$$

$$K_y^{x'z'} = -\frac{1}{2I_0}\mathrm{Im}\,(AB^* + DC^* - GO^* - HA^* + OC^* + AE^* - FA^* - GD^*) \quad (3.7.70)$$

$$K_y^{y'z'} = \frac{1}{2I_0}\mathrm{Re}\,(AB^* + DC^* - GO^* - HA^* + OC^* + AE^* - FA^* - GD^*) \quad (3.7.71)$$

$$K_y^{x'x'-y'y'} = -\frac{\sqrt{2}}{I_0}\mathrm{Re}\,(GB^* + HC^* + FC^* + GE^*) \quad (3.7.72)$$

$$K_y^{z'z'} = \frac{\sqrt{2}}{3I_0}\mathrm{Re}\,[BC^* + CE^* + FG^* + GH^* - 2\,(OA^* + AD^*)] \quad (3.7.73)$$

$$K_z^{x'} = -\frac{\sqrt{2}}{3I_0}\text{Im}\left(OB^* - DE^* + FO^* - HD^*\right) \tag{3.7.74}$$

$$K_z^{y'} = \frac{\sqrt{2}}{3I_0}\text{Re}\left(OB^* - DE^* + FO^* - HD^*\right) \tag{3.7.75}$$

$$K_z^{z'} = \frac{1}{3I_0}\left(|B|^2 - |E|^2 + |H|^2 - |F|^2\right) \tag{3.7.76}$$

$$K_z^{x'y'} = -\frac{1}{I_0}\text{Im}\left(FB^* - HE^*\right) \tag{3.7.77}$$

$$K_z^{x'z'} = -\frac{1}{\sqrt{2}I_0}\text{Im}\left(OB^* - DE^* - FO^* + HD^*\right) \tag{3.7.78}$$

$$K_z^{y'z'} = \frac{1}{\sqrt{2}I_0}\text{Re}\left(OB^* - DE^* - FO^* + HD^*\right) \tag{3.7.79}$$

$$K_z^{x'x'-y'y'} = -\frac{2}{I_0}\text{Re}\left(FB^* - HE^*\right) \tag{3.7.80}$$

$$K_z^{z'z'} = \frac{1}{3I_0}\left[|B|^2 - |E|^2 - |H|^2 + |F|^2 - 2\left(|O|^2 - |D|^2\right)\right] \tag{3.7.81}$$

$$K_{xy}^{x'} = \frac{1}{\sqrt{2}I_0}\text{Re}\left(BD^* + OH^* - OE^* - FD^*\right) \tag{3.7.82}$$

$$K_{xy}^{y'} = -\frac{1}{\sqrt{2}I_0}\text{Im}\left(BD^* + OH^* + OE^* + FD^*\right) \tag{3.7.83}$$

$$K_{xy}^{z'} = -\frac{1}{I_0}\text{Im}\left(BE^* - FH^*\right) \tag{3.7.84}$$

$$K_{xy}^{x'y'} = \frac{3}{2I_0}\text{Re}\left(HB^* - FE^*\right) \tag{3.7.85}$$

$$K_{xy}^{x'z'} = \frac{3}{2\sqrt{2}I_0}\text{Re}\left(BD^* - OH^* - OE^* + FD^*\right) \tag{3.7.86}$$

$$K_{xy}^{y'z'} = -\frac{3}{2\sqrt{2}I_0}\text{Im}\left(BD^* - OH^* + OE^* - FD^*\right) \tag{3.7.87}$$

$$K_{xy}^{x'x'-y'y'} = -\frac{3}{I_0}\text{Im}\left(HB^* - FE^*\right) \tag{3.7.88}$$

$$K_{xy}^{z'z'} = -\frac{1}{I_0}\text{Im}\left(BE^* + FH^* - 2OD^*\right) \tag{3.7.89}$$

$$K_{xz}^{x'} = \frac{1}{2I_0}\text{Re}\left(AB^* - DC^* + GO^* - HA^* - OC^* + AE^* - FA^* + GD^*\right) \tag{3.7.90}$$

$$K_{xz}^{y'} = \frac{1}{2I_0}\text{Im}\left(AB^* - DC^* + GO^* - HA^* - OC^* + AE^* - FA^* + GD^*\right) \tag{3.7.91}$$

$$K_{xz}^{z'} = -\frac{1}{\sqrt{2}I_0}\text{Im}\left(BC^* - CE^* - FG^* + GH^*\right) \tag{3.7.92}$$

$$K_{xz}^{x'y'} = \frac{3}{2\sqrt{2}I_0}\mathrm{Re}\,(GB^* - HC^* - FC^* + GE^*) \tag{3.7.93}$$

$$K_{xz}^{x'z'} = \frac{3}{4I_0}\mathrm{Re}\,(AB^* - DC^* - GO^* + HA^* - OC^* + AE^* + FA^* - GD^*) \tag{3.7.94}$$

$$K_{xz}^{y'z'} = \frac{3}{4I_0}\mathrm{Im}\,(AB^* - DC^* - GO^* + HA^* - OC^* + AE^* + FA^* - GD^*) \tag{3.7.95}$$

$$K_{xz}^{x'x'-y'y'} = -\frac{3}{\sqrt{2}I_0}\mathrm{Im}\,(GB^* - HC^* - FC^* + GE^*) \tag{3.7.96}$$

$$K_{xz}^{z'z'} = -\frac{1}{\sqrt{2}I_0}\mathrm{Im}\,[BC^* - CE^* + FG^* - GH^* - 2\,(OA^* - AD^*)] \tag{3.7.97}$$

$$K_{yz}^{x'} = -\frac{1}{2I_0}\mathrm{Im}\,(AB^* - DC^* + GO^* - HA^* + OC^* - AE^* + FA^* - GD^*) \tag{3.7.98}$$

$$K_{yz}^{y'} = \frac{1}{2I_0}\mathrm{Re}\,(AB^* - DC^* + GO^* - HA^* + OC^* - AE^* + FA^* - GD^*) \tag{3.7.99}$$

$$K_{yz}^{z'} = \frac{1}{\sqrt{2}I_0}\mathrm{Re}\,(BC^* - CE^* - FG^* + GH^*) \tag{3.7.100}$$

$$K_{yz}^{x'y'} = -\frac{3}{2\sqrt{2}I_0}\mathrm{Im}\,(GB^* - HC^* + FC^* - GE^*) \tag{3.7.101}$$

$$K_{yz}^{x'z'} = -\frac{3}{4I_0}\mathrm{Im}\,(AB^* - DC^* - GO^* + HA^* + OC^* - AE^* - FA^* + GD^*) \tag{3.7.102}$$

$$K_{yz}^{y'z'} = \frac{3}{4I_0}\mathrm{Re}\,(AB^* - DC^* - GO^* + HA^* + OC^* - AE^* - FA^* + GD^*) \tag{3.7.103}$$

$$K_{yz}^{x'x'-y'y'} = -\frac{3}{\sqrt{2}I_0}\mathrm{Re}\,(GB^* - HC^* + FC^* - GE^*) \tag{3.7.104}$$

$$K_{yz}^{z'z'} = \frac{1}{\sqrt{2}I_0}\mathrm{Re}\,[BC^* - CE^* + FG^* - GH^* - 2\,(OA^* - AD^*)] \tag{3.7.105}$$

$$K_{xx-yy}^{x'} = -\frac{\sqrt{2}}{I_0}\mathrm{Im}\,(BD^* + OH^* - OE^* - FD^*) \tag{3.7.106}$$

$$K_{xx-yy}^{y'} = -\frac{\sqrt{2}}{I_0}\mathrm{Re}\,(BD^* + OH^* + OE^* + FD^*) \tag{3.7.107}$$

$$K_{xx-yy}^{z'} = -\frac{2}{I_0}\mathrm{Re}\,(BE^* - FH^*) \tag{3.7.108}$$

$$K_{xx-yy}^{x'y'} = \frac{3}{I_0}\mathrm{Im}\,(HB^* + FE^*) \tag{3.7.109}$$

$$K_{xx-yy}^{x'z'} = -\frac{3}{\sqrt{2}I_0}\mathrm{Im}\,(BD^* - OH^* - OE^* + FD^*) \tag{3.7.110}$$

$$K_{xx-yy}^{y'z'} = -\frac{3}{\sqrt{2}I_0}\mathrm{Re}\left(BD^* - OH^* + OE^* - FD^*\right) \tag{3.7.111}$$

$$K_{xx-yy}^{x'x'-y'y'} = \frac{6}{I_0}\mathrm{Re}\left(HB^* + FE^*\right) \tag{3.7.112}$$

$$K_{xx-yy}^{z'z'} = -\frac{2}{I_0}\mathrm{Re}\left(BE^* + FH^* - 2OD^*\right) \tag{3.7.113}$$

$$K_{zz}^{x'} = -\frac{\sqrt{2}}{3I_0}\mathrm{Im}\left(OB^* + DE^* - 2AC^* + FO^* + HD^* - 2GA^*\right) \tag{3.7.114}$$

$$K_{zz}^{y'} = \frac{\sqrt{2}}{3I_0}\mathrm{Re}\left(OB^* + DE^* - 2AC^* + FO^* + HD^* - 2GA^*\right) \tag{3.7.115}$$

$$K_{zz}^{z'} = -\frac{1}{3I_0}\left[|B|^2 - |H|^2 + |E|^2 - |F|^2 - 2\left(|C|^2 - |G|^2\right)\right] \tag{3.7.116}$$

$$K_{zz}^{x'y'} = -\frac{1}{I_0}\mathrm{Im}\left(FB^* + HE^* - 2GC^*\right) \tag{3.7.117}$$

$$K_{zz}^{x'z'} = -\frac{1}{\sqrt{2}I_0}\mathrm{Im}\left(OB^* + DE^* - 2AC^* - FO^* - HD^* + 2GA^*\right) \tag{3.7.118}$$

$$K_{zz}^{y'z'} = \frac{1}{\sqrt{2}I_0}\mathrm{Re}\left(OB^* + DE^* - 2AC^* - FO^* - HD^* + 2GA^*\right) \tag{3.7.119}$$

$$K_{zz}^{x'x'-y'y'} = -\frac{2}{I_0}\mathrm{Re}\left(FB^* + HE^* - 2GC^*\right) \tag{3.7.120}$$

$$K_{zz}^{z'z'} = \frac{1}{3I_0}\left(|B|^2 + |H|^2 + |E|^2 + |F|^2 - 2|C|^2 - 2|G|^2 + 4|A|^2 - 2|O|^2 - 2|D|^2\right) \tag{3.7.121}$$

当 $I = I' = 0$ 时利用式 (3.7.24) 可以看出，这时式 (3.7.58) ~ 式 (3.7.121) 会自动退化为式 (3.6.24) ~ 式 (3.6.87)。

在靶核和剩余核均为极化核的情况下，而且仍然选择 y 轴沿 $\vec{n}$ 方向，即 $\varphi = 0$，在式 (3.7.28) 中 $\hat{F}$ 的矩阵元的下标为 $M_I'M_I$，$\hat{F}^+$ 中取复数共轭的矩阵元的下标为 $\bar{M}_I'\bar{M}_I$，并对前面的结果做以下改变

$$|X|^2 \to X^*_{\bar{M}_I'\bar{M}_I}X_{M_I'M_I}, \quad X = A, B, C, D, E, F, G, H, O \tag{3.7.122}$$

于是根据式 (3.7.27) 可以写出

$$\begin{aligned} I_{0,M_I'\bar{M}_I'M_I\bar{M}_I} =& \frac{1}{3}\left(A^*_{\bar{M}_I'\bar{M}_I}A_{M_I'M_I} + B^*_{\bar{M}_I'\bar{M}_I}B_{M_I'M_I} + H^*_{\bar{M}_I'\bar{M}_I}H_{M_I'M_I}\right. \\ &+ C^*_{\bar{M}_I'\bar{M}_I}C_{M_I'M_I} + G^*_{\bar{M}_I'\bar{M}_I}G_{M_I'M_I} + D^*_{\bar{M}_I'\bar{M}_I}D_{M_I'M_I} \\ &\left.+O^*_{\bar{M}_I'\bar{M}_I}O_{M_I'M_I} + E^*_{\bar{M}_I'\bar{M}_I}E_{M_I'M_I} + F^*_{\bar{M}_I'\bar{M}_I}F_{M_I'M_I}\right) \end{aligned} \tag{3.7.123}$$

利用由式 (2.8.1) 和式 (2.8.6) 所引入的靶核和剩余核极化波函数的形式，而且在这里仍然使用由式 (2.8.13) 引入的对于极化靶核和剩余核的简化求和符号 $\bar{\Sigma}$，于是非极化入射粒子所对应的出射粒子角分布可以表示成

$$\bar{I}^0 \equiv I^0_{\alpha'n',\alpha n} = \frac{\mathrm{d}\sigma^0_{\alpha'n',\alpha n}}{\mathrm{d}\Omega} = \bar{\Sigma} I_{0,M'_I\bar{M}'_I M_I\bar{M}_I} \tag{3.7.124}$$

再引入以下直角坐标标号集符号

$$\varepsilon = x, y, z, xy, xz, yz, xx-yy, zz \tag{3.7.125}$$

非极化入射粒子所对应的出射粒子极化矢量和极化张量的分量为

$$\bar{P}^{0i'} \equiv P^{0i'}_{\alpha'n',\alpha n} = \frac{1}{\bar{I}^0}\bar{\Sigma} I_{0,M'_I\bar{M}'_I M_I\bar{M}_I} P^{i'}_{0,M'_I\bar{M}'_I M_I\bar{M}_I}, \quad i' = \varepsilon' \tag{3.7.126}$$

当把式 (3.7.32) ~ 式 (3.7.39) 中的普通参量加上下标 $M'_I M_I$，复数共轭参量加上下标 $\bar{M}'_I\bar{M}_I$，再利用式 (3.7.122)，便可得到式 (3.7.126) 中的各个 $P^{i'}_{0,M'_I\bar{M}'_I M_I\bar{M}_I}$。

在入射粒子、靶核和剩余核都是极化的情况下，核反应的矢量极化分析本领和张量极化分析本领的分量为

$$\bar{A}_i \equiv A_{i,\alpha'n',\alpha n} = \frac{1}{\bar{I}^0}\bar{\Sigma} I_{0,M'_I\bar{M}'_I M_I\bar{M}_I} A_{i,M'_I\bar{M}'_I M_I\bar{M}_I}, \quad i = \varepsilon \tag{3.7.127}$$

其中，$A_{i,M'_I\bar{M}'_I M_I\bar{M}_I}$ 已由式 (3.7.43) ~ 式 (3.7.57) 给出。参照式 (3.5.9) 可以写出相应的出射粒子微分截面为

$$\begin{aligned}\bar{I} \equiv & I_{\alpha'n',\alpha n} = \frac{\mathrm{d}\sigma_{\alpha'n',\alpha n}}{\mathrm{d}\Omega} = \bar{I}^0\left[1 + \frac{3}{2}\left(p_x\bar{A}_x + p_y\bar{A}_y + p_z\bar{A}_z\right)\right.\\ & \left. + \frac{2}{3}\left(p_{xy}\bar{A}_{xy} + p_{xz}\bar{A}_{xz} + p_{yz}\bar{A}_{yz}\right) + \frac{1}{6}p_{xx-yy}\bar{A}_{xx-yy} + \frac{1}{2}p_{zz}\bar{A}_{zz}\right]\end{aligned} \tag{3.7.128}$$

相应的极化转移系数为

$$\bar{K}^{i'}_i \equiv K^{i'}_{i,\alpha'n',\alpha n} = \frac{1}{\bar{I}^0}\bar{\Sigma} I_{0,M'_I\bar{M}'_I M_I\bar{M}_I} K^{i'}_{i,M'_I\bar{M}'_I M_I\bar{M}_I}, \quad i = \varepsilon; \quad i' = \varepsilon' \tag{3.7.129}$$

其中，$K^{i'}_{i,M'_I\bar{M}'_I M_I\bar{M}_I}$ 已由式 (3.7.58) ~ 式 (3.7.121) 给出。参照式 (3.5.9)，可以写出相应的出射粒子极化矢量和极化张量的分量为

$$\begin{aligned}\bar{P}^{i'} \equiv & P^{i'}_{\alpha'n',\alpha n} = \frac{\bar{I}^0}{\bar{I}}\left[1 + \frac{3}{2}\left(p_x\bar{K}^{i'}_x + p_y\bar{K}^{i'}_y + p_z\bar{K}^{i'}_z\right)\right.\\ & + \frac{2}{3}\left(p_{xy}\bar{K}^{i'}_{xy} + p_{xz}\bar{K}^{i'}_{xz} + p_{yz}\bar{K}^{i'}_{yz}\right)\\ & \left. + \frac{1}{6}p_{xx-yy}\bar{K}^{i'}_{xx-yy} + \frac{1}{2}p_{zz}\bar{K}^{i'}_{zz}\right], \quad i' = \varepsilon'\end{aligned} \tag{3.7.130}$$

3.8 $\vec{1}+\mathrm{A}\rightarrow\vec{1}+\mathrm{B}$ 反应极化理论

式 (2.8.20) 和式 (2.8.21) 分别给出了靶核和剩余核是非极化核的条件，利用这两个条件，再利用由式 (2.7.29) 引入的非极化靶核和剩余核的简化求和符号 $\tilde{\Sigma}$，于是可把式 (3.7.123)、式 (3.7.124)、式 (3.7.126)、式 (3.7.127) 和式 (3.7.129) 分别简化为

$$\begin{aligned} I_{0,M_I'M_I} =& \frac{1}{3}\left(\left|A_{M_I'M_I}\right|^2+\left|B_{M_I'M_I}\right|^2+\left|H_{M_I'M_I}\right|^2+\left|C_{M_I'M_I}\right|^2+\left|G_{M_I'M_I}\right|^2\right. \\ &\left.+\left|D_{M_I'M_I}\right|^2+\left|O_{M_I'M_I}\right|^2+\left|E_{M_I'M_I}\right|^2+\left|F_{M_I'M_I}\right|^2\right) \end{aligned} \tag{3.8.1}$$

$$\bar{I}^0=\tilde{\Sigma} I_{0,M_I'M_I} \tag{3.8.2}$$

$$\bar{P}^{0i'}=\frac{1}{\bar{I}^0}\tilde{\Sigma} I_{0,M_I'M_I}P^{i'}_{0,M_I'M_I},\quad i'=\varepsilon' \tag{3.8.3}$$

$$\bar{A}_i=\frac{1}{\bar{I}^0}\tilde{\Sigma} I_{0,M_I'M_I}A_{i,M_I'M_I},\quad i=\varepsilon \tag{3.8.4}$$

$$\bar{K}_i^{i'}=\frac{1}{\bar{I}^0}\tilde{\Sigma} I_{0,M_I'M_I}K^{i'}_{i,M_I'M_I},\quad i=\varepsilon;\quad i'=\varepsilon' \tag{3.8.5}$$

我们对 $S-L$ 耦合的式 (3.7.2) 进行分析。有以下关系式

$$\begin{aligned} &C^{S\ \mu+M_I}_{1\mu\ IM_I}=(-1)^{I+1-S}C^{S\ -\mu-M_I}_{1\ -\mu\ I\ -M_I},\quad C^{S'\ \mu'+M_I'}_{1\mu'\ I'M_I'}=(-1)^{I'+1-S'}C^{S'\ -\mu'-M_I'}_{1\ -\mu'\ I'\ -M_I'} \\ &C^{JM}_{l0\ SM}=(-1)^{l+S-J}C^{J\ -M}_{l0\ S\ -M},\quad C^{JM}_{l'm_l'\ S'M_S'}=(-1)^{l'+S-J'}C^{J\ -M}_{l'\ -m_l'\ S'\ -M_S'} \end{aligned} \tag{3.8.6}$$

把 $i=i'=1$ 的式 (2.7.3) 分成两项，先看第二项，对于不含 φ 角部分，利用式 (2.7.39) 和式 (3.8.6)，看看当所有自旋磁量子数都改变符号后会出来什么相位因子 $(-1)^{l+S-J+l'+S'-J+I+1-S+I'+1-S'+\mu+M_I-\mu'-M_I'}=(-1)^{2J+l+I+l'+I'+\mu+M_I-\mu'-M_I'}$，用 π_i,π_i',π_I 和 π_I' 分别代表入射粒子、出射粒子、靶核和剩余核的宇称，若 $\pi_i\pi_I=\pi_i'\pi_I'$，l 和 l' 应同奇偶，这时令 $\Pi=0$；若 $\pi_i\pi_I=-\pi_i'\pi_I'$，l 和 l' 应奇偶不同，这时令 $\Pi=1$，可用公式表示成

$$\Pi=\begin{cases}0, & 当\pi_i\pi_I=\pi_i'\pi_I'时\\ 1, & 当\pi_i\pi_I=-\pi_i'\pi_I'时\end{cases} \tag{3.8.7}$$

在入射粒子和出射粒子自旋均为 1 的情况下，靶核自旋 I 和剩余核自旋 I' 必须同时是整数或半奇数，若 I 和 I' 均为整数，J 为整数，$(-1)^{2J}=1$，这时令 $\Lambda=0$；若 I 和 I' 均为半奇数，J 为半奇数，$(-1)^{2J}=-1$，这时令 $\Lambda=1$，可用公式表示成

$$\Lambda=\begin{cases}0, & 当\ I\ 和\ I'\ 均为整数时\\ 1, & 当\ I\ 和\ I'\ 均为半奇数时\end{cases} \tag{3.8.8}$$

于是可以得到

$$f^{(2)}_{\alpha'n'\mu'M'_I,\alpha n\mu M_I}(\theta)=(-1)^{\Pi+\Lambda+I+I'+\mu+M_I-\mu'-M'_I}f^{(2)}_{\alpha'n'-\mu'-M'_I,\alpha n-\mu-M_I}(\theta)\quad(3.8.9)$$

再来研究 $i=i'=1$ 的式 (2.7.3) 中的第一项。对于弹性散射来说，$\Pi=0$，$I'=I,(-1)^{\Lambda+2I}=1$，δ 算符要求 $\mu=\mu',M_I=M'_I$，所以 $f^{(1)}$ 也满足由式 (3.8.9) 给出的关系式，因而对于总的反应振幅 f 中与 φ 无关部分有关系式

$$f_{\alpha'n'\mu'M'_I,\alpha n\mu M_I}(\theta)=(-1)^{\Pi+\Lambda+I+I'+\mu+M_I-\mu'-M'_I}f_{\alpha'n'-\mu'-M'_I,\alpha n-\mu-M_I}(\theta)\quad(3.8.10)$$

由式 (3.7.3) ~ 式 (3.7.12) 可以看出

$$\begin{gathered}A_{M'_IM_I}(\theta)=f_{\alpha'n'0M'_I,\alpha n0M_I}(\theta)\\ B_{M'_IM_I}(\theta)=f_{\alpha'n'1M'_I,\alpha n1M_I}(\theta),\quad H_{M'_IM_I}(\theta)=f_{\alpha'n'-1M'_I,\alpha n-1M_I}(\theta)\\ C_{M'_IM_I}(\theta)=\mathrm{i}f_{\alpha'n'1M'_I,\alpha n0M_I}(\theta),\quad G_{M'_IM_I}(\theta)=-\mathrm{i}f_{\alpha'n'-1M'_I,\alpha n0M_I}(\theta)\\ D_{M'_IM_I}(\theta)=\mathrm{i}f_{\alpha'n'0M'_I,\alpha n-1M_I}(\theta),\quad O_{M'_IM_I}(\theta)=-\mathrm{i}f_{\alpha'n'0M'_I,\alpha n1M_I}(\theta)\\ E_{M'_IM_I}(\theta)=-f_{\alpha'n'1M'_I,\alpha n-1M_I}(\theta),\quad F_{M'_IM_I}(\theta)=-f_{\alpha'n'-1M'_I,\alpha n1M_I}(\theta)\end{gathered}\quad(3.8.11)$$

根据式 (3.8.10) 和式 (3.8.11) 可得

$$A_{M'_IM_I}(\theta)=(-1)^{\Pi+\Lambda+I+I'+M'_I-M_I}A_{-M'_I\ -M_I}(\theta)\quad(3.8.12)$$

$$H_{M'_IM_I}(\theta)=(-1)^{\Pi+\Lambda+I+I'+M_I-M'_I}B_{-M'_I\ -M_I}(\theta)\quad(3.8.13)$$

$$G_{M'_IM_I}(\theta)=(-1)^{\Pi+\Lambda+I+I'+M_I-M'_I}C_{-M'_I\ -M_I}(\theta)\quad(3.8.14)$$

$$O_{M'_IM_I}(\theta)=(-1)^{\Pi+\Lambda+I+I'+M_I-M'_I}D_{-M'_I\ -M_I}(\theta)\quad(3.8.15)$$

$$F_{M'_IM_I}(\theta)=(-1)^{\Pi+\Lambda+I+I'+M_I-M'_I}E_{-M'_I\ -M_I}(\theta)\quad(3.8.16)$$

本节也利用由式 (2.7.29) 引入的简化求和符号 $\tilde{\Sigma}$，利用证明式 (2.7.48) 的方法，根据式 (3.8.12) ~ 式 (3.8.16) 可以证明

$$\begin{gathered}\tilde{\Sigma}\mathrm{Im}(BC^*+GH^*)=0,\quad\tilde{\Sigma}\mathrm{Im}(CE^*+FG^*)=0,\quad\tilde{\Sigma}\mathrm{Im}(OA^*+AD^*)=0\\ \tilde{\Sigma}\mathrm{Re}(BC^*+GH^*)=2\tilde{\Sigma}\mathrm{Re}(BC^*),\quad\tilde{\Sigma}\mathrm{Re}(CE^*+FG^*)=2\tilde{\Sigma}\mathrm{Re}(CE^*)\\ \tilde{\Sigma}\mathrm{Re}(OA^*+AD^*)=2\tilde{\Sigma}\mathrm{Re}(OA^*),\quad\tilde{\Sigma}\mathrm{Im}(BC^*-GH^*)=2\tilde{\Sigma}\mathrm{Im}(BC^*)\\ \tilde{\Sigma}\mathrm{Im}(CE^*-FG^*)=2\tilde{\Sigma}\mathrm{Im}(CE^*),\quad\tilde{\Sigma}\mathrm{Im}(OA^*-AD^*)=2\tilde{\Sigma}\mathrm{Im}(OA^*)\\ \tilde{\Sigma}\mathrm{Re}(BC^*-GH^*)=0,\quad\tilde{\Sigma}\mathrm{Re}(CE^*-FG^*)=0,\quad\tilde{\Sigma}\mathrm{Re}(OA^*-AD^*)=0\\ \tilde{\Sigma}\left|H\right|^2=\tilde{\Sigma}\left|B\right|^2,\quad\tilde{\Sigma}\left|G\right|^2=\tilde{\Sigma}\left|C\right|^2,\quad\tilde{\Sigma}\left|O\right|^2=\tilde{\Sigma}\left|D\right|^2,\quad\tilde{\Sigma}\left|F\right|^2=\tilde{\Sigma}\left|E\right|^2\end{gathered}\quad(3.8.17)$$

此外，还可以得到其他一些与上式相类似的表达式。利用证明式 (2.7.49) 的方法又可以证明

$$\tilde{\Sigma}HB^*,\quad\tilde{\Sigma}GC^*,\quad\tilde{\Sigma}OD^*,\quad\tilde{\Sigma}FE^*,\quad\tilde{\Sigma}(BC^*+GH^*),\quad\tilde{\Sigma}(BD^*+OH^*)$$

$$\tilde{\Sigma}(BE^*+FH^*),\quad \tilde{\Sigma}(CD^*+OG^*),\quad \tilde{\Sigma}(CE^*+FG^*),\quad \tilde{\Sigma}(DE^*+FO^*) \tag{3.8.18}$$

这些项及其对应的复数共轭项均为实数。

我们令

$$\tilde{I}_{0,M_I'M_I}=\frac{1}{3}\left[\left|A_{M_I'M_I}\right|^2+2\left(\left|B_{M_I'M_I}\right|^2+\left|C_{M_I'M_I}\right|^2+\left|D_{M_I'M_I}\right|^2+\left|E_{M_I'M_I}\right|^2\right)\right] \tag{3.8.19}$$

由式 (3.8.1)、式 (3.8.2) 和式 (3.8.17) 可以证明

$$\bar{I}^0=\tilde{\Sigma}\tilde{I}_{0,M_I'M_I} \tag{3.8.20}$$

利用式 (3.8.12) ~ 式 (3.8.18)，再根据式 (3.7.32) ~ 式 (3.7.39)，由式 (3.8.3) 可以求得

$$\bar{P}^{0x'}=\bar{P}^{0z'}=\bar{P}^{0x'y'}=\bar{P}^{0y'z'}=0 \tag{3.8.21}$$

$$\bar{P}^{0y'}=\frac{2\sqrt{2}}{3\bar{I}^0}\tilde{\Sigma}\mathrm{Re}\left(OB^*+AC^*+DE^*\right) \tag{3.8.22}$$

$$\bar{P}^{0x'z'}=-\frac{\sqrt{2}}{\bar{I}^0}\tilde{\Sigma}\mathrm{Im}\left(OB^*+AC^*+DE^*\right) \tag{3.8.23}$$

$$\bar{P}^{0\ x'x'-y'y'}=-\frac{2}{\bar{I}^0}\tilde{\Sigma}\mathrm{Re}\left(2FB^*+GC^*\right) \tag{3.8.24}$$

$$\bar{P}^{0z'z'}=\frac{2}{3\bar{I}^0}\tilde{\Sigma}\left(|B|^2+|C|^2+|E|^2-|A|^2-2|D|^2\right) \tag{3.8.25}$$

再根据式 (3.7.43)~ 式 (3.7.57)，由式 (3.8.4) 可以求得

$$\bar{A}_x=\bar{A}_z=\bar{A}_{xy}=\bar{A}_{yz}=0 \tag{3.8.26}$$

$$\bar{A}_y=\frac{2\sqrt{2}}{3\bar{I}^0}\tilde{\Sigma}\mathrm{Re}\left(BC^*+CE^*+OA^*\right) \tag{3.8.27}$$

$$\bar{A}_{xz}=-\frac{\sqrt{2}}{\bar{I}^0}\tilde{\Sigma}\mathrm{Im}\left(BC^*+OA^*+FG^*\right) \tag{3.8.28}$$

$$\bar{A}_{xx-yy}=-\frac{2}{\bar{I}^0}\tilde{\Sigma}\mathrm{Re}\left(2BE^*+OD^*\right) \tag{3.8.29}$$

$$A_{zz}=\frac{2}{3\bar{I}^0}\tilde{\Sigma}\left(|B|^2+|E|^2+|D|^2-|A|^2-2|C|^2\right) \tag{3.8.30}$$

再根据式 (3.7.58) ~ 式 (3.7.121)，由式 (3.8.5) 可以求出 $\bar{K}_i^{i'}$。首先可以看出

$$\bar{K}_i^{y'}=\bar{K}_i^{x'z'}=\bar{K}_i^{x'x'-y'y'}=\bar{K}_i^{z'z'}=0,\quad i=x,z,xy,yz \tag{3.8.31}$$

$$\bar{K}_i^{x'}=\bar{K}_i^{z'}=\bar{K}_i^{x'y'}=\bar{K}_i^{y'z'}=0,\quad i=y,xz,xx-yy,zz \tag{3.8.32}$$

还可以求得

$$\bar{K}_x^{x'} = \frac{2}{3\bar{I}^0}\tilde{\Sigma}\mathrm{Re}\,(AB^* - AE^* + DC^* - OC^*) \tag{3.8.33}$$

$$\bar{K}_x^{z'} = -\frac{2\sqrt{2}}{3\bar{I}^0}\tilde{\Sigma}\mathrm{Im}\,(BC^* + CE^*) \tag{3.8.34}$$

$$\bar{K}_x^{x'y'} = \frac{\sqrt{2}}{\bar{I}^0}\tilde{\Sigma}\mathrm{Re}\,(GB^* - FC^*) \tag{3.8.35}$$

$$\bar{K}_x^{y'z'} = \frac{1}{\bar{I}^0}\tilde{\Sigma}\mathrm{Im}\,(AB^* - AE^* + DC^* - OC^*) \tag{3.8.36}$$

$$\bar{K}_y^{y'} = \frac{2}{3\bar{I}^0}\tilde{\Sigma}\mathrm{Re}\,(AB^* + AE^* + DC^* + OC^*) \tag{3.8.37}$$

$$\bar{K}_y^{x'z'} = -\frac{1}{\bar{I}^0}\tilde{\Sigma}\mathrm{Im}\,(AB^* + AE^* + DC^* + OC^*) \tag{3.8.38}$$

$$\bar{K}_y^{x'x'-y'y'} = -\frac{2\sqrt{2}}{\bar{I}^0}\tilde{\Sigma}\mathrm{Re}\,(GB^* + FC^*) \tag{3.8.39}$$

$$\bar{K}_y^{z'z'} = \frac{2\sqrt{2}}{3\bar{I}^0}\tilde{\Sigma}\mathrm{Re}\,(BC^* + CE^* - 2OA^*) \tag{3.8.40}$$

$$\bar{K}_z^{x'} = -\frac{2\sqrt{2}}{3\bar{I}^0}\tilde{\Sigma}\mathrm{Im}\,(OB^* - DE^*) \tag{3.8.41}$$

$$\bar{K}_z^{z'} = \frac{2}{3\bar{I}^0}\tilde{\Sigma}\left(|B|^2 - |E|^2\right) \tag{3.8.42}$$

$$\bar{K}_z^{x'y'} = -\frac{2}{\bar{I}^0}\tilde{\Sigma}\mathrm{Im}\,(FB^*) \tag{3.8.43}$$

$$\bar{K}_z^{y'z'} = \frac{\sqrt{2}}{\bar{I}^0}\tilde{\Sigma}\mathrm{Re}\,(OB^* - DE^*) \tag{3.8.44}$$

$$\bar{K}_{xy}^{x'} = \frac{\sqrt{2}}{\bar{I}^0}\tilde{\Sigma}\mathrm{Re}\,(BD^* - OE^*) \tag{3.8.45}$$

$$\bar{K}_{xy}^{z'} = -\frac{2}{\bar{I}^0}\tilde{\Sigma}\mathrm{Im}\,(BE^*) \tag{3.8.46}$$

$$\bar{K}_{xy}^{x'y'} = \frac{3}{2\bar{I}^0}\tilde{\Sigma}\mathrm{Re}\,(HB^* - FE^*) \tag{3.8.47}$$

$$\bar{K}_{xy}^{y'z'} = -\frac{3}{\sqrt{2}\bar{I}^0}\tilde{\Sigma}\mathrm{Im}\,(BD^* + OE^*) \tag{3.8.48}$$

$$\bar{K}_{xz}^{y'} = \frac{1}{\bar{I}^0}\tilde{\Sigma}\mathrm{Im}\,(AB^* + AE^* - DC^* - OC^*) \tag{3.8.49}$$

$$\bar{K}_{xz}^{x'z'} = \frac{3}{2\bar{I}^0}\tilde{\Sigma}\mathrm{Re}\,(AB^* + AE^* - DC^* - OC^*) \tag{3.8.50}$$

$$\bar{K}_{xz}^{x'x'-y'y'} = -\frac{3\sqrt{2}}{\bar{I}^0}\tilde{\Sigma}\mathrm{Im}\,(GB^* - FC^*) \tag{3.8.51}$$

$$\bar{K}_{xz}^{z'z'}=-\frac{\sqrt{2}}{\bar{I}^0}\tilde{\Sigma}\mathrm{Im}\left(BC^*-CE^*-2OA^*\right) \tag{3.8.52}$$

$$\bar{K}_{yz}^{x'}=-\frac{1}{\bar{I}^0}\tilde{\Sigma}\mathrm{Im}\left(AB^*-AE^*-DC^*+OC^*\right) \tag{3.8.53}$$

$$\bar{K}_{yz}^{z'}=\frac{\sqrt{2}}{\bar{I}^0}\tilde{\Sigma}\mathrm{Re}\left(BC^*-CE^*\right) \tag{3.8.54}$$

$$\bar{K}_{yz}^{x'y'}=-\frac{3}{\sqrt{2}\bar{I}^0}\tilde{\Sigma}\mathrm{Im}\left(GB^*+FC^*\right) \tag{3.8.55}$$

$$\bar{K}_{yz}^{y'z'}=\frac{3}{2\bar{I}^0}\tilde{\Sigma}\mathrm{Re}\left(AB^*-AE^*-DC^*+OC^*\right) \tag{3.8.56}$$

$$\bar{K}_{xx-yy}^{y'}=-\frac{2\sqrt{2}}{\bar{I}^0}\tilde{\Sigma}\mathrm{Re}\left(BD^*+OE^*\right) \tag{3.8.57}$$

$$\bar{K}_{xx-yy}^{x'z'}=-\frac{3\sqrt{2}}{\bar{I}^0}\tilde{\Sigma}\mathrm{Im}\left(BD^*-OE^*\right) \tag{3.8.58}$$

$$\bar{K}_{xx-yy}^{x'x'-y'y'}=\frac{6}{\bar{I}^0}\tilde{\Sigma}\mathrm{Re}\left(HB^*+FE^*\right) \tag{3.8.59}$$

$$\bar{K}_{xx-yy}^{z'z'}=-\frac{4}{\bar{I}^0}\tilde{\Sigma}\mathrm{Re}\left(BE^*-OD^*\right) \tag{3.8.60}$$

$$\bar{K}_{zz}^{y'}=\frac{2\sqrt{2}}{3\bar{I}^0}\tilde{\Sigma}\mathrm{Re}\left(OB^*+DE^*-2AC^*\right) \tag{3.8.61}$$

$$\bar{K}_{zz}^{x'z'}=-\frac{\sqrt{2}}{\bar{I}^0}\tilde{\Sigma}\mathrm{Im}\left(OB^*+DE^*-2AC^*\right) \tag{3.8.62}$$

$$\bar{K}_{zz}^{x'x'-y'y'}=-\frac{4}{\bar{I}^0}\tilde{\Sigma}\mathrm{Re}\left(FB^*-GC^*\right) \tag{3.8.63}$$

$$\bar{K}_{zz}^{z'z'}=\frac{2}{3\bar{I}^0}\tilde{\Sigma}\left(|B|^2+|E|^2+2|A|^2-2|C|^2-2|D|^2\right) \tag{3.8.64}$$

在这里仍然根据式 (3.6.89) 把自旋 1 粒子的直角坐标的标号分成 $\varepsilon_1=y,xz,xx-yy,zz$ 和 $\varepsilon_2=x,z,xy,yz$ 两组，由本节前面所得到的结果可以看出

$$\bar{P}^{0i'}\begin{cases}\neq 0, & i'=\varepsilon_1'\\ =0, & i'=\varepsilon_2'\end{cases} \tag{3.8.65}$$

$$\bar{A}_i\begin{cases}\neq 0, & i=\varepsilon_1\\ =0, & i=\varepsilon_2\end{cases} \tag{3.8.66}$$

$$\bar{K}_i^{i'}\begin{cases}\neq 0 & \left(i=\varepsilon_1'\text{和}i'=\varepsilon_1'\right)\text{或}\left(i=\varepsilon_2\text{和}i'=\varepsilon_2'\right)\\ =0 & \left(i=\varepsilon_1\text{和}i'=\varepsilon_2'\right)\text{或}\left(i=\varepsilon_2\text{和}i'=\varepsilon_1'\right)\end{cases} \tag{3.8.67}$$

可见对于 $\vec{1}+A\to\vec{1}+B$ 反应，在靶核和剩余核的自旋不等于 0 但都是非极化的情况下，存在非零的极化量的情况与靶核和剩余核自旋等于 0 的情况是一致的，表明这时宇称守恒的影响仍然存在。并且由式 (3.7.128) 和式 (3.7.130) 可得

$$\bar{I}=\bar{I}^0\left(1+\frac{3}{2}p_y\bar{A}_y+\frac{2}{3}p_{xz}\bar{A}_{xz}+\frac{1}{6}p_{xx-yy}\bar{A}_{xx-yy}+\frac{1}{2}p_{zz}\bar{A}_{zz}\right) \tag{3.8.68}$$

$$\bar{P}^{i'}=\frac{\bar{I}^0}{\bar{I}}\left(\bar{P}^{0i'}+\frac{3}{2}p_y\bar{K}_y^{i'}+\frac{2}{3}p_{xz}\bar{K}_{xz}^{i'}+\frac{1}{6}p_{xx-yy}\bar{K}_{xx-yy}^{i'}+\frac{1}{2}p_{zz}\bar{K}_{zz}^{i'}\right),\quad i'=\varepsilon_1'$$

$$\bar{P}^{i'}=\frac{\bar{I}^0}{\bar{I}}\left[\frac{3}{2}\left(p_x\bar{K}_x^{i'}+\bar{p}_z\bar{K}_z^{i'}\right)+\frac{2}{3}\left(p_{xy}\bar{K}_{xy}^{i'}+p_{yz}\bar{K}_{yz}^{i'}\right)\right],\quad i'=\varepsilon_2' \tag{3.8.69}$$

在本节得到的表达式中，若令 $H=B, G=C, O=D, F=E$，再去掉简化求和符号 $\tilde{\Sigma}$，便自动退化为在 3.5 节和 3.6 节中给出的靶核自旋等于 0 情况下的相应的表达式。

3.9　$\vec{1}+\mathrm{A}\to\vec{\frac{1}{2}}+\mathrm{B}$ 反应极化理论

本节研究靶核和剩余核自旋不为 0，但是均处在非极化状态下 $\vec{1}+\mathrm{A}\to\vec{\frac{1}{2}}+\mathrm{B}$ 反应的极化理论。式 (2.7.2) 和式 (2.7.3) 分别给出了 $j-j$ 耦合和 $S-L$ 耦合的反应振幅表达式。在入射粒子自旋为 1 和出射粒子自旋为 $\frac{1}{2}$ 的情况下，对于 j-j 耦合和 S-L 耦合方式分别引入以下符号

$$f_{\mu'\mu}^{ll'J}(m_l')=\hat{l}\hat{l}'\mathrm{e}^{\mathrm{i}(\sigma_l+\sigma_{l'})}\sqrt{\frac{(l'-m_l')!}{(l'+m_l')!}}\times\sum_{jj'}C_{l0\ 1\mu}^{j\mu}C_{j\mu\ IM_I}^{JM}C_{l'm_l'\ \frac{1}{2}\mu'}^{j'm_j'}C_{j'm_j'\ I'M_I'}^{JM}\left(\delta_{\alpha'n'l'j',\alpha nlj}-S_{\alpha'n'l'j',\alpha nlj}^J\right) \tag{3.9.1}$$

$$f_{\mu'\mu}^{ll'J}(m_l')=\hat{l}\hat{l}'\mathrm{e}^{\mathrm{i}(\sigma_l+\sigma_{l'})}\sqrt{\frac{(l'-m_l')!}{(l'+m_l')!}}\times\sum_{SS'}C_{l0\ SM}^{JM}C_{1\mu\ IM_I}^{SM}C_{l'm_l'\ S'M_S'}^{JM}C_{\frac{1}{2}\mu'\ I'M_I'}^{S'M_S'}\left(\delta_{\alpha'n'l'S',\alpha nlS}-S_{\alpha'n'l'S',\alpha nlS}^J\right) \tag{3.9.2}$$

其中，$\hat{l}\equiv\sqrt{2l+1}$。于是根据式 (2.7.2) ~ 式 (2.7.5) 在两种角动量耦合方式下反应振幅可以统一写成以下形式

$$\begin{aligned}f_{\alpha'n'\mu'M_I',\alpha n\mu M_I}(\Omega)=&f_{\mathrm{C}}(\theta)\delta_{\alpha'n',\alpha n}\delta_{\mu'M_I',\mu M_I}+\frac{\mathrm{i}}{2k}(-1)^{\mu+M_I-\mu'-M_I'}\\&\times\sum_{ll'J}f_{\mu'\mu}^{ll'J}\left(\mu+M_I-\mu'-M_I'\right)\\&\times\mathrm{P}_{l'}^{\mu+M_I-\mu'-M_I'}(\cos\theta)\ \mathrm{e}^{\mathrm{i}\left(\mu+M_I-\mu'-M_I'\right)\varphi}\end{aligned}\tag{3.9.3}$$

对于$\vec{1}+\mathrm{A}\rightarrow\vec{\frac{1}{2}}$+B 反应不可能存在弹性散射道，故在上式中代表库仑散射的第一项不会出现。令

$$A_{M_I'M_I}(\theta)=\frac{\mathrm{i}}{2k}(-1)^{M_I-M_I'+\frac{1}{2}}\sum_{ll'J}f_{\frac{1}{2}1}^{ll'J}\left(M_I-M_I'+\frac{1}{2}\right)\mathrm{P}_{l'}^{M_I-M_I'+\frac{1}{2}}(\cos\theta)\tag{3.9.4}$$

$$B_{M_I'M_I}(\theta)=\frac{\mathrm{i}}{2k}(-1)^{M_I-M_I'-\frac{1}{2}}\sum_{ll'J}f_{-\frac{1}{2}\ -1}^{ll'J}\left(M_I-M_I'-\frac{1}{2}\right)\mathrm{P}_{l'}^{M_I-M_I'-\frac{1}{2}}(\cos\theta)\tag{3.9.5}$$

$$C_{M_I'M_I}(\theta)=-\frac{1}{2k}(-1)^{M_I-M_I'-\frac{1}{2}}\sum_{ll'J}f_{\frac{1}{2}0}^{ll'J}\left(M_I-M_I'-\frac{1}{2}\right)\mathrm{P}_{l'}^{M_I-M_I'-\frac{1}{2}}(\cos\theta)\tag{3.9.6}$$

$$D_{M_I'M_I}(\theta)=\frac{1}{2k}(-1)^{M_I-M_I'+\frac{1}{2}}\sum_{ll'J}f_{-\frac{1}{2}\ 0}^{ll'J}\left(M_I-M_I'+\frac{1}{2}\right)\mathrm{P}_{l'}^{M_I-M_I'+\frac{1}{2}}(\cos\theta)\tag{3.9.7}$$

$$E_{M_I'M_I}(\theta)=-\frac{\mathrm{i}}{2k}(-1)^{M_I-M_I'-\frac{3}{2}}\sum_{ll'J}f_{\frac{1}{2}\ -1}^{ll'J}\left(M_I-M_I'-\frac{3}{2}\right)\mathrm{P}_{l'}^{M_I-M_I'-\frac{3}{2}}(\cos\theta)\tag{3.9.8}$$

$$F_{M_I'M_I}(\theta)=-\frac{\mathrm{i}}{2k}(-1)^{M_I-M_I'+\frac{3}{2}}\sum_{ll'J}f_{-\frac{1}{2}\ 1}^{ll'J}\left(M_I-M_I'+\frac{3}{2}\right)\mathrm{P}_{l'}^{M_I-M_I'+\frac{3}{2}}(\cos\theta)\tag{3.9.9}$$

引入以下简化符号

$$F_{\mu'\mu}(\theta,\varphi)=f_{\alpha'n'\mu'M_I',\alpha n\mu M_I}(\Omega)\tag{3.9.10}$$

便可以得到

$$F_{\frac{1}{2}1}(\theta,\varphi)=A_{M_I'M_I}(\theta)\,\mathrm{e}^{\mathrm{i}\left(M_I-M_I'+\frac{1}{2}\right)\varphi}\tag{3.9.11}$$

$$F_{\frac{1}{2}0}(\theta,\varphi)=-\mathrm{i}C_{M_I'M_I}(\theta)\,\mathrm{e}^{\mathrm{i}\left(M_I-M_I'-\frac{1}{2}\right)\varphi}\tag{3.9.12}$$

$$F_{\frac{1}{2}\ -1}(\theta,\varphi)=-E_{M_I'M_I}(\theta)\,\mathrm{e}^{\mathrm{i}\left(M_I-M_I'-\frac{3}{2}\right)\varphi}\tag{3.9.13}$$

$$F_{-\frac{1}{2}\ 1}(\theta,\varphi)=-F_{M_I'M_I}(\theta)\,\mathrm{e}^{\mathrm{i}\left(M_I-M_I'+\frac{3}{2}\right)\varphi}\tag{3.9.14}$$

$$F_{-\frac{1}{2}\ 0}(\theta,\varphi)=\mathrm{i}D_{M_I'M_I}(\theta)\,\mathrm{e}^{\mathrm{i}\left(M_I-M_I'+\frac{1}{2}\right)\varphi}\tag{3.9.15}$$

$$F_{-\frac{1}{2}\ -1}(\theta,\varphi)=B_{M_I'M_I}(\theta)\,\mathrm{e}^{\mathrm{i}\left(M_I-M_I'-\frac{1}{2}\right)\varphi}\tag{3.9.16}$$

在略掉 A,B,C,D,E,F 的下标 $M_I'M_I$ 和宗量 (θ) 的情况下，可把具有确定的 $M_I'M_I$ 的反应振幅 $\hat{F}$ 写成

$$\hat{F}=\begin{pmatrix} A\mathrm{e}^{\frac{\mathrm{i}}{2}\varphi} & -\mathrm{i}C\mathrm{e}^{-\frac{\mathrm{i}}{2}\varphi} & -E\mathrm{e}^{-\frac{3\mathrm{i}}{2}\varphi} \\ -F\mathrm{e}^{\frac{3\mathrm{i}}{2}\varphi} & \mathrm{i}D\mathrm{e}^{\frac{\mathrm{i}}{2}\varphi} & B\mathrm{e}^{-\frac{\mathrm{i}}{2}\varphi} \end{pmatrix}\mathrm{e}^{\mathrm{i}\left(M_I-M_I'\right)\varphi} \tag{3.9.17}$$

这时 $\hat{F}$ 不再是方矩阵，而是行数和列数不相等的长方形矩阵。在靶核和剩余核都是非极化的情况下，由式 (2.8.20) 和式 (2.8.21) 可知这时 $\hat{F}$ 和 $\hat{F}^+$ 矩阵元的磁量子数下标是一样的，于是由式 (3.9.17) 可以得到

$$\hat{F}^+=\begin{pmatrix} A^*\mathrm{e}^{-\frac{\mathrm{i}}{2}\varphi} & -F^*\mathrm{e}^{-\frac{3\mathrm{i}}{2}\varphi} \\ \mathrm{i}C^*\mathrm{e}^{\frac{\mathrm{i}}{2}\varphi} & -\mathrm{i}D^*\mathrm{e}^{-\frac{\mathrm{i}}{2}\varphi} \\ -E^*\mathrm{e}^{\frac{3\mathrm{i}}{2}\varphi} & B^*\mathrm{e}^{\frac{\mathrm{i}}{2}\varphi} \end{pmatrix}\mathrm{e}^{-\mathrm{i}\left(M_I-M_I'\right)\varphi} \tag{3.9.18}$$

$$\hat{F}\hat{F}^+=\begin{pmatrix} |A|^2+|C|^2+|E|^2 & -\left(AF^*+CD^*+EB^*\right)\mathrm{e}^{-\mathrm{i}\varphi} \\ -\left(FA^*+DC^*+BE^*\right)\mathrm{e}^{\mathrm{i}\varphi} & |B|^2+|D|^2+|F|^2 \end{pmatrix} \tag{3.9.19}$$

对于确定的 $M_I'M_I$ 由式 (3.9.19) 可以求得

$$I_0=\frac{1}{3}\mathrm{tr}\{\hat{F}\hat{F}^+\}=\frac{1}{3}\left(|A|^2+|B|^2+|C|^2+|D|^2+|E|^2+|F|^2\right) \tag{3.9.20}$$

为了简单起见，把 y 轴选在沿 $\vec{n}$ 方向，这时 $\varphi=0$，于是由式 (3.9.17) ~ 式 (3.9.19) 可得

$$\hat{F}=\begin{pmatrix} A & -\mathrm{i}C & -E \\ -F & \mathrm{i}D & B \end{pmatrix},\quad \hat{F}^+=\begin{pmatrix} A^* & -F^* \\ \mathrm{i}C^* & -\mathrm{i}D^* \\ -E^* & B^* \end{pmatrix} \tag{3.9.21}$$

$$\hat{F}\hat{F}^+=\begin{pmatrix} |A|^2+|C|^2+|E|^2 & -(AF^*+CD^*+EB^*) \\ -(FA^*+DC^*+BE^*) & |B|^2+|D|^2+|F|^2 \end{pmatrix} \tag{3.9.22}$$

对于确定的 $M_I'M_I$ 我们定义

$$P_0^{i'}=\frac{\mathrm{tr}\{\hat{\sigma}_{i'}\hat{F}\hat{F}^+\}}{\mathrm{tr}\{\hat{F}\hat{F}^+\}},\quad i'=x',y',z' \tag{3.9.23}$$

为非极化入射粒子所对应的出射粒子极化矢量的分量。利用式 (2.1.6)、式 (3.9.20) ~ 式 (3.9.22)，由式 (3.9.23) 可以求得

$$\begin{aligned} P_0^{x'}=&\frac{1}{3I_0}\left[-\left(FA^*+DC^*+BE^*\right)-\left(AF^*+CD^*+EB^*\right)\right] \\ =&-\frac{2}{3I_0}\mathrm{Re}\left(FA^*+DC^*+BE^*\right) \end{aligned} \tag{3.9.24}$$

$$\begin{aligned}P_0^{y'} =&\frac{1}{3I_0}\left[\mathrm{i}\left(FA^*+DC^*+BE^*\right)-\mathrm{i}\left(AF^*+CD^*+EB^*\right)\right]\\ =&-\frac{2}{3I_0}\mathrm{Im}\left(FA^*+DC^*+BE^*\right)\end{aligned}\tag{3.9.25}$$

$$P_0^{z'}=\frac{1}{3I_0}\left(|A|^2+|C|^2+|E|^2-|B|^2-|D|^2-|F|^2\right)\tag{3.9.26}$$

对于确定的 $M_I'M_I$ 我们定义

$$A_i=\frac{\mathrm{tr}\{\hat{F}\hat{S}_i\hat{F}^+\}}{\mathrm{tr}\{\hat{F}\hat{F}^+\}},\quad i=x,y,z\tag{3.9.27}$$

$$A_i=\frac{\mathrm{tr}\{\hat{F}\hat{Q}_i\hat{F}^+\}}{\mathrm{tr}\{\hat{F}\hat{F}^+\}},\quad i=xy,xz,yz,xx-yy,zz\tag{3.9.28}$$

分别为极化矢量分析本领和极化张量分析本领。利用式 (3.1.33)、式 (3.1.36)、式 (3.9.20) 和式 (3.9.21)，由式 (3.9.27) 和式 (3.9.28) 可以求得

$$\hat{S}_x\hat{F}^+=\frac{1}{\sqrt{2}}\begin{pmatrix}\mathrm{i}C^* & -\mathrm{i}D^*\\ A^*-E^* & -F^*+B^*\\ \mathrm{i}C^* & -\mathrm{i}D^*\end{pmatrix}$$

$$\hat{F}\hat{S}_x\hat{F}^+=\frac{1}{\sqrt{2}}\begin{pmatrix}\mathrm{i}\left(AC^*-CA^*+CE^*-EC^*\right) & -\mathrm{i}\left(AD^*-CF^*+CB^*-ED^*\right)\\ -\mathrm{i}\left(FC^*-DA^*+DE^*-BC^*\right) & \mathrm{i}\left(FD^*-DF^*+DB^*-BD^*\right)\end{pmatrix}\tag{3.9.29}$$

$$A_x=-\frac{\sqrt{2}}{3I_0}\mathrm{Im}\left(AC^*+CE^*+FD^*+DB^*\right)\tag{3.9.30}$$

$$\hat{S}_y\hat{F}^+=\frac{\mathrm{i}}{\sqrt{2}}\begin{pmatrix}-\mathrm{i}C^* & \mathrm{i}D^*\\ A^*+E^* & -(F^*+B^*)\\ \mathrm{i}C^* & -\mathrm{i}D^*\end{pmatrix}$$

$$\hat{F}\hat{S}_y\hat{F}^+=\frac{1}{\sqrt{2}}\begin{pmatrix}AC^*+CA^*+CE^*+EC^* & -\left(AD^*+CF^*+CB^*+ED^*\right)\\ -\left(FC^*+DA^*+DE^*+BC^*\right) & FD^*+DF^*+DB^*+BD^*\end{pmatrix}\tag{3.9.31}$$

$$A_y=\frac{\sqrt{2}}{3I_0}\mathrm{Re}\left(AC^*+CE^*+FD^*+DB^*\right)\tag{3.9.32}$$

$$S_z\hat{F}^+=\begin{pmatrix}A^* & -F^*\\ 0 & 0\\ E^* & -B^*\end{pmatrix}$$

$$\hat{F}S_z\hat{F}^+ = \begin{pmatrix} |A|^2 - |E|^2 & -AF^* + EB^* \\ -FA^* + BE^* & |F|^2 - |B|^2 \end{pmatrix} \tag{3.9.33}$$

$$A_z = \frac{1}{3I_0}\left(|A|^2 - |B|^2 - |E|^2 + |F|^2\right) \tag{3.9.34}$$

$$\hat{Q}_{xy}\hat{F}^+ = \frac{3\mathrm{i}}{2}\begin{pmatrix} E^* & -B^* \\ 0 & 0 \\ A^* & -F^* \end{pmatrix}$$

$$\hat{F}\hat{Q}_{xy}\hat{F}^+ = \frac{3\mathrm{i}}{2}\begin{pmatrix} AE^* - EA^* & -AB^* + EF^* \\ -FE^* + BA^* & FB^* - BF^* \end{pmatrix} \tag{3.9.35}$$

$$A_{xy} = -\frac{1}{I_0}\mathrm{Im}\left(AE^* + FB^*\right) \tag{3.9.36}$$

$$\hat{Q}_{xz}\hat{F}^+ = \frac{3}{2\sqrt{2}}\begin{pmatrix} \mathrm{i}C^* & -\mathrm{i}D^* \\ A^* + E^* & -(F^* + B^*) \\ -\mathrm{i}C^* & \mathrm{i}D^* \end{pmatrix}$$

$$\begin{aligned}&\hat{F}\hat{Q}_{xz}\hat{F}^+ \\ =&\frac{3}{2\sqrt{2}}\begin{pmatrix} \mathrm{i}\left(AC^* - CA^* - CE^* + EC^*\right) & -\mathrm{i}\left(AD^* - CF^* - CB^* + ED^*\right) \\ -\mathrm{i}\left(FC^* - DA^* - DE^* + BC^*\right) & \mathrm{i}\left(FD^* - DF^* - DB^* + BD^*\right) \end{pmatrix}\end{aligned} \tag{3.9.37}$$

$$A_{xz} = -\frac{1}{\sqrt{2}I_0}\mathrm{Im}\left(AC^* - CE^* + FD^* - DB^*\right) \tag{3.9.38}$$

$$\hat{Q}_{yz}\hat{F}^+ = \frac{3\mathrm{i}}{2\sqrt{2}}\begin{pmatrix} -\mathrm{i}C^* & \mathrm{i}D^* \\ A^* - E^* & -F^* + B^* \\ -\mathrm{i}C^* & \mathrm{i}D^* \end{pmatrix}$$

$$\hat{F}\hat{Q}_{yz}\hat{F}^+ = \frac{3}{2\sqrt{2}}\begin{pmatrix} AC^* + CA^* - CE^* - EC^* & -\left(AD^* + CF^* - CB^* - ED^*\right) \\ -\left(FC^* + DA^* - DE^* - BC^*\right) & FD^* + DF^* - DB^* - BD^* \end{pmatrix} \tag{3.9.39}$$

$$A_{yz} = \frac{1}{\sqrt{2}I_0}\mathrm{Re}\left(AC^* - CE^* + FD^* - DB^*\right) \tag{3.9.40}$$

$$\hat{Q}_{xx-yy}\hat{F}^+ = 3\begin{pmatrix} -E^* & B^* \\ 0 & 0 \\ A^* & -F^* \end{pmatrix}$$

$$\hat{F}\hat{Q}_{xx-yy}\hat{F}^{+}=3\begin{pmatrix} -AE^{*}-EA^{*} & AB^{*}+EF^{*} \\ FE^{*}+BA^{*} & -FB^{*}-BF^{*} \end{pmatrix} \tag{3.9.41}$$

$$A_{xx-yy}=-\frac{2}{I_0}\mathrm{Re}\left(AE^{*}+FB^{*}\right) \tag{3.9.42}$$

$$\hat{Q}_{zz}\hat{F}^{+}=\begin{pmatrix} A^{*} & -F^{*} \\ -2\mathrm{i}C^{*} & 2\mathrm{i}D^{*} \\ -E^{*} & B^{*} \end{pmatrix}$$

$$\hat{F}\hat{Q}_{zz}\hat{F}^{+}=\begin{pmatrix} |A|^2-2|C|^2+|E|^2 & -AF^{*}+2CD^{*}-EB^{*} \\ -FA^{*}+2DC^{*}-BE^{*} & |F|^2-2|D|^2+|B|^2 \end{pmatrix} \tag{3.9.43}$$

$$A_{zz}=\frac{1}{3I_0}\left[|A|^2+|B|^2+|E|^2+|F|^2-2|C|^2-2|D|^2\right] \tag{3.9.44}$$

定义

$$K_i^{i'}=\frac{\mathrm{tr}\{\hat{\sigma}_{i'}\hat{F}\hat{S}_i\hat{F}^{+}\}}{\mathrm{tr}\{\hat{F}\hat{F}^{+}\}},\quad i=x,y,z;\quad i'=x',y',z' \tag{3.9.45}$$

为入射粒子极化矢量到出射粒子极化矢量的极化转移系数；再定义

$$K_i^{i'}=\frac{\mathrm{tr}\{\hat{\sigma}_{i'}\hat{F}\hat{Q}_i\hat{F}^{+}\}}{\mathrm{tr}\{\hat{F}\hat{F}^{+}\}},\quad i=xy,xz,yz,xx-yy,zz;\quad i'=x',y',z' \tag{3.9.46}$$

为入射粒子极化张量到出射粒子极化矢量的极化转移系数。利用式(2.1.6)、式 (3.9.20) 及本节前面所求得的矩阵 $\hat{F}\hat{S}_i\hat{F}^{+}$ 和 $\hat{F}\hat{Q}_i\hat{F}^{+}$，由式 (3.9.45) 和式 (3.9.46) 可以求得

$$K_x^{x'}=\frac{\sqrt{2}}{3I_0}\mathrm{Im}\left(AD^{*}+CB^{*}+FC^{*}+DE^{*}\right) \tag{3.9.47}$$

$$K_x^{y'}=\frac{\sqrt{2}}{3I_0}\mathrm{Re}\left(AD^{*}+CB^{*}-FC^{*}-DE^{*}\right) \tag{3.9.48}$$

$$K_x^{z'}=-\frac{\sqrt{2}}{3I_0}\mathrm{Im}\left(AC^{*}+CE^{*}-FD^{*}-DB^{*}\right) \tag{3.9.49}$$

$$K_y^{x'}=-\frac{\sqrt{2}}{3I_0}\mathrm{Re}\left(AD^{*}+CB^{*}+FC^{*}+DE^{*}\right) \tag{3.9.50}$$

$$K_y^{y'}=\frac{\sqrt{2}}{3I_0}\mathrm{Im}\left(AD^{*}+CB^{*}-FC^{*}-DE^{*}\right) \tag{3.9.51}$$

$$K_y^{z'}=\frac{\sqrt{2}}{3I_0}\mathrm{Re}\left(AC^{*}+CE^{*}-FD^{*}-DB^{*}\right) \tag{3.9.52}$$

$$K_z^{x'}=-\frac{2}{3I_0}\mathrm{Re}\left(FA^{*}-BE^{*}\right) \tag{3.9.53}$$

$$K_z^{y'} = -\frac{2}{3I_0}\mathrm{Im}\left(FA^* - BE^*\right) \tag{3.9.54}$$

$$K_z^{z'} = \frac{1}{3I_0}\left(|A|^2 + |B|^2 - |E|^2 - |F|^2\right) \tag{3.9.55}$$

$$K_{xy}^{x'} = \frac{1}{I_0}\mathrm{Im}\left(AB^* + FE^*\right) \tag{3.9.56}$$

$$K_{xy}^{y'} = \frac{1}{I_0}\mathrm{Re}\left(AB^* - FE^*\right) \tag{3.9.57}$$

$$K_{xy}^{z'} = -\frac{1}{I_0}\mathrm{Im}\left(AE^* - FB^*\right) \tag{3.9.58}$$

$$K_{xz}^{x'} = \frac{1}{\sqrt{2}I_0}\mathrm{Im}\left(AD^* - CB^* + FC^* - DE^*\right) \tag{3.9.59}$$

$$K_{xz}^{y'} = \frac{1}{\sqrt{2}I_0}\mathrm{Re}\left(AD^* - CB^* - FC^* + DE^*\right) \tag{3.9.60}$$

$$K_{xz}^{z'} = -\frac{1}{\sqrt{2}I_0}\mathrm{Im}\left(AC^* - CE^* - FD^* + DB^*\right) \tag{3.9.61}$$

$$K_{yz}^{x'} = -\frac{1}{\sqrt{2}I_0}\mathrm{Re}\left(AD^* - CB^* + FC^* - DE^*\right) \tag{3.9.62}$$

$$K_{yz}^{y'} = \frac{1}{\sqrt{2}I_0}\mathrm{Im}\left(AD^* - CB^* - FC^* + DE^*\right) \tag{3.9.63}$$

$$K_{yz}^{z'} = \frac{1}{\sqrt{2}I_0}\mathrm{Re}\left(AC^* - CE^* - FD^* + DB^*\right) \tag{3.9.64}$$

$$K_{xx-yy}^{x'} = \frac{2}{I_0}\mathrm{Re}\left(AB^* + FE^*\right) \tag{3.9.65}$$

$$K_{xx-yy}^{y'} = -\frac{2}{I_0}\mathrm{Im}\left(AB^* - FE^*\right) \tag{3.9.66}$$

$$K_{xx-yy}^{z'} = -\frac{2}{I_0}\mathrm{Re}\left(AE^* - FB^*\right) \tag{3.9.67}$$

$$K_{zz}^{x'} = -\frac{2}{3I_0}\mathrm{Re}\left(FA^* - 2DC^* + BE^*\right) \tag{3.9.68}$$

$$K_{zz}^{y'} = -\frac{2}{3I_0}\mathrm{Im}\left(FA^* - 2DC^* + BE^*\right) \tag{3.9.69}$$

$$K_{zz}^{z'} = \frac{1}{3I_0}\left(|A|^2 - |B|^2 + |E|^2 - |F|^2 - 2|C|^2 + 2|D|^2\right) \tag{3.9.70}$$

在靶核和剩余核均为极化核的情况下，仍然选择 y 轴沿 $\vec{n}$ 方向，即 $\varphi = 0$，在式 (3.9.21) 中 $\hat{F}$ 的矩阵元的下标为 $M_I'M_I$，$\hat{F}^+$ 中取复数共轭的矩阵元的下标为 $\bar{M}_I'\bar{M}_I$，并对前面的结果做以下变化

$$|X|^2 \rightarrow X^*_{\bar{M}_I'\bar{M}_I}X_{M_I'M_I}, \quad X = A, B, C, D, E, F \tag{3.9.71}$$

于是根据式 (3.9.20) 可以写出

$$\begin{aligned}I_{0,M_I'\bar{M}_I'M_I\bar{M}_I}=&\frac{1}{3}(A^*_{\bar{M}_I'\bar{M}_I}A_{M_I'M_I}+B^*_{\bar{M}_I'\bar{M}_I}B_{M_I'M_I}+C^*_{\bar{M}_I'\bar{M}_I}C_{M_I'M_I}\\&+D^*_{\bar{M}_I'\bar{M}_I}D_{M_I'M_I}+E^*_{\bar{M}_I'\bar{M}_I}E_{M_I'M_I}+F^*_{\bar{M}_I'\bar{M}_I}F_{M_I'M_I})\end{aligned}\tag{3.9.72}$$

利用由式 (2.8.1) 和式 (2.8.6) 所引入的靶核和剩余核极化波函数的形式，而且在这里仍然使用由式 (2.8.13) 引入的对于极化靶核和剩余核的简化求和符号 $\bar{\Sigma}$，于是非极化入射粒子所对应的出射粒子角分布可以表示成

$$\bar{I}^0\equiv I^0_{\alpha'n',\alpha n}=\frac{\mathrm{d}\sigma^0_{\alpha'n',\alpha n}}{\mathrm{d}\Omega}=\bar{\Sigma}I_{0,M_I'\bar{M}_I'M_I\bar{M}_I}\tag{3.9.73}$$

非极化入射粒子所对应的出射粒子极化矢量的分量为

$$\bar{P}^{0i'}\equiv P^{0i'}_{\alpha'n',\alpha n}=\frac{1}{\bar{I}^0}\bar{\Sigma}I_{0,M_I'\bar{M}_I'M_I\bar{M}_I}P^{i'}_{0,M_I'\bar{M}_I'M_I\bar{M}_I},\quad i'=x',y',z'\tag{3.9.74}$$

当把式 (3.9.24) ~ 式 (3.9.26) 中普通参量加上下标 $M_I'M_I$，复数共轭参量加上下标 $\bar{M}_I'\bar{M}_I$，再利用式 (3.9.71)，便可得到式 (3.9.74) 中的各个 $P^{i'}_{0,M_I'\bar{M}_I'M_I\bar{M}_I}$。

在入射粒子、靶核和剩余核都是极化的情况下，核反应的矢量极化分析本领和张量极化分析本领的分量为

$$\bar{A}_i\equiv A_{i,\alpha'n',\alpha n}=\frac{1}{\bar{I}^0}\bar{\Sigma}I_{0,M_I'\bar{M}_I'M_I\bar{M}_I}A_{i,M_I'\bar{M}_I'M_I\bar{M}_I},\quad i=\varepsilon\tag{3.9.75}$$

其中，ε 是由式 (3.7.125) 引入的直角坐标系标号集的符号。这里的 $A_{i,M_I'\bar{M}_I'M_I\bar{M}_I}$ 已由式 (3.9.30) ~ 式 (3.9.44) 给出。参照式 (3.5.9) 给出的 $\hat{\rho}_{\text{in}}$ 和式 (2.3.18) 给出的 $\hat{\rho}_{\text{out}}$，可以写出相应的出射粒子微分截面为

$$\begin{aligned}\bar{I}\equiv&I_{\alpha'n',\alpha n}=\frac{\mathrm{d}\sigma_{\alpha'n',\alpha n}}{\mathrm{d}\Omega}=\mathrm{tr}\{\hat{\rho}_{\text{out}}\}=\bar{I}^0\bigg[1+\frac{3}{2}\left(p_x\bar{A}_x+p_y\bar{A}_y+p_z\bar{A}_z\right)\\&+\frac{2}{3}\left(p_{xy}\bar{A}_{xy}+p_{xz}\bar{A}_{xz}+p_{yz}\bar{A}_{yz}\right)+\frac{1}{6}p_{xx-yy}\bar{A}_{xx-yy}+\frac{1}{2}p_{zz}\bar{A}_{zz}\bigg]\end{aligned}\tag{3.9.76}$$

相应的极化转移系数为

$$\bar{K}^{i'}_i\equiv K^{i'}_{i,\alpha'n',\alpha n}=\frac{1}{\bar{I}^0}\bar{\Sigma}I_{0,M_I'\bar{M}_I'M_I\bar{M}_I}K^{i'}_{i,M_I'\bar{M}_I'M_I\bar{M}_I},\quad i=\varepsilon;\quad i'=x',y',z'\tag{3.9.77}$$

其中，$K^{i'}_{i,M_I'\bar{M}_I'M_I\bar{M}_I}$ 已由式 (3.9.47) ~ 式 (3.9.70) 给出。参照式 (3.5.9) 和式 (2.3.18)，可以写出相应的出射粒子极化矢量的分量为

$$\bar{P}^{i'}\equiv P^{i'}_{\alpha'n',\alpha n}=\frac{\mathrm{tr}\{\hat{\sigma}_{i'}\hat{\rho}_{\text{out}}\}}{\mathrm{tr}\{\hat{\rho}_{\text{out}}\}}=\frac{\bar{I}^0}{\bar{I}}\bigg[\bar{P}^{0i'}+\frac{3}{2}\left(p_x\bar{K}^{i'}_x+p_y\bar{K}^{i'}_y+p_z\bar{K}^{i'}_z\right)$$

$$+\frac{2}{3}\left(p_{xy}\bar{K}_{xy}^{i'}+p_{xz}\bar{K}_{xz}^{i'}+p_{yz}\bar{K}_{yz}^{i'}\right)+\frac{1}{6}p_{xx-yy}\bar{K}_{xx-yy}^{i'}+\frac{1}{2}p_{zz}\bar{K}_{zz}^{i'}\bigg],\quad i'=x',y',z' \tag{3.9.78}$$

在靶核和剩余核均处于非极化情况下，利用式 (2.8.20) 和式 (2.8.21)，再利用由式 (2.7.29) 给出的简化求和符号 $\tilde{\Sigma}$，可把式 (3.9.72) ~ 式 (3.9.75)、式 (3.9.77) 分别简化为

$$\begin{aligned}I_{0,M_I'M_I}=&\frac{1}{3}\left(\left|A_{M_I'M_I}\right|^2+\left|B_{M_I'M_I}\right|^2+\left|C_{M_I'M_I}\right|^2\right.\\&\left.+\left|D_{M_I'M_I}\right|^2+\left|E_{M_I'M_I}\right|^2+\left|F_{M_I'M_I}\right|^2\right)\end{aligned} \tag{3.9.79}$$

$$\bar{I}^0=\tilde{\Sigma}I_{0,M_I'M_I} \tag{3.9.80}$$

$$\bar{P}^{0i'}=\frac{1}{\bar{I}^0}\tilde{\Sigma}I_{0,M_I'M_I}P_{0,M_I'M_I}^{i'},\quad i'=x',y',z' \tag{3.9.81}$$

$$\bar{A}_i=\frac{1}{\bar{I}^0}\tilde{\Sigma}I_{0,M_I'M_I}A_{i,M_I'M_I},\quad i=\varepsilon \tag{3.9.82}$$

$$\bar{K}_i^{i'}=\frac{1}{\bar{I}^0}\tilde{\Sigma}I_{0,M_I'M_I}K_{i,M_I'M_I}^{i'},\quad i=\varepsilon;\quad i'=x',y',z' \tag{3.9.83}$$

我们对 S-L 耦合的式 (3.9.2) 进行分析。有以下关系式

$$\begin{aligned}&C_{1\mu\ IM_I}^{S\ \mu+M_I}=(-1)^{I+1-S}C_{1\ -\mu\ I\ -M_I}^{S\ -\mu-M_I}\\&C_{\frac{1}{2}\mu'\ I'M_I'}^{S'\ \mu'+M_I'}=(-1)^{I'+\frac{1}{2}-S'}C_{\frac{1}{2}\ -\mu'\ I'\ -M_I'}^{S'\ -\mu'-M_I'}\\&C_{\ell0\ SM}^{JM}=(-1)^{\ell+S-J}C_{\ell0\ S\ -M}^{J\ -M}\\&C_{\ell'm_\ell'\ S'M_S'}^{JM}=(-1)^{\ell'+S'-J}C_{\ell'\ -m_\ell'\ S'\ -M_S'}^{J\ -M}\end{aligned} \tag{3.9.84}$$

现在我们只需研究 $i=1$ 和 $i'=\frac{1}{2}$ 的式 (3.9.3) 第二项，对于不含 φ 角部分，利用式 (2.7.39) 和式 (3.9.84) 看看当所有自旋磁量子数都改变符号后会出来什么相位因子$(-1)^{\ell+S-J+\ell'+S'-J+I+1-S+I'+\frac{1}{2}-S'+\mu+M_I-\mu'-M_I'}=(-1)^{2J+\ell+I+\ell'+I'+\frac{3}{2}+\mu+M_I-\mu'-M_I'}$，同样可用由式 (3.8.7) 引入的符号 Π，便有 $(-1)^{\ell+\ell'}=(-1)^{\Pi}$。在 $\vec{1}+\mathrm{A}\to\vec{\frac{1}{2}}+\mathrm{B}$ 的反应中，I 和 I' 必须一个是整数，另一个是半奇数，当 I 为整数和 I' 为半奇数时，J 为整数，当 I 为半奇数和 I' 为整数时，J 为半奇数，令

$$\Lambda=\begin{cases}0, & \text{当 } I \text{ 为整数和 } I' \text{ 为半奇数时}\\1, & \text{当 } I \text{ 为半奇数和 } I' \text{ 为整数时}\end{cases} \tag{3.9.85}$$

这样便可用 $(-1)^{\Lambda}$ 代替 $(-1)^{2J}$。于是可以得到

$$f_{\alpha'n'\mu'M_I',\alpha n\mu M_I}(\theta)=(-1)^{\Pi+\Lambda+I+I'+\frac{3}{2}+\mu+M_I-\mu'-M_I'}f_{\alpha'n'-\mu'-M_I',\alpha n-\mu-M_I}(\theta) \tag{3.9.86}$$

由式 (3.9.3) ~ 式 (3.9.9) 可以看出

$$A_{M_I'M_I}(\theta)=f_{\alpha'n'\frac{1}{2}M_I',\alpha n1M_I}(\theta),\quad B_{M_I'M_I}(\theta)=f_{\alpha'n'-\frac{1}{2}M_I',\alpha n-1M_I}(\theta)$$

$$C_{M_I'M_I}(\theta)=\mathrm{i}f_{\alpha'n'\frac{1}{2}M_I',\alpha n0M_I}(\theta),\quad D_{M_I'M_I}(\theta)=-\mathrm{i}f_{\alpha'n'-\frac{1}{2}M_I',\alpha n0M_I}(\theta)$$

$$E_{M_I'M_I}(\theta)=-f_{\alpha'n'\frac{1}{2}M_I',\alpha n-1M_I}(\theta),\quad F_{M_I'M_I}(\theta)=-f_{\alpha'n'-\frac{1}{2}M_I',\alpha n1M_I}(\theta) \tag{3.9.87}$$

根据式 (3.9.86) 和式 (3.9.87) 可得

$$B_{M_I'M_I}(\theta)=(-1)^{\Pi+\Lambda+I+I'+M_I-M_I'+1}A_{-M_I'\ -M_I}(\theta) \tag{3.9.88}$$

$$D_{M_I'M_I}(\theta)=(-1)^{\Pi+\Lambda+I+I'+M_I-M_I'+1}C_{-M_I'\ -M_I}(\theta) \tag{3.9.89}$$

$$F_{M_I'M_I}(\theta)=(-1)^{\Pi+\Lambda+I+I'+M_I-M_I'+1}E_{-M_I'\ -M_I}(\theta) \tag{3.9.90}$$

在这里仍然使用由式 (2.7.29) 给出的简化求和符号 $\tilde{\Sigma}$。注意到对于 $(-1)^X$ 来说，当 X 为整数时必然有 $(-1)^{2X}=1$，再注意到对 $-M_I$ 和 M_I 求和都是从 $-I$ 到 I，对于 M_I' 也类似，于是利用证明式 (2.7.48) 的方法由式 (2.9.88) ~ 式 (2.9.90) 可以得到

$$\begin{aligned}
&\tilde{\Sigma}\mathrm{Im}(AC^*+DB^*)=0,\quad \tilde{\Sigma}\mathrm{Im}(AE^*+FB^*)=0,\quad \tilde{\Sigma}\mathrm{Im}(CE^*+FD^*)=0\\
&\tilde{\Sigma}\mathrm{Re}(AC^*+DB^*)=2\tilde{\Sigma}\mathrm{Re}(AC^*),\quad \tilde{\Sigma}\mathrm{Re}(AE^*+FB^*)=2\tilde{\Sigma}\mathrm{Re}(AE^*)\\
&\tilde{\Sigma}\mathrm{Re}(CE^*+FD^*)=2\tilde{\Sigma}\mathrm{Re}(CE^*),\quad \tilde{\Sigma}\mathrm{Im}(AC^*-DB^*)=2\tilde{\Sigma}\mathrm{Im}(AC^*)\\
&\tilde{\Sigma}\mathrm{Im}(AE^*-FB^*)=2\tilde{\Sigma}\mathrm{Im}(AE^*),\quad \tilde{\Sigma}\mathrm{Im}(CE^*-FD^*)=2\tilde{\Sigma}\mathrm{Im}(CE^*)\\
&\tilde{\Sigma}\mathrm{Re}(AC^*-DB^*)=0,\quad \tilde{\Sigma}\mathrm{Re}(AE^*-FB^*)=0,\quad \tilde{\Sigma}\mathrm{Re}(CE^*-FD^*)=0\\
&\tilde{\Sigma}\left|B\right|^2=\tilde{\Sigma}\left|A\right|^2,\quad \tilde{\Sigma}\left|D\right|^2=\tilde{\Sigma}\left|C\right|^2,\quad \tilde{\Sigma}\left|F\right|^2=\tilde{\Sigma}\left|E\right|^2
\end{aligned} \tag{3.9.91}$$

再利用证明式 (2.7.49) 的方法又可以证明

$$\tilde{\Sigma}BA^*,\quad \tilde{\Sigma}DC^*,\quad \tilde{\Sigma}FE^*,\quad \tilde{\Sigma}(AC^*+DB^*),\quad \tilde{\Sigma}(AE^*+FB^*),\quad \tilde{\Sigma}(CE^*+FD^*) \tag{3.9.92}$$

这些项及其对应的复数共轭项均为实数。还有其他一些项也满足以上二式。

我们令

$$\tilde{I}_{0,M_I'M_I}=\frac{2}{3}\left(\left|A_{M_I'M_I}\right|^2+\left|C_{M_I'M_I}\right|^2+\left|E_{M_I'M_I}\right|^2\right) \tag{3.9.93}$$

由式 (3.9.79)、式 (3.9.80) 和式 (3.9.91) 可以证明

$$\bar{I}^0=\tilde{\Sigma}\tilde{I}_{0,M_I'M_I} \tag{3.9.94}$$

利用式 (3.9.88) ~ 式 (3.9.92)，根据式 (3.9.24) ~ 式 (3.9.26)，由式 (3.9.81) 可以求得

$$\bar{P}^{0x'} = -\frac{2}{3\bar{I}_0}\tilde{\Sigma}\mathrm{Re}\left(2FA^* + DC^*\right) \tag{3.9.95}$$

$$\bar{P}^{0y'} = \bar{P}^{0z'} = 0 \tag{3.9.96}$$

再根据式 (3.9.30)、式 (3.9.32)、式 (3.9.34)、式 (3.9.36)、式 (3.9.38)、式 (3.9.40)、式 (3.9.42) 和式 (3.9.44)，由式 (3.9.82) 可以求得

$$\bar{A}_x = \bar{A}_z = \bar{A}_{xy} = \bar{A}_{yz} = 0 \tag{3.9.97}$$

$$\bar{A}_y = \frac{2\sqrt{2}}{3\bar{I}_0}\tilde{\Sigma}\mathrm{Re}\left(AC^* + CE^*\right) \tag{3.9.98}$$

$$\bar{A}_{xz} = -\frac{\sqrt{2}}{\bar{I}_0}\tilde{\Sigma}\mathrm{Im}\left(AC^* - CE^*\right) \tag{3.9.99}$$

$$\bar{A}_{xx-yy} = -\frac{4}{\bar{I}_0}\tilde{\Sigma}\mathrm{Re}\left(AE^*\right) \tag{3.9.100}$$

$$\bar{A}_{zz} = \frac{2}{3\bar{I}_0}\tilde{\Sigma}\left(|A|^2 + |E|^2 - 2|C|^2\right) \tag{3.9.101}$$

再根据式 (3.9.47) ~ 式 (3.9.70)，由式 (3.9.83) 可以求得

$$\bar{K}_i^{i'} = 0 \quad \left(i = \varepsilon_1 和 i' = y',\ \mathrm{z}'\right) 或 \left(i = \varepsilon_2 和 i' = x'\right) \tag{3.9.102}$$

下标标号 ε_1 和 ε_2 已由式 (3.6.89) 给出。进而也可以求得

$$\bar{K}_x^{y'} = \frac{2\sqrt{2}}{3\bar{I}_0}\tilde{\Sigma}\mathrm{Re}\left(AD^* - FC^*\right) \tag{3.9.103}$$

$$\bar{K}_x^{z'} = -\frac{2\sqrt{2}}{3\bar{I}_0}\tilde{\Sigma}\mathrm{Im}\left(AC^* + CE^*\right) \tag{3.9.104}$$

$$\bar{K}_y^{x'} = -\frac{2\sqrt{2}}{3\bar{I}_0}\tilde{\Sigma}\mathrm{Re}\left(AD^* + FC^*\right) \tag{3.9.105}$$

$$\bar{K}_z^{y'} = -\frac{4}{3\bar{I}_0}\tilde{\Sigma}\mathrm{Im}\left(FA^*\right) \tag{3.9.106}$$

$$\bar{K}_z^{z'} = \frac{2}{3\bar{I}_0}\tilde{\Sigma}\left(|A|^2 - |E|^2\right) \tag{3.9.107}$$

$$\bar{K}_{xy}^{y'} = \frac{1}{\bar{I}_0}\tilde{\Sigma}\mathrm{Re}\left(AB^* - FE^*\right) \tag{3.9.108}$$

$$\bar{K}_{xy}^{z'} = -\frac{2}{\bar{I}_0}\tilde{\Sigma}\mathrm{Im}\left(AE^*\right) \tag{3.9.109}$$

$$\bar{K}_{xz}^{x'}=\frac{\sqrt{2}}{\bar{I}_0}\tilde{\Sigma}\mathrm{Im}\left(AD^*+FC^*\right) \tag{3.9.110}$$

$$\bar{K}_{yz}^{y'}=\frac{\sqrt{2}}{\bar{I}_0}\tilde{\Sigma}\mathrm{Im}\left(AD^*-FC^*\right) \tag{3.9.111}$$

$$\bar{K}_{yz}^{z'}=\frac{\sqrt{2}}{\bar{I}_0}\tilde{\Sigma}\mathrm{Re}\left(AC^*-CE^*\right) \tag{3.9.112}$$

$$\bar{K}_{xx-yy}^{x'}=\frac{2}{\bar{I}_0}\tilde{\Sigma}\mathrm{Re}\left(AB^*+FE^*\right) \tag{3.9.113}$$

$$\bar{K}_{zz}^{x'}=-\frac{4}{3\bar{I}_0}\tilde{\Sigma}\mathrm{Re}\left(FA^*-DC^*\right) \tag{3.9.114}$$

由前面所得到的结果可以看出

$$\bar{P}^{0i'}\begin{cases}\neq 0, & i'=x'\\ =0, & i'=y',z'\end{cases} \tag{3.9.115}$$

$$\bar{A}_i\begin{cases}\neq 0, & i=\varepsilon_1\\ =0, & i=\varepsilon_2\end{cases} \tag{3.9.116}$$

$$\bar{K}_i^{i'}\begin{cases}\neq 0 & (i=\varepsilon_1\text{和}i'=x')\text{或}(i=\varepsilon_2\text{和}i'=y',z')\\ =0 & (i=\varepsilon_1\text{和}i'=y',z')\text{或}(i=\varepsilon_2\text{和}i'=x')\end{cases} \tag{3.9.117}$$

并且由式 (3.9.76) 和式 (3.9.78) 可以得到

$$\bar{I}=\bar{I}^0\left[1+\frac{3}{2}p_y\bar{A}_y+\frac{2}{3}p_{xz}\bar{A}_{xz}+\frac{1}{6}p_{xx-yy}\bar{A}_{xx-yy}+\frac{1}{2}p_{zz}\bar{A}_{zz}\right] \tag{3.9.118}$$

$$\bar{P}^{i'}=\frac{\bar{I}^0}{\bar{I}}\left[\bar{P}^{0i'}+\frac{3}{2}p_y\bar{K}_y^{i'}+\frac{2}{3}p_{xz}\bar{K}_{xz}^{i'}+\frac{1}{6}p_{xx-yy}\bar{K}_{xx-yy}^{i'}+\frac{1}{2}p_{zz}\bar{K}_{zz}^{i'}\right]$$
$$i'=x' \tag{3.9.119}$$

$$\bar{P}^{i'}=\frac{\bar{I}^0}{\bar{I}}\left[\frac{3}{2}\left(p_x\bar{K}_x^{i'}+p_z\bar{K}_z^{i'}\right)+\frac{2}{3}\left(p_{xy}\bar{K}_{xy}^{i'}+p_{yz}\bar{K}_{yz}^{i'}\right)\right],\quad i'=y',z' \tag{3.9.120}$$

3.10　$\frac{\vec{1}}{2} + \mathrm{A} \to \vec{1} + \mathrm{B}$ 反应极化理论

本节研究靶核和剩余核自旋不为 0，但是均处于非极化状态下 $\frac{\vec{1}}{2} + \mathrm{A} \to \vec{1} + \mathrm{B}$ 反应的极化理论。

在入射粒子自旋为$\frac{1}{2}$和出射粒子自旋为 1 的情况下，参照式 (2.7.2) 和式 (2.7.3) 对于 j-j 耦合和 S-L 耦合方式分别引入以下符号

$$f_{\mu'\mu}^{ll'J}(m_l') = \hat{l}\hat{l}'\mathrm{e}^{\mathrm{i}(\sigma_l+\sigma_{l'})}\sqrt{\frac{(l'-m_l')!}{(l'+m_l')!}} \times \sum_{jj'} C_{l0\ \frac{1}{2}\mu}^{j\mu} C_{j\mu\ IM_I}^{JM} C_{l'm_l'\ 1\mu'}^{j'm_j'} C_{j'm_j'\ I'M_I'}^{JM} \left(\delta_{\alpha'n'l'j',\alpha nlj} - S_{\alpha'n'l'j',\alpha nlj}^{J}\right) \tag{3.10.1}$$

$$f_{\mu'\mu}^{ll'J}(m_l') = \hat{l}\hat{l}'\mathrm{e}^{\mathrm{i}(\sigma_l+\sigma_{l'})}\sqrt{\frac{(l'-m_l')!}{(l'+m_l')!}} \times \sum_{SS'} C_{l0\ SM}^{JM} C_{\frac{1}{2}\mu\ IM_I}^{SM} C_{l'm_l'\ S'M_S'}^{JM} C_{1\mu'\ I'M_I'}^{S'M_S'} \left(\delta_{\alpha'n'l'S',\alpha nlS} - S_{\alpha'n'l'S',\alpha nlS}^{J}\right) \tag{3.10.2}$$

于是根据式 (2.7.2) ～ 式 (2.7.5) 在两种角动量耦合方式下反应振幅可以统一写成式 (3.9.3) 的形式。

对于 $\frac{\vec{1}}{2} + \mathrm{A} \to \vec{1} + \mathrm{B}$ 反应不存在弹性散射道，令

$$A_{M_I'M_I}(\theta) = \frac{\mathrm{i}}{2k}(-1)^{M_I-M_I'-\frac{1}{2}} \sum_{ll'J} f_{1\frac{1}{2}}^{ll'J}\left(M_I - M_I' - \frac{1}{2}\right) \mathrm{P}_{l'}^{M_I-M_I'-\frac{1}{2}}(\cos\theta) \tag{3.10.3}$$

$$B_{M_I'M_I}(\theta) = \frac{\mathrm{i}}{2k}(-1)^{M_I-M_I'+\frac{1}{2}} \sum_{ll'J} f_{-1\ -\frac{1}{2}}^{ll'J}\left(M_I - M_I' + \frac{1}{2}\right) \mathrm{P}_{l'}^{M_I-M_I'+\frac{1}{2}}(\cos\theta) \tag{3.10.4}$$

$$C_{M_I'M_I}(\theta) = -\frac{1}{2k}(-1)^{M_I-M_I'+\frac{1}{2}} \sum_{ll'J} f_{0\frac{1}{2}}^{ll'J}\left(M_I - M_I' + \frac{1}{2}\right) \mathrm{P}_{l'}^{M_I-M_I'+\frac{1}{2}}(\cos\theta) \tag{3.10.5}$$

$$D_{M_I'M_I}(\theta) = \frac{1}{2k}(-1)^{M_I-M_I'-\frac{1}{2}} \sum_{ll'J} f_{0\ -\frac{1}{2}}^{ll'J}\left(M_I - M_I' - \frac{1}{2}\right) \mathrm{P}_{l'}^{M_I-M_I'-\frac{1}{2}}(\cos\theta) \tag{3.10.6}$$

$$E_{M_I'M_I}(\theta) = -\frac{\mathrm{i}}{2k}(-1)^{M_I-M_I'+\frac{3}{2}} \sum_{ll'J} f_{-1\ \frac{1}{2}}^{ll'J}\left(M_I - M_I' + \frac{3}{2}\right) \mathrm{P}_{l'}^{M_I-M_I'+\frac{3}{2}}(\cos\theta) \tag{3.10.7}$$

$$F_{M_I'M_I}(\theta)=-\frac{\mathrm{i}}{2k}(-1)^{M_I-M_I'-\frac{3}{2}}\sum_{ll'J}f_{1\ -\frac{1}{2}}^{ll'J}\left(M_I-M_I'-\frac{3}{2}\right)\mathrm{P}_{l'}^{M_I-M_I'-\frac{3}{2}}(\cos\theta) \tag{3.10.8}$$

利用由式 (3.9.10) 引入的简化符号可得

$$F_{1\frac{1}{2}}(\theta,\varphi)=A_{M_I'M_I}(\theta)\,\mathrm{e}^{\mathrm{i}\left(M_I-M_I'-\frac{1}{2}\right)\varphi} \tag{3.10.9}$$

$$F_{1\ -\frac{1}{2}}(\theta,\varphi)=-F_{M_I'M_I}(\theta)\,\mathrm{e}^{\mathrm{i}\left(M_I-M_I'-\frac{3}{2}\right)\varphi} \tag{3.10.10}$$

$$F_{0\frac{1}{2}}(\theta,\varphi)=-\mathrm{i}C_{M_I'M_I}(\theta)\,\mathrm{e}^{\mathrm{i}\left(M_I-M_I'+\frac{1}{2}\right)\varphi} \tag{3.10.11}$$

$$F_{0\ -\frac{1}{2}}(\theta,\varphi)=\mathrm{i}D_{M_I'M_I}(\theta)\,\mathrm{e}^{\mathrm{i}\left(M_I-M_I'-\frac{1}{2}\right)\varphi} \tag{3.10.12}$$

$$F_{-1\ \frac{1}{2}}(\theta,\varphi)=-E_{M_I'M_I}(\theta)\,\mathrm{e}^{\mathrm{i}\left(M_I-M_I'+\frac{3}{2}\right)\varphi} \tag{3.10.13}$$

$$F_{-1\ -\frac{1}{2}}(\theta,\varphi)=B_{M_I'M_I}(\theta)\,\mathrm{e}^{\mathrm{i}\left(M_I-M_I'+\frac{1}{2}\right)\varphi} \tag{3.10.14}$$

在略掉 A,B,C,D,E,F 的下标 $M_I'M_I$ 和宗量 (θ) 的情况下，可把具有确定的 $M_I'M_I$ 的反应振幅 $\hat{F}$ 写成

$$\hat{F}=\begin{pmatrix} A\mathrm{e}^{-\frac{\mathrm{i}}{2}\varphi} & -F\mathrm{e}^{-\frac{3\mathrm{i}}{2}\varphi} \\ -\mathrm{i}C\mathrm{e}^{\frac{\mathrm{i}}{2}\varphi} & \mathrm{i}D\mathrm{e}^{-\frac{\mathrm{i}}{2}\varphi} \\ -E\mathrm{e}^{\frac{3\mathrm{i}}{2}\varphi} & B\mathrm{e}^{\frac{\mathrm{i}}{2}\varphi} \end{pmatrix}\mathrm{e}^{\mathrm{i}\left(M_I-M_I'\right)\varphi} \tag{3.10.15}$$

在靶核和剩余核都是非极化的情况下，由式 (2.8.20) 和式 (2.8.21) 可知这时 $\hat{F}$ 和 $\hat{F}^+$ 矩阵元的磁量子数下标是一样的，于是由式 (3.10.15) 可以得到

$$\hat{F}^+=\begin{pmatrix} A^*\mathrm{e}^{\frac{\mathrm{i}}{2}\varphi} & \mathrm{i}C^*\mathrm{e}^{-\frac{\mathrm{i}}{2}\varphi} & -E^*\mathrm{e}^{-\frac{3\mathrm{i}}{2}\varphi} \\ -F^*\mathrm{e}^{\frac{3\mathrm{i}}{2}\varphi} & -\mathrm{i}D^*\mathrm{e}^{\frac{\mathrm{i}}{2}\varphi} & B\mathrm{e}^{-\frac{\mathrm{i}}{2}\varphi} \end{pmatrix}\mathrm{e}^{-\mathrm{i}\left(M_I-M_I'\right)\varphi} \tag{3.10.16}$$

$$\hat{F}\hat{F}^+=\begin{pmatrix} |A|^2+|F|^2 & \mathrm{i}\left(AC^*+FD^*\right)\mathrm{e}^{-\mathrm{i}\varphi} & -\left(AE^*+FB^*\right)\mathrm{e}^{-2\mathrm{i}\varphi} \\ -\mathrm{i}\left(CA^*+DF^*\right)\mathrm{e}^{\mathrm{i}\varphi} & |C|^2+|D|^2 & \mathrm{i}\left(CE^*+DB^*\right)\mathrm{e}^{-\mathrm{i}\varphi} \\ -\left(EA^*+BF^*\right)\mathrm{e}^{2\mathrm{i}\varphi} & -\mathrm{i}\left(EC^*+BD^*\right)\mathrm{e}^{\mathrm{i}\varphi} & |E|^2+|B|^2 \end{pmatrix} \tag{3.10.17}$$

对于确定的 $M_I'M_I$ 由式 (3.10.17) 可以求得

$$I_0=\frac{1}{2}\mathrm{tr}\left\{\hat{F}\hat{F}^+\right\}=\frac{1}{2}\left(|A|^2+|B|^2+|C|^2+|D|^2+|E|^2+|F|^2\right) \tag{3.10.18}$$

为了简单起见，把 y 轴选在沿 $\vec{n}$ 方向，这时 $\varphi=0$，于是由式 (3.10.15) ~ 式 (3.10.17) 可得

$$\hat{F}=\begin{pmatrix} A & -F \\ -\mathrm{i}C & \mathrm{i}D \\ -E & B \end{pmatrix},\quad \hat{F}^+=\begin{pmatrix} A^* & \mathrm{i}C^* & -E^* \\ -F^* & -\mathrm{i}D^* & B^* \end{pmatrix} \tag{3.10.19}$$

$$\hat{F}\hat{F}^+ = \begin{pmatrix} |A|^2+|F|^2 & \mathrm{i}(AC^*+FD^*) & -(AE^*+FB^*) \\ -\mathrm{i}(CA^*+DF^*) & |C|^2+|D|^2 & \mathrm{i}(CE^*+DB^*) \\ -(EA^*+BF^*) & -\mathrm{i}(EC^*+BD^*) & |E|^2+|B|^2 \end{pmatrix} \tag{3.10.20}$$

对于确定的 $M_I'M_I$ 我们定义

$$P_0^{i'} = \frac{\mathrm{tr}\{\hat{S}_{i'}\hat{F}\hat{F}^+\}}{\mathrm{tr}\{\hat{F}\hat{F}^+\}}, \quad i'=x',y',z' \tag{3.10.21}$$

为非极化入射粒子所对应的出射粒子极化矢量的分量；而

$$P_0^{i'} = \frac{\mathrm{tr}\{\hat{Q}_{i'}\hat{F}\hat{F}^+\}}{\mathrm{tr}\{\hat{F}\hat{F}^+\}}, \quad i'=x'y',x'z',y'z',x'x'-y'y',z'z' \tag{3.10.22}$$

为非极化入射粒子所对应的出射粒子极化张量的分量。利用式 (3.1.33)、式 (3.1.36)、式 (3.10.18)、式 (3.1.20)，由式 (3.10.21) 和式 (3.10.22) 可以求得

$$\begin{aligned} P_0^{x'} =& \frac{1}{2\sqrt{2}I_0}[-\mathrm{i}(CA^*+DF^*)+\mathrm{i}(AC^*+FD^*) \\ & -\mathrm{i}(EC^*+BD^*)+\mathrm{i}(CE^*+DB^*)] \\ =& \frac{\sqrt{2}}{2I_0}\mathrm{Im}(CA^*+DF^*+EC^*+BD^*) \end{aligned} \tag{3.10.23}$$

$$\begin{aligned} P_0^{y'} =& \frac{\mathrm{i}}{2\sqrt{2}I_0}[\mathrm{i}(CA^*+DF^*)+\mathrm{i}(AC^*+FD^*) \\ & +\mathrm{i}(EC^*+BD^*)+\mathrm{i}(CE^*+DB^*)] \\ =& -\frac{\sqrt{2}}{2I_0}\mathrm{Re}(CA^*+DF^*+EC^*+BD^*) \end{aligned} \tag{3.10.24}$$

$$P_0^{z'} = \frac{1}{2I_0}\left[\left(|A|^2+|F|^2\right)-\left(|E|^2+|B|^2\right)\right] \tag{3.10.25}$$

$$\begin{aligned} P_0^{x'y'} =& \frac{3\mathrm{i}}{4I_0}[(EA^*+BF^*)-(AE^*+FB^*)] \\ =& -\frac{3}{2I_0}\mathrm{Im}(EA^*+BF^*) \end{aligned} \tag{3.10.26}$$

$$\begin{aligned} P_0^{x'z'} =& \frac{3}{4\sqrt{2}I_0}[-\mathrm{i}(CA^*+DF^*)+\mathrm{i}(AC^*+FD^*) \\ & +\mathrm{i}(EC^*+BD^*)-\mathrm{i}(CE^*+DB^*)] \\ =& \frac{3}{2\sqrt{2}I_0}\mathrm{Im}(CA^*+DF^*-EC^*-BD^*) \end{aligned} \tag{3.10.27}$$

$$P_0^{y'z'} = \frac{3\mathrm{i}}{4\sqrt{2}I_0}[\mathrm{i}(CA^*+DF^*)+\mathrm{i}(AC^*+FD^*)$$

$$-\mathrm{i}\,(EC^*+BD^*)-\mathrm{i}\,(CE^*+DB^*)]$$
$$=-\frac{3}{2\sqrt{2}I_0}\mathrm{Re}\,(CA^*+DF^*-EC^*-BD^*) \tag{3.10.28}$$

$$P_0^{x'x'-y'y'}=\frac{3}{2I_0}\,[-(EA^*+BF^*)-(AE^*+FB^*)]$$
$$=-\frac{3}{I_0}\mathrm{Re}\,(EA^*+BF^*) \tag{3.10.29}$$

$$P_0^{z'z'}=\frac{1}{2I_0}\left(|A|^2+|B|^2+|E|^2+|F|^2-2\,|C|^2-2\,|D|^2\right) \tag{3.10.30}$$

对于确定的 $M_I'M_I$ 我们定义

$$A_i=\frac{\mathrm{tr}\{\hat{F}\hat{\sigma}_i\hat{F}^+\}}{\mathrm{tr}\{\hat{F}\hat{F}^+\}},\quad i=x,y,z \tag{3.10.31}$$

为极化矢量分析本领。利用式 (2.1.6)、式 (3.10.18) 和式 (3.10.19)，由式 (3.10.31) 可以求得

$$\hat{\sigma}_x\hat{F}^+=\begin{pmatrix}-F^* & -\mathrm{i}D^* & B^*\\ A^* & \mathrm{i}C^* & -E^*\end{pmatrix}$$

$$\hat{F}\hat{\sigma}_x\hat{F}^+=\begin{pmatrix}-(AF^*+FA^*) & -\mathrm{i}\,(AD^*+FC^*) & AB^*+FE^*\\ \mathrm{i}\,(CF^*+DA^*) & -(CD^*+DC^*) & -\mathrm{i}\,(CB^*+DE^*)\\ EF^*+BA^* & \mathrm{i}\,(ED^*+BC^*) & -(EB^*+BE^*)\end{pmatrix} \tag{3.10.32}$$

$$A_x=-\frac{1}{I_0}\mathrm{Re}\,(AF^*+CD^*+EB^*) \tag{3.10.33}$$

$$\hat{\sigma}_y\hat{F}^+=\begin{pmatrix}\mathrm{i}F^* & -D^* & -\mathrm{i}B^*\\ \mathrm{i}A^* & -C^* & -\mathrm{i}E^*\end{pmatrix}$$

$$\hat{F}\hat{\sigma}_y\hat{F}^+=\begin{pmatrix}\mathrm{i}\,(AF^*-FA^*) & -AD^*+FC^* & -\mathrm{i}\,(AB^*-FE^*)\\ CF^*-DA^* & \mathrm{i}\,(CD^*-DC^*) & -CB^*+DE^*\\ -\mathrm{i}\,(EF^*-BA^*) & ED^*-BC^* & \mathrm{i}\,(EB^*-BE^*)\end{pmatrix} \tag{3.10.34}$$

$$A_y=-\frac{1}{I_0}\mathrm{Im}\,(AF^*+CD^*+EB^*) \tag{3.10.35}$$

$$\hat{\sigma}_z\hat{F}^+=\begin{pmatrix}A^* & \mathrm{i}C^* & -E^*\\ F^* & \mathrm{i}D^* & -B^*\end{pmatrix}$$

$$\hat{F}\hat{\sigma}_z\hat{F}^+=\begin{pmatrix}|A|^2-|F|^2 & \mathrm{i}\,(AC^*-FD^*) & -AE^*+FB^*\\ -\mathrm{i}\,(CA^*-DF^*) & |C|^2-|D|^2 & \mathrm{i}\,(CE^*-DB^*)\\ -EA^*+BF^* & -\mathrm{i}\,(EC^*-BD^*) & |E|^2-|B|^2\end{pmatrix} \tag{3.10.36}$$

$$A_z = \frac{1}{2I_0}\left[|A|^2 + |C|^2 + |E|^2 - |F|^2 - |D|^2 - |B|^2\right] \tag{3.10.37}$$

定义

$$K_i^{i'} = \frac{\mathrm{tr}\{\hat{S}_{i'}\hat{F}\hat{\sigma}_i\hat{F}^+\}}{\mathrm{tr}\{\hat{F}\hat{F}^+\}}, \quad i = x, y, z; \quad i' = x', y', z' \tag{3.10.38}$$

为入射粒子极化矢量到出射粒子极化矢量的极化转移系数；再定义

$$K_i^{i'} = \frac{\mathrm{tr}\{\hat{Q}_{i'}\hat{F}\hat{\sigma}_i\hat{F}^+\}}{\mathrm{tr}\{\hat{F}\hat{F}^+\}}, \quad i = x, y, z; \quad i' = x'y', x'z', y'z', x'x' - y'y', z'z' \tag{3.10.39}$$

为入射粒子极化矢量到出射粒子极化张量的极化转移系数。利用式 (3.1.33)、式 (3.1.36)、式 (3.10.18) 及本节前面所求得的矩阵 $\hat{F}\hat{\sigma}_i\hat{F}^+\,(i = x, y, z)$，由式 (3.10.38) 和式 (3.10.39) 可以求得

$$K_x^{x'} = -\frac{1}{\sqrt{2}I_0}\mathrm{Im}\,(DA^* + BC^* + CF^* + ED^*) \tag{3.10.40}$$

$$K_y^{x'} = -\frac{1}{\sqrt{2}I_0}\mathrm{Re}\,(DA^* + BC^* - CF^* - ED^*) \tag{3.10.41}$$

$$K_z^{x'} = \frac{1}{\sqrt{2}I_0}\mathrm{Im}\,(CA^* - DF^* + EC^* - BD^*) \tag{3.10.42}$$

$$K_x^{y'} = \frac{1}{\sqrt{2}I_0}\mathrm{Re}\,(DA^* + BC^* + CF^* + ED^*) \tag{3.10.43}$$

$$K_y^{y'} = -\frac{1}{\sqrt{2}I_0}\mathrm{Im}\,(DA^* + BC^* - CF^* - ED^*) \tag{3.10.44}$$

$$K_z^{y'} = -\frac{1}{\sqrt{2}I_0}\mathrm{Re}\,(CA^* - DF^* + EC^* - BD^*) \tag{3.10.45}$$

$$K_x^{z'} = -\frac{1}{I_0}\mathrm{Re}\,(AF^* - EB^*) \tag{3.10.46}$$

$$K_y^{z'} = -\frac{1}{I_0}\mathrm{Im}\,(AF^* - EB^*) \tag{3.10.47}$$

$$K_z^{z'} = \frac{1}{2I_0}\left(|A|^2 - |F|^2 - |E|^2 + |B|^2\right) \tag{3.10.48}$$

$$K_x^{x'y'} = \frac{3}{2I_0}\mathrm{Im}\,(BA^* + EF^*) \tag{3.10.49}$$

$$K_y^{x'y'} = \frac{3}{2I_0}\mathrm{Re}\,(BA^* - EF^*) \tag{3.10.50}$$

$$K_z^{x'y'} = -\frac{3}{2I_0}\mathrm{Im}\,(EA^* - BF^*) \tag{3.10.51}$$

$$K_x^{x'z'}=-\frac{3}{2\sqrt{2}I_0}\mathrm{Im}\left(DA^*-BC^*+CF^*-ED^*\right) \tag{3.10.52}$$

$$K_y^{x'z'}=-\frac{3}{2\sqrt{2}I_0}\mathrm{Re}\left(DA^*-BC^*-CF^*+ED^*\right) \tag{3.10.53}$$

$$K_z^{x'z'}=\frac{3}{2\sqrt{2}I_0}\mathrm{Im}\left(CA^*-DF^*-EC^*+BD^*\right) \tag{3.10.54}$$

$$K_x^{y'z'}=\frac{3}{2\sqrt{2}I_0}\mathrm{Re}\left(DA^*-BC^*+CF^*-ED^*\right) \tag{3.10.55}$$

$$K_y^{y'z'}=-\frac{3}{2\sqrt{2}I_0}\mathrm{Im}\left(DA^*-BC^*-CF^*+ED^*\right) \tag{3.10.56}$$

$$K_z^{y'z'}=-\frac{3}{2\sqrt{2}I_0}\mathrm{Re}\left(CA^*-DF^*-EC^*+BD^*\right) \tag{3.10.57}$$

$$K_x^{x'x'-y'y'}=\frac{3}{I_0}\mathrm{Re}\left(BA^*+EF^*\right) \tag{3.10.58}$$

$$K_y^{x'x'-y'y'}=-\frac{3}{I_0}\mathrm{Im}\left(BA^*-EF^*\right) \tag{3.10.59}$$

$$K_z^{x'x'-y'y'}=-\frac{3}{I_0}\mathrm{Re}\left(EA^*-BF^*\right) \tag{3.10.60}$$

$$K_x^{z'z'}=-\frac{1}{I_0}\mathrm{Re}\left(AF^*+EB^*-2CD^*\right) \tag{3.10.61}$$

$$K_y^{z'z'}=-\frac{1}{I_0}\mathrm{Im}\left(AF^*+EB^*-2CD^*\right) \tag{3.10.62}$$

$$K_z^{z'z'}=\frac{1}{2I_0}\left[|A|^2-|F|^2+|E|^2-|B|^2+2|D|^2-2|C|^2\right] \tag{3.10.63}$$

在靶核和剩余核均为极化核的情况下，仍然选择 y 轴沿 $\vec{n}$ 方向，即 $\varphi=0$，在式 (3.10.19) 中 $\hat{F}$ 的矩阵元的下标为 $M_I'M_I$，$\hat{F}^+$ 中取复数共轭的矩阵元的下标为 $\bar{M}_I'\bar{M}_I$，并对前面的结果做以下变化

$$|X|^2\rightarrow X^*_{\bar{M}_I'\bar{M}_I}X_{M_I'M_I},\quad X=A,B,C,D,E,F \tag{3.10.64}$$

于是根据式 (3.10.18) 可以写出

$$\begin{aligned}I_{0,M_I'\bar{M}_I'M_I\bar{M}_I}=&\frac{1}{2}\left(A^*_{\bar{M}_I'\bar{M}_I}A_{M_I'M_I}+B^*_{\bar{M}_I'\bar{M}_I}B_{M_I'M_I}+C^*_{\bar{M}_I'\bar{M}_I}C_{M_I'M_I}\right.\\&\left.+D^*_{\bar{M}_I'\bar{M}_I}D_{M_I'M_I}+E^*_{\bar{M}_I'\bar{M}_I}E_{M_I'M_I}+F^*_{\bar{M}_I'\bar{M}_I}F_{M_I'M_I}\right)\end{aligned} \tag{3.10.65}$$

利用由式 (2.8.1) 和式 (2.8.6) 所引入的靶核和剩余核极化波函数的形式，而且在这里仍然使用由式 (2.8.13) 引入的对于极化靶核和剩余核的简化求和符号 $\bar{\Sigma}$，于是非极化入射粒子所对应的出射粒子角分布可以表示成

$$\bar{I}^0\equiv I^0_{\alpha'n',\alpha n}=\frac{\mathrm{d}\sigma^0_{\alpha'n',\alpha n}}{\mathrm{d}\Omega}=\bar{\Sigma}I_{0,M_I'\bar{M}_I'M_I\bar{M}_I} \tag{3.10.66}$$

非极化入射粒子所对应的出射粒子极化矢量和极化张量的分量为

$$\bar{P}^{0i'} \equiv P^{0i'}_{\alpha'n',\alpha n} = \frac{1}{\bar{I}^0}\bar{\Sigma} I_{0,M_I'\bar{M}_I'M_I\bar{M}_I} P^{i'}_{0,M_I'\bar{M}_I'M_I\bar{M}_I}, \quad i' = \varepsilon' \tag{3.10.67}$$

其中，ε' 是由式 (3.7.125) 引入的直角坐标系标号集的符号。当把式 (3.10.23) ~ 式 (3.10.30) 中普通参量加上下标 $M_I'M_I$，复数共轭量加上下标 $\bar{M}_I'\bar{M}_I$，再利用式 (3.10.64)，便可得到式 (3.10.67) 中的各个 $P^{i'}_{0,M_I'\bar{M}_I'M_I\bar{M}_I}$。

在入射粒子、靶核和剩余核都是极化的情况下，核反应矢量极化分析本领的分量为

$$\bar{A}_i \equiv A_{i,\alpha'n',\alpha n} = \frac{1}{\bar{I}^0}\bar{\Sigma} I_{0,M_I'\bar{M}_I'M_I\bar{M}_I} A_{i,M_I'\bar{M}_I'M_I\bar{M}_I}, \quad i = x,y,z \tag{3.10.68}$$

这里的 $A_{i,M_I'\bar{M}_I'M_I\bar{M}_I}$ 已由式 (3.10.33)、式 (3.10.35) 和式 (3.10.37) 给出。参照式 (3.5.9) 给出的 $\hat{\rho}_{\text{in}}$ 和式 (2.3.18) 给出的 $\hat{\rho}_{\text{out}}$，可以写出极化粒子入射的出射粒子微分截面为

$$\bar{I} \equiv I_{\alpha'n',\alpha n} = \frac{\mathrm{d}\sigma_{\alpha'n',\alpha n}}{\mathrm{d}\Omega} = \mathrm{tr}\{\hat{\rho}_{\text{out}}\} = \bar{I}_0\left[1 + \frac{3}{2}\left(p_x\bar{A}_x + p_y\bar{A}_y + p_z\bar{A}_z\right)\right] \tag{3.10.69}$$

相应的极化转移系数为

$$\bar{K}_i^{i'} \equiv K^{i'}_{i,\alpha'n',\alpha n} = \frac{1}{\bar{I}^0}\bar{\Sigma} I_{0,M_I'\bar{M}_I'M_I\bar{M}_I} K^{i'}_{i,M_I'\bar{M}_I'M_I\bar{M}_I}, \quad i = x,y,z, \quad i' = \varepsilon' \tag{3.10.70}$$

其中，$K^{i'}_{i,M_I'\bar{M}_I'M_I\bar{M}_I}$ 已由式 (3.10.40) ~ 式 (3.10.63) 给出。参照式 (3.5.9) 和式 (2.3.18) 可以写出相应的出射粒子极化矢量和极化张量的分量为

$$\bar{P}^{i'} \equiv P^{i'}_{\alpha'n',\alpha n} = \frac{\bar{I}^0}{\bar{I}}\left[\bar{P}^{0i'} + \frac{3}{2}\left(p_x\bar{K}_x^{i'} + p_y\bar{K}_y^{i'} + p_z\bar{K}_z^{i'}\right)\right], \quad i' = \varepsilon' \tag{3.10.71}$$

在靶核和剩余核均处在非极化情况下，在本节仍然使用由式 (2.7.29) 给出的简化求和符号 $\tilde{\Sigma}$，再利用式 (2.8.20) 和式 (2.8.21) 可把式 (3.10.65) ~ 式 (3.10.38)、式 (3.10.70) 分别简化为

$$\begin{aligned} I_{0,M_I'M_I} =& \frac{1}{2}\left(\left|A_{M_I'M_I}\right|^2 + \left|B_{M_I'M_I}\right|^2 + \left|C_{M_I'M_I}\right|^2\right. \\ &\left. + \left|D_{M_I'M_I}\right|^2 + \left|E_{M_I'M_I}\right|^2 + \left|F_{M_I'M_I}\right|^2\right) \end{aligned} \tag{3.10.72}$$

$$\bar{I}^0 = \tilde{\Sigma} I_{0,M_I'M_I} \tag{3.10.73}$$

$$\bar{P}^{0i'} = \frac{1}{\bar{I}^0}\tilde{\Sigma} I_{0,M_I'M_I} P^{i'}_{0,M_I'M_I}, \quad i' = \varepsilon' \tag{3.10.74}$$

$$\bar{A}_i = \frac{1}{\bar{I}^0}\tilde{\Sigma} I_{0,M_I'M_I} A_{i,M_I'M_I}, \quad i = x,y,z \tag{3.10.75}$$

$$K_i^{i'}=\frac{1}{\bar{I}^0}\tilde{\Sigma}I_{0,M_I'M_I}K_{i,M_I'M_I}^{i'},\quad i=x,y,z;\quad i'=\varepsilon' \tag{3.10.76}$$

我们对 S-L 耦合的式 (3.10.2) 进行分析。有以下关系式

$$C_{\frac{1}{2}\mu\ IM_I}^{S\ \mu+M_I}=(-1)^{I+\frac{1}{2}-S}C_{\frac{1}{2}\ -\mu\ I\ -M_I}^{S\ -\mu-M_I},\quad C_{1\mu'\ I'M_I'}^{S'\ \mu'+M_I'}=(-1)^{I'+1-S'}C_{1\ -\mu'\ I'\ -M_I'}^{S'\ -\mu'-M_I'}$$

$$C_{l0\ SM}^{JM}=(-1)^{l+S-J}C_{l0\ S\ -M}^{J\ -M},\quad C_{l'm_l'\ S'M_S'}^{JM}=(-1)^{l'+S'-J}C_{l'\ -m_l'\ S'\ -M_S'}^{J\ -M} \tag{3.10.77}$$

现在我们只需研究 $i=\dfrac{1}{2}$和 $i'=1$ 的式 (3.9.3) 第二项，对于不含 φ 角部分，利用式 (2.7.39) 和式 (3.10.77) 看看当所有自旋磁量子数都改变符号后会出来什么相位因子 $(-1)^{l+S-J+l'+S'-J+I+\frac{1}{2}-S+I'+1-S'+\mu+M_I-\mu'-M_I'}=(-1)^{2J+l+I+l'+I'+\frac{3}{2}+\mu+M_I-\mu'-M_I'}$，同样可用由式 (3.8.7) 引入的符号$\Pi$，便有 $(-1)^{l+l'}=(-1)^{\Pi}$。在 $\overrightarrow{\dfrac{1}{2}}+\mathrm{A}\to\vec{1}+\mathrm{B}$ 的反应中，I 和 I' 必须一个是整数，另一个是半奇数，当 I 为半奇数和 I' 为整数时，J 为整数，当 I 为整数和 I' 为半奇数时，J 为半奇数，令

$$\Lambda=\begin{cases}0, & \text{当 } I \text{ 为半奇数和 } I' \text{ 为整数时}\\ 1, & \text{当 } I \text{ 为整数和 } I' \text{ 为半奇数时}\end{cases} \tag{3.10.78}$$

这时便可用 $(-1)^{\Lambda}$ 代替 $(-1)^{2J}$。注意，由式 (3.10.78) 给出的 Λ 的定义和由式 (3.9.85) 给出的 Λ 的定义是不一样的。于是可以得到

$$f_{\alpha'n'\mu'M_I',\alpha n\mu M_I}(\theta)=(-1)^{\Pi+\Lambda+I+I'+\frac{3}{2}+\mu+M_I-\mu'-M_I'}f_{\alpha'n'-\mu'-M_I',\alpha n-\mu-M_I}(\theta) \tag{3.10.79}$$

由式 (3.9.3) 和式 (3.10.3) ~ 式 (3.10.8) 可以看出

$$A_{M_I'M_I}(\theta)=f_{\alpha'n'1M_I',\alpha n\frac{1}{2}M_I}(\theta),\quad B_{M_I'M_I}(\theta)=f_{\alpha'n'-1M_I',\alpha n-\frac{1}{2}M_I}(\theta)$$

$$C_{M_I'M_I}(\theta)=\mathrm{i}f_{\alpha'n'0M_I',\alpha n\frac{1}{2}M_I}(\theta),\quad D_{M_I'M_I}(\theta)=-\mathrm{i}f_{\alpha'n'0M_I',\alpha n-\frac{1}{2}M_I}(\theta)$$

$$E_{M_I'M_I}(\theta)=-f_{\alpha'n'-1M_I',\alpha n\frac{1}{2}M_I}(\theta),\quad F_{M_I'M_I}(\theta)=-f_{\alpha'n'1M_I',\alpha n-\frac{1}{2}M_I}(\theta) \tag{3.10.80}$$

根据式 (3.10.79) 和式 (3.10.80) 可得

$$B_{M_I'M_I}(\theta)=(-1)^{\Pi+\Lambda+I+I'+M_I-M_I'}A_{-M_I'\ -M_I}(\theta) \tag{3.10.81}$$

$$D_{M_I'M_I}(\theta)=(-1)^{\Pi+\Lambda+I+I'+M_I-M_I'}C_{-M_I'\ -M_I}(\theta) \tag{3.10.82}$$

$$F_{M_I'M_I}(\theta)=(-1)^{\Pi+\Lambda+I+I'+M_I-M_I'}E_{-M_I'\ -M_I}(\theta) \tag{3.10.83}$$

把式 (3.10.81) ~ 式 (3.10.83) 与式 (3.9.88) ~ 式 (3.9.90) 进行对比可知，式 (3.9.91) 和式 (3.9.92) 在本节仍然适用。我们令

$$\tilde{I}_{0,M_I'M_I}(\theta)=\left|A_{M_I'M_I}\right|^2+\left|C_{M_I'M_I}\right|^2+\left|E_{M_I'M_I}\right|^2 \tag{3.10.84}$$

根据式 (3.9.91)，由式 (3.10.72) 和式 (3.10.73) 可以得到

$$\bar{I}^0=\tilde{\Sigma}\tilde{I}_{0,M_I'M_I} \tag{3.10.85}$$

利用式 (3.10.81) ~ 式 (3.10.83)、式 (3.9.91) 和式 (3.9.92)，根据式 (3.10.23) ~ 式 (3.10.30)，由式 (3.10.74) 可以得到

$$\bar{P}^{0x'}=\bar{P}^{0z'}=\bar{P}^{0x'y'}=\bar{P}^{0y'z'}=0 \tag{3.10.86}$$

$$\bar{P}^{0y'}=-\frac{\sqrt{2}}{\bar{I}^0}\tilde{\Sigma}\mathrm{Re}\left(CA^*+DF^*\right) \tag{3.10.87}$$

$$\bar{P}^{0x'z'}=\frac{3}{\sqrt{2}\bar{I}^0}\tilde{\Sigma}\mathrm{Im}\left(CA^*+DF^*\right) \tag{3.10.88}$$

$$\bar{P}^{0\ x'x'-y'y'}=-\frac{6}{\bar{I}^0}\tilde{\Sigma}\mathrm{Re}\left(EA^*\right) \tag{3.10.89}$$

$$\bar{P}^{0z'z'}=\frac{1}{\bar{I}^0}\tilde{\Sigma}\left(|A|^2+|E|^2-2|C|^2\right) \tag{3.10.90}$$

再根据式 (3.10.33)、式 (3.10.35) 和式 (3.10.37)，由式 (3.10.75) 可以得到

$$\bar{A}_x=-\frac{1}{\bar{I}^0}\tilde{\Sigma}\mathrm{Re}\left(2AF^*+CD^*\right) \tag{3.10.91}$$

$$\bar{A}_y=\bar{A}_z=0 \tag{3.10.92}$$

再根据式 (3.10.40) ~ 式 (3.10.63)，由式 (3.10.76) 又可以得到

$$\bar{K}_i^{i'}=0\quad\left(i=x\text{和}i'=\varepsilon_2'\right)\text{或}\left(i=y,z\text{和}i'=\varepsilon_1'\right) \tag{3.10.93}$$

下标标号 ε_1 和 ε_2 已由式 (3.6.89) 给出。进而也可以求得

$$\bar{K}_y^{x'}=-\frac{\sqrt{2}}{\bar{I}^0}\tilde{\Sigma}\mathrm{Re}\left(DA^*-CF^*\right) \tag{3.10.94}$$

$$\bar{K}_z^{x'}=\frac{\sqrt{2}}{\bar{I}^0}\tilde{\Sigma}\mathrm{Im}\left(CA^*-DF^*\right) \tag{3.10.95}$$

$$\bar{K}_x^{y'}=\frac{\sqrt{2}}{\bar{I}^0}\tilde{\Sigma}\mathrm{Re}\left(DA^*+CF^*\right) \tag{3.10.96}$$

$$\bar{K}_y^{z'}=-\frac{2}{\bar{I}^0}\tilde{\Sigma}\mathrm{Im}\left(AF^*\right) \tag{3.10.97}$$

$$\bar{K}_z^{z'}=\frac{1}{\bar{I}^0}\tilde{\Sigma}\left(|A|^2-|F|^2\right) \tag{3.10.98}$$

$$\bar{K}_y^{x'y'}=\frac{3}{2\bar{I}^0}\tilde{\Sigma}\mathrm{Re}\left(BA^*-EF^*\right) \tag{3.10.99}$$

$$\bar{K}_z^{x'y'}=-\frac{3}{\bar{I}^0}\tilde{\Sigma}\mathrm{Im}\left(EA^*\right) \tag{3.10.100}$$

$$\bar{K}_x^{x'z'}=-\frac{3}{\sqrt{2}\bar{I}^0}\tilde{\Sigma}\mathrm{Im}\left(DA^*+CF^*\right) \tag{3.10.101}$$

$$\bar{K}_y^{y'z'}=-\frac{3}{\sqrt{2}\bar{I}^0}\tilde{\Sigma}\mathrm{Im}\left(DA^*-CF^*\right) \tag{3.10.102}$$

$$\bar{K}_z^{y'z'}=-\frac{3}{\sqrt{2}\bar{I}^0}\tilde{\Sigma}\mathrm{Re}\left(CA^*-DF^*\right) \tag{3.10.103}$$

$$\bar{K}_x^{x'x'-y'y'}=\frac{3}{\bar{I}^0}\tilde{\Sigma}\mathrm{Re}\left(BA^*+EF^*\right) \tag{3.10.104}$$

$$\bar{K}_x^{z'z'}=-\frac{2}{\bar{I}^0}\tilde{\Sigma}\mathrm{Re}\left(AF^*-CD^*\right) \tag{3.10.105}$$

由前面所得到的结果可以看出

$$\bar{P}^{0i'}\begin{cases}\neq 0, & i'=\varepsilon_1'\\ =0, & i'=\varepsilon_2'\end{cases} \tag{3.10.106}$$

$$\bar{A}_i\begin{cases}\neq 0, & i=x\\ =0, & i=y,z\end{cases} \tag{3.10.107}$$

$$\bar{K}_i^{i'}\begin{cases}\neq 0, & (i=x\text{和}i'=\varepsilon_1')\text{ 或 }(i=y,z\text{和}i'=\varepsilon_2')\\ =0, & (i=x\text{和}i'=\varepsilon_2')\text{ 或 }(i=y,z\text{和}i'=\varepsilon_1')\end{cases} \tag{3.10.108}$$

并且由式 (3.10.69) 和式 (3.10.71) 可以得到

$$\bar{I}=\bar{I}^0\left(1+\frac{3}{2}p_x\bar{A}_x\right) \tag{3.10.109}$$

$$\bar{P}^{i'}=\frac{\bar{I}^0}{\bar{I}}\left(\bar{P}^{0i'}+\frac{3}{2}p_x\bar{K}_x^{i'}\right),\quad i'=\varepsilon_1' \tag{3.10.110}$$

$$\bar{P}^{i'}=\frac{\bar{I}^0}{\bar{I}}\frac{3}{2}\left(p_y\bar{K}_y^{i'}+p_zK_z^{i'}\right),\quad i'=\varepsilon_2' \tag{3.10.111}$$

参考文献 [23] ~ [29] 分别给出了靶核 $^{12}\mathrm{C}$,$^{13}\mathrm{C}$,$^{28}\mathrm{Si}$,$^{24}\mathrm{Mg}$,$^{208}\mathrm{Pb}$ 的 (p, d) 反应的极化分析本领的实验数据，可先用扭曲波玻恩近似 (DWBA) 方法计算出跃迁 (T) 矩阵元，再转换成 S 矩阵元，便可以用本节所介绍的方法进行理论分析了。

3.11　$\vec{\frac{1}{2}}+\vec{1}$ 反应极化理论

本节将研究自旋 $\frac{1}{2}$ 极化粒子与自旋 1 极化粒子发生反应的极化理论，并以 $\vec{\mathrm{N}}+\vec{\mathrm{d}}$ 弹性散射为例进行研究。

为了使问题简化，人们一般只研究极化核子与非极化氘核 $\vec{\mathrm{N}}+\mathrm{d}$ 的反应 [30-35]，或极化氘核与非极化核子 $\vec{\mathrm{d}}+\mathrm{N}$ 的反应 [32-35]，对于上述两种情况可用前面介绍的理论进行处理。我们知道对于少体反应即使在 keV 能区，各向异性也很明显，其极化效应不应该被忽略。特别是目前有些人在研究用极化带电粒子作燃料的聚变反应是否有可能提高聚变反应率的问题 [6,36-40]，而且已经有人在研究 $\vec{\mathrm{d}}+\vec{\mathrm{t}}\rightarrow\mathrm{n}+\alpha$ 和 $\vec{\mathrm{d}}+\overrightarrow{^{3}\mathrm{He}}\rightarrow\mathrm{p}+\alpha$ 的反应 [2,39,40]，二者均属于 $\vec{1}+\vec{\frac{1}{2}}$ 反应，其出射粒子自旋均分别为$\frac{1}{2}$ 和 0，其反应振幅构成 2×6 矩阵。

极化核子 (氘核) 与作为放射性核束次级粒子的极化氘核 (核子) 或均作为装置中次级粒子的极化核子与极化氘核发生弹性散射都属于 $\vec{\frac{1}{2}}+\vec{1}$ 反应，当然也可以考虑用已经分别被极化的核子与氘核直接进行相互作用的实验。

可以用唯象的相移分析方法研究 $\mathrm{N}+\mathrm{d}$ 弹性散射，从而求得相应的 S 矩阵元，也可以用微观的三体理论研究 $\mathrm{N}+\mathrm{d}$ 的弹性散射过程 [41-45]，这时首先求得相应的 T 矩阵元，然后再从 T 矩阵元求得相应的 S 矩阵元。

对于核子-氘核相互作用使用 S-L 角动量耦合方式。由式 (2.7.3) 可以写出 N-d 弹性散射的反应振幅为

$$\begin{aligned}f_{\mu'\nu',\mu\nu}(\Omega)=&f_{\mathrm{C}}(\theta)\,\delta_{\mu'\nu',\mu\nu}+\frac{\mathrm{i}\sqrt{\pi}}{k}\sum_{lSl'S'J}\hat{l}\mathrm{e}^{\mathrm{i}(\sigma_l+\sigma_{l'})}\\&\times\left(\delta_{l'S',lS}-S^{J}_{l'S',lS}\right)C^{JM}_{l0\,SM}C^{SM}_{\frac{1}{2}\mu\,1\nu}C^{JM}_{l'm'_l\,S'M'_S}C^{S'M'_S}_{\frac{1}{2}\mu'\,1\nu'}\mathrm{Y}_{l'm'_l}(\theta,\varphi)\end{aligned}\tag{3.11.1}$$

可以看出

$$m'_l=\mu+\nu-\mu'-\nu'\tag{3.11.2}$$

其中，μ和μ'，ν和ν' 分别代表入射核子、靶核 d 的入射道和出射道的自旋磁量子数。如果 N 是质子，式 (3.11.1) 右边代表库仑相互作用的第一项是不能忽略的。引入以下符号

$$\begin{aligned}f^{ll'J}_{\mu'\nu',\mu\nu}=&\hat{l}\hat{l'}\mathrm{e}^{\mathrm{i}(\sigma_l+\sigma_{l'})}\sqrt{\frac{(l'-m'_l)!}{(l'+m'_l)!}}\\&\times\sum_{SS'}C^{JM}_{l0\,SM}C^{SM}_{\frac{1}{2}\mu\,1\nu}C^{JM}_{l'm'_l\,S'M'_S}C^{S'M'_S}_{\frac{1}{2}\mu'\,1\nu'}\left(\delta_{l'S',lS}-S^{J}_{l'S',lS}\right)\end{aligned}\tag{3.11.3}$$

再利用式 (2.7.4) 由式 (3.11.1) 可得

$$f_{\mu'\nu',\mu\nu}(\Omega)=F_{\mu'\nu',\mu\nu}(\theta)\,\mathrm{e}^{\mathrm{i}(\mu+\nu-\mu'-\nu')\varphi} \tag{3.11.4}$$

$$F_{\mu'\nu',\mu\nu}(\theta)=f_{\mathrm{C}}(\theta)\,\delta_{\mu'\nu',\mu\nu}+\frac{\mathrm{i}}{2k}(-1)^{\mu+\nu-\mu'-\nu'}\sum_{ll'J}f^{ll'J}_{\mu'\nu',\mu\nu}\mathrm{P}^{\mu+\nu-\mu'-\nu'}_{l'}(\cos\theta) \tag{3.11.5}$$

考虑到宇称守恒，l 和 l' 必须同奇偶，$2J$ 为奇数，于是可以得到以下 C-G 系数关系式

$$\begin{aligned}&C^{J\ \mu+\nu}_{l0\ S\ \mu+\nu}C^{S\ \mu+\nu}_{\frac{1}{2}\mu\ 1\nu}C^{J\ \mu+\nu}_{l'\ \mu+\nu-\mu'-\nu'\ S'\ \mu'+\nu'}C^{S'\ \mu'+\nu'}_{\frac{1}{2}\mu'\ 1\nu'}\\=&C^{J\ -\mu-\nu}_{l0\ S\ -\mu-\nu}C^{S\ -\mu-\nu}_{\frac{1}{2}\ -\mu\ 1\ -\nu}C^{J\ -\mu-\nu}_{l'\ -\mu-\nu+\mu'+\nu'\ S'\ -\mu'-\nu'}C^{S'\ -\mu'-\nu'}_{\frac{1}{2}\ -\mu'\ 1\ -\nu'}\end{aligned} \tag{3.11.6}$$

再注意到关系式 (2.7.38)，由式 (3.11.3) 和式 (3.11.5) 可以得到

$$F_{-\mu'-\nu',-\mu-\nu}(\theta)=(-1)^{\mu+\nu-\mu'-\nu'}F_{\mu'\nu',\mu\nu}(\theta) \tag{3.11.7}$$

取 y 轴沿 $\vec{n}$ 方向，这时 $\varphi=0$。根据式 (3.11.7) 引入以下矩阵元符号

$$\begin{aligned}
&A(\theta)=F_{\frac{1}{2}1,\frac{1}{2}1}(\theta)=F_{-\frac{1}{2}\ -1,-\frac{1}{2}\ -1}(\theta),\quad B(\theta)=\mathrm{i}F_{\frac{1}{2}1,\frac{1}{2}0}(\theta)=-\mathrm{i}F_{-\frac{1}{2}\ -1,-\frac{1}{2}\ 0}(\theta)\\
&C(\theta)=-F_{\frac{1}{2}1,\frac{1}{2}\ -1}(\theta)=-F_{-\frac{1}{2}\ -1,-\frac{1}{2}\ 1}(\theta),\quad D(\theta)=-\mathrm{i}F_{\frac{1}{2}1,-\frac{1}{2}\ 1}(\theta)=\mathrm{i}F_{-\frac{1}{2}\ -1,\frac{1}{2}\ -1}(\theta)\\
&E(\theta)=F_{\frac{1}{2}1,-\frac{1}{2}\ 0}(\theta)=F_{-\frac{1}{2}\ -1,\frac{1}{2}0}(\theta),\quad F(\theta)=\mathrm{i}F_{\frac{1}{2}1,-\frac{1}{2}\ -1}(\theta)=-\mathrm{i}F_{-\frac{1}{2}\ -1,\frac{1}{2}1}(\theta)\\
&G(\theta)=F_{\frac{1}{2}0,-\frac{1}{2}\ -1}(\theta)=F_{-\frac{1}{2}\ 0,\frac{1}{2}\ 1}(\theta),\quad H(\theta)=-\mathrm{i}F_{\frac{1}{2}0,-\frac{1}{2}\ 0}(\theta)=\mathrm{i}F_{-\frac{1}{2}\ 0,\frac{1}{2}0}(\theta)\\
&J(\theta)=-F_{\frac{1}{2}0,-\frac{1}{2}\ 1}(\theta)=-F_{-\frac{1}{2}\ 0,\frac{1}{2}\ -1}(\theta),\quad K(\theta)=\mathrm{i}F_{\frac{1}{2}0,\frac{1}{2}\ -1}(\theta)=-\mathrm{i}F_{-\frac{1}{2}\ 0,-\frac{1}{2}\ 1}(\theta)\\
&L(\theta)=F_{\frac{1}{2}0,\frac{1}{2}0}(\theta)=F_{-\frac{1}{2}\ 0,-\frac{1}{2}\ 0}(\theta),\quad M(\theta)=-\mathrm{i}F_{\frac{1}{2}0,\frac{1}{2}1}(\theta)=\mathrm{i}F_{-\frac{1}{2}\ 0,-\frac{1}{2}\ -1}(\theta)\\
&N(\theta)=-F_{\frac{1}{2}\ -1,\frac{1}{2}1}(\theta)=-F_{-\frac{1}{2}\ 1,-\frac{1}{2}\ -1}(\theta),\quad O(\theta)=-\mathrm{i}F_{\frac{1}{2}\ -1,\frac{1}{2}0}(\theta)=\mathrm{i}F_{-\frac{1}{2}\ 1,-\frac{1}{2}\ 0}(\theta)\\
&Q(\theta)=F_{\frac{1}{2}\ -1,\frac{1}{2}\ -1}(\theta)=F_{-\frac{1}{2}\ 1,-\frac{1}{2}\ 1}(\theta),\quad R(\theta)=\mathrm{i}F_{\frac{1}{2}\ -1,-\frac{1}{2}\ 1}(\theta)=-\mathrm{i}F_{-\frac{1}{2}\ 1,\frac{1}{2}\ -1}(\theta)\\
&S(\theta)=-F_{\frac{1}{2}\ -1,-\frac{1}{2}\ 0}(\theta)=-F_{-\frac{1}{2}\ 1,\frac{1}{2}0}(\theta),\quad T(\theta)=-\mathrm{i}F_{\frac{1}{2}\ -1,-\frac{1}{2}\ -1}(\theta)=\mathrm{i}F_{-\frac{1}{2}\ 1,\frac{1}{2}1}(\theta)
\end{aligned} \tag{3.11.8}$$

于是可把由式 (3.11.5) 给出的 6×6 的反应矩阵表示成

$$\hat{F}=\begin{pmatrix}A & -\mathrm{i}B & -C & \mathrm{i}D & E & -\mathrm{i}F\\ \mathrm{i}M & L & -\mathrm{i}K & -J & \mathrm{i}H & G\\ -N & \mathrm{i}O & Q & -\mathrm{i}R & -S & \mathrm{i}T\\ -\mathrm{i}T & -S & \mathrm{i}R & Q & -\mathrm{i}O & -N\\ G & -\mathrm{i}H & -J & \mathrm{i}K & L & -\mathrm{i}M\\ \mathrm{i}F & E & -\mathrm{i}D & -C & \mathrm{i}B & A\end{pmatrix}$$

$$\hat{F}^+ = \begin{pmatrix} A^* & -\mathrm{i}M^* & -N^* & \mathrm{i}T^* & G^* & -\mathrm{i}F^* \\ \mathrm{i}B^* & L^* & -\mathrm{i}O^* & -S^* & \mathrm{i}H^* & E^* \\ -C^* & \mathrm{i}K^* & Q^* & -\mathrm{i}R^* & -J^* & \mathrm{i}D^* \\ -\mathrm{i}D^* & -J^* & \mathrm{i}R^* & Q^* & -\mathrm{i}K^* & -C^* \\ E^* & -\mathrm{i}H^* & -S^* & \mathrm{i}O^* & L^* & -\mathrm{i}B^* \\ \mathrm{i}F^* & G^* & -\mathrm{i}T^* & -N^* & \mathrm{i}M^* & A^* \end{pmatrix} \tag{3.11.9}$$

引入以下 3×3 子矩阵

$$\hat{t}_{\mu'\mu} = \begin{pmatrix} F_{\mu'1,\mu1} & F_{\mu'1,\mu0} & F_{\mu'1,\mu\ -1} \\ F_{\mu'0,\mu1} & F_{\mu'0,\mu0} & F_{\mu'0,\mu\ -1} \\ F_{\mu'\ -1,\mu1} & F_{\mu'\ -1,\mu0} & F_{\mu'\ -1,\mu\ -1} \end{pmatrix} \tag{3.11.10}$$

为了简单起见，下面用下标 $+$ 代表 $\dfrac{1}{2}$，用下标 $-$ 代表 $-\dfrac{1}{2}$，于是根据式 (3.11.9) 可以写出

$$\hat{t}_{++} = \begin{pmatrix} A & -\mathrm{i}B & -C \\ \mathrm{i}M & L & -\mathrm{i}K \\ -N & \mathrm{i}O & Q \end{pmatrix}, \quad \hat{t}^+_{++} = \begin{pmatrix} A^* & -\mathrm{i}M^* & -N^* \\ \mathrm{i}B^* & L^* & -\mathrm{i}O^* \\ -C^* & \mathrm{i}K^* & Q^* \end{pmatrix}$$
$$\hat{t}_{+-} = \begin{pmatrix} \mathrm{i}D & E & -\mathrm{i}F \\ -J & \mathrm{i}H & G \\ -\mathrm{i}R & -S & \mathrm{i}T \end{pmatrix}, \quad \hat{t}^+_{+-} = \begin{pmatrix} -\mathrm{i}D^* & -J^* & \mathrm{i}R^* \\ E^* & -\mathrm{i}H^* & -S^* \\ \mathrm{i}F^* & G^* & -\mathrm{i}T^* \end{pmatrix}$$
$$\hat{t}_{-+} = \begin{pmatrix} -\mathrm{i}T & -S & \mathrm{i}R \\ G & -\mathrm{i}H & -J \\ \mathrm{i}F & E & -\mathrm{i}D \end{pmatrix}, \quad \hat{t}^+_{-+} = \begin{pmatrix} \mathrm{i}T^* & G^* & -\mathrm{i}F^* \\ -S^* & \mathrm{i}H^* & E^* \\ -\mathrm{i}R^* & -J^* & \mathrm{i}D^* \end{pmatrix}$$
$$\hat{t}_{--} = \begin{pmatrix} Q & -\mathrm{i}O & -N \\ \mathrm{i}K & L & -\mathrm{i}M \\ -C & \mathrm{i}B & A \end{pmatrix}, \quad \hat{t}^+_{--} = \begin{pmatrix} Q^* & -\mathrm{i}K^* & -C^* \\ \mathrm{i}O^* & L^* & -\mathrm{i}B^* \\ -N^* & \mathrm{i}M^* & A^* \end{pmatrix} \tag{3.11.11}$$

并可把由式 (3.11.9) 给出的矩阵 $\hat{F}$ 和 $\hat{F}^+$ 表示成

$$\hat{F} = \begin{pmatrix} \hat{t}_{++} & \hat{t}_{+-} \\ \hat{t}_{-+} & \hat{t}_{--} \end{pmatrix}, \quad \hat{F}^+ = \begin{pmatrix} \hat{t}^+_{++} & \hat{t}^+_{-+} \\ \hat{t}^+_{+-} & \hat{t}^+_{--} \end{pmatrix} \tag{3.11.12}$$

根据式 (2.2.40) 和式 (3.5.9) 可以写出归一化的入射道的极化密度矩阵为

$$\hat{\rho}_{\mathrm{in}} = \frac{1}{6}\left(\hat{I}_2 + p_x^{\mathrm{N}}\hat{\sigma}_x + p_y^{\mathrm{N}}\hat{\sigma}_y + p_z^{\mathrm{N}}\hat{\sigma}_z\right)\left[\hat{I}_3 + \frac{3}{2}\left(p_x^{\mathrm{d}}\hat{S}_x + p_y^{\mathrm{d}}\hat{S}_y + p_z^{\mathrm{d}}\hat{S}_z\right)\right.$$

$$+\frac{2}{3}\left(p_{xy}^{\mathrm{d}}\hat{Q}_{xy}+p_{xz}^{\mathrm{d}}\hat{Q}_{xz}+p_{yz}^{\mathrm{d}}\hat{Q}_{yz}\right)+\frac{1}{6}p_{xx-yy}^{\mathrm{d}}\hat{Q}_{xx-yy}+\frac{1}{2}p_{zz}^{\mathrm{d}}\hat{Q}_{zz}\Bigg] \tag{3.11.13}$$

其中，$\hat{I}_2$和$\hat{I}_3$ 分别为 2×2和3×3 单位矩阵；p_i^{N}和$p_i^{\mathrm{d}}\ (i=x,y,z)$ 分别为入射道核子和氘核的矢量极化率；$p_i^{\mathrm{d}}\ (i=xy,xz,yz,xx-yy,zz)$ 是入射道氘核的张量极化率。

设 $\hat{0}_2$和 $\hat{0}_3$ 分别为 2×2 和 3×3 的零矩阵，根据由式 (2.9.14) 给出的矩阵直积的定义可得

$$\hat{\Sigma}_i\equiv\hat{\sigma}_i\times\hat{I}_3=\begin{pmatrix}\sigma_{i,++}\hat{I}_3 & \sigma_{i,+-}\hat{I}_3\\ \sigma_{i,-+}\hat{I}_3 & \sigma_{i,--}\hat{I}_3\end{pmatrix},\quad i=x,y,z \tag{3.11.14}$$

$$\hat{\Gamma}_i\equiv\hat{I}_2\times\hat{S}_i=\begin{pmatrix}\hat{S}_i & \hat{0}_3\\ \hat{0}_3 & \hat{S}_i\end{pmatrix},\quad i=x,y,z \tag{3.11.15}$$

$$\hat{\Omega}_i\equiv\hat{I}_2\times\hat{Q}_i=\begin{pmatrix}\hat{Q}_i & \hat{0}_3\\ \hat{0}_3 & \hat{Q}_i\end{pmatrix},\quad i=xy,xz,yz,xx-yy,zz \tag{3.11.16}$$

再设 $\hat{I}_6$ 是 6×6 单位矩阵，于是可把式 (3.11.13) 改写成

$$\begin{aligned}\hat{\rho}_{\mathrm{in}}=&\frac{1}{6}\left(\hat{I}_6+p_x^{\mathrm{N}}\hat{\Sigma}_x+p_y^{\mathrm{N}}\hat{\Sigma}_y+p_z^{\mathrm{N}}\hat{\Sigma}_z\right)\Bigg[\hat{I}_6+\frac{3}{2}\left(p_x^{\mathrm{d}}\hat{\Gamma}_x+p_y^{\mathrm{d}}\hat{\Gamma}_y+p_z^{\mathrm{d}}\hat{\Gamma}_z\right)\\&+\frac{2}{3}\left(p_{xy}^{\mathrm{d}}\hat{\Omega}_{xy}+p_{xz}^{\mathrm{d}}\hat{\Omega}_{xz}+p_{yz}^{\mathrm{d}}\hat{\Omega}_{yz}\right)+\frac{1}{6}p_{xx-yy}^{\mathrm{d}}\hat{\Omega}_{xx-yy}+\frac{1}{2}p_{zz}^{\mathrm{d}}\hat{\Omega}_{zz}\Bigg]\end{aligned} \tag{3.11.17}$$

当入射道中 N 和 d 都是非极化的情况下由式 (3.11.9) 和式 (3.11.17) 可以求得

$$\begin{aligned}I_0\equiv&\frac{\mathrm{d}\sigma^0}{\mathrm{d}\Omega}=\frac{1}{6}\mathrm{tr}\{\hat{F}\hat{F}^+\}=\frac{1}{3}\Big(|A|^2+|B|^2+|C|^2+|D|^2+|E|^2+|F|^2+|G|^2\\&+|H|^2+|J|^2+|K|^2+|L|^2+|M|^2+|N|^2+|O|^2+|Q|^2+|R|^2+|S|^2+|T|^2\Big)\end{aligned} \tag{3.11.18}$$

在非极化入射道情况下出射核子 N 的极化矢量分量为

$$P_0^{\mathrm{N}i'}=\frac{\mathrm{tr}\{\hat{\Sigma}_{i'}\hat{F}\hat{F}^+\}}{\mathrm{tr}\{\hat{F}\hat{F}^+\}},\quad i'=x',y',z' \tag{3.11.19}$$

出射 d 核的极化矢量分量为

$$P_0^{\mathrm{d}i'}=\frac{\mathrm{tr}\{\hat{\Gamma}_{i'}\hat{F}\hat{F}^+\}}{\mathrm{tr}\{\hat{F}\hat{F}^+\}},\quad i'=x',y',z' \tag{3.11.20}$$

出射 d 核的极化张量分量为

$$P_0^{\mathrm{d}i'}=\frac{\mathrm{tr}\{\hat{\Omega}_{i'}\hat{F}\hat{F}^+\}}{\mathrm{tr}\{\hat{F}\hat{F}^+\}},\quad i'=x'y',x'z',y'z',x'x'-y'y',z'z' \tag{3.11.21}$$

由式 (3.11.12) 可以求得

$$\hat{F}\hat{F}^+=\begin{pmatrix}\hat{t}_{++}\hat{t}_{++}^++\hat{t}_{+-}\hat{t}_{+-}^+ & \hat{t}_{++}\hat{t}_{-+}^++\hat{t}_{+-}\hat{t}_{--}^+\\ \hat{t}_{-+}\hat{t}_{++}^++\hat{t}_{--}\hat{t}_{+-}^+ & \hat{t}_{-+}\hat{t}_{-+}^++\hat{t}_{--}\hat{t}_{--}^+\end{pmatrix}\equiv\begin{pmatrix}\hat{g}_{++} & \hat{g}_{+-}\\ \hat{g}_{-+} & \hat{g}_{--}\end{pmatrix} \tag{3.11.22}$$

利用式 (3.11.11) 又可以求得

$$\begin{aligned}\hat{g}_{++}=&\begin{pmatrix}A & -\mathrm{i}B & -C\\ \mathrm{i}M & L & -\mathrm{i}K\\ -N & \mathrm{i}O & Q\end{pmatrix}\begin{pmatrix}A^* & -\mathrm{i}M^* & -N^*\\ \mathrm{i}B^* & L^* & -\mathrm{i}O^*\\ -C^* & \mathrm{i}K^* & Q^*\end{pmatrix}\\&+\begin{pmatrix}\mathrm{i}D & E & -\mathrm{i}F\\ -J & \mathrm{i}H & G\\ -\mathrm{i}R & -S & \mathrm{i}T\end{pmatrix}\begin{pmatrix}-\mathrm{i}D^* & -J^* & \mathrm{i}R^*\\ E^* & -\mathrm{i}H^* & -S^*\\ \mathrm{i}F^* & G^* & -\mathrm{i}T^*\end{pmatrix}\\=&\begin{pmatrix}|A|^2+|B|^2+|C|^2+|D|^2+|E|^2+|F|^2\\ \mathrm{i}\,(MA^*+LB^*+KC^*+JD^*+HE^*+GF^*)\\ -(NA^*+OB^*+QC^*+RD^*+SE^*+TF^*)\\ -\mathrm{i}\,(AM^*+BL^*+CK^*+DJ^*+EH^*+FG^*)\\ |M|^2+|L|^2+|K|^2+|J|^2+|H|^2+|G|^2\\ \mathrm{i}\,(NM^*+OL^*+QK^*+RJ^*+SH^*+TG^*)\\ -(AN^*+BO^*+CQ^*+DR^*+ES^*+FT^*)\\ -\mathrm{i}\,(MN^*+LO^*+KQ^*+JR^*+HS^*+GT^*)\\ |N|^2+|O|^2+|Q|^2+|R|^2+|S|^2+|T|^2\end{pmatrix}\end{aligned} \tag{3.11.23}$$

$$\begin{aligned}\hat{g}_{+-}=&\begin{pmatrix}A & -\mathrm{i}B & -C\\ \mathrm{i}M & L & -\mathrm{i}K\\ -N & \mathrm{i}O & Q\end{pmatrix}\begin{pmatrix}\mathrm{i}T^* & G^* & -\mathrm{i}F^*\\ -S^* & \mathrm{i}H^* & E^*\\ -\mathrm{i}R^* & -J^* & \mathrm{i}D^*\end{pmatrix}\\&+\begin{pmatrix}\mathrm{i}D & E & -\mathrm{i}F\\ -J & \mathrm{i}H & G\\ -\mathrm{i}R & -S & \mathrm{i}T\end{pmatrix}\begin{pmatrix}Q^* & -\mathrm{i}K^* & -C^*\\ \mathrm{i}O^* & L^* & -\mathrm{i}B^*\\ -N^* & \mathrm{i}M^* & A^*\end{pmatrix}\end{aligned}$$

$$
= \begin{pmatrix} \mathrm{i}(AT^*+BS^*+CR^*+DQ^*+EO^*+FN^*) & AG^*+BH^*+CJ^*+DK^*+EL^*+FM^* & -\mathrm{i}(AF^*+BE^*+CD^*+DC^*+EB^*+FA^*) \\ -(MT^*+LS^*+KR^*+JQ^*+HO^*+GN^*) & \mathrm{i}(MG^*+LH^*+KJ^*+JK^*+HL^*+GM^*) & MF^*+LE^*+KD^*+JC^*+HB^*+GA^* \\ -\mathrm{i}(NT^*+OS^*+QR^*+RQ^*+SO^*+TN^*) & -(NG^*+OH^*+QJ^*+RK^*+SL^*+TM^*) & \mathrm{i}(NF^*+OE^*+QD^*+RC^*+SB^*+TA^*) \end{pmatrix} \tag{3.11.24}
$$

$$
\hat{g}_{-+} = \begin{pmatrix} -\mathrm{i}T & -S & \mathrm{i}R \\ G & -\mathrm{i}H & -J \\ \mathrm{i}F & E & -\mathrm{i}D \end{pmatrix} \begin{pmatrix} A^* & -\mathrm{i}M^* & -N^* \\ \mathrm{i}B^* & L^* & -\mathrm{i}O^* \\ -C^* & \mathrm{i}K^* & Q^* \end{pmatrix} + \begin{pmatrix} Q & -\mathrm{i}O & -N \\ \mathrm{i}K & L & -\mathrm{i}M \\ -C & \mathrm{i}B & A \end{pmatrix} \begin{pmatrix} -\mathrm{i}D^* & -J^* & \mathrm{i}R^* \\ E^* & -\mathrm{i}H^* & -S^* \\ \mathrm{i}F^* & G^* & -\mathrm{i}T^* \end{pmatrix}
$$

$$
= \begin{pmatrix} -\mathrm{i}(TA^*+SB^*+RC^*+QD^*+OE^*+NF^*) & -(TM^*+SL^*+RK^*+QJ^*+OH^*+NG^*) & \mathrm{i}(TN^*+SO^*+RQ^*+QR^*+OS^*+NT^*) \\ GA^*+HB^*+JC^*+KD^*+LE^*+MF^* & -\mathrm{i}(GM^*+HL^*+JK^*+KJ^*+LH^*+MG^*) & -(GN^*+HO^*+JQ^*+KR^*+LS^*+MT^*) \\ \mathrm{i}(FA^*+EB^*+DC^*+CD^*+BE^*+AF^*) & FM^*+EL^*+DK^*+CJ^*+BH^*+AG^* & -\mathrm{i}(FN^*+EO^*+DQ^*+CR^*+BS^*+AT^*) \end{pmatrix} \tag{3.11.25}
$$

$$
\hat{g}_{--} = \begin{pmatrix} -\mathrm{i}T & -S & \mathrm{i}R \\ G & -\mathrm{i}H & -J \\ \mathrm{i}F & E & -\mathrm{i}D \end{pmatrix} \begin{pmatrix} \mathrm{i}T^* & G^* & -\mathrm{i}F^* \\ -S^* & \mathrm{i}H^* & E^* \\ -\mathrm{i}R^* & -J^* & \mathrm{i}D^* \end{pmatrix} + \begin{pmatrix} Q & -\mathrm{i}O & -N \\ \mathrm{i}K & L & -\mathrm{i}M \\ -C & \mathrm{i}B & A \end{pmatrix} \begin{pmatrix} Q^* & -\mathrm{i}K^* & -C^* \\ \mathrm{i}O^* & L^* & -\mathrm{i}B^* \\ -N^* & \mathrm{i}M^* & A^* \end{pmatrix}
$$

$$
= \begin{pmatrix}
|T|^2+|S|^2+|R|^2+|Q|^2+|O|^2+|N|^2 \\
\mathrm{i}\,(GT^*+HS^*+JR^*+KQ^*+LO^*+MN^*) \\
-(FT^*+ES^*+DR^*+CQ^*+BO^*+AN^*)
\end{pmatrix.
$$

$$
\begin{matrix}
-\mathrm{i}\,(TG^*+SH^*+RJ^*+QK^*+OL^*+NM^*) \\
|G|^2+|H|^2+|J|^2+|K|^2+|L|^2+|M|^2 \\
\mathrm{i}\,(FG^*+EH^*+DJ^*+CK^*+BL^*+AM^*)
\end{matrix}
$$

$$
\left.\begin{matrix}
-(TF^*+SE^*+RD^*+QC^*+OB^*+NA^*) \\
-\mathrm{i}\,(GF^*+HE^*+JD^*+KC^*+LB^*+MA^*) \\
|F|^2+|E|^2+|D|^2+|C|^2+|B|^2+|A|^2
\end{matrix}\right) \tag{3.11.26}
$$

首先由式 (2.1.6)、式 (3.11.14) 和式 (3.11.22) 求得

$$
\hat{\Sigma}_x\hat{F}\hat{F}^+ = \begin{pmatrix} \hat{0}_3 & \hat{I}_3 \\ \hat{I}_3 & \hat{0}_3 \end{pmatrix}\begin{pmatrix} \hat{g}_{++} & \hat{g}_{+-} \\ \hat{g}_{-+} & \hat{g}_{--} \end{pmatrix} = \begin{pmatrix} \hat{g}_{-+} & \hat{g}_{--} \\ \hat{g}_{++} & \hat{g}_{+-} \end{pmatrix} \tag{3.11.27}
$$

于是由式 (3.11.19) 、式 (3.11.24) 和式 (3.11.25) 求得

$$
P_0^{\mathrm{N}x'} = 0 \tag{3.11.28}
$$

用类似方法可以求得

$$
\hat{\Sigma}_y\hat{F}\hat{F}^+ = \begin{pmatrix} \hat{0}_3 & -\mathrm{i}\hat{I}_3 \\ \mathrm{i}\hat{I}_3 & \hat{0}_3 \end{pmatrix}\begin{pmatrix} \hat{g}_{++} & \hat{g}_{+-} \\ \hat{g}_{-+} & \hat{g}_{--} \end{pmatrix} = -\mathrm{i}\begin{pmatrix} \hat{g}_{-+} & \hat{g}_{--} \\ -\hat{g}_{++} & -\hat{g}_{+-} \end{pmatrix} \tag{3.11.29}
$$

$$
P_0^{\mathrm{N}y'} = -\frac{2}{3I_0}\mathrm{Re}\,(AT^*+BS^*+CR^*+DQ^*+EO^*+FN^*+GM^*+HL^*+JK^*) \tag{3.11.30}
$$

$$
\hat{\Sigma}_z\hat{F}\hat{F}^+ = \begin{pmatrix} \hat{I}_3 & \hat{0}_3 \\ \hat{0}_3 & -\hat{I}_3 \end{pmatrix}\begin{pmatrix} \hat{g}_{++} & \hat{g}_{+-} \\ \hat{g}_{-+} & \hat{g}_{--} \end{pmatrix} = \begin{pmatrix} \hat{g}_{++} & \hat{g}_{+-} \\ -\hat{g}_{-+} & -\hat{g}_{--} \end{pmatrix} \tag{3.11.31}
$$

$$
P_0^{\mathrm{N}z'} = 0 \tag{3.11.32}
$$

为了计算 $P^{\mathrm{d}i'}\ (i'=x',y',z')$ 首先由式 (3.1.33)、式 (3.11.15)、式 (3.11.23) 和式 (3.11.26) 求得

$$
\begin{aligned}
\mathrm{tr}\{\hat{S}_x\hat{g}_{++}\} = & \frac{1}{\sqrt{2}}\,[\mathrm{i}\,(MA^*+LB^*+KC^*+JD^*+HE^*+GF^*) \\
& -\mathrm{i}\,(AM^*+BL^*+CK^*+DJ^*+EH^*+FG^*) \\
& +\mathrm{i}\,(NM^*+OL^*+QK^*+RJ^*+SH^*+TG^*) \\
& -\mathrm{i}\,(MN^*+LO^*+KQ^*+JR^*+HS^*+GT^*)]
\end{aligned}
$$

$$=\sqrt{2}\,\mathrm{Im}\,(AM^*+BL^*+CK^*+DJ^*+EH^*+FG^*$$
$$+GT^*+HS^*+JR^*+KQ^*+LO^*+MN^*) \qquad (3.11.33)$$

$$\begin{aligned}\mathrm{tr}\{\hat{S}_x\hat{g}_{--}\}=&\frac{1}{\sqrt{2}}\,[\mathrm{i}\,(GT^*+HS^*+JR^*+KQ^*+LO^*+MN^*)\\&-\mathrm{i}\,(TG^*+SH^*+RJ^*+QK^*+OL^*+NM^*)\\&+\mathrm{i}\,(FG^*+EH^*+DJ^*+CK^*+BL^*+AM^*)\\&-\mathrm{i}\,(GF^*+HE^*+JD^*+KC^*+LB^*+MA^*)]\\=&-\sqrt{2}\,\mathrm{Im}\,(AM^*+BL^*+CK^*+DJ^*+EH^*+FG^*\\&+GT^*+HS^*+JR^*+KQ^*+LO^*+MN^*)\end{aligned} \qquad (3.11.34)$$

于是由式 (3.11.20) 求得

$$P_0^{\mathrm{d}x'}=0 \qquad (3.11.35)$$

用类似方法可以求得

$$\begin{aligned}P_0^{\mathrm{d}y'}=&\frac{1}{6I_0}\mathrm{tr}\{\hat{S}_y\hat{g}_{++}+\hat{S}_y\hat{g}_{--}\}\\=&\frac{\sqrt{2}}{3I_0}\mathrm{Re}\,(AM^*+BL^*+CK^*+DJ^*+EH^*+FG^*\\&+GT^*+HS^*+JR^*+KQ^*+LO^*+MN^*)\end{aligned} \qquad (3.11.36)$$

$$P_0^{\mathrm{d}z'}=\frac{1}{6I_0}\mathrm{tr}\{\hat{S}_z\hat{g}_{++}+\hat{S}_z\hat{g}_{--}\}=0 \qquad (3.11.37)$$

再用式 (3.1.36) 和式 (3.11.16)，用类似方法可以求得

$$P_0^{\mathrm{d}x'y'}=\frac{1}{6I_0}\mathrm{tr}\{\hat{Q}_{x'y'}\hat{g}_{++}+\hat{Q}_{x'y'}\hat{g}_{--}\}=0 \qquad (3.11.38)$$

$$\begin{aligned}P_0^{\mathrm{d}x'z'}=&\frac{1}{6I_0}\mathrm{tr}\left\{\hat{Q}_{x'z'}\hat{g}_{++}+\hat{Q}_{x'z'}\hat{g}_{--}\right\}\\=&\frac{1}{\sqrt{2}I_0}\mathrm{Im}\,[(AM^*+BL^*+CK^*+DJ^*+EH^*+FG^*)\\&-(GT^*+HS^*+JR^*+KQ^*+LO^*+MN^*)]\end{aligned} \qquad (3.11.39)$$

$$P_0^{\mathrm{d}y'z'}=\frac{1}{6I_0}\mathrm{tr}\{\hat{Q}_{y'z'}\hat{g}_{++}+\hat{Q}_{y'z'}\hat{g}_{--}\}=0 \qquad (3.11.40)$$

$$\begin{aligned}P_0^{\mathrm{d}\ x'x'-y'y'}=&\frac{1}{6I_0}\mathrm{tr}\{\hat{Q}_{x'x'-y'y'}\hat{g}_{++}+\hat{Q}_{x'x'-y'y'}\hat{g}_{--}\}\\=&-\frac{2}{3I_0}\mathrm{Re}\,(AN^*+BO^*+CQ^*+DR^*+ES^*+FT^*)\end{aligned} \qquad (3.11.41)$$

$$
\begin{aligned}
P_0^{\mathrm{d}z'z'} =& \frac{1}{3I_0}\Big[|A|^2+|B|^2+|C|^2+|D|^2+|E|^2+|F|^2+|N|^2+|O|^2+|Q|^2 \\
&+|R|^2+|S|^2+|T|^2-2\left(|G|^2+|H|^2+|J|^2+|K|^2+|L|^2+|M|^2\right)\Big]
\end{aligned}
\tag{3.11.42}
$$

在这里先引入一个坐标系标号集的简化符号

$$
\gamma \equiv xy, xz, yz, xx-yy, zz \tag{3.11.43}
$$

对于 $\vec{\mathrm{N}}(\vec{\mathrm{d}},\vec{\mathrm{d}})\vec{\mathrm{N}}$ 反应可以定义以下极化分析本领

$$
A_i^{\mathrm{N}} = \frac{\mathrm{tr}\{\hat{F}\hat{\Sigma}_i\hat{F}^+\}}{\mathrm{tr}\{\hat{F}\hat{F}^+\}} \quad (i=x,y,z) \tag{3.11.44}
$$

$$
\begin{aligned}
A_i^{\mathrm{d}} =& \frac{\mathrm{tr}\{\hat{F}\hat{\Gamma}_i\hat{F}^+\}}{\mathrm{tr}\{\hat{F}\hat{F}^+\}} \quad (i=x,y,z) \\
=& \frac{\mathrm{tr}\{\hat{F}\hat{\Omega}_i\hat{F}^+\}}{\mathrm{tr}\{\hat{F}\hat{F}^+\}} \quad (i=\gamma)
\end{aligned}
\tag{3.11.45}
$$

$$
\begin{aligned}
A_{i,j}^{\mathrm{Nd}} =& \frac{\mathrm{tr}\{\hat{F}\hat{\Sigma}_i\hat{\Gamma}_j\hat{F}^+\}}{\mathrm{tr}\{\hat{F}\hat{F}^+\}} \quad (i,j=x,y,z) \\
=& \frac{\mathrm{tr}\{\hat{F}\hat{\Sigma}_i\hat{\Omega}_j\hat{F}^+\}}{\mathrm{tr}\{\hat{F}\hat{F}^+\}} \quad (i=x,y,z;\quad j=\gamma)
\end{aligned}
\tag{3.11.46}
$$

$A_{i,j}^{\mathrm{Nd}}$ 也可称为关联分析本领。还可以定义以下极化转移系数

$$
K_{\mathrm{N}i}^{\mathrm{N}i'} = \frac{\mathrm{tr}\{\hat{\Sigma}_{i'}\hat{F}\hat{\Sigma}_i\hat{F}^+\}}{\mathrm{tr}\{\hat{F}\hat{F}^+\}} \quad (i=x,y,z;i'=x',y',z') \tag{3.11.47}
$$

$$
\begin{aligned}
K_{\mathrm{N}i}^{\mathrm{d}i'} =& \frac{\mathrm{tr}\{\hat{\Gamma}_{i'}\hat{F}\hat{\Sigma}_i\hat{F}^+\}}{\mathrm{tr}\{\hat{F}\hat{F}^+\}} \quad (i=x,y,z;i'=x',y',z') \\
=& \frac{\mathrm{tr}\{\hat{\Omega}_{i'}\hat{F}\hat{\Sigma}_i\hat{F}^+\}}{\mathrm{tr}\{\hat{F}\hat{F}^+\}} \quad (i=x,y,z;i'=\gamma')
\end{aligned}
\tag{3.11.48}
$$

$$
\begin{aligned}
K_{\mathrm{d}i}^{\mathrm{N}i'} =& \frac{\mathrm{tr}\{\hat{\Sigma}_{i'}\hat{F}\hat{\Gamma}_i\hat{F}^+\}}{\mathrm{tr}\{\hat{F}\hat{F}^+\}} \quad (i=x,y,z;i'=x',y',z') \\
=& \frac{\mathrm{tr}\{\hat{\Sigma}_{i'}\hat{F}\hat{\Omega}_i\hat{F}^+\}}{\mathrm{tr}\{\hat{F}\hat{F}^+\}} \quad (i=\gamma;i'=x',y',z')
\end{aligned}
\tag{3.11.49}
$$

$$
\begin{aligned}
K_{\mathrm{d}i}^{\mathrm{d}i'} =& \frac{\mathrm{tr}\{\hat{\Gamma}_{i'}\hat{F}\hat{\Gamma}_i\hat{F}^+\}}{\mathrm{tr}\{\hat{F}\hat{F}^+\}} \quad (i=x,y,z;i'=x',y',z') \\
=& \frac{\mathrm{tr}\{\hat{\Omega}_{i'}\hat{F}\hat{\Gamma}_i\hat{F}^+\}}{\mathrm{tr}\{\hat{F}\hat{F}^+\}} \quad (i=x,y,z;i'=\gamma')
\end{aligned}
$$

$$
\begin{aligned}
&=\frac{\operatorname{tr}\{\hat{\Gamma}_{i'}\hat{F}\hat{\Omega}_i\hat{F}^+\}}{\operatorname{tr}\{\hat{F}\hat{F}^+\}} \quad (i=\gamma;i'=x',y',z') \\
&=\frac{\operatorname{tr}\{\hat{\Omega}_{i'}\hat{F}\hat{\Omega}_i\hat{F}^+\}}{\operatorname{tr}\{\hat{F}\hat{F}^+\}} \quad (i=\gamma;i'=\gamma')
\end{aligned} \tag{3.11.50}
$$

由以上四式所定义的极化转移系数都是在假设入射道只有一个粒子是极化的情况下引入的，如果入射道两个粒子都是极化的，就需要引入关联极化转移系数。对于出射粒子可以不考虑关联问题。

如果不需要研究极化入射粒子所对应的出射粒子的极化率，就没必要求极化转移系数。同时也是为了减少篇幅，本节将不对极化转移系数进行推导，为此在推导极化分析本领时也不再为推导极化转移系数做矩阵准备。首先由式 (2.1.6)、式 (3.11.14) 和式 (3.11.12) 求得

$$
\hat{\Sigma}_x\hat{F}^+=\begin{pmatrix}\hat{0}_3 & \hat{I}_3\\ \hat{I}_3 & \hat{0}_3\end{pmatrix}\begin{pmatrix}\hat{t}^+_{++} & \hat{t}^+_{-+}\\ \hat{t}^+_{+-} & \hat{t}^+_{--}\end{pmatrix}=\begin{pmatrix}\hat{t}^+_{+-} & \hat{t}^+_{--}\\ \hat{t}^+_{++} & \hat{t}^+_{-+}\end{pmatrix} \tag{3.11.51}
$$

再由式 (3.11.11)、式 (3.11.12) 和式 (3.11.44) 可以求得

$$
\begin{aligned}
A_x^{\mathrm{N}}=&\frac{1}{6I_0}\operatorname{tr}\{\hat{F}\hat{\Sigma}_x\hat{F}^+\}=\frac{1}{6I_0}\operatorname{tr}\left(\hat{t}_{++}\hat{t}^+_{+-}+\hat{t}_{+-}\hat{t}^+_{++}+\hat{t}_{-+}\hat{t}^+_{--}+\hat{t}_{--}\hat{t}^+_{-+}\right)\\
=&\frac{1}{6I_0}\left[-\mathrm{i}\left(AD^*+BE^*+CF^*\right)-\mathrm{i}\left(MJ^*+LH^*+KG^*\right)-\mathrm{i}\left(NR^*+OS^*+QT^*\right)\right.\\
&+\mathrm{i}\left(DA^*+EB^*+FC^*\right)+\mathrm{i}\left(JM^*+HL^*+GK^*\right)+\mathrm{i}\left(RN^*+SO^*+TQ^*\right)\\
&-\mathrm{i}\left(TQ^*+SO^*+RN^*\right)-\mathrm{i}\left(GK^*+HL^*+JM^*\right)-\mathrm{i}\left(FC^*+EB^*+DA^*\right)\\
&\left.+\mathrm{i}\left(QT^*+OS^*+NR^*\right)+\mathrm{i}\left(KG^*+LH^*+MJ^*\right)+\mathrm{i}\left(CF^*+BE^*+AD^*\right)\right]\\
=&0
\end{aligned} \tag{3.11.52}
$$

用类似方法可以求得

$$
\hat{\Sigma}_y\hat{F}^+=\begin{pmatrix}\hat{0}_3 & -\mathrm{i}\hat{I}_3\\ \mathrm{i}\hat{I}_3 & \hat{0}_3\end{pmatrix}\begin{pmatrix}\hat{t}^+_{++} & \hat{t}^+_{-+}\\ \hat{t}^+_{+-} & \hat{t}^+_{--}\end{pmatrix}=-\mathrm{i}\begin{pmatrix}\hat{t}^+_{+-} & \hat{t}^+_{--}\\ -\hat{t}^+_{++} & -\hat{t}^+_{-+}\end{pmatrix} \tag{3.11.53}
$$

再参考式 (3.11.52) 中的结果可得

$$
\begin{aligned}
A_y^{\mathrm{N}}=&\frac{1}{6I_0}\operatorname{tr}\left\{\hat{F}\hat{\Sigma}_y\hat{F}^+\right\}=-\frac{\mathrm{i}}{6I_0}\operatorname{tr}\left(\hat{t}_{++}\hat{t}^+_{+-}-\hat{t}_{+-}\hat{t}^+_{++}+\hat{t}_{-+}\hat{t}^+_{--}-\hat{t}_{--}\hat{t}^+_{-+}\right)\\
=&-\frac{2}{3I_0}\operatorname{Re}\left(AD^*+BE^*+CF^*+MJ^*+LH^*+KG^*+NR^*+OS^*+QT^*\right)
\end{aligned} \tag{3.11.54}
$$

又可以求得

$$\hat{\Sigma}_z \hat{F}^+ = \begin{pmatrix} \hat{I}_3 & \hat{0}_3 \\ \hat{0}_3 & -\hat{I}_3 \end{pmatrix} \begin{pmatrix} \hat{t}^+_{++} & \hat{t}^+_{-+} \\ \hat{t}^+_{+-} & \hat{t}^+_{--} \end{pmatrix} = \begin{pmatrix} \hat{t}^+_{++} & \hat{t}^+_{-+} \\ -\hat{t}^+_{+-} & -\hat{t}^+_{--} \end{pmatrix} \tag{3.11.55}$$

由式 (3.11.11) 可以直接看出

$$A_z^{\mathrm{N}} = \frac{1}{6I_0}\mathrm{tr}\{\hat{F}\hat{\Sigma}_z\hat{F}^+\} = \frac{1}{6I_0}\mathrm{tr}\left\{\hat{t}_{++}\hat{t}^+_{++} - \hat{t}_{+-}\hat{t}^+_{+-} + \hat{t}_{-+}\hat{t}^+_{-+} - \hat{t}_{--}\hat{t}^+_{--}\right\} = 0 \tag{3.11.56}$$

根据式 (3.11.22) 和式 (3.11.15) 可以写出

$$\mathrm{tr}\{\hat{F}\hat{\Gamma}_i\hat{F}^+\} = \mathrm{tr}\{\hat{t}_{++}\hat{S}_i\hat{t}^+_{++} + \hat{t}_{+-}\hat{S}_i\hat{t}^+_{+-} + \hat{t}_{-+}\hat{S}_i\hat{t}^+_{-+} + \hat{t}_{--}\hat{S}_i\hat{t}^+_{--}\}, \quad i = x, y, z \tag{3.11.57}$$

由式 (3.1.33) 和式 (3.11.11) 可以求得

$$\hat{S}_x\hat{t}^+_{++} = \frac{1}{\sqrt{2}}\begin{pmatrix} \mathrm{i}B^* & L^* & -\mathrm{i}O^* \\ A^* - C^* & -\mathrm{i}\,(M^* - K^*) & -(N^* - Q^*) \\ \mathrm{i}B^* & L^* & -\mathrm{i}O^* \end{pmatrix}$$

$$\hat{S}_x\hat{t}^+_{+-} = \frac{1}{\sqrt{2}}\begin{pmatrix} E^* & -\mathrm{i}H^* & -S^* \\ -\mathrm{i}\,(D^* - F^*) & -(J^* - G^*) & \mathrm{i}\,(R^* - T^*) \\ E^* & -\mathrm{i}H^* & -S^* \end{pmatrix}$$

$$\hat{S}_x\hat{t}^+_{-+} = \frac{1}{\sqrt{2}}\begin{pmatrix} -S^* & \mathrm{i}H^* & E^* \\ \mathrm{i}\,(T^* - R^*) & G^* - J^* & -\mathrm{i}\,(F^* - D^*) \\ -S^* & \mathrm{i}H^* & E^* \end{pmatrix}$$

$$\hat{S}_x\hat{t}^+_{--} = \frac{1}{\sqrt{2}}\begin{pmatrix} \mathrm{i}O^* & L^* & -\mathrm{i}B^* \\ Q^* - N^* & -\mathrm{i}\,(K^* - M^*) & -(C^* - A^*) \\ \mathrm{i}O^* & L^* & -\mathrm{i}B^* \end{pmatrix} \tag{3.11.58}$$

$$\begin{aligned} A_x^{\mathrm{d}} =& \frac{1}{6I_0}\mathrm{tr}\{\hat{F}\hat{\Gamma}_x\hat{F}^+\} \\ =& \frac{1}{6\sqrt{2}I_0}\left[\mathrm{i}\,(AB^* - BA^* + BC - CB^*) + \mathrm{i}\,(ML^* - LM^* + LK^* - KL^*)\right. \\ &+ \mathrm{i}\,(NO^* - ON^* + OQ^* - QO^*) + \mathrm{i}\,(DE^* - ED^* + EF^* - FE^*) \\ &+ \mathrm{i}\,(JH^* - HJ^* + HG^* - GH^*) + \mathrm{i}\,(RS^* - SR^* + ST^* - TS^*) \\ &+ \mathrm{i}\,(TS^* - ST^* + SR^* - RS^*) + \mathrm{i}\,(GH^* - HG^* + HJ^* - JH^*) \\ &+ \mathrm{i}\,(FE^* - EF^* + ED^* - DE^*) + \mathrm{i}\,(QO^* - OQ^* + ON^* - NO^*) \end{aligned}$$

$$
\begin{aligned}
&+\mathrm{i}\,(KL^*-LK^*+LM^*-ML^*)+\mathrm{i}\,(CB^*-BC^*+BA^*-AB^*)]\\
=&0
\end{aligned}
\tag{3.11.59}
$$

比较式 (3.1.33) 中的 $\hat{S}_x$和$\hat{S}_y$，由式 (3.11.58) 可以直接写出

$$
\begin{aligned}
&\hat{S}_y\hat{t}^+_{++}=\frac{\mathrm{i}}{\sqrt{2}}\begin{pmatrix}-\mathrm{i}B^* & -L^* & \mathrm{i}O^*\\ A^*+C^* & -\mathrm{i}\,(M^*+K^*) & -(N^*+Q^*)\\ \mathrm{i}B^* & L^* & -\mathrm{i}O^*\end{pmatrix}\\
&\hat{S}_y\hat{t}^+_{+-}=\frac{\mathrm{i}}{\sqrt{2}}\begin{pmatrix}-E^* & \mathrm{i}H^* & S^*\\ -\mathrm{i}\,(D^*+F^*) & -(J^*+G^*) & \mathrm{i}\,(R^*+T^*)\\ E^* & -\mathrm{i}H^* & -S^*\end{pmatrix}\\
&\hat{S}_y\hat{t}^+_{-+}=\frac{\mathrm{i}}{\sqrt{2}}\begin{pmatrix}S^* & -\mathrm{i}H^* & -E^*\\ \mathrm{i}\,(T^*+R^*) & G^*+J^* & -\mathrm{i}\,(F^*+D^*)\\ -S^* & -\mathrm{i}H^* & E^*\end{pmatrix}\\
&\hat{S}_y\hat{t}^+_{--}=\frac{\mathrm{i}}{\sqrt{2}}\begin{pmatrix}-\mathrm{i}O^* & -L^* & \mathrm{i}B^*\\ Q^*+N^* & -\mathrm{i}\,(K^*+M^*) & -(C^*+A^*)\\ \mathrm{i}O^* & L^* & -\mathrm{i}B^*\end{pmatrix}
\end{aligned}
\tag{3.11.60}
$$

并且参照式 (3.11.59) 立刻可以写出

$$
\begin{aligned}
A_y^{\mathrm{d}}=&\frac{1}{6I_0}\mathrm{tr}\{\hat{F}\hat{\varGamma}_y\hat{F}^+\}\\
=&\frac{\mathrm{i}}{6\sqrt{2}I_0}[-\mathrm{i}(AB^*+BA^*+BC+CB^*)-\mathrm{i}(ML^*+LM^*+LK^*+KL^*)\\
&-\mathrm{i}\,(NO^*+ON^*+OQ^*+QO^*)-\mathrm{i}\,(DE^*+ED^*+EF^*+FE^*)\\
&-\mathrm{i}\,(JH^*+HJ^*+HG^*+GH^*)-\mathrm{i}\,(RS^*+SR^*+ST^*+TS^*)\\
&-\mathrm{i}\,(TS^*+ST^*+SR^*+RS^*)-\mathrm{i}\,(GH^*+HG^*+HJ^*+JH^*)\\
&-\mathrm{i}\,(FE^*+EF^*+ED^*+DE^*)-\mathrm{i}\,(QO^*+OQ^*+ON^*+NO^*)\\
&-\mathrm{i}(KL^*+LK^*+LM^*+ML^*)-\mathrm{i}(CB^*+BC^*+BA^*+AB^*)]\\
=&\frac{\sqrt{2}}{3I_0}\mathrm{Re}(AB^*+BC^*+DE^*+EF^*+GH^*+HJ^*\\
&+KL^*+LM^*+NO^*+OQ^*+RS^*+ST^*)
\end{aligned}
\tag{3.11.61}
$$

由式 (3.1.33) 和式 (3.11.11) 又可以求得

$$\hat{S}_z\hat{t}_{++}^+ = \begin{pmatrix} A^* & -\mathrm{i}M^* & -N^* \\ 0 & 0 & 0 \\ C^* & -\mathrm{i}K^* & -Q^* \end{pmatrix}, \quad \hat{S}_z\hat{t}_{+-}^+ = \begin{pmatrix} -\mathrm{i}D^* & -J^* & \mathrm{i}R^* \\ 0 & 0 & 0 \\ -\mathrm{i}F^* & -G^* & \mathrm{i}T^* \end{pmatrix}$$

$$\hat{S}_z\hat{t}_{-+}^+ = \begin{pmatrix} \mathrm{i}T^* & G^* & -\mathrm{i}F^* \\ 0 & 0 & 0 \\ \mathrm{i}R^* & J^* & -\mathrm{i}D^* \end{pmatrix}, \quad \hat{S}_z\hat{t}_{--}^+ = \begin{pmatrix} Q^* & -\mathrm{i}K^* & -C^* \\ 0 & 0 & 0 \\ N^* & -\mathrm{i}M^* & -A^* \end{pmatrix} \tag{3.11.62}$$

根据式 (3.11.11) 和式 (3.11.57) 可得

$$\begin{aligned} A_z^{\mathrm{d}} =& \frac{1}{6I_0}\mathrm{tr}\left\{\hat{F}\hat{\Gamma}_z\hat{F}^+\right\} \\ =& \frac{1}{6I_0}\Big(|A|^2 - |C|^2 + |M|^2 - |K|^2 + |N|^2 - |Q|^2 + |D|^2 - |F|^2 \\ & + |J|^2 - |G|^2 + |R|^2 - |T|^2 + |T|^2 - |R|^2 + |G|^2 - |J|^2 + |F|^2 - |D|^2 \\ & + |Q|^2 - |N|^2 + |K|^2 - |M|^2 + |C|^2 - |A|^2\Big) = 0 \end{aligned} \tag{3.11.63}$$

根据式 (3.11.16) 和式 (3.11.22) 又可以写出

$$\mathrm{tr}\{\hat{F}\hat{\Omega}_i\hat{F}^+\} = \mathrm{tr}\{\hat{t}_{++}\hat{Q}_i\hat{t}_{++}^+ + \hat{t}_{+-}\hat{Q}_i\hat{t}_{+-}^+ + \hat{t}_{-+}\hat{Q}_i\hat{t}_{-+}^+ + \hat{t}_{--}\hat{Q}_i\hat{t}_{--}^+\}, \quad i = \gamma \tag{3.11.64}$$

下标 γ 的定义已由式 (3.11.43) 给出。由式 (3.1.36) 和式 (3.11.11) 可以求得

$$\hat{Q}_{xy}\hat{t}_{++}^+ = \frac{3\mathrm{i}}{2}\begin{pmatrix} C^* & -\mathrm{i}K^* & -Q^* \\ 0 & 0 & 0 \\ A^* & -\mathrm{i}M^* & -N^* \end{pmatrix}, \quad \hat{Q}_{xy}\hat{t}_{+-}^+ = \frac{3\mathrm{i}}{2}\begin{pmatrix} -\mathrm{i}F^* & -G^* & \mathrm{i}T^* \\ 0 & 0 & 0 \\ -\mathrm{i}D^* & -J^* & \mathrm{i}R^* \end{pmatrix}$$

$$\hat{Q}_{xy}\hat{t}_{-+}^+ = \frac{3\mathrm{i}}{2}\begin{pmatrix} \mathrm{i}R^* & J^* & -\mathrm{i}D^* \\ 0 & 0 & 0 \\ \mathrm{i}T^* & G^* & -\mathrm{i}F^* \end{pmatrix}, \quad \hat{Q}_{xy}\hat{t}_{--}^+ = \frac{3\mathrm{i}}{2}\begin{pmatrix} N^* & -\mathrm{i}M^* & -A^* \\ 0 & 0 & 0 \\ Q^* & -\mathrm{i}K^* & -C^* \end{pmatrix} \tag{3.11.65}$$

$$\begin{aligned} A_{xy}^{\mathrm{d}} =& \frac{1}{6I_0}\mathrm{tr}\left\{\hat{F}\hat{\Omega}_{xy}\hat{F}^+\right\} = \frac{\mathrm{i}}{4I_0}(AC^* - CA^* + MK^* - KM^* + NQ^* - QN^* \\ & + DF^* - FD^* + JG^* - GJ^* + RT^* - TR^* + TR^* - RT^* + GJ^* - JG^* \\ & + FD^* - DF^* + QN^* - NQ^* + KM^* - MK^* + CA^* - AC^*) \\ =& 0 \end{aligned} \tag{3.11.66}$$

又可以求得

$$\hat{Q}_{xz}\hat{t}^{+}_{++}=\frac{3}{2\sqrt{2}}\begin{pmatrix} \mathrm{i}B^* & L^* & -\mathrm{i}O^* \\ A^*+C^* & -\mathrm{i}\,(M^*+K^*) & -(N^*+Q^*) \\ -\mathrm{i}B^* & -L^* & \mathrm{i}O^* \end{pmatrix}$$

$$\hat{Q}_{xz}\hat{t}^{+}_{+-}=\frac{3}{2\sqrt{2}}\begin{pmatrix} E^* & -\mathrm{i}H^* & -S^* \\ -\mathrm{i}\,(D^*+F^*) & -(J^*+G^*) & \mathrm{i}\,(R^*+T^*) \\ -E^* & \mathrm{i}H^* & S^* \end{pmatrix}$$

$$\hat{Q}_{xz}\hat{t}^{+}_{-+}=\frac{3}{2\sqrt{2}}\begin{pmatrix} -S^* & \mathrm{i}H^* & E^* \\ \mathrm{i}\,(T^*+R^*) & G^*+J^* & -\mathrm{i}\,(F^*+D^*) \\ S^* & -\mathrm{i}H^* & -E^* \end{pmatrix}$$

$$\hat{Q}_{xz}\hat{t}^{+}_{--}=\frac{3}{2\sqrt{2}}\begin{pmatrix} \mathrm{i}O^* & L^* & -\mathrm{i}B^* \\ Q^*+N^* & -\mathrm{i}\,(K^*+M^*) & -(C^*+A^*) \\ -\mathrm{i}O^* & -L^* & \mathrm{i}B^* \end{pmatrix} \tag{3.11.67}$$

利用式 (3.11.64)、(3.11.67) 和式 (3.11.11) 可得

$$\begin{aligned} A^{\mathrm{d}}_{xz} =&\frac{1}{6I_0}\mathrm{tr}\{\hat{F}\hat{\Omega}_{xz}\hat{F}^{+}\} \\ =&\frac{1}{4\sqrt{2}I_0}[\mathrm{i}(AB^*-BA^*-BC^*+CB^*)+\mathrm{i}(ML^*-LM^*-LK^*+KL^*) \\ &+\mathrm{i}(NO^*-ON^*-OQ^*+QO^*)+\mathrm{i}(DE^*-ED^*-EF^*+FE^*) \\ &+\mathrm{i}(JH^*-HJ^*-HG^*+GH^*)+\mathrm{i}(RS^*-SR^*-ST^*+TS^*) \\ &+\mathrm{i}(TS^*-ST^*-SR^*+RS^*)+\mathrm{i}(GH^*-HG^*-HJ^*+JH^*) \\ &+\mathrm{i}(FE^*-EF^*-ED^*+DE^*)+\mathrm{i}(QO^*-OQ^*-ON^*+NO^*) \\ &+\mathrm{i}(KL^*-LK^*-LM^*+ML^*)+\mathrm{i}(CB^*-BC^*-BA^*+AB^*)] \\ =&-\frac{1}{\sqrt{2}I_0}\mathrm{Im}(AB^*-BC^*+DE^*-EF^*+GH^*-HJ^* \\ &+KL^*-LM^*+NO^*-OQ^*+RS^*-ST^*) \end{aligned} \tag{3.11.68}$$

比较式 (3.1.36) 中的 $\hat{Q}_{xz}$ 和 $\hat{Q}_{yz}$，由式 (3.11.67) 可以直接写出

$$\hat{Q}_{yz}\hat{t}^{+}_{++}=\frac{3\mathrm{i}}{2\sqrt{2}}\begin{pmatrix} -\mathrm{i}B^* & -L^* & \mathrm{i}O^* \\ A^*-C^* & -\mathrm{i}\,(M^*-K^*) & -(N^*-Q^*) \\ -\mathrm{i}B^* & -L^* & \mathrm{i}O^* \end{pmatrix}$$

$$\hat{Q}_{yz}\hat{t}^{+}_{+-}=\frac{3\mathrm{i}}{2\sqrt{2}}\begin{pmatrix} -E^* & \mathrm{i}H^* & S^* \\ -\mathrm{i}\,(D^*-F^*) & -(J^*-G^*) & \mathrm{i}\,(R^*-T^*) \\ -E^* & \mathrm{i}H^* & S^* \end{pmatrix}$$

$$\hat{Q}_{yz}\hat{t}^{+}_{-+}=\frac{3\mathrm{i}}{2\sqrt{2}}\begin{pmatrix} S^* & -\mathrm{i}H^* & -E^* \\ \mathrm{i}\,(T^*-R^*) & G^*-J^* & -\mathrm{i}\,(F^*-D^*) \\ S^* & -\mathrm{i}H^* & -E^* \end{pmatrix}$$

$$\hat{Q}_{yz}\hat{t}^{+}_{--}=\frac{3\mathrm{i}}{2\sqrt{2}}\begin{pmatrix} -\mathrm{i}O^* & -L^* & \mathrm{i}B^* \\ Q^*-N^* & -\mathrm{i}\,(K^*-M^*) & -(C^*-A^*) \\ -\mathrm{i}O^* & -L^* & \mathrm{i}B^* \end{pmatrix} \tag{3.11.69}$$

把式 (3.11.69) 与式 (3.11.67) 作对比，我们可以由式 (3.11.68) 直接写出

$$\begin{aligned} A^{\mathrm{d}}_{yz}=&\frac{1}{6I_0}\mathrm{tr}\{\hat{F}\hat{\Omega}_{yz}\hat{F}^+\} \\ =&\frac{\mathrm{i}}{4\sqrt{2}I_0}[-\mathrm{i}(AB^*+BA^*-BC-CB^*)-\mathrm{i}(ML^*+LM^*-LK^*-KL^*) \\ &-\mathrm{i}(NO^*+ON^*-OQ^*-QO^*)-\mathrm{i}(DE^*+ED^*-EF^*-FE^*) \\ &-\mathrm{i}(JH^*+HJ^*-HG^*-GH^*)-\mathrm{i}(RS^*+SR^*-ST^*-TS^*) \\ &-\mathrm{i}(TS^*+ST^*-SR^*-RS^*)-\mathrm{i}(GH^*+HG^*-HJ^*-JH^*) \\ &-\mathrm{i}(FE^*+EF^*-ED^*-DE^*)-\mathrm{i}(QO^*+OQ^*-ON^*-NQ^*) \\ &-\mathrm{i}(KL^*+LK^*-LM^*-ML^*)-\mathrm{i}(CB^*+BC^*-BA^*-AB^*)] \\ =&0 \end{aligned} \tag{3.11.70}$$

由式 (3.1.36) 和式 (3.11.11) 又可以求得

$$\hat{Q}_{xx-yy}\hat{t}^{+}_{++}=3\begin{pmatrix} -C^* & \mathrm{i}K^* & Q^* \\ 0 & 0 & 0 \\ A^* & -\mathrm{i}M^* & -N^* \end{pmatrix}$$

$$\hat{Q}_{xx-yy}\hat{t}^{+}_{+-}=3\begin{pmatrix} \mathrm{i}F^* & G^* & -\mathrm{i}T^* \\ 0 & 0 & 0 \\ -\mathrm{i}D^* & -J^* & \mathrm{i}R^* \end{pmatrix}$$

$$\hat{Q}_{xx-yy}\hat{t}^{+}_{-+}=3\begin{pmatrix} -\mathrm{i}R^* & -J^* & \mathrm{i}D^* \\ 0 & 0 & 0 \\ \mathrm{i}T^* & G^* & -\mathrm{i}F^* \end{pmatrix}$$

$$\hat{Q}_{xx-yy}\hat{t}^{+}_{--}=3\begin{pmatrix} -N^* & \mathrm{i}M^* & A^* \\ 0 & 0 & 0 \\ Q^* & -\mathrm{i}K^* & -C^* \end{pmatrix} \tag{3.11.71}$$

$$A^{\mathrm{d}}_{xx-yy}=\frac{1}{6I_0}\mathrm{tr}\{\hat{F}\hat{\Omega}_{xx-yy}\hat{F}^+\}=\frac{1}{2I_0}(-AC^*-CA^*-MK^*-KM^*-NQ^*$$

$$
\begin{aligned}
&-QN^*-DF^*-FD^*-JG^*-GJ^*-RT^*-TR^*-TR^*-RT^*-GJ^*\\
&-JG^*-FD^*-DF^*-QN^*-NQ^*-KM^*-MK^*-CA^*-AC^*)\\
=&-\frac{2}{I_0}\mathrm{Re}(AC^*+MK^*+NQ^*+DF^*+JG^*+RT^*) \qquad (3.11.72)
\end{aligned}
$$

由式 (3.1.36) 和式 (3.11.11) 还可以求得

$$
\hat{Q}_{zz}\hat{t}_{++}^{+}=\begin{pmatrix} A^* & -\mathrm{i}M^* & -N^* \\ -2\mathrm{i}B^* & -2L^* & 2\mathrm{i}O^* \\ -C^* & \mathrm{i}K^* & Q^* \end{pmatrix},\quad \hat{Q}_{zz}\hat{t}_{+-}^{+}=\begin{pmatrix} -\mathrm{i}D^* & -J^* & \mathrm{i}R^* \\ -2E^* & 2\mathrm{i}H^* & 2S^* \\ \mathrm{i}F^* & G^* & -\mathrm{i}T^* \end{pmatrix}
$$

$$
\hat{Q}_{zz}\hat{t}_{-+}^{+}=\begin{pmatrix} \mathrm{i}T^* & G^* & -\mathrm{i}F^* \\ 2S^* & -2\mathrm{i}H^* & -2E^* \\ -\mathrm{i}R^* & -J^* & \mathrm{i}D^* \end{pmatrix},\quad \hat{Q}_{zz}\hat{t}_{--}^{+}=\begin{pmatrix} Q^* & -\mathrm{i}K^* & -C^* \\ -2\mathrm{i}O^* & -2L^* & 2\mathrm{i}B^* \\ -N^* & \mathrm{i}M^* & A^* \end{pmatrix} \qquad (3.11.73)
$$

$$
\begin{aligned}
A_{zz}^{\mathrm{d}}=&\frac{1}{6I_0}\mathrm{tr}\{\hat{F}\hat{\Omega}_{zz}\hat{F}^+\}=\frac{1}{6I_0}(|A|^2-2|B|^2+|C|^2+|M|^2-2|L|^2+|K|^2+|N|^2\\
&-2|O|^2+|Q|^2+|D|^2-2|E|^2+|F|^2+|J|^2-2|H|^2+|G|^2+|R|^2-2|S|^2\\
&+|T|^2+|T|^2-2|S|^2+|R|^2+|G|^2-2|H|^2+|J|^2+|F|^2-2|E|^2+|D|^2+|Q|^2\\
&-2|O|^2+|N|^2+|K|^2-2|L|^2+|M|^2+|C|^2-2|B|^2+|A|^2)\\
=&\frac{1}{3I_0}[|A|^2+|C|^2+|D|^2+|F|^2+|G|^2+|J|^2+|K|^2+|M|^2+|N|^2+|Q|^2\\
&+|R|^2+|T|^2-2(|B|^2+|E|^2+|H|^2+|L|^2+|O|^2+|S|^2)] \qquad (3.11.74)
\end{aligned}
$$

根据式 (3.11.52)、式 (3.11.54)、式 (3.11.56)、式 (3.11.15) 和式 (3.11.16) 可知

$$
\begin{aligned}
&\mathrm{tr}\left\{\hat{F}\hat{\Sigma}_x\hat{\Gamma}_i\hat{F}^+\right\}=\mathrm{tr}\left(\hat{t}_{++}\hat{S}_i\hat{t}_{+-}^{+}+\hat{t}_{+-}\hat{S}_i\hat{t}_{++}^{+}+\hat{t}_{-+}\hat{S}_i\hat{t}_{--}^{+}+\hat{t}_{--}\hat{S}_i\hat{t}_{-+}^{+}\right)\\
&\mathrm{tr}\left\{\hat{F}\hat{\Sigma}_y\hat{\Gamma}_i\hat{F}^+\right\}=-\mathrm{i}\ \mathrm{tr}\left(\hat{t}_{++}\hat{S}_i\hat{t}_{+-}^{+}-\hat{t}_{+-}\hat{S}_i\hat{t}_{++}^{+}+\hat{t}_{-+}\hat{S}_i\hat{t}_{--}^{+}-\hat{t}_{--}\hat{S}_i\hat{t}_{-+}^{+}\right)\\
&\mathrm{tr}\left\{\hat{F}\hat{\Sigma}_z\hat{\Gamma}_i\hat{F}^+\right\}=\mathrm{tr}\left(\hat{t}_{++}\hat{S}_i\hat{t}_{++}^{+}-\hat{t}_{+-}\hat{S}_i\hat{t}_{+-}^{+}+\hat{t}_{-+}\hat{S}_i\hat{t}_{-+}^{+}-\hat{t}_{--}\hat{S}_i\hat{t}_{--}^{+}\right),\quad i=x,y,z
\end{aligned} \qquad (3.11.75)
$$

$$
\begin{aligned}
&\mathrm{tr}\left\{\hat{F}\hat{\Sigma}_x\hat{\Omega}_i\hat{F}^+\right\}=\mathrm{tr}\left(\hat{t}_{++}\hat{Q}_i\hat{t}_{+-}^{+}+\hat{t}_{+-}\hat{Q}_i\hat{t}_{++}^{+}+\hat{t}_{-+}\hat{Q}_i\hat{t}_{--}^{+}+\hat{t}_{--}\hat{Q}_i\hat{t}_{-+}^{+}\right)\\
&\mathrm{tr}\left\{\hat{F}\hat{\Sigma}_y\hat{\Omega}_i\hat{F}^+\right\}=-\mathrm{i}\ \mathrm{tr}\left(\hat{t}_{++}\hat{Q}_i\hat{t}_{+-}^{+}-\hat{t}_{+-}\hat{Q}_i\hat{t}_{++}^{+}+\hat{t}_{-+}\hat{Q}_i\hat{t}_{--}^{+}-\hat{t}_{--}\hat{Q}_i\hat{t}_{-+}^{+}\right)\\
&\mathrm{tr}\left\{\hat{F}\hat{\Sigma}_z\hat{\Omega}_i\hat{F}^+\right\}=\mathrm{tr}\left(\hat{t}_{++}\hat{Q}_i\hat{t}_{++}^{+}-\hat{t}_{+-}\hat{Q}_i\hat{t}_{+-}^{+}+\hat{t}_{-+}\hat{Q}_i\hat{t}_{-+}^{+}-\hat{t}_{--}\hat{Q}_i\hat{t}_{--}^{+}\right),\quad i=\gamma
\end{aligned} \qquad (3.11.76)
$$

利用式 (3.11.58) 和式 (3.11.11)，由式 (3.11.46)、式 (3.11.14)、式 (3.11.15) 和式 (3.11.75) 可以求得

$$\begin{aligned}A_{x,x}^{\mathrm{Nd}} =& \frac{1}{6I_0}\mathrm{tr}\{\hat{F}\hat{\Sigma}_x\hat{\Gamma}_x\hat{F}^+\} = \frac{1}{6\sqrt{2}I_0}(AE^* - BD^* + BF^* - CE^* + MH^* - LJ^* \\ &+ LG^* - KH^* + NS^* - OR^* + OT^* - QS^* - DB^* + EA^* - EC^* + FB^* - JL^* \\ &+ HM^* - HK^* + GL^* - 1RO^* + SN^* - SQ^* + TO^* + TO^* - SQ^* + SN^* - RO^* \\ &+ GL^* - HK^* + HM^* - JL^* + FB^* - EC^* + EA^* - DB^* - QS^* + OT^* - OR^* \\ &+ NS^* - KH^* + LG^* - LJ^* + MH^* - CE^* + BF^* - BD^* + AE^*) \\ =& \frac{\sqrt{2}}{3I_0}\mathrm{Re}(AE^* - BD^* + BF^* - CE^* + MH^* - LJ^* + LG^* - KH^* \\ &+ NS^* - OR^* + OT^* - QS^*)\end{aligned} \tag{3.11.77}$$

根据式 (3.11.75) 和式 (3.11.77) 可知

$$A_{y,x}^{\mathrm{Nd}} = 0 \tag{3.11.78}$$

把式 (3.11.75) 第三式与式 (3.11.57) 进行对比，由式 (3.11.59) 可得

$$\begin{aligned}A_{z,x}^{\mathrm{Nd}} =& \frac{1}{6I_0}\mathrm{tr}\left\{\hat{F}\hat{\Sigma}_z\hat{\Gamma}_x\hat{F}^+\right\} = -\frac{\sqrt{2}}{3I_0}\mathrm{Im}\,(AB^* + BC^* - DE^* - EF^* \\ &+ GH^* + HJ^* - KL^* - LM^* + NO^* + OQ^* - RS^* - ST^*)\end{aligned} \tag{3.11.79}$$

用类似方法由式 (3.11.11)、式 (3.11.14)、式 (3.11.15)、式 (3.11.46)，式 (3.11.60) 和式 (3.11.75) 可以求得

$$\begin{aligned}A_{x,y}^{\mathrm{Nd}} =& \frac{\mathrm{i}}{6\sqrt{2}I_0}(-AE^* - BD^* - BF^* - CE^* - MH^* - LJ^* - LG^* \\ &- KH^* - NS^* - OR^* - OT^* - QS^* + DB^* + EA^* + EC^* + FB^* \\ &+ JL^* + HM^* + HK^* + GL^* + RO^* + SN^* + SQ^* + TO^* - TO^* \\ &- SQ^* - SN^* - RO^* - GL^* - HK^* - HM^* - JL^* - FB^* - EC^* \\ &- EA^* - DB^* + QS^* + OT^* + OR^* + NS^* + KH^* + LG^* + LJ^* \\ &+ MH^* + CE^* + BF^* + BD^* + AE^*) \\ =& 0\end{aligned} \tag{3.11.80}$$

根据式 (3.11.75) 和式 (3.11.80) 可得

$$A_{y,y}^{\mathrm{Nd}} = -\frac{\sqrt{2}}{3I_0}\mathrm{Re}\,(AE^* + BD^* + BF^* + CE^* + MH^* + LJ^*$$

$$+LG^*+KH^*+NS^*+OR^*+OT^*+QS^*) \tag{3.11.81}$$

把式 (3.11.75) 第三式与式 (3.11.57) 进行对比，由式 (3.11.61) 可得

$$A_{z,y}^{\mathrm{Nd}}=0 \tag{3.11.82}$$

利用式 (3.11.11)、式 (3.11.14)、式 (3.11.15)、式 (3.11.46)、式 (3.11.62) 和式 (3.11.75) 可以求得

$$\begin{aligned}A_{x,z}^{\mathrm{Nd}}=&\frac{1}{6I_0}(-\mathrm{i}AD^*+\mathrm{i}CF^*-\mathrm{i}MJ^*+\mathrm{i}KG^*-\mathrm{i}NR^*+\mathrm{i}QT^*+\mathrm{i}DA^*-\mathrm{i}FC^*\\&+\mathrm{i}JM^*-\mathrm{i}GK^*+\mathrm{i}RN^*-\mathrm{i}TQ^*-\mathrm{i}TQ^*+\mathrm{i}RN^*-\mathrm{i}GK^*+\mathrm{i}JM^*-\mathrm{i}FC^*\\&+\mathrm{i}DA^*+\mathrm{i}QT^*-\mathrm{i}NR^*+\mathrm{i}KG^*-\mathrm{i}MJ^*+\mathrm{i}CF^*-\mathrm{i}AD^*)\\=&\frac{2}{3I_0}\mathrm{Im}\,(AD^*-CF^*+MJ^*-KG^*+NR^*-QT^*)\end{aligned} \tag{3.11.83}$$

根据式 (3.11.75) 和式 (3.11.83) 可得

$$A_{y,z}^{\mathrm{Nd}}=0 \tag{3.11.84}$$

把式 (3.11.75) 第三式与式 (3.11.57) 进行对比，由式 (3.11.63) 可得

$$\begin{aligned}A_{z,z}^{\mathrm{Nd}}=&\frac{1}{3I_0}\Big(|A|^2-|C|^2+|F|^2-|D|^2+|G|^2-|J|^2+|M|^2-|K|^2\\&+|N|^2-|Q|^2+|T|^2-|R|^2\Big)\end{aligned} \tag{3.11.85}$$

再利用式 (3.11.65)、式 (3.11.76)、式 (3.11.11) 和式 (3.11.16) 可以求得

$$\begin{aligned}A_{x,xy}^{\mathrm{Nd}}=&\frac{\mathrm{i}}{4I_0}(-\mathrm{i}AF^*+\mathrm{i}CD^*-\mathrm{i}MG^*+\mathrm{i}KJ^*-\mathrm{i}NT^*+\mathrm{i}QR^*+\mathrm{i}DC^*\\&-\mathrm{i}FA^*+\mathrm{i}JK^*-\mathrm{i}GM^*+\mathrm{i}RQ^*-\mathrm{i}TN^*-\mathrm{i}TN^*+\mathrm{i}RQ^*-\mathrm{i}GM^*+\mathrm{i}JK^*\\&-\mathrm{i}FA^*+\mathrm{i}DC^*+\mathrm{i}QR^*-\mathrm{i}NT^*+\mathrm{i}KJ^*-\mathrm{i}MG^*+\mathrm{i}CD^*-\mathrm{i}AF^*)\\=&\frac{1}{I_0}\mathrm{Re}\,(AF^*-CD^*+MG^*-KJ^*+NT^*-QR^*)\end{aligned} \tag{3.11.86}$$

$$A_{y,xy}^{\mathrm{Nd}}=0 \tag{3.11.87}$$

利用式 (3.11.76) 第三式和式 (3.11.66) 可以求得

$$A_{z,xy}^{\mathrm{Nd}}=-\frac{1}{I_0}\mathrm{Im}\,(AC^*-DF^*+MK^*-JG^*+NQ^*-RT^*) \tag{3.11.88}$$

再利用式 (3.11.67)、式 (3.11.76)、式 (3.11.11) 和式 (3.11.16) 可以求得

$$A_{x,xz}^{\mathrm{Nd}}=\frac{1}{4\sqrt{2}I_0}(AE^*-BD^*-BF^*+CE^*+MH^*-LJ^*-LG^*+KH^*$$

$$
\begin{aligned}
&+NS^*-OR^*-OT^*+QS^*-DB^*+EA^*+EC^*-FB^*\\
&-JL^*+HM^*+HK^*-GL^*-RO^*+SN^*+SQ^*-TO^*\\
&+TO^*-SQ^*-SN^*+RO^*+GL^*-HK^*-HM^*+JL^*\\
&+FB^*-EC^*-EA^*+DB^*-QS^*+OT^*+OR^*-NS^*\\
&-KH^*+LG^*+LJ^*-MH^*-CE^*+BF^*+BD^*-AE^*)\\
=&0
\end{aligned}
\tag{3.11.89}
$$

$$
\begin{aligned}
A_{y,xz}^{\rm Nd}=&\frac{1}{\sqrt{2}I_0}{\rm Im}(AE^*-BD^*-BF^*+CE^*+MH^*-LJ^*\\
&-LG^*+KH^*+NS^*-OR^*-OT^*+QS^*)
\end{aligned}
\tag{3.11.90}
$$

利用式 (3.11.76) 第三式和式 (3.11.68) 可以求得

$$
A_{z,xz}^{\rm Nd}=0 \tag{3.11.91}
$$

再利用式 (3.11.69)、式 (3.11.76)、式 (3.11.11) 和式 (3.11.16) 可以求得

$$
\begin{aligned}
A_{x,yz}^{\rm Nd}=&\frac{\rm i}{4\sqrt{2}I_0}(-AE^*-BD^*+BF^*+CE^*-MH^*-LJ^*+LG^*+KH^*\\
&-NS^*-OR^*+OT^*+QS^*+DB^*+EA^*-EC^*-FB^*\\
&+JL^*+HM^*-HK^*-GL^*+RO^*+SN^*-SQ^*-TO^*\\
&-TO^*-SQ^*+SN^*+RO^*-GL^*-HK^*+HM^*+JL^*\\
&-FB^*-EC^*+EA^*+DB^*+QS^*+OT^*-OR^*-NS^*\\
&+KH^*+LG^*-LJ^*-MH^*+CE^*+BF^*-BD^*-AE^*)\\
=&\frac{1}{\sqrt{2}I_0}{\rm Im}\,(AE^*+BD^*-BF^*-CE^*+MH^*+LJ^*\\
&-LG^*-KH^*+NS^*+OR^*-OT^*-QS^*)
\end{aligned}
\tag{3.11.92}
$$

$$
A_{y,yz}^{\rm Nd}=0 \tag{3.11.93}
$$

利用式 (3.11.76) 第三式和式 (3.11.70) 可以求得

$$
\begin{aligned}
A_{z,yz}^{\rm Nd}=&\frac{1}{\sqrt{2}I_0}{\rm Re}\,(AB^*-BC^*-DE^*+EF^*+ML^*-LK^*\\
&-JH^*+HG^*+NO^*-OQ^*-RS^*+ST^*)
\end{aligned}
\tag{3.11.94}
$$

再利用式 (3.11.71)、式 (3.11.76)、式 (3.11.11) 和式 (3.11.16) 可以求得

$$
A_{x,xx-yy}^{\rm Nd}=\frac{1}{2I_0}(-{\rm i}DC^*-{\rm i}FA^*-{\rm i}JK^*-{\rm i}GM^*-{\rm i}RQ^*-{\rm i}TN^*
$$

$$
\begin{aligned}
&+\mathrm{i}AF^*+\mathrm{i}CD^*+\mathrm{i}MG^*+\mathrm{i}KJ^*+\mathrm{i}NT^*+\mathrm{i}QR^*\\
&-\mathrm{i}QR^*-\mathrm{i}NT^*-\mathrm{i}KJ^*-\mathrm{i}MG^*-\mathrm{i}CD^*-\mathrm{i}AF^*\\
&+\mathrm{i}TN^*+\mathrm{i}RQ^*+\mathrm{i}GM^*+\mathrm{i}JK^*+\mathrm{i}FA^*+\mathrm{i}DC^*)=0
\end{aligned} \tag{3.11.95}
$$

$$
A_{y,xx-yy}^{\mathrm{Nd}}=\frac{2}{I_0}\mathrm{Re}\left(AF^*+CD^*+MG^*+KJ^*+NT^*+QR^*\right) \tag{3.11.96}
$$

$$
\begin{aligned}
A_{z,xx-yy}^{\mathrm{Nd}}=&\frac{1}{2I_0}[-AC^*-CA^*-MK^*-KM^*-NQ^*-QN^*\\
&-(-DF^*-FD^*-JG^*-GJ^*-RT^*-TR^*)\\
&-TR^*-RT^*-GJ^*-JG^*-FD^*-DF^*\\
&-(-QN^*-NQ^*-KM^*-MK^*-CA^*-AC^*)]=0
\end{aligned} \tag{3.11.97}
$$

再利用式 (3.11.73)、式 (3.11.76)、式 (3.11.11) 和式 (3.11.16) 可以求得

$$
\begin{aligned}
A_{x,zz}^{\mathrm{Nd}}=&\frac{1}{6I_0}(\mathrm{i}DA^*-2\mathrm{i}EB^*+\mathrm{i}FC^*+\mathrm{i}JM^*-2\mathrm{i}HL^*+\mathrm{i}GK^*\\
&+\mathrm{i}RN^*-2\mathrm{i}SO^*+\mathrm{i}TQ^*-\mathrm{i}AD^*+2\mathrm{i}BE^*-\mathrm{i}CF^*\\
&-\mathrm{i}MJ^*+2\mathrm{i}LH^*-\mathrm{i}KG^*-\mathrm{i}NR^*+2\mathrm{i}OS^*-\mathrm{i}QT^*\\
&+\mathrm{i}QT^*-2\mathrm{i}OS^*+\mathrm{i}NR^*+\mathrm{i}KG^*-2\mathrm{i}LH^*+\mathrm{i}MJ^*\\
&+\mathrm{i}CF^*-2\mathrm{i}BE^*+\mathrm{i}AD^*-\mathrm{i}TQ^*+2\mathrm{i}SO^*-\mathrm{i}RN^*\\
&-\mathrm{i}GK^*+2\mathrm{i}HL^*-\mathrm{i}JM^*-\mathrm{i}FC^*+2\mathrm{i}EB^*-\mathrm{i}DA^*)=0
\end{aligned} \tag{3.11.98}
$$

$$
\begin{aligned}
A_{y,zz}^{\mathrm{Nd}}=&-\frac{2}{3I_0}\mathrm{Re}\left[AD^*+CF^*+MJ^*+KG^*+NR^*+QT^*\right.\\
&\left.-2\left(BE^*+LH^*+OS^*\right)\right]
\end{aligned} \tag{3.11.99}
$$

再参考式 (3.11.74) 可得

$$
A_{z,zz}^{\mathrm{Nd}}=0 \tag{3.11.100}
$$

根据前面所出现的非 0 的分析本领及由式 (3.11.17) 给出的 $\hat{\rho}_{\mathrm{in}}$，可以得到当入射道的 N 和 d 均被极化的情况下其微分截面为

$$
\begin{aligned}
I\equiv&\frac{\mathrm{d}\sigma}{\mathrm{d}\Omega}=\mathrm{tr}\left\{\hat{F}\hat{\rho}_{\mathrm{in}}\hat{F}^+\right\}\\
=&I_0\left[1+p_y^{\mathrm{N}}A_y^{\mathrm{N}}+\frac{3}{2}p_y^{\mathrm{d}}A_y^{\mathrm{d}}+\frac{2}{3}p_{xz}^{\mathrm{d}}A_{xz}^{\mathrm{d}}+\frac{1}{6}p_{xx-yy}^{\mathrm{d}}A_{xx-yy}^{\mathrm{d}}+\frac{1}{2}p_{zz}^{\mathrm{d}}A_{zz}^{\mathrm{d}}\right.\\
&+p_y^{\mathrm{N}}\left(\frac{3}{2}\,p_y^{\mathrm{d}}A_{y,y}^{\mathrm{Nd}}+\frac{2}{3}p_{xz}^{\mathrm{d}}A_{y,xz}^{\mathrm{Nd}}+\frac{1}{6}p_{xx-yy}^{\mathrm{d}}A_{y,xx-yy}^{\mathrm{Nd}}+\frac{1}{2}p_{zz}^{\mathrm{d}}A_{y,zz}^{\mathrm{Nd}}\right)\\
&\left.+\sum_{i=x,z}p_i^{\mathrm{N}}\left(\frac{3}{2}\sum_{j=x,z}p_j^{\mathrm{d}}A_{i,j}^{\mathrm{Nd}}+\frac{2}{3}\sum_{j=xy,yz}p_j^{\mathrm{d}}A_{i,j}^{\mathrm{Nd}}\right)\right]
\end{aligned} \tag{3.11.101}
$$

其中，$A_{i,j}^{\mathrm{Nd}}$ 称为关联分析本领。

3.12　$\vec{1}+\vec{1}$ 反应极化理论

氘核聚变反应 d(d,p)t 和 d(d,n)^{3}He 是典型的重组碰撞过程，也是用来探讨用极化带电粒子作燃料能否提高聚变反应率的代表性反应，并且已经有人对属于 $\vec{1}+\vec{1}$ 反应过程的 $\vec{\mathrm{d}}(\vec{\mathrm{d}},\mathrm{p})\mathrm{t}$ 和 $\vec{\mathrm{d}}(\vec{\mathrm{d}},\mathrm{n})^3\mathrm{He}$ 反应进行了理论研究 [2,6,39,40]。本节将以 $\vec{\mathrm{d}}(\vec{\mathrm{d}},\mathrm{p})\mathrm{t}$ 反应为例进行理论推导。

用 μ,ν,μ',ν' 分别代表 $\vec{\mathrm{d}}+\vec{\mathrm{d}}\to\mathrm{p}+\mathrm{t}$ 反应中第一个 d、第二个 d，以及 p、t 的自旋磁量子数，并注意到反应前后粒子种类不同，于是由式 (2.7.3) 可以写出该反应的反应振幅为

$$f_{\alpha'\mu'\nu',\alpha\mu\nu}(\Omega)=-\frac{\mathrm{i}\sqrt{\pi}}{k}\sum_{lSl'S'J}\hat{l}\mathrm{e}^{\mathrm{i}(\sigma_l+\sigma_{l'})}S^J_{\alpha'l'S',\alpha lS}\times C^{JM}_{l0\ SM}C^{SM}_{1\mu\ 1\nu}C^{JM}_{l'm'_l\ S'M'_S}C^{S'M'_S}_{\frac{1}{2}\mu'\ \frac{1}{2}\nu'}\mathrm{Y}_{l'm'_l}(\theta,\varphi)\tag{3.12.1}$$

从上式可以看出

$$m'_l=\mu+\nu-\mu'-\nu'\tag{3.12.2}$$

再引入以下符号

$$f^{ll'J}_{\alpha'\mu'\nu',\alpha\mu\nu}=-\hat{l}\hat{l}'\mathrm{e}^{\mathrm{i}(\sigma_l+\sigma_{l'})}\sqrt{\frac{(l'-m'_l)!}{(l'+m'_l)!}}\sum_{SS'}C^{JM}_{l0\ SM}C^{SM}_{1\mu\ 1\nu}C^{JM}_{l'm'_l\ S'M'_S}C^{S'M'_S}_{\frac{1}{2}\mu'\ \frac{1}{2}\nu'}S^J_{\alpha'l'S',\alpha lS}\tag{3.12.3}$$

后面我们将略掉代表反应前后粒子种类的下标 α 和 α'。再利用式 (2.7.4) 由式 (3.12.1) 可得

$$f_{\mu'\nu',\mu\nu}(\Omega)=F_{\mu'\nu',\mu\nu}(\theta)\,\mathrm{e}^{\mathrm{i}(\mu+\nu-\mu'-\nu')\varphi}\tag{3.12.4}$$

$$F_{\mu'\nu',\mu\nu}=\frac{\mathrm{i}}{2k}(-1)^{\mu+\nu-\mu'-\nu'}\sum_{ll'J}f^{ll'J}_{\alpha'\mu'\nu',\alpha\mu\nu}\mathrm{P}^{\mu+\nu-\mu'-\nu'}_{l'}(\cos\theta)\tag{3.12.5}$$

考虑到宇称守恒，l 和 l' 必须同奇偶，而且因为 S 和 S' 都为整数，所以 $2J$ 必为偶数，于是可以得到以下 C-G 系数关系式

$$\begin{aligned}&C^{J\ \mu+\nu}_{l0\ S\ \mu+\nu}C^{S\ \mu+\nu}_{1\mu\ 1\nu}C^{J\ \mu+\nu}_{l'\ \mu+\nu-\mu'-\nu'\ S'\ \mu'+\nu'}C^{S'\ \mu'+\nu'}_{\frac{1}{2}\mu'\ \frac{1}{2}\nu'}\\&=-C^{J\ -\mu-\nu}_{l0\ S\ -\mu-\nu}C^{S\ -\mu-\nu}_{1\ -\mu\ 1\ -\nu}C^{J\ -\mu-\nu}_{l'\ -\mu-\nu+\mu'+\nu'\ S'\ -\mu'-\nu'}C^{S'\ -\mu'-\nu'}_{\frac{1}{2}\ -\mu'\ \frac{1}{2}\ -\nu'}\end{aligned}\tag{3.12.6}$$

再注意到关系式 (2.7.38)，由式 (3.12.3) 和式 (3.12.5) 可以得到

$$F_{-\mu'\ -\nu',-\mu\ -\nu}(\theta)=(-1)^{\mu+\nu-\mu'-\nu'+1}F_{\mu'\nu',\mu\nu}(\theta)\tag{3.12.7}$$

取 y 轴沿 $\vec{n}$ 方向，这时 $\varphi=0$。根据式 (3.12.7) 引入以下矩阵元符号

$$
\begin{aligned}
&A(\theta)=F_{\frac{1}{2}\frac{1}{2},11}(\theta)=F_{-\frac{1}{2}\ -\frac{1}{2},-1\ -1}(\theta),\quad B(\theta)=\mathrm{i}F_{\frac{1}{2}\frac{1}{2},10}(\theta)=-\mathrm{i}F_{-\frac{1}{2}\ -\frac{1}{2},-1\ 0}(\theta)\\
&C(\theta)=-F_{\frac{1}{2}\frac{1}{2},1\ -1}(\theta)=-F_{-\frac{1}{2}\ -\frac{1}{2},-1\ 1}(\theta),\quad D(\theta)=\mathrm{i}F_{\frac{1}{2}\frac{1}{2},0\ 1}(\theta)=-\mathrm{i}F_{-\frac{1}{2}\ -\frac{1}{2},0\ -1}(\theta)\\
&E(\theta)=-F_{\frac{1}{2}\frac{1}{2},00}(\theta)=-F_{-\frac{1}{2}\ -\frac{1}{2},00}(\theta),\quad F(\theta)=-\mathrm{i}F_{\frac{1}{2}\frac{1}{2},0\ -1}(\theta)=\mathrm{i}F_{-\frac{1}{2}\ -\frac{1}{2},01}(\theta)\\
&G(\theta)=-F_{\frac{1}{2}\frac{1}{2},-1\ 1}(\theta)=-F_{-\frac{1}{2}\ -\frac{1}{2},1\ -1}(\theta),\quad H(\theta)=-\mathrm{i}F_{\frac{1}{2}\frac{1}{2},-1\ 0}(\theta)=\mathrm{i}F_{-\frac{1}{2}\ -\frac{1}{2},10}(\theta)\\
&J(\theta)=F_{\frac{1}{2}\frac{1}{2},-1\ -1}(\theta)=F_{-\frac{1}{2}\ -\frac{1}{2},11}(\theta),\quad K(\theta)=\mathrm{i}F_{\frac{1}{2}\ -\frac{1}{2},11}(\theta)=-\mathrm{i}F_{-\frac{1}{2}\ \frac{1}{2},-1\ -1}(\theta)\\
&L(\theta)=-F_{\frac{1}{2}\ -\frac{1}{2},10}(\theta)=-F_{-\frac{1}{2}\ \frac{1}{2},-1\ 0}(\theta),\quad M(\theta)=-\mathrm{i}F_{\frac{1}{2}\ -\frac{1}{2},1\ -1}(\theta)=\mathrm{i}F_{-\frac{1}{2}\ \frac{1}{2},-1\ 1}(\theta)\\
&N(\theta)=-F_{\frac{1}{2}\ -\frac{1}{2},01}(\theta)=-F_{-\frac{1}{2}\ \frac{1}{2},0\ -1}(\theta),\quad O(\theta)=-\mathrm{i}F_{\frac{1}{2}\ -\frac{1}{2},00}(\theta)=\mathrm{i}F_{-\frac{1}{2}\ \frac{1}{2},00}(\theta)\\
&Q(\theta)=F_{\frac{1}{2}\ -\frac{1}{2},0\ -1}(\theta)=F_{-\frac{1}{2}\ \frac{1}{2},01}(\theta),\quad R(\theta)=-\mathrm{i}F_{\frac{1}{2}\ -\frac{1}{2},-1\ 1}(\theta)=\mathrm{i}F_{-\frac{1}{2}\ \frac{1}{2},1\ -1}(\theta)\\
&S(\theta)=F_{\frac{1}{2}\ -\frac{1}{2},-1\ 0}(\theta)=F_{-\frac{1}{2}\ \frac{1}{2},10}(\theta),\quad T(\theta)=\mathrm{i}F_{\frac{1}{2}\ -\frac{1}{2},-1\ -1}(\theta)=-\mathrm{i}F_{-\frac{1}{2}\ \frac{1}{2},11}(\theta)
\end{aligned}
\tag{3.12.8}
$$

下面将用下标 + 代表 $\dfrac{1}{2}$，用下标 − 代表 $-\dfrac{1}{2}$，于是可把由式 (3.12.5) 给出的 4×9 反应振幅矩阵表示成

$$
\hat{F}=\begin{pmatrix}
F_{++,11} & F_{++,10} & F_{++,1\ -1} & F_{++,01} & F_{++,00} & F_{++,0\ -1} & F_{++,-1\ 1} & F_{++,-1\ 0} & F_{++,-1\ -1}\\
F_{+-,11} & F_{+-,10} & F_{+-,1\ -1} & F_{+-,01} & F_{+-,00} & F_{+-,0\ -1} & F_{+-,-1\ 1} & F_{+-,-1\ 0} & F_{+-,-1\ -1}\\
F_{-+,11} & F_{-+,10} & F_{-+,1\ -1} & F_{-+,01} & F_{-+,00} & F_{-+,0\ -1} & F_{-+,-1\ 1} & F_{-+,-1\ 0} & F_{-+,-1\ -1}\\
F_{--,11} & F_{--,10} & F_{--,1\ -1} & F_{--,01} & F_{--,00} & F_{--,0\ -1} & F_{--,-1\ 1} & F_{--,-1\ 0} & F_{--,-1\ -1}
\end{pmatrix}
$$

$$
=\begin{pmatrix}
A & -\mathrm{i}B & -C & -\mathrm{i}D & -E & \mathrm{i}F & -G & \mathrm{i}H & J\\
-\mathrm{i}K & -L & \mathrm{i}M & -N & \mathrm{i}O & Q & \mathrm{i}R & S & -\mathrm{i}T\\
\mathrm{i}T & S & -\mathrm{i}R & Q & -\mathrm{i}O & -N & -\mathrm{i}M & -L & \mathrm{i}K\\
J & -\mathrm{i}H & -G & -\mathrm{i}F & -E & \mathrm{i}D & -C & \mathrm{i}B & A
\end{pmatrix}
\tag{3.12.9}
$$

$$
\hat{F}^{+}=\begin{pmatrix}
F^{*}_{++,11} & F^{*}_{+-,11} & F^{*}_{-+,11} & F^{*}_{--,11}\\
F^{*}_{++,10} & F^{*}_{+-,10} & F^{*}_{-+,10} & F^{*}_{--,10}\\
F^{*}_{++,1\ -1} & F^{*}_{+-,1\ -1} & F^{*}_{-+,1\ -1} & F^{*}_{--,1\ -1}\\
F^{*}_{++,01} & F^{*}_{+-,01} & F^{*}_{-+,01} & F^{*}_{--,01}\\
F^{*}_{++,00} & F^{*}_{+-,00} & F^{*}_{-+,00} & F^{*}_{--,00}\\
F^{*}_{++,0\ -1} & F^{*}_{+-,0\ -1} & F^{*}_{-+,0\ -1} & F^{*}_{--,0\ -1}\\
F^{*}_{++,-1\ 1} & F^{*}_{+-,-1\ 1} & F^{*}_{-+,-1\ 1} & F^{*}_{--,-1\ 1}\\
F^{*}_{++,-1\ 0} & F^{*}_{+-,-1\ 0} & F^{*}_{-+,-1\ 0} & F^{*}_{--,-1\ 0}\\
F^{*}_{++,-1\ -1} & F^{*}_{+-,-1\ -1} & F^{*}_{-+,-1\ -1} & F^{*}_{--,-1\ -1}
\end{pmatrix}
$$

$$
= \begin{pmatrix} A^* & \mathrm{i}K^* & -\mathrm{i}T^* & J^* \\ \mathrm{i}B^* & -L^* & S^* & \mathrm{i}H^* \\ -C^* & -\mathrm{i}M^* & \mathrm{i}R^* & -G^* \\ \mathrm{i}D^* & -N^* & Q^* & \mathrm{i}F^* \\ -E^* & -\mathrm{i}O^* & \mathrm{i}O^* & -E^* \\ -\mathrm{i}F^* & Q^* & -N^* & -\mathrm{i}D^* \\ -G^* & -\mathrm{i}R^* & \mathrm{i}M^* & -C^* \\ -\mathrm{i}H^* & S^* & -L^* & -\mathrm{i}B^* \\ J^* & \mathrm{i}T^* & -\mathrm{i}K^* & A^* \end{pmatrix} \tag{3.12.10}
$$

由式 (3.12.9) 和式 (3.12.10) 可以求得当入射道的两个 d 核都是非极化情况下的微分截面为

$$
\begin{aligned}
I_0 \equiv & \frac{\mathrm{d}\sigma^0}{\mathrm{d}\Omega} = \frac{1}{9}\mathrm{tr}\left\{FF^+\right\} \\
= & \frac{2}{9}\left(|A|^2 + |B|^2 + |C|^2 + |D|^2 + |E|^2 + |F|^2 + |G|^2 + |H|^2 + |J|^2\right. \\
& \left. + |K|^2 + |L|^2 + |M|^2 + |N|^2 + |O|^2 + |Q|^2 + |R|^2 + |S|^2 + |T|^2\right)
\end{aligned} \tag{3.12.11}
$$

根据式 (3.5.9) 可以写出归一化的入射道的极化密度矩阵为

$$
\begin{aligned}
\hat{\rho}_{\mathrm{in}} = & \frac{1}{9}\prod_{k=1,2}\left[\hat{I}_3 + \frac{3}{2}\left(p_x^k \hat{S}_x^{(k)} + p_y^k \hat{S}_y^{(k)} + p_z^k \hat{S}_z^{(k)}\right)\right. \\
& \left. + \frac{2}{3}\left(p_{xy}^k \hat{Q}_{xy}^{(k)} + p_{xz}^k \hat{Q}_{xz}^{(k)} + p_{yz}^k \hat{Q}_{yz}^{(k)}\right) + \frac{1}{6}p_{xx-yy}^k Q_{xx-yy}^{(k)} + \frac{1}{2}p_{zz}^k Q_{zz}^{(k)}\right]
\end{aligned} \tag{3.12.12}
$$

其中，$k=1,2$ 相乘的两项分别代表入射道的第一个 d 核和第二个 d 核。

定义以下极化分析本领

$$
A_i^{(k)} = \begin{cases} \dfrac{\mathrm{tr}\{\hat{F}\hat{S}_i^{(k)}\hat{F}^+\}}{\mathrm{tr}\{\hat{F}\hat{F}^+\}}, & k=1,2; \quad i=x,y,z \\[2ex] \dfrac{\mathrm{tr}\{\hat{F}\hat{Q}_i^{(k)}\hat{F}^+\}}{\mathrm{tr}\{\hat{F}\hat{F}^+\}}, & k=1,2; \quad i=\gamma \end{cases} \tag{3.12.13}
$$

$$A_{i,j}^{(12)}=\begin{cases}\dfrac{\mathrm{tr}\{\hat{F}\hat{S}_i^{(1)}\hat{S}_j^{(2)}\hat{F}^+\}}{\mathrm{tr}\{\hat{F}\hat{F}^+\}}, & i,j=x,y,z\\ \dfrac{\mathrm{tr}\{\hat{F}\hat{S}_i^{(1)}\hat{Q}_j^{(2)}\hat{F}^+\}}{\mathrm{tr}\{\hat{F}\hat{F}^+\}}, & i=x,y,z;\quad j=\gamma\\ \dfrac{\mathrm{tr}\{\hat{F}\hat{Q}_i^{(1)}\hat{S}_j^{(2)}\hat{F}^+\}}{\mathrm{tr}\{\hat{F}\hat{F}^+\}}, & i=\gamma;\quad j=x,y,z\\ \dfrac{\mathrm{tr}\{\hat{F}\hat{Q}_i^{(1)}\hat{Q}_j^{(2)}\hat{F}^+\}}{\mathrm{tr}\{\hat{F}\hat{F}^+\}}, & i,j=\gamma\end{cases}\tag{3.12.14}$$

其中，下标 γ 的定义已由式 (3.11.43) 给出，即 $\gamma=xy,xz,yz,xx-yy,zz$。$A_{i,j}^{(12)}$ 也称为关联极化分析本领。于是根据式 (3.12.12) 可以写出 $\vec{\mathrm{d}}\left(\vec{\mathrm{d}},\mathrm{p}\right)\mathrm{t}$ 反应微分截面的一般形式为

$$I\equiv\frac{\mathrm{d}\sigma}{\mathrm{d}\Omega}=\mathrm{tr}\left\{F\hat{\rho}_{\mathrm{in}}F^+\right\}=I_0\left(1+\sum_{k=1,2}\sum_{i=x,y,z,\gamma}\bar{p}_i^kA_i^{(k)}+\sum_{i,j=x,y,z,\gamma}\bar{p}_i^1\bar{p}_j^2A_{i,j}^{(12)}\right)\tag{3.12.15}$$

其中

$$\bar{p}_i^k=\begin{cases}\dfrac{3}{2}p_i^k, & i=x,y,z\\ \dfrac{2}{3}p_i^k, & i=xy,xz,yz\\ \dfrac{1}{6}p_i^k, & i=xx-yy\\ \dfrac{1}{2}p_i^k, & i=zz\end{cases}\tag{3.12.16}$$

如果用由式 (1.5.18) 给出的求矩阵元方法求物理量的平均值，本节中的算符 $\hat{S}_i^{(1)}$和$\hat{Q}_i^{(1)}$ 只能作用在 $\vec{\mathrm{d}}+\vec{\mathrm{d}}\to\mathrm{p}+\mathrm{t}$ 反应中第一个氘核的自旋波函数上，而 $\hat{S}_i^{(2)}$和$\hat{Q}_i^{(2)}$ 则作用在第二个氘核的自旋波函数上。现在我们是用求迹方法，$\hat{S}_i^{(1)}$和 $\hat{Q}_i^{(1)}$ 只对在 $\mu'\nu'\nu$ 相同情况下 $F_{\mu'\nu',\mu\nu}^+$ 中代表第一个氘核的磁量子数 μ 起作用，而 $\hat{S}_i^{(2)}$和$\hat{Q}_i^{(2)}$ 只对在 $\mu'\nu'\mu$ 相同情况下 $F_{\mu'\nu',\mu\nu}^+$ 中代表第二个氘核的磁量子数 ν 起作用。

定义以下一些矢量

$$\vec{U}_{i,lmn}^{(2)}=\hat{S}_i^{(2)}\begin{pmatrix}F_{lm,n1}^*\\F_{lm,n0}^*\\F_{lm,n\ -1}^*\end{pmatrix},\quad \vec{U}_{i,lmn}^{(1)}=\hat{S}_i^{(1)}\begin{pmatrix}F_{lm,1n}^*\\F_{lm,0n}^*\\F_{lm,-1\ n}^*\end{pmatrix},\quad i=x,y,z$$

$$\vec{V}^{(2)}_{i,lmn} = \hat{Q}^{(2)}_{i} \begin{pmatrix} F^*_{lm,n1} \\ F^*_{lm,n0} \\ F^*_{lm,n\ -1} \end{pmatrix}, \quad \vec{V}^{(1)}_{i,lmn} = \hat{Q}^{(1)}_{i} \begin{pmatrix} F^*_{lm,1n} \\ F^*_{lm,0n} \\ F^*_{lm,-1\ n} \end{pmatrix}, \quad i=\gamma \tag{3.12.17}$$

下面用 $U^{(k)}_{i,lma,b}$和$V^{(k)}_{i,lma,b}$ 分别代表矢量 $\vec{U}^{(k)}_{i,lma}$和$\vec{V}^{(k)}_{i,lma}$ 的 $b(=1,0,-1)$ 分量。再定义

$$\vec{W}^{(12)}_{ij,lmn} = \begin{cases} \hat{S}^{(1)}_{i} \begin{pmatrix} U^{(2)}_{j,lm1,n} \\ U^{(2)}_{j,lm0,n} \\ U^{(2)}_{j,lm\ -1,n} \end{pmatrix}, & i,j=x,y,z \\ \hat{S}^{(1)}_{i} \begin{pmatrix} V^{(2)}_{j,lm1,n} \\ V^{(2)}_{j,lm0,n} \\ V^{(2)}_{j,lm\ -1,n} \end{pmatrix}, & i=x,y,z; \quad j=\gamma \end{cases} \tag{3.12.18}$$

$$\vec{Z}^{(12)}_{ij,lmn} = \begin{cases} \hat{Q}^{(1)}_{i} \begin{pmatrix} U^{(2)}_{j,lm1,n} \\ U^{(2)}_{j,lm0,n} \\ U^{(2)}_{j,lm\ -1,n} \end{pmatrix}, & i=\gamma; \quad j=x,y,z \\ \hat{Q}^{(1)}_{i} \begin{pmatrix} V^{(2)}_{j,lm1,n} \\ V^{(2)}_{j,lm0,n} \\ V^{(2)}_{j,lm\ -1,n} \end{pmatrix}, & i,j=\gamma \end{cases} \tag{3.12.19}$$

在以上三式中，$l,m=+,-$；$n=1,0,-1$。

对于第二个氘核，由式 (3.1.33)、式 (3.12.10) 和式 (3.12.17) 可以得到

$$\vec{U}^{(2)}_{x,++1} = \hat{S}^{(2)}_{x} \begin{pmatrix} F^*_{++,11} \\ F^*_{++,10} \\ F^*_{++,1\ -1} \end{pmatrix} = \frac{1}{\sqrt{2}} \begin{pmatrix} 0 & 1 & 0 \\ 1 & 0 & 1 \\ 0 & 1 & 0 \end{pmatrix} \begin{pmatrix} A^* \\ \mathrm{i}B^* \\ -C^* \end{pmatrix} = \frac{1}{\sqrt{2}} \begin{pmatrix} \mathrm{i}B^* \\ A^*-C^* \\ \mathrm{i}B^* \end{pmatrix}$$

$$\vec{U}^{(2)}_{x,++0} = \frac{1}{\sqrt{2}} \begin{pmatrix} -E^* \\ \mathrm{i}\,(D^*-F^*) \\ -E^* \end{pmatrix}, \quad \vec{U}^{(2)}_{x,++\ -1} = \frac{1}{\sqrt{2}} \begin{pmatrix} -\mathrm{i}H^* \\ J^*-G^* \\ -\mathrm{i}H^* \end{pmatrix}$$

$$\vec{U}^{(2)}_{x,+-1}=\frac{1}{\sqrt{2}}\begin{pmatrix}-L^*\\ \mathrm{i}(K^*-M^*)\\ -L^*\end{pmatrix},\quad \vec{U}^{(2)}_{x,+-0}=\frac{1}{\sqrt{2}}\begin{pmatrix}-\mathrm{i}O^*\\ Q^*-N^*\\ -\mathrm{i}O^*\end{pmatrix}$$

$$\vec{U}^{(2)}_{x,+-\ -1}=\frac{1}{\sqrt{2}}\begin{pmatrix}S^*\\ \mathrm{i}(T^*-R^*)\\ S^*\end{pmatrix},\quad \vec{U}^{(2)}_{x,-+1}=\frac{1}{\sqrt{2}}\begin{pmatrix}S^*\\ \mathrm{i}(R^*-T^*)\\ S^*\end{pmatrix}$$

$$\vec{U}^{(2)}_{x,-+0}=\frac{1}{\sqrt{2}}\begin{pmatrix}\mathrm{i}O^*\\ Q^*-N^*\\ \mathrm{i}O^*\end{pmatrix},\quad \vec{U}^{(2)}_{x,-+\ -1}=\frac{1}{\sqrt{2}}\begin{pmatrix}-L^*\\ \mathrm{i}(M^*-K^*)\\ -L^*\end{pmatrix}$$

$$\vec{U}^{(2)}_{x,--1}=\frac{1}{\sqrt{2}}\begin{pmatrix}\mathrm{i}H^*\\ J^*-G^*\\ \mathrm{i}H^*\end{pmatrix},\quad \vec{U}^{(2)}_{x,--0}=\frac{1}{\sqrt{2}}\begin{pmatrix}-E^*\\ \mathrm{i}(F^*-D^*)\\ -E^*\end{pmatrix}$$

$$\vec{U}^{(2)}_{x,--\ -1}=\frac{1}{\sqrt{2}}\begin{pmatrix}-\mathrm{i}B^*\\ A^*-C^*\\ -\mathrm{i}B^*\end{pmatrix} \tag{3.12.20}$$

由以上结果可以写出

$$\hat{S}^{(2)}_x\hat{F}^+=\frac{1}{\sqrt{2}}\begin{pmatrix}\mathrm{i}B^* & -L^* & S^* & \mathrm{i}H^*\\ A^*-C^* & \mathrm{i}(K^*-M^*) & \mathrm{i}(R^*-T^*) & J^*-G^*\\ \mathrm{i}B^* & -L^* & S^* & \mathrm{i}H^*\\ -E^* & -\mathrm{i}O^* & \mathrm{i}O^* & -E^*\\ \mathrm{i}(D^*-F^*) & Q^*-N^* & Q^*-N^* & \mathrm{i}(F^*-D^*)\\ -E^* & -\mathrm{i}O^* & \mathrm{i}O^* & -E^*\\ -\mathrm{i}H^* & S^* & -L^* & -\mathrm{i}B^*\\ J^*-G^* & \mathrm{i}(T^*-R^*) & \mathrm{i}(M^*-K^*) & A^*-C^*\\ -\mathrm{i}H^* & S^* & -L^* & -\mathrm{i}B^*\end{pmatrix} \tag{3.12.21}$$

把式 (3.12.9)、式 (3.12.21) 代入式 (3.12.13) 可以得到

$$\begin{aligned}A^{(2)}_x=&\frac{1}{9I_0}\mathrm{tr}\left\{F\hat{S}^{(2)}_xF^+\right\}=\frac{\mathrm{i}}{9\sqrt{2}I_0}(AB^*-BA^*+BC^*-CB^*+DE^*+EF^*\\&-ED^*-FE^*+GH^*-HG^*+HJ^*-JH^*+KL^*-LK^*+LM^*-ML^*\\&+NO^*+OQ^*-ON^*-QO^*+RS^*-SR^*+ST^*-TS^*+TS^*-ST^*\end{aligned}$$

$$+SR^*-RS^*+QO^*-OQ^*+ON^*-NO^*+ML^*-LM^*+LK^*-KL^*$$
$$+JH^*+HG^*-HJ^*-GH^*+FE^*+ED^*-EF^*-DE^*+CB^*+BA^*$$
$$-BC^*-AB^*)=0 \tag{3.12.22}$$

又可以求得

$$\vec{U}^{(2)}_{y,++1}=\hat{S}^{(2)}_y\begin{pmatrix}F^*_{++,11}\\F^*_{++,10}\\F^*_{++,1\ -1}\end{pmatrix}=\frac{\mathrm{i}}{\sqrt{2}}\begin{pmatrix}0&-1&0\\1&0&-1\\0&1&0\end{pmatrix}\begin{pmatrix}A^*\\\mathrm{i}B^*\\-C^*\end{pmatrix}$$

$$=\frac{1}{\sqrt{2}}\begin{pmatrix}B^*\\\mathrm{i}\,(A^*+C^*)\\-B^*\end{pmatrix}$$

$$\vec{U}^{(2)}_{y,++0}=\frac{1}{\sqrt{2}}\begin{pmatrix}\mathrm{i}E^*\\-(D^*+F^*)\\-\mathrm{i}E^*\end{pmatrix},\quad \vec{U}^{(2)}_{y,++\ -1}=\frac{1}{\sqrt{2}}\begin{pmatrix}-H^*\\-\mathrm{i}\,(G^*+J^*)\\H^*\end{pmatrix}$$

$$\vec{U}^{(2)}_{y,+-1}=\frac{1}{\sqrt{2}}\begin{pmatrix}\mathrm{i}L^*\\-(K^*+M^*)\\-\mathrm{i}L^*\end{pmatrix},\quad \vec{U}^{(2)}_{y,+-0}=\frac{1}{\sqrt{2}}\begin{pmatrix}-O^*\\-\mathrm{i}\,(N^*+Q^*)\\O^*\end{pmatrix}$$

$$\vec{U}^{(2)}_{y,+-\ -1}=\frac{1}{\sqrt{2}}\begin{pmatrix}-\mathrm{i}S^*\\R^*+T^*\\\mathrm{i}S^*\end{pmatrix},\quad \vec{U}^{(2)}_{y,-+1}=\frac{1}{\sqrt{2}}\begin{pmatrix}-\mathrm{i}S^*\\R^*+T^*\\\mathrm{i}S^*\end{pmatrix}$$

$$\vec{U}^{(2)}_{y,-+0}=\frac{1}{\sqrt{2}}\begin{pmatrix}O^*\\\mathrm{i}\,(Q^*+N^*)\\-O^*\end{pmatrix},\quad \vec{U}^{(2)}_{y,-+\ -1}=\frac{1}{\sqrt{2}}\begin{pmatrix}\mathrm{i}L^*\\-(K^*+M^*)\\-\mathrm{i}L^*\end{pmatrix}$$

$$\vec{U}^{(2)}_{y,--1}=\frac{1}{\sqrt{2}}\begin{pmatrix}H^*\\\mathrm{i}\,(G^*+J^*)\\-H^*\end{pmatrix},\quad \vec{U}^{(2)}_{y,--0}=\frac{1}{\sqrt{2}}\begin{pmatrix}\mathrm{i}E^*\\-(D^*+F^*)\\-\mathrm{i}E^*\end{pmatrix}$$

$$\vec{U}^{(2)}_{y,--\ -1}=\frac{1}{\sqrt{2}}\begin{pmatrix}-B^*\\-\mathrm{i}\,(A^*+C^*)\\B^*\end{pmatrix} \tag{3.12.23}$$

由以上结果可以写出

$$\hat{S}_y^{(2)}\hat{F}^+=\frac{1}{\sqrt{2}}\begin{pmatrix} B^* & \mathrm{i}L^* & -\mathrm{i}S^* & H^* \\ \mathrm{i}(A^*+C^*) & -(K^*+M^*) & R^*+T^* & \mathrm{i}(G^*+J^*) \\ -B^* & -\mathrm{i}L^* & \mathrm{i}S^* & -H^* \\ \mathrm{i}E^* & -O^* & O^* & \mathrm{i}E^* \\ -(D^*+F^*) & -\mathrm{i}(N^*+Q^*) & \mathrm{i}(Q^*+N^*) & -(D^*+F^*) \\ -\mathrm{i}E^* & O^* & -O^* & -\mathrm{i}E^* \\ -H^* & -\mathrm{i}S^* & \mathrm{i}L^* & -B^* \\ -\mathrm{i}(G^*+J^*) & R^*+T^* & -(K^*+M^*) & -\mathrm{i}(A^*+C^*) \\ H^* & \mathrm{i}S^* & -\mathrm{i}L^* & B^* \end{pmatrix} \tag{3.12.24}$$

把式 (3.12.9)、式 (3.12.24) 代入式 (3.12.13) 可以得到

$$\begin{aligned} A_y^{(2)} =& \frac{1}{9I_0}\mathrm{tr}\left\{F\hat{S}_y^{(2)}F^+\right\}=\frac{1}{9\sqrt{2}I_0}(AB^*+BA^*+BC^*+CB^*+DE^*+ED^* \\ &+EF^*+FE^*+GH^*+HG^*+HJ^*+JH^*+KL^*+LK^*+LM^*+ML^* \\ &+NO^*+ON^*+OQ^*+QO^*+RS^*+SR^*+ST^*+TS^*+TS^*+ST^* \\ &+SR^*+RS^*+QO^*+OQ^*+ON^*+NO^*+ML^*+LM^*+LK^*+KL^* \\ &+JH^*+HJ^*+HG^*+GH^*+FE^*+EF^*+ED^*+DE^*+CB^*+BC^* \\ &+BA^*+AB^*) \\ =& \frac{2\sqrt{2}}{9I_0}(AB^*+BC^*+DE^*+EF^*+GH^*+HJ^*+KL^*+LM^*+NO^* \\ &+OQ^*+RS^*+ST^*) \end{aligned} \tag{3.12.25}$$

还可以求得

$$\vec{U}_{z,++1}^{(2)}=\hat{S}_z^{(2)}\begin{pmatrix} F_{++,11}^* \\ F_{++,10}^* \\ F_{++,1\ -1}^* \end{pmatrix}=\begin{pmatrix} 1 & 0 & 0 \\ 0 & 0 & 0 \\ 0 & 0 & -1 \end{pmatrix}\begin{pmatrix} A^* \\ \mathrm{i}B^* \\ -C^* \end{pmatrix}=\begin{pmatrix} A^* \\ 0 \\ C^* \end{pmatrix}$$

$$\vec{U}_{z,++0}^{(2)}=\begin{pmatrix} \mathrm{i}D^* \\ 0 \\ \mathrm{i}F^* \end{pmatrix},\quad \vec{U}_{z,++\ -1}^{(2)}=\begin{pmatrix} -G^* \\ 0 \\ -J^* \end{pmatrix},\quad \vec{U}_{z,+-1}^{(2)}=\begin{pmatrix} \mathrm{i}K^* \\ 0 \\ \mathrm{i}M^* \end{pmatrix}$$

$$\vec{U}_{z,+-0}^{(2)}=\begin{pmatrix} -N^* \\ 0 \\ -Q^* \end{pmatrix},\quad \vec{U}_{z,+-\ -1}^{(2)}=\begin{pmatrix} -\mathrm{i}R^* \\ 0 \\ -\mathrm{i}T^* \end{pmatrix},\quad \vec{U}_{z,-+1}^{(2)}=\begin{pmatrix} -\mathrm{i}T^* \\ 0 \\ -\mathrm{i}R^* \end{pmatrix}$$

$$\vec{U}^{(2)}_{z,-+0}=\begin{pmatrix}Q^*\\0\\N^*\end{pmatrix},\quad \vec{U}^{(2)}_{z,-+\,-1}=\begin{pmatrix}\mathrm{i}M^*\\0\\\mathrm{i}K^*\end{pmatrix},\quad \vec{U}^{(2)}_{z,--1}=\begin{pmatrix}J^*\\0\\G^*\end{pmatrix}$$

$$\vec{U}^{(2)}_{z,--0}=\begin{pmatrix}\mathrm{i}F^*\\0\\\mathrm{i}D^*\end{pmatrix},\quad \vec{U}^{(2)}_{z,--\,-1}=\begin{pmatrix}-C^*\\0\\-A^*\end{pmatrix} \tag{3.12.26}$$

于是可以写出

$$\hat{S}^{(2)}_z\hat{F}^+=\begin{pmatrix}A^* & \mathrm{i}K^* & -\mathrm{i}T^* & J^*\\0&0&0&0\\C^* & \mathrm{i}M^* & -\mathrm{i}R^* & G^*\\\mathrm{i}D^* & -N^* & Q^* & \mathrm{i}F^*\\0&0&0&0\\\mathrm{i}F^* & -Q^* & N^* & \mathrm{i}D^*\\-G^* & -\mathrm{i}R^* & \mathrm{i}M^* & -C^*\\0&0&0&0\\-J^* & -\mathrm{i}T^* & \mathrm{i}K^* & -A^*\end{pmatrix} \tag{3.12.27}$$

把式 (3.12.9)、式 (3.12.27) 代入式 (3.12.13) 可以得到

$$\begin{aligned}A^{(2)}_z=&\frac{1}{9I_0}\mathrm{tr}\left\{F\hat{S}^{(2)}_zF^+\right\}=\frac{1}{9I_0}\Big(|A|^2-|C|^2+|D|^2-|F|^2+|G|^2-|J|^2+|K|^2\\&-|M|^2+|N|^2-|Q|^2+|R|^2-|T|^2+|T|^2-|R|^2+|Q|^2-|N|^2+|M|^2\\&-|K|^2+|J|^2-|G|^2+|F|^2-|D|^2+|C|^2-|A|^2\Big)=0\end{aligned} \tag{3.12.28}$$

对于第一个氘核, 由式 (3.1.33)、式 (3.12.10) 和式 (3.12.17) 可以得到

$$\vec{U}^{(1)}_{x,++1}=\hat{S}^{(1)}_x\begin{pmatrix}F^*_{++,11}\\F^*_{++,01}\\F^*_{++,-1\,1}\end{pmatrix}=\frac{1}{\sqrt{2}}\begin{pmatrix}0&1&0\\1&0&1\\0&1&0\end{pmatrix}\begin{pmatrix}A^*\\\mathrm{i}D^*\\-G^*\end{pmatrix}=\frac{1}{\sqrt{2}}\begin{pmatrix}\mathrm{i}D^*\\A^*-G^*\\\mathrm{i}D^*\end{pmatrix}$$

$$\vec{U}^{(1)}_{x,++0}=\frac{1}{\sqrt{2}}\begin{pmatrix}-E^*\\\mathrm{i}\left(B^*-H^*\right)\\-E^*\end{pmatrix},\quad \vec{U}^{(1)}_{x,++\,-1}=\frac{1}{\sqrt{2}}\begin{pmatrix}-\mathrm{i}F^*\\-\left(C^*-J^*\right)\\-\mathrm{i}F^*\end{pmatrix}$$

$$\vec{U}^{(1)}_{x,+-1}=\frac{1}{\sqrt{2}}\begin{pmatrix}-N^*\\\mathrm{i}\left(K^*-R^*\right)\\-N^*\end{pmatrix},\quad \vec{U}^{(1)}_{x,+-0}=\frac{1}{\sqrt{2}}\begin{pmatrix}-\mathrm{i}O^*\\-\left(L^*-S^*\right)\\-\mathrm{i}O^*\end{pmatrix}$$

$$\vec{U}^{(1)}_{x,+-\,-1}=\frac{1}{\sqrt{2}}\begin{pmatrix}Q^*\\-\mathrm{i}\,(M^*-T^*)\\Q^*\end{pmatrix},\quad \vec{U}^{(1)}_{x,-+1}=\frac{1}{\sqrt{2}}\begin{pmatrix}Q^*\\\mathrm{i}\,(M^*-T^*)\\Q^*\end{pmatrix}$$

$$\vec{U}^{(1)}_{x,-+0}=\frac{1}{\sqrt{2}}\begin{pmatrix}\mathrm{i}O^*\\-(L^*-S^*)\\\mathrm{i}O^*\end{pmatrix},\quad \vec{U}^{(1)}_{x,-+\,-1}=\frac{1}{\sqrt{2}}\begin{pmatrix}-N^*\\-\mathrm{i}\,(K^*-R^*)\\-N^*\end{pmatrix}$$

$$\vec{U}^{(1)}_{x,--1}=\frac{1}{\sqrt{2}}\begin{pmatrix}\mathrm{i}F^*\\-(C^*-J^*)\\\mathrm{i}F^*\end{pmatrix},\quad \vec{U}^{(1)}_{x,--0}=\frac{1}{\sqrt{2}}\begin{pmatrix}-E^*\\-\mathrm{i}\,(B^*-H^*)\\-E^*\end{pmatrix}$$

$$\vec{U}^{(1)}_{x,--\,-1}=\frac{1}{\sqrt{2}}\begin{pmatrix}-\mathrm{i}D^*\\A^*-G^*\\-\mathrm{i}D^*\end{pmatrix}\tag{3.12.29}$$

于是可以写出

$$\hat{S}^{(1)}_x\hat{F}^+=\frac{1}{\sqrt{2}}\begin{pmatrix}\mathrm{i}D^* & -N^* & Q^* & \mathrm{i}F^*\\ -E^* & -\mathrm{i}O^* & \mathrm{i}O^* & -E^*\\ -\mathrm{i}F^* & Q^* & -N^* & -\mathrm{i}D^*\\ A^*-G^* & \mathrm{i}\,(K^*-R^*) & \mathrm{i}\,(M^*-T^*) & J^*-C^*\\ \mathrm{i}\,(B^*-H^*) & S^*-L^* & S^*-L^* & \mathrm{i}\,(H^*-B^*)\\ J^*-C^* & -\mathrm{i}\,(M^*-T^*) & \mathrm{i}\,(R^*-K^*) & A^*-G^*\\ \mathrm{i}D^* & -N^* & Q^* & \mathrm{i}F^*\\ -E^* & -\mathrm{i}O^* & \mathrm{i}O^* & -E^*\\ -\mathrm{i}F^* & Q^* & -N^* & -\mathrm{i}D^*\end{pmatrix}\tag{3.12.30}$$

把式 (3.12.9)、式 (3.12.30) 代入式 (3.12.13) 可以得到

$$\begin{aligned}A^{(1)}_x=&\frac{1}{9I_0}\mathrm{tr}\{F\hat{S}^{(1)}_xF^+\}=\frac{\mathrm{i}}{9\sqrt{2}I_0}(AD^*+BE^*+CF^*-DA^*+DG^*-EB^*\\&+EH^*-FC^*+FJ^*-GD^*-HE^*-JF^*+KN^*+LO^*+MQ^*\\&-NK^*+NR^*-OL^*+OS^*-QM^*+QT^*-RN^*-SO^*-TQ^*+TQ^*\\&+SO^*+RN^*-QT^*+QM^*-OS^*+OL^*-NR^*+NK^*-MQ^*-LO^*\\&-KN^*+JF^*+HE^*+GD^*-FJ^*+FC^*-EH^*+EB^*-DG^*+DA^*\\&-CF^*-BE^*-AD^*)=0\end{aligned}\tag{3.12.31}$$

又可以求得

$$\vec{U}_{y,++1}^{(1)} = \hat{S}_y^{(1)} \begin{pmatrix} F_{++,11}^* \\ F_{++,01}^* \\ F_{++,-1\,1}^* \end{pmatrix} = \frac{\mathrm{i}}{\sqrt{2}} \begin{pmatrix} 0 & -1 & 0 \\ 1 & 0 & -1 \\ 0 & 1 & 0 \end{pmatrix} \begin{pmatrix} A^* \\ \mathrm{i}D^* \\ -G^* \end{pmatrix} = \frac{1}{\sqrt{2}} \begin{pmatrix} D^* \\ \mathrm{i}(A^* + G^*) \\ -D^* \end{pmatrix}$$

$$\vec{U}_{y,++0}^{(1)} = \frac{1}{\sqrt{2}} \begin{pmatrix} \mathrm{i}E^* \\ -(B^* + H^*) \\ -\mathrm{i}E^* \end{pmatrix}, \quad \vec{U}_{y,++\,-1}^{(1)} = \frac{1}{\sqrt{2}} \begin{pmatrix} -F^* \\ -\mathrm{i}(C^* + J^*) \\ F^* \end{pmatrix}$$

$$\vec{U}_{y,+-1}^{(1)} = \frac{1}{\sqrt{2}} \begin{pmatrix} \mathrm{i}N^* \\ -(K^* + R^*) \\ -\mathrm{i}N^* \end{pmatrix}, \quad \vec{U}_{y,+-0}^{(1)} = \frac{1}{\sqrt{2}} \begin{pmatrix} -O^* \\ -\mathrm{i}(L^* + S^*) \\ O^* \end{pmatrix}$$

$$\vec{U}_{y,+-\,-1}^{(1)} = \frac{1}{\sqrt{2}} \begin{pmatrix} -\mathrm{i}Q^* \\ M^* + T^* \\ \mathrm{i}Q^* \end{pmatrix}, \quad \vec{U}_{y,-+1}^{(1)} = \frac{1}{\sqrt{2}} \begin{pmatrix} -\mathrm{i}Q^* \\ T^* + M^* \\ \mathrm{i}Q^* \end{pmatrix}$$

$$\vec{U}_{y,-+0}^{(1)} = \frac{1}{\sqrt{2}} \begin{pmatrix} O^* \\ \mathrm{i}(S^* + L^*) \\ -O^* \end{pmatrix}, \quad \vec{U}_{y,-+\,-1}^{(1)} = \frac{1}{\sqrt{2}} \begin{pmatrix} \mathrm{i}N^* \\ -(R^* + K^*) \\ -\mathrm{i}N^* \end{pmatrix}$$

$$\vec{U}_{y,--1}^{(1)} = \frac{1}{\sqrt{2}} \begin{pmatrix} F^* \\ \mathrm{i}(J^* + C^*) \\ -F^* \end{pmatrix}, \quad \vec{U}_{y,--0}^{(1)} = \frac{1}{\sqrt{2}} \begin{pmatrix} \mathrm{i}E^* \\ -(H^* + B^*) \\ -\mathrm{i}E^* \end{pmatrix}$$

$$\vec{U}_{y,--\,-1}^{(1)} = \frac{1}{\sqrt{2}} \begin{pmatrix} -D^* \\ -\mathrm{i}(G^* + A^*) \\ D^* \end{pmatrix} \tag{3.12.32}$$

于是可以写出

$$\hat{S}_y^{(1)} \hat{F}^+ = \frac{1}{\sqrt{2}} \begin{pmatrix} D^* & \mathrm{i}N^* & -\mathrm{i}Q^* & F^* \\ \mathrm{i}E^* & -O^* & O^* & \mathrm{i}E^* \\ -F^* & -\mathrm{i}Q^* & \mathrm{i}N^* & -D^* \\ \mathrm{i}(A^* + G^*) & -(K^* + R^*) & T^* + M^* & \mathrm{i}(J^* + C^*) \\ -(B^* + H^*) & -\mathrm{i}(L^* + S^*) & \mathrm{i}(S^* + L^*) & -(H^* + B^*) \\ -\mathrm{i}(C^* + J^*) & M^* + T^* & -(R^* + K^*) & -\mathrm{i}(G^* + A^*) \\ -D^* & -\mathrm{i}N^* & \mathrm{i}Q^* & -F^* \\ -\mathrm{i}E^* & O^* & -O^* & -\mathrm{i}E^* \\ F^* & \mathrm{i}Q^* & -\mathrm{i}N^* & D^* \end{pmatrix} \tag{3.12.33}$$

把式 (3.12.9)、式 (3.12.33) 代入式 (3.12.13) 可以得到

$$
\begin{aligned}
A_y^{(1)} =&\frac{1}{9I_0}\mathrm{tr}\left\{F\hat{S}_y^{(1)}F^+\right\} = \frac{1}{9\sqrt{2}I_0}(AD^* + BE^* + CF^* + DA^* + DG^* + EB^* \\
&+ EH^* + FC^* + FJ^* + GD^* + HE^* + JF^* + KN^* + LO^* + MQ^* + NK^* \\
&+ NR^* + OL^* + OS^* + QM^* + QT^* + RN^* + SO^* + TQ^* + TQ^* + SO^* \\
&+ RN^* + QT^* + QM^* + OS^* + OL^* + NR^* + NK^* + MQ^* + LO^* + KN^* \\
&+ JF^* + HE^* + GD^* + FJ^* + FC^* + EH^* + EB^* + DG^* + DA^* + CF^* \\
&+BE^* + AD^*) \\
=&\frac{2\sqrt{2}}{9I_0}\mathrm{Re}\,(AD^* + BE^* + CF^* + DG^* + EH^* + FJ^* + KN^* \\
&+LO^* + MQ^* + NR^* + OS^* + QT^*)
\end{aligned} \tag{3.12.34}
$$

还可以求得

$$
\vec{U}_{z,++1}^{(1)} = \hat{S}_z^{(1)}\begin{pmatrix} F_{++,11}^* \\ F_{++,01}^* \\ F_{++,-1\ 1}^* \end{pmatrix} = \begin{pmatrix} 1 & 0 & 0 \\ 0 & 0 & 0 \\ 0 & 0 & -1 \end{pmatrix}\begin{pmatrix} A^* \\ \mathrm{i}D^* \\ -G^* \end{pmatrix} = \begin{pmatrix} A^* \\ 0 \\ G^* \end{pmatrix}
$$

$$
\vec{U}_{z,++0}^{(1)} = \begin{pmatrix} \mathrm{i}B^* \\ 0 \\ \mathrm{i}H^* \end{pmatrix},\quad \vec{U}_{z,++\ -1}^{(1)} = \begin{pmatrix} -C^* \\ 0 \\ -J^* \end{pmatrix},\quad \vec{U}_{z,+-1}^{(1)} = \begin{pmatrix} \mathrm{i}K^* \\ 0 \\ \mathrm{i}R^* \end{pmatrix}
$$

$$
\vec{U}_{z,+-0}^{(1)} = \begin{pmatrix} -L^* \\ 0 \\ -S^* \end{pmatrix},\quad \vec{U}_{z,+-\ -1}^{(1)} = \begin{pmatrix} -\mathrm{i}M^* \\ 0 \\ -\mathrm{i}T^* \end{pmatrix},\quad \vec{U}_{z,-+1}^{(1)} = \begin{pmatrix} -\mathrm{i}T^* \\ 0 \\ -\mathrm{i}M^* \end{pmatrix}
$$

$$
\vec{U}_{z,-+0}^{(1)} = \begin{pmatrix} S^* \\ 0 \\ L^* \end{pmatrix},\quad \vec{U}_{z,-+\ -1}^{(1)} = \begin{pmatrix} \mathrm{i}R^* \\ 0 \\ \mathrm{i}K^* \end{pmatrix},\quad \vec{U}_{z,--1}^{(1)} = \begin{pmatrix} J^* \\ 0 \\ C^* \end{pmatrix}
$$

$$
\vec{U}_{z,--0}^{(1)} = \begin{pmatrix} \mathrm{i}H^* \\ 0 \\ \mathrm{i}B^* \end{pmatrix},\quad \vec{U}_{z,--\ -1}^{(1)} = \begin{pmatrix} -G^* \\ 0 \\ -A^* \end{pmatrix} \tag{3.12.35}
$$

于是可以写出

$$\hat{S}_z^{(1)}\hat{F}^+ = \begin{pmatrix} A^* & \mathrm{i}K^* & -\mathrm{i}T^* & J^* \\ \mathrm{i}B^* & -L^* & S^* & \mathrm{i}H^* \\ -C^* & -\mathrm{i}M^* & \mathrm{i}R^* & -G^* \\ 0 & 0 & 0 & 0 \\ 0 & 0 & 0 & 0 \\ 0 & 0 & 0 & 0 \\ G^* & \mathrm{i}R^* & -\mathrm{i}M^* & C^* \\ \mathrm{i}H^* & -S^* & L^* & \mathrm{i}B^* \\ -J^* & -\mathrm{i}T^* & \mathrm{i}K^* & -A^* \end{pmatrix} \tag{3.12.36}$$

把式 (3.12.9)、式 (3.12.36) 代入式 (3.12.13) 可以得到

$$\begin{aligned} A_z^{(1)} =& \frac{1}{9I_0}\mathrm{tr}\{F\hat{S}_z^{(1)}F^+\} = \frac{1}{9I_0}\Big(|A|^2+|B|^2+|C|^2-|G|^2-|H|^2-|J|^2 \\ &+|K|^2+|L|^2+|M|^2-|R|^2-|S|^2-|T|^2+|T|^2+|S|^2+|R|^2-|M|^2 \\ &-|L|^2-|K|^2+|J|^2+|H|^2+|G|^2-|C|^2-|B|^2-|A|^2\Big)=0 \end{aligned} \tag{3.12.37}$$

由式 (3.12.18) 和式 (3.12.20) 可以求得

$$\vec{W}^{(12)}_{xx,++1} = \frac{1}{2}\begin{pmatrix} 0 & 1 & 0 \\ 1 & 0 & 1 \\ 0 & 1 & 0 \end{pmatrix}\begin{pmatrix} \mathrm{i}B^* \\ -E^* \\ -\mathrm{i}H^* \end{pmatrix} = \frac{1}{2}\begin{pmatrix} -E^* \\ \mathrm{i}\,(B^*-H^*) \\ -E^* \end{pmatrix}$$

$$\vec{W}^{(12)}_{xx,++0} = \frac{1}{2}\begin{pmatrix} \mathrm{i}\,(D^*-F^*) \\ A^*-C^*+J^*-G^* \\ \mathrm{i}\,(D^*-F^*) \end{pmatrix},\quad \vec{W}^{(12)}_{xx,++\,-1} = \frac{1}{2}\begin{pmatrix} -E^* \\ \mathrm{i}\,(B^*-H^*) \\ -E^* \end{pmatrix}$$

$$\vec{W}^{(12)}_{xx,+-1} = \frac{1}{2}\begin{pmatrix} -\mathrm{i}O^* \\ -L^*+S^* \\ -\mathrm{i}O^* \end{pmatrix},\quad \vec{W}^{(12)}_{xx,+-0} = \frac{1}{2}\begin{pmatrix} Q^*-N^* \\ \mathrm{i}\,(K^*-M^*+T^*-R^*) \\ Q^*-N^* \end{pmatrix}$$

$$\vec{W}^{(12)}_{xx,+-\,-1} = \frac{1}{2}\begin{pmatrix} -\mathrm{i}O^* \\ -L^*+S^* \\ -\mathrm{i}O^* \end{pmatrix},\quad \vec{W}^{(12)}_{xx,-+1} = \frac{1}{2}\begin{pmatrix} \mathrm{i}O^* \\ S^*-L^* \\ \mathrm{i}O^* \end{pmatrix}$$

$$\vec{W}^{(12)}_{xx,-+0} = \frac{1}{2}\begin{pmatrix} Q^*-N^* \\ \mathrm{i}\,(R^*-T^*+M^*-K^*) \\ Q^*-N^* \end{pmatrix},\quad \vec{W}^{(12)}_{xx,-+\,-1} = \frac{1}{2}\begin{pmatrix} \mathrm{i}O^* \\ S^*-L^* \\ \mathrm{i}O^* \end{pmatrix}$$

$$\vec{W}^{(12)}_{xx,--1}=\frac{1}{2}\begin{pmatrix}-E^*\\-\mathrm{i}\,(B^*-H^*)\\-E^*\end{pmatrix},\quad \vec{W}^{(12)}_{xx,--0}=\frac{1}{2}\begin{pmatrix}\mathrm{i}\,(F^*-D^*)\\J^*-G^*+A^*-C^*\\\mathrm{i}\,(F^*-D^*)\end{pmatrix}$$

$$\vec{W}^{(12)}_{xx,--\,-1}=\frac{1}{2}\begin{pmatrix}-E^*\\-\mathrm{i}\,(B^*-H^*)\\-E^*\end{pmatrix}\tag{3.12.38}$$

于是可以写出

$$\hat{S}^{(1)}_x\hat{S}^{(2)}_x\hat{F}^+=\frac{1}{2}$$

$$\times\begin{pmatrix}-E^* & -\mathrm{i}O^* & \mathrm{i}O^* & -E^*\\ \mathrm{i}\,(D^*-F^*) & Q^*-N & Q^*-N^* & -\mathrm{i}\,(D^*-F^*)\\ -E^* & -\mathrm{i}O^* & \mathrm{i}O^* & -E^*\\ \mathrm{i}\,(B^*-H^*) & S^*-L & S^*-L^* & -\mathrm{i}\,(B^*-H^*)\\ A^*-C^*+J^*-G^* & \mathrm{i}\,(K^*-M^*+T^*-R^*) & -\mathrm{i}\,(K^*-M^*+T^*-R^*) & A^*-C^*+J^*-G^*\\ \mathrm{i}\,(B^*-H^*) & S^*-L^* & S^*-L^* & -\mathrm{i}\,(B^*-H^*)\\ -E^* & -\mathrm{i}O^* & \mathrm{i}O^* & -E^*\\ \mathrm{i}\,(D^*-F^*) & Q^*-N^* & Q^*-N^* & -\mathrm{i}\,(D^*-F^*)\\ -E^* & -\mathrm{i}O^* & \mathrm{i}O^* & -E^*\end{pmatrix}\tag{3.12.39}$$

把式 (3.12.9)、式 (3.12.39) 代入式 (3.12.14) 可以得到

$$\begin{aligned}A^{(12)}_{x,x}=&\frac{1}{9I_0}\mathrm{tr}\left\{F\hat{S}^{(1)}_x\hat{S}^{(2)}_xF^+\right\}=\frac{1}{18I_0}\left[-AE^*+B\,(D^*-F^*)+CE^*+D\,(B^*-H^*)\right.\\&-E\,(A^*-C^*+J^*-G^*)-F\,(B^*-H^*)+GE^*-H\,(D^*-F^*)-JE^*\\&-KO^*-L\,(Q^*-N^*)+MO^*-N\,(S^*-L^*)-O\,(K^*-M^*+T^*-R^*)\\&+Q\,(S^*-L^*)+RO^*+S\,(Q^*-N^*)-TO^*-TO^*+S\,(Q^*-N^*)+RO^*\\&+Q\,(S^*-L^*)-O\,(K^*-M^*+T^*-R^*)-N\,(S^*-L^*)+MO^*-L\,(Q^*-N^*)\\&-KO^*-JE^*-H\,(D^*-F^*)+GE^*-F\,(B^*-H^*)-E\,(A^*-C^*+J^*-G^*)\\&\left.+D\,(B^*-H^*)+CE^*+B\,(D^*-F^*)-AE^*\right]\\=&\frac{1}{9I_0}\left[-E\,(A^*-C^*+J^*-G^*)-(A-C+J-G)\,E^*\right.\\&-O\,(K^*-M^*+T^*-R^*)-(K-M+T-R)\,O^*+(B-H)\,(D^*-F^*)\\&\left.+(D-F)\,(B^*-H^*)+(S-L)\,(Q^*-N^*)+(Q-N)\,(S^*-L^*)\right]\end{aligned}$$

$$= -\frac{2}{9I_0}\mathrm{Re}\left[(A-C+J-G)\,E^* + (K-M+T-R)\,O^* - (B-H)\,(D^*-F^*) - (L-S)\,(N^*-Q^*)\right] \tag{3.12.40}$$

用上述方法还可以推导出 $A_{i,j}^{(12)}(i,j=x,y,z)$ 的其他各项。进而利用式 (3.1.36) 又可以推导出 $A_i^{(k)}(k=1,2,i=\gamma)$ 以及剩余的所有 $A_{i,j}^{(12)}(i,j=x,y,z,\gamma)$。由于宇称守恒，一定会有一些分析本领的数值为 0。

参考式 (3.11.14) ~ 式 (3.11.16)，可以引入以下 9×9 矩阵：

$$\hat{S}_{1i} \equiv \begin{pmatrix} S_{i,11}\hat{I}_3 & S_{i,10}\hat{I}_3 & S_{i,1\ -1}\hat{I}_3 \\ S_{i,01}\hat{I}_3 & S_{i,00}\hat{I}_3 & S_{i,0\ -1}\hat{I}_3 \\ S_{i,-1\ 1}\hat{I}_3 & S_{i,-1\ 0}\hat{I}_3 & S_{i,-1\ -1}\hat{I}_3 \end{pmatrix},\quad i=x,y,z \tag{3.12.41}$$

$$\hat{G}_{1i} \equiv \begin{pmatrix} G_{i,11}\hat{I}_3 & G_{i,10}\hat{I}_3 & G_{i,1\ -1}\hat{I}_3 \\ G_{i,01}\hat{I}_3 & G_{i,00}\hat{I}_3 & G_{i,0\ -1}\hat{I}_3 \\ G_{i,-1\ 1}\hat{I}_3 & G_{i,-1\ 0}\hat{I}_3 & G_{i,-1\ -1}\hat{I}_3 \end{pmatrix},\quad i=xy,xz,yz,xx-yy,zz \tag{3.12.42}$$

$$\hat{S}_{2i} \equiv \begin{pmatrix} \hat{S}_i & \hat{0}_3 & \hat{0}_3 \\ \hat{0}_3 & \hat{S}_i & \hat{0}_3 \\ \hat{0}_3 & \hat{0}_3 & \hat{S}_i \end{pmatrix},\quad i=x,y,z \tag{3.12.43}$$

$$\hat{G}_{2i} \equiv \begin{pmatrix} \hat{G}_i & \hat{0}_3 & \hat{0}_3 \\ \hat{0}_3 & \hat{G}_i & \hat{0}_3 \\ \hat{0}_3 & \hat{0}_3 & \hat{G}_i \end{pmatrix},\quad i=xy,xz,yz,xx-yy,zz \tag{3.12.44}$$

矩阵 $\hat{S}_{1i}$ 和 $\hat{G}_{1i}$ 对第一个氘核起作用，矩阵 $\hat{S}_{2i}$ 和 $\hat{G}_{2i}$ 对第二个氘核起作用，然后便可以按 3.11 节介绍的方法对于 $\vec{1}+\vec{1}$ 极化反应进行研究。

前面所使用的反应振幅下标排列方法属于通常方法。为了方便运算，也可以参照参考文献 [6] 把由式 (3.12.5) 给出的反应振幅矩阵元 $F_{\mu'\nu',\mu\nu}$ 改写成 $F_{\mu'\mu,\nu'\nu}$，并认为代表 $\vec{\mathrm{d}}+\vec{\mathrm{d}}\to\mathrm{p}+\mathrm{t}$ 反应中 p 的下标 μ' 为行号，代表第一个 d 的下标 μ 为列号，代表 t 的下标 ν' 为行号，代表第二个 d 的下标 ν 为列号。对于确定的 $\nu'\nu$，由下标 $\mu'\mu$ 构成 2×3 子矩阵 $\hat{F}_{\nu'\nu}^{(1)}$，对于确定的 $\mu'\mu$，由下标 $\nu'\nu$ 构成 2×3 子矩阵 $\hat{F}_{\mu'\mu}^{(2)}$。$\hat{S}_i^{(1)}$ 和 $\hat{Q}_i^{(1)}$ 作用在 $\hat{F}_{\nu'\nu}^{(1)+}$ 上，$\hat{S}_i^{(2)}$ 和 $\hat{Q}_i^{(2)}$ 作用在 $\hat{F}_{\mu'\mu}^{(2)+}$ 上。为了求关联分析本领，$\hat{S}_j^{(2)}$ 或 $\hat{Q}_j^{(2)}$ 对所有 $\hat{F}_{\mu'\mu}^{(2)}$ 作用后形成新的 9×4 矩阵 $\hat{X}_j^+$，并分解出所有 $\hat{X}_{j,\nu'\nu}^{(1)+}$，然后再计算 $\hat{S}_i^{(1)}$ 或 $\hat{Q}_i^{(1)}$ 对 $\hat{X}_{j,\nu'\nu}^{(1)+}$ 的作用。其实由于 $\vec{1}+\vec{1}$ 反应的矩阵运算量太大，可以不进行上述复杂的公式推导，只需编制包含求迹在内的数值计算程序即可。至于如何计算少体反应的 S 矩阵元，可选用直接反应理论、R 矩阵理

论、相移分析方法，以及属于微观理论的共振群理论、Faddeev 方程、CDCC 理论等。本节介绍的理论方法也适用于极化核反应 $\vec{\mathrm{d}}(\vec{\mathrm{d}},\mathrm{n})^3\mathrm{He}$。

目前还有人在研究利用两个极化轻核发生的核反应 $\vec{\mathrm{d}}\ (\vec{\mathrm{t}},\mathrm{n})\alpha$ 或 $\vec{\mathrm{d}}(\vec{\mathrm{d}},\mathrm{n})^3\mathrm{He}$ 来产生定向中子源，并探讨其民用和军用前景。对于这种极化核反应问题，不能再选用取方位角 $\varphi=0$ 的方法，而应该采用类似于本书第 6 章介绍的方法，在同时考虑 θ,φ 角的情况下，在非轴对称的核反应系统中进行研究。其目的是探讨两个初始极化粒子分别取多大的极化度和分别选取什么极化方向才会产生最佳效果。

3.13　含张量势的氘核唯象光学势及相应的径向方程

3.13.1　含张量势的氘核唯象光学势

如果光学势中只含有与自旋无关的中心势，将不会引起任何自旋极化现象。为了考虑粒子极化现象，对于自旋 $S=\dfrac{1}{2}$ 粒子与自旋 0 靶核发生的反应只需引入自旋-轨道耦合势即可，而对于自旋 $S=1$ 的粒子来说，不仅需要考虑两个矢量进行耦合的自旋-轨道耦合势，还需要考虑自旋空间和坐标空间的两个二阶张量进行耦合的张量势。在氘核光学势中要加的张量势必须是标量，即满足转动不变性，还应该满足宇称守恒条件。

在坐标空间我们有三个矢量：坐标 $\vec{r}$，动量 $\vec{p}=-\mathrm{i}\vec{\nabla}$ 和角动量 $\vec{L}=-\mathrm{i}\vec{r}\times\vec{\nabla}$，这里的 $\vec{p}$ 就是波矢 $\vec{k}$。我们有以下表达式 [22,46]

$$\left(\vec{a}\cdot\vec{c}\right)\left(\vec{b}\cdot\vec{d}\right)=\frac{1}{3}\left(\vec{a}\cdot\vec{b}\right)\left(\vec{c}\cdot\vec{d}\right)+\frac{1}{2}\left(\vec{a}\times\vec{b}\right)\cdot\left(\vec{c}\times\vec{d}\right)+T_2\left(\vec{a},\vec{b}\right)\cdot T_2\left(\vec{c},\vec{d}\right) \tag{3.13.1}$$

如果在上式中令 $\vec{c}=\vec{d}=\hat{S}$ 以及 $\vec{a}=\vec{b}=\vec{r}$，或 $\vec{a}=\vec{b}=\vec{p}$，或 $\vec{a}=\vec{b}=\vec{L}$，再注意到

$$\vec{r}\times\vec{r}=\vec{p}\times\vec{p}=0,\quad \vec{L}\times\vec{L}=\mathrm{i}\vec{L},\quad \hat{S}\times\hat{S}=\mathrm{i}\hat{S},\quad \hat{S}^2=2\hat{I} \tag{3.13.2}$$

便可得到以下光学势的张量势 [46]

$$T_r\equiv\frac{1}{r^2}T_2\left(\vec{r},\vec{r}\right)\cdot T_2\left(\hat{S},\hat{S}\right)=\left(\hat{S}\cdot\vec{r}\right)^2\Big/r^2-\frac{2}{3} \tag{3.13.3}$$

$$T_p\equiv T_2\left(\vec{p},\vec{p}\right)\cdot T_2\left(\hat{S},\hat{S}\right)=\left(\hat{S}\cdot\vec{p}\right)^2-\frac{2}{3}p^2 \tag{3.13.4}$$

$$T_L\equiv T_2\left(\vec{L},\vec{L}\right)\cdot T_2\left(\hat{S},\hat{S}\right)=\left(\vec{L}\cdot\hat{S}\right)^2+\frac{1}{2}\vec{L}\cdot\hat{S}-\frac{2}{3}L^2 \tag{3.13.5}$$

在以上三式中出现的 $T_2\left(\hat{S},\hat{S}\right)$ 的分量为

$$T_{2M}\left(\hat{S},\hat{S}\right)=\sum_{\mu\nu}C_{1\mu\ 1\nu}^{2M}\hat{S}_\mu\hat{S}_\nu \tag{3.13.6}$$

与式 (3.1.15) 进行对比可知

$$T_{2M}\left(\hat{S},\hat{S}\right)=\frac{1}{\sqrt{3}}\hat{T}_{2M}(1) \tag{3.13.7}$$

再利用式 (3.1.16) ~ 式 (3.1.18) 和式 (1.2.23) 可得

$$T_{20}\left(\hat{S},\hat{S}\right)=\frac{1}{\sqrt{6}}\left(3\hat{S}_0^2-2\right) \tag{3.13.8}$$

$$T_{2\ \pm1}\left(\hat{S},\hat{S}\right)=\frac{1}{\sqrt{2}}\left(\hat{S}_{\pm1}\hat{S}_0+\hat{S}_0\hat{S}_{\pm1}\right) \tag{3.13.9}$$

$$T_{2\ \pm2}\left(\hat{S},\hat{S}\right)=\hat{S}_{\pm1}^2 \tag{3.13.10}$$

式 (3.13.3) 中出现的 $T_2\left(\vec{r},\vec{r}\right)$ 的分量为

$$T_{2M}\left(\vec{r},\vec{r}\right)=\sum_{\mu\nu}C_{1\mu\ 1\nu}^{2M}r_\mu r_\nu \tag{3.13.11}$$

利用表 3.3 由式 (3.13.11) 可得

$$T_{20}\left(\vec{r},\vec{r}\right)=\sqrt{\frac{2}{3}}\left(r_0^2+r_{+1}r_{-1}\right)=\frac{1}{\sqrt{6}}\left(3r_0^2-r^2\right) \tag{3.13.12}$$

$$T_{2\ \pm1}\left(\vec{r},\vec{r}\right)=\sqrt{2}\ r_0r_{\pm1} \tag{3.13.13}$$

$$T_{2\ \pm2}\left(\vec{r},\vec{r}\right)=r_{\pm1}^2 \tag{3.13.14}$$

立体球谐函数的定义为

$$\mathrm{Y}_{lm}\left(\vec{r}\right)=r^l\mathrm{Y}_{lm}\left(\hat{r}\right) \tag{3.13.15}$$

并有关系式

$$\mathrm{Y}_{1\mu}\left(\vec{r}\right)=r\mathrm{Y}_{1\mu}\left(\hat{r}\right)=\sqrt{\frac{3}{4\pi}}\ r_\mu \tag{3.13.16}$$

对于球谐函数有关系式

$$\mathrm{Y}_{l_1m_1}\mathrm{Y}_{l_2m_2}=\sum_l\frac{\hat{l}_1\hat{l}_2}{\sqrt{4\pi}\hat{l}}C_{l_1m_1\ l_2m_2}^{l\ m_1+m_2}C_{l_10\ l_20}^{l0}\mathrm{Y}_{l\ m_1+m_2} \tag{3.13.17}$$

其中，$\hat{l}\equiv\sqrt{2l+1}$。利用 C-G 系数性质和式 (3.13.17) 可得

$$\sum_{m_1m_2}C_{l_1m_1\ l_2m_2}^{lm}\mathrm{Y}_{l_1m_1}\mathrm{Y}_{l_2m_2}=\frac{\hat{l}_1\hat{l}_2}{\sqrt{4\pi}\ \hat{l}}C_{l_10\ l_20}^{l0}\mathrm{Y}_{lm}$$

$$\mathrm{Y}_{lm} = \frac{\sqrt{4\pi}\,\hat{l}}{\hat{l}_1\hat{l}_2 C_{l_1 0\ l_2 0}^{l0}} \sum_{m_1 m_2} C_{l_1 m_1\ l_2 m_2}^{lm} \mathrm{Y}_{l_1 m_1} \mathrm{Y}_{l_2 m_2} \tag{3.13.18}$$

查表 3.3 进而得到

$$\mathrm{Y}_{2M}(\hat{r}) = \sqrt{\frac{10\pi}{3}} \sum_{\mu\nu} C_{1\mu\ 1\nu}^{2M} \mathrm{Y}_{1\mu}(\hat{r})\,\mathrm{Y}_{1\nu}(\hat{r})$$

$$\mathrm{Y}_{2M}\left(\vec{r}\right) = \sqrt{\frac{10\pi}{3}} \sum_{\mu\nu} C_{1\mu\ 1\nu}^{2M} \mathrm{Y}_{1\mu}\left(\vec{r}\right) \mathrm{Y}_{1\nu}\left(\vec{r}\right) \tag{3.13.19}$$

于是利用式 (3.13.11)、式 (3.13.16) 和式 (3.13.19) 可得

$$T_{2M}\left(\vec{r},\vec{r}\right) = \sqrt{\frac{8\pi}{15}} \mathrm{Y}_{2M}\left(\vec{r}\right) \tag{3.13.20}$$

再根据式 (3.13.3)、式 (3.13.7) 和式 (3.13.20) 可以得到

$$T_r = \sqrt{\frac{8\pi}{45}} \mathrm{Y}_2(\hat{r}) \cdot \hat{T}_2(1) \tag{3.13.21}$$

氘核球形核唯象光学势的一般形式可写成

$$\begin{aligned} V(\vec{r}) =& V_{\mathrm{C}}(r) + V_{\mathrm{c}}(r) + \mathrm{i}W_{\mathrm{c}}(r) + [V_{LS}(r) + \mathrm{i}W_{LS}(r)]\vec{L}\cdot\hat{S} \\ &+ [V_{TR}(r) + \mathrm{i}W_{TR}(r)]T_r + [V_{TL}(r) + \mathrm{i}W_{TL}(r)]T_L \\ &+ \frac{1}{2}\{T_p[V_{TP}(r) + \mathrm{i}W_{TP}(r)] + [V_{TP}(r) + \mathrm{i}W_{TP}(r)]T_p\} \end{aligned} \tag{3.13.22}$$

其中，$V_{\mathrm{C}}(r)$ 是库仑势; $V_{\mathrm{c}}(r)$ 是中心势实部; $W_{\mathrm{c}}(r)$ 是中心势虚部，并可包含体吸收和面吸收两部分。核力有二体力和三体力，而光学势相当于平均场，是单体势。设 $U_r(r)$ 是光学势中 T_r 项的系数，并有

$$\left[U_r(r)\,T_{2M}\left(\vec{r},\vec{r}\right)\right]^+ = (-1)^M\,T_{2\ -M}\left(\vec{r},\vec{r}\right)U_r^*(r) \tag{3.13.23}$$

由于 $\vec{r}$ 与 $U_r(r)$ 对易，在上式中可把 $U_r^*(r)$ 移到 $T_{2\ -M}\left(\vec{r},\vec{r}\right)$ 前面去，可见实部 $V_{TR}(r)\,T_r$ 是厄米的，而 $\mathrm{i}W_{TR}(r)\,T_r$ 是反厄米的。由于 T_L 与相应的 $U_L(r)$ 也对易，因而 $V_{TL}(r)\,T_L$ 是厄米的，$\mathrm{i}W_{TL}(r)\,T_L$ 是反厄米的。但是由于 $\vec{p}$ 与相应的 $U_p(r)$ 不对易，对于动量项来说无法把 $U_p^*(r)$ 移到 T_p^+ 前边去，而采用式 (3.13.22) 中 T_p 项的形式便可以确保其实部是厄米的，虚部是反厄米的。其实中心势和自旋-轨道耦合势也具有上述性质。

参考文献 [47]~[49] 分别给出了氘核普适唯象光学势，但均未包含张量势，参考文献 [49] 给出了对矢量极化量的计算。参考文献 [13]~[17], [50] 给出的氘核光学

势都包含了 T_r 项，参考文献 [8]~[10], [12] 同时包含了 T_r 项和 T_L 项，参考文献 [51] 对氘核光学势包含 T_p 项的必要性进行了探讨，参考文献 [17] 对 T_p 项也进行了一些讨论，但是目前对于在氘核光学势中是否需要包含以及如何处理 T_p 项还有待做进一步研究，因而在后面的讨论中我们将不再包含 T_p 项。一般认为在三个张量势中 T_r 项是最重要的，它对于拟合 $S=1$ 粒子极化分析本领的实验数据起到了很重要的作用。

3.13.2　含张量势情况下氘核与球形核的径向方程

总角动量为 J 的氘核波函数 $\varPhi_{JM}\left(\vec{r}\right)$ 所满足的定态薛定谔方程为

$$\left[-\frac{\hbar^2}{2\mu}\vec{\nabla}^2+V\left(\vec{r}\right)\right]\varPhi_{JM}\left(\vec{r}\right)=E\varPhi_{JM}\left(\vec{r}\right) \tag{3.13.24}$$

其中，μ 为氘核约化质量，光学势 $V\left(\vec{r}\right)$ 取由式 (3.13.22) 给出的形式，但是不包含最后的 T_p 项。当靶核自旋为 0 时，可以把 $\varPhi_{JM}\left(\vec{r}\right)$ 写成

$$\varPhi_{JM}\left(\vec{r}\right)=\sum_L\frac{u_L^J(r)}{r}\mathcal{Y}_{LJM} \tag{3.13.25}$$

$$\mathcal{Y}_{LJM}=\sum_{M_L\nu}C_{LM_L\ 1\nu}^{JM}\mathrm{i}^L\mathrm{Y}_{LM_L}(\hat{r})\chi_{1\nu} \tag{3.13.26}$$

两核子之间的坐标张量算符被定义为

$$S_{12}=\frac{3}{r^2}\left(\hat{\sigma}_1\cdot\vec{r}\right)\left(\hat{\sigma}_2\cdot\vec{r}\right)-(\hat{\sigma}_1\cdot\hat{\sigma}_2) \tag{3.13.27}$$

再令

$$\hat{S}=\frac{1}{2}(\hat{\sigma}_1+\hat{\sigma}_2) \tag{3.13.28}$$

由式 (3.13.27) 和式 (3.13.3) 可以求得 [22]

$$S_{12}=6\left[\left(\hat{S}\cdot\vec{r}\right)^2\Big/r^2-\frac{1}{3}\hat{S}^2\right]=6\left[\left(\hat{S}\cdot\vec{r}\right)^2\Big/r^2-\frac{2}{3}\right]=6T_r \tag{3.13.29}$$

参考文献 [22] 已求得矩阵元 $\left\langle\mathcal{Y}_{L'JM}\middle|\vec{L}\cdot\hat{S}\middle|\mathcal{Y}_{LJM}\right\rangle$ 和 $\left\langle\mathcal{Y}_{L'JM}\middle|S_{12}\middle|\mathcal{Y}_{LJM}\right\rangle$，我们将其分别列在表 3.4 和表 3.5 中。

表 3.4　矩阵元 $\left\langle\mathcal{Y}_{L'JM}\middle|\vec{L}\cdot\hat{S}\middle|\mathcal{Y}_{LJM}\right\rangle$

L	L'		
	$J+1$	J	$J-1$
$J+1$	$-(J+2)$	0	0
J	0	-1	0
$J-1$	0	0	$J-1$

表 3.5 矩阵元 $\left\langle \mathcal{Y}_{L'JM} \left| S_{12} \right| \mathcal{Y}_{LJM} \right\rangle$

L	L'		
	$J+1$	J	$J-1$
$J+1$	$-\dfrac{2(J+2)}{2J+1}$	0	$-\dfrac{6\sqrt{J(J+1)}}{2J+1}$
J	0	2	0
$J-1$	$-\dfrac{6\sqrt{J(J+1)}}{2J+1}$	0	$-\dfrac{2(J-1)}{2J+1}$

利用式 (3.13.5) 可以求得

$$T_L \mathcal{Y}_{LJM} = \left\{ \frac{1}{4} \left[J(J+1) - L(L+1) - 2 \right]^2 + \frac{1}{4} \left[J(J+1) - L(L+1) - 2 \right] - \frac{2}{3} L(L+1) \right\} \mathcal{Y}_{LJM} \tag{3.13.30}$$

注意到 $\mathcal{Y}_{LJM}$ 是正交归一化波函数，便可求得矩阵元 $\left\langle \mathcal{Y}_{L'JM} \left| T_L \right| \mathcal{Y}_{LJM} \right\rangle$，并将其列在表 3.6 中 [46]。

表 3.6 矩阵元 $\left\langle \mathcal{Y}_{L'JM} \left| T_L \right| \mathcal{Y}_{LJM} \right\rangle$

L	L'		
	$J+1$	J	$J-1$
$J+1$	$\dfrac{1}{6}(J+2)(2J+5)$	0	0
J	0	$-\dfrac{1}{6}(2J-1)(2J+3)$	0
$J-1$	0	0	$\dfrac{1}{6}(J-1)(2J-3)$

以上结果表明 $\vec{L} \cdot \hat{S}$ 和 T_L 对于轨道角动量 L 来说都只有对角元项，但是对于 T_r 来说却有 L 相差 2 的非对角矩阵元，这时 L 不再是好量子数。对于固定的 J 来说，$L = J \pm 1$ 的两个态之间会进行耦合，但是由于宇称守恒的原因，$L = J$ 的态与 $L = J \pm 1$ 的态不发生耦合，表 3.5 也清楚地说明这一点。氘核自旋 $S = 1$，因而对于确定的总角动量 J，必须同时解出 $L = J \pm 1$, J 三个态，$J = 0$ 时当然只有 $L = 0, 1$ 两个态。

把式 (3.13.25) 代入式 (3.13.24)，并在等式两边同时从左边乘上 $\mathcal{Y}^+_{L'JM}$，并对坐标空间方向角积分便可得到以下三个方程

$$\left[\frac{\mathrm{d}^2}{\mathrm{d}r^2} - \frac{J(J-1)}{r^2} + k^2 - U_0(r) - U_{LS}(r) C^J_{J-1} - U_{TL}(r) B^J_{J-1} - U_{TR}(r) A^J_{J-1,J-1} \right] u^J_{J-1}$$

$$=U_{TR}(r)A^J_{J-1,J+1}u^J_{J+1} \tag{3.13.31}$$

$$\left[\frac{\mathrm{d}^2}{\mathrm{d}r^2}-\frac{J(J+1)}{r^2}+k^2-U_0(r)-U_{LS}(r)C^J_J-U_{TL}(r)B^J_J-U_{TR}(r)A^J_{J,J}\right]u^J_J=0 \tag{3.13.32}$$

$$\begin{aligned}&\left[\frac{\mathrm{d}^2}{\mathrm{d}r^2}-\frac{(J+1)(J+2)}{r^2}+k^2-U_0(r)\right.\\&\left.-U_{LS}(r)C^J_{J+1}-U_{TL}(r)B^J_{J+1}-U_{TR}(r)A^J_{J+1,J+1}\right]u^J_{J+1}\\&=U_{TR}(r)A^J_{J+1,J-1}u^J_{J-1}\end{aligned} \tag{3.13.33}$$

其中

$$k=\frac{\sqrt{2\mu E}}{\hbar} \tag{3.13.34}$$

$$U_0(r)=\frac{2\mu}{\hbar^2}\left[V_{\mathrm{C}}(r)+V_{\mathrm{c}}(r)+\mathrm{i}W_{\mathrm{c}}(r)\right] \tag{3.13.35}$$

$$U_x(r)=\frac{2\mu}{\hbar^2}\left[V_x(r)+\mathrm{i}W_x(r)\right],\quad x=LS,TL,TR \tag{3.13.36}$$

$$C^J_L=\begin{cases}J-1, & L=J-1\\-1, & L=J\\-(J+2), & L=J+1\end{cases} \tag{3.13.37}$$

$$B^J_L=\begin{cases}\dfrac{1}{6}(J-1)(2J-3), & L=J-1\\-\dfrac{1}{6}(2J-1)(2J+3), & L=J\\\dfrac{1}{6}(J+2)(2J+5), & L=J+1\end{cases} \tag{3.13.38}$$

$$A^J_{J-1,J-1}=-\frac{J-1}{3(2J+1)},\quad A^J_{J,J}=\frac{1}{3},\quad A^J_{J+1,J+1}=-\frac{J+2}{3(2J+1)}$$

$$A^J_{J-1,J+1}=A^J_{J+1,J-1}=-\frac{\sqrt{J(J+1)}}{2J+1} \tag{3.13.39}$$

方程 (3.13.31) 和方程 (3.13.33) 是联立的，而方程 (3.13.32) 是独立的。对于每个总角动量 J 都对以上三个方程求解，并通过边界条件与入射道相联系，从而得到所需要的 S 矩阵元。也有人 [8] 忽略了 T_r 的非对角元项，这当然只是一种近似方法。

3.14 描述氘核与原子核发生反应的折叠模型

3.14.1 不包含破裂道的氘核折叠模型 [46,52,53]

氘核的单折叠模型的基本假设是氘核与原子核的相互作用可以近似地用一个势场 $U_0\left(\vec{R}\right)$ 描述，而 $U_0\left(\vec{R}\right)$ 是由氘核中的中子和质子与原子核的相互作用势用氘核内部波函数 $\phi\left(\vec{r}\right)$ 进行平均后再相加而得到的。由中子、质子和原子核所构成的系统有效哈密顿 (Hamilton) 量为

$$H=-\frac{\hbar^2}{2m}\left(\vec{\nabla}_{\rm n}^2+\vec{\nabla}_{\rm p}^2\right)+V_{\rm n}\left(\vec{r}_{\rm n}\right)+V_{\rm p}\left(\vec{r}_{\rm p}\right)+v\left(\vec{r}_{\rm n}-\vec{r}_{\rm p}\right) \tag{3.14.1}$$

其中，$V_{\rm n}\left(\vec{r}_{\rm n}\right)$ 和 $V_{\rm p}\left(\vec{r}_{\rm p}\right)$ 分别为氘核中的中子和质子所感受到的原子核势场，通常被看成是中子和质子的光学势，而 $v\left(\vec{r}_{\rm n}-\vec{r}_{\rm p}\right)$ 是决定氘核结合能的氘核内部的 n-p 相互作用势，属于核力。我们令

$$\vec{R}=\frac{1}{2}\left(\vec{r}_{\rm n}+\vec{r}_{\rm p}\right),\quad \vec{r}=\vec{r}_{\rm n}-\vec{r}_{\rm p} \tag{3.14.2}$$

分别代表氘核的质心坐标和中子与质子之间的相对坐标 (图 3.1)。

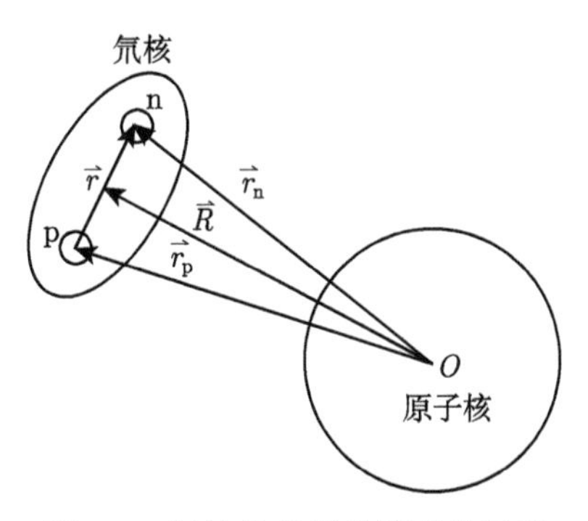

图 3.1 氘核的单折叠模型坐标系

可以求得

$$\vec{\nabla}_{\rm n}^2+\vec{\nabla}_{\rm p}^2=\frac{1}{2}\vec{\nabla}_R^2+2\vec{\nabla}_r^2 \tag{3.14.3}$$

再令 $\varPsi\left(\vec{R},\vec{r}\right)$ 为系统波函数，便可以写出整个系统的定态薛定谔方程为

$$\left[-\frac{\hbar^2}{4m}\vec{\nabla}_R^2-\frac{\hbar^2}{m}\vec{\nabla}_r^2+V_{\rm n}\left(\vec{R}+\frac{1}{2}\vec{r}\right)+V_{\rm p}\left(\vec{R}-\frac{1}{2}\vec{r}\right)+v\left(\vec{r}\right)\right]\varPsi\left(\vec{R},\vec{r}\right)=E\varPsi\left(\vec{R},\vec{r}\right) \tag{3.14.4}$$

其中，E 代表系统总能量。再令

$$V\left(\vec{R},\vec{r}\right)=V_{\mathrm{n}}\left(\vec{R}+\frac{1}{2}\vec{r}\right)+V_{\mathrm{p}}\left(\vec{R}-\frac{1}{2}\vec{r}\right) \tag{3.14.5}$$

当 $\vec{R}$ 比较大时认为 $\varPsi\left(\vec{R},\vec{r}\right)$ 可以分离变量而成为

$$\varPsi\left(\vec{R},\vec{r}\right)=\phi\left(\vec{r}\right)\varPhi\left(\vec{R}\right) \tag{3.14.6}$$

其中，$\varPhi\left(\vec{R}\right)$ 是氘核质心相对于原子核运动的波函数; $\phi\left(\vec{r}\right)$ 是氘核内部的中子和质子相对运动波函数。当然，氘核有可能先被靶核吸收，破裂后融入靶核，然后再合成氘核并发射出去，这相当于受非定域势的影响，在这里我们忽略掉这种过程，或者把这种过程用光学势虚部来描述，因而在式 (3.14.6) 中可以近似地忽略掉不能进行分离变量的成分。同时我们还假设靶核自旋为 0。于是可把式 (3.14.4) 改写成

$$\left[-\frac{\hbar^2}{4m}\vec{\nabla}_R^2+V\left(\vec{R},\vec{r}\right)-\frac{\hbar^2}{m}\vec{\nabla}_r^2+v\left(\vec{r}\right)\right]\phi\left(\vec{r}\right)\varPhi\left(\vec{R}\right)=E\phi\left(\vec{r}\right)\varPhi\left(\vec{R}\right) \tag{3.14.7}$$

氘核内部运动波函数 $\phi\left(\vec{r}\right)$ 所满足的方程为

$$\left[-\frac{\hbar^2}{m}\vec{\nabla}_r^2+v\left(\vec{r}\right)\right]\phi\left(\vec{r}\right)=\varepsilon\phi\left(\vec{r}\right) \tag{3.14.8}$$

氘核有一个基态束缚态 $\phi_0\left(\vec{r}\right),\varepsilon_0=-2.225\mathrm{MeV}$，其他解便为具有连续正能量 ε_k 的氘核破裂态 $\phi_k\left(\vec{r}\right)$，$\vec{k}$ 是 n-p 相对运动波矢，并有

$$\varepsilon_k=\frac{\hbar^2k^2}{2\mu},\quad \mu=\frac{m}{2} \tag{3.14.9}$$

这时可把式 (3.14.6) 改写成

$$\varPsi\left(\vec{R},\vec{r}\right)=\phi_0\left(\vec{r}\right)\varPhi_0\left(\vec{R}\right)+\int\mathrm{d}\vec{k}\phi_k\left(\vec{r}\right)\varPhi_k\left(\vec{R}\right) \tag{3.14.10}$$

$\phi_0\left(\vec{r}\right)$ 和 $\varPhi_0\left(\vec{R}\right)$ 均具有 $f_m^{-\frac{3}{2}}$ 的量纲，而 $\phi_k\left(\vec{r}\right)$ 和 $\varPhi_k\left(\vec{R}\right)$ 均无量纲。

只有氘核没有破裂时计算其光学势才有意义，但是在研究氘核散射时确实存在氘核破裂的可能性，因而研究氘核破裂道对氘核光学势的影响是需要的。注意到当入射的氘核能量比较低时，氘核破裂的概率很小，故我们先研究在式 (3.14.10) 中不包含破裂道的情况。把 $\varPsi\left(\vec{R},\vec{r}\right)=\phi_0\left(\vec{r}\right)\varPhi_0\left(\vec{R}\right)$ 代入式 (3.14.7)，并在等式两边分别从左边乘上 $\phi_0^+\left(\vec{r}\right)$ 并对 $\vec{r}$ 积分可得

$$\left[-\frac{\hbar^2}{4m}\vec{\nabla}_R^2+V_0\left(\vec{R}\right)\right]\varPhi_0\left(\vec{R}\right)=(E-\varepsilon_0)\varPhi_0\left(\vec{R}\right) \tag{3.14.11}$$

其中

$$V_0\left(\vec{R}\right)=\int \phi_0^+\left(\vec{r}\right)V\left(\vec{R},\vec{r}\right)\phi_0\left(\vec{r}\right)\mathrm{d}\vec{r} \tag{3.14.12}$$

就是氘核折叠光学势，$E_0 \equiv E-\varepsilon_0$ 代表质心系氘核入射能量。

可以证明 [22]

$$\frac{1}{4\pi}\int\left(\hat{\sigma}_1\cdot\vec{r}\right)\left(\hat{\sigma}_2\cdot\vec{r}\right)\mathrm{d}\Omega=\frac{r^2}{3}\left(\hat{\sigma}_1\cdot\hat{\sigma}_2\right) \tag{3.14.13}$$

于是对于由式 (3.13.27) 给出的 S_{12} 有以下关系式

$$\int S_{12}\mathrm{d}\Omega=0 \tag{3.14.14}$$

在包含张量势的氘核中，n-p 相互作用势可以写成

$$v=v_0(r)+v_\sigma\left(r\right)\hat{\sigma}_1\cdot\hat{\sigma}_2+v_T\left(r\right)S_{12} \tag{3.14.15}$$

由于 v 是两体核力，可以包含张量项。氘核基态波函数所满足的薛定谔方程为

$$\left[-\frac{\hbar^2}{2\mu}\vec{\nabla}^2+v_0\left(r\right)+v_\sigma\left(r\right)\hat{\sigma}_1\cdot\hat{\sigma}_2+v_T\left(r\right)S_{12}\right]\phi_0\left(\vec{r}\right)=\varepsilon_0\phi_0\left(\vec{r}\right) \tag{3.14.16}$$

氘核的自旋 $S=1$，总角动量 $J=1$，轨道角动量 $l=0$ (S 态) 和 $l=2$ (D 态)，氘核基态波函数可写成

$$\phi_0\left(\vec{r}\right)=\frac{u\left(r\right)}{r}\mathcal{Y}_{01M}+\frac{w\left(r\right)}{r}\mathcal{Y}_{21M} \tag{3.14.17}$$

$$\mathcal{Y}_{l1M}=\sum_{m_l\nu}C_{lm_l\ 1\nu}^{1M}\mathrm{i}^l\mathrm{Y}_{lm_l}\left(\Omega\right)\chi_{1\nu} \tag{3.14.18}$$

注意到

$$\left(\hat{\sigma}_1\cdot\hat{\sigma}_2\right)\chi_{1\nu}=\chi_{1\nu},\quad \left(\hat{\sigma}_1\cdot\hat{\sigma}_2\right)\chi_{00}=-3\chi_{00} \tag{3.14.19}$$

把式 (3.14.17) 代入式 (3.14.16)，再从左边分别乘上 $\mathcal{Y}_{01M}^+$ 和 $\mathcal{Y}_{21M}^+$ 并对坐标空间方向角积分，并利用式 (3.14.19) 和表 3.5 所给出的结果，再注意到 $\vec{\nabla}^2=\frac{1}{r}\frac{\mathrm{d}^2}{\mathrm{d}r^2}r-\frac{l\left(l+1\right)}{r^2}$，当 $l=0$ 时，$l\left(l+1\right)=0$，当 $l=2$ 时，$l\left(l+1\right)=6$，便可得到

$$-\frac{\hbar^2}{2\mu}\frac{\mathrm{d}^2u}{\mathrm{d}r^2}+\left[v_0\left(r\right)+v_\sigma\left(r\right)\right]u-\varepsilon_0u=\sqrt{8}\ v_T\left(r\right)w \tag{3.14.20}$$

$$-\frac{\hbar^2}{2\mu}\left(\frac{\mathrm{d}^2w}{\mathrm{d}r^2}-\frac{6}{r^2}w\right)+\left[v_0\left(r\right)+v_\sigma\left(r\right)\right]w-2v_T\left(r\right)w-\varepsilon_0w=\sqrt{8}\ v_T\left(r\right)u \tag{3.14.21}$$

由式 (3.14.18) 可以看出

$$\mathcal{Y}_{01M}=\frac{1}{\sqrt{4\pi}}\chi_{1M} \tag{3.14.22}$$

我们假设可把式 (3.14.17) 改写成 [16,54]

$$\phi_0\left(\vec{r}\right)=\frac{1}{\sqrt{4\pi}}\left[\frac{u(r)}{r}+\frac{w(r)}{\sqrt{8}r}S_{12}\right]\chi_{1M} \tag{3.14.23}$$

注意到，泡利矩阵直角坐标系任何分量的平方均为 1 且满足反对易关系，便可证明

$$\frac{\left(\hat{\sigma}\cdot\vec{r}\right)^2}{r^2}=1 \tag{3.14.24}$$

对于 χ_{1M} 可求得

$$S_{12}^2=9-6\frac{\left(\hat{\sigma}_1\cdot\vec{r}\right)\left(\hat{\sigma}_2\cdot\vec{r}\right)}{r^2}+1=8-2S_{12} \tag{3.14.25}$$

利用式 (3.13.27)、式 (3.14.14) 和式 (3.14.25) 可得

$$\frac{1}{4\pi}\int(S_{12})^2\mathrm{d}\Omega=8 \tag{3.14.26}$$

$$\frac{1}{4\pi}\int(S_{12})^3\mathrm{d}\Omega=\frac{1}{4\pi}\int(8-2S_{12})S_{12}\mathrm{d}\Omega=-16 \tag{3.14.27}$$

把式 (3.14.23) 代入式 (3.14.16)，并从左边分别乘上 $\frac{1}{\sqrt{4\pi}}\chi_{1M}^+$ 和 $\frac{1}{\sqrt{4\pi}}\frac{S_{12}}{\sqrt{8}}\chi_{1M}^+$ 并对坐标空间方向角积分，再利用式 (3.14.19)、式 (3.14.14)、式 (3.14.26) 和式 (3.14.27)，便可分别得到式 (3.14.20) 和式 (3.14.21)，可见式 (3.14.23) 就是氘核基态波函数，并满足以下归一化条件

$$\int_0^\infty\left[u^2(r)+w^2(r)\right]\mathrm{d}r=1 \tag{3.14.28}$$

式 (3.14.1) 中的中子光学势 $V_\mathrm{n}\left(\vec{r}_\mathrm{n}\right)$ 和质子光学势 $V_\mathrm{p}\left(\vec{r}_\mathrm{p}\right)$ 是自旋 $\frac{1}{2}$ 粒子的单体势，可以包含自旋-轨道耦合势，不能包含张量势，对于球形核光学势把它们分别取为如下形式

$$V_\mathrm{n}\left(r_\mathrm{n}\right)=V_\mathrm{n}^\mathrm{c}\left(r_\mathrm{n}\right)+V_\mathrm{n}^{ls}\left(r_\mathrm{n}\right)\vec{l}_\mathrm{n}\cdot\hat{s}_\mathrm{n} \tag{3.14.29}$$

$$V_\mathrm{p}\left(r_\mathrm{p}\right)=V_\mathrm{p}^\mathrm{C}\left(r_\mathrm{p}\right)+V_\mathrm{p}^\mathrm{c}\left(r_\mathrm{p}\right)+V_\mathrm{p}^{ls}\left(r_\mathrm{p}\right)\vec{l}_\mathrm{p}\cdot\hat{s}_\mathrm{p} \tag{3.14.30}$$

其中，$V_\mathrm{p}^\mathrm{C}\left(r_\mathrm{p}\right)$ 为质子库仑势；$V_\mathrm{p}^\mathrm{c}\left(r_\mathrm{p}\right)$ 为质子中心势。

有以下关系式

$$r_\mathrm{n}=\left|\vec{R}+\frac{1}{2}\vec{r}\right|=\left(R^2+\frac{r^2}{4}+Rr\cos\theta\right)^{1/2}$$

$$r_{\mathrm{p}}=\left|\vec{R}-\frac{1}{2}\vec{r}\right|=\left(R^2+\frac{r^2}{4}-Rr\cos\theta\right)^{1/2} \tag{3.14.31}$$

做以下展开

$$V_i^x\left(r_i\right)=\sum_l(2l+1)V_{i,l}^x\left(R,r\right)\mathrm{P}_l(\cos\theta),\quad x=\mathrm{c},ls,\quad i=\mathrm{n}\ ;\quad x=\mathrm{C},\mathrm{c},ls,\quad i=\mathrm{p} \tag{3.14.32}$$

其中

$$V_{i,l}^x\left(R,r\right)=\frac{1}{2}\int V_i^x\left(r_i\right)\mathrm{P}_l\left(\cos\theta\right)\mathrm{d}\cos\theta \tag{3.14.33}$$

并可把式 (3.14.32) 改写成

$$V_i^x\left(r_i\right)=4\pi\sum_{lm}V_{i,l}^x\left(R,r\right)\mathrm{Y}_{lm}\left(\hat{R}\right)\mathrm{Y}_{lm}^*\left(\hat{r}\right) \tag{3.14.34}$$

根据式 (3.13.29)、式 (3.13.3) 和式 (3.13.20)，以及由式 (1.3.16) 给出的两个不可约张量标量积的定义，可以得到

$$S_{12}=4\sqrt{\frac{6\pi}{5}}\sum_M T_{2M}^*\left(\hat{S},\hat{S}\right)\mathrm{Y}_{2M}\left(\hat{r}\right) \tag{3.14.35}$$

其中，$\hat{S}$ 代表 S 是算符；$\hat{r}$ 代表坐标空间方向角；$T_{2M}\left(\hat{S},\hat{S}\right)$ 已由式 (3.13.6) 给出。

首先由式 (3.14.23) 和式 (3.14.25) 可以求得

$$\phi_0^+\left(\vec{r}\right)\phi_0\left(\vec{r}\right)=\frac{1}{4\pi r^2}\left[u^2+w^2+\frac{w}{\sqrt{2}}\left(u-\frac{w}{\sqrt{8}}S_{12}\right)\right] \tag{3.14.36}$$

利用式 (3.14.34) ~ 式 (3.14.36) 和式 (3.13.29)，对于 $V_{\mathrm{n}}^{\mathrm{c}}\left(r_{\mathrm{n}}\right),V_{\mathrm{p}}^{\mathrm{C}}\left(r_{\mathrm{p}}\right)$ 和 $V_{\mathrm{p}}^{\mathrm{c}}\left(r_{\mathrm{p}}\right)$ 可以求得

$$\begin{aligned}V_i^x\left(\vec{R}\right)&=\int\phi_0^+\left(\vec{r}\right)V_i^x\left(r_i\right)\phi_0\left(\vec{r}\right)\mathrm{d}\vec{r}\\&=\int_0^\infty\left(u^2+w^2\right)V_{i,0}^x\left(R,r\right)\mathrm{d}r+3\sqrt{2}\left[\int_0^\infty V_{i,2}^x\left(R,r\right)w\left(u-\frac{w}{\sqrt{8}}\right)\mathrm{d}r\right]T_R\end{aligned} \tag{3.14.37}$$

其中

$$T_R=\frac{\left(\hat{S}\cdot\vec{R}\right)^2}{R^2}-\frac{2}{3} \tag{3.14.38}$$

对于自旋-轨道耦合势，由于 $\vec{l}_i\cdot\hat{s}_i$ 与 S_{12} 不对易，不能用式 (3.14.37)。设 $\vec{L}$ 为氘核质心的轨道角动量

$$\vec{L}=-\mathrm{i}\vec{R}\times\vec{\nabla}_R \tag{3.14.39}$$

其中，$\vec{l}_{\mathrm{n}}, \vec{l}_{\mathrm{p}}, \vec{L}$ 都是对于靶核质心的轨道角动量。设n-p之间的相对运动的轨道角动量 $\vec{l}$ 为

$$\vec{l} = -\mathrm{i}\vec{r} \times \vec{\nabla}_r \tag{3.14.40}$$

我们知道核子的自旋-轨道势 V^{ls} 相对中心势 V^{c} 来说是个小量，氘核中 D 态相对 S 态来说又是个小量，故我们在用式 (3.14.12) 求氘核折叠光学势时，忽略掉 $\phi_0\left(\vec{r}\right)$ 中代表 D 态的 w 部分对 V^{ls} 的影响，即求氘核的自旋-轨道耦合势 V^{LS} 时只考虑 $\phi_0(\vec{r})$ 的代表 S 态的 u 项对 V^{ls} 的影响。当只考虑氘核中的 S 态时，便有 $l=0$，这时最极端的情况是 $r=0, \vec{r}_{\mathrm{n}} = \vec{r}_{\mathrm{p}} = \vec{R}$，因而当 $l=0$ 时应该有

$$\vec{l}_{\mathrm{n}} = \vec{l}_{\mathrm{p}} = \vec{L} \tag{3.14.41}$$

我们再假设

$$V_{\mathrm{n}}^{ls}\left(r_{\mathrm{n}}\right) = V_{\mathrm{p}}^{ls}\left(r_{\mathrm{p}}\right) \tag{3.14.42}$$

这是一项特殊的规定，虽然这种规定并非不合理，但还是使其失去了一定的普适性。这时可以求得

$$\vec{l}_{\mathrm{n}} \cdot \hat{s}_{\mathrm{n}} + \vec{l}_{\mathrm{p}} \cdot \hat{s}_{\mathrm{p}} = \vec{L} \cdot \hat{S} \tag{3.14.43}$$

其中，$\hat{S}$ 已由式 (3.13.28) 给出。于是可以得到 [46]

$$V^{LS}\left(R\right) = \int \phi_0^{+}\left(\vec{r}\right) V_{\mathrm{n}}^{ls}\left(r_{\mathrm{n}}\right) \phi_0\left(\vec{r}\right) \mathrm{d}\vec{r} \approx \int_0^{\infty} u^2 V_{\mathrm{n},0}^{ls}\left(R, r\right) \mathrm{d}r \tag{3.14.44}$$

根据式 (3.14.12) 在只考虑氘核基态贡献的情况下便得到了氘核如下形式的折叠光学势

$$V_0\left(\vec{R}\right) = V^{\mathrm{C}}\left(R\right) + V^{\mathrm{c}}\left(R\right) + V^{LS}\left(R\right)\vec{L}\cdot\hat{S} + V^{T}\left(R\right)T_R \tag{3.14.45}$$

利用前面所得到的结果，并把式 (3.14.33) 代入便有

$$V^{\mathrm{C}}\left(R\right) = \frac{1}{4\pi}\int_0^{\infty} \frac{u^2+w^2}{r^2} V_{\mathrm{p}}^{\mathrm{C}}\left(\left|\vec{R} - \frac{1}{2}\vec{r}\right|\right) \mathrm{d}\vec{r} \tag{3.14.46}$$

$$V^{\mathrm{c}}\left(R\right) = \frac{1}{4\pi}\int_0^{\infty} \frac{u^2+w^2}{r^2}\left[V_{\mathrm{n}}^{\mathrm{c}}\left(\left|\vec{R} + \frac{1}{2}\vec{r}\right|\right) + V_{\mathrm{p}}^{\mathrm{c}}\left(\left|\vec{R} - \frac{1}{2}\vec{r}\right|\right)\right] \mathrm{d}\vec{r} \tag{3.14.47}$$

$$V^{LS}\left(R\right) = \frac{1}{4\pi}\int_0^{\infty} \frac{u^2}{r^2} V_{\mathrm{n}}^{ls}\left(\left|\vec{R} + \frac{1}{2}\vec{r}\right|\right) \mathrm{d}\vec{r} \tag{3.14.48}$$

$$V^{T}\left(R\right) = \frac{6}{4\pi\sqrt{2}}\int_0^{\infty} \frac{w}{r^2}\left(u - \frac{w}{\sqrt{8}}\right)$$

$$\times\left[V_{\mathrm{p}}^{\mathrm{C}}\left(\left|\vec{R}-\frac{1}{2}\vec{r}\right|\right)+V_{\mathrm{n}}^{\mathrm{c}}\left(\left|\vec{R}+\frac{1}{2}\vec{r}\right|\right)+V_{\mathrm{p}}^{\mathrm{c}}\left(\left|\vec{R}-\frac{1}{2}\vec{r}\right|\right)\right]\mathrm{P}_2\left(\cos\theta\right)\mathrm{d}\vec{r} \tag{3.14.49}$$

参考文献 [16], [53] 给出了氘核 D 态存在时核子自旋-轨道耦合势 V^{ls} 对氘核光学势的贡献，但是尚存在一些待推敲的问题。

只有在核子-核子相互作用中包含张量力，这时在氘核基态结构中存在 $l=2$ 的 D 态，才能解释氘核磁矩的实验数据。因为两个核子的自旋之和可以为 1，因而核子-核子之间的两体力可以存在张量力。氘核中的中子和质子与靶核之间的光学势是单体势，不能存在张量势，但是由于氘核波函数式 (3.14.23) 中含有张量力的贡献，通过由式 (3.14.12) 用氘核基态波函数进行折叠所得到的由式 (3.14.45) 给出的氘核光学势中却出现了张量势 $V^T(R)T_R$。这样就为氘核唯象光学势中引入张量势 T_R 找到了理论根据。

3.14.2 包含破裂道的氘核折叠光学势

当包含破裂道时，把式 (3.14.10) 代入式 (3.14.7)，并在等式两边分别从左边乘上 $\phi_0^+(\vec{r})$ 或 $\phi_k^+(\vec{r})$，并对 $\vec{r}$ 积分便可分别得到

$$\left[-\frac{\hbar^2}{4m}\vec{\nabla}_R^2+\langle 0|V|0\rangle-(E-\varepsilon_0)\right]\varPhi_0\left(\vec{R}\right)=-\int\mathrm{d}\vec{k}\,\langle 0|V|k\rangle\varPhi_k\left(\vec{R}\right) \tag{3.14.50}$$

$$\left[-\frac{\hbar^2}{4m}\vec{\nabla}_R^2+\langle k|V|k\rangle-(E-\varepsilon_k)\right]\varPhi_k\left(\vec{R}\right)=-\langle k|V|0\rangle\varPhi_0\left(\vec{R}\right)-\int\mathrm{d}\vec{k'}\,\langle k|V|k'\rangle\varPhi_{k'}\left(\vec{R}\right) \tag{3.14.51}$$

其中

$$\langle 0|V|0\rangle=\int\phi_0^+\left(\vec{r}\right)V\left(\vec{R},\vec{r}\right)\phi_0\left(\vec{r}\right)\mathrm{d}\vec{r}=V_0\left(\vec{R}\right) \tag{3.14.52}$$

$$\langle k|V|k'\rangle=\int\phi_k^+\left(\vec{r}\right)V\left(\vec{R},\vec{r}\right)\phi_{k'}\left(\vec{r}\right)\mathrm{d}\vec{r} \tag{3.14.53}$$

当忽略掉破裂道的贡献时，式 (3.14.50) 便退化为式 (3.14.11)。

很显然在破裂道中最大的贡献应该来自 $k\approx 0$ 和 $k'\approx 0$ 的区域，首先在式 (3.14.51) 中略掉 $\langle k|V|k'\rangle\,(k'\neq k)$ 项，于是得到

$$\left[-\frac{\hbar^2}{4m}\vec{\nabla}_R^2+\langle k|V|k\rangle-(E-\varepsilon_k)\right]\varPhi_k\left(\vec{R}\right)=-\langle k|V|0\rangle\varPhi_0\left(\vec{R}\right) \tag{3.14.54}$$

再参照式 (3.14.11)，假设下式也近似成立

$$\left[-\frac{\hbar^2}{4m}\vec{\nabla}_R{}^2+\langle 0|V|0\rangle-(E-\varepsilon_0)\right]\varPhi_k\left(\vec{R}\right)=0 \tag{3.14.55}$$

于是由以上二式可得

$$\Phi_k\left(\vec{R}\right)=\frac{\langle k\,|V|\,0\rangle\,\Phi_0\left(\vec{R}\right)}{\langle 0\,|V|\,0\rangle-\langle k\,|V|\,k\rangle-\varepsilon_k+\varepsilon_0} \tag{3.14.56}$$

把上式代入式 (3.14.50) 便得到

$$\left[-\frac{\hbar^2}{4m}\vec{\nabla}_R^2+V\left(\vec{R}\right)-(E-\varepsilon_0)\right]\Phi_0\left(\vec{R}\right)=0 \tag{3.14.57}$$

$$V\left(\vec{R}\right)=V_0\left(\vec{R}\right)+V_1\left(\vec{R}\right) \tag{3.14.58}$$

其中，$V_0\left(\vec{R}\right)$ 已由式 (3.14.12) 或式 (3.14.52) 给出，$V_0\left(\vec{R}\right)$ 代表氘核束缚态的贡献，而

$$V_1\left(\vec{R}\right)=\int \mathrm{d}\vec{k}\,\frac{\langle 0\,|V|\,k\rangle\,\langle k\,|V|\,0\rangle}{\langle 0\,|V|\,0\rangle-\langle k\,|V|\,k\rangle-\varepsilon_k+\varepsilon_0} \tag{3.14.59}$$

可见 $V_1(\vec{R})$ 代表氘核破裂道对氘核折叠光学势的贡献。

参照式 (3.14.29)、式 (3.14.30) 和式 (3.14.45)，$\langle 0\,|V|\,k\rangle$ 或 $\langle k\,|V|\,0\rangle$ 均可能包含 $\vec{l}\cdot\hat{S}$ 项，在式 (3.14.59) 中它们以相乘方式出现，因而就在一定意义上为氘核光学势中包含 $(\vec{L}\cdot\hat{S})^2$ 或角动量张量 T_L 项提供了理论基础。

3.15　描述弱束缚态轻复杂粒子入射发生破裂反应的球形核CDCC 理论

3.15.1　CDCC 理论的发展

微观三体理论通常是描述核子与氘 (d) 核所发生的弹性散射或三体破裂反应，核子-核子之间相互作用使用现实核力，由于核子是费米子，三核子系统总波函数必须是完全反对称化的。而连续离散化耦合道 (CDCC) 理论 [18,55-72] 通常是描述 d 核 (或其他弱束缚态轻复杂粒子) 与一个较重的原子核 A 发生弹性散射或 d 核破裂的反应过程，d 核破裂后变成了 n + p + A 的三体问题，通常 n-A 和 p-A 之间用光学势描述，而 n-p 之间用核力描述。在 CDCC 理论中一般不考虑反对称化，这是一种近似，而且对于球形核也不考虑靶核的激发，因而可以说 CDCC 理论只描述直接反应过程。由于在 CDCC 理论中可以计算 d 核弹性散射的 S 矩阵元，因而也可以用 CDCC 理论研究 d 核的极化问题 [18,21,60]。参考文献 [63]~[65] 研究了 d 核引起的弹性散射和三体破裂反应。如果用比 d 核重的弱束缚态轻复杂粒子作为入射粒子，在反应过程中该复杂粒子可能分裂成两个集团，而且在弹性散射出射道中该复杂粒子可以处在基态，也可以处在激发态。例如，可以把入射粒子 ^{6}He 看

成是双中子核与 α 粒子 $(2\mathrm{n}+\alpha)$ 的两体弱束缚态，于是也可用 CDCC 理论进行描述 [66]。也可以把 ^{6}He 看成是两个中子与 α 粒子 $(\mathrm{n}+\mathrm{n}+\alpha)$ 的三体弱束缚态，于是又发展了四体破裂的 CDCC 理论 [67-69]，出射道的 ^{6}He 可以是基态 0^+，也可以是激发态 2^+。也有人在 CDCC 理论中引入靶核内部自由度，用其研究非弹性散射及两次反应过程 [70]。在参考文献 [71], [72] 中把 ^{6}Li (^{7}Li) 看成是 $\alpha+\mathrm{d(t)}$ 的弱束缚态，用 ^{6}Li (^{7}Li) 中的 α 与 d(t) 之间的内部相互作用势可以解出 ^{6}Li (^{7}Li) 的基态和激发态，并用 ^{6}Li (^{7}Li) 轰击 n(p)，在用三体 CDCC 理论求解过程中，出射道中的 ^{6}Li (^{7}Li) 可以是基态 (弹性散射)、激发态 (非弹性散射) 或破裂道。不过本书只详细介绍 d 核入射的 CDCC 理论，d 核并没有激发的束缚态。本节将介绍球形核的 CDCC 理论，下一节再给出轴对称转动核的 CDCC 理论。

3.15.2 球形核 CDCC 方程

在质心系中 d 核的中子和质子相对靶核质心的坐标位置分别为 $\vec{r}_\mathrm{n}$ 和 $\vec{r}_\mathrm{p}$，令

$$\vec{R}=\frac{1}{2}\left(\vec{r}_\mathrm{n}+\vec{r}_\mathrm{p}\right),\quad \vec{r}=\vec{r}_\mathrm{n}-\vec{r}_\mathrm{p} \tag{3.15.1}$$

由于中子和质子质量基本相等，因而 $\vec{R}$ 代表 d 核质心系坐标，$\vec{r}$ 为 n 和 p 之间的相对坐标。系统的总哈密顿量为

$$H=-\frac{\hbar^2}{2\mu_R}\vec{\nabla}_R^2+U_\mathrm{n}(r_\mathrm{n})+U_\mathrm{p}(r_\mathrm{p})+U_\mathrm{C}(r_\mathrm{p})+H_\mathrm{np} \tag{3.15.2}$$

$$H_\mathrm{np}=-\frac{\hbar^2}{2\mu_r}\vec{\nabla}_r^2+V_\mathrm{np}\left(\vec{r}\right) \tag{3.15.3}$$

其中，折合质量

$$\mu_R=\frac{m_\mathrm{d}m_\mathrm{A}}{m_\mathrm{d}+m_\mathrm{A}},\quad \mu_r=\frac{m_\mathrm{n}m_\mathrm{p}}{m_\mathrm{n}+m_\mathrm{p}} \tag{3.15.4}$$

$V_\mathrm{np}\left(\vec{r}\right)$ 是 n-p 相互作用势；$U_\mathrm{n}(r_\mathrm{n})$ 和 $U_\mathrm{p}(r_\mathrm{p})$ 分别是 n 和 p 相对于靶核质心的核势部分，对于 d 核来说它们可用 d 核一半动能的核子光学势代替；$U_\mathrm{C}(r_\mathrm{p})$ 是质子相对靶核质心的库仑势，n-p 之间没有库仑相互作用。

由于在描述 d 核与球形核发生反应的 CDCC 理论中未包含由靶核内部自由度而引发的靶核被激发的物理机制，即在相互作用势中没有能改变靶核状态的算符，因而在球形核 CDCC 理论中与球形核光学模型一样都是假定靶核自旋为 0[18,60]。如果把 d 核内部相对运动轨道角动量 $\vec{l}$ 与 d 核自旋 $\vec{S}$ 耦合后，再与 d 核相对靶核质心的轨道角动量 $\vec{L}$ 耦合，最后再与靶核自旋 $\vec{I}_\mathrm{A}$ 耦合，便会发现 I_A 取任何值都没有影响，$\vec{L}+\vec{l}+\vec{S}$ 就是系统总角动量，这就说明在球形核 CDCC 理论中应该选取靶核自旋 $I_\mathrm{A}=0$。因而把球形核 CDCC 理论用于奇 A 核只是一种近似。

我们规定 d 核相对于 $\vec{r}$ 和 $\vec{R}$ 的轨道角动量分别为 $\vec{l}$ 和 $\vec{L}$，n 和 p 的自旋分别用 $\vec{s}_{\mathrm{n}}$ 和 $\vec{s}_{\mathrm{p}}$ 表示，并定义

$$\vec{S} = \vec{s}_{\mathrm{n}} + \vec{s}_{\mathrm{p}}, \quad \vec{j} = \vec{l} + \vec{S} \tag{3.15.5}$$

其中，$\vec{S}$ 代表 d 核自旋；$\vec{j}$ 为 d 核总角动量。再定义

$$\vec{J} = \vec{L} + \vec{j} \tag{3.15.6}$$

其中，$\vec{J}$ 为系统总角动量，并用 $\nu_{\mathrm{n}}, \nu_{\mathrm{p}}, \nu, m, \mu, M_L$ 和 M 分别代表 $\vec{s}_{\mathrm{n}}, \vec{s}_{\mathrm{p}}, \vec{S}, \vec{l}, \vec{j}, \vec{L}$ 和 $\vec{J}$ 的 z 分量。

设 ε_0 为 d 核束缚态能量，$\varepsilon_0 = -2.225\mathrm{MeV}$，用 ε 代表 d 核破裂后 n-p 处于连续态的相对运动能量，在系统质心系中系统总能量守恒要求

$$E = E_0 + \varepsilon_0 = \epsilon + \varepsilon, \quad \epsilon = \frac{\hbar^2 K^2}{2\mu_R} \tag{3.15.7}$$

其中，d 核入射动能为

$$E_0 = \frac{\hbar^2 K_0^2}{2\mu_R} \tag{3.15.8}$$

K_0 和 K 分别为束缚态和连续态 d 核质心的动量波矢，并令

$$\varepsilon = \frac{\hbar^2 k^2}{2\mu_r} \tag{3.15.9}$$

k 代表 d 核连续态 n-p 相对运动波矢，由式 (3.15.7) 可以看出 ε 的最大值为

$$\varepsilon_{\max} = E_0 + \varepsilon_0 = \frac{\hbar^2 k_{\max}^2}{2\mu_r} \tag{3.15.10}$$

设 $\psi^0_{l11\mu}\left(\vec{r}\right)$ 是 d 核束缚态分波波函数，d 核自旋 $S=1$，总角动量 $j=1$，下标 $l1$ 代表内部轨道角动量 l 和自旋 $S=1$，下标 1μ 是 d 核总角动量 $j=1$ 及相应的 z 分量 μ，它所满足的薛定谔方程为

$$\left(H_{\mathrm{np}} - \varepsilon_0\right)\psi^0_{l11\mu}\left(\vec{r}\right) = 0 \tag{3.15.11}$$

对于该方程在参考文献 [22] 的 13.5 节中已给出详细求解方法。其解 $\psi^0_{l11\mu}\left(\vec{r}\right)$ 在形式上可以写成

$$\psi^0_{l11\mu}\left(\vec{r}\right) = \frac{\phi^0_l(r)}{r}\mathcal{Y}_{l11\mu}\left(\Omega_r\right) \tag{3.15.12}$$

其中

$$\mathcal{Y}_{lSj\mu}\left(\Omega_r\right) = \sum_{m\nu} C^{j\mu}_{lm\ S\nu}\,\mathrm{i}^l\,\mathrm{Y}_{lm}\left(\Omega_r\right)\chi_{S\nu} \tag{3.15.13}$$

$\phi_l^0(r)$ 是 d 核束缚态归一化径向波函数；$\chi_{S\nu}$ 是 d 核自旋波函数。n-p 相对运动波矢为 k 的 d 核连续态方程可以写成

$$(H_{\rm np}-\varepsilon)\,\psi_{lSj\mu}^k\left(\vec{r}\right)=0 \tag{3.15.14}$$

其中，$j\mu$ 是 d 核连续态总角动量及其 z 分量，其分波解在形式上可以写成

$$\psi_{lSj\mu}^k\left(\vec{r}\right)=\frac{\phi_{lSj}^k(r)}{r}\mathcal{Y}_{lSj\mu}\left(\Omega_r\right) \tag{3.15.15}$$

这里，$\phi_{lSj}^k(r)$ 是 d 核连续态归一化的径向波函数。对于 d 核束缚态来说，如果 $V_{\rm np}(\vec{r})$ 只包含中心势，其解只有 $l=0$ 的 S 波，如果 $V_{\rm np}(\vec{r})$ 还包含非中心势的张量势，其解除去 S 波以外还会包含 $l=2$ 的 D 波，关键是如何选取 $V_{\rm np}(\vec{r})$。有人对 d 核束缚态选用了Reid 软芯势 [18]，d 核连续态的 $V_{\rm np}\left(r\right)$ 可选取高斯型的核力

$$V_{\rm np}(r)=v_{lSj}{\rm e}^{-\left(\frac{r}{a_{lSj}}\right)^2} \tag{3.15.16}$$

在参考文献 [18] 中给出了所使用的 v_{lSj} 和 a_{lSj} 的具体数值。d 核相对于靶核质心的轨道角动量波函数与由式 (3.15.13) 给出的 $\mathcal{Y}_{lSj\mu}$ 再耦合成

$$\varphi_{lSjLJM}\left(\Omega_R,\Omega_r\right)=\sum_{M_L\mu}C_{LM_L\ j\mu}^{JM}{\rm i}^L{\rm Y}_{LM_L}\left(\Omega_R\right)\mathcal{Y}_{lSj\mu}\left(\Omega_r\right) \tag{3.15.17}$$

总角动量为 JM 的系统总波函数满足薛定谔方程

$$(H-E)\,\varPsi_{JM}\left(\vec{R},\vec{r}\right)=0 \tag{3.15.18}$$

对于束缚态来说，系统总波函数的 JM 分量为

$$\varPsi_{JM}^0\left(\vec{R},\vec{r}\right)=\sum_{lL}\frac{u_{0l11L}^J(R)}{R}\frac{\phi_l^0(r)}{r}\varphi_{l11LJM}\left(\Omega_R,\Omega_r\right) \tag{3.15.19}$$

其中，$u_{0l11L}^J\left(R\right)$ 为束缚态 d 核质心相对于靶核质心运动的径向波函数。对于连续态来说，系统总波函数的 JM 分量为

$$\varPsi_{JM}^k\left(\vec{R},\vec{r}\right)=\sum_{lSjL}\frac{u_{klSjL}^J(R)}{R}\frac{\phi_{lSj}^k(r)}{r}\varphi_{lSjLJM}\left(\Omega_R,\Omega_r\right) \tag{3.15.20}$$

其中，$u_{klSjL}^J\left(R\right)$ 为 d 核连续态相对于靶核质心运动的径向波函数。于是可把系统总波函数的 JM 分量写成

$$\varPsi_{JM}\left(\vec{R},\vec{r}\right)=\varPsi_{JM}^0\left(\vec{R},\vec{r}\right)+\int_0^{k_{\rm max}}\varPsi_{JM}^k\left(\vec{R},\vec{r}\right){\rm d}k \tag{3.15.21}$$

对于 d 核束缚态 $S=1$ 和 $j=1$，根据宇称守恒只能取 $l=0,2$。对于 d 核连续态，$S=0,1, l=0,2,4,\cdots,l_{\max}, j=|l-S|,\cdots,l+S$，入射 d 核动能 E_0 越大，$l_{\max}$ 也就越大，当然与靶核轻重也有关系，当 E_0 只有几十 MeV 时，对于轻核一般取 $l_{\max}=4$ 即可。我们再把出现在式 (3.15.21) 中对 k 的积分离散化，把 $0\sim k_{\max}$ 分成 N 等份，令

$$\Delta=\frac{k_{\max}}{N},\quad k_i=i\Delta,\quad i=0,1,2,\cdots,N \tag{3.15.22}$$

于是便把连续变化的 k 分成 $[0,k_1],[k_1,k_2],\cdots,[k_{i-1},k_i],\cdots,[k_{N-1},k_N]$ N 个等份。对于连续态波函数，引入符号

$$\phi_{lSj}^{i}(r)=\frac{1}{\sqrt{\Delta}}\int_{k_{i-1}}^{k_i}\phi_{lSj}^{k}(r)\,\mathrm{d}k \tag{3.15.23}$$

$$u_{ilSjL}^{J}(R)=\frac{1}{\sqrt{\Delta}}\int_{k_{i-1}}^{k_i}u_{klSjL}^{J}(R)\,\mathrm{d}k \tag{3.15.24}$$

并可把式 (3.15.15) 和式 (3.15.20) 改写成

$$\psi_{lSj\mu}^{i}\left(\vec{r}\right)=\frac{\phi_{lSj}^{i}(r)}{r}\mathcal{Y}_{lSj\mu}\left(\Omega_r\right) \tag{3.15.25}$$

$$\Psi_{JM}^{i}\left(\vec{R},\vec{r}\right)=\sum_{lSjL}\frac{u_{ilSjL}^{J}(R)}{R}\frac{\phi_{lSj}^{i}(r)}{r}\varphi_{lSjLJM}\left(\Omega_R,\Omega_r\right) \tag{3.15.26}$$

对于 d 核束缚态引入以下符号

$$\phi_{lSj}^{0}(r)=\begin{cases}\phi_l^0(r), & \text{当}S=j=1,l=0,2\text{时}\\ 0, & \text{其他情况}\end{cases} \tag{3.15.27}$$

$$u_{0lSjL}^{J}(R)=\begin{cases}u_{0l11L}^{J}(R), & \text{当}S=j=1,l=0,2\text{时}\\ 0, & \text{其他情况}\end{cases} \tag{3.15.28}$$

于是可把式 (3.15.12) 和式 (3.15.19) 用式 (3.15.25) 和式 (3.15.26) 的形式写出，只需令 $i=0$ 即可。这样一来便可把式 (3.15.21) 改写成

$$\Psi_{JM}\left(\vec{R},\vec{r}\right)=\sum_{i=0}^{N}\Psi_{JM}^{i}\left(\vec{R},\vec{r}\right) \tag{3.15.29}$$

$i=0$ 对应于 d 核束缚态，$i=1,2,\cdots,N$ 对应于 d 核连续态。此外还定义

$$\varepsilon_i=\frac{\hbar^2}{4\mu_r}\left(k_{i-1}^2+k_i^2\right),\quad i=1,2,\cdots,N \tag{3.15.30}$$

并假设用式 (3.15.23) 和式 (3.15.24) 进行平均处理后的径向波函数仍然满足正交归一化条件，即

$$\int \phi_{lSj}^{i*}(r)\phi_{l'S'j'}^{i'}(r)\mathrm{d}r = \delta_{ilSj,i'l'S'j'} \tag{3.15.31}$$

$$\int u_{ilSjL}^{J*}(R)u_{i'l'S'j'L'}^{J}(R)\mathrm{d}R = \delta_{ilSjL,i'l'S'j'L'} \tag{3.15.32}$$

设 $V_{\mathrm{C}}(R)$ 是假设 d 核的电荷处在 d 核质心处时在系统质心系 d 核所感受到的球对称库仑势，于是把式 (3.15.2) 代入式 (3.15.18)，对于球形靶核可得

$$\begin{aligned}&\left[\frac{\hbar^2}{2\mu_R}\left(\frac{1}{R}\frac{\mathrm{d}^2}{\mathrm{d}R^2}R - \frac{L(L+1)}{R^2}\right) - V_{\mathrm{C}}(R) - H_{\mathrm{np}} + E\right]\Psi_{JM}\left(\vec{R},\vec{r}\right)\\ &= \left[U_{\mathrm{n}}(r_{\mathrm{n}}) + U_{\mathrm{p}}(r_{\mathrm{p}}) + U_{\mathrm{C}}(r_p) - V_{\mathrm{C}}(R)\right]\Psi_{JM}\left(\vec{R},\vec{r}\right)\end{aligned} \tag{3.15.33}$$

在上式中我们并未忽略掉由 $[U_{\mathrm{C}}(r_{\mathrm{p}}) - V_{\mathrm{C}}(R)]$ 所引起的库仑扭曲效应。再把由式 (3.15.29) 给出的 $\Psi_{JM}\left(\vec{R},\vec{r}\right)$ 代入式 (3.15.33)，参考式 (3.15.26) 并在上述等式两边分别从左边乘上 $R\dfrac{\phi_{lSj}^{i*}(r)}{r}\varphi_{lSjLJM}^{+}(\Omega_R,\Omega_r)$，再对 $\mathrm{d}\vec{r}\mathrm{d}\Omega_R$ 积分，利用由式 (3.15.31) 给出的正交归一化等关系式可得

$$\begin{aligned}&\left[\frac{\hbar^2}{2\mu_R}\left(\frac{\mathrm{d}^2}{\mathrm{d}R^2} - \frac{L(L+1)}{R^2}\right) - V_{\mathrm{C}}(R) + (E-\varepsilon_i)\right]u_{ilSjL}^{J}(R)\\ &= \sum_{i'l'S'j'L'} F_{ilSjL,i'l'S'j'L'}^{J}(R)u_{i'l'S'j'L'}^{J}(R)\end{aligned} \tag{3.15.34}$$

其中

$$\begin{aligned}&F_{ilSjL,i'l'S'j'L'}^{J}(R)\\ &= \int \frac{\phi_{lSj}^{i*}(r)}{r}\varphi_{ilSjLJM}^{+}(\Omega_R,\Omega_r)\,U\left(\vec{R},\vec{r}\right)\frac{\phi_{l'S'j'}^{i'}(r)}{r}\varphi_{l'S'j'L'JM}(\Omega_R,\Omega_r)\,\mathrm{d}\vec{r}\mathrm{d}\Omega_R\end{aligned} \tag{3.15.35}$$

$$U(\vec{R},\vec{r}) = U_{\mathrm{n}}(r_{\mathrm{n}}) + U_{\mathrm{p}}(r_{\mathrm{p}}) + U_{\mathrm{C}}(r_{\mathrm{p}}) - V_{\mathrm{C}}(R) \tag{3.15.36}$$

可见式 (3.15.34) 是把 d 核破裂道的连续动量波矢 k 离散化的耦合道方程，可选择适当方法进行数值求解 [73]。

核子光学势通常可表示成

$$U_N(r_N) = U_{NA}^{\mathrm{CE}}(r_N) + U_{NA}^{\mathrm{SO}}(r_N)\,\vec{l}_N\cdot\vec{s}_N,\quad N=\mathrm{n},\ \mathrm{p} \tag{3.15.37}$$

于是可把由式 (3.15.36) 给出的 $U\left(\vec{R},\vec{r}\right)$ 分成两部分

$$U\left(\vec{R},\vec{r}\right) = U_1\left(\vec{R},\vec{r}\right) + U_2\left(\vec{R},\vec{r}\right) \tag{3.15.38}$$

$$U_1\left(\vec{R},\vec{r}\right)=U_{\mathrm{nA}}^{\mathrm{CE}}\left(r_{\mathrm{n}}\right)+U_{\mathrm{pA}}^{\mathrm{CE}}\left(r_{\mathrm{p}}\right)+U_{\mathrm{C}}\left(r_{\mathrm{p}}\right)-V_{\mathrm{C}}(R) \tag{3.15.39}$$

$$U_2\left(\vec{R},\vec{r}\right)=U_{\mathrm{nA}}^{\mathrm{SO}}\left(r_{\mathrm{n}}\right)\vec{l}_{\mathrm{n}}\cdot\vec{s}_{\mathrm{n}}+U_{\mathrm{pA}}^{\mathrm{SO}}\left(r_{\mathrm{p}}\right)\vec{l}_{\mathrm{p}}\cdot\vec{s}_{\mathrm{p}} \tag{3.15.40}$$

令 θ 为 $\vec{r}$ 和 $\vec{R}$ 之间的夹角，便有

$$\begin{aligned}r_{\mathrm{n}}&=\left|\vec{R}+\frac{1}{2}\vec{r}\right|=\left(R^2+\frac{r^2}{4}+Rr\cos\theta\right)^{1/2}\\ r_{\mathrm{p}}&=\left|\vec{R}-\frac{1}{2}\vec{r}\right|=\left(R^2+\frac{r^2}{4}-Rr\cos\theta\right)^{1/2}\end{aligned} \tag{3.15.41}$$

对于 $U_{\mathrm{nA}}^{\mathrm{CE}}\left(r_{\mathrm{n}}\right)$ 可做如下展开

$$U_{\mathrm{nA}}^{\mathrm{CE}}\left(r_{\mathrm{n}}\right)=\sum_{\lambda}(2\lambda+1)U_{\mathrm{nA},\lambda}^{\mathrm{CE}}\left(R,r\right)\mathrm{P}_{\lambda}\left(\cos\theta\right) \tag{3.15.42}$$

$$U_{\mathrm{nA},\lambda}^{\mathrm{CE}}\left(R,r\right)=\frac{1}{2}\int U_{\mathrm{nA}}^{\mathrm{CE}}\left(r_{\mathrm{n}}\right)\mathrm{P}_{\lambda}\left(\cos\theta\right)\ \mathrm{d}\cos\theta \tag{3.15.43}$$

并可把式 (3.15.42) 改写成

$$U_{\mathrm{nA}}^{\mathrm{CE}}\left(r_{\mathrm{n}}\right)=4\pi\sum_{\lambda m_\lambda}U_{\mathrm{nA},\lambda}^{\mathrm{CE}}\left(R,r\right)\mathrm{Y}_{\lambda m_\lambda}\left(\Omega_R\right)\mathrm{Y}_{\lambda m_\lambda}^{*}\left(\Omega_r\right) \tag{3.15.44}$$

对于 $U_{\mathrm{pA}}^{\mathrm{CE}}\left(r_{\mathrm{p}}\right)$ 和 $U_{\mathrm{C}}\left(r_{\mathrm{p}}\right)$ 也可以用同样方法展开。根据式 (3.15.38) 可把式 (3.15.35) 分成两部分

$$F_{ilSjL,i'l'S'j'L'}^{J}=F_{ilSjL,i'l'S'j'L'}^{J(1)}+F_{ilSjL,i'l'S'j'L'}^{J(2)} \tag{3.15.45}$$

由于 $U_1\left(\vec{R},\vec{r}\right)$ 中没有自旋算符，根据式 (3.15.17) 和式 (3.15.13) 可以写出

$$\begin{aligned}&F_{ilSjL,i'l'S'j'L'}^{J(1)}(R)\\ =&\delta_{SS'}\sum_{\nu}\int\left(\sum_{M_L\mu}C_{LM_L\ j\mu}^{JM}\mathrm{i}^{-L}\mathrm{Y}_{LM_L}^{*}\left(\Omega_R\right)\frac{\phi_{lSj}^{i*}(r)}{r}\sum_{m}C_{lm\ S\nu}^{j\mu}\mathrm{i}^{-l}\mathrm{Y}_{lm}^{*}\left(\Omega_r\right)\right)\\ &\times U_1\left(\vec{R},\vec{r}\right)\left(\sum_{M_L'\mu'}C_{L'M_L'\ j'\mu'}^{JM}\mathrm{i}^{L'}\mathrm{Y}_{L'M_L'}\left(\Omega_R\right)\frac{\phi_{l'Sj'}^{i'}(r)}{r}\right.\\ &\left.\times\sum_{m'}C_{l'm'\ S\nu}^{j'\mu'}\mathrm{i}^{l'}\mathrm{Y}_{l'm'}\left(\Omega_r\right)\right)\mathrm{d}\vec{r}\,\mathrm{d}\Omega_R\end{aligned} \tag{3.15.46}$$

先求由式 (3.15.39) 给出的 $U_1\left(\vec{R},\vec{r}\right)$ 的第一项对上式的贡献，并利用式 (3.15.44)，再注意到关系式

$$\int\mathrm{Y}_{lm}^{*}\left(\Omega_r\right)\mathrm{Y}_{\lambda m_\lambda}^{*}\left(\Omega_r\right)\mathrm{Y}_{l'm'}\left(\Omega_r\right)\mathrm{d}\Omega_r=(-1)^{m_\lambda}\frac{\hat{l}'\hat{\lambda}}{\sqrt{4\pi}\hat{l}}C_{l'm'\ \lambda\ -m_\lambda}^{lm}C_{l'0\ \lambda0}^{l0} \tag{3.15.47}$$

$$\int \mathrm{Y}_{LM_L}^*(\Omega_R)\mathrm{Y}_{\lambda m_\lambda}(\Omega_R)\mathrm{Y}_{L'M_L'}(\Omega_R)\,\mathrm{d}\Omega_R = \frac{\hat{L}'\hat{\lambda}}{\sqrt{4\pi}\hat{L}}C_{L'M_L'\ \lambda m_\lambda}^{LM_L}C_{L'0\ \lambda 0}^{L0} \tag{3.15.48}$$

再令

$$B_{ilj,i'l'j'}^{S\lambda(1,1)}(R) = 4\pi\int_0^\infty \phi_{lSj}^{i*}(r)U_{nA,\lambda}^{CE}(R,r)\phi_{l'Sj'}^{i'}(r)\mathrm{d}r \tag{3.15.49}$$

于是由式 (3.15.46) 可得

$$\begin{aligned}
&F_{ilSjL,i'l'S'j'L'}^{J(1,1)}(R)\\
=&\delta_{SS'}\mathrm{i}^{L'-L+l'-l}\sum_\lambda B_{ilj,i'l'j'}^{S\lambda(1,1)}(R)\frac{\hat{l}'\hat{L}'\hat{\lambda}^2}{\hat{l}\hat{L}}C_{l'0\ \lambda 0}^{l0}C_{L'0\ \lambda 0}^{L0}\\
&\sum_{\substack{\nu M_L\mu m\\ m_\lambda M_L'\mu' m'}} C_{LM_L\ j\mu}^{JM}C_{lm\ S\nu}^{j\mu}(-1)^{m_\lambda}C_{l'm'\ \lambda\ -m_\lambda}^{lm}C_{L'M_L'\ \lambda m_\lambda}^{LM_L}C_{L'M_L'\ j'\mu'}^{JM}C_{l'm'\ S\nu}^{j'\mu'}
\end{aligned} \tag{3.15.50}$$

因为式 (3.15.50) 中包含因子 $C_{l'0\ \lambda 0}^{l0}$，所以 λ 为整数且 $l+l'+\lambda=$ 偶数，于是利用式 (3.1.14) 可以得到

$$\sum_{mm'\nu} C_{lm\ S\nu}^{j\mu}C_{l'm'\ \lambda\ -m_\lambda}^{lm}C_{l'm'\ S\nu}^{j'\mu'} = \hat{l}\hat{j}'C_{\lambda\ -m_\lambda\ j'\mu'}^{j\mu}W(\lambda l'jS;lj') \tag{3.15.51}$$

又有以下 C-G 系数公式

$$\sum_{\substack{\alpha\beta\\ \delta\varepsilon\phi}} C_{a\alpha\ b\beta}^{e\varepsilon}C_{e\varepsilon\ d\delta}^{c\gamma}C_{b\beta\ d\delta}^{f\phi}C_{a\alpha\ f\phi}^{c\gamma} = \hat{e}\hat{f}\ W(abcd;ef) \tag{3.15.51a}$$

利用此式又可以得到

$$\sum_{\substack{M_L\mu M_L'\\ \mu' m_\lambda}} C_{LM_L\ j\mu}^{JM}(-1)^{m_\lambda}C_{L'M_L'\ \lambda m_\lambda}^{LM_L}C_{L'M_L'\ j'\mu'}^{JM}C_{\lambda\ -m_\lambda\ j'\mu'}^{j\mu} = (-1)^{j-j'}\hat{L}\hat{j}W(L'\lambda Jj;lj') \tag{3.15.52}$$

把式 (3.15.51) 和式 (3.15.52) 代入式 (3.15.50) 可得

$$\begin{aligned}
F_{ilSjL,i'l'S'j'L'}^{J(1,1)}(R) =&\delta_{SS'}\mathrm{i}^{L'-L+l'-l}(-1)^{j-j'}\sum_\lambda \hat{l}'\hat{L}'\hat{\lambda}^2\hat{j}'\hat{j}\\
&\times C_{l'0\ \lambda 0}^{l0}C_{L'0\ \lambda 0}^{L0}W(\lambda l'jS;lj')W(L'\lambda Jj;Lj')B_{ilj,i'l'j'}^{S\lambda(1,1)}(R)\\
=&\delta_{SS'}\mathrm{i}^{L'-L+l'-l}(-1)^{j+j'-S-J}\hat{L}\hat{L}'\hat{l}\hat{l}'\hat{j}\hat{j}'\sum_\lambda C_{l0\ l'0}^{\lambda 0}C_{L0\ L'0}^{\lambda 0}\\
&\times W(ll'jj';\lambda S)W(LL'jj';\lambda J)B_{ilj,i'l'j'}^{S\lambda(1,1)}(R)
\end{aligned} \tag{3.15.53}$$

对于式 (3.15.39) 中 $U_1(\vec{R},\vec{r})$ 的第二项和第三项 $U_{\mathrm{PA}}^{\mathrm{CE}}(r_{\mathrm{p}})$ 和 $U_{\mathrm{C}}(r_{\mathrm{p}})$ 可进行类似的推导。对于 $U_1(\vec{R},\vec{r})$ 的第四项 $-V_{\mathrm{C}}(R)$ 来说，根据式 (3.15.46) 很容易求得

$$F_{ilSjL,i'l'S'j'L'}^{J(1,4)}(R) = -V_{\mathrm{C}}(R)\delta_{ilSjL,i'l'S'j'L'} \tag{3.15.54}$$

利用式 (3.15.53) 和式 (3.15.54) 可以得到

$$\begin{aligned} F_{ilSjL,i'l'S'j'L'}^{J(1)}(R) =& \delta_{SS'}\mathrm{i}^{L'-L+l'-l}(-1)^{j+j'-S-J}\hat{L}\hat{L}'\hat{l}\hat{l}'\hat{j}\hat{j}'\sum_{\lambda} C_{l0\ l'0}^{\lambda 0} C_{L0\ L'0}^{\lambda 0} \\ & \times W(ll'jj';\lambda S)W(LL'jj';\lambda J)\, B_{ilj,i'l'j'}^{S\lambda(1)}(R) - V_{\mathrm{C}}(R)\delta_{ilSjL,i'l'S'j'L'} \end{aligned} \tag{3.15.55}$$

其中

$$B_{ilj,i'l'j'}^{S\lambda(1)}(R) = 4\pi\int_0^{\infty} \phi_{lSj}^{i*}(r)\left[U_{\mathrm{nA},\lambda}^{\mathrm{cE}}(R,r) + U_{\mathrm{pA},\lambda}^{\mathrm{CE}}(R,r) + U_{\mathrm{C},\lambda}(R,r)\right]\phi_{l'Sj'}^{i'}(r)\mathrm{d}r \tag{3.15.56}$$

$U_{\mathrm{pA},\lambda}^{\mathrm{CE}}(R,r)$ 和 $U_{\mathrm{C},\lambda}(R,r)$ 可用与式 (3.15.43) 相类似的方法求出。

对于由式 (3.15.40) 给出的自旋-轨道耦合势，式 (3.15.5) 已给出

$$\vec{S} = \vec{s}_{\mathrm{n}} + \vec{s}_{\mathrm{p}} = \frac{1}{2}(\vec{\sigma}_{\mathrm{n}} + \vec{\sigma}_{\mathrm{p}}) \tag{3.15.57}$$

d 核束缚态中 S 波是主要成分，d 核连续态是由 d 核束缚态演变来的，故 S 波也是主要成分。因而对于 d 核自旋-轨道耦合势，可采用由 3.14 节给出的 S 波近似方法。我们限定

$$U_{\mathrm{nA}}^{\mathrm{SO}}(r_{\mathrm{n}}) = U_{\mathrm{pA}}^{\mathrm{SO}}(r_{\mathrm{p}}) \tag{3.15.58}$$

再假设只有 $l=0$ 时 d 核才存在自旋-轨道耦合势，于是利用式 (3.15.5) 和式 (3.14.41)，由式 (3.15.40) 可以得到

$$U_2\left(\vec{R},\vec{r}\right) = U_{\mathrm{nA}}^{\mathrm{SO}}(r_{\mathrm{n}})\left(\vec{L}\cdot\vec{S}\right)\delta_{l0} \tag{3.15.59}$$

其中，$\vec{S}$ 已由式 (3.15.57) 给出。由于 $\vec{L}\cdot\vec{S}$ 与 $U_{\mathrm{nA}}^{\mathrm{SO}}(r_{\mathrm{n}})$ 不对易，故把上式改写成

$$U_2\left(\vec{R},\vec{r}\right) = \frac{1}{2}\left[\left(\vec{L}\cdot\vec{S}\right)U_{\mathrm{nA}}^{\mathrm{SO}}(r_{\mathrm{n}}) + U_{\mathrm{nA}}^{\mathrm{SO}}(r_{\mathrm{n}})\left(\vec{L}\cdot\vec{S}\right)\right]\delta_{l0} \tag{3.15.60}$$

由式 (3.15.5) 和式 (3.15.6) 可得

$$\vec{J} = \vec{L} + \vec{l} + \vec{S} \tag{3.15.61}$$

$$\vec{L}\cdot\vec{S} = \frac{1}{2}\left[\vec{J}^2 - \vec{L}^2 - \vec{l}^2 - \vec{S}^2 - 2\vec{l}\cdot\left(\vec{L}+\vec{S}\right)\right] \tag{3.15.62}$$

利用式 (3.15.60) 和式 (3.15.62)，参照式 (3.15.55) 可以写出

$$
\begin{aligned}
& F_{ilSjL,i'l'S'j'L'}^{J(2)}(R) \\
=& \delta_{SS'}\mathrm{i}^{L'-L+l'-l}(-1)^{j+j'-S-J}\hat{L}\hat{L}'\hat{l}\hat{l}'\hat{j}\hat{j}'\sum_{\lambda}C_{l0\ l'0}^{\lambda0}C_{L0\ L'0}^{\lambda0}W\left(ll'jj';\lambda S\right)W\left(LL'jj';\lambda J\right) \\
& \times\frac{1}{2}\left\{J\left(J+1\right)-\frac{1}{2}\left[L\left(L+1\right)+L'\left(L'+1\right)+2S\left(S+1\right)\right]\right\}B_{ilj,i'l'j'}^{S\lambda(2)}\delta_{l0}\delta_{l'0}
\end{aligned} \tag{3.15.63}
$$

其中

$$
B_{ilj,i'l'j'}^{S\lambda(2)}(R)=4\pi\int_0^{\infty}\phi_{lSj}^{i*}(r)U_{\mathrm{nA},\lambda}^{\mathrm{SO}}(R,r)\phi_{l'Sj'}^{i'}(r)\mathrm{d}r \tag{3.15.64}
$$

$U_{\mathrm{nA},\lambda}^{\mathrm{SO}}(R,r)$ 可用与式 (3.15.43) 相类似的方法求得。由式 (3.15.55) 和式 (3.15.63) 可知在整个反应过程中 S 是守恒量，由于 d 核束缚态 $S=1$，因而在整个反应过程中均保持 $S=1$。

3.15.3　氘核弹性散射角分布

由球形核 CDCC 方程 (3.15.34) 描述的是 d 核弹性散射和破裂过程。当 R 很大时，在该方程右边项中所包含的核势将趋向 0，而且 $U_{\mathrm{C}}\left(r_{\mathrm{p}}\right)-V_{\mathrm{C}}\left(R\right)$ 也趋向 0，这时该方程的解变成其渐近解 $F_L\left(K_iR\right)$ 和 $G_L\left(K_iR\right)$，其中

$$
K_i=\frac{\sqrt{2\mu_R\left(E-\varepsilon_i\right)}}{\hbar},\quad i=0,1,\cdots,N \tag{3.15.65}
$$

F_1 和 G_L 分别为正则和非正则库仑波函数。d 核质心的速度为

$$
V_i=\frac{\hbar K_i}{\mu_R} \tag{3.15.66}
$$

在质心系中 d 核相对于靶核 A 的入射波函数为

$$
\Psi_{\mu}^{(\mathrm{in})}\left(\vec{R},\vec{r}\right)=\frac{1}{\sqrt{V_0}}\mathrm{e}^{\mathrm{i}\vec{K}_0\cdot\vec{R}}\psi_{\mu}\left(\vec{r}\right) \tag{3.15.67}
$$

其中，$\psi_{\mu}\left(\vec{r}\right)$ 是总角动量磁量子数为 μ 的 d 核归一化的束缚态波函数，参照式 (3.15.12) 可以写出

$$
\psi_{\mu}\left(\vec{r}\right)=\sum_l\frac{\phi_l^0(r)}{r}\mathcal{Y}_{l11\mu}\left(\Omega_r\right) \tag{3.15.68}
$$

于是可把式 (3.15.67) 改写成 [7]

$$
\Psi_{\mu}^{(\mathrm{in})}\left(\vec{R},\vec{r}\right)=\sqrt{\frac{4\pi}{V_0}}\sum_L\hat{L}\mathrm{e}^{\mathrm{i}\sigma_L^{(0)}}\frac{F_L(K_0R)}{K_0R}\mathrm{i}^L\mathrm{Y}_{L0}(\theta_R,0)\sum_l\frac{\phi_l^0(r)}{r}\mathcal{Y}_{l11\mu}\left(\Omega_r\right) \tag{3.15.69}
$$

其中，$\sigma_L^{(0)}$ 是对应于 d 核束缚态的库仑相位移。利用式 (3.15.17) 可以写出

$$\mathrm{i}^L \mathrm{Y}_{l0} \mathcal{Y}_{l11\mu} = \sum_J C_{L0\ 1\mu}^{J\mu} \varphi_{l11LJ\mu} \tag{3.15.70}$$

于是可把式 (3.15.69) 改写成

$$\begin{aligned}\varPsi_\mu^{(\mathrm{in})} &= \frac{1}{K_0 R}\sqrt{\frac{4\pi}{V_0}}\sum_{lLJ}\hat{L}C_{L0\ 1\mu}^{J\mu}\mathrm{e}^{\mathrm{i}\sigma_L^{(0)}}F_L\left(K_0 R\right)\frac{\phi_l^0(r)}{r}\varphi_{l11LJ\mu}\\ &= \frac{\mathrm{i}\sqrt{\pi}}{K_0 R\sqrt{V_0}}\sum_{lLJ}\hat{L}C_{L0\ 1\mu}^{J\mu}\mathrm{e}^{\mathrm{i}\sigma_L^{(0)}}\left[\left(G_L-\mathrm{i}F_L\right)-\left(G_L+\mathrm{i}F_L\right)\right]\frac{\phi_l^0(r)}{r}\varphi_{l11LJ\mu}\end{aligned} \tag{3.15.71}$$

对于n-p发生弹性散射的孤立系统，其总角动量$j\mu$是守恒量，若取由式 (3.15.16) 给出的 n-p 相互作用势，其中未包含张量力，这时 n-p 相对运动轨道角动量 l 也是好量子数，对于离散化能量 ε_i 来说，由式 (3.15.14) 可知

$$\left(H_{\mathrm{np}} - \varepsilon_i\right)\psi_{lj\mu}^i\left(\vec{r}\right) = 0 \tag{3.15.72}$$

$\psi_{lj\mu}^i\left(\vec{r}\right)$ 的形式已由式 (3.15.25) 给出，只是其中 $S=1$ 不再标出。假设 n-p 是沿 z 轴方向进行碰撞的，n-p 散射的初态总波函数为 [7]

$$\varPsi_{\nu_\mathrm{n}\nu_\mathrm{p}}^{(\mathrm{in})}\left(\vec{r}\right) = \sqrt{\frac{4\pi}{v_i}}\left(\sum_l \hat{L}\mathrm{j}_l\left(k_i r\right)\mathrm{i}^l \mathrm{Y}_{l0}\left(\theta,0\right)\right)\chi_{\frac{1}{2}\nu_\mathrm{n}}\chi_{\frac{1}{2}\nu_\mathrm{p}} \tag{3.15.73}$$

其中，n-p 相对运动速度为

$$v_i = \frac{\hbar k_i}{\mu_r} \tag{3.15.74}$$

j_l 是球 Bessel 函数。自旋耦合波函数为

$$\chi_{1\nu} = \sum_{\nu_\mathrm{n}\nu_\mathrm{p}} C_{\frac{1}{2}\nu_\mathrm{n}\ \frac{1}{2}\nu_p}^{1\nu}\chi_{\frac{1}{2}\nu_\mathrm{n}}\chi_{\frac{1}{2}\nu_\mathrm{p}} \tag{3.15.75}$$

$$\chi_{\frac{1}{2}\nu_\mathrm{n}}\chi_{\frac{1}{2}\nu_\mathrm{p}} = \sum_\nu C_{\frac{1}{2}\nu_\mathrm{n}\ \frac{1}{2}\nu_\mathrm{p}}^{1\nu}\chi_{1\nu} \tag{3.15.76}$$

利用式 (3.15.13) 又可得到

$$\mathrm{i}^l \mathrm{Y}_{l0}\chi_{1\nu} = \sum_j C_{l0\ 1\nu}^{j\nu}\mathcal{Y}_{l1j\nu} \tag{3.15.77}$$

注意到当不存在库仑相互作用时 $\dfrac{F_l(kr)}{kr} \to \mathrm{j}_l$，$\dfrac{G_l(kr)}{kr} \to -\mathrm{n}_l(kr)$。于是可把式 (3.15.73) 改写成

$$\varPsi_{\nu_\mathrm{n}\nu_\mathrm{p}}^{(\mathrm{in})}\left(\vec{r}\right) = \sqrt{\frac{4\pi}{v_i}}\sum_{lj\nu}\hat{l}C_{l0\ 1\nu}^{j\nu}C_{\frac{1}{2}\nu_\mathrm{n}\ \frac{1}{2}\nu_\mathrm{p}}^{1\nu}\mathrm{j}_l(k_r r)\mathcal{Y}_{l1j\nu}$$

$$
=\frac{\mathrm{i}\sqrt{\pi}}{\sqrt{v_i}}\sum_{lj\nu}\hat{l}C_{l0\ 1\nu}^{j\nu}C_{\frac{1}{2}\nu_{\mathrm{n}}\ \frac{1}{2}\nu_{\mathrm{p}}}^{1\nu}\{[-\mathrm{n}_l(k_ir)-\mathrm{i}\mathrm{j}_l(k_ir)]-[-\mathrm{n}_l(k_ir)+\mathrm{i}\mathrm{j}_l(k_ir)]\}\mathcal{Y}_{l1j\nu} \tag{3.15.78}
$$

如果 n-p 发生了弹性散射，其能量 ε_i 和角动量 l 以及 $S=1$ 都未发生变化，当 r 大到核势可以忽略时相应的总波函数变成

$$
\begin{aligned}
\Psi_{\nu_n\nu_p}^{(t)}\left(\vec{r}\right)=&\frac{\mathrm{i}\sqrt{\pi}}{\sqrt{v_i}}\sum_{lj\nu}\hat{l}C_{l0\ 1\nu}^{j\nu}C_{\frac{1}{2}\nu_{\mathrm{n}}\ \frac{1}{2}\nu_{\mathrm{p}}}^{1\nu}\\
&\times\left\{\left[-\mathrm{n}_l\left(k_ir\right)-\mathrm{i}\mathrm{j}_l\left(k_ir\right)\right]-s_{ilj}\left[-\mathrm{n}_l\left(k_ir\right)+\mathrm{i}\mathrm{j}_l\left(k_ir\right)\right]\right\}\mathcal{Y}_{l1j\nu}\\
=&\sqrt{\frac{4\pi}{v_i}}\sum_{lj\nu}\hat{l}C_{l0\ 1\nu}^{j\nu}C_{\frac{1}{2}\nu_{\mathrm{n}}\ \frac{1}{2}\nu_{\mathrm{p}}}^{1\nu}\left\{\mathrm{j}_l\left(k_ir\right)+\frac{\mathrm{i}}{2}\left(1-s_{ilj}\right)\left[-\mathrm{n}_l\left(k_ir\right)+\mathrm{i}\mathrm{j}_l\left(k_ir\right)\right]\right\}\mathcal{Y}_{l1j\nu}
\end{aligned} \tag{3.15.79}
$$

s_{ilj} 是 n-p 弹性散射的 S 矩阵元。令 r 的外边界为 r_m，当 $r\geqslant r_m$ 时，n-p 之间的核势可以忽略，我们规定用 “$'$” 代表对 k_ir 求导数，根据式 (3.15.25) 和式 (3.15.79) 的第一等式可以写出边界条件为

$$
\begin{aligned}
&\left.\frac{\left(\phi_{lj}^i(r)\right)'}{\phi_{lj}^i(r)}\right|_{r_m}\\
=&\left.\frac{\left[-\left(k_ir\ \mathrm{n}_l\left(k_ir\right)\right)'-\mathrm{i}\left(k_ir\ \mathrm{j}_l\left(k_ir\right)\right)'\right]-s_{ilj}\left[-\left(k_ir\ \mathrm{n}_l\left(k_ir\right)\right)'+\mathrm{i}\left(k_ir\ \mathrm{j}_l\left(k_ir\right)\right)'\right]}{\left[-\left(k_ir\ \mathrm{n}_l\left(k_ir\right)\right)-\mathrm{i}\left(k_ir\ \mathrm{j}_l\left(k_ir\right)\right)\right]-s_{ilj}\left[-\left(k_ir\ \mathrm{n}_l\left(k_ir\right)\right)+\mathrm{i}\left(k_ir\ \mathrm{j}_l\left(k_ir\right)\right)\right]}\right|_{r_m}
\end{aligned} \tag{3.15.80}
$$

$\phi_{lj}^i(r)$ 是在存在核势的内区通过数值求解薛定谔方程而得到的，用由上式给出的边界条件便可求得 n-p 弹性散射的 S 矩阵元 s_{ilj}。注意到

$$
-\mathrm{n}_l\left(k_ir\right)+\mathrm{i}\ \mathrm{j}_l\left(k_ir\right)\xrightarrow{r\to\infty}(-\mathrm{i})^l\frac{\mathrm{e}^{\mathrm{i}k_ir}}{k_ir} \tag{3.15.81}
$$

于是可以求得末态总波函数为

$$
\begin{aligned}
\Psi_{\nu_{\mathrm{n}}\nu_{\mathrm{p}}}^{(\mathrm{f})}\left(\vec{r}\right)=&\Psi_{\nu_{\mathrm{n}}\nu_{\mathrm{p}}}^{(\mathrm{t})}\left(\vec{r}\right)-\Psi_{\nu_{\mathrm{n}}\nu_{\mathrm{p}}}^{(\mathrm{in})}\left(\vec{r}\right)\\
=&\frac{\mathrm{i}\sqrt{\pi}}{\sqrt{v_i}}\sum_{lj\nu}\hat{l}C_{l0\ 1\nu}^{j\nu}C_{\frac{1}{2}\nu_{\mathrm{n}}\ \frac{1}{2}\nu_{\mathrm{p}}}^{1\nu}\left(1-s_{ilj}\right)\left[-\mathrm{n}_l\left(k_ir\right)+\mathrm{i}\mathrm{j}_l\left(k_ir\right)\right]\mathcal{Y}_{l1j\nu}\\
&\xrightarrow{r\to\infty}\frac{\mathrm{i}\sqrt{\pi}}{\sqrt{v_i}}\sum_{lj\nu}\hat{l}C_{l0\ 1\nu}^{j\nu}C_{\frac{1}{2}\nu_{\mathrm{n}}\ \frac{1}{2}\nu_{\mathrm{p}}}^{1\nu}\left(1-s_{ilj}\right)\frac{\mathrm{e}^{\mathrm{i}k_ir}}{k_ir}\\
&\times\sum_{\nu_{\mathrm{n}}'\nu_{\mathrm{p}}'}C_{l\ \nu-\nu_{\mathrm{n}}'-\nu_{\mathrm{p}}'\ 1\ \nu_{\mathrm{n}}'+\nu_{\mathrm{p}}'}^{j\nu}C_{\frac{1}{2}\nu_{\mathrm{n}}'\ \frac{1}{2}\nu_{\mathrm{p}}'}^{1\ \nu_{\mathrm{n}}'+\nu_{\mathrm{p}}'}\mathrm{Y}_{l\ \nu-\nu_{\mathrm{n}}'-\nu_{\mathrm{p}}'}\left(\Omega_r\right)\chi_{\frac{1}{2}\nu_{\mathrm{n}}'}\chi_{\frac{1}{2}\nu_{\mathrm{p}}'}
\end{aligned} \tag{3.15.82}
$$

由上式可以写出 n-p 弹性散射振幅为

$$f_{\nu_{\rm n}'\nu_{\rm p}',\nu_{\rm n}\nu_{\rm p}}^{(i)}\left(\Omega_r\right)=\frac{{\rm i}\sqrt{\pi}}{k_i}\sum_{lj\nu}\hat{l}C_{l0\ 1\nu}^{j\nu}C_{\frac{1}{2}\nu_{\rm n}\ \frac{1}{2}\nu_{\rm p}}^{1\nu}\left(1-s_{ilj}\right)$$
$$\times C_{l\ \nu-\nu_{\rm n}'-\nu_{\rm p}'\ 1\ \nu_{\rm n}'+\nu_{\rm p}'}^{j\nu}C_{\frac{1}{2}\nu_{\rm n}'\ \frac{1}{2}\nu_{\rm p}'}^{1\ \nu_{\rm n}'+\nu_{\rm p}'}{\rm Y}_{l\ \nu-\nu_{\rm n}'-\nu_{\rm p}'}\left(\Omega_r\right)\tag{3.15.83}$$

如果 d 核在与靶核的相互作用下发生了破裂，出射道可能是 $i=1,2,\cdots,N$。在推导 n-p 弹性散射的式 (3.15.72) ~ 式 (3.15.83) 的过程中，我们假设 n-p 是个孤立系统，但是在 $\rm d+A\rightarrow n+p+A$ 的反应过程中 n-p 并不是孤立系统，事实上由于 n 和 p 均与 A 有相互作用才使 d 核从束缚态变成破裂后的连续态，这时 $j\mu$ 也不再是守恒量。但是在这里我们引入弹性散射道近似 [61,74,75]，即 d 核破裂道 n-p 相对运动的径向波函数 $\phi_{lj}^i(r)$ 是由 n-p 发生弹性散射而求得的，对应的 S 矩阵元 s_{ilj} 只与出射道下标有关，其求解方法已由式 (3.15.80) 给出。

如果 d 核与球形靶核之间只有中心势，当 d 核发生弹性散射反应时轨道角动量 L 是守恒量。但是，在 CDCC 理论中 d 核所感受的是折叠势，由式 (3.15.34) 可以看出，该势属于非中心势，而且弹性散射道要与破裂道相耦合，因此 L 不再是守恒量。于是根据式 (3.15.71) 可以写出发生反应后系统总波函数为

$$\Psi_\mu^{(\rm t)}=\frac{{\rm i}\sqrt{\pi}}{K_0R}\sum_{lLJ}\hat{L}C_{L0\ 1\mu}^{J\mu}{\rm e}^{{\rm i}\sigma_L^{(0)}}\left\{\frac{1}{\sqrt{V_0}}[G_L(K_0R)-{\rm i}F_L(K_0R)]\frac{\phi_l^0(r)}{r}\varphi_{l11LJM}\right.$$
$$-\sum_{l'L'}\frac{1}{\sqrt{V_0}}S_{0l'11L',0l11L}^J\left[G_{L'}\left(K_0R\right)+{\rm i}F_{L'}\left(K_0R\right)\right]\frac{\phi_{l'}^0(r)}{r}\varphi_{l'11L'JM}$$
$$-\sum_{i'=1}^N\sum_{l'j'L'}\frac{1}{\sqrt{V_{i'}}}S_{i'l'1j'L',0l11L}^J s_{i'l'j'}\left[G_{L'}\left(K_{i'}R\right)+{\rm i}F_{L'}\left(K_{i'}R\right)\right]$$
$$\left.\times\left[-{\rm n}_{l'}(k_{i'}r)+{\rm i}{\rm j}_{l'}(k_{i'}r)\right]\varphi_{l'1j'L'JM}\right\}\tag{3.15.84}$$

上式方括号中第一项是入射球面波，第二项是弹性散射出射球面波，第三项是破裂道出射球面波，其中用了 $s_{i'l'j'}$，表明采用了弹性散射道近似，本来 n-p 的连续态是由于 d 核破裂而产生的，这里却近似认为当 R 足够大时 n-p 的连续态是由 n-p 发生弹性散射而得到的。

令 R 的外边界为 R_m，当 $R\geqslant R_m$ 时，d 核与靶核之间的核势及库仑扭曲势 $[U_{\rm C}(r_p)-V_{\rm C}(R)]$ 可以忽略。我们规定用 “ ′ ” 代表对 K_0R 求导数，于是对于弹性散射过程，根据式 (3.15.19) 和式 (3.15.84) 可以写出边界条件为

$$\left.\frac{(u_{0l'11L'}(R))'}{u_{0l'11L'}(R)}\right|_{R_m}$$

$$= \left. \frac{\left(G_L'\left(K_0 R\right) - \mathrm{i}F_L'\left(K_0 R\right)\right)\delta_{l'L',lL} - S^J_{0l'11L',0l11L}\left(G_{L'}'\left(K_0 R\right) + \mathrm{i}F_{L'}'\left(K_0 R\right)\right)}{\left(G_L\left(K_0 R\right) - \mathrm{i}F_L\left(K_0 R\right)\right)\delta_{l'L',lL} - S^J_{0l'11L',0l11L}\left(G_{L'}\left(K_0 R\right) + \mathrm{i}F_{L'}\left(K_0 R\right)\right)}\right|_{R_m} \tag{3.15.85}$$

其中，$u^J_{0l'11L'}(R)$ 是在存在核势的内部区域通过数值求解耦合道方程 (3.15.34) 而得到的，其中包含了破裂道对弹性散射道的影响。在实际计算时弹性散射道和破裂道必须同时联立求解。式 (3.15.85) 就是确定 S 矩阵元 $S^J_{0l'11L',0l11L}$ 的方程。

还可以把式 (3.15.84) 改写成

$$\begin{aligned}
\varPsi^{(\mathrm{t})}_\mu =& \frac{\sqrt{4\pi}}{K_0 R}\sum_{lLJ}\hat{L}C^{J\mu}_{L0\ 1\mu}\mathrm{e}^{\mathrm{i}\sigma^{(0)}_L}\left\{\frac{1}{\sqrt{V_0}}F_L(K_0 R)\frac{\phi^0_l(r)}{r}\varphi_{l11LJM}\right.\\
&+\sum_{l'L'}\frac{\mathrm{i}}{2\sqrt{V_0}}(\delta_{l'L',lL} - S^J_{0l'11L',0l11L})[G_{L'}(K_0 R) + \mathrm{i}F_{L'}(K_0 R)]\frac{\phi^0_{l'}(r)}{r}\varphi_{l'11L'JM}\\
&-\sum_{i'=1}^{N}\sum_{l'j'L'}\frac{\mathrm{i}}{2\sqrt{V_{i'}}}S^J_{i'l'1j'L',0l11L}s_{i'l'j'}[G_{L'}(K_{i'}R) + \mathrm{i}F_{L'}(K_{i'}R)]\\
&\left.\times[-\mathrm{n}_{l'}(k_{i'}r) + \mathrm{i}\mathrm{j}_{l'}(k_{i'}r)]\varphi_{l'1j'L'JM}\right\}
\end{aligned} \tag{3.15.86}$$

再注意到

$$G_{L'}\left(K_{i'}R\right) + \mathrm{i}F_{L'}\left(K_{i'}R\right) \xrightarrow{R\to\infty} \mathrm{e}^{\mathrm{i}K_{i'}R}\left(-\mathrm{i}\right)^{L'}\mathrm{e}^{\mathrm{i}\sigma^{(i')}_{L'}} \tag{3.15.87}$$

以及式 (3.15.81)，由式 (3.15.86) 和式 (3.15.71) 可以得到末态总波函数为

$$\begin{aligned}
&\varPsi^{(\mathrm{out})}_\mu = \varPsi^{(t)}_\mu - \varPsi^{(\mathrm{in})}_\mu\\
=&\frac{\mathrm{i}\sqrt{\pi}}{K_0 R}\sum_{lLJ}\hat{L}C^{J\mu}_{L0\ 1\mu}\mathrm{e}^{\mathrm{i}\sigma^{(0)}_L}\\
&\times\left\{\sum_{l'L'}\frac{1}{\sqrt{V_0}}(\delta_{l'L',lL} - S^J_{0l'11L',0l11L})[G_{L'}(K_0 R) + \mathrm{i}F_{L'}(K_0 R)]\frac{\phi^0_{l'}(r)}{r}\varphi_{l'11L'JM}\right.\\
&-\sum_{i'=1}^{N}\sum_{l'j'L'}\frac{1}{\sqrt{V_{i'}}}S^J_{i'l'1j'L',0l11L}s_{i'l'j'}[G_{L'}(K_{i'}R) + \mathrm{i}F_{L'}(K_{i'}R)]\\
&\left.\times[-\mathrm{n}_{l'}(k_{i'}r) + \mathrm{i}\mathrm{j}_{l'}(k_{i'}r)]\varphi_{l'1j'L'JM}\right\}\\
\longrightarrow&\frac{\mathrm{i}\sqrt{\pi}}{K_0}\sum_{ljJ}\hat{L}C^{J\mu}_{l0\ 1\mu}\mathrm{e}^{\mathrm{i}\sigma^{(0)}_L}\left[\sum_{l'L'}\frac{\mathrm{e}^{\mathrm{i}\sigma^{(0)}_{L'}}}{\sqrt{V_0}}(\delta_{l'L',lL} - S^J_{0l'11L',0l11L})\right.\\
&\times\frac{\mathrm{e}^{\mathrm{i}K_0 R}}{R}\frac{\phi^0_{l'}(r)}{r}\sum_{\mu'}C^{J\mu}_{L'\ \mu-\mu'\ 1\mu'}\mathrm{Y}_{L'\ \mu-\mu'}(\varOmega_R)\mathcal{Y}_{l'11\mu'}(\varOmega_r)
\end{aligned}$$

$$-\sum_{i'=1}^{N}\sum_{l'j'L'}\frac{\mathrm{e}^{\mathrm{i}\sigma_{L'}^{(i')}}}{\sqrt{V_{i'}}k_{i'}}S^{J}_{i'l'1j'L',0l11L}s_{i'l'j'}\frac{\mathrm{e}^{\mathrm{i}K_{i'}R}}{R}\frac{\mathrm{e}^{\mathrm{i}k_{i'}r}}{r}$$
$$\times\sum_{\mu'\nu'}C^{J\mu}_{L'\ \mu-\mu'\ j'\mu'}C^{j'\mu'}_{l'\ \mu'-\nu'\ 1\nu'}\ \mathrm{Y}_{L'\ \mu-\mu'}(\Omega_R)\mathrm{Y}_{l'\ \mu'-\nu'}(\Omega_r)\chi_{1\nu'}\Bigg] \tag{3.15.88}$$

在得到式 (3.15.88) 最后结果的一步还用到了式 (3.15.17) 和式 (3.15.13)。已知库仑散射的出射波为 [7]

$$\Psi_{\mu}^{(\mathrm{C})}\to\frac{1}{\sqrt{V_0}R}f_{\mathrm{C}}(\theta_R)\,\mathrm{e}^{\mathrm{i}K_0R}\psi_{\mu}\left(\vec{r}\right) \tag{3.15.89}$$

由以上二式可以写出 d 核弹性散射的末态波函数为

$$\Psi_{\mu}^{(\mathrm{r})}=\frac{1}{\sqrt{V_0}}\Bigg[f_{\mathrm{C}}(\theta_R)\sum_{l}\frac{\phi_l^0(r)}{r}\mathcal{Y}_{l11\mu}(\Omega_r)+\frac{\mathrm{i}\sqrt{\pi}}{K_0}\sum_{lLJ}\hat{L}C^{J\mu}_{L0\ 1\mu}\mathrm{e}^{\mathrm{i}\sigma_L^{(0)}}\sum_{l'L'}\mathrm{e}^{\mathrm{i}\sigma_{L'}^{(0)}}$$
$$\times\left(\delta_{l'L',lL}-S^{J}_{0l'11L',0l11L}\right)\sum_{\mu'}C^{J\mu}_{L'\ \mu-\mu'\ 1\mu'}\mathrm{Y}_{L'\ \mu-\mu'}(\Omega_R)\frac{\phi_{l'}^0(r)}{r}\mathcal{Y}_{l'11\mu'}(\Omega_r)\Bigg]\frac{\mathrm{e}^{\mathrm{i}K_0R}}{R} \tag{3.15.90}$$

由上式可以写出 d 核弹性散射振幅为

$$f_{l'\mu',l\mu}(\Omega_r)=f_{\mathrm{C}}(\theta_R)\,\delta_{l'\mu',l\mu}+\frac{\mathrm{i}\sqrt{\pi}}{K_0}\sum_{LJ}\hat{L}C^{J\mu}_{L0\ 1\mu}\mathrm{e}^{\mathrm{i}\sigma_L^{(0)}}$$
$$\times\sum_{L'}\mathrm{e}^{\mathrm{i}\sigma_{L'}^{(0)}}\left(\delta_{l'L',lL}-S^{J}_{0l'11L',0l11L}\right)C^{J\mu}_{L'\ \mu-\mu'\ 1\mu'}\ \mathrm{Y}_{L'\ \mu-\mu'}(\Omega_R) \tag{3.15.91}$$

入射波和出射波均可以是 S 波或 D 波。用此弹性散射振幅可以研究 d 核各种相应的极化量。在质心系中 d 核弹性散射角分布为

$$\frac{\mathrm{d}\sigma}{\mathrm{d}\Omega_R}=\frac{1}{3}\sum_{l\mu l'\mu'}\left|f_{l'\mu',l\mu}(\Omega_R)\right|^2 \tag{3.15.92}$$

对上式进行坐标系变换便可求得实验室系的 d 核弹性散射角分布 [7]。这里所得到的 d 核弹性散射角分布包含了破裂道的影响，而用普通 d 核光学模型所计算的 d 核弹性散射角分布未考虑破裂道的影响。当然在这里还可以进一步研究用所得到的 S 矩阵元 $S^{J}_{0l'11L,0l11L}$ 计算核反应吸收截面的问题。

3.15.4　氘核破裂后出射核子的双微分截面

我们规定用 “$'$” 代表对 $K_{i'}R$ 求导数，对于破裂道 $(1\leqslant i\leqslant N)$ 在引入弹性散射道近似情况下，根据式 (3.15.26) 和式 (3.15.84) 可以写出边界条件为

$$\left.\frac{\left(u^{J}_{i'l'1j'L'}(R)\right)'}{u^{J}_{i'l'1j'L'}(R)}\right|_{R_m}$$

$$= \left.\frac{\left[G_L'\left(K_{i'}R\right)-\mathrm{i}F_L'\left(K_{i'}R\right)\right]\delta_{i'l'j'L',0l1L}-S_{i'l'1j'L',0l11L}^{J}\left[G_{L'}'\left(K_{i'}R\right)+\mathrm{i}F_{L'}'\left(K_{i'}R\right)\right]}{\left[G_L\left(K_{i'}R\right)-\mathrm{i}F_L\left(K_{i'}R\right)\right]\delta_{i'l'j'L',0l1L}-S_{i'l'1j'L',0l11L}^{J}\left[G_{L'}\left(K_{i'}R\right)+\mathrm{i}F_{L'}\left(K_{i'}R\right)\right]}\right|_{R_m} \tag{3.15.93}$$

其实弹性散射的边界条件 (3.15.85) 只是上式的一个特例，完全可以统一使用边界条件式 (3.15.93)。上式是确定 S 矩阵元 $S_{i'l'1j'L',0l11L}^{J}$ 的方程。由式 (3.15.88) 可以写出破裂道的反应振幅为

$$\begin{aligned} f_{\nu',\mu}\left(\Omega_R,\Omega_r\right) = & -\frac{\mathrm{i}\sqrt{\pi}}{K_0}\sum_{lLJ}\hat{L}C_{L0\ 1\mu}^{J\mu}\mathrm{e}^{\mathrm{i}\sigma_L^{(0)}}\sum_{i'=1}^{N}\sum_{l'j'L'}\frac{\mathrm{e}^{\mathrm{i}\sigma_{L'}^{(i')}}}{k_{i'}}S_{i'l'1j'L',0l11L}^{J}s_{i'l'j'} \\ & \times\sum_{\mu'}C_{L'\ \mu-\mu'\ j'\mu'}^{J\mu}C_{l'\ \mu'-\nu'\ 1\nu'}^{j'\mu'}\,\mathrm{Y}_{L'\ \mu-\mu'}\left(\Omega_R\right)\,\mathrm{Y}_{l'\ \mu'-\nu'}\left(\Omega_r\right) \end{aligned} \tag{3.15.94}$$

注意到由式 (3.15.30) 所定义的 ε_i，如果 $k_{i-1}\leqslant k\leqslant k_i$，则与 k 有关的量便在 $[k_{i-1},k_i]$ 之间通过内插求得。我们用 $c=0$ 代表束缚态，$c\neq 0$ 代表连续态，于是可把式 (3.15.94) 改写成

$$\begin{aligned} f_{\nu',\mu}\left(\Omega_R,\Omega_r\right) = & -\frac{\mathrm{i}\sqrt{\pi}}{K_0}\sum_{lLJ}\hat{L}C_{L0\ 1\mu}^{J\mu}\mathrm{e}^{\mathrm{i}\sigma_L^{(0)}}\sum_{l'j'L'\mu'}C_{L'\ \mu-\mu'\ j'\mu'}^{J\mu}C_{l'\ \mu'-\nu'\ 1\nu'}^{j'\mu'} \\ & \times\ \mathrm{Y}_{L'\ \mu-\mu'}\left(\Omega_R\right)\mathrm{Y}_{l'\ \mu'-\nu'}\left(\Omega_r\right) \\ & \times\int_0^{k_{\max}}\frac{\mathrm{e}^{i\sigma_{L'}(k)}}{k\Delta}S_{cl'1j'L',0l11L}^{J}(k)s_{cl'j'}(k)\mathrm{d}k \end{aligned} \tag{3.15.95}$$

并规定

$$S_{cl'1j'L',0l11L}^{J}(0)=S_{cl'1j'L',0l11L}^{J}\left(k_{\max}\right)=s_{cl'j'}(0)=s_{cl'j'}\left(k_{\max}\right)=0 \tag{3.15.96}$$

注意到 $k=0$ 仍属于 $c\neq 0$ 的连续态，$k=0$ 的连续态与 $c=0$ 的束缚态相差结合能 ε_0。于是根据式 (3.15.96) 可以写出破裂道的五维反应振幅为

$$\begin{aligned} f_{\nu',\mu}\left(k,\Omega_R,\Omega_r\right) = & -\frac{\mathrm{i}\sqrt{\pi}}{K_0}\sum_{lLJ}\hat{L}C_{L0\ 1\mu}^{J\mu}\mathrm{e}^{\mathrm{i}\sigma_L^{(0)}}\sum_{l'j'L'\mu'}C_{L'\mu-\mu'\ j'\mu'}^{J\mu}C_{l'\ \mu'-\nu'\ 1\nu'}^{j'\mu'} \\ & \times\frac{\mathrm{e}^{\mathrm{i}\sigma_{L'}(k)}}{k\Delta}S_{cl'1j'L',0l11L}^{J}(k)s_{cl'j'}(k)\mathrm{Y}_{L'\ \mu-\mu'}\left(\Omega_R\right)\mathrm{Y}_{l'\ \mu'-\nu'}\left(\Omega_r\right) \end{aligned} \tag{3.15.97}$$

相应的质心系中的五微分截面为

$$\frac{\mathrm{d}^5\sigma}{\mathrm{d}k\ \mathrm{d}\Omega_R\mathrm{d}\Omega_r}=\frac{1}{3}\sum_{\mu\nu'}\left|f_{\nu',\mu}\left(k,\Omega_R,\Omega_r\right)\right|^2 \tag{3.15.98}$$

注意到关系式

$$\int \mathrm{Y}^*_{l''\ \mu''-\nu'}(\Omega_r)\mathrm{Y}_{l'\ \mu'-\nu'}(\Omega_r)\ \mathrm{d}\Omega_r = \delta_{l''\mu'',l'\mu'} \tag{3.15.99}$$

由式 (3.15.98) 可以求得质心系中的 d 核质心的双微分截面为

$$\frac{\mathrm{d}^2\sigma}{\mathrm{d}k\ \mathrm{d}\Omega_R} = \frac{1}{3}\sum_{\mu\nu'l'\mu'}\left|f_{l'\mu'\nu',\mu}(k,\Omega_R)\right|^2 \tag{3.15.100}$$

$$\begin{aligned} f_{l'\mu'\nu',\mu}(k,\Omega_R) = &-\frac{\mathrm{i}\sqrt{\pi}}{K_0}\sum_{lLJ}\hat{L}C^{J\mu}_{L0\ 1\mu}\mathrm{e}^{\mathrm{i}\sigma_L^{(0)}}\sum_{j'L'}C^{J\mu}_{L'\ \mu-\mu'\ j'\mu'}C^{j'\mu'}_{l'\ \mu'-\nu'\ 1\nu'} \\ &\times\frac{\mathrm{e}^{\mathrm{i}\sigma_{L'}(k)}}{k\Delta}S^J_{cl'1j'L',0l11L}(k)s_{cl'j'}(k)\mathrm{Y}_{L'\ \mu-\mu'}(\Omega_R) \end{aligned} \tag{3.15.101}$$

因为整个反应系统是轴对称的，因而以上二式将不随方位角φ_R变化。对式 (3.15.100) 进行坐标系变换便可求得实验室系的 d 核质心的双微分截面。

设在实验室系破裂道的中子、质子和靶核的动量波矢分别为 $\vec{k}_\mathrm{n},\vec{k}_\mathrm{p}$ 和 $\vec{k}_\mathrm{A}$，系统的总动量波矢为

$$\vec{k}_\mathrm{t} = \vec{k}_\mathrm{n}+\vec{k}_\mathrm{p}+\vec{k}_\mathrm{A} \tag{3.15.102}$$

其中，$\vec{k}_\mathrm{t}$ 是沿 d 核入射的 z 轴方向的。在实验室系 d 核破裂后系统总动能为

$$E_\mathrm{t} = \frac{\hbar^2}{2}\left(\frac{k_\mathrm{n}^2}{m_\mathrm{n}}+\frac{k_\mathrm{p}^2}{m_\mathrm{p}}+\frac{k_\mathrm{A}^2}{m_\mathrm{A}}\right) \tag{3.15.103}$$

实验室系入射道总能量为

$$E_\mathrm{in} = \frac{m_\mathrm{d}+m_\mathrm{A}}{m_\mathrm{A}}E_0+\varepsilon_0 = E_L+\varepsilon_0 \tag{3.15.104}$$

其中，E_L 是实验室系 d 核入射动能，并有

$$E_L = \frac{\hbar^2 k_\mathrm{in}^2}{2m_\mathrm{d}},\quad k_\mathrm{in} = \frac{\sqrt{2m_\mathrm{d}E_L}}{\hbar} \tag{3.15.105}$$

实验室系动量守恒要求

$$\vec{k}_\mathrm{t} = \vec{k}_\mathrm{in} \tag{3.15.106}$$

可见 k_t 是已知量。于是可把式 (3.15.104) 改写成

$$E_\mathrm{in} = \frac{\hbar^2 k_\mathrm{t}^2}{2m_\mathrm{d}}+\varepsilon_0 \tag{3.15.107}$$

利用由式 (3.15.7) 给出的能量守恒条件，可把式 (3.15.98) 改写成

$$\mathrm{d}^5\sigma = \frac{1}{3}\left(\sum_{\mu\nu'}\left|f_{\nu',\mu}(k,\Omega_R,\Omega_r)\right|^2\right)\int_\delta \delta\left(E_0+\varepsilon_0-\epsilon-\varepsilon\right)\ \mathrm{d}\vec{k}\mathrm{d}\vec{K} \tag{3.15.108}$$

其中

$$\epsilon = \frac{\hbar^2 K^2}{2\mu_R} \tag{3.15.109}$$

δ 函数表示在质心系要满足能量守恒，$\int_\delta$ 表示只对δ 函数的宗量积分。令式(3.15.108)中的积分量为

$$\mathrm{d}W \equiv \int_\delta \delta\left(E_0 + \varepsilon_0 - \epsilon - \varepsilon\right) \mathrm{d}\vec{k}\mathrm{d}\vec{K} \tag{3.15.110}$$

考虑到 dW 是与坐标系无关的积分量，于是在实验室系可把上式改写成

$$\mathrm{d}W = \int_\delta \delta\left(\vec{k}_\mathrm{t} - \vec{k}_\mathrm{n} - \vec{k}_\mathrm{p} - \vec{k}_\mathrm{A}\right) \delta\left(E_\mathrm{in} - E_\mathrm{t}\right) \mathrm{d}\vec{k}_\mathrm{n}\mathrm{d}\vec{k}_\mathrm{p}\mathrm{d}\vec{k}_\mathrm{A} \tag{3.15.111}$$

上式中的两个 δ 函数分别代表实验室系满足动量守恒和能量守恒。由动量守恒可得

$$\vec{k}_\mathrm{A} = \vec{k}_\mathrm{t} - \vec{k}_\mathrm{n} - \vec{k}_\mathrm{p} \tag{3.15.112}$$

把此式代入式 (3.15.103) 可得

$$E_\mathrm{t} = \frac{\hbar^2}{2}\left\{\frac{k_\mathrm{n}^2}{m_\mathrm{n}} + \frac{k_\mathrm{p}^2}{m_\mathrm{p}} + \frac{1}{m_\mathrm{A}}\left[k_\mathrm{t}^2 + k_\mathrm{n}^2 + k_\mathrm{p}^2 + 2\left(\vec{k}_\mathrm{n}\cdot\vec{k}_\mathrm{p} - \vec{k}_\mathrm{n}\cdot\vec{k}_\mathrm{t} - \vec{k}_\mathrm{p}\cdot\vec{k}_\mathrm{t}\right)\right]\right\} \tag{3.15.113}$$

于是可把式 (3.15.111) 改写成

$$\begin{aligned}\mathrm{d}W =& \int_\delta \delta\left(\varepsilon_0 - \frac{\hbar^2}{2}\left[\left(\frac{1}{m_\mathrm{n}} + \frac{1}{m_\mathrm{A}}\right)k_\mathrm{n}^2 + \left(\frac{1}{m_\mathrm{p}} + \frac{1}{m_\mathrm{A}}\right)k_\mathrm{p}^2\right.\right.\\ &\left.\left. - \left(\frac{1}{m_\mathrm{d}} - \frac{1}{m_\mathrm{A}}\right)k_\mathrm{t}^2 - \frac{2}{m_\mathrm{A}}\left(\vec{k}_\mathrm{t} - \vec{k}_\mathrm{n}\right)\cdot\vec{k}_\mathrm{p} - \frac{2}{m_\mathrm{A}}\vec{k}_\mathrm{n}\cdot\vec{k}_\mathrm{t}\right]\right)\mathrm{d}\vec{k}_\mathrm{n}\mathrm{d}\vec{k}_\mathrm{p}\\ =& \frac{2m_\mathrm{p}m_\mathrm{A}}{(m_\mathrm{p}+m_\mathrm{A})\hbar^2}\int\delta\left(k_\mathrm{p}^2 - \frac{2m_\mathrm{p}}{m_\mathrm{p}+m_\mathrm{A}}\left(\vec{k}_\mathrm{t} - \vec{k}_\mathrm{n}\right)\cdot\vec{k}_\mathrm{p} + \frac{m_\mathrm{p}(m_\mathrm{n}+m_\mathrm{A})}{m_\mathrm{n}(m_\mathrm{p}+m_\mathrm{A})}k_\mathrm{n}^2\right.\\ &\left. - \frac{2m_\mathrm{p}}{m_\mathrm{p}+m_\mathrm{A}}\vec{k}_\mathrm{n}\cdot\vec{k}_\mathrm{t} - \frac{m_\mathrm{p}(m_\mathrm{A}-m_\mathrm{d})}{m_\mathrm{d}(m_\mathrm{p}+m_\mathrm{A})}k_\mathrm{t}^2 - \frac{2m_\mathrm{p}m_\mathrm{A}}{(m_\mathrm{p}+m_\mathrm{A})\hbar^2}\varepsilon_0\right)\mathrm{d}\vec{k}_\mathrm{n}\mathrm{d}\vec{k}_\mathrm{p}\end{aligned} \tag{3.15.114}$$

在上式中对 δ 函数积分时把积分变量取为 k_p，已知 $\vec{k}_\mathrm{t}$ 沿 z 轴方向，再令

$$\vec{k}_\mathrm{n}\cdot\vec{k}_\mathrm{p} = k_\mathrm{n}k_\mathrm{p}\cos\theta_\mathrm{np} \tag{3.15.115}$$

$$\cos\theta_\mathrm{np} = \cos\theta_\mathrm{n}\cos\theta_\mathrm{p} + \sin\theta_\mathrm{n}\sin\theta_\mathrm{p}\cos\left(\varphi_\mathrm{n} - \varphi_\mathrm{p}\right) \tag{3.15.116}$$

由式 (3.15.114) 中的 δ 函数可以得到方程

$$k_\mathrm{p}^2 - \frac{2m_\mathrm{p}}{m_\mathrm{p}+m_\mathrm{A}}\left(k_\mathrm{t}\cos\theta_\mathrm{p} - k_\mathrm{n}\cos\theta_\mathrm{np}\right)k_\mathrm{p}$$

$$+\frac{m_{\mathrm{p}}}{m_{\mathrm{p}}+m_{\mathrm{A}}}\left(\frac{m_{\mathrm{n}}+m_{\mathrm{A}}}{m_{\mathrm{n}}}k_{\mathrm{n}}^2-2k_{\mathrm{n}}k_{\mathrm{t}}\cos\theta_{\mathrm{n}}-\frac{m_{\mathrm{A}}-m_{\mathrm{d}}}{m_{\mathrm{d}}}k_{\mathrm{t}}^2-\frac{2m_{\mathrm{A}}}{\hbar^2}\varepsilon_0\right)=0 \tag{3.15.117}$$

其解为

$$\begin{aligned}k_{\mathrm{p}\pm}=&\frac{m_{\mathrm{p}}}{m_{\mathrm{p}}+m_{\mathrm{A}}}\left\{(k_{\mathrm{t}}\cos\theta_{\mathrm{p}}-k_{\mathrm{n}}\cos\theta_{\mathrm{np}})\right.\\&\pm\left[(k_{\mathrm{t}}\cos\theta_{\mathrm{p}}-k_{\mathrm{n}}\cos\theta_{\mathrm{np}})^2-\frac{m_{\mathrm{p}}+m_{\mathrm{A}}}{m_{\mathrm{p}}}\left(\frac{m_{\mathrm{n}}+m_{\mathrm{A}}}{m_{\mathrm{n}}}k_{\mathrm{n}}^2\right.\right.\\&\left.\left.\left.-2k_{\mathrm{n}}k_{\mathrm{t}}\cos\theta_{\mathrm{n}}-\frac{m_{\mathrm{A}}-m_{\mathrm{d}}}{m_{\mathrm{d}}}k_{\mathrm{t}}^2-\frac{2m_{\mathrm{A}}}{\hbar^2}\varepsilon_0\right)\right]^{1/2}\right\}\end{aligned} \tag{3.15.118}$$

上式有解的条件是

$$\begin{aligned}&(k_{\mathrm{t}}\cos\theta_{\mathrm{p}}-k_{\mathrm{n}}\cos\theta_{\mathrm{np}})^2-\frac{m_{\mathrm{p}}+m_{\mathrm{A}}}{m_{\mathrm{p}}}\left(\frac{m_{\mathrm{n}}+m_{\mathrm{A}}}{m_{\mathrm{n}}}k_{\mathrm{n}}^2\right.\\&\left.-2k_{\mathrm{n}}k_{\mathrm{t}}\cos\theta_{\mathrm{n}}-\frac{m_{\mathrm{A}}-m_{\mathrm{d}}}{m_{\mathrm{d}}}k_{\mathrm{t}}^2-\frac{2m_{\mathrm{A}}}{\hbar^2}\varepsilon_0\right)\geqslant 0\end{aligned} \tag{3.15.119}$$

不满足该条件的区域是禁戒的。在上式中只取 $k_{\mathrm{p}}\geqslant 0$ 的解，如果 $k_{\mathrm{p}-}<0$ 则 $k_{\mathrm{p}-}$ 为非物理解，不被选取。δ 函数有如下性质

$$\delta\left(f(x)\right)=\sum_i\frac{\delta\left(x-x_i\right)}{\left|f'\left(x_i\right)\right|} \tag{3.15.120}$$

于是由式 (3.15.114) 可得

$$\begin{aligned}\mathrm{d}W=&\frac{m_{\mathrm{p}}m_{\mathrm{A}}}{(m_{\mathrm{p}}+m_{\mathrm{A}})\hbar^2}\left[\frac{k_{\mathrm{p}+}^2}{\left|k_{\mathrm{p}+}-\frac{m_{\mathrm{p}}}{m_{\mathrm{p}}+m_{\mathrm{A}}}(k_{\mathrm{t}}\cos\theta_{\mathrm{p}}-k_{\mathrm{n}}\cos\theta_{\mathrm{np}})\right|}\right.\\&\left.+\frac{k_{\mathrm{p}-}^2\eta\left(k_{\mathrm{p}-}\right)}{\left|k_{\mathrm{p}-}-\frac{m_{\mathrm{p}}}{m_{\mathrm{p}}+m_{\mathrm{A}}}(k_{\mathrm{t}}\cos\theta_{\mathrm{p}}-k_{\mathrm{n}}\cos\theta_{\mathrm{np}})\right|}\right]k_{\mathrm{n}}^2\mathrm{d}k_{\mathrm{n}}\mathrm{d}\Omega_{\mathrm{n}}\mathrm{d}\Omega_{\mathrm{p}}\end{aligned} \tag{3.15.121}$$

其中

$$\eta\left(k_{\mathrm{p}-}\right)=\begin{cases}1, & \text{当}k_{\mathrm{p}-}>0\text{时}\\0, & \text{当}k_{\mathrm{p}-}\leqslant 0\text{时}\end{cases} \tag{3.15.122}$$

令

$$E_{\mathrm{p}\pm}=\frac{\hbar^2k_{\mathrm{p}\pm}^2}{2m_{\mathrm{p}}} \tag{3.15.123}$$

便可得到

$$\mathrm{d}W=\rho\left(E_{\mathrm{n}},\varOmega_{\mathrm{n}},\varOmega_{\mathrm{p}}\right)\mathrm{d}E_{\mathrm{n}}\mathrm{d}\varOmega_{\mathrm{n}}\mathrm{d}\varOmega_{\mathrm{p}} \tag{3.15.124}$$

其中

$$\begin{aligned}\rho\left(E_{\mathrm{n}},\varOmega_{\mathrm{n}},\varOmega_{\mathrm{p}}\right)=&\frac{2m_{\mathrm{n}}m_{\mathrm{p}}^{2}m_{\mathrm{A}}}{\left(m_{\mathrm{p}}+m_{\mathrm{A}}\right)\hbar^{6}}\sqrt{m_{\mathrm{n}}E_{\mathrm{n}}}\\&\times\left[\frac{E_{\mathrm{p}+}}{\left|\sqrt{m_{\mathrm{p}}E_{\mathrm{p}+}}-\dfrac{m_{\mathrm{p}}}{m_{\mathrm{p}}+m_{\mathrm{A}}}\left(\sqrt{m_{\mathrm{d}}E_{L}}\cos\theta_{\mathrm{p}}-\sqrt{m_{\mathrm{n}}E_{\mathrm{n}}}\cos\theta_{\mathrm{np}}\right)\right|}\right.\\&\left.+\frac{E_{\mathrm{p}-}\eta\left(k_{\mathrm{p}-}\right)}{\left|\sqrt{m_{\mathrm{p}}E_{\mathrm{p}-}}-\dfrac{m_{\mathrm{p}}}{m_{\mathrm{p}}+m_{\mathrm{A}}}\left(\sqrt{m_{\mathrm{d}}E_{L}}\cos\theta_{\mathrm{p}}-\sqrt{m_{\mathrm{n}}E_{\mathrm{n}}}\cos\theta_{\mathrm{np}}\right)\right|}\right]\end{aligned} \tag{3.15.125}$$

于是根据式 (3.15.108)、式 (3.15.110) 和式 (3.15.124) 可以得到

$$\frac{\mathrm{d}^{5}\sigma}{\mathrm{d}E_{\mathrm{n}}\mathrm{d}\varOmega_{\mathrm{n}}\mathrm{d}\varOmega_{\mathrm{p}}}=\frac{1}{3}\left(\sum_{\mu\nu'}\left|f_{\nu',\mu}\left(k,\varOmega_{R},\varOmega_{r}\right)\right|^{2}\right)\rho\left(E_{\mathrm{n}},\varOmega_{\mathrm{n}},\varOmega_{\mathrm{p}}\right) \tag{3.15.126}$$

由上式可以求得出射中子的双微分截面为

$$\frac{\mathrm{d}^{2}\sigma}{\mathrm{d}E_{\mathrm{n}}\mathrm{d}\varOmega_{\mathrm{n}}}=\int\frac{\mathrm{d}^{5}\sigma}{\mathrm{d}E_{\mathrm{n}}\mathrm{d}\varOmega_{\mathrm{n}}\mathrm{d}\varOmega_{\mathrm{p}}}\mathrm{d}\cos\theta_{\mathrm{p}}\mathrm{d}\varphi_{\mathrm{p}} \tag{3.15.127}$$

用类似方法也可以求得 $\dfrac{\mathrm{d}^{2}\sigma}{\mathrm{d}E_{\mathrm{p}}\mathrm{d}\varOmega_{\mathrm{p}}}$。

剩下的问题是如何把式 (3.15.126) 中的 $(k,\varOmega_{R},\varOmega_{r})$ 变换成 $(E_{\mathrm{n}},\varOmega_{\mathrm{n}},\varOmega_{\mathrm{p}})$。

在实验室系中的中子、质子和靶核的速度分别为

$$\vec{v}_{\mathrm{n}}=\frac{\hbar\vec{k}_{\mathrm{n}}}{m_{\mathrm{n}}},\quad\vec{v}_{\mathrm{p}}=\frac{\hbar\vec{k}_{\mathrm{p}}}{m_{\mathrm{p}}},\quad\vec{v}_{\mathrm{A}}=\frac{\hbar\vec{k}_{\mathrm{A}}}{m_{\mathrm{A}}} \tag{3.15.128}$$

在实验室系 d 核的入射速度为

$$\vec{v}_{\mathrm{d}}=\frac{\hbar\vec{k}_{\mathrm{t}}}{m_{\mathrm{d}}} \tag{3.15.129}$$

入射道系统质心速度为

$$\vec{v}_{\mathrm{c}}^{(\mathrm{in})}=\frac{\hbar\vec{k}_{\mathrm{t}}}{m_{\mathrm{d}}+m_{\mathrm{A}}} \tag{3.15.130}$$

d 核破裂前系统总质量为 $m_{\rm d}+m_{\rm A}$，破裂后系统质量变为

$$m_{\rm t}=m_{\rm n}+m_{\rm p}+m_{\rm A} \tag{3.15.131}$$

在出射道由于 d 核破裂，系统总质量增加了一点，但是耗损了一部分动能，因而系统质心速度也会变慢一点，根据式 (3.15.130) 可以写出出射道系统质心速度为

$$\vec{v}_{\rm c}^{\rm (out)}=\frac{\hbar\vec{k}_{\rm t}}{m_{\rm n}+m_{\rm p}+m_{\rm A}}=\frac{\hbar\vec{k}_{\rm t}}{m_{\rm t}} \tag{3.15.132}$$

于是可以求得在出射道的质心系中子、质子和靶核的动量波矢分别为

$$\vec{p}_{\rm n}=\frac{m_{\rm n}}{\hbar}\left(\vec{v}_{\rm n}-\vec{v}_{\rm c}^{\rm (out)}\right)=\vec{k}_{\rm n}-\frac{m_{\rm n}}{m_{\rm t}}\vec{k}_{\rm t} \tag{3.15.133}$$

$$\vec{p}_{\rm p}=\frac{m_{\rm p}}{\hbar}\left(\vec{v}_{\rm p}-\vec{v}_{\rm c}^{\rm (out)}\right)=\vec{k}_{\rm p}-\frac{m_{\rm p}}{m_{\rm t}}\vec{k}_{\rm t} \tag{3.15.134}$$

$$\vec{p}_{\rm A}=\frac{m_{\rm A}}{\hbar}\left(\vec{v}_{\rm A}-\vec{v}_{\rm c}^{\rm (out)}\right)=\vec{k}_{\rm A}-\frac{m_{\rm A}}{m_{\rm t}}\vec{k}_{\rm t}=\frac{m_{\rm n}+m_{\rm p}}{m_{\rm t}}\vec{k}_{\rm t}-\vec{k}_{\rm n}-\vec{k}_{\rm p} \tag{3.15.135}$$

显然满足

$$\vec{p}_{\rm n}+\vec{p}_{\rm p}+\vec{p}_{\rm A}=0 \tag{3.15.136}$$

中子 n 相对质子 p 的相对运动波矢为 [22]

$$\vec{k}=\frac{1}{m_{\rm n}+m_{\rm p}}\left(m_{\rm p}\vec{p}_{\rm n}-m_{\rm n}\vec{p}_{\rm p}\right) \tag{3.15.137}$$

中子和质子二核子系质心与剩余核 A 的相对运动波矢为

$$\begin{aligned}\vec{K}=&\frac{1}{m_{\rm t}}\left[(m_{\rm n}+m_{\rm p})\,\vec{p}_{\rm A}-m_{\rm A}\left(\vec{p}_{\rm n}+\vec{p}_{\rm p}\right)\right]\\=&-\frac{1}{m_{\rm t}}\left[(m_{\rm n}+m_{\rm p})\left(\vec{p}_{\rm n}+\vec{p}_{\rm p}\right)+m_{\rm A}\left(\vec{p}_{\rm n}+\vec{p}_{\rm p}\right)\right]=-\left(\vec{p}_{\rm n}+\vec{p}_{\rm p}\right)\end{aligned} \tag{3.15.138}$$

可见 $\vec{K}$ 就是 $\vec{p}_{\rm A}$。由以上两式可得

$$k^2=\frac{1}{(m_{\rm n}+m_{\rm p})^2}\left(m_{\rm p}^2p_{\rm n}^2+m_{\rm n}^2p_{\rm p}^2-2m_{\rm n}m_{\rm p}p_{\rm n}p_{\rm p}\cos\theta_{\rm np}^{\rm c}\right) \tag{3.15.139}$$

$$K^2=p_{\rm n}^2+p_{\rm p}^2+2p_{\rm n}p_{\rm p}\cos\theta_{\rm np}^{\rm c} \tag{3.15.140}$$

再用 $\frac{1}{k_{\rm t}}\vec{k}_{\rm t}$ 去点乘式 (3.15.137) 和式 (3.15.138) 可得

$$k\cos\theta_r=\frac{1}{m_{\rm n}+m_{\rm p}}\left(m_{\rm p}p_{\rm n}\cos\theta_{\rm n}^{\rm c}-m_{\rm n}p_{\rm p}\cos\theta_{\rm p}^{\rm c}\right) \tag{3.15.141}$$

$$K\cos\theta_R = -\left(p_{\rm n}\cos\theta_{\rm n}^{\rm c} + p_{\rm p}\cos\theta_{\rm p}^{\rm c}\right) \tag{3.15.142}$$

其中

$$\cos\theta_{\rm np}^{\rm c} = \cos\theta_{\rm n}^{\rm c}\cos\theta_{\rm p}^{\rm c} + \sin\theta_{\rm n}^{\rm c}\sin\theta_{\rm p}^{\rm c}\cos\left(\varphi_{\rm n}^{\rm c} - \varphi_{\rm p}^{\rm c}\right) \tag{3.15.143}$$

φ_R 对于 z 轴是对称的。由式 (3.15.137) ~ 式 (3.15.142) 和式 (3.15.7) 五个方程可解出用 $\left[p_{\rm n}, p_{\rm p}, \cos\theta_{\rm n}^{\rm c}, \cos\theta_{\rm p}^{\rm c}, (\varphi_{\rm n}^{\rm c} - \varphi_{\rm p}^{\rm c})\right]$ 表示的 $(k, K, \cos\theta_r, \cos\theta_R, \varphi_r)$。再把式 (3.15.133) 和式 (3.15.134) 分别进行平方，并用 $\dfrac{1}{k_{\rm t}}\vec{k}_{\rm t}$ 去点乘此二式可得以下四个方程

$$p_{\rm n}^2 = k_{\rm n}^2 + \frac{m_{\rm n}^2}{m_{\rm t}^2}k_{\rm t}^2 - \frac{2m_{\rm n}}{m_{\rm t}}k_{\rm n}k_{\rm t}\cos\theta_{\rm n} \tag{3.15.144}$$

$$p_{\rm p}^2 = k_{\rm p}^2 + \frac{m_{\rm p}^2}{m_{\rm t}^2}k_{\rm t}^2 - \frac{2m_{\rm p}}{m_{\rm t}}k_{\rm p}k_{\rm t}\cos\theta_{\rm p} \tag{3.15.145}$$

$$p_{\rm n}\cos\theta_{\rm n}^{\rm c} = k_{\rm n}\cos\theta_{\rm n} - \frac{m_{\rm n}}{m_{\rm t}}k_{\rm t} \tag{3.15.146}$$

$$p_{\rm p}\cos\theta_{\rm p}^{\rm c} = k_{\rm p}\cos\theta_{\rm p} - \frac{m_{\rm p}}{m_{\rm t}}k_{\rm t} \tag{3.15.147}$$

再注意到在质心系和实验室系之间进行坐标变换时 $\varphi_R, \varphi_{\rm n}, \varphi_{\rm p}$ 是不变的，于是利用式 (3.15.144) ~ 式 (3.15.147) 可以解出用 $(k_{\rm n}, k_{\rm p}, \cos\theta_{\rm n}, \cos\theta_{\rm p})$ 表示 $(p_{\rm n}, p_{\rm p}, \cos\theta_{\rm n}^{\rm c}, \cos\theta_{\rm p}^{\rm c})$ 的表达式。这样就解决了把式 (3.15.126) 中的 (k, Ω_R, Ω_r) 变换成 $(E_n, \Omega_{\rm n}, \Omega_{\rm p})$ 的问题。

如果要把本节介绍的方法用到 $\rm d + n\,(p)$ 反应，必须先假设 n (p) 的自旋为 0，这是一个较大的近似，还要注意必须把 d 核破裂产生的 n (p) 与作为反冲核的 n (p) 的双微分截面进行相加后才可以与实验测量的 n (p) 双微分截面进行比较。而且所有相互作用都应该使用核力，不能再用光学势。

3.16 描述弱束缚态轻复杂粒子入射发生破裂反应的轴对称转动核CDCC 理论

3.16.1 轴对称转动核 CDCC 方程

球形核 CDCC 理论只描述靶核自旋为 0 的反应过程，本节将给出轴对称转动核的 CDCC 理论，这时靶核自旋可取任意整数或半奇数，同时还可以考虑与靶核基态处在同一转动带的各个能级。

参照式 (3.15.2) 可以写出系统总哈密顿量为

$$H = -\frac{\hbar^2}{2\mu_R}\vec{\nabla}_R^2 + U_{\rm n}(r_{\rm n}) + U_{\rm p}(r_{\rm p}) + U_{\rm C}(r_{\rm p}) + H_{\rm T} + H_{\rm np} \tag{3.16.1}$$

其中，H_{T} 是靶核内部运动哈密顿量。设 $\varPhi_{I_n M_n}$ 是靶核自旋波函数，$I_n M_n$ 是靶核基态转动带第 n 条能级的总自旋及其 z 分量，并有

$$H_{\mathrm{T}}\varPhi_{I_n M_n} = e_n \varPhi_{I_n M_n} \tag{3.16.2}$$

其中，e_n 是第 n 条能级的激发能。质心系系统总能量守恒要求

$$E = E_0 + \varepsilon_0 + e_{n_0} = \epsilon_n + \varepsilon_0 + e_n = E_n + \varepsilon_n + e_n \tag{3.16.3}$$

$$\epsilon_n = E_0 + e_{n_0} - e_n, \quad E_n = \frac{\hbar^2 K_n^2}{2\mu_R} \tag{3.16.4}$$

$$\varepsilon_n = \frac{\hbar^2 k_n^2}{2\mu_r}, \quad \varepsilon_{n,\max} = E - e_n = E_0 + \varepsilon_0 + e_{n_0} - e_n = \frac{\hbar^2 k_{n,\max}^2}{2\mu_r} \tag{3.16.5}$$

其中，ε_0 是 d 核束缚态能量，并假设靶核初态处在第 n_0 条能级，当 $n_0 = 0$ 时则为基态。式 (3.16.3) 第一个等号右边三项对应于入射道和弹性散射道，当 $n \neq n_0$ 时第二个等号右边三项对应于非弹性散射道，ϵ_n 是发生非弹性散射后 d 核的动能，第三个等号右边三项对应于 d 核破裂道，允许 $n = n_0$ 或 $n \neq n_0$，即 d 核破裂后的剩余核可以是基态也可以是激发态，E_n 是 d 核破裂后 n-p 系统质心的动能。

式 (3.15.5) 给出的角动量耦合方式仍有效，但是需把式 (3.15.6) 改成

$$\vec{I} = \vec{L} + \vec{j}, \quad \vec{J} = \vec{I} + \vec{I}_n \tag{3.16.6}$$

用 M_I 代表 $\vec{I}$ 的 z 分量。发生弹性或非弹性散射时 d 核仍处在束缚态，其波函数仍可以写成

$$\psi_{l11\mu}^{0}\left(\vec{r}\right) = \frac{\phi_l^0(r)}{r}\mathcal{Y}_{l11\mu}(\varOmega_r) \tag{3.16.7}$$

d 核连续态波函数在形式上可以写成

$$\psi_{nlSj\mu}^{k_n}(\vec{r}) = \frac{\phi_{nlSj}^{k_n}(r)}{r}\mathcal{Y}_{lSj\mu}(\varOmega_r) \tag{3.16.8}$$

其中，$\phi_{nlSj}^{k_n}(r)$ 是与 E_n 和 ε_n 相对应的 d 核连续态径向波函数。再引入以下耦合波函数

$$Z_{lSjLIM_I}(\varOmega_R, \varOmega_r) = \sum_{M_L\mu} C_{LM_L\ j\mu}^{IM_I}\mathrm{i}^L \mathrm{Y}_{LM_L}(\varOmega_R)\mathcal{Y}_{lSj\mu}(\varOmega_r) \tag{3.16.9}$$

$$\varphi_{nlSjLIJM}(\varOmega_R, \varOmega_r) = \sum_{M_I M_n} C_{IM_I\ I_n M_n}^{JM} Z_{lSjLIM_I}(\varOmega_R, \varOmega_r)\varPhi_{I_n M_n} \tag{3.16.10}$$

弹性和非弹性散射道的系统总波函数的 nJM 分量为

$$\varPsi_{nJM}^{0}\left(\vec{R}, \vec{r}\right) = \sum_{lLI}\frac{u_{0nl11LI}^{J}(R)}{R}\frac{\phi_l^0(r)}{r}\varphi_{nl11LIJM}(\varOmega_R, \varOmega_r) \tag{3.16.11}$$

对于破裂道有

$$\Psi_{nJM}^{k_n}\left(\vec{R},\vec{r}\right)=\sum_{lSjLI}\frac{u_{k_nnlSjLI}^{J}(R)}{R}\frac{\phi_{nlSj}^{k_n}(r)}{r}\varphi_{nlSjLIJM}\left(\Omega_R,\Omega_r\right) \tag{3.16.12}$$

于是可把系统总波函数的 JM 分量写成

$$\Psi_{JM}(\vec{R},\vec{r})=\sum_{n=0}^{\bar{N}}\left[\Psi_{nJM}^{0}\left(\vec{R},\vec{r}\right)+\int_0^{k_{n,\max}}\Psi_{nJM}^{k_n}\left(\vec{R},\vec{r}\right)\mathrm{d}k_n\right] \tag{3.16.13}$$

其中，$\bar{N}$ 是靶核激发态个数。把 $0\sim k_{n,\max}$ 分成 N 等份，令

$$\Delta_n=\frac{k_{n,\max}}{N},\quad k_{ni}=i\Delta_n,\quad i=0,1,2,\cdots,N \tag{3.16.14}$$

于是可把连续变化的 k_n 分成 $[0,k_{n1}],[k_{n1},k_{n2}],\cdots,[k_{n\ i-1},k_{ni}],\cdots,[k_{n\ N-1},k_{nN}]$ N 等份。对于连续态波函数引入符号

$$\phi_{nlSj}^{i}(r)=\frac{1}{\sqrt{\Delta_n}}\int_{k_{n\ i-1}}^{k_{ni}}\phi_{nlSj}^{k_n}(r)\mathrm{d}k_n \tag{3.16.15}$$

$$u_{inlSjLI}^{J}(R)=\frac{1}{\sqrt{\Delta_n}}\int_{k_{n\ i-1}}^{k_{ni}}u_{k_nnlSjLI}^{J}(R)\mathrm{d}k_n \tag{3.16.16}$$

并可把式 (3.16.8) 和式 (3.16.12) 改写成

$$\psi_{nlSj\mu}^{i}(\vec{r})=\frac{\phi_{nlSj}^{i}(r)}{r}\mathcal{Y}_{lSj\mu}\left(\Omega_r\right) \tag{3.16.17}$$

$$\Psi_{nJM}^{i}\left(\vec{R},\vec{r}\right)=\sum_{lSjLI}\frac{u_{inlSjLI}^{J}(R)}{R}\frac{\phi_{nlSj}^{i}(r)}{r}\varphi_{nlSjLIJM}\left(\Omega_R,\Omega_r\right) \tag{3.16.18}$$

对于 d 核束缚态引入以下符号

$$\phi_{nlSj}^{0}(r)=\begin{cases}\phi_l^0(r), & \text{当}S=j=1,l=0,2;n\text{为任意值时}\\ 0, & \text{其他情况}\end{cases} \tag{3.16.19}$$

上式右端与 n 无关，表明靶核不影响 d 核内部状态。再引入符号

$$u_{0nlSjLI}^{J}(R)=\begin{cases}u_{0nl11LI}^{J}(R), & \text{当}S=j=1,l=0,2\text{时}\\ 0, & \text{其他情况}\end{cases} \tag{3.16.20}$$

这样一来便可把式 (3.16.13) 改写成

$$\Psi_{JM}\left(\vec{R},\vec{r}\right)=\sum_{n=0}^{\bar{N}}\sum_{i=0}^{N}\Psi_{nJM}^{i}\left(\vec{R},\vec{r}\right) \tag{3.16.21}$$

再定义

$$\varepsilon_{ni} = \frac{\hbar^2}{4\mu_r}\left(k_{n\ i-1}^2 + k_{ni}^2\right), \quad i = 1, 2, \cdots, N \tag{3.16.22}$$

并假设由式 (3.16.15) 和式 (3.16.16) 进行平均处理后的径向波函数仍然满足正交归一化条件，即

$$\int \phi_{nlSj}^{i*}(r)\phi_{n'l'S'j'}^{i'}(r)\mathrm{d}r = \delta_{inlSj,i'n'l'S'j'} \tag{3.16.23}$$

$$\int u_{inlSjLI}^{J*}(R)u_{i'n'l'S'j'L'I'}^{J}(R)\mathrm{d}R = \delta_{inlSjLI,i'n'l'S'j'L'I'} \tag{3.16.24}$$

我们假设靶核是一个轴对称的变形核，于是在靶核周围的核子所感受到的核势和库仑势也应该是轴对称的变形势。设 R 是 d 核质心到靶核质心的距离，把库仑势对 4π 角度平均以后可用与角度无关的 $V_{\mathrm{C}}(R)$ 表示。把式 (3.16.1)、式 (3.16.21) 和式 (3.16.18) 代入方程 (3.15.18)，再在等式两边分别从左边乘上

$$R\frac{\phi_{nlSj}^{i*}(r)}{r}\varphi_{nlSjLIJM}^{+}(\Omega_R, \Omega_r)$$

并对 $\mathrm{d}\vec{r}\mathrm{d}\Omega_R\mathrm{d}\xi$ 积分，其中 ξ 代表靶核内部自由度，利用波函数的正交归一性可以得到

$$\begin{aligned}&\left[\frac{\hbar^2}{2\mu_R}\left(\frac{\mathrm{d}^2}{\mathrm{d}R^2} - \frac{L(L+1)}{R^2}\right) - V_{\mathrm{C}}(R) + (E - e_n - \varepsilon_{ni})\right]u_{inlSjLI}^{J}(R)\\ &= \sum_{i'n'l'S'j'L'I'} F_{inlSjLI,i'n'l'S'j'L'I'}^{J}(R)\,u_{i'n'l'S'j'L'I'}^{J}(R)\end{aligned} \tag{3.16.25}$$

其中

$$\begin{aligned}F_{inlSjLI,i'n'l'S'j'L'I'}^{J}(R) = &\int \frac{\phi_{nlSj}^{i*}(r)}{r}\varphi_{nlSjLIJM}(\Omega_R, \Omega_r)\\ &\times U(\vec{R}', \vec{r})\frac{\phi_{n'l'S'j'}^{i'}(r)}{r}\varphi_{n'l'S'j'L'I'JM}(\Omega_R, \Omega_r)\mathrm{d}\vec{r}\mathrm{d}\Omega_R\mathrm{d}\xi\end{aligned} \tag{3.16.26}$$

$$U(\vec{R}', \vec{r}) = U_{\mathrm{n}}(r_{\mathrm{n}}) + U_{\mathrm{p}}(r_{\mathrm{p}}) + U_{\mathrm{C}}(r_{\mathrm{p}}) - V_{\mathrm{C}}(R) \tag{3.16.27}$$

相对于靶核质心中子和质子的坐标位置分别为 $\vec{r}_{\mathrm{n}}$ 和 $\vec{r}_{\mathrm{p}}$，令

$$\vec{R}' = \frac{1}{2}\left(\vec{r}_{\mathrm{n}} + \vec{r}_{\mathrm{p}}\right), \quad \vec{r} = \vec{r}_{\mathrm{n}} - \vec{r}_{\mathrm{p}} \tag{3.16.28}$$

对于轴对称靶核来说，选择靶核的对称轴为 z' 轴，在 z' 坐标系中光学势也是轴对称的，在固定在靶核上的 z' 坐标系中，光学势中的半径 R' 可做如下展开

$$R' \equiv R'(\theta') = R\left[1 + \sum_{\Lambda}\beta_{\Lambda}\mathrm{Y}_{\Lambda 0}(\theta', 0)\right] \tag{3.16.29}$$

对于左右也对称的原子核来说，一般只取 β_2 和 β_4 两项即可。核子光学势仍取由式 (3.15.37) 给出的形式，于是可把由式 (3.16.27) 给出的光学势分成两项

$$U(\vec{R}',\vec{r})=U_1(\vec{R}',\vec{r})+U_2(\vec{R}',\vec{r}) \tag{3.16.30}$$

其中

$$U_1(\vec{R}',\vec{r})=U_{\mathrm{nA}}^{\mathrm{CE}}(r_n)+U_{\mathrm{pA}}^{\mathrm{CE}}(r_{\mathrm{p}})+U_{\mathrm{C}}(r_{\mathrm{p}})-V_{\mathrm{C}}(R) \tag{3.16.31}$$

$$U_2(\vec{R}',\vec{r})=U_{\mathrm{nA}}^{\mathrm{SO}}(r_{\mathrm{n}})\,\vec{l}_{\mathrm{n}}\cdot\vec{s}_{\mathrm{n}}+U_{\mathrm{pA}}^{\mathrm{SO}}(r_{\mathrm{p}})\,\vec{l}_{\mathrm{p}}\cdot\vec{s}_{\mathrm{p}} \tag{3.16.32}$$

令 θ 为 $\vec{r}$ 和 $\vec{R}'$ 之间的夹角便有

$$\begin{aligned}r_{\mathrm{n}}&=\left|\vec{R}'+\frac{1}{2}\vec{r}\right|=\left(R'^2+\frac{r^2}{4}+R'r\cos\theta\right)^{1/2}\\ r_{\mathrm{p}}&=\left|\vec{R}'-\frac{1}{2}\vec{r}\right|=\left(R'^2+\frac{r^2}{4}-R'r\cos\theta\right)^{1/2}\end{aligned} \tag{3.16.33}$$

对于 $U_{\mathrm{nA}}^{\mathrm{CE}}(r_{\mathrm{n}})$ 可做如下展开

$$\begin{aligned}U_{\mathrm{nA}}^{\mathrm{CE}}(r_{\mathrm{n}})=&\sum_{\lambda}(2\lambda+1)U_{\mathrm{nA},\lambda}^{\mathrm{CE}}(R',r)\,\mathrm{P}_{\lambda}(\cos\theta)\\ =&4\pi\sum_{\lambda m_\lambda}U_{\mathrm{nA},\lambda}^{\mathrm{CE}}(R',r)\,\mathrm{Y}_{\lambda m_\lambda}(\Omega_R)\,\mathrm{Y}_{\lambda m_\lambda}^{*}(\Omega_r)\end{aligned} \tag{3.16.34}$$

$$U_{\mathrm{nA},\lambda}^{\mathrm{CE}}(R',r)=\frac{1}{2}\int U_{\mathrm{nA}}^{\mathrm{CE}}(r_{\mathrm{n}})\mathrm{P}_{\lambda}(\cos\theta)\,\mathrm{d}\cos\theta \tag{3.16.35}$$

对于 $U_{\mathrm{pA}}^{\mathrm{CE}}(r_{\mathrm{p}})$ 和 $U_{\mathrm{C}}(r_{\mathrm{p}})$ 也可以用同样方法展开。由于自旋-轨道耦合势是小项，按常规我们也假设自旋-轨道耦合势是球形的 [7,76]。由式 (3.15.5) 和式 (3.16.6) 可得

$$\vec{J}=\vec{L}+\vec{l}+\vec{S}+\vec{I}_n \tag{3.16.36}$$

$$\vec{L}\cdot\vec{S}=\frac{1}{2}\left[\vec{J}^2-\vec{L}^2-\vec{l}^2-\vec{S}^2-\vec{I}_n{}^2-2\vec{l}\cdot\left(\vec{L}+\vec{S}+\vec{I}_n\right)-2\left(\vec{L}+\vec{S}\right)\cdot\vec{I}_n\right] \tag{3.16.37}$$

在下面的推导中我们忽略掉上式中 $(\vec{L}+\vec{S})\cdot\vec{I}_n$ 这一项。根据 3.15 节的结果，并注意到自旋-轨道耦合势是球形势，并做了 S 波近似，我们令

$$\begin{aligned}U_{nlSL,n'l'S'L'}^{\lambda J}(R',r)=&U_{\mathrm{nA},\lambda}^{\mathrm{CE}}(R',r)+U_{\mathrm{pA},\lambda}^{\mathrm{CE}}(R',r)+U_{\mathrm{C},\lambda}(R',r)\\ &+\frac{1}{2}\Big\{J(J+1)-\frac{1}{2}[L(L+1)+L'(L'+1)+S(S+1)+S'(S'+1)\\ &+I_n(I_n+1)+I_n'(I_n'+1)]\Big\}U_{\mathrm{nA},\lambda}^{\mathrm{SO}}(R',r)\delta_{l0}\delta_{l'0}\end{aligned} \tag{3.16.38}$$

再做以下展开

$$U_{nlSL,n'l'S'L'}^{\lambda J}\left(R'\left(\theta'\right),r\right)=\sqrt{4\pi}\sum_{\Lambda}V_{nlSL,n'l'S'L'}^{\lambda\Lambda J}\left(R',r\right)\mathrm{Y}_{\Lambda 0}\left(\theta',0\right) \tag{3.16.39}$$

$$U_{nlSL,n'l'S'L'}^{\lambda\Lambda J}\left(R',r\right)=\frac{1}{\sqrt{4\pi}}\int U_{nlSL,n'l'S'L'}^{\lambda J}\left(R'\left(\theta'\right),r\right)\mathrm{Y}_{\Lambda 0}\left(\theta',0\right)\mathrm{d}\Omega' \tag{3.16.40}$$

根据式 (1.3.2)，z 坐标系的 $\mathrm{Y}_{lm}\left(\theta,\varphi\right)$ 和 z' 坐标系的 $\mathrm{Y}_{lm'}\left(\theta',\varphi'\right)$ 满足关系式

$$\mathrm{Y}_{lm'}\left(\theta',\varphi'\right)=\sum_{m}D_{m,m'}^{l}\left(\alpha,\beta,\gamma\right)\mathrm{Y}_{lm}\left(\theta,\varphi\right) \tag{3.16.41}$$

其中，α,β,γ 是欧拉角；$D_{m,m'}^{l}$ 是 D 函数矩阵元，并有关系式

$$D_{m,m'}^{l*}=\left(-1\right)^{m-m'}D_{-m,-m'}^{l} \tag{3.16.42}$$

于是便有

$$\begin{aligned}\mathrm{Y}_{\Lambda 0}\left(\theta',0\right)&=\sum_{M_\Lambda}D_{M_\Lambda,0}^{\Lambda}\left(\alpha,\beta,\gamma\right)\mathrm{Y}_{\Lambda M_\Lambda}\left(\Omega_R\right)\\&=\sum_{M_\Lambda}\left(-1\right)^{M_\Lambda}D_{M_\Lambda,0}^{\Lambda*}\left(\alpha,\beta,\gamma\right)\mathrm{Y}_{\Lambda\ -M_\Lambda}\left(\Omega_R\right)\end{aligned} \tag{3.16.43}$$

转动核的归一化本征函数为

$$\Phi_{I_nM_n}=\sqrt{\frac{2I_n+1}{8\pi^2}}D_{M_n,\ K}^{I_n*} \tag{3.16.44}$$

其中，M_n 和 K 分别为角动量 $\vec{I}_n$ 在 z 轴和 z' 轴上的投影；K 是转动带标号，这里 $K=0$，代表只考虑基态转动带。只考虑转动态时对于靶核内部自由度 ξ 有

$$\mathrm{d}\xi=\sin\beta\mathrm{d}\beta\mathrm{d}\alpha\mathrm{d}\gamma \tag{3.16.45}$$

并有公式

$$\int D_{\mu_3,m_3}^{j_3*}D_{\mu_2,m_2}^{j_2}D_{\mu_1,m_1}^{j_1}\sin\beta\mathrm{d}\beta\mathrm{d}\alpha\mathrm{d}\gamma=\frac{8\pi^2}{\hat{j}_3^2}C_{j_1\mu_1\ j_2\mu_2}^{j_3\mu_3}C_{j_1m_1\ j_2m_2}^{j_3m_3} \tag{3.16.46}$$

可以求得

$$\int D_{M_n,0}^{I_n}D_{M_\Lambda,0}^{\Lambda*}D_{M_n',0}^{I_n'*}\sin\beta\mathrm{d}\beta\mathrm{d}\alpha\mathrm{d}\gamma=\frac{8\pi^2}{\hat{I}_n^2}C_{I_n'M_n'\ \Lambda M_\Lambda}^{I_nM_n}C_{I_n'0\ \Lambda 0}^{I_n0} \tag{3.16.47}$$

于是便有

$$\int\Phi_{I_nM_n}^{*}D_{M_\Lambda,0}^{\Lambda*}\Phi_{I_n'M_n'}\mathrm{d}\xi=\frac{\hat{I}_n'}{\hat{I}_n}C_{I_n'M_n'\ \Lambda M_\Lambda}^{I_nM_n}C_{I_n'0\ \Lambda 0}^{I_n0} \tag{3.16.48}$$

$C_{I_n'0\ \Lambda 0}^{I_n 0}$ 要求 $I_n+I_n'+\Lambda=$ 偶数。

有以下公式

$$\mathrm{Y}_{\lambda m_\lambda}\mathrm{Y}_{\Lambda\ -M_\Lambda}=\sum_{\Gamma M_\Gamma}\frac{\hat{\lambda}\hat{\Lambda}}{\sqrt{4\pi}\hat{\Gamma}}C_{\lambda m_\lambda\ \Lambda\ -M_\Lambda}^{\Gamma M_\Gamma}C_{\lambda 0\ \Lambda 0}^{\Gamma 0}\mathrm{Y}_{\Gamma M_\Gamma} \tag{3.16.49}$$

$$\int \mathrm{Y}_{LM_L}^*\mathrm{Y}_{\Gamma M_\Gamma}\mathrm{Y}_{L'M_L'}\mathrm{d}\Omega_R=\frac{\hat{L}'\hat{\Gamma}}{\sqrt{4\pi}\hat{L}}C_{L'M_L'\ \Gamma M_\Gamma}^{LM_L}C_{L'0\ \Gamma 0}^{L0} \tag{3.16.50}$$

再令

$$B_{inlSjL,i'n'l'S'j'L'}^{\lambda\Lambda J}(R)=4\pi\int_0^\infty \phi_{nlSj}^{i*}(r)V_{nlSL,n'l'S'L'}^{\lambda\Lambda J}(R,r)\,\phi_{n'l'S'j'}^{i'}(r)\mathrm{d}r \tag{3.16.51}$$

利用式 (3.16.10)、式 (3.16.9)、式 (3.15.13)、式 (3.16.30) ~ 式 (3.16.51) 和式 (3.15.47)，由式 (3.16.26) 可以求得

$$\begin{aligned}
&F_{inlSjLI,i'n'l'S'j'L'I'}^{J}(R)\\
=&\int\Bigg(\sum_{M_I M_n}C_{IM_I\ I_nM_n}^{JM}\sum_{M_L\mu}C_{LM_L\ j\mu}^{IM_I}\mathrm{i}^{-L}\mathrm{Y}_{LM_L}^*(\Omega_R)\\
&\times\sum_{m\nu}C_{lm\ S\nu}^{j\mu}\mathrm{i}^{-l}\mathrm{Y}_{lm}^*(\Omega_r)\chi_{S\nu}^{+}\Phi_{I_nM_n}^*\Bigg)\frac{\phi_{nlSj}^{i*}(r)}{r}(4\pi)^{3/2}\\
&\times\Bigg(\sum_{\lambda m_\lambda}\mathrm{Y}_{\lambda m_\lambda}(\Omega_R)\mathrm{Y}_{\lambda m_\lambda}^*(\Omega_r)\sum_{\Lambda}V_{nlSL,n'l'S'L'}^{\lambda\Lambda J}(R,r)\sum_{M_\Lambda}(-1)^{M_\Lambda}D_{M_\Lambda,0}^{\Lambda^*}\mathrm{Y}_{\Lambda\ -M_\Lambda}(\Omega_R)\Bigg)\\
&\times\Bigg(\sum_{M_I'M_n'}C_{I'M_I'\ I_n'M_n'}^{JM}\sum_{M_L'\mu'}C_{L'M_L'\ j'\mu'}^{I'M_I'}\mathrm{i}^{L'}\mathrm{Y}_{L'M_L'}(\Omega_R)\\
&\times\sum_{\mu'\nu'}C_{l'm'\ S'\nu'}^{j'\mu'}\mathrm{i}^{l'}\mathrm{Y}_{l'm'}(\Omega_r)\chi_{S'\nu'}\Phi_{I_n'M_n'}\Bigg)\frac{\phi_{n'l'S'j'}^{i'}(r)}{r}\mathrm{d}\vec{r}\,\mathrm{d}\Omega_R\mathrm{d}\xi\\
=&\delta_{SS'}\sum_{\lambda\Lambda\Gamma}B_{inlSjL,i'n'l'S'j'L'}^{\lambda\Lambda J}(R)\mathrm{i}^{L'-L+l'-l}\frac{\hat{l}'\hat{\lambda}^2\hat{\Lambda}\hat{L}'\hat{I}_n'}{\hat{l}\hat{L}\hat{I}_n}C_{l'0\ \lambda 0}^{l0}C_{\lambda 0\ \Lambda 0}^{\Gamma 0}C_{L'0\ \Gamma 0}^{L0}C_{I_n'0\ \Lambda 0}^{I_n 0}\\
&\times\sum_{\substack{M_IM_nM_L\mu m\nu m_\lambda\\ M_\Lambda M_\Gamma M_I'M_n'M_L'\mu'm'}}C_{IM_I\ I_nM_n}^{JM}C_{LM_L\ j\mu}^{IM_I}C_{lm\ S\nu}^{j\mu}(-1)^{M_\Lambda}C_{I_n'M_n'\ \Lambda M_\Lambda}^{I_nM_n}C_{\lambda m_\lambda\ \Lambda-M_\Lambda}^{\Gamma M_\Gamma}C_{L'M_L'\ \Gamma M_\Gamma}^{LM_L}\\
&\times(-1)^{m_\lambda}C_{l'm'\ \lambda\ -m_\lambda}^{lm}C_{I'M_I'\ I_n'M_n'}^{JM}C_{L'M_L'\ j'\mu'}^{I'M_I'}C_{l'm'\ S\nu}^{j'\mu'}-V_{\mathrm{C}}(R)\delta_{inlSjLI,i'n'l'S'j'L'I'}
\end{aligned} \tag{3.16.52}$$

有以下 $9j$ 符号公式

$$C_{a\alpha\ b\beta}^{c\gamma}\begin{Bmatrix} a & b & c\\ d & e & f\\ g & h & i\end{Bmatrix}=\frac{\hat{c}}{\hat{h}\hat{i}^2\hat{g}\hat{f}}\sum_{\varepsilon\eta\phi\nu\delta\rho}C_{b\beta\ e\varepsilon}^{h\eta}C_{c\gamma\ f\phi}^{i\nu}C_{a\alpha\ d\delta}^{g\rho}C_{d\delta\ e\varepsilon}^{f\phi}C_{g\rho\ h\eta}^{i\nu} \tag{3.16.53}$$

于是可以求得

$$\begin{aligned}&\sum_{\substack{M_L\mu M_\lambda\\M_\Gamma M_L'\mu'}} C_{LM_L\ j\mu}^{IM_I} C_{\lambda m_\lambda\ \Lambda\ -M_\Lambda}^{\Gamma M_\Gamma} C_{L'M_L'\ \Gamma M_\Gamma}^{LM_L} (-1)^{m_\lambda} C_{L'M_L'\ j'\mu'}^{I'M_I'} C_{\lambda\ -m_\lambda\ j'\mu'}^{j\mu}\\&=(-1)^{-M_I'}(-1)^{I-L+\lambda+\Lambda-\Gamma+L'}\frac{\hat{I}\hat{I}'\hat{j}\hat{\Gamma}\hat{L}}{\hat{\Lambda}}C_{IM_I\ I'\ -M_I'}^{\Lambda\ -M_\Lambda}\left\{\begin{matrix}I & I' & \Lambda\\ j & j' & \lambda\\ L & L' & \Gamma\end{matrix}\right\}\\&=(-1)^{-M_I'}(-1)^{j+j'+I'}\frac{\hat{I}\hat{I}'\hat{j}\hat{\Gamma}\hat{L}}{\hat{\Lambda}}C_{IM_I\ I'\ -M_I'}^{\Lambda\ -M_\Lambda}\left\{\begin{matrix}L & L' & \Gamma\\ j & j' & \lambda\\ I & I' & \Lambda\end{matrix}\right\}\end{aligned}\tag{3.16.54}$$

利用式 (3.15.51a) 又可以得到

$$\begin{aligned}&\sum_{\substack{M_I M_n M_\Lambda\\M_I' M_n'}} (-1)^{M_\Lambda-M_I'} C_{IM_I\ I_nM_n}^{JM} C_{I_n'M_n'\ \Lambda M_\Lambda}^{I_nM_n} C_{I'M_I'\ I_n'M_n'}^{JM} C_{IM_I\ I'\ -M_I'}^{\Lambda\ -M_\Lambda}\\&=(-1)^{I_n'-I_n+I+\Lambda}\hat{\Lambda}\hat{I}_n W(I\Lambda J I_n'; I'I_n)\\&=(-1)^{I'+I+I_n'-J}\hat{\Lambda}\hat{I}_n W(II'I_nI_n';\Lambda J)\end{aligned}\tag{3.16.55}$$

由式 (3.16.36) 可知 J 和 I_n(或 I'_n) 同时为整数或半奇数，因而有

$$(-1)^{2I_n'-J}=(-1)^{2I_n'-J+2(J+I_n')}=(-1)^J$$

于是把式 (3.16.51)、式 (3.16.54) 和式 (3.16.55) 代入式 (3.16.52) 便可得到

$$\begin{aligned}&F_{inlSjLI,i'n'l'S'j'L'I'}^{J}(R)\\&=\delta_{SS'}\mathrm{i}^{L'-L+l'-l}\sum_{\lambda\Lambda\Gamma}B_{inlSjL,i'n'l'S'j'L'}^{\lambda\Lambda J}(R)(-1)^{j+j'+I+I_n'-J}\\&\quad\times\hat{l}'\hat{j}\hat{j}'\hat{I}\hat{I}'\hat{L}'\hat{I}_n'\hat{\lambda}^2\hat{\Lambda}\hat{\Gamma}C_{l'0\ \lambda0}^{l0}C_{\lambda0\ \Lambda0}^{\Gamma0}C_{L'0\ \Gamma0}^{L0}C_{I_n'0\Lambda0}^{I_n0}W(\lambda l'jS;lj')\\&\quad\times\left\{\begin{matrix}L & L' & \Gamma\\ j & j' & \lambda\\ I & I' & \Lambda\end{matrix}\right\}W(II'I_nI_n';\Lambda J)-V_{\mathrm{C}}(R)\delta_{inlSjLI,i'n'l'S'j'L'I'}\\&=\delta_{SS'}\mathrm{i}^{L'-L+l'-l}(-1)^{S+j+L'+I+J}\hat{l}\hat{l}'\hat{j}\hat{j}'\hat{L}\hat{L}'\hat{I}\hat{I}'\hat{I}_n\hat{I}_n'\sum_{\lambda\Lambda\Gamma}\hat{\lambda}C_{l0\ l'0}^{\lambda0}C_{\lambda0\ \Lambda0}^{\Gamma0}C_{L0\ L'0}^{\Gamma0}\\&\quad\times C_{I_n0\ I_n'0}^{\Lambda0}W(ll'jj';\lambda S)\left\{\begin{matrix}L & L' & \Gamma\\ j & j' & \lambda\\ I & I' & \Lambda\end{matrix}\right\}W(II'I_nI_n';\Lambda J)B_{inlSjL,i'n'l'S'j'L'}^{\lambda\Lambda J}(R)\end{aligned}$$

$$- V_{\mathrm{C}}(R)\delta_{inlSjLI,i'n'l'S'j'L'I'} \tag{3.16.56}$$

由于 d 核的 $S=1$，由上式可知在整个反应过程中一直保持 $S=1$。

3.16.2 氘核弹性散射和非弹性散射角分布

当 R 很大时，方程 (3.16.25) 右边所包含的由式 (3.16.27) 给出的势会趋向 0，这时该方程的解便为 $F_L(K_{ni}R)$ 和 $G_L(K_{ni}R)$，其中

$$K_{ni} = \frac{\sqrt{2\mu_R(E - e_n - \varepsilon_{ni})}}{\hbar} \tag{3.16.57}$$

d 核质心的速度为

$$V_{ni} = \frac{\hbar K_{ni}}{\mu_R} \tag{3.16.58}$$

系统入射波函数为

$$\begin{aligned}
&\Psi^{(\mathrm{in})}_{\mu M_{n_0}}\left(\vec{R},\vec{r}\right) = \frac{1}{\sqrt{V_{n_0 0}}}\mathrm{e}^{\mathrm{i}\vec{K}_{n_0 0}\cdot\vec{R}}\psi_\mu\left(\vec{r}\right)\Phi_{I_{n_0}M_{n_0}} \\
=&\sqrt{\frac{4\pi}{V_{n_0 0}}}\sum_L \hat{L}\mathrm{e}^{\mathrm{i}\sigma_L^{(n_0 0)}}\frac{F_L(K_{n_0 0}R)}{K_{n_0 0}R}\mathrm{i}^L Y_{L0}(\theta_R,0)\left(\sum_l \frac{\phi_l^0(r)}{r}\mathcal{Y}_{l11\mu}(\Omega_R)\right)\Phi_{I_{n_0}M_{n_0}} \\
=&\frac{1}{K_{n_0 0}R}\sqrt{\frac{4\pi}{V_{n_0 0}}}\sum_{lLIJ}\hat{L}C^{J\ \mu+M_{n_0}}_{I\mu\ I_{n_0}M_{n_0}}C^{I\mu}_{L0\ 1\mu}\mathrm{e}^{\mathrm{i}\sigma_L^{(n_0 0)}}F_L(K_{n_0 0}R)\frac{\phi_l^0(r)}{r}\varphi_{n_0 l11IJ\ \mu+M_{n_0}} \\
=&\frac{\mathrm{i}\sqrt{\pi}}{K_{n_0 0}R\sqrt{V_{n_0 0}}}\sum_{lLIJ}\hat{L}C^{J\ \mu+M_{n_0}}_{I\mu\ I_{n_0}M_{n_0}}C^{I\mu}_{L0\ 1\mu}\mathrm{e}^{\mathrm{i}\sigma_L^{(n_0 0)}} \\
&\times\left[(G_L - \mathrm{i}F_L) - (G_L + \mathrm{i}F_L)\right]\frac{\phi_l^0(r)}{r}\varphi_{n_0 l11IJ\ \mu+M_{n_0}}
\end{aligned} \tag{3.16.59}$$

其中，$n_0 0$ 中的 n_0 代表靶核能级标号，0 是出射能点标号。对于相对运动能量为 ε_{ni} 的 n-p 弹性散射，利用由式 (3.15.81) ～ 式 (3.15.92) 给出的方法可以得到相应的 S 矩阵元 s_{inlj}。于是根据式 (3.16.59) 可以写出发生反应后系统总波函数为

$$\begin{aligned}
&\Psi^{(\mathrm{t})}_{\mu M_{n_0}} \\
=&\frac{\mathrm{i}\sqrt{\pi}}{K_{n_0 0}R}\sum_{lLIJ}\hat{L}C^{J\ \mu+M_{n_0}}_{I\mu\ I_{n_0}M_{n_0}}C^{I\mu}_{L0\ 1\mu}\mathrm{e}^{\mathrm{i}\sigma_L^{(n_0 0)}} \\
&\times\left[\frac{1}{\sqrt{V_{n_0 0}}}(G_L - \mathrm{i}F_L)\frac{\phi_l^0(r)}{r}\varphi_{n_0 l11LIJ\ \mu+M_{n_0}} - \sum_{n'l'L'I'}\frac{1}{\sqrt{V_{n'0}}}S^J_{0n'l'11L'I',0n_0 l11LI}\right. \\
&\times(G_{L'} + \mathrm{i}F_{L'})\frac{\phi_{l'}^0(r)}{r}\varphi_{n'l'11L'I'J\ \mu+M_{n_0}} - \sum_{i'=1}^{N}\sum_{n'l'j'L'I'}\frac{1}{\sqrt{V_{n'i'}}}S^J_{i'n'l'1j'L'I',0n_0 l11LI}
\end{aligned}$$

$$\times s_{i'n'l'j'}(G_{L'}+\mathrm{i}F_{L'})(-\mathrm{n}_{l'}+\mathrm{i}\mathrm{j}_{l'})\varphi_{n'l'1j'L'I'J\ \mu+M_{n_0}}\Bigg] \tag{3.16.60}$$

上式方括号中第一项是入射道的球面波，第二项是弹性和非弹性散射出射道的球面波，第三项是破裂出射道的球面波。对于破裂道的 n-p 粒子对同样也采用了弹性散射道近似。

对于弹性和非弹性散射过程根据式 (3.16.11) 和式 (3.16.60) 可以写出边界条件为

$$\left.\frac{(u^J_{0n'l'11L'I'}(R))'}{u^J_{0n'l'11L'I'}(R)}\right|_{R_m}$$
$$=\left.\frac{(G'_L(k_{n'0}R)-\mathrm{i}F'_L(k_{n'0}R))\delta_{n'l'L'I',n_0lLI}-S^J_{0n'l'11L'I',0n_0l11LI}(G'_{L'}(k_{n'0}R)+\mathrm{i}F'_{L'}(k_{n'0}R))}{(G_L(k_{n'0}R)-\mathrm{i}F_L(k_{n'0}R))\delta_{n'l'L'I',n_0lLI}-S^J_{0n'l'11L'I',0n_0l11LI}(G_{L'}(k_{n'0}R)+\mathrm{i}F_{L'}(k_{n'0}R))}\right|_{R_m} \tag{3.16.61}$$

上式中的 “ ′ ” 代表对 $K_{n'0}R$ 进行微商。其中，$u^J_{0n'l'11L'I'}(R)$ 是通过数值求解方程 (3.16.25) 而得到的，其中包含了破裂道对弹性和非弹性散射道的影响。还可以把式 (3.16.60) 改写成

$$\begin{aligned}
\Psi^{(\mathrm{t})}_{\mu M_{n_0}} =&\frac{\sqrt{4\pi}}{K_{n_00}R}\sum_{lLIJ}\hat{L}C^{J\ \mu+M_{n_0}}_{I\mu\ I_{n_0}M_{n_0}}C^{I\mu}_{L0\ 1\mu}\mathrm{e}^{\mathrm{i}\sigma_L^{(n_00)}}\\
&\times\Bigg[\frac{1}{\sqrt{V_{n_00}}}F_L\frac{\phi^0_l(r)}{r}\varphi_{n_0l11LIJ\ \mu+M_{n_0}}+\sum_{n'l'L'I'}\frac{\mathrm{i}}{2\sqrt{V_{n'0}}}\\
&\times(\delta_{n'l'L'I',n_0lLI}-S^J_{0n'l'11L'I',0n_0l11LI})(G_{L'}+\mathrm{i}F_{L'})\frac{\phi_{l'}(r)}{r}\varphi_{n'l'11L'I'J\ \mu+M_{n_0}}\\
&-\sum_{i'=1}^{N}\sum_{n'l'j'L'I'}\frac{\mathrm{i}}{2\sqrt{V_{n'i'}}}S^J_{i'n'l'1j'L'I',0n_0l11LI}s_{i'n'l'j'}\\
&\times(G_{L'}+\mathrm{i}F_{L'})(-\mathrm{n}_{l'}+\mathrm{i}\mathrm{j}_{l'})\varphi_{n'l'1j'L'I'J\ \mu+M_{n_0}}\Bigg]
\end{aligned} \tag{3.16.62}$$

利用式 (3.15.96) 和式 (3.15.90)，由式 (3.16.62) 和式 (3.16.59) 可以得到末态总波函数为

$$\begin{aligned}
\Psi^{(\mathrm{out})}_{\mu M_{n_0}} =&\Psi^{(\mathrm{t})}_{\mu M_{n_0}}-\Psi^{(\mathrm{in})}_{\mu M_{n_0}}=\frac{\mathrm{i}\sqrt{\pi}}{K_{n_00}R}\sum_{lLIJ}\hat{L}C^{J\ \mu+M_{n_0}}_{I\mu\ I_{n_0}M_{n_0}}C^{I\mu}_{L0\ 1\mu}\mathrm{e}^{\mathrm{i}\sigma_L^{(n_00)}}\\
&\times\Bigg[\sum_{n'l'L'I'}\frac{1}{\sqrt{V_{n'0}}}(\delta_{n'l'L'I',n_0lLI}-S^J_{0n'l'11L'I',0n_0l11LI})\\
&\times(G_{L'}+\mathrm{i}F_{L'})\frac{\phi_{l'}(r)}{r}\varphi_{n'l'11L'I'J\ \mu+M_{n_0}}\\
&-\sum_{i'=1}^{N}\sum_{n'l'j'L'I'}\frac{1}{\sqrt{V_{n'i'}}}S^J_{i'n'l'1j'L'I',0n_0l11LI}s_{i'n'l'j'}
\end{aligned}$$

$$
\begin{aligned}
&\times (G_{L'}+\mathrm{i}F_{L'})(-\mathrm{n}_{l'}+\mathrm{i}\mathrm{j}_{l'})\varphi_{n'l'1j'L'I'J\ \mu+M_{n_0}}\Bigg]\\
\longrightarrow &\frac{\mathrm{i}\sqrt{\pi}}{K_{n_0 0}}\sum_{lLIJ}\hat{L}C_{I\mu\ I_{n_0}M_{n_0}}^{J\ \mu+M_{n_0}}C_{L0\ 1\mu}^{I\mu}\mathrm{e}^{\mathrm{i}\sigma_L^{(n_0 0)}}\\
&\times\Bigg[\sum_{n'l'L'I'}\frac{\mathrm{e}^{\mathrm{i}\sigma_{L'}^{(n'0)}}}{\sqrt{V_{n'0}}}(\delta_{n'l'L'I',n_0 lLI}-S_{0n'l'11L'I',0n_0 l11LI}^{J})\frac{\mathrm{e}^{\mathrm{i}K_{n_0 0}R}}{R}\\
&\times\frac{\phi_{l'}^{0}(r)}{r}\sum_{\mu'}C_{I'\ \mu+M_{n_0}-M_n'\ I_n'M_n'}^{J\ \mu+M_{n_0}}C_{L'\ \mu-\mu'+M_{n_0}-M_n'\ 1\mu'}^{I'\ \mu+M_{n_0}-M_n'}\\
&\times\ \mathrm{Y}_{L'\ \mu\ -\mu'+M_{n_0}-M_n'}(\Omega_R)\mathcal{Y}_{l'11\mu'}(\Omega_r)\Phi_{I_n'M_n'}\\
&-\sum_{i'=1}^{N}\sum_{n'l'j'L'I'}\frac{\mathrm{e}^{\mathrm{i}\sigma_{L'}^{(n'i')}}}{\sqrt{V_{n'i'}}k_{n'i'}}S_{i'n'l'1j'L'I',0n_0 l11LI}^{J}s_{i'n'l'j'}\frac{\mathrm{e}^{\mathrm{i}K_{n'i'}R}}{R}\\
&\times\frac{\mathrm{e}^{\mathrm{i}k_{n'i'}r}}{r}\sum_{\mu'\nu'}C_{I'\ \mu+M_{n_0}-M_n'\ I_n'M_n'}^{J\ \mu+M_{n_0}}C_{L'\ \mu-\mu'+M_{n_0}-M_n'\ j'\mu'}^{I'\ \mu+M_{n_0}-M_n'}C_{l'\ \mu'-\nu'\ 1\nu'}^{j'\mu'}\\
&\times\mathrm{Y}_{L'\ \mu-\mu'+M_{n_0}-M_n'}(\Omega_R)\mathrm{Y}_{l'\ \mu'-\nu'}(\Omega_r)\chi_{1\nu'}\Phi_{I_n'M_n'}\Bigg]
\end{aligned}\tag{3.16.63}
$$

参照式 (3.15.89) 可以写出库仑散射出射波为

$$
\Psi_{\mu M_{n_0}}^{(\mathrm{C})}\rightarrow\frac{1}{\sqrt{V_{n_0 0}}R}f_{\mathrm{C}}(\theta_R)\mathrm{e}^{\mathrm{i}K_{n_0 0}R}\psi_{\mu}\left(\vec{r}\right)\Phi_{I_{n_0}M_{n_0}}\tag{3.16.64}
$$

由以上二式可以写出 d 核弹性和非弹性散射的末态波函数为

$$
\begin{aligned}
\Psi_{\mu M_{n_0}}^{(\mathrm{r})}=&\frac{1}{\sqrt{V_{n_0 0}}}f_{\mathrm{C}}(\theta_R)\left(\sum_{l}\frac{\phi_l^0(r)}{r}\mathcal{Y}_{l11\mu}(\Omega_r)\right)\Phi_{I_{n_0}M_{n_0}}\frac{\mathrm{e}^{\mathrm{i}K_{n_0 0}R}}{R}\\
&+\frac{\mathrm{i}\sqrt{\pi}}{K_{n_0 0}}\sum_{lLIJ}\hat{L}C_{I\mu\ I_{n_0}M_{n_0}}^{J\ \mu+M_{n_0}}C_{L0\ 1\mu}^{I\mu}\mathrm{e}^{\mathrm{i}\sigma_L^{(n_0 0)}}\sum_{n'l'L'I'}\frac{\mathrm{e}^{\mathrm{i}\sigma_{L'}^{(n'0)}}}{\sqrt{V_{n'0}}}\\
&\times\left(\delta_{n'l'L'I',n_0 lLI}-S_{0n'l'11L'I',0n_0 l11LI}^{J}\right)\\
&\times\sum_{\mu'}C_{I'\ \mu+M_{n_0}-M_n'\ I_n'M_n'}^{J\ \mu+M_{n_0}}C_{L'\ \mu-\mu'+M_{n_0}-M_n'\ 1\mu'}^{I'\ \mu+M_{n_0}-M_n'}\\
&\times\ \mathrm{Y}_{L'\ \mu-\mu'+M_{n_0}-M_n'}(\Omega_R)\frac{\phi_{l'}^0(r)}{r}\mathcal{Y}_{l'11\mu'}(\Omega_r)\Phi_{I_n'M_n'}\frac{\mathrm{e}^{\mathrm{i}K_{n'0}R}}{R}
\end{aligned}\tag{3.16.65}
$$

由上式可以写出 d 核弹性和非弹性散射振幅为

$$
\begin{aligned}
f_{n'l'\mu'M_n',n_0 l\mu M_{n_0}}(\Omega_R)=&f_{\mathrm{C}}(\theta_R)\delta_{n'l'\mu'M_n',n_0 l\mu M_{n_0}}+\frac{\mathrm{i}\sqrt{\pi}}{K_{n_0 0}}\sum_{LIJ}\hat{L}\\
\times C_{I\mu\ I_{n_0}M_{n_0}}^{J\ \mu+M_{n_0}}&C_{L0\ 1\mu}^{I\mu}\mathrm{e}^{\mathrm{i}\sigma_L^{(n_0 0)}}\sum_{L'I'}\mathrm{e}^{\mathrm{i}\sigma_{L'}^{(n'0)}}\left(\delta_{n'l'L'I',n_0 lLI}-S_{0n'l'11L'I',0n_0 l11LI}^{J}\right)
\end{aligned}
$$

$$\times C_{I' \ \mu+M_{n_0}-M'_n \ I'_n M'_n}^{J \ \mu+M_{n_0}} C_{L' \ \mu-\mu'+M_{n_0}-M'_n \ 1\mu'}^{I' \ \mu+M_{n_0}-M'_n} \mathrm{Y}_{L' \ \mu-\mu'+M_{n_0}-M'_n}(\Omega_R) \quad (3.16.66)$$

用此弹性和非弹性散射振幅可以研究 d 核相应的极化量。在质心系中 d 核总的弹性和非弹性散射角分布为

$$\frac{\mathrm{d}\sigma_{n'}}{\mathrm{d}\sigma_R} = \frac{1}{3(2I_{n_0}+1)} \sum_{\substack{l\mu M_{n_0} \\ l'\mu' M'_n}} \left| f_{n'l'\mu' M'_n, n_0 l\mu M_{n_0}}(\Omega_R) \right|^2 \quad (3.16.67)$$

若 $n' = n_0$ 则为弹性散射角分布，若 $n' \neq n_0$ 则为非弹性散射角分布。进行坐标系变换便可由式 (3.16.67) 得到实验室系的 d 核弹性和非弹性散射角分布 [7]。这里所得到的 d 核弹性和非弹性散射角分布包含了 d 核破裂道的影响，而用通常的轴对称转动核耦合道光学模型 [7,76] 所计算的弹性和非弹性散射角分布未考虑 d 核破裂道的影响。

3.16.3　氘核破裂后出射核子的双微分截面

对于破裂道 $(1 \leqslant i \leqslant N)$ 在引入弹性散射道近似情况下，根据式 (3.16.18) 和式 (3.16.60) 可以写出边界条件为

$$\left.\frac{(u_{i'n'l'1j'L'I'}^J(R))'}{u_{i'n'l'1j'L'I'}^J(R)}\right|_{R_m} = \left.\frac{(G'_L(k_{n'i'}R)-\mathrm{i}F'_L(k_{n'i'}R))\delta_{i'n'l'j'L'I',0n_0l1LI} - S_{i'n'l'j'L'I',0n_0l1LI}^J(G'_{L'}(k_{n'i'}R)+\mathrm{i}F'_{L'}(k_{n'i'}R))}{(G_L(k_{n'i'}R)-\mathrm{i}F_L(k_{n'i'}R))\delta_{i'n'l'j'L'I',0n_0l1LI} - S_{i'n'l'j'L'I',0n_0l1LI}^J(G_{L'}(k_{n'i'}R)+\mathrm{i}F_{L'}(k_{n'i'}R))}\right|_{R_m} \quad (3.16.68)$$

上式中的 “ ′ ” 代表对 $K_{n'i'}R$ 进行微商。其实弹性和非弹性散射边界条件式 (3.16.61) 只是上式一个特例。由式 (3.16.63) 可以写出破裂道的反应振幅为

$$\begin{aligned}
&f_{n'\nu' M'_n, n_0\mu M_{n_0}}(\Omega_R, \Omega_r) \\
&= -\frac{\mathrm{i}\sqrt{\pi}}{K_{n_0 0}} \sum_{lLIJ} \hat{L} C_{I\mu \ I_{n_0} M_{n_0}}^{J \ \mu+M_{n_0}} C_{L0 \ 1\mu}^{I\mu} \mathrm{e}^{\mathrm{i}\sigma_L^{(n_0 0)}} \\
&\times \sum_{i'=1}^{N} \sum_{l'j'L'I'} \frac{\mathrm{e}^{\mathrm{i}\sigma_{L'}^{(n'i')}}}{k_{n'i'}} S_{i'n'l'1L'I',0n_0l11LI}^J s_{i'n'l'j'} \sum_{\mu'} C_{I' \ \mu+M_{n_0}-M'_n \ I'_n M'_n}^{J \ \mu+M_{n_0}} \\
&\times C_{L' \ \mu-\mu'+M_{n_0}-M'_n \ j'\mu'}^{I' \ \mu+M_{n_0}-M'_n} C_{l' \ \mu'-\nu' \ 1\nu'}^{j'\mu'} \mathrm{Y}_{L' \ \mu-\mu'+M_{n_0}-M'_n}(\Omega_R) \mathrm{Y}_{l' \ \mu'-\nu'}(\Omega_r)
\end{aligned} \quad (3.16.69)$$

注意到由式 (3.16.22) 所定义的 ε_{ni}，如果 $k_{n\ i-1} \leqslant k \leqslant k_{ni}$，则与 k 有关的量便在 $[k_{n\ i-1}, k_{ni}]$ 之间通过内插求得。我们用 $c=0$ 代表束缚态，$c \neq 0$ 代表连续态，并规定

$$
\begin{aligned}
& S^{J}_{cn'l'1j'L'I',0n_0l11LI}(0) = S^{J}_{cn'l'1j'L'I',0n_0l11LI}(k_{n',\max}) \\
= & s_{cn'l'j'}(0) = s_{cn'l'j'}(k_{n',\max}) = 0
\end{aligned}
\tag{3.16.70}
$$

于是根据式 (3.16.69) 可以写出破裂道的五维反应振幅为

$$
\begin{aligned}
& f_{n'\nu'M'_n,n_0\mu M_{n_0}}(k_{n'},\Omega_R,\Omega_r) \\
= & -\frac{\mathrm{i}\sqrt{\pi}}{K_{n_00}}\sum_{lLIJ}\hat{L}C^{J\ \mu+M_{n_0}}_{I\mu\ I_{n_0}M_{n_0}}C^{I\mu}_{L0\ 1\mu}\mathrm{e}^{\mathrm{i}\sigma_L^{(n_00)}} \\
& \times\sum_{l'j'L'I'\mu'}C^{J\ \mu+M_{n_0}}_{I'\ \mu+M_{n_0}-M'_n\ I'_nM'_n}C^{I'\ \mu+M_{n_0}-M'_n}_{L'\ \mu-\mu'+M_{n_0}-M'_n\ j'\mu'}C^{j'\mu'}_{l'\ \mu'-\nu'\ 1\nu'}\frac{\mathrm{e}^{\mathrm{i}\sigma_{L'}^{(n'i')}}}{k_{n'}\Delta_{n'}} \\
& \times S^{J}_{cn'l'1j'L'I',0n_0l11LI}(k_{n'})s_{cn'l'j'}(k_{n'})\mathrm{Y}_{L'\ \mu-\mu'+M_{n_0}-M'_n}(\Omega_R)\mathrm{Y}_{l'\ \mu'-\nu'}(\Omega_r)
\end{aligned}
\tag{3.16.71}
$$

于是可以写出质心系中的五微分截面为

$$
\frac{\mathrm{d}^5\sigma_{n'}}{\mathrm{d}k_{n'}\mathrm{d}\Omega_R\mathrm{d}\Omega_r} = \frac{1}{3(2I_{n_0}+1)}\sum_{\mu M_{n_0}\nu'M'_n}\left|f_{n'\nu'M'_n,n_0\mu M_{n_0}}(k_{n'},\Omega_R,\Omega_r)\right|^2 \tag{3.16.72}
$$

注意到式 (3.15.99) 可以得到质心系中 d 核质心的双微分截面为

$$
\frac{\mathrm{d}^2\sigma_{n'}}{\mathrm{d}k_{n'}\mathrm{d}\Omega_R} = \frac{1}{3(2I_{n_0}+1)}\sum_{\substack{\mu M_{n_0}\nu' \\ M'_nl'\mu'}}\left|f_{l'\mu',n'\nu'M'_n,n_0\mu M_{n_0}}(k_{n'},\Omega_R)\right|^2 \tag{3.16.73}
$$

其中

$$
\begin{aligned}
& f_{l'\mu,'n'\nu'M'_n,n_0\mu M_{n_0}}(k_{n'},\Omega_R) \\
= & -\frac{\mathrm{i}\sqrt{\pi}}{K_{n_00}}\sum_{lLIJ}\hat{L}C^{J\ \mu+M_{n_0}}_{I\mu\ I_{n_0}M_{n_0}}C^{I\mu}_{L0\ 1\mu}\mathrm{e}^{\mathrm{i}\sigma_L^{(n_00)}} \\
& \times\sum_{j'L'I'}C^{J\ \mu+M_{n_0}}_{I'\ \mu+M_{n_0}-M'_n\ I'_nM'_n}C^{I'\ \mu+M_{n_0}-M'_n}_{L'\ \mu-\mu'+M_{n_0}-M'_n\ j'\mu'}C^{j'\mu'}_{l'\ \mu'-\nu'\ 1\nu'}\frac{\mathrm{e}^{\mathrm{i}\sigma_{L'}^{(n'i')}}}{k_{n'}\Delta_{n'}} \\
& \times S^{J}_{cn'l'1j'L'I',0n_0l11LI}(k_{n'})s_{cn'l'j'}(k_{n'})\mathrm{Y}_{L'\ \mu-\mu'+M_{n_0}-M'_n}(\Omega_R)
\end{aligned}
\tag{3.16.74}
$$

关于如何把由式 (3.16.72) 给出的五微分截面变换到实验室系的问题，式 (3.15.102) 和式 (3.15.103) 仍然适用，式 (3.15.104) 需变成

$$
E_{\text{in}} = \frac{m_{\text{d}}+M_{\text{A}}}{M_{\text{A}}}E_0+\varepsilon_0+e_{n_0} = E_L+\varepsilon_0+e_{n_0} \tag{3.16.75}
$$

式 (3.15.105) 和式 (3.15.106) 仍适用，式 (3.15.107) 需变成

$$E_{\text{in}} = \frac{\hbar^2 k_{\text{t}}^2}{2m_{\text{d}}} + \varepsilon_0 + e_{n_0} \tag{3.16.76}$$

利用式 (3.16.3) 给出的能量守恒条件，可把式 (3.16.72) 改写成

$$\begin{aligned}\mathrm{d}^5\sigma_{n'} =& \frac{1}{3\left(2I_{n_0}+1\right)}\left(\sum_{\mu M_{n_0}\nu' M_n'}\left|f_{n'\nu' M_n', n_0\mu M_{n_0}}\left(k_{n'}, \varOmega_R, \varOmega_r\right)\right|^2\right)\\ &\times\int_{\delta}\delta\left(E_0+\varepsilon_0+e_{n_0}-E_{n'}-\varepsilon_{n'}-e_{n'}\right)\mathrm{d}\vec{k}_{n'}\mathrm{d}\vec{K}_{n'}\end{aligned} \tag{3.16.77}$$

我们可以写出

$$\begin{aligned}\mathrm{d}W \equiv& \int_{\delta}\delta\left(E_0+\varepsilon_0+e_{n_0}-E_{n'}-\varepsilon_{n'}-e_{n'}\right)\mathrm{d}\vec{k}_{n'}\mathrm{d}\vec{K}_{n'}\\ =& \int_{\delta}\delta\left(\vec{k}_{\text{t}}-\vec{k}_{\text{n}}-\vec{k}_{\text{p}}-\vec{k}_{\text{A}}\right)\delta\left(E_{\text{in}}-E_{\text{t}}\right)\mathrm{d}\vec{k}_{\text{n}}\mathrm{d}\vec{k}_{\text{p}}\mathrm{d}\vec{k}_{\text{A}}\end{aligned} \tag{3.16.78}$$

注意在上式第一个等号后边的 $k_{n'}$ 是质心系中 n-p 相对运动波矢，n' 代表靶核能级编号；而第二个等号后边的 k_{n} 为实验室系中的中子波矢，n 代表中子。通过由式 (3.15.112) ~ 式 (3.15.125) 所给出的推导，同样可以求得实验室系的五微分截面为

$$\frac{\mathrm{d}^5\sigma_{n'}}{\mathrm{d}E_{\text{n}}\mathrm{d}\sigma_{\text{n}}\mathrm{d}\sigma_{\text{p}}} = \frac{1}{3\left(2I_{n_0}+1\right)}\left(\sum_{\mu M_{n_0}\nu' M_n'}\left|f_{n'\nu' M_n', n_0\mu M_{n_0}}\left(k_{n'}, \varOmega_R, \varOmega_r\right)\right|^2\right)\rho\left(E_{\text{n}}, \varOmega_{\text{n}}, \varOmega_{\text{p}}\right) \tag{3.16.79}$$

其中，$\rho\left(E_{\text{n}}, \varOmega_{\text{n}}, \varOmega_{\text{p}}\right)$ 已由式 (3.15.125) 给出，上式中的 n' 代表 d 核破裂后剩余核处在 n' 态。对于 n' 态，利用与式 (3.15.127) 相类似的表达式可以求得出射中子的双微分截面。对于质子出射也可以用类似方法进行研究。再利用式 (3.5.128) ~ 式 (3.15.147) 介绍的方法可以解决把式 (3.16.79) 中的 $\left(k_{n'}, \varOmega_R, \varOmega_r\right)$ 变换成 $\left(E_{\text{n}}, \varOmega_{\text{n}}, \varOmega_{\text{p}}\right)$ 的问题。

本节所介绍的轴对称转动核的 CDCC 理论允许使用靶核的真实自旋，并且可以考虑靶核的激发态。

参 考 文 献

[1] Varshalovich D A, Moskalev A N, Khersonskii V K. Quantum Theory of Angular Momentum. Singapore: World Scientific, 1988

[2] Ohlsen G G. Polarization transfer and spin correlation experiments in nuclear physics. Rep. Prog. Phys., 1972, 35:717

[3] Ohlsen G G, Gammel J L, Keaton P W. Description $^{4}He(d,d)^{4}He$ polarization-transfer experiments. Phys. Rev., 1972, C5:1205

[4] Lakin W. Spin polarization of the deuteron. Phys. Rev., 1955, 98:139

[5] Seiler F, Darden S E, Mcintyre L C, et al. Tensor polarization of deuterons scattered from He^{4} between 4 and 7.5 MeV. Nucl. Phys., 1964, 53:65

[6] Zhang J S, Liu K F, Shuy G W. Neutron suppression in polarized *dd* fusion reaction. Phys. Rev., 1999, C60: 054614

[7] 申庆彪. 低能和中能核反应理论 (上册). 北京：科学出版社，2005: 128, 295, 146, 196

[8] Schwandt P, Haeberli W. Elastic scattering of polarized deuterons from ^{27}Al, Si and ^{60}Ni between 7 and 11 MeV. Nucl. Phys., 1968, A110:585

[9] Cords H, Din G U, Ivanovich M, et al. Tensor polarization of deuterons from ^{12}C-d elastic scattering. Nucl. Phys., 1968, A113:608

[10] Schwandt P, Haeberli W. Optical-model analysis of d-Ca polarization and cross-section measurements from 5 to 34 MeV. Nucl. Phys., 1969, A123:401

[11] Gruebler W, Konig V, Schmelzbach P A, et al. Elastic scatteriong of vector polarized deutrons on ^{4}He. Nucl. Phys., 1969, A134:686

[12] Djaloeis A, Nurzynski J. Tensor polarization of deuterons from the Mg(d,d)Mg elastic scattering at 7.0 MeV. Nucl. Phys., 1971, A163:113

[13] Djaloeis A, Nurzynski J. Tensor polarization and differential cross sections for the elastic scattering of deuterons by Si at low energies. Nucl. Phys., 1972, A181:280

[14] Irshad M, Robson B A. Elastic scattering of 15 MeV deuterons. Nucl. Phys., 1974, A218:504

[15] Goddard R P, Haeberli W. The optical model for elastic scattering of 10 to 15 MeV polarized deuterons from medium-weight nuclei. Nucl. Phys., 1979, A316:116

[16] Matsuoka N，Sakai H, Saito T, et al. Optical model and folding model potential for elastic scattering of 56 MeV polarized deuterons. Nucl. Phys., 1986, A455:413

[17] Takei M, Aoki Y, Tagishi Y, et al. Tensor interaction in elastic scattering of polarized deutrons from medium-weight nuclei near $E_{\rm d}$=22 MeV. Nucl. Phys., 1987, A472:41

[18] Iseri Y, Kameyama H, Kamimura M, et al. Virtual breakup effects in elastic scattering of polarized deutrons. Nucl. Phys., 1988, A490:383

[19] Extermann P. Deuteron polarization in p-d elastic scattering. Nucl. Phys., 1967, A95:615

[20] van Sen N, Arvieux J, Ye Y L, et al. Elastic scattering of polarized deuterons from ^{40}Ca and ^{58}Ni at tntermediate energies. Phys. Lett., 1985, 156B:185

[21] Al-Khalili J S, Tostevin J A, Johnson R C. Effects of singlet breakup on deuteron elastic scattering at intermediate energies. Phys. Rev., 1990, C41:R806

[22] 申庆彪. 低能和中能核反应理论 (中册). 北京：科学出版社，2012: 114, 117, 138, 152

[23] Liljestrand R P, Cameron J M, Hutcheon D A, et al. Analyzing power measurements for the $^{13}C(\vec{p}, d)^{12}C$ reaction. Phys. Lett., 1981, 99B:311

[24] Rost E，Shepard J R, Murdock D. Dirac wave function in nuclear distorted-wave calculations. Phys. Rev. Lett., 1982, 49:448

[25] Shepard J R, Rost E，Kunz P D. Failure of the distorted-wave Born approximation in analysis of the $^{24}Mg(\vec{p}, d)^{23}Mg$ reaction at T_p=94 MeV. Phys. Rev., 1982, C25:1127

[26] Miller D W, Jacobs W W, Devins D W, et al. $^{24}Mg(\vec{p},d)$ analyzing-power measurements at 95 MeV. Phys. Rev., 1982, C26:1793

[27] Kraushaar J J，Shepard J R, Miller D W, et al. The $^{13}C(\vec{p},d)^{12}C$ and $^{208}Pb(\vec{p},d)^{207}Pb$ reactions at 123 MeV. Nucl. Phys., 1983, A394:118

[28] Hatanaka K，Fujiwara M, Hosono K, et al. $^{24}Mg(\vec{p},d)^{23}Mg$ reaction at 65 and 80 MeV. Phys. Rev., 1984, C29:13

[29] Ohnuma H. Cross sections and analyzing powers in the (p,d) reaction around 500 MeV. Phys. Lett., 1984, 147B:253

[30] Sagara K, Oguri H, Shimizu S, et al. Energy dependence of analyzing power A_y and cross section for p+d scattering below 18 MeV. Phys. Rev., 1994, C50:576

[31] Neidel E M, Tornow W, Gonzalez D E, et al. A new twist to the long-standing three-nucleon analyzing power puzzle. Phys. Lett., 2003, B552:29

[32] Weisel G J, Tornow W, Crowe B J, et al. Neutron-deuteron analyzing power data at 19.0 MeV. Phys. Rev., 2010, C81:024003

[33] Sperisen F, Gruebler W, Konig V, et al. Comparison of a nearly complete pd elastic scattering data set with Faddeev calculations. Nucl. Phys., 1984, A422:81

[34] Shimizu S, Sagara K, Nakamura H, et al. Analyzing power of p+d scattering below the deuteron breakup threshold. Phys. Rev., 1995, C52:1193

[35] Carlson J, Schiavilla R. Structure and dynamics of few-nucleon systems. Rev. Mod. Phys., 1998, 70:743, 821

[36] Kulsrud R M, Furth H P, Valeo E J, et al. Fusion reactor plasmas with polarized nuclei. Phys. Rev. Lett., 1982, 49:1248

[37] More R M. Nuclear spin-polarized fuel in inertial fusion. Phys. Rev. Lett., 1983, 51:396

[38] Fletcher K A, Ayer Z, Black T C, et al. Tensor analyzing power for $^2H(d,p)^3H$ and $^2H(d,n)^3He$ at deuteron energies of 25,40, and 80 keV. Phys. Rev., 1994, C49:2305

[39] Schieck H P G. The status of “polarized fusion”. Eur. Phys. J., 2010, A44:321

[40] Schieck H P G. “Polarized fusion”: New aspects of an old project. Few-Body Syst., 2013, 54:2159

[41] Kievsky A, Viviani M, Rosati S. Cross section, polarization observables, and phase-shift parameters in p-d and n-d elastic scattering. Phys. Rev., 1995, C52:R15

[42] Kievsky A, Rosati S, Viviani M. Proton-deuteron elastic scattering above the deuteron breakup. Phys. Rev. Lett., 1999, 82:3759

[43] Kievsky A, Viviani M, Rosati S. Polarization observables in p-d scattering below 30 MeV. Phys. Rev., 2001, C64:024002

[44] Kievsky A. Polarization observables in p-d and p-^{3}He scattering. Nucl. Phys., 2001, A689:361c

[45] Deltuva A, Fonseca A C, Sauer P U. Momentum- space treatment of the Coulomb interaction in three- nucleon reactions with two protons. Phys. Rev., 2005, C71:054005

[46] Satchler G R. Spin-orbit coupling for spin-1 particles. Nucl. Phys., 1960, 21:116

[47] An H X, Cai C H. Global deuteron optical model potential for the energy range up to 183 MeV. Phys. Rev., 2006, C73:054605

[48] Han Y L, Shi Y Y, Shen Q B. Deuteron global optical model potential for energies up to 200 MeV. Phys. Rev., 2006, C74:044615

[49] Daehnick W W, Childs J D, Vrcelj Z. Global optical model potential for elastic deuteron scattering from 12 to 90 MeV. Phys. Rev., 1980, C21:2253

[50] Roche R, Sen N V, Perrin G, el al. Evidence for the deuteron-nucleus tensor interaction. Nucl. Phys., 1974, A220:381

[51] Ioannides A A, Johnson R C. Propagation of a deuteron in nuclear matter and the spin dependence of the deuteron optical potential. Phys. Rev., 1978, C17:1331

[52] Stamp A P. The strength of the tensor interaction in the deuteron optical potential. Nucl. Phys., 1970, A159:399

[53] Keaton P W, Armstrong D D. Deuteron optical potential with a tentor term and breakup. Phys. Rev., 1973, C8:1692

[54] Sachs R G. Nuclear Theory. Cambridge: Addison-Wesley Publishing Compary, 1953, Ch.3

[55] Johnson R C, Soper P J R. Contribution of deuteron breakup channels to deuteron stripping and elastic scattering. Phys. Rev., 1970, C1:976

[56] Rawitscher G H. Effect of deuteron breakup on elastic deuteron-nucleus scattering. Phys. Rev., 1974, C9:2210

[57] Yahiro M, Nakano M, Iseri Y, et al. Coupled-discretized-continuum-channels method for deuteron breakup reactions based on three-body model. Prog. Theor. Phys., 1982, 67:1467

[58] Amakawa H, Austern N, Vincent M. Quasiadiabatic three-body dynamics of deuteron stripping and breakup reactions. Phys. Rev., 1984, C29:699

[59] Mukherjee S N, Pandey L N, Srivastava D K, et al. Deuteron breakup in the field of a heavy target. Phys. Rev., 1984, C29:1095

[60] Yahiro M, Iseri Y, Kameyama H, et al. Effects of deuteron virtual breakup on deuteron elastic and inelastic scattering. Prog. Theor. Phys. Suppl., 1986, 89:32

[61] Austern N, Iseri Y, Kamimura M, et al. Continuum- discretized coupled-channels calculations for three-body models of deuteron-nucleus reactions. Phys. Rep., 1987, 154:125

[62] Piyadasa R A D, Kawai M, Kamimura M, et al. Convergence of the solution of the continuum discretized coupled channels method. Phys. Rev., 1999, C60:044611

[63] Ye T, Watanabe Y, Ogata K, et al. Analysis of deuteron elastic scattering from ^{6,7}Li using the continuum discretized coupled channels method. Phys. Rev., 2008, C78: 024611

[64] Ye T, Watanabe Y, Ogata K. Analysis of deuteron breakup reactions on ^{7}Li for energies up to 100 MeV. Phys. Rev., 2009, C80: 014604

[65] Ye T, Hashimoto S, Watanabe Y, et al. Analysis of inclusive (d, xp) reactions on nuclei from ^{9}Be to ^{238}U at 100 MeV. Phys. Rev., 2011, C84: 054606

[66] Moro A M, Rusek K, Arias J M, et al. Improved di-neutron cluster model for ^{6}He scattering. Phys. Rev., 2007, C75: 064607

[67] Matsumoto T, Hiyama E, Ogata K, et al. Continuum- discretized coupled-channels method for four-body nuclear breakup in ^{6}He+^{12}C scattering. Phys. Rev., 2004, C70: 061601(R)

[68] Rodriguez-Gallardo M, Arias J M, Gomez-Camacho J, et al. Four-body continuum-discretized coupled-channels calculations using a transformed harmonic oscillator basis. Phys. Rev., 2008, C77: 064609

[69] Rodriguez-Gallardo M, Arias J M, Gomez-Camacho J, et al. Four-body continuum-discretized coupled-channels calculations. Phys. Rev., 2009, C80: 051601(R)

[70] Otomar D R, Lubian J, Gomes P R S, et al. Breakup following neutron transfer for the ^{7}Li+^{144}Sm system. J. Phys. G: Nucl. Part. Phys., 2013, 40:125105

[71] Guo H R, Watanabe Y, Matsumoto T, et al. Systematic analysis of nucleon scattering from ^{6,7}Li with the continuum discretized coupled channels method. Phys. Rev., 2013, C87: 024610

[72] Guo H R, Nagaoka K, Watanabe Y, et al. Application of the continuum discretized coupled channels method to nucleon-induced reactions on ^{6,7}Li for energies up to 150 MeV. Nucl. Data Sheets, 2014, 118: 254

[73] Clarke N M. Improved numerical integration for coupled-reaction-channels calculations. J. Phys. G: Nucl. Phys., 1984, 10:1535

[74] Iseri Y, Yahiro M, Kamimura M. Coupled-channels approach to deuteron and ^{3}He breakup reactions. Prog. Theor. Phys. Suppl., 1986, 89:84

[75] Baur G, Fosel F, Trautmann D, et al. Fragmentation processes in nuclear reactions. Phys. Rep., 1984, 111:333

[76] Tamura T. Analyses of the scattering of nuclear particles by collective nuclei in terms of the coupled-channel calculation. Rev. Mod. Phys., 1965, 37:679

第4章 自旋 $\frac{3}{2}$ 粒子的核反应和光子束极化理论

4.1 自旋 $\frac{3}{2}$ 粒子的核反应极化理论

^{5}He, ^{7}He, ^{5}Li, ^{7}Li, ^{9}Li, ^{11}Li, ^{7}Be, ^{9}Be, ^{7}B, ^{9}B, ^{11}B, ^{13}B, ^{17}B, ^{9}C, ^{11}C, ^{13}O 等核素的基态是 $\frac{3}{2}^-$ 态，但是一般在核装置中它们不是主要的输运粒子，只有在特殊情况下才需要考虑自旋 $\frac{3}{2}$ 粒子的核反应极化问题。

$S=\frac{3}{2}$ 自旋基矢函数$\chi_{Sm}\left(m=\pm\frac{3}{2},\pm\frac{1}{2}\right)$ 是自旋算符 $\hat{S}^2$ 和 $\hat{S}_z$ 的共同本征函数，由式 (1.2.15) 可知

$$\hat{S}^2=\frac{15}{4}\hat{I},\quad \hat{I}=\begin{pmatrix}1&0&0&0\\0&1&0&0\\0&0&1&0\\0&0&0&1\end{pmatrix} \tag{4.1.1}$$

其中，$\hat{I}$ 是 4×4 单位矩阵。在球基坐标中自旋基矢函数的分量被定义为

$$\chi_{Sm}(\sigma)=\delta_{m\sigma},\quad m,\sigma=S,S-1,\cdots,-S+1,-S \tag{4.1.2}$$

于是可以写出

$$\chi_{\frac{3}{2}\frac{3}{2}}=\begin{pmatrix}1\\0\\0\\0\end{pmatrix},\quad \chi_{\frac{3}{2}\frac{1}{2}}=\begin{pmatrix}0\\1\\0\\0\end{pmatrix},\quad \chi_{\frac{3}{2}\,-\frac{1}{2}}=\begin{pmatrix}0\\0\\1\\0\end{pmatrix},\quad \chi_{\frac{3}{2}\,-\frac{3}{2}}=\begin{pmatrix}0\\0\\0\\1\end{pmatrix} \tag{4.1.3}$$

由式 (1.2.21) 可得自旋算符 $\hat{S}$ 的球基坐标分量为

$$\left(\hat{S}_\mu\right)_{\sigma'\sigma}=\frac{\sqrt{15}}{2}C^{\frac{3}{2}\sigma'}_{\frac{3}{2}\sigma\ 1\mu}=\sqrt{5}(-1)^{\frac{3}{2}-\sigma}C^{1\mu}_{\frac{3}{2}\sigma'\ \frac{3}{2}\ -\sigma},\quad \sigma',\sigma=\pm\frac{3}{2},\pm\frac{1}{2};\quad \mu=\pm1,0 \tag{4.1.4}$$

其中，σ' 表示行号；σ 表示列号。

利用式 (4.1.4) 和表 4.1 可以求得

$$\hat{S}_1=-\begin{pmatrix}0&\sqrt{\frac{3}{2}}&0&0\\0&0&\sqrt{2}&0\\0&0&0&\sqrt{\frac{3}{2}}\\0&0&0&0\end{pmatrix},\quad \hat{S}_0=\frac{1}{2}\begin{pmatrix}3&0&0&0\\0&1&0&0\\0&0&-1&0\\0&0&0&-3\end{pmatrix}$$

$$\hat{S}_{-1}=\begin{pmatrix}0&0&0&0\\\sqrt{\frac{3}{2}}&0&0&0\\0&\sqrt{2}&0&0\\0&0&\sqrt{\frac{3}{2}}&0\end{pmatrix}\tag{4.1.5}$$

表 4.1 C-G 系数 $C_{\frac{3}{2}\alpha\ \frac{3}{2}\beta}^{1\ \alpha+\beta}$ 表 [1]

α	β			
	$\frac{3}{2}$	$\frac{1}{2}$	$-\frac{1}{2}$	$-\frac{3}{2}$
$\frac{3}{2}$			$\sqrt{\frac{3}{10}}$	$\frac{3}{2\sqrt{5}}$
$\frac{1}{2}$		$-\sqrt{\frac{2}{5}}$	$-\frac{1}{2\sqrt{5}}$	$\sqrt{\frac{3}{10}}$
$-\frac{1}{2}$	$\sqrt{\frac{3}{10}}$	$-\frac{1}{2\sqrt{5}}$	$-\sqrt{\frac{2}{5}}$	
$-\frac{3}{2}$	$\frac{3}{2\sqrt{5}}$	$\sqrt{\frac{3}{10}}$		

利用式 (1.2.22) 由式 (4.1.5) 可以求得 $S=\dfrac{3}{2}$ 粒子自旋算符直角坐标系分量的矩阵表达式为

$$\hat{S}_x=\frac{1}{\sqrt{2}}\begin{pmatrix}0&\sqrt{\frac{3}{2}}&0&0\\\sqrt{\frac{3}{2}}&0&\sqrt{2}&0\\0&\sqrt{2}&0&\sqrt{\frac{3}{2}}\\0&0&\sqrt{\frac{3}{2}}&0\end{pmatrix},\quad \hat{S}_y=\frac{\mathrm{i}}{\sqrt{2}}\begin{pmatrix}0&-\sqrt{\frac{3}{2}}&0&0\\\sqrt{\frac{3}{2}}&0&-\sqrt{2}&0\\0&\sqrt{2}&0&-\sqrt{\frac{3}{2}}\\0&0&\sqrt{\frac{3}{2}}&0\end{pmatrix}$$

$$\hat{S}_z = \frac{1}{2}\begin{pmatrix} 3 & 0 & 0 & 0 \\ 0 & 1 & 0 & 0 \\ 0 & 0 & -1 & 0 \\ 0 & 0 & 0 & -3 \end{pmatrix} \tag{4.1.6}$$

上述自旋算符矩阵满足以下关系式

$$\hat{S}_i^+ = \hat{S}_i, \quad i = x, y, z \tag{4.1.7}$$

$$\hat{S}_\mu^+ = (-1)^\mu \hat{S}_{-\mu}, \quad \mu = \pm 1, 0 \tag{4.1.8}$$

由式 (1.4.6) 可以写出极化算符 $\hat{T}_{LM}\left(\frac{3}{2}\right)$ 的矩阵元为

$$\left[\hat{T}_{LM}\left(\frac{3}{2}\right)\right]_{\sigma'\sigma} = \sqrt{2L+1}C_{\frac{3}{2}\sigma\ LM}^{\frac{3}{2}\sigma'} = 2(-1)^{\frac{3}{2}-\sigma}C_{\frac{3}{2}\sigma'\ \frac{3}{2}\ -\sigma}^{LM}$$

$$\sigma', \sigma = \pm\frac{3}{2}, \pm\frac{1}{2}; \quad L = 0, 1, 2, 3; \quad -L \leqslant M \leqslant L \tag{4.1.9}$$

由式 (1.4.7) 和式 (1.4.8) 可知

$$\hat{T}_{00}\left(\frac{3}{2}\right) = \hat{I} \tag{4.1.10}$$

$$\hat{T}_{1M}\left(\frac{3}{2}\right) = \frac{2}{\sqrt{5}}\hat{S}_M, \quad M = \pm 1, 0 \tag{4.1.11}$$

$\hat{S}_M$ 的具体表达式已由式 (4.1.5) 给出。

由式 (1.4.4) 可得

$$\hat{T}_{2M}\left(\frac{3}{2}\right) = \sqrt{5}\sum_{mm'} C_{\frac{3}{2}m\ 2M}^{\frac{3}{2}m'} \chi_{\frac{3}{2}m'}\chi_{\frac{3}{2}m}^+ \tag{4.1.12}$$

由式 (1.2.20) 又有

$$\hat{S}_\mu = \frac{\sqrt{15}}{2}\sum_{mm'} C_{\frac{3}{2}m\ 1\mu}^{\frac{3}{2}m'} \chi_{\frac{3}{2}m'}\chi_{\frac{3}{2}m} \tag{4.1.13}$$

再令

$$\hat{X} = \sum_{\mu\nu} C_{1\mu\ 1\nu}^{2M} \hat{S}_\mu \hat{S}_\nu \tag{4.1.14}$$

把式 (4.1.13) 代入式 (4.1.14)，再利用式 (1.2.18)、式 (3.1.14) 和 $W\left(21\frac{3}{2}\frac{3}{2};1\frac{3}{2}\right) = -\frac{\sqrt{2}}{5\sqrt{3}}$ 可得

$$\hat{X} = \frac{15}{4}\sum_{\mu\nu} C_{1\mu\ 1\nu}^{2M} \sum_{mm'} C_{\frac{3}{2}m\ 1\mu}^{\frac{3}{2}m'} \sum_{\bar{m}\bar{m}'} C_{\frac{3}{2}\bar{m}\ 1\nu}^{\frac{3}{2}\bar{m}'} \chi_{\frac{3}{2}m'}\chi_{\frac{3}{2}m}^+ \chi_{\frac{3}{2}\bar{m}'}\chi_{\frac{3}{2}\bar{m}}^+$$

$$
\begin{aligned}
&= \frac{15}{4} \sum_{\mu\nu m m' \bar{m}} C_{1\mu\ 1\nu}^{2M} C_{\frac{3}{2}m\ 1\mu}^{\frac{3}{2}m'} C_{\frac{3}{2}\bar{m}\ 1\nu}^{\frac{3}{2}m} \chi_{\frac{3}{2}m'} \chi_{\frac{3}{2}\bar{m}}^{+} \\
&= \frac{15}{4} 2\sqrt{5} \sum_{m'\bar{m}} C_{\frac{3}{2}\bar{m}\ 2M}^{\frac{3}{2}m'} W\left(\frac{3}{2}1\frac{3}{2}1;\frac{3}{2}2\right) \chi_{\frac{3}{2}m'} \chi_{\frac{3}{2}\bar{m}}^{+} \\
&= -\frac{15\sqrt{5}}{2} \sum_{m'm} C_{\frac{3}{2}m\ 2M}^{\frac{3}{2}m'} W\left(21\frac{3}{2}\frac{3}{2};1\frac{3}{2}\right) \chi_{\frac{3}{2}m'} \chi_{\frac{3}{2}m}^{+} \\
&= \sqrt{\frac{15}{2}} \sum_{m'm} C_{\frac{3}{2}m\ 2M}^{\frac{3}{2}m'} \chi_{\frac{3}{2}m'} \chi_{\frac{3}{2}m}^{+}
\end{aligned} \tag{4.1.15}
$$

把式 (4.1.15) 与式 (4.1.12) 相比较可得

$$
\hat{T}_{2M}\left(\frac{3}{2}\right) = \sqrt{\frac{2}{3}} \sum_{\mu\nu} C_{1\mu\ 1\nu}^{2M} \hat{S}_{\mu} \hat{S}_{\nu}, \quad M = \pm 2, \pm 1, 0 \tag{4.1.16}
$$

可见 $\hat{T}_{2M}\left(\frac{3}{2}\right)$ 共有 5 个线性独立分量，每个分量都是 4×4 方矩阵。

由式 (4.1.9) 和表 4.2 可以求得

$$
\begin{aligned}
&\hat{T}_{22}\left(\frac{3}{2}\right) = \sqrt{2}\begin{pmatrix} 0 & 0 & 1 & 0 \\ 0 & 0 & 0 & 1 \\ 0 & 0 & 0 & 0 \\ 0 & 0 & 0 & 0 \end{pmatrix}, \quad \hat{T}_{21}\left(\frac{3}{2}\right) = \sqrt{2}\begin{pmatrix} 0 & -1 & 0 & 0 \\ 0 & 0 & 0 & 0 \\ 0 & 0 & 0 & 1 \\ 0 & 0 & 0 & 0 \end{pmatrix} \\
&\hat{T}_{20}\left(\frac{3}{2}\right) = \begin{pmatrix} 1 & 0 & 0 & 0 \\ 0 & -1 & 0 & 0 \\ 0 & 0 & -1 & 0 \\ 0 & 0 & 0 & 1 \end{pmatrix}, \quad \hat{T}_{2\ -1}\left(\frac{3}{2}\right) = \sqrt{2}\begin{pmatrix} 0 & 0 & 0 & 0 \\ 1 & 0 & 0 & 0 \\ 0 & 0 & 0 & 0 \\ 0 & 0 & -1 & 0 \end{pmatrix} \\
&\hat{T}_{2\ -2}\left(\frac{3}{2}\right) = \sqrt{2}\begin{pmatrix} 0 & 0 & 0 & 0 \\ 0 & 0 & 0 & 0 \\ 1 & 0 & 0 & 0 \\ 0 & 1 & 0 & 0 \end{pmatrix}
\end{aligned} \tag{4.1.17}
$$

上述矩阵满足关系式

$$
\hat{T}_{2M}^{+}\left(\frac{3}{2}\right) = (-1)^{M} \hat{T}_{2\ -M}\left(\frac{3}{2}\right) \tag{4.1.18}
$$

表 4.2 C-G 系数 $C_{\frac{3}{2}\alpha\ \frac{3}{2}\beta}^{2\ \alpha+\beta}$ 表 [1]

α	β			
	$\frac{3}{2}$	$\frac{1}{2}$	$-\frac{1}{2}$	$-\frac{3}{2}$
$\frac{3}{2}$		$\frac{1}{\sqrt{2}}$	$\frac{1}{\sqrt{2}}$	$\frac{1}{2}$
$\frac{1}{2}$	$-\frac{1}{\sqrt{2}}$	0	$\frac{1}{2}$	$\frac{1}{\sqrt{2}}$
$-\frac{1}{2}$	$-\frac{1}{\sqrt{2}}$	$-\frac{1}{2}$	0	$\frac{1}{\sqrt{2}}$
$-\frac{3}{2}$	$-\frac{1}{2}$	$-\frac{1}{\sqrt{2}}$	$-\frac{1}{\sqrt{2}}$	

由式 (4.1.9) 和表 4.3 可以求得

$$\hat{T}_{33}\left(\frac{3}{2}\right)=2\begin{pmatrix}0&0&0&-1\\0&0&0&0\\0&0&0&0\\0&0&0&0\end{pmatrix},\quad \hat{T}_{32}\left(\frac{3}{2}\right)=\sqrt{2}\begin{pmatrix}0&0&1&0\\0&0&0&-1\\0&0&0&0\\0&0&0&0\end{pmatrix}$$

$$\hat{T}_{31}\left(\frac{3}{2}\right)=\frac{2}{\sqrt{5}}\begin{pmatrix}0&-1&0&0\\0&0&\sqrt{3}&0\\0&0&0&-1\\0&0&0&0\end{pmatrix},\quad \hat{T}_{30}\left(\frac{3}{2}\right)=\frac{1}{\sqrt{5}}\begin{pmatrix}1&0&0&0\\0&-3&0&0\\0&0&3&0\\0&0&0&-1\end{pmatrix}$$

$$\hat{T}_{3\ -1}\left(\frac{3}{2}\right)=\frac{2}{\sqrt{5}}\begin{pmatrix}0&0&0&0\\1&0&0&0\\0&-\sqrt{3}&0&0\\0&0&1&0\end{pmatrix},\quad \hat{T}_{3\ -2}\left(\frac{3}{2}\right)=\sqrt{2}\begin{pmatrix}0&0&0&0\\0&0&0&0\\1&0&0&0\\0&-1&0&0\end{pmatrix}$$

$$\hat{T}_{3\ -3}\left(\frac{3}{2}\right)=2\begin{pmatrix}0&0&0&0\\0&0&0&0\\0&0&0&0\\1&0&0&0\end{pmatrix}\tag{4.1.19}$$

上述矩阵满足关系式

$$\hat{T}_{3M}^{+}\left(\frac{3}{2}\right)=(-1)^{M}\hat{T}_{3\ -M}\left(\frac{3}{2}\right)\tag{4.1.20}$$

表 4.3 C-G 系数 $C^{3\ \alpha+\beta}_{\frac{3}{2}\alpha\ \frac{3}{2}\beta}$ 表 [1]

α	β			
	$\frac{3}{2}$	$\frac{1}{2}$	$-\frac{1}{2}$	$-\frac{3}{2}$
$\frac{3}{2}$	1	$\frac{1}{\sqrt{2}}$	$\frac{1}{\sqrt{5}}$	$\frac{1}{2\sqrt{5}}$
$\frac{1}{2}$	$\frac{1}{\sqrt{2}}$	$\sqrt{\frac{3}{5}}$	$\frac{3}{2\sqrt{5}}$	$\frac{1}{\sqrt{5}}$
$-\frac{1}{2}$	$\frac{1}{\sqrt{5}}$	$\frac{3}{2\sqrt{5}}$	$\sqrt{\frac{3}{5}}$	$\frac{1}{\sqrt{2}}$
$-\frac{3}{2}$	$\frac{1}{2\sqrt{5}}$	$\frac{1}{\sqrt{5}}$	$\frac{1}{\sqrt{2}}$	1

根据式 (1.5.22)、式 (1.5.29) 和式 (4.1.10)，并参考式 (3.6.92) 对于 $S=\frac{3}{2}$ 粒子可以写出归一化的入射粒子密度矩阵为

$$\hat{\rho}_{\text{in}}=\frac{1}{4}\left[\hat{I}+\sum_{M}(-1)^{M}\left(-\mathrm{i}t_{1\ -M}\right)\left(\mathrm{i}\hat{T}_{1M}\right)+\sum_{M}(-1)^{M}t_{2\ -M}\hat{T}_{2M}\right.$$
$$\left.+\sum_{M}(-1)^{M}\left(-\mathrm{i}t_{3\ -M}\right)\left(\mathrm{i}\hat{T}_{3M}\right)\right] \tag{4.1.21}$$

其中，$\mathrm{i}t_{1M},t_{2M}$ 和 $\mathrm{i}t_{3M}$ 分别为 $S=\frac{3}{2}$ 入射粒子的一阶张量 (矢量)、二阶张量和三阶张量初始极化率。

由参考文献 [2] 的式 (5.5.6) 或式 (5.5.51) 可以写出自旋 $\frac{3}{2}$ 的入射粒子与自旋 0 靶核发生弹性散射时的散射振幅为

$$f_{\mu',\mu}(\theta,\varphi)=f_{\mathrm{C}}(\theta)\delta_{\mu'\mu}+\frac{\mathrm{i}\sqrt{\pi}}{k}\sum_{lj}\hat{l}C^{j\mu}_{l0\ \frac{3}{2}\mu}C^{j\mu}_{l\ \mu-\mu'\ \frac{3}{2}\mu'}\left(1-S^{j}_{l}\right)\mathrm{e}^{2\mathrm{i}\sigma_l}\mathrm{Y}_{l\ \mu-\mu'}(\theta,\varphi) \tag{4.1.22}$$

其中，S^{j}_{l} 是弹性散射 S 矩阵元。利用式 (2.7.4)，我们可把上式改写为

$$f_{\mu',\mu}(\theta,\varphi)=F_{\mu',\mu}(\theta)\mathrm{e}^{\mathrm{i}(\mu-\mu')\varphi} \tag{4.1.23}$$

$$F_{\mu',\mu}(\theta)=f_{\mathrm{C}}(\theta)\delta_{\mu'\mu}+\frac{\mathrm{i}}{2k}(-1)^{\mu-\mu'}\sum_{lj}f^{lj}_{\mu',\mu}\mathrm{P}^{\mu-\mu'}_{l}(\cos\theta) \tag{4.1.24}$$

$$f^{lj}_{\mu',\mu}=\hat{l}^{2}\mathrm{e}^{2\mathrm{i}\sigma_l}\sqrt{\frac{(l-\mu+\mu')!}{(l+\mu-\mu')!}}C^{j\mu}_{l0\ \frac{3}{2}\mu}C^{j\mu}_{l\ \mu-\mu'\ \frac{3}{2}\mu'}\left(1-S^{j}_{l}\right) \tag{4.1.25}$$

很容易证明

$$C^{j\mu}_{l0\ \frac{3}{2}\mu}C^{j\mu}_{l\ \mu-\mu'\ \frac{3}{2}\mu'}=C^{j\ -\mu}_{l0\ \frac{3}{2}\ -\mu}C^{j\ -\mu}_{l\ -\mu+\mu'\ \frac{3}{2}\ -\mu'} \tag{4.1.26}$$

再注意到关系式 (2.7.38)，由式 (4.1.25) 和式 (4.1.26) 可得

$$F_{-\mu',-\mu}(\theta)=(-1)^{\mu-\mu'}F_{\mu',\mu}(\theta) \tag{4.1.27}$$

我们把垂直于反应平面的单位矢量 $\vec{n}$ 选作 y 轴，在此直角坐标系基础上定义球基坐标，这样便能使方位角 $\varphi=0$。根据式 (4.1.27) 引入以下矩阵元符号

$$\begin{aligned}
&A(\theta)=F_{\frac{3}{2},\frac{3}{2}}(\theta)=F_{-\frac{3}{2},-\frac{3}{2}}(\theta), \quad B(\theta)=\mathrm{i}F_{\frac{3}{2},\frac{1}{2}}(\theta)=-\mathrm{i}F_{-\frac{3}{2},-\frac{1}{2}}(\theta)\\
&C(\theta)=-F_{\frac{3}{2},-\frac{1}{2}}(\theta)=-F_{-\frac{3}{2},\frac{1}{2}}(\theta), \quad D(\theta)=-\mathrm{i}F_{\frac{3}{2},-\frac{3}{2}}(\theta)=\mathrm{i}F_{-\frac{3}{2},\frac{3}{2}}(\theta)\\
&E(\theta)=-F_{\frac{1}{2},-\frac{3}{2}}(\theta)=-F_{-\frac{1}{2},\frac{3}{2}}(\theta), \quad F(\theta)=\mathrm{i}F_{\frac{1}{2},-\frac{1}{2}}(\theta)=-\mathrm{i}F_{-\frac{1}{2},\frac{1}{2}}(\theta)\\
&G(\theta)=F_{\frac{1}{2},\frac{1}{2}}(\theta)=F_{-\frac{1}{2},-\frac{1}{2}}(\theta), \quad H(\theta)=-\mathrm{i}F_{\frac{1}{2},\frac{3}{2}}(\theta)=\mathrm{i}F_{-\frac{1}{2},-\frac{3}{2}}(\theta)
\end{aligned} \tag{4.1.28}$$

于是可把由式 (4.1.24) 给出的 4×4 的散射振幅矩阵表示成

$$\hat{F}=\begin{pmatrix} A & -\mathrm{i}B & -C & \mathrm{i}D\\ \mathrm{i}H & G & -\mathrm{i}F & -E\\ -E & \mathrm{i}F & G & -\mathrm{i}H\\ -\mathrm{i}D & -C & \mathrm{i}B & A \end{pmatrix}, \quad \hat{F}^{+}=\begin{pmatrix} A^* & -\mathrm{i}H^* & -E^* & \mathrm{i}D^*\\ \mathrm{i}B^* & G^* & -\mathrm{i}F^* & -C^*\\ -C^* & \mathrm{i}F^* & G^* & -\mathrm{i}B^*\\ -\mathrm{i}D^* & -E^* & \mathrm{i}H^* & A^* \end{pmatrix} \tag{4.1.29}$$

$$\hat{F}\hat{F}^{+}=\begin{pmatrix}
|A|^2+|B|^2+|C|^2+|D|^2 & -\mathrm{i}\,(AH^*+BG^*+CF^*+DE^*) & -\,(AE^*+BF^*+CG^*+DH^*) & \mathrm{i}\,(AD^*+BC^*+CB^*+DA^*)\\
\mathrm{i}\,(HA^*+GB^*+FC^*+ED^*) & |H|^2+|G|^2+|F|^2+|E|^2 & -\mathrm{i}\,(HE^*+GF^*+FG^*+EH^*) & -\,(HD^*+GC^*+FB^*+EA^*)\\
-\,(EA^*+FB^*+GC^*+HD^*) & \mathrm{i}\,(EH^*+FG^*+GF^*+HE^*) & |E|^2+|F|^2+|G|^2+|H|^2 & -\mathrm{i}\,(ED^*+FC^*+GB^*+HA^*)\\
-\mathrm{i}\,(DA^*+CB^*+BC^*+AD^*) & -\,(DH^*+CG^*+BF^*+AE^*) & \mathrm{i}\,(DE^*+CF^*+BG^*+AH^*) & |D|^2+|C|^2+|B|^2+|A|^2
\end{pmatrix} \tag{4.1.30}$$

如果入射粒子是非极化的，由式 (4.1.30) 可以求得出射粒子的微分截面为

$$I_0=\frac{1}{4}\mathrm{tr}\left\{\hat{F}\hat{F}^{+}\right\}=\frac{1}{2}\left(|A|^2+|B|^2+|C|^2+|D|^2+|E|^2+|F|^2+|G|^2+|H|^2\right) \tag{4.1.31}$$

在入射粒子是非极化的情况下出射粒子极化矢量的分量为

$$\mathrm{i}P_0^{M'}=\frac{1}{4I_0}\mathrm{tr}\left\{\mathrm{i}\hat{S}_{M'}\hat{F}\hat{F}^{+}\right\}, \quad M'=\pm1,0 \tag{4.1.32}$$

可以求得

$$\begin{aligned} \mathrm{i}P_0^1 =& -\frac{\mathrm{i}}{4I_0}\left[\mathrm{i}\sqrt{\frac{3}{2}}(HA^* + GB^* + FC^* + ED^*) + \mathrm{i}\sqrt{2}(EH^* + FG^* \right. \\ & \left. + GF^* + HE^*) + \mathrm{i}\sqrt{\frac{3}{2}}(DE^* + CF^* + BG^* + AH^*)\right] \\ =& \frac{1}{2I_0}\mathrm{Re}\left[\sqrt{\frac{3}{2}}(AH^* + BG^* + CF^* + DE^*) + \sqrt{2}(EH^* + FG^*)\right] \end{aligned} \tag{4.1.33}$$

$$\mathrm{i}P_0^0 = 0 \tag{4.1.34}$$

$$\begin{aligned} \mathrm{i}P_0^{-1} =& \frac{\mathrm{i}}{4I_0}\left[-\mathrm{i}\sqrt{\frac{3}{2}}(AH^* + BG^* + CF^* + DE^*) \right. \\ & \left. -\mathrm{i}\sqrt{2}(HE^* + GF^* + FG^* + EH^*) - \mathrm{i}\sqrt{\frac{3}{2}}(ED^* + FC^* + GB^* + HA^*)\right] \\ =& \frac{1}{2I_0}\mathrm{Re}\left[\sqrt{\frac{3}{2}}(AH^* + BG^* + CF^* + DE^*) + \sqrt{2}(EH^* + FG^*)\right] = \mathrm{i}P_0^1 \end{aligned} \tag{4.1.35}$$

并且利用式 (4.1.11) 可得

$$\mathrm{i}P_0^{1M'} = \frac{1}{4I_0}\mathrm{tr}\left\{\mathrm{i}\hat{T}_{1M'}\hat{F}\hat{F}^+\right\} = \frac{2}{\sqrt{5}}\mathrm{i}P_0^{M'}, \quad M' = \pm 1, 0 \tag{4.1.36}$$

相应的极化二阶张量的分量为

$$P_0^{2M'} = \frac{1}{4I_0}\mathrm{tr}\left\{\hat{T}_{2M'}\hat{F}\hat{F}^+\right\}, \quad M' = \pm 2, \pm 1, 0 \tag{4.1.37}$$

可以求得

$$\begin{aligned} P_0^{22} =& \frac{\sqrt{2}}{4I_0}[-(EA^* + FB^* + GC^* + HD^*) - (DH^* + CG^* + BF^* + AE^*)] \\ =& -\frac{1}{\sqrt{2}I_0}\mathrm{Re}(AE^* + BF^* + CG^* + DH^*) \end{aligned} \tag{4.1.38}$$

$$\begin{aligned} P_0^{21} =& \frac{\sqrt{2}}{4I_0}[-\mathrm{i}(HA^* + GB^* + FC^* + ED^*) + \mathrm{i}(DE^* + CF^* + BG^* + AH^*)] \\ =& -\frac{1}{\sqrt{2}I_0}\mathrm{Im}(AH^* + BG^* + CF^* + DE^*) \end{aligned} \tag{4.1.39}$$

$$P_0^{20} = \frac{1}{2I_0}\left[\left(|A|^2 + |B|^2 + |C|^2 + |D|^2\right) - \left(|E|^2 + |F|^2 + |G|^2 + |H|^2\right)\right] \tag{4.1.40}$$

$$P_0^{2\ -1} = \frac{\sqrt{2}}{4I_0}\left[-\mathrm{i}\left(AH^* + BG^* + CF^* + DE^*\right) + \mathrm{i}\left(ED^* + FC^* + GB^* + HA^*\right)\right]$$
$$= \frac{1}{\sqrt{2}I_0}\mathrm{Im}\left(AH^* + BG^* + CF^* + DE^*\right) = -P_0^{21} \tag{4.1.41}$$

$$P_0^{2\ -2} = \frac{\sqrt{2}}{4I_0}\left[-\left(AE^* + BF^* + CG^* + DH^*\right) - \left(HD^* + GC^* + FB^* + EA^*\right)\right]$$
$$= -\frac{1}{\sqrt{2}I_0}\mathrm{Re}\left(AE^* + BF^* + CG^* + DH^*\right) = P_0^{22} \tag{4.1.42}$$

相应的极化三阶张量的分量为

$$\mathrm{i}P_0^{3M'} = \frac{1}{4I_0}\mathrm{tr}\left\{\mathrm{i}\hat{T}_{3M'}\hat{F}\hat{F}^+\right\}, \quad M' = \pm 3, \pm 2, \pm 1, 0 \tag{4.1.43}$$

可以求得

$$\mathrm{i}P_0^{33} = \frac{\mathrm{i}(2\mathrm{i})}{4I_0}\left(DA^* + CB^* + BC^* + AD^*\right) = -\frac{1}{I_0}\mathrm{Re}\left(AD^* + BC^*\right) \tag{4.1.44}$$

$$\mathrm{i}P_0^{32} = \frac{\mathrm{i}\sqrt{2}}{4I_0}\left[-\left(EA^* + FB^* + GC^* + HD^*\right) + \left(DH^* + CG^* + BF^* + AE^*\right)\right]$$
$$= -\frac{1}{\sqrt{2}I_0}\mathrm{Im}\left(AE^* + BF^* + CG^* + DH^*\right) \tag{4.1.45}$$

$$\mathrm{i}P_0^{31} = \frac{2\mathrm{i}}{4\sqrt{5}I_0}\Big[-\mathrm{i}\left(HA^* + GB^* + FC^* + ED^*\right)$$
$$+\mathrm{i}\sqrt{3}\left(EH^* + FG^* + GF^* + HE^*\right) - \mathrm{i}\left(DE^* + CF^* + BG^* + AH^*\right)\Big]$$
$$= \frac{1}{\sqrt{5}I_0}\mathrm{Re}\left[\left(AH^* + BG^* + CF^* + DE^*\right) - \sqrt{3}\left(EH^* + FG^*\right)\right] \tag{4.1.46}$$

$$\mathrm{i}P_0^{30} = 0 \tag{4.1.47}$$

$$\mathrm{i}P_0^{3\ -1} = \frac{2\mathrm{i}}{4\sqrt{5}I_0}\Big[-\mathrm{i}\left(AH^* + BG^* + CF^* + DE^*\right)$$
$$+\mathrm{i}\sqrt{3}\left(HE^* + GF^* + FG^* + EH^*\right) - \mathrm{i}\left(ED^* + FC^* + GB^* + HA^*\right)\Big]$$
$$= \frac{1}{\sqrt{5}I_0}\mathrm{Re}\left[\left(AH^* + BG^* + CF^* + DE^*\right) - \sqrt{3}\left(EH^* + FG^*\right)\right] = \mathrm{i}P_0^{31} \tag{4.1.48}$$

$$\mathrm{i}P_0^{3\ -2} = \frac{\mathrm{i}\sqrt{2}}{4I_0}\left[-\left(AE^* + BF^* + CG^* + DH^*\right) + \left(HD^* + GC^* + FB^* + EA^*\right)\right]$$
$$= \frac{1}{\sqrt{2}I_0}\mathrm{Im}\left(AE^* + BF^* + CG^* + DH^*\right) = -\mathrm{i}P_0^{32} \tag{4.1.49}$$

$$\mathrm{i}P_0^{3\ -3} = \frac{\mathrm{i}(2\mathrm{i})}{4I_0}\left(AD^* + BC^* + CB^* + DA^*\right) = -\frac{1}{I_0}\mathrm{Re}\left(AD^* + BC^*\right) = \mathrm{i}P_0^{33} \tag{4.1.50}$$

从以上结果可以看出，$S=\dfrac{3}{2}$ 非极化入射粒子所对应的非零且独立的出射粒子极化一阶张量 (矢量)、二阶张量和三阶张量的分量分别为 $\mathrm{i}P_0^{11}$；P_0^{22}, P_0^{21}, P_0^{20}；$\mathrm{i}P_0^{33}$, $\mathrm{i}P_0^{32}$, $\mathrm{i}P_0^{31}$。

下面求相应的极化分析本领。对于极化矢量有

$$\mathrm{i}A_M=\frac{1}{4I_0}\mathrm{tr}\left\{\hat{F}\mathrm{i}\hat{S}_M\hat{F}^+\right\},\quad M=\pm1,0 \tag{4.1.51}$$

可以求得

$$\mathrm{i}\hat{S}_1\hat{F}^+=-\mathrm{i}\begin{pmatrix}\mathrm{i}\sqrt{\frac{3}{2}}B^* & \sqrt{\frac{3}{2}}G^* & -\mathrm{i}\sqrt{\frac{3}{2}}F^* & -\sqrt{\frac{3}{2}}C^*\\ -\sqrt{2}C^* & \mathrm{i}\sqrt{2}F^* & \sqrt{2}G^* & -\mathrm{i}\sqrt{2}B^*\\ -\mathrm{i}\sqrt{\frac{3}{2}}D^* & -\sqrt{\frac{3}{2}}E^* & \mathrm{i}\sqrt{\frac{3}{2}}H^* & \sqrt{\frac{3}{2}}A^*\\ 0&0&0&0\end{pmatrix}$$

$$\begin{aligned}\mathrm{i}A_1=&\frac{-\mathrm{i}}{4I_0}\left[\mathrm{i}\left(\sqrt{\frac{3}{2}}AB^*+\sqrt{2}BC^*+\sqrt{\frac{3}{2}}CD^*\right)+\mathrm{i}\left(\sqrt{\frac{3}{2}}HG^*+\sqrt{2}GF^*+\sqrt{\frac{3}{2}}FE^*\right)\right.\\&\left.+\mathrm{i}\left(\sqrt{\frac{3}{2}}EF^*+\sqrt{2}FG^*+\sqrt{\frac{3}{2}}GH^*\right)+\mathrm{i}\left(\sqrt{\frac{3}{2}}DC^*+\sqrt{2}CB^*+\sqrt{\frac{3}{2}}BA^*\right)\right]\\=&\frac{1}{2I_0}\mathrm{Re}\left[\sqrt{\frac{3}{2}}\left(AB^*+CD^*+EF^*+GH^*\right)+\sqrt{2}\left(BC^*+FG^*\right)\right]\end{aligned} \tag{4.1.52}$$

$$\mathrm{i}\hat{S}_0\hat{F}^+=\frac{\mathrm{i}}{2}\begin{pmatrix}3A^* & -3\mathrm{i}H^* & -3E^* & 3\mathrm{i}D^*\\ \mathrm{i}B^* & G^* & -\mathrm{i}F^* & -C^*\\ C^* & -\mathrm{i}F^* & -G^* & \mathrm{i}B^*\\ 3\mathrm{i}D^* & 3E^* & -3\mathrm{i}H^* & -3A^*\end{pmatrix}$$

$$\begin{aligned}\mathrm{i}A_0=&\frac{\mathrm{i}}{8I_0}\left(3\left|A\right|^2+\left|B\right|^2-\left|C\right|^2-3\left|D\right|^2+3\left|H\right|^2+\left|G\right|^2-\left|F\right|^2-3\left|E\right|^2\right.\\&\left.+3\left|E\right|^2+\left|F\right|^2-\left|G\right|^2-3\left|H\right|^2+3\left|D\right|^2+\left|C\right|^2-\left|B\right|^2-3\left|A\right|^2\right)=0\end{aligned} \tag{4.1.53}$$

$$\mathrm{i}\hat{S}_{-1}\hat{F}^+=\mathrm{i}\begin{pmatrix}0&0&0&0\\ \sqrt{\frac{3}{2}}A^* & -\mathrm{i}\sqrt{\frac{3}{2}}H^* & -\sqrt{\frac{3}{2}}E^* & \mathrm{i}\sqrt{\frac{3}{2}}D^*\\ \mathrm{i}\sqrt{2}B^* & \sqrt{2}G^* & -\mathrm{i}\sqrt{2}F^* & -\sqrt{2}C^*\\ -\sqrt{\frac{3}{2}}C^* & \mathrm{i}\sqrt{\frac{3}{2}}F^* & \sqrt{\frac{3}{2}}G^* & -\mathrm{i}\sqrt{\frac{3}{2}}B^*\end{pmatrix}$$

$$
\begin{aligned}
&\mathrm{i}A_{-1}\\
&=\frac{\mathrm{i}}{4I_0}\left[-\mathrm{i}\left(\sqrt{\frac{3}{2}}BA^*+\sqrt{2}CB^*+\sqrt{\frac{3}{2}}DC^*\right)-\mathrm{i}\left(\sqrt{\frac{3}{2}}GH^*+\sqrt{2}FG^*+\sqrt{\frac{3}{2}}EF^*\right)\right.\\
&\quad\left.-\mathrm{i}\left(\sqrt{\frac{3}{2}}FE^*+\sqrt{2}GF^*+\sqrt{\frac{3}{2}}HG^*\right)-\mathrm{i}\left(\sqrt{\frac{3}{2}}CD^*+\sqrt{2}BC^*+\sqrt{\frac{3}{2}}AB^*\right)\right]\\
&=\frac{1}{2I_0}\mathrm{Re}\left[\sqrt{\frac{3}{2}}\left(AB^*+CD^*+EF^*+GH^*\right)+\sqrt{2}\left(BC^*+FG^*\right)\right]=\mathrm{i}A_1
\end{aligned}
\tag{4.1.54}
$$

并且利用式 (4.1.11) 可得

$$
\mathrm{i}A_{1M}=\frac{1}{4I_0}\mathrm{tr}\left\{\hat{F}\mathrm{i}\hat{T}_{1M}\hat{F}^+\right\}=\frac{2}{\sqrt{5}}\mathrm{i}A_M,\quad M=\pm1,0 \tag{4.1.55}
$$

二阶张量的分析本领为

$$
A_{2M}=\frac{1}{4I_0}\mathrm{tr}\left\{\hat{F}\hat{T}_{2M}\hat{F}^+\right\},\quad M=\pm2,\pm1,0 \tag{4.1.56}
$$

可以求得

$$
\hat{T}_{22}\hat{F}^+=\sqrt{2}\begin{pmatrix}-C^* & \mathrm{i}F^* & G^* & -\mathrm{i}B^*\\ -\mathrm{i}D^* & -E^* & \mathrm{i}H^* & A^*\\ 0&0&0&0\\ 0&0&0&0\end{pmatrix}
$$

$$
\begin{aligned}
A_{22}&=\frac{\sqrt{2}}{4I_0}\left[-\left(AC^*+BD^*+HF^*+GE^*+EG^*+FH^*+DB^*+CA^*\right)\right]\\
&=-\frac{1}{\sqrt{2}I_0}\mathrm{Re}\left(AC^*+BD^*+EG^*+FH^*\right)
\end{aligned}
\tag{4.1.57}
$$

$$
\hat{T}_{21}\hat{F}^+=\sqrt{2}\begin{pmatrix}-\mathrm{i}B^* & -G^* & \mathrm{i}F^* & C^*\\ 0&0&0&0\\ -\mathrm{i}D^* & -E^* & \mathrm{i}H^* & A^*\\ 0&0&0&0\end{pmatrix}
$$

$$
\begin{aligned}
A_{21}&=\frac{\sqrt{2}}{4I_0}\left[-\mathrm{i}\left(AB^*-CD^*+HG^*-FE^*+EF^*-GH^*+DC^*-BA^*\right)\right]\\
&=\frac{1}{\sqrt{2}I_0}\mathrm{Im}\left(AB^*-CD^*-GH^*+EF^*\right)
\end{aligned}
\tag{4.1.58}
$$

$$
\hat{T}_{20}\hat{F}^+=\begin{pmatrix}A^* & -\mathrm{i}H^* & -E^* & \mathrm{i}D^*\\ -\mathrm{i}B^* & -G^* & \mathrm{i}F^* & C^*\\ C^* & -\mathrm{i}F^* & -G^* & \mathrm{i}B^*\\ -\mathrm{i}D^* & -E^* & \mathrm{i}H^* & A^*\end{pmatrix}
$$

$$
\begin{aligned}
A_{20} &= \frac{1}{4I_0}\left(|A|^2 - |B|^2 - |C|^2 + |D|^2 + |H|^2 - |G|^2 - |F|^2 + |E|^2\right. \\
&\quad \left. + |E|^2 - |F|^2 - |G|^2 + |H|^2 + |D|^2 - |C|^2 - |B|^2 + |A|^2\right) \\
&= \frac{1}{2I_0}\left(|A|^2 - |B|^2 - |C|^2 + |D|^2 + |E|^2 - |F|^2 - |G|^2 + |H|^2\right)
\end{aligned}
\tag{4.1.59}
$$

$$
\hat{T}_{2\ -1}\hat{F}^{+} = \sqrt{2}\begin{pmatrix} 0 & 0 & 0 & 0 \\ A^* & -\mathrm{i}H^* & -E^* & \mathrm{i}D^* \\ 0 & 0 & 0 & 0 \\ C^* & -\mathrm{i}F^* & -G^* & \mathrm{i}B^* \end{pmatrix}
$$

$$
\begin{aligned}
A_{2\ -1} &= \frac{\sqrt{2}}{4I_0}\left[-\mathrm{i}\left(BA^* - DC^* + GH^* - EF^* + FE^* - HG^* + CD^* - AB^*\right)\right] \\
&= -\frac{1}{\sqrt{2}I_0}\mathrm{Im}\left(AB^* - CD^* - GH^* + EF^*\right) = -A_{21}
\end{aligned}
\tag{4.1.60}
$$

$$
\hat{T}_{2\ -2}\hat{F}^{+} = \sqrt{2}\begin{pmatrix} 0 & 0 & 0 & 0 \\ 0 & 0 & 0 & 0 \\ A^* & -\mathrm{i}H^* & -E^* & \mathrm{i}D^* \\ \mathrm{i}B^* & G^* & -\mathrm{i}F^* & -C^* \end{pmatrix}
$$

$$
\begin{aligned}
A_{2\ -2} &= \frac{\sqrt{2}}{4I_0}\left[-\left(CA^* + DB^* + FH^* + EG^* + GE^* + HF^* + BD^* + AC^*\right)\right] \\
&= -\frac{1}{\sqrt{2}I_0}\mathrm{Re}\left(AC^* + BD^* + EG^* + FH^*\right) = A_{22}
\end{aligned}
\tag{4.1.61}
$$

三阶张量的分析本领为

$$
\mathrm{i}A_{3M} = \frac{1}{4I_0}\mathrm{tr}\left\{\hat{F}\mathrm{i}\hat{T}_{3M}\hat{F}^{+}\right\}, \quad M = \pm3, \pm2, \pm1, 0
\tag{4.1.62}
$$

可以求得

$$
\mathrm{i}\hat{T}_{33}\hat{F}^{+} = 2\mathrm{i}\begin{pmatrix} \mathrm{i}D^* & E^* & -\mathrm{i}H^* & -A^* \\ 0 & 0 & 0 & 0 \\ 0 & 0 & 0 & 0 \\ 0 & 0 & 0 & 0 \end{pmatrix}
$$

$$
\mathrm{i}A_{33} = \frac{2\mathrm{i}}{4I_0}\left[\mathrm{i}\left(AD^* + HE^* + EH^* + DA^*\right)\right] = -\frac{1}{I_0}\mathrm{Re}\left(AD^* + EH^*\right)
\tag{4.1.63}
$$

$$\mathrm{i}\hat{T}_{32}\hat{F}^+ = \sqrt{2}\mathrm{i}\begin{pmatrix} -C^* & \mathrm{i}F^* & G^* & -\mathrm{i}B^* \\ \mathrm{i}D^* & E^* & -\mathrm{i}H^* & -A^* \\ 0 & 0 & 0 & 0 \\ 0 & 0 & 0 & 0 \end{pmatrix}$$

$$\begin{aligned}\mathrm{i}A_{32} &= \frac{\sqrt{2}\mathrm{i}}{4I_0}\left[-\left(AC^* - BD^* + HF^* - GE^* + EG^* - FH^* + DB^* - CA^*\right)\right] \\ &= \frac{1}{\sqrt{2}I_0}\mathrm{Im}\left(AC^* - BD^* + EG^* - FH^*\right)\end{aligned} \tag{4.1.64}$$

$$\mathrm{i}\hat{T}_{31}\hat{F}^+ = \frac{2\mathrm{i}}{\sqrt{5}}\begin{pmatrix} -\mathrm{i}B^* & -G^* & \mathrm{i}F^* & C^* \\ -\sqrt{3}C^* & \mathrm{i}\sqrt{3}F^* & \sqrt{3}G^* & -\mathrm{i}\sqrt{3}B^* \\ \mathrm{i}D^* & E^* & -\mathrm{i}H^* & -A^* \\ 0 & 0 & 0 & 0 \end{pmatrix}$$

$$\begin{aligned}\mathrm{i}A_{31} &= \frac{2\mathrm{i}}{4\sqrt{5}I_0}\Big[-\mathrm{i}\Big(AB^* - \sqrt{3}BC^* + CD^* + HG^* - \sqrt{3}GF^* + FE^* \\ &\quad + EF^* - \sqrt{3}FG^* + GH^* + DC^* - \sqrt{3}CB^* + BA^*\Big)\Big] \\ &= \frac{1}{\sqrt{5}I_0}\mathrm{Re}\left[\left(AB^* + CD^* + EF^* + GH^*\right) - \sqrt{3}\left(BC^* + FG^*\right)\right]\end{aligned} \tag{4.1.65}$$

$$\mathrm{i}\hat{T}_{30}\hat{F}^+ = \frac{\mathrm{i}}{\sqrt{5}}\begin{pmatrix} A^* & -\mathrm{i}H^* & -E^* & \mathrm{i}D^* \\ -3\mathrm{i}B^* & -3G^* & 3\mathrm{i}F^* & 3C^* \\ -3C^* & 3\mathrm{i}F^* & 3G^* & -3\mathrm{i}B^* \\ \mathrm{i}D^* & E^* & -\mathrm{i}H^* & -A^* \end{pmatrix}$$

$$\begin{aligned}\mathrm{i}A_{30} &= \frac{\mathrm{i}}{4\sqrt{5}I_0}\Big(|A|^2 - 3|B|^2 + 3|C|^2 - |D|^2 + |H|^2 - 3|G|^2 + 3|F|^2 - |E|^2 \\ &\quad + |E|^2 - 3|F|^2 + 3|G|^2 - |H|^2 + |D|^2 - 3|C|^2 + 3|B|^2 - |A|^2\Big) = 0\end{aligned} \tag{4.1.66}$$

$$\mathrm{i}\hat{T}_{3\ -1}\hat{F}^+ = \frac{2\mathrm{i}}{\sqrt{5}}\begin{pmatrix} 0 & 0 & 0 & 0 \\ A^* & -\mathrm{i}H^* & -E^* & \mathrm{i}D^* \\ -\mathrm{i}\sqrt{3}B^* & -\sqrt{3}G^* & \mathrm{i}\sqrt{3}F^* & \sqrt{3}C^* \\ -C^* & \mathrm{i}F^* & G^* & -\mathrm{i}B^* \end{pmatrix}$$

$$\mathrm{i}A_{3\ -1} = \frac{2\mathrm{i}}{4\sqrt{5}I_0}\Big[-\mathrm{i}\Big(BA^* - \sqrt{3}CB^* + DC^* + GH^* - \sqrt{3}FG^* + EF^*$$

$$+FE^* - \sqrt{3}GF^* + HG^* + CD^* - \sqrt{3}BC^* + AB^*\Big)\Big]$$

$$= \frac{1}{\sqrt{5}I_0}\mathrm{Re}\left[(AB^* + CD^* + EF^* + GH^*) - \sqrt{3}\,(BC^* + FG^*)\right] = \mathrm{i}A_{31} \tag{4.1.67}$$

$$\mathrm{i}\hat{T}_{3\ -2}\hat{F}^{+} = \sqrt{2}\mathrm{i}\begin{pmatrix} 0 & 0 & 0 & 0 \\ 0 & 0 & 0 & 0 \\ A^* & -\mathrm{i}H^* & -E^* & \mathrm{i}D^* \\ -\mathrm{i}B^* & -G^* & \mathrm{i}F^* & C^* \end{pmatrix}$$

$$\mathrm{i}A_{3\ -2} = \frac{\sqrt{2}\mathrm{i}}{4I_0}\left[-\left(CA^* - DB^* + FH^* - EG^* + GE^* - HF^* + BD^* - AC^*\right)\right]$$

$$= -\frac{1}{\sqrt{2}I_0}\mathrm{Im}\left(AC^* - BD^* + EG^* - FH^*\right) = -\mathrm{i}A_{32} \tag{4.1.68}$$

$$\mathrm{i}\hat{T}_{3\ -3}\hat{F}^{+} = 2\mathrm{i}\begin{pmatrix} 0 & 0 & 0 & 0 \\ 0 & 0 & 0 & 0 \\ 0 & 0 & 0 & 0 \\ A^* & -\mathrm{i}H^* & -E^* & \mathrm{i}D^* \end{pmatrix}$$

$$\mathrm{i}A_{3\ -3} = \frac{2\mathrm{i}}{4I_0}\left[\mathrm{i}\left(DA^* + EH^* + HE^* + AD^*\right)\right] = -\frac{1}{I_0}\mathrm{Re}\left(AD^* + EH^*\right) = \mathrm{i}A_{33} \tag{4.1.69}$$

从以上结果可以看出，$S = \dfrac{3}{2}$ 粒子的非零且独立的一阶张量 (矢量)、二阶张量和三阶张量的极化分析本领为 $\mathrm{i}A_{11}; A_{22}, A_{21}, A_{20}; \mathrm{i}A_{33}, \mathrm{i}A_{32}, \mathrm{i}A_{31}$。

利用所求得的极化分析本领分量，根据式 (4.1.21) 可以写出 $S = \dfrac{3}{2}$ 的极化入射粒子所对应的出射粒子的微分截面为

$$I = \mathrm{tr}\left\{\hat{F}\hat{\rho}_{\mathrm{in}}\hat{F}^{+}\right\}$$

$$= I_0\left[1 + (\mathrm{i}t_{1\ -1} + \mathrm{i}t_{11})\,\mathrm{i}A_{11} + (t_{2\ -2} + t_{22})\,A_{22} - (t_{2\ -1} - t_{21})\,A_{21}\right.$$

$$\left. + t_{20}A_{20} + (\mathrm{i}t_{3\ -3} + \mathrm{i}t_{33})\,\mathrm{i}A_{33} - (\mathrm{i}t_{3\ -2} - \mathrm{i}t_{32})\,\mathrm{i}A_{32} + (\mathrm{i}t_{3\ -1} + \mathrm{i}t_{31})\,\mathrm{i}A_{31}\right] \tag{4.1.70}$$

$S = \dfrac{3}{2}$ 粒子的极化转移系数可定义为

$$\mathrm{i}^{\delta_{L'1}+\delta_{L'3}+\delta_{L1}+\delta_{L3}}K_{LM}^{L'M'} = \frac{1}{\mathrm{tr}\left\{\hat{F}\hat{F}^{+}\right\}}\mathrm{tr}\left\{\mathrm{i}^{\delta_{L'1}+\delta_{L'3}}\hat{T}_{L'M'}\hat{F}\mathrm{i}^{\delta_{L1}+\delta_{L3}}\hat{T}_{LM}\hat{F}^{+}\right\}$$

$$L', L = 1, 2, 3;\quad -L' \leqslant M' \leqslant L';\quad -L \leqslant M \leqslant L \tag{4.1.71}$$

利用式 (4.1.29)、式 (4.1.31)、式 (4.1.5)、式 (4.1.11)、式 (4.1.17) 和式 (4.1.19)，由式 (4.1.71) 可以求得各种相应的极化转移系数，进而再根据式 (4.1.21) 又可以求得出射粒子的极化一阶张量 (矢量)、二阶张量和三阶张量的各个分量。

利用前面第 2 章和第 3 章所介绍的方法，对于 $S=\dfrac{3}{2}$ 的粒子同样可以研究靶核和剩余核自旋不为 0 情况下的极化理论。

式 (1.5.21) 给出了初态密度矩阵的一般表达式为

$$\hat{\rho}_{\text{in}}(S)=\frac{1}{2S+1}\sum_{L=0}^{2S}t_L(S)\cdot\hat{T}_L(S) \tag{4.1.72}$$

根据式 (1.4.8) 引入以下推广泡利矩阵

$$\hat{\varSigma}_M(S)=\hat{T}_{1M}(S)=\sqrt{\frac{3}{S(S+1)}}\hat{S}_M(S),\quad M=\pm1,0 \tag{4.1.73}$$

当 $S=\dfrac{1}{2}$ 时，由式 (4.1.73) 可得

$$\hat{\varSigma}_M\left(\frac{1}{2}\right)=2\hat{S}_M\left(\frac{1}{2}\right)=\hat{\sigma}_M,\quad M=\pm1,0 \tag{4.1.74}$$

也就是说当自旋 $S=\dfrac{1}{2}$ 时推广泡利矩阵 $\hat{\varSigma}$ 就是泡利矩阵 $\hat{\sigma}$。当 $S=1$ 时由式 (4.1.73) 可得

$$\hat{\varSigma}_M(1)=\sqrt{\frac{3}{2}}\hat{S}_M(1),\quad M=\pm1,0 \tag{4.1.75}$$

当 $S=\dfrac{3}{2}$ 时由式 (4.1.73) 可得

$$\hat{\varSigma}_M\left(\frac{3}{2}\right)=\frac{2}{\sqrt{5}}\hat{S}_M\left(\frac{3}{2}\right),\quad M=\pm1,0 \tag{4.1.76}$$

注意到式 (1.4.7) 给出的 $\hat{T}_{00}(S)=\hat{I}$ 和式 (1.5.29) 给出的 $t_{00}(S)=1$，当 $S=\dfrac{1}{2}$ 时，由式 (4.1.72) 可得

$$\hat{\rho}_{\text{in}}\left(\frac{1}{2}\right)=\frac{1}{2}\sum_{L=0}^{1}t_L\left(\frac{1}{2}\right)\cdot\hat{T}_L\left(\frac{1}{2}\right)=\frac{1}{2}\left[\hat{I}+\sum_{M=-1}^{1}(-1)^M\left(-\mathrm{i}t_{1\ -M}\right)\left(\mathrm{i}\hat{T}_{1M}\right)\right] \tag{4.1.77}$$

根据式 (1.2.23) 和式 (1.2.22) 可以写出 $\hat{H}_{1i}(i=x,y,z=1,2,3)$ 和 $\hat{T}_{1M}(M=\pm1,0)$ 之间的变换关系

$$\hat{T}_{1\ \pm1}=\mp\frac{1}{\sqrt{2}}\left(\hat{H}_{1x}\pm\mathrm{i}\hat{H}_{1y}\right),\quad \hat{T}_{10}=\hat{H}_{1z} \tag{4.1.78}$$

$$\hat{H}_{1x}=\frac{1}{\sqrt{2}}\left(\hat{T}_{1\ -1}-\hat{T}_{11}\right),\quad \hat{H}_{1y}=\frac{\mathrm{i}}{\sqrt{2}}\left(\hat{T}_{1\ -1}+\hat{T}_{11}\right),\quad \hat{H}_{1z}=\hat{T}_{10} \tag{4.1.79}$$

并注意到 $h_{1i}(i=x,y,z=1,2,3)$ 和 $t_{1M}(M=\pm1,0)$ 也用与以上二式相同的变换关系式进行变换。很容易求得

$$\begin{aligned}&-\left[(-\mathrm{i}t_{1\ -1})\mathrm{i}\hat{T}_{11}+(-\mathrm{i}t_{11})\mathrm{i}\hat{T}_{1\ -1}\right]\\=&\frac{1}{2}\left[(h_{1x}-\mathrm{i}h_{1y})\left(\hat{H}_{1x}+\mathrm{i}\hat{H}_{1y}\right)+(h_{1x}+\mathrm{i}h_{1y})\left(\hat{H}_{1x}-\mathrm{i}\hat{H}_{1y}\right)\right]=h_{1x}\hat{H}_{1x}+h_{1y}\hat{H}_{1y}\end{aligned} \tag{4.1.80}$$

于是可把 (4.1.77) 改写成

$$\hat{\rho}_{\mathrm{in}}\left(\frac{1}{2}\right)=\frac{1}{2}\left[\hat{I}+\sum_{i=x,y,z}h_{1i}\hat{H}_{1i}\right]=\frac{1}{2}\left[\hat{I}+\sum_{i=1}^{3}h_{1i}\hat{H}_{1i}\right] \tag{4.1.81}$$

其中，$\hat{H}_{1i}$ 正是泡利矩阵 $\hat{\sigma}_i$，h_{1i} 是极化矢量分量 p_i。$\hat{\rho}_{\mathrm{in}},\hat{I},\hat{H}_{1i}$ 都是 2×2 方矩阵。

当 $S=1$ 时，由式 (4.1.72) 可得

$$\begin{aligned}\hat{\rho}_{\mathrm{in}}(1)&=\frac{1}{3}\sum_{L=0}^{2}t_L(1)\cdot\hat{T}_L(1)\\&=\frac{1}{3}\left[\hat{I}+\sum_{M=-1}^{1}(-1)^M(-\mathrm{i}t_{1\ -M})\left(\mathrm{i}\hat{T}_{1M}\right)+\sum_{M=-2}^{2}(-1)^M t_{2\ -M}\hat{T}_{2M}\right]\end{aligned} \tag{4.1.82}$$

由式 (3.2.77) 给出的自旋 $S=1$ 粒子五维空间直角坐标系正交极化张量基矢函数为

$$\begin{aligned}&(\hat{H}_{21},\hat{H}_{22},\hat{H}_{23},\hat{H}_{24},\hat{H}_{25})=(\hat{H}_{2\ xx-yy},\hat{H}_{2\ xy},\hat{H}_{2\ xz},\hat{H}_{2\ yz},\hat{H}_{2\ zz})\\=&\left(\sqrt{\frac{1}{6}}\hat{Q}_{xx-yy},\sqrt{\frac{2}{3}}\hat{Q}_{xy},\sqrt{\frac{2}{3}}\hat{Q}_{xz},\sqrt{\frac{2}{3}}\hat{Q}_{yz},\sqrt{\frac{1}{2}}\hat{Q}_{zz}\right)\end{aligned} \tag{4.1.83}$$

利用此式便可以把式 (3.1.22) 改写成

$$\hat{T}_{2\ \pm2}=\frac{1}{\sqrt{2}}\left(\hat{H}_{2\ xx-yy}\pm\mathrm{i}\hat{H}_{2xy}\right),\quad \hat{T}_{2\ \pm1}=\mp\frac{1}{\sqrt{2}}\left(\hat{H}_{2xz}\pm\mathrm{i}\hat{H}_{2yz}\right),\quad \hat{T}_{20}=\hat{H}_{2zz} \tag{4.1.84}$$

上式中后两式与三维矢量变换关系式 (4.1.78) 是一致的。利用式 (4.1.83) 又可以把式 (3.1.21) 改写成

$$\hat{H}_{2\ xx-yy}=\frac{1}{\sqrt{2}}\left(\hat{T}_{2\ -2}+\hat{T}_{22}\right),\quad \hat{H}_{2xy}=\frac{\mathrm{i}}{\sqrt{2}}\left(\hat{T}_{2\ -2}-\hat{T}_{22}\right)$$

$$\hat{H}_{2xz} = \frac{1}{\sqrt{2}}\left(\hat{T}_{2\ -1} - \hat{T}_{21}\right), \quad \hat{H}_{2\ yz} = \frac{\mathrm{i}}{\sqrt{2}}\left(\hat{T}_{2\ -1} + \hat{T}_{21}\right)$$
$$\hat{H}_{2zz} = \hat{T}_{20} \tag{4.1.85}$$

此式还可以从式 (4.1.84) 求出，也可以从式 (3.2.77) 直接得到。利用求式 (4.1.80) 的办法，可以求得

$$-\left(t_{2\ -1}\hat{T}_{21} + t_{21}\hat{T}_{2\ -1}\right) = h_{2xz}\hat{H}_{2xz} + h_{2yz}\hat{H}_{2yz}$$
$$t_{2\ -2}\hat{T}_{22} + t_{22}\hat{T}_{2\ -2} = h_{2\ xx-yy}\hat{H}_{2\ xx-yy} + h_{2xy}\hat{H}_{2xy} \tag{4.1.86}$$

于是利用式 (4.1.80) 和式 (4.1.86)，由式 (4.1.82) 可以得到

$$\begin{aligned}\hat{\rho}_{\mathrm{in}}(1) &= \frac{1}{3}\left[\hat{I} + \sum_{i=x,y,z} h_{1i}\hat{H}_{1i} + \sum_{\substack{i=xx-yy,xy,\\ xz,yz,zz}} h_{2i}\hat{H}_{2i}\right] \\ &= \frac{1}{3}\left[\hat{I} + \sum_{i=1}^{3} h_{1i}\hat{H}_{1i} + \sum_{i=1}^{5} h_{2i}\hat{H}_{2i}\right]\end{aligned} \tag{4.1.87}$$

其中，$\hat{\rho}_{\mathrm{in}}, \hat{I}, \hat{H}_{1i}, \hat{H}_{2i}$ 都是 3×3 方矩阵。$\hat{H}_{1i}$ 是 $S = 1$ 粒子推广泡利矩阵，由式 (4.1.75) 可知

$$\hat{H}_{1i}(1) = \sqrt{\frac{3}{2}}\hat{S}_i, \quad i = x, y, z \tag{4.1.88}$$

同理可知

$$h_{1i}(1) = \sqrt{\frac{3}{2}}p_i, \quad i = x, y, z \tag{4.1.89}$$

参照式 (4.1.83) 又有

$$\begin{aligned}&(h_{21}, h_{22}, h_{23}, h_{24}, h_{25}) = (h_{2\ xx-yy}, h_{2xy}, h_{2xz}, h_{2yz}, h_{2zz}) \\ &= \left(\sqrt{\frac{1}{6}}p_{xx-yy}, \sqrt{\frac{2}{3}}p_{xy}, \sqrt{\frac{2}{3}}p_{xz}, \sqrt{\frac{2}{3}}p_{yz}, \sqrt{\frac{1}{2}}p_{zz}\right)\end{aligned} \tag{4.1.90}$$

把式 (4.1.83) 和式 (4.1.88) ~ 式 (4.1.90) 代入式 (4.1.87) 便得到式 (3.5.9)。

当 $S = \frac{3}{2}$ 时，由式 (4.1.72) 或式 (4.1.21) 可得

$$\begin{aligned}\hat{\rho}_{\mathrm{in}}\left(\frac{3}{2}\right) &= \frac{1}{4}\sum_{L=0}^{3} t_L\left(\frac{3}{2}\right) \cdot \hat{T}_L\left(\frac{3}{2}\right) = \frac{1}{4}\left[\hat{I} + \sum_{M=-1}^{1}(-1)^M\left(-\mathrm{i}t_{1\ -M}\right)\left(\mathrm{i}\hat{T}_{1M}\right)\right. \\ &\left. + \sum_{M=-2}^{2}(-1)^M t_{2\ -M}\hat{T}_{2M} + \sum_{M=-3}^{3}(-1)^M\left(-\mathrm{i}t_{3\ -M}\right)\left(\mathrm{i}\hat{T}_{3M}\right)\right]\end{aligned} \tag{4.1.91}$$

由式 (4.1.84) 可以递推出用于研究自旋 $S=\dfrac{3}{2}$ 粒子极化现象的以下七维三阶张量基矢函数的幺正变换关系式

$$\begin{aligned}&\hat{T}_{3\ \pm3}=\mp\frac{1}{\sqrt{2}}\left(\hat{H}_{31}\pm\mathrm{i}\hat{H}_{32}\right),\quad \hat{T}_{3\ \pm2}=\frac{1}{\sqrt{2}}\left(\hat{H}_{33}\pm\mathrm{i}\hat{H}_{34}\right)\\&\hat{T}_{3\ \pm1}=\mp\frac{1}{\sqrt{2}}\left(\hat{H}_{35}\pm\mathrm{i}\hat{H}_{36}\right),\quad \hat{T}_{30}=\hat{H}_{37}\end{aligned}\tag{4.1.92}$$

其中，$\hat{H}_{3i}(i=1\sim7)$ 是自旋 $S=\dfrac{3}{2}$ 粒子正交直角坐标系的三阶张量基矢函数。由式 (4.1.92) 可以求得其逆变换为

$$\begin{aligned}&\hat{H}_{31}=\frac{1}{\sqrt{2}}\left(\hat{T}_{3\ -3}-\hat{T}_{33}\right),\quad \hat{H}_{32}=\frac{\mathrm{i}}{\sqrt{2}}\left(\hat{T}_{3\ -3}+\hat{T}_{33}\right)\\&\hat{H}_{33}=\frac{1}{\sqrt{2}}\left(\hat{T}_{3\ -2}+\hat{T}_{32}\right),\quad \hat{H}_{34}=\frac{\mathrm{i}}{\sqrt{2}}\left(\hat{T}_{3\ -2}-\hat{T}_{32}\right)\\&\hat{H}_{35}=\frac{1}{\sqrt{2}}\left(\hat{T}_{3\ -1}-\hat{T}_{31}\right),\quad \hat{H}_{36}=\frac{\mathrm{i}}{\sqrt{2}}\left(\hat{T}_{3\ -1}+\hat{T}_{31}\right)\\&\hat{H}_{37}=\hat{T}_{30}\end{aligned}\tag{4.1.93}$$

用递推法从式 (4.1.85) 也可以得到上式。也可以参照描述五维二阶张量的式 (3.2.77) 和式 (3.2.78) 把描述七维三阶张量的式 (4.1.93) 改写成明显的幺正变换形式。利用求式 (4.1.80) 的办法，可以求得

$$\begin{aligned}&-\left[(-\mathrm{i}t_{3\ -1})\mathrm{i}\hat{T}_{31}+(-\mathrm{i}t_{31})\mathrm{i}\hat{T}_{3\ -1}\right]=h_{35}\hat{H}_{35}+h_{36}\hat{H}_{36}\\&(-\mathrm{i}t_{3\ -2})\mathrm{i}\hat{T}_{32}+(-\mathrm{i}t_{32})\mathrm{i}\hat{T}_{3\ -2}=h_{33}\hat{H}_{33}+h_{34}\hat{H}_{34}\\&-\left[(-\mathrm{i}t_{3\ -3})\mathrm{i}\hat{T}_{33}+(-\mathrm{i}t_{33})\mathrm{i}\hat{T}_{3\ -3}\right]=h_{31}\hat{H}_{31}+h_{32}\hat{H}_{32}\end{aligned}\tag{4.1.94}$$

于是利用式 (4.1.80)，式 (4.1.86) 和式 (4.1.94)，由式 (4.1.91) 可以得到

$$\hat{\rho}_{\mathrm{in}}\left(\frac{3}{2}\right)=\frac{1}{4}\left[\hat{I}+\sum_{i=1}^{3}h_{1i}\hat{H}_{1i}+\sum_{i=1}^{5}h_{2i}\hat{H}_{2i}+\sum_{i=1}^{7}h_{3i}\hat{H}_{3i}\right]\tag{4.1.95}$$

其中，$\hat{\rho}_{\mathrm{in}},\hat{I},\hat{H}_{1i},\hat{H}_{2i},\hat{H}_{3i}$ 都是 4×4 方矩阵。自旋 $S=\dfrac{3}{2}$ 粒子球基坐标系的极化算符 $\hat{T}_{2M}(M=\pm2,\pm1,0)$ 和 $\hat{T}_{3M}(M=\pm3,\pm2,\pm1,0)$ 的具体表达式已分别由式 (4.1.17) 和式 (4.1.19) 给出，再用式 (4.1.85) 和式 (4.1.93) 可以求出自旋 $S=\dfrac{3}{2}$ 粒子正交直角坐标系的极化算符 $\hat{H}_{2i}(i=1\sim5)$ 和 $\hat{H}_{3i}(i=1\sim7)$ 的具体表达式。$\hat{H}_{1i}(i=1\sim3)$ 是 $S=\dfrac{3}{2}$ 粒子推广泡利矩阵，由式 (4.1.76) 可知

$$\hat{H}_{1i}\left(\frac{3}{2}\right)=\frac{2}{\sqrt{5}}\hat{S}_i\left(\frac{3}{2}\right),\quad i=1\sim3\tag{4.1.96}$$

$\hat{S}_i\left(\dfrac{3}{2}\right), i=1\sim 3$，是自旋 $S=\dfrac{3}{2}$ 粒子直角坐标系的自旋算符，已由式 (4.1.6) 给出，相应的球基坐标系的自旋算符 $\hat{S}_M\left(\dfrac{3}{2}\right), M=\pm 1, 0$，已由式 (4.1.5) 给出。

利用递推法，可以把坐标变换关系式 (4.1.92) 和式 (4.1.93) 推广到更高阶张量，因而也可以把关系式 (4.1.95) 改写成适用于任意自旋 S 的一般形式

$$\hat{\rho}_{\text{in}}(S)=\frac{1}{2S+1}\sum_{L=0}^{2S}\sum_{i=1}^{2L+1}h_{Li}(S)\hat{H}_{Li}(S) \tag{4.1.97}$$

利用前面给出的自旋 $S=\dfrac{3}{2}$ 粒子的极化理论，并利用由参考文献 [1] 给出的转动函数 $d^3_{MM'}(\beta)$ 的表达式 (见表 4.4) 以及关系式

$$d^J_{MM'}(\beta)=(-1)^{M-M'}d^J_{M'M}(\beta) \tag{4.1.98}$$

便可以对自旋 $S=\dfrac{3}{2}$ 粒子的极化理论进行全面系统性的研究，完全可以达到实用程度。按照上述办法，对于自旋 $S>\dfrac{3}{2}$ 粒子的极化理论也可以进行具体研究工作。但是粒子自旋值越高，极化理论越复杂，而实用价值变得越小，因而一般情况下不需要研究自旋大于 $\dfrac{3}{2}$ 粒子的极化问题。

表 4.4 $d^3_{MM'}(\beta)$ 的表达式 [1]

M'	$M=3$	M'	$M=2$
3	$\frac{1}{8}(1+\cos\beta)^3$	0	$\frac{\sqrt{30}}{4}\sin^2\beta\cos\beta$
2	$-\frac{\sqrt{6}}{8}\sin\beta(1+\cos\beta)^2$	-1	$-\frac{\sqrt{10}}{8}\sin\beta(1+2\cos\beta-3\cos^2\beta)$
1	$\frac{\sqrt{15}}{8}\sin^2\beta(1+\cos\beta)$	-2	$\frac{1}{4}(1-\cos\beta)^2(2+3\cos\beta)$
0	$-\frac{\sqrt{5}}{4}\sin^3\beta$	M'	$M=1$
-1	$\frac{\sqrt{15}}{8}\sin^2\beta(1-\cos\beta)$	1	$-\frac{1}{8}(1+\cos\beta)(1+10\cos\beta-15\cos^2\beta)$
-2	$-\frac{\sqrt{6}}{8}\sin\beta(1-\cos\beta)^2$	0	$\frac{\sqrt{3}}{4}\sin\beta(1-5\cos^2\beta)$
-3	$\frac{1}{8}(1-\cos\beta)^3$	-1	$-\frac{1}{8}(1-\cos\beta)(1-10\cos\beta-15\cos^2\beta)$
M'	$M=2$	M'	$M=0$
2	$-\frac{1}{4}(1+\cos\beta)^2(2-3\cos\beta)$	0	$-\frac{1}{2}\cos\beta(3-5\cos^2\beta)$
1	$\frac{\sqrt{10}}{8}\sin\beta(1-2\cos\beta-3\cos^2\beta)$		

4.2 光子束极化理论

本节考虑真空中的电磁场，使用高斯单位制。

4.2.1 经典电磁场理论 [3]

电荷为 q 的粒子所受电磁场的作用力 (Lorentz 力) 由下式给出

$$\vec{F}\left(\vec{r},t\right)=q\left[\vec{E}\left(\vec{r},t\right)+\frac{1}{c}\vec{v}\times\vec{B}\left(\vec{r},t\right)\right] \tag{4.2.1}$$

其中，$\vec{v}$ 为粒子速度；c 为光速；$\vec{E}\left(\vec{r},t\right)$ 和 $\vec{B}\left(\vec{r},t\right)$ 分别为电场强度和磁感应强度，它们满足 Maxwell 方程

$$\vec{\nabla}\cdot\vec{E}=4\pi\rho \tag{4.2.2}$$

$$\vec{\nabla}\times\vec{E}=-\frac{1}{c}\frac{\partial\vec{B}}{\partial t} \tag{4.2.3}$$

$$\vec{\nabla}\cdot\vec{B}=0 \tag{4.2.4}$$

$$\vec{\nabla}\times\vec{B}=\frac{4\pi}{c}\vec{j}+\frac{1}{c}\frac{\partial\vec{E}}{\partial t} \tag{4.2.5}$$

这里，$\rho\left(\vec{r},t\right)$ 和 $\vec{j}\left(\vec{r},t\right)$ 分别为电荷密度和电流密度。由于电荷守恒便有以下连续方程

$$\frac{\partial\rho}{\partial t}+\vec{\nabla}\cdot\vec{j}=0 \tag{4.2.6}$$

式 (4.2.4) 给出 $\vec{B}$ 的散度为 0，即为横场，因而可把 $\vec{B}$ 表示为某一矢量势 $\vec{A}\left(\vec{r},t\right)$ 的旋度

$$\vec{B}=\vec{\nabla}\times\vec{A} \tag{4.2.7}$$

把此式代入式 (4.2.3) 便得到

$$\vec{\nabla}\times\left(\vec{E}+\frac{1}{c}\frac{\partial\vec{A}}{\partial t}\right)=0 \tag{4.2.8}$$

因而上式括号中的量一定可以表示成一个标量势 $\varphi\left(\vec{r},t\right)$ 的梯度，即

$$\vec{E}+\frac{1}{c}\frac{\partial\vec{A}}{\partial t}=-\vec{\nabla}\varphi \tag{4.2.9}$$

并可改写成

$$\vec{E}=-\frac{1}{c}\frac{\partial\vec{A}}{\partial t}-\vec{\nabla}\varphi \tag{4.2.10}$$

把此式代入式 (4.2.2) 可得

$$\vec{\nabla}^2\varphi + \frac{1}{c}\frac{\partial}{\partial t}\left(\vec{\nabla}\cdot\vec{A}\right) = -4\pi\rho \tag{4.2.11}$$

把式 (4.2.7) 和式 (4.2.10) 代入式 (4.2.5) 又可得到

$$\vec{\nabla}\times\left(\vec{\nabla}\times\vec{A}\right) = \frac{4\pi}{c}\vec{j} - \frac{1}{c}\frac{\partial}{\partial t}\left(\vec{\nabla}\varphi + \frac{1}{c}\frac{\partial\vec{A}}{\partial t}\right) \tag{4.2.12}$$

利用矢量公式

$$\vec{\nabla}\times\left(\vec{\nabla}\times\vec{A}\right) = -\vec{\nabla}^2\vec{A} + \vec{\nabla}\left(\vec{\nabla}\cdot\vec{A}\right) \tag{4.2.13}$$

便可把式 (4.2.12) 化成

$$\vec{\nabla}^2\vec{A} - \frac{1}{c^2}\frac{\partial^2\vec{A}}{\partial t^2} = -\frac{4\pi}{c}\vec{j} + \vec{\nabla}\left(\vec{\nabla}\cdot\vec{A} + \frac{1}{c}\frac{\partial\varphi}{\partial t}\right) \tag{4.2.14}$$

下面将证明以上方程不能保证 φ 和 $\vec{A}$ 有确定解，即不同的 φ 和 $\vec{A}$ 可以求得同样的 $\vec{E}$ 和 $\vec{B}$，为此引入一个标量势 $\psi\left(\vec{r},t\right)$，并令

$$\vec{A}' = \vec{A} + \vec{\nabla}\psi \tag{4.2.15}$$

$$\varphi' = \varphi - \frac{1}{c}\frac{\partial\psi}{\partial t} \tag{4.2.16}$$

用以上二式给出的 φ' 和 $\vec{A}'$ 代替在式 (4.2.7)、式 (4.2.10)、式 (4.2.11)、式 (4.2.14) 中出现的 φ 和 $\vec{A}$，可以看出该四项中 ψ 项均能消掉，即均能退化成原来的形式，而式 (4.2.7)、式 (4.2.10)、式 (4.2.11)、式 (4.2.14) 与式 (4.2.2) $\sim$ 式 (4.2.5) 是等价的。式 (4.2.15) 和式 (4.2.16) 给出的由 φ 和 $\vec{A}$ 到 φ' 和 $\vec{A}'$ 的变换称为规范变换，上述四个方程的不变性称为规范不变性，即对 φ 和 $\vec{A}$ 作规范变换后所求得的 $\vec{E}$ 和 $\vec{B}$ 仍然不变。为此允许对 φ 和 $\vec{A}$ 之间的关系给出一定的约束条件。通常应用的 Lorentz 规范为

$$\vec{\nabla}\cdot\vec{A} + \frac{1}{c}\frac{\partial\varphi}{\partial t} = 0 \tag{4.2.17}$$

把上式代入式 (4.2.11) 和式 (4.2.14) 便得到

$$\vec{\nabla}^2\varphi - \frac{1}{c^2}\frac{\partial^2\varphi}{\partial t^2} = -4\pi\rho \tag{4.2.18}$$

$$\vec{\nabla}^2\vec{A} - \frac{1}{c^2}\frac{\partial^2\vec{A}}{\partial t^2} = -\frac{4\pi}{c}\vec{j} \tag{4.2.19}$$

另外一种被人们应用的库仑 (Coulomb) 规范 (或横向规范) 为

$$\vec{\nabla}\cdot\vec{A}=0 \tag{4.2.20}$$

此式要求 $\vec{A}$ 是横向势，并且由上式可把式 (4.2.11) 和式 (4.2.14) 化成

$$\vec{\nabla}^2\varphi=-4\pi\rho \tag{4.2.21}$$

$$\vec{\nabla}^2\vec{A}-\frac{1}{c^2}\frac{\partial^2\vec{A}}{\partial t^2}=-\frac{4\pi}{c}\vec{j}+\frac{1}{c}\frac{\partial}{\partial t}\left(\vec{\nabla}\varphi\right) \tag{4.2.22}$$

在 $\rho=0$ 和 $\vec{j}=0$ 无源的真空区域，应用由式 (4.2.20) 给出的库仑规范条件，并且根据式 (4.2.21) 选取 $\varphi=0$，这也是规范条件，于是式 (4.2.22) 变成

$$\vec{\nabla}^2\vec{A}-\frac{1}{c^2}\frac{\partial^2\vec{A}}{\partial t^2}=0 \tag{4.2.23}$$

4.2.2 哈密顿正则方程 [3]

把体系的拉格朗日 (Lagrange) 函数记为 $L(q_1,\cdots,q_n,\dot{q}_1,\cdots,\dot{q}_n,t)$，或简记为 $L(q,\dot{q},t)$，$\dot{q}_i$ 为广义速度。对于不随时间 t 变化的保守系，L 不显含 t。

设体系在时刻 t' 从起点出发，经过某轨道 $q(t)$ 在时刻 t'' 到达终点，定义作用量

$$S\left[q(t)\right]=\int_{t'}^{t''}L(q,\dot{q})\mathrm{d}t \tag{4.2.24}$$

最小作用量原理要求，粒子实际所走轨道应使 S 取极小值。设 $q(t)\to q(t)+\delta q(t)$，在条件

$$\delta q(t')=\delta q(t'')=0 \tag{4.2.25}$$

之下要求

$$\delta S=0 \tag{4.2.26}$$

根据式 (4.2.24) 和式 (4.2.25)，并注意到 $\delta\dot{q}_i=\frac{\mathrm{d}}{\mathrm{d}t}\delta q_i$，再利用分部积分可以求得

$$\begin{aligned}\delta S&=\int_{t'}^{t''}\mathrm{d}t\sum_i\left[\frac{\partial L}{\partial q_i}\delta q_i+\frac{\partial L}{\partial\dot{q}_i}\delta\dot{q}_i\right]\\&=\sum_i\int_{t'}^{t''}\mathrm{d}t\left[\frac{\partial L}{\partial q_i}-\frac{\mathrm{d}}{\mathrm{d}t}\left(\frac{\partial L}{\partial\dot{q}_i}\right)\right]\delta q_i+\sum_i\left[\frac{\partial L}{\partial\dot{q}_i}\delta q_i\right]_{t'}^{t''}\\&=\sum_i\int_{t'}^{t''}\mathrm{d}t\left[\frac{\partial L}{\partial q_i}-\frac{\mathrm{d}}{\mathrm{d}t}\left(\frac{\partial L}{\partial\dot{q}_i}\right)\right]\delta q_i=0\end{aligned} \tag{4.2.27}$$

由于 δq_i 是任意的，所以要求

$$\frac{\partial L}{\partial q_i} - \frac{\mathrm{d}}{\mathrm{d}t}\left(\frac{\partial L}{\partial \dot{q}_i}\right) = 0, \quad i = 1, 2, \cdots, n \tag{4.2.28}$$

上式即拉格朗日方程。

引入广义动量

$$p_i = \frac{\partial L}{\partial \dot{q}_i} \tag{4.2.29}$$

定义体系的哈密顿量为

$$H(q, p) = \sum_i p_i \dot{q}_i - L(q, \dot{q}) \tag{4.2.30}$$

利用式 (4.2.28) ~ 式 (4.2.30) 可以证明

$$\dot{q}_i = \frac{\partial H}{\partial p_i}, \quad \dot{p}_i = -\frac{\partial H}{\partial q_i}, \quad i = 1, 2, \cdots, n \tag{4.2.31}$$

此式即哈密顿正则方程。

任意两个力学量的 Poisson 括号定义为

$$\{A, B\} \equiv \sum_i \left(\frac{\partial A}{\partial q_i}\frac{\partial B}{\partial p_i} - \frac{\partial A}{\partial p_i}\frac{\partial B}{\partial q_i}\right) \tag{4.2.32}$$

由上式很容易证明

$$\{q_i, p_j\} = \delta_{ij}, \quad \{q_i, q_j\} = \{p_i, p_j\} = 0 \tag{4.2.33}$$

利用 Poisson 括号，正则方程 (4.2.31) 可表示成

$$\dot{q}_i = \{q_i, H\}, \quad \dot{p}_i = \{p_i, H\} \tag{4.2.34}$$

给出一组变换

$$q \to Q(q, p), \quad p \to P(q, p) \tag{4.2.35}$$

首先可以求得

$$\dot{Q}_j = \sum_i \left(\frac{\partial Q_j}{\partial q_i}\dot{q}_i + \frac{\partial Q_j}{\partial p_i}\dot{p}_i\right) = \sum_i \left(\frac{\partial Q_j}{\partial q_i}\frac{\partial H}{\partial p_i} - \frac{\partial Q_j}{\partial p_i}\frac{\partial H}{\partial q_i}\right) \tag{4.2.36}$$

把 $H(q, p)$ 变换成 $H(Q, P) = H(q, p)$，并可求得

$$\frac{\partial H(q, p)}{\partial p_i} = \frac{\partial H(Q, P)}{\partial p_i} = \sum_k \left(\frac{\partial H}{\partial Q_k}\frac{\partial Q_k}{\partial p_i} + \frac{\partial H}{\partial P_k}\frac{\partial P_k}{\partial p_i}\right)$$

$$\frac{\partial H(q,p)}{\partial q_i}=\frac{\partial H(Q,P)}{\partial q_i}=\sum_k\left(\frac{\partial H}{\partial Q_k}\frac{\partial Q_k}{\partial q_i}+\frac{\partial H}{\partial P_k}\frac{\partial P_k}{\partial q_i}\right)\tag{4.2.37}$$

把式 (4.2.37) 代入式 (4.2.36)，经过整理可得

$$\dot{Q}_j=\sum_k\left(\frac{\partial H}{\partial Q_k}\{Q_j,Q_k\}+\frac{\partial H}{\partial P_k}\{Q_j,P_k\}\right)\tag{4.2.38}$$

用类似方法可得

$$\dot{P}_j=\sum_k\left(\frac{\partial H}{\partial Q_k}\{P_j,Q_k\}+\frac{\partial H}{\partial P_k}\{P_j,P_k\}\right)\tag{4.2.39}$$

如果满足以下条件

$$\{Q_j,P_k\}=\delta_{jk},\quad \{Q_j,Q_k\}=\{P_j,P_k\}=0\tag{4.2.40}$$

由式 (4.2.38) 和式 (4.2.39) 可以得到

$$\dot{Q}_i=\frac{\partial H}{\partial P_i},\quad \dot{P}_i=-\frac{\partial H}{\partial Q_i}\tag{4.2.41}$$

这时，(q,p) 和 (Q,P) 都是正则的，而由式 (4.2.35) 给出的变换为正则变换。

4.2.3　电磁场的量子化 [3-5]

为避免计算过程中出现不能归一化的困难，假设辐射场局限在体积为 V 的方匣子中，并假定电磁场满足周期性边界条件，最后再令 $V\to\infty$。可以用以下的分离变量法求方程 (4.2.23) 的特解

$$\vec{A}(\vec{r},t)=q(t)\vec{A}(\vec{r})\tag{4.2.42}$$

而其一般解可表示成这些特解的线性叠加。把式 (4.2.42) 代入式 (4.2.23) 可得

$$\vec{\nabla}^2\vec{A}(\vec{r})+k^2\vec{A}(\vec{r})=0\tag{4.2.43}$$

$$\ddot{q}(t)+\omega^2 q(t)=0\tag{4.2.44}$$

其中，$\ddot{q}(t)$ 代表 $q(t)$ 对 t 二次微商；k 和 $\omega=kc$ 是不依赖于 $\vec{r}$ 和 t 的常数，c 为光速。

我们研究沿 $\vec{k}$ 方向传播的平面波光束，这里 $\vec{k}$ 为光束的波矢。对于不同的 k 我们选用以下单位矢量

$$\vec{\varepsilon}_{k1}=\begin{pmatrix}1\\0\\0\end{pmatrix},\quad \vec{\varepsilon}_{k2}=\begin{pmatrix}0\\1\\0\end{pmatrix},\quad \vec{\varepsilon}_{k3}=\frac{\vec{k}}{k}=\begin{pmatrix}0\\0\\1\end{pmatrix}\tag{4.2.45}$$

构成与 x,y,z 轴相对应的右手直角坐标系，并满足关系式

$$\vec{\varepsilon}_{k\mu}\cdot\vec{\varepsilon}_{k\mu'}=\delta_{\mu\mu'} \tag{4.2.46}$$

方程 (4.2.43) 可取如下形式的平面波解

$$\vec{A}_\lambda(\vec{r})=\frac{1}{\sqrt{V}}\vec{\varepsilon}_\lambda \mathrm{e}^{\mathrm{i}\vec{k}\cdot\vec{r}} \tag{4.2.47}$$

其中，$\lambda=k\mu(\mu=1,2,3)$；$\vec{\varepsilon}_\lambda$ 是描述辐射偏振方向的单位矢量。我们要求 $\vec{A}_\lambda$ 随空间的变化具有周期性，由于要求在方匣子内具有整数个周期，因而 $\vec{k}$ 的可取值为

$$\vec{k}=\frac{2\pi}{V^{\frac{1}{3}}}(l,m,n),\quad l,m,n=0,\pm1,\pm2,\cdots\ (\text{但 } l=m=n=0 \text{ 除外}) \tag{4.2.48}$$

其中，l,m,n 分别代表在 x,y,z 方向所取的整数值，这样在体积为 V 的方匣子边界上 $\vec{k}\cdot\vec{r}$ 是 2π 的整数倍。每一组 l,m,n 对应一个波矢，即 k 是分离的变量，只有当 $V\to\infty$ 时，k 才变成连续变量。利用周期性边界条件式 (4.2.48) 很容易看出

$$\frac{1}{V}\int_V \mathrm{d}\vec{r}\mathrm{e}^{\mathrm{i}(\vec{k}-\vec{k}')\cdot\vec{r}}=\delta_{\vec{k}\vec{k}'} \tag{4.2.49}$$

又有以下 δ 函数公式

$$\frac{1}{(2\pi)^3}\int \mathrm{d}\vec{r}\mathrm{e}^{\mathrm{i}(\vec{k}-\vec{k}')\cdot\vec{r}}=\delta(\vec{k}-\vec{k}') \tag{4.2.50}$$

把以上二式进行对比可以看出有以下对应关系

$$\frac{V}{(2\pi)^3}\delta_{\vec{k}\vec{k}'}\Leftrightarrow\delta(\vec{k}-\vec{k}'),\quad \text{当 } V\to\infty \text{ 时} \tag{4.2.51}$$

利用式 (4.2.46)、式 (4.2.47) 和式 (4.2.49) 可以得到

$$\int_V \vec{A}_\lambda^*\cdot\vec{A}_{\lambda'}\mathrm{d}\vec{r}=\delta_{\lambda\lambda'} \tag{4.2.52}$$

$$\int_V \vec{A}_\lambda^*\cdot\vec{A}_{\lambda'}^*\mathrm{d}\vec{r}=\int_V \vec{A}_\lambda\cdot\vec{A}_{\lambda'}\mathrm{d}\vec{r}=0 \tag{4.2.53}$$

把式 (4.2.47) 代入式 (4.2.42)，再利用矢量公式 $\vec{\nabla}(\vec{a}\cdot\vec{r})=\vec{a}$，由式 (4.2.20) 可以得到

$$\vec{\varepsilon}_\lambda\cdot\vec{k}=0 \tag{4.2.54}$$

这就是横波条件，要求 $\vec{\varepsilon}_\lambda$ 与 $\vec{k}$ 垂直，如果取 $\vec{k}$ 沿 z 轴方向，则光子只有 $\vec{\varepsilon}_{k1}$ 和 $\vec{\varepsilon}_{k2}$ 两种偏振波，不存在沿 z 轴方向的纵向偏振波。方程 (4.2.44) 的解为

$$q(t)\propto \mathrm{e}^{\pm\mathrm{i}\omega t} \tag{4.2.55}$$

我们取 $q(t) \sim \mathrm{e}^{-\mathrm{i}\omega t}$，由于方程 (4.2.23) 的解应为实数，其一般解可用如下的特解的线性叠加表示

$$\begin{aligned}\vec{A}(\vec{r},t) &= \sum_{\lambda}\left[q_\lambda(t)\vec{A}_\lambda(\vec{r}) + q_\lambda^*(t)\vec{A}_\lambda^*(\vec{r})\right] \\ &\sim \frac{1}{\sqrt{V}}\sum_{\lambda}\vec{\varepsilon}_\lambda\left[\mathrm{e}^{\mathrm{i}(\vec{k}\cdot\vec{r}-\omega t)} + \mathrm{e}^{-\mathrm{i}(\vec{k}\cdot\vec{r}-\omega t)}\right]\end{aligned} \tag{4.2.56}$$

利用式 (4.2.56) 并取标量势 $\varphi = 0$，由式 (4.2.10) 和式 (4.2.7) 可以求得

$$\vec{E} = -\frac{1}{c}\frac{\partial\vec{A}}{\partial t} = \frac{\mathrm{i}}{c}\sum_{\lambda}\omega\left(q_\lambda\vec{A}_\lambda - q_\lambda^*\vec{A}_\lambda^*\right) \tag{4.2.57}$$

$$\vec{B} = \vec{\nabla}\times\vec{A} = \sum_{\lambda}\left(q_\lambda\vec{\nabla}\times\vec{A}_\lambda + q_\lambda^*\vec{\nabla}\times\vec{A}_\lambda^*\right) \tag{4.2.58}$$

利用式 (4.2.53)，由式 (4.2.57) 可以求得

$$\begin{aligned}\frac{1}{8\pi}\int_V\left|\vec{E}\right|^2\mathrm{d}\vec{r} &= \frac{1}{8\pi c^2}\sum_{\lambda\lambda'}\omega\omega'\int_V\left(q_\lambda^*\vec{A}_\lambda^* - q_\lambda\vec{A}_\lambda\right)\cdot\left(q_{\lambda'}\vec{A}_{\lambda'} - q_{\lambda'}^*\vec{A}_{\lambda'}^*\right)\mathrm{d}\vec{r} \\ &= \frac{1}{8\pi}\sum_{\lambda\lambda'}kk'\int_V\left(q_\lambda^*q_{\lambda'}\vec{A}_\lambda^*\cdot\vec{A}_{\lambda'} + q_\lambda q_{\lambda'}^*\vec{A}_\lambda\cdot\vec{A}_{\lambda'}^*\right)\mathrm{d}\vec{r}\end{aligned} \tag{4.2.59}$$

由式 (4.2.58) 可以求得

$$\begin{aligned}&\frac{1}{8\pi}\int_V\left|\vec{B}\right|^2\mathrm{d}\vec{r} \\ &= \frac{1}{8\pi}\sum_{\lambda\lambda'}\int_V\left[q_\lambda^*q_{\lambda'}\left(\vec{\nabla}\times\vec{A}_\lambda^*\right)\cdot\left(\vec{\nabla}\times\vec{A}_{\lambda'}\right) + q_\lambda q_{\lambda'}^*\left(\vec{\nabla}\times\vec{A}_\lambda\right)\cdot\left(\vec{\nabla}\times\vec{A}_{\lambda'}^*\right)\right. \\ &\quad\left. + q_\lambda q_{\lambda'}\left(\vec{\nabla}\times\vec{A}_\lambda\right)\cdot\left(\vec{\nabla}\times\vec{A}_{\lambda'}\right) + q_\lambda^*\,q_{\lambda'}^*\left(\vec{\nabla}\times\vec{A}_\lambda^*\right)\cdot\left(\vec{\nabla}\times\vec{A}_{\lambda'}^*\right)\right]\mathrm{d}\vec{r}\end{aligned} \tag{4.2.60}$$

有矢量公式

$$\vec{\nabla}\cdot\left(\vec{a}\times\vec{b}\right) = \left(\vec{\nabla}\times\vec{a}\right)\cdot\vec{b} - \vec{a}\cdot\left(\vec{\nabla}\times\vec{b}\right) \tag{4.2.61}$$

这里规定在括号中的 $\vec{\nabla}$ 只对括号内的量起作用，若取 $\vec{b} = \vec{\nabla}\times\vec{c}$ 便有

$$\vec{\nabla}\cdot\left[\vec{a}\times\left(\vec{\nabla}\times\vec{c}\right)\right] = \left(\vec{\nabla}\times\vec{a}\right)\cdot\left(\vec{\nabla}\times\vec{c}\right) - \vec{a}\cdot\left[\vec{\nabla}\times\left(\vec{\nabla}\times\vec{c}\right)\right] \tag{4.2.62}$$

利用上式可以得到

$$\left(\vec{\nabla}\times\vec{A}_\lambda^*\right)\cdot\left(\vec{\nabla}\times\vec{A}_{\lambda'}\right) = \vec{\nabla}\cdot\left[\vec{A}_\lambda^*\times\left(\vec{\nabla}\times\vec{A}_{\lambda'}\right)\right] + \vec{A}_\lambda^*\cdot\left[\vec{\nabla}\times\left(\vec{\nabla}\times\vec{A}_{\lambda'}\right)\right] \tag{4.2.63}$$

利用高斯定理

$$\oiint \vec{f} \cdot \mathrm{d}\vec{\sigma} = \iiint \left(\vec{\nabla} \cdot \vec{f}\right) \mathrm{d}\vec{r} \tag{4.2.64}$$

因为在无穷大空间的表面没有流出量，因而式 (4.2.63) 右端的第一项无贡献。利用式 (4.2.13)、式 (4.2.20) 和式 (4.2.43) 可以得到

$$\vec{\nabla} \times \left(\vec{\nabla} \times \vec{A}_{\lambda'}\right) = k'^2 \vec{A}_{\lambda'} \tag{4.2.65}$$

利用式 (4.2.63) ~ 式 (4.2.65)，再注意到式 (4.2.53)，由式 (4.2.60) 可以得到

$$\frac{1}{8\pi} \int_V \left|\vec{B}\right|^2 \mathrm{d}\vec{r} = \frac{1}{8\pi} \sum_{\lambda\lambda'} k'^2 \int_V \left(q_\lambda^* q_{\lambda'} \vec{A}_\lambda^* \cdot \vec{A}_{\lambda'} + q_\lambda q_{\lambda'}^* \vec{A}_\lambda \cdot \vec{A}_{\lambda'}^*\right) \mathrm{d}\vec{r} \tag{4.2.66}$$

注意到在式 (4.2.60) 中，下标为 λ' 的项均在下标为 λ 的项后边。利用正交关系式 (4.2.52)，由式 (4.2.59) 和式 (4.2.66) 可以求出辐射场总能量为

$$\frac{1}{8\pi} \int_V \left(\left|\vec{E}\right|^2 + \left|\vec{B}\right|^2\right) \mathrm{d}\vec{r} = \frac{1}{4\pi c^2} \sum_\lambda \omega^2 \left(q_\lambda q_\lambda^* + q_\lambda^* q_\lambda\right) \tag{4.2.67}$$

由于 q_λ 和 q_λ^* 并非实变量，为便于对辐射场进行量子化，定义实变量

$$Q_\lambda = \frac{1}{\sqrt{4\pi c^2}} \left(q_\lambda + q_\lambda^*\right), \quad P_\lambda = \frac{1}{\sqrt{4\pi c^2}} \left(\dot{q}_\lambda + \dot{q}_\lambda^*\right) = -\frac{\mathrm{i}\omega}{\sqrt{4\pi c^2}} \left(q_\lambda - q_\lambda^*\right) \tag{4.2.68}$$

其逆变换为

$$q_\lambda = \frac{\sqrt{4\pi c^2}}{2} \left(Q_\lambda + \frac{\mathrm{i}}{\omega} P_\lambda\right), \quad q_\lambda^* = \frac{\sqrt{4\pi c^2}}{2} \left(Q_\lambda - \frac{\mathrm{i}}{\omega} P_\lambda\right) \tag{4.2.69}$$

把式 (4.2.69) 代入式 (4.2.67) 可得

$$H = \frac{1}{2} \sum_\lambda \left(P_\lambda^2 + \omega^2 Q_\lambda^2\right) \tag{4.2.70}$$

已知一维谐振子哈密顿量为

$$H = \frac{p^2}{2m} + \frac{1}{2} m\omega^2 q^2 \tag{4.2.71}$$

若令

$$P = \frac{p}{\sqrt{m}}, \quad Q = \sqrt{m} q \tag{4.2.72}$$

式 (4.2.71) 变成

$$H = \frac{1}{2} \left(P^2 + \omega^2 Q^2\right) \tag{4.2.73}$$

由式 (4.2.70) 可以看出，辐射场可以看成是由无穷多个谐振子组成的体系，振子频率 $\omega = kc$，且由式 (4.2.48) 看出，当 $V \to \infty$ 时趋向连续变化。

利用正则方程 (4.2.41) 和式 (4.2.70) 可以得到

$$\begin{aligned} &\dot{Q}_\lambda = \frac{\partial H}{\partial P_\lambda} = P_\lambda, \quad \dot{P}_\lambda = -\frac{\partial H}{\partial Q_\lambda} = -\omega^2 Q_\lambda \\ &\ddot{Q}_\lambda = \dot{P}_\lambda = -\omega^2 Q_\lambda, \quad \ddot{Q}_\lambda + \omega^2 Q_\lambda = 0 \\ &\ddot{P}_\lambda = -\omega^2 \dot{Q}_\lambda = -\omega^2 P_\lambda, \quad \ddot{P}_\lambda + \omega^2 \dot{P}_\lambda = 0 \end{aligned} \tag{4.2.74}$$

上述方程与式 (4.2.44) 的形式相同，Q_λ 和 P_λ 可视为彼此正则共轭的坐标和动量。利用式 (4.2.32) 和式 (4.2.33)，只需把 q_i 和 p_j 改成 Q_λ 和 $P_{\lambda'}$ 便可得到

$$\{Q_\lambda, P_{\lambda'}\} = \delta_{\lambda\lambda'}, \quad \{Q_\lambda, Q_{\lambda'}\} = \{P_\lambda, P_{\lambda'}\} = 0 \tag{4.2.75}$$

场量子化的基本思想是：找出描述经典场的一组完备的正则 “坐标” 和 “动量”，然后把它们视为相应的算符，满足正则坐标和动量的对易关系式，从而使之量子化。现在我们把经典电磁场中的 Poisson 括号 { } 与量子理论中的对易关系 [ ] 建立如下的等价关系

$$[F, G] = \mathrm{i}\hbar \{F, G\} \tag{4.2.76}$$

于是根据式 (4.2.75) 在量子理论中可以得到以下的对易关系

$$[Q_\lambda, P_{\lambda'}] = \mathrm{i}\hbar\delta_{\lambda\lambda'}, \quad [Q_\lambda, Q_{\lambda'}] = [P_\lambda, P_{\lambda'}] = 0 \tag{4.2.77}$$

用以下方式引入无量纲算符

$$Q_\lambda = \sqrt{\frac{\hbar}{2\omega}} \left(a_\lambda + a_\lambda^+\right), \quad P_\lambda = -\mathrm{i}\sqrt{\frac{\hbar\omega}{2}} \left(a_\lambda - a_\lambda^+\right) \tag{4.2.78}$$

求其逆并利用式 (4.2.68) 可得

$$\begin{aligned} a_\lambda &= \sqrt{\frac{\omega}{2\hbar}} \left(Q_\lambda + \frac{\mathrm{i}}{\omega} P_\lambda\right) = \frac{1}{\sqrt{4\pi c^2}} \sqrt{\frac{2\omega}{\hbar}} q_\lambda \\ a_\lambda^+ &= \sqrt{\frac{\omega}{2\hbar}} \left(Q_\lambda - \frac{\mathrm{i}}{\omega} P_\lambda\right) = \frac{1}{\sqrt{4\pi c^2}} \sqrt{\frac{2\omega}{\hbar}} q_\lambda^* \end{aligned} \tag{4.2.79}$$

利用式 (4.2.79) 和式 (4.2.77) 很容易证明

$$\left[a_\lambda, a_{\lambda'}^+\right] = \delta_{\lambda\lambda'}, \quad [a_\lambda, a_{\lambda'}] = \left[a_\lambda^+, a_{\lambda'}^+\right] = 0 \tag{4.2.80}$$

这正是玻色子的产生和湮灭算符所满足的对易关系。

把由式 (4.2.79) 求得的 q_λ 和 q_λ^* 代入式 (4.2.56) 的第一式，并利用式 (4.2.55) 把 $q_\lambda(t)$ 和 $q_\lambda^*(t)$ 中随时间简谐变化的因子写出来便可得到

$$\vec{A}(\vec{r},t)=\sqrt{4\pi c^2}\sum_\lambda\sqrt{\frac{\hbar}{2\omega}}\left[\vec{A}_\lambda(\vec{r})\mathrm{e}^{-\mathrm{i}\omega t}a_\lambda+\vec{A}_\lambda^*(\vec{r})\mathrm{e}^{\mathrm{i}\omega t}a_\lambda^+\right] \tag{4.2.81}$$

把式 (4.2.47) 代入上式又得到

$$\vec{A}(\vec{r},t)=\sqrt{\frac{4\pi\hbar c^2}{V}}\sum_\lambda\frac{\vec{\varepsilon}_\lambda}{\sqrt{2\omega}}\left[\mathrm{e}^{\mathrm{i}(\vec{k}\cdot\vec{r}-\omega t)}a_\lambda+\mathrm{e}^{-\mathrm{i}(\vec{k}\cdot\vec{r}-\omega t)}a_\lambda^+\right] \tag{4.2.82}$$

其中，a_λ 和 a_λ^+ 是不依赖于时间的玻色子湮灭和产生算符的。把式 (4.2.82) 代入 $\varphi=0$ 时的式 (4.2.10) 和式 (4.2.7) 可得

$$\vec{E}(\vec{r},t)=\mathrm{i}\sqrt{\frac{2\pi\hbar ck}{V}}\sum_\lambda\vec{\varepsilon}_\lambda\left[\mathrm{e}^{\mathrm{i}(\vec{k}\cdot\vec{r}-\omega t)}a_\lambda-\mathrm{e}^{-\mathrm{i}(\vec{k}\cdot\vec{r}-\omega t)}a_\lambda^+\right] \tag{4.2.83}$$

$$\vec{B}(\vec{r},t)=\mathrm{i}\sqrt{\frac{2\pi\hbar c}{Vk}}\sum_\lambda\left(\vec{k}\times\vec{\varepsilon}_\lambda\right)\left[\mathrm{e}^{\mathrm{i}(\vec{k}\cdot\vec{r}-\omega t)}a_\lambda-\mathrm{e}^{-\mathrm{i}(\vec{k}\cdot\vec{r}-\omega t)}a_\lambda^+\right] \tag{4.2.84}$$

其中，$\lambda=k\mu,\mu=1,2$ 分别代表在 x，y 轴方向的横向偏振光。

根据二次量子化理论，在粒子占据数表象中有 [3,6]

$$a_\lambda^+\left|n_\lambda\right\rangle=\sqrt{n_\lambda+1}\left|n_\lambda+1\right\rangle,\quad a_\lambda\left|n_\lambda\right\rangle=\sqrt{n_\lambda}\left|n_\lambda-1\right\rangle \tag{4.2.85}$$

不难验证

$$a_\lambda^+a_\lambda\left|n_\lambda\right\rangle=n_\lambda\left|n_\lambda\right\rangle \tag{4.2.86}$$

这里的 n_λ 就是处于 λ 态的光子数。

把式 (4.2.78) 代入式 (4.2.70)，利用对易关系式 (4.2.80) 可以求得

$$H=\sum_\lambda\left(n_\lambda+\frac{1}{2}\right)\hbar\omega,\quad n_\lambda=0,1,2,\cdots \tag{4.2.87}$$

λ 态上每个光子的能量和动量分别为

$$E=\hbar\omega,\quad \vec{p}=\hbar\vec{k} \tag{4.2.88}$$

由于 $\omega=kc$，可以看出

$$E^2-p^2c^2=0 \tag{4.2.89}$$

这正是光子静止质量为 0 的反映。

4.2.4　光子束的极化

在粒子占据数表象中，根据式 (4.2.85) 可知

$$\langle 0|\, a_\lambda \,|1\rangle = 1, \quad \langle 1|\, a_\lambda^+ \,|0\rangle = 1 \tag{4.2.90}$$

对光子束进行测量属于光子湮灭过程。根据式 (4.2.83), 我们令

$$\vec{E}_\mu^{(-)}(k,\vec{r},t) = \mathrm{i}\sqrt{\frac{2\pi\hbar ck}{V}}\vec{\varepsilon}_{k\mu}\mathrm{e}^{\mathrm{i}(\vec{k}\cdot\vec{r}-\omega t)}a_{k\mu}, \quad \mu = 1,2 \tag{4.2.91}$$

根据用微扰论得到的 Golden 规则，体系跃迁率为 [2,3,5]

$$W = \frac{2\pi}{\hbar}|T|^2\rho_f \tag{4.2.92}$$

在这里跃迁矩阵元 T 的模平方为

$$\begin{aligned}|T|^2 &= \frac{1}{2}\left|\sum_\mu\left\langle 0\left|\vec{E}_\mu^{(-)}(k,\vec{r},t)\right|1\right\rangle\right|^2 = \frac{1}{2}\left|\mathrm{i}\sqrt{\frac{2\pi\hbar ck}{V}}\mathrm{e}^{\mathrm{i}(\vec{k}\cdot\vec{r}-\omega t)}\left(\vec{\varepsilon}_{k1}+\vec{\varepsilon}_{k2}\right)\right|^2\\ &= \frac{1}{2}\sum_\mu\left|\mathrm{i}\sqrt{\frac{2\pi\hbar ck}{V}}\mathrm{e}^{\mathrm{i}(\vec{k}\cdot\vec{r}-\omega t)}\vec{\varepsilon}_{k\mu}\right|^2 = \frac{2\pi\hbar ck}{V}\end{aligned} \tag{4.2.93}$$

其中，系数 $\frac{1}{2}$ 代表对两种偏振方向求平均。根据相空间原理，在体积为 V 和动量波矢 $k \to k + \mathrm{d}k$ 的球壳中状态数为

$$\mathrm{d}n = \frac{V4\pi k^2\mathrm{d}k}{(2\pi)^3} \tag{4.2.94}$$

对于光子来说 $\mathrm{d}E = \hbar\mathrm{d}\omega = \hbar c\mathrm{d}k$，于是可以求得光子的能量态密度为

$$\rho_f = \frac{\mathrm{d}n}{\mathrm{d}E} = \frac{Vk^2}{2\pi^2\hbar c} \tag{4.2.95}$$

把式 (4.2.93) 和式 (4.2.95) 代入式 (4.2.92) 可得

$$W = \frac{2k^3}{\hbar} \tag{4.2.96}$$

我们对上述跃迁率 W 做以下解释

$$I_0(k) = \frac{\mathrm{d}M_0(k,\vec{r},t)}{\mathrm{d}E\mathrm{d}\vec{r}\mathrm{d}t} = W = \frac{2k^3}{\hbar} \tag{4.2.97}$$

其中，$I_0(k)$ 代表单位时间、单位体积、单位能量间隔中可测量到的能量为 $\hbar ck$ 的光子数。因为我们所讨论的是稳定平面波光子束，因而与位置和时间无关，但是却正比于光子能量的三次方。

假设我们在垂直光子束流方向放一个理想平面波光子探测器。已知光子的波长为 $L(k)=\dfrac{1}{k}$，而光子从探测器表面射入探测器以后，其深度达到 $L(k)$ 时，作为理想探测器就应该能够获得该类光子的全部信息，并把光子记录下来，因而理想探测器对光子的敏感探测厚度为 $L(k)$。如果该探测器的能量分辨率非常高，只探测在很小的能量区间 $\varDelta E=\hbar c\varDelta k$ 中其平均能量为 $\hbar ck$ 的光子，那么利用有效探测面积为 S 的理想探测器，探测时间为 T，根据式 (4.2.97) 便可知记录下来的光子数应该为

$$N_0(k)=I_0(k)SL(k)T\varDelta E=2cSTk^2\varDelta k \tag{4.2.98}$$

由式 (4.2.91) 和式 (4.2.93) 可以看出，电场强度 $E_\mu^{(-)}(k,\vec{r},t)$ 在 $\mu=1$ 和 $\mu=2$ 两个方向的振幅是相等的，又由于 $\vec{\varepsilon}_{k1}\cdot\vec{\varepsilon}_{k2}=0$，因而又不会有相干项，满足非极化条件，即原始光束是非极化的。非极化光束归一化的密度矩阵为

$$\hat{\rho}_0=\frac{1}{2}\left[\begin{pmatrix}1\\0\\0\end{pmatrix}(1\ \ 0\ \ 0)+\begin{pmatrix}0\\1\\0\end{pmatrix}(0\ \ 1\ \ 0)\right]=\frac{1}{2}\begin{pmatrix}1&0&0\\0&1&0\\0&0&0\end{pmatrix} \tag{4.2.99}$$

显然有

$$\frac{1}{2}\sum_\mu\left|\vec{\varepsilon}_{k\mu}\right|^2=\mathrm{tr}\{\hat{\rho}_0\} \tag{4.2.100}$$

于是可把式 (4.2.93) 改写成

$$|T|^2=\frac{2\pi\hbar ck}{V}\mathrm{tr}\{\hat{\rho}_0\} \tag{4.2.101}$$

进而可把式 (4.2.97) 改写成

$$I_0(k)=\frac{\mathrm{d}M_0(k,\vec{r},t)}{\mathrm{d}E\mathrm{d}\vec{r}\mathrm{d}t}=\frac{2k^3}{\hbar}\mathrm{tr}\{\hat{\rho}_0\} \tag{4.2.102}$$

由于光子可用三维矢量势 $\vec{A}(\vec{r},t)$ 来描述，故光子的自旋等于 1。式 (4.2.45) 就是由式 (3.1.42) 给出的 $S=1$ 粒子在直角基表象中直角坐标系的自旋基矢，由式 (3.1.47) 给出的自旋等于 1 的粒子在直角基表象中直角坐标系的自旋算符为

$$\hat{S}_x=\begin{pmatrix}0&0&0\\0&0&-\mathrm{i}\\0&\mathrm{i}&0\end{pmatrix},\quad \hat{S}_y=\begin{pmatrix}0&0&\mathrm{i}\\0&0&0\\-\mathrm{i}&0&0\end{pmatrix},\quad \hat{S}_z=\begin{pmatrix}0&-\mathrm{i}&0\\\mathrm{i}&0&0\\0&0&0\end{pmatrix} \tag{4.2.103}$$

假设沿 z 轴方向传播的光子束先通过一个补偿棱镜 (Compensator)，再通过一个偏振镜 (Polarizer)，然后再用光子探测器 (Photo Detector) 测量光子数 [7,8]。这

时光束的强度可能发生了变化，虽然光束还是横向波，但是在 x 和 y 方向的振幅比例可能发生了变化，即光束被极化了，而且光束 x 和 y 分量的相位也可能分别发生了变化。根据式 (4.2.91) 可以写出这时波矢为 k 的总电场强度为

$$\vec{E}^{(-)}(k,\vec{r},t)=\left(a_x\mathrm{e}^{\mathrm{i}\beta_x}\vec{\varepsilon}_{k1}a_{k1}+a_y\mathrm{e}^{\mathrm{i}\beta_y}\vec{\varepsilon}_{k2}a_{k2}\right)\mathrm{i}\sqrt{\frac{2\pi\hbar ck}{V}}\mathrm{e}^{\mathrm{i}(\vec{k}\cdot\vec{r}-\omega t)} \tag{4.2.104}$$

$$\left\langle 0\left|\vec{E}^{(-)}(k,\vec{r},t)\right|1\right\rangle=\left(a_x\mathrm{e}^{\mathrm{i}\alpha_x}\vec{\varepsilon}_{k1}+a_y\mathrm{e}^{\mathrm{i}\alpha_y}\vec{\varepsilon}_{k2}\right)\mathrm{i}\sqrt{\frac{2\pi\hbar ck}{V}}\mathrm{e}^{\mathrm{i}(\vec{k}\cdot\vec{r}-\omega t)} \tag{4.2.105}$$

引入以下光子偏振波函数符号

$$|k\rangle=a_x\mathrm{e}^{\mathrm{i}\beta_x}\vec{\varepsilon}_{k1}+a_y\mathrm{e}^{\mathrm{i}\beta_y}\vec{\varepsilon}_{k2}=\begin{pmatrix}a_x\mathrm{e}^{\mathrm{i}\beta_x}\\a_y\mathrm{e}^{\mathrm{i}\beta_y}\\0\end{pmatrix} \tag{4.2.106}$$

于是可以定义极化光束的密度矩阵为

$$\begin{aligned}\hat{\rho}=|k\rangle\langle k|&=\begin{pmatrix}a_x\mathrm{e}^{\mathrm{i}\beta_x}\\a_y\mathrm{e}^{\mathrm{i}\beta_y}\\0\end{pmatrix}\begin{pmatrix}a_x^*\mathrm{e}^{-\mathrm{i}\beta_x} & a_y^*\mathrm{e}^{-\mathrm{i}\beta_y} & 0\end{pmatrix}\\&=\begin{pmatrix}|a_x|^2 & a_xa_y^*\mathrm{e}^{\mathrm{i}(\beta_x-\beta_y)} & 0\\a_ya_x^*\mathrm{e}^{-\mathrm{i}(\beta_x-\beta_y)} & |a_y|^2 & 0\\0&0&0\end{pmatrix}\end{aligned} \tag{4.2.107}$$

显然有

$$\mathrm{tr}\{\hat{\rho}\}=|a_x|^2+|a_y|^2 \tag{4.2.108}$$

$\hat{\rho}$ 不一定是归一化的。参照式 (4.2.102)，极化光束的跃迁率可以写成

$$I(k)=\frac{\mathrm{d}M(k,\vec{r},t)}{\mathrm{d}E\mathrm{d}\vec{r}\mathrm{d}t}=\frac{2k^3}{\hbar}\mathrm{tr}\{\hat{\rho}\}=\left(|a_x|^2+|a_y|^2\right)\frac{2k^3}{\hbar} \tag{4.2.109}$$

利用由式 (4.2.103) 给出的光子自旋算符和由式 (4.2.107) 给出的密度矩阵可以求得这时光束在 x,y,z 方向的极化率分别为

$$P_x=\frac{\mathrm{tr}\left\{\hat{S}_x\hat{\rho}\right\}}{\mathrm{tr}\{\hat{\rho}\}}=0,\quad P_y=\frac{\mathrm{tr}\left\{\hat{S}_y\hat{\rho}\right\}}{\mathrm{tr}\{\hat{\rho}\}}=0$$

$$P_z=\frac{\mathrm{tr}\left\{\hat{S}_z\hat{\rho}\right\}}{\mathrm{tr}\{\hat{\rho}\}}=\frac{-\mathrm{i}a_ya_x^*\mathrm{e}^{-\mathrm{i}(\beta_x-\beta_y)}+\mathrm{i}a_xa_y^*\mathrm{e}^{\mathrm{i}(\beta_x-\beta_y)}}{|a_x|^2+|a_y|^2}=\frac{2\mathrm{Im}\left(a_ya_x^*\mathrm{e}^{-\mathrm{i}(\beta_x-\beta_y)}\right)}{|a_x|^2+|a_y|^2} \tag{4.2.110}$$

并有

$$-1 \leqslant P_z \leqslant 1 \tag{4.2.111}$$

以上结果表明极化方向与光波振动方向垂直。

本节只对平面光束的极化问题进行了初步探讨，该课题还有待今后从实验和理论两方面进一步进行研究。参考文献 [7] 和 [8] 对光束的极化问题进行了理论研究，在他们的工作中未使用光子的自旋算符。参考文献 [9] 中对光束的极化问题也进行了讨论。

参 考 文 献

[1] Varshalovich D A, Moskalev A N, Khersonskii V K. Quantum Theory of Angular Momentum. Singapore: World Scientific, 1988

[2] 申庆彪. 低能和中能核反应理论 (上册). 北京: 科学出版社, 2005: 128, 295, 146, 196

[3] 曾谨言. 量子力学, 卷II. 3 版. 北京: 科学出版社, 2003: 636, 643, 656, 664

[4] Eisenberg J M, Greiner W. Nuclear Theory-Excitation Mechanisms of the Nucleus. Oxford: North-Holland Publishing Company, 1976: 58

[5] Gottfried K, Yan T M. Quantum Mechanics: Fundamentals, Second Edition. New York: Springer, 2004: 437, 463

[6] 申庆彪. 低能和中能核反应理论 (中册). 北京: 科学出版社, 2012: 114, 117, 138, 152

[7] Glauber R J. The quantum theory of optical coherence. Phy. Rev., 1963, 130:2529

[8] Lahiri M, Wolf E. Quantum analysis of polarization properties of optical beams. Phys. Rev., 2010, A82: 043805

[9] Robson B A. The Theory of Polarization Phenomena. Oxford: Clarendon Press, 1974

第 5 章　相对论核反应极化理论

5.1　相对论量子力学基础理论

5.1.1　Klein-Gordon 方程

狭义相对论要求所有物理方程在 Lorentz 变换下不变，即当我们把时空坐标系 $S(x,y,z,t)$ 变换到另一时空坐标系 $S'(x',y',z',t')$ 时，在保持

$$x^2+y^2+z^2-c^2t^2=x'^2+y'^2+z'^2-c^2t'^2 \tag{5.1.1}$$

成立的情况下进行时空坐标系变换，物理方程形式应保持相同，其中，c 为光速，这就是 Lorentz 协变性 [1,2]。

爱因斯坦自由粒子质能公式为

$$E=mc^2=\frac{m_0c^2}{\sqrt{1-\dfrac{v^2}{c^2}}}=\frac{m_0c^2}{\sqrt{1-\dfrac{p^2}{m^2c^2}}}=\frac{m_0c^2}{\sqrt{1-\dfrac{p^2c^2}{E^2}}} \tag{5.1.2}$$

其中，m_0 为粒子静止质量。由上式得到

$$E^2=p^2c^2+m_0^2c^4 \tag{5.1.3}$$

当 $v\ll c$ 时，由式 (5.1.2) 可得

$$E\approx m_0c^2+\frac{1}{2}m_0v^2 \tag{5.1.4}$$

上式右端第二项正是非相对论动能。将式 (5.1.3) 按以下方式进行算符化

$$E\to \mathrm{i}\hbar\frac{\partial}{\partial t},\quad \vec{p}\to -\mathrm{i}\hbar\vec{\nabla} \tag{5.1.5}$$

将其代入式 (5.1.3) 以后再作用在波函数 ψ 上可得

$$\left(\Box+\frac{m_0^2c^2}{\hbar^2}\right)\psi=0 \tag{5.1.6}$$

其中

$$\Box=\frac{1}{c^2}\frac{\partial^2}{\partial t^2}-\Delta \tag{5.1.7}$$

这里，$\Delta = \vec{\nabla}^2$ 和 $\square$ 分别称为拉普拉斯算符和达朗贝尔算符。式 (5.1.6) 就是自由粒子的 Klein-Gordon 方程，显然满足 Lorentz 协变性。Klein-Gordon 方程不是一个描述单粒子的相对论运动方程，而是一个场方程。由于该方程只有一个分量，所以它描述的是自旋为 0 的场。

1935 年，Yukawa [3] 提出，核子之间的核力是通过一种场传播的，可假设这种场满足 Klein-Gordon 方程，式 (5.1.6) 中的静止质量 m_0 对应于这种场所描述的一种介子的质量。核子是这种场的源，由于这个源与时间无关，它产生的场也与时间无关，波函数 ψ 也应该与时间无关，参照由式 (4.2.18) 给出的静止质量为 0 的电磁场标量势方程，由式 (5.1.6) 可以写出有源的静态 Klein-Gordon 方程为

$$\left(\vec{\nabla}^2 - \frac{m_0^2 c^2}{\hbar^2}\right)\psi = -\rho \tag{5.1.8}$$

假设核子足够重，可以作经典近似，并假设核子处在坐标原点，于是可把这种点源表示成

$$\rho = g\delta\left(\vec{r}\right) \tag{5.1.9}$$

其中，g 为核子与这种介子场的作用常数，这样便可把式 (5.1.8) 改写成

$$\left(\vec{\nabla}^2 - \frac{m_0^2 c^2}{\hbar^2}\right)\psi\left(\vec{r}\right) = -g\delta\left(\vec{r}\right) \tag{5.1.10}$$

在参考文献 [4] 的 3.11 节中已经给出方程

$$\left(\vec{\nabla}^2 + k^2\right)G\left(\vec{r}, \vec{r}'\right) = \delta\left(\vec{r} - \vec{r}'\right) \tag{5.1.11}$$

的解为

$$G\left(\vec{r}, \vec{r}'\right) = -\frac{1}{4\pi}\frac{\mathrm{e}^{\mathrm{i}k\left|\vec{r}-\vec{r}'\right|}}{\left|\vec{r}-\vec{r}'\right|} \tag{5.1.12}$$

于是可以写出式 (5.1.10) 的解为

$$\psi\left(\vec{r}\right) = \frac{g}{4\pi}\frac{\mathrm{e}^{-\frac{m_0 c}{\hbar}r}}{r} \tag{5.1.13}$$

此式称为 Yukawa 势。如果将衰变到 $\dfrac{1}{\mathrm{e}}$ 的距离定义为力程 r_0，便有

$$r_0 = \frac{\hbar}{m_0 c} = \lambda_{\mathrm{C}} \tag{5.1.14}$$

其中，λ_{C} 称为场的康普顿波长。如果取核力力程 $r_0 = 1.4\mathrm{fm}$，由式 (5.1.14) 便可求得 $m_0 \approx 140\mathrm{MeV}$。Yukawa 所预言的这种粒子于 1947 年在宇宙线中被发现，称为 π 介子。

5.1.2 Dirac 方程 [5]

为了建立描述单粒子的相对论运动方程，在方程中应该只含时间一次导数项，为了满足相对论 Lorentz 变换的协变性，对空间也应该只含一次导数项。Dirac 将由式 (5.1.3) 给出的相对论质能关系按以下方式进行算符线性化

$$E = c\sqrt{p^2 + m_0^2c^2} = c\sqrt{\sum_i p_i^2 + m_0^2c^2} = c\sum_i \alpha_i p_i + \beta m_0 c^2 \tag{5.1.15}$$

其中，引入了与坐标、动量无关的算符 $\alpha_i\ (i = 1, 2, 3)$ 和 β。为了满足质能关系，把上式取平方并除以 c^2 后得到

$$\begin{aligned}\sum_i p_i^2 + m_0^2c^2 &= \left(\sum_i \alpha_i p_i + \beta m_0 c\right)\left(\sum_j \alpha_j p_j + \beta m_0 c\right)\\ &= \sum_i \alpha_i^2 p_i^2 + \beta^2 m_0^2 c^2 + \sum_i (\alpha_i\beta + \beta\alpha_i) p_i m_0 c + (\alpha_1\alpha_2 + \alpha_2\alpha_1)\, p_1 p_2\\ &\quad + (\alpha_1\alpha_3 + \alpha_3\alpha_1)\, p_1 p_3 + (\alpha_2\alpha_3 + \alpha_3\alpha_2)\, p_2 p_3\end{aligned} \tag{5.1.16}$$

为使上式两边相等，要求下列等式必须成立

$$\alpha_1^2 = \alpha_2^2 = \alpha_3^2 = \beta^2 = 1 \tag{5.1.17}$$

$$\alpha_i\alpha_j + \alpha_j\alpha_i \equiv \{\alpha_i, \alpha_j\} = 2\delta_{ij}, \quad \alpha_i\beta + \beta\alpha_i = \{\alpha_i, \beta\} = 0, \quad i, j = 1, 2, 3 \tag{5.1.18}$$

以上二式表明 $\vec{\alpha}$ 的三个分量和 β 之间满足反对易关系。根据式 (5.1.15) 可以写出自由粒子的哈密顿算符为

$$H = c\vec{\alpha}\cdot\vec{p} + \beta m_0 c^2 = -\mathrm{i}c\hbar\vec{\alpha}\cdot\vec{\nabla} + \beta m_0 c^2 \tag{5.1.19}$$

设 $\psi\left(\vec{r}, t\right)$ 是自由粒子波函数，它所满足的方程为

$$H\psi = E\psi \tag{5.1.20}$$

根据式 (5.1.5)、式 (5.1.19) 和式 (5.1.20) 可以得到

$$\mathrm{i}\hbar\frac{\partial\psi}{\partial t} = H\psi \tag{5.1.21}$$

$$\left(-\mathrm{i}\hbar\frac{\partial}{\partial t} - \mathrm{i}c\hbar\vec{\alpha}\cdot\vec{\nabla} + \beta m_0 c^2\right)\psi\left(\vec{r}, t\right) = 0 \tag{5.1.22}$$

以上二式就是 Dirac 方程。为了保证 H 是厄米的，$\vec{\alpha}$ 和 β 也必须是厄米的，即

$$\vec{\alpha}^+ = \vec{\alpha}, \quad \beta^+ = \beta \tag{5.1.23}$$

式 (5.1.21) 的共轭方程为

$$-\mathrm{i}\hbar\frac{\partial\psi^+}{\partial t} = \psi^+ H \tag{5.1.24}$$

利用式 (5.1.21) 和式 (5.1.24) 可以证明

$$\frac{\partial}{\partial t}\int\psi^+\psi\mathrm{d}\vec{r} = \int\left(\frac{\partial\psi^+}{\partial t}\psi + \psi^+\frac{\partial\psi}{\partial t}\right)\mathrm{d}\vec{r} = \frac{\mathrm{i}}{\hbar}\int\left(\psi^+ H\psi - \psi^+ H\psi\right)\mathrm{d}\vec{r} = 0 \tag{5.1.25}$$

上式表明 Dirac 方程满足全空间概率守恒关系。

为了便于方程的表示，按以下方式引入 γ 矩阵

$$\gamma_k = -\mathrm{i}\beta\alpha_k \text{ 或 } \alpha_k = \mathrm{i}\beta\gamma_k, \quad k = 1,2,3; \quad \gamma_4 = \beta, \quad \gamma_5 = \gamma_1\gamma_2\gamma_3\gamma_4 \tag{5.1.26}$$

利用式 (5.1.17)、式 (5.1.18)、式 (5.1.23) 和式 (5.1.26) 可以证明

$$\gamma_k^+ = \mathrm{i}\alpha_k\beta = -\mathrm{i}\beta\alpha_k = \gamma_k, \quad k = 1,2,3; \quad \gamma_4^+ = \gamma_4, \quad \gamma_5^+ = \gamma_5 \tag{5.1.27}$$

$$\{\gamma_i, \gamma_4\} = 0, \quad \{\gamma_i, \gamma_j\} = 2\delta_{ij}, \quad i,j = 1,2,3 \tag{5.1.28}$$

$$\{\gamma_\mu, \gamma_\nu\} = 2\delta_{\mu\nu}, \quad \mu,\nu = 1,2,3,4 \tag{5.1.29}$$

对于式 (5.1.22) 从左边乘上 $\beta/\hbar c = \gamma_4/\hbar c$ 便得到

$$\left[\gamma_4\left(-\frac{\mathrm{i}}{c}\frac{\partial}{\partial t}\right) + \sum_i \gamma_i\frac{\partial}{\partial x_i} + \kappa\right]\psi = 0 \tag{5.1.30}$$

其中

$$\kappa = \frac{m_0 c}{\hbar} \tag{5.1.31}$$

四维的 Minkowski 坐标及其导数的定义分别为

$$x_\mu = \left(\vec{r}, \mathrm{i}ct\right), \quad \partial_\mu = \left(\frac{\partial}{\partial x}, \frac{\partial}{\partial y}, \frac{\partial}{\partial z}, -\frac{\mathrm{i}}{c}\frac{\partial}{\partial t}\right) \tag{5.1.32}$$

于是可把 Dirac 方程 (5.1.30) 表示成

$$\left(\gamma_\mu\partial_\mu + \kappa\right)\psi = 0 \tag{5.1.33}$$

要注意，根据爱因斯坦约定，两个相同的希腊字母下标表示对四维坐标求和，两个相同的英文字母下标表示对三维空间坐标求和。已知二维的泡利矩阵 $\hat{\sigma}$ 满足反对易关系式

$$\{\hat{\sigma}_i, \hat{\sigma}_j\} = 2\delta_{ij}, \quad i,j = 1,2,3 \tag{5.1.34}$$

根据由式 (2.9.14) 给出的方矩阵直积的定义，我们用以下方式定义两个 4×4 矩阵

$$\tau=\hat{I}\times\hat{\sigma},\quad \rho=\hat{\sigma}\times\hat{I} \tag{5.1.35}$$

其中，$\hat{I}$ 为 2×2 单位矩阵，并且可得

$$\tau_i=\begin{pmatrix}\hat{\sigma}_i & \hat{0}\\ \hat{0} & \hat{\sigma}_i\end{pmatrix},\quad i=1,2,3 \tag{5.1.36}$$

$$\rho_1=\begin{pmatrix}\hat{0} & \hat{I}\\ \hat{I} & \hat{0}\end{pmatrix},\quad \rho_2=\begin{pmatrix}\hat{0} & -\mathrm{i}\hat{I}\\ \mathrm{i}\hat{I} & \hat{0}\end{pmatrix},\quad \rho_3=\begin{pmatrix}\hat{I} & \hat{0}\\ \hat{0} & -\hat{I}\end{pmatrix} \tag{5.1.37}$$

其中，$\hat{0}$ 为 2×2 零矩阵。我们定义

$$\alpha_i\equiv\rho_1\tau_i=\begin{pmatrix}\hat{0} & \hat{\sigma}_i\\ \hat{\sigma}_i & \hat{0}\end{pmatrix},\quad \beta=\gamma_4\equiv\rho_3=\begin{pmatrix}\hat{I} & \hat{0}\\ \hat{0} & -\hat{I}\end{pmatrix} \tag{5.1.38}$$

于是由式 (5.1.26) 可以求得

$$\gamma_i=\begin{pmatrix}\hat{0} & -\mathrm{i}\hat{\sigma}_i\\ \mathrm{i}\hat{\sigma}_i & \hat{0}\end{pmatrix},\quad \gamma_5=\begin{pmatrix}\hat{0} & -\hat{I}\\ -\hat{I} & \hat{0}\end{pmatrix} \tag{5.1.39}$$

利用式 (5.1.34)、式 (5.1.38) 和式 (5.1.39) 可以验证式 (5.1.28) 和式 (5.1.29) 是成立的。并且由式 (5.1.39) 可以得到

$$\{\gamma_\mu,\gamma_5\}=0,\quad \mu=1,2,3,4 \tag{5.1.40}$$

并且可以看出 γ_μ 和 γ_5 都是厄米的。

在方程 (5.1.33) 中 γ 矩阵是四维的，方程中的波函数 ψ 也必须是四分量的，称为 Dirac 旋量 (Spinor)

$$\psi\left(\vec{r},t\right)=\begin{pmatrix}\psi_1\left(\vec{r},t\right)\\ \psi_2\left(\vec{r},t\right)\\ \psi_3\left(\vec{r},t\right)\\ \psi_4\left(\vec{r},t\right)\end{pmatrix},\quad \psi^+\left(\vec{r},t\right)=\left(\psi_1^*\left(\vec{r},t\right)\ \ \psi_2^*\left(\vec{r},t\right)\ \ \psi_3^*\left(\vec{r},t\right)\ \ \psi_4^*\left(\vec{r},t\right)\right) \tag{5.1.41}$$

定义一个新符号

$$\bar{\psi}\equiv\psi^+\gamma_4=\left(\psi_1^*\left(\vec{r},t\right)\ \ \psi_2^*\left(\vec{r},t\right)\ \ -\psi_3^*\left(\vec{r},t\right)\ \ -\psi_4^*\left(\vec{r},t\right)\right) \tag{5.1.42}$$

在 Dirac 方程 (5.1.22) 左边乘上 ψ^+ 便有

$$-\mathrm{i}\hbar\psi^+\frac{\partial}{\partial t}\psi - \mathrm{i}c\hbar\psi^+\vec{\alpha}\cdot\vec{\nabla}\psi + \psi^+\beta m_0c^2\psi = 0 \tag{5.1.43}$$

式 (5.1.22) 的共轭方程为

$$\mathrm{i}\hbar\frac{\partial}{\partial t}\psi^+ + \mathrm{i}c\hbar\vec{\nabla}\psi^+\cdot\vec{\alpha} + \psi^+\beta m_0c^2 = 0 \tag{5.1.44}$$

在式 (5.1.44) 右边乘上 ψ 可得

$$\mathrm{i}\hbar\left(\frac{\partial}{\partial t}\psi^+\right)\psi + \mathrm{i}c\hbar\left(\vec{\nabla}\psi^+\cdot\vec{\alpha}\right)\psi + \psi^+\beta m_0c^2\psi = 0 \tag{5.1.45}$$

由式 (5.1.43) 减去式 (5.1.45) 再乘上 $\mathrm{i}/\hbar$ 可得

$$\frac{\partial}{\partial t}\left(\psi^+\psi\right) + \vec{\nabla}\cdot\left(\psi^+c\vec{\alpha}\psi\right) = 0 \tag{5.1.46}$$

在 Dirac 方程中概率密度和概率流密度分别为

$$\rho\left(\vec{r},t\right) = \psi^+\psi, \quad \vec{j}\left(\vec{r},t\right) = c\psi^+\vec{\alpha}\psi \tag{5.1.47}$$

于是可把式 (5.1.46) 改写成

$$\frac{\partial\rho\left(\vec{r},t\right)}{\partial t} + \vec{\nabla}\cdot\vec{j}\left(\vec{r},t\right) = 0 \tag{5.1.48}$$

这就是连续性方程。因此 Dirac 方程是满足 Lorentz 协变性并保证概率守恒的描述单粒子的相对论运动方程。由式 (5.1.47) 可以写出

$$j_i = c\psi^+\alpha_i\psi = \mathrm{i}c\psi^+\gamma_4\gamma_i\psi = \mathrm{i}c\bar{\psi}\gamma_i\psi \tag{5.1.49}$$

再根据式 (5.1.32) 取

$$j_4 = \mathrm{i}c\rho = \mathrm{i}c\psi^+\psi = \mathrm{i}c\bar{\psi}\gamma_4\psi \tag{5.1.50}$$

于是可把连续性方程 (5.1.48) 改写成

$$\partial_\mu j_\mu = 0 \tag{5.1.51}$$

其中，符号 ∂_μ 的定义已由式 (5.1.32) 给出。

5.1.3　泡利度规和 Bjorken-Drell 度规

上面讨论的 Minkowski 空间中四维时空矢量和 γ 矩阵都是在泡利度规下表示的，而另外一种也被广泛应用的表示方法是 Bjorken-Drell 度规 [6,7]。下面我们将采用 $\hbar = c = 1$ 的单位制。

在 Bjorken-Drell 度规中，Minkowski 空间中四维时空矢量的时间分量定义为 0 分量，时空矢量用抗变分量表示成

$$x = \begin{pmatrix} x^0 \\ x^1 \\ x^2 \\ x^3 \end{pmatrix} = \begin{pmatrix} t \\ x \\ y \\ z \end{pmatrix} \tag{5.1.52}$$

用希腊字母 $\mu, \nu, \cdots$ 表示 Minkowski 空间的四分量，次序为 0, 1, 2, 3。引入度规张量 (metric tensor)

$$g = \begin{pmatrix} 1 & 0 & 0 & 0 \\ 0 & -1 & 0 & 0 \\ 0 & 0 & -1 & 0 \\ 0 & 0 & 0 & -1 \end{pmatrix} \tag{5.1.53}$$

并令其协变分量 $g_{\mu\nu}$ 与抗变分量 $g^{\mu\nu}$ 相等，即

$$g_{\mu\nu} = g^{\mu\nu} \tag{5.1.54}$$

时空矢量的协变分量 x_μ 与抗变分量 x^μ 之间满足关系式

$$x_\mu = g_{\mu\nu} x^\nu, \quad x^\mu = g^{\mu\nu} x_\nu \tag{5.1.55}$$

于是由式 (5.1.52)、式 (5.1.53) 和式 (5.1.55) 可以求得时空矢量，并可用协变分量表示成

$$x = \begin{pmatrix} x_0 \\ x_1 \\ x_2 \\ x_3 \end{pmatrix} = \begin{pmatrix} 1 & 0 & 0 & 0 \\ 0 & -1 & 0 & 0 \\ 0 & 0 & -1 & 0 \\ 0 & 0 & 0 & -1 \end{pmatrix} \begin{pmatrix} t \\ x \\ y \\ z \end{pmatrix} = \begin{pmatrix} t \\ -x \\ -y \\ -z \end{pmatrix} \tag{5.1.56}$$

在 Bjorken-Drell 度规中使用上标为 0, 1, 2, 3 的 γ 矩阵，参考式 (5.1.26)、式 (5.1.38) 和式 (5.1.39) 定义

$$\gamma^0 = \gamma_4 = \beta = \begin{pmatrix} \hat{I} & \hat{0} \\ \hat{0} & -\hat{I} \end{pmatrix}, \quad \gamma^{0+} = \gamma^0, \quad \alpha^i = \alpha_i$$

$$\gamma^i = \gamma^0 \alpha^i = \mathrm{i}\gamma_i = \begin{pmatrix} \hat{0} & \hat{\sigma}_i \\ -\hat{\sigma}_i & \hat{0} \end{pmatrix}, \quad \gamma^{i+} = -\gamma^i, \quad i = 1,2,3 \tag{5.1.57}$$

$$\gamma^5 = \mathrm{i}\gamma^0\gamma^1\gamma^2\gamma^3 = -\gamma_5 = \begin{pmatrix} \hat{0} & \hat{I} \\ \hat{I} & \hat{0} \end{pmatrix}, \quad \gamma^{5+} = \gamma^5 \tag{5.1.58}$$

它们所满足的反对易关系为

$$\{\gamma^\mu, \gamma^\nu\} = 2g^{\mu\nu}, \quad \{\gamma^5, \gamma^\mu\} = 0 \tag{5.1.59}$$

引入以下微分算符

$$\partial_\mu \equiv \frac{\partial}{\partial x^\mu} = \left(\frac{\partial}{\partial t}, \vec{\nabla}\right), \quad \partial^\mu \equiv \frac{\partial}{\partial x_\mu} = \left(\frac{\partial}{\partial t}, -\vec{\nabla}\right) \tag{5.1.60}$$

四维能动量矢量可用抗变分量和协变分量分别表示成

$$p = \begin{pmatrix} p^0 \\ p^1 \\ p^2 \\ p^3 \end{pmatrix} = \begin{pmatrix} E \\ p_x \\ p_y \\ p_z \end{pmatrix}, \quad p = \begin{pmatrix} p_0 \\ p_1 \\ p_2 \\ p_3 \end{pmatrix} = \begin{pmatrix} E \\ -p_x \\ -p_y \\ -p_z \end{pmatrix} \tag{5.1.61}$$

根据式 (5.1.5)、式 (5.1.56)、式 (5.1.60) 和式 (5.1.61) 可知

$$p^\mu = \mathrm{i}\partial^\mu, \quad p_\mu = \mathrm{i}\partial_\mu \tag{5.1.62}$$

可以求得

$$a \cdot b = a_\mu b^\mu = g_{\mu\nu} a^\nu b^\mu = a^0 b^0 - \vec{a} \cdot \vec{b}, \quad \vec{a} \cdot \vec{b} = a^i b^i = a_i b_i \tag{5.1.63}$$

有质量的自由粒子的能动量平方为

$$p^2 = p_\mu p^\mu = E^2 - \vec{p}^{\,2} = m_0^2 \tag{5.1.64}$$

达朗贝尔算符可表示成

$$\Box \equiv \partial_\mu \partial^\mu = \partial_0^2 - \vec{\nabla}^2 \tag{5.1.65}$$

由式 (5.1.57) 已知 $\gamma_4 = \gamma^0, \gamma_i = -\mathrm{i}\gamma^i$，于是可把由式 (5.1.30) 给出的 Dirac 方程改写成

$$(\mathrm{i}\gamma^\mu \partial_\mu - m_0)\,\psi(x) = 0 \tag{5.1.66}$$

其中，用了 $\hbar = c = 1$ 单位制。

5.1.4 Dirac 方程平面波解

式 (5.1.19) 已给出自由粒子的相对论哈密顿量为

$$H = c\vec{\alpha} \cdot \vec{p} + \beta m_0 c^2 \tag{5.1.67}$$

空间角动量 $\vec{L}$ 的第一分量 $L_1 = x_2 p_3 - x_3 p_2$ 与哈密顿量的对易关系为

$$[H, L_1] = c\vec{\alpha} \cdot \left[\vec{p}, x_2 p_3 - x_3 p_2\right] \tag{5.1.68}$$

Heisenberg 将由式 (4.2.32) 和式 (4.2.33) 给出的 Possion 括号按照由式 (4.2.76) 的方式引入对易关系

$$[q_i, p_j] = \mathrm{i}\hbar\delta_{ij}, \quad [q_i, q_j] = [p_i, p_j] = 0 \tag{5.1.69}$$

动量 p 的量纲是 $\dfrac{\mathrm{MeV \cdot s}}{\mathrm{fm}}$，s 代表时间秒，因而 pq 相乘后的量纲是 MeV · s，与 $\hbar$ 的量纲相同。于是由式 (5.1.68) 得到

$$[H, L_1] = -\mathrm{i}\hbar c \sum_i \alpha_i (\delta_{i2} p_3 - \delta_{i3} p_2) = -\mathrm{i}\hbar c (\alpha_2 p_3 - \alpha_3 p_2) = -\mathrm{i}\hbar c \left(\vec{\alpha} \times \vec{p}\right)_1 \neq 0$$

用三维矢量可表示成

$$\left[H, \vec{L}\right] = \left[c\vec{\alpha} \cdot \vec{p}, \vec{L}\right] = -\mathrm{i}\hbar c \vec{\alpha} \times \vec{p} \neq 0 \tag{5.1.70}$$

因而在 Dirac 方程中轨道角动量 $\vec{L}$ 的各个分量都不是守恒量。

为了保证总角动量守恒，必须引入四维自旋角动量 $\vec{S}$，总角动量为 $\vec{J} = \vec{L} + \vec{S}$。取

$$\vec{S} = \frac{\hbar}{2}\vec{\Sigma} = \frac{\hbar}{2}\begin{pmatrix} \hat{\sigma} & \hat{0} \\ \hat{0} & \hat{\sigma} \end{pmatrix}, \quad \vec{\Sigma} = \begin{pmatrix} \hat{\sigma} & \hat{0} \\ \hat{0} & \hat{\sigma} \end{pmatrix} \tag{5.1.71}$$

可以证明

$$\vec{S} \times \vec{S} = \frac{\hbar^2}{4}\begin{pmatrix} \hat{\sigma} \times \hat{\sigma} & \hat{0} \\ \hat{0} & \hat{\sigma} \times \hat{\sigma} \end{pmatrix} = \frac{2\mathrm{i}\hbar^2}{4}\begin{pmatrix} \hat{\sigma} & \hat{0} \\ \hat{0} & \hat{\sigma} \end{pmatrix} = \mathrm{i}\hbar\vec{S} \tag{5.1.72}$$

利用式 (5.1.38) 和式 (5.1.71) 可以求得

$$\left[H, \vec{S}\right] = \frac{\hbar}{2}\left[c\vec{\alpha} \cdot \vec{p}, \vec{\Sigma}\right] = \frac{\hbar c}{2}\begin{pmatrix} \hat{0} & \left[\hat{\sigma} \cdot \vec{p}, \hat{\sigma}\right] \\ \left[\hat{\sigma} \cdot \vec{p}, \hat{\sigma}\right] & \hat{0} \end{pmatrix} \tag{5.1.73}$$

先求上式中对易关系式的第一分量

$$\left[\hat{\sigma} \cdot \vec{p}, \hat{\sigma}_1\right] = [\hat{\sigma}_1 p_1 + \hat{\sigma}_2 p_2 + \hat{\sigma}_3 p_3, \hat{\sigma}_1] = -2\mathrm{i}\hat{\sigma}_3 p_2 + 2\mathrm{i}\hat{\sigma}_2 p_3 = 2\mathrm{i}\left(\hat{\sigma} \times \vec{p}\right)_1$$

于是可以得到

$$\left[H,\vec{S}\right]=\mathrm{i}\hbar c\left(\vec{\alpha}\times\vec{p}\right)\neq 0 \tag{5.1.74}$$

这样由式 (5.1.70) 和式 (5.1.74) 可得

$$\left[H,\vec{J}\right]=\left[H,\vec{L}\right]+\left[H,\vec{S}\right]=0 \tag{5.1.75}$$

总角动量 $\vec{J}$ 的 J_z 和 J^2 是守恒量。

S_3 是对角矩阵

$$S_3=\frac{\hbar}{2}\begin{pmatrix}\hat{\sigma}_3 & \hat{0}\\ \hat{0} & \hat{\sigma}_3\end{pmatrix}=\frac{\hbar}{2}\begin{pmatrix}1&0&0&0\\0&-1&0&0\\0&0&1&0\\0&0&0&-1\end{pmatrix} \tag{5.1.76}$$

S_3 的四个本征矢量为

$$\begin{aligned}&S_3\begin{pmatrix}1\\0\\0\\0\end{pmatrix}=\frac{\hbar}{2}\begin{pmatrix}1\\0\\0\\0\end{pmatrix},\quad S_3\begin{pmatrix}0\\1\\0\\0\end{pmatrix}=-\frac{\hbar}{2}\begin{pmatrix}0\\1\\0\\0\end{pmatrix}\\&S_3\begin{pmatrix}0\\0\\1\\0\end{pmatrix}=\frac{\hbar}{2}\begin{pmatrix}0\\0\\1\\0\end{pmatrix},\quad S_3\begin{pmatrix}0\\0\\0\\1\end{pmatrix}=-\frac{\hbar}{2}\begin{pmatrix}0\\0\\0\\1\end{pmatrix}\end{aligned} \tag{5.1.77}$$

对应的本征值分别为 $\pm\dfrac{\hbar}{2}$，是二重简并的。可以看出 Dirac 方程描述的是内禀自旋为 $\dfrac{1}{2}$ 的粒子，如电子和核子。

由式 (5.1.21) 和式 (5.1.19) 可以看出，动量 $p=0$ 的静止粒子满足的 Dirac 方程为

$$\mathrm{i}\hbar\frac{\partial\psi}{\partial t}=\beta m_0c^2\psi \tag{5.1.78}$$

根据式 (5.1.38)，由上式可以写出它的四个独立解为

$$\mathrm{e}^{-\mathrm{i}\frac{m_0c^2}{\hbar}t}\begin{pmatrix}1\\0\\0\\0\end{pmatrix},\quad \mathrm{e}^{-\mathrm{i}\frac{m_0c^2}{\hbar}t}\begin{pmatrix}0\\1\\0\\0\end{pmatrix},\quad \mathrm{e}^{\mathrm{i}\frac{m_0c^2}{\hbar}t}\begin{pmatrix}0\\0\\1\\0\end{pmatrix},\quad \mathrm{e}^{\mathrm{i}\frac{m_0c^2}{\hbar}t}\begin{pmatrix}0\\0\\0\\1\end{pmatrix} \tag{5.1.79}$$

参考式 (5.1.5) 可以看出前两个解对应于 $E=m_0c^2$ 和自旋为 $\pm\dfrac{1}{2}\hbar$ 的解，后两个解为 $E=-m_0c^2$ 和自旋为 $\pm\dfrac{1}{2}\hbar$ 的解。

当 $p \neq 0$ 时，自由粒子的平面波解的一般表示为

$$\psi = \begin{pmatrix} \psi_{\mathrm{A}} \\ \psi_{\mathrm{B}} \end{pmatrix} = \begin{pmatrix} u_{\mathrm{A}}(p) \\ u_{\mathrm{B}}(p) \end{pmatrix} \mathrm{e}^{\frac{\mathrm{i}}{\hbar}\left(\vec{p}\cdot\vec{r}-Et\right)} \tag{5.1.80}$$

其中，$\mathrm{e}^{\frac{\mathrm{i}}{\hbar}\left(\vec{p}\cdot\vec{r}-Et\right)}$ 是平面波的一般形式，其中与能量有关的项已在式 (5.1.79) 中给出。利用式 (5.1.67)、式 (5.1.38) 和式 (5.1.80)，由式 (5.1.20) 可以写出定态 Dirac 方程为

$$\left[c\begin{pmatrix} \hat{0} & \hat{\sigma} \\ \hat{\sigma} & \hat{0} \end{pmatrix}\cdot\vec{p} + m_0c^2\begin{pmatrix} \hat{I} & \hat{0} \\ \hat{0} & -\hat{I} \end{pmatrix}\right]\begin{pmatrix} u_{\mathrm{A}}(p) \\ u_{\mathrm{B}}(p) \end{pmatrix} = E\begin{pmatrix} u_{\mathrm{A}}(p) \\ u_{\mathrm{B}}(p) \end{pmatrix}$$

$$c\hat{\sigma}\cdot\vec{p}u_{\mathrm{B}}(p) + m_0c^2u_{\mathrm{A}}(p) = Eu_{\mathrm{A}}(p)$$

$$c\hat{\sigma}\cdot\vec{p}u_{\mathrm{A}}(p) - m_0c^2u_{\mathrm{B}}(p) = Eu_{\mathrm{B}}(p)$$

可将以上二式改写成

$$u_{\mathrm{A}}(p) = \frac{c}{E - m_0c^2}\hat{\sigma}\cdot\vec{p}\,u_{\mathrm{B}}(p) \tag{5.1.81}$$

$$u_{\mathrm{B}}(p) = \frac{c}{E + m_0c^2}\hat{\sigma}\cdot\vec{p}\,u_{\mathrm{A}}(p) \tag{5.1.82}$$

将式 (5.1.82) 代入式 (5.1.81)，并注意到由式 (2.1.16) 给出的 $\left(\hat{\sigma}\cdot\vec{p}\right)\left(\hat{\sigma}\cdot\vec{p}\right) = p^2\hat{I}$，便可得到

$$u_{\mathrm{A}}(p) = \frac{p^2c^2}{E^2 - m_0^2c^4}u_{\mathrm{A}}(p) \tag{5.1.83}$$

由此得到能量关系式 $E^2 = p^2c^2 + m_0^2c^4, E = \pm\sqrt{p^2c^2 + m_0^2c^4}$，该式可称为相对论能量和动量的 on-shell 关系。并可求得关系式

$$\hat{\sigma}\cdot\vec{p} = \sum_i \hat{\sigma}_ip_i = \begin{pmatrix} p_3 & p_1 - \mathrm{i}p_2 \\ p_1 + \mathrm{i}p_2 & -p_3 \end{pmatrix} \tag{5.1.84}$$

当 $E > 0$ 时，取 $u_{\mathrm{A}} = \begin{pmatrix} 1 \\ 0 \end{pmatrix}$ 和 $\begin{pmatrix} 0 \\ 1 \end{pmatrix}$，利用式 (5.1.82) 和式 (5.1.84) 可以求得

$$u_{\mathrm{B}} = \begin{pmatrix} \dfrac{p_3c}{E + m_0c^2} \\ \dfrac{(p_1 + \mathrm{i}p_2)c}{E + m_0c^2} \end{pmatrix} \quad 和 \quad \begin{pmatrix} \dfrac{(p_1 - \mathrm{i}p_2)c}{E + m_0c^2} \\ \dfrac{-p_3c}{E + m_0c^2} \end{pmatrix}$$

于是得到 $E>0$ 的两个平面波的解为

$$u^{(1)}(p)=N\begin{pmatrix}1\\0\\\dfrac{p_3c}{E+m_0c^2}\\\dfrac{(p_1+\mathrm{i}p_2)c}{E+m_0c^2}\end{pmatrix},\quad u^{(2)}(p)=N\begin{pmatrix}0\\1\\\dfrac{(p_1-\mathrm{i}p_2)c}{E+m_0c^2}\\\dfrac{-p_3c}{E+m_0c^2}\end{pmatrix}\tag{5.1.85}$$

其中，N 为归一化系数。对于负能粒子，参照式 (5.1.80)，自由粒子平面波的一般表示应改为

$$\psi=\begin{pmatrix}\psi_{\mathrm{A}}\\\psi_{\mathrm{B}}\end{pmatrix}=\begin{pmatrix}u_{\mathrm{A}}(p)\\u_{\mathrm{B}}(p)\end{pmatrix}\mathrm{e}^{-\frac{\mathrm{i}}{\hbar}\left(\vec{p}\cdot\vec{r}-Et\right)}\tag{5.1.86}$$

即在平面波的相位中 E 和 $\vec{p}$ 的前面都加上了负号，这时 E 和 $\vec{p}$ 仍取正值。由式 (5.1.20) 和式 (5.1.67) 给出的定态 Dirac 方程也变为

$$(-c\vec{\alpha}\cdot\vec{p}+\beta m_0c^2)\psi=-E\psi\tag{5.1.87}$$

与式 (5.1.81) 和式 (5.1.82) 对应的关系式改为

$$u_{\mathrm{A}}(p)=\frac{c}{E+m_0c^2}\hat{\sigma}\cdot\vec{p}\,u_{\mathrm{B}}(p)\tag{5.1.88}$$

$$u_{\mathrm{B}}(p)=\frac{c}{E-m_0c^2}\hat{\sigma}\cdot\vec{p}\,u_{\mathrm{A}}(p)\tag{5.1.89}$$

取 $u_{\mathrm{B}}=\begin{pmatrix}1\\0\end{pmatrix}$ 和 $\begin{pmatrix}0\\1\end{pmatrix}$，利用式 (5.1.88) 和式 (5.1.84) 可以求得

$$u_{\mathrm{A}}=\begin{pmatrix}\dfrac{p_3c}{E+m_0c^2}\\\dfrac{(p_1+\mathrm{i}p_2)c}{E+m_0c^2}\end{pmatrix}\quad\text{和}\quad\begin{pmatrix}\dfrac{(p_1-\mathrm{i}p_2)c}{E+m_0c^2}\\\dfrac{-p_3c}{E+m_0c^2}\end{pmatrix}$$

于是得到负能的两个平面波的解为

$$v^{(1)}(p)=N\begin{pmatrix}\dfrac{p_3c}{E+m_0c^2}\\\dfrac{(p_1+\mathrm{i}p_2)c}{E+m_0c^2}\\1\\0\end{pmatrix},\quad v^{(2)}(p)=N\begin{pmatrix}\dfrac{(p_1-\mathrm{i}p_2)c}{E+m_0c^2}\\\dfrac{-p_3c}{E+m_0c^2}\\0\\1\end{pmatrix}\tag{5.1.90}$$

根据式 (5.1.42)，令 $\bar{u}^{(s)}(p)=u^{(s)+}(p)\gamma^0$，$\bar{v}^{(s)}(p)=v^{(s)+}(p)\gamma^0$。利用式 (5.1.85) 和式 (5.1.90) 可以验证满足以下关系式

$$\bar{u}^{(s)}(p)u^{(s')}(p)=\delta_{ss'},\quad \bar{v}^{(s)}(p)v^{(s')}(p)=-\delta_{ss'}$$
$$\bar{v}^{(s)}(p)u^{(s')}(p)=\bar{u}^{(s)}(p)v^{(s')}(p)=0 \tag{5.1.91}$$

例如，可以验证

$$\bar{u}^{(1)}(p)u^{(1)}(p)=\left[1-\frac{p^2c^2}{(E+m_0c^2)^2}\right]N^2=\frac{2m_0c^2}{E+m_0c^2}N^2$$
$$\bar{v}^{(1)}(p)v^{(1)}(p)=-\left[1-\frac{p^2c^2}{(E+m_0c^2)^2}\right]N^2=-\frac{2m_0c^2}{E+m_0c^2}N^2$$

于是可以得到归一化系数为

$$N=\sqrt{\frac{E+m_0c^2}{2m_0c^2}} \tag{5.1.92}$$

$u(p)$ 是由 $u^{(1)}(p)$ 和 $u^{(2)}(p)$ 构成的正能量的平面波波函数，$v(p)$ 是由 $v^{(1)}(p)$ 和 $v^{(2)}(p)$ 构成的负能量的平面波波函数，χ 为二维自旋波函数，它是螺旋算符 (Helicity Operator) $\hat{\sigma}\cdot\hat{p}=\hat{\sigma}\cdot\dfrac{\vec{p}}{\left|\vec{p}\right|}$ 本征值为 ±1 的本征函数，自旋基矢函数分别为 $\begin{pmatrix}1\\0\end{pmatrix}$ 和 $\begin{pmatrix}0\\1\end{pmatrix}$。根据式 (5.1.85)、式 (5.1.90) 和式 (5.1.92) 可以得到正能解为

$$u(p)=\sqrt{\frac{E+m_0c^2}{2m_0c^2}}\begin{pmatrix}\chi\\ \dfrac{c\hat{\sigma}\cdot\vec{p}}{E+m_0c^2}\chi\end{pmatrix} \tag{5.1.93}$$

负能解为

$$v(p)=\sqrt{\frac{E+m_0c^2}{2m_0c^2}}\begin{pmatrix}\dfrac{c\hat{\sigma}\cdot\vec{p}}{E+m_0c^2}\chi\\ \chi\end{pmatrix} \tag{5.1.94}$$

可以看出 $u(p)$ 和 $v(p)$ 都是四分量矢量。

为了解释 Dirac 方程的负能解，1930 年，Dirac 提出了空穴理论，认为电子的空穴就是与电子质量相同、电荷相反的粒子，即正电子。当电子能量 $E>m_0c^2$ 时，电子处于自由态，即所谓的正能态，而当电子能量 $E<-m_0c^2$ 时，电子处于 Dirac 海中，即所谓的负能态。由于属于费米子的电子服从泡利不相容原理，所有 Dirac 海中的负能态都被电子填充，这时正能电子不能落入负能态上，这样才能解释正能电子的稳定性。在原子中被库仑场束缚的电子其能量处在 $-m_0c^2<E<m_0c^2$ 能区

之中。所谓的真空态是指正能态无电子，而负能态被电子全部填满，并以此图像解释正负电子对的产生和湮灭。1932 年，在宇宙线中观测到了正电子，证实了 Dirac 的预言。

5.1.5 Dirac 方程的 Lorentz 协变性

下面的讨论使用泡利度规。对四维 Minkowski 空间中的矢量 $x_\mu \equiv \left(\vec{r}, \mathrm{i}ct\right)$ 作线性变换

$$x_\mu \to x'_\mu = \alpha_{\mu\nu} x_\nu \tag{5.1.95}$$

要求变换后 x'_μ 仍保持前三个分量为实，第四个分量为虚，因此要求 $\alpha_{ik}(i,k=1,2,3)$ 为实，α_{i4} 和 $\alpha_{4i}(i=1,2,3)$ 为虚，α_{44} 为实。为了保证光速在任意坐标系中相等，要求变换后时空矢量长度不变，即

$$x_\mu x_\mu \to x'_\mu x'_\mu = \alpha_{\mu\nu} x_\nu \alpha_{\mu\rho} x_\rho = x_\rho x_\rho \tag{5.1.96}$$

因而要求

$$\alpha_{\mu\nu}\alpha_{\mu\rho} = \delta_{\nu\rho} \tag{5.1.97}$$

两个四维矢量收缩积 (如 $x_\mu x_\mu, \partial_\mu \partial_\mu, x_\mu \partial_\mu$) 为标量 (Scaler)，式 (5.1.96) 表明标量在 Lorentz 变换下不变。

把式 (5.1.95) 从左边乘上 $\alpha_{\mu\rho}$ 并对 μ 求和，再利用式 (5.1.97) 可得

$$\alpha_{\mu\rho} x'_\mu = \alpha_{\mu\rho}\alpha_{\mu\nu} x_\nu = \delta_{\rho\nu} x_\nu = x_\rho \tag{5.1.98}$$

式 (5.1.95) 的逆变换为

$$x_\rho = \alpha^{-1}_{\rho\mu} x'_\mu \tag{5.1.99}$$

比较式 (5.1.99) 和式 (5.1.98) 可知

$$\alpha^{-1}_{\rho\mu} = \alpha_{\mu\rho} \tag{5.1.100}$$

因此正逆矩阵乘积满足

$$\alpha^{-1}_{\nu\mu}\alpha_{\mu\rho} = \alpha_{\mu\nu}\alpha_{\mu\rho} = \delta_{\nu\rho} \tag{5.1.101}$$

对于沿 z 轴以匀速 v 运动的参照系，记 $\beta = v/c$，Lorentz 变换矩阵为

$$\alpha = \begin{pmatrix} 1 & 0 & 0 & 0 \\ 0 & 1 & 0 & 0 \\ 0 & 0 & \dfrac{1}{\sqrt{1-\beta^2}} & \dfrac{\mathrm{i}\beta}{\sqrt{1-\beta^2}} \\ 0 & 0 & \dfrac{-\mathrm{i}\beta}{\sqrt{1-\beta^2}} & \dfrac{1}{\sqrt{1-\beta^2}} \end{pmatrix} \tag{5.1.102}$$

利用变换

$$r' = \alpha r, \quad r = \begin{pmatrix} x \\ y \\ z \\ \mathrm{i}ct \end{pmatrix} \tag{5.1.103}$$

可以求得

$$x' = x, \quad y' = y, \quad z' = \frac{z}{\sqrt{1-\beta^2}} - \frac{vt}{\sqrt{1-\beta^2}}, \quad t' = \frac{t}{\sqrt{1-\beta^2}} - \frac{(v/c^2)z}{\sqrt{1-\beta^2}} \tag{5.1.104}$$

(x,y,z,t) 是固定坐标系中的量，(x',y',z',t') 是运动坐标系中的量。该变换称为真 Lorentz 变换。而空间反射变换为

$$\alpha = \begin{pmatrix} -1 & 0 & 0 & 0 \\ 0 & -1 & 0 & 0 \\ 0 & 0 & -1 & 0 \\ 0 & 0 & 0 & 1 \end{pmatrix} \tag{5.1.105}$$

时间反演变换为

$$\alpha = \begin{pmatrix} 1 & 0 & 0 & 0 \\ 0 & 1 & 0 & 0 \\ 0 & 0 & 1 & 0 \\ 0 & 0 & 0 & -1 \end{pmatrix} \tag{5.1.106}$$

可以看出由式 (5.1.102)、式 (5.1.105) 和式 (5.1.106) 给出的变换矩阵均满足式 (5.1.97) 和式 (5.1.101)。

若根据式 (5.1.33) 写出一个 Dirac 方程

$$\left(\gamma'_\mu \partial_\mu + \kappa\right) \psi' = 0 \tag{5.1.107}$$

其中，γ'_μ 满足 $\left\{\gamma'_\mu, \gamma'_\nu\right\} = 2\delta_{\mu\nu}$。泡利定理为：若有两组 4×4 矩阵分别满足 $\{\gamma_\mu, \gamma_\nu\} = 2\delta_{\mu\nu}$ 和 $\left\{\gamma'_\mu, \gamma'_\nu\right\} = 2\delta_{\mu\nu}$，则一定存在一个非奇异的，且是唯一的 4×4 矩阵 S，使得它们之间满足如下变换关系 [1,6,7]

$$S\gamma_\mu S^{-1} = \gamma'_\mu, \quad S^{-1}\gamma'_\mu S = \gamma_\mu \tag{5.1.108}$$

其中，非奇异是指一定存在 S 的逆矩阵使得 $SS^{-1} = 1$ 成立。如果 γ'_μ 也是厄米的，由式 (5.1.108) 可以证明 S 是幺正的，即 $S^+ = S^{-1}$。根据这个定理，将式 (5.1.107) 改写成

$$\left(S\gamma_\mu S^{-1}\partial_\mu + \kappa\right) SS^{-1}\psi' = 0 \tag{5.1.109}$$

左乘 S^{-1} 且 S 与 ∂_μ 可对易，方程 (5.1.109) 变为

$$(\gamma_\mu \partial_\mu + \kappa) S^{-1} \psi' = 0 \tag{5.1.110}$$

可见 $S^{-1}\psi'$ 是 Dirac 方程的解，因此方程 (5.1.107) 与 Dirac 方程 (5.1.33) 等价，ψ 和 ψ' 之间的关系为

$$\psi' = S\psi, \quad \psi'^{+} = \psi^{+} S^{-1} \tag{5.1.111}$$

注意到 $\alpha_{\nu\mu}$ 仅是矩阵元，根据式 (5.1.95) 和式 (5.1.97) 可以写出

$$\partial'_\nu = \alpha_{\nu\mu}\partial_\mu, \quad \partial_\mu = \alpha_{\nu\mu}\partial'_\nu, \quad \gamma_\mu\partial_\mu = \gamma_\mu\alpha_{\nu\mu}\partial'_\nu = \alpha_{\nu\mu}\gamma_\mu\partial'_\nu \equiv \bar{\gamma}_\nu\partial'_\nu \tag{5.1.112}$$

其中

$$\bar{\gamma}_\nu \equiv \alpha_{\nu\mu}\gamma_\mu \tag{5.1.113}$$

于是根据式 (5.1.112) 可把 Dirac 方程 (5.1.33) 改写成

$$(\bar{\gamma}_\nu \partial'_\nu + \kappa) \psi = 0 \tag{5.1.114}$$

利用式 (5.1.29) 和式 (5.1.101) 可以证明

$$\bar{\gamma}_\mu\bar{\gamma}_\nu + \bar{\gamma}_\nu\bar{\gamma}_\mu = \alpha_{\mu\rho}\gamma_\rho\alpha_{\nu\delta}\gamma_\delta + \alpha_{\nu\delta}\gamma_\delta\alpha_{\mu\rho}\gamma_\rho = \alpha_{\mu\rho}\alpha_{\nu\delta}(\gamma_\rho\gamma_\delta + \gamma_\delta\gamma_\rho) = 2\delta_{\mu\nu} \tag{5.1.115}$$

根据泡利定理式 (5.1.108)，存在一个 4×4 矩阵，记为 L，对 γ 矩阵的变换可以写成如下形式

$$\bar{\gamma}_\mu = \alpha_{\mu\nu}\gamma_\nu = L^{-1}\gamma_\mu L \tag{5.1.116}$$

L 与坐标无关，且与 ∂'_μ 对易，将式 (5.1.116) 代入式 (5.1.114) 可得

$$\left(L^{-1}\gamma_\mu L\partial'_\mu + \kappa\right)\psi = 0$$

将这个方程左乘 L 得到

$$\left(\gamma_\mu\partial'_\mu + \kappa\right) L\psi = 0 \tag{5.1.117}$$

因而在 Lorentz 变换下，波函数的变化以及满足的方程分别为

$$\psi' = L\psi, \quad \left(\gamma_\mu\partial'_\mu + \kappa\right)\psi' = 0 \tag{5.1.118}$$

这就证明了 Dirac 方程在四维时空坐标的 Lorentz 变换下具有协变性。

还可以用另一种方式讨论上述变换。设 L 为以 $\alpha_{\mu\nu}$ 为矩阵元的变换算符，由于该变换只对四维坐标进行变换，其矩阵元都与坐标无关，因而可把由式 (5.1.33) 给出的 Dirac 方程变换成

$$\left(\gamma_\mu\partial'_\mu + \kappa\right)\psi'(x') = 0 \tag{5.1.119}$$

并有

$$\psi'(x') = L\psi(x) \tag{5.1.120}$$

由式 (5.1.95) 和式 (5.1.100) 可得

$$\partial'_\mu = \alpha_{\nu\mu}\partial_\nu \tag{5.1.121}$$

把式 (5.1.120) 和式 (5.1.121) 代入式 (5.1.119)，并用 L^{-1} 左乘该式可得

$$\left(L^{-1}\gamma_\mu L\alpha_{\nu\mu}\partial_\nu + \kappa\right)\psi(x) = 0 \tag{5.1.122}$$

只有

$$L^{-1}\gamma_\mu L = \alpha_{\mu\nu}\gamma_\nu \tag{5.1.123}$$

式 (5.1.122) 才会变成式 (5.1.33)。

Dirac 方程 (5.1.33) 的共轭方程为

$$\partial^*_\mu\psi^+\gamma_\mu + \kappa\psi^+ = 0 \tag{5.1.124}$$

在上式中从右边乘上 γ_4 得到

$$\partial^*_\mu\psi^+\gamma_\mu\gamma_4 + \kappa\psi^+\gamma_4 = 0$$

注意到，$\gamma_i\gamma_4 = -\gamma_4\gamma_i, \partial^*_i = \partial_i, \partial^*_4 = -\partial_4$，根据式 (5.1.42) 的定义由上式可得

$$\partial_\mu\bar{\psi}\gamma_\mu - \kappa\bar{\psi} = 0 \tag{5.1.125}$$

再利用逆变换 $\partial_\mu = \alpha_{\nu\mu}\partial'_\nu$ 和式 (5.1.116) 由上式可得

$$\alpha_{\nu\mu}\partial'_\nu\bar{\psi}\gamma_\mu - \kappa\bar{\psi} = \partial'_\nu\bar{\psi}\alpha_{\nu\mu}\gamma_\mu - \kappa\bar{\psi} = \partial'_\nu\bar{\psi}L^{-1}\gamma_\nu L - \kappa\bar{\psi} = 0 \tag{5.1.126}$$

将上式右乘 L^{-1}，并记

$$\bar{\psi}' = \bar{\psi}L^{-1} \tag{5.1.127}$$

得到在 Lorentz 变换下 $\bar{\psi}'$ 满足的方程

$$\partial'_\nu\bar{\psi}'\gamma_\nu - \kappa\bar{\psi}' = 0 \tag{5.1.128}$$

可见 $\bar{\psi}$ 变换后仍然满足与式 (5.1.125) 相同的方程，因而在 Lorentz 变换下有

$$\bar{\psi} \to \bar{\psi}' = \bar{\psi}L^{-1} \tag{5.1.129}$$

于是利用式 (5.1.129) 和式 (5.1.118) 可得

$$\bar{\psi}'\psi' = \bar{\psi}L^{-1}L\psi = \bar{\psi}\psi \tag{5.1.130}$$

上式表明 $\bar{\psi}\psi$ 在 Lorentz 变换下是个不变量，即在 Lorentz 变换下的标量。

下面讨论 γ_5 在真 Lorentz 变换式 (5.1.102) 下的行为

$$\begin{aligned}L^{-1}\gamma_5 L &= L^{-1}\gamma_1 L L^{-1}\gamma_2 L L^{-1}\gamma_3 L L^{-1}\gamma_4 L = (\alpha_{1\mu}\gamma_\mu)(\alpha_{2\nu}\gamma_\nu)(\alpha_{3\rho}\gamma_\rho)(\alpha_{4\lambda}\gamma_\lambda)\\&= \gamma_1\gamma_2\left(\frac{1}{\sqrt{1-\beta^2}}\gamma_3+\frac{\mathrm{i}\beta}{\sqrt{1-\beta^2}}\gamma_4\right)\left(\frac{-\mathrm{i}\beta}{\sqrt{1-\beta^2}}\gamma_3+\frac{1}{\sqrt{1-\beta^2}}\gamma_4\right)\\&= \gamma_1\gamma_2\left(\frac{1}{1-\beta^2}\gamma_3\gamma_4+\frac{\beta^2}{1-\beta^2}\gamma_4\gamma_3\right)=\gamma_1\gamma_2\gamma_3\gamma_4=\gamma_5\end{aligned}$$

表明在真 Lorentz 变换下 L 和 γ_5 可对易，即

$$L^{-1}\gamma_5 L=\gamma_5,\quad \gamma_5 L = L\gamma_5 \tag{5.1.131}$$

在空间反射变换下，$x_i\to x_i'=-x_i$，$t\to t'=t$，由式 (5.1.105) 可知 $\alpha_{ik}=-\delta_{ik}$，$\alpha_{44}=1$。对于 γ 矩阵有

$$L^{-1}\gamma_i L=-\gamma_i,\quad \gamma_i L=-L\gamma_i,\quad i=1,2,3;\quad L^{-1}\gamma_4 L=\gamma_4,\quad \gamma_4 L=L\gamma_4 \tag{5.1.132}$$

满足式 (5.1.132) 的空间反射变换矩阵可表示成

$$L=\xi\gamma_4 \tag{5.1.133}$$

把式 (5.1.133) 代入式 (5.1.132) 可验证其成立。ξ 代表粒子的内禀宇称，由于要求 $LL=I, L^{-1}=L$，因此 $\xi^2=1,\xi=\pm 1$。空间反射对 γ 矩阵的变换为

$$\alpha_{\mu\nu}\gamma_\nu=L^{-1}\gamma_\mu L=\xi^2\gamma_4\gamma_\mu\gamma_4=\gamma_4\gamma_\mu\gamma_4 \tag{5.1.134}$$

空间反射变换下 Dirac 旋量的变换为

$$\psi(x)\to L\psi(x)=\pm\gamma_4\psi(x) \tag{5.1.135}$$

粒子的内禀宇称可能是 $+1$ 也可能是 -1。还可以求得

$$L^{-1}\gamma_5 L=\xi^2\gamma_4\gamma_5\gamma_4=-\gamma_5\gamma_4\gamma_4=-\gamma_5 \tag{5.1.136}$$

因此在空间反射下

$$\gamma_5 L=-L\gamma_5,\quad L^{-1}\gamma_5=-\gamma_5 L^{-1} \tag{5.1.137}$$

对于 4×4 矩阵而言，一定有 16 个线性独立的矩阵，所有的 4×4 矩阵都可以由它们的线性组合构成。可以选取由满足反对易关系的四个 γ 矩阵构成的 16 个线性独立的矩阵，记为 Γ_A，用这些线性独立矩阵的线性组合可以给出任意 4×4 矩

阵。下面给出所有可能 γ 矩阵的多重积，以及各种 γ 矩阵多重积组成的独立矩阵的数目：

最高重积	$\gamma_5=\gamma_1\gamma_2\gamma_3\gamma_4$	1
三重积	$\gamma_\mu\gamma_\nu\gamma_\sigma\,(\mu\neq\nu\neq\sigma)$ 或 $\mathrm{i}\gamma_5\gamma_\rho$	4
二重积	$\gamma_\mu\gamma_\nu\,(\mu\neq\nu)$	6
一重积	γ_μ	4
零重积	I	1

我们选取 16 个线性独立的 4×4 矩阵 $\varGamma_A$ 为

$$\varGamma^{\mathrm{S}}=1,\quad \varGamma_\mu^{\mathrm{V}}=\mathrm{i}\gamma_\mu,\quad \varGamma_{\mu\nu}^{\mathrm{T}}=\sigma_{\mu\nu}\equiv\frac{1}{2\mathrm{i}}(\gamma_\mu\gamma_\nu-\gamma_\nu\gamma_\mu),\quad \varGamma^{\mathrm{P}}=\mathrm{i}\gamma_5,\quad \varGamma_\mu^{\mathrm{A}}=\mathrm{i}\gamma_5\gamma_\mu \tag{5.1.138}$$

利用式 (5.1.29)、式 (5.1.39) 和式 (5.1.40) 可以验证它们具有以下性质。

(1) 16 个 $\varGamma_A$ 矩阵都有 $|\varGamma_A|^2=\varGamma_A^+\varGamma_A=I$，因而 $\varGamma_A^{-1}=\varGamma_A^+$。

(2) 除去单位矩阵 $\varGamma^{\mathrm{S}}$ 以外，每个 $\varGamma_A$ 都存在另外一个 $\varGamma_B$ 与它反对易，$\varGamma_A\varGamma_B=-\varGamma_B\varGamma_A$。

(3) 除去单位矩阵 $\varGamma^{\mathrm{S}}$ 以外，每个 $\varGamma_A$ 都有 $\mathrm{tr}\{\varGamma_A\}=0$；当 $A\neq B$ 时，$\mathrm{tr}\{\varGamma_A\varGamma_B\}=0$。

(4) 16 个 $\varGamma_A$ 矩阵的行列式全为 1。由于行列式具有以下性质：若 A，B 为同阶方阵，则行列式 $|A\cdot B|=|A|\cdot|B|$，而且行列式转置其值不变。又由于 $\varGamma_A$ 是 4×4 方阵，故有 $\det(-\varGamma_A)=\det(\varGamma_A)$，再利用式 (5.1.27) 由式 (5.1.138) 所给出的 $\varGamma_A$ 可以证明 $\det(\varGamma_A^+)=\det(\varGamma_A)$。于是由 $|\varGamma_A|^2=I$ 可得 $\det\left(|\varGamma_A|^2\right)=\det(\varGamma_A^+\varGamma_A)=\det(\varGamma_A^+)\cdot\det(\varGamma_A)=(\det\varGamma_A)^2=1,\det\varGamma_A=\pm1$。但是在 $\varGamma_A$ 对角化的表象中除 $\varGamma^{\mathrm{S}}$ 以外，它们的迹仍为 0，这时在 4 个对角元中 $+1$ 和 -1 的数目必然相等，因而只能是 $\det\varGamma_A=1$。

(5) 16 个 $\varGamma_A$ 彼此是线性独立的。因为如果 $\sum\limits_{A=1}^{16}C_A\varGamma_A=0$，即它们不是独立的，用 $\varGamma_B$ 左乘上式可得 $C_B+\sum\limits_{A\neq B}C_A\varGamma_B\varGamma_A=0$，利用前边第 (3) 条，对于上式求迹可得 $C_B=0$，由于 B 是任意的，因而在 $\sum\limits_{A=1}^{16}C_A\varGamma_A=0$ 中所有 C_A 均为 0，即它们是线性独立的。

(6) 若一个矩阵与 16 个 $\varGamma_A$ 矩阵都对易，由于上述 $\varGamma_A$ 彼此是线性独立的，则该矩阵必为单位矩阵的倍数。

在相对论量子力学理论中，物理量是由 $\bar{\psi},\psi$ 及 γ_μ 矩阵组成的 Dirac 协变量，所有物理量的 Dirac 协变量仅可能有下面 5 种：

(1) 标量 $S=\bar{\psi}\psi$ 对应零重积；

(2) 赝标量 $P = \mathrm{i}\bar{\psi}\gamma_5\psi$ 对应最高重积；

(3) 矢量 $V_\mu = \mathrm{i}\bar{\psi}\gamma_\mu\psi$ 对应一重积；

(4) 轴矢量 $A_\mu = \mathrm{i}\bar{\psi}\gamma_5\gamma_\mu\psi$ 对应三重积；

(5) 反对称张量 $T_{\mu\nu} = \dfrac{1}{2\mathrm{i}}\bar{\psi}\left(\gamma_\mu\gamma_\nu - \gamma_\nu\gamma_\mu\right)\psi$ 对应二重积。

定义这些协变量时，除了标量外，引入了代表虚数的 i 因子，这是为了使它们满足矢量和张量的性质。例如，可以保证矢量 V_μ 的前三个分量为实，而第四个分量为虚，厄米共轭的实部不变号，虚部变号，证明如下：

$$V_\mu^+ = \left(\mathrm{i}\bar{\psi}\gamma_\mu\psi\right)^+ = -\mathrm{i}\psi^+\gamma_\mu\gamma_4\psi = -\mathrm{i}\bar{\psi}\gamma_4\gamma_\mu\gamma_4\psi = \left(\mathrm{i}\bar{\psi}\gamma_i\psi, -\mathrm{i}\bar{\psi}\gamma_4\psi\right)$$

且保持赝标量为实的：$P^+ = -\mathrm{i}\psi^+\gamma_5\gamma_4\psi = \mathrm{i}\bar{\psi}\gamma_5\psi = P$。

在真 Lorentz 变换下，标量是不变量

$$S' = \bar{\psi}L^{-1}L\psi = \bar{\psi}\psi = S \tag{5.1.139}$$

利用式 (5.1.131)，在真 Lorentz 变换下，赝标量也是不变量

$$P' = \mathrm{i}\bar{\psi}'\gamma_5\psi' = \mathrm{i}\bar{\psi}L^{-1}\gamma_5 L\psi = \mathrm{i}\bar{\psi}\gamma_5\psi = P \tag{5.1.140}$$

在空间反射变换下仍有

$$S' = \bar{\psi}L^{-1}L\psi = S \tag{5.1.141}$$

但是由于式 (5.1.137) 有

$$P' = \mathrm{i}\bar{\psi}L^{-1}\gamma_5 L\psi = -\mathrm{i}\bar{\psi}L^{-1}L\gamma_5\psi = -\mathrm{i}\bar{\psi}\gamma_5\psi = -P \tag{5.1.142}$$

因而把 P 称为赝标量。

在真 Lorentz 变换下，矢量 V_μ 的变换为

$$V_\mu' = \mathrm{i}\bar{\psi}'\gamma_\mu\psi' = \mathrm{i}\bar{\psi}L^{-1}\gamma_\mu L\psi = \alpha_{\mu\nu}\left(\mathrm{i}\bar{\psi}\gamma_\nu\psi\right) = \alpha_{\mu\nu}V_\nu \tag{5.1.143}$$

轴矢量 A_μ 的变换为

$$A_\mu' = \mathrm{i}\bar{\psi}'\gamma_5\gamma_\mu\psi' = \mathrm{i}\bar{\psi}L^{-1}\gamma_5\gamma_\mu L\psi = \mathrm{i}\bar{\psi}\gamma_5 L^{-1}\gamma_\mu L\psi = \alpha_{\mu\nu}A_\nu \tag{5.1.144}$$

与矢量 V_μ 的变换相同。但是在空间反射变换下，利用式 (5.1.105) 和式 (5.1.137)，对于矢量 V_μ 和轴矢量 A_μ 分别得到

$$V_\mu' = \mathrm{i}\bar{\psi}'\gamma_\mu\psi' = \mathrm{i}\bar{\psi}L^{-1}\gamma_\mu L\psi = \alpha_{\mu\nu}\left(\mathrm{i}\bar{\psi}\gamma_\nu\psi\right) = \alpha_{\mu\nu}V_\nu = \begin{cases} -V_i, & i = 1,2,3 \\ V_4, & \mu = 4 \end{cases} \tag{5.1.145}$$

$$A'_\mu = \mathrm{i}\bar{\psi}'\gamma_5\gamma_\mu\psi' = \mathrm{i}\bar{\psi}L^{-1}\gamma_5\gamma_\mu L\psi = -\alpha_{\mu\nu}\left(\mathrm{i}\bar{\psi}\gamma_5\gamma_\nu\psi\right) = \begin{cases} A_i, & i=1,2,3 \\ -A_4, & \mu=4 \end{cases} \tag{5.1.146}$$

可见轴矢量 A_μ 的空间反演变换与矢量 V_μ 的变换相差一个负号，因此称 A_μ 为轴矢量。

在真 Lorentz 变换下，反对称张量 $T_{\mu\nu}$ 的变换为

$$\begin{aligned} T'_{\mu\nu} &= \frac{1}{2\mathrm{i}}\bar{\psi}'\left(\gamma_\mu\gamma_\nu - \gamma_\nu\gamma_\mu\right)\psi' = \frac{1}{2\mathrm{i}}\bar{\psi}L^{-1}\left(\gamma_\mu\gamma_\nu - \gamma_\nu\gamma_\mu\right)L\psi \\ &= \frac{1}{2\mathrm{i}}\bar{\psi}\left(\alpha_{\mu\rho}\gamma_\rho\alpha_{\nu\sigma}\gamma_\sigma - \alpha_{\nu\sigma}\gamma_\sigma\alpha_{\mu\rho}\gamma_\rho\right)\psi \\ &= \alpha_{\mu\rho}\alpha_{\nu\sigma}\frac{1}{2\mathrm{i}}\bar{\psi}\left(\gamma_\rho\gamma_\sigma - \gamma_\sigma\gamma_\rho\right)\psi = \alpha_{\mu\rho}\alpha_{\nu\sigma}T_{\rho\sigma} \end{aligned} \tag{5.1.147}$$

利用式 (5..1.105)，在空间反射变换下

$$\begin{aligned} &T'_{ij} = \alpha_{i\rho}\alpha_{j\sigma}T_{\rho\sigma} = \left(-\delta_{i\rho}\right)\left(-\delta_{j\sigma}\right)T_{\rho\sigma} = T_{ij} \\ &T'_{i4} = \alpha_{i\rho}\alpha_{4\sigma}T_{\rho\sigma} = -\delta_{i\rho}\delta_{4\sigma}T_{\rho\sigma} = -T_{i4}, \quad T'_{4j} = -T_{4j} \\ &T'_{44} = \alpha_{4\rho}\alpha_{4\sigma}T_{\rho\sigma} = T_{44} \end{aligned} \tag{5.1.148}$$

总结上述结果，在表 5.1 中列出了所有可能的 Dirac 协变量以及它们在真 Lorentz 变换和空间反射变换下的变换性质，其他任何形式的 Dirac 协变量总可以用这些协变量来表示。

表 5.1　Dirac 协变量以及它们在真 Lorentz 变换和空间反射变换下的变换性质

	Dirac 协变量	真 Lorentz 变换	空间反射变换	数目
标量	$S=\bar{\psi}\psi$	$S'=S$	$S'=S$	1
赝标量	$P=\mathrm{i}\bar{\psi}\gamma_5\psi$	$P'=P$	$P'=-P$	1
矢量	$V_\mu=\mathrm{i}\bar{\psi}\gamma_\mu\psi$	$V'_\mu=\alpha_{\mu\nu}V_\nu$	$V'_i=-V_i$ $V'_4=V_4$	4
轴矢量	$A_\mu=\mathrm{i}\bar{\psi}\gamma_5\gamma_\mu\psi$	$A'_\mu=\alpha_{\mu\nu}A_\nu$	$A'_i=A_i$ $A'_4=-A_4$	4
反对称张量	$T_{\mu\nu}=\frac{1}{2\mathrm{i}}\bar{\psi}$ $\times\left(\gamma_\mu\gamma_\nu-\gamma_\nu\gamma_\mu\right)\psi$	$T'_{\mu\nu}=\alpha_{\mu\rho}\alpha_{\nu\sigma}T_{\rho\sigma}$	$T'_{ij}=T_{ij}$，$T'_{i4}=-T_{i4}$ $T'_{4j}=-T_{4j}$，$T'_{44}=T_{44}$	6

5.1.6　γ 矩阵乘积的求迹公式

下面给出 Bjorken-Drell 度规的 γ 矩阵乘积的求迹公式。奇数个 γ^μ 矩阵乘积的迹为零，对于偶数个 γ^μ 矩阵乘积有以下求迹公式 [1,8]

$$\mathrm{tr}\left\{\gamma^\mu\gamma^\nu\right\} = 4g^{\mu\nu} \tag{5.1.149}$$

$$\mathrm{tr}\left\{\gamma^\mu\gamma^\nu\gamma^\rho\gamma^\sigma\right\}=4\left(g^{\mu\nu}g^{\rho\sigma}+g^{\mu\sigma}g^{\nu\rho}-g^{\mu\rho}g^{\nu\sigma}\right) \tag{5.1.150}$$

$$\mathrm{tr}\left\{\gamma^\sigma\gamma^\mu\gamma^\nu\gamma^\rho\right\}=\mathrm{tr}\left\{\gamma^\mu\gamma^\nu\gamma^\rho\gamma^\sigma\right\} \tag{5.1.151}$$

$$\begin{aligned}&\mathrm{tr}\left\{\gamma^\mu\gamma^\nu\gamma^\rho\gamma^\sigma\gamma^\lambda\gamma^\eta\right\}\\=&4\left[g^{\mu\nu}\left(g^{\rho\sigma}g^{\lambda\eta}+g^{\rho\eta}g^{\sigma\lambda}-g^{\rho\lambda}g^{\sigma\eta}\right)\right.\\&-g^{\mu\rho}\left(g^{\nu\sigma}g^{\lambda\eta}+g^{\nu\eta}g^{\sigma\lambda}-g^{\nu\lambda}g^{\sigma\eta}\right)+g^{\mu\sigma}\left(g^{\nu\rho}g^{\lambda\eta}+g^{\nu\eta}g^{\rho\lambda}-g^{\nu\lambda}g^{\rho\eta}\right)\\&\left.-g^{\mu\lambda}\left(g^{\nu\rho}g^{\sigma\eta}+g^{\nu\eta}g^{\rho\sigma}-g^{\nu\sigma}g^{\rho\eta}\right)+g^{\mu\eta}\left(g^{\nu\rho}g^{\sigma\lambda}+g^{\nu\lambda}g^{\rho\sigma}-g^{\nu\sigma}g^{\rho\lambda}\right)\right]\end{aligned} \tag{5.1.152}$$

其中，$g^{\mu\nu}$ 是由式 (5.1.53) 给出的度规张量的矩阵元。

5.2 相对论坐标系变换

在泡利度规中，由动量 $\vec{p}$ 和能量 E 构成的动量–能量 4 矢量为 $\left(\vec{p},\mathrm{i}\dfrac{E}{c}\right)$，并令

$$\beta=\frac{v}{c},\quad \gamma=1\Big/\sqrt{1-\beta^2} \tag{5.2.1}$$

式 (5.1.102) 已给出沿 z 轴方向以速度 v 相对运动的两个坐标系之间的 Lorentz 变换矩阵为

$$\alpha=\begin{pmatrix}1&0&0&0\\0&1&0&0\\0&0&\gamma&\mathrm{i}\beta\gamma\\0&0&-\mathrm{i}\beta\gamma&\gamma\end{pmatrix} \tag{5.2.2}$$

由式 (5.1.100) 又可知

$$\alpha^{-1}=\begin{pmatrix}1&0&0&0\\0&1&0&0\\0&0&\gamma&-\mathrm{i}\beta\gamma\\0&0&\mathrm{i}\beta\gamma&\gamma\end{pmatrix} \tag{5.2.3}$$

动量–能量 4 矢量的 Lorentz 变换关系为

$$\begin{pmatrix}p'_x\\p'_y\\p'_z\\\mathrm{i}E'/c\end{pmatrix}=\begin{pmatrix}1&0&0&0\\0&1&0&0\\0&0&\gamma&\mathrm{i}\beta\gamma\\0&0&-\mathrm{i}\beta\gamma&\gamma\end{pmatrix}\begin{pmatrix}p_x\\p_y\\p_z\\\mathrm{i}E/c\end{pmatrix}=\begin{pmatrix}p_x\\p_y\\\gamma\left(p_z-\beta E/c\right)\\-\mathrm{i}\gamma\left(\beta p_z-E/c\right)\end{pmatrix} \tag{5.2.4}$$

对上式右端第三、四行取平方后相加可得

$$\begin{aligned}&\gamma^2\left[p_z^2+\beta^2(E/c)^2-2\beta p_z E/c\right]-\gamma^2\left[\beta^2 p_z^2+(E/c)^2-2\beta p_z E/c\right]\\&=\gamma^2\left(1-\beta^2\right)p_z^2-\gamma^2\left(1-\beta^2\right)(E/c)^2=p_z^2-(E/c)^2\end{aligned}\tag{5.2.5}$$

可见确实能保证

$$p_x'^2+p_y'^2+p_z'^2-\left(\frac{E'}{c}\right)^2=p_x^2+p_y^2+p_z^2-\left(\frac{E}{c}\right)^2\tag{5.2.6}$$

于是可以引入常数 m，令

$$p^2-\left(\frac{E}{c}\right)^2=-m^2c^2\tag{5.2.7}$$

并改写成

$$E^2=p^2c^2+m^2c^4\tag{5.2.8}$$

其中，m 为粒子静止质量。

设在 S' 系中 $\vec{p}'=0$，表明在 S' 系中该粒子是静止的。由式 (5.2.8) 可得

$$E'=mc^2\tag{5.2.9}$$

用式 (5.2.3) 对于动量-能量 4 矢量进行逆变换

$$\begin{pmatrix}p_x\\p_y\\p_z\\\mathrm{i}E/c\end{pmatrix}=\begin{pmatrix}1&0&0&0\\0&1&0&0\\0&0&\gamma&-\mathrm{i}\beta\gamma\\0&0&\mathrm{i}\beta\gamma&\gamma\end{pmatrix}\begin{pmatrix}0\\0\\0\\\mathrm{i}E'/c\end{pmatrix}=\begin{pmatrix}0\\0\\\gamma mv\\\mathrm{i}\gamma mc\end{pmatrix}\tag{5.2.10}$$

于是得到

$$p_z=\gamma mv\tag{5.2.11}$$

$$E=\gamma mc^2\tag{5.2.12}$$

$$v=\frac{p_z}{\gamma m}=\frac{p_z c^2}{E}\tag{5.2.13}$$

体系总动量为零的参考系称为动量中心系，简称动心 (Center of Momentum) 系。由式 (5.2.11) 可知动量并不正比于速度，因而动心系和质心系是有区别的，只有退化到非相对论情况下二者才一致。对于二粒子动心系要求

$$\vec{p}=\vec{p}_1+\vec{p}_2=0\tag{5.2.14}$$

在实验室系中，入射粒子 m_1 的动量 $\vec{p}_1$ 沿 z 轴方向，而靶核 m_2 是静止的。用带“$'$”的符号代表在动心系中的物理量，于是可以写出如下的 Lorentz 变换

$$\begin{pmatrix} 0 \\ 0 \\ p'_{1z} \\ \mathrm{i}E'_1/c \end{pmatrix} = \begin{pmatrix} 1 & 0 & 0 & 0 \\ 0 & 1 & 0 & 0 \\ 0 & 0 & \gamma & \mathrm{i}\beta\gamma \\ 0 & 0 & -\mathrm{i}\beta\gamma & \gamma \end{pmatrix} \begin{pmatrix} 0 \\ 0 \\ p_{1z} \\ \mathrm{i}E_1/c \end{pmatrix} = \begin{pmatrix} 0 \\ 0 \\ \gamma\left(p_{1z} - \beta E_1/c\right) \\ -\mathrm{i}\gamma\left(\beta p_{1z} - E_1/c\right) \end{pmatrix} \tag{5.2.15}$$

$$\begin{pmatrix} 0 \\ 0 \\ p'_{2z} \\ \mathrm{i}E'_2/c \end{pmatrix} = \begin{pmatrix} 1 & 0 & 0 & 0 \\ 0 & 1 & 0 & 0 \\ 0 & 0 & \gamma & \mathrm{i}\beta\gamma \\ 0 & 0 & -\mathrm{i}\beta\gamma & \gamma \end{pmatrix} \begin{pmatrix} 0 \\ 0 \\ 0 \\ \mathrm{i}E_2/c \end{pmatrix} = \begin{pmatrix} 0 \\ 0 \\ -\gamma\beta E_2/c \\ \mathrm{i}\gamma E_2/c \end{pmatrix} \tag{5.2.16}$$

由以上二式可得

$$p'_{1z} = \gamma\left(p_{1z} - \beta\frac{E_1}{c}\right) \tag{5.2.17}$$

$$E'_1 = -\gamma\left(\beta c p_{1z} - E_1\right) \tag{5.2.18}$$

$$p'_{2z} = -\gamma\beta m_2 c \tag{5.2.19}$$

$$E'_2 = \gamma m_2 c^2 \tag{5.2.20}$$

由 $p'_{1z} + p'_{2z} = 0$ 可以解出

$$p_{1z} - \beta\frac{E_1}{c} - \beta m_2 c = 0, \quad \beta = \frac{p_{1z}c}{E_1 + m_2c^2} \tag{5.2.21}$$

这里的 $v = \beta c$ 是运动坐标系相对于静止粒子 2 的速度。由式 (5.2.8) 可知

$$E_1 = \sqrt{p_{1z}^2c^2 + m_1^2c^4} \tag{5.2.22}$$

动心系的总能量为

$$E' = E'_1 + E'_2 \tag{5.2.23}$$

由式 (5.2.18) 和式 (5.2.20) ~ 式 (5.2.23) 可以求得

$$\begin{aligned} E'^2 &= \gamma^2\left(m_2c^2 + E_1 - \beta c p_{1z}\right)^2 = \frac{1}{1-\beta^2}\left[m_2c^2 + E_1 - \beta^2\left(E_1 + m_2c^2\right)\right]^2 \\ &= \left(1-\beta^2\right)\left(E_1 + m_2c^2\right)^2 = \left(E_1 + m_2c^2\right)^2 - p_{1z}^2c^2 \\ &= E_1^2 + 2E_1m_2c^2 + m_2^2c^4 - E_1^2 + m_1^2c^4 = 2E_1m_2c^2 + m_1^2c^4 + m_2^2c^4 \end{aligned} \tag{5.2.24}$$

动心系总能量 E' 又称为反应有效能。

在 $\hbar=c=1$ 单位制中定义

$$\sqrt{s}=\left[(E_1+E_2)^2-\left(\vec{p}_1+\vec{p}_2\right)^2\right]^{1/2} \tag{5.2.25}$$

把此式与式 (5.1.3) 对比，可以看出 $\sqrt{s}$ 对应于静止质量项。在二粒子动心系中 $\vec{p}_1+\vec{p}_2=0$，这时便有

$$\sqrt{s}=E_1+E_2 \tag{5.2.26}$$

可见 $\sqrt{s}$ 是二粒子系在动心系中的总能量，其中包含静止质量的能量。假设 S' 系以速度 v 沿 z 轴相对于 S 系做匀速运动，在 S' 系中的物理量用加 “$'$” 的符号表示。式 (5.2.4) 已给出

$$p'_x=p_x,\quad p'_y=p_y,\quad p'_z=\gamma\left(p_z-\beta E\right),\quad E'=-\gamma\left(\beta p_z-E\right) \tag{5.2.27}$$

我们先求

$$\begin{aligned}\left(E'_1+E'_2\right)^2&=\gamma^2\left[\beta\left(p_{1z}+p_{2z}\right)-\left(E_1+E_2\right)\right]^2\\&=\gamma^2\left[\beta^2\left(p_{1z}+p_{2z}\right)^2+\left(E_1+E_2\right)^2-2\beta\left(p_{1z}+p_{2z}\right)\left(E_1+E_2\right)\right]\end{aligned} \tag{5.2.28}$$

$$\begin{aligned}\left(\vec{p}'_1+\vec{p}'_2\right)^2&=\left(p_{1x}+p_{2x}\right)^2+\left(p_{1y}+p_{2y}\right)^2+\gamma^2\left[p_{1z}+p_{2z}-\beta\left(E_1+E_2\right)\right]^2\\&=\left(p_{1x}+p_{2x}\right)^2+\left(p_{1y}+p_{2y}\right)^2+\gamma^2\left(p_{1z}+p_{2z}\right)^2+\gamma^2\beta^2\left(E_1+E_2\right)^2\\&\quad-2\gamma^2\beta\left(p_{1z}+p_{2z}\right)\left(E_1+E_2\right)\end{aligned} \tag{5.2.29}$$

利用以上二式由式 (5.2.25) 就可以证明 $\sqrt{s}$ 在不同坐标系中是不变的，即 $\sqrt{s}$ 是 Lorentz 不变量。在粒子 1 入射粒子 2 静止的实验室系，由式 (5.2.25) 和式 (5.1.3) 可得

$$\sqrt{s}=\left(m_1^2+m_2^2+2m_2E_1\right)^{1/2} \tag{5.2.30}$$

此式与式 (5.2.24) 相一致。

在相互作用绘景中波动方程为 (参考文献 [4] 的式 (3.14.6))

$$\mathrm{i}\frac{\partial}{\partial t}\left|t\right\rangle=V_{\mathrm{I}}\left(t\right)\left|t\right\rangle \tag{5.2.31}$$

其中，$V_{\mathrm{I}}(t)$ 是剩余相互作用。在这里我们使用 $\hbar=c=1$ 单位制。对于波函数有关系式

$$\left|t\right\rangle=u\left(t,t_0\right)\left|t_0\right\rangle \tag{5.2.32}$$

S 矩阵元的定义为

$$S\equiv u\left(\infty,-\infty\right) \tag{5.2.33}$$

我们讨论由图 5.1 所示的反应过程 [9]。用 1 和 $1'$ 代表入射和出射粒子，用 2 和 $2'$ 代表靶核和剩余核，设 $|1,2\rangle$ 为 $t=-\infty$ 时的初态，$|1',2'\rangle$ 为 $t=\infty$ 时的末态，其反应振幅为

$$\langle 1',2'|\,S\,|1,2\rangle \tag{5.2.34}$$

对应的概率为

$$W_{\mathrm{f}}=\left|\langle 1',2'|\,S\,|1,2\rangle\right|^2 \tag{5.2.35}$$

在反应过程中要满足能量守恒和动量守恒。

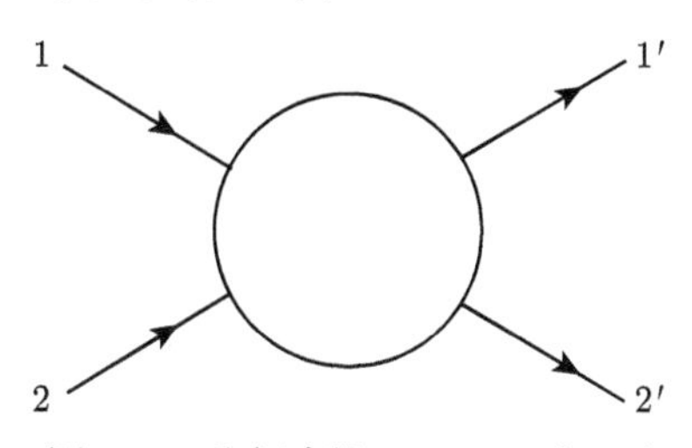

图 5.1 反应过程 $1+2\to 1'+2'$

由式 (5.1.80) 可知自由核子平面波波函数为 $\sim \mathrm{e}^{\mathrm{i}(\vec{p}\cdot\vec{r}-Et)}$，要求该波函数在体积为 Ω 的方匣子内具有整数个周期，因而动量 $\vec{p}$ 的可取值为

$$\vec{p}=\frac{2\pi}{\Omega^{\frac{1}{3}}}(l,m,n),\quad l,m,n=0,\pm1,\pm2,\cdots(\text{但 } l=m=n=0 \text{ 除外}) \tag{5.2.36}$$

l,m,n 分别代表在 x,y,z 方向所取的整数值，这样在体积为 Ω 的方匣子边界上 $\vec{p}\cdot\vec{r}$ 是 2π 的整数倍。每一组 l,m,n 对应一个波矢，即 p 是分离的变量，只有当 $\Omega\to\infty$ 时，p 才变成连续变量。利用周期性边界条件式 (5.2.36) 很容易看出

$$\frac{1}{\Omega}\int_{\Omega}\mathrm{d}\vec{r}\,\mathrm{e}^{\mathrm{i}(\vec{p}\,'-\vec{p})\cdot\vec{r}}=\delta_{\vec{p}\,',\vec{p}} \tag{5.2.37}$$

又有以下 δ 函数公式

$$\frac{1}{(2\pi)^3}\int\mathrm{d}\vec{r}\,\mathrm{e}^{\mathrm{i}(\vec{p}\,'-\vec{p})\cdot\vec{r}}=\delta(\vec{p}\,'-\vec{p}) \tag{5.2.38}$$

把以上二式进行对比可以看出有以下对应关系

$$\frac{\Omega}{(2\pi)^3}\delta_{\vec{p}\,',\vec{p}}\Leftrightarrow\delta(\vec{p}\,'-\vec{p}),\quad \text{当 } \Omega\to\infty \text{ 时} \tag{5.2.39}$$

对于动量–能量 4 矢量便有

$$\frac{\Omega}{(2\pi)^4}\delta_{p',p}\Leftrightarrow\delta^4(p'-p),\quad \text{当 } \Omega\to\infty \text{ 时} \tag{5.2.40}$$

对于二粒子系统来说，Ω 应变成 Ω^2，并有

$$\frac{\Omega^2}{(2\pi)^4}\delta_{p'_1+p'_2,p_1+p_2} \Leftrightarrow \delta^4(p'_1+p'{}_2-p_1+p_2),\quad \text{当 } \Omega\to\infty \text{ 时} \tag{5.2.41}$$

于是可以把式 (5.2.34) 写作 [9]

$$\langle 1',2'|\,S\,|1,2\rangle = \mathscr{M}\frac{(2\pi)^4}{\Omega^2}\delta^4\left(p'_1+p'_2-p_1-p_2\right) \tag{5.2.42}$$

式中，p_1,p_2,p'_1 和 p'_2 分别是粒子 $1,2,1'$ 和 $2'$ 的 4 动量；Ω 代表系统体积；$\mathscr{M}$ 是跃迁矩阵元，包含了四条外线和在顶角处代表相互作用的 t 矩阵。根据量子场论的图形规则，$(2\pi)^4\delta^4\left(p'_1+p'_2-p_1-p_2\right)$ 是由顶角贡献的。

把式 (5.2.42) 代入式 (5.2.35) 可得

$$W_{\mathrm{f}} = |\mathscr{M}|^2\left[\frac{(2\pi)^4}{\Omega^2}\delta^4\left(p'_1+p'_2-p_1-p_2\right)\right]^2 \tag{5.2.43}$$

有以下关系式

$$\delta^4(p) = \frac{1}{(2\pi)^4}\int \mathrm{d}^4x\mathrm{e}^{\mathrm{i}px},\quad (2\pi)^4\delta^4(p) = \int \mathrm{d}^4x\mathrm{e}^{\mathrm{i}px} \tag{5.2.44}$$

$$(2\pi)^4\delta^4(p)\int \mathrm{d}^4x\mathrm{e}^{\mathrm{i}px} = \left[(2\pi)^4\delta^4(p)\right]^2 \tag{5.2.45}$$

由于上式左端有 $\delta^4(p)$，所以在被积函数中可令 $p=0$，并且从时空的定义可得

$$\int \mathrm{d}^4x = \Omega T \tag{5.2.46}$$

其中，T 代表时间间隔，最后要令 Ω 和 T 都 $\to\infty$。于是由式 (5.2.45) 得到

$$\left[(2\pi)^4\delta^4(p)\right]^2 = (2\pi)^4\delta^4(p)\,\Omega T \tag{5.2.47}$$

把式 (5.2.47) 代入式 (5.2.43) 便得到

$$W_{\mathrm{f}} = |\mathscr{M}|^2\frac{(2\pi)^4}{\Omega^4}\delta^4\left(p'_1+p'_2-p_1-p_2\right)\Omega T \tag{5.2.48}$$

我们研究用脚标 1 标识的入射粒子与用脚标 2 标识的靶核发生的核反应。选择入射粒子 1 的运动方向为 z 轴，在实验室系中粒子 2 是静止的，而且我们只考虑沿 z 轴方向做惯性运动的坐标系。在所考虑的坐标系中，粒子 1 和 2 都是沿 z 轴方向以速度 $v=\left|\vec{v}_1-\vec{v}_2\right|=v_1-v_2$ 做相向运动的，v_1 和 v_2 分别代表粒子 1 和 2 在所处坐标系中沿 z 轴方向的速度，并且要求 $v_1>v_2$。我们假定 $1+2\to 1'+2'$

的反应截面为 $\mathrm{d}\sigma$，并考虑图 5.2 中所示的圆柱体，由于初态相应于在体积 Ω 中只有两个粒子 1 和 2 的态，粒子 1 和 2 离开很远的态不必考虑，因此粒子 1 和 2 位于柱体内的概率为

$$\frac{vT\mathrm{d}\sigma}{\Omega} \tag{5.2.49}$$

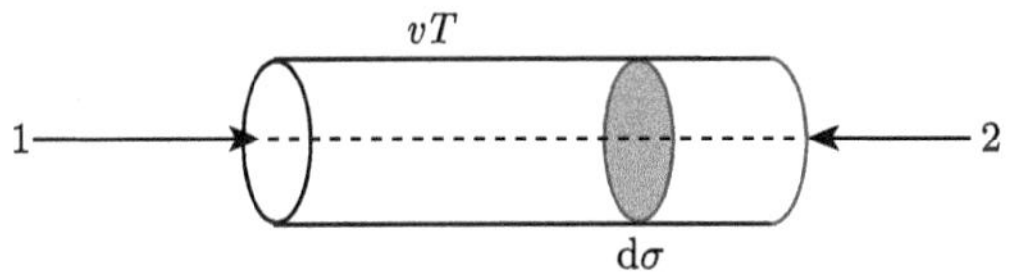

图 5.2 二粒子动心系的核反应图，若粒子 1 和粒子 2 都在柱体 $vT\mathrm{d}\sigma$ 内，则反应 $1+2\to 1'+2'$ 将在时间 T 内发生

若粒子 1 和 2 都在该柱体内，则反应 $1+2\to 1'+2'$ 将在时间 T 内发生，因此其概率等于

$$\left|\langle 1',2'|\,u\left(\frac{T}{2},-\frac{T}{2}\right)|1,2\rangle\right|^2 \tag{5.2.50}$$

上式中的 u 就是式 (5.2.32) 中的 u。在 $T\to\infty$ 的极限下，式 (5.2.50) 变成式 (5.2.48)，再令式 (5.2.48) 和式 (5.2.49) 相等便得到

$$\sigma=\sum\frac{(2\pi)^4}{\Omega^2 v}\left|\mathscr{M}\right|^2\delta^4\left(p_1'+p_2'-p_1-p_2\right) \tag{5.2.51}$$

在上式右边加上了求和符号，表示要遍及末态各种不同的 3 维动量 $\vec{p}_1'$ 和 $\vec{p}_2'$，同时等式左边也把 $\mathrm{d}\sigma$ 变成了代表积分截面的 σ。根据相空间理论可知

$$\sum_{\vec{p}_i}\to\frac{\Omega}{(2\pi)^3}\int\mathrm{d}^3\vec{p}_i \tag{5.2.52}$$

于是由式 (5.2.51) 得到

$$\sigma=\frac{1}{(2\pi)^2\left(v_1-v_2\right)}\int\mathrm{d}^3\vec{p}_1'\mathrm{d}^3\vec{p}_2'\left|\mathscr{M}\right|^2\delta^4\left(p_1'+p_2'-p_1-p_2\right) \tag{5.2.53}$$

由于 1 和 2 只沿 z 轴方向运动，利用式 (5.2.13) 可以求得

$$v=\left|\vec{v}_1-\vec{v}_2\right|=v_1-v_2=\frac{\left|\vec{p}_1\right|}{E_1}-\frac{\left|\vec{p}_2\right|}{E_2}=\frac{E_2\left|\vec{p}_1\right|-E_1\left|\vec{p}_2\right|}{E_1E_2} \tag{5.2.54}$$

于是可把式 (5.2.53) 改写成

$$\sigma=\frac{E_1E_2}{(2\pi)^2\left(E_2\left|\vec{p}_1\right|-E_1\left|\vec{p}_2\right|\right)}\int\mathrm{d}^3\vec{p}_1'\mathrm{d}^3\vec{p}_2'\left|\mathscr{M}\right|^2\delta^4\left(p_1'+p_2'-p_1-p_2\right) \tag{5.2.55}$$

式 (5.2.53) 或式 (5.2.55) 给出的是积分截面，在任意沿 z 轴做惯性运动的坐标系中都成立。

可以把式 (5.2.55) 改写成

$$\sigma = \int \mathrm{d}^3\vec{p}_1'\mathrm{d}^3\vec{p}_2' \frac{\mathrm{d}^6\sigma}{\mathrm{d}^3\vec{p}_1'\mathrm{d}^3\vec{p}_2'} \tag{5.2.56}$$

其中

$$\frac{\mathrm{d}^6\sigma}{\mathrm{d}^3\vec{p}_1'\mathrm{d}^3\vec{p}_2'} = \frac{E_1E_2}{(2\pi)^2\left(E_2\left|\vec{p}_1\right| - E_1\left|\vec{p}_2\right|\right)}|\mathscr{M}|^2\,\delta^4(p_1'+p_2'-p_1-p_2) \tag{5.2.57}$$

是具有确定 $\vec{p}_1'\vec{p}_2'$ 的两个出射粒子的 6 微分截面。假设式 (5.2.57) 是在 S 系中给出的表达式，再假设 S' 系以沿 z 轴方向的速度 v 相对于 S 系做匀速运动，我们约定两个坐标系之间的相对速度小于实验室系中入射粒子 1 的速度。再假设在 S' 系中粒子的动量–能量 4 矢量为 $\left(\vec{q},\mathrm{i}e\right)$。根据式 (5.2.57)，在 S' 系中可以写出

$$\frac{\mathrm{d}^6\sigma'}{\mathrm{d}^3\vec{q}_1'\mathrm{d}^3\vec{q}_2'} = \frac{e_1e_2}{(2\pi)^2\left(e_2\left|\vec{q}_1\right| - e_1\left|\vec{q}_2\right|\right)}|\mathscr{N}|^2\,\delta^4(q_1'+q_2'-q_1-q_2) \tag{5.2.58}$$

其中，$\mathscr{N}$ 是在 S' 系中的跃迁矩阵元。有关系式

$$q_{1x}' = p_{1x}',\quad q_{1y}' = p_{1y}',\quad q_{2x}' = p_{2x}',\quad q_{2y}' = p_{2y}' \tag{5.2.59}$$

再利用由式 (5.2.4) 给出的变换可得

$$\begin{aligned}
&q_1 = \gamma p_1 - \beta\gamma E_1,\quad e_1 = -\beta\gamma p_1 + \gamma E_1,\quad q_2 = \gamma p_2 - \beta\gamma E_2,\quad e_2 = -\beta\gamma p_2 + \gamma E_2\\
&q_{1z}' = \gamma p_{1z}' - \beta\gamma E_1',\quad e_1' = -\beta\gamma p_{1z}' + \gamma E_1',\quad q_{2z}' = \gamma p_{2z}' - \beta\gamma E_2',\quad e_2' = -\beta\gamma p_{2z}' + \gamma E_2'
\end{aligned} \tag{5.2.60}$$

注意，上式中的 q_1, q_2, p_1, p_2 代表粒子的动量值，而不是动量–能量 4 矢量。先求因子

$$\begin{aligned}
&(e_2q_1 - e_1q_2)/\gamma^2\\
&= (-\beta p_2 + E_2)(p_1 - \beta E_1) - (-\beta p_1 + E_1)(p_2 - \beta E_2)\\
&= -\beta p_1p_2 + \beta^2 p_2E_1 + E_2p_1 - \beta E_1E_2 + \beta p_1p_2 - \beta^2 p_1E_2 - E_1p_2 + \beta E_1E_2\\
&= \left(1-\beta^2\right)(E_2p_1 - E_1p_2)
\end{aligned} \tag{5.2.61}$$

于是得到

$$\frac{e_1e_2}{e_2q_1 - e_1q_2} = \frac{\gamma^2(E_1 - \beta p_1)(E_2 - \beta p_2)}{E_2p_1 - E_1p_2} \tag{5.2.62}$$

已知

$$\delta\left(q'_{1x}+q'_{2x}-q_{1x}-q_{2x}\right)=\delta\left(p'_{1x}+p'_{2x}-p_{1x}-p_{2x}\right)$$
$$\delta\left(q'_{1y}+q'_{2y}-q_{1y}-q_{2y}\right)=\delta\left(p'_{1y}+p'_{2y}-p_{1y}-p_{2y}\right) \tag{5.2.63}$$

因为碰撞前炮弹 1 和靶核 2 在 S 和 S' 系都只沿 z 方向运动，所以实际上在式 (5.2.63) 中 $p_{1x}=p_{2x}=p_{1y}=p_{2y}=0$ 和 $q_{1x}=q_{2x}=q_{1y}=q_{2y}=0$。利用式 (5.2.60) 可以求得

$$\delta\left(q'_{1z}+q'_{2z}-q_1-q_2\right)=\frac{1}{\gamma}\delta\left[\left(p'_{1z}+p'_{2z}-p_1-p_2\right)-\beta\left(E'_1+E'_2-E_1-E_2\right)\right]$$
$$\delta\left(e'_1+e'_2-e_1-e_2\right)=\frac{1}{\gamma}\delta\left[\left(E'_1+E'_2-E_1-E_2\right)-\beta\left(p'_{1z}+p'_{2z}-p_1-p_2\right)\right] \tag{5.2.64}$$

于是得到

$$\begin{aligned}&\delta\left(q'_{1z}+q'_{2z}-q_1-q_2\right)\delta\left(e'_1+e'_2-e_1-e_2\right)\\=&\frac{1}{\gamma^2}\delta\left(p'_{1z}+p'_{2z}-p_1-p_2\right)\delta\left(E'_1+E'_2-E_1-E_2\right)\end{aligned} \tag{5.2.65}$$

式 (5.1.93) 已给出 Dirac 方程的正能平面波的解为

$$u_s\left(\vec{p}\right)=u\left(\vec{p},+\right)\chi_s \tag{5.2.66}$$

其中

$$u\left(\vec{p},+\right)=\sqrt{\frac{E+m}{2m}}\begin{pmatrix}\hat{I}\\ \dfrac{\hat{\sigma}\cdot\vec{p}}{E+m}\end{pmatrix} \tag{5.2.67}$$

χ_s 是自旋投影为 s 的核子自旋波函数。在式 (5.2.66) 中约定四维波函数 $u(\vec{p},+)$ 的上分量和下分量分别作用在核子自旋波函数 χ_s 上。设 $\hat{t}_S$ 和 $\hat{t}_{S'}$ 分别为 S 系和 S' 系的两体 NN 相互作用的 t 矩阵算符，一般约定核力或 t 矩阵属于 Lorentz 不变量。在式 (5.2.57) 和式 (5.2.28) 中出现的两体跃迁矩阵元分别为

$$\mathscr{M}=\bar{u}_{s'_2}\left(\vec{p}'_2\right)\bar{u}_{s'_1}\left(\vec{p}'_1\right)\hat{t}_S u_{s_1}\left(\vec{p}_1\right)u_{s_2}\left(\vec{p}_2\right) \tag{5.2.68}$$

$$\mathscr{N}=\bar{u}_{s'_2}\left(\vec{q}'_2\right)\bar{u}_{s'_1}\left(\vec{q}'_1\right)\hat{t}_{S'} u_{s_1}\left(\vec{q}_1\right)u_{s_2}\left(\vec{q}_2\right) \tag{5.2.69}$$

其中，$\bar{u}_s=u_s^{+}\gamma^0$。由于 Dirac 方程满足 Lorentz 不变性，于是其解满足以下关系式

$$\bar{u}_{s'_1}\left(\vec{q}'_1\right)=\bar{u}_{s'_1}\left(\vec{p}'_1\right),\quad \bar{u}_{s'_2}\left(\vec{q}'_2\right)=\bar{u}_{s'_2}\left(\vec{p}'_2\right)$$
$$u_{s_1}\left(\vec{q}_1\right)=u_{s_1}\left(\vec{p}_1\right),\quad u_{s_2}\left(\vec{q}_2\right)=u_{s_2}\left(\vec{p}_2\right) \tag{5.2.70}$$

再考虑到 $\hat{t}_{S'} = \hat{t}_S$，于是便可得到

$$\mathscr{N} = \mathscr{M} \tag{5.2.71}$$

把式 (5.2.57) 和式 (5.2.58) 进行对比，再利用式 (5.2.62)、式 (5.2.65) 和式 (5.2.71) 可得

$$\frac{\mathrm{d}^6\sigma'}{\mathrm{d}^3\vec{q}_1'\mathrm{d}^3\vec{q}_2'} = \frac{\left(E_1 - \beta\left|\vec{p}_1\right|\right)\left(E_2 - \beta\left|\vec{p}_2\right|\right)}{E_1 E_2}\frac{\mathrm{d}^6\sigma}{\mathrm{d}^3\vec{p}_1'\mathrm{d}^3\vec{p}_2'} \tag{5.2.72}$$

由上式可以看出当 $v = \beta = 0$ 时两种坐标系中的微分截面相等。

5.3　相对论光学模型、唯象光学势与核子极化量计算

1979 年，Arnold 和 Clark [10,11] 根据 Dirac 方程发展了核子相对论光学模型，并用相对论唯象光学势 (RPOP) 对中能质子的弹性散射数据进行了分析。为了更好地符合一些具体靶核和能量的质子弹性散射角分布 $\frac{\mathrm{d}\sigma}{\mathrm{d}\Omega}$、极化分析本领 $A_y(\theta)$ 和自旋动函数 $Q(\theta)$ 的实验数据，又对 RPOP 的表达式和参数进行了研究 [12-15]。后来对于某些靶核与能量有关的质子的 RPOP[16-19] 和中子的 RPOP[18,19] 进行了研究。然后又相继出现了可用于多种靶核和 1000MeV 以下能区的普适质子 RPOP[20-22] 和中子 RPOP[23,24]。

原子核内的中子和质子都处在束缚态，均属于总能量小于 $M_\mathrm{t}c^2\,(\mathrm{t} = \mathrm{n}, \mathrm{p})$ 的正能量核子，M_t 是核子 t 的静止质量。在原子核内部中心区域核密度接近常数。如果把原子核看成是没有表面区域的无穷大介质，这样就引入了核物质这个假想的概念。核物质中的核子在一般情况下均属于总能量小于 $M_\mathrm{t}c^2$ 的正能量核子。如果我们对核物质中的某一个核子进行研究，该核子必然处在由周围其他核子所产生的势场中，这种势场是由于该核子与周围核物质中的核子交换介子而产生的。我们把这种势场称为该核子的自能 Σ_t，也可以把 Σ_t 称为该核子所感受的平均场。被研究的核子可能处在总能量小于 $M_\mathrm{t}c^2$ 的束缚态，如果它获得了足够的动能，也可能处在大于 $M_\mathrm{t}c^2$ 的散射态。但是，只要它处在核物质中，它仍然会受到自能 Σ_t 的作用。根据定域密度近似，如果该核子处在核密度较小的核表面区域，就认为该核子处在核密度较小的核物质中。只有当某个核子远离了原子核，完全不再受原子核势场的影响时，才认为该核子变成了自由核子，自由核子的总能量一定是大于 $M_\mathrm{t}c^2$ 的。

为了求解相对论两体运动方程，一般要将其分解为描述系统动心的没有势场的自由运动方程和在动心系中采用平均场方法描述两个粒子相互运动的单体运动方程。Dirac 方程就是在动心系中描述自旋 $\frac{1}{2}$ 粒子与靶核发生反应的单体运动方

程。一般情况下不需要解动心运动方程，只须在动心系中求解描述两体相互运动的单体方程，如有必要再将计算结果变换到实验室系即可。

在 $\hbar = c = 1$ 单位制中，由式 (5.1.20) 和式 (5.1.19) 可以写出自由核子的定态 Dirac 方程为

$$\left(\vec{\alpha} \cdot \vec{k}_{\mathrm{t}} + \beta M_{\mathrm{t}}\right)\psi_{\mathrm{t}} = E_{\mathrm{t}}\psi_{\mathrm{t}} \tag{5.3.1}$$

如果所研究的核子处在与空间坐标无关的无穷大的核物质中，它就会感受到自能 (平均场)$\Sigma_t(k_t)$ 的存在，这时式 (5.3.1) 变成 [25]

$$\left[\vec{\alpha} \cdot \vec{k}_{\mathrm{t}} + \beta\left(M_{\mathrm{t}} + \Sigma_{\mathrm{t}}(k_{\mathrm{t}})\right)\right]\psi_{\mathrm{t}}(k_{\mathrm{t}}) = E_{\mathrm{t}}\psi_{\mathrm{t}}(k_{\mathrm{t}}) \tag{5.3.2}$$

在静态的与空间坐标无关的无穷大核物质中，自能 $\Sigma_{\mathrm{t}}(k_{\mathrm{t}})$ 应满足平移和转动不变性，并假设也满足空间反射不变性。

由式 (5.1.138) 和表 5.1 可以看出在泡利度规下，16 个线性独立的矩阵为 $I, \mathrm{i}\gamma_5$, $\mathrm{i}\gamma_\mu, \mathrm{i}\gamma_5\gamma_\mu$ 和 $\sigma_{\mu\nu} = \dfrac{1}{2\mathrm{i}}(\gamma_\mu\gamma_\nu - \gamma_\nu\gamma_\mu)$，它们分别是标量、赝标量、矢量、轴矢量和张量矩阵。在 Bjorken-Drell (BD) 度规下可用以下 16 个线性独立矩阵来表示：I, γ^5, γ^μ, $\gamma^5\gamma^\mu$ 和 $\sigma^{\mu\nu} = \dfrac{\mathrm{i}}{2}(\gamma^\mu\gamma^\nu - \gamma^\nu\gamma^\mu)$。虽然由式 (5.1.57) 可知 $\gamma_4 = \gamma^0, \gamma_i = -\mathrm{i}\gamma^i$，但是由式 (5.1.32) 和式 (5.1.56) 可知 $x_4 = \mathrm{i}x_0$，x_i (泡利度规) $= -x_i$ (BD 度规)，于是可得 $\gamma_\mu x_\mu$ (泡利度规) $= \mathrm{i}\gamma^\mu x_\mu$ (BD 度规)。注意到 $\sigma^{\mu\mu} = 0$，在 BD 度规下核子 t 的自能 Σ_{t} 最普遍的形式为 [2,26,27]

$$\Sigma_{\mathrm{t}} = \Sigma_{\mathrm{t}}^{\mathrm{s}} + \gamma^5\Sigma_{\mathrm{t}}^{\mathrm{ps}} + \gamma^\mu\Sigma_{\mathrm{t}}^{\mu,\mathrm{v}} + \gamma^5\gamma^\mu\Sigma_{\mathrm{t}}^{\mu,\mathrm{pv}} + \sigma^{0i}\Sigma_{\mathrm{t}}^{0i,\mathrm{T}} + \sigma^{ij}\Sigma_{\mathrm{t}}^{ij,\mathrm{T}} \tag{5.3.3}$$

由式 (5.1.61) 可知，在空间反射下 $k^{0'} = k^0, k^{i'} = -k^i$，再利用式 (5.1.132) 可知 $k_t^i\gamma^i$ 在空间反射下不变。注意在式 (5.3.2) 中 Σ_{t} 前边有系数 β，由式 (5.1.132) 可知 $\beta = \gamma_4 = \gamma^0$ 在空间反射变换下也不变。式 (5.1.58) 已给出 $\gamma^5 = -\gamma_5$，再根据式 (5.1.136) 或式 (5.1.137) 可知在空间反射下 γ^5 会变号，因而式 (5.3.3) 中代表赝标量 (ps) 的第二项和代表轴矢量 (pv) 的第四项不满足宇称守恒，不能选取。注意到由式 (5.1.61) 可以给出以下协变量 4 矢量

$$k = \begin{pmatrix} k_0 \\ k_1 \\ k_2 \\ k_3 \end{pmatrix} = \begin{pmatrix} E \\ -k_x \\ -k_y \\ -k_z \end{pmatrix}, \quad j = \begin{pmatrix} j_0 \\ j_1 \\ j_2 \\ j_3 \end{pmatrix} = \begin{pmatrix} \rho \\ -j_x \\ -j_y \\ -j_z \end{pmatrix} \tag{5.3.4}$$

其中，ρ 和 $\vec{j}(j_x, j_y, j_z)$ 分别代表核子密度和核子流密度。由于假设核物质具有均匀有限密度，而且处于稳定态，因而核子流密度为 0，所以由 $k_{\mathrm{t}}^i j_{\mathrm{t}}^j$ 构成的张量将无

贡献，因而在式 (5.3.3) 中由 σ^{ij} 构成的最后一项无贡献，但是 $k_{\rm t}^i j_{\rm t}^0 = k_{\rm t}^i \rho_{\rm t}$ 对于式 (5.3.3) 中倒数第二项是有贡献的。再令

$$\gamma^0 \varSigma_{\rm t}^{0,{\rm v}} \equiv \gamma^0 \varSigma_{\rm t}^0, \quad \gamma^i \varSigma_{\rm t}^{i,{\rm v}} \equiv \gamma^i k_{\rm t}^i \varSigma_{\rm t}^{\rm v}, \quad \sigma^{0i} \varSigma_{\rm t}^{0i,{\rm T}} \equiv {\rm i}\gamma^0\gamma^i k_{\rm t}^i \rho_{\rm t} \bar{\varSigma}_{\rm t}^{\rm T} \equiv \gamma^0 \gamma^i k_{\rm t}^i \varSigma_{\rm t}^{\rm T} \tag{5.3.5}$$

于是可把式 (5.3.3) 改写成

$$\varSigma_{\rm t} = \varSigma_{\rm t}^{\rm s} + \gamma^0 \varSigma_{\rm t}^0 + \vec{\gamma} \cdot \vec{k}_{\rm t} \varSigma_{\rm t}^{\rm v} + \gamma^0 \vec{\gamma} \cdot \vec{k}_{\rm t} \varSigma_{\rm t}^{\rm T} \tag{5.3.6}$$

其中，$\vec{\gamma} \cdot \vec{k}_{\rm t} = \gamma^i k_{\rm t}^i$，而 $\varSigma_{\rm t}^{\rm s}, \varSigma_{\rm t}^0, \varSigma_{\rm t}^{\rm v}$ 和 $\varSigma_{\rm t}^{\rm T}$ 分别为标量、4 矢量的类时分量、4 矢量的类空分量和张量项。为了简单起见，我们略掉张量项，于是式 (5.3.6) 简化为

$$\varSigma_{\rm t} = \varSigma_{\rm t}^{\rm s} + \gamma^0 \varSigma_{\rm t}^0 + \vec{\gamma} \cdot \vec{k}_{\rm t} \varSigma_{\rm t}^{\rm v} \tag{5.3.7}$$

在 $\hbar = c = 1$ 单位制中，把式 (5.3.7) 代入式 (5.3.2)，再利用式 (5.1.57)，并注意到 BD 度规中的 α^i 等于泡利度规中的 α_i，于是可得

$$\left[(1 + \varSigma_{\rm t}^{\rm v})\, \vec{\alpha} \cdot \vec{p}_{\rm t} + \beta\, (M_{\rm t} + \varSigma_{\rm t}^{\rm s}) + \varSigma_{\rm t}^0\right] \psi_{\rm t} = E_{\rm t} \psi_{\rm t} \tag{5.3.8}$$

如果我们只研究 on-shell 核子，即 $E_{\rm t} = \dfrac{p_{\rm t}^2}{2M_{\rm t}}$，这时自能 $\varSigma_{\rm t}^{\rm v}, \varSigma_{\rm t}^{\rm s}, \varSigma_{\rm t}^0$ 和波函数 $\psi_{\rm t}$ 只与 $p_{\rm t}$ 和费米 (Fermi) 动量 $k_{\rm tF}$ 有关，而 $k_{\rm tF}$ 由核子 t 的核物质密度决定。如果 $k_{\rm nF} \neq k_{\rm pF}$，表明是中子数和质子数不相等的非对称核物质。一般情况下 $k_{\rm tF}$ 并不显含在表达式中。

用 $(1 + \varSigma_{\rm t}^{\rm v})$ 去除式 (5.3.8) 中的各项，并注意到

$$\frac{E_{\rm t}}{1+\varSigma_{\rm t}^{\rm v}} \psi_{\rm t} = \frac{1+\varSigma_{\rm t}^{\rm v}}{1+\varSigma_{\rm t}^{\rm v}} E_{\rm t} \psi_{\rm t} - \frac{\varSigma_{\rm t}^{\rm v}}{1+\varSigma_{\rm t}^{\rm v}} E_{\rm t} \psi_{\rm t}, \quad \frac{M_{\rm t} + \varSigma_{\rm t}^{\rm s}}{1+\varSigma_{\rm t}^{\rm v}} = \frac{(1+\varSigma_{\rm t}^{\rm v})\, M_{\rm t} + \varSigma_{\rm t}^{\rm s} - \varSigma_{\rm t}^{\rm v} M_{\rm t}}{1+\varSigma_{\rm t}^{\rm v}} \tag{5.3.9}$$

于是可得

$$\left[\vec{\alpha} \cdot \vec{p} + \beta\, (M + U^{\rm s}) + U^0\right] \psi = E \psi \tag{5.3.10}$$

其中

$$U^{\rm s} = \frac{\varSigma^{\rm s} - \varSigma^{\rm v} M}{1 + \varSigma^{\rm v}}, \quad U^0 = \frac{\varSigma^0 + \varSigma^{\rm v} E}{1 + \varSigma^{\rm v}} \tag{5.3.11}$$

为了简单起见，在以上二式中我们略掉了代表核子种类的下标 t。库仑势 $V_{\rm C}$ 是由于传播电磁场产生的，它由原子核的经验电荷分布来决定，按照参考文献中的做法，我们暂时在这里唯象地加入 $V_{\rm C}$ 的贡献，于是可把式 (5.3.10) 改写成 [10]

$$\left[\vec{\alpha} \cdot \vec{p} + \beta\, (M + U^{\rm s}) + U^0 + V_{\rm C}\right] \psi = E \psi \tag{5.3.12}$$

式 (5.1.38) 已给出

$$\vec{\alpha}=\begin{pmatrix}\hat{0} & \hat{\sigma}\\ \hat{\sigma} & \hat{0}\end{pmatrix},\quad \beta=\begin{pmatrix}\hat{I} & \hat{0}\\ \hat{0} & -\hat{I}\end{pmatrix} \tag{5.3.13}$$

再令

$$\psi=\begin{pmatrix}\psi_{\mathrm{u}}\\ \psi_{\mathrm{d}}\end{pmatrix} \tag{5.3.14}$$

由 5.1 节的讨论可知，ψ_{u} 对应于正能大的上分量，ψ_{d} 对应于正能小的下分量。于是由式 (5.3.12) 得到

$$\begin{pmatrix}\left(\hat{\sigma}\cdot\vec{p}\right)\psi_{\mathrm{d}}\\ \left(\hat{\sigma}\cdot\vec{p}\right)\psi_{\mathrm{u}}\end{pmatrix}+\begin{pmatrix}\left(M+U^{\mathrm{s}}+U^{0}+V_{\mathrm{C}}\right)\psi_{\mathrm{u}}\\ -\left(M+U^{\mathrm{s}}-U^{0}-V_{\mathrm{C}}\right)\psi_{\mathrm{d}}\end{pmatrix}=E\begin{pmatrix}\psi_{\mathrm{u}}\\ \psi_{\mathrm{d}}\end{pmatrix} \tag{5.3.15}$$

$$\left(\hat{\sigma}\cdot\vec{p}\right)\psi_{\mathrm{d}}+\left(M+U^{\mathrm{s}}+U^{0}+V_{\mathrm{C}}\right)\psi_{\mathrm{u}}=E\psi_{\mathrm{u}} \tag{5.3.16}$$

$$\left(\hat{\sigma}\cdot\vec{p}\right)\psi_{\mathrm{u}}-\left(M+U^{\mathrm{s}}-U^{0}-V_{\mathrm{C}}\right)\psi_{\mathrm{d}}=E\psi_{\mathrm{d}} \tag{5.3.17}$$

$$\psi_{\mathrm{d}}=\frac{\hat{\sigma}\cdot\vec{p}}{D}\psi_{\mathrm{u}} \tag{5.3.18}$$

$$\left[\left(\hat{\sigma}\cdot\vec{p}\right)\frac{1}{D}\left(\hat{\sigma}\cdot\vec{p}\right)+\left(M+U^{\mathrm{s}}+U^{0}+V_{\mathrm{C}}\right)\right]\psi_{\mathrm{u}}=E\psi_{\mathrm{u}} \tag{5.3.19}$$

其中

$$D=E+M+U^{\mathrm{s}}-U^{0}-V_{\mathrm{C}} \tag{5.3.20}$$

先分析以下表达式

$$A\equiv\left(\hat{\sigma}\cdot\vec{p}\right)\frac{1}{D}\left(\hat{\sigma}\cdot\vec{p}\right)\psi_{\mathrm{u}}=\frac{1}{D}\left(\hat{\sigma}\cdot\vec{p}\right)\left(\hat{\sigma}\cdot\vec{p}\right)\psi_{\mathrm{u}}+\left[\left(\hat{\sigma}\cdot\vec{p}\right)\frac{1}{D}\right]\left(\hat{\sigma}\cdot\vec{p}\right)\psi_{\mathrm{u}} \tag{5.3.21}$$

在这里我们只讨论球形核，D 只是 r 的函数，并有

$$\vec{p}=-\mathrm{i}\vec{\nabla}=-\mathrm{i}\frac{\vec{r}}{r}\frac{\mathrm{d}}{\mathrm{d}r} \tag{5.3.22}$$

再利用式 (2.1.16) 可得

$$\begin{aligned}A&=\frac{1}{D(r)}p^{2}\psi_{\mathrm{u}}+\left\{-\mathrm{i}\frac{\hat{\sigma}\cdot\vec{r}}{r}\left[\frac{\mathrm{d}}{\mathrm{d}r}\left(\frac{1}{D(r)}\right)\right]\left(\hat{\sigma}\cdot\vec{p}\right)\right\}\psi_{\mathrm{u}}\\&=\frac{1}{D(r)}p^{2}\psi_{\mathrm{u}}+\frac{\mathrm{i}}{D^{2}(r)}\left(\frac{\mathrm{d}D(r)}{\mathrm{d}r}\right)\left(\frac{\hat{\sigma}\cdot\vec{r}}{r}\right)\left(\hat{\sigma}\cdot\vec{p}\right)\psi_{\mathrm{u}}\end{aligned} \tag{5.3.23}$$

参考文献 [28] 的式 (13.4.35) 已给出

$$\left(\hat{\sigma}\cdot\vec{a}\right)\left(\hat{\sigma}\cdot\vec{b}\right)=\vec{a}\cdot\vec{b}+\mathrm{i}\hat{\sigma}\cdot\left(\vec{a}\times\vec{b}\right) \tag{5.3.24}$$

于是便有

$$\left(\hat{\sigma}\cdot\vec{r}\right)\left(\hat{\sigma}\cdot\vec{p}\right)=\vec{r}\cdot\vec{p}+\mathrm{i}\hat{\sigma}\cdot\left(\vec{r}\times\vec{p}\right)=\vec{r}\cdot\vec{p}+\mathrm{i}\hat{\sigma}\cdot\vec{L},\quad \vec{L}=\vec{r}\times\vec{p} \tag{5.3.25}$$

由式 (5.3.23) 可以得到

$$A=\frac{1}{D(r)}\left\{p^2+\mathrm{i}\left[\frac{\mathrm{d}}{\mathrm{d}r}\left(\ln D(r)\right)\right]\frac{\vec{r}\cdot\vec{p}}{r}-\left[\frac{\mathrm{d}}{\mathrm{d}r}\left(\ln D(r)\right)\right]\frac{\hat{\sigma}\cdot\vec{L}}{r}\right\}\psi_{\mathrm{u}} \tag{5.3.26}$$

把式 (5.3.26) 代入式 (5.3.19) 便得到

$$\begin{aligned}&\frac{1}{D(r)}\left\{p^2+\mathrm{i}\left[\frac{\mathrm{d}}{\mathrm{d}r}\left(\ln D(r)\right)\right]\frac{\vec{r}\cdot\vec{p}}{r}-\left[\frac{\mathrm{d}}{\mathrm{d}r}\left(\ln D(r)\right)\right]\frac{\hat{\sigma}\cdot\vec{L}}{r}\right\}\psi_{\mathrm{u}}\\&+\left(M+U^{\mathrm{s}}+U^0+V_{\mathrm{C}}\right)\psi_{\mathrm{u}}=E\psi_{\mathrm{u}}\end{aligned} \tag{5.3.27}$$

利用式 (5.3.20) 可把上式改写成

$$\begin{aligned}&\left\{\frac{p^2}{2E}+\frac{\mathrm{i}}{2E}\left[\frac{\mathrm{d}}{\mathrm{d}r}\left(\ln D(r)\right)\right]\frac{\vec{r}\cdot\vec{p}}{r}-\frac{1}{2E}\left[\frac{\mathrm{d}}{\mathrm{d}r}\left(\ln D(r)\right)\right]\frac{\hat{\sigma}\cdot\vec{L}}{r}\right\}\psi_{\mathrm{u}}\\&+\frac{1}{2E}\left(M+U^{\mathrm{s}}+U^0+V_{\mathrm{C}}\right)\left(E+M+U^{\mathrm{s}}-U^0-V_{\mathrm{C}}\right)\psi_{\mathrm{u}}\\=&\frac{1}{2}\left(E+M+U^{\mathrm{s}}-U^0-V_{\mathrm{C}}\right)\psi_{\mathrm{u}}\end{aligned} \tag{5.3.28}$$

有关系式

$$\begin{aligned}&\left(M+U^{\mathrm{s}}+U^0+V_{\mathrm{C}}\right)\left(E+M+U^{\mathrm{s}}-U^0-V_{\mathrm{C}}\right)\\=&E\left(M+U^{\mathrm{s}}+U^0+V_{\mathrm{C}}\right)+M^2+2MU^{\mathrm{s}}+(U^{\mathrm{s}})^2-\left(U^0+V_{\mathrm{C}}\right)^2\end{aligned} \tag{5.3.29}$$

把此式代入式 (5.3.28)，并把与上式右端前两项对应的项移到式 (5.3.28) 的等号右侧可得

$$\begin{aligned}&\left\{\frac{p^2}{2E}+\frac{\mathrm{i}}{2E}\left[\frac{\mathrm{d}}{\mathrm{d}r}\left(\ln D(r)\right)\right]\frac{\vec{r}\cdot\vec{p}}{r}-\frac{1}{2E}\left[\frac{\mathrm{d}}{\mathrm{d}r}\left(\ln D(r)\right)\right]\frac{\hat{\sigma}\cdot\vec{L}}{r}\right\}\psi_{\mathrm{u}}\\&+\frac{1}{2E}\left[2MU^s+(U^s)^2-\left(U^0+V_{\mathrm{C}}\right)^2\right]\psi_{\mathrm{u}}=\frac{E^2-M^2-2E\left(U^0+V_{\mathrm{C}}\right)}{2E}\psi_{\mathrm{u}}\end{aligned} \tag{5.3.30}$$

进而化成

$$\left\{\frac{p^2}{2E}+U^0+V_{\mathrm{C}}+\frac{\mathrm{i}}{2E}\left[\frac{1}{D(r)}\frac{\mathrm{d}D(r)}{\mathrm{d}r}\right]\frac{\vec{r}\cdot\vec{p}}{r}-\frac{1}{2ErD(r)}\frac{\mathrm{d}D(r)}{\mathrm{d}r}\hat{\sigma}\cdot\vec{L}\right.$$

$$+\frac{1}{2E}\left[U^s\left(2M+U^s\right)-\left(U^0+V_{\mathrm{C}}\right)^2\right]\bigg\}\psi_{\mathrm{u}}=\frac{E^2-M^2}{2E}\psi_{\mathrm{u}} \tag{5.3.31}$$

对波函数进行变换，令

$$\psi_{\mathrm{u}}\left(r\right)=\sqrt{D\left(r\right)}\varphi\left(r\right) \tag{5.3.32}$$

已知

$$\vec{p}=-\mathrm{i}\vec{\nabla}=-\mathrm{i}\frac{\vec{r}}{r}\frac{\mathrm{d}}{\mathrm{d}r},\quad \vec{r}\cdot\vec{p}=-\mathrm{i}r\frac{\mathrm{d}}{\mathrm{d}r},\quad p^2=-\vec{\nabla}^2=-\frac{1}{r^2}\frac{\mathrm{d}}{\mathrm{d}r}\left(r^2\frac{\mathrm{d}}{\mathrm{d}r}\right) \tag{5.3.33}$$

可以求得

$$\frac{\mathrm{d}}{\mathrm{d}r}\psi_{\mathrm{u}}=\sqrt{D}\frac{\mathrm{d}\varphi}{\mathrm{d}r}+\frac{1}{2}\sqrt{\frac{1}{D}}\frac{\mathrm{d}D}{\mathrm{d}r}\varphi \tag{5.3.34}$$

$$\begin{aligned}p^2\psi_{\mathrm{u}}=-\nabla^2\psi_{\mathrm{u}}&=-\frac{1}{r^2}\frac{\mathrm{d}}{\mathrm{d}r}\left[r^2\left(\sqrt{D}\frac{\mathrm{d}\varphi}{\mathrm{d}r}+\frac{1}{2}\sqrt{\frac{1}{D}}\frac{\mathrm{d}D}{\mathrm{d}r}\varphi\right)\right]\\&=-\sqrt{D}\frac{1}{r^2}\frac{\mathrm{d}}{\mathrm{d}r}\left(r^2\frac{\mathrm{d}\varphi}{\mathrm{d}r}\right)-\frac{1}{2}\sqrt{\frac{1}{D}}\frac{\mathrm{d}D}{\mathrm{d}r}\frac{\mathrm{d}\varphi}{\mathrm{d}r}-\frac{1}{2}\sqrt{\frac{1}{D}}\frac{\mathrm{d}D}{\mathrm{d}r}\frac{\mathrm{d}\varphi}{\mathrm{d}r}\\&\quad+\frac{1}{4}\sqrt{\frac{1}{D^3}}\left(\frac{\mathrm{d}D}{\mathrm{d}r}\right)^2\varphi-\frac{1}{2}\sqrt{\frac{1}{D}}\frac{1}{r^2}\frac{\mathrm{d}}{\mathrm{d}r}\left(r^2\frac{\mathrm{d}D}{\mathrm{d}r}\right)\varphi\end{aligned} \tag{5.3.35}$$

$$\begin{aligned}\mathrm{i}\frac{1}{D}\frac{\mathrm{d}D}{\mathrm{d}r}\frac{\vec{r}\cdot\vec{p}}{r}\psi_{\mathrm{u}}&=\frac{1}{D}\frac{\mathrm{d}D}{\mathrm{d}r}\left(\sqrt{D}\frac{\mathrm{d}\varphi}{\mathrm{d}r}+\frac{1}{2}\sqrt{\frac{1}{D}}\frac{\mathrm{d}D}{\mathrm{d}r}\varphi\right)\\&=\sqrt{\frac{1}{D}}\frac{\mathrm{d}D}{\mathrm{d}r}\frac{\mathrm{d}\varphi}{\mathrm{d}r}+\frac{1}{2}\sqrt{\frac{1}{D^3}}\left(\frac{\mathrm{d}D}{\mathrm{d}r}\right)^2\varphi\end{aligned} \tag{5.3.36}$$

于是得到

$$\begin{aligned}\left(p^2+\mathrm{i}\frac{1}{D}\frac{\mathrm{d}D}{\mathrm{d}r}\frac{\vec{r}\cdot\vec{p}}{r}\right)\psi_{\mathrm{u}}=&-\sqrt{D}\frac{1}{r^2}\frac{\mathrm{d}}{\mathrm{d}r}\left(r^2\frac{\mathrm{d}\varphi}{\mathrm{d}r}\right)+\frac{3}{4}\sqrt{\frac{1}{D^3}}\left(\frac{\mathrm{d}D}{\mathrm{d}r}\right)^2\varphi\\&-\frac{1}{2}\sqrt{\frac{1}{D}}\frac{1}{r^2}\frac{\mathrm{d}}{\mathrm{d}r}\left(r^2\frac{\mathrm{d}D}{\mathrm{d}r}\right)\varphi\end{aligned} \tag{5.3.37}$$

把式 (5.3.32) 和式 (5.3.37) 代入式 (5.3.31)，再消掉 $\sqrt{D}$ 可得 [10,20,23]

$$\left[\frac{p^2}{2E}+U_{\mathrm{eff}}^{(\mathrm{u})}\left(r\right)+V_{\mathrm{C}}\left(r\right)+U_{\mathrm{SO}}^{(\mathrm{u})}\left(r\right)\vec{\sigma}\cdot\vec{L}\right]\varphi\left(r\right)=\frac{E^2-M^2}{2E}\varphi\left(r\right) \tag{5.3.38}$$

其中

$$U_{\mathrm{eff}}^{(\mathrm{u})}\left(r\right)=U^0\left(r\right)+\frac{1}{2E}\left[U^{\mathrm{s}}\left(r\right)\left(2M+U^{\mathrm{s}}\left(r\right)\right)-\left(U^0\left(r\right)+V_{\mathrm{C}}\left(r\right)\right)^2\right]+U_{\mathrm{D}}^{(\mathrm{u})}\left(r\right) \tag{5.3.39}$$

$$U_{\mathrm{D}}^{(\mathrm{u})}(r)=\frac{1}{2E}\left[\frac{3}{4}\left(\frac{1}{\mathrm{D}(r)}\frac{\mathrm{d}D(r)}{dr}\right)^2-\frac{1}{2r^2D(r)}\frac{\mathrm{d}}{\mathrm{d}r}\left(r^2\frac{\mathrm{d}D(r)}{\mathrm{d}r}\right)\right] \tag{5.3.40}$$

$$U_{\mathrm{SO}}^{(\mathrm{u})}(r)=-\frac{1}{2ErD(r)}\frac{\mathrm{d}D(r)}{\mathrm{d}r} \tag{5.3.41}$$

由于 $D(r)$ 在公式中总是在分子和分母中同时出现，因而可把式 (5.3.20) 修改为 [20]

$$D(r)=\big(E+M+U^{\mathrm{s}}(r)-U^0(r)-V_{\mathrm{C}}(r)\big)/(E+M) \tag{5.3.42}$$

$U_{\mathrm{D}}(r)$ 称为 Darwin 势，通常认为它是小量。

式 (5.3.28) 是描述正能核子波函数上分量的方程，下面将推导正能核子波函数下分量的方程。由式 (5.3.16) 可得

$$\psi_{\mathrm{u}}=\frac{\hat{\sigma}\cdot\vec{p}}{T}\psi_{\mathrm{d}} \tag{5.3.43}$$

$$T=E-M-U^{\mathrm{s}}-U^0-V_{\mathrm{C}} \tag{5.3.44}$$

$$\left[\left(\hat{\sigma}\cdot\vec{p}\right)\frac{1}{T}\left(\hat{\sigma}\cdot\vec{p}\right)-\left(M+U^{\mathrm{s}}-U^0-V_{\mathrm{C}}\right)\right]\psi_{\mathrm{d}}=E\psi_{\mathrm{d}} \tag{5.3.45}$$

对于球形核，参照式 (5.3.21) 和式 (5.3.26) 可把式 (5.3.45) 改写成

$$\begin{aligned}&\frac{1}{T(r)}\left\{p^2+\mathrm{i}\left[\frac{\mathrm{d}}{\mathrm{d}r}(\ln T(r))\right]\frac{\vec{r}\cdot\vec{p}}{r}-\left[\frac{\mathrm{d}}{\mathrm{d}r}(\ln T(r))\right]\frac{\hat{\sigma}\cdot\vec{L}}{r}\right\}\psi_{\mathrm{d}}\\&-\left(M+U^{\mathrm{s}}-U^0-V_{\mathrm{C}}\right)\psi_{\mathrm{d}}=E\psi_{\mathrm{d}}\end{aligned} \tag{5.3.46}$$

利用式 (5.3.44) 又可把上式改写成

$$\begin{aligned}&\left\{\frac{p^2}{2E}+\frac{\mathrm{i}}{2E}\left[\frac{\mathrm{d}}{\mathrm{d}r}(\ln T(r))\right]\frac{\vec{r}\cdot\vec{p}}{r}-\frac{1}{2E}\left[\frac{\mathrm{d}}{\mathrm{d}r}(\ln T(r))\right]\frac{\hat{\sigma}\cdot\vec{L}}{r}\right\}\psi_{\mathrm{d}}\\&-\frac{1}{2E}\left(M+U^{\mathrm{s}}-U^0-V_{\mathrm{C}}\right)\left(E-M-U^{\mathrm{s}}-U^0-V_{\mathrm{C}}\right)\psi_{\mathrm{d}}\\=&\frac{1}{2}\left(E-M-U^{\mathrm{s}}-U^0-V_{\mathrm{C}}\right)\psi_{\mathrm{d}}\end{aligned} \tag{5.3.47}$$

有关系式

$$\begin{aligned}&-\left(M+U^{\mathrm{s}}-U^0-V_{\mathrm{C}}\right)\left(E-M-U^{\mathrm{s}}-U^0-V_{\mathrm{C}}\right)\\=&-E\left(M+U^{\mathrm{s}}-U^0-V_{\mathrm{C}}\right)+M^2+2MU^{\mathrm{s}}+(U^{\mathrm{s}})^2-(U^0+V_{\mathrm{C}})^2\end{aligned} \tag{5.3.48}$$

把式 (5.3.48) 代入式 (5.3.47)，并把式 (5.3.48) 右端前两项对应项移到式 (5.3.47) 的等号右侧可得

$$\left\{\frac{p^2}{2E}+\frac{\mathrm{i}}{2E}\left[\frac{\mathrm{d}}{\mathrm{d}r}(\ln T(r))\right]\frac{\vec{r}\cdot\vec{p}}{r}-\frac{1}{2E}\left[\frac{\mathrm{d}}{\mathrm{d}r}(\ln T(r))\right]\frac{\hat{\sigma}\cdot\vec{L}}{r}\right\}\psi_{\mathrm{d}}$$

$$+\frac{1}{2E}\left[2MU^{\mathrm{s}}+(U^{\mathrm{s}})^2-\left(U^0+V_{\mathrm{C}}\right)^2\right]\psi_{\mathrm{d}}=\frac{E^2-M^2-2E\left(U^0+V_{\mathrm{C}}\right)}{2E}\psi_{\mathrm{d}} \quad (5.3.49)$$

进而化成

$$\left\{\frac{p^2}{2E}+U^0+V_{\mathrm{C}}+\frac{\mathrm{i}}{2E}\left[\frac{1}{T(r)}\frac{\mathrm{d}T(r)}{\mathrm{d}r}\right]\frac{\vec{r}\cdot\vec{p}}{r}-\frac{1}{2ErT(r)}\frac{\mathrm{d}T(r)}{\mathrm{d}r}\hat{\sigma}\cdot\vec{L}\right.$$
$$\left.+\frac{1}{2E}\left[U^{\mathrm{s}}(2M+U^{\mathrm{s}})-\left(U^0+V_{\mathrm{C}}\right)^2\right]\right\}\psi_{\mathrm{d}}=\frac{E^2-M^2}{2E}\psi_{\mathrm{d}} \quad (5.3.50)$$

此式与上分量的式 (5.3.31) 在形式上完全一样。再对波函数进行变换，令

$$\psi_{\mathrm{d}}(r)=\sqrt{T(r)}\phi(r) \quad (5.3.51)$$

利用与推导上分量方程一样的方法就可以得到

$$\left[\frac{p^2}{2E}+U_{\mathrm{eff}}^{(\mathrm{d})}(r)+V_{\mathrm{C}}(r)+U_{\mathrm{SO}}^{(\mathrm{d})}(r)\vec{\sigma}\cdot\vec{L}\right]\phi(r)=\frac{E^2-M^2}{2E}\phi(r) \quad (5.3.52)$$

其中

$$U_{\mathrm{eff}}^{(\mathrm{d})}(r)=U^0(r)+\frac{1}{2E}\left[U^{\mathrm{s}}(r)\left(2M+U^{\mathrm{s}}(r)\right)-\left(U^0(r)+V_{\mathrm{C}}(r)\right)^2\right]+U_{\mathrm{D}}^{(\mathrm{d})}(r) \quad (5.3.53)$$

$$U_{\mathrm{D}}^{(\mathrm{d})}(r)=\frac{1}{2E}\left[\frac{3}{4}\left(\frac{1}{\mathrm{T}(r)}\frac{\mathrm{d}T(r)}{\mathrm{d}r}\right)^2-\frac{1}{2r^2T(r)}\frac{\mathrm{d}}{\mathrm{d}r}\left(r^2\frac{\mathrm{d}T(r)}{\mathrm{d}r}\right)\right] \quad (5.3.54)$$

$$U_{\mathrm{SO}}^{(\mathrm{d})}(r)=-\frac{1}{2ErT(r)}\frac{\mathrm{d}T(r)}{\mathrm{d}r} \quad (5.3.55)$$

$$T(r)=\left(E-M-U^{\mathrm{s}}(r)-U^0(r)-V_{\mathrm{C}}(r)\right)/(E-M) \quad (5.3.56)$$

下分量的方程 (5.3.52) 与上分量的方程 (5.3.38) 在形式上完全一样，其差别在于 $T(r)$ 与 $D(r)$ 的定义不同。

注意到方程 (5.3.38) 和方程 (5.3.52) 左端第一项中的 p 是算符，$\vec{p}=-\mathrm{i}\vec{\nabla}$，由式 (5.1.3) 或式 (5.2.8) 可知 $E^2-M^2=k^2$，如果核势 $U^{\mathrm{s}}(r)$ 和 $U^0(r)$ 以及库仑势 $V_{\mathrm{C}}(r)$ 均为 0，方程 (5.3.38) 和方程 (5.3.52) 便分别退化成

$$\left(\nabla^2+k^2\right)\varphi=0,\quad\left(\nabla^2+k^2\right)\phi=0 \quad (5.3.57)$$

它们都是球 Bessel 方程，因而球 Bessel 函数 $\mathrm{j}_l(kr)$ 和球 Neumann 函数 $\mathrm{n}_l(kr)$ 对于正能核子上分量波函数和下分量波函数在任意能量情况下都适用。

在原子核以外区域，库仑势为

$$V_{\mathrm{C}}(r)=\frac{zZe^2}{r} \quad (5.3.58)$$

其中，e 为电子电荷；z 和 Z 分别为入射粒子和靶核所带的电荷数。当核势为 0 而只存在库仑势的情况下，在 $\hbar=c=1$ 单位制中带电粒子所满足的运动方程为

$$\left[-\frac{1}{2\mu}\nabla^2+V_{\mathrm{C}}(r)\right]\psi_{\mathrm{C}}(\vec{r})=\frac{k^2}{2\mu}\psi_{\mathrm{C}}(\vec{r}) \tag{5.3.59}$$

其中

$$\mu=\frac{MM_{\mathrm{A}}}{M+M_{\mathrm{A}}} \tag{5.3.60}$$

这里，M 和 M_{A} 是入射粒子和靶核质量；μ 称为折合质量。还可以把式 (5.3.59) 改写成

$$\left(\nabla^2+k^2-\frac{2\eta k}{r}\right)\psi_{\mathrm{C}}(\vec{r})=0 \tag{5.3.61}$$

其中

$$\eta=\frac{\mu zZe^2}{k} \tag{5.3.62}$$

我们把式 (5.3.59) 和式 (5.3.61) 称为库仑方程，其中包含了入射粒子、靶核的电荷数 z,Z 和质量 M,M_{A} 等物理量。库仑方程是从非相对论薛定谔方程得到的，适用于较低能区，当能量相当高时，在原子核以外区域会有 $k^2\gg\dfrac{2\eta k}{r}$，由式 (5.3.61) 可以看出这时库仑势已经不重要了，该方程已经基本上变成球 Bessel 方程。

前面我们是在 Dirac 方程 (5.3.12) 中与 U^0 并排唯象地加入库仑势 V_{C} 的，这是当前在文献中一致的做法。但是这种做法会带来以下两个问题：首先，当我们令核势 U^0 和 U^{s} 均为 0 时，由于在 $D(r)$ 和 $T(r)$ 中含有不是常数的 $V_{\mathrm{C}}(r)$，因而核势 $U_{\mathrm{D}}^{(\rho)}(r)$ 和 $U_{\mathrm{SO}}^{(\rho)}(r)(\rho=\mathrm{u,d})$ 将不会消失，其次，即使忽略掉在 $D(r)$ 和 $T(r)$ 中含有的 $V_{\mathrm{C}}(r)$，这时在式 (5.3.38) 和式 (5.3.52) 中仍保留 $\left(V_{\mathrm{C}}(r)-\dfrac{1}{2E}V_{\mathrm{C}}^2(r)\right)$ 项，如果再忽略掉其中第二项，再将式 (5.3.38) 和式 (5.3.52) 根据库仑方程 (5.3.59) 的形式进行改写，与库仑方程 (5.3.59) 相比较会发现，在新得到的方程中在 $V_{\mathrm{C}}(r)$ 的前面多了一个系数 E/μ，只有当能量非常低且靶核非常重的情况下，此系数才可能接近 1。可见目前通用的在 Dirac 方程 (5.3.12) 中加入库仑势 V_{C} 的方法在物理上有些不合理。

由式 (5.1.80) 和式 (5.1.92) 给出的正能核子平面波可以看出，当能量很低时，$p\ll E+M$，这时在入射平面波中下分量的贡献很小。我们又知道库仑势只在低能情况下才起明显作用，对于高能反应库仑势的影响可以忽略，因而我们提出，不在 Dirac 方程 (5.3.12) 中与 U^0 并排加入库仑势 V_{C}，而是只在上分量方程 (5.3.38) 中与 $U_{\mathrm{eff}}^{(\mathrm{u})}$ 并排唯象地加入库仑势 $\dfrac{\mu}{E}V_{\mathrm{C}}$，在下分量方程 (5.3.52) 中忽略掉库仑势 V_{C} 的影响。由于库仑势只在低能情况下才起作用，因而这种按照非相对论的薛定

谔方程方式加入库仑势的方法是合理的。这样一来，式 (5.3.38)、式 (5.3.39)、式 (5.3.42)、式 (5.3.52)、式 (5.3.53)、式 (5.3.56) 将分别变成

$$\left[\frac{p^2}{2E}+U_{\text{eff}}^{(\text{u})}(r)+\frac{\mu}{E}V_{\text{C}}(r)+U_{\text{SO}}^{(\text{u})}(r)\vec{\sigma}\cdot\vec{L}\right]\varphi(r)=\frac{E^2-M^2}{2E}\varphi(r) \tag{5.3.63}$$

$$U_{\text{eff}}^{(\text{u})}(r)=U^0(r)+\frac{1}{2E}\left[U^{\text{s}}(r)\left(2M+U^{\text{s}}(r)\right)-\left(U^0(r)\right)^2\right]+U_{\text{D}}^{(\text{u})}(r) \tag{5.3.64}$$

$$D(r)=\left(E+M+U^{\text{s}}(r)-U^0(r)\right)/(E+M) \tag{5.3.65}$$

$$\left[\frac{p^2}{2E}+U_{\text{eff}}^{(\text{d})}(r)+U_{\text{SO}}^{(\text{d})}(r)\vec{\sigma}\cdot\vec{L}\right]\phi(r)=\frac{E^2-M^2}{2E}\phi(r) \tag{5.3.66}$$

$$U_{\text{eff}}^{(\text{d})}(r)=U^0(r)+\frac{1}{2E}\left[U^{\text{s}}(r)\left(2M+U^{\text{s}}(r)\right)-\left(U^0(r)\right)^2\right]+U_{\text{D}}^{(\text{d})}(r) \tag{5.3.67}$$

$$T(r)=\left(E-M-U^{\text{s}}(r)-U^0(r)\right)/(E-M) \tag{5.3.68}$$

其中，$U_{\text{D}}^{(\text{u})}(r)$ 和 $U_{\text{SO}}^{(\text{u})}(r)$ 已分别由式 (5.3.40) 和式 (5.3.41) 给出；$U_{\text{D}}^{(\text{d})}(r)$ 和 $U_{\text{SO}}^{(\text{d})}(r)$ 已分别由式 (5.3.54) 和式 (5.3.55) 给出。这样，当我们令核势 U^0 和 U^{s} 均为 0 时，方程 (5.3.66) 便自动退化成球 Bessel 方程，方程 (5.3.63) 便自动退化成库仑方程 (5.3.59)，而且对于任何靶核都适用。事实上，当能量相当高时，方程 (5.3.63) 也相当于退化成球 Bessel 方程。

如果引入以下的核势符号

$$U_{\text{c}}^{(\rho)}(r)=\frac{E}{\mu}U_{\text{eff}}^{(\rho)}(r),\quad U_{\text{so}}^{(\rho)}(r)=\frac{E}{\mu}U_{\text{SO}}^{(\rho)}(r),\quad \rho=\text{u},\text{d} \tag{5.3.69}$$

便可把式 (5.3.63) 和式 (5.3.66) 分别改写成

$$\left[-\frac{\nabla^2}{2\mu}+U_{\text{c}}^{(\text{u})}(r)+V_{\text{C}}(r)+U_{\text{so}}^{(\text{u})}(r)\vec{\sigma}\cdot\vec{L}\right]\varphi(r)=\frac{k^2}{2\mu}\varphi(r) \tag{5.3.70}$$

$$\left[-\frac{\nabla^2}{2\mu}+U_{\text{c}}^{(\text{d})}(r)+U_{\text{so}}^{(\text{d})}(r)\vec{\sigma}\cdot\vec{L}\right]\phi(r)=\frac{k^2}{2\mu}\phi(r) \tag{5.3.71}$$

式 (5.3.63) 和式 (5.3.66) 称为类薛定谔方程，而式 (5.3.70) 和式 (5.3.71) 已经完全化成了薛定谔方程形式，但是要取由式 (5.3.69) 所定义的核势。

当能量不是非常高时，只需解上分量方程 (5.3.63) 或方程 (5.3.70) 即可，因而也称它们为球形核相对论光学模型方程。如果假设 $U^{\text{s}}(r)$ 和 $U^0(r)$ 均包含实部和虚部，并唯象地引入它们与坐标 r 和入射粒子能量以及靶核的 A 和 Z 的关系，然后用相对论光学模型方程 (5.3.63) 或方程 (5.3.70) 进行求解，并通过调节参数来符合实验数据，那么便可得到 RPOP。

如果用式 (5.3.63) 或式 (5.3.70) 描述核子的束缚态，这时与式 (5.1.3) 对应的 on-shell 核子的质能关系式变成 $E^2 = -p^2 + M^2, 0 < E < M$，束缚态核子仍然是正能量核子。

用球形核相对论光学模型方程 (5.3.63) 或方程 (5.3.70) 通过边界条件可以解出 S 矩阵元 (将在下一节讨论)，根据式 (2.3.33)、式 (2.3.15) 和式 (2.3.16) 可以写出弹性散射振幅为

$$\hat{F}(\theta,\varphi) = A(\theta)\hat{I} + B(\theta)\vec{n}\cdot\hat{\sigma} \tag{5.3.72}$$

$$A(\theta) = f_{\mathrm{C}}(\theta) + \frac{\mathrm{i}}{2k}\sum_l \left[(l+1)\left(1 - S_l^{l+\frac{1}{2}}\right) + l\left(1 - S_l^{l-\frac{1}{2}}\right)\right]\mathrm{e}^{2\mathrm{i}\sigma_l}\mathrm{P}_l(\cos\theta) \tag{5.3.73}$$

$$B(\theta) = \frac{1}{2k}\sum_l \left(S_l^{l+\frac{1}{2}} - S_l^{l-\frac{1}{2}}\right)\mathrm{e}^{2\mathrm{i}\sigma_l}\mathrm{P}_l^1(\cos\theta) \tag{5.3.74}$$

其中，$\vec{n}$ 为垂直于反应平面的单位矢量，一般把 y 轴取在 $\vec{n}$ 方向。而且式 (2.4.21) 和式 (2.4.22) 已给出以下的极化分析本领 $A_y(\theta)$ 和自旋转动函数 $Q(\theta)$ 的计算公式

$$A_y(\theta) = \frac{2\mathrm{Re}\left(A(\theta)B^*(\theta)\right)}{I_0(\theta)} \tag{5.3.75}$$

$$Q(\theta) = \frac{2\mathrm{Im}\left(A(\theta)B^*(\theta)\right)}{I_0(\theta)} \tag{5.3.76}$$

$$I_0(\theta) = |A(\theta)|^2 + |B(\theta)|^2 \tag{5.3.77}$$

其中，$I_0(\theta)$ 是非极化入射核子的微分截面。

在非相对论光学模型中，自旋–轨道耦合势是另外加上去的，而在相对论光学模型方程中自旋–轨道耦合势是由 Dirac 方程自然产生的，而且它与中心势 $U_{\mathrm{eff}}(r)$ 是密切关联的，因而用它分析核子极化可观测量具有明显优势。所以，自从相对论光学模型一诞生，就被用来同时分析球形核的弹性散射角分布 $\dfrac{\mathrm{d}\sigma}{\mathrm{d}\Omega}$，极化分析本领 $A_y(\theta)$ 和自旋转动函数 $Q(\theta)$，并得到了较好的结果 [10-21]。从实验数据和理论计算结果可以看出，核子能量直到 1000MeV 极化现象都是明显存在的。

5.4 相对论核反应 Dirac S 矩阵理论

Dirac 方程只适用于自旋 $\frac{1}{2}$ 粒子，因而这里只研究自旋 $\frac{1}{2}$ 粒子入射和各种可能的自旋 $\frac{1}{2}$ 粒子出射的二体核反应的 Dirac S 矩阵理论。

二体核反应可用 $\mathrm{a+A \to b+B}$ 表示，a 和 b 均为自旋 $\frac{1}{2}$ 粒子，反应道 $\mathrm{a+A}$ 和 $\mathrm{b+B}$ 分别用 α 和 α' 表示。用 m 和 m' 代表粒子 a 和 b 的静止质量，用 M_{A}

和 M_{B} 代表靶核 A 和剩余核 B 的静止质量，用 v 和 v' 代表入射粒子 a 和出射粒子 b 的速度。用 $\varepsilon_{\alpha n}$ 和 $\varepsilon_{\alpha' n'}$ 分别代表靶核 A 第 n 条能级和剩余核 B 第 n' 条能级的激发能，$I_n M_n$ 和 $I'_n M'_n$ 是相应的角动量及其 z 分量，$\Phi_{I_n M_n}(\xi)$ 和 $\Phi_{I'_n M'_n}(\xi')$ 是对应的自旋波函数，ξ 和 ξ' 是 A 核和 B 核的内部自由度。我们称入射粒子动量与靶核动量之和为 0 的系统为动心系，并设 E 为整个系统在动心系中的总能量。在 $\hbar = c = 1$ 单位制中，令

$$
\begin{aligned}
k' \equiv k_{\alpha' n', \alpha n} &= \left[E^2 - m^2 + \left(M_{\mathrm{A}}^2 + m^2 + \varepsilon_{\alpha n}^2 - M_{\mathrm{B}}^2 - m'^2 - \varepsilon_{\alpha' n'}^2\right)\right]^{1/2}, \\
k \equiv k_{\alpha n, \alpha n} &= \sqrt{E^2 - m^2}
\end{aligned}
\tag{5.4.1}
$$

选择入射粒子方向为 z 轴，根据式 (5.1.80) 及参考文献 [4] 的式 (3.1.22) 可以写出定态的正能入射粒子初态总波函数为

$$
\begin{aligned}
\Psi_{\alpha n \nu M_n}^{(\mathrm{i})} &= \frac{1}{\sqrt{v}} u\left(\vec{p}\right) \mathrm{e}^{\mathrm{i}kz} \chi_\nu \Phi_{I_n M_n}(\xi) \\
&= \sqrt{\frac{4\pi}{v}} u\left(\vec{p}\right) \sum_l \hat{l}\, \mathrm{j}_l(kr)\, \mathrm{i}^l \mathrm{Y}_{l0}(\theta, 0) \chi_\nu \Phi_{I_n M_n}(\xi)
\end{aligned}
\tag{5.4.2}
$$

其中，$\hat{l} \equiv \sqrt{2l+1}$；$v$ 是入射粒子相对于处于第 n 激发态的靶核的速度；χ_ν 是磁量子数为 ν 的入射粒子自旋波函数；j_l 是球 Bessel 函数；$u(\vec{p})$ 已由式 (5.1.93) 给出

$$
u\left(\vec{p}\right) = \sqrt{\frac{E+m}{2m}} \begin{pmatrix} \hat{I} \\ \dfrac{\hat{\sigma} \cdot \vec{p}}{E+m} \end{pmatrix}
\tag{5.4.3}
$$

式中，$\hat{I}$ 是 2×2 单位矩阵；$\vec{p}$ 是动量算符。式 (5.4.2) 代表 $u(\vec{p})$ 的上分量和下分量都分别作用在二维自旋波函数 χ_ν 上。当入射粒子能量很低时便有 $p \ll E + m$，于是由式 (5.4.3) 可以看出这时下分量的贡献可以忽略，而且又有 $\sqrt{\dfrac{E+m}{2m}} \to 1$，显然在能量很低的情况下式 (5.4.2) 会自动退化成非相对论的理论公式，在低能情况下下分量可忽略。只有当入射粒子能量相当高时才需要考虑下分量的贡献。引入以下符号

$$
\begin{aligned}
\mathcal{Y}_{lj\nu}(\Omega) &= C_{l0\ \frac{1}{2}\nu}^{j\nu} \mathrm{i}^l \mathrm{Y}_{l0}(\theta, 0) \chi_\nu \\
\mathrm{i}^l \mathrm{Y}_{l0}(\theta, 0) \chi_\nu &= \sum_j C_{l0\ \frac{1}{2}\nu}^{j\nu} \mathcal{Y}_{lj\nu}(\Omega)
\end{aligned}
\tag{5.4.4}
$$

$$
\begin{aligned}
\varphi_{\alpha n l j}^{JM}(\Omega, \xi) &= \sum_{\nu M_n} C_{j\nu\ I_n M_n}^{JM} \mathcal{Y}_{lj\nu}(\Omega)\ \Phi_{I_n M_n}(\xi) \\
\mathcal{Y}_{lj\nu}(\Omega) \Phi_{I_n M_n}(\xi) &= \sum_{JM} C_{j\nu\ I_n M_n}^{JM} \varphi_{\alpha n l j}^{JM}(\Omega, \xi)
\end{aligned}
\tag{5.4.5}
$$

于是可把式 (5.4.2) 改写成

$$\Psi_{\alpha n\nu M_n}^{(\mathrm{i})}=\sqrt{\frac{4\pi}{v}}u\left(\vec{p}\right)\sum_{ljJM}\hat{l}\,\mathrm{j}_l\left(kr\right)C_{l0\ \frac{1}{2}\nu}^{j\nu}C_{j\nu\ I_nM_n}^{JM}\varphi_{\alpha nlj}^{JM}\left(\Omega,\xi\right) \tag{5.4.6}$$

如果是带电粒子入射，便会存在长程的库仑势 $V_{\mathrm{C}}(r)$，由于在高能情况下库仑势可以忽略，因而我们只在上分量中考虑库仑势和库仑散射，5.3 节的讨论已经指出，在相对论情况下可以直接使用由库仑方程所得到的库仑波函数。

对于带电粒子，由式 (5.4.6) 和式 (5.4.3) 可以得到入射粒子初态总波函数的上分量为

$$\Psi_{\alpha n\nu M_n}^{(\mathrm{i})(\mathrm{u})}=\sqrt{\frac{4\pi}{v}}\sqrt{\frac{E+m}{2m}}\sum_{ljJM}\hat{l}\mathrm{e}^{\mathrm{i}\sigma_l}\frac{F_l\left(kr\right)}{kr}C_{l0\ \frac{1}{2}\nu}^{j\nu}C_{j\nu\ I_nM_n}^{JM}\varphi_{\alpha nlj}^{JM}\left(\Omega,\xi\right) \tag{5.4.7}$$

其中，$F_l\left(kr\right)$ 是库仑波函数。进而可把上式改写成

$$\begin{aligned}&\Psi_{\alpha n\nu M_n}^{(\mathrm{i})(\mathrm{u})}\\&=\frac{\mathrm{i}\sqrt{\pi}}{kr\sqrt{v}}\sqrt{\frac{E+m}{2m}}\sum_{ljJM}\hat{l}\mathrm{e}^{\mathrm{i}\sigma_l}C_{l0\ \frac{1}{2}\nu}^{j\nu}C_{j\nu\ I_nM_n}^{JM}\left[\left(G_l-\mathrm{i}F_l\right)-\left(G_l+\mathrm{i}F_l\right)\right]\varphi_{\alpha nlj}^{JM}\left(\Omega,\xi\right)\end{aligned} \tag{5.4.8}$$

其中，$\dfrac{G_l-\mathrm{i}F_l}{r}$ 代表球面入射波，$\dfrac{G_l+\mathrm{i}F_l}{r}$ 代表球面出射波，当未发生反应时，球面出射波与球面入射波两者的强度相等。如果入射粒子与靶核发生了弹性散射或其他二体核反应，对于上分量引入 S 矩阵元以后，可以得到系统的总波函数的上分量为

$$\begin{aligned}\Psi_{\alpha n\nu M_n}^{(\mathrm{t})(\mathrm{u})}=&\frac{\mathrm{i}\sqrt{\pi}}{kr}\sqrt{\frac{E+m}{2m}}\sum_{ljJM}\hat{l}\mathrm{e}^{\mathrm{i}\sigma_l}C_{l0\ \frac{1}{2}\nu}^{j\nu}C_{j\nu\ I_nM_n}^{JM}\sum_{\alpha'n'l'j'}\frac{1}{\sqrt{v'}}\\&\times\left[\left(G_l-\mathrm{i}F_l\right)\delta_{\alpha'n'l'j',\alpha nlj}-S_{\alpha'n'l'j',\alpha nlj}^{(\mathrm{u})J}\left(G_{l'}+\mathrm{i}F_{l'}\right)\right]\varphi_{\alpha'n'l'j'}^{JM}\left(\Omega,\xi\right)\end{aligned} \tag{5.4.9}$$

有公式

$$\mathrm{i}\left(G_c-\mathrm{i}F_c\right)\delta_{c'c}-\mathrm{i}S_{c'c}\left(G_{c'}+\mathrm{i}F_{c'}\right)=2F_c\delta_{c'c}+\mathrm{i}\left(\delta_{c'c}-S_{c'c}\right)\left(G_{c'}+\mathrm{i}F_{c'}\right) \tag{5.4.10}$$

于是可把式 (5.4.9) 改写成

$$\begin{aligned}\Psi_{\alpha n\nu M_n}^{(\mathrm{t})(\mathrm{u})}=&\frac{\sqrt{4\pi}}{kr}\sqrt{\frac{E+m}{2m}}\sum_{ljJM}\hat{l}\mathrm{e}^{\mathrm{i}\sigma_l}C_{l0\ \frac{1}{2}\nu}^{j\nu}C_{j\nu\ I_nM_n}^{JM}\left[\frac{1}{\sqrt{v}}F_l\varphi_{\alpha nlj}^{JM}\left(\Omega,\xi\right)\right.\\&\left.+\sum_{\alpha'n'l'j'}\frac{\mathrm{i}}{2\sqrt{v'}}\left(\delta_{\alpha'n'l'j',\alpha nlj}-S_{\alpha'n'l'j',\alpha nlj}^{(\mathrm{u})J}\right)\left(G_{l'}+\mathrm{i}F_{l'}\right)\varphi_{\alpha'n'l'j'}^{JM}\left(\Omega,\xi\right)\right]\end{aligned} \tag{5.4.11}$$

上式括号中的第一项正是由式 (5.4.7) 给出的入射粒子初态波函数的上分量，于是根据式 (5.4.11) 方括号中的两项可将其分成代表初态和末态的两项

$$\Psi_{\alpha n\nu M_n}^{(\mathrm{t})(\mathrm{u})}=\Psi_{\alpha n\nu M_n}^{(\mathrm{i})(\mathrm{u})}+\Psi_{\alpha n\nu M_n}^{(\mathrm{f})(\mathrm{u})} \tag{5.4.12}$$

其中

$$\begin{aligned}\Psi_{\alpha n\nu M_n}^{(\mathrm{f})(\mathrm{u})}=&\frac{\mathrm{i}\sqrt{\pi}}{kr}\sqrt{\frac{E+m}{2m}}\sum_{ljJM}\hat{l}\mathrm{e}^{\mathrm{i}\sigma_l}C_{l0\ \frac{1}{2}\nu}^{j\nu}C_{j\nu\ I_nM_n}^{JM}\sum_{\alpha'n'l'j'}\frac{1}{\sqrt{v'}}\\&\times\left(\delta_{\alpha'n'l'j',\alpha nlj}-S_{\alpha'n'l'j',\alpha nlj}^{(\mathrm{u})J}\right)(G_{l'}+\mathrm{i}F_{l'})\varphi_{\alpha'n'l'j'}^{JM}(\Omega,\xi)\end{aligned} \tag{5.4.13}$$

参考文献 [4] 的式 (3.8.5) 已经给出

$$G_{l'}+\mathrm{i}F_{l'}\xrightarrow[r\to\infty]{}\mathrm{e}^{\mathrm{i}k'r}(-\mathrm{i})^{l'}\mathrm{e}^{\mathrm{i}\sigma_{l'}} \tag{5.4.14}$$

把式 (5.4.5)、式 (5.4.4) 和式 (5.4.14) 代入式 (5.4.13) 可得

$$\begin{aligned}\Psi_{\alpha n\nu M_n}^{(\mathrm{f})(\mathrm{u})}\xrightarrow[r\to\infty]{}&\frac{\mathrm{i}\sqrt{\pi}}{k}\sqrt{\frac{E+m}{2m}}\sum_{ljJM}\hat{l}\mathrm{e}^{\mathrm{i}\sigma_l}C_{l0\ \frac{1}{2}\nu}^{j\nu}C_{j\nu\ I_nM_n}^{JM}\sum_{\alpha'n'l'j'}\frac{1}{\sqrt{v'}}\mathrm{e}^{\mathrm{i}\sigma_{l'}}\\&\times\left(\delta_{\alpha'n'l'j',\alpha nlj}-S_{\alpha'n'l'j',\alpha nlj}^{(\mathrm{u})J}\right)\frac{\mathrm{e}^{\mathrm{i}k'r}}{r}\\&\times\sum_{\nu'M_n'm_l'm_j'}C_{l'\mathrm{m}'_l\ \frac{1}{2}\nu'}^{j'm_j'}C_{j'm_j'\ I_n'M_n'}^{JM}\mathrm{Y}_{l'm_l'}\chi_{\nu'}\Phi_{I_n'M_n'}\end{aligned} \tag{5.4.15}$$

根据式 (5.4.11) 和式 (5.4.12) 可以写出

$$\Psi_{\alpha n\nu M_n}^{(\mathrm{i})(\mathrm{u})}=\frac{\sqrt{4\pi}}{kr}\sqrt{\frac{E+m}{2m}}\sum_{ljJM}\hat{l}\mathrm{e}^{\mathrm{i}\sigma_l}C_{l0\ \frac{1}{2}\nu}^{j\nu}C_{j\nu\ I_nM_n}^{JM}\frac{1}{\sqrt{v}}F_l\varphi_{\alpha nlj}^{JM}(\Omega,\xi) \tag{5.4.16}$$

把式 (5.4.5) 和式 (5.4.4) 代入式 (5.4.16) 可以求得

$$\Psi_{\alpha n\nu M_n}^{(\mathrm{i})(\mathrm{u})}=\sqrt{\frac{4\pi}{v}}\sqrt{\frac{E+m}{2m}}\sum_{l}\hat{l}\mathrm{e}^{\mathrm{i}\sigma_l}\frac{F_l(kr)}{kr}\mathrm{i}^l\mathrm{Y}_{l0}(\theta,0)\chi_\nu\Phi_{I_nM_n} \tag{5.4.17}$$

在 $r\to\infty$ 的情况下，将参考文献 [4] 中的式 (3.3.76) 和式 (3.3.45) 作对比可得

$$\sqrt{4\pi}\sum_{l}\hat{l}\mathrm{e}^{\mathrm{i}\sigma_l}\frac{F_l(kr)}{kr}\mathrm{i}^l\mathrm{Y}_{l0}(\theta,0)\xrightarrow[r\to\infty]{}\mathrm{e}^{\mathrm{i}kz}+f_{\mathrm{C}}(\theta)\frac{\mathrm{e}^{\mathrm{i}kr}}{r} \tag{5.4.18}$$

其中，$f_{\mathrm{C}}(\theta)$ 已由参考文献 [4] 的式 (3.3.41)、式 (3.3.3) 和式 (3.3.42) 给出。式 (5.4.18) 右边第一项代表没被扭曲的入射平面波，第二项代表由库仑势所诱发的库仑散射的球面出射波。在式 (5.4.17) 中与式 (5.4.18) 第二项相对应的项为

$$\Psi_{\alpha n\nu M_n}^{(2)(\mathrm{u})}\xrightarrow[r\to\infty]{}\frac{1}{\sqrt{v}}\sqrt{\frac{E+m}{2m}}f_{\mathrm{C}}(\theta)\frac{\mathrm{e}^{\mathrm{i}kr}}{r}\chi_\nu\Phi_{I_nM_n} \tag{5.4.19}$$

由式 (5.4.15) 和式 (5.4.19) 可以得到系统总反应波函数的上分量为

$$\begin{aligned}
&\Psi_{\alpha n\nu M_n}^{(\mathrm{r})(\mathrm{u})}\\
&=\Psi_{\alpha n\nu M_n}^{(\mathrm{f})(\mathrm{u})}+\Psi_{\alpha n\nu M_n}^{(2)(\mathrm{u})}\xrightarrow[r\to\infty]{}\sqrt{\frac{E+m}{2m}}\sum_{\alpha' n'\nu' M_n'}\frac{1}{\sqrt{v'}}\left[f_{\mathrm{C}}(\theta)\delta_{\alpha' n',\alpha n}\delta_{\nu' M_n',\nu M_n}\right.\\
&\quad+\frac{\mathrm{i}\sqrt{\pi}}{k}\sum_{\substack{ljJM\\ l'j'm_l'm_j'}}\hat{l}\mathrm{e}^{\mathrm{i}(\sigma_l+\sigma_{l'})}\left(\delta_{\alpha' n' l' j',\alpha n l j}-S_{\alpha' n' l' j',\alpha n l j}^{(\mathrm{u})J}\right)\\
&\quad\left.\times C_{l0\ \frac{1}{2}\nu}^{j\nu}C_{j\nu\ I_nM_n}^{JM}C_{l'\mathrm{m}'_l\ \frac{1}{2}\nu'}^{j'm_j'}C_{j'm_j'\ I_n'M_n'}^{JM}\mathrm{Y}_{l'm_l'}(\theta,\varphi)\right]\frac{\mathrm{e}^{\mathrm{i}k'r}}{r}\chi_{\nu'}\Phi_{I_n'M_n'}
\end{aligned}\tag{5.4.20}$$

由上式可以写出上分量的反应振幅为

$$\begin{aligned}
&f_{\alpha' n'\nu' M_n',\alpha n\nu M_n}^{(\mathrm{u})}\\
&=\sqrt{\frac{E+m}{2m}}\left[f_{\mathrm{C}}(\theta)\delta_{\alpha' n',\alpha n}\delta_{\nu' M_n',\nu M_n}+\frac{\mathrm{i}\sqrt{\pi}}{k}\sum_{\substack{ljJM\\ l'j'm_l'm_j'}}\hat{l}\mathrm{e}^{\mathrm{i}(\sigma_l+\sigma_{l'})}\right.\\
&\quad\left.\times\left(\delta_{\alpha' n' l' j',\alpha n l j}-S_{\alpha' n' l' j',\alpha n l j}^{(\mathrm{u})J}\right)C_{l0\ \frac{1}{2}\nu}^{j\nu}C_{j\nu\ I_nM_n}^{JM}C_{l'\mathrm{m}'_l\ \frac{1}{2}\nu'}^{j'm_j'}C_{j'm_j'\ I_n'M_n'}^{JM}\mathrm{Y}_{l'm_l'}(\theta,\varphi)\right]
\end{aligned}\tag{5.4.21}$$

由式 (5.4.6) 和式 (5.4.3) 可以写出入射粒子初态总波函数的下分量为

$$\Psi_{\alpha n\nu M_n}^{(\mathrm{i})(\mathrm{d})}=\sqrt{\frac{4\pi}{v}}\sqrt{\frac{E+m}{2m}}\frac{\hat{\sigma}\cdot\vec{p}}{E+m}\sum_{ljJM}\hat{l}\,\mathrm{j}_l(kr)C_{l0\ \frac{1}{2}\nu}^{j\nu}C_{j\nu\ I_nM_n}^{JM}\varphi_{\alpha nlj}^{JM}(\Omega,\xi)\tag{5.4.22}$$

进而可把上式改写成

$$\begin{aligned}
\Psi_{\alpha n\nu M_n}^{(\mathrm{i})(\mathrm{d})}=&\frac{\mathrm{i}\sqrt{\pi}}{\sqrt{v}}\sqrt{\frac{E+m}{2m}}\frac{\hat{\sigma}\cdot\vec{p}}{E+m}\sum_{ljJM}\hat{l}C_{l0\ \frac{1}{2}\nu}^{j\nu}C_{j\nu\ I_nM_n}^{JM}\\
&\times[(-\mathrm{n}_l-\mathrm{i}\mathrm{j}_l)-(-\mathrm{n}_l+\mathrm{i}\mathrm{j}_l)]\,\varphi_{\alpha nlj}^{JM}(\Omega,\xi)
\end{aligned}\tag{5.4.23}$$

其中，$k(-\mathrm{n}_l-\mathrm{i}\mathrm{j}_l)$ 代表球面入射波，$k(-\mathrm{n}_l+\mathrm{i}\mathrm{j}_l)$ 代表球面出射波。如果入射粒子与靶核发生了弹性散射或其他二体核反应，对于下分量引入 S 矩阵元以后可以得到系统总波函数的下分量为

$$\begin{aligned}
\Psi_{\alpha n\nu M_n}^{(\mathrm{t})(\mathrm{d})}=&\frac{\mathrm{i}\sqrt{\pi}}{k}\sqrt{\frac{E+m}{2m}}\frac{\hat{\sigma}\cdot\vec{p}}{E+m}\sum_{ljJM}\hat{l}C_{l0\ \frac{1}{2}\nu}^{j\nu}C_{j\nu\ I_nM_n}^{JM}\sum_{\alpha' n' l' j'}\frac{1}{\sqrt{v'}}\\
&\times\left[k(-\mathrm{n}_l-\mathrm{i}\mathrm{j}_l)\,\delta_{\alpha' n' l' j',\alpha n l j}-S_{\alpha' n' l' j',\alpha n l j}^{(\mathrm{d})J}k'(-\mathrm{n}_{l'}+\mathrm{i}\mathrm{j}_{l'})\right]\varphi_{\alpha' n' l' j'}^{JM}(\Omega,\xi)
\end{aligned}\tag{5.4.24}$$

有公式

$$\mathrm{i}\left(-\mathrm{n}_c-\mathrm{i}\mathrm{j}_c\right)\delta_{c'c}-\mathrm{i}S_{c'c}\left(-\mathrm{n}_{c'}+\mathrm{i}\mathrm{j}_{c'}\right)=2\mathrm{j}_c\delta_{c'c}+\mathrm{i}\left(\delta_{c'c}-S_{c'c}\right)\left(-\mathrm{n}_{c'}+\mathrm{i}\mathrm{j}_{c'}\right) \tag{5.4.25}$$

于是可把式 (5.4.24) 改写成

$$\begin{aligned}\Psi^{(\mathrm{t})(\mathrm{d})}_{\alpha n\nu M_n}=&\frac{\sqrt{4\pi}}{k}\sqrt{\frac{E+m}{2m}}\frac{\hat{\sigma}\cdot\vec{p}}{E+m}\sum_{ljJM}\hat{l}C^{j\nu}_{l0\ \frac{1}{2}\nu}C^{JM}_{j\nu\ I_nM_n}\left[\frac{k}{\sqrt{v}}\mathrm{j}_l\varphi^{JM}_{\alpha nlj}(\Omega,\xi)\right.\\&\left.+\sum_{\alpha'n'l'j'}\frac{\mathrm{i}}{2\sqrt{v'}}\left(\delta_{\alpha'n'l'j',\alpha nlj}-S^{(\mathrm{d})J}_{\alpha'n'l'j',\alpha nlj}\right)k'(-\mathrm{n}_{l'}+\mathrm{i}\mathrm{j}_{l'})\varphi^{JM}_{\alpha'n'l'j'}(\Omega,\xi)\right]\end{aligned} \tag{5.4.26}$$

上式括号中的第一项正是由式 (5.4.22) 给出的入射粒子初态波函数的下分量，于是根据式 (5.4.26) 方括号中的两项可将其分成代表初态和末态的两项

$$\Psi^{(\mathrm{t})(\mathrm{d})}_{\alpha n\nu M_n}=\Psi^{(\mathrm{i})(\mathrm{d})}_{\alpha n\nu M_n}+\Psi^{(\mathrm{f})(\mathrm{d})}_{\alpha n\nu M_n} \tag{5.4.27}$$

其中

$$\begin{aligned}\Psi^{(\mathrm{f})(\mathrm{d})}_{\alpha n\nu M_n}=&\frac{\mathrm{i}\sqrt{\pi}}{k}\sqrt{\frac{E+m}{2m}}\frac{\hat{\sigma}\cdot\vec{p}}{E+m}\sum_{ljJM}\hat{l}C^{j\nu}_{l0\ \frac{1}{2}\nu}C^{JM}_{j\nu\ I_nM_n}\sum_{\alpha'n'l'j'}\frac{1}{\sqrt{v'}}\\&\times\left(\delta_{\alpha'n'l'j',\alpha nlj}-S^{(\mathrm{d})J}_{\alpha'n'l'j',\alpha nlj}\right)k'(-\mathrm{n}_{l'}+\mathrm{i}\mathrm{j}_{l'})\varphi^{JM}_{\alpha'n'l'j'}(\Omega,\xi)\end{aligned} \tag{5.4.28}$$

式 (3.15.81) 已经给出

$$-\mathrm{n}_l(kr)+\mathrm{i}\mathrm{j}_l(kr)\xrightarrow[r\to\infty]{}(-\mathrm{i})^l\frac{\mathrm{e}^{\mathrm{i}kr}}{kr} \tag{5.4.29}$$

把式 (5.4.5)、式 (5.4.4) 和式 (5.4.29) 代入式 (5.4.28) 可得

$$\begin{aligned}\Psi^{(\mathrm{f})(\mathrm{d})}_{\alpha n\nu M_n}\xrightarrow[r\to\infty]{}&\frac{\mathrm{i}\sqrt{\pi}}{k}\sqrt{\frac{E+m}{2m}}\frac{\hat{\sigma}\cdot\vec{p}}{E+m}\sum_{ljJM}\hat{l}C^{j\nu}_{l0\ \frac{1}{2}\nu}C^{JM}_{j\nu\ I_nM_n}\sum_{\alpha'n'l'j'}\frac{1}{\sqrt{v'}}\\&\times\left(\delta_{\alpha'n'l'j',\alpha nlj}-S^{(\mathrm{d})J}_{\alpha'n'l'j',\alpha nlj}\right)\frac{\mathrm{e}^{\mathrm{i}k'r}}{r}\\&\times\sum_{\bar{\nu}'M_n'm_l'm_j'}C^{j'm_j'}_{l'm_l'\ \frac{1}{2}\bar{\nu}'}C^{JM}_{j'm_j'\ I_n'M_n'}\mathrm{Y}_{l'm_l'}\chi_{\bar{\nu}'}\Phi_{I_n'M_n'}\end{aligned} \tag{5.4.30}$$

有以下关系式

$$\vec{\nabla}=\vec{n}\frac{\partial}{\partial r}+\frac{1}{r}\vec{\nabla}_\Omega,\quad \vec{n}=\frac{\vec{r}}{r}=\hat{r}=\vec{e}_r \tag{5.4.31}$$

$$\left(\vec{\nabla}_\Omega\right)_\theta=\frac{\partial}{\partial\theta},\quad\left(\vec{\nabla}_\Omega\right)_\varphi=\frac{1}{\sin\theta}\frac{\partial}{\partial\varphi} \tag{5.4.32}$$

$$\vec{l}=\vec{r}\times\vec{p},\quad \vec{p}=-\mathrm{i}\vec{\nabla} \tag{5.4.33}$$

可见 $\vec{l}$ 垂直于 $\vec{r}$，并可求得

$$l_r=0,\quad l_\theta=\frac{\mathrm{i}}{\sin\theta}\frac{\partial}{\partial\varphi},\quad l_\varphi=-\mathrm{i}\frac{\partial}{\partial\theta} \tag{5.4.34}$$

$$\left(\vec{\nabla}_\Omega\right)_\theta=\mathrm{i}l_\varphi,\quad \left(\vec{\nabla}_\Omega\right)_\varphi=-\mathrm{i}l_\theta \tag{5.4.35}$$

$$\vec{\nabla}=\vec{n}\frac{\partial}{\partial r}-\frac{\mathrm{i}}{r}\left(\vec{\mathrm{e}}_\varphi l_\theta-\vec{\mathrm{e}}_\theta l_\varphi\right) \tag{5.4.36}$$

注意到三个球坐标轴相互垂直，可得

$$\vec{n}\times\vec{l}=\vec{\mathrm{e}}_\varphi l_\theta-\vec{\mathrm{e}}_\theta l_\varphi,\quad \vec{\nabla}_\Omega=-\mathrm{i}(\vec{n}\times\vec{l}) \tag{5.4.37}$$

$$\vec{\nabla}=\vec{n}\frac{\partial}{\partial r}-\mathrm{i}\frac{1}{r}(\vec{n}\times\vec{l}) \tag{5.4.38}$$

在式 (5.3.24) 中令 $\vec{a}=\vec{n},\vec{b}=\vec{l}$，而且显然有 $\vec{n}\cdot\vec{l}=0$，于是可得

$$\mathrm{i}\hat{\sigma}\cdot\left(\vec{n}\times\vec{l}\right)=\left(\hat{\sigma}\cdot\vec{n}\right)\left(\hat{\sigma}\cdot\vec{l}\right) \tag{5.4.39}$$

利用式 (5.4.38) 和式 (5.4.39) 可得

$$\vec{\sigma}\cdot\vec{p}=-\mathrm{i}\vec{\sigma}\cdot\vec{\nabla}=-\mathrm{i}\left(\vec{\sigma}\cdot\hat{r}\right)\left(\frac{\mathrm{d}}{\mathrm{d}r}-\frac{\hat{\sigma}\cdot\vec{l}}{r}\right) \tag{5.4.40}$$

系统总角动量为

$$\vec{J}=\vec{j}+\vec{I}_n=\vec{l}+\vec{s}+\vec{I}_n \tag{5.4.41}$$

$$J^2=l^2+s^2+I_n^2+2\vec{l}\cdot\vec{s}+2\vec{l}\cdot\vec{I}_n+2\vec{s}\cdot\vec{I}_n \tag{5.4.42}$$

略掉上式最后两项，并作用在本征波函数上可得

$$K_{\alpha nl}^J\equiv\hat{\sigma}\cdot\vec{l}=J\left(J+1\right)-l\left(l+1\right)-\frac{3}{4}-I_n\left(I_n+1\right) \tag{5.4.43}$$

于是可把式 (5.4.40) 改写成

$$\vec{\sigma}\cdot\vec{p}=-\mathrm{i}\vec{\sigma}\cdot\vec{\nabla}=-\mathrm{i}\left(\vec{\sigma}\cdot\hat{r}\right)\left(\frac{\mathrm{d}}{\mathrm{d}r}-\frac{K_{\alpha nl}^J}{r}\right) \tag{5.4.44}$$

我们将式 (5.4.44) 用于式 (5.4.30)。首先注意到

$$\left(\frac{\mathrm{d}}{\mathrm{d}r}-\frac{K_{\alpha'n'l'}^J}{r}\right)\left(\frac{\mathrm{e}^{\mathrm{i}k'r}}{r}\right)=\left(\mathrm{i}k'-\frac{1}{r}-\frac{K_{\alpha'n'l'}^J}{r}\right)\left(\frac{\mathrm{e}^{\mathrm{i}k'r}}{r}\right)\xrightarrow[r\to\infty]{}\mathrm{i}k'\left(\frac{\mathrm{e}^{\mathrm{i}k'r}}{r}\right) \tag{5.4.45}$$

已知

$$\hat{\sigma}\cdot\hat{r}=\frac{1}{r}\hat{\sigma}\cdot\vec{r}=\frac{1}{r}\sum_{\eta}(-1)^{\eta}\hat{\sigma}_{\eta}r_{-\eta} \tag{5.4.46}$$

式 (2.1.21) 已给出

$$\hat{\sigma}_{\eta}\chi_{\nu}=\sqrt{2}(-1)^{\frac{1}{2}-\nu}C^{1\eta}_{\frac{1}{2}\ \nu+\eta\ \frac{1}{2}\ -\nu}\chi_{\nu+\eta} \tag{5.4.47}$$

于是可得

$$\left(\hat{\sigma}\cdot\hat{r}\right)\chi_{\nu}=\frac{1}{r}\sum_{\eta}(-1)^{\eta}r_{-\eta}\sqrt{2}(-1)^{\frac{1}{2}-\nu}C^{1\eta}_{\frac{1}{2}\ \nu+\eta\ \frac{1}{2}\ -\nu}\chi_{\nu+\eta} \tag{5.4.48}$$

式 (3.13.16) 又给出

$$r\mathrm{Y}_{1\eta}\left(\varOmega\right)=\sqrt{\frac{3}{4\pi}}r_{\eta} \tag{5.4.49}$$

于是便有

$$\left(\hat{\sigma}\cdot\hat{r}\right)\chi_{\nu}=\sqrt{\frac{8\pi}{3}}\sum_{\eta}(-1)^{\frac{1}{2}-\nu+\eta}C^{1\ \eta}_{\frac{1}{2}\ \nu+\eta\ \frac{1}{2}\ -\nu}\mathrm{Y}_{1\ -\eta}\left(\varOmega\right)\chi_{\nu+\eta} \tag{5.4.50}$$

由式 (3.13.17) 可知

$$\begin{aligned}\mathrm{Y}_{lm_l}\mathrm{Y}_{1\ -\eta}&=\sqrt{\frac{3}{4\pi}}\hat{l}\sum_{L}\frac{1}{\hat{L}}C^{L\ m_l-\eta}_{lm_l\ 1\ -\eta}C^{L0}_{l0\ 10}\mathrm{Y}_{L\ m_l-\eta}\\&=\sqrt{\frac{3}{4\pi}}(-1)^{1-\eta}\sum_{L}C^{lm_l}_{1\eta\ L\ m_l-\eta}C^{L0}_{l0\ 10}\mathrm{Y}_{L\ m_l-\eta}\end{aligned} \tag{5.4.51}$$

把式 (5.4.44)、式 (5.4.45)、式 (5.4.50) 和式 (5.4.51) 代入式 (5.4.30) 可得

$$\begin{aligned}\varPsi^{(\mathrm{f})(\mathrm{d})}_{\alpha n\nu M_n}\xrightarrow[r\to\infty]{}&\frac{\mathrm{i}\sqrt{\pi}}{k}\sqrt{\frac{E+m}{2m}}\sum_{\alpha'n'\bar{\nu}'M_n'}\frac{k'}{E+m}\frac{1}{\sqrt{v'}}\\&\times\sum_{\substack{ljJM\\l'j'm_l'm_j'}}\hat{l}\left(\delta_{\alpha'n'l'j',\alpha nlj}-S^{(\mathrm{d})J}_{\alpha'n'l'j',\alpha nlj}\right)\\&\times C^{j\nu}_{l0\ \frac{1}{2}\nu}C^{JM}_{j\nu\ I_nM_n}C^{j'm_j'}_{l'm_l'\ \frac{1}{2}\bar{\nu}'}C^{JM}_{j'm_j'\ I_n'M_n'}\sqrt{2}\sum_{\eta}(-1)^{\frac{1}{2}+\bar{\nu}'}C^{1\eta}_{\frac{1}{2}\ \bar{\nu}'+\eta\ \frac{1}{2}\ -\bar{\nu}'}\\&\times\sum_{L}C^{l'm_l'}_{1\eta\ L\ m_l'-\eta}C^{L0}_{l'0\ 10}\mathrm{Y}_{L\ m_l'-\eta}(\theta,\varphi)\frac{\mathrm{e}^{\mathrm{i}k'r}}{r}\chi_{\bar{\nu}'+\eta}\varPhi_{I_n'M_n'}\end{aligned} \tag{5.4.52}$$

令

$$\nu'=\bar{\nu}'+\eta,\quad \bar{\nu}'=\nu'-\eta \tag{5.4.53}$$

便可把式 (5.4.52) 改写成

$$\Psi^{(\mathrm{f})(\mathrm{d})}_{\alpha n\nu M_n}\xrightarrow[r\to\infty]{}\frac{\mathrm{i}\sqrt{\pi}}{k}\sqrt{\frac{E+m}{2m}}\sum_{\alpha' n'\nu' M'_n}\frac{\sqrt{2}k'}{E+m}\frac{1}{\sqrt{v'}}\sum_{\substack{ljJM\\ l'j'm'_l m'_j}}\hat{l}\left(\delta_{\alpha' n' l' j',\alpha n l j}-S^{(\mathrm{d})J}_{\alpha' n' l' j',\alpha n l j}\right)$$
$$\times C^{j\nu}_{l0\ \frac{1}{2}\nu}C^{JM}_{j\nu\ I_n M_n}C^{JM}_{j'm'_j\ I'_n M'_n}\sum_{\eta}(-1)^{\frac{1}{2}+\nu'-\eta}C^{j'm'_j}_{l'm'_l\ \frac{1}{2}\ \nu'-\eta}C^{1\eta}_{\frac{1}{2}\nu'\ \frac{1}{2}\ -\nu'+\eta}$$
$$\times\sum_{L}C^{l'm'_l}_{1\eta\ L\ m'_l-\eta}C^{L0}_{l'0\ 10}\mathrm{Y}_{L\ m'_l-\eta}(\theta,\varphi)\frac{\mathrm{e}^{\mathrm{i}k'r}}{r}\chi_{\nu'}\Phi_{I'_n M'_n}\tag{5.4.54}$$

由上式中的 C-G 系数可以看出

$$\nu+M_n=m'_j+M'_n,\quad m'_j=m'_l+\nu'-\eta\tag{5.4.55}$$

并可求得

$$m'_l-\eta=\nu+M_n-\nu'-M'_n,\quad \nu'-\eta=\nu+M_n-m'_l-M'_n$$
$$\eta=m'_l+\nu'+M'_n-\nu-M_n\tag{5.4.56}$$

于是可把式 (5.4.54) 改写成

$$\Psi^{(\mathrm{f})(\mathrm{d})}_{\alpha n\nu M_n}\xrightarrow[r\to\infty]{}\frac{\mathrm{i}\sqrt{\pi}}{k}\sqrt{\frac{E+m}{2m}}\sum_{\alpha' n'\nu' M'_n}\frac{\sqrt{2}k'}{E+m}\frac{1}{\sqrt{v'}}\sum_{\substack{ljJM\\ l'j'm'_l m'_j}}\hat{l}\left(\delta_{\alpha' n' l' j',\alpha n l j}-S^{(\mathrm{d})J}_{\alpha' n' l' j',\alpha n l j}\right)$$
$$\times C^{j\nu}_{l0\ \frac{1}{2}\nu}C^{JM}_{j\nu\ I_n M_n}C^{JM}_{j'm'_j\ I'_n M'_n}(-1)^{\frac{1}{2}+\nu+M_n-m'_l-M'_n}C^{j'm'_j}_{l'm'_l\ \frac{1}{2}\ \nu+M_n-m'_l-M'_n}$$
$$\times C^{1\ m'_l+\nu'+M'_n-\nu-M_n}_{\frac{1}{2}\nu'\ \frac{1}{2}\ -\nu-M_n+m'_l+M'_n}\sum_{L}C^{l'm'_l}_{1\ m'_l+\nu'+M'_n-\nu-M_n\ L\ \nu+M_n-\nu'-M'_n}$$
$$\times C^{L0}_{l'0\ 10}\mathrm{Y}_{L\ \nu+M_n-\nu'-M'_n}(\theta,\varphi)\frac{\mathrm{e}^{\mathrm{i}k'r}}{r}\chi_{\nu'}\Phi_{I'_n M'_n}\tag{5.4.57}$$

由上式可以写出下分量的反应振幅为

$$f^{(\mathrm{d})}_{\alpha' n'\nu' M'_n,\alpha n\nu M_n}$$
$$=\sqrt{\frac{E+m}{2m}}\frac{\sqrt{2}k'}{E+m}\frac{\mathrm{i}\sqrt{\pi}}{k}\sum_{\substack{ljJM\\ l'j'm'_l m'_j}}\hat{l}\left(\delta_{\alpha' n' l' j',\alpha n l j}-S^{(\mathrm{d})J}_{\alpha' n' l' j',\alpha n l j}\right)C^{j\nu}_{l0\ \frac{1}{2}\nu}C^{JM}_{j\nu\ I_n M_n}$$
$$\times C^{JM}_{j'm'_j\ I'_n M'_n}(-1)^{\frac{1}{2}+\nu+M_n-m'_l-M'_n}C^{j'm'_j}_{l'm'_l\ \frac{1}{2}\ \nu+M_n-m'_l-M'_n}C^{1\ m'_l+\nu'+M'_n-\nu-M_n}_{\frac{1}{2}\nu'\ \frac{1}{2}\ -\nu-M_n+m'_l+M'_n}$$
$$\times\sum_{L}C^{l'm'_l}_{1\ m'_l+\nu'+M'_n-\nu-M_n\ L\ \nu+M_n-\nu'-M'_n}C^{L0}_{l'0\ 10}\mathrm{Y}_{L\ \nu+M_n-\nu'-M'_n}(\theta,\varphi)\tag{5.4.58}$$

式 (2.7.4) 已给出

$$\mathrm{Y}_{l'm_l'}(\theta,\varphi)=(-1)^{m_l'}\sqrt{\frac{2l'+1}{4\pi}}\sqrt{\frac{(l'-m_l')!}{(l'+m_l')!}}\mathrm{P}_{l'}^{m_l'}(\cos\theta)\,\mathrm{e}^{\mathrm{i}m_l'\varphi} \tag{5.4.59}$$

对于式 (5.4.21) 引入以下符号

$$\begin{aligned}f_{\nu'\nu}^{(\mathrm{u})ll'J}(m_l')=&\hat{l}\hat{l}'\mathrm{e}^{\mathrm{i}(\sigma_l+\sigma_{l'})}\sqrt{\frac{(l'-m_l')!}{(l'+m_l')!}}\sum_{jj'}C_{l0\ \frac{1}{2}\nu}^{j\nu}C_{j\nu\ I_nM_n}^{JM}\\&\times C_{l'm_l'\ \frac{1}{2}\nu'}^{j'm_j'}C_{j'm_j'\ I_n'M_n'}^{JM}\left(\delta_{\alpha'n'l'j',\alpha nlj}-S_{\alpha'n'l'j',\alpha nlj}^{(\mathrm{u})J}\right)\end{aligned} \tag{5.4.60}$$

由上式可以看出

$$m_l'=\nu+M_n-\nu'-M_n' \tag{5.4.61}$$

于是可把式 (5.4.21) 改写成

$$\begin{aligned}f_{\alpha'n'\nu'M_n',\alpha n\nu M_n}^{(\mathrm{u})}=&\sqrt{\frac{E+m}{2m}}\left[f_{\mathrm{C}}(\theta)\delta_{\alpha'n',\alpha n}\delta_{\nu'M_n',\nu M_n}\right.\\&\left.+\frac{\mathrm{i}}{2k}(-1)^{m_l'}\sum_{ll'J}f_{\nu'\nu}^{(\mathrm{u})ll'J}(m_l')\mathrm{P}_{l'}^{m_l'}(\cos\theta)\mathrm{e}^{\mathrm{i}m_l'\varphi}\right]\end{aligned} \tag{5.4.62}$$

对于式 (5.4.58) 引入以下符号

$$\begin{aligned}&f_{\nu'\nu}^{(\mathrm{d})ll'm_l'LJ}(\nu+M_n-\nu'-M_n')\\=&\hat{l}\hat{L}\sqrt{\frac{(L-\nu-M_n+\nu'+M_n')!}{(L+\nu+M_n-\nu'-M_n')!}}\sum_{jj'}C_{l0\ \frac{1}{2}\nu}^{j\nu}C_{j\nu\ I_nM_n}^{JM}C_{j'm_j'\ I_n'M_n'}^{JM}\\&\times\left(\delta_{\alpha'n'l'j',\alpha nlj}-S_{\alpha'n'l'j',\alpha nlj}^{(\mathrm{d})J}\right)(-1)^{\frac{1}{2}+\nu+M_n-m_l'-M_n'}C_{l'm_l'\ \frac{1}{2}\ \nu+M_n-m_l'-M_n'}^{j'm_j'}\\&\times C_{\frac{1}{2}\nu'\ \frac{1}{2}\ -\nu-M_n+m_l'+M_n'}^{1\ m_l'+\nu'+M_n'-\nu-M_n}C_{1\ m_l'+\nu'+M_n'-\nu-M_n\ L\ \nu+M_n-\nu'-M_n'}^{l'm_l'}C_{l'0\ 10}^{L0}\end{aligned} \tag{5.4.63}$$

于是可把式 (5.4.58) 改写成

$$\begin{aligned}&f_{\alpha'n'\nu'M_n',\alpha n\nu M_n}^{(\mathrm{d})}\\=&\sqrt{\frac{E+m}{2m}}\frac{\sqrt{2}k'}{E+m}\frac{\mathrm{i}}{2k}(-1)^{\nu+M_n-\nu'-M_n'}\\&\times\sum_{ll'm_l'LJ}f_{\nu'\nu}^{(\mathrm{d})ll'm_l'LJ}(\nu+M_n-\nu'-M_n')\mathrm{P}_L^{\nu+M_n-\nu'-M_n'}(\cos\theta)\mathrm{e}^{\mathrm{i}(\nu+M_n-\nu'-M_n')\varphi}\end{aligned} \tag{5.4.64}$$

参照式 (2.7.9) ~ 式 (2.7.12)，根据式 (5.4.62) 和式 (5.4.64)，引入以下符号

$$A^{(\mathrm{u})}_{M_n' M_n}(\theta) = \sqrt{\frac{E+m}{2m}} \left[f_{\mathrm{C}}(\theta)\, \delta_{\alpha' n', \alpha n} \delta_{M_n', M_n} + \frac{\mathrm{i}}{2k} (-1)^{M_n - M_n'} \sum_{l l' J} f^{(\mathrm{u}) l l' J}_{\frac{1}{2} \frac{1}{2}} (M_n - M_n') \mathrm{P}_{l'}^{M_n - M_n'}(\cos\theta) \right] \tag{5.4.65}$$

$$B^{(\mathrm{u})}_{M_n' M_n}(\theta) = \sqrt{\frac{E+m}{2m}} \left[-\frac{1}{2k} (-1)^{M_n - M_n' - 1} \sum_{l l' J} f^{(\mathrm{u}) l l' J}_{\frac{1}{2}\, -\frac{1}{2}} (M_n - M_n' - 1) \times \mathrm{P}_{l'}^{M_n - M_n' - 1}(\cos\theta) \right] \tag{5.4.66}$$

$$C^{(\mathrm{u})}_{M_n' M_n}(\theta) = \sqrt{\frac{E+m}{2m}} \left[\frac{1}{2k} (-1)^{M_n - M_n' + 1} \sum_{l l' J} f^{(\mathrm{u}) l l' J}_{-\frac{1}{2}\, \frac{1}{2}} (M_n - M_n' + 1) \times \mathrm{P}_{l'}^{M_n - M_n' + 1}(\cos\theta) \right] \tag{5.4.67}$$

$$D^{(\mathrm{u})}_{M_n' M_n}(\theta) = \sqrt{\frac{E+m}{2m}} \left[f_{\mathrm{C}}(\theta)\, \delta_{\alpha' n', \alpha n} \delta_{M_n', M_n} + \frac{\mathrm{i}}{2k} (-1)^{M_n - M_n'} \sum_{l l' J} f^{(\mathrm{u}) l l' J}_{-\frac{1}{2}\, -\frac{1}{2}} (M_n - M_n') \mathrm{P}_{l'}^{M_n - M_n'}(\cos\theta) \right] \tag{5.4.68}$$

$$A^{(\mathrm{d})}_{M_n' M_n}(\theta) = \sqrt{\frac{E+m}{2m}} \frac{\sqrt{2}k'}{E+m} \left[\frac{\mathrm{i}}{2k} (-1)^{M_n - M_n'} \times \sum_{l l' m_l' L J} f^{(\mathrm{d}) l l' m_l' L J}_{\frac{1}{2} \frac{1}{2}} (M_n - M_n') \mathrm{P}_{L}^{M_n - M_n'}(\cos\theta) \right] \tag{5.4.69}$$

$$B^{(\mathrm{d})}_{M_n' M_n}(\theta) = \sqrt{\frac{E+m}{2m}} \frac{\sqrt{2}k'}{E+m} \left[-\frac{1}{2k} (-1)^{M_n - M_n' - 1} \times \sum_{l l' m_l' L J} f^{(\mathrm{d}) l l' m_l' L J}_{\frac{1}{2}\, -\frac{1}{2}} (M_n - M_n' - 1) \mathrm{P}_{L}^{M_n - M_n' - 1}(\cos\theta) \right] \tag{5.4.70}$$

$$C^{(\mathrm{d})}_{M_n' M_n}(\theta) = \sqrt{\frac{E+m}{2m}} \frac{\sqrt{2}k'}{E+m} \left[\frac{1}{2k} (-1)^{M_n - M_n' + 1} \times \sum_{l l' m_l' L J} f^{(\mathrm{d}) l l' m_l' L J}_{-\frac{1}{2}\, \frac{1}{2}} (M_n - M_n' + 1) \mathrm{P}_{L}^{M_n - M_n' + 1}(\cos\theta) \right] \tag{5.4.71}$$

$$D^{(\mathrm{d})}_{M_n' M_n}(\theta)=\sqrt{\frac{E+m}{2m}}\frac{\sqrt{2}k'}{E+m}\left[\frac{\mathrm{i}}{2k}(-1)^{M_n-M_n'}\right.$$
$$\left.\times\sum_{ll'm_l'LJ}f^{(\mathrm{d})ll'm_l'LJ}_{-\frac{1}{2}\ -\frac{1}{2}}(M_n-M_n')\mathrm{P}_L^{M_n-M_n'}(\cos\theta)\right] \tag{5.4.72}$$

在由式 (5.4.69) ~ 式 (5.4.72) 给出的反应振幅下分量的矩阵元中都有系数 $\dfrac{\sqrt{2}k'}{E+m}$，当入射粒子能量很低时该系数很小，可见这时下分量的贡献可以忽略，又由于当入射粒子能量很低时系数 $\sqrt{\dfrac{E+m}{2m}}\to 1$，这时由式 (5.4.65) ~ 式 (5.4.68) 给出的反应振幅上分量的矩阵元会自动退化成由式 (2.7.9) ~ 式 (2.7.12) 给出的非相对论的反应振幅矩阵元。

由式 (5.1.71) 给出的四维自旋算符 $\vec{S}$ 的表达式形式可以看出，在求极化物理量时，在自旋空间中上分量和下分量是不会相干的。在略掉下标 $M_n'M_n$ 和宗量 $(\theta),(\theta,\varphi)$ 的情况下，从式 (5.4.62) 和式 (5.4.64) 出发，对于上分量和下分量可以分别写出以下具有确定 $M_n'M_n$ 的反应振幅矩阵

$$\hat{F}^{(\mathrm{u})}=\begin{pmatrix} A^{(\mathrm{u})} & -\mathrm{i}B^{(\mathrm{u})}\mathrm{e}^{-\mathrm{i}\varphi} \\ \mathrm{i}C^{(\mathrm{u})}\mathrm{e}^{\mathrm{i}\varphi} & D^{(\mathrm{u})}\end{pmatrix}\mathrm{e}^{\mathrm{i}\left(M_n-M_n'\right)\varphi} \tag{5.4.73}$$

$$\hat{F}^{(\mathrm{d})}=\begin{pmatrix} A^{(\mathrm{d})} & -\mathrm{i}B^{(\mathrm{d})}e^{-\mathrm{i}\varphi} \\ \mathrm{i}C^{(\mathrm{d})}e^{i\varphi} & D^{(\mathrm{d})}\end{pmatrix}\mathrm{e}^{\mathrm{i}\left(M_n-M_n'\right)\varphi} \tag{5.4.74}$$

如果把 y 轴选在垂直于反应平面的单位矢量 $\vec{n}$ 的方向，便有 $\varphi=0$，以上二式被简化为

$$\hat{F}^{(\mathrm{u})}=\begin{pmatrix} A^{(\mathrm{u})} & -\mathrm{i}B^{(\mathrm{u})} \\ \mathrm{i}C^{(\mathrm{u})} & D^{(\mathrm{u})}\end{pmatrix} \tag{5.4.75}$$

$$\hat{F}^{(\mathrm{d})}=\begin{pmatrix} A^{(\mathrm{d})} & -\mathrm{i}B^{(\mathrm{d})} \\ \mathrm{i}C^{(\mathrm{d})} & D^{(\mathrm{d})}\end{pmatrix} \tag{5.4.76}$$

再利用 2.7 节证明式 (2.7.46) 和式 (2.7.47) 的方法可以证明

$$D^{(\mathrm{u})}_{M_n'M_n}(\theta)=(-1)^{\Pi+\Lambda+I_n+I_n'+M_n-M_n'}A^{(\mathrm{u})}_{-M_n'\ -M_n}(\theta) \tag{5.4.77}$$

$$C^{(\mathrm{u})}_{M_n'M_n}(\theta)=(-1)^{\Pi+\Lambda+I_n+I_n'+M_n-M_n'}B^{(\mathrm{u})}_{-M_n'\ -M_n}(\theta) \tag{5.4.78}$$

其中，用到由式 (2.7.41) 和式 (2.7.42) 所定义的以下两个参数

$$\Pi=\begin{cases} 0, & 当宇称\ \pi_i\pi_{I_n}=\pi_i'\pi_{I_n}'\ 时 \\ 1, & 当宇称\ \pi_i\pi_{I_n}=-\pi_i'\pi_{I_n}'\ 时\end{cases} \tag{5.4.79}$$

$$\Lambda=\begin{cases}0, & \text{当 } I_n \text{ 和 } I_n' \text{ 均为整数时}\\ 1, & \text{当 } I_n \text{ 和 } I_n' \text{ 均为半奇数时}\end{cases} \tag{5.4.80}$$

下面我们对由式 (5.4.58) 给出的下分量反应振幅中的 C-G 系数进行分析。首先求得

$$C_{l0\ \frac{1}{2}\nu}^{j\nu}=(-1)^{l+\frac{1}{2}-j}C_{l0\ \frac{1}{2}\ -\nu}^{j\ -\nu},\quad C_{j\nu\ I_nM_n}^{JM}=(-1)^{j+I_n-J}C_{j\ -\nu\ I_n\ -M_n}^{J\ -M}$$

$$C_{j'm_j'\ I_n'M_n'}^{JM}=(-1)^{j'+I_n'-J}C_{j'\ -m_j'\ I_n'\ -M_n'}^{J\ -M}$$

$$\begin{aligned}(-1)^{\frac{1}{2}+\nu+M_n-m_l'-M_n'}&=(-1)^{2(\nu+M_n-m_l'-M_n')}(-1)^{\frac{1}{2}-\nu-M_n+m_l'+M_n'}\\&=-(-1)^{\frac{1}{2}-\nu-M_n+m_l'+M_n'}\end{aligned}$$

$$C_{l'm_l'\ \frac{1}{2}\ \nu+M_n-m_l'-M_n'}^{j'm_j'}=(-1)^{l'+\frac{1}{2}-j'}C_{l'\ -m_l'\ \frac{1}{2}\ -\nu-M_n+m_l'+M_n'}^{j'\ -m_j'}$$

$$C_{\frac{1}{2}\nu'\ \frac{1}{2}\ -\nu-M_n+m_l'+M_n'}^{1\ m_l'+\nu'+M_n'-\nu-M_n}=C_{\frac{1}{2}\ -\nu'\ \frac{1}{2}\ \nu+M_n-m_l'-M_n'}^{1\ -m_l'-\nu'-M_n'+\nu+M_n}$$

$$\begin{aligned}&C_{1\ m_l'+\nu'+M_n'-\nu-M_n\ L\ \nu+M_n-\nu'-M_n'}^{l'm_l'}\\&=(-1)^{1+L-l'}C_{1\ -m_l'-\nu'-M_n'+\nu+M_n\ L\ -\nu-M_n+\nu'+M_n'}^{l'\ -m_l'}\end{aligned}$$

$$\mathrm{Y}_{L\ \nu+M_n-\nu'-M_n'}(\theta,0)=(-1)^{\nu+M_n-\nu'-M_n'}\mathrm{Y}_{L\ -\nu-M_n+\nu'+M_n'}(\theta,0)$$

这样，便可以看出在 $\varphi=0$ 的情况下，把在式 (5.4.58) 中出现的所有自旋磁量子数都改变符号后与原式相比较会出来什么相位因子

$$\begin{aligned}&(-1)^{l+\frac{1}{2}-j+j+I_n-J+j'+I_n'-J+1+l'+\frac{1}{2}-j'+1+L-l'+\nu+M_n-\nu'-M_n'}\\&=(-1)^{l+I_n-J+I_n'-J+1+L+\nu+M_n-\nu'-M_n'}=(-1)^{2J-1+l+I_n+I_n'+L+\nu+M_n-\nu'-M_n'}\end{aligned}$$

可见对于下分量同样可以引入由式 (2.7.41) 和式 (2.7.42) 所定义的两个参数，但是要注意到这时出射粒子轨道角动量是 L 而不是 l'。于是对于下分量可以得到与式 (5.4.77) 和式 (5.4.78) 相同的关系式

$$D_{M_n'M_n}^{(\mathrm{d})}(\theta)=(-1)^{\Pi+\Lambda+I_n+I_n'+M_n-M_n'}A_{-M_n'\ -M_n}^{(\mathrm{d})}(\theta) \tag{5.4.81}$$

$$C_{M_n'M_n}^{(\mathrm{d})}(\theta)=(-1)^{\Pi+\Lambda+I_n+I_n'+M_n-M_n'}B_{-M_n'\ -M_n}^{(\mathrm{d})}(\theta) \tag{5.4.82}$$

在靶核、剩余核和入射粒子均为非极化的情况下，利用式 (5.4.77)、式 (5.4.78)、式 (5.4.81) 和式 (5.4.82)，参照式 (2.7.22)、式 (2.7.29) 和式 (2.7.30) 可以得到出射粒子的微分截面为

$$I_{\alpha'n',\alpha n}^{0}=\frac{1}{2I_n+1}\sum_{\rho M_nM_n'}\frac{1}{2}\mathrm{tr}\left\{\hat{F}_{M_n'M_n}^{(\rho)}\hat{F}_{M_n'M_n}^{(\rho)+}\right\}=\frac{1}{2I_n+1}\sum_{\rho M_nM_n'}I_{0,M_n'M_n}^{(\rho)} \tag{5.4.83}$$

$$I_{0,M_n'M_n}^{(\rho)} = \left|A_{M_n'M_n}^{(\rho)}\right|^2 + \left|B_{M_n'M_n}^{(\rho)}\right|^2, \quad \rho = \mathrm{u}, \mathrm{d} \tag{5.4.84}$$

非极化入射粒子所对应的出射粒子的极化矢量的分量为

$$P_{\alpha'n',\alpha n}^{0i} = \frac{1}{2I_n+1}\sum_{\rho M_n M_n'}\frac{1}{2}\mathrm{tr}\left\{\hat{\sigma}_i \hat{F}_{M_n'M_n}^{(\rho)}\hat{F}_{M_n'M_n}^{(\rho)+}\right\}, \quad i = x, y, z \tag{5.4.85}$$

由式 (2.7.54) 可知

$$P_{\alpha'n',\alpha n}^{0x} = 0, \quad P_{\alpha'n',\alpha n}^{0y} = P_2, \quad P_{\alpha'n',\alpha n}^{0z} = 0 \tag{5.4.86}$$

$$P_2 = \frac{1}{I_{\alpha'n',\alpha n}^0}\frac{2}{2I_n+1}\sum_{\rho M_n M_n'}\mathrm{Re}\left(A_{M_n'M_n}^{(\rho)}C_{M_n'M_n}^{(\rho)*}\right) \tag{5.4.87}$$

在靶核、剩余核是非极化的而入射粒子是极化的情况下，入射粒子的分析本领为

$$A_{\alpha'n',\alpha n}^{i} = \frac{1}{I_{\alpha'n',\alpha n}^0}\frac{1}{2I_0+1}\sum_{\rho M_n M_n'}\frac{1}{2}\mathrm{tr}\left\{\hat{F}_{M_n'M_n}^{(\rho)}\hat{\sigma}_i\hat{F}_{M_n'M_n}^{(\rho)+}\right\}, \quad i = x, y, z \tag{5.4.88}$$

于是由式 (2.7.52) 可知

$$A_{\alpha'n',\alpha n}^{x} = 0, \quad A_{\alpha'n',\alpha n}^{y} = P_1, \quad A_{\alpha'n',\alpha n}^{z} = 0 \tag{5.4.89}$$

$$P_1 = \frac{1}{I_{\alpha'n',\alpha n}^0}\frac{2}{2I_n+1}\sum_{\rho M_n M_n'}\mathrm{Re}\left(A_{M_n'M_n}^{(\rho)}B_{M_n'M_n}^{(\rho)*}\right) \tag{5.4.90}$$

出射粒子的微分截面为

$$I_{\alpha'n',\alpha n} = I_{\alpha'n',\alpha n}^0(1 + p_y P_1) \tag{5.4.91}$$

其中，$p_i\,(i = x, y, z)$ 是入射粒子的初始极化矢量的分量。

出射粒子的极化转移系数的定义为

$$K_i^j = \frac{1}{I_{\alpha'n',\alpha n}^0}\frac{1}{2I_0+1}\sum_{\rho M_n M_n'}\frac{1}{2}\mathrm{tr}\left\{\hat{\sigma}_j\hat{F}_{M_n'M_n}^{(\rho)}\hat{\sigma}_i\hat{F}_{M_n'M_n}^{(\rho)+}\right\}, \quad i, j = x, y, z \tag{5.4.92}$$

根据 2.7 节给出的结果可知

$$\begin{aligned}
&K_x^x = W_2, \quad K_x^y = 0, \quad K_x^z = -Q_1\\
&K_y^x = 0, \quad K_y^y = J_0, \quad K_y^z = 0\\
&K_z^x = Q_2, \quad K_z^y = 0, \quad K_z^z = W_1
\end{aligned} \tag{5.4.93}$$

$$Q_1 = \frac{1}{I^0_{\alpha' n', \alpha n}} \frac{2}{2I_n + 1} \sum_{\rho M_n M'_n} \mathrm{Im}\left(A^{(\rho)}_{M'_n M_n} B^{(\rho)*}_{M'_n M_n}\right) \tag{5.4.94}$$

$$Q_2 = \frac{1}{I^0_{\alpha' n', \alpha n}} \frac{2}{2I_n + 1} \sum_{\rho M_n M'_n} \mathrm{Im}\left(A^{(\rho)}_{M'_n M_n} C^{(\rho)*}_{M'_n M_n}\right) \tag{5.4.95}$$

$$W_1 = \frac{1}{I^0_{\alpha' n', \alpha n}} \frac{1}{2I_n + 1} \sum_{\rho M_n M'_n} \left(\left|A^{(\rho)}_{M'_n M_n}\right|^2 - \left|B^{(\rho)}_{M'_n M_n}\right|^2\right) \tag{5.4.96}$$

$$W_2 = \frac{1}{I^0_{\alpha' n', \alpha n}} \frac{1}{2I_n + 1} \sum_{\rho M_n M'_n} \mathrm{Re}\left(A^{(\rho)}_{M'_n M_n} D^{(\rho)*}_{M'_n M_n} - B^{(\rho)}_{M'_n M_n} C^{(\rho)*}_{M'_n M_n}\right) \tag{5.4.97}$$

$$J_0 = \frac{1}{I^0_{\alpha' n', \alpha n}} \frac{1}{2I_n + 1} \sum_{\rho M_n M'_n} \mathrm{Re}\left(A^{(\rho)}_{M'_n M_n} D^{(\rho)*}_{M'_n M_n} + B^{(\rho)}_{M'_n M_n} C^{(\rho)*}_{M'_n M_n}\right) \tag{5.4.98}$$

出射粒子极化矢量的分量为

$$P^x_{\alpha' n', \alpha n} = \frac{I^0_{\alpha' n', \alpha n}}{I_{\alpha' n', \alpha n}} \left(p_x W_2 + p_z Q_2\right) \tag{5.4.99}$$

$$P^y_{\alpha' n', \alpha n} = \frac{I^0_{\alpha' n', \alpha n}}{I_{\alpha' n', \alpha n}} \left(P_2 + p_y J_0\right) \tag{5.4.100}$$

$$P^z_{\alpha' n', \alpha n} = \frac{I^0_{\alpha' n', \alpha n}}{I_{\alpha' n', \alpha n}} \left(-p_x Q_1 + p_z W_1\right) \tag{5.4.101}$$

本节发展了相对论核反应 Dirac S 矩阵理论，也给出了在自旋不等于 0 的非极化靶核和剩余核情况下，计算自旋 $\frac{1}{2}$ 粒子入射和各种可能的自旋 $\frac{1}{2}$ 粒子出射的相对论二体核反应的微分截面和极化量的计算公式。上述属于相对论的理论和计算公式在能量很低的情况下，会自动退化成相应的非相对论的理论和计算公式。

5.5 包含弹性散射和集体非弹的 Dirac 耦合道理论

对于集体形变核，参照未加入库仑势 V_{C} 的式 (5.3.10)，描述核子散射过程的 Dirac 方程可以写成 [29-33]

$$\left[\vec{\alpha} \cdot \vec{p} + \beta\left(m + U_{\mathrm{s}}\right) + U_0 + H_{\mathrm{T}}\right] \psi = E\psi \tag{5.5.1}$$

其中，U_{s} 和 U_0 是复数核势；H_{T} 是非相对论的靶核内部运动哈密顿量，$H_{\mathrm{T}}\Phi_{I_n M_n} = \varepsilon_n \Phi_{I_n M_n}$，并令

$$E_n = E - m - \varepsilon_n \tag{5.5.2}$$

在方程 (5.5.1) 中出现的标量势 U_s 和 4 矢量势的类时分量 U_0 可取 Woods-Saxon 形式的唯象势

$$U_j = V_j f\left(r, R_{j1}, a_{j1}\right) + \mathrm{i} W_j f\left(r, R_{j2}, a_{j2}\right), \quad j = \mathrm{s}, 0 \tag{5.5.3}$$

其中

$$f\left(r, R_{jn}, a_{jn}\right) = \left[1 + \exp\left(\frac{r - R_{jn}}{a_{jn}}\right)\right]^{-1}, \quad j = \mathrm{s}, 0 \tag{5.5.4}$$

这里，$n = 1$ 和 2 分别对应于光学势实部和虚部。当然在式 (5.5.3) 中也可以包含其他形式的唯象势，例如，可以包含由 $\dfrac{\mathrm{d}}{\mathrm{d}x}\left(\dfrac{1}{1+\mathrm{e}^x}\right)$ 所得到的表面型光学势。

原子核的光学势是原子核本身所产生的势场，如果原子核的密度分布偏离了球形，所对应的光学势也会偏离球对称性。在这里我们假设 U_s 和 U_0 是变形势。

变形核的半径最一般的形式为

$$R_j \to R_j \left[1 + \sum_{\lambda\mu} \alpha_{\lambda\mu} \mathrm{Y}_{\lambda\mu}\left(\theta', \varphi'\right)\right] \tag{5.5.5}$$

其中，θ' 和 φ' 是固定在靶核上的坐标系中的角度。在这里我们假设靶核是轴对称的转动核，于是由式 (5.5.5) 可得

$$R_{jn} \to R_{jn} \left[1 + \sum_{\lambda} \beta_\lambda \mathrm{Y}_{\lambda 0}\left(\theta', 0\right)\right], \quad n = 1, 2 \tag{5.5.6}$$

其中，β_λ 是靶核的 λ 阶形变参数。在 Dirac 方程 (5.3.10) 或式 (5.5.1) 中出现的核势为

$$U_\mathrm{D} = \gamma^0 U_\mathrm{s} + U_0 \tag{5.5.7}$$

当把在式 (5.5.3) 中出现的靶核半径 R_{jn} 做由式 (5.5.6) 给出的变换时，由式 (5.5.7) 便可得到

$$U_\mathrm{D} \to \bar{U}_\mathrm{D} + \Delta U_\mathrm{D} \tag{5.5.8}$$

其中，$\bar{U}_\mathrm{D}$ 代表不包含 β_λ 项的球形核势，ΔU_D 代表由式 (5.5.6) 中含 β_λ 的变形项所贡献的核势，并且根据式 (5.5.3) 可以写出

$$\Delta U_\mathrm{D} = \left(\sum_{\lambda} \beta_\lambda \mathrm{Y}_{\lambda 0}\left(\theta', 0\right)\right)\left(\gamma^0 F_\mathrm{s}(r) + F_0(r)\right) \tag{5.5.9}$$

$$F_j(r) = V_j R_{j1} \frac{\partial}{\partial R_{j1}} f\left(r, R_{j1}, a_{j1}\right) + \mathrm{i} W_j R_{j2} \frac{\partial}{\partial R_{j2}} f\left(r, R_{j2}, a_{j2}\right), \quad j = \mathrm{s}, 0 \tag{5.5.10}$$

由于变形势能项 ΔU_{D} 的存在，入射核子有可能与靶核发生非弹性散射。在上述理论公式中所用的光学势也可以选用从核力或介子交换理论出发所得到的微观光学势。

把式 (5.5.8) 代入式 (5.5.1)，并用球形对称势 $U(r)$ 代替 $\bar{U}$，于是可得

$$\left[\vec{\alpha}\cdot\vec{p}+\beta\left(m+U_{\mathrm{s}}(r)\right)+U_0(r)+H_{\mathrm{T}}+\Delta U_{\mathrm{D}}\right]\psi=E\psi \tag{5.5.11}$$

令

$$\psi=\begin{pmatrix}\psi_{\mathrm{u}}\\ \psi_{\mathrm{d}}\end{pmatrix} \tag{5.5.12}$$

利用式 (5.1.38) 可把式 (5.5.11) 改写成

$$\begin{pmatrix}\left(\hat{\sigma}\cdot\vec{p}\right)\psi_{\mathrm{d}}\\ \left(\hat{\sigma}\cdot\vec{p}\right)\psi_{\mathrm{u}}\end{pmatrix}+\begin{pmatrix}\left[m+U_{\mathrm{s}}+U_0+\dfrac{\mu}{E}V_{\mathrm{C}}+H_{\mathrm{T}}+g\left(F_0+F_{\mathrm{s}}\right)\right]\psi_{\mathrm{u}}\\ \left[-m-U_{\mathrm{s}}+U_0+H_{\mathrm{T}}+g\left(F_0-F_{\mathrm{s}}\right)\right]\psi_{\mathrm{d}}\end{pmatrix}=E\begin{pmatrix}\psi_{\mathrm{u}}\\ \psi_{\mathrm{d}}\end{pmatrix} \tag{5.5.13}$$

注意，在上分量方程中，参照 5.3 节对库仑势的讨论及式 (5.3.63)，与 U_0 并排唯象地加入了球对称的库仑势 $\dfrac{\mu}{E}V_{\mathrm{C}}$，其中，$\mu=mM/(m+M)$，$m, M$ 分别是入射粒子、靶核质量，μ 称为折合质量。在式 (5.5.13) 中

$$g=\sum_{\lambda}\beta_{\lambda}\mathrm{Y}_{\lambda0}\left(\theta',0\right) \tag{5.5.14}$$

式 (5.4.40) 已给出

$$\hat{\sigma}\cdot\vec{p}=-\mathrm{i}\left(\hat{\sigma}\cdot\hat{r}\right)\left(\frac{\mathrm{d}}{\mathrm{d}r}-\frac{\hat{\sigma}\cdot\vec{l}}{r}\right) \tag{5.5.15}$$

其中，$\hat{r}=\vec{r}/r$。于是由式 (5.5.13) 可得

$$\mathrm{i}\left(\hat{\sigma}\cdot\hat{r}\right)\left(\frac{\mathrm{d}}{\mathrm{d}r}-\frac{\hat{\sigma}\cdot\vec{l}}{r}\right)\psi_{\mathrm{d}}+\left(E-H_T-m-U_{\mathrm{s}}-U_0-\frac{\mu}{E}V_C\right)\psi_{\mathrm{u}}=\left(F_0+F_{\mathrm{s}}\right)g\psi_{\mathrm{u}} \tag{5.5.16}$$

$$\mathrm{i}\left(\hat{\sigma}\cdot\hat{r}\right)\left(\frac{\mathrm{d}}{\mathrm{d}r}-\frac{\hat{\sigma}\cdot\vec{l}}{r}\right)\psi_{\mathrm{u}}+\left(E-H_T+m+U_{\mathrm{s}}-U_0\right)\psi_{\mathrm{d}}=\left(F_0-F_{\mathrm{s}}\right)g\psi_{\mathrm{d}} \tag{5.5.17}$$

总角动量为 JM 的 ψ_{u} 和 ψ_{d} 可分别表示成

$$\begin{aligned}\psi_{\mathrm{u},JM}\left(\vec{r},\xi\right)&=\frac{1}{r}\sum_{nlj}u_{nlj}^{J}(r)\,\varphi_{nlj}^{JM}(\Omega,\xi)\\ \psi_{\mathrm{d},JM}\left(\vec{r},\xi\right)&=\frac{1}{r}\sum_{nlj}d_{nlj}^{J}(r)\,\varphi_{nlj}^{JM}(\Omega,\xi)\end{aligned} \tag{5.5.18}$$

其中，n 是靶核能级标号，φ_{nlj}^{JM} 已由式 (5.4.5) 和式 (5.4.4) 给出。本节所讨论的属于 $\alpha'=\alpha$ 的散射过程。

利用式 (5.4.4)、式 (5.4.50) 和式 (5.4.51) 第一等式可以得到

$$\begin{aligned}\mathrm{i}\,(\hat{\sigma}\cdot\hat{r})\,\mathcal{Y}_{l'j'm_j'}(\Omega)=&\sqrt{2}\,\mathrm{i}^{l'+1}\hat{l}'\sum_{\nu'm_l'}C_{l'm_l'\ \frac{1}{2}\nu'}^{j'm_j'}\sum_{\eta}(-1)^{\frac{1}{2}-\nu'+\eta}C_{\frac{1}{2}\ \nu'+\eta\ \frac{1}{2}\ -\nu'}^{1\eta}\\&\times\sum_{L}\frac{1}{\hat{L}}C_{l'm_l'\ 1\ -\eta}^{L\ m_l'-\eta}C_{l'0\ 10}^{L0}\mathrm{Y}_{L\ m_l'-\eta}(\Omega)\,\chi_{\nu'+\eta}\end{aligned}\tag{5.5.19}$$

注意到

$$\chi_{\nu}^{+}\chi_{\nu'+\eta}=\delta_{\nu\ \nu'+\eta}\tag{5.5.20}$$

$$\int\mathrm{Y}_{lm_l}^{*}\mathrm{Y}_{L\ m_l'-\eta}\mathrm{d}\Omega=\delta_{lL}\delta_{m_l\ m_l'-\eta}\tag{5.5.21}$$

利用式 (5.5.19) ~ 式 (5.5.21) 可得

$$\eta=\nu-\nu'=m_l'-m_l,\quad m_j'=m_l'+\nu'=m_l+\nu=m_j\tag{5.5.22}$$

进而求得

$$\begin{aligned}X\equiv&\int\mathcal{Y}_{ljm_l}^{+}\mathrm{i}\,(\hat{\sigma}\cdot\hat{r})\,\mathcal{Y}_{l'j'm_j'}\mathrm{d}\Omega=\sqrt{2}\ \mathrm{i}^{l'-l+1}\frac{\hat{l}'}{\hat{l}}\sum_{\nu m_l}C_{lm_l\ \frac{1}{2}\nu}^{jm_j}\delta_{m_jm_j'}\sum_{\nu'm_l'}C_{l'm_l'\ \frac{1}{2}\nu'}^{j'm_j}\\&\times\sum_{\eta}(-1)^{\frac{1}{2}-\nu'+\eta}C_{\frac{1}{2}\nu\ \frac{1}{2}\ -\nu'}^{1\eta}C_{l'm_l'\ 1\ -\eta}^{l\ m_l'-\eta}C_{l'0\ 10}^{l0}\\=&\sqrt{3}\,\mathrm{i}^{l'-l+1}\frac{\hat{l}'}{\hat{l}}C_{l'0\ 10}^{l0}\delta_{m_jm_j'}\sum_{\nu\nu'm_lm_l'}C_{lm_l\ \frac{1}{2}\nu}^{jm_j}C_{l'm_l'\ \frac{1}{2}\nu'}^{j'm_j}\sum_{\eta}C_{\frac{1}{2}\nu\ 1\ -\eta}^{\frac{1}{2}\nu'}C_{l'm_l'\ 1\ -\eta}^{lm_l}\end{aligned}\tag{5.5.23}$$

利用式 (1.4.16) 可得

$$\sum_{\eta}C_{l'm_l'\ 1\ -\eta}^{lm_l}C_{\frac{1}{2}\nu\ 1\ -\eta}^{\frac{1}{2}\nu'}=(-1)^{l+m_l}\hat{l}\sum_{tm_t}\hat{t}W\left(ll'\frac{1}{2}\frac{1}{2};1t\right)C_{l'm_l'\ \frac{1}{2}\nu'}^{tm_t}C_{l\ -m_l\ tm_t}^{\frac{1}{2}\nu}\tag{5.5.24}$$

在推导上式时用到式 (5.5.22)。又可以求得

$$\sum_{m_l'\nu'}C_{l'm_l'\ \frac{1}{2}\nu'}^{j'm_j}C_{l'm_l'\ \frac{1}{2}\nu'}^{tm_t}=\delta_{tj'}\delta_{m_tm_j}\tag{5.5.25}$$

$$\sum_{m_l\nu}(-1)^{l+m_l}C_{lm_l\ \frac{1}{2}\nu}^{jm_j}C_{l\ -m_l\ j'm_j}^{\frac{1}{2}\nu}=(-1)^{l+\frac{1}{2}-j}\frac{\sqrt{2}}{\hat{j}}\delta_{jj'}\tag{5.5.26}$$

于是得到

$$X=\sqrt{6}\,\mathrm{i}^{l'-l+1}(-1)^{l+\frac{1}{2}-j}\hat{l}'C_{l'0\ 10}^{l0}W\left(ll'\frac{1}{2}\frac{1}{2};1j\right)\delta_{jj'}\delta_{m_jm_j'} \tag{5.5.27}$$

利用波函数的正交归一性可得

$$\begin{aligned}&\int\varphi_{nlj}^{JM+}(\Omega,\xi)\psi_{u,JM}\left(\vec{r},\xi\right)\mathrm{d}\Omega\mathrm{d}\xi=\frac{1}{r}u_{nlj}^{J}(r)\\&\int\varphi_{nlj}^{JM+}(\Omega,\xi)\psi_{d,JM}\left(\vec{r},\xi\right)\mathrm{d}\Omega\mathrm{d}\xi=\frac{1}{r}d_{nlj}^{J}(r)\end{aligned} \tag{5.5.28}$$

利用式 (5.5.15)、式 (5.5.18)、式 (5.4.5)、式 (5.5.23)、式 (5.5.27) 和式 (5.4.43) 可得

$$\begin{aligned}&\int\varphi_{nlj}^{JM+}(\Omega,\xi)\mathrm{i}\left(\hat{\sigma}\cdot\hat{r}\right)\left(\frac{\mathrm{d}}{\mathrm{d}r}-\frac{\hat{\sigma}\cdot\vec{l}}{r}\right)\psi_{u,JM}\left(\vec{r},\xi\right)\mathrm{d}\Omega\mathrm{d}\xi\\&=\sum_{l'j'}\left(\frac{\mathrm{d}}{\mathrm{d}r}-\frac{K_{nl'}^{J}}{r}\right)\left(\frac{u_{nl'j'}^{J}(r)}{r}\right)\sum_{m_jM_n}C_{jm_j\ I_nM_n}^{JM}C_{j'm_j\ I_nM_n}^{JM}X\\&=\sum_{l'}B_{ll'j}\left(\frac{\mathrm{d}}{\mathrm{d}r}-\frac{K_{nl'}^{J}}{r}\right)\left(\frac{u_{nl'j}^{J}(r)}{r}\right)\end{aligned} \tag{5.5.29}$$

其中

$$B_{ll'j}=\sqrt{6}\,\mathrm{i}^{l'-l+1}(-1)^{l+\frac{1}{2}-j}\hat{l}'C_{l'0\ 10}^{l0}W\left(ll'\frac{1}{2}\frac{1}{2};1j\right) \tag{5.5.30}$$

同理可得

$$\begin{aligned}&\int\varphi_{nlj}^{JM+}(\Omega,\xi)\mathrm{i}\left(\hat{\sigma}\cdot\hat{r}\right)\left(\frac{\mathrm{d}}{\mathrm{d}r}-\frac{\hat{\sigma}\cdot\vec{l}}{r}\right)\psi_{\mathrm{d},JM}\left(\vec{r},\xi\right)\mathrm{d}\Omega\mathrm{d}\xi\\&=\sum_{l'}B_{ll'j}\left(\frac{\mathrm{d}}{\mathrm{d}r}-\frac{K_{nl'}^{J}}{r}\right)\left(\frac{d_{nl'j}^{J}(r)}{r}\right)\end{aligned} \tag{5.5.31}$$

式 (3.16.43) 和式 (3.16.48) 已分别给出

$$\mathrm{Y}_{\lambda0}\left(\theta',0\right)=\sum_{m_\lambda}(-1)^{m_\lambda}D_{m_\lambda0}^{\lambda*}\left(\alpha,\beta,\gamma\right)\mathrm{Y}_{\lambda\ -m_\lambda}\left(\Omega\right) \tag{5.5.32}$$

$$\int\Phi_{I_nM_n}^{*}D_{m_\lambda0}^{\lambda*}\Phi_{I_n'M_n'}\mathrm{d}\xi=\frac{\hat{I}_n'}{\hat{I}_n}C_{I_n'M_n'\ \lambda m_\lambda}^{I_nM_n}C_{I_n'0\ \lambda0}^{I_n0} \tag{5.5.33}$$

又可求得

$$\int\mathrm{Y}_{lm_l}^{*}\mathrm{Y}_{\lambda\ -m_\lambda}\mathrm{Y}_{l'm_l'}\mathrm{d}\Omega=\frac{\hat{\lambda}\hat{l}'}{\sqrt{4\pi}\,\hat{l}}C_{l'm_l'\ \lambda\ -m_\lambda}^{lm_l}C_{l'0\ \lambda0}^{l0} \tag{5.5.34}$$

利用式 (5.5.18) 、式 (5.4.5)、式 (5.5.14) 和式 (5.5.32) ~ 式 (5.5.34) 可得

$$\begin{aligned}&\int \varphi_{nlj}^{JM+}(\Omega,\xi)g\psi_{u,JM}(\hat{r},\xi)\,\mathrm{d}\Omega\mathrm{d}\xi\\&=\sum_{\lambda}\beta_{\lambda}\sum_{n'l'j'}\frac{1}{r}u_{n'l'j'}^{J}(r)\mathrm{i}^{l'-l}\sum_{m_jM_n}C_{jm_j\ I_nM_n}^{JM}\sum_{m_j'M_n'}C_{j'm_j'\ I_n'M_n'}^{JM}\sum_{m_lm_l'\nu}C_{lm_l\ \frac{1}{2}\nu}^{jm_j}\\&\quad\times C_{l'm_l'\ \frac{1}{2}\nu}^{j'm_j'}\sum_{m_\lambda}(-1)^{m_\lambda}\frac{\hat{I}_n'}{\hat{I}_n}C_{I_n'M_n'\ \lambda m_\lambda}^{I_nM_n}C_{I_n'0\ \lambda0}^{I_n0}\frac{\hat{\lambda}\hat{l}'}{\sqrt{4\pi}\hat{l}}C_{l'm_l'\ \lambda\ -m_\lambda}^{lm_l}C_{l'0\ \lambda0}^{l0}\end{aligned}\tag{5.5.35}$$

利用式 (3.1.14) 先求

$$\begin{aligned}&(-1)^{m_\lambda}\sum_{m_lm_l'\nu}C_{lm_l\ \frac{1}{2}\nu}^{jm_j}C_{l'm_l'\ \frac{1}{2}\nu}^{j'm_j'}C_{l'm_l'\ \lambda\ -m_\lambda}^{lm_l}\\&=(-1)^{l+l'-\lambda-j'+1+m_j'+m_\lambda}\frac{\hat{j}}{\hat{\lambda}}\hat{l}\hat{j}'C_{j\ -m_j\ j'm_j'}^{\lambda m_\lambda}W\left(j\frac{1}{2}\lambda l';lj'\right)\\&=(-1)^{l+\frac{1}{2}+m_j}\frac{\hat{j}\hat{j}'\hat{l}}{\hat{\lambda}}C_{j\ -m_j\ j'm_j'}^{\lambda m_\lambda}W\left(jlj'l';\frac{1}{2}\lambda\right)\end{aligned}\tag{5.5.36}$$

利用式 (1.4.16) 又可得到

$$\begin{aligned}&\sum_{m_\lambda}C_{j\ -m_j\ j'm_j'}^{\lambda m_\lambda}C_{I_n'M_n'\ \lambda m_\lambda}^{I_nM_n}\\&=(-1)^{I_n'+\lambda-I_n}\sum_{J'M'}\hat{\lambda}\hat{J}'W\left(jj'I_nI_n';\lambda J'\right)C_{j'm_j'\ I_n'M_n'}^{J'M'}C_{j\ -m_j\ J'M'}^{I_nM_n}\end{aligned}\tag{5.5.37}$$

还可以求得

$$\sum_{m_j'M_n'}C_{j'm_j'\ I_n'M_n'}^{JM}C_{j'm_j'\ I_n'M_n'}^{J'M'}=\delta_{JJ'}\delta_{MM'}\tag{5.5.38}$$

$$\sum_{m_jM_n}C_{jm_j\ I_nM_n}^{JM}(-1)^{m_j}C_{j\ -m_j\ J'M'}^{I_nM_n}=(-1)^{I_n-J}\frac{\hat{I}_n}{\hat{J}}\delta_{JJ'}\delta_{MM'}\tag{5.5.39}$$

于是，把式 (5.5.36) ~ 式 (5.5.39) 代入式 (5.5.35) 可得

$$\begin{aligned}&\int \varphi_{nlj}^{JM+}(\Omega,\xi)g\psi_{u,JM}\left(\vec{r},\xi\right)\mathrm{d}\Omega\mathrm{d}\xi\\&=\sum_{\lambda}\beta_{\lambda}\sum_{n'l'j'}\frac{1}{r}u_{n'l'j'}^{J}(r)\mathrm{i}^{l'-l}\frac{\hat{I}_n'}{\hat{I}_n}C_{I_n'0\ \lambda0}^{I_n0}\frac{\hat{\lambda}\hat{l}'}{\sqrt{4\pi}\,\hat{l}}C_{l'0\ \lambda0}^{l0}(-1)^{l'+\frac{1}{2}}\\&\quad\times\frac{\hat{j}\hat{j}'\hat{l}}{\hat{\lambda}}W\left(jlj'l';\frac{1}{2}\lambda\right)(-1)^{I_n'+\lambda-I_n}\hat{\lambda}\hat{J}W\left(jj'I_nI_n';\lambda J\right)(-1)^{I_n-J}\frac{\hat{I}_n}{\hat{J}}\\&=\frac{1}{\sqrt{4\pi}}\sum_{\lambda}\beta_{\lambda}\sum_{n'l'j'}\frac{1}{r}u_{n'l'j'}^{J}(r)\mathrm{i}^{l'-l}(-1)^{\lambda+l'+I_n'+\frac{1}{2}-J}\end{aligned}$$

$$
\times \hat{\lambda}\hat{l}'\hat{j}\hat{j}'\hat{I}'_n C^{l0}_{l'0\ \lambda 0} C^{I_n 0}_{I'_n 0\ \lambda 0} W\left(jj'll';\lambda\frac{1}{2}\right) W\left(jj'I_n I'_n;\lambda J\right)
$$

$$
= \sum_{\lambda} \beta_\lambda \sum_{n'l'j'} V^{\lambda J}_{nlj,n'l'j'} \frac{1}{r} u^J_{n'l'j'}(r) \tag{5.5.40}
$$

其中

$$
V^{\lambda J}_{nlj,n'l'j'} = \frac{1}{\sqrt{4\pi}} \mathrm{i}^{l'-l}(-1)^{I_n+\frac{1}{2}-J} \hat{l}\hat{l}'\hat{j}\hat{j}'\hat{I}'_n C^{\lambda 0}_{l'0\ l0} C^{I_n 0}_{I'_n 0\ \lambda 0} \times W\left(jj'll';\lambda\frac{1}{2}\right) W\left(jj'I_n I'_n;\lambda J\right) \tag{5.5.41}
$$

同理可得

$$
\int \varphi^{JM+}_{nlj}(\Omega,\xi) g \psi_{d,JM}\left(\vec{r},\xi\right) \mathrm{d}\Omega \mathrm{d}\xi = \sum_{\lambda} \beta_\lambda \sum_{n'l'j'} V^{\lambda J}_{nlj,n'l'j'} \frac{1}{r} d^J_{n'l'j'}(r) \tag{5.5.42}
$$

利用式 (5.5.28)、式 (5.5.29)、式 (5.5.31)、式 (5.5.40) 和式 (5.5.42)，由式 (5.5.16) 和式 (5.5.17) 得到

$$
\sum_{l'} B_{ll'j} r \left(\frac{\mathrm{d}}{\mathrm{d}r} - \frac{K^J_{nl'}}{r}\right)\left(\frac{d^J_{nl'j}(r)}{r}\right) + \left(E_n - U_\mathrm{s} - U_0 - \frac{\mu}{E} V_\mathrm{C}\right) u^J_{nlj}(r)
$$

$$
= (F_0 + F_\mathrm{s}) \sum_{\lambda} \beta_\lambda \sum_{n'l'j'} V^{\lambda J}_{nlj,n'l'j'} u^J_{n'l'j'}(r) \tag{5.5.43}
$$

$$
\sum_{l'} B_{ll'j} r \left(\frac{\mathrm{d}}{\mathrm{d}r} - \frac{K^J_{nl'}}{r}\right)\left(\frac{u^J_{nl'j}(r)}{r}\right) + \left(E_n + 2m + U_\mathrm{s} - U_0\right) d^J_{nlj}(r)
$$

$$
= (F_0 - F_\mathrm{s}) \sum_{\lambda} \beta_\lambda \sum_{n'l'j'} V^{\lambda J}_{nlj,n'l'j'} d^J_{n'l'j'}(r) \tag{5.5.44}
$$

其中，$E_n = E - m - \varepsilon_n$ 。

设 $r = r_m$ 为对以上径向波函数的耦合道方程进行数值求解时的外边界，当 $r > r_m$ 时核势可以忽略。用 “$'$” 代表对 $k'r$ 进行微商。并注意到 $\alpha' = \alpha$，对它们不再标出。根据式 (5.4.9) 可知上分量的径向波函数满足以下边界条件

$$
\left.\frac{\left(u^J_{n'l'j'}(r)\right)'}{u^J_{n'l'j'}(r)}\right|_{r_m}
= \left.\frac{\left(G'_{l'}(k'r) - \mathrm{i}F'_{l'}(k'r)\right)\delta_{n'l'j',nlj} - S^{(\mathrm{u})\mathrm{J}}_{n'l'j',nlj}\left(G'_{l'}(k'r) + \mathrm{i}F'_{l'}(k'r)\right)}{\left(G_{l'}(k'r) - \mathrm{i}F_{l'}(k'r)\right)\delta_{n'l'j',nlj} - S^{(\mathrm{u})\mathrm{J}}_{n'l'j',nlj}\left(G_{l'}(k'r) + \mathrm{i}F_{l'}(k'r)\right)}\right|_{r_m} \tag{5.5.45}
$$

根据式 (5.4.24) 可知下分量的径向波函数满足以下边界条件

$$
\left.\frac{\left(d^J_{n'l'j'}(r)\right)'}{d^J_{n'l'j'}(r)}\right|_{r_m}
= \left.\frac{\left[-\left(k'r\mathrm{n}_{l'}\left(k'r\right)\right)'-\mathrm{i}\left(k'r\mathrm{j}_{l'}\left(k'r\right)\right)'\right]\delta_{n'l'j',nlj}-S^{(\mathrm{d})J}_{n'l'j',nlj}\left[-\left(k'r\mathrm{n}_{l'}\left(k'r\right)\right)'+\mathrm{i}\left(k'r\mathrm{j}_{l'}\left(k'r\right)\right)'\right]}{\left[-\left(k'r\mathrm{n}_{l'}\left(k'r\right)\right)-\mathrm{i}\left(k'r\mathrm{j}_{l'}\left(k'r\right)\right)\right]\delta_{n'l'j',nlj}-S^{(\mathrm{d})J}_{n'l'j',nlj}\left[-\left(k'r\mathrm{n}_{l'}\left(k'r\right)\right)+\mathrm{i}\left(k'r\mathrm{j}_{l'}\left(k'r\right)\right)\right]}\right|_{r_m}
\tag{5.5.46}
$$

由下分量方程 (5.3.71) 与上分量方程 (5.3.70) 的相似性可以理解下分量边界条件 (5.5.46) 与上分量边界条件 (5.5.45) 的相似性。利用由以上边界条件所得到的各种 S 矩阵元 $S^{(\rho)J}_{n'l'j',nlj}(\rho=\mathrm{u},\mathrm{d})$，再利用 5.4 节给出的计算公式便可以计算自旋 $\dfrac{1}{2}$ 粒子的弹性散射和非弹性散射的截面、微分截面和各种极化物理量。

5.6 相对论集体形变 RDWBA 方法与核子极化量计算

参考文献 [4] 的式 (3.12.57)、式 (3.12.56) 和式 (7.2.40) 给出了如下的 $\mathrm{a}+\mathrm{A}\rightarrow\mathrm{b}+\mathrm{B}$ 反应的扭曲波玻恩近似 (DWBA) 理论中的微分截面公式

$$
\frac{\mathrm{d}\sigma}{\mathrm{d}\Omega}=\frac{1}{\hat{i}^2_{\mathrm{a}}\hat{I}^2_{\mathrm{A}}}\sum_{m_{\mathrm{a}}m_{\mathrm{A}}m_{\mathrm{b}}m_{\mathrm{B}}}\left(\frac{\mathrm{d}\sigma}{\mathrm{d}\Omega}\right)_{\beta\alpha}
\tag{5.6.1}
$$

$$
\left(\frac{\mathrm{d}\sigma}{\mathrm{d}\Omega}\right)_{\beta\alpha}=\frac{\mu_\alpha\mu_\beta}{\left(2\pi\hbar^2\right)^2}\frac{k_\beta}{k_\alpha}\left|T_{\beta\alpha}\right|^2
\tag{5.6.2}
$$

$$
\begin{aligned}
T_{\beta\alpha}=&\int\chi^{(-)*}_\beta\left(\vec{k}_\beta,\vec{r}_\beta\right)\Phi^*_\beta\left(\xi_\beta\right)\left[U_\beta\left(\vec{r}_\beta,\xi_\beta\right)-\bar{U}_\beta\left(\vec{r}_\beta\right)\right]\\
&\times\Phi_\alpha\left(\xi_\alpha\right)\chi^{(+)}_\alpha\left(\vec{k}_\alpha,\vec{r}_\alpha\right)\mathrm{d}\vec{r}_\beta\mathrm{d}\xi_\beta
\end{aligned}
\tag{5.6.3}
$$

其中，α 和 β 分别代表入射道和出射道。对于散射过程，靶核与剩余核相同，这时可取 $\vec{r}_\alpha=\vec{r}_\beta=\vec{r}$。对于转动核的非弹性散射反应来说，$\xi_\alpha$ 和 ξ_β 就是内禀坐标欧拉角 ξ，并有 $\mathrm{d}\xi=\sin\beta\mathrm{d}\beta\mathrm{d}\alpha\mathrm{d}\gamma$ 以及

$$
U_\beta\left(\vec{r}_\beta,\xi_\beta\right)-\bar{U}_\beta\left(\vec{r}_\beta\right)=\Delta U_{\mathrm{D}}
\tag{5.6.4}
$$

对于轴对称转动核 ΔU_{D} 已由式 (5.5.9) 给出。假设靶核和剩余核分别处在基态转动带的第 n 和 n' 态，其角动量分别为 I_n 和 I'_n，所对应转动核本征函数分别为

$$
\Phi_{I_nM_n}=\sqrt{\frac{2I_n+1}{8\pi^2}}D^{I_n*}_{M_n0}
\tag{5.6.5}
$$

$$\Phi_{I_n' M_n'} = \sqrt{\frac{2I_n'+1}{8\pi^2}} D_{M_n' 0}^{I_n' *} \tag{5.6.6}$$

式 (3.16.43)、式 (3.16.47) 和式 (3.16.48) 已给出

$$\mathrm{Y}_{\lambda 0}(\theta',0) = \sum_{M_\lambda} (-1)^{M_\lambda} D_{M_\lambda 0}^{\lambda *}(\alpha,\beta,\gamma)\, \mathrm{Y}_{\lambda\ -M_\lambda}(\Omega_r) \tag{5.6.7}$$

$$\int D_{M_n' 0}^{I_n'} D_{M_\lambda 0}^{\lambda *} D_{M_n 0}^{I_n *} \sin\beta \mathrm{d}\beta \mathrm{d}\alpha \mathrm{d}\gamma = \frac{8\pi^2}{\hat{I}_n'^2} C_{I_n M_n\ \lambda M_\lambda}^{I_n' M_n'} C_{I_n 0\ \lambda 0}^{I_n' 0} \tag{5.6.8}$$

$$\int \Phi_{I_n' M_n'}^{*} D_{M_\lambda 0}^{\lambda *} \Phi_{I_n M_n} \mathrm{d}\xi = \frac{\hat{I}_n}{\hat{I}_n'} C_{I_n M_n\ \lambda M_\lambda}^{I_n' M_n'} C_{I_n 0\ \lambda 0}^{I_n' 0} \tag{5.6.9}$$

在式 (5.6.3) 中 $\chi_\alpha^{(+)}$ 和 $\chi_\beta^{(-)}$ 取靶核自旋为 0 的球形核相对论光学模型的解，并可用上分量和下分量分别表示为

$$\chi_\alpha^{(+)} \to \psi_\nu\left(\vec{k},\vec{r}\right) = \begin{pmatrix} u_\nu\left(\vec{k},\vec{r}\right) \\ d_\nu\left(\vec{k},\vec{r}\right) \end{pmatrix} \tag{5.6.10}$$

$$\chi_\beta^{(-)} \to \psi_{\nu'}\left(\vec{k}',\vec{r}\right) = \begin{pmatrix} u_{\nu'}\left(\vec{k}',\vec{r}\right) \\ d_{\nu'}\left(\vec{k}',\vec{r}\right) \end{pmatrix} \tag{5.6.11}$$

其中，ν 和 ν' 分别为入射核子和出射核子的自旋磁量子数；$\vec{k}$ 和 $\vec{k}'$ 分别为入射核子和出射核子的动量波矢。根据 5.3 节的讨论，$u_\nu(\vec{k},\vec{r})$ 和 $u_{\nu'}(\vec{k}',\vec{r})$ 是存在库仑势情况下球形核相对论光学模型上分量的解，$d_\nu(\vec{k},\vec{r})$ 和 $d_{\nu'}(\vec{k}',\vec{r})$ 是不存在库仑势情况下球形核相对论光学模型下分量的解。利用式 (5.5.9)、式 (5.1.57) 和式 (5.6.4) ~ 式 (5.6.11)，再注意到核子是沿 z 轴方向入射的，于是由式 (5.6.3) 可以得到集体态非弹性散射的跃迁矩阵元为

$$\mathcal{T}_{n'\nu' M_n', n\nu M_n}^{(\rho)}(\theta) = \frac{\hat{I}_n}{\hat{I}_n'} \sum_\lambda \beta_\lambda C_{I_n 0\ \lambda 0}^{I_n' 0} (-1)^{M_n'-M_n} C_{I_n M_n\ \lambda\ M_n'-M_n}^{I_n' M_n'} q_{n'\nu' M_n', n\nu M_n}^{(\rho)}$$

$$\rho = \mathrm{u}, \mathrm{d} \tag{5.6.12}$$

$$q_{n'\nu' M_n', n\nu M_n}^{(\mathrm{u})} = \int u_{\nu'}^{+}\left(\vec{k}',\vec{r}\right)\left(F_0(r)+F_{\mathrm{s}}(r)\right) \mathrm{Y}_{\lambda\ M_n-M_n'}(\Omega_r)\, u_\nu\left(\vec{k},\vec{r}\right) r^2 \mathrm{d}r \mathrm{d}\Omega_r \tag{5.6.13}$$

$$q_{n'\nu' M_n', n\nu M_n}^{(\mathrm{d})} = \int d_{\nu'}^{+}\left(\vec{k}',\vec{r}\right)\left(F_0(r)-F_{\mathrm{s}}(r)\right) \mathrm{Y}_{\lambda\ M_n-M_n'}(\Omega_r)\, d_\nu\left(\vec{k},\vec{r}\right) r^2 \mathrm{d}r \mathrm{d}\Omega_r \tag{5.6.14}$$

上述公式给出了由相对论波函数的上分量和下分量所贡献的跃迁矩阵元。注意到在上分量的公式中出现的是 $(F_0(r)+F_{\rm s}(r))$，而在下分量的公式中出现的是 $(F_0(r)-F_{\rm s}(r))$。

根据式 (5.3.15)、式 (5.3.17)、式 (5.5.2) 和式 (5.5.44) 可得

$$d_\nu\left(\vec{k},\vec{r}\right)=D_n\left(\hat{\sigma}\cdot\vec{p}\right)u_\nu\left(\vec{k},\vec{r}\right) \tag{5.6.15}$$

$$D_n=\left(E_n+2m+\bar{U}_{\rm s}-\bar{U}_0\right)^{-1} \tag{5.6.16}$$

其中，m 为核子静止质量。在假设靶核自旋为 0 的球形核情况下，根据式 (5.4.44) 可以得到

$$\vec{\sigma}\cdot\vec{p}=-{\rm i}\vec{\sigma}\cdot\vec{\nabla}=-{\rm i}\left(\vec{\sigma}\cdot\hat{r}\right)\left(\frac{\rm d}{{\rm d}r}-\frac{S_{lj}}{r}\right) \tag{5.6.17}$$

其中

$$S_{lj}=j\left(j+1\right)-l\left(l+1\right)-\frac{3}{4} \tag{5.6.18}$$

当选择入射核子的波矢 $\vec{k}$ 的方向为 z 轴时，在假设靶核自旋为 0 的情况下，入射核子波函数中自旋波函数 χ_ν 前边的系数的一般形式为 (见参考文献 [4] 的式 (3.5.2) 和式 (3.4.6))

$$u_\nu\left(\vec{k},\vec{r}\right)=\sqrt{4\pi}\sqrt{\frac{E+m}{2m}}\sum_{lj}\hat{l}C_{l0\ \frac{1}{2}\nu}^{j\nu}{\rm e}^{{\rm i}\sigma_l}\frac{F_{lj}\left(kr\right)}{kr}\mathcal{Y}_{lj\nu} \tag{5.6.19}$$

$$\mathcal{Y}_{lj\nu}=C_{l0\ \frac{1}{2}\nu}^{j\nu}{\rm i}^l{\rm Y}_{l0}\left(\Omega_r\right) \tag{5.6.20}$$

其中，$F_{lj}(kr)$ 是用相对论光学模型方程求得的径向波函数。对于类薛定谔方程 (5.3.63) 来说，在 $\hbar=c=1$ 单位制中

$$k=p=\sqrt{E^2-m^2} \tag{5.6.21}$$

在式 (5.6.19) 中乘上系数 $\sqrt{\dfrac{E+m}{2m}}$ 是为了当其不存在核势和库仑势时该式会自动退化为与式 (5.1.93) 相一致的平面波，而且当能量很低时该系数接近 1。在 DWBA 理论中出射波也是球形扭曲波，但是 $\vec{k}'$ 方向不是沿 z 轴的，设 θ 为 $\vec{k}'$ 与 z 轴 (即 $\vec{k}$ 方向) 之间的夹角，γ 为 $\vec{k}'$ 与 $\vec{r}$ 之间的夹角，于是在出射扭曲波中 $\chi_{\nu'}$ 前边的系数为

$$u_{\nu'}\left(\vec{k}',\vec{r}\right)=\sqrt{4\pi}\sqrt{\frac{E'+m}{2m}}\sum_{l'j'}\hat{l}'C_{l'0\ \frac{1}{2}\nu'}^{j'\nu'}{\rm e}^{{\rm i}\sigma_{l'}}\frac{F_{l'j'}\left(k'r\right)}{k'r}\mathcal{Y}_{l'j'\nu'} \tag{5.6.22}$$

$$\mathcal{Y}_{l'j'\nu'} = C_{l'0\ \frac{1}{2}\nu'}^{j'\nu'} \mathrm{i}^{l'} \mathrm{Y}_{l'0}(\gamma, 0) = C_{l'0\ \frac{1}{2}\nu'}^{j'\nu'} \mathrm{i}^{l'} \frac{\sqrt{4\pi}}{\hat{l}'} \sum_{m'} \mathrm{Y}_{l'm'}(\Omega_r) \mathrm{Y}_{l'm'}^*(\Omega_{k'}) \tag{5.6.23}$$

其中，$E' = \sqrt{E^2 + \varepsilon_n^2 - \varepsilon_{n'}^2}$。再注意到

$$\begin{aligned}&\mathrm{Y}_{l'm'}^*(\Omega_r) \mathrm{Y}_{\lambda\ M_n - M_n'}(\Omega_r)\\ &= (-1)^{m'} \frac{1}{\sqrt{4\pi}} \sum_{L_1 M_1} \frac{\hat{l}'\hat{\lambda}}{\hat{L}_1} C_{l'\ -m'\ \lambda\ M_n - M_n'}^{L_1 M_1} C_{l'0\ \lambda 0}^{L_1 0} \mathrm{Y}_{L_1 M_1}(\Omega_r)\end{aligned} \tag{5.6.24}$$

$$\int \mathrm{Y}_{L_1 M_1}(\Omega_r) \mathrm{d}\varphi = 2\pi Y_{L_1 0}(\theta, 0)\, \delta_{M_1 0} \tag{5.6.25}$$

由以上二式可以看出 $m' = M_n - M_n'$。进而求得

$$\int \mathrm{Y}_{L_1 0}(\theta, 0)\, \mathrm{Y}_{l0}(\theta, 0)\, \mathrm{d}\cos\theta = \frac{1}{2\pi} \delta_{L_1 l} \tag{5.6.26}$$

于是得到

$$\begin{aligned}&\int \mathrm{Y}_{l'\ M_n - M_n'}^* \mathrm{Y}_{\lambda\ M_n - M_n'} \mathrm{Y}_{l0} \mathrm{d}\Omega_r\\ &= (-1)^{M_n - M_n'} \frac{\hat{l}'}{\sqrt{4\pi}} \frac{\hat{\lambda}}{\hat{l}} C_{l'\ -M_n + M_n'\ \lambda\ M_n - M_n'}^{l0} C_{l'0\ \lambda 0}^{l0}\end{aligned} \tag{5.6.27}$$

还有关系式

$$(\hat{\sigma} \cdot \hat{r})\, (\hat{\sigma} \cdot \hat{r}) = \hat{I} \tag{5.6.28}$$

把式 (5.6.15)、式 (5.6.17)、式 (5.6.19) 和式 (5.6.22) 代入式 (5.6.12) ~ 式 (5.6.14)，再利用式 (5.6.20)、式 (5.6.23)、式 (5.6.27) 和式 (5.6.28)，并注意到 $\vec{k}'$ 相对于 z 轴是轴对称的，于是可以得到

$$\begin{aligned}&T_{n'\nu' M_n', n\nu M_n}^{(\rho)}(\theta)\\ &= \frac{1}{kk'} \sqrt{\frac{(E+m)(E + \varepsilon_n - \varepsilon_{n'} + m)}{4m^2}} \frac{\hat{I}_n}{\hat{I}_n'} \sum_{ljl'j'} \hat{l}'\, \mathrm{i}^{l-l'} \mathrm{e}^{\mathrm{i}(\sigma_l - \sigma_{l'})} C_{l0\ \frac{1}{2}\nu}^{j\nu} C_{l'0\ \frac{1}{2}\nu'}^{j'\nu'}\\ &\times \left(\sum_{\lambda} \beta_\lambda \hat{\lambda} C_{I_n 0\ \lambda 0}^{I_n' 0} C_{I_n M_n\ \lambda\ M_n' - M_n}^{I_n' M_n'} C_{l'0\ \lambda 0}^{l0} C_{l'\ -M_n + M_n'\ \lambda\ M_n - M_n'}^{l0} \right)\\ &\times \mathrm{Y}_{l'\ M_n - M_n'}(\theta, 0)\, T_{n'l'j', nlj}^{(\rho)}, \quad \rho = \mathrm{u}, \mathrm{d}\end{aligned} \tag{5.6.29}$$

$$T_{n'l'j', nlj}^{(\mathrm{u})} = \int F_{l'j'}(k'r)\, (F_0(r) + F_{\mathrm{s}}(r))\, F_{lj}(kr)\, \mathrm{d}r \tag{5.6.30}$$

$$T_{n'l'j', nlj}^{(\mathrm{d})} = \int \left[\left(\frac{\mathrm{d}}{\mathrm{d}r} - \frac{S_{l'j'}}{r} \right) \left(\frac{F_{l'j'}(k'r)}{r} \right) \right] D_{n'}(F_0(r) - F_{\mathrm{s}}(r))$$

$$\times D_n\left[\left(\frac{\mathrm{d}}{\mathrm{d}r}-\frac{S_{lj}}{r}\right)\left(\frac{F_{lj}(kr)}{r}\right)\right]r^2\mathrm{d}r \tag{5.6.31}$$

其中，D_n 的定义已由式 (5.6.16) 给出。计算结果可以证明，当入射粒子能量很低时，下分量的贡献可以忽略。

前面所介绍的理论称为相对论集体形变 RDWBA 方法。在上述跃迁算符的表达式中要求 $I_n+\lambda-I_n'$ 和 $l'+\lambda-l$ 为偶数。把由式 (5.6.29) 给出的 $\rho=\mathrm{u}$ 和 d 的跃迁矩阵元代入式 (5.6.2) 和式 (5.6.1) 便可以得到上分量和下分量对集体激发的非弹性散射微分截面的贡献。光学势参数可通过符合弹性散射实验数据确定，而形变参数 β_λ 可通过符合非弹性散射实验数据确定。λ 值取满足 $\vec{I}_n+\vec{\lambda}-\vec{I}_n'$ 角动量耦合关系和 $I_n+\lambda-I_n'$ 为偶数的数值最小的一个或两个大于或等于 2 的正整数。参考文献 [34]~[40] 对靶核自旋为 0 的偶–偶核的集体非弹性散射问题进行了研究。

根据式 (5.6.1) 和式 (5.6.2) 可以看出，与式 (2.7.1) 和式 (2.7.2) 对应的反应振幅为

$$f^{(\rho)}_{n'\nu'M_n',n\nu M_n}(\theta)=\frac{\mu}{2\pi\hbar^2}\sqrt{\frac{k'}{k}}\mathcal{T}^{(\rho)}_{n'\nu'M_n',n\nu M_n}(\theta),\quad \rho=\mathrm{u,d} \tag{5.6.32}$$

其中，μ 为核子约化质量。RDWBA 方法是一种近似理论，扭曲波玻恩近似就是用球形核光学模型计算的扭曲波代替出射粒子的波函数，这时当然未考虑入射核子角动量 $\vec{j}$ 与靶核自旋 $\vec{I}_n$ 的耦合。可以看出在由式 (5.6.29) 给出跃迁矩阵元的表达式中没有出现核子角动量 $\vec{j}$ 和靶核自旋 $\vec{I}_n$ 相耦合的 C-G 系数。当非弹性散射道与弹性散射道耦合比较弱时，用 RDWBA 方法计算非弹性散射反应还是有一定可信度的。

参照式 (5.4.75) 和式 (5.4.76)，并令

$$\begin{aligned}
&A^{(\rho)}_{M_n'M_n}(\theta)=f^{(\rho)}_{n'\frac{1}{2}M_n',n\frac{1}{2}M_n}(\theta),\quad B^{(\rho)}_{M_n'M_n}(\theta)=\mathrm{i}f^{(\rho)}_{n'\frac{1}{2}M_n',n-\frac{1}{2}M_n}(\theta)\\
&C^{(\rho)}_{M_n'M_n}(\theta)=-\mathrm{i}f^{(\rho)}_{n'-\frac{1}{2}M_n',n\frac{1}{2}M_n}(\theta),\quad D^{(\rho)}_{M_n'M_n}(\theta)=f^{(\rho)}_{n'-\frac{1}{2}M_n',n-\frac{1}{2}M_n}(\theta)\\
&\rho=\mathrm{u,d}
\end{aligned} \tag{5.6.33}$$

于是便可以用 5.4 节给出的公式计算核子的集体态非弹性散射的截面、微分截面和各种极化物理量了。

5.7　弹性散射相对论冲量近似与核子极化量计算

如果入射核子能量比较高，其波长小于原子核内核子间的距离，入射核子与原子核内核子的相互作用可以看成是准自由核子–核子 (NN) 散射，并可用多次散射理论来处理，这时需要知道自由 NN 散射振幅和原子核密度分布。在入射核子能

量足够高的情况下，原子核密度对 NN 散射振幅的修正可以忽略。对于弹性散射过程来说，不需要考虑原子核内部状态的变化。于是 1983 年 McNeil 等提出了研究中能核子弹性散射的相对论冲量近似 (RIA) 理论 [41-43]，并且该理论很快就被别人应用并做了进一步研究 [44-47]，随后又用 RIA 理论对核子弹性散射开展了多项研究工作 [48-57]。

在定态 Dirac 方程 (5.3.2) 中，采用 Bjorken-Drell 度规，取 $p_0=p^0=E$，并把自能算符 $\varSigma$ 改用弹性散射光学势 $\hat{U}(\vec{r})$ 表示，再用 $\psi_{\vec{k},s}^{(+)}(\vec{r})$ 代表正能核子的波函数，用 s 代表核子自旋磁量子数。于是利用式 (5.1.61) 和式 (5.1.57)，在 $\hbar=c=1$ 单位制中把具有确定能量的方程 (5.3.2) 左乘 γ^0 后便可得到

$$\left[\gamma^\mu p_\mu - m - \hat{U}\left(\vec{r}\right)\right]\psi_{\vec{k},s}^{(+)}\left(\vec{r}\right)=0 \tag{5.7.1}$$

其中，m 代表核子静止质量；on-shell 的质能关系式为 $E=\left(k^2+m^2\right)^{1/2}$，并有 $p^\mu=\left(E,-\mathrm{i}\vec{\nabla}\right),p_\mu=\left(E,\mathrm{i}\vec{\nabla}\right)$。

我们用 $\left|\vec{k},s(+)\right\rangle$ 代表势场 $\hat{U}(\vec{r})=0$ 时，动量为 $\vec{k}$，自旋投影为 s 的动量空间的正能自由核子的波函数，由式 (5.7.1) 可以得到

$$\left(\gamma^\mu p_\mu - m\right)\left|\vec{k},s(+)\right\rangle=0 \tag{5.7.2}$$

并有

$$\left|\vec{k},s(+)\right\rangle=u\left(\vec{k},+\right)\left|\chi_s\right\rangle \tag{5.7.3}$$

其中，$\left|\chi_s\right\rangle$ 是核子自旋波函数。式 (5.1.93) 已给出

$$u\left(\vec{k},+\right)=\sqrt{\frac{E+m}{2m}}\begin{pmatrix}\hat{I}\\ \dfrac{\hat{\sigma}\cdot\vec{k}}{E+m}\end{pmatrix} \tag{5.7.4}$$

式 (5.7.3) 代表 $u(\vec{k},+)$ 的上分量和下分量都分别作用在二维自旋波函数 $\left|\chi_s\right\rangle$ 上。对于负能态有

$$\left(\gamma^\mu p_\mu - m\right)\left|\vec{k},s(-)\right\rangle=0 \tag{5.7.5}$$

$$\left|\vec{k},s(-)\right\rangle=u\left(\vec{k},-\right)\left|\chi_s\right\rangle \tag{5.7.6}$$

式 (5.1.94) 已给出

$$u\left(\vec{k},-\right)=\sqrt{\frac{E+m}{2m}}\begin{pmatrix}\dfrac{\hat{\sigma}\cdot\vec{k}}{E+m}\\ \hat{I}\end{pmatrix} \tag{5.7.7}$$

利用式 (5.7.3)、式 (5.7.6)、式 (5.1.80) 和式 (5.1.86) 可以写出势场 $\hat{U}(\vec{r})=0$ 时动量为 $\vec{k}$，自旋投影为 s 的正能 (+) 和负能 (−) 自由核子的定态波函数为

$$\varphi_{\vec{k},s}^{(\pm)}\left(\vec{r}\right)=\mathrm{e}^{\pm\mathrm{i}\vec{k}\cdot\vec{r}}u\left(\vec{k},\pm\right)|\chi_s\rangle \tag{5.7.8}$$

其共轭波函数为

$$\varphi_{\vec{k}',s'}^{(\pm)+}\left(\vec{r}\right)=\langle\chi_{s'}|\,u^{+}\left(\vec{k}',\pm\right)\mathrm{e}^{\mp\mathrm{i}\vec{k}'\cdot\vec{r}} \tag{5.7.9}$$

从以上结果可以看出，$\varphi_{\vec{k},s}^{(+)}(\vec{r})$ 是 $\hat{U}(\vec{r})=0$ 时方程 (5.7.1) 的正能解。还可以看出方程 (5.7.1) 的通解为

$$\psi_{\vec{k},s}^{(+)}\left(\vec{r}\right)=\varphi_{\vec{k},s}^{(+)}\left(\vec{r}\right)+\frac{1}{\gamma^{\mu}p_{\mu}-m+\mathrm{i}\delta}\hat{U}\left(\vec{r}\right)\psi_{\vec{k},s}^{(+)}\left(\vec{r}\right) \tag{5.7.10}$$

引入 $\mathrm{i}\delta$ 是为了处理极点，最后再令 $\delta\to0+$，其中 $(\gamma^{\mu}p_{\mu}-m+\mathrm{i}\delta)^{-1}$ 为传播子。

令

$$L=\gamma^{\mu}p_{\mu}-m \tag{5.7.11}$$

于是可把式 (5.7.10) 改写成

$$\psi_{\vec{k},s}^{(+)}\left(\vec{r}\right)=\varphi_{\vec{k},s}^{(+)}+L^{-1}\hat{U}\left(\vec{r}\right)\psi_{\vec{k},s}^{(+)}\left(\vec{r}\right) \tag{5.7.12}$$

由于

$$\hat{U}\left(\vec{r}\right)\psi_{\vec{k},s}^{(+)}\left(\vec{r}\right)=\int\delta\left(\vec{r}-\vec{r}'\right)\hat{U}\left(\vec{r}'\right)\psi_{\vec{k},s}^{(+)}\left(\vec{r}'\right)\mathrm{d}\vec{r}' \tag{5.7.13}$$

便有

$$\begin{aligned}L^{-1}\hat{U}\left(\vec{r}\right)\psi_{\vec{k},s}^{(+)}\left(\vec{r}\right)&=\int L^{-1}\delta\left(\vec{r}-\vec{r}'\right)\hat{U}\left(\vec{r}'\right)\psi_{\vec{k},s}^{(+)}\left(\vec{r}'\right)\mathrm{d}\vec{r}'\\&\equiv\int G\left(\vec{r},\vec{r}'\right)\hat{U}\left(\vec{r}'\right)\psi_{\vec{k},s}^{(+)}\left(\vec{r}'\right)\mathrm{d}\vec{r}'\end{aligned} \tag{5.7.14}$$

其中

$$G\left(\vec{r},\vec{r}'\right)=L^{-1}\delta\left(\vec{r}-\vec{r}'\right),\quad LG\left(\vec{r},\vec{r}'\right)=\delta\left(\vec{r}-\vec{r}'\right) \tag{5.7.15}$$

注意，在这里我们只研究定态问题。把式 (5.7.14) 代入式 (5.7.12) 可得

$$\psi_{\vec{k},s}^{(+)}\left(\vec{r}\right)=\varphi_{\vec{k},s}^{(+)}\left(\vec{r}\right)+\int G\left(\vec{r},\vec{r}'\right)\hat{U}\left(\vec{r}'\right)\psi_{\vec{k},s}^{(+)}\left(\vec{r}'\right)\mathrm{d}\vec{r}' \tag{5.7.16}$$

有以下 δ 函数公式

$$\delta\left(\vec{r}-\vec{r}'\right)=\frac{1}{(2\pi)^{3}}\int\mathrm{e}^{\mathrm{i}\vec{q}\cdot\left(\vec{r}-\vec{r}'\right)}\mathrm{d}\vec{q} \tag{5.7.17}$$

于是由式 (5.7.15)、式 (5.7.11) 和式 (5.7.17) 可以得到

$$G\left(\vec{r},\vec{r}'\right)=\frac{1}{\gamma^\mu p_\mu-m}\frac{1}{(2\pi)^3}\int \mathrm{e}^{\mathrm{i}\vec{q}\cdot\left(\vec{r}-\vec{r}'\right)}\mathrm{d}\vec{q} \tag{5.7.18}$$

我们有

$$\frac{1}{\gamma^\mu p_\mu-m}=\frac{\gamma^\mu p_\mu+m}{\left(\gamma^\mu p_\mu\right)^2-m^2} \tag{5.7.19}$$

把式 (5.7.19) 代入式 (5.7.18)，并把 $(\gamma^\mu p_\mu)^2$ 作用到后边 $\sim \mathrm{e}^{\mathrm{i}\vec{q}\cdot\left(\vec{r}-\vec{r}'\right)-\mathrm{i}E(t-t')}=\mathrm{e}^{-\mathrm{i}q_\mu(r-r')^\mu}$ 的函数上，再利用式 (5.1.59) 和式 (5.1.53)，并注意到 $p_\mu=\left(E,\mathrm{i}\vec{\nabla}\right)$ 可得

$$\left(\gamma^\mu p_\mu\right)^2=\gamma^\mu p_\mu\gamma^\nu p_\nu\rightarrow q_\mu q_\nu\gamma^\mu\gamma^\nu=\frac{1}{2}q_\mu q_\nu\left(\gamma^\mu\gamma^\nu+\gamma^\nu\gamma^\mu\right)=E^2-q^2$$

因此有

$$\left(\gamma^\mu p_\mu\right)^2-m^2=E^2-m^2-q^2=-\left(q-\sqrt{E^2-m^2}\right)\left(q+\sqrt{E^2-m^2}\right) \tag{5.7.20}$$

把式 (5.7.19) 和式 (5.7.20) 代入式 (5.7.18) 便有

$$G\left(\vec{r},\vec{r}'\right)=-\frac{\gamma^\mu p_\mu+m}{(2\pi)^3}\int\frac{\mathrm{e}^{\mathrm{i}q\cdot\left(\vec{r}-\vec{r}'\right)}}{\left(q-\sqrt{E^2-m^2}\right)\left(q+\sqrt{E^2-m^2}\right)}\mathrm{d}\vec{q} \tag{5.7.21}$$

在球坐标中，$\vec{q}\cdot(\vec{r}-\vec{r}')=q|\vec{r}-\vec{r}'|\cos\theta$，并有

$$\mathrm{d}\vec{q}=\sin\theta\mathrm{d}\theta\mathrm{d}\varphi q^2\mathrm{d}q \tag{5.7.22}$$

记 $x=\left|\vec{r}-\vec{r}'\right|$，由式 (5.7.21) 可得

$$\begin{aligned}G\left(\vec{r},\vec{r}'\right)&=-\frac{\gamma^\mu p_\mu+m}{(2\pi)^3}\int\frac{\mathrm{e}^{\mathrm{i}qx\cos\theta}}{\left(q-\sqrt{E^2-m^2}\right)\left(q+\sqrt{E^2-m^2}\right)}\mathrm{d}\varphi\mathrm{d}\cos\theta q^2\mathrm{d}q\\&=-\frac{\gamma^\mu p_\mu+m}{4\pi^2\mathrm{i}x}\int_0^\infty\frac{q}{\left(q-\sqrt{E^2-m^2}\right)\left(q+\sqrt{E^2-m^2}\right)}\left(\mathrm{e}^{\mathrm{i}qx}-\mathrm{e}^{-\mathrm{i}qx}\right)\mathrm{d}q\end{aligned} \tag{5.7.23}$$

于是利用留数定理，由式 (5.7.23) 可以求得 [4]

$$\begin{aligned}G\left(\vec{r},\vec{r}'\right)&=-\frac{\gamma^\mu p_\mu+m}{4\pi^2\mathrm{i}x}\int_{-\infty}^\infty\frac{q\mathrm{e}^{\mathrm{i}qx}}{\left(q-\sqrt{E^2-m^2}\right)\left(q+\sqrt{E^2-m^2}\right)}\mathrm{d}q\\&=-\frac{\gamma^\mu p_\mu+m}{4\pi}\frac{\mathrm{e}^{\mathrm{i}k\left|\vec{r}-\vec{r}'\right|}}{\left|\vec{r}-\vec{r}'\right|}\end{aligned} \tag{5.7.24}$$

这里的 $k=\sqrt{E^2-m^2}$ 是入射或出射核子的动量波矢数值。

在式 (5.7.16) 中给出的 $\hat{U}(\vec{r}')$ 只有当 r' 比较小时才不为 0，故当 $r\to\infty$ 时有 $r'\ll r$，可得

$$k\left|\vec{r}-\vec{r}'\right|=k\left(r^2-2\vec{r}\cdot\vec{r}'+(r')^2\right)^{1/2}\approx kr\left(1-\frac{\vec{r}}{r^2}\cdot\vec{r}'\right)=kr-\vec{k}'\cdot\vec{r}' \tag{5.7.25}$$

$$\vec{k}'=k\frac{\vec{r}}{r} \tag{5.7.26}$$

如果把 z 轴取为沿 $\vec{k}'$ 方向，因为有 $\left|\vec{k}'\right|=k$，所以这时 $k'_x=k'_y=0$, $k'_z=k$, 于是由式 (5.7.3) 和式 (5.7.4) 可以求得

$$\begin{aligned}
&\sum_s\left|\vec{k}',s'(+)\right\rangle\left\langle\vec{k}',s'(+)\right|\gamma^0\\
&=\frac{E+m}{2m}\left[\begin{pmatrix}1\\0\\\dfrac{k}{E+m}\\0\end{pmatrix}\begin{pmatrix}1&0&-\dfrac{k}{E+m}&0\end{pmatrix}+\begin{pmatrix}0\\1\\0\\-\dfrac{k}{E+m}\end{pmatrix}\begin{pmatrix}0&1&0&\dfrac{k}{E+m}\end{pmatrix}\right]\\
&=\frac{E+m}{2m}\left[\begin{pmatrix}1&0&-\dfrac{k}{E+m}&0\\0&0&0&0\\\dfrac{k}{E+m}&0&-\left(\dfrac{k}{E+m}\right)^2&0\\0&0&0&0\end{pmatrix}+\begin{pmatrix}0&0&0&0\\0&1&0&\dfrac{k}{E+m}\\0&0&0&0\\0&-\dfrac{k}{E+m}&0&-\left(\dfrac{k}{E+m}\right)^2\end{pmatrix}\right]\\
&=\frac{E+m}{2m}\begin{pmatrix}1&0&-\dfrac{k}{E+m}&0\\0&1&0&\dfrac{k}{E+m}\\\dfrac{k}{E+m}&0&-\left(\dfrac{k}{E+m}\right)^2&0\\0&-\dfrac{k}{E+m}&0&-\left(\dfrac{k}{E+m}\right)^2\end{pmatrix}
\end{aligned} \tag{5.7.27}$$

利用式 (5.1.57) 可得

$$E\gamma^0-\gamma^i k'_i+m=\begin{pmatrix}(E+m)\,\hat{I}&\hat{0}\\\hat{0}&-(E-m)\,\hat{I}\end{pmatrix}-\begin{pmatrix}\hat{0}&\hat{\sigma}_i k'_i\\-\hat{\sigma}_i k'_i&\hat{0}\end{pmatrix} \tag{5.7.28}$$

还可以求得

$$E-m=\frac{E^2-m^2}{E+m}=\frac{k^2}{E+m} \tag{5.7.29}$$

$$\hat{\sigma}_i k_i' = \begin{pmatrix} 0 & 1 \\ 1 & 0 \end{pmatrix} k_x' + \begin{pmatrix} 0 & -\mathrm{i} \\ \mathrm{i} & 0 \end{pmatrix} k_y' + \begin{pmatrix} 1 & 0 \\ 0 & -1 \end{pmatrix} k_z' = \begin{pmatrix} k_z' & k_x' - \mathrm{i}k_y' \\ k_x' + \mathrm{i}k_y' & -k_z' \end{pmatrix} \tag{5.7.30}$$

对于把出射粒子束流方向选为 z 轴的平面波而言，$k_z' = k$，$k_x' = k_y' = 0$，在这种情况下，把式 (5.7.29) 和式 (5.7.30) 代入式 (5.7.28)，再与式 (5.7.27) 进行对比便可得到

$$E\gamma^0 - \vec{\gamma} \cdot \vec{k}' + m = 2m \sum_s \left| \vec{k}', s'(+) \right\rangle \overline{\left\langle \vec{k}', s'(+) \right|} \tag{5.7.31}$$

其中

$$\overline{\left\langle \vec{k}', s'(+) \right|} = \left\langle \vec{k}', s'(+) \right| \gamma^0 \tag{5.7.32}$$

以上把 z 轴取为 $\vec{k}'$ 方向的简化证明并未失去其普遍性。把式 (5.7.24)、式 (5.7.31) 和式 (5.7.8) 代入式 (5.7.16) 可得

$$\begin{aligned} \psi^{(+)}_{\vec{k},s}\left(\vec{r}\right) = & \mathrm{e}^{\mathrm{i}\vec{k}\cdot\vec{r}} \left| \vec{k}, s(+) \right\rangle - \frac{m}{2\pi} \left(\sum_{s'} \left| \vec{k}', s'(+) \right\rangle \overline{\left\langle \vec{k}, s'(+) \right|} \right) \\ & \times \int \frac{\mathrm{e}^{\mathrm{i}k\left|\vec{r}-\vec{r}'\right|}}{\left|\vec{r}-\vec{r}'\right|} \hat{U}\left(\vec{r}'\right) \psi^{(+)}_{\vec{k},s}\left(\vec{r}'\right) \mathrm{d}\vec{r}' \end{aligned} \tag{5.7.33}$$

再利用式 (5.7.25) 和式 (5.7.26)，可把式 (5.7.33) 改写成

$$\begin{aligned} \psi^{(+)}_{\vec{k},s}\left(\vec{r}\right) = & \mathrm{e}^{\mathrm{i}\vec{k}\cdot\vec{r}} \left| \vec{k}, s(+) \right\rangle - \frac{m}{2\pi} \left(\sum_{s'} \left| \vec{k}', s'(+) \right\rangle \overline{\left\langle \vec{k}', s'(+) \right|} \right) \\ & \times \left[\int \mathrm{e}^{-\mathrm{i}\vec{k}'\cdot\vec{r}'} \hat{U}\left(\vec{r}'\right) \psi^{(+)}_{\vec{k},s}\left(\vec{r}'\right) \mathrm{d}\vec{r}' \right] \frac{\mathrm{e}^{\mathrm{i}kr}}{r} \end{aligned} \tag{5.7.34}$$

由上式我们可以提取出散射振幅为 [41]

$$F_{s',s}\left(\vec{k}', \vec{k}; E\right) = -\frac{m}{2\pi} \overline{\left\langle \vec{k}', s'(+) \right|} \int \mathrm{e}^{-\mathrm{i}\vec{k}'\cdot\vec{r}'} \hat{U}\left(\vec{r}'\right) \psi^{(+)}_{\vec{k},s}\left(\vec{r}'\right) \mathrm{d}\vec{r}' \tag{5.7.35}$$

我们引入 Dirac T 矩阵

$$\hat{U}\left(\vec{r}\right) \psi^{(+)}_{\vec{k},s}\left(\vec{r}\right) = \hat{T}\left(\vec{r}\right) \varphi^{(+)}_{\vec{k},s}\left(\vec{r}\right) \tag{5.7.36}$$

引入符号

$$\left\langle \vec{k}' \left| \hat{T} \right| \vec{k} \right\rangle = \int \mathrm{e}^{-\mathrm{i}\vec{k}'\cdot\vec{r}} \hat{T}\left(\vec{r}\right) \mathrm{e}^{\mathrm{i}\vec{k}\cdot\vec{r}} \mathrm{d}\vec{r} \tag{5.7.37}$$

于是可把式 (5.7.35) 改写成

$$F_{s',s}\left(\vec{k}', \vec{k}; E\right) = -\frac{m}{2\pi} \overline{\left\langle \vec{k}', s'(+) \right|} \left\langle \vec{k}' \left| \hat{T} \right| \vec{k} \right\rangle \left| \vec{k}, s(+) \right\rangle \tag{5.7.38}$$

如果假设入射核子能量比较高，它与靶核中的每个核子只发生一次相互作用，即忽略掉原子核密度对 NN 散射的影响，这时 T 矩阵元可用以下方式近似表示成

$$\left\langle \vec{k}' \middle| \hat{T} \middle| \vec{k} \right\rangle \cong \left\langle \vec{k}' \middle| \hat{T}^{(1)} \middle| \vec{k} \right\rangle = \left\langle 0 \middle| \sum_{i=1}^{A} \left\langle \vec{k}' \middle| \hat{t}_i \middle| \vec{k} \right\rangle \middle| 0 \right\rangle \tag{5.7.39}$$

其中，$|0\rangle$ 代表自旋饱和的双满壳偶–偶核的基态；A 是靶核质量数；$\hat{t}_i$ 是入射核子与靶核中第 i 个核子发生散射的 t 矩阵。由式 (5.7.37) 可知，$\left|\vec{k}\right\rangle = \mathrm{e}^{\mathrm{i}\vec{k}\cdot\vec{r}}$ 是非相对论平面波，因而 $\langle \vec{k}'|\hat{t}_i|\vec{k}\rangle$ 为非相对论 t 矩阵元。把式 (5.7.39) 代入式 (5.7.38) 可得

$$F_{s',s}\left(\vec{k}', \vec{k}; E\right) = -\frac{m}{2\pi}\overline{\left\langle \vec{k}', s'(+) \right|} \left\langle 0 \middle| \sum_{i=1}^{A} \left\langle \vec{k}' \middle| \hat{t}_i \middle| \vec{k} \right\rangle \middle| 0 \right\rangle \left| \vec{k}, s(+) \right\rangle \tag{5.7.40}$$

我们在入射核子与靶核构成的 NA 动心系中进行研究。在式 (5.7.40) 中出现的 $\vec{k}$ 和 $\vec{k}'$ 分别为入射核子与出射核子在该 NA 动心系中的波矢，令

$$\vec{k}_a \equiv \frac{1}{2}(\vec{k} + \vec{k}'), \quad \vec{q} \equiv \vec{k} - \vec{k}' \tag{5.7.41}$$

分别为入射核子和出射核子的平均动量波矢与动量转移波矢。显然有

$$\vec{k} = \vec{k}_a + \frac{1}{2}\vec{q}, \quad \vec{k}' = \vec{k}_a - \frac{1}{2}\vec{q} \tag{5.7.42}$$

并且由 $\vec{k}' = k\hat{r}$ 可知

$$\vec{k}_a \cdot \vec{q} = 0 \tag{5.7.43}$$

为了简单起见，我们假设靶核中每个核子相对于靶核中心是静止的，即忽略了核子的 Fermi 运动 [2,42,48,49]。在 NA 动心系中，靶核和反冲核的总动量波矢应该分别为 $-\vec{k}$ 和 $-\vec{k}'$，其中每个核子的平均动量波矢分别为 $-\vec{k}/A$ 和 $-\vec{k}'/A$。通常把该坐标系称为 Breit 坐标系。在 RIA 理论中，假设靶核中未被碰撞核子不受影响，我们令将要被碰撞的核子被碰撞前的动量波矢为 $\vec{p} = -\vec{k}/A + \vec{x}$，而其他 $A-1$ 个不被碰撞的每个核子的动量波矢应为 $-\vec{k}/A - \vec{x}/(A-1)$，这时靶核总动量波矢仍为 $-\vec{k}$，而 $\vec{x}$ 待定。碰撞后出射核子的动量波矢为 $\vec{k}' = \vec{k} - \vec{q}$，被碰撞核子的动量波矢变成 $\vec{p}' = -\vec{k}/A + \vec{x} + \vec{q}$，未被碰撞的 $A-1$ 个核子的动量波矢未发生变化，反冲核的总动量波矢为 $-\vec{k} + \vec{q} = -\vec{k}'$。由于是弹性散射，要求靶核中被碰撞核子的动量数值在碰撞前后应不改变，即

$$\left|-\vec{k}/A + \vec{x}\right| = \left|-\vec{k}/A + \vec{x} + \vec{q}\right| \tag{5.7.44}$$

于是可以求得

$$\vec{q} \cdot \vec{q} + 2\left(-\vec{k}/A + \vec{x}\right) \cdot \vec{q} = 0 \tag{5.7.45}$$

利用式 (5.7.43) 可把上式改写成

$$\vec{q}\cdot\vec{q}+2\left(-\vec{k}/A+\vec{k}_a/A+\vec{x}\right)\cdot\vec{q}=0 \tag{5.7.46}$$

于是可得 [2,42,48,49]

$$\vec{x}=\vec{k}/A-\vec{k}_a/A-\vec{q}/2 \tag{5.7.47}$$

$$\vec{p}=-k_a/A-\vec{q}/2,\quad \vec{p}'=-\vec{k}_a/A+\vec{q}/2 \tag{5.7.48}$$

根据式 (5.7.42)、式 (5.7.48) 和式 (5.7.43) 可以写出入射核子和被碰撞核子在被碰撞前总能量分别为

$$E_{(1)}=\left(k_a^2+q^2/4+m^2\right)^{1/2} \tag{5.7.49}$$

$$E_{(2)}=\left[\left(k_a/A\right)^2+q^2/4+m^2\right]^{1/2} \tag{5.7.50}$$

由式 (5.7.42) 和式 (5.7.43) 可以得到

$$k_a=\left(k^2-q^2/4\right)^{1/2} \tag{5.7.51}$$

根据式 (5.2.25) 引入的物理量 s，再利用式 (5.7.42) 和式 (5.7.48) 可得

$$s=\left(E_{(1)}+E_{(2)}\right)^2-\left(\vec{k}+\vec{p}\right)^2=\left(E_{(1)}+E_{(2)}\right)^2-k_a^2\left(1-1/A\right)^2 \tag{5.7.52}$$

如果 $A=1$，式 (5.7.52) 便退化成二核子系的公式。s 是两粒子系在动心系中总能量的平方，是 Lorentz 不变量。再令

$$t=-q^2 \tag{5.7.53}$$

这里的 t 和 q 并非 Lorentz 不变量。k 由入射核子实验室系动能 T_L 决定，如果 T_L 和 q^2 是已知的，则 s 和 t 便可以被计算出来。但是，当 T_L 确定后，在不同坐标系中求得的 k 值不同，因而 q 值也不同。

满足 Lorentz 不变的 NN 散射振幅的一般形式为 [41-49,55]

$$\begin{aligned}\mathcal{F}_{\mathrm{NN}}=&F_{\mathrm{S}}I(1)I(2)+F_{\mathrm{P}}\gamma^5(1)\gamma^{5+}(2)+F_{\mathrm{V}}\gamma^{\mu}(1)\gamma^{\mu+}(2)\\&+F_{\mathrm{A}}\gamma^5(1)\gamma^{5+}(2)\gamma^{\mu}(1)\gamma^{\mu+}(2)+F_{\mathrm{T}}\sigma^{\mu\nu}(1)\sigma^{\mu\nu+}(2)\end{aligned} \tag{5.7.54}$$

其中，F_{S}，F_{P}，F_{V}，F_{A} 和 F_{T} 分别代表标量、赝标量、矢量、轴矢量和反对称张量项；(1) 和 (2) 分别代表入射核子和靶核中被碰撞核子。为了简单起见，在这里未区分中子和质子。

为了把式 (5.7.54) 改写成另一种形式，先引入以下结构矩阵 [55,58]

$$\Gamma_1=I=\begin{pmatrix}\hat{I} & \hat{0}\\ \hat{0} & \hat{I}\end{pmatrix},\quad \Gamma_2=\gamma^0=\begin{pmatrix}\hat{I} & \hat{0}\\ \hat{0} & -\hat{I}\end{pmatrix}$$

$$\Gamma_3=\gamma^5=\begin{pmatrix}\hat{0} & \hat{I}\\ \hat{I} & \hat{0}\end{pmatrix},\quad \Gamma_4=\gamma^0\gamma^5=\begin{pmatrix}\hat{0} & \hat{I}\\ -\hat{I} & \hat{0}\end{pmatrix} \tag{5.7.55}$$

利用式 (5.1.57) ~ 式 (5.1.59) 很容易写出

$$\begin{aligned}
&\gamma^5(1)\gamma^{5+}(2)=\Gamma_3(1)\Gamma_3(2)\\
&\gamma^\mu(1)\gamma^{\mu+}(2)=\Gamma_2(1)\Gamma_2(2)-\Gamma_4(1)\Gamma_4(2)\vec{\Sigma}(1)\cdot\vec{\Sigma}(2)\\
&\gamma^5(1)\gamma^{5+}(2)\gamma^\mu(1)\gamma^{\mu+}(2)=\Gamma_4(1)\Gamma_4(2)-\Gamma_2(1)\Gamma_2(2)\vec{\Sigma}(1)\cdot\vec{\Sigma}(2)
\end{aligned} \tag{5.7.56}$$

其中，4×4 矩阵 $\vec{\Sigma}$ 的定义已由式 (5.1.71) 给出。张量矩阵的定义为

$$\sigma^{\mu\nu}=\frac{\mathrm{i}}{2}\left(\gamma^\mu\gamma^\nu-\gamma^\nu\gamma^\mu\right),\quad \sigma^{\mu\nu+}=-\frac{\mathrm{i}}{2}\left(\gamma^{\nu+}\gamma^{\mu+}-\gamma^{\mu+}\gamma^{\nu+}\right) \tag{5.7.57}$$

再利用 $\hat{\sigma}_i\hat{\sigma}_j=\delta_{ij}\hat{I}+\mathrm{i}\varepsilon_{ijk}\hat{\sigma}_k$，$i,j,k=1,2,3$，进而可以求得

$$\begin{aligned}
\sigma^{\mu\nu}(1)\sigma^{\mu\nu+}(2)=&\frac{1}{4}\left[\gamma^\mu(1)\gamma^\nu(1)\gamma^{\nu+}(2)\gamma^{\mu+}(2)-\gamma^\nu(1)\gamma^\mu(1)\gamma^{\nu+}(2)\gamma^{\mu+}(2)\right.\\
&\left.-\gamma^\mu(1)\gamma^\nu(1)\gamma^{\mu+}(2)\gamma^{\nu+}(2)+\gamma^\nu(1)\gamma^\mu(1)\gamma^{\mu+}(2)\gamma^{\nu+}(2)\right]\\
=&\frac{1}{2}\left[\gamma^\mu(1)\gamma^\nu(1)\gamma^{\nu+}(2)\gamma^{\mu+}(2)-\gamma^\nu(1)\gamma^\mu(1)\gamma^{\nu+}(2)\gamma^{\mu+}(2)\right]\\
=&\frac{1}{2}\left\{-\left[\gamma^0(1)\gamma^i(1)\gamma^i(2)\gamma^0(2)-\gamma^i(1)\gamma^0(1)\gamma^i(2)\gamma^0(2)\right.\right.\\
&\left.+\gamma^i(1)\gamma^0(1)\gamma^0(2)\gamma^i(2)-\gamma^0(1)\gamma^i(1)\gamma^0(2)\gamma^i(2)\right]\\
&\left.+\left[\gamma^i(1)\gamma^j(1)\gamma^j(2)\gamma^i(2)-\gamma^j(1)\gamma^i(1)\gamma^j(2)\gamma^i(2)\right]\right\}\\
=&2\gamma^0(1)\gamma^0(2)\gamma^i(1)\gamma^i(2)-\gamma^i(1)\gamma^j(1)\gamma^i(2)\gamma^j(2)\big|_{i\neq j}
\end{aligned}$$

由 $\gamma^i=\Gamma_4\Sigma_i$ 和 $\hat{\sigma}_i\hat{\sigma}_j\big|_{i\neq j}=\mathrm{i}\varepsilon_{ijk}\hat{\sigma}_k$ 可得

$$\begin{aligned}
-\gamma^i(1)\gamma^j(1)\gamma^i(2)\gamma^j(2)\big|_{i\neq j}=&-\left(\Gamma_4(1)\Gamma_4(2)\right)^2\sum_{i\neq j}\Sigma_i(1)\Sigma_j(1)\Sigma_i(2)\Sigma_j(2)\\
=&2\left(\Gamma_4(1)\Gamma_4(2)\right)^2\vec{\Sigma}(1)\cdot\vec{\Sigma}(2)
\end{aligned}$$

于是得到

$$\begin{aligned}
&\sigma^{\mu\nu}(1)\sigma^{\mu\nu+}(2)\\
=&2\Gamma_2(1)\Gamma_2(2)\Gamma_4(1)\Gamma_4(2)\vec{\Sigma}(1)\cdot\vec{\Sigma}(2)+2\left(\Gamma_4(1)\right)^2\left(\Gamma_4(2)\right)^2\vec{\Sigma}(1)\cdot\vec{\Sigma}(2)\\
=&2\left[\Gamma_1(1)\Gamma_1(2)+\Gamma_3(1)\Gamma_3(2)\right]\vec{\Sigma}(1)\cdot\vec{\Sigma}(2)
\end{aligned} \tag{5.7.58}$$

把式 (5.7.56) 和式 (5.7.58) 代入式 (5.7.54) 可得

$$\mathcal{F}_{\mathrm{NN}}=\sum_{n=1}^{4}\left(a_n+b_n\vec{\Sigma}(1)\cdot\vec{\Sigma}(2)\right)\Gamma_n(1)\Gamma_n(2) \tag{5.7.59}$$

其中

$$a_1 = F_{\mathrm{S}}, \quad a_2 = F_{\mathrm{V}}, \quad a_3 = F_{\mathrm{P}}, \quad a_4 = F_{\mathrm{A}}$$

$$b_1 = 2F_{\mathrm{T}}, \quad b_2 = -F_{\mathrm{A}}, \quad b_3 = 2F_{\mathrm{T}}, \quad b_4 = -F_{\mathrm{V}} \tag{5.7.60}$$

在式 (5.7.54) 中每项的系数 F_i 都是由式 (5.7.52) 和式 (5.7.53) 给出的 s 和 t 的函数，通常不标出 s，而且可以只表示成 $\mathcal{F}_{\mathrm{NN}}(q)$。

设 f_{NN} 为 NA 动心系中非相对论的 NN 散射振幅，其自旋态的矩阵元为

$$M_{s_1' s_2', s_1 s_2} = \chi_{s_2'}^{+} \chi_{s_1'}^{+} f_{\mathrm{NN}} \chi_{s_1} \chi_{s_2} \tag{5.7.61}$$

利用由式 (5.2.66) 给出的 Dirac 方程的正能平面波，再利用式 (5.7.42) 和式 (5.7.48) 可以写出相对论的 NN 散射振幅 $\mathcal{F}_{NN}$ 的平面波态的矩阵元为 [42]

$$\tilde{M}_{s_1' s_2', s_1 s_2} = \bar{u}_{s_2'}\left(\frac{1}{2}\vec{q} - \frac{1}{A}\vec{k}_a\right) \bar{u}_{s_1'}\left(\vec{k}_a - \frac{1}{2}\vec{q}\right) \mathcal{F}_{\mathrm{NN}} u_{s_1}\left(\vec{k}_a + \frac{1}{2}\vec{q}\right) u_{s_2}\left(-\frac{1}{2}\vec{q} - \frac{1}{A}\vec{k}_a\right) \tag{5.7.62}$$

如果我们作非相对论近似，即忽略掉正能平面波中小值下分量的贡献，而且这时有 $u_s(\vec{k}) \sim \chi_s$，但是二者相差一个归一化系数 $\sqrt{\dfrac{E+m}{2m}}$，因此我们令

$$\begin{aligned} &B\left(\vec{k}_a, \vec{q}\right) \\ &= \frac{\left[\left(E\left(\frac{1}{2}\vec{q} - \frac{1}{A}\vec{k}_a\right) + m\right)\left(E\left(\vec{k}_a - \frac{1}{2}\vec{q}\right) + m\right)\left(E\left(\vec{k}_a + \frac{1}{2}\vec{q}\right) + m\right)\left(E\left(-\frac{1}{2}\vec{q} - \frac{1}{A}\vec{k}_a\right) + m\right)\right]^{1/2}}{4m^2} \end{aligned} \tag{5.7.63}$$

其中，$E\left(\vec{k}_a + \frac{1}{2}\vec{q}\right)$ 是核子动量为 $\left(\vec{k}_a + \frac{1}{2}\vec{q}\right)$ 时所对应的能量，$\vec{k}_a$ 和 $\vec{q}$ 已由式 (5.7.41) 给出。由于冲量近似只适用于中高能核反应，这时由上式给出的 $B(\vec{k}_a, \vec{q})$ 的数值应该明显大于 1。我们约定 (Convention)

$$\tilde{M}_{s_1' s_2', s_1 s_2} = B\left(\vec{k}_a, \vec{q}\right) M_{s_1' s_2', s_1 s_2} \tag{5.7.64a}$$

在 RIA 的早期文献 [41-47] 中给出的约定是

$$\tilde{M}_{s_1' s_2', s_1 s_2} = \frac{1}{2\mathrm{i}k} M_{s_1' s_2', s_1 s_2} \tag{5.7.64b}$$

该约定会使两种矩阵元的量纲有差别。上述两种约定方法所对应的核力参数是不同的。

当入射平面波取为 $\mathrm{e}^{\mathrm{i}\vec{k}\cdot\vec{r}_i}$(前面没有系数 $1/(2\pi)^{3/2}$) 时，参考文献 [4] 的式 (3.12.50) 和参考文献 [49] 的式 (3.76) 均给出了非相对论的 NN 散射振幅 f_{NN} 与 t 矩阵元的关系式为

$$f_{\mathrm{NN}}(q) = -\frac{\mu_{\mathrm{NN}}}{2\pi\hbar^2}\left\langle \vec{k}'\left|\hat{t}_{\mathrm{NN}}\right|\vec{k}\right\rangle \tag{5.7.65}$$

其中，μ_{NN} 是 NN 约化质量；$\hat{t}_{\mathrm{NN}}$ 是 NA 质心系中的 t 矩阵。通常的核力参数是在 NN 质心系中给出来的。在相对论情况下，由于一般均约定 t 矩阵是 Lorentz 不变的, 因而在 NA 动心系中可以直接使用 NN 动心系中的 t 矩阵。

注意到关系式

$$\left\langle \vec{k}'\left|\delta\left(\vec{r}-\vec{r}_i\right)\right|\vec{k}\right\rangle = \int \delta\left(\vec{r}-\vec{r}_i\right)\mathrm{e}^{\mathrm{i}\vec{q}\cdot\vec{r}}\mathrm{d}\vec{r} = \mathrm{e}^{\mathrm{i}\vec{q}\cdot\vec{r}_i}$$

于是在零程力近似下，再参考式 (5.7.65)，对于两种约定方法可以把式 (5.7.40) 中的 NN 散射振幅分别表示成

$$-\frac{m}{2\pi}\left\langle \vec{k}'\left|\hat{t}_i\right|\vec{k}\right\rangle = \frac{1}{B\left(\vec{k}_a,\vec{q}\right)}\mathcal{F}_{\mathrm{NN}}(q)\exp\left(\mathrm{i}\vec{q}\cdot\vec{r}_i\right) \tag{5.7.66a}$$

$$-\frac{m}{2\pi}\left\langle \vec{k}'\left|\hat{t}_i\right|\vec{k}\right\rangle = 2\mathrm{i}k\mathcal{F}_{\mathrm{NN}}(q)\exp\left(\mathrm{i}\vec{q}\cdot\vec{r}_i\right) \tag{5.7.66b}$$

前面已经提到，$\langle\vec{k}'|\hat{t}_i|\vec{k}\rangle$ 是非相对论 t 矩阵元，而 $\mathcal{F}_{\mathrm{NN}}(q)$ 是相对论散射振幅，故在以上二式中引入了约定性修正。并可把以上二式改写成

$$\left\langle \vec{k}'\left|\hat{t}_i\right|\vec{k}\right\rangle = -\frac{2\pi}{mB\left(\vec{k}_a,\vec{q}\right)}\mathcal{F}_{\mathrm{NN}}(q)\exp\left(\mathrm{i}\vec{q}\cdot\vec{r}_i\right) \tag{5.7.67a}$$

$$\left\langle \vec{k}'\left|\hat{t}_i\right|\vec{k}\right\rangle = -\frac{4\pi\mathrm{i}k}{m}\mathcal{F}_{\mathrm{NN}}(q)\exp\left(\mathrm{i}\vec{q}\cdot\vec{r}_i\right) \tag{5.7.67b}$$

我们知道光学势等价于质量算符。在前面方程中出现的 $\hat{U}(\vec{r})$ 就是 Dirac 方程 (5.3.2) 中的质量算符 Σ，而且通过式 (5.7.36) 又把 $\hat{U}(\vec{r})$ 转化成 $\hat{T}(\vec{r})$，所以可把由式 (5.7.39) 给出的 $\langle\vec{k}'|\hat{T}|\vec{k}\rangle$ 看成是动量空间的光学势 $U_{\mathrm{opt}}(q)$。引入一个系数符号

$$C(q) = \begin{cases} -\dfrac{2\pi}{mB(\vec{k}_a,\vec{q})}, & \text{对于式 (5.7.64a) 的约定} \\ -\dfrac{4\pi\mathrm{i}k}{m}, & \text{对于式 (5.7.64b) 的约定} \end{cases} \tag{5.7.68}$$

于是把式 (5.7.67) 代入式 (5.7.39) 可得

$$U_{\mathrm{opt}}(q) = C(q)\left\langle 0\left|\sum_{i=1}^{A}\mathcal{F}_{\mathrm{NN}}(q)\exp\left(\mathrm{i}\vec{q}\cdot\vec{r}_i\right)\right|0\right\rangle \tag{5.7.69}$$

在独立粒子壳模型中，双满壳核反对称化的靶核波函数可以写成 [55]

$$|0\rangle = \frac{1}{\sqrt{A!}} \det \prod_{i=1}^{A} u_{nlj\mu}\left(\vec{r}_i\right) \tag{5.7.70}$$

其中

$$u_{nlj\mu}\left(\vec{r}\right) = \begin{pmatrix} \phi_{nlj}(r) \\ -\mathrm{i}\hat{\sigma}\cdot\hat{r}\lambda_{nlj}(r) \end{pmatrix} Y_{lj}^{\mu}(\hat{r}) \tag{5.7.71}$$

根据参考文献 [28] 的式 (17.3.21) 和式 (17.3.22) 可知

$$Y_{lj}^{\mu}(\hat{r}) = \sum_{\nu} C_{l\ \mu-\nu\ \frac{1}{2}\nu}^{j\mu} \mathrm{i}^{l} \mathrm{Y}_{l\ \mu-\nu}(\hat{r}) \chi_{\frac{1}{2}\nu} \tag{5.7.72}$$

$$\phi_{nlj}(r) = u_{nlj}(r)/r \tag{5.7.73}$$

其中，$u_{nlj}(r)$ 是原子核束缚态径向波函数，这里未区分中子和质子。Dirac 方程可以写成

$$\left[\vec{\alpha}\cdot\vec{p} + \beta(m+U_{\mathrm{s}}) + U_0\right] u\left(\vec{r}\right) = Eu\left(\vec{r}\right) \tag{5.7.74}$$

由式 (5.3.15)、式 (5.3.17) 和式 (5.4.44) 可得

$$\lambda_{nlj}(r) = D\left(\frac{\mathrm{d}}{\mathrm{d}r} - \frac{S_{lj}}{r}\right)\phi_{nlj}(r) \tag{5.7.75}$$

其中

$$S_{lj} = j(j+1) - l(l+1) - \frac{3}{4} \tag{5.7.76}$$

$$D = (E + m + U_s - U_0)^{-1} \tag{5.7.77}$$

在核子波函数下分量中不考虑库仑势的影响。由式 (5.7.72)、式 (5.4.50) 和式 (5.4.51) 可得

$$\begin{aligned} Z_{lj}^{\mu}(\hat{r}) \equiv -\mathrm{i}(\hat{\sigma}\cdot\hat{r})Y_{lj}^{\mu}(\hat{r}) = {} & \sqrt{2}\,\mathrm{i}^{l+3}\hat{l}\sum_{\nu} C_{l\ \mu-\nu\ \frac{1}{2}\nu}^{j\mu} \sum_{\eta}(-1)^{\frac{1}{2}-\nu+\eta} C_{\frac{1}{2}\ \nu+\eta\ \frac{1}{2}\ -\nu}^{1\eta} \\ & \times \sum_{L} \frac{1}{\hat{L}} C_{l\ \mu-\nu\ 1\ -\eta}^{L\ \mu-\nu-\eta} C_{l0\ 10}^{L0} \mathrm{Y}_{L\ \mu-\nu-\eta}(\hat{r}) \chi_{\nu+\eta} \end{aligned} \tag{5.7.78}$$

于是可把式 (5.7.71) 改写成

$$u_{nlj\mu}(\vec{r}) = \begin{pmatrix} \phi_{nlj}(r) Y_{lj}^{\mu}(\hat{r}) \\ \lambda_{nlj}(r) Z_{lj}^{\mu}(\hat{r}) \end{pmatrix} \tag{5.7.79}$$

根据式 (5.7.59) 和式 (5.7.69) 引入以下动量分布形状因子

$$\rho_n(q) = \left\langle 0 \left| \sum_{i} \Gamma_n(i) \mathrm{e}^{\mathrm{i}\vec{q}\cdot\vec{r}_i} \right| 0 \right\rangle \tag{5.7.80}$$

$$\vec{j}_n(q)=\left\langle 0\left|\sum_i \Gamma_n(i)\vec{\Sigma}(i)\mathrm{e}^{\mathrm{i}\vec{q}\cdot\vec{r}_i}\right|0\right\rangle \tag{5.7.81}$$

$\rho_n(q)$ 和 $\vec{j}_n(q)$ 是由靶核波函数 $|0\rangle$ 决定的，与核力参数 a_n 和 b_n 无关。于是可把式 (5.7.69) 改写成

$$U_{\text{opt}}(q)=C(q)\sum_{n=1}^{4}\Gamma_n\left(a_n(q)\rho_n(q)+b_n(q)\vec{j}_n(q)\cdot\vec{\Sigma}\right) \tag{5.7.82}$$

利用 Fourier 变换可以求得坐标空间的光学势为 [2,46-48]

$$U_{\text{opt}}(r)=\frac{1}{(2\pi)^3}\int \mathrm{e}^{-\mathrm{i}\vec{q}\cdot\vec{r}}U_{\text{opt}}(q)\,\mathrm{d}\vec{q} \tag{5.7.83}$$

把式 (5.7.82) 代入式 (5.7.83) 可得

$$U_{\text{opt}}(r)=\sum_{n=1}^{4}\Gamma_n\left(U_n(r)+\vec{W}_n(r)\cdot\vec{\Sigma}\right) \tag{5.7.84}$$

其中

$$U_n(r)=\frac{1}{(2\pi)^3}\int \mathrm{e}^{-\mathrm{i}\vec{q}\cdot\vec{r}}C(q)\,a_n(q)\,\rho_n(q)\,\mathrm{d}\vec{q} \tag{5.7.85}$$

$$\vec{W}_n(r)=\frac{1}{(2\pi)^3}\int \mathrm{e}^{-\mathrm{i}\vec{q}\cdot\vec{r}}C(q)\,b_n(q)\,\vec{j}_n(q)\,\mathrm{d}\vec{q} \tag{5.7.86}$$

注意到式 (5.7.84) 中的 $U_n(r)$ 和 $\vec{W}_n(r)$ 分别与式 (5.7.60) 中的 a_n 和 b_n 相对应，例如，$U_1(r)$ 相当于 $U_S(r)$，$U_2(r)$ 相当于 $U_V(r)$。并注意到在光学势 $U_{\text{opt}}(r)$ 中包含显含自旋算符 $\vec{\Sigma}$ 的项，它们是由核力中 4 矢量项与 4 轴矢量项的类空分量和张量项得到的。由式 (5.7.54) 给出的 NN 散射振幅共有 8 项，分别对应于标量、赝标量、4 矢量的类时和类空分量、4 轴矢量的类时和类空分量、σ^{0i} 和 σ^{ij} 对应的张量。由于要求满足宇称守恒，通常认为赝标量和轴矢量项无贡献，而且认为在球对称系统的定态情况下，4 矢量的类空分量项和 σ^{0i} 的张量项 (b_3) 也无贡献 [2,46-48,53,57,59]，此外计算结果还表明 σ^{ij} 张量项 (b_1) 的贡献也很小 [46,47]。于是可知相对论光学势主要是由标量项 U_S 和 4 矢量的类时分量项 U_0 贡献的。

利用式 (5.7.84) ~ 式 (5.7.86)、式 (5.7.80)、式 (5.7.81)、式 (5.7.70)、式 (5.7.79)、式 (5.7.60) 及核力参数等便可计算出球形核光学势 $U_{\text{opt}}(r)$，再将其代入方程 (5.7.1)，并做与 5.3 节相类似的变换，再引入库仑势，便可以进行相对论光学模型计算了。在具体计算时要考虑 NN 核力的选取问题，例如，有人采用了简单的 Yukawa 势 [43]。也有人用 RIA 方法研究质子与非双满壳核 (如 ^{13}C) 的弹性散射过程 [55]。

当求得弹性散射振幅以后，便可利用式 (5.3.72) ~ 式 (5.3.77) 计算弹性散射的微分截面、分析本领和自旋转动函数 [2,43-49,51-57]。

5.8　非弹性散射相对论冲量近似与核子极化量计算

5.8.1　单粒子态非弹性散射相对论扭曲波冲量近似 [58,60,61]

我们考虑原子核从初态 $\Psi_{J_\mathrm{i}M_\mathrm{i}}$ 激发到末态 $\Psi_{J_\mathrm{f}M_\mathrm{f}}$ 的过程。其跃迁振幅可以写成

$$T_{\mathrm{fi}} = \left\langle \sum_{j=1}^{A} \bar{\psi}^{(-)}_{\vec{k}',s'} \bar{\Psi}_{J_\mathrm{f}M_\mathrm{f}} \hat{t}\,(0,j)\, \psi^{(+)}_{\vec{k},s} \Psi_{J_\mathrm{i}M_\mathrm{i}} \right\rangle \tag{5.8.1}$$

其中，$\psi^{(+)}_{\vec{k},s}$ 和 $\psi^{(-)}_{\vec{k}',s'}$ 分别代表正能的入射核子和出射核子的波函数，其核子标号为 0；Ψ_{JM} 是由 A 个核子 $(j=1,2,\cdots,A)$ 构成的原子核的波函数；$\hat{t}\,(0,j)$ 是描述第 0 个核子与第 j 个核子之间相互作用的 t 矩阵。$\psi_{\vec{k},s}$ 和 Ψ_{JM} 分别满足以下 Dirac 方程

$$\left(\vec{\alpha}\cdot\vec{p}+\beta m+V_0\right)\psi_{\vec{k},s} = E_k \psi_{\vec{k},s} \tag{5.8.2}$$

$$\left[\sum_{j=1}^{A}\left(\vec{\alpha}_j\cdot\vec{p}_j+\beta_j m\right)+V_\mathrm{t}\right]\Psi_{JM} = E\Psi_{JM} \tag{5.8.3}$$

式 (5.8.3) 中的 V_t 是原子核中核子所感受的势，在解束缚态方程 (5.8.3) 时要选择 V_t 使之能解出初态的 E_i 和 $\Psi_{J_\mathrm{i}M_\mathrm{i}}$ 以及末态的 E_f 和 $\Psi_{J_\mathrm{f}M_\mathrm{f}}$，末态 f 是单粒子激发态。式 (5.8.2) 是描述核子 0 的散射态方程，在较高能量情况下，可以假设入射核子只与原子核中的一个核子发生一次相互作用就跑出原子核。从原子核波函数 $\Psi_{J_iM_i}$ 出发，把用 5.7 节介绍的 RIA 方法求出的光学势 V_0 代入方程 (5.8.2)，便可以解出扭曲波 $\psi^{(+)}_{\vec{k},s}$；若从原子核波函数 $\Psi_{J_fM_f}$ 出发，用同样方法又可以求出扭曲波 $\psi^{(-)}_{\vec{k}',s'}$。式 (5.8.1) 中的 $\hat{t}\,(0,j)$ 可用 5.7 节介绍的方法给出。若所有波函数和 t 矩阵均在坐标空间给出，由式 (5.8.1) 便可求出跃迁振幅 T_{fi}。然后便可用 5.6 节中式 (5.6.32) 和式 (5.6.33) 及 5.4 节给出的计算公式计算单粒子态非弹性散射的微分截面和各种极化物理量。上述方法称为单粒子态非弹性散射相对论扭曲波冲量近似。

5.8.2　集体态非弹性散射相对论扭曲波冲量近似 [62-64]

我们知道在计算 5.7 节中用到的靶核基态波函数 $|0\rangle$ 时必须先给出原子核的半径 R，因而由式 (5.7.84) 给出的 RIA 光学势 U_{opt} 实际上是原子核半径 R 的函数。我们假设原子核并非是球对称的，其半径具有与式 (5.5.5) 相类似的变形，于是我们根据式 (5.7.84) 引入以下形变光学势

$$\Delta U = \sum_{n=1}^{4} \Gamma_n \left[\left(\sum_{\lambda} \beta_\lambda^{\mathrm{s}n} \mathrm{Y}_{\lambda 0}\,(\theta',0)\right) R_{\mathrm{s}n} \frac{\partial U_n\,(r)}{\partial R_{\mathrm{s}n}}\right.$$

$$+\left(\sum_{\lambda}\beta_{\lambda}^{0n}\mathrm{Y}_{\lambda 0}(\theta',0)\right)R_{0n}\frac{\partial\vec{W}_n(r)}{\partial R_{0n}}\cdot\vec{\Sigma}\Bigg] \tag{5.8.4}$$

其中，β_{λ}^{sn} 和 $\beta_{\lambda}^{0n}\,(n=1,2,3,4)$ 为可调的变形参数。再令

$$\Delta U_{\mathrm{D}}=\gamma^{0}\Delta U \tag{5.8.5}$$

便可以用 5.6 节介绍的方法进行各种计算了。由于这里要求所用的光学势是用 RIA 方法计算的，故称该理论为集体态非弹性散射相对论扭曲波冲量近似。

5.9 (p, n) 反应的相对论冲量近似与核子极化量计算

在核子的普适唯象光学势的实部中，通常含有正比于 $\alpha\equiv\dfrac{N-Z}{A}$ 的项，对于中子和质子，该项前边的系数符号相反，这种形式的光学势就表明光学势应该与同位旋有关。Lane 提出了如下形式的光学势 [65]

$$V=V_0+\frac{\vec{t}\cdot\vec{T}}{A}V_1 \tag{5.9.1}$$

其中，V_0 和 V_1 分别为光学势同位旋标量部分和同位旋矢量部分；$\vec{t}$ 和 $\vec{T}$ 分别为核子和靶核的同位旋算符，它们均为矢量，在直角坐标系中其分量分别为 $(\hat{t}_x,\hat{t}_y,\hat{t}_z)$ 和 $(\hat{T}_x,\hat{T}_y,\hat{T}_z)$，在球基坐标系中其分量分别为 $(\hat{t}_+,\hat{t}_0,\hat{t}_-)$ 和 $(\hat{T}_+,\hat{T}_0,\hat{T}_-)$，并有 $\hat{t}_0=\hat{t}_z,\hat{T}_0=\hat{T}_z$。核子的总同位旋值为 $t=\dfrac{1}{2}$，同位旋 z 分量值 $\tau=\dfrac{1}{2}$ 代表中子，$\tau=-\dfrac{1}{2}$ 代表质子。原子核的总同位旋值为 $T=\dfrac{A}{2}$，如果原子核全部由中子构成，则 $T_z=T_0=\dfrac{A}{2}$，若全部由质子构成，则 $T_z=T_0=-\dfrac{A}{2}$，由 $A=N+Z$ 构成的原子核 $T_z=T_0=\dfrac{N-Z}{2}$。如果原子核中一个质子变成了中子，则 N 增加 1，Z 减少 1，于是 $T_z=T_0$ 便增加 1。

在球基坐标中

$$\vec{t}\cdot\vec{T}=\sum_{\mu=-1}^{1}(-1)^{\mu}\hat{t}_{\mu}\hat{T}_{-\mu} \tag{5.9.2}$$

有角动量公式

$$J_0\psi_{jm}=J_z\psi_{jm}=m\psi_{jm} \tag{5.9.3}$$

引入角动量算符

$$J_{\pm}=\mp\frac{1}{\sqrt{2}}(J_x\pm \mathrm{i}J_y) \tag{5.9.4}$$

利用角动量算符的对易关系式 $[J_i, J_k] = \mathrm{i}\varepsilon_{ikl} J_l$，可以证明

$$[J_z, J_\pm] = \mp\frac{1}{\sqrt{2}}\{\mathrm{i}J_y \pm \mathrm{i}(-\mathrm{i})J_x\} = -\frac{1}{\sqrt{2}}(J_x \pm \mathrm{i}J_y) = \pm J_\pm \tag{5.9.5}$$

令

$$\phi_{jm}^{(\pm)} = J_\pm \psi_{jm} \tag{5.9.6}$$

可以求得

$$J_z(J_\pm\psi_{jm}) = \{J_\pm J_z + [J_z, J_\pm]\}\psi_{jm} = J_\pm(J_z \pm 1)\psi_{jm} = (m\pm 1)(J_\pm\psi_{jm}) \tag{5.9.7}$$

于是得到

$$J_z\phi_{jm}^{(\pm)} = (m\pm 1)\phi_{jm}^{(\pm)} \tag{5.9.8}$$

再令

$$J_\pm\psi_{jm} = \phi_{jm}^{(\pm)} = \varGamma_\pm\psi_{j\ m\pm 1} \tag{5.9.9}$$

由式 (5.9.4) 可知

$$(J_\pm)^+ = -J_\mp \tag{5.9.10}$$

于是由以上二式可得

$$|\varGamma_\pm|^2 = \langle J_\pm\psi_{jm}, J_\pm\psi_{jm}\rangle = -\langle\psi_{jm}|J_\mp J_\pm|\psi_{jm}\rangle \tag{5.9.11}$$

又可求得

$$\begin{aligned} J_\mp J_\pm &= -\frac{1}{2}(J_x \mp \mathrm{i}J_y)(J_x \pm \mathrm{i}J_y) = -\frac{1}{2}\left(J_x^2 + J_y^2 \pm \mathrm{i}J_xJ_y \mp \mathrm{i}J_yJ_x\right) \\ &= -\frac{1}{2}\left(J_x^2 + J_y^2 \pm \mathrm{i}[J_x, J_y]\right) = -\frac{1}{2}\left[J^2 - J_z(J_z\pm 1)\right] \end{aligned} \tag{5.9.12}$$

$$|\varGamma_\pm|^2 = \frac{1}{2}[J(J+1) - m(m\pm 1)] = \frac{1}{2}(J\mp m)(J\pm m+1) \tag{5.9.13}$$

于是可得

$$J_\pm\psi_{jm} = \frac{1}{\sqrt{2}}[(j\mp m)(j\pm m+1)]^{1/2}\psi_{j\ m\pm 1} \tag{5.9.14}$$

设 $\phi_{t\tau}$ 和 $\varPhi_{TT_0}$ 分别为核子和靶核的同位旋波函数，于是由式 (5.9.3) 可得

$$\hat{t}_0\phi_{t\tau} = \tau\phi_{t\tau}, \quad \hat{T}_0\varPhi_{TT_0} = T_0\varPhi_{TT_0} \tag{5.9.15}$$

由式 (5.9.14) 可知

$$\hat{t}_\pm\phi_{t\tau} = \frac{1}{\sqrt{2}}[(t\mp\tau)(t\pm\tau+1)]^{1/2}\phi_{t\ \tau\pm 1} \tag{5.9.16}$$

若 $\tau=\dfrac{1}{2}$ (代表中子)，便有

$$\hat{t}_+\phi_{\frac{1}{2}\frac{1}{2}}=0,\quad \hat{t}_-\phi_{\frac{1}{2}\frac{1}{2}}=\frac{1}{\sqrt{2}}\phi_{\frac{1}{2}\ -\frac{1}{2}} \tag{5.9.17}$$

若 $\tau=-\dfrac{1}{2}$ (代表质子)，便有

$$\hat{t}_+\phi_{\frac{1}{2}\ -\frac{1}{2}}=\frac{1}{\sqrt{2}}\phi_{\frac{1}{2}\frac{1}{2}},\quad \hat{t}_-\phi_{\frac{1}{2}\ -\frac{1}{2}}=0 \tag{5.9.18}$$

由式 (5.9.14) 又可以写出

$$\hat{T}_\pm\varPhi_{TT_0}=\frac{1}{\sqrt{2}}\left[\left(T\mp T_0\right)\left(T\pm T_0+1\right)\right]^{1/2}\varPhi_{T\ T_0\pm1} \tag{5.9.19}$$

于是可得

$$\hat{T}_+\varPhi_{\frac{A}{2}\ \frac{N-Z}{2}}=\frac{1}{\sqrt{2}}\sqrt{Z\left(N+1\right)}\varPhi_{\frac{A}{2}\ \frac{N-Z+2}{2}},\quad \hat{T}_-\varPhi_{\frac{A}{2}\ \frac{N-Z}{2}}=\frac{1}{\sqrt{2}}\sqrt{N\left(Z+1\right)}\varPhi_{\frac{A}{2}\ \frac{N-Z-2}{2}} \tag{5.9.20}$$

利用前面给出的公式，对于 p + A 反应可得

$$\left(\vec{t}\cdot\vec{T}\right)\phi_{\frac{1}{2}\ -\frac{1}{2}}\varPhi_{\frac{A}{2}\ \frac{N-Z}{2}}=-\frac{N-Z}{4}\phi_{\frac{1}{2}\ -\frac{1}{2}}\varPhi_{\frac{A}{2}\ \frac{N-Z}{2}}-\frac{1}{2}\sqrt{N\left(Z+1\right)}\phi_{\frac{1}{2}\frac{1}{2}}\varPhi_{\frac{A}{2}\ \frac{N-Z-2}{2}} \tag{5.9.21}$$

其中，第一项代表 (p, p) 弹性散射道；第二项代表 (p, n) 反应道。对于 n + A 反应可得

$$\left(\vec{t}\cdot\vec{T}\right)\phi_{\frac{1}{2}\frac{1}{2}}\varPhi_{\frac{A}{2}\ \frac{N-Z}{2}}=\frac{N-Z}{4}\phi_{\frac{1}{2}\frac{1}{2}}\varPhi_{\frac{A}{2}\ \frac{N-Z}{2}}-\frac{1}{2}\sqrt{Z\left(N+1\right)}\phi_{\frac{1}{2}\ -\frac{1}{2}}\varPhi_{\frac{A}{2}\ \frac{N-Z+2}{2}} \tag{5.9.22}$$

其中，第一项代表 (n, n) 弹性散射道；第二项代表 (n, p) 反应道。

假设靶核是自旋为 0 的球形核，不考虑靶核内部自由度和靶核激发态，即对于靶核只考虑其同位旋态。对于入射和出射核子，与球形核光学模型一样，要考虑其空间坐标和自旋。靶核的同位旋波函数仍用 $\varPhi_{\frac{A}{2}\ \frac{N-Z}{2}}$ 表示，但是核子波函数要改写成

$$\phi_{\frac{1}{2}\tau}=\sum_{l'j'm_j'}\frac{u^{\tau}_{l'j'}}{r}\mathcal{Y}^{m_j'}_{l'\frac{1}{2}j'}\left(\varOmega\right)\chi_{\frac{1}{2}\tau} \tag{5.9.23}$$

其中

$$\mathcal{Y}^{m_j'}_{l'\frac{1}{2}j'}\left(\varOmega\right)=\sum_{m_l'\nu'}C^{j'm_j'}_{l'm_l'\ \frac{1}{2}\nu'}\mathrm{i}^{l'}\mathrm{Y}_{l'm_l'}\left(\varOmega\right)\chi_{\frac{1}{2}\nu'} \tag{5.9.24}$$

其中，$\chi_{\frac{1}{2}\tau}$ 是核子同位旋波函数。利用式 (5.9.23) 给出的新的 $\phi_{\frac{1}{2}\tau}$，根据式 (5.9.17) 和式 (5.9.18) 我们约定

$$\hat{t}_{-}\phi_{\frac{1}{2}\frac{1}{2}} = \sum_{l'j'm_j'} \frac{u_{l'j'}^{-\frac{1}{2}}(r)}{r} \mathcal{Y}_{l'\frac{1}{2}j'}^{m_j'}(\Omega) \frac{1}{\sqrt{2}} \chi_{\frac{1}{2}\ -\frac{1}{2}} \tag{5.9.25}$$

$$\hat{t}_{+}\phi_{\frac{1}{2}\ -\frac{1}{2}} = \sum_{l'j'm_j'} \frac{u_{l'j'}^{\frac{1}{2}}(r)}{r} \mathcal{Y}_{l'\frac{1}{2}j'}^{m_j'}(\Omega) \frac{1}{\sqrt{2}} \chi_{\frac{1}{2}\frac{1}{2}} \tag{5.9.26}$$

这代表在同位旋算符 $\hat{t}_{\pm}$ 的作用下，当把质子变成中子或把中子变成质子后，所对应的核子空间波函数也就跟着变成代表新核子的空间波函数了，这在物理上是合理的。这一约定就是要求保证径向波函数 $u_{l'j'}^{\tau}(r)$ 中的 τ 要与 $\chi_{\frac{1}{2}\tau}$ 中的 τ 保持一致。系统总波函数可表示成

$$\psi_{\tau} = \phi_{\frac{1}{2}\tau} \varPhi_{\frac{A}{2}\ \frac{N-Z}{2}} \tag{5.9.27}$$

在非相对论情况下，ψ_{τ} 所满足的定态薛定谔方程为

$$\left[-\frac{\hbar^2}{2\mu_{\tau}} \vec{\nabla}^2 + \left(V_0 + \frac{\vec{t}\cdot\vec{T}}{A} V_1\right)\right] \psi_{\tau} = E_{\tau}\psi_{\tau} \tag{5.9.28}$$

其中，μ_{τ} 是核子 τ 的折合质量；E_{τ} 是核子 τ 的能量。对于 $\tau = -\dfrac{1}{2}$ 的质子来说，把式 (5.9.27)、式 (5.9.23)、式 (5.9.21) 和式 (5.9.26) 代入式 (5.9.28)，并从左边作用上算符 $\sum\limits_{\tau' T_0'} \varPhi_{\frac{A}{2}T_0'}^{+} \chi_{\frac{1}{2}\tau'}^{+} r \int \mathrm{d}\Omega \mathcal{Y}_{l\frac{1}{2}j}^{m_j+}(\Omega)$ 便可得到

$$\begin{aligned}&\left[\frac{\hbar^2}{2\mu_p}\left(\frac{\mathrm{d}^2}{\mathrm{d}r^2} - \frac{l(l+1)}{r^2}\right) - \left(V_0 + V_{\mathrm{C}} - \frac{N-Z}{4A}V_1\right) + E_p\right] u_{lj}^{\mathrm{p}}(r)\\&+\sqrt{\frac{N(Z+1)}{2A}} V_1 u_{lj}^{\mathrm{n}}(r) = 0\end{aligned} \tag{5.9.29}$$

其中，加入了库仑势 V_{C}。对于 $\tau = \dfrac{1}{2}$ 的中子来说，用类似方法，但是需要用到式 (5.9.22) 和式 (5.9.25)，可以得到

$$\begin{aligned}&\left[\frac{\hbar^2}{2\mu_n}\left(\frac{\mathrm{d}^2}{\mathrm{d}r^2} - \frac{l(l+1)}{r^2}\right) - \left(V_0 + \frac{N-Z}{4A}V_1\right) + E_n\right] u_{lj}^{\mathrm{n}}(r)\\&+\sqrt{\frac{Z(N+1)}{2A}} V_1 u_{lj}^{\mathrm{p}}(r) = 0\end{aligned} \tag{5.9.30}$$

无论是质子入射还是中子入射，都要联立求解方程 (5.9.29) 和方程 (5.9.30)，通过边界条件求得 S 矩阵元 $S_{\mathrm{p,p}}^{lj}, S_{\mathrm{n,p}}^{lj}, S_{\mathrm{n,n}}^{lj}, S_{\mathrm{p,n}}^{lj}$，进而进行相关截面、微分截面和极化量的计算。通过 (p, n) 或 (n, p) 反应靶核变成了自己的同位旋相似态 (IAS)。

在相对论情况下，可以取如下形式的光学势 [66]

$$U_{\text{opt}} = \left[U_{\text{s}}^0 + \gamma^0 U_0^0\right] + \left[U_{\text{s}}^1 + \gamma^0 U_0^1\right]\left(\vec{t}\cdot\vec{T}\right)/A \tag{5.9.31}$$

式 (5.3.2) 给出的 Dirac 方程为

$$\left[\vec{\alpha}\cdot\vec{p} + \beta\left(m_\tau + U_{\text{opt}}\right) - E_\tau\right]\psi_\tau = 0 \tag{5.9.32}$$

把式 (5.9.31) 代入式 (5.9.32)，再利用式 (5.9.21)、式 (5.9.22)、式 (5.9.25) 和式 (5.9.26)，可以得到

$$\begin{aligned}&\left[\vec{\alpha}\cdot\vec{p} + \beta\left(m_{\text{p}} + U_{\text{s}}^0\right) + U_0^0 - \frac{N-Z}{4A}\left(\beta U_{\text{s}}^1 + U_0^1\right) - E_{\text{p}}\right]\psi_{\text{p}}\\ &- \frac{\sqrt{N(Z+1)}}{2A}\left(\beta U_{\text{s}}^1 + U_0^1\right)\psi_{\text{n}} = 0\end{aligned} \tag{5.9.33}$$

$$\begin{aligned}&\left[\vec{\alpha}\cdot\vec{p} + \beta\left(m_{\text{n}} + U_{\text{s}}^0\right) + U_0^0 + \frac{N-Z}{4A}\left(\beta U_{\text{s}}^1 + U_0^1\right) - E_{\text{n}}\right]\psi_{\text{n}}\\ &- \frac{\sqrt{Z(N+1)}}{2A}\left(\beta U_{\text{s}}^1 + U_0^1\right)\psi_{\text{p}} = 0\end{aligned} \tag{5.9.34}$$

其中，ψ_{p} 和 ψ_{n} 是四分量波函数，可分为上分量和下分量。参考式 (5.3.63) 对于质子的上分量方程需要加入库仑势 $\dfrac{\mu_{\text{p}}}{E_{\text{p}}}V_{\text{C}}$，$\mu_{\text{p}}$ 是质子折合质量。对于方程 (5.9.33) 和方程 (5.9.34) 需要联立求解。在方程中出现的光学势可以用唯象势，也可以用由 RIA 方法所计算的微观光学势，表明可以用 RIA 方法研究 (p,n) 和 (n,p) 反应。也可以用在 5.5 节中介绍的耦合道方法对方程进行求解，在球形核情况下引入 S 矩阵元 $S_{\text{p,p}}^{(\rho)lj}, S_{\text{n,p}}^{(\rho)lj}, S_{\text{n,n}}^{(\rho)lj}, S_{\text{p,n}}^{(\rho)lj}$，其中 $\rho = \text{u},\text{d}$ 分别代表上分量和下分量，最后再利用 5.4 节给出的计算公式进行相关的截面、微分截面和极化量的计算。

5.10 相对论经典场论与量子强子动力学中的拉格朗日密度

5.10.1 相对论经典场论 [2,67,68]

在 $\hbar = c = 1$ 单位制和 Bjorken-Drell 度规下，设场的物理量是

$$\varphi_\lambda(x)\ ,\quad \lambda = 1, 2, \cdots, n \tag{5.10.1}$$

其中

$$x^\mu = \left(x^0, x^1, x^2, x^3\right) = \left(t, \vec{r}\right)\ ,\quad x_\mu = \left(x_0, x_1, x_2, x_3\right) = \left(t, -\vec{r}\right) \tag{5.10.2}$$

式中，n 代表在每一个时空点场物理量的数目。假定拉格朗日 (拉氏) 密度 $\mathscr{L}$ 是

φ_λ 和 $\partial_\mu \varphi_\lambda$ 的函数，式 (5.1.60) 已给出 $\partial_\mu \equiv \dfrac{\partial}{\partial x^\mu}$。拉氏函数等于

$$L = \int \mathrm{d}^4 x \mathscr{L}\left(\varphi_\lambda, \partial_\mu \varphi_\lambda\right) \tag{5.10.3}$$

让场的物理量作一微小改变

$$\varphi_\lambda(x) \to \varphi_\lambda(x) + \delta\varphi_\lambda(x) \tag{5.10.4}$$

并且要求在拉氏函数积分的边界上的 $\delta\varphi_\lambda(x)$ 等于零，同时假设现实的场物理量 φ_λ 使拉氏函数取极值，即任何 $\delta\varphi_\lambda$ 不改变拉氏函数的数值，于是利用分部积分可以得到

$$\begin{aligned} \delta L &= \int \mathrm{d}^4 x \left\{ \frac{\partial \mathscr{L}}{\partial \varphi_\lambda} \delta\varphi_\lambda + \frac{\partial \mathscr{L}}{\partial\left(\partial_\mu \varphi_\lambda\right)} \delta\left(\partial_\mu \varphi_\lambda\right) \right\} \\ &= \int \mathrm{d}^4 x \delta\varphi_\lambda \left\{ \frac{\partial \mathscr{L}}{\partial \varphi_\lambda} - \partial_\mu \left(\frac{\partial \mathscr{L}}{\partial\left(\partial_\mu \varphi_\lambda\right)} \right) \right\} = 0 \end{aligned} \tag{5.10.5}$$

由此得到 Euler-Lagrange (拉氏) 方程

$$\frac{\partial \mathscr{L}}{\partial \varphi_\lambda} - \partial_\mu \left(\frac{\partial \mathscr{L}}{\partial\left(\partial_\mu \varphi_\lambda\right)} \right) = 0\ , \quad \lambda = 1, 2, \cdots, n \tag{5.10.6}$$

能量–动量张量被定义为

$$T^{\mu\nu} \equiv -g^{\mu\nu} \mathscr{L} + \frac{\partial \mathscr{L}}{\partial\left(\partial_\mu \varphi_\lambda\right)} \partial^\nu \varphi_\lambda \tag{5.10.7}$$

度规矩阵元 $g^{\mu\nu}$ 已由式 (5.1.53) 给出。用式 (5.10.7) 和式 (5.10.6) 可以求得

$$\begin{aligned} \partial_\mu T^{\mu\nu} &= -g^{\mu\nu} \partial_\mu \mathscr{L} + \partial_\mu \left(\frac{\partial \mathscr{L}}{\partial\left(\partial_\mu \varphi_\lambda\right)} \right) \partial^\nu \varphi_\lambda + \frac{\partial \mathscr{L}}{\partial\left(\partial_\mu \varphi_\lambda\right)} \partial_\mu \partial^\nu \varphi_\lambda \\ &= -g^{\mu\nu} \partial_\mu \mathscr{L} + \frac{\partial \mathscr{L}}{\partial \varphi_\lambda} \partial^\nu \varphi_\lambda + \frac{\partial \mathscr{L}}{\partial\left(\partial_\mu \varphi_\lambda\right)} \partial_\mu \partial^\nu \varphi_\lambda \end{aligned}$$

$$\partial_\mu \mathscr{L} = \frac{\partial \mathscr{L}}{\partial \varphi_\lambda} \partial_\mu \varphi_\lambda + \frac{\partial \mathscr{L}}{\partial\left(\partial_{\mu'} \varphi_\lambda\right)} \partial_\mu \partial_{\mu'} \varphi_\lambda$$

$$-g^{\mu\nu} \partial_\mu \mathscr{L} = \delta_{\mu\nu} \begin{cases} -\dfrac{\partial \mathscr{L}}{\partial \varphi_\lambda} \partial^0 \varphi_\lambda - \dfrac{\partial \mathscr{L}}{\partial\left(\partial_{\mu'} \varphi_\lambda\right)} \partial_{\mu'} \partial^0 \varphi_\lambda, & \nu = 0 \\ -\dfrac{\partial \mathscr{L}}{\partial \varphi_\lambda} \partial^i \varphi_\lambda - \dfrac{\partial \mathscr{L}}{\partial\left(\partial_{\mu'} \varphi_\lambda\right)} \partial_{\mu'} \partial^i \varphi_\lambda, & \nu = i = 1, 2, 3 \end{cases}$$

于是得到连续方程

$$\partial_\mu T^{\mu\nu} = 0 \tag{5.10.8}$$

4-动量被定义为

$$P^{\nu}=\int \mathrm{d}\vec{r}T^{0\nu} \tag{5.10.9}$$

再定义和广义坐标 φ_λ 相对应的共轭物理量 π_λ 为

$$\pi_\lambda\equiv\frac{\partial\mathscr{L}}{\partial\dot{\varphi}_\lambda} \tag{5.10.10}$$

其中，$\dot{\varphi}_\lambda=\dfrac{\partial\varphi_\lambda}{\partial t}$；$\pi_\lambda$ 为广义动量。然后，引入哈密顿密度 $\mathscr{H}$，并由式 (5.10.7) 可知

$$\mathscr{H}\equiv\pi_\lambda\dot{\varphi}_\lambda-\mathscr{L}=T^{00} \tag{5.10.11}$$

场的总能量为

$$E=P^0=H=\int \mathrm{d}\vec{r}\mathscr{H} \tag{5.10.12}$$

在式 (5.10.11) 中把 $\mathscr{L}$ 和 $\mathscr{H}$ 理解为 $\varphi_\sigma,\pi_\sigma$ 和 $\dot{\varphi}_\sigma$ 的函数，而 $\dot{\varphi}_\lambda$ 又是 φ_σ 和 π_σ 的函数。由式 (5.10.11) 可以求得

$$\frac{\partial\mathscr{H}}{\partial\pi_\sigma}=\dot{\varphi}_\sigma+\pi_\lambda\frac{\partial\dot{\varphi}_\lambda}{\partial\pi_\sigma}-\frac{\partial\mathscr{L}}{\partial\dot{\varphi}_\lambda}\frac{\partial\dot{\varphi}_\lambda}{\partial\pi_\sigma}=\dot{\varphi}_\sigma \tag{5.10.13}$$

利用式 (5.10.6) 又有

$$\begin{aligned}\frac{\partial\mathscr{H}}{\partial\varphi_\sigma}&=\pi_\lambda\frac{\partial\dot{\varphi}_\lambda}{\partial\varphi_\sigma}-\frac{\partial\mathscr{L}}{\partial\varphi_\sigma}-\frac{\partial\mathscr{L}}{\partial\dot{\varphi}_\lambda}\frac{\partial\dot{\varphi}_\lambda}{\partial\pi_\sigma}=-\frac{\partial\mathscr{L}}{\partial\varphi_\sigma}\\&=-\partial_\mu\left[\frac{\partial\mathscr{L}}{\partial\left(\partial_\mu\varphi_\sigma\right)}\right]=-\dot{\pi}_\sigma-\frac{\partial}{\partial x_i}\left[\frac{\partial\mathscr{L}}{\partial\left(\dfrac{\partial\varphi_\sigma}{\partial x_i}\right)}\right]\end{aligned} \tag{5.10.14}$$

$$\frac{\partial\mathscr{H}}{\partial\left(\dfrac{\partial\varphi_\sigma}{\partial x_i}\right)}=\pi_\lambda\frac{\partial\dot{\varphi}_\lambda}{\partial\left(\dfrac{\partial\varphi_\sigma}{\partial x_i}\right)}-\frac{\partial\mathscr{L}}{\partial\left(\dfrac{\partial\varphi_\sigma}{\partial x_i}\right)}-\frac{\partial\mathscr{L}}{\partial\dot{\varphi}_\lambda}\frac{\partial\dot{\varphi}_\lambda}{\partial\left(\dfrac{\partial\varphi_\sigma}{\partial x_i}\right)}=-\frac{\partial\mathscr{L}}{\partial\left(\dfrac{\partial\varphi_\sigma}{\partial x_i}\right)} \tag{5.10.15}$$

把式 (5.10.15) 代入式 (5.10.14) 可得

$$\dot{\pi}_\sigma=-\frac{\partial\mathscr{H}}{\partial\varphi_\sigma}+\frac{\partial}{\partial x_i}\left[\frac{\partial\mathscr{H}}{\partial\left(\dfrac{\partial\varphi_\sigma}{\partial x_i}\right)}\right] \tag{5.10.16}$$

式 (5.10.13) 和式 (5.10.16) 是场的哈密顿正则运动方程。

5.10.2 量子强子动力学中的拉格朗日密度 [2,68-74]

为了研究高温高密度系统，需要在相对论场论基础上引入强相互作用粒子，发展量子强子动力学模型。在 Walecka 模型 [69] 中，认为核子–核子相互作用是通过交换一个玻色子来实现的，其中包括多种介子和光子。引入以下拉氏密度

$$\mathscr{L} = \mathscr{L}_{\mathrm{N}} + \mathscr{L}_{\mathrm{M}} + \mathscr{L}_{\mathrm{int}} \tag{5.10.17}$$

其中，$\mathscr{L}_{\mathrm{N}}$ 和 $\mathscr{L}_{\mathrm{M}}$ 分别代表自由核子和自由介子的拉氏密度；$\mathscr{L}_{\mathrm{int}}$ 代表核子与介子之间相互作用的拉氏密度。自由核子的拉氏密度取为

$$\mathscr{L}_{\mathrm{N}} = \overline{\psi}_i \left(\mathrm{i}\gamma^\mu \partial_\mu - M\right) \psi_i \tag{5.10.18}$$

其中，ψ_i 是描述原子核中第 i 个核子的 Dirac 旋量场；M 是核子静止质量。在式 (5.10.18) 中包含了对 i 求和。利用分部积分便有

$$\overline{\psi}_i \mathrm{i}\gamma^\mu \partial_\mu \psi_i \rightarrow -\mathrm{i}\gamma^\mu \left(\partial_\mu \overline{\psi}_i\right) \psi_i$$

在式 (5.10.6) 中用 $\overline{\psi}_i$ 代替 φ_λ 便可以求得

$$\frac{\partial \mathscr{L}_{\mathrm{N}}}{\partial \overline{\psi}_i} = -M\psi_i \tag{5.10.19}$$

$$\partial_\mu \left(\frac{\partial \mathscr{L}_{\mathrm{N}}}{\partial\left(\partial_\mu \overline{\psi}_i\right)}\right) = -\mathrm{i}\gamma^\mu \partial_\mu \psi_i \tag{5.10.20}$$

利用拉氏方程 (5.10.6) 便得到

$$\left(\mathrm{i}\gamma^\mu \partial_\mu - M\right) \psi_i = 0 \tag{5.10.21}$$

这正是自由核子的 Dirac 方程式 (5.1.66)。

σ 介子是自旋等于零的电荷中性 (同位旋标量) 的标量介子，用于模拟核子之间的吸引作用。但是至今实验上并未证实存在 σ 介子。在式 (5.10.6) 中用 σ 代替 φ_λ，自由 σ 介子的拉氏密度取为

$$\mathscr{L}_\sigma = \frac{1}{2}\partial_\mu \sigma \partial^\mu \sigma - U(\sigma) \tag{5.10.22}$$

$$U(\sigma) = \frac{1}{2}m_\sigma^2 \sigma^2 + \frac{1}{3}g_2\sigma^3 + \frac{1}{4}g_3\sigma^4 \tag{5.10.23}$$

其中，m_σ 是 σ 介子静止质量；$U(\sigma)$ 的第二项和第三项是 σ 介子的非线性势；g_2 和 g_3 是 σ 介子自相互作用非线性项耦合常数。把 $g_2 = g_3 = 0$ 的无非线性项的标量介子的 $\mathscr{L}_\sigma$ 代入式 (5.10.11) 可得

$$\mathscr{H}_\sigma = \pi_\sigma^2 - \frac{1}{2}\pi_\sigma^2 + \frac{1}{2}\left(\vec{\nabla}\sigma\right)^2 + \frac{1}{2}m_\sigma^2\sigma^2$$

$$= \frac{1}{2}\left[\pi_{\sigma}^{2} + \left(\vec{\nabla}\sigma\right)^{2} + m_{\sigma}^{2}\sigma^{2}\right] \tag{5.10.24}$$

这就证明了无非线性项的标量介子的哈密顿密度总是正值。根据式 (5.1.55) 和式 (5.1.60) 可知 $\partial_{\mu}\partial^{\mu} = \partial^{\mu}\partial_{\mu}$，于是由式 (5.10.22) 和式 (5.10.23) 可以求得

$$\frac{\partial \mathscr{L}_{\sigma}}{\partial \sigma} = -m_{\sigma}^{2}\sigma - g_{2}\sigma^{2} - g_{3}\sigma^{3} \tag{5.10.25}$$

$$\partial_{\mu}\left(\frac{\partial \mathscr{L}_{\sigma}}{\partial\left(\partial_{\mu}\sigma\right)}\right) = \partial_{\mu}\partial^{\mu}\sigma \tag{5.10.26}$$

利用拉氏方程 (5.10.6) 便得到自由 σ 介子的方程为

$$\left(\partial_{\mu}\partial^{\mu} + m_{\sigma}^{2}\right)\sigma + g_{2}\sigma^{2} + g_{3}\sigma^{3} = 0 \tag{5.10.27}$$

把式 (5.1.65) 代入式 (5.1.6) 可以得到自由粒子的 Klein-Gordon(KG) 方程为

$$\left(\partial_{\mu}\partial^{\mu} + m_{0}^{2}\right)\psi = 0 \tag{5.10.28}$$

当 $g_{2} = g_{3} = 0$ 时，式 (5.10.27) 与式 (5.10.28) 是一致的。

ω 介子是自旋等于 1 的电荷中性 (同位旋标量) 的矢量介子，即场物理量 ω^{μ} 是 4 矢量。ω 介子被用来描述核子之间的短程排斥作用。自由 ω 介子的拉氏密度取为

$$\mathscr{L}_{\omega} = -\frac{1}{4}\Omega_{\mu\nu}\Omega^{\mu\nu} + \frac{1}{2}m_{\omega}^{2}\omega_{\mu}\omega^{\mu} + \frac{1}{4}C_{3}\left(\omega_{\mu}\omega^{\mu}\right)^{2} \tag{5.10.29}$$

其中，ω 介子的反对称化的场张量为

$$\Omega^{\mu\nu} = \partial^{\mu}\omega^{\nu} - \partial^{\nu}\omega^{\mu} \tag{5.10.30}$$

这里，m_{ω} 是 ω 介子静止质量；C_{3} 是非线性项常数。由式 (5.1.55) 和式 (5.1.60) 可知

$$\omega_{\mu}\omega^{\mu} = \omega^{\mu}\omega_{\mu}\ , \quad \Omega_{\mu\nu}\Omega^{\mu\nu} = \Omega^{\mu\nu}\Omega_{\mu\nu} \tag{5.10.31}$$

由式 (5.10.29) 和式 (5.10.30) 求得

$$\frac{\partial \mathscr{L}_{\omega}}{\partial \omega_{\nu}} = m_{\omega}^{2}\omega^{\nu} + C_{3}\left(\omega_{\mu}\omega^{\mu}\right)\omega^{\nu} \tag{5.10.32}$$

$$\partial_{\mu}\left(\frac{\partial \mathscr{L}_{\omega}}{\partial\left(\partial_{\mu}\omega_{\nu}\right)}\right) = -\partial_{\mu}\Omega^{\mu\nu} \tag{5.10.33}$$

在推导式 (5.10.33) 时，$\Omega_{\mu\nu}$ 的平方会出来一个 2，再出来的另一个 2 可用下式理解

$$\left[\frac{\partial \Omega_{\mu\nu}}{\partial\left(\partial_{1}\omega_{2}\right)}\right]\Omega^{\mu\nu} = \left[\frac{\partial\left(\partial_{1}\omega_{2} - \partial_{2}\omega_{1}\right)}{\partial\left(\partial_{1}\omega_{2}\right)}\right]\left(\partial^{1}\omega^{2} - \partial^{2}\omega^{1}\right)$$

$$+\left[\frac{\partial\left(\partial_2\omega_1-\partial_1\omega_2\right)}{\partial\left(\partial_1\omega_2\right)}\right]\left(\partial^2\omega^1-\partial^1\omega^2\right)$$
$$=\left(\partial^1\omega^2-\partial^2\omega^1\right)-\left(\partial^2\omega^1-\partial^1\omega^2\right)=2\Omega^{12}$$

于是利用式 (5.10.6) 得到的自由 ω 矢量介子的方程为

$$\partial_\mu\Omega^{\mu\nu}+m_\omega^2\omega^\nu+C_3\left(\omega_\mu\omega^\mu\right)\omega^\nu=0 \tag{5.10.34}$$

如果 $C_3=0$，则变成

$$\partial_\mu\Omega^{\mu\nu}+m_\omega^2\omega^\nu=0 \tag{5.10.35}$$

该式称为矢量粒子的 Proca 方程。对式 (5.10.35) 取散度可得 [9]

$$\partial_\nu\left(\partial_\mu\Omega^{\mu\nu}+m_\omega^2\omega^\nu\right)=\partial_\nu\partial_\mu\partial^\mu\omega^\nu-\partial_\nu\partial_\mu\partial^\nu\omega^\mu+m_\omega^2\partial_\nu\omega^\nu=0$$

由于对 μ,ν 都要进行求和，可以证明

$$\partial_\nu\partial_\mu\partial^\mu\omega^\nu-\partial_\nu\partial_\mu\partial^\nu\omega^\mu=\partial_\nu\partial_\mu\partial^\mu\omega^\nu-\partial_\mu\partial_\nu\partial^\mu\omega^\nu=0$$

于是对于质量 $m\neq0$ 的自由矢量粒子有以下关系式

$$\partial_\nu\omega^\nu=0 \tag{5.10.36}$$

该式称为矢量粒子的 Lorentz 规范。当有相互作用势时该式不一定成立。把式 (5.10.36) 代入式 (5.10.34) 和式 (5.10.35) 便得到

$$\left(\partial_\mu\partial^\mu+m_\omega^2\right)\omega^\nu+C_3\left(\omega_\mu\omega^\mu\right)\omega^\nu=0 \tag{5.10.37}$$

$$\left(\partial_\mu\partial^\mu+m_\omega^2\right)\omega^\nu=0 \tag{5.10.38}$$

式 (5.10.38) 就是矢量介子所满足的 KG 方程。

ρ 介子是自旋等于 1 的带电 (同位旋矢量) 的矢量介子，场物理量用 $\vec{\rho}^\mu$ 表示，其中，箭头代表在同位旋空间是三维矢量，可以带正电荷 (+)，不带电 (0) 和带负电荷 (−)。核子的同位旋空间是二维的，而 ρ 介子的同位旋空间是三维的。在拉氏密度中加入 ρ 介子是为了更好地描述同位旋效应。ρ 介子的拉氏密度取为 [2,70-72]

$$\mathscr{L}_\rho=-\frac{1}{4}\vec{R}_{\mu\nu}\cdot\vec{R}^{\mu\nu}+\frac{1}{2}m_\rho^2\vec{\rho}_\mu\cdot\vec{\rho}^\mu \tag{5.10.39}$$

其中

$$\vec{R}^{\mu\nu}=\partial^\mu\vec{\rho}^\nu-\partial^\nu\vec{\rho}^\mu-g_\rho\left(\vec{\rho}^\mu\times\vec{\rho}^\nu\right) \tag{5.10.40}$$

这里，m_ρ 是 ρ 介子静止质量。为了使 ρ 介子与同位旋矢量流相耦合，在式 (5.10.40) 中加入了非线性的 ρ 介子相互作用项，g_ρ 是 ρ 介子耦合常数。如果不加上该项，ρ

介子的场方程完全可以按推导 ω 介子方程的方式推导，所不同的是，ρ 介子是同位旋矢量介子。为此我们令 [2]

$$\vec{L}^{\mu\nu} = \partial^\mu \vec{\rho}^\nu - \partial^\nu \vec{\rho}^\mu \tag{5.10.41}$$

$$\mathscr{L}_\rho^0 = -\frac{1}{4}\vec{L}_{\mu\nu}\cdot\vec{L}^{\mu\nu} + \frac{1}{2}m_\rho^2\vec{\rho}_\mu\cdot\vec{\rho}^\mu \tag{5.10.42}$$

可以求得

$$\begin{aligned}\Delta\mathscr{L}_\rho &\equiv \mathscr{L}_\rho - \mathscr{L}_\rho^0\\ &= \frac{1}{4}g_\rho\left[\left(\vec{\rho}_\mu\times\vec{\rho}_\nu\right)\cdot\vec{L}^{\mu\nu} + \left(\vec{\rho}^\mu\times\vec{\rho}^\nu\right)\cdot\vec{L}_{\mu\nu} - g_\rho\left(\vec{\rho}_\mu\times\vec{\rho}_\nu\right)\cdot\left(\vec{\rho}^\mu\times\vec{\rho}^\nu\right)\right]\\ &= \frac{1}{4}g_\rho\left[-\left(\vec{\rho}_\nu\times\vec{\rho}_\mu\right)\cdot\vec{R}^{\mu\nu} + \left(\vec{\rho}^\mu\times\vec{\rho}^\nu\right)\cdot\vec{L}_{\mu\nu}\right]\end{aligned} \tag{5.10.43}$$

利用矢量公式 $\left(\vec{a}\times\vec{b}\right)\cdot\vec{c} = \vec{a}\cdot\left(\vec{b}\times\vec{c}\right)$，由上式可得

$$\Delta\mathscr{L}_\rho = \frac{1}{4}g_\rho\left[-\vec{\rho}_\nu\cdot\left(\vec{\rho}_\mu\times\vec{R}^{\mu\nu}\right) + \left(\vec{\rho}^\mu\times\vec{\rho}^\nu\right)\cdot\vec{L}_{\mu\nu}\right] \tag{5.10.44}$$

当把 $\Delta\mathscr{L}_\rho$ 代入拉氏方程 (5.10.6) 时，忽略掉以下各项的贡献

$$\left[\frac{\partial\left(\vec{\rho}^{\mu'}\times\vec{\rho}^{\nu'}\right)}{\partial\vec{\rho}_\nu}\right]\cdot\vec{L}_{\mu'\nu'}, \quad \vec{\rho}_{\nu'}\cdot\left[\frac{\partial\left(\vec{\rho}_{\mu'}\times\vec{R}^{\mu'\nu'}\right)}{\partial\vec{\rho}_\nu}\right], \quad \vec{\rho}_{\nu'}\cdot\left[\frac{\partial\left(\vec{\rho}_{\mu'}\times\vec{R}^{\mu'\nu'}\right)}{\partial\left(\partial_\mu\vec{\rho}_\nu\right)}\right]$$

于是可以求得

$$\frac{\partial\Delta\mathscr{L}_\rho}{\partial\vec{\rho}_\nu} = -\frac{1}{4}g_\rho\left(\vec{\rho}_\mu\times\vec{R}^{\mu\nu}\right) \tag{5.10.45}$$

$$\frac{\partial\Delta\mathscr{L}_\rho}{\partial\left(\partial_\mu\vec{\rho}_\nu\right)} = \frac{1}{2}g_\rho\left(\vec{\rho}^\mu\times\vec{\rho}^\nu\right) \tag{5.10.46}$$

参照式 (5.10.34) 可以写出 ρ 介子的场方程为

$$\partial_\mu\vec{L}^{\mu\nu} + m_\rho^2\vec{\rho}^\nu = g_\rho\left[\frac{1}{4}\left(\vec{\rho}_\mu\times\vec{R}^{\mu\nu}\right) + \frac{1}{2}\partial_\mu\left(\vec{\rho}^\mu\times\vec{\rho}^\nu\right)\right] \tag{5.10.47}$$

如果在式 (5.10.40) 中未包含非线性项，即在式 (5.10.47) 中令 $g_\rho = 0$，再利用矢量粒子的 Lorentz 规范 $\partial_\nu\vec{\rho}^\nu = 0$，便可把式 (5.10.47) 改写成

$$\left(\partial_\mu\partial^\mu + m_\rho^2\right)\vec{\rho}^\nu = 0 \tag{5.10.48}$$

这就是 ρ 介子所满足的 KG 方程。

π 介子是自旋等于零的带电 (同位旋矢量) 的赝标量介子，场物理量用 $\vec{\pi}$ 表示，其中，箭头表示 π 介子在同位旋空间中是三维矢量。同样为了考虑与同位旋矢量流耦合问题，对于 π 介子引入以下形式的拉氏密度 [2,70,71,74]

$$\mathscr{L}_\pi = \frac{1}{2}\vec{P}_\mu \cdot \vec{P}^\mu - \frac{1}{2}m_\pi^2 \vec{\pi} \cdot \vec{\pi} \tag{5.10.49}$$

$$\vec{P}^\mu = \partial^\mu \vec{\pi} - g_\rho \vec{\rho}^\mu \times \vec{\pi} \tag{5.10.50}$$

令

$$\mathscr{L}_\pi^0 = \frac{1}{2}\partial_\mu \vec{\pi} \cdot \partial^\mu \vec{\pi} - \frac{1}{2}m_\pi^2 \vec{\pi} \cdot \vec{\pi} \tag{5.10.51}$$

可以求得

$$\begin{aligned}
\Delta\mathscr{L}_\pi \equiv\ & \mathscr{L}_\pi - \mathscr{L}_\pi^0 \\
=\ & -\frac{1}{2}g_\rho \left[\left(\vec{\rho}_\mu \times \vec{\pi}\right) \cdot \partial^\mu \vec{\pi} + \left(\vec{\rho}^\mu \times \vec{\pi}\right) \cdot \partial_\mu \vec{\pi} - g_\rho \left(\vec{\rho}_\mu \times \vec{\pi}\right) \cdot \left(\vec{\rho}^\mu \times \vec{\pi}\right)\right] \\
=\ & -\frac{1}{2}g_\rho \left[-\left(\vec{\pi} \times \vec{\rho}_\mu\right) \cdot \vec{P}^\mu + \left(\vec{\rho}^\mu \times \vec{\pi}\right) \cdot \partial_\mu \vec{\pi}\right] \\
=\ & -\frac{1}{2}g_\rho \left[-\vec{\pi} \cdot \left(\vec{\rho}_\mu \times \vec{P}^\mu\right) + \left(\vec{\rho}^\mu \times \vec{\pi}\right) \cdot \partial_\mu \vec{\pi}\right]
\end{aligned} \tag{5.10.52}$$

当把 $\Delta\mathscr{L}_\pi$ 代入拉氏方程 (5.10.6) 时，忽略掉以下各项的贡献

$$\left[\frac{\partial\left(\vec{\rho}^\mu \times \vec{\pi}\right)}{\partial \vec{\pi}}\right] \cdot \partial_\mu \vec{\pi}\ , \quad \vec{\pi} \cdot \left[\frac{\partial\left(\vec{\rho}_{\mu'} \times \vec{P}^{\mu'}\right)}{\partial\left(\partial_\mu \vec{\pi}\right)}\right]$$

于是可以求得

$$\frac{\partial \Delta\mathscr{L}_\pi}{\partial \vec{\pi}} = \frac{1}{2}g_\rho \left(\vec{\rho}_\mu \times \vec{P}^\mu\right) \tag{5.10.53}$$

$$\frac{\partial \Delta\mathscr{L}_\pi}{\partial\left(\partial_\mu \vec{\pi}\right)} = -\frac{1}{2}g_\rho \left(\vec{\rho}^\mu \times \vec{\pi}\right) \tag{5.10.54}$$

参照式 (5.10.28) 和式 (5.10.47)，再注意到在式 (5.10.42) 与式 (5.10.51) 中 m^2 项符号的差别，可以写出 π 介子的场方程为

$$\left(\partial_\mu \partial^\mu + m_\pi^2\right) \vec{\pi} = g_\rho \left[\frac{1}{2}\left(\vec{\rho}_\mu \times \vec{P}^\mu\right) + \frac{1}{2}\partial_\mu \left(\vec{\rho}^\mu \times \vec{\pi}\right)\right] \tag{5.10.55}$$

如果在式 (5.10.50) 中未包含非线性项，即在式 (5.10.55) 中令 $g_\rho = 0$，便可把式 (5.10.55) 改写成

$$\left(\partial_\mu \partial^\mu + m_\pi^2\right) \vec{\pi} = 0 \tag{5.10.56}$$

这就是 π 介子所满足的 KG 方程。

电磁场是自旋等于 1、质量等于零的矢量场，并用 A^{μ} 表示，$A=(A^0,A^1,A^2,A^3)=\left(\phi,\vec{A}\right)$，$\vec{A}$ 为三维矢量势，ϕ 代表标量势。自由电磁场的拉氏密度取为

$$\mathscr{L}_A=-\frac{1}{4}F_{\mu\nu}F^{\mu\nu} \tag{5.10.57}$$

$$F^{\mu\nu}=\partial^{\mu}A^{\nu}-\partial^{\nu}A^{\mu} \tag{5.10.58}$$

由拉氏方程 (5.10.6) 可以求得

$$\partial_{\mu}F^{\mu\nu}=0 \tag{5.10.59}$$

自由电磁场满足由式 (5.10.59) 给出的 Lorentz 规范

$$\partial_{\nu}A^{\nu}=0 \tag{5.10.60}$$

于是可把式 (5.10.59) 改写成

$$\partial_{\mu}\partial^{\mu}A^{\nu}=0 \tag{5.10.61}$$

核子与 σ, ω, ρ, π 介子及电磁场之间相互作用的拉氏密度可分别取为

$$\mathscr{L}_{\text{int},\sigma}=-g_{\sigma}\overline{\psi}_i\sigma\psi_i \tag{5.10.62}$$

$$\mathscr{L}_{\text{int},\omega}=-g_{\omega}\overline{\psi}_i\gamma^{\mu}\omega_{\mu}\psi_i-\frac{f_{\omega}}{4M}\overline{\psi}_i\sigma^{\mu\nu}\varOmega_{\mu\nu}\psi_i \tag{5.10.63}$$

$$\mathscr{L}_{\text{int},\rho}=-g_{\rho}\overline{\psi}_i\gamma^{\mu}\vec{\tau}\cdot\vec{\rho}_{\mu}\psi_i-\frac{f_{\rho}}{4M}\overline{\psi}_i\sigma^{\mu\nu}\vec{\tau}\cdot\vec{L}_{\mu\nu}\psi_i \tag{5.10.64}$$

其中，$\sigma^{\mu\nu}$ 已由式 (5.7.57) 给出；$\varOmega_{\mu\nu}$ 和 $\vec{L}_{\mu\nu}$ 已分别由式 (5.10.30) 和式 (5.10.41) 给出；$\vec{\tau}$ 是核子的 Pauli 同位旋矩阵；式 (5.10.63) 和式 (5.10.64) 的第一项代表矢量耦合，第二项代表张量耦合；f_{ω} 和 f_{ρ} 是张量耦合常数。

$$\mathscr{L}_{\text{int},\pi}=-\mathrm{i}g_{\pi}\overline{\psi}_i\gamma^5\vec{\tau}\cdot\vec{\pi}\psi_i-\frac{f_{\pi}}{m_{\pi}}\overline{\psi}_i\gamma^5\gamma^{\mu}\left(\vec{\tau}\cdot\partial_{\mu}\vec{\pi}\right)\psi_i \tag{5.10.65}$$

其中，第一项代表赝标量 (ps) 耦合；第二项代表轴矢量 (pv) 耦合。

$$\mathscr{L}_{\text{int},A}=-e\overline{\psi}_i\gamma^{\mu}\frac{1-\tau_3}{2}A_{\mu}\psi_i \tag{5.10.66}$$

对于中子，$\tau_3=1$，对于质子，$\tau_3=-1$，e 是质子电荷。

5.10.3　相对论平均场方程

把在前面所引入的相互作用拉氏密度代入拉氏方程 (5.10.6)，并把所得到的结果合并到相应的自由场方程中去，于是核子的 Dirac 方程 (5.10.21) 变成

$$\left[\gamma^{\mu}\left(\mathrm{i}\partial_{\mu}-V_{\mu}\right)-(M+S)-\sigma^{\mu\nu}T_{\mu\nu}\right]\psi_{i}=0 \tag{5.10.67}$$

其中

$$S\left(x\right)=g_{\sigma}\sigma\left(x\right)+\mathrm{i}g_{\pi}\gamma^{5}\vec{\tau}\cdot\vec{\pi}\left(x\right) \tag{5.10.68}$$

上式右端第一项是标量场，第二项是与同位旋有关的赝标量场，x 代表发生相互作用的顶角时空位置。

$$V_{\mu}\left(x\right)=g_{\omega}\omega_{\mu}\left(x\right)+g_{\rho}\vec{\tau}\cdot\vec{\rho}_{\mu}\left(x\right)+\frac{f_{\pi}}{m_{\pi}}\gamma^{5}\vec{\tau}\cdot\partial_{\mu}\vec{\pi}\left(x\right)+e\frac{1-\tau_{3}}{2}A_{\mu}\left(x\right) \tag{5.10.69}$$

上式右端第一项为矢量项，第二项是与同位旋有关的矢量场，第三项是与同位旋有关的轴矢量场，第四项是库仑势。

$$T_{\mu\nu}\left(x\right)=\frac{f_{\omega}}{4M}G_{\mu\nu}\left(x\right)+\frac{f_{\rho}}{4M}\vec{\tau}\cdot L_{\mu\nu}\left(x\right) \tag{5.10.70}$$

上式右端第一项是张量场，第二项是与同位旋有关的张量场。

σ 介子的方程 (5.10.27) 变成

$$\left(\partial_{\mu}\partial^{\mu}+m_{\sigma}^{2}\right)\sigma=-g_{\sigma}\rho_{\mathrm{S}}-g_{2}\sigma^{2}-g_{3}\sigma^{3} \tag{5.10.71}$$

其中

$$\rho_{\mathrm{S}}\left(x\right)=\sum_{i=1}^{A}\overline{\psi}_{i}\left(x\right)\psi_{i}\left(x\right) \tag{5.10.72}$$

$\rho_{\mathrm{S}}\left(x\right)$ 是核子标量密度。

ω 介子的方程 (5.10.34) 变成

$$\partial_{\mu}\Omega^{\mu\nu}+m_{\omega}^{2}\omega^{\nu}=g_{\omega}j^{\nu}-\frac{f_{\omega}}{2M}t^{\nu}-C_{3}\left(m_{\omega}\omega^{\mu}\right)\omega^{\nu} \tag{5.10.73}$$

其中

$$j^{\nu}\left(x\right)=\sum_{i=1}^{A}\overline{\psi}_{i}\left(x\right)\gamma^{\nu}\psi_{i}\left(x\right) \tag{5.10.74}$$

$$t^{\nu}\left(x\right)=\sum_{i=1}^{A}\partial_{\mu}\left(\overline{\psi}_{i}\left(x\right)\sigma^{\mu\nu}\psi_{i}\left(x\right)\right) \tag{5.10.75}$$

j^{ν} 是核子流密度，并有 $j=(j^0,j^1,j^2,j^3)=\left(\rho_{\mathrm{B}},\vec{j}\right)$，这里

$$\rho_{\mathrm{B}}(x)=\sum_{i=1}^{A}\psi_i^{+}(x)\,\psi_i(x) \tag{5.10.76}$$

ρ_{B} 是通常的核子密度，与由式 (5.10.72) 给出的核子标量密度 ρ_{S} 是不同的。t^{ν} 称为核子张量流密度。

ρ 介子的方程 (5.10.47) 变成

$$\partial_{\mu}\vec{L}^{\mu\nu}+m_{\rho}^2\vec{\rho}^{\nu}=g_{\rho}\left[\vec{j}_{\tau}^{\,\nu}+\frac{1}{4}\left(\vec{\rho}_{\mu}\times\vec{R}^{\mu\nu}\right)+\frac{1}{2}\partial_{\mu}\left(\vec{\rho}^{\mu}\times\vec{\rho}^{\nu}\right)\right]-\frac{f_{\rho}}{2M}\vec{t}_{\tau}^{\,\nu} \tag{5.10.77}$$

其中

$$\vec{j}_{\tau}^{\,\nu}(x)=\sum_{i=1}^{A}\overline{\psi}_i(x)\,\gamma^{\nu}\vec{\tau}\psi_i(x) \tag{5.10.78}$$

$$\vec{t}_{\tau}^{\,\nu}(x)=\sum_{i=1}^{A}\partial_{\mu}\left(\overline{\psi}_i(x)\,\sigma^{\mu\nu}\vec{\tau}\psi_i(x)\right) \tag{5.10.79}$$

$\vec{j}_{\tau}^{\,\nu}$ 是核子同位旋矢量流密度矢量，$\vec{t}_{\tau}^{\,\nu}$ 是核子同位旋张量流密度矢量。在取 $f_{\rho}=0$ 和不考虑 π 介子的情况下，如果在式 (5.10.40) 中不加入与 g_{ρ} 有关的非线性项，在式 (5.10.77) 的右端也就不会出现与 g_{ρ} 有关的第二项和第三项，如果初始态同位旋矢量流 $\vec{j}_{\tau}^{\,\nu}$ 为 0，这时会得到 ρ 介子场 $\vec{\rho}^{\nu}=0$，在核子方程 (5.10.67) 和式 (5.10.69) 中，g_{ρ} 项也就无贡献，因而不能促使核子产生同位旋矢量流，相当于 ρ 介子场不起作用。这就是要在式 (5.10.40) 中加入与 g_{ρ} 有关的非线性项的原因。

π 介子的方程 (5.10.55) 变成

$$\left(\partial_{\mu}\partial^{\mu}+m_{\pi}^2\right)\vec{\pi}=-\mathrm{i}g_{\pi}\vec{\rho}_{\mathrm{ps}}+\frac{f_{\pi}}{m_{\pi}}\vec{\rho}_{\mathrm{pv}}+g_{\rho}\left[\frac{1}{2}\left(\vec{\rho}_{\mu}\times\vec{P}^{\mu}\right)+\frac{1}{2}\partial_{\mu}\left(\vec{\rho}^{\mu}\times\vec{\pi}\right)\right] \tag{5.10.80}$$

其中

$$\vec{\rho}_{\mathrm{ps}}(x)=\sum_{i=1}^{A}\overline{\psi}_i(x)\,\gamma^5\vec{\tau}\psi_i(x) \tag{5.10.81}$$

$$\vec{\rho}_{\mathrm{pv}}(x)=\sum_{i=1}^{A}\partial_{\mu}\left(\overline{\psi}_i(x)\,\gamma^5\gamma^{\mu}\vec{\tau}\psi_i(x)\right) \tag{5.10.82}$$

$\vec{\rho}_{\mathrm{ps}}$ 是核子赝标量密度矢量，$\vec{\rho}_{\mathrm{pv}}$ 是核子轴矢量密度矢量。式 (5.10.80) 中的 g_{ρ} 项是由非线性项产生的，而且可以看出 π 介子与 ρ 介子是耦合的。

电磁场的方程式 (5.10.59) 变成

$$\partial_{\mu}F^{\mu\nu}=ej_{\mathrm{p}}^{\nu} \tag{5.10.83}$$

其中

$$j_{\mathrm{p}}^{\nu}(x)=\sum_{i=1}^{A}\overline{\psi}_i(x)\gamma^{\nu}\frac{1-\tau_3}{2}\psi_i(x) \tag{5.10.84}$$

j_{p}^{ν} 是质子流密度。

一般情况下我们只研究原子核的静态性质。可以假设介子场和光子场是静态的经典场，核子则在经典场中做独立运动，这就形成了相对论平均场理论。

原子核中 A 个核子都是处在 Dirac 海以上的正能核子，因而可以说上述理论是在不考虑 Dirac 海中负能核子的前提下建立的。如果要考虑 Dirac 海效应，也就是考虑真空极化，对理论要进行重整化。当考虑真空极化时拉格朗日密度会有一定变化 [74-77]。但是，前面所介绍的是包含多个参数的有效理论，在通过符合实验数据确定参数时，可以考虑大部分真空极化效应，因而无海近似下的相对论平均场理论仍然具有相当大的实用价值。

5.11　零温相对论格林函数理论

用 $|\Psi_0\rangle$ 代表无相互作用的多核子系基态，代表在费米动量 k_{F} 之下充满了核子，但是没有反核子，而且不包含自由介子。

5.11.1　自旋为 0 的中性标量玻色子的传播子 [2,67]

把式 (5.1.65) 代入式 (5.1.6) 或者由式 (5.10.28) 可知自由的 σ 标量介子的波函数 $\sigma\left(\vec{x},t\right)$ 所满足的 Klein-Gorden 方程为

$$\left(\partial_\mu\partial^\mu+m_\sigma^2\right)\sigma\left(\vec{x},t\right)=0 \tag{5.11.1}$$

在 $g_2=g_3=0$ 的情况下，由式 (5.10.22) 和式 (5.10.23) 可得

$$\mathscr{L}_\sigma=\frac{1}{2}\partial_\mu\sigma\partial^\mu\sigma-\frac{1}{2}m_\sigma^2\sigma^2 \tag{5.11.2}$$

σ 称为广义坐标，由式 (5.10.10) 可以求得广义动量为

$$\pi\equiv\frac{\partial\mathscr{L}_\sigma}{\partial\dot{\sigma}}=\dot{\sigma} \tag{5.11.3}$$

利用式 (5.10.11) 和式 (5.11.2) 可以写出

$$\mathscr{H}_\sigma=\pi^2-\mathscr{L}_\sigma=\pi^2-\frac{1}{2}\partial_\mu\sigma\partial^\mu\sigma+\frac{1}{2}m_\sigma^2\sigma^2=\frac{1}{2}\left[\left(\vec{\nabla}\sigma\right)\cdot\left(\vec{\nabla}\sigma\right)+\pi^2+m_\sigma^2\sigma^2\right] \tag{5.11.4}$$

根据式 (5.10.13) 和式 (5.10.16) 可以得到下列正则运动方程

$$\frac{\partial\sigma}{\partial t}=\pi\,,\quad \frac{\partial\pi}{\partial t}=\vec{\nabla}^2\sigma-m_\sigma^2\sigma \tag{5.11.5}$$

在 $t=t'$ 时，引进如下等时对易关系

$$\left[\sigma\left(\vec{x},t\right),\pi\left(\vec{x}',t\right)\right]=\mathrm{i}\delta\left(\vec{x}-\vec{x}'\right) \tag{5.11.6}$$

此式与式 (4.2.77) 相类似，这是通常的玻色子量子化规则。

方程 (5.11.1) 的最简单的本征函数是平面波解。为了便于讨论，我们假定把场限定在一个体积为 $V=L^3$ 的一个大的立方形盒子内，并且具有以下周期性边界条件

$$k_i=\frac{2\pi n_i}{L}\ ,\quad i=1,2,3\ ;\quad n_i=0,\pm1,\pm2,\cdots \tag{5.11.7}$$

并可把 σ 和 π 写成如下的叠加式

$$\sigma=\frac{1}{\sqrt{V}}\sum_{\vec{k}}q_{\vec{k}}\mathrm{e}^{\mathrm{i}\vec{k}\cdot\vec{x}}\ ,\quad \pi=\frac{1}{\sqrt{V}}\sum_{\vec{k}}p_{\vec{k}}\mathrm{e}^{-\mathrm{i}\vec{k}\cdot\vec{x}} \tag{5.11.8}$$

由于 σ 和 π 是厄米算符，因而有

$$q_{-\vec{k}}=q^{+}_{\vec{k}}\ ,\quad p_{-\vec{k}}=p^{+}_{\vec{k}} \tag{5.11.9}$$

$q_{\vec{k}}$ 和 $p_{\vec{k}}$ 都是时间函数。可将式 (5.11.8) 改写成

$$q_{\vec{k}}=\frac{1}{\sqrt{V}}\int\mathrm{d}\vec{x}\sigma\mathrm{e}^{-\mathrm{i}\vec{k}\cdot\vec{x}}\ ,\quad p_{\vec{k}}=\frac{1}{\sqrt{V}}\int\mathrm{d}\vec{x}\pi\mathrm{e}^{\mathrm{i}\vec{k}\cdot\vec{x}} \tag{5.11.10}$$

由式 (5.11.6) 和式 (5.11.10) 可以得到如下对易关系

$$\left[q_{\vec{k}},p_{\vec{k}'}\right]=\mathrm{i}\delta_{\vec{k}\vec{k}'} \tag{5.11.11}$$

将式 (5.11.8) 代入式 (5.11.5)，然后再与式 (5.11.8) 进行对比，并注意到 σ 和 π 均为实数，于是可得

$$\frac{\mathrm{d}q_{\vec{k}}}{\mathrm{d}t}=p^{+}_{\vec{k}}\ ,\quad \frac{\mathrm{d}p_{\vec{k}}}{\mathrm{d}t}=-\omega_k^2q^{+}_{\vec{k}} \tag{5.11.12}$$

$$\omega_k^2\equiv m_\sigma^2+k^2 \tag{5.11.13}$$

式 (5.11.13) 代表 σ 介子是在壳 (On-Shell) 的。还可以看出以不同的 $\vec{k}$ 标志的不同自由度的运动是完全可以分开的。

从式 (5.11.12) 可以看出，$q_{\vec{k}},q^{+}_{\vec{k}},p_{\vec{k}},p^{+}_{\vec{k}}$ 都是 $\mathrm{e}^{-\mathrm{i}\omega_kt}$ 和 $\mathrm{e}^{\mathrm{i}\omega_kt}$ 的叠加。我们将 $q_{\vec{k}}$ 按以下方式进行量子化

$$q_{\vec{k}}=\frac{1}{\sqrt{2\omega_k}}\left(c_{\vec{k}}\mathrm{e}^{-\mathrm{i}\omega_kt}+c^{+}_{-\vec{k}}\mathrm{e}^{\mathrm{i}\omega_kt}\right) \tag{5.11.14}$$

其中，$c^+_{-\vec{k}}$ 和 $c_{\vec{k}}$ 分别为 σ 介子产生算符和湮灭算符。由式 (5.11.12)、式 (5.11.9) 和式 (5.11.14) 可以求得

$$p_{\vec{k}} = -\mathrm{i}\sqrt{\frac{\omega_k}{2}}\left(c_{-\vec{k}}\mathrm{e}^{-\mathrm{i}\omega_k t} - c^+_{\vec{k}}\mathrm{e}^{\mathrm{i}\omega_k t}\right) \tag{5.11.15}$$

由式 (5.11.14) 和式 (5.11.15) 进而求得

$$c_{\vec{k}} = \left(\sqrt{\frac{\omega_k}{2}}q_{\vec{k}} + \mathrm{i}\frac{1}{\sqrt{2\omega_k}}p_{-\vec{k}}\right)\mathrm{e}^{\mathrm{i}\omega_k t}, \quad c^+_{\vec{k}} = \left(\sqrt{\frac{\omega_k}{2}}q_{-\vec{k}} - \mathrm{i}\frac{1}{\sqrt{2\omega_k}}p_{\vec{k}}\right)\mathrm{e}^{-\mathrm{i}\omega_k t} \tag{5.11.16}$$

把式 (5.11.16) 代入式 (5.11.11) 可以得到如下对易关系

$$\left[c_{\vec{k}}, c^+_{\vec{k}}\right] = \delta_{\vec{k}\vec{k}'} \tag{5.11.17}$$

其余各对算符都可以相互对易。式 (5.11.14) 前边系数的选法可以确保能得到对易关系式 (5.11.17)。

由于 σ 是实数，由式 (5.11.8) 和式 (5.11.14) 可以求得

$$\begin{aligned}\sigma(x) &= \frac{1}{\sqrt{V}}\sum_{\vec{k}}\frac{1}{\sqrt{2\omega_k}}\left(c_{\vec{k}}\mathrm{e}^{-\mathrm{i}\omega_k t} + c^+_{-\vec{k}}\mathrm{e}^{\mathrm{i}\omega_k t}\right)\mathrm{e}^{\mathrm{i}\vec{k}\cdot\vec{x}} \\ &= \frac{1}{\sqrt{V}}\sum_{\vec{k}}\frac{1}{\sqrt{2\omega_k}}\left(c_{\vec{k}}\mathrm{e}^{-\mathrm{i}k_\mu x^\mu} + c^+_{\vec{k}}\mathrm{e}^{\mathrm{i}k_\mu x^\mu}\right)\end{aligned} \tag{5.11.18}$$

其中，$k_\mu x^\mu = k_0 t - \vec{k}\cdot\vec{x}$，在在壳情况下有 $k_0 = \omega_k \equiv \left(k^2 + m_\sigma^2\right)^{1/2}$。

注意到 $|\Psi_0\rangle$ 是 σ 介子的真空态，中性自由的标量介子 σ 的零级格林函数的定义为

$$\mathrm{i}\Delta^0(x, x') = \langle\Psi_0|\,\mathrm{T}\{\sigma(x)\sigma(x')\}\,|\Psi_0\rangle \tag{5.11.19}$$

其中，$\mathrm{T}\{\cdots\}$ 代表 $\{\cdots\}$ 的编时乘积。于是有

$$\mathrm{i}\Delta^0(x, x') = \langle\Psi_0|\,\sigma(x)\sigma(x')\,|\Psi_0\rangle\,\theta(t - t') + \langle\Psi_0|\,\sigma(x')\sigma(x)\,|\Psi_0\rangle\,\theta(t' - t) \tag{5.11.20}$$

注意到，对于所有 $\vec{k}$ 都有 $c_{\vec{k}}|\Psi_0\rangle = 0$, $\langle\Psi_0|c^+_{\vec{k}} = 0$，利用式 (5.11.18) 可得

$$\begin{aligned}\langle\Psi_0|\,\sigma(x)\sigma(x')\,|\Psi_0\rangle = &\frac{1}{V}\sum_{\vec{k}\vec{k}'}\frac{1}{2\sqrt{\omega_k\omega_{k'}}}\langle\Psi_0|\left(c_{\vec{k}}\mathrm{e}^{-\mathrm{i}k_\mu x^\mu} + c^+_{\vec{k}}\mathrm{e}^{\mathrm{i}k_\mu x^\mu}\right) \\ &\times\left(c_{\vec{k}'}\mathrm{e}^{-\mathrm{i}k'_\mu x'^\mu} + c_{\vec{k}'} + \mathrm{e}^{\mathrm{i}k'_\mu x'^\mu}\right)|\Psi_0\rangle\end{aligned}$$

$$
= \frac{1}{V} \sum_{\vec{k}} \frac{1}{2\omega_k} \mathrm{e}^{-\mathrm{i}k_\mu (x-x')^\mu} \tag{5.11.21}
$$

用同样方法可得

$$
\langle \Psi_0 | \sigma(x') \sigma(x) | \Psi_0 \rangle = \frac{1}{V} \sum_{\vec{k}} \frac{1}{2\omega_k} \mathrm{e}^{\mathrm{i}k_\mu (x-x')^\mu} \tag{5.11.22}
$$

由式 (5.11.7) 可知

$$
\Delta k_i = \frac{2\pi}{L} \Delta n_i\ , \quad \Delta n_i = 1\ ; \quad i = 1, 2, 3 \tag{5.11.23}
$$

于是有

$$
\frac{1}{V} \sum_{\vec{k}} = \frac{1}{V} \sum_{\vec{k}} \Delta n_1 \Delta n_2 \Delta n_3 = \frac{L^3}{V} \frac{1}{(2\pi)^3} \sum_{\vec{k}} \Delta k_1 \Delta k_2 \Delta k_3 \tag{5.11.24}
$$

当 $V \to \infty$, $\Delta k_i \to 0$ 时便有 [9]

$$
\frac{1}{V} \sum_{\vec{k}} \to \frac{1}{(2\pi)^3} \int \mathrm{d}\vec{k} \tag{5.11.25}
$$

把式 (5.11.21)、式 (5.11.22) 和式 (5.11.25) 代入式 (5.11.20) 可得

$$
\begin{aligned}
\mathrm{i}\Delta^0(x, x') &= \frac{1}{V} \sum_{\vec{k}} \frac{1}{2\omega_k} \left[\mathrm{e}^{-\mathrm{i}k_\mu (x-x')^\mu} \theta(t-t') + \mathrm{e}^{\mathrm{i}k_\mu (x-x')^\mu} \theta(t'-t) \right] \\
&= \frac{1}{(2\pi)^3} \int \mathrm{d}\vec{k} \mathrm{e}^{\mathrm{i}\vec{k} \cdot (\vec{x} - \vec{x}')} \frac{1}{2\omega_k} \left[\mathrm{e}^{-\mathrm{i}\omega_k (t-t')} \theta(t-t') + \mathrm{e}^{\mathrm{i}\omega_k (t-t')} \theta(t'-t) \right]
\end{aligned} \tag{5.11.26}
$$

又由于

$$
\theta(t-t') + \theta(t'-t) = 1 \tag{5.11.27}
$$

再利用式 (5.11.13) 可以写出

$$
\begin{aligned}
I &\equiv \frac{1}{2\pi\mathrm{i}} \int \frac{\mathrm{e}^{-\mathrm{i}k_0 (t-t')}}{k_\mu k^\mu - m_\sigma^2 + \mathrm{i}\varepsilon} \mathrm{d}k_0 = \frac{1}{2\pi\mathrm{i}} \int \frac{\mathrm{e}^{-\mathrm{i}k_0 (t-t')}}{k_0^2 - \omega_k^2 + \mathrm{i}\varepsilon} \mathrm{d}k_0 \\
&= \frac{1}{2\pi\mathrm{i}} \int \frac{\mathrm{e}^{-\mathrm{i}k_0 (t-t')}}{(k_0 - \omega_k + \mathrm{i}\varepsilon)(k_0 + \omega_k - \mathrm{i}\varepsilon)} \left[\theta(t-t') + \theta(t'-t) \right] \mathrm{d}k_0
\end{aligned} \tag{5.11.28}
$$

其中，k_0 相当于离壳 (Off-Shell) 能量。

在由式 (5.11.28) 给出的积分中在上、下半平面各有一个极点 (图 5.3)，利用留数定理，对 $\theta(t-t')$ 和 $\theta(t'-t)$ 项分别在下半平面和上半平面进行积分，于是得到

$$
I = -\frac{1}{2\omega_k} \left[\mathrm{e}^{-\mathrm{i}\omega_k (t-t')} \theta(t-t') + \mathrm{e}^{\mathrm{i}\omega_k (t-t')} \theta(t'-t) \right] \tag{5.11.29}
$$

利用式 (5.11.28) 和式 (5.11.29) 便可把式 (5.11.26) 改写成

$$\mathrm{i}\varDelta^0(x,x') = \mathrm{i}\int \frac{\mathrm{d}^4 k}{(2\pi)^4}\frac{\mathrm{e}^{-\mathrm{i}k_\mu(x-x')^\mu}}{k_\mu k^\mu - m_\sigma^2 + \mathrm{i}\varepsilon} \tag{5.11.30}$$

在上式中只有对 k_0 积分有极值。从傅里叶变换关系可以看出

$$\varDelta^0(k) = \frac{1}{k_\mu k^\mu - m_\sigma^2 + \mathrm{i}\varepsilon} \tag{5.11.31}$$

这就是自旋为 0 的中性标量玻色子在动量空间的传播子。

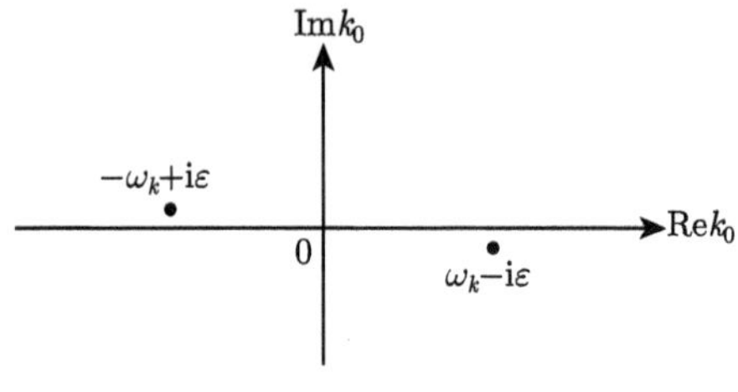

图 5.3　积分极点

5.11.2　自旋为 $\frac{1}{2}$ 的费米子的传播子 [2,6-8]

式 (5.1.66) 或式 (5.10.21) 已给出自由核子的 Dirac 方程为

$$(\mathrm{i}\gamma^\mu\partial_\mu - M)\psi = 0 \tag{5.11.32}$$

其中，M 为核子静止质量。式 (5.10.18) 已给出所对应的拉氏密度为

$$\mathscr{L} = \overline{\psi}(\mathrm{i}\gamma^\mu\partial_\mu - M)\psi \tag{5.11.33}$$

由于旋量场 ψ 是复数，所以 $\psi(x)$ 和 $\overline{\psi}(x)$ 是独立变量。把 ψ 看成广义坐标，由式 (5.10.10) 可以求得广义动量为

$$\varPi = \frac{\partial\mathscr{L}}{\partial\dot{\psi}} = \mathrm{i}\psi^+ \tag{5.11.34}$$

利用式 (5.10.11) 可以求得

$$\mathscr{H} = \psi^+\left(-\mathrm{i}\vec{\alpha}\cdot\vec{\nabla} + \beta M\right)\psi = \psi^+\mathrm{i}\frac{\partial}{\partial t}\psi \tag{5.11.35}$$

在 $t = t'$ 时引进如下的等时反对易关系

$$\left\{\psi_\alpha\left(\vec{x},t\right), \psi_\beta^+\left(\vec{x}',t\right)\right\} = \delta_{\alpha\beta}\delta\left(\vec{x} - \vec{x}'\right) \tag{5.11.36}$$

其余各对旋量场之间都可以相互反对易。

由式 (5.1.80)、式 (5.1.86)、式 (5.1.93) 和式 (5.1.94) 可以写出自由核子 Dirac 方程的正能解及负能解，分别为

$$\psi^{(+)}(x) = \mathrm{e}^{-\mathrm{i}k_\mu x^\mu} u(k) \tag{5.11.37}$$

$$u(k) = \sqrt{\frac{E+M}{2M}} \begin{pmatrix} \chi \\ \dfrac{\hat{\sigma}\cdot\vec{k}}{E+M}\chi \end{pmatrix} \tag{5.11.38}$$

$$\psi^{(-)}(x) = \mathrm{e}^{\mathrm{i}k_\mu x^\mu} v(k) \tag{5.11.39}$$

$$v(k) = \sqrt{\frac{E+M}{2M}} \begin{pmatrix} \dfrac{\hat{\sigma}\cdot\vec{k}}{E+M}\chi \\ \chi \end{pmatrix} \tag{5.11.40}$$

其中，$\chi_1 = \begin{pmatrix} 1 \\ 0 \end{pmatrix}, \chi_2 = \begin{pmatrix} 0 \\ 1 \end{pmatrix}$。$u(k)$ 和 $v(k)$ 均为四分量矢量，并满足由式 (5.1.91) 给出的正交归一化关系式

$$\overline{u}^{(s)}(k)\,u^{(s')}(k) = \delta_{ss'}\,, \quad \overline{v}^{(s)}(k)\,v^{(s')}(k) = -\delta_{ss'}$$

$$\overline{v}^{(s)}(k)\,u^{(s')}(k) = \overline{u}^{(s)}(k)\,v^{(s')}(k) = 0 \tag{5.11.41}$$

其中，s 和 s' 代表自旋。把式 (5.11.37) 代入式 (5.11.32) 可得

$$\left[\mathrm{i}\gamma^0(-\mathrm{i}E) + \mathrm{i}\gamma^j(\mathrm{i}k_j) - M\right]u(k) = \left[\gamma^0 E - \vec{\gamma}\cdot\vec{k} - M\right]u(k) = 0$$

于是得到

$$\left(\gamma^\mu \overline{k}_\mu - M\right)u(k) = 0\,, \quad \gamma^\mu \overline{k}_\mu \equiv \gamma^0 E - \vec{\gamma}\cdot\vec{k} \tag{5.11.42}$$

把式 (5.11.39) 代入式 (5.11.32) 可得

$$\left(\gamma^\mu \overline{k}_\mu + M\right)v(k) = 0 \tag{5.11.43}$$

由式 (5.1.57) 和式 (5.1.59) 可得

$$(\gamma^\mu)^+ = \gamma^0\gamma^\mu\gamma^0 \tag{5.11.44}$$

再对式 (5.11.42) 取复数共轭可得

$$u^+(k)\left(\gamma^0\gamma^\mu\gamma^0\overline{k}_\mu - \gamma^0 M\gamma^0\right) = 0$$

即

$$\overline{u}(k)\left(\gamma^{\mu}\overline{k}_{\mu}-M\right)=0 \tag{5.11.45}$$

同理可得

$$\overline{v}(k)\left(\gamma^{\mu}\overline{k}_{\mu}+M\right)=0 \tag{5.11.46}$$

在粒子静止系，$\overline{k}_{\mu}=(M,0)$，式 (5.11.42) 和式 (5.11.43) 化成 [8]

$$\left(\gamma^{0}-1\right)u(M,0)=0\,,\quad \left(\gamma^{0}+1\right)v(M,0)=0 \tag{5.11.47}$$

从式 (5.1.85)、式 (5.1.90) 和式 (5.1.92) 可以直接看出

$$\begin{gathered}
u^{(1)}(M,0)=\begin{pmatrix}1\\0\\0\\0\end{pmatrix},\quad u^{(2)}(M,0)=\begin{pmatrix}0\\1\\0\\0\end{pmatrix}\\
v^{(1)}(M,0)=\begin{pmatrix}0\\0\\1\\0\end{pmatrix},\quad v^{(2)}(M,0)=\begin{pmatrix}0\\0\\0\\1\end{pmatrix}
\end{gathered} \tag{5.11.48}$$

把式 (5.11.48) 代入式 (5.11.47) 便可确认式 (5.11.48) 确实是式 (5.11.47) 的解。令

$$\begin{gathered}
\varphi^{(1)}(M,0)=\begin{pmatrix}1\\0\end{pmatrix},\quad \varphi^{(2)}(M,0)=\begin{pmatrix}0\\1\end{pmatrix}\\
\phi^{(1)}(M,0)=\begin{pmatrix}1\\0\end{pmatrix},\quad \phi^{(2)}(M,0)=\begin{pmatrix}0\\1\end{pmatrix}
\end{gathered} \tag{5.11.49}$$

便可把式 (5.11.38) 和式 (5.11.40) 改写成

$$\begin{gathered}
u^{(s)}(k)=\sqrt{\frac{E+M}{2M}}\begin{pmatrix}\varphi^{(s)}(M,0)\\ \dfrac{\hat{\sigma}\cdot\vec{k}}{E+M}\varphi^{(s)}(M,0)\end{pmatrix}\\
v^{(s)}(k)=\sqrt{\frac{E+M}{2M}}\begin{pmatrix}\dfrac{\hat{\sigma}\cdot\vec{k}}{E+M}\phi^{(s)}(M,0)\\ \phi^{(s)}(M,0)\end{pmatrix}
\end{gathered} \tag{5.11.50}$$

又可以求得

$$\gamma^{\mu}\overline{k}_{\mu}+M=\gamma^{0}E-\gamma^{i}k^{i}+M=\begin{pmatrix}E+M & -\hat{\sigma}\cdot\vec{k}\\ \hat{\sigma}\cdot\vec{k} & -(E-M)\end{pmatrix} \tag{5.11.51}$$

$$\frac{\gamma^{\mu}\overline{k}_{\mu}+M}{\left[2M\left(E+M\right)\right]^{1/2}}u^{(s)}\left(M,0\right)=\sqrt{\frac{E+M}{2M}}\begin{pmatrix}\varphi^{(s)}\left(M,0\right)\\ \dfrac{\hat{\sigma}\cdot\vec{k}}{E+M}\varphi^{(s)}\left(M,0\right)\end{pmatrix}=u^{(s)}\left(k\right) \tag{5.11.52}$$

$$-\gamma^{\mu}\overline{k}_{\mu}+M=-\gamma^{0}E+\gamma^{i}k^{i}+M=\begin{pmatrix}-\left(E-M\right) & \hat{\sigma}\cdot\vec{k}\\ -\hat{\sigma}\cdot\vec{k} & E+M\end{pmatrix} \tag{5.11.53}$$

$$\frac{-\gamma^{\mu}\overline{k}_{\mu}+M}{\left[2M\left(E+M\right)\right]^{1/2}}v^{(s)}\left(M,0\right)=\sqrt{\frac{E+M}{2M}}\begin{pmatrix}\dfrac{\hat{\sigma}\cdot\vec{k}}{E+M}\phi^{(s)}\left(M,0\right)\\ \phi^{(s)}\left(M,0\right)\end{pmatrix}=v^{(s)}\left(k\right) \tag{5.11.54}$$

已知 $\overline{u}^{(s)}\left(k\right)=u^{(s)+}\left(k\right)\gamma^{0},\overline{v}^{(s)}\left(k\right)=v^{(s)+}\left(k\right)\gamma^{0}$，再利用式 (5.1.57) 和式 (5.1.59)，由式 (5.11.52) 和式 (5.11.54) 可得

$$\overline{u}^{(s)}\left(k\right)=\overline{u}^{(s)}\left(M,0\right)\frac{\gamma^{\mu}\overline{k}_{\mu}+M}{\left[2M\left(E+M\right)\right]^{1/2}} \tag{5.11.55}$$

$$\overline{v}^{(s)}\left(k\right)=\overline{v}^{(s)}\left(M,0\right)\frac{-\gamma^{\mu}\overline{k}_{\mu}+M}{\left[2M\left(E+M\right)\right]^{1/2}} \tag{5.11.56}$$

先可以求出

$$\begin{aligned}\sum_{s=1,2}u^{(s)}\left(M,0\right)\overline{u}^{(s)}\left(M,0\right)&=\left[\begin{pmatrix}1\\0\\0\\0\end{pmatrix}(1\ 0\ 0\ 0)+\begin{pmatrix}0\\1\\0\\0\end{pmatrix}(0\ 1\ 0\ 0)\right]\\&=\begin{pmatrix}1&0&0&0\\0&1&0&0\\0&0&0&0\\0&0&0&0\end{pmatrix}=\begin{pmatrix}\hat{I}&\hat{0}\\\hat{0}&\hat{0}\end{pmatrix}=\frac{1+\gamma^{0}}{2}\end{aligned} \tag{5.11.57}$$

于是便有

$$\begin{aligned}\Lambda_{+}\left(k\right)&\equiv\sum_{s=1,2}u^{(s)}\left(k\right)\overline{u}^{(s)}\left(k\right)\\&=\frac{1}{2M\left(E+M\right)}\left(\gamma^{\mu}\overline{k}_{\mu}+M\right)\left[\sum_{s=1,2}u^{(s)}\left(M,0\right)\overline{u}^{(s)}\left(M,0\right)\right]\left(\gamma^{\mu}\overline{k}_{\mu}+M\right)\\&=\frac{1}{2M\left(E+M\right)}\left(\gamma^{\mu}\overline{k}_{\mu}+M\right)\frac{1+\gamma^{0}}{2}\left(\gamma^{\mu}\overline{k}_{\mu}+M\right)\end{aligned} \tag{5.11.58}$$

由式 (5.11.38) 和式 (5.11.41) 可得

$$\overline{u}^{(s)}(k)\,u^{(s)}(k) = \frac{E+M}{2M}\begin{pmatrix}\chi_s^{(s)+} & \dfrac{\hat{\sigma}\cdot\vec{k}}{E+M}\chi_s^{(s)+}\end{pmatrix}\begin{pmatrix}\hat{I} & \hat{0}\\ \hat{0} & -\hat{I}\end{pmatrix}\begin{pmatrix}\chi^{(s)}\\ \dfrac{\hat{\sigma}\cdot\vec{k}}{E+M}\chi^{(s)}\end{pmatrix}$$

$$= \frac{E+M}{2M}\left[1-\frac{\left(\hat{\sigma}\cdot\vec{k}\right)^2}{(E+M)^2}\right] = \frac{1}{2M(E+M)}\left[(E+M)^2-\left(\hat{\sigma}\cdot\vec{k}\right)^2\right]=1$$

进而求得

$$\left(\hat{\sigma}\cdot\vec{k}\right)^2 = (E+M)^2 - 2M(E+M) = (E+M)(E-M) \tag{5.11.59}$$

用式 (5.11.51) 和式 (5.11.59) 可以求得

$$\begin{aligned}
&\left(\gamma^\mu\overline{k}_\mu + M\right)\frac{1+\gamma^0}{2}\left(\gamma^\mu\overline{k}_\mu + M\right)\\
&= \begin{pmatrix}E+M & -\hat{\sigma}\cdot\vec{k}\\ \hat{\sigma}\cdot\vec{k} & -(E-M)\end{pmatrix}\begin{pmatrix}\hat{I} & \hat{0}\\ \hat{0} & \hat{0}\end{pmatrix}\begin{pmatrix}E+M & -\hat{\sigma}\cdot\vec{k}\\ \hat{\sigma}\cdot\vec{k} & -(E-M)\end{pmatrix}\\
&= \begin{pmatrix}E+M & -\hat{\sigma}\cdot\vec{k}\\ \hat{\sigma}\cdot\vec{k} & -(E-M)\end{pmatrix}\begin{pmatrix}E+M & -\hat{\sigma}\cdot\vec{k}\\ \hat{0} & \hat{0}\end{pmatrix}\\
&= \begin{pmatrix}(E+M)^2 & -(E+M)\,\hat{\sigma}\cdot\vec{k}\\ (E+M)\,\hat{\sigma}\cdot\vec{k} & -\left(\hat{\sigma}\cdot\vec{k}\right)^2\end{pmatrix} = (E+M)\begin{pmatrix}E+M & -\hat{\sigma}\cdot\vec{k}\\ \hat{\sigma}\cdot\vec{k} & -(E-M)\end{pmatrix}\\
&= (E+M)\left(\gamma^\mu\overline{k}_\mu + M\right)
\end{aligned} \tag{5.11.60}$$

于是由式 (5.11.58) 得到

$$\Lambda_+(k) \equiv \sum_{s=1,2} u^{(s)}(k)\overline{u}^{(s)}(k) = \frac{\gamma^\mu\overline{k}_\mu + M}{2M} \tag{5.11.61}$$

利用同样方法可以证明

$$\Lambda_-(k) \equiv -\sum_{s=1,2} v^{(s)}(k)\overline{v}^{(s)}(k) = \frac{-\gamma^\mu\overline{k}_\mu + M}{2M} \tag{5.11.62}$$

由以上二式可以看出

$$\Lambda_+(k) + \Lambda_-(k) = I \tag{5.11.63}$$

其中，$\Lambda_+(k)$ 和 $\Lambda_-(k)$ 分别为正能态和负能态的投影算符。

我们仍然选用由式 (5.11.7) 给出的周期性边界条件，在式 (5.11.32)、式 (5.11.33) 和式 (5.11.36) 中出现的旋量场可分别展开成 [2,6,7]

$$
\begin{aligned}
\psi\left(\vec{x},t\right) &= \frac{1}{\sqrt{V}}\sum_{\vec{k}s}\sqrt{\frac{M}{E}}\left[a_{\vec{k}s}u^{(s)}(k)\mathrm{e}^{-\mathrm{i}k_\mu x^\mu}+b^+_{\vec{k}s}v^{(s)}(k)\mathrm{e}^{\mathrm{i}k_\mu x^\mu}\right]\\
\overline{\psi}\left(\vec{x},t\right) &= \frac{1}{\sqrt{V}}\sum_{\vec{k}s}\sqrt{\frac{M}{E}}\left[a^+_{\vec{k}s}\overline{u}^{(s)}(k)\mathrm{e}^{\mathrm{i}k_\mu x^\mu}+b_{\vec{k}s}\overline{v}^{(s)}(k)\mathrm{e}^{-\mathrm{i}k_\mu x^\mu}\right]
\end{aligned}
\tag{5.11.64}
$$

其中，a^+ 和 a, b^+ 和 b 分别代表核子、反核子的产生和湮灭算符。下面将证明按式 (5.11.64) 选取的展开系数，将使得所引入的产生和湮灭算符满足以下反对易关系

$$
\left\{a_{\vec{k}s},a^+_{\vec{k}'s'}\right\}=\delta_{ss'}\delta\left(\vec{k}-\vec{k}'\right),\quad \left\{b_{\vec{k}s},b^+_{\vec{k}'s'}\right\}=\delta_{ss'}\delta\left(\vec{k}-\vec{k}'\right)
\tag{5.11.65}
$$

其余各对算符之间都可以相互反对易。我们先假设式 (5.11.65) 等反对易关系是成立的，把式 (5.11.64) 代入式 (5.11.36)，并利用式 (5.11.61)、式 (5.11.62) 及式 (5.11.25)，再注意到 $t'=t$ 可以求得 [6,7]

$$
\begin{aligned}
&\left\{\psi_\alpha\left(\vec{x},t\right),\psi^+_\beta\left(\vec{x}',t\right)\right\}\\
&=\frac{1}{V}\sum_{\vec{k}\vec{k}'}\frac{M}{\sqrt{E_kE_{k'}}}\sum_{ss'}\delta_{ss'}\delta\left(\vec{k}-\vec{k}'\right)\\
&\quad\times\left[u^{(s)}_\alpha(k)\overline{u}^{(s')}_\beta(k')\gamma^0\mathrm{e}^{\mathrm{i}\vec{k}\cdot\left(\vec{x}-\vec{x}'\right)}+v^{(s)}_\alpha(k)\overline{v}^{(s')}_\beta(k')\gamma^0\mathrm{e}^{-\mathrm{i}\vec{k}\cdot\left(\vec{x}-\vec{x}'\right)}\right]\\
&=\frac{1}{V}\sum_{\vec{k}}\frac{1}{2E}\mathrm{e}^{\mathrm{i}\vec{k}\cdot\left(\vec{x}-\vec{x}'\right)}\left\{\left[\left(\gamma^0k_0-\vec{\gamma}\cdot\vec{k}+M\right)-\left(-\gamma^0k_0-\vec{\gamma}\cdot\vec{k}+M\right)\right]\gamma^0\right\}_{\alpha\beta}\\
&=\frac{1}{(2\pi)^3}\int\mathrm{d}\vec{k}\mathrm{e}^{\mathrm{i}\vec{k}\cdot\left(\vec{x}-\vec{x}'\right)}\delta_{\alpha\beta}=\delta_{\alpha\beta}\delta\left(\vec{k}-\vec{k}'\right)
\end{aligned}
\tag{5.11.66}
$$

注意，在在壳情况下 $k_0=E$。这就证明了由式 (5.11.64) 表示的 $\psi_\alpha\left(\vec{x},t\right)$ 和 $\overline{\psi}\left(\vec{x}',t\right)$ 在满足式 (5.11.65) 要求的条件下能够使式 (5.11.36) 成立。

由于核子是费米子，核子的零级格林函数被定义为

$$
\begin{aligned}
\mathrm{i}G^0_{\alpha\beta}(x-x') &= \langle\Psi_0|\,\mathrm{T}\left\{\psi_\alpha(x)\overline{\psi}_\beta(x')\right\}|\Psi_0\rangle\\
&=\langle\Psi_0|\,\psi_\alpha(x)\overline{\psi}_\beta(x')\,|\Psi_0\rangle\,\theta(t-t')-\langle\Psi_0|\,\overline{\psi}_\beta(x')\,\psi_\alpha(x)\,|\Psi_0\rangle\,\theta(t'-t)
\end{aligned}
\tag{5.11.67}
$$

注意有以下关系式

$$b_{\vec{k}s}|\Psi_0\rangle=0\,,\quad \text{对所有 } \vec{k}\,;\quad a^{+}_{\vec{k}s}|\Psi_0\rangle=0\,,\quad \left|\vec{k}\right|<k_{\mathrm{F}}\,;\quad a_{\vec{k}s}|\Psi_0\rangle=0\,,\quad \left|\vec{k}\right|>k_{\mathrm{F}} \tag{5.11.68}$$

再注意到只有在费米面以上才能产生正能核子，利用式 (5.11.64)、式 (5.11.68) 和式 (5.11.25) 先来求

$$\begin{aligned}
&\langle\Psi_0|\,\psi_\alpha(x)\,\overline{\psi}_\beta(x')\,|\Psi_0\rangle\\
&=\frac{1}{V}\sum_{\vec{k}\vec{k}'}\frac{M}{\sqrt{E_kE_{k'}}}\sum_{ss'}\langle\Psi_0|\,a_{\vec{k}s}a^{+}_{\vec{k}'s'}\,|\Psi_0\rangle\\
&\quad\times\left[u^{(s)}(k)\,\overline{u}^{(s')}(k')\right]_{\alpha\beta}\mathrm{e}^{\mathrm{i}\left(\vec{k}\cdot\vec{x}-\vec{k}'\cdot\vec{x}'\right)}\mathrm{e}^{-\mathrm{i}\left(E_kt-E_{k'}t'\right)}\\
&=\frac{1}{(2\pi)^3}\int\mathrm{d}\vec{k}\,\frac{1}{2E}\left(\gamma^\mu\overline{k}_\mu+M\right)_{\alpha\beta}\left[1-\theta\left(k_{\mathrm{F}}-\left|\vec{k}\right|\right)\right]\mathrm{e}^{\mathrm{i}\vec{k}\cdot\left(\vec{x}-\vec{x}'\right)}\mathrm{e}^{-\mathrm{i}E\left(t-t'\right)}
\end{aligned}\tag{5.11.69}$$

有关系式

$$\pm\theta(\pm t)=\mathrm{i}\int_{-\infty}^{\infty}\frac{\mathrm{d}\omega}{2\pi}\frac{\mathrm{e}^{-\mathrm{i}\omega t}}{\omega\pm\mathrm{i}\varepsilon}\tag{5.11.70}$$

$$\mathrm{e}^{-\mathrm{i}E\left(t-t'\right)}\theta(t-t')=\mathrm{i}\int\frac{\mathrm{d}\omega}{2\pi}\frac{\mathrm{e}^{-\mathrm{i}(\omega+E)\left(t-t'\right)}}{\omega+\mathrm{i}\varepsilon}\tag{5.11.71}$$

令 $k_0=\omega+E$, $\omega=k_0-E$, $\mathrm{d}\omega=\mathrm{d}k_0$，$E$ 是在壳能量，k_0 相当于离壳能量。可把式 (5.11.71) 改写成

$$\mathrm{e}^{-\mathrm{i}E\left(t-t'\right)}\theta(t-t')=\mathrm{i}\int\frac{\mathrm{d}k_0}{2\pi}\frac{\mathrm{e}^{-\mathrm{i}k_0\left(t-t'\right)}}{k_0-E+\mathrm{i}\varepsilon}\tag{5.11.72}$$

利用式 (5.11.69) 和式 (5.11.72) 可得

$$\begin{aligned}
&\langle\Psi_0|\,\psi_\alpha(x)\,\overline{\psi}_\beta(x')\,|\Psi_0\rangle\,\theta(t-t')\\
&=\mathrm{i}\int\frac{\mathrm{d}^4k}{(2\pi)^4}\frac{1}{2E}\left(\gamma^\mu\overline{k}_\mu+M\right)_{\alpha\beta}\frac{1-\theta\left(k_{\mathrm{F}}-\left|\vec{k}\right|\right)}{k_0-E+\mathrm{i}\varepsilon}\mathrm{e}^{-\mathrm{i}k_\mu(x-x')^\mu}
\end{aligned}\tag{5.11.73}$$

再利用式 (5.11.64) 和式 (5.11.68) 可以写出

$$\begin{aligned}
&\langle\Psi_0|\,\overline{\psi}_\beta(x')\,\psi_\alpha(x)\,|\Psi_0\rangle\\
&=\frac{1}{V}\sum_{\vec{k}\vec{k}'}\frac{M}{\sqrt{E_kE_{k'}}}\sum_{ss'}\langle\Psi_0|\left(a^{+}_{\vec{k}'s'}\overline{u}^{(s')}_\beta(k')\,\mathrm{e}^{\mathrm{i}k'_\mu x'^\mu}+b_{\vec{k}'s'}\overline{v}^{(s')}_\beta(k')\,\mathrm{e}^{-\mathrm{i}k'_\mu x'^\mu}\right)\\
&\quad\times\left(a_{\vec{k}s}u^{(s)}_\alpha(k)\,\mathrm{e}^{-\mathrm{i}k_\mu x^\mu}+b_{\vec{k}s}v^{(s)}_\alpha(k)\,\mathrm{e}^{\mathrm{i}k_\mu x^\mu}\right)|\Psi_0\rangle\equiv I+II
\end{aligned}\tag{5.11.74}$$

$$
\begin{aligned}
I=&\frac{1}{V}\sum_{\vec{k}\vec{k}'}\frac{M}{\sqrt{E_kE_{k'}}}\sum_{ss'}\langle\Psi_0|a^+_{\vec{k}'s'}a_{\vec{k}s}|\Psi_0\rangle\left(\overline{u}^{(s')}_\beta(k)u^{(s)}_\alpha(k)\right)\\
&\times \mathrm{e}^{\mathrm{i}\left(\vec{k}\cdot\vec{x}-\vec{k}'\cdot\vec{x}'\right)}\mathrm{e}^{-\mathrm{i}\left(E_kt-E_{k'}t'\right)}\\
=&\frac{1}{V}\sum_{\vec{k}}\frac{M}{E}\left(\sum_s\overline{u}^{(s)}_\beta(k)u^{(s)}_\alpha(k)\right)\theta\left(k_\mathrm{F}-\left|\vec{k}\right|\right)\mathrm{e}^{\mathrm{i}\vec{k}\cdot\left(\vec{x}-\vec{x}'\right)}\mathrm{e}^{-\mathrm{i}E\left(t-t'\right)}
\end{aligned}
\tag{5.11.75}
$$

由于 $\overline{u}_\beta$ 和 u_α 都只是矢量的分量，因而有

$$
\overline{u}_\beta u_\alpha=u_\alpha\overline{u}_\beta=(u\overline{u})_{\alpha\beta}
\tag{5.11.76}
$$

由式 (5.11.70) ~ 式 (5.11.72) 可知

$$
-\mathrm{e}^{-\mathrm{i}E\left(t-t'\right)}\theta\left(t'-t\right)=\mathrm{i}\int\frac{\mathrm{d}\omega}{2\pi}\frac{\mathrm{e}^{-\mathrm{i}(\omega+E)\left(t-t'\right)}}{\omega-\mathrm{i}\varepsilon}=\mathrm{i}\int\frac{\mathrm{d}k_0}{2\pi}\frac{\mathrm{e}^{-\mathrm{i}k_0\left(t-t'\right)}}{k_0-E-\mathrm{i}\varepsilon}
\tag{5.11.77}
$$

然后再利用式 (5.11.25) 和式 (5.11.61)，由式 (5.11.75) 和式 (5.11.77) 可以得到

$$
-I\times\theta\left(t'-t\right)=\mathrm{i}\int\frac{\mathrm{d}^4k}{(2\pi)^4}\frac{1}{2E}\left(\gamma^\mu\overline{k}_\mu+M\right)_{\alpha\beta}\frac{\theta\left(k_F-\left|\vec{k}\right|\right)}{k_0-E-\mathrm{i}\varepsilon}\mathrm{e}^{-\mathrm{i}k_\mu\left(x-x'\right)^\mu}
\tag{5.11.78}
$$

再根据式 (5.11.74)，利用类似方法可以证明

$$
\begin{aligned}
II=&\frac{1}{V}\sum_{\vec{k}\vec{k}'}\frac{M}{\sqrt{E_kE_{k'}}}\sum_{ss'}\langle\Psi_0|b_{\vec{k}'s'}b^+_{\vec{k}s}|\Psi_0\rangle\left(\overline{v}^{(s')}_\beta(k)v^{(s)}_\alpha(k)\right)\\
&\times \mathrm{e}^{-\mathrm{i}\left(\vec{k}\cdot\vec{x}-\vec{k}'\cdot\vec{x}'\right)}\mathrm{e}^{\mathrm{i}\left(E_kt-E_{k'}t'\right)}\\
=&\frac{1}{V}\sum_{\vec{k}}\frac{M}{E}\left(\sum_s\overline{v}^{(s)}_\beta(k)v^{(s)}_\alpha(k)\right)\mathrm{e}^{-\mathrm{i}\vec{k}\cdot\left(\vec{x}-\vec{x}'\right)}\mathrm{e}^{\mathrm{i}E\left(t-t'\right)}\\
=&-\frac{1}{V}\sum_{\vec{k}}\frac{1}{2E}\left(-\gamma^\mu\overline{k}_\mu+M\right)_{\alpha\beta}\mathrm{e}^{-\mathrm{i}\vec{k}\cdot\left(\vec{x}-\vec{x}'\right)}\mathrm{e}^{\mathrm{i}E\left(t-t'\right)}
\end{aligned}
\tag{5.11.79}
$$

此项代表在真空中产生了负能核子。引入符号

$$
\gamma^\mu\tilde{k}_\mu=-\gamma^0E-\vec{\gamma}\cdot\vec{k}
\tag{5.11.80}
$$

在式 (5.11.79) 的求和号后边令 $\vec{k}\to-\vec{k}$，便可得到

$$
II=-\frac{1}{V}\sum_{\vec{k}}\frac{1}{2E}\left(\gamma^\mu\tilde{k}_\mu+M\right)_{\alpha\beta}\mathrm{e}^{\mathrm{i}E\left(t-t'\right)}\mathrm{e}^{\mathrm{i}\vec{k}\cdot\left(\vec{x}-\vec{x}'\right)}
\tag{5.11.81}
$$

由式 (5.11.70) ~ 式 (5.11.72) 可知

$$-\mathrm{e}^{\mathrm{i}E(t-t')}\theta(t'-t)=\mathrm{i}\int\frac{\mathrm{d}\omega}{2\pi}\frac{\mathrm{e}^{-\mathrm{i}(\omega-E)(t-t')}}{\omega-\mathrm{i}\varepsilon}=\mathrm{i}\int\frac{\mathrm{d}k_0}{2\pi}\frac{\mathrm{e}^{-\mathrm{i}k_0(t-t')}}{k_0+E-\mathrm{i}\varepsilon}\tag{5.11.82}$$

$$-II\times\theta(t'-t)=-\mathrm{i}\int\frac{\mathrm{d}^4k}{(2\pi)^4}\frac{1}{2E}\left(\gamma^\mu\tilde{k}_\mu+M\right)_{\alpha\beta}\frac{1}{k_0+E-\mathrm{i}\varepsilon}\mathrm{e}^{-\mathrm{i}k_\mu(x-x')^\mu}\tag{5.11.83}$$

根据式 (5.11.67)、式 (5.11.73)、式 (5.11.74)、式 (5.11.78) 和式 (5.11.83) 可以看出，在动量空间中自由核子的零级格林函数 (传播子) 为

$$\begin{aligned}G^0_{\alpha\beta}(k)=\frac{1}{2E}\Bigg\{&\left(\gamma^\mu\overline{k}_\mu+M\right)_{\alpha\beta}\left[\frac{1-\theta\left(k_F-\left|\vec{k}\right|\right)}{k_0-E+\mathrm{i}\varepsilon}+\frac{\theta\left(k_F-\left|\vec{k}\right|\right)}{k_0-E-\mathrm{i}\varepsilon}\right]\\&-\left(\gamma^\mu\tilde{k}_\mu+M\right)_{\alpha\beta}\frac{1}{k_0+E-\mathrm{i}\varepsilon}\Bigg\}\end{aligned}\tag{5.11.84}$$

其中

$$\gamma^\mu\overline{k}_\mu=\gamma^0E-\vec{\gamma}\cdot\vec{k}\ ,\quad \gamma^\mu\tilde{k}_\mu=-\gamma^0E-\vec{\gamma}\cdot\vec{k}\tag{5.11.85}$$

式 (5.11.84) 右端第一行的第一项代表费米面以上的正能核子传播子，第二项代表费米面以下的正能核子空穴的传播子，出现在右端第二行的最后一项代表无限的 Dirac 海中的核子空穴 (称为具有负能量的反核子) 的传播子。在非相对论 (NR) 近似下，$\left|\vec{k}\right|\ll M$, $E\approx M+k^2/2M$，正能核子的下分量将趋向无贡献，有 $\left(\gamma^0E+M\right)_{\alpha\beta}\underset{\mathrm{NR}}{\longrightarrow}2M\delta_{\alpha\beta}$，再忽略掉式 (5.11.84) 中代表反核子的最后一项可得

$$G^0_{\alpha\beta}(k)\underset{\mathrm{NR}}{\longrightarrow}\delta_{\alpha\beta}\left[\frac{1-\theta\left(k_\mathrm{F}-\left|\vec{k}\right|\right)}{k_0-E+\mathrm{i}\varepsilon}+\frac{\theta\left(k_\mathrm{F}-\left|\vec{k}\right|\right)}{k_0-E-\mathrm{i}\varepsilon}\right]\tag{5.11.86}$$

这正是非相对论的核子零级格林函数 [28]。

可把式 (5.11.84) 改写成

$$\begin{aligned}2EG^0_{\alpha\beta}(k)=&\left(\gamma^\mu\overline{k}_\mu+M\right)_{\alpha\beta}\left[\frac{1}{k_0-E-\mathrm{i}\varepsilon}-\frac{1}{k_0-E+\mathrm{i}\varepsilon}\right]\theta\left(k_\mathrm{F}-\left|\vec{k}\right|\right)\\&+\left[\frac{\left(\gamma^\mu\overline{k}_\mu+M\right)_{\alpha\beta}}{k_0-E+\mathrm{i}\varepsilon}-\frac{\left(\gamma^\mu\tilde{k}_\mu+M\right)_{\alpha\beta}}{k_0+E-\mathrm{i}\varepsilon}\right]\end{aligned}\tag{5.11.87}$$

利用主值积分公式

$$\frac{1}{k_0-E\pm\mathrm{i}\varepsilon}=\mathscr{P}\left(\frac{1}{k_0-E}\right)\mp\mathrm{i}\pi\delta(k_0-E)\tag{5.11.88}$$

在式 (5.11.87) 含 $\theta\left(k_{\mathrm{F}}-\left|\vec{k}\right|\right)$ 的第一项中，主值积分的实部正好消掉。再使用通常的符号

$$\gamma^{\mu}k_{\mu}=\gamma^{0}k_{0}-\vec{\gamma}\cdot\vec{k} \tag{5.11.89}$$

并有

$$\gamma^{\mu}k_{\mu}\delta\left(k_{0}-E\right)=\gamma^{\mu}\overline{k}_{\mu}\delta\left(k_{0}-E\right) \tag{5.11.90}$$

为了推导式 (5.11.87) 中的第二项，先求

$$\begin{aligned}
&\left(k_{0}-E+\mathrm{i}\varepsilon\right)\left(k_{0}+E-\mathrm{i}\varepsilon\right)=k_{0}^{2}-E^{2}+\mathrm{i}\varepsilon=k_{\mu}k^{\mu}-M^{2}+\mathrm{i}\varepsilon\\
&\left(k_{0}+E\right)\gamma^{\mu}\overline{k}_{\mu}-\left(k_{0}-E\right)\gamma^{\mu}\tilde{k}_{\mu}=2E\left(\gamma^{0}k_{0}-\vec{\gamma}\cdot\vec{k}\right)=2E\gamma^{\mu}k_{\mu}\\
&\left(k_{0}+E\right)M-\left(k_{0}-E\right)M=2EM
\end{aligned}$$

于是由式 (5.11.87) 得到

$$\begin{aligned}
G_{\alpha\beta}^{0}\left(k\right)&=\left(\gamma^{\mu}k_{\mu}+M\right)_{\alpha\beta}\left\{\frac{1}{k_{\mu}k^{\mu}-M^{2}+\mathrm{i}\varepsilon}+\frac{\mathrm{i}\pi}{E}\delta\left(k_{0}-E\right)\theta\left(k_{\mathrm{F}}-\left|\vec{k}\right|\right)\right\}\\
&\equiv G_{\mathrm{F}}^{0}\left(k\right)_{\alpha\beta}+G_{\mathrm{D}}^{0}\left(k\right)_{\alpha\beta}
\end{aligned} \tag{5.11.91}$$

该两项传播子分别对应于上式 $\{\cdots\}$ 中的第一项和第二项。

当 $k_{\mathrm{F}}\to 0$ 时 Dirac 传播子 G_{D}^{0} 无贡献，$\delta\left(k_{0}-E\right)$ 代表 G_{D}^{0} 是在壳的。在 $k_{\mathrm{F}}>0$ 的有限核子密度情况下，应该在原子核基态的三维总动量为 0 的坐标系中进行研究。$G_{\mathrm{F}}^{0}\left(k\right)$ 称为真空态中无相互作用的自由核子和反核子的费曼传播子，它是离壳的。还可以用另外一种方式把 $G_{\mathrm{F}}^{0}\left(k\right)$ 推导出来。真空中自由核子的传播子所满足的方程为 [6,7]

$$\left(\mathrm{i}\gamma^{\mu}\partial_{\mu}-M\right)G_{\mathrm{F}}\left(x,x'\right)=\delta^{4}\left(x-x'\right) \tag{5.11.92}$$

$G_{\mathrm{F}}\left(x,x'\right)$ 只与 $x-x'$ 有关，并可求得

$$G_{\mathrm{F}}\left(x,x'\right)=G_{\mathrm{F}}\left(x-x'\right)=\int\frac{\mathrm{d}^{4}k}{\left(2\pi\right)^{4}}\frac{\mathrm{e}^{-\mathrm{i}k_{\mu}\left(x-x'\right)^{\mu}}}{\gamma^{\mu}k_{\mu}-M+\mathrm{i}\varepsilon} \tag{5.11.93}$$

于是得到

$$G_{\mathrm{F}}\left(k\right)=\frac{1}{\gamma^{\mu}k_{\mu}-M+\mathrm{i}\varepsilon}=\frac{\gamma^{\mu}k_{\mu}+M}{k_{\mu}k^{\mu}-M^{2}+\mathrm{i}\varepsilon} \tag{5.11.94}$$

5.11.3 自旋为 1 的中性矢量玻色子的传播子

当非线性项常数 $C_{3}=0$ 时，由式 (5.10.29) 给出的自由矢量介子的拉氏密度为

$$\mathscr{L}=-\frac{1}{4}\varOmega_{\mu\nu}\varOmega^{\mu\nu}+\frac{1}{2}m^{2}V_{\mu}V^{\mu} \tag{5.11.95}$$

其中

$$\Omega^{\mu\nu} = \partial^\mu V^\nu - \partial^\nu V^\mu \tag{5.11.96}$$

m 为介子静止质量。与 $\mathscr{L}$ 对应的 Proca 方程已由式 (5.10.35) 给出

$$\partial_\mu \Omega^{\mu\nu} + m^2 V^\nu = 0 \tag{5.11.97}$$

自由矢量介子满足由式 (5.10.36) 给出的 Lorentz 规范

$$\partial_\nu V^\nu = 0 \tag{5.11.98}$$

这时矢量介子满足由式 (5.10.38) 给出的 Klein-Gorden 方程

$$\left(\partial_\mu \partial^\mu + m^2\right) V^\nu = \left(\Box + m^2\right) V^\nu = 0 \tag{5.11.99}$$

由于 4 维矢量 V^ν 要满足由式 (5.11.98) 给出的 Lorentz 规范条件，因而 4 个自由度中有一个是不独立的。由于 $\Omega^{\mu\nu}$ 对于 $\mu\nu$ 是反对称的，再注意到式 (5.1.60) 便可以写出

$$\Omega^{0j} = \dot{V}^j + \nabla_j V^0 = -\Omega^{j0} \tag{5.11.100}$$

注意到 $\partial_j = -\partial^j, V_j = -V^j$，又可以写出

$$\Omega_{0j} = \dot{V}_j - \nabla_j V_0 = -\Omega_{j0} \tag{5.11.101}$$

$$\Omega^{0j} = -\Omega^{j0} = -\Omega_{0j} = \Omega_{j0} \tag{5.11.102}$$

可见在 $\mathscr{L}$ 中未包含 $\dot{V}^0 = \dot{V}_0$，因而 $V^0 = V_0$ 不是一个独立变量 [9]。又可以写出

$$\begin{aligned} &\Omega^{ij} = -\nabla_i V^j + \nabla_j V^i = -\Omega^{ji}\,, \quad \Omega_{ij} = \nabla_i V_j - \nabla_j V_i = -\Omega_{ji} \\ &\Omega^{ij} = -\Omega^{ji} = \Omega_{ij} = -\Omega_{ji} \end{aligned} \tag{5.11.103}$$

再注意到 $V_j = -V^j$，于是可以得到

$$-\frac{1}{4}\Omega_{\mu\nu}\Omega^{\mu\nu} = \frac{1}{2}\left(\dot{V}^j + \nabla_j V^0\right)\left(\dot{V}^j + \nabla_j V^0\right) - \frac{1}{2}\left(\vec{\nabla} \times \vec{V}\right)^2 \tag{5.11.104}$$

利用式 (5.10.10) 和式 (5.11.104) 可以求得共轭动量为

$$\pi^j = \frac{\partial \mathscr{L}}{\partial \dot{V}^j} = \dot{V}^j + \nabla_j V^0 \tag{5.11.105}$$

由于 V^0 不是独立变量，在这里我们取 $V^0 = 0$，于是由式 (5.11.105) 得到

$$\pi^j = \dot{V}^j \tag{5.11.106}$$

对于确定的 $\vec{k}$，我们取单位矢量

$$\vec{\mathrm{e}}_{\vec{k}3}=\frac{\vec{k}}{\left|\vec{k}\right|}\ ,\quad \vec{\mathrm{e}}_{\vec{k}i}\cdot\vec{\mathrm{e}}_{\vec{k}j}=\delta_{ij}\ ,\quad i,j=1,2,3 \tag{5.11.107}$$

其中，$i=1,2$ 代表横波；$i=3$ 代表纵波。由于 $\vec{V}$ 是厄米算符，把 $\vec{V}$ 用平面波展开并引入量子化

$$\vec{V}\left(\vec{x},t\right)=\frac{1}{\sqrt{V}}\sum_{\vec{k}}\frac{1}{\sqrt{2\omega_k}}\sum_{i=1}^{3}\vec{\mathrm{e}}_{\vec{k}i}\left[a_{\vec{k}i}\mathrm{e}^{-\mathrm{i}\omega_k t+\mathrm{i}\vec{k}\cdot\vec{x}}+\mathrm{h.c.}\right] \tag{5.11.108}$$

其中，h.c. 代表前一项的复数共轭项；a 和 a^{+} 分别为粒子湮灭和产生算符。把由式 (5.11.108) 给出的 V^{i} 代入方程 (5.11.99) 可以得到

$$\omega_k^2=k^2+m^2 \tag{5.11.109}$$

根据式 (5.11.106) 和式 (5.11.108) 可以求得

$$\pi\left(\vec{x},t\right)=\frac{1}{\sqrt{V}}\sum_{\vec{k}}(-\mathrm{i})\sqrt{\frac{\omega_k}{2}}\sum_{i=1}^{3}\vec{\mathrm{e}}_{\vec{k}i}\left[a_{\vec{k}i}\mathrm{e}^{-\mathrm{i}\omega_k t+\mathrm{i}\vec{k}\cdot\vec{x}}-\mathrm{h.c.}\right] \tag{5.11.110}$$

假设湮灭算符和产生算符满足以下对易关系

$$\left[a_{\vec{k}i},a^{+}_{\vec{k}'j}\right]=\delta_{ij}\delta_{\vec{k}\vec{k}'}\ ,\quad \left[a_{\vec{k}i},a_{\vec{k}'j}\right]=\left[a^{+}_{\vec{k}i},a^{+}_{\vec{k}'j}\right]=0 \tag{5.11.111}$$

利用式 (5.11.108)、式 (5.11.110) 和式 (5.11.111) 可以证明有以下等时对易关系

$$\begin{aligned}\left[V^{i}\left(\vec{x},t\right),\pi^{j}\left(\vec{x}',t\right)\right]&=\mathrm{i}\delta_{ij}\frac{1}{V}\sum_{\vec{k}}\mathrm{e}^{\mathrm{i}\vec{k}\cdot\left(\vec{x}-\vec{x}'\right)}\\&=\mathrm{i}\delta_{ij}\frac{1}{(2\pi)^3}\int\mathrm{d}\vec{k}\mathrm{e}^{\mathrm{i}\vec{k}\cdot\left(\vec{x}-\vec{x}'\right)}=\mathrm{i}\delta_{ij}\delta\left(\vec{x}-\vec{x}'\right)\end{aligned} \tag{5.11.112}$$

还可以证明

$$\left[V^{i}\left(\vec{x},t\right),V^{j}\left(\vec{x}',t\right)\right]=\left[\pi^{i}\left(\vec{x},t\right),\pi^{j}\left(\vec{x}',t\right)\right]=0 \tag{5.11.113}$$

这些正是量子化规则所要求的等时对易关系。

设 $\vec{\mathrm{e}}_{\vec{k}0}$ 是沿时间轴的单位矢量，并要求在时空的 4 维空间中满足

$$\vec{\mathrm{e}}_{\vec{k}\mu}\cdot\vec{\mathrm{e}}_{\vec{k}\nu}=\delta_{\mu\nu}\ ,\quad \mu,\nu=0,1,2,3 \tag{5.11.114}$$

注意不要企图把 4 维时空坐标的 4 个矢量轴硬要在 3 维空间中表示出来。由于 V^0 不是独立变量，参考式 (5.11.108)，我们假设在 4 维时空中可以把 V 展开成

$$V\left(\vec{x},t\right)=\frac{1}{\sqrt{V}}\sum_{\vec{k}}\frac{1}{\sqrt{2\omega_k}}\sum_{\mu=0}^{3}\vec{\mathrm{e}}_{\vec{k}\mu}\left[a_{\vec{k}\mu}\mathrm{e}^{-\mathrm{i}k_\rho x^\rho}+\mathrm{h.c.}\right] \tag{5.11.115}$$

并假设有以下对易关系

$$\left[a_{\vec{k}\mu},a^{+}_{\vec{k}'\nu}\right]=\delta_{\mu\nu}\delta_{\vec{k}\vec{k}'},\quad \left[a_{\vec{k}\mu},a_{\vec{k}\nu}\right]=\left[a^{+}_{\vec{k}\mu},a^{+}_{\vec{k}\nu}\right]=0 \tag{5.11.116}$$

自由矢量介子的零级格林函数的定义为

$$\mathrm{i}D^0_{\mu\nu}\left(x,x'\right)=-\left\langle\Psi_0\right|\mathrm{T}\left\{V_\mu\left(x\right)V^\nu\left(x'\right)\right\}\left|\Psi_0\right\rangle \tag{5.11.117}$$

当只在 3 维坐标空间进行研究时上式便退化为

$$\mathrm{i}D^0_{ij}\left(x,x'\right)=\left\langle\Psi_0\right|\mathrm{T}\left\{V_i\left(x\right)V_j\left(x'\right)\right\}\left|\Psi_0\right\rangle \tag{5.11.118}$$

这是通常的传播子的定义形式。可把式 (5.11.117) 改写成

$$\mathrm{i}D^0_{\mu\nu}\left(x,x'\right)=-\left\langle\Psi_0\right|V_\mu\left(x\right)V^\nu\left(x'\right)\left|\Psi_0\right\rangle\theta\left(t-t'\right)-\left\langle\Psi_0\right|V^\nu\left(x'\right)V_\mu\left(x\right)\left|\Psi_0\right\rangle\theta\left(t'-t\right) \tag{5.11.119}$$

注意到 $V_i=-V^i$，进而求得

$$\begin{aligned}\mathrm{i}D^0_{ij}\left(x,x'\right)&=\frac{-g_{\mu\nu}}{V}\sum_{\vec{k}}\frac{1}{2\omega_k}\left[\mathrm{e}^{-\mathrm{i}k_\rho\left(x-x'\right)^\rho}\theta\left(t-t'\right)+\mathrm{e}^{\mathrm{i}k_\rho\left(x-x'\right)^\rho}\theta\left(t'-t\right)\right]\\&=\frac{-g_{\mu\nu}}{\left(2\pi\right)^3}\int\mathrm{d}\vec{k}\mathrm{e}^{\mathrm{i}\vec{k}\cdot\left(\vec{x}-\vec{x}'\right)}\frac{1}{2\omega_k}\left[\mathrm{e}^{-\mathrm{i}\omega_k\left(t-t'\right)}\theta\left(t-t'\right)+\mathrm{e}^{\mathrm{i}\omega_k\left(t-t'\right)}\theta\left(t'-t\right)\right]\end{aligned} \tag{5.11.120}$$

利用推导式 (5.11.30) 的方法可以得到

$$\mathrm{i}D^0_{\mu\nu}\left(x,x'\right)=\mathrm{i}\frac{-g_{\mu\nu}}{\left(2\pi\right)^4}\int\mathrm{d}^4k\frac{\mathrm{e}^{-\mathrm{i}k_\rho\left(x-x'\right)^\rho}}{k_\lambda k^\lambda-m^2+\mathrm{i}\varepsilon} \tag{5.11.121}$$

于是得到自由矢量介子在动量空间中的传播子为

$$D^0_{\mu\nu}\left(k\right)=\frac{-g_{\mu\nu}}{k_\lambda k^\lambda-m^2+\mathrm{i}\varepsilon} \tag{5.11.122}$$

下面将给出另外一种推导式 (5.11.122) 的方法。在式 (5.11.105) 中不再取非独立变量 $V^0=0$，而是在式 (5.11.97) 中取 $\nu=0$，再利用式 (5.11.100) ~ 式 (5.11.102) 和式 (5.11.105) 得到

$$V^0=\frac{1}{m^2}\vec{\nabla}\cdot\vec{\pi} \tag{5.11.123}$$

把式 (5.11.123) 代入式 (5.11.105) 可得 [9]

$$\vec{\pi} = \dot{\vec{V}} + \frac{1}{m^2}\vec{\nabla}\left(\vec{\nabla}\cdot\vec{\pi}\right) \tag{5.11.124}$$

由于 $\vec{V}$ 和 $\vec{\pi}$ 是厄米算符，可做如下平面波展开

$$\vec{V} = \frac{1}{\sqrt{V}}\sum_{\vec{k}}\frac{1}{\sqrt{2\omega_k}}\sum_{i=1}^{3}\left(\vec{q}_{\vec{k}i}\mathrm{e}^{-\mathrm{i}\omega_k t+\mathrm{i}\vec{k}\cdot\vec{x}} + \mathrm{h.c.}\right) \tag{5.11.125}$$

$$\vec{\pi} = \frac{1}{\sqrt{V}}\sum_{\vec{k}}\frac{1}{\sqrt{2\omega_k}}\sum_{i=1}^{3}\left(\vec{p}_{\vec{k}i}\mathrm{e}^{-\mathrm{i}\omega_k t+\mathrm{i}\vec{k}\cdot\vec{x}} + \mathrm{h.c.}\right) \tag{5.11.126}$$

由式 (5.11.125) 和式 (5.11.126) 可得

$$\dot{\vec{V}} = \frac{1}{\sqrt{V}}\sum_{\vec{k}}\frac{1}{\sqrt{2\omega_k}}\sum_{i=1}^{3}\left[(-\mathrm{i}\omega_k)\,\vec{q}_{\vec{k}i}\mathrm{e}^{-\mathrm{i}\omega_k t+\mathrm{i}\vec{k}\cdot\vec{x}} + \mathrm{h.c.}\right] \tag{5.11.127}$$

$$\vec{\nabla}\cdot\vec{\pi} = \frac{1}{\sqrt{V}}\sum_{\vec{k}}\frac{1}{\sqrt{2\omega_k}}\sum_{i=1}^{3}\left[\mathrm{i}k_i\left(\vec{\mathrm{e}}_{\vec{k}i}\cdot\vec{p}_{\vec{k}i}\right)\mathrm{e}^{-\mathrm{i}\omega_k t+\mathrm{i}\vec{k}\cdot\vec{x}} + \mathrm{h.c.}\right] \tag{5.11.128}$$

$$\begin{aligned}&\frac{1}{m^2}\vec{\nabla}\left(\vec{\nabla}\cdot\vec{\pi}\right)\\ =&\frac{1}{\sqrt{V}}\sum_{\vec{k}}\frac{1}{\sqrt{2\omega_k}}\sum_{i=1}^{3}\vec{\mathrm{e}}_{\vec{k}i}\frac{1}{m^2}\left[(\mathrm{i}k_i)\sum_{j=1}^{3}\mathrm{i}k_j\left(\vec{\mathrm{e}}_{\vec{k}j}\cdot\vec{p}_{\vec{k}j}\right)\mathrm{e}^{-\mathrm{i}\omega_k t+\mathrm{i}\vec{k}\cdot\vec{x}} + \mathrm{h.c.}\right]\end{aligned} \tag{5.11.129}$$

把式 (5.11.126)、式 (5.11.127) 和式 (5.11.129) 代入式 (5.11.124) 可得

$$\begin{aligned}\vec{p}_{\vec{k}i} &= -\mathrm{i}\omega_k\vec{q}_{\vec{k}i} - \vec{\mathrm{e}}_{\vec{k}i}\frac{k_i}{m^2}\sum_{j=1}^{3}k_j\left(\vec{\mathrm{e}}_{\vec{k}j}\cdot\vec{p}_{\vec{k}j}\right)\\ \vec{p}^{\,+}_{\vec{k}i} &= \mathrm{i}\omega_k\vec{q}^{\,+}_{\vec{k}i} - \vec{\mathrm{e}}_{\vec{k}i}\frac{k_i}{m^2}\sum_{j=1}^{3}k_j\left(\vec{\mathrm{e}}_{\vec{k}j}\cdot\vec{p}^{\,+}_{\vec{k}j}\right)\end{aligned} \tag{5.11.130}$$

再把上式改写成

$$\vec{q}_{\vec{k}i} = \frac{\mathrm{i}}{\omega_k}\left[\vec{p}_{\vec{k}i} + \vec{\mathrm{e}}_{\vec{k}i}\frac{k_i}{m^2}\sum_{j=1}^{3}k_j\left(\vec{\mathrm{e}}_{\vec{k}j}\cdot\vec{p}_{\vec{k}j}\right)\right]$$

$$\vec{q}^{\,+}_{\vec{k}i}=\frac{-\mathrm{i}}{\omega_k}\left[\vec{p}^{\,+}_{\vec{k}i}+\vec{\mathrm{e}}_{\vec{k}i}\frac{k_i}{m^2}\sum_{j=1}^{3}k_j\left(\vec{\mathrm{e}}_{\vec{k}j}\cdot\vec{p}^{\,+}_{\vec{k}j}\right)\right] \tag{5.11.131}$$

用以下方式引入量子化

$$\vec{p}_{\vec{k}i}=\vec{\mathrm{e}}_{\vec{k}i}\left(-\mathrm{i}\omega_k\right)a_{\vec{k}i}\,,\quad \vec{p}^{\,+}_{\vec{k}i}=\vec{\mathrm{e}}_{\vec{k}i}\left(\mathrm{i}\omega_k\right)a^{+}_{\vec{k}i} \tag{5.11.132}$$

下面仍然使用爱因斯坦约定，在 KD 度规中，两个相同的希腊字母下标表示从 0 到 3 求和，两个相同的英文字母下标表示从 1 到 3 求和。于是可把式 (5.11.131) 改写成

$$\vec{q}_{\vec{k}i}=\vec{\mathrm{e}}_{\vec{k}i}\left(a_{\vec{k}i}+\frac{k_ik_j}{m^2}a_{\vec{k}j}\right),\quad \vec{q}^{\,+}_{\vec{k}i}=\vec{\mathrm{e}}_{\vec{k}i}\left(a^{+}_{\vec{k}i}+\frac{k_ik_j}{m^2}a^{+}_{\vec{k}j}\right) \tag{5.11.133}$$

把式 (5.11.133) 和式 (5.11.132) 分别代入式 (5.11.125) 和式 (5.11.126) 可得

$$\vec{V}=\frac{1}{\sqrt{V}}\sum_{\vec{k}}\frac{1}{\sqrt{2\omega_k}}\sum_{i=1}^{3}\vec{\mathrm{e}}_{\vec{k}i}\left[\left(a_{\vec{k}i}+\frac{k_ik_j}{m^2}a_{\vec{k}j}\right)\mathrm{e}^{-\mathrm{i}\omega_kt+\mathrm{i}\vec{k}\cdot\vec{x}}+\mathrm{h.c.}\right] \tag{5.11.134}$$

$$\vec{\pi}=\frac{1}{\sqrt{V}}\sum_{\vec{k}}(-\mathrm{i})\sqrt{\frac{\omega_k}{2}}\sum_{i=1}^{3}\vec{\mathrm{e}}_{\vec{k}i}\left[a_{\vec{k}i}\mathrm{e}^{-\mathrm{i}\omega_kt+\mathrm{i}\vec{k}\cdot\vec{x}}-\mathrm{h.c.}\right] \tag{5.11.135}$$

利用式 (5.11.134)、式 (5.11.135) 和式 (5.11.111) 可以求得如下的等时对易关系

$$\begin{aligned}\left[V^i\left(\vec{x},t\right),\pi^j\left(\vec{x}',t\right)\right]&=\mathrm{i}\left(\delta_{ij}+\frac{k_ik_l}{m^2}\delta_{lj}\right)\frac{1}{V}\sum_{\vec{k}}\mathrm{e}^{\mathrm{i}\vec{k}\cdot\left(\vec{x}-\vec{x}'\right)}\\&=\mathrm{i}\left(\delta_{ij}+\frac{k_ik_l}{m^2}\delta_{lj}\right)\delta\left(\vec{x}-\vec{x}'\right)\end{aligned} \tag{5.11.136}$$

此式与式 (5.11.112) 相比多出了 $\frac{k_ik_l}{m^2}\delta_{lj}$ 项。当然也可以证明

$$\left[V^i\left(\vec{x},t\right),V^j\left(\vec{x}',t\right)\right]=\left[\pi^i\left(\vec{x},t\right),\pi^j\left(\vec{x}',t\right)\right]=0$$

参考式 (5.11.134)，可把式 (5.11.115) 改写成

$$V\left(\vec{x},t\right)=\frac{1}{\sqrt{V}}\sum_{\vec{k}}\frac{1}{\sqrt{2\omega_k}}\sum_{\mu=0}^{3}\vec{\mathrm{e}}_{\vec{k}\mu}\left[\left(a_{\vec{k}\mu}+\frac{k_\mu k_\nu}{m^2}a_{\vec{k}\nu}\right)\mathrm{e}^{-\mathrm{i}k_\rho x^\rho}+\mathrm{h.c.}\right] \tag{5.11.137}$$

用类似的方法，利用式 (5.11.137) 可由式 (5.11.117) 求得

$$\mathrm{i}D^0_{\mu\nu}\left(x,x'\right)=\mathrm{i}\int\frac{\mathrm{d}^4k}{(2\pi)^4}\frac{-g^{\mu\nu}+\frac{k_\mu k_\nu}{m^2}}{k_\lambda k^\lambda-m^2+\mathrm{i}\varepsilon}\mathrm{e}^{-\mathrm{i}k_\rho\left(x-x'\right)^\rho} \tag{5.11.138}$$

$$D^0_{\mu\nu}(k) = \frac{-g^{\mu\nu} + \dfrac{k_\mu k_\nu}{m^2}}{k_\lambda k^\lambda - m^2 + \mathrm{i}\varepsilon} \tag{5.11.139}$$

这正是在参考文献 [8], [26], [78] 中给出的结果。

由于在实际应用中矢量介子一定要和守恒的核子流进行耦合，而守恒的核子流 $j^\nu(x)$ 一定满足 $\partial_v j^\nu(x) = 0$，在动量空间要满足 $k_\nu j^\nu(k) = 0$。当把由式 (5.11.139) 给出的 $D^0_{\mu\nu}(k)$ 作用在 $j^\nu(k)$ 上时，其中第二项会有 $k_\mu k_\nu j^\nu = 0$，因而在由式 (5.11.139) 给出的 $D^0_{\mu\nu}(k)$ 中的 $k_\mu k_\nu$ 项对物理量没有贡献 [8,69,79]。同时，在式 (5.11.136) 中出现了违背通常量子化规则的 $\dfrac{k_i k_l}{m^2}\delta_{lj}$ 项，也表明在式 (5.11.139) 中不应保留 $k_\mu k_\nu$ 项。所以在实际应用中都是使用由式 (5.11.122) 给出的 $D^0_{\mu\nu}(k)$。

虽然自由矢量介子场的类时分量 V^0 不是独立变量，但是这里所得到的零级传播子却是大家公认的结果。此外，在参考文献 [8], [79] 中用引入拉格朗日乘子 λ 的方法对这个问题进行了研究，其中 λ 值的选取具有不确定性，但是最终还是推荐使用由式 (5.11.122) 给出的 $D^0_{\mu\nu}(k)$。

5.11.4 动量表象中核子与介子相互作用的费曼规则

在参考文献 [28] 中对于非相对论多体理论，通过介绍二次量子化、Wick 定理、多种格林函数的表达式和费曼图等，概括出了非相对论的费曼规则。在相对论多体理论中，同样也要经过一系列理论准备，特别是要用到玻色子和费米子的 Wick 定理，然后通过大量实例才能概括出来核子与介子相互作用的费曼规则 [2,8,67,78]。相对论的多体理论在非相对论近似下会自动退化到非相对论的多体理论。

用 $|\Psi\rangle$ 代表有相互作用的多核子系基态 (对于介子来说 $|\Psi\rangle$ 是真空态)，相应的核子传播子被定义为

$$\mathrm{i}G_{\alpha\beta}(x, x') = \langle\Psi|\,\mathrm{T}\left\{\psi_\alpha(x)\,\overline{\psi}_\beta(x')\right\}|\Psi\rangle \tag{5.11.140}$$

其中，$\psi(x)$ 是 Heisenberg 绘景中的核子场；$G_{\alpha\beta}$ 是矩阵元，G 代表矩阵。有相互作用的核子传播子 G 和无相互作用的核子传播子 G^0 之间满足 Dyson 方程

$$G(k) = G^0(k) + G^0(k)\,\Sigma(k)\,G(k) \tag{5.11.141}$$

其中，Σ 代表核子自能算符。对于上述 Dyson 方程，Σ 所满足的 Hartree-Fock 方程以及有相互作用的介子传播子，当只存在 σ 介子时可用图 5.4 来表示。

在非相对论理论中，核子之间发生相互作用对于两个核子来说是同时发生的，而在相对论理论中两个核子之间是通过交换介子发生相互作用的，介子传播需要时间，因而对于两个核子来说不是同时发生的。在费曼图中两条核子线与一条介子线相遇之处称为顶角，出现一个介子便有两个顶角，即顶角个数是偶数。因而，对

应于非相对论的一级图在相对论理论中是二级图，对应于非相对论的二级图，在相对论理论中是四级图。

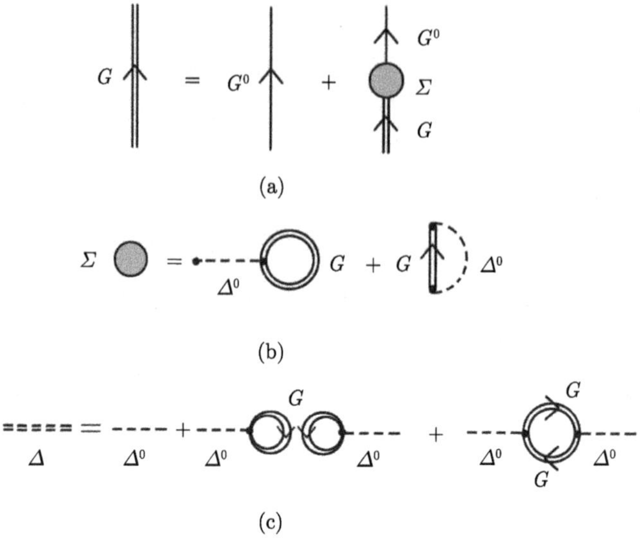

(a)

(b)

(c)

图 5.4　费曼图

(a) 核子 Dyson 方程；(b) Σ 的 Hartree-Fock 方程；(c) 有相互作用的 σ 介子传播子

引入有相互作用传播子的优点在于可用它来计算可观测的物理量。例如，利用由式 (5.11.140) 给出的核子格林函数的定义以及核子波函数的反对易性，算符 $\varGamma$ 的期望值可表示成

$$\begin{aligned}\langle\varPsi|\overline{\psi}(x)\varGamma\psi(x)|\varPsi\rangle&=-\lim_{\vec{y}\to\vec{x}}\lim_{y^0\to x^{0+}}\langle\varPsi|\mathrm{T}\left[\psi_\alpha(x)\overline{\psi}_\beta(y)\right]|\varPsi\rangle\varGamma_{\beta\alpha}\\&=-\lim_{\vec{y}\to\vec{x}}\lim_{y^0\to x^{0+}}\mathrm{tr}\left[\varGamma\mathrm{i}G(x,y)\right]\end{aligned}\tag{5.11.142}$$

其中，用到关系式 $\mathrm{tr}(\hat{A}\hat{B})=\sum\limits_{\alpha\beta}A_{\beta\alpha}B_{\alpha\beta}$。$y^0\to x^{0+}$ 代表 y^0 小于 x^{0+}，但是又无限接近 x^{0+}。对于与 σ 介子有相互作用的 G 的双线封闭环形图，由于 $x'=x$，相当于

$$\begin{aligned}\langle\varPsi|\overline{\psi}(x)\psi(x)|\varPsi\rangle&=-\lim_{\vec{y}\to\vec{x}}\lim_{y^0\to x^{0+}}\langle\varPsi|\mathrm{T}\left\{\psi_\alpha(x)\overline{\psi}_\beta(y)\right\}|\varPsi\rangle\delta_{\beta\alpha}\\&=-\lim_{\vec{y}\to\vec{x}}\lim_{y^0\to x^{0+}}\mathrm{tr}\left[\mathrm{i}G(x,y)\right]\end{aligned}\tag{5.11.143}$$

首先把核子与介子相互作用的物理过程用相连的费曼图形表示出来，它有两条外传播线和与内部传播线相连接的 n 个顶角。对于每一条线都指定一个方向。指出图中哪一部分对应于物理公式中哪一部分的规则称为费曼规则。下面把使用 BD 度规在动量表象中核子与介子相互作用的费曼规则中的一些主要内容归纳如下：

(1) 单实线代表自由核子传播子 $\mathrm{i}G^0$；

双实线代表有相互作用的核子传播子 $\mathrm{i}G$；

虚线代表自由 σ 介子传播子 $\mathrm{i}\Delta^0$；

波纹线代表自由 ω 介子传播子 $\mathrm{i}D^0_{\mu\nu}$；

对于同位旋矢量介子 ρ 和 π 也可用类似方法处理。

(2) 对于 σ 和 ω 介子的顶角分别用 $-\mathrm{i}g_\sigma$ 和 $-\mathrm{i}g_\omega\gamma^\mu$ 表示，在顶角处要满足 4 动量守恒。一般情况下在顶角处要对自旋、同位旋求和，但是如果在顶角处二核子的自旋、同位旋一样，就不必求和了。对于 ρ 和 π 介子也可用类似方法进行处理。

(3) 对于图中的自由动量 q 需加上积分因子 $\int\frac{\mathrm{d}^4q}{(2\pi)^4}$。

(4) 封闭的费米子环要给一个 (−1) 因子，并对相应的物理量求迹，例如，有以下对应关系

$-\mathrm{tr}(\mathrm{i}G)$

$-\mathrm{tr}[(-\mathrm{i}g_\omega\gamma^\nu)\mathrm{i}G]$

要把 ω 介子线与环相交的一个顶角也放在求迹之中。

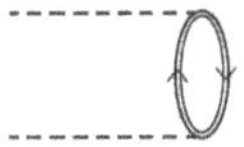

$-\mathrm{tr}(\mathrm{i}G\mathrm{i}G)$

$-\mathrm{tr}[(-\mathrm{i}g_\omega\gamma^\nu)\mathrm{i}G(-\mathrm{i}g_\omega\gamma^\eta)\mathrm{i}G]$

要把 ω 介子与环相交的两个顶角也放在求迹之中。如果与环相交的顶角中含有同位旋矩阵，也应放在求迹之中，这时变成了对两种矩阵分别求迹。其他一些情况也可用类似方法处理。

5.12 核子相对论微观光学势实部及相对论核物质性质

5.12.1 核物质中的自能算符和格林函数 [26,80]

在略掉张量项的情况下，式 (5.3.7) 已给出核物质中的自能算符为

$$\Sigma(k)=\Sigma^{\mathrm{s}}(k)+\gamma^0\Sigma^0(k)+\vec{\gamma}\cdot\vec{k}\Sigma^{\mathrm{v}}(k) \tag{5.12.1}$$

对于无相互作用的 $|\Psi_0\rangle$ 态来说，参考式 (5.1.66) 和式 (5.1.62) 可以写出零级格林

函数 G^0 的定义为

$$(\gamma^\mu k_\mu - M)\, G^0 = I \tag{5.12.2}$$

在形式上可以写成

$$\left(G^0\right)^{-1} = \gamma^\mu k_\mu - M \tag{5.12.3}$$

又可把 Dyson 方程 (5.11.141) 改写成

$$\left(1 - G^0 \Sigma\right) G = G^0 \tag{5.12.4}$$

对上式左乘 $\left(G^0\right)^{-1}$，右乘 G^{-1}，再利用式 (5.12.3) 和式 (5.12.1) 可得

$$G^{-1} = \left(G^0\right)^{-1} - \Sigma = \gamma^\mu k_\mu - M - \Sigma^{\mathrm{s}} - \gamma^0 \Sigma^0 - \vec{\gamma} \cdot \vec{k}\,\Sigma^{\mathrm{v}} \tag{5.12.5}$$

如果我们令

$$k_0^* = k_0 - \Sigma^0\,, \quad \vec{k}^* = \vec{k}\left(1 + \Sigma^{\mathrm{v}}\right)\,, \quad M_k^* = M + \Sigma^{\mathrm{s}} \tag{5.12.6}$$

便可把式 (5.12.5) 改写成

$$G^{-1} = \gamma^\mu k_\mu^* - M_k^* \tag{5.12.7}$$

再定义

$$E_k^* = \left(k^{*2} + M_k^{*2}\right)^{1/2} \tag{5.12.8}$$

E_k^* 在形式上相当于有相互作用时的在壳能量。但是，实际上的在壳单粒子能量应该是 $k_0 = E_k = \left(k^2 + M^2\right)^{1/2}$，而且 $k_0 = E_k$ 与 $k_0^* = E_k^*$ 相对应，即当 $k_0 = E_k$ 时便有 $k_0^* = E_k^*$，当 $\Sigma \to 0$ 时可以验证这种说法是对的。于是当 $k_0 = E_k$ 时由式 (5.12.6) 的第一等式和式 (5.12.8) 可得

$$E_k = E_k^* + \Sigma^0 = \left\{k^2\left[1 + \Sigma^{\mathrm{v}}\left(\left|\vec{k}\right|, \Sigma_k\right)\right]^2 + \left[M + \Sigma^{\mathrm{s}}\left(\left|\vec{k}\right|, E_k\right)\right]^2\right\}^{1/2} + \Sigma^0\left(\left|\vec{k}\right|, E_k\right) \tag{5.12.9}$$

在上式中 E_k 是个超越函数，需要进行自洽迭代求解。显然 E_k 仅仅与 $\left|\vec{k}\right|$ 和用 k_{F} 表示的核物质密度有关。而且由式 (5.12.9) 可以看出 $E_k \xrightarrow[\Sigma \to 0]{} \left(k^2 + M^2\right)^{1/2}$。

由于式 (5.12.7) 与式 (5.12.3) 在形式上是一样的，于是参考式 (5.11.91) 可以写出

$$G(k) = G_{\mathrm{F}}(k) + G_{\mathrm{D}}(k) \tag{5.12.10}$$

$$G_{\mathrm{F}}(k) = \left(\gamma^\mu k_\mu^* + M_k^*\right) \frac{1}{k_\mu^* k^{\mu *} - M_k^{*2} + \mathrm{i}\varepsilon} \tag{5.12.11}$$

$$G_{\mathrm{D}}(k) = \left(\gamma^\mu k_\mu^* + M_k^*\right) \frac{\mathrm{i}\pi}{E_k^*} \delta\left(k_0 - E_k\right) \theta\left(k_{\mathrm{F}} - \left|\vec{k}\right|\right) \tag{5.12.12}$$

式 (5.12.12) 中的 E_k 就是由式 (5.12.9) 给出的在壳单粒子能量。

5.12.2 核子相对论微观光学势实部

1. σ 介子

图 5.5 给出了交换 σ 介子的 Hartree-Fock 方程费曼图。根据 5.11 节介绍的费曼规则，可以写出该费曼图所对应的表达式为

$$
\begin{aligned}
&\mathrm{i}G^0(k)\,\varSigma_\sigma(k)\,G(k)\\
&=\mathrm{i}G^0(k)(-\mathrm{i}g_\sigma)(-\mathrm{i}g_\sigma)\,\mathrm{i}\varDelta^0(0)\int\frac{\mathrm{d}^4q}{(2\pi)^4}\mathrm{tr}\left(-\mathrm{i}G(q)\right)\mathrm{i}G(k)\\
&\quad+\mathrm{i}G^0(k)(-\mathrm{i}g_\sigma)(-\mathrm{i}g_\sigma)\int\frac{\mathrm{d}^4q}{(2\pi)^4}\mathrm{i}\varDelta^0(k-q)\mathrm{i}G(q)\,\mathrm{i}G(k)
\end{aligned}\tag{5.12.13}
$$

上式等号左边把 $G^0\varSigma_\sigma G$ 看作总传播子，因而只在前面乘上一个 i。或者根据费曼规则，相互作用 V、有效相互作用 T、自能 $\varSigma$ 分别贡献 $-\mathrm{i}V,-\mathrm{i}T,-\mathrm{i}\varSigma$，$(-\mathrm{i})^3=\mathrm{i}$，再注意到式 (5.11.31) 便可得到

$$
\begin{aligned}
\varSigma_\sigma(k)&=-\mathrm{i}g_\sigma^2\varDelta^0(0)\int\frac{\mathrm{d}^4q}{(2\pi)^4}\mathrm{tr}G(q)+\mathrm{i}g_\sigma^2\int\frac{\mathrm{d}^4q}{(2\pi)^4}\varDelta^0(k-q)\,G(q)\\
&=\mathrm{i}g_\sigma^2\int\frac{\mathrm{d}^4q}{(2\pi)^4}\left\{\frac{1}{m_\sigma^2}\mathrm{tr}G(q)+\frac{G(q)}{(k-q)_\mu(k-q)^\mu-m_\sigma^2+\mathrm{i}\varepsilon}\right\}
\end{aligned}\tag{5.12.14}
$$

第一项是 Hartree 项，与动量 k 无关，第二项是 Fock 项，与动量 k 有关。

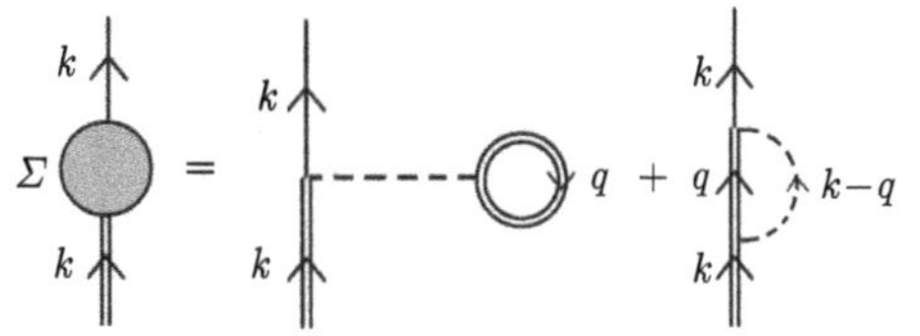

图 5.5 交换 σ 介子的 Hartree-Fock 方程费曼图

已知 $G=G_\mathrm{F}+G_\mathrm{D}$，其中费曼传播子 G_F 代表真空中的虚核子和反核子的贡献，在由式 (5.12.14) 给出的积分中 G_F 项是发散的。原则上，通过研究真空涨落修正，用重整化方法可以研究 G_F 项的贡献 [75]，但是这是一个有待做进一步研究的课题，在此我们只研究在费米海中的实核子，即忽略掉 G_F 的贡献。

当取 $G=G_\mathrm{D}$ 时，利用式 (5.12.12) 便可把式 (5.12.14) 改写成

$$
\begin{aligned}
\varSigma_\sigma(k)&=\mathrm{i}g_\sigma^2\int\frac{\mathrm{d}^4q}{(2\pi)^4}\left\{\frac{1}{m_\sigma^2}\mathrm{tr}\left(\gamma^\mu q_\mu^*+M_q^*\right)+\frac{\gamma^\mu q_\mu^*+M_q^*}{(k-q)_\mu(k-q)^\mu-m_\sigma^2+\mathrm{i}\varepsilon}\right\}\\
&\quad\times\frac{\mathrm{i}\pi}{E_q^*}\delta(q_0-E_q)\,\theta\left(k_\mathrm{F}-\left|\vec{q}\right|\right)=\varSigma_\sigma^\mathrm{H}(k)+\varSigma_\sigma^\mathrm{F}(k)
\end{aligned}\tag{5.12.15}
$$

这里假设核物质中只有一种核子，即不考虑核子同位旋，便可求得 Hartree 项为

$$\Sigma_{\sigma}^{\mathrm{H}}(k)=-g_{\sigma}^{2}\frac{\pi}{(2\pi)^{4}}\int \mathrm{d}\vec{q}\,\frac{4M_{q}^{*}}{m_{\sigma}^{2}E_{q}^{*}}\theta\left(k_{\mathrm{F}}-\left|\vec{q}\right|\right)=-\left(\frac{g_{\sigma}}{m_{\sigma}}\right)^{2}\frac{1}{\pi^{2}}\int_{0}^{k_{\mathrm{F}}}\frac{M_{q}^{*}}{E_{q}^{*}}q^{2}\mathrm{d}q \tag{5.12.16}$$

可见 Hartree 项与动量 k 无关。下边利用式 (5.12.15) 求 Fock 项，注意到当 $q_0=E_q$ 时，便有 $q_0^*=E_q^*$，于是可得

$$\begin{aligned}\Sigma_{\sigma}^{\mathrm{F}}(k)&=\mathrm{i}g_{\sigma}^{2}\int\frac{\mathrm{d}^{4}q}{(2\pi)^{4}}\frac{\gamma^{\mu}q_{\mu}^{*}+M_{q}^{*}}{(k-q)_{\mu}(k-q)^{\mu}-m_{\sigma}^{2}+\mathrm{i}\varepsilon}\frac{\mathrm{i}\pi}{E_{\mathrm{q}}^{*}}\delta\left(q_{0}-E_{q}\right)\theta\left(k_{\mathrm{F}}-\left|\vec{q}\right|\right)\\&=-\frac{\pi g_{\sigma}^{2}}{(2\pi)^{4}}\int \mathrm{d}\vec{q}\,\frac{\gamma^{\mu}q_{\mu}^{*}+M_{q}^{*}}{(k-q)_{\mu}(k-q)^{\mu}-m_{\sigma}^{2}}\frac{\theta\left(k_{\mathrm{F}}-\left|\vec{q}\right|\right)}{E_{q}^{*}}\Big|_{q_{0}=E_{q}}\\&=-\frac{\pi g_{\sigma}^{2}}{(2\pi)^{4}}\int \mathrm{d}\vec{q}\left(\frac{M_{q}^{*}}{E_{q}^{*}}+\gamma^{0}-\frac{\vec{\gamma}\cdot\vec{q}^{*}}{E_{q}^{*}}\right)\frac{\theta\left(k_{\mathrm{F}}-\left|\vec{q}\right|\right)}{(k-q)_{\mu}(k-q)^{\mu}-m_{\sigma}^{2}}\Big|_{q_{0}=E_{q}}\end{aligned} \tag{5.12.17}$$

取 $\vec{k}$ 为 z 轴，设 $\vec{\gamma}$ 在 $\varphi=0$ 的平面内与 $\vec{k}$ 的夹角为 θ_1，即 $\vec{\gamma}=(\gamma,\theta_1,0)$，并有 $\vec{q}=(q,\theta,\varphi)$，在直角坐标系中可以写出

$$\begin{aligned}q^{1}&=q\sin\theta\cos\varphi\ ,&\gamma^{1}&=\gamma\sin\theta_{1}\\q^{2}&=q\sin\theta\sin\varphi\ ,&\gamma^{2}&=0\\q^{3}&=q\cos\theta\ ,&\gamma^{3}&=\gamma\cos\theta_{1}\end{aligned}$$

由式 (5.12.6) 可知 $\vec{q}^{*}=(1+\Sigma^{\mathrm{v}})\vec{q}$ ，并可求得

$$\vec{\gamma}\cdot\vec{q}^{*}=\gamma\sin\theta_{1}q^{*}\sin\theta\cos\varphi+\gamma\cos\theta_{1}q^{*}\cos\theta \tag{5.12.18}$$

把此式代入式 (5.12.17)，当对 φ 角积分时可知式 (5.12.18) 中的第一项无贡献。当只保留对积分有贡献的项时，由式 (5.12.18) 可得

$$\vec{\gamma}\cdot\vec{q}^{*}=\left(\vec{\gamma}\cdot\vec{k}\right)\left(\vec{k}\cdot\vec{q}^{*}\right)\Big/k^{2} \tag{5.12.19}$$

又可以求得

$$\begin{aligned}(k-q)_{\mu}(k-q)^{\mu}\big|_{q_{0}=E_{q}}&=(E-E_{q})^{2}-\left(\vec{k}-\vec{q}\right)^{2}\\&=(E-E_{q})^{2}-k^{2}-q^{2}+2kq\cos\theta\end{aligned} \tag{5.12.20}$$

令

$$A_{i}(k,q)=k^{2}+q^{2}+m_{i}^{2}-(E-E_{q})^{2}\ ,\quad i=\sigma,\omega,\pi,\rho \tag{5.12.21}$$

于是便有

$$\frac{1}{(k-q)_\mu (k-q)^\mu - m_i^2}\Big|_{q_0=E_q} = \frac{1}{-A_i(k,q)+2kq\cos\theta} \tag{5.12.22}$$

有不定积分公式

$$\int \frac{\mathrm{d}u}{a+bu} = \frac{1}{b}\ln(a+bu)+C\ , \quad \int \frac{u\mathrm{d}u}{a+bu} = \frac{1}{b^2}\left[a+bu-a\ln(a+bu)\right]+C \tag{5.12.23}$$

求以下积分

$$\begin{aligned} 2\pi\int_{-1}^{1}\frac{1}{-A_i(k,q)+2kq\cos\theta}\mathrm{d}\cos\theta &= -\frac{2\pi}{2kq}\ln\left|\frac{-A_i(k,q)-2kq}{-A_i(k,q)+2kq}\right| \\ &= -\frac{\pi}{kq}\ln\left|\frac{A_i(k,q)+2kq}{A_i(k,q)-2kq}\right| = -\frac{\pi}{kq}\Theta_i(k,q) \end{aligned} \tag{5.12.24}$$

其中

$$\Theta_i(k,q) = \ln\left|\frac{A_i(k,q)+2kq}{A_i(k,q)-2kq}\right|\ , \quad i=\sigma,\omega,\pi,\rho \tag{5.12.25}$$

又可以求得以下积分

$$\begin{aligned} 2\pi\int_{-1}^{1}\frac{kq\cos\theta}{-A_i(k,q)+2kq\cos\theta}\mathrm{d}\cos\theta &= \frac{2\pi kq}{4k^2q^2}\left[4kq-A_i(k,q)\Theta_i(k,q)\right] \\ &= 2\pi\left[1-\frac{A_i(k,q)}{4kq}\Theta_i(k,q)\right] = -2\pi\Phi_i(k,q) \end{aligned} \tag{5.12.26}$$

其中

$$\Phi_i(k,q) = \frac{A_i(k,q)\Theta_i(k,q)}{4kq} - 1\ , \quad i=\sigma,\omega,\pi,\rho \tag{5.12.27}$$

于是根据式 (5.12.17)、式 (5.12.19)、式 (5.12.22)、式 (5.12.24) 和式 (5.12.26) 可以求得

$$\begin{aligned} \Sigma_\sigma^{\mathrm{F}}(k,E) &= \frac{\pi g_\sigma^2}{(2\pi)^4}\left\{\frac{\pi}{k}\int_0^{k_{\mathrm{F}}}\frac{M_q^*}{E_q^*}\Theta_\sigma(k,q)\,q\mathrm{d}q\right. \\ &\quad \left. +\gamma^0\frac{\pi}{k}\int_0^{k_{\mathrm{F}}}\Theta_\sigma(k,q)\,q\mathrm{d}q - \vec{\gamma}\cdot\vec{k}\frac{2\pi}{k^2}\int_0^{k_{\mathrm{F}}}\frac{q^*}{E_q^*}\Phi_\sigma(k,q)\,q\mathrm{d}q\right\} \\ &= \frac{g_\sigma^2}{16\pi^2 k}\left\{\int_0^{k_{\mathrm{F}}}\frac{M_q^*}{E_q^*}\Theta_\sigma(k,q)\,q\mathrm{d}q + \gamma^0\int_0^{k_{\mathrm{F}}}\Theta_\sigma(k,q)\,q\mathrm{d}q\right. \end{aligned}$$

$$-\frac{2\vec{\gamma}\cdot\vec{k}}{k}\int_0^{k_{\mathrm{F}}}\frac{q^*}{E_q^*}\Phi_\sigma(k,q)\,q\mathrm{d}q\Bigg\} \tag{5.12.28}$$

在上式中 γ 矩阵的常数项，γ^0 和 $\vec{\gamma}\cdot\vec{k}$ 的系数分别为 $V_\sigma^{\mathrm{F-s}}(k), V_\sigma^{\mathrm{F-0}}(k), V_\sigma^{\mathrm{F-v}}(k)$。

2. ω 介子

在图 5.5 中把虚线换成波纹线，用来代表交换 ω 介子。根据费曼规则可以写出

$$\begin{aligned}\mathrm{i}G^0(k)\Sigma_\omega(k)G(k)=&\,\mathrm{i}G^0(k)(-\mathrm{i}g_\omega\gamma^\mu)\,\mathrm{i}D_{\mu\nu}^0(0)\\&\times\int\frac{\mathrm{d}^4q}{(2\pi)^4}\mathrm{tr}\left[(-\mathrm{i}g_\omega\gamma^\nu)(-\mathrm{i}G(q))\right]\mathrm{i}G(k)+\mathrm{i}G^0(k)(-\mathrm{i}g_\omega\gamma^\mu)\\&\times\int\frac{\mathrm{d}^4q}{(2\pi)^4}\mathrm{i}D_{\mu\nu}^0(k-q)\,\mathrm{i}G(q)(-\mathrm{i}g_\omega\gamma^\nu)\,\mathrm{i}G(k)\end{aligned} \tag{5.12.29}$$

再利用式 (5.11.122) 进而求得

$$\begin{aligned}\Sigma_\omega(k)&=-\mathrm{i}g_\omega^2\gamma^\mu\frac{g_{\mu\nu}}{m_\omega^2}\int\frac{\mathrm{d}^4q}{(2\pi)^4}\mathrm{tr}(\gamma^\nu G(q))+\mathrm{i}g_\omega^2\gamma^\mu\int\frac{\mathrm{d}^4q}{(2\pi)^4}D_{\mu\nu}^0(k-q)G(q)\gamma^\nu\\&=-\mathrm{i}g_\omega^2\gamma^\mu g_{\mu\mu}\int\frac{\mathrm{d}^4q}{(2\pi)^4}\left[\frac{\mathrm{tr}(\gamma^\mu G(q))}{m_\omega^2}+\frac{G(q)\gamma^\mu}{(k-q)_\lambda(k-q)^\lambda-m_\omega^2+\mathrm{i}\varepsilon}\right]\\&=\Sigma_\omega^{\mathrm{H}}(k)+\Sigma_\omega^{\mathrm{F}}(k)\end{aligned} \tag{5.12.30}$$

在上式中暗含对 μ 求和。可以看出，在不对 μ 求和时根据式 (5.1.149) 可知

$$g_{\mu\mu}\mathrm{tr}\left\{\gamma^\mu(\gamma^\nu q_\nu^*+M_k^*)\right\}=4q_\mu^* \tag{5.12.31}$$

仍然取 $G=G_{\mathrm{D}}$，于是利用式 (5.12.12) 和式 (5.12.31)，由式 (5.12.30) 可得

$$\Sigma_\omega^{\mathrm{H}}(k)=-\mathrm{i}g_\omega^2\gamma^\mu\int\frac{\mathrm{d}^4q}{(2\pi)^4}\frac{4q_\mu^*}{m_\omega^2}\frac{\mathrm{i}\pi}{E_q^*}\delta(q_0-E_q)\,\theta\left(k_{\mathrm{F}}-\left|\vec{q}\right|\right) \tag{5.12.32}$$

利用式 (5.12.19) 又有

$$\gamma^\mu g_\mu^*\big|_{q_0=E_q}=\gamma^0E_q^*-\vec{\gamma}\cdot\vec{k}\frac{\vec{k}\cdot\vec{q}^*}{k^2} \tag{5.12.33}$$

由于 $\vec{k}\cdot\vec{q}^*=kq^*\cos\theta$，当对 $\cos\theta$ 积分时可知式 (5.12.33) 中的第二项无贡献，于是由式 (5.12.32) 得到

$$\Sigma_\omega^{\mathrm{H}}(k)=\gamma^0\frac{g_\omega^2}{\pi^2m_\omega^2}\int_0^{k_{\mathrm{F}}}q^2\mathrm{d}q=\gamma^0\left(\frac{g_\omega}{m_\omega}\right)^2\frac{k_{\mathrm{F}}^3}{3\pi^2} \tag{5.12.34}$$

根据式 (5.12.30) 和式 (5.12.12) 可以得到

$$\varSigma_{\omega}^{\mathrm{F}}(k)=-\mathrm{i}g_{\omega}^{2}\int\frac{\mathrm{d}^{4}q}{(2\pi)^{4}}\frac{g_{\mu\mu}\gamma^{\mu}\left(\gamma^{\nu}q_{\nu}^{*}+M_{q}^{*}\right)\gamma^{\mu}}{(k-q)_{\lambda}(k-q)^{\lambda}-m_{\omega}^{2}+\mathrm{i}\varepsilon}\frac{\mathrm{i}\pi}{E_{q}^{*}}\delta\left(q_{0}-E_{q}\right)\theta\left(k_{\mathrm{F}}-\left|\vec{q}\right|\right) \tag{5.12.35}$$

注意到

$$\sum_{\mu}g_{\mu\mu}\gamma^{\mu}\gamma^{\nu}\gamma^{\mu}=\sum_{\mu}g_{\mu\mu}\gamma^{\mu}\left(-\gamma^{\mu}\gamma^{\nu}+2g^{\mu\nu}\right)=-4\gamma^{\nu}+2\gamma^{\nu}=-2\gamma^{\nu} \tag{5.12.36}$$

便有

$$\sum_{\mu}g_{\mu\mu}\gamma^{\mu}\left(\gamma^{\nu}q_{\nu}^{*}+M_{q}^{*}\right)\gamma^{\mu}=-2\gamma^{\nu}q_{\nu}^{*}+4M_{q}^{*} \tag{5.12.37}$$

于是可把式 (5.12.35) 改写成

$$\varSigma_{\omega}^{\mathrm{F}}(k)=-\pi g_{\omega}^{2}\int\frac{\mathrm{d}^{4}q}{(2\pi)^{4}}\frac{2\gamma^{\nu}q_{\nu}^{*}-4M_{q}^{*}}{(k-q)_{\lambda}(k-q)^{\lambda}-m_{\omega}^{2}+\mathrm{i}\varepsilon}\frac{1}{E_{q}^{*}}\delta\left(q_{0}-E_{q}\right)\theta\left(k_{\mathrm{F}}-\left|\vec{q}\right|\right) \tag{5.12.38}$$

把此式与式 (5.12.17) 第一等式对比，再根据式 (5.12.28) 可得

$$\begin{aligned}\varSigma_{\omega}^{\mathrm{F}}(k,E)=\frac{g_{\omega}^{2}}{16\pi^{2}k}\Bigg\{&-4\int_{0}^{k_{\mathrm{F}}}\frac{M_{q}^{*}}{E_{q}^{*}}\varTheta_{\omega}(k,q)\,q\mathrm{d}q\\&+2\gamma^{0}\int_{0}^{k_{\mathrm{F}}}\varTheta_{\omega}(k,q)\,q\mathrm{d}q-\frac{4\vec{\gamma}\cdot\vec{k}}{k}\int_{0}^{k_{\mathrm{F}}}\frac{q^{*}}{E_{q}^{*}}\varPhi_{\omega}(k,q)\,q\mathrm{d}q\Bigg\}\end{aligned} \tag{5.12.39}$$

这里没有考虑 ω 介子张量项的贡献。

3. π 介子

式 (5.10.65) 给出了 π 介子与核子的相互作用拉氏密度，第一项和第二项分别代表赝标量 (ps) 和轴矢量 (pv) 耦合。把图 5.5 的 σ 介子换成 π 介子，再与描述 ω 介子的式 (5.10.63) 相对照，根据费曼规则可以写出

$$\begin{aligned}\mathrm{i}G^{0}(k)\,\varSigma_{\pi}^{\mathrm{ps}}(k)\,G(k)=&\;\mathrm{i}G^{0}(k)\,g_{\pi}\gamma^{5}\tau_{i}\mathrm{i}\varDelta_{ij}^{0}(0)\\&\times\int\frac{\mathrm{d}^{4}q}{(2\pi)^{4}}\mathrm{tr}\left[\left(g_{\pi}\gamma^{5}\tau_{j}\right)\left(-\mathrm{i}G(q)\right)\right]\mathrm{i}G(k)+\mathrm{i}G^{0}(k)\,g_{\pi}\gamma^{5}\tau_{i}\\&\times\int\frac{\mathrm{d}^{4}q}{(2\pi)^{4}}\mathrm{i}\varDelta_{ij}^{0}(k-q)\,\mathrm{i}G(q)\,g_{\pi}\gamma^{5}\tau_{j}\mathrm{i}G(k)\end{aligned} \tag{5.12.40}$$

进而求得

$$\varSigma_{\pi}^{\mathrm{ps}}(k)=\mathrm{i}g_{\pi}^{2}\int\frac{\mathrm{d}^{4}q}{(2\pi)^{4}}\left[\gamma^{5}\tau_{i}\varDelta_{ij}^{0}(0)\,\mathrm{tr}\left(\gamma^{5}\tau_{j}G(g)\right)-\gamma^{5}\tau_{i}\varDelta_{ij}^{0}(k-q)\,G(q)\,\gamma^{5}\tau_{j}\right] \tag{5.12.41}$$

其中，第一项为 Hartree 项；第二项为 Fock 项。π 介子是赝标量介子，其传播子与 σ 介子的相类似，取

$$\Delta_{ij}^{0}(q)=\frac{\delta_{ij}}{q_{\mu}q^{\mu}-m_{\pi}^{2}+\mathrm{i}\varepsilon} \tag{5.12.42}$$

其中，i 和 j 是同位旋下标；δ_{ij} 代表不考虑 π 介子与核子之间交换电荷，即近似认为核力与电荷无关。当把式 (5.12.41) 中第一项的 $G(q)$ 用由式 (5.12.12) 给出的 $G_{\mathrm{D}}(q)$ 代替时，由于 $\mathrm{tr}\gamma^{5}=0,\ \mathrm{tr}\left(\gamma^{5}\gamma^{\mu}\right)=0$，于是可得

$$\Sigma_{\pi}^{\mathrm{ps-H}}(k)=0 \tag{5.12.43}$$

即 $\Sigma_{\pi}^{\mathrm{ps}}$ 的 Hartree 项无贡献。注意到 $\tau_{i}\tau_{i}=3,\left\{\gamma^{5},\gamma^{\mu}\right\}=0$，由式 (5.12.41) 和式 (5.12.42) 可以得到

$$\begin{aligned}\Sigma_{\pi}^{\mathrm{ps}}(k)=\Sigma_{\pi}^{\mathrm{ps-F}}(k)&=-\mathrm{i}g_{\pi}^{2}\int\frac{\mathrm{d}^{4}q}{(2\pi)^{4}}\frac{\gamma^{5}\tau_{i}G(q)\gamma^{5}\tau_{i}}{(k-q)_{\mu}(k-q)^{\mu}-m_{\pi}^{2}+\mathrm{i}\varepsilon}\\&=\mathrm{i}g_{\pi}^{2}\int\frac{\mathrm{d}^{4}q}{(2\pi)^{4}}\frac{3\left(\gamma^{\mu}q_{\mu}^{*}-M_{q}^{*}\right)}{(k-q)_{\mu}(k-q)^{\mu}-m_{\pi}^{2}+\mathrm{i}\varepsilon}\frac{\mathrm{i}\pi}{E_{\mu}^{*}}\delta\left(q_{0}-E_{q}\right)\theta\left(k_{\mathrm{F}}-\left|\vec{q}\right|\right)\end{aligned} \tag{5.12.44}$$

把此式与式 (5.12.15) 中的 $\Sigma_{\sigma}^{\mathrm{F}}(k)$ 进行对比，这里多乘了一个 3，M_{q}^{*} 前边是负号，于是根据式 (5.12.28) 可以写出

$$\Sigma_{\pi}^{\mathrm{ps}}(k,E)=\frac{3g_{\pi}^{2}}{16\pi^{2}k}\int_{0}^{k_{\mathrm{F}}}q\mathrm{d}q\left[-\frac{M_{q}^{*}}{E_{q}^{*}}\Theta_{\pi}(k,q)+\gamma^{0}\Theta_{\pi}(k,q)-\frac{2\vec{\gamma}\cdot\vec{k}}{k}\frac{q^{*}}{E_{q}^{*}}\Phi_{\pi}(k,q)\right] \tag{5.12.45}$$

一般认为 π 介子的赝标量耦合不能给出合理的结果，而且认为 π 介子的赝标量耦合可以转化成轴矢量耦合，因而一般不考虑 $\Sigma_{\pi}^{\mathrm{ps}}$ 项的贡献 [26,80]。

参考式 (5.11.18) 可以写出同位旋 i 分量的 π 介子波函数为

$$\pi_{i}(x)=\frac{1}{\sqrt{V}}\sum_{\vec{k}}\frac{1}{\sqrt{2\omega_{k}}}\left(a_{\vec{k}i}\mathrm{e}^{-\mathrm{i}k_{\mu}x^{\mu}}+a_{\vec{k}i}^{+}\mathrm{e}^{\mathrm{i}k_{\mu}x^{\mu}}\right) \tag{5.12.46}$$

再根据式 (5.11.30) 和式 (5.11.31) 又可以写出

$$\mathrm{i}\Delta_{ij}^{0}(x,x')=\langle\Psi_{0}|\mathrm{T}\left\{\pi_{i}(x)\pi_{j}(x')\right\}|\Psi_{0}\rangle=\mathrm{i}\int\frac{\mathrm{d}^{4}k}{(2\pi)^{4}}\Delta_{ij}^{0}(k)\mathrm{e}^{-\mathrm{i}k_{\mu}(x-x')^{\mu}} \tag{5.12.47}$$

在图 5.5 右端的 Fock 项中有上边湮灭介子的 x 和下边产生介子的 x' 两个顶角，由于 $\partial_{\mu}\equiv\dfrac{\partial}{\partial x^{\mu}}$，根据式 (5.12.46) 可知，在式 (5.10.65) 中出现的 $\partial_{\mu x}\vec{\pi}$ 贡献 $-\mathrm{i}k_{\mu}$，而 $\partial_{\mu x'}\vec{\pi}$ 贡献 $\mathrm{i}k_{\mu}$。根据式 (5.10.65)，把式 (5.12.40) 中 x 顶角对应的 $g_{\pi}\gamma^{5}\rightarrow$

$-\mathrm{i}\dfrac{f_\pi}{m_\pi}\gamma^5\gamma^\mu(-\mathrm{i}p_\mu)$，$x'$ 顶角对应的 $g_\pi\gamma^5 \to -\mathrm{i}\dfrac{f_\pi}{m_\pi}\gamma^5\gamma^\nu(\mathrm{i}p_\nu)$，其中 $p=0^+$ 或 $k-q$，便可得到

$$\begin{aligned}
&\mathrm{i}G^0(k)\,\Sigma_\pi^{\mathrm{pv}}(k)\,G(k)\\
&=\mathrm{i}G^0(k)\left(-\mathrm{i}\frac{f_\pi}{m_\pi}\right)\gamma^5\gamma^\mu\left(-\mathrm{i}0_\mu^+\right)\tau_i\mathrm{i}\Delta_{ij}^0(0)\\
&\quad\times\int\frac{\mathrm{d}^4q}{(2\pi)^4}\mathrm{tr}\left[\left(-\mathrm{i}\frac{f_\pi}{m_\pi}\right)\gamma^5\gamma^\nu\left(\mathrm{i}0_\nu^+\right)\tau_j\left(-\mathrm{i}G(q)\right)\right]\mathrm{i}G(k)\\
&\quad+\mathrm{i}G^0(k)\left(-\mathrm{i}\frac{f_\pi}{m_\pi}\right)\gamma^5\int\frac{\mathrm{d}^4q}{(2\pi)^4}\gamma^\mu\left(-\mathrm{i}(k-q)_\mu\right)\tau_i\mathrm{i}\Delta_{ij}^0(k-q)\,\mathrm{i}G(q)\\
&\quad\times\left(-\mathrm{i}\frac{f_\pi}{m_\pi}\right)\gamma^5\gamma^\nu\mathrm{i}(k-q)_\nu\,\tau_j\mathrm{i}G(k)
\end{aligned}\tag{5.12.48}$$

根据上式把 Σ_π^{pv} 分成 Hartree 和 Fock 两项

$$\Sigma_\pi^{\mathrm{pv}}(k)=\Sigma_\pi^{\mathrm{pv-H}}(k)+\Sigma_\pi^{\mathrm{pv-F}}(k)\tag{5.12.49}$$

用 $G_{\mathrm{D}}(q)$ 代替 $G(q)$，由 $\mathrm{tr}\gamma^5=0$，$\mathrm{tr}\left(\gamma^5\gamma^\nu\right)=0$，$\mathrm{tr}\left(\gamma^5\gamma^\nu\gamma^\mu\right)=0$，或者由 $0_\nu^+\to 0$ 均能得到

$$\Sigma_\pi^{\mathrm{pv-H}}(k)=0\tag{5.12.50}$$

于是可以求得

$$\begin{aligned}
\Sigma_\pi^{\mathrm{pv}}(k)&=\Sigma_\pi^{\mathrm{pv-F}}(k)\\
&=\mathrm{i}\left(\frac{f_\pi}{m_\pi}\right)^2\int\frac{\mathrm{d}^4q}{(2\pi)^4}\gamma^5\gamma^\mu(k-q)_\mu\,\tau_i\Delta_{ij}^0(k-q)\,G(q)\,\gamma^5\gamma^\nu(k-q)_\nu\,\tau_j\\
&=3\mathrm{i}\left(\frac{f_\pi}{m_\pi}\right)^2\int\frac{\mathrm{d}^4q}{(2\pi)^4}\frac{\gamma^5\gamma^\mu(k-q)_\mu G(q)\gamma^5\gamma^\nu(k-q)_\nu}{(k-q)_\eta(k-q)^\eta-m_\pi^2+\mathrm{i}\varepsilon}\\
&=3\mathrm{i}\left(\frac{f_\pi}{m_\pi}\right)^2\int\frac{\mathrm{d}^4q}{(2\pi)^4}\frac{\gamma^5\gamma^\mu(k-q)_\mu\left(\gamma^\lambda q_\lambda^*+M_q^*\right)\gamma^5\gamma^\nu(k-q)_\nu}{(k-q)_\eta(k-q)^\eta-m_\pi^2+\mathrm{i}\varepsilon}\\
&\quad\times\frac{\mathrm{i}\pi}{E_q^*}\delta(q_0-E_q)\,\theta\left(k_{\mathrm{F}}-\left|\vec{q}\right|\right)
\end{aligned}\tag{5.12.51}$$

注意到 $\gamma^\lambda\gamma^\nu=-\gamma^\nu\gamma^\lambda+2g^{\lambda\nu}$，$g^{\lambda\nu}(k-q)_\nu=\delta_{\lambda\nu}(k-q)^\nu$，而且 $\gamma^\mu(k-q)_\mu\gamma^\nu(k-q)_\nu$ 项在对 μ,ν 求和时 $\mu\neq\nu$ 的项会相互抵消掉，又有 $\gamma^5\gamma^5=1$，当不对 μ 求和时，有 $\gamma^\mu\gamma^\mu=g^{\mu\mu}$，再利用式 (5.12.19) 可以求得

$$\begin{aligned}
I&\equiv\gamma^5\gamma^\mu(k-q)_\mu\left(\gamma^\lambda q_\lambda^*+M_q^*\right)\gamma^5\gamma^\nu(k-q)_\nu\,\delta(q_0-E_q)\\
&=\gamma^\mu(k-q)_\mu\left(\gamma^\lambda q_\lambda^*-M_q^*\right)\gamma^\nu(k-q)_\nu\,\delta(q_0-E_q)
\end{aligned}$$

$$= \left[-(k-q)_{\mu}(k-q)^{\mu}\left(\gamma^{\lambda}q_{\lambda}^{*}+M_{q}^{*}\right)+2\gamma^{\mu}(k-q)_{\mu}q_{\nu}^{*}(k-q)^{\nu}\right]\delta(q_0-E_q)$$

$$= \left\{\left[-(E_k-E_q)^2+\left(\vec{k}-\vec{q}\right)^2\right]M_q^*\right.$$

$$+\gamma^0\left[(E_k-E_q)^2E_q^*+\left(\vec{k}-\vec{q}\right)^2E_q^*-2(E_k-E_q)\vec{q}^{\,*}\cdot\left(\vec{k}-\vec{q}\right)\right]$$

$$+\vec{\gamma}\cdot\vec{k}\left[\frac{\vec{k}\cdot\vec{q}^{\,*}}{k^2}\left((E_k-E_q)^2-\left(\vec{k}-\vec{q}\right)^2\right)\right.$$

$$\left.\left.-2\left(1-\frac{\vec{k}\cdot\vec{q}}{k^2}\right)\left(E_q^*(E_k-E_q)-\vec{q}^{\,*}\cdot\left(\vec{k}-\vec{q}\right)\right)\right]\right\}\delta(q_0-E_q) \qquad (5.12.52)$$

对上式中的一些项进行化简

$$-\left(\vec{k}-\vec{q}\right)^2\frac{\vec{k}\cdot\vec{q}^{\,*}}{k^2}+2\left(1-\frac{\vec{k}\cdot\vec{q}}{k^2}\right)\vec{q}^{\,*}\cdot\left(\vec{k}-\vec{q}\right)=\vec{k}\cdot\vec{q}^{\,*}\left(1+\frac{\vec{q}^{\,2}}{k^2}\right)-2qq^* \qquad (5.12.53)$$

于是可把式 (5.12.52) 改写成

$$I=\left\{\left[-(E_k-E_q)^2+k^2+q^2-2\vec{k}\cdot\vec{q}\right]M_q^*+\gamma^0\left[E_q^*(E_k-E_q)^2\right.\right.$$

$$\left.+\left(k^2+q^2-2\vec{k}\cdot\vec{q}\right)E_q^*+2qq^*(E_k-E_q)-2\vec{k}\cdot\vec{q}^{\,*}(E_k-E_q)\right]$$

$$+\vec{\gamma}\cdot\vec{k}\left[-2(E_k-E_q)E_q^*+\frac{2\vec{k}\cdot\vec{q}}{k^2}(E_k-E_q)E_q^*+\frac{\vec{k}\cdot\vec{q}^{\,*}}{k^2}(E_k-E_q)^2\right.$$

$$\left.\left.+\vec{k}\cdot\vec{q}^{\,*}\left(1+\frac{q^2}{k^2}\right)-2qq^*\right]\right\}\delta(q_0-E_q) \qquad (5.12.54)$$

利用式 (5.11.42) 和式 (5.12.19) 可得

$$\gamma^{\mu}\overline{q}_{\mu}^{*}+M_q^*=M_q^*+\gamma^0E_q^*-\vec{\gamma}\cdot\vec{k}\frac{\vec{k}\cdot\vec{q}^{\,*}}{k^2} \qquad (5.12.55)$$

把式 (5.12.17) 第一等式与式 (5.12.28) 进行对比，再注意到式 (5.12.55) 可以看出，去掉相同的系数后，1 与 Θ_{σ} 对应，$\vec{k}\cdot\vec{q}^{\,*}$ 与 $2kq^*\Phi_{\sigma}$ 对应。再把式 (5.12.17) 第一等式与式 (5.12.51) 进行对比，并利用由式 (5.12.54) 给出的结果，并参考式 (5.12.28) 可以得到

$$\Sigma_{\pi}^{\rm pv}(k)$$

$$=\frac{3}{16\pi^2k}\left(\frac{f_{\pi}}{m_{\pi}}\right)^2\int_0^{k_{\rm F}}q{\rm d}q\left\{\frac{M_q^*}{E_q^*}\left[\left(-(E_k-E_q)^2+k^2+q^2\right)\Theta_{\pi}(k,q)-4kq\Phi_{\pi}(k,q)\right]\right.$$

$$+\gamma^0\left[\left((E_k-E_q)^2+k^2+q^2+\frac{2qq^*(E_k-E_q)}{E_q^*}\right)\Theta_{\pi}(k,q)\right.$$

$$-\left(4kq+\frac{4kq^*\left(E_k-E_q\right)}{E_q^*}\right)\varPhi_\pi\left(k,q\right)\right]-\vec{\gamma}\cdot\vec{k}\left[\left(\left(2\left(E_k-E_q\right)+\frac{2qq^*}{E_q^*}\right)\varTheta_\pi\left(k,q\right)\right.\right.$$

$$\left.\left.-\left(\frac{2kq^*}{E_q^*}\left(1+\frac{q^2}{k^2}\right)+\frac{4kq}{k^2}\left(E_k-E_q\right)+\frac{2kq^*}{k^2E_q^*}\left(E_k-E_q\right)^2\right)\varPhi_\pi\left(k,q\right)\right]\right\} \tag{5.12.56}$$

利用式 (5.12.27) 和式 (5.12.21) 可对上式右边第一项进行化简

$$\left[-\left(E_k-E_q\right)^2+k^2+q^2\right]\varTheta_\pi-4kq\varPhi_\pi=4kq-m_\pi^2\varTheta_\pi \tag{5.12.57}$$

再对式 (5.12.56) 右边第二项中的部分项进行化简

$$\left(k^2+q^2\right)\varTheta_\pi-4kq\varPhi_\pi=\left[\left(E_k-E_q\right)^2-m_\pi^2\right]\varTheta_\pi+4kq \tag{5.12.58}$$

于是可把式 (5.12.56) 改写成

$$\begin{aligned}\varSigma_\pi^{\mathrm{pv}}(k,E)=&\frac{3}{16\pi^2k}\left(\frac{f_\pi}{m_\pi}\right)^2\int_0^{k_\mathrm{F}}q\mathrm{d}q\left\{\frac{M_q^*}{E_q^*}\left[4kq-m_\pi^2\varTheta_\pi\left(k,q\right)\right]\right.\\&+\gamma^0\left[4kq+\left(\left(E_k-E_q\right)^2-m_\pi^2+\frac{2qq^*\left(E_k-E_q\right)}{E_q^*}\right)\varTheta_\pi\left(k,q\right)\right.\\&\left.-\frac{4kq^*\left(E_k-E_q\right)}{E_q^*}\varPhi_\pi\left(k,q\right)\right]-\frac{2\vec{\gamma}\cdot\vec{k}}{k}\left[k\left(E_k-E_q+\frac{qq^*}{E_q^*}\right)\varTheta_\pi\left(k,q\right)\right.\\&\left.\left.-\left(\frac{q^*}{E_q^*}\left(k^2+q^2+\left(E_k-E_q\right)^2\right)+2q\left(E_k-E_q\right)\right)\varPhi_\pi\left(k,q\right)\right]\right\}\end{aligned} \tag{5.12.59}$$

因为一般不考虑 π 介子赝标量的贡献，故在这里未对一个顶角为赝标量而另一个顶角为轴矢量的耦合项进行研究。

4. ρ 介子

式 (5.10.64) 给出了 ρ 介子与核子的相互作用拉氏密度，第一项和第二项分别代表矢量耦合和张量耦合。参考式 (5.11.122) 和式 (5.12.42) 可以写出无相互作用时 ρ 介子的传播子为

$$D_{\mu\nu,ab}^0\left(q\right)=\frac{-g_{\mu\nu}}{q_\lambda q^\lambda-m_\rho^2+\mathrm{i}\varepsilon}\delta_{ab} \tag{5.12.60}$$

δ_{ab} 代表不考虑 ρ 介子与核子之间的电荷交换。先研究矢量项，参考式 (5.12.29) 可以写出

$$\begin{aligned}\mathrm{i}G^0\left(k\right)\varSigma_\rho^{\mathrm{V}}(k)G\left(k\right)=&\mathrm{i}G^0\left(k\right)\left(-\mathrm{i}g_\rho\gamma^\mu\right)\tau_a\mathrm{i}D_{\mu\nu,ab}^0\left(0\right)\\&\times\int\frac{\mathrm{d}^4q}{\left(2\pi\right)^4}\mathrm{tr}\left[\tau_b\left(-\mathrm{i}g_\rho\gamma^\nu\right)\left(-\mathrm{i}G\left(q\right)\right)\right]\mathrm{i}G\left(k\right)+\mathrm{i}G^0\left(k\right)\left(-\mathrm{i}g_\rho\gamma^\mu\right)\tau_a\end{aligned}$$

$$
\times \int \frac{\mathrm{d}^4 q}{(2\pi)^4} \mathrm{i} D^0_{\mu\nu,ab}(k-q)\,\mathrm{i}G(q)\left(-\mathrm{i}g_\rho \gamma^\nu\right)\tau_a \mathrm{i}G(k) \tag{5.12.61}
$$

进而得到

$$
\begin{aligned}
\varSigma_\rho^{\mathrm{V}}(k) = & -\mathrm{i}g_\rho^2 \gamma^\mu \tau_a \int \frac{\mathrm{d}^4 q}{(2\pi)^4} D^0_{\mu\nu,ab}(0)\,\mathrm{tr}\left(\tau_b \gamma^\nu G(q)\right) \\
& + \mathrm{i}g_\rho^2 \gamma^\mu \tau_a \int \frac{\mathrm{d}^4 q}{(2\pi)^4} D^0_{\mu\nu,ab}(k-q)\,G(q)\,\gamma^\nu \tau_b \\
= & -\mathrm{i}g_\rho^2 \gamma^\mu \tau_a \int \frac{\mathrm{d}^4 q}{(2\pi)^4} g_{\mu\mu} \left[\frac{\mathrm{tr}\left(\tau_a \gamma^\mu G(q)\right)}{m_\rho^2} + \frac{G(q)\,\gamma^\mu \tau_a}{(k-q)_\lambda (k-q)^\lambda - m_\rho^2 + \mathrm{i}\varepsilon}\right]
\end{aligned} \tag{5.12.62}
$$

注意到 $\mathrm{tr}\tau_a = 0\ (a = 1, 2, 3)$，于是可得

$$
\varSigma_\rho^{\mathrm{V-H}}(k) = 0 \tag{5.12.63}
$$

再利用式 (5.12.12)，并注意到 $\tau_a \tau_a = 3$，由式 (5.12.62) 得到

$$
\begin{aligned}
\varSigma_\rho^{\mathrm{V}}(k) &= \varSigma_\rho^{\mathrm{V-F}}(k) \\
&= -\mathrm{i}g_\rho^2 \int \frac{\mathrm{d}^4 q}{(2\pi)^4} \frac{3 g_{\mu\mu} \gamma^\mu \left(\gamma^\nu q_\nu^* + M_q^*\right) \gamma^\mu}{(k-q)_\lambda (k-q)^\lambda - m_\rho^2 + \mathrm{i}\varepsilon} \frac{\mathrm{i}\pi}{E_q^*} \delta\left(q_0 - E_q\right) \theta\left(k_{\mathrm{F}} - \left|\vec{q}\right|\right)
\end{aligned} \tag{5.12.64}
$$

包含对 μ 求和时有 $g_{\mu\mu}\gamma^\mu\gamma^\mu = (g_{\mu\mu})^2 = 4$，于是可得

$$
\begin{aligned}
g_{\mu\mu}\gamma^\mu \left(\gamma^\nu q_\nu^* + M_q^*\right)\gamma^\mu &= -\gamma^\nu q_\nu^* g_{\mu\mu}\gamma^\mu\gamma^\mu + 2 g_{\mu\mu} g^{\mu\nu} q_\nu^* \gamma^\mu + M_q^* g_{\mu\mu}\gamma^\mu\gamma^\mu \\
&= 2\left(-\gamma^\nu q_\nu^* + 2M_q^*\right)
\end{aligned} \tag{5.12.65}
$$

把式 (5.12.17) 第一等式与式 (5.12.64) 进行对比，再利用由式 (5.12.28) 给出的结果，并对比式 (5.12.55) 和式 (5.12.65)，再利用在式 (5.12.55) 之后的分析中所得到的 1 与 $\varTheta$ 相对应，$\vec{k} \cdot \vec{q}^*$ 与 $2kq^*\varPhi$ 相对应的结论便可得到

$$
\varSigma_\rho^{\mathrm{V}}(k, E) = \frac{3g_\rho^2}{8\pi^2 k} \int_0^{k_{\mathrm{F}}} q\mathrm{d}q \left[-\frac{2M_q^*}{E_q^*}\varTheta_\rho(k,q) + \gamma^0 \varTheta_\rho(k,q) - \frac{2\vec{\gamma}\cdot\vec{k}}{k}\frac{q^*}{E_q^*}\varPhi_\rho(k,q)\right] \tag{5.12.66}
$$

在由式 (5.10.64) 给出的 ρ 介子与核子相互作用的拉氏密度的张量项中，$\sigma^{\mu\nu}$ 和 $\vec{L}_{\mu\nu}$ 已分别由式 (5.7.57) 和式 (5.10.41) 给出。再注意到 $\partial_{\mu x}$ 贡献 $-\mathrm{i}k_\mu, \partial_{\mu x'}$ 贡献 $\mathrm{i}k_\mu$。在顶角 x 处可以求得

$$
\sigma^{\mu\nu}\vec{L}_{\mu\nu} = \frac{\mathrm{i}}{2}\left(\gamma^\mu\gamma^\nu - \gamma^\nu\gamma^\mu\right)\left(\partial_\mu \vec{\rho}_\nu - \partial_\nu \vec{\rho}_\mu\right)
$$

$$
\begin{aligned}
&= \frac{\mathrm{i}}{2}\left(\gamma^\mu\gamma^\nu\partial_\mu\vec{\rho}_\nu - \gamma^\nu\gamma^\mu\partial_\mu\vec{\rho}_\nu - \gamma^\mu\gamma^\nu\partial_\nu\vec{\rho}_\mu + \gamma^\nu\gamma^\mu\partial_\nu\vec{\rho}_\mu\right) \\
&= \mathrm{i}\left(\gamma^\mu\gamma^\nu\partial_\mu\vec{\rho}_\nu - \gamma^\nu\gamma^\mu\partial_\mu\vec{\rho}_\nu\right) = \mathrm{i}\left(2\gamma^\mu\gamma^\nu\partial_\mu\vec{\rho}_\nu - 2g^{\mu\nu}\partial_\mu\vec{\rho}_\nu\right) \\
&= 2\,\mathrm{i}\left(\gamma^\mu\gamma^\nu\partial_\mu\vec{\rho}_\nu - \partial^\nu\vec{\rho}_\nu\right) = 2\left(\gamma^\mu q_\mu\gamma^\nu\vec{\rho}_\nu - q^\nu\vec{\rho}_\nu\right)
\end{aligned} \tag{5.12.67}
$$

在顶角 x' 处 $\sigma^{\mu\nu}\vec{L}_{\mu\nu}$ 要改变符号。在 Hartree 项中传播的动量为 0，即在式 (5.12.67) 中相当于 $q_\mu \to 0$ 和 $q^\mu \to 0$，故有

$$
\varSigma_\rho^{\mathrm{T-H}}(k) = 0 \tag{5.12.68}
$$

对比式 (5.10.64) 和式 (5.10.65) 的第二项，注意对于其中两个 $\sigma^{\mu\nu}$ 中的 i 相乘会出来 -1，再利用由式 (5.12.67) 给出的结果，参照式 (5.12.51) 的第一式可以写出

$$
\begin{aligned}
&\varSigma_\rho^{\mathrm{T}}(k) \\
&= \varSigma_\rho^{\mathrm{T-F}}(k) = 4\,\mathrm{i}\left(\frac{f_\rho}{4M}\right)^2\int\frac{\mathrm{d}^4q}{(2\pi)^4}\left[\left(\gamma^\xi(k-q)_\xi\gamma^\mu - (k-q)^\mu\right)\tau_a\right. \\
&\times \left. D^0_{\mu\nu,ab}(k-q)\,G(q)\left(-\gamma^\zeta(k-q)_\zeta\gamma^\nu + (k-q)^\nu\right)\tau_b\right] = 12\,\mathrm{i}\left(\frac{f_\rho}{4M}\right)^2\int\frac{\mathrm{d}^4q}{(2\pi)^4} \\
&\times \frac{\left[-\gamma^\xi(k-q)_\xi\gamma^\mu + (k-q)^\mu\right]\left(\gamma^\eta q^*_\eta + M^*_q\right)\left[-\gamma^\zeta(k-q)_\zeta g_{\mu\mu}\gamma^\mu + (k-q)_\mu\right]}{(k-q)_\lambda(k-q)^\lambda - m_\rho^2 + \mathrm{i}\varepsilon} \\
&\times \frac{\mathrm{i}\pi}{E^*_q}\delta(q_0 - E_q)\,\theta\left(k_{\mathrm{F}} - \left|\vec{q}\right|\right)
\end{aligned} \tag{5.12.69}
$$

可以求得

$$
\begin{aligned}
I &\equiv \left[-\gamma^\xi(k-q)_\xi\gamma^\mu + (k-q)^\mu\right]\left(\gamma^\eta q^*_\eta + M^*_q\right)\left[-\gamma^\zeta(k-q)_\zeta g_{\mu\mu}\gamma^\mu + (k-q)_\mu\right] \\
&= \left[-\gamma^\xi(k-q)_\xi\gamma^\mu + (k-q)^\mu\right]\left[-\gamma^\eta q^*_\eta\gamma^\zeta(k-q)_\zeta g_{\mu\mu}\gamma^\mu + \gamma^\eta q^*_\eta(k-q)_\mu\right. \\
&\quad \left. - \gamma^\zeta(k-q)_\zeta g_{\mu\mu}\gamma^\mu M^*_q + (k-q)_\mu M^*_q\right] \\
&= \gamma^\xi(k-q)_\xi\gamma^\mu\gamma^\eta q^*_\eta\gamma^\zeta(k-q)_\zeta g_{\mu\mu}\gamma^\mu - \gamma^\xi(k-q)_\xi\gamma^\mu\gamma^\eta q^*_\eta(k-q)_\mu \\
&\quad + \gamma^\xi(k-q)_\xi\gamma^\mu\gamma^\zeta(k-q)_\zeta g_{\mu\mu}\gamma^\mu M^*_q - \gamma^\xi(k-q)_\xi\gamma^\mu(k-q)_\mu M^*_q \\
&\quad - \gamma^\eta q^*_\eta\gamma^\zeta(k-q)_\zeta g_{\mu\mu}\gamma^\mu(k-q)^\mu + \gamma^\eta q^*_\eta(k-q)_\mu(k-q)^\mu \\
&\quad - \gamma^\zeta(k-q)_\zeta g_{\mu\mu}\gamma^\mu(k-q)^\mu M^*_q + (k-q)_\mu(k-q)^\mu M^*_q
\end{aligned} \tag{5.12.70}
$$

对上式中的一些项进行化简

$$
\begin{aligned}
&\gamma^\xi(k-q)_\xi\gamma^\mu\gamma^\eta q^*_\eta\gamma^\zeta(k-q)_\zeta g_{\mu\mu}\gamma^\mu \\
&= -\gamma^\xi(k-q)_\xi\gamma^\eta q^*_\eta\gamma^\mu\gamma^\zeta(k-q)_\zeta g_{\mu\mu}\gamma^\mu + 2\gamma^\xi(k-q)_\xi g^{\mu\eta}q^*_\eta\gamma^\zeta(k-q)_\zeta g_{\mu\mu}\gamma^\mu
\end{aligned}
$$

$$
\begin{aligned}
&= \gamma^{\xi}(k-q)_{\xi}\gamma^{\eta}q_{\eta}^{*}\gamma^{\zeta}(k-q)_{\zeta}\gamma^{\mu}g_{\mu\mu}\gamma^{\mu} - 2\gamma^{\xi}(k-q)_{\xi}\gamma^{\eta}q_{\eta}^{*}g^{\mu\zeta}(k-q)_{\zeta}g_{\mu\mu}\gamma^{\mu} \\
&\quad + 2\gamma^{\xi}(k-q)_{\xi}\gamma^{\zeta}(k-q)_{\zeta}\gamma^{\eta}q_{\eta}^{*} \\
&= 2\gamma^{\xi}(k-q)_{\xi}\gamma^{\eta}q_{\eta}^{*}\gamma^{\zeta}(k-q)_{\zeta} + 2\gamma^{\xi}(k-q)_{\xi}\gamma^{\zeta}(k-q)_{\zeta}\gamma^{\eta}q_{\eta}^{*} \\
&= -2\gamma^{\xi}(k-q)_{\xi}\gamma^{\zeta}(k-q)_{\zeta}\gamma^{\eta}q_{\eta}^{*} + 4\gamma^{\xi}(k-q)_{\xi}q_{\eta}^{*}g^{\eta\zeta}(k-q)_{\zeta} \\
&\quad + 2\gamma^{\xi}(k-q)_{\xi}\gamma^{\zeta}(k-q)_{\zeta}\gamma^{\eta}q_{\eta}^{*} \\
&= 4\gamma^{\xi}(k-q)_{\xi}q_{\eta}^{*}(k-q)^{\eta}
\end{aligned} \tag{5.12.71}
$$

$$
\begin{aligned}
&\gamma^{\xi}(k-q)_{\xi}\gamma^{\mu}\gamma^{\zeta}(k-q)_{\zeta}g_{\mu\mu}\gamma^{\mu}M_{q}^{*} \\
&= -\gamma^{\xi}(k-q)_{\xi}\gamma^{\zeta}(k-q)_{\zeta}\gamma^{\mu}g_{\mu\mu}\gamma^{\mu}M_{q}^{*} + 2\gamma^{\xi}(k-q)_{\xi}g^{\mu\zeta}(k-q)_{\zeta}g_{\mu\mu}\gamma^{\mu}M_{q}^{*} \\
&= -2\gamma^{\xi}(k-q)_{\xi}\gamma^{\zeta}(k-q)_{\zeta}M_{q}^{*}
\end{aligned} \tag{5.12.72}
$$

$$
\begin{aligned}
&-\gamma^{\eta}q_{\eta}^{*}\gamma^{\zeta}(k-q)_{\zeta}g_{\mu\mu}\gamma^{\mu}(k-q)^{\mu} \\
&= -\gamma^{\eta}q_{\eta}^{*}\gamma^{\zeta}(k-q)_{\zeta}\gamma^{\mu}(k-q)_{\mu} \\
&= \gamma^{\zeta}(k-q)_{\zeta}\gamma^{\eta}q_{\eta}^{*}\gamma^{\mu}(k-q)_{\mu} - 2g^{\eta\zeta}q_{\eta}^{*}(k-q)_{\zeta}\gamma^{\mu}(k-q)_{\mu} \\
&= -\gamma^{\zeta}(k-q)_{\zeta}\gamma^{\mu}(k-q)_{\mu}\gamma^{\eta}q_{\eta}^{*} + 2\gamma^{\zeta}(k-q)_{\zeta}g^{\eta\mu}q_{\eta}^{*}(k-q)_{\mu} \\
&\quad - 2q_{\eta}^{*}(k-q)^{\eta}\gamma^{\mu}(k-q)_{\mu} \\
&= -\gamma^{\zeta}(k-q)_{\zeta}\gamma^{\mu}(k-q)_{\mu}\gamma^{\eta}q_{\eta}^{*}
\end{aligned} \tag{5.12.73}
$$

再注意到

$$
\begin{aligned}
\gamma^{\xi}(k-q)_{\xi}\gamma^{\zeta}(k-q)_{\zeta} &= -(k-q)_{\xi}\gamma^{\zeta}\gamma^{\xi}(k-q)_{\zeta} + 2g^{\xi\zeta}(k-q)_{\xi}(k-q)_{\zeta} \\
&= (k-q)_{\xi}(k-q)^{\xi}
\end{aligned} \tag{5.12.74}
$$

注意到在上式第一个等号后边的第一项中 $\xi \neq \zeta$ 的项在对 ξ 和 ζ 求和时会消掉。利用式 (5.12.71) ~ 式 (5.12.74) 以及式 (5.12.21) 和式 (5.12.19)，由式 (5.12.70) 可以求得

$$
\begin{aligned}
&I_{|q_0=E_q} \\
&= 4\gamma^{\xi}(k-q)_{\xi}q_{\eta}^{*}(k-q)^{\eta} - \gamma^{\xi}(k-q)_{\xi}\gamma^{\mu}(k-q)_{\mu}\gamma^{\eta}q_{\eta}^{*} \\
&\quad - 2\gamma^{\xi}(k-q)_{\xi}\gamma^{\zeta}(k-q)_{\zeta}M_{q}^{*} - \gamma^{\xi}(k-q)_{\xi}\gamma^{\mu}(k-q)_{\mu}M_{q}^{*} \\
&\quad - \gamma^{\zeta}(k-q)_{\zeta}\gamma^{\mu}(k-q)_{\mu}\gamma^{\eta}q_{\eta}^{*} + (k-q)_{\mu}(k-q)^{\mu}\gamma^{\eta}q_{\eta}^{*} \\
&\quad - \gamma^{\zeta}(k-q)_{\zeta}\gamma^{\mu}(k-q)_{\mu}M_{q}^{*} + (k-q)_{\mu}(k-q)^{\mu}M_{q}^{*} \\
&= -(k-q)_{\mu}(k-q)^{\mu}\gamma^{\eta}q_{\eta}^{*} - 3M_{q}^{*}(k-q)_{\mu}(k-q)^{\mu} + 4\gamma^{\xi}(k-q)_{\xi}q_{\eta}^{*}(k-q)^{\eta} \\
&= -\left(\gamma^{0}E_{q}^{*} - \vec{\gamma}\cdot\vec{q}^{*}\right)\left[(E_k-E_q)^2 - \left(\vec{k}-\vec{q}\right)^2\right] - 3M_{q}^{*}\left[(E_k-E_q)^2 - \left(\vec{k}-\vec{q}\right)^2\right]
\end{aligned}
$$

$$
\begin{aligned}
&+4\left[\gamma^0\left(E_k-E_q\right)-\vec{\gamma}\cdot\left(\vec{k}-\vec{q}\right)\right]\left[E_q^*\left(E_k-E_q\right)-\vec{q}^*\cdot\left(\vec{k}-\vec{q}\right)\right]\\
=&-\gamma^0E_q^*\left(m_\rho^2-A_\rho+2\vec{k}\cdot\vec{q}\right)+\vec{\gamma}\cdot\vec{k}\frac{\vec{k}\cdot\vec{q}^*}{k^2}\left(m_\rho^2-A_\rho+2\vec{k}\cdot\vec{q}\right)\\
&-3M_q^*\left(m_\rho^2-A_\rho+2\vec{k}\cdot\vec{q}\right)\\
&+4\gamma^0\left[E_q^*\left(E_k-E_q\right)^2-\vec{k}\cdot\vec{q}^*\left(E_k-E_q\right)+qq^*\left(E_k-E_q\right)\right]\\
&-4\vec{\gamma}\cdot\vec{k}\left(1-\frac{\vec{k}\cdot\vec{q}}{k^2}\right)\left[E_q^*\left(E_k-E_q\right)-\vec{k}\cdot\vec{q}^*+qq^*\right]\\
=&-3M_q^*\left(m_\rho^2-A_\rho+2\vec{k}\cdot\vec{q}\right)-\gamma^0\left[E_q^*\left(m_\rho^2-A_\rho+2\vec{k}\cdot\vec{q}\right)-4E_q^*\left(E_k-E_q\right)^2\right.\\
&\left.+4\vec{k}\cdot\vec{q}^*\left(E_k-E_q\right)-4qq^*\left(E_k-E_q\right)\right]\\
&+\vec{\gamma}\cdot\vec{k}\left[\frac{\vec{k}\cdot\vec{q}^*}{k^2}\left(m_\rho^2-A_\rho\right)+2qq^*\cos^2\theta-4E_q^*\left(E_k-E_q\right)\right.\\
&\left.+4\frac{\vec{k}\cdot\vec{q}}{k^2}E_q^*\left(E_k-E_q\right)+4\vec{k}\cdot\vec{q}^*-4qq^*-4qq^*\cos^2\theta+4\vec{k}\cdot\vec{q}\frac{qq^*}{k^2}\right]
\end{aligned}
\tag{5.12.75}
$$

有不定积分公式

$$
\int\frac{u^2\mathrm{d}u}{a+bu}=\frac{1}{b^3}\left[\frac{1}{2}\left(a+bu\right)^2-2a\left(a+bu\right)+a^2\log\left(a+bu\right)\right]+C \tag{5.12.76}
$$

参照式 (5.12.26)，并利用式 (5.12.25) 和式 (5.12.27) 可以求得

$$
\begin{aligned}
&2\pi\int_{-1}^{1}\frac{k^2q^2\cos^2\theta}{-A_i+2kq\cos\theta}\mathrm{d}\cos\theta\\
=&\frac{2\pi k^2q^2}{\left(2kq\right)^3}\left\{\frac{1}{2}\left[\left(2kq-A_i\right)^2-\left(2kq+A_i\right)^2\right]+8kqA_i-A_i^2\Theta_i\right\}\\
=&\frac{\pi}{4kq}\left(-4kqA_i+8kqA_i-A_i^2\Theta_i\right)=\pi A_i\left(1-\frac{A_i\Theta_i}{4kq}\right)=-\pi A_i\Phi_i
\end{aligned}
\tag{5.12.77}
$$

前面已总结出 1 与 Θ_i 对应，$\vec{k}\cdot\vec{q}$ 与 $2kq\Phi_i$ 对应，把式 (5.12.77) 与式 (5.12.26) 对比可知，与 $\left(\vec{k}\cdot\vec{q}\right)^2=k^2q^2\cos^2\theta$ 对应的应该是 $\dfrac{2kq\Phi_i}{2\pi}\pi A_i=kqA_i\Phi_i$。参照式 (5.12.56)，再利用式 (5.12.75)，由式 (5.12.69) 可以得到

$$
\begin{aligned}
\Sigma_\rho^{\mathrm{T}}(k)=&\frac{12}{16\pi^2k}\left(\frac{f_\rho}{4M}\right)^2\int_0^{k_{\mathrm{F}}}q\mathrm{d}q\left\{-\frac{3M_q^*}{E_q^*}\left[\left(m_\rho^2-A_\rho\right)\Theta_\rho+4kq\Phi_\rho\right]\right.\\
&-\gamma^0\left[\left(m_\rho^2-A_\rho\right)\Theta_\rho+4kq\Phi_\rho-4\left(E_k-E_q\right)^2\Theta_\rho+\frac{8kq^*}{E_q^*}\left(E_k-E_q\right)\Phi_\rho\right.
\end{aligned}
$$

$$
-\frac{4qq^*\left(E_k-E_q\right)}{E_q^*}\varTheta_\rho\Bigg]+\vec{\gamma}\cdot\vec{k}\left[\frac{2q^*}{kE_q^*}\left(m_\rho^2-A_\rho\right)\varPhi_\rho-4\left(E_k-E_q\right)\varTheta_\rho\right.
$$

$$
\left.\left.+\frac{8q}{k}\left(E_k-E_q\right)\varPhi_\rho+\frac{8kq^*}{E_q^*}\varPhi_\rho-\frac{4qq^*}{E_q^*}\varTheta_\rho+\frac{8q^2q^*}{kE_q^*}\varPhi_\rho-\frac{2q^*}{kE_q^*}A_\rho\varPhi_\rho\right]\right\} \tag{5.12.78}
$$

由式 (5.12.26) 可知

$$
4kq\varPhi_\rho=A_\rho\varTheta_\rho-4kq \tag{5.12.79}
$$

再把式 (5.12.78) 中 $\vec{\gamma}\cdot\vec{k}$ 项中含有 $\dfrac{4q^*}{kE_q^*}\varPhi_\rho$ 项的系数进行合并

$$
2k^2+2q^2+\frac{1}{2}m_\rho^2-A_\rho=k^2+q^2+\left(E_k-E_q\right)^2-\frac{1}{2}m_\rho^2 \tag{5.12.80}
$$

于是可把式 (5.12.78) 改写成

$$
\varSigma_\rho^{\mathrm{T}}(k,E)=\frac{3}{4\pi^2k}\left(\frac{f_\rho}{4M}\right)^2\int_0^{k_{\mathrm{F}}}q\mathrm{d}q\left\{-\frac{3M_q^*}{E_q^*}\left(m_\rho^2\varTheta_\rho-4kq\right)-\gamma^0\Bigg[m_\rho^2\varTheta_\rho\right.
$$

$$
-4kq-4\left(E_k-E_q\right)^2\varTheta_\rho-\frac{4qq^*\left(E_k-E_q\right)}{E_q^*}\varTheta_\rho+\frac{8kq^*\left(E_k-E_q\right)}{E_q^*}\varPhi_\rho\Bigg]
$$

$$
+4\vec{\gamma}\cdot\vec{k}\left[-\frac{qq^*}{E_q^*}\varTheta_\rho-\left(E_k-E_q\right)\varTheta_\rho+\frac{2q}{k}\left(E_k-E_q\right)\varPhi_\rho\right.
$$

$$
\left.\left.+\frac{q^*}{kE_q^*}\left(k^2+q^2+\left(E_k-E_q\right)^2-\frac{1}{2}m_\rho^2\right)\varPhi_\rho\right]\right\} \tag{5.12.81}
$$

对于 ρ 介子来说，如果在 x 顶角是张量耦合，而在 x' 顶角是矢量耦合；或者在 x 顶角是矢量耦合，而在 x' 顶角是张量耦合，这样就会出现矢量–张量耦合项。通过前面的讨论可知，在 Hartree 项中环上的顶角无论是矢量还是张量均无贡献，因而可得

$$
\varSigma_\rho^{\mathrm{VT-H}}(k)=0 \tag{5.12.82}
$$

再注意到由式 (5.12.67) 给出的 $\sigma^{\mu\nu}\vec{L}_{\mu\nu}$ 用于 x' 顶角时要加上负号。参照式 (5.12.62) 第一等式的第二项及式 (5.12.69) 的第一等式可以写出

$$
\begin{aligned}
&\varSigma_\rho^{\mathrm{VT}}(k)\\
&=\varSigma_\rho^{\mathrm{VT-F}}(k)=2\,\mathrm{i}g_\rho\frac{f_\rho}{4M}\int\frac{\mathrm{d}^4q}{(2\pi)^4}\left\{\left[\gamma^\xi\left(k-q\right)_\xi\gamma^\mu-\left(k-q\right)^\mu\right]\right.\\
&\quad\times\tau_aD^0_{\mu\nu,ab}\left(k-q\right)G\left(q\right)\gamma^\nu\tau_b-\gamma^\mu\tau_aD^0_{\mu\nu,ab}\left(k-q\right)G\left(q\right)\\
&\quad\left.\times\left[\gamma^\xi\left(k-q\right)_\xi\gamma^\nu-\left(k-q\right)^\nu\right]\tau_b\right\}\\
&=-6\,\mathrm{i}g_\rho\frac{f_\rho}{4M}\int\frac{\mathrm{d}^4q}{(2\pi)^4}\left\{\frac{\left[\gamma^\xi\left(k-q\right)_\xi\gamma^\mu-\left(k-q\right)^\mu\right]g_{\mu\nu}G\left(q\right)\gamma^\nu}{\left(k-q\right)_\lambda\left(k-q\right)^\lambda-m_\rho^2+\mathrm{i}\varepsilon}\right.
\end{aligned}
$$

$$
-\frac{\gamma^{\mu} g_{\mu\nu} G(q)\left[\gamma^{\xi}(k-q)_{\xi} \gamma^{\nu}-(k-q)^{\nu}\right]}{(k-q)_{\lambda}(k-q)^{\lambda}-m_{\rho}^{2}+\mathrm{i}\varepsilon}\Bigg\}
$$

$$
\begin{aligned}
&=-6\mathrm{i} g_{\rho} \frac{f_{\rho}}{4M} \int \frac{\mathrm{d}^{4} q}{(2\pi)^{4}}\left\{\frac{\left[\gamma^{\xi}(k-q)_{\xi} \gamma^{\mu}-(k-q)^{\mu}\right]\left(\gamma^{\eta} q_{\eta}^{*}+M_{q}^{*}\right) g_{\mu\mu} \gamma^{\mu}}{(k-q)_{\lambda}(k-q)^{\lambda}-m_{\rho}^{2}+\mathrm{i}\varepsilon}\right. \\
&\left.-\frac{\gamma^{\mu} g_{\mu\mu}\left(\gamma^{\eta} q_{\eta}^{*}+M_{q}^{*}\right)\left[\gamma^{\xi}(k-q)_{\xi} \gamma^{\mu}-(k-q)^{\mu}\right]}{(k-q)_{\lambda}(k-q)^{\lambda}-m_{\rho}^{2}+\mathrm{i}\varepsilon}\right\} \frac{\mathrm{i}\pi}{E_{q}^{*}} \delta\left(q_{0}-E_{q}\right) \theta\left(k_{\mathrm{F}}-|\vec{q}|\right)
\end{aligned} \tag{5.12.83}
$$

可以求得

$$
\begin{aligned}
I \equiv &\left[\gamma^{\xi}(k-q)_{\xi} \gamma^{\mu}-(k-q)^{\mu}\right]\left(\gamma^{\eta} q_{\eta}^{*}+M_{q}^{*}\right) g_{\mu\mu} \gamma^{\mu} \\
&-\gamma^{\mu} g_{\mu\mu}\left(\gamma^{\eta} q_{\eta}^{*}+M_{q}^{*}\right)\left[\gamma^{\xi}(k-q)_{\xi} \gamma^{\mu}-(k-q)^{\mu}\right] \\
=&\gamma^{\xi}(k-q)_{\xi} \gamma^{\mu} \gamma^{\eta} q_{\eta}^{*} g_{\mu\mu} \gamma^{\mu}+\gamma^{\xi}(k-q)_{\xi} \gamma^{\mu} g_{\mu\mu} \gamma^{\mu} M_{q}^{*} \\
&-(k-q)^{\mu} \gamma^{\eta} q_{\eta}^{*} g_{\mu\mu} \gamma^{\mu}-(k-q)^{\mu} g_{\mu\mu} \gamma^{\mu} M_{q}^{*} \\
&-\gamma^{\mu} g_{\mu\mu} \gamma^{\eta} q_{\eta}^{*} \gamma^{\xi}(k-q)_{\xi} \gamma^{\mu}+\gamma^{\mu} g_{\mu\mu} \gamma^{\eta} q_{\eta}^{*}(k-q)^{\mu} \\
&-\gamma^{\mu} g_{\mu\mu} \gamma^{\xi}(k-q)_{\xi} \gamma^{\mu} M_{q}^{*}+\gamma^{\mu} g_{\mu\mu}(k-q)^{\mu} M_{q}^{*} \\
=&-\gamma^{\xi}(k-q)_{\xi} \gamma^{\eta} q_{\eta}^{*} \gamma^{\mu} g_{\mu\mu} \gamma^{\mu}+2\gamma^{\xi}(k-q)_{\xi} g^{\mu\eta} q_{\eta}^{*} g_{\mu\mu} \gamma^{\mu} \\
&+4\gamma^{\xi}(k-q)_{\xi} M_{q}^{*}-\gamma^{\eta} q_{\eta}^{*} \gamma^{\mu}(k-q)_{\mu}+\gamma^{\mu} g_{\mu\mu} \gamma^{\eta} q_{\eta}^{*} \gamma^{\mu} \gamma^{\xi}(k-q)_{\xi} \\
&-2\gamma^{\mu} g_{\mu\mu} \gamma^{\eta} q_{\eta}^{*} g^{\mu\xi}(k-q)_{\xi}+\gamma^{\mu}(k-q)_{\mu} \gamma^{\eta} q_{\eta}^{*} \\
&+\gamma^{\mu} g_{\mu\mu} \gamma^{\mu} \gamma^{\xi}(k-q)_{\xi} M_{q}^{*}-2\gamma^{\mu} g_{\mu\mu} g^{\mu\xi}(k-q)_{\xi} M_{q}^{*} \\
=&-4\gamma^{\xi}(k-q)_{\xi} \gamma^{\eta} q_{\eta}^{*}+2\gamma^{\xi}(k-q)_{\xi} \gamma^{\eta} q_{\eta}^{*}+4\gamma^{\xi}(k-q)_{\xi} M_{q}^{*} \\
&+\gamma^{\mu}(k-q)_{\mu} \gamma^{\eta} q_{\eta}^{*}-2q_{\eta}^{*} g^{\eta\mu}(k-q)_{\mu}-\gamma^{\mu} g_{\mu\mu} \gamma^{\mu} \gamma^{\eta} q_{\eta}^{*} \gamma^{\xi}(k-q)_{\xi} \\
&+2\gamma^{\mu} g_{\mu\mu} g^{\mu\eta} q_{\eta}^{*} \gamma^{\xi}(k-q)_{\xi}-2\gamma^{\mu}(k-q)_{\mu} \gamma^{\eta} q_{\eta}^{*} \\
&+\gamma^{\mu}(k-q)_{\mu} \gamma^{\eta} q_{\eta}^{*}+4\gamma^{\xi}(k-q)_{\xi} M_{q}^{*}-2\gamma^{\xi}(k-q)_{\xi} M_{q}^{*} \\
=&-2\gamma^{\xi}(k-q)_{\xi} \gamma^{\eta} q_{\eta}^{*}-2(k-q)^{\mu} q_{\mu}^{*}-2\gamma^{\eta} q_{\eta}^{*} \gamma^{\xi}(k-q)_{\xi}+6\gamma^{\xi}(k-q)_{\xi} M_{q}^{*} \\
=&-4g^{\xi\eta}(k-q)_{\xi} q_{\eta}^{*}-2(k-q)^{\mu} q_{\mu}^{*}+6\gamma^{\xi}(k-q)_{\xi} M_{q}^{*} \\
=&6\left[-(k-q)^{\mu} q_{\mu}^{*}+\gamma^{\xi}(k-q)_{\xi} M_{q}^{*}\right]
\end{aligned} \tag{5.12.84}
$$

进而求得

$$
I_{|q_0=E_q}
$$

$$
\begin{aligned}
&= 6\left[-\left(E_k-E_q\right)E_q^*+\left(\vec{k}-\vec{q}\right)\cdot\vec{q}^*+\gamma^0\left(E_k-E_q\right)M_q^*-\vec{\gamma}\cdot\left(\vec{k}-\vec{q}\right)M_q^*\right]\\
&= 6\left[-\left(E_k-E_q\right)E_q^*+\vec{k}\cdot\vec{q}^*-qq^*+\gamma^0\left(E_k-E_q\right)M_q^*-\vec{\gamma}\cdot\vec{k}\left(1-\frac{\vec{k}\cdot\vec{q}}{k^2}\right)M_q^*\right]
\end{aligned}
\tag{5.12.85}
$$

于是由式 (5.12.83) 和式 (5.12.85) 得到

$$
\begin{aligned}
\varSigma_\rho^{\mathrm{VT}}(k,E) =& -36\,\mathrm{i}g_\rho\frac{f_\rho}{4M}\int\frac{\mathrm{d}^4q}{(2\pi)^4}\frac{1}{(k-q)_\lambda(k-q)^\lambda-m_\rho^2+\mathrm{i}\varepsilon}\\
&\times\left[-\left(E_k-E_q\right)E_q^*+\vec{k}\cdot\vec{q}^*-qq^*+\gamma^0\left(E_k-E_q\right)M_q^*\right.\\
&\left.-\vec{\gamma}\cdot\vec{k}\left(1-\frac{\vec{k}\cdot\vec{q}}{k^2}\right)M_q^*\right]\frac{\mathrm{i}\pi}{E_q^*}\delta\left(q_0-E_q\right)\theta\left(k_\mathrm{F}-\left|\vec{q}\right|\right)\\
=& \frac{9}{4\pi^2k}g_\rho\frac{f_\rho}{4M}\int_0^{k_\mathrm{F}}q\mathrm{d}q\left\{\left(E_k-E_q\right)\varTheta_\rho+\frac{qq^*}{E_q^*}\varTheta_\rho-\frac{2kq^*}{E_q^*}\varPhi_\rho\right.\\
&\left.-\gamma^0\frac{\left(E_k-E_q\right)M_q^*}{E_q^*}\varTheta_\rho+\vec{\gamma}\cdot\vec{k}\left(\frac{M_q^*}{E_q^*}\varTheta_\rho-\frac{2qM_q^*}{kE_q^*}\varPhi_\rho\right)\right\}
\end{aligned}
\tag{5.12.86}
$$

对于只包含中子或质子的一种核子的核物质，前面所得到的自能公式可以直接使用，对于 $N=Z$ 的对称核物质，在自能公式前面需乘上同位旋数 $\lambda=2$，用 $\rho=\dfrac{2}{3\pi^2}k_\mathrm{F}^3$ 来确定费米动量。对于 $N\neq Z$ 的非对称核物质，中子和质子分别有费米动量 k_Fn 和 k_Fp，分别求出自能后再相加。最后再通过定域密度近似得到有限核的光学势。

对于费曼图中间态核子，由于使用了包含有 δ 函数的 Dirac 传播子 G_D，故中间态核子是在壳的。在由式 (5.12.21) 给出的 A_i 的表达式中，若 k 和 E 不相关，均为独立变量，则前面给出的相对论微观光学势实部为离壳的，若取 $E=\left(k^{*2}+M_k^{*2}\right)^{1/2}+\varSigma^0(k)$ 或 $E=k^2+M^2$ 便为在壳的。

5.12.3　相对论核物质性质

自由核子的 Dirac 方程为

$$
\left(\vec{\alpha}\cdot\vec{k}+\beta M\right)u\left(\vec{k},\xi\right)=E_ku\left(\vec{k},\xi\right)
\tag{5.12.87}
$$

其中，ξ 代表自旋。当核物质中存在相互作用时，可把式 (5.12.87) 改写成

$$
\left(\vec{\alpha}\cdot\vec{k}^*+\beta M_k^*\right)u\left(\vec{k},\xi\right)=E_k^*u\left(\vec{k},\xi\right)
\tag{5.12.88}
$$

参考式 (5.1.93) 可把式 (5.12.88) 的平面波解写成

$$u\left(\vec{k},\xi\right)=\sqrt{\frac{E_k^*+M_k^*}{2M_k^*}}\begin{pmatrix}\chi_\xi\\ \dfrac{\hat{\sigma}\cdot\vec{k}^*}{E_k^*+M_k^*}\chi_\xi\end{pmatrix}\tag{5.12.89}$$

利用式 (5.12.6) 又可把方程 (5.12.88) 改写成

$$\left[\vec{\alpha}\cdot\vec{k}+\beta M+\beta\Sigma^{\mathrm{s}}+\Sigma^0+\vec{\alpha}\cdot\vec{k}\Sigma^{\mathrm{v}}\right]u\left(\vec{k},\xi\right)=E_k u\left(\vec{k},\xi\right)\tag{5.12.90}$$

在上式中 $\vec{\alpha}\cdot\vec{k}+\beta M$ 为动能项，而与 Σ 有关的三项之和是势能项。

5.11 节已证明由式 (5.11.64) 和式 (5.11.65) 给出的核子波函数 $\psi\left(\vec{x},t\right)$ 满足由式 (5.11.36) 给出的反对易关系。因而在有相互作用的情况下，正能核子的平面波函数取为

$$\psi_{\vec{k}\xi T}\left(\vec{x},t\right)=\frac{1}{\sqrt{V}}\sqrt{\frac{M_k^*}{E_k^*}}u\left(\vec{k},\xi\right)\mathrm{e}^{-\mathrm{i}k_\mu^* x^\mu}\chi_T\tag{5.12.91}$$

其中，T 代表同位旋。这样定义的波函数是用 $\psi^+\psi$ 正交归一化的。在 $N=Z$ 的对称核物质中，利用式 (5.10.72) 可以给出标量密度为

$$\rho_{\mathrm{S}}=\sum_{\xi T}\int^{k_{\mathrm{F}}}\frac{V\mathrm{d}\vec{k}}{(2\pi)^3}\overline{\psi}_{\vec{k}\xi T}\psi_{\vec{k}\xi T}\tag{5.12.92}$$

其中，$\int^{k_{\mathrm{F}}}\frac{V\mathrm{d}\vec{k}}{(2\pi)^3}$ 是相空间中的状态数。由于 $\overline{u}\left(\vec{k},\xi\right)u\left(\vec{k},\xi\right)=1$，利用式 (5.11.25) 便可由式 (5.12.91) 和式 (5.12.92) 求得

$$\rho_{\mathrm{S}}=4\int^{k_{\mathrm{F}}}\frac{\mathrm{d}\vec{k}}{(2\pi)^3}\frac{M_k^*}{E_k^*}=\frac{2}{\pi^2}\int_0^{k_{\mathrm{F}}}\frac{M_k^*}{E_k^*}k^2\mathrm{d}k\tag{5.12.93}$$

E_k^* 已由式 (5.12.8) 给出。再利用式 (5.10.76) 又可以给出通常的核子密度为

$$\rho_{\mathrm{B}}=\sum_{\xi T}\int^{k_{\mathrm{F}}}\frac{V\mathrm{d}\vec{k}}{(2\pi)^3}\psi_{\vec{k}\xi T}^+\psi_{\vec{k}\xi T}\tag{5.12.94}$$

由于 $\frac{M_k^*}{E_k^*}u^+\left(\vec{k},\xi\right)u\left(\vec{k},\xi\right)=1$，于是可得

$$\rho_{\mathrm{B}}=\frac{2}{3\pi^2}k_{\mathrm{F}}^3\tag{5.12.95}$$

式 (5.10.11) 给出了哈密顿密度

$$\mathscr{H}=\pi_\lambda\dot{\varphi}_\lambda-\mathscr{L}=T^{00}\tag{5.12.96}$$

其中，$\dot{\varphi}_\lambda = \dfrac{\partial \varphi_\lambda}{\partial t}$，$\pi_\lambda = \dfrac{\partial \mathscr{L}}{\partial \dot{\varphi}_\lambda}$。系统的能量密度为

$$\varepsilon = \left\langle \Psi \left| T^{00} \right| \Psi \right\rangle \tag{5.12.97}$$

由于 $\mathscr{L}$ 中包含核子和多种介子的贡献，由上式计算出来的能量密度也必然与核子和多种介子有关。有人在只考虑 σ 和 ω 介子的情况下，对式 (5.12.97) 进行了研究 [26,69]，认为在 $N = Z$ 对称核物质中，只需要忽略掉较小的项便可以把式 (5.12.97) 用以下大家熟悉的形式写出来

$$\begin{aligned}
\varepsilon &= 2\lambda \int^{k_{\mathrm{F}}} \frac{\mathrm{d}\vec{k}}{(2\pi)^3} T(k) + 2\lambda \int^{k_{\mathrm{F}}} \frac{\mathrm{d}\vec{k}}{(2\pi)^3} \frac{1}{2} V(k) \\
&= \frac{\lambda}{\pi^2} \int_0^{k_{\mathrm{F}}} T(k) k^2 \mathrm{d}k + \frac{\lambda}{2\pi^2} \int_0^{k_{\mathrm{F}}} V(k) k^2 \mathrm{d}k
\end{aligned} \tag{5.12.98}$$

其中，$T(k)$ 和 $V(k)$ 分别为核子的动能密度分布和势能密度分布；2λ 中的 2 代表两种自旋，取 $\lambda = 2$ 代表两种同位旋。

动能密度分布为

$$\begin{aligned}
T(k) &= \frac{M_k^*}{E_k^*} u^+\left(\vec{k}, \xi\right) \left(\vec{\alpha} \cdot \vec{k} + \beta M\right) u\left(\vec{k}, \xi\right) \\
&= \frac{E_k^* + M_k^*}{2E_k^*} \chi_\xi^+ \begin{pmatrix} I & \dfrac{\hat{\sigma} \cdot \vec{k}^*}{E_k^* + M_k^*} \end{pmatrix} \begin{pmatrix} M & \hat{\sigma} \cdot \vec{k} \\ \hat{\sigma} \cdot \vec{k} & -M \end{pmatrix} \begin{pmatrix} I \\ \dfrac{\hat{\sigma} \cdot \vec{k}^*}{E_k^* + M_k^*} \end{pmatrix} \chi_\xi \\
&= \frac{E_k^* + M_k^*}{2E_k^*} \chi_\xi^+ \begin{pmatrix} I & \dfrac{\hat{\sigma} \cdot \vec{k}^*}{E_k^* + M_k^*} \end{pmatrix} \begin{pmatrix} M + \dfrac{kk^*}{E_k^* + M_k^*} \\ \hat{\sigma} \cdot \vec{k}^* - M \dfrac{\hat{\sigma} \cdot \vec{k}^*}{E_k^* + M_k^*} \end{pmatrix} \chi_\xi \\
&= \frac{E_k^* + M_k^*}{2E_k^*} \left(M + \frac{kk^*}{E_k^* + M_k^*} + \frac{kk^*}{E_k^* + M_k^*} - M \frac{E_k^* - M_k^*}{E_k^* + M_k^*} \right) \\
&= \frac{M M_k^* + kk^*}{E_k^*}
\end{aligned} \tag{5.12.99}$$

位能密度分布为

$$\begin{aligned}
V(k) &= \frac{M_k^*}{E_k^*} u^+\left(\vec{k}, \xi\right) \left(\beta \Sigma_0^{\mathrm{s}} + \Sigma^0 + \vec{\alpha} \cdot \vec{k} \Sigma_0^{\mathrm{v}}\right) u\left(\vec{k}, \xi\right) \\
&= \frac{E_k^* + M_k^*}{2E_k^*} \chi_\xi^+ \begin{pmatrix} I & \dfrac{\hat{\sigma} \cdot \vec{k}^*}{E_k^* + M_k^*} \end{pmatrix} \begin{pmatrix} \Sigma_0^{\mathrm{s}} + \Sigma^0 & \hat{\sigma} \cdot \vec{k} \Sigma_0^{\mathrm{v}} \\ \hat{\sigma} \cdot \vec{k} \Sigma_0^{\mathrm{v}} & -\Sigma_0^{\mathrm{s}} + \Sigma^0 \end{pmatrix} \begin{pmatrix} I \\ \dfrac{\hat{\sigma} \cdot \vec{k}^*}{E_k^* + M_k^*} \end{pmatrix} \chi_\xi \\
&= \frac{E_k^* + M_k^*}{2E_k^*} \chi_\xi^+ \begin{pmatrix} I & \dfrac{\hat{\sigma} \cdot \vec{k}^*}{E_k^* + M_k^*} \end{pmatrix} \begin{pmatrix} \Sigma_0^{\mathrm{s}} + \Sigma^0 + \dfrac{kk^* \Sigma_0^{\mathrm{v}}}{E_k^* + M_k^*} \\ \hat{\sigma} \cdot \vec{k} \Sigma_0^{\mathrm{v}} - \left(\Sigma_0^{\mathrm{s}} - \Sigma^0\right) \dfrac{\hat{\sigma} \cdot \vec{k}^*}{E_k^* + M_k^*} \end{pmatrix} \chi_\xi
\end{aligned}$$

$$= \frac{E_k^* + M_k^*}{2E_k^*} \left(\Sigma_0^{\rm s} + \Sigma^0 + \frac{kk^* \Sigma_0^{\rm v}}{E_k^* + M_k^*} + \frac{kk^* \Sigma_0^{\rm v}}{E_k^* + M_k^*} - \left(\Sigma_0^{\rm s} - \Sigma^0 \right) \frac{E_k^* - M_k^*}{E_k^* + M_k^*} \right)$$
$$= \frac{\Sigma^{\rm s} M_k^* + \Sigma_0^{\rm v} kk^*}{E_k^*} + \Sigma^0 \tag{5.12.100}$$

如果只考虑 σ 和 ω 介子，并把能量密度在形式上分成动能项、Hartree 势能项和 Fock 势能项，即

$$\varepsilon = \varepsilon_{\rm T} + \varepsilon_{\rm H} + \varepsilon_{\rm F} \tag{5.12.101}$$

对于 $N = Z$ 的对称核物质，由式 (5.12.98) 和式 (5.12.99) 可得

$$\varepsilon_{\rm T} = \frac{2}{\pi^2} \int_0^{k_{\rm F}} \frac{M M_k^* + kk^*}{E_k^*} k^2 {\rm d}k \tag{5.12.102}$$

事实上在由上式给出的 $\varepsilon_{\rm T}$ 中也含有自能算符 Σ 的贡献。并且有

$$\varepsilon_{\rm T} \xrightarrow[\Sigma \to 0 \text{ 或 } \rho_{\rm B} \to 0]{} \frac{2}{\pi^2} \int_0^{k_{\rm F}} E_k k^2 {\rm d}k \tag{5.12.103}$$

式 (5.12.16)、式 (5.12.28)、式 (5.12.34) 和式 (5.12.39) 分别给出 $\lambda = 1$ 时的自能表达式为

$$\Sigma_{\rm H\sigma}^{\rm s} = -\left(\frac{g_\sigma}{m_\sigma} \right)^2 \frac{1}{\pi^2} \int_0^{k_{\rm F}} \frac{M_q^*}{E_q^*} q^2 {\rm d}q \tag{5.12.104}$$

$$\Sigma_{\rm F\sigma}^{\rm s} = \frac{g_\sigma^2}{16\pi^2 k} \int_0^{k_{\rm F}} \frac{M_q^*}{E_q^*} \Theta_\sigma q {\rm d}q \tag{5.12.105}$$

$$\Sigma_{\rm F\sigma}^0 = \frac{g_\sigma^2}{16\pi^2 k} \int_0^{k_{\rm F}} \Theta_\sigma q {\rm d}q \tag{5.12.106}$$

$$\Sigma_{\rm F\sigma}^{\rm v} = -\frac{g_\sigma^2}{8\pi^2 k^2} \int_0^{k_{\rm F}} \frac{q^*}{E_q^*} \Phi_\sigma q {\rm d}q \tag{5.12.107}$$

$$\Sigma_{\rm H\omega}^0 = \left(\frac{g_\omega}{m_\omega} \right)^2 \frac{k_{\rm F}^3}{3\pi^2} \tag{5.12.108}$$

$$\Sigma_{\rm F\omega}^{\rm s} = -\frac{g_\omega^2}{4\pi^2 k} \int_0^{k_{\rm F}} \frac{M_q^*}{E_q^*} \Theta_\omega q {\rm d}q \tag{5.12.109}$$

$$\Sigma_{\rm F\omega}^0 = \frac{g_\omega^2}{8\pi^2 k} \int_0^{k_{\rm F}} \Theta_\omega q {\rm d}q \tag{5.12.110}$$

$$\Sigma_{\rm F\omega}^{\rm v} = -\frac{g_\omega^2}{4\pi^2 k^2} \int_0^{k_{\rm F}} \frac{q^*}{E_q^*} \Phi_\omega q {\rm d}q \tag{5.12.111}$$

利用式 (5.12.98)、式 (5.12.100)、式 (5.12.104) 和式 (5.12.108) 可以求得当 $\lambda = 2$ 时有

$$\varepsilon_{\mathrm{H}} = \frac{\lambda}{2\pi^2}\int_0^{k_{\mathrm{F}}} \frac{M_k^*}{E_k^*}\left[-\left(\frac{g_\sigma}{m_\sigma}\right)^2 \frac{\lambda}{\pi^2}\int_0^{k_{\mathrm{F}}} \frac{M_q^*}{E_q^*} q^2 \mathrm{d}q\right] k^2 \mathrm{d}k + \frac{\lambda}{2\pi^2}\int_0^{k_{\mathrm{F}}}\left[\left(\frac{g_\omega}{m_\omega}\right)^2 \frac{\lambda k_{\mathrm{F}}^3}{3\pi^2}\right] k^2 \mathrm{d}k = -\frac{1}{2}\left(\frac{g_\sigma}{m_\sigma}\right)^2 \rho_{\mathrm{S}}^2 + \frac{1}{2}\left(\frac{g_\omega}{m_\omega}\right)^2 \rho_{\mathrm{B}}^2 \quad (5.12.112)$$

又可以求得

$$\begin{aligned}\varepsilon_{\mathrm{F}} &= \frac{\lambda}{2\pi^2}\int_0^{k_{\mathrm{F}}}\left\{\frac{\lambda}{E_k^*}\left[\left(\Sigma_{\mathrm{F}\sigma}^{\mathrm{s}} + \Sigma_{\mathrm{F}\omega}^{\mathrm{s}}\right) M_k^* + \left(\Sigma_{\mathrm{F}\sigma}^{\mathrm{v}} + \Sigma_{F\omega}^{\mathrm{v}}\right) k k^*\right] + \lambda\left(\Sigma_{\mathrm{F}\sigma}^{0} + \Sigma_{\mathrm{F}\omega}^{0}\right)\right\} k^2 \mathrm{d}k \\ &= \frac{2}{\pi^2}\int_0^{k_{\mathrm{F}}}\left\{\frac{1}{E_k^*}\left[\left(\Sigma_{\mathrm{F}\sigma}^{\mathrm{s}} + \Sigma_{\mathrm{F}\omega}^{\mathrm{s}}\right) M_k^* + \left(\Sigma_{\mathrm{F}\sigma}^{\mathrm{v}} + \Sigma_{\mathrm{F}\omega}^{\mathrm{v}}\right) k k^*\right] + \left(\Sigma_{\mathrm{F}\sigma}^{0} + \Sigma_{\mathrm{F}\omega}^{0}\right)\right\} k^2 \mathrm{d}k\end{aligned} \quad (5.12.113)$$

在核物质中单个核子的结合能为

$$\frac{\varepsilon}{\rho_{\mathrm{B}}} - M = -a, \quad a \sim 16\mathrm{MeV} \quad (5.12.114)$$

根据热力学定律，计算压强 p 的公式为

$$p = \rho_{\mathrm{B}}^2 \frac{\partial}{\partial \rho_{\mathrm{B}}}\left(\frac{\varepsilon}{\rho_{\mathrm{B}}}\right) = -\varepsilon + \rho_{\mathrm{B}} \frac{\partial \varepsilon}{\partial \rho_{\mathrm{B}}} \quad (5.12.115)$$

令式 (5.12.115) 中的 $p = 0$ 便可以解出 $\rho_{\mathrm{B}} = \rho_0$，这时系统最稳定，$p = 0$ 称为饱和条件，ρ_0 称为饱和密度，一般取 ρ_0 为 $0.15 \sim 0.16\ \mathrm{fm}^{-3}$，$k_{\mathrm{F}}$ 可由 ρ_0 求出。零温下的化学势定义为

$$\mu = \left(\frac{\partial E}{\partial N}\right)_V = \left(\frac{\partial \varepsilon}{\partial \rho_{\mathrm{B}}}\right)_V \quad (5.12.116)$$

对于理想气体来说 $\mu = E_{\mathrm{F}}$。费米能 E_{F} 是方程 (5.12.9) 在 $\left|\vec{k}\right| = k_{\mathrm{F}}$ 时的解。于是可把饱和条件写成

$$p = -\varepsilon + E_{\mathrm{F}} \rho_0 = 0 \quad (5.12.117)$$

如果有效核力只有 g_σ 和 g_ω 两个自由参数，便可由上述两个核物质性质 a 和 ρ_0 来确定。

不可压缩系数为 [28]

$$K = 9\rho_{\mathrm{B}}^2 \left.\frac{\partial^2 (\varepsilon/\rho_{\mathrm{B}})}{\partial \rho_B^2}\right|_{\rho_{\mathrm{B}}=\rho_0} = 9\rho_{\mathrm{B}}^2 \left.\left[\frac{\partial}{\partial \rho_{\mathrm{B}}}\left(-\frac{\varepsilon}{\rho_{\mathrm{B}}^2} + \frac{1}{\rho_{\mathrm{B}}}\frac{\partial \varepsilon}{\partial \rho_{\mathrm{B}}}\right)\right]\right|_{\rho_{\mathrm{B}}=\rho_0}$$

$$= 9\rho_{\mathrm{B}}\left[-\frac{2}{\rho_{\mathrm{B}}^{2}}\left(-\varepsilon+\rho_{\mathrm{B}}\frac{\partial\varepsilon}{\partial\rho_{\mathrm{B}}}\right)+\frac{\partial^{2}\varepsilon}{\partial\rho_{\mathrm{B}}^{2}}\right]\Bigg|_{\rho_{\mathrm{B}}=\rho_{0}} = 9\rho_{\mathrm{B}}\left.\frac{\partial^{2}\varepsilon}{\partial\rho_{\mathrm{B}}^{2}}\right|_{\rho_{\mathrm{B}}=\rho_{0}} \tag{5.12.118}$$

在上式推导中用到了饱和条件。

如果有效核力具有更多的自由参数，便可再利用不可压缩系数 K、核子有效质量 M_k^*/M 等核物质性质来约束。对于非对称核物质，还可以用对称能 E_{sym} 和对称能斜率 L 约束。如果把理论用于有限核，还可以用某些具体原子核的结合能和电荷半径的实验数据来约束。

5.13 核子相对论微观光学势虚部

我们只研究对自能 Σ 虚部有贡献的最低级的费曼图 [25,80]。对于入射核子能量在费米面以上的情况，暂且只考虑 2p-1h 极化图。当只包含 σ 和 ω 介子时，图 5.6 给出了需要考虑的四级费曼图。

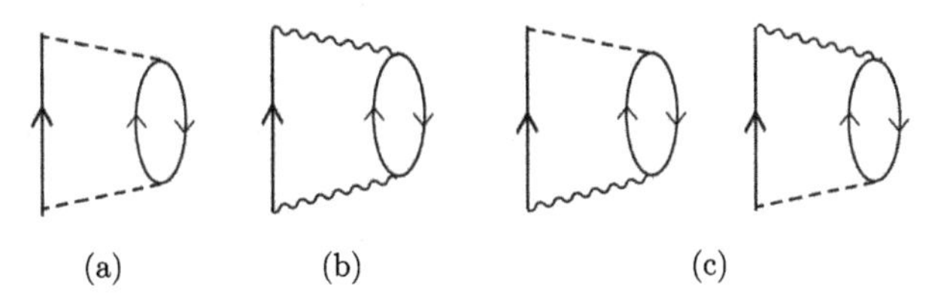

图 5.6 σ 和 ω 介子的四级极化图 (------ σ 介子，∿∿∿ ω 介子)

(a) 交换 σ-σ 介子；(b) 交换 ω-ω 介子；(c) 交换 σ-ω 介子

可以把图 5.6 中的各个图看成是介子传播子的二级修正图，图 5.7 给出了 σ 介子的二级传播子所对应的费曼图。

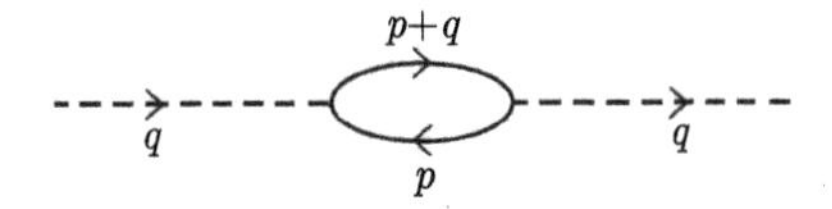

图 5.7 σ 介子的二级传播子所对应的费曼图

5.13.1 交换 σ-σ 介子过程对光学势虚部的贡献

利用费曼规则，可以写出描述交换 σ-σ 介子的图 5.7 所对应的表达式为

$$\begin{aligned}\mathrm{i}\Delta^{(2)}(q) &= \mathrm{i}\Delta^{0}(q)(-\mathrm{i}g_{\sigma})\int\frac{\mathrm{d}^{4}p}{(2\pi)^{4}}\mathrm{tr}\left[-\mathrm{i}G(p)\,\mathrm{i}G(p+q)\right](-\mathrm{i}g_{\sigma})\,\mathrm{i}\Delta^{0}(q)\\ &\equiv \mathrm{i}\Delta^{0}(q)\,\pi_{\sigma}(q)\,\Delta^{0}(q)\end{aligned} \tag{5.13.1}$$

进而得到

$$\pi_\sigma(q) = -\mathrm{i}g_\sigma^2 \int \frac{\mathrm{d}^4 p}{(2\pi)^4} \mathrm{tr}\left[G(p)\,G(p+q)\right] \tag{5.13.2}$$

注意到 $\pi_\sigma(q)$ 是处在核物质中，因而用 G 而不是 G^0。式 (5.11.31) 已给出

$$\Delta^0(q) = \frac{-1}{q^2 - q_0^2 + m_\sigma^2} \tag{5.13.3}$$

我们把图 5.5 右边 Fock 项自能算符图改画成如下形式

k−q　q

在上图中 $\uparrow q$ 代表正能 σ 介子。根据式 (5.12.14) 第一等式第二项可以写出与上图对应的表达式为

$$\Sigma_\sigma^0(k) = \mathrm{i}g_\sigma^2 \int \frac{\mathrm{d}^4 q}{(2\pi)^4} \Delta^0(q) G(k-q) \tag{5.13.4}$$

如果在上图中嵌入由图 5.7 给出的二级传播子，则变成

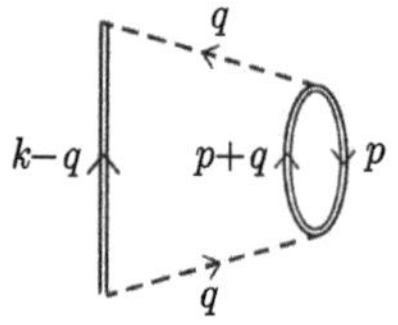

q
k−q　p+q　p
q

只要把式 (5.13.4) 中的 $\Delta^0(q)$ 用 $\Delta^0(q)\,\pi_\sigma(q)\,\Delta^0(q)$ 代替便可得到上图所对应的表达式:

$$\Sigma_\sigma(k) = \mathrm{i}g_\sigma^2 \int \frac{\mathrm{d}^4 q}{(2\pi)^4} \left(\Delta^0(q)\right)^2 \pi_\sigma(q) G(k-q) \tag{5.13.5}$$

其中，$\pi_\sigma(q)$ 已由式 (5.13.2) 给出。

由式 (5.12.1) 给出的自能算符为

$$\Sigma(k,E) = \Sigma^{\mathrm{s}}(k,E) + \gamma^0 \Sigma^0(k,E) + \vec{\gamma}\cdot\vec{k}\,\Sigma^{\mathrm{v}}(k,E) \tag{5.13.6}$$

并有

$$\Sigma^{\mathrm{s}}(k,E) = V_{\mathrm{s}}(k,E) + \mathrm{i}W_{\mathrm{s}}(k,E)\ , \quad \Sigma^0(k,E) = V_0(k,E) + \mathrm{i}W_0(k,E)$$

$$\Sigma^{\mathrm{v}}(k,E) = V_{\mathrm{v}}(k,E) + \mathrm{i}W_{\mathrm{v}}(k,E) \tag{5.13.7}$$

其中，k 和 E 分别为核子的动量和能量，在在壳情况下有 $k_0 = E$。

根据式 (5.12.10) ～ 式 (5.12.12) 可以写出

$$G(k-q)=\left[\gamma^{\mu}(k^{*}-q)_{\mu}+M_{k-q}^{*}\right]\left\{\frac{1}{(k^{*}-q)_{\mu}(k^{*}-q)^{\mu}-M_{k-q}^{*2}+\mathrm{i}\varepsilon}\right.$$
$$\left.+\frac{\mathrm{i}\pi}{E_{k-q}^{*}}\delta\left(k_{0}^{*}-q_{0}-E_{k-q}^{*}\right)\theta\left(k_{\mathrm{F}}-\left|\vec{k}-\vec{q}\right|\right)\right\} \tag{5.13.8}$$

通过 Hartree-Fock 计算可知 V_{v} 数值很小，因而可以忽略掉。由 5.12 节的讨论又可知，对于 V_{s} 和 V_0 来说，其 Hartree 项与动量无关，由于 V_{s} 和 V_0 的数值与核子静止质量 M 具有相同数量级，因而 Hartree-Fock 总结果与动量关系也比较弱，故在这里假设 V_{s} 和 V_0 为常数。于是当在式 (5.12.6) 中 Σ 只取实部时便可得到

$$k_{0}^{*}=k_{0}-V_{0}=E-V_{0}\ ,\quad \vec{k}^{*}=\vec{k}\ ,\quad M^{*}=M+V_{\mathrm{s}} \tag{5.13.9}$$

定义并求得

$$E_{k-q}^{2}\equiv\left(\vec{k}-\vec{q}\right)^{2}+M^{*2}=\left(\vec{k}^{*}-\vec{q}\right)^{2}+M^{*2}=E_{k-q}^{*2} \tag{5.13.10}$$

于是可把式 (5.13.8) 改写成

$$G(k-q)=\left[\gamma^{\mu}(k^{*}-q)_{\mu}+M^{*}\right]\left\{\frac{1}{(k^{*}-q)_{\mu}(k^{*}-q)^{\mu}-M^{*2}+\mathrm{i}\varepsilon}\right.$$
$$\left.+\frac{\mathrm{i}\pi}{E_{k-q}}\delta\left(k_{0}-V_{0}-q_{0}-E_{k-q}\right)\theta\left(k_{\mathrm{F}}-\left|\vec{k}-\vec{q}\right|\right)\right\} \tag{5.13.11}$$

把式 (5.13.11) 代入式 (5.13.5)，先对 q_0 进行积分。式 (5.13.11) 中的第二项只有虚部，对于第一项用留数定理也只保留虚部。先来分析

$$\begin{aligned}&(k^{*}-q)_{\mu}(k^{*}-q)^{\mu}-M^{*2}+\mathrm{i}\varepsilon\\=&(k_{0}-V_{0}-q_{0})^{2}-\left(\vec{k}-\vec{q}\right)^{2}-M^{*2}+\mathrm{i}\varepsilon\\=&\left[q_{0}-(k_{0}-V_{0}+E_{k-q})+\mathrm{i}\varepsilon\right]\left[q_{0}-(k_{0}-V_{0}-E_{k-q})-\mathrm{i}\varepsilon\right]\end{aligned} \tag{5.13.12}$$

上式第二个 [ ] 中的项极点在上半平面，此极点要求

$$q_{0}=k_{0}-V_{0}-E_{k-q} \tag{5.13.13}$$

此式与式 (5.13.11) 第二项中 δ 函数的要求一样。用留数定理可以求得

$$\frac{2\pi\mathrm{i}}{k_{0}-V_{0}-E_{k-q}-(k_{0}-V_{0}+E_{k-q})}=-\frac{\pi\mathrm{i}}{E_{k-q}}$$

再注意到 $1-\theta\left(k_{\mathrm{F}}-\left|\vec{k}-\vec{q}\right|\right)=\theta\left(\left|\vec{k}-\vec{q}\right|-k_{\mathrm{F}}\right)$，于是由式 (5.13.5) 可以得到 σ 介子所贡献的虚部势为

$$W_{\sigma}(k)=g_{\sigma}^{2}\int\frac{\mathrm{d}\vec{q}}{(2\pi)^{3}}\left(\Delta^{0}(q)\right)^{2}\frac{\gamma^{\mu}(k^{*}-q)_{\mu}+M^{*}}{2E_{k-q}}\mathrm{Im}\pi_{\sigma}(q)$$
$$\times\theta\left(\left|\vec{k}-\vec{q}\right|-k_{\mathrm{F}}\right)\Big|_{q_{0}=k_{0}-V_{0}-E_{k-q}}\tag{5.13.14}$$

其中，$k_0-V_0-q_0=E_{k-q}$ 代表所求出的 $W_{\sigma}(k)$ 是在壳的。而且在上式中忽略了介子传播子的极点对虚部势的贡献。

选择 $\vec{k}$ 为 z 轴，整个系统相对于 z 轴是轴对称的。由式 (5.13.13) 和式 (5.13.10) 可得

$$q_{0}=E-V_{0}-\left[k^{2}+q^{2}-2kq\cos\theta+M^{*2}\right]^{1/2}\tag{5.13.15}$$

已知 $\mathrm{d}\vec{q}=q^{2}\mathrm{d}q\mathrm{d}\cos\theta\mathrm{d}\varphi$，在积分变量中可用 q_0 代替 $\cos\theta$，由式 (5.13.15) 可得

$$\mathrm{d}q_{0}=\frac{kq}{E_{k-q}}\mathrm{d}\cos\theta,\quad \mathrm{d}\cos\theta=\frac{E_{k-q}}{kq}\mathrm{d}q_{0}\tag{5.13.16}$$

$$\mathrm{d}\vec{q}=\frac{E_{k-q}}{k}\mathrm{d}q_{0}q\mathrm{d}q\mathrm{d}\varphi\tag{5.13.17}$$

在式 (5.13.14) 中，有 $\int\mathrm{d}\varphi=2\pi$。$\theta\left(\left|\vec{k}-\vec{q}\right|-k_{\mathrm{F}}\right)$ 要求 $\left|\vec{k}-\vec{q}\right|\geqslant k_{\mathrm{F}}$，再利用式 (5.13.15) 可得

$$(q_{0})_{\max}=E-V_{0}-\left(k_{\mathrm{F}}^{2}+M^{*2}\right)^{1/2}\tag{5.13.18}$$

定义

$$\tilde{E}_{\mathrm{F}}=\left(k_{\mathrm{F}}^{2}+M^{*2}\right)^{1/2}+V_{0}\tag{5.13.19}$$

便有

$$(q_{0})_{\max}=E-\tilde{E}_{F},\quad (q_{0})_{\min}=0\tag{5.13.20}$$

由式 (5.13.13) 和式 (5.13.10) 可得

$$q_{0}=E-V_{0}-\left(\left|\vec{k}-\vec{q}\right|^{2}+M^{*2}\right)^{1/2},\quad \left|\vec{k}-\vec{q}\right|=\sqrt{(E-V_{0}-q_{0})^{2}-M^{*2}}\equiv P\tag{5.13.21}$$

在上式中第二等式有解的条件是

$$(E-V_{0}-q_{0})^{2}\geqslant M^{*2}\tag{5.13.22}$$

由式 (5.13.18) 可以看出此条件是成立的。由式 (5.13.15) 又可以得到

$$\cos\theta=\frac{k^{2}+q^{2}+M^{*2}-(E-V_{0}-q_{0})^{2}}{2kq}\tag{5.13.23}$$

由 $|\cos\theta| \leqslant 1$ 可以求得

$$\begin{aligned} X &\equiv \left[k^2 + q^2 + M^{*2} - (E - V_0 - q_0)^2\right]^2 - 4k^2q^2 \\ &= q^4 - 2\left[(E - V_0 - q_0)^2 + k^2 - M^{*2}\right]q^2 + \left[(E - V_0 - q_0)^2 - \left(k^2 + M^{*2}\right)\right]^2 \leqslant 0 \end{aligned} \tag{5.13.24}$$

由上式和式 (5.13.21) 可以求得 $X = 0$ 时的 q^2 的解为

$$\begin{aligned} q_r^2 &\equiv (E - V_0 - q_0)^2 + k^2 - M^{*2} \pm 2k\sqrt{(E - V_0 - q_0)^2 - M^{*2}} \\ &= k^2 + P^2 \pm 2kP \end{aligned} \tag{5.13.25}$$

其中，P 的定义已由式 (5.13.21) 给出。由上式得到了 q_r 的两个解为

$$q_{r1} = k + P\ , \quad q_{r2} = |k - P| \tag{5.13.26}$$

由于当 $q \to \infty$ 时 $X \to \infty$，故满足 $X \leqslant 0$ 的区域为

$$q_{r2} \leqslant q \leqslant q_{r1} \tag{5.13.27}$$

于是得到

$$q_{\max} = k + P\ , \quad q_{\min} = |k - P| \tag{5.13.28}$$

根据式 (5.13.6) 可以写出

$$W = W^{\mathrm{s}} + \gamma^0 W^0 + \vec{\gamma} \cdot \vec{k} W^{\mathrm{v}} \tag{5.13.29}$$

注意到 $\vec{k} \cdot \vec{k} = k^i k^i = k_i k_i = k^2$，$\vec{\gamma} \cdot \vec{k} = \gamma^i k^i$，利用式 (5.1.149) 由式 (5.13.29) 可以得到 [81]

$$W^{\mathrm{s}} = \frac{1}{4}\mathrm{tr}W\ , \quad W^0 = \frac{1}{4}\mathrm{tr}\left(\gamma^0 W\right)\ , \quad W^{\mathrm{v}} = -\frac{1}{4k^2}\mathrm{tr}\left(\vec{\gamma} \cdot \vec{k} W\right) \tag{5.13.30}$$

再注意到

$$\frac{1}{4}\mathrm{tr}\left[\gamma^0\gamma^0\left(k_0^* - q_0\right)\right] = E - V_0 - q_0 = E_{k-q} \tag{5.13.31}$$

$$\frac{1}{4}\mathrm{tr}\left\{\vec{\gamma} \cdot \vec{k}\left[\gamma^\mu\left(k^* - q\right)_\mu\right]\right\} = k^2 - \vec{k} \cdot \vec{q} \tag{5.13.32}$$

由式 (5.13.15) 和式 (5.13.21) 可得

$$2\vec{k} \cdot \vec{q} = k^2 + q^2 - (E - V_0 - q_0)^2 + M^{*2} = k^2 + q^2 - P^2$$

$$k^2 - \vec{k} \cdot \vec{q} = \frac{1}{2}\left(k^2 - q^2 + P^2\right) \tag{5.13.33}$$

我们引入一个代表二重定积分的简化符号

$$\oiint \equiv \int_0^{E-\tilde{E}_{\mathrm{F}}} \mathrm{d}q_0 \int_{|k-P|}^{k+P} q\mathrm{d}q \tag{5.13.34}$$

根据式 (5.13.14)、式 (5.13.17)、式 (5.13.20)、式 (5.13.28) 和式 (5.13.30) ~ 式 (5.13.33) 可以写出

$$W_{\sigma}^{\mathrm{s}}(k,E) = \frac{g_{\sigma}^2 M^*}{8\pi^2 k} \oiint \left(\Delta^0(q)\right)^2 \mathrm{Im}\pi_{\sigma}(q) \tag{5.13.35}$$

$$W_{\sigma}^{0}(k,E) = \frac{g_{\sigma}^2}{8\pi^2 k} \oiint (E - V_0 - q_0)\left(\Delta^0(q)\right)^2 \mathrm{Im}\pi_{\sigma}(q) \tag{5.13.36}$$

$$W_{\sigma}^{\mathrm{v}}(k,E) = -\frac{g_{\sigma}^2}{16\pi^2 k^3} \oiint \left(k^2 - q^2 + P^2\right)\left(\Delta^0(q)\right)^2 \mathrm{Im}\pi_{\sigma}(q) \tag{5.13.37}$$

在计算时要注意 $\left(\Delta^0(q)\right)^2$ 有没有 $\to \infty$ 的奇点。

我们选用由式 (5.11.84) 给出的格林函数形式，其中最后一项描述具有负能量的反核子的传播。由于要产生反核子的粒子–空穴对需要很高能量，在我们感兴趣的能区可以忽略该项的贡献。于是可把核物质中的 $G(p)$ 表示为

$$G(p) = \frac{\gamma^{\mu}\overline{p}_{\mu}^* + M^*}{2E_p}\left[\frac{\theta\left(\left|\vec{p}\right| - k_{\mathrm{F}}\right)}{p_0 - V_0 - E_p + \mathrm{i}\varepsilon} + \frac{\theta\left(k_{\mathrm{F}} - \left|\vec{p}\right|\right)}{p_0 - V_0 - E_p - \mathrm{i}\varepsilon}\right] \tag{5.13.38}$$

其中

$$E_p^2 = p^2 + M^{*2} \tag{5.13.39}$$

已知 $E_p^{*2} = p^{*2} + M^{*2} = E_p^2$，于是根据式 (5.11.42) 可知

$$\gamma^{\mu}\overline{p}_{\mu}^* = \gamma^0 E_p - \vec{\gamma}\cdot\vec{p} \tag{5.13.40}$$

又可以写出

$$G(p+q) = \frac{\gamma^{\mu}\left(\overline{p}^* + q\right)_{\mu} + M^*}{2E_{p+q}} \times \left[\frac{\theta\left(\left|\vec{p}+\vec{q}\right| - k_{\mathrm{F}}\right)}{p_0 - V_0 + q_0 - E_{p+q} + \mathrm{i}\varepsilon} + \frac{\theta\left(k_{\mathrm{F}} - \left|\vec{p}+\vec{q}\right|\right)}{p_0 - V_0 + q_0 - E_{p+q} - \mathrm{i}\varepsilon}\right] \tag{5.13.41}$$

其中

$$E_{p+q}^2 = \left(\vec{p}+\vec{q}\right)^2 + M^{*2} \tag{5.13.42}$$

$$\gamma^{\mu}\left(\overline{p}^* + q\right)_{\mu} = \gamma^0\left(E_p + q_0\right) - \vec{\gamma}\cdot\left(\vec{p}+\vec{q}\right) \tag{5.13.43}$$

把式 (5.13.38) 和式 (5.13.41) 代入式 (5.13.2)，并先研究对 p_0 的积分。注意到对于有两个极点的函数，如果两个极点都在上半平面或者都在下半平面，那么对于无极点的半平面进行回路积分时其贡献为零，于是去掉贡献为零的项并对下半平面或上半平面积分可以求得

$$\begin{aligned}
\pi_\sigma(q) = & -\mathrm{i}g_\sigma^2 \int \frac{\mathrm{d}\vec{p}}{(2\pi)^3} \int \frac{\mathrm{d}p_0}{2\pi} \frac{\operatorname{tr}\left[\left(\gamma^\mu \overline{p}_\mu^* + M^*\right)\left(\gamma^\nu\left(\overline{p}^* + q\right)_\nu + M^*\right)\right]}{4E_p E_{p+q}} \\
& \times \left\{ \frac{\theta\left(k_\mathrm{F} - \left|\vec{p}\right|\right)\theta\left(\left|\vec{p}+\vec{q}\right| - k_\mathrm{F}\right)}{\left(p_0 - V_0 - E_p - \mathrm{i}\varepsilon\right)\left(p_0 - V_0 + q_0 - E_{p+q} + \mathrm{i}\varepsilon\right)} \right. \\
& \left. + \frac{\theta\left(\left|\vec{p}\right| - k_\mathrm{F}\right)\theta\left(k_\mathrm{F} - \left|\vec{p}+\vec{q}\right|\right)}{\left(p_0 - V_0 - E_p + \mathrm{i}\varepsilon\right)\left(p_0 - V_0 + q_0 - E_{p+q} - \mathrm{i}\varepsilon\right)} \right\} \\
= & -g_\sigma^2 \int \frac{\mathrm{d}\vec{p}}{(2\pi)^3} \frac{\operatorname{tr}\left[\left(\gamma^\mu \overline{p}_\mu^* + M^*\right)\left(\gamma^\nu\left(\overline{p}^* + q\right)_\nu + M^*\right)\right]}{4E_p E_{p+q}} \\
& \times \left\{ \frac{\theta\left(k_\mathrm{F} - \left|\vec{p}\right|\right)\theta\left(\left|\vec{p}+\vec{q}\right| - k_\mathrm{F}\right)}{E_{p+q} - E_p - q_0 - \mathrm{i}\varepsilon} - \frac{\theta\left(\left|\vec{p}\right| - k_\mathrm{F}\right)\theta\left(k_\mathrm{F} - \left|\vec{p}+\vec{q}\right|\right)}{E_{p+q} - E_p - q_0 + \mathrm{i}\varepsilon} \right\}
\end{aligned} \tag{5.13.44}$$

选 $\vec{q}$ 为 z 轴，$\mathrm{d}\vec{p} = p^2\mathrm{d}p\mathrm{d}\cos\theta\mathrm{d}\varphi$，对于 $\mathrm{d}\varphi$ 立即可积出 2π。利用式 (5.13.39) 和式 (5.13.42) 可以求得

$$\begin{aligned}
\mathrm{d}E_p^2\mathrm{d}E_{p+q}^2 &= \begin{vmatrix} \dfrac{\partial E_p^2}{\partial p} & \dfrac{\partial E_p^2}{\partial \cos\theta} \\ \dfrac{\partial E_{p+q}^2}{\partial p} & \dfrac{\partial E_{p+q}^2}{\partial \cos\theta} \end{vmatrix} \mathrm{d}p\mathrm{d}\cos\theta \\
&= \begin{vmatrix} 2p & 0 \\ 2p + 2q\cos\theta & 2pq \end{vmatrix} \mathrm{d}p\mathrm{d}\cos\theta = 4p^2q\mathrm{d}p\mathrm{d}\cos\theta
\end{aligned}$$

于是得到

$$p^2\mathrm{d}p\mathrm{d}\cos\theta = \frac{E_p E_{p+q}}{q}\mathrm{d}E_p\mathrm{d}E_{p+q} \tag{5.13.45}$$

再利用主值积分公式

$$\operatorname{Im}\frac{1}{E_{p+q} - E_p - q_0 \pm \mathrm{i}\varepsilon} = \mp\pi\delta\left(E_{p+q} - E_p - q_0\right) \tag{5.13.46}$$

由式 (5.13.45) 可以求得

$$\operatorname{Im}\pi_\sigma(q) = -\frac{g_\sigma^2}{16\pi q}\int \mathrm{d}E_p\mathrm{d}E_{p+q}\operatorname{tr}\left[\left(\gamma^\mu \overline{p}_\mu^* + M^*\right)\left(\gamma^\nu\left(\overline{p}^* + q\right)_\nu + M^*\right)\right]$$

$$\times\left[\theta\left(k_{\mathrm{F}}-\left|\vec{p}\right|\right)\theta\left(\left|\vec{p}+\vec{q}\right|-k_{\mathrm{F}}\right)\right.$$
$$\left.+\theta\left(\left|\vec{p}\right|-k_{\mathrm{F}}\right)\theta\left(k_{\mathrm{F}}-\left|\vec{p}+\vec{q}\right|\right)\right]\delta\left(E_{p+q}-E_p-q_0\right) \tag{5.13.47}$$

又有

$$\begin{aligned}\operatorname{tr}\left[\left(\gamma^{\mu}\overline{p}_{\mu}^{*}+M^{*}\right)\left(\gamma^{\nu}\left(\overline{p}^{*}+q\right)_{\nu}+M^{*}\right)\right]&=4\lambda\left(E_p^2+E_pq_0-p^2-\vec{p}\cdot\vec{q}+M^{*2}\right)\\&=4\lambda\left(E_pq_0-\vec{p}\cdot\vec{q}+2M^{*2}\right)\end{aligned} \tag{5.13.48}$$

其中，λ 是核子同位旋简并度。由 $\delta\left(E_{p+q}-E_p-q_0\right)$ 可得

$$p^2+q^2+2\vec{p}\cdot\vec{q}+M^{*2}=p^2+M^{*2}+q_0^2+2E_pq_0$$
$$E_pq_0-\vec{p}\cdot\vec{q}=-\frac{1}{2}q_{\mu}q^{\mu} \tag{5.13.49}$$

进而求得

$$\operatorname{tr}\left[\left(\gamma^{\mu}\overline{p}_{\mu}^{*}+M^{*}\right)\left(\gamma^{\nu}\left(\overline{p}^{*}+q\right)_{\nu}+M^{*}\right)\right]=8\lambda\left(M^{*2}-\frac{1}{4}q_{\mu}q^{\mu}\right) \tag{5.13.50}$$

于是可把式 (5.13.47) 改写成

$$\begin{aligned}\operatorname{Im}\pi_{\sigma}(q)=&-\frac{\lambda g_{\sigma}^2}{2\pi q}\left(M^{*2}-\frac{1}{4}q_{\mu}q^{\mu}\right)\int\mathrm{d}E_p\mathrm{d}E_{p+q}\\&\times\left[\theta\left(k_{\mathrm{F}}-\left|\vec{p}\right|\right)\theta\left(\left|\vec{p}+\vec{q}\right|-k_{\mathrm{F}}\right)\right.\\&\left.+\theta\left(\left|\vec{p}\right|-k_{\mathrm{F}}\right)\theta\left(k_{\mathrm{F}}-\left|\vec{p}+\vec{q}\right|\right)\right]\delta\left(E_{p+q}-E_p-q_0\right)\end{aligned} \tag{5.13.51}$$

由于

$$E_{p+q}^2=p^2+q^2+2pq\cos\theta+M^{*2}=E_p^2+q^2+2pq\cos\theta$$

则要求

$$|\cos\theta|=\left|\frac{E_{p+q}^2-E_p^2-q^2}{2pq}\right|\leqslant 1 \tag{5.13.52}$$

在式 (5.13.51) 中可以用 δ 函数把 $\mathrm{d}E_{p+q}$ 积分掉，但是要乘上一个阶梯函数 $\theta(X)$，其中

$$\begin{aligned}X&\equiv 4p^2q^2-\left(E_{p+q}^2-E_p^2-q^2\right)^2\\&=4\left(E_p^2-M^{*2}\right)q^2-\left(E_p^2+q_0^2+2E_pq_0-E_p^2-q^2\right)^2\\&=4E_p^2q^2-4M^{*2}q^2-4E_p^2q_0^2-\left(q_{\mu}q^{\mu}\right)^2-4E_pq_0q_{\mu}q^{\mu}\end{aligned}$$

$$= -4E_p^2 q_\mu q^\mu - 4E_p q_0 q_\mu q^\mu - 4M^{*2}q^2 - (q_\mu q^\mu)^2 \tag{5.13.53}$$

令 $X=0$，由上式可得

$$q_\mu q^\mu E_p^2 + q_0 q_\mu q^\mu E_p + M^{*2}q^2 + \frac{1}{4}(q_\mu q^\mu)^2 = 0$$

当 $q_\mu q^\mu \neq 0$ 时，可把上式改写成

$$E_p^2 + q_0 E_p + \frac{M^{*2}q^2}{q_\mu q^\mu} + \frac{1}{4}q_\mu q^\mu = 0 \tag{5.13.54}$$

上式 E_p 取正号的解为

$$E_r = -\frac{1}{2}q_0 + \frac{1}{2}q\sqrt{1-4M^{*2}/(q_\mu q^\mu)} \tag{5.13.55}$$

于是可用 $\theta(E_p - E_r)$ 代替 $\theta(X)$。定义

$$E_{\mathrm{F}} = \left(k_{\mathrm{F}}^2 + M^{*2}\right)^{1/2} \tag{5.13.56}$$

再利用 $\vec{p}$ 粒子和 $\vec{p}+\vec{q}$ 粒子的在壳关系便可把式 (5.13.51) 改写成

$$\begin{aligned}\mathrm{Im}\pi_\sigma(q) = &-\frac{\lambda g_\sigma^2}{2\pi q}\left(M^{*2} - \frac{1}{4}q_\mu q^\mu\right)\int \mathrm{d}E_p \theta(E_p - E_r) \\ &\times \left[\theta(E_{\mathrm{F}} - E_p)\theta(E_p + q_0 - E_{\mathrm{F}}) + \theta(E_p - E_{\mathrm{F}})\theta(E_{\mathrm{F}} - E_p - q_0)\right]\end{aligned} \tag{5.13.57}$$

在式 (5.13.57) 中两项都要求 $E_p \geqslant E_r$。第一项又要求 $E_p \leqslant E_{\mathrm{F}}, E_p \geqslant E_{\mathrm{F}} - q_0$，$q_0 \geqslant E_{\mathrm{F}} - E_p \geqslant 0$，属于正能介子；第二项又要求 $E_p \geqslant E_{\mathrm{F}}, E_p \leqslant E_{\mathrm{F}} - q_0$，$q_0 \leqslant E_{\mathrm{F}} - E_p \leqslant 0$，属于负能介子，由式 (5.13.20) 可以看出，在这里应该不考虑第二项。于是由式 (5.13.57) 得到

$$\mathrm{Im}\pi_\sigma(q) = -\frac{\lambda g_\sigma^2}{2\pi q}\left(M^{*2} - \frac{1}{4}q_\mu q^\mu\right)(E_{\mathrm{F}} - E_x) \tag{5.13.58}$$

$$E_x = \min(E_{\mathrm{F}}, E_{\max}), \quad E_{\max} = \max(E_r, E_{\mathrm{F}} - q_0, M^*) \tag{5.13.59}$$

5.13.2 交换 ω-ω 介子过程对光学势虚部的贡献

在图 5.7 中用 ω 介子代替 σ 介子，利用费曼规则可以写出所对应的表达式为

$$\begin{aligned}\mathrm{i}D_{\mu\nu}^{(2)}(q) &= \mathrm{i}D_{\mu\alpha}^0(q)(-\mathrm{i}g_\omega)\int\frac{\mathrm{d}^4p}{(2\pi)^4}\mathrm{tr}\left[-\gamma^\alpha \mathrm{i}G(p)\gamma^\beta \mathrm{i}G(p+q)\right](-\mathrm{i}g_\omega)\mathrm{i}D_{\beta\nu}^0(q) \\ &\equiv \mathrm{i}D_{\mu\alpha}^0(q)\pi_\omega^{\alpha\beta}(q)D_{\beta\nu}^0(q)\end{aligned} \tag{5.13.60}$$

进而得到

$$\pi_\omega^{\alpha\beta}(q) = -\mathrm{i}g_\omega^2\int\frac{\mathrm{d}^4p}{(2\pi)^4}\mathrm{tr}\left[\gamma^\alpha G(p)\gamma^\beta G(p+q)\right] \tag{5.13.61}$$

当把 q 和 $k-q$ 交换以后，式 (5.12.30) 第一等式第二项变为

$$\varSigma_{\omega}^{0}(k)=\mathrm{i}g_{\omega}^{2}\gamma^{\mu}\int\frac{\mathrm{d}^{4}q}{(2\pi)^{4}}D_{\mu\nu}^{0}(q)\,G(k-q)\,\gamma^{\nu}\tag{5.13.62}$$

当把上式中的 $D_{\mu\nu}^{0}(q)$ 用 $D_{\mu\alpha}^{0}(q)\,\pi_{\omega}^{\alpha\beta}(q)\,D_{\beta\nu}^{0}(q)$ 代替以后便得到

$$\varSigma_{\omega}(k)=\mathrm{i}g_{\omega}^{2}\gamma^{\mu}\int\frac{\mathrm{d}^{4}q}{(2\pi)^{4}}D_{\mu\alpha}^{0}(q)\,\pi_{\omega}^{\alpha\beta}(q)\,D_{\beta\nu}^{0}(q)\,G(k-q)\,\gamma^{\nu}\tag{5.13.63}$$

式 (5.11.122) 已给出

$$D_{\mu\nu}^{0}(q)=\frac{-g_{\mu\nu}}{q_{\lambda}q^{\lambda}-m_{\omega}^{2}}=D^{0}(q)\,g_{\mu\nu}\tag{5.13.64}$$

其中

$$D^{0}(q)=\frac{1}{q^{2}-q_{0}^{2}+m_{\omega}^{2}}\tag{5.13.65}$$

于是可把式 (5.13.63) 改写成

$$\varSigma_{\omega}(k)=\mathrm{i}g_{\omega}^{2}\gamma^{\mu}\int\frac{\mathrm{d}^{4}q}{(2\pi)^{4}}\left(D^{0}(q)\right)^{2}g_{\mu\mu}\pi_{\omega}^{\mu\nu}(q)\,g_{\nu\nu}G(k-q)\,\gamma^{\nu}\tag{5.13.66}$$

进行与 σ 介子相类似的推导，可得到与式 (5.13.14) 相类似的表达式

$$\begin{aligned}W_{\omega}(k)=g_{\omega}^{2}\int\frac{\mathrm{d}\vec{q}}{(2\pi)^{3}}\left(D^{0}(q)\right)^{2}\gamma^{\mu}\frac{\gamma^{\lambda}(k^{*}-q)_{\lambda}+M^{*}}{2E_{k-q}}\\ \times g_{\mu\mu}\mathrm{Im}\pi_{\omega}^{\mu\nu}(q)\,g_{\nu\nu}\gamma^{\nu}\theta\left(\left|\vec{k}-\vec{q}\right|-k_{\mathrm{F}}\right)\Big|_{q_{0}=k_{0}-V_{0}-E_{k-q}}\end{aligned}\tag{5.13.67}$$

利用式 (5.13.14) ~ 式 (5.13.28) 的分析，再利用式 (5.1.149)、式 (5.1.150) 和式 (5.13.30) ~ 式 (5.13.33)，由式 (5.13.67) 可以求得

$$W_{\omega}^{\mathrm{s}}(k,E)=\frac{g_{\omega}^{2}M^{*}}{8\pi^{2}k}\oiint\left(D^{0}(q)\right)^{2}g_{\mu\mu}\mathrm{Im}\pi_{\omega}^{\mu\mu}(q)\tag{5.13.68}$$

$$\begin{aligned}W_{\omega}^{0}(k,E)=-\frac{g_{\omega}^{2}}{8\pi^{2}k}\oiint\left(D^{0}(q)\right)^{2}\Big[(E-V_{0}-q_{0})\,g_{\mu\mu}\mathrm{Im}\pi_{\omega}^{\mu\mu}(q)\\ -\mathrm{Im}\pi_{\omega}^{0\nu}(q)\,(k^{*}-q)_{\nu}-(k^{*}-q)_{\mu}\,\mathrm{Im}\pi_{\omega}^{\mu0}(q)\Big]\end{aligned}\tag{5.13.69}$$

$$\begin{aligned}W_{\omega}^{\mathrm{v}}(k,E)=\frac{g_{\omega}^{2}}{8\pi^{2}k^{3}}\oiint\left(D^{0}(q)\right)^{2}\Big[\frac{1}{2}\left(k^{2}-q^{2}+P^{2}\right)g_{\mu\mu}\mathrm{Im}\pi_{\omega}^{\mu\mu}(q)\\ -k^{i}\mathrm{Im}\pi_{\omega}^{i\nu}(q)\,(k^{*}-q)_{\nu}-k^{i}(k^{*}-q)_{\mu}\,\mathrm{Im}\pi_{\omega}^{\mu i}(q)\Big]\end{aligned}\tag{5.13.70}$$

在以上三式中含有对 μ,ν,i 求和。

比较式 (5.13.2) 和式 (5.13.61)，参照式 (5.13.47) 可以写出

$$\begin{aligned}\mathrm{Im}\pi_{\omega}^{\mu\nu}(q)=&-\frac{g_{\omega}^{2}}{16\pi q}\int \mathrm{d}E_{p}\mathrm{d}E_{p+q}\mathrm{tr}\left[\gamma^{\mu}\left(\gamma^{\lambda}\overline{p}_{\lambda}^{*}+M^{*}\right)\gamma^{\nu}\left(\gamma^{\eta}\left(\overline{p}^{*}+q\right)_{\eta}+M^{*}\right)\right]\\&\times\left[\theta\left(k_{\mathrm{F}}-\left|\vec{p}\right|\right)\theta\left(\left|\vec{p}+\vec{q}\right|-k_{\mathrm{F}}\right)\right.\\&\left.+\theta\left(\left|\vec{p}\right|-k_{\mathrm{F}}\right)\theta\left(k_{\mathrm{F}}-\left|\vec{p}+\vec{q}\right|\right)\right]\delta\left(E_{p+q}-E_{p}-q_{0}\right)\end{aligned}\tag{5.13.71}$$

利用式 (5.1.149) 和式 (5.1.150)，再考虑到核子同位旋简并度 λ 可以求得

$$\begin{aligned}t_{\omega}^{\mu\nu}&\equiv\mathrm{tr}\left[\gamma^{\mu}\left(\gamma^{\lambda}\overline{p}_{\lambda}^{*}+M^{*}\right)\gamma^{\nu}\left(\gamma^{\eta}\left(\overline{p}^{*}+q\right)_{\eta}+M^{*}\right)\right]\\&=4\lambda\left[\left(M^{*2}-\overline{p}_{\eta}^{*}\left(\overline{p}^{*}+q\right)^{\eta}\right)g^{\mu\nu}+g^{\mu\mu}\overline{p}_{\mu}^{*}\left(\overline{p}^{*}+q\right)^{\nu}+g^{\nu\nu}\overline{p}_{\nu}^{*}\left(\overline{p}^{*}+q\right)^{\mu}\right]\end{aligned}\tag{5.13.72}$$

利用式 (5.13.49) 可以求得

$$\overline{p}_{\eta}^{*}\left(\overline{p}^{*}+q\right)^{\eta}=E_{p}^{2}+E_{p}q_{0}-p^{2}-\vec{p}\cdot\vec{q}=M^{*2}-\frac{1}{2}q_{\eta}q^{\eta}\tag{5.13.73}$$

利用从式 (5.13.51) 到式 (5.13.59) 的分析，由式 (5.13.71) ~ 式 (5.13.73) 可以得到含有对 μ 求和的以下表达式

$$\mathrm{Im}\pi_{\omega}^{\Lambda}(q)\equiv\frac{1}{4}\sum_{\mu}g_{\mu\mu}\mathrm{Im}\pi_{\omega}^{\mu\mu}(q)=-\frac{\lambda g_{\omega}^{2}}{2\pi q}\left(M^{*2}-\frac{1}{4}q_{\eta}q^{\eta}\right)\left(E_{\mathrm{F}}-E_{x}\right)\tag{5.13.74}$$

利用式 (5.13.72) 和式 (5.13.73) 可得

$$t_{\omega}^{00}=8\lambda\left(\frac{1}{4}q_{\eta}q^{\eta}+q_{0}E_{p}+E_{p}^{2}\right)\tag{5.13.75}$$

$$t_{\omega}^{0i}=t_{\omega}^{i0}=4\lambda\left[E_{p}\left(p+q\right)^{i}+p^{i}\left(E_{p}+q_{0}\right)\right]=4\lambda\left[\left(q_{0}+2E_{p}\right)p^{i}+E_{p}q^{i}\right]\tag{5.13.76}$$

$$t_{\omega}^{ij}=4\lambda\left[-\frac{1}{2}q_{\eta}q^{\eta}\delta_{ij}+p^{i}\left(p+q\right)^{j}+p^{j}\left(p+q\right)^{i}\right]\tag{5.13.77}$$

利用式 (5.13.75)，由式 (5.13.71) 可以求得

$$\mathrm{Im}\pi_{\omega}^{00}(q)=-\frac{\lambda g_{\omega}^{2}}{2\pi q}\left[\frac{1}{4}q_{\eta}q^{\eta}\left(E_{\mathrm{F}}-E_{x}\right)+\frac{1}{2}q_{0}\left(E_{\mathrm{F}}^{2}-E_{x}^{2}\right)+\frac{1}{3}\left(E_{\mathrm{F}}^{3}-E_{x}^{3}\right)\right]\tag{5.13.78}$$

由式 (5.13.33) 和式 (5.13.49) 可分别得到

$$\vec{k}\cdot\vec{q}=\frac{1}{2}\left(k^{2}+q^{2}-P^{2}\right)\tag{5.13.79}$$

$$\vec{p}\cdot\vec{q}=\frac{1}{2}q_{\eta}q^{\eta}+q_{0}E_{p}\tag{5.13.80}$$

前边已选 $\vec{k}$ 为 z 轴，令 (θ_q,φ_q) 和 (θ_p,φ_p) 分别为 $\vec{q}$ 和 $\vec{p}$ 的极角和方位角，θ 为 $\vec{q}$ 和 $\vec{p}$ 之间夹角，当 $\vec{k}\cdot\vec{p}$ 只以线性形式出现时，由于 $\int\cos(\varphi_p-\varphi_q)\,\mathrm{d}\varphi_p=0$，利用夹角公式可以求得

$$k^2\vec{p}\cdot\vec{q}=\vec{k}\cdot\vec{q}\vec{k}\cdot\vec{p} \tag{5.13.81}$$

$$\vec{k}\cdot\vec{p}=2k^2\left(\frac{1}{2}q_\eta q^\eta+q_0E_p\right)\Big/\left(k^2+q^2-P^2\right) \tag{5.13.82}$$

再利用式 (5.13.76)、式 (5.13.77)、式 (5.13.79) ~ 式 (5.13.82) 又可以求得

$$\begin{aligned}
k^it_\omega^{0i}=k^it_\omega^{i0}&=4\lambda\left[\left(q_0+2E_p\right)\vec{k}\cdot\vec{p}+E_p\vec{k}\cdot\vec{q}\right]\\
&=\frac{2\lambda}{k^2+q^2-P^2}\left[\left(q_0+2E_p\right)4k^2\left(\frac{1}{2}q_0^2-\frac{1}{2}q^2+q_0E_p\right)+\left(k^2+q^2-P^2\right)^2E_p\right]\\
&=\frac{2\lambda}{k^2+q^2-P^2}\left\{4k^2\left[\frac{1}{2}q_0q_\eta q^\eta+\left(2q_0^2-q^2\right)E_p+2q_0E_p^2\right]+\left(k^2+q^2-P^2\right)^2E_p\right\}\\
&=\frac{2\lambda}{k^2+q^2-P^2}\left\{2k^2q_0q_\eta q^\eta+\left[4k^2\left(2q_0^2-q^2\right)+\left(k^2+q^2-P^2\right)^2\right]E_p+8k^2q_0E_p^2\right\}
\end{aligned} \tag{5.13.83}$$

$$\begin{aligned}
(k-q)^it_\omega^{0i}=(k-q)^it_\omega^{i0}&=4\lambda\left[\left(q_0+2E_p\right)\left(\vec{k}\cdot\vec{p}-\vec{p}\cdot\vec{q}\right)+\left(\vec{k}\cdot\vec{p}-q^2\right)E_p\right]\\
&=\frac{2\lambda}{k^2+q^2-P^2}\Big\{\left(q_0+2E_p\right)\left[4k^2-2\left(k^2+q^2-P^2\right)\right]\left(\frac{1}{2}q_\eta q^\eta+q_0E_p\right)\\
&\quad+\left(k^2+q^2-P^2\right)\left(k^2+q^2-P^2-2q^2\right)E_p\Big\}\\
&=\frac{2\lambda}{k^2+q^2-P^2}\Big\{2\left(k^2-q^2+P^2\right)\left(q_0+2E_p\right)\left(\frac{1}{2}q_0^2-\frac{1}{2}q^2+q_0E_p\right)\\
&\quad+\left[\left(k^2-P^2\right)^2-q^4\right]E_p\Big\}\\
&=\frac{2\lambda}{k^2+q^2-P^2}\Big\{\left(k^2-q^2+P^2\right)q_0q_\eta q^\eta+\Big[2\left(k^2-q^2+P^2\right)\left(2q_0^2-q^2\right)\\
&\quad+\left(\left(k^2-P^2\right)^2-q^4\right)\Big]E_p+4\left(k^2-q^2+P^2\right)q_0E_p^2\Big\}
\end{aligned} \tag{5.13.84}$$

先求出

$$\left(\frac{1}{2}q_\eta q^\eta+q_0E_p\right)^2=\frac{1}{4}\left(q_\eta q^\eta\right)^2+q_0q_\eta q^\eta E_p+q_0^2E_p^2 \tag{5.13.85}$$

进一步求出

$$k^i(k-q)^jt_\omega^{ij}$$

$$
\begin{aligned}
&= 4\lambda\left[-\frac{1}{2}q_\eta q^\eta\left(k^2-\vec{k}\cdot\vec{q}\right)+\vec{k}\cdot\vec{p}\left(\vec{k}\cdot\vec{p}+\vec{k}\cdot\vec{q}-\vec{p}\cdot\vec{q}-q^2\right)\right.\\
&\quad\left.+\left(\vec{k}\cdot\vec{p}+\vec{k}\cdot\vec{q}\right)\left(\vec{k}\cdot\vec{p}-\vec{p}\cdot\vec{q}\right)\right]\\
&= 4\lambda\left[-\frac{1}{2}q_\eta q^\eta\left(k^2-\vec{k}\cdot\vec{q}\right)+2\left(\vec{k}\cdot\vec{p}\right)\left(\vec{k}\cdot\vec{p}+\vec{k}\cdot\vec{q}-\vec{p}\cdot\vec{q}\right)-\left(q^2\vec{k}\cdot\vec{p}+\vec{k}\cdot\vec{q}\vec{p}\cdot\vec{q}\right)\right]\\
&= \frac{4\lambda}{\left(k^2+q^2-P^2\right)^2}\left\{-\frac{1}{4}q_\eta q^\eta\left(k^2-q^2+P^2\right)\left(k^2+q^2-P^2\right)^2+8k^4\left(\frac{1}{2}q_\eta q^\eta+q_0E_p\right)^2\right.\\
&\quad+2k^2\left(k^2+q^2-P^2\right)^2\left(\frac{1}{2}q_\eta q^\eta+q_0E_p\right)-4k^2\left(\frac{1}{2}q_\eta q^\eta+q_0E_p\right)^2\left(k^2+q^2-P^2\right)\\
&\quad\left.-2k^2q^2\left(\frac{1}{2}q_\eta q^\eta+q_0E_p\right)\left(k^2+q^2-P^2\right)-\frac{1}{2}\left(k^2+q^2-P^2\right)^3\left(\frac{1}{2}q_\eta q^\eta+q_0E_p\right)\right\}\\
&\equiv \frac{4\lambda}{\left(k^2+q^2-P^2\right)^2}\left[A_0(k,q)+A_1(k,q)E_p+A_2(k,q)E_p^2\right]
\end{aligned}
\tag{5.13.86}
$$

由上式可以求得

$$
\begin{aligned}
A_0(k,q) &= -\frac{1}{4}q_\eta q^\eta\left(k^2-q^2+P^2\right)\left(k^2+q^2-P^2\right)^2+2k^4\left(q_\eta q^\eta\right)^2\\
&\quad+k^2q_\eta q^\eta\left(k^2+q^2-P^2\right)^2-k^2\left(q_\eta q^\eta\right)^2\left(k^2+q^2-P^2\right)\\
&\quad-k^2q^2q_\eta q^\eta\left(k^2+q^2-P^2\right)-\frac{1}{4}q_\eta q^\eta\left(k^2+q^2-P^2\right)^3\\
&= k^2\left(q_\eta q^\eta\right)^2\left(k^2-q^2+P^2\right)\\
&\quad+q_\eta q^\eta\left(k^2+q^2-P^2\right)\left[-\frac{1}{4}\left(k^2-q^2+P^2\right)\left(k^2+q^2-P^2\right)\right.\\
&\quad\left.+k^2\left(k^2+q^2-P^2\right)-k^2q^2-\frac{1}{4}\left(k^2+q^2-P^2\right)^2\right]\\
&= k^2\left(q_\eta q^\eta\right)^2\left(k^2-q^2+P^2\right)+\frac{1}{2}k^2q_\eta q^\eta\left(k^2+q^2-P^2\right)\left(k^2-q^2-P^2\right)\\
&= \frac{1}{2}k^2q_\eta q^\eta\left\{2q_\eta q^\eta\left(k^2-q^2+P^2\right)+\left[\left(k^2-P^2\right)^2-q^4\right]\right\}
\end{aligned}
\tag{5.13.87}
$$

$$
\begin{aligned}
A_1(k,q) &= 8k^4q_0q_\eta q^\eta+2k^2\left(k^2+q^2-P^2\right)^2q_0-4k^2\left(k^2+q^2-P^2\right)q_0q_\eta q^\eta\\
&\quad-2k^2\left(k^2+q^2-P^2\right)q_0q^2-\frac{1}{2}q_0\left(k^2+q^2-P^2\right)^3\\
&= q_0\left[8k^4q_\eta q^\eta-2k^2\left(k^2+q^2-P^2\right)\left(2q_0^2-q^2\right)\right.\\
&\quad\left.+\frac{1}{2}\left(k^2+q^2-P^2\right)^2\left(3k^2-q^2+P^2\right)\right]
\end{aligned}
\tag{5.13.88}
$$

$$
A_2(k,q)=8k^4q_0^2-4k^2q_0^2\left(k^2+q^2-P^2\right)=4k^2q_0^2\left(k^2-q^2+P^2\right)
\tag{5.13.89}
$$

于是利用与前面相类似的方法可以求得

$$\begin{aligned}\mathrm{Im}\pi_{\omega}^{\alpha}(q) &\equiv (k-q)^i\,\mathrm{Im}\pi_{\omega}^{0i}(q) = (k-q)^i\,\mathrm{Im}\pi_{\omega}^{i0}(q)\\ &= -\frac{\lambda g_{\omega}^2}{8\pi q\left(k^2+q^2-P^2\right)}\Big\{\left(k^2-q^2+P^2\right)q_0q_{\eta}q^{\eta}\left(E_{\mathrm{F}}-E_x\right)\\ &\quad+\frac{1}{2}\left\{2\left(k^2-q^2+P^2\right)\left(2q_0^2-q^2\right)+\left[\left(k^2-P^2\right)^2-q^4\right]\right\}\left(E_{\mathrm{F}}^2-E_x^2\right)\\ &\quad+\frac{4}{3}\left(k^2-q^2+P^2\right)q_0\left(E_{\mathrm{F}}^3-E_x^3\right)\Big\}\end{aligned} \tag{5.13.90}$$

$$\begin{aligned}\mathrm{Im}\pi_{\omega}^{\beta}(q) &\equiv k^i\mathrm{Im}\pi_{\omega}^{0i}(q) = k^i\mathrm{Im}\pi_{\omega}^{i0}(q)\\ &= -\frac{\lambda g_{\omega}^2}{8\pi q\left(k^2+q^2-P^2\right)}\Big\{2k^2q_0q_{\eta}q^{\eta}\left(E_{\mathrm{F}}-E_x\right)\\ &\quad+\frac{1}{2}\left[4k^2\left(2q_0^2-q^2\right)+\left(k^2+q^2-P^2\right)^2\right]\left(E_{\mathrm{F}}^2-E_x^2\right)\\ &\quad+\frac{8}{3}k^2q_0\left(E_{\mathrm{F}}^3-E_x^3\right)\Big\}\end{aligned} \tag{5.13.91}$$

$$\begin{aligned}\mathrm{Im}\pi_{\omega}^{\gamma}(q) &\equiv k^i(k-q)^j\,\mathrm{Im}\pi_{\omega}^{ij}(q) = k^i(k-q)^j\,\mathrm{Im}\pi_{\omega}^{ji}(q)\\ &= -\frac{\lambda g_{\omega}^2}{4\pi q\left(k^2+q^2-P^2\right)^2}\Big\{A_0(k,q)\left(E_{\mathrm{F}}-E_x\right)\\ &\quad+\frac{1}{2}A_1(k,q)\left(E_{\mathrm{F}}^2-E_x^2\right)+\frac{1}{3}A_3(k,q)\left(E_{\mathrm{F}}^3-E_x^3\right)\Big\}\end{aligned} \tag{5.13.92}$$

利用上述结果可以把式 (5.13.68) ~ 式 (5.13.70) 改写成

$$W_{\omega}^{\mathrm{s}}(k,E) = \frac{g_{\omega}^2M^*}{2\pi^2k}\oiint\left(D^0(q)\right)^2\mathrm{Im}\pi_{\omega}^{\Lambda}(q) \tag{5.13.93}$$

$$\begin{aligned}W_{\omega}^{0}(k,E) = &-\frac{g_{\omega}^2}{4\pi^2k}\oiint\left(D^0(q)\right)^2\left[2\left(E-V_0-q_0\right)\mathrm{Im}\pi_{\omega}^{\Lambda}(q)\right.\\ &\left.-\mathrm{Im}\pi_{\omega}^{00}(q)+\mathrm{Im}\pi_{\omega}^{\alpha}(q)\right]\end{aligned} \tag{5.13.94}$$

$$\begin{aligned}W_{\omega}^{\mathrm{v}}(k,E) = &\frac{g_{\omega}^2}{4\pi^2k^3}\oiint\left(D^0(q)\right)^2\left[\left(k^2-q^2+P^2\right)\mathrm{Im}\pi_{\omega}^{\Lambda}(q)\right.\\ &\left.-\left(E-V_0-q_0\right)\mathrm{Im}\pi_{\omega}^{\beta}(q)+\mathrm{Im}\pi_{\omega}^{\gamma}(q)\right]\end{aligned} \tag{5.13.95}$$

5.13.3　交换 σ-ω 介子过程对光学势虚部的贡献

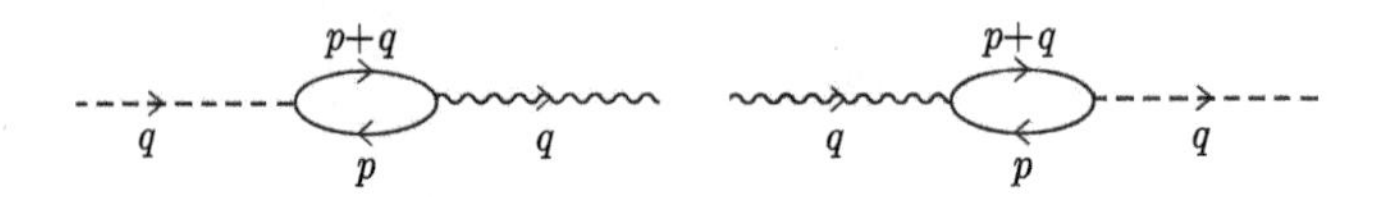

同时考虑如上图所示的两种二级传播子。利用式 (5.13.64) 和式 (5.13.65) 可得到上图所对应的表达式为

$$
\begin{aligned}
\mathrm{i}D_{\mu}^{(2)}(q) &= \mathrm{i}D_{\mu\alpha}^{0}(q)(-\mathrm{i}g_{\omega})\int\frac{\mathrm{d}^4p}{(2\pi)^4}\mathrm{tr}\left[-\gamma^{\alpha}\mathrm{i}G(p)\,\mathrm{i}G(p+q)\right](-ig_{\sigma})\,\mathrm{i}\varDelta^{0}(q)\\
&\quad+\mathrm{i}\varDelta^{0}(q)(-\mathrm{i}g_{\sigma})\int\frac{\mathrm{d}^4p}{(2\pi)^4}\mathrm{tr}\left[-\mathrm{i}G(p)\,\gamma^{\alpha}\mathrm{i}G(p+q)\right](-\mathrm{i}g_{\omega})\,\mathrm{i}D_{\alpha\mu}^{0}(q)\\
&\equiv \mathrm{i}D^{0}(q)\,\pi_{\mu}^{\omega\sigma}(q)\,\varDelta^{0}(q)+\mathrm{i}\varDelta^{0}(q)\,\pi_{\mu}^{\sigma\omega}(q)\,D^{0}(q)
\end{aligned}
\tag{5.13.96}
$$

其中

$$
\begin{aligned}
\pi_{\mu}^{\omega\sigma}(q) &= -\mathrm{i}g_{\sigma}g_{\omega}g_{\mu\mu}\int\frac{\mathrm{d}^4p}{(2\pi)^4}\mathrm{tr}\left[\gamma^{\mu}G(p)\,G(p+q)\right]\\
\pi_{\mu}^{\sigma\omega}(q) &= -\mathrm{i}g_{\sigma}g_{\omega}g_{\mu\mu}\int\frac{\mathrm{d}^4p}{(2\pi)^4}\mathrm{tr}\left[G(p)\,\gamma^{\mu}G(p+q)\right]
\end{aligned}
\tag{5.13.97}
$$

首先利用式 (5.1.149) 可以求得

$$
\begin{aligned}
&g_{\mu\mu}\mathrm{tr}\left\{\gamma^{\mu}\left(\gamma^{\lambda}\overline{p}_{\lambda}^{*}+M^{*}\right)\left[\gamma^{\eta}\left(\overline{p}^{*}+q\right)_{\eta}+M^{*}\right]\right\}=4\lambda M^{*}\left(2\overline{p}_{\mu}^{*}+q_{\mu}\right)\\
&g_{\mu\mu}\mathrm{tr}\left\{\left(\gamma^{\lambda}\overline{p}_{\lambda}^{*}+M^{*}\right)\gamma^{\mu}\left[\gamma^{\eta}\left(\overline{p}^{*}+q\right)_{\eta}+M^{*}\right]\right\}=4\lambda M^{*}\left(2\overline{p}_{\mu}^{*}+q_{\mu}\right)
\end{aligned}
\tag{5.13.98}
$$

于是根据式 (5.13.97)、式 (5.13.38) 和式 (5.1.149)，以及只有 $\mu=\nu$ 时 $g^{\mu\nu}$ 才不等于 0 的性质可得

$$
\pi_{\mu}^{\omega\sigma}(q)=\pi_{\mu}^{\sigma\omega}(q)\equiv\frac{1}{2}\pi_{\mu}^{\mathrm{M}}(q)
\tag{5.13.99}
$$

参照式 (5.13.66) 可以写出

$$
\begin{aligned}
\varSigma_{\omega\sigma}(k) &= \mathrm{i}g_{\sigma}g_{\omega}\int\frac{\mathrm{d}^4q}{(2\pi)^4}\varDelta^{0}(q)\,D^{0}(q)\,\gamma^{\mu}\frac{1}{2}\pi_{\mu}^{\mathrm{M}}(q)\,G(k-q)\\
\varSigma_{\sigma\omega}(k) &= \mathrm{i}g_{\sigma}g_{\omega}\int\frac{\mathrm{d}^4q}{(2\pi)^4}\varDelta^{0}(q)\,D^{0}(q)\,\frac{1}{2}\pi_{\mu}^{\mathrm{M}}(q)\,G(k-q)\,\gamma^{\mu}
\end{aligned}
\tag{5.13.100}
$$

由式 (5.13.100) 可以得到与式 (5.13.14) 或式 (5.13.67) 相类似的以下表达式

$$
\begin{aligned}
W_{\omega\sigma}(k) &= g_{\sigma}g_{\omega}\int\frac{\mathrm{d}\vec{q}}{(2\pi)^3}\varDelta^{0}(q)\,D^{0}(q)\,\gamma^{\mu}\,\frac{\gamma^{\lambda}(k^{*}-q)_{\lambda}+M^{*}}{2E_{k-q}}\\
&\quad\times\frac{1}{2}\mathrm{Im}\pi_{\mu}^{\mathrm{M}}(q)\,\theta\left(\left|\vec{k}-\vec{q}\right|-k_{\mathrm{F}}\right)\Big|_{q_0=k_0-V_0-E_{k-q}}\\
W_{\sigma\omega}(k) &= g_{\sigma}g_{\omega}\int\frac{\mathrm{d}\vec{q}}{(2\pi)^3}\varDelta^{0}(q)\,D^{0}(q)\,\frac{\gamma^{\lambda}(k^{*}-q)_{\lambda}+M^{*}}{2E_{k-q}}\gamma^{\mu}\\
&\quad\times\frac{1}{2}\mathrm{Im}\pi_{\mu}^{\mathrm{M}}(q)\,\theta\left(\left|\vec{k}-\vec{q}\right|-k_{\mathrm{F}}\right)\Big|_{q_0=k_0-V_0-E_{k-q}}
\end{aligned}
\tag{5.13.101}
$$

利用式 (5.1.149) 可以证明有以下关系式

$$
\begin{aligned}
&\operatorname{tr}\left\{\gamma^{\mu}\left[\gamma^{\lambda}\left(k^{*}-q\right)_{\lambda}+M^{*}\right]\right\}=\operatorname{tr}\left\{\left[\gamma^{\lambda}\left(k^{*}-q\right)_{\lambda}+M^{*}\right] \gamma^{\mu}\right\} \\
&\operatorname{tr}\left\{\gamma^{0} \gamma^{\mu}\left[\gamma^{\lambda}\left(k^{*}-q\right)_{\lambda}+M^{*}\right]\right\}=\operatorname{tr}\left\{\gamma^{0}\left[\gamma^{\lambda}\left(k^{*}-q\right)_{\lambda}+M^{*}\right] \gamma^{\mu}\right\} \\
&\operatorname{tr}\left\{\gamma^{i} \gamma^{\mu}\left[\gamma^{\lambda}\left(k^{*}-q\right)_{\lambda}+M^{*}\right]\right\}=\operatorname{tr}\left\{\gamma^{i}\left[\gamma^{\lambda}\left(k^{*}-q\right)_{\lambda}+M^{*}\right] \gamma^{\mu}\right\}
\end{aligned} \tag{5.13.102}
$$

利用式 (5.13.102) 和式 (5.13.30) ~ 式 (5.13.33)，进行类似讨论，可以求得在式 (5.13.101) 中 ωσ 和 σω 两项总的贡献为

$$
W_{\mathrm{M}}^{\mathrm{s}}(k, E)=\frac{g_{\sigma} g_{\omega}}{8 \pi^{2} k} \oiint \Delta^{0}(q) D^{0}(q)\left[\left(E-V_{0}-q_{0}\right) \operatorname{Im} \pi_{0}^{\mathrm{M}}(q)-(k-q)_{i} \operatorname{Im} \pi_{i}^{\mathrm{M}}(q)\right] \tag{5.13.103}
$$

$$
W_{\mathrm{M}}^{0}(k, E)=\frac{g_{\sigma} g_{\omega} M^{*}}{8 \pi^{2} k} \oiint \Delta^{0}(q) D^{0}(q) \operatorname{Im} \pi_{0}^{\mathrm{M}}(q) \tag{5.13.104}
$$

$$
W_{\mathrm{M}}^{\mathrm{v}}(k, E)=-\frac{g_{\sigma} g_{\omega} M^{*}}{8 \pi^{2} k^{3}} \oiint \Delta^{0}(q) D^{0}(q) k_{i} \operatorname{Im} \pi_{i}^{\mathrm{M}}(q) \tag{5.13.105}
$$

对比式 (5.13.61) 和式 (5.13.97)，再利用式 (5.13.98) 和式 (5.13.99)，参照式 (5.13.71) 可以写出

$$
\begin{aligned}
\operatorname{Im} \pi_{\mu}^{\mathrm{M}}(q)=&-\frac{g_{\sigma} g_{\omega}}{16 \pi q} \int \mathrm{d} E_{p} \mathrm{d} E_{p+q} 8 \lambda M^{*}\left(2 \bar{p}^{*}+q\right)_{\mu} \\
&\times\left[\theta\left(k_{\mathrm{F}}-|\vec{p}|\right) \theta\left(|\vec{p}+\vec{q}|-k_{\mathrm{F}}\right)+\theta\left(|\vec{p}|-k_{\mathrm{F}}\right) \theta\left(k_{\mathrm{F}}-|\vec{p}+\vec{q}|\right)\right] \\
&\times \delta\left(E_{p+q}-E_{p}-q_{0}\right)
\end{aligned} \tag{5.13.106}
$$

于是可以求得

$$
\operatorname{Im} \pi_{0}^{\mathrm{M}}(q)=-\frac{\lambda g_{\sigma} g_{\omega} M^{*}}{2 \pi q}\left(E_{\mathrm{F}}+E_{x}+q_{0}\right)\left(E_{\mathrm{F}}-E_{x}\right) \tag{5.13.107}
$$

再令

$$
t_{i}^{\mathrm{M}}=-8 \lambda M^{*}(2 p+q)_{i} \tag{5.13.108}
$$

利用式 (5.13.79) ~ 式 (5.13.82) 可得

$$
\begin{aligned}
k_{i} t_{i}^{\mathrm{M}} &=-8 \lambda M^{*}\left(2 \vec{k} \cdot \vec{p}+\vec{k} \cdot \vec{q}\right) \\
&=-\frac{8 \lambda M^{*}}{k^{2}+q^{2}-P^{2}}\left[4 k^{2}\left(\frac{1}{2} q_{\eta} q^{\eta}+q_{0} E_{p}\right)+\frac{1}{2}\left(k^{2}+q^{2}-P^{2}\right)^{2}\right] \\
&=-\frac{4 \lambda M^{*}}{k^{2}+q^{2}-P^{2}}\left[4 k^{2} q_{\eta} q^{\eta}+\left(k^{2}+q^{2}-P^{2}\right)^{2}+8 k^{2} q_{0} E_{p}\right]
\end{aligned} \tag{5.13.109}
$$

$$
(k-q)_{i} t_{i}^{\mathrm{M}}=-8 \lambda M^{*}\left(2 \vec{k} \cdot \vec{p}-2 \vec{p} \cdot \vec{q}+\vec{k} \cdot \vec{q}-q^{2}\right)
$$

$$
\begin{aligned}
&= -\frac{8\lambda M^*}{k^2+q^2-P^2}\left[4k^2\left(\frac{1}{2}q_\eta q^\eta + q_0 E_p\right)\right. \\
&\quad - 2\left(\frac{1}{2}q_\eta q^\eta + q_0 E_p\right)\left(k^2+q^2-P^2\right) \\
&\quad \left. +\frac{1}{2}\left(k^2+q^2-P^2\right)^2 - q^2\left(k^2+q^2-P^2\right)\right] \\
&= -\frac{4\lambda M^*}{k^2+q^2-P^2} \\
&\quad \times\left\{\left[\left(k^2-P^2\right)^2-q^4\right]+4\left(k^2-q^2+P^2\right)\left(\frac{1}{2}q_\eta q^\eta+q_0E_p\right)\right\}
\end{aligned} \tag{5.13.110}
$$

进而可以求得

$$
\begin{aligned}
\mathrm{Im}\pi_{\alpha}^{\mathrm{M}}(q) &\equiv (k-q)_i\,\mathrm{Im}\pi_i^{\mathrm{M}}(q) \\
&= \frac{\lambda g_\sigma g_\omega M^*}{4\pi q\left(k^2+q^2-P^2\right)}\left\{\left[\left(k^2-P^2\right)^2-q^4\right]\left(E_{\mathrm{F}}-E_x\right)\right. \\
&\quad \left. +2\left(k^2-q^2+P^2\right)\left[q_\eta q^\eta\left(E_{\mathrm{F}}-E_x\right)+q_0\left(E_{\mathrm{F}}^2-E_x^2\right)\right]\right\}
\end{aligned} \tag{5.13.111}
$$

$$
\begin{aligned}
\mathrm{Im}\pi_{\beta}^{\mathrm{M}}(q) &\equiv k_i\mathrm{Im}\pi_i^{M}(q) \\
&= \frac{\lambda g_\sigma g_\omega M^*}{4\pi q\left(k^2+q^2-P^2\right)}\left\{\left[4k^2q_\eta q^\eta+\left(k^2+q^2-P^2\right)^2\right]\left(E_{\mathrm{F}}-E_x\right)\right. \\
&\quad \left. +4k^2q_0\left(E_{\mathrm{F}}^2-E_x^2\right)\right\}
\end{aligned} \tag{5.13.112}
$$

于是可把式 (5.13.103) 和式 (5.13.105) 改写成

$$
W_{\mathrm{M}}^{\mathrm{s}}(k,E) = \frac{g_\sigma g_\omega}{8\pi^2 k}\oiint \varDelta^0(q)D^0(q)\left[\left(E-V_0-q_0\right)\mathrm{Im}\pi_0^{\mathrm{M}}(q)-\mathrm{Im}\pi_{\alpha}^{\mathrm{M}}(q)\right] \tag{5.13.113}
$$

$$
W_{\mathrm{M}}^{\mathrm{v}}(k,E) = -\frac{g_\sigma g_\omega M^*}{8\pi^2 k^3}\oiint \varDelta^0(q)D^0(q)\,\mathrm{Im}\pi_{\beta}^{\mathrm{M}}(q) \tag{5.13.114}
$$

5.13.4 交换 π^{ps}-π^{ps} 介子过程对光学势虚部的贡献

把式 (5.10.63) 与式 (5.10.65) 进行对比，ω 介子顶角贡献为 $-\mathrm{i}g_\omega$，π 介子 ps 项的顶角就应该贡献 $g_\pi\gamma^5\tau_i$。于是可以写出交换 π^{ps}-π^{ps} 介子的二级传播子的表达式为

$$
\begin{aligned}
\mathrm{i}\varDelta_{ij}^{(2)\mathrm{ps}}(q) &= \mathrm{i}\varDelta_{il}^0(q)\,g_\pi^2\int\frac{\mathrm{d}^4p}{(2\pi)^4}\mathrm{tr}\left[-\mathrm{i}\gamma^5\tau_l G(p)\,\mathrm{i}\gamma^5\tau_m G(p+q)\right]\mathrm{i}\varDelta_{mj}^0(q) \\
&= \mathrm{i}\varDelta_{il}^0(q)\,\pi_{lm}^{\mathrm{ps}}\varDelta_{mj}^0(q)
\end{aligned} \tag{5.13.115}
$$

其中

$$\pi_{lm}^{\mathrm{ps}}(q)=\mathrm{i}g_{\pi}^{2}\int\frac{\mathrm{d}^{4}p}{(2\pi)^{4}}\mathrm{tr}\left[\gamma^{5}\tau_{l}G(p)\gamma^{5}\tau_{m}G(p+q)\right] \tag{5.13.116}$$

当把 q 和 $k-q$ 交换以后，式 (5.12.41) 第二项变为

$$\Sigma_{\pi}^{0\mathrm{ps}}(k)=-\mathrm{i}g_{\pi}^{2}\gamma^{5}\tau_{i}\int\frac{\mathrm{d}^{4}q}{(2\pi)^{4}}\Delta_{ij}^{0}(q)G(k-q)\gamma^{5}\tau_{j} \tag{5.13.117}$$

当把上式的 $\Delta_{ij}^{0}(q)$ 用 $\Delta_{il}^{0}(q)\pi_{lm}^{\mathrm{ps}}(q)\Delta_{mj}^{0}(q)$ 代替以后便得到

$$\Sigma_{\pi}^{\mathrm{ps}}(k)=-\mathrm{i}g_{\pi}^{2}\gamma^{5}\tau_{i}\int\frac{\mathrm{d}^{4}q}{(2\pi)^{4}}\Delta_{il}^{0}(q)\pi_{lm}^{\mathrm{ps}}(q)\Delta_{mj}^{0}(q)G(k-q)\gamma^{5}\tau_{j} \tag{5.13.118}$$

由式 (5.12.42) 可以写出

$$\Delta_{ij}^{0}(q)=\frac{-\delta_{ij}}{q^{2}-q_{0}^{2}+m_{\pi}^{2}}=\Delta_{\pi}^{0}(q)\delta_{ij} \tag{5.13.119}$$

$$\Delta_{\pi}^{0}(q)=\frac{-1}{q^{2}-q_{0}^{2}+m_{\pi}^{2}} \tag{5.13.120}$$

于是可把式 (5.13.118) 改写成

$$\Sigma_{\pi}^{\mathrm{ps}}(k)=-\mathrm{i}g_{\pi}^{2}\gamma^{5}\tau_{i}\int\frac{\mathrm{d}^{4}q}{(2\pi)^{4}}\left(\Delta_{\pi}^{0}(q)\right)^{2}\pi_{ij}^{\mathrm{ps}}(q)G(k-q)\tau_{j} \tag{5.13.121}$$

在由式 (5.13.116) 给出的 $\pi_{ij}^{\mathrm{ps}}(q)$ 的表达式中有 $\mathrm{tr}\{\tau_{i}\tau_{j}\}=3\delta_{ij}$，于是有

$$\pi_{ij}^{\mathrm{ps}}(q)=3\delta_{ij}\pi^{\mathrm{ps}}(q) \tag{5.13.122}$$

$$\pi^{\mathrm{ps}}(q)=\mathrm{i}g_{\pi}^{2}\int\frac{\mathrm{d}^{4}q}{(2\pi)^{4}}\mathrm{tr}\left[\gamma^{5}G(p)\gamma^{5}G(p+q)\right] \tag{5.13.123}$$

再进行类似的推导，并注意到 $\tau_{i}\tau_{i}=3$，便可得到与式 (5.13.14) 或式 (5.13.67) 相类似的表达式

$$\begin{aligned}W_{\pi}^{\mathrm{ps}}(k)=&-9g_{\pi}^{2}\gamma^{5}\int\frac{\mathrm{d}\vec{q}}{(2\pi)^{3}}\left(\Delta_{\pi}^{0}(q)\right)^{2}\frac{\gamma^{\lambda}(k^{*}-q)_{\lambda}+M^{*}}{2E_{k-q}}\\&\times\mathrm{Im}\pi^{\mathrm{ps}}(q)\gamma^{5}\theta\left(\left|\vec{k}-\vec{q}\right|-k_{\mathrm{F}}\right)\Big|_{q_{0}=k_{0}-V_{0}-E_{k-q}}\end{aligned} \tag{5.13.124}$$

注意到 $\gamma^{5}\gamma^{\lambda}\gamma^{5}=-\gamma^{\lambda}$，再利用式 (5.13.30) 等关系式，由式 (5.13.124) 可以求得

$$W_{\pi}^{\mathrm{ps-s}}(k,E)=-\frac{9g_{\pi}^{2}M^{*}}{8\pi^{2}k}\oiint\left(\Delta_{\pi}^{0}(q)\right)^{2}\mathrm{Im}\pi^{\mathrm{ps}}(q) \tag{5.13.125}$$

$$W_{\pi}^{\mathrm{ps}-0}(k,E)=\frac{9g_{\pi}^2}{8\pi^2 k}\oiint (E-V_0-q_0)\left(\Delta^0(q)\right)^2 \mathrm{Im}\pi^{\mathrm{ps}}(q) \tag{5.13.126}$$

$$W_{\pi}^{\mathrm{ps}-\mathrm{v}}(k,E)=-\frac{9g_{\pi}^2}{16\pi^2 k^3}\oiint \left(k^2-q^2+P^2\right)\left(\Delta_{\pi}^0(q)\right)^2 \mathrm{Im}\pi^{\mathrm{ps}}(q) \tag{5.13.127}$$

利用式 (5.13.48) 和式 (5.13.49) 可以求得

$$\begin{aligned}&\mathrm{tr}\left[\gamma^5\left(\gamma^{\mu}\overline{p}_{\mu}^*+M^*\right)\gamma^5\left(\gamma^{\nu}\left(\overline{p}^*+q\right)_{\nu}+M^*\right)\right]\\&=-4\lambda\left(E_p^2+E_p q_0-p^2-\vec{p}\cdot\vec{q}-M^{*2}\right)=2\lambda q_{\mu}q^{\mu}\end{aligned} \tag{5.13.128}$$

于是由式 (5.13.123) 得到

$$\mathrm{Im}\pi^{\mathrm{ps}}(q)=\frac{\lambda g_{\pi}^2}{8\pi q}q_{\mu}q^{\mu}\left(E_{\mathrm{F}}-E_x\right) \tag{5.13.129}$$

与光学势实部相类似，对于光学势虚部一般也不考虑 π 介子赝标量项的贡献。

5.13.5 交换 π^{pv}-π^{pv} 介子过程对光学势虚部的贡献

通过在式 (5.12.48) 前面的分析，在交换 π^{pv}-π^{pv} 介子的情况下，x 顶角对应于 $-\mathrm{i}\dfrac{f_{\pi}}{m_{\pi}}\gamma^5\gamma^{\mu}(-\mathrm{i}q_{\mu})$，$x'$ 顶角对应于 $-\mathrm{i}\dfrac{f_{\pi}}{m_{\pi}}\gamma^5\gamma^{\nu}(\mathrm{i}q_{\nu})$。参照式 (5.13.115) 可写出相应的二级传播子的表达式为

$$\begin{aligned}\mathrm{i}\Delta_{ij}^{(2)\mathrm{pv}}(q)=&\,\mathrm{i}\Delta_{il}^0(q)\left(-\mathrm{i}\frac{f_{\pi}}{m_{\pi}}\right)^2\int\frac{\mathrm{d}^4p}{(2\pi)^4}\\&\times\mathrm{tr}\left[-\mathrm{i}\gamma^5\gamma^{\mu}(-\mathrm{i}q_{\mu})\tau_l G(p)\,\mathrm{i}\gamma^5\gamma^{\nu}(\mathrm{i}q_{\nu})\tau_m G(p+q)\right]\mathrm{i}\Delta_{mj}^0(q)\\\equiv&\,\mathrm{i}\Delta_{il}^0(q)\,\pi_{lm}^{\mathrm{pv}}(q)\,\Delta_{mj}^0(q)\end{aligned} \tag{5.13.130}$$

其中

$$\pi_{lm}^{\mathrm{pv}}(q)=-\mathrm{i}\left(\frac{f_{\pi}}{m_{\pi}}\right)^2\int\frac{\mathrm{d}^4p}{(2\pi)^4}\mathrm{tr}\left[\gamma^5\gamma^{\mu}q_{\mu}\tau_l G(p)\gamma^5\gamma^{\nu}q_{\nu}\tau_m G(p+q)\right] \tag{5.13.131}$$

注意到 $\mathrm{tr}\{\tau_l\tau_m\}=3\delta_{lm}$，由上式可得

$$\pi_{lm}^{\mathrm{pv}}(q)=3\delta_{lm}\pi^{\mathrm{pv}}(q) \tag{5.13.132}$$

$$\pi^{\mathrm{pv}}(q)=-\mathrm{i}\left(\frac{f_{\pi}}{m_{\pi}}\right)^2\int\frac{\mathrm{d}^4p}{(2\pi)^4}\mathrm{tr}\left[\gamma^5\gamma^{\mu}q_{\mu}G(p)\gamma^5\gamma^{\nu}q_{\nu}G(p+q)\right] \tag{5.13.133}$$

当把 q 和 $k-q$ 交换以后，式 (5.12.51) 第一等式变为

$$\Sigma_{\pi}^{0\mathrm{pv}}(k)=\mathrm{i}\left(\frac{f_{\pi}}{m_{\pi}}\right)^2\int\frac{\mathrm{d}^4q}{(2\pi)^4}\gamma^5\gamma^{\mu}q_{\mu}\tau_i\Delta_{ij}^0(q)G(k-q)\gamma^5\gamma^{\nu}q_{\nu}\tau_j \tag{5.13.134}$$

把上式中的 Δ_{ij}^{0} 用 $\Delta_{il}^{0}(q)\pi_{lm}^{\mathrm{pv}}(q)\Delta_{mj}^{0}(q)$ 代替以后便得到

$$\begin{aligned}\Sigma_{\pi}^{\mathrm{pv}}(k)&=\mathrm{i}\left(\frac{f_{\pi}}{m_{\pi}}\right)^{2}\int\frac{\mathrm{d}^{4}q}{(2\pi)^{4}}\gamma^{5}\gamma^{\mu}q_{\mu}\tau_{i}\Delta_{il}^{0}(q)\pi_{lm}^{\mathrm{pv}}(q)\Delta_{mj}^{0}(q)G(k-q)\gamma^{5}\gamma^{\nu}q_{\nu}\tau_{j}\\&=9\mathrm{i}\left(\frac{f_{\pi}}{m_{\pi}}\right)^{2}\int\frac{\mathrm{d}^{4}q}{(2\pi)^{4}}\left(\Delta_{\pi}^{0}(q)\right)^{2}\gamma^{5}\gamma^{\mu}q_{\mu}\pi^{\mathrm{pv}}(q)G(k-q)\gamma^{5}\gamma^{\nu}q_{\nu}\end{aligned}\quad(5.13.135)$$

进而求得

$$\begin{aligned}W_{\pi}^{\mathrm{pv}}(k)=&9\left(\frac{f_{\pi}}{m_{\pi}}\right)^{2}\int\frac{\mathrm{d}\vec{q}}{(2\pi)^{3}}\left(\Delta_{\pi}^{0}(q)\right)^{2}\gamma^{5}\gamma^{\mu}q_{\mu}\frac{\gamma^{\lambda}(k^{*}-q)_{\lambda}+M^{*}}{2E_{k-q}}\\&\times\mathrm{Im}\pi^{\mathrm{pv}}(q)\gamma^{5}\gamma^{\nu}q_{\nu}\theta\left(\left|\vec{k}-\vec{q}\right|-k_{F}\right)\Big|_{q_{0}=k_{0}-V_{0}-E_{k-q}}\end{aligned}\quad(5.13.136)$$

注意到 $\gamma^{5}\gamma^{\mu}=-\gamma^{\mu}\gamma^{5}$ 以及

$$\begin{aligned}&\mathrm{tr}\left[\gamma^{0}\gamma^{\mu}q_{\mu}\gamma^{\lambda}(k^{*}-q)_{\lambda}\gamma^{\nu}q_{\nu}\right]\\&=4\left[q^{0}(k^{*}-q)^{\mu}q_{\mu}+q^{0}(k^{*}-q)^{\mu}q_{\mu}-(k^{*}-q)^{0}q_{\mu}q^{\mu}\right]\\&=4\left[2q^{0}q_{\mu}(k^{*}-q)^{\mu}-(k^{*}-q)^{0}q_{\mu}q^{\mu}\right]\end{aligned}\quad(5.13.137)$$

$$k^{i}\mathrm{tr}\left[\gamma^{i}\gamma^{\mu}q_{\mu}\gamma^{\lambda}(k^{*}-q)_{\lambda}\gamma^{\nu}q_{\nu}\right]=4k^{i}\left[2q^{i}q_{\mu}(k^{*}-q)^{\mu}-(k^{*}-q)^{i}q_{\mu}q^{\mu}\right]\quad(5.13.138)$$

再利用式 (5.13.30) ~ 式 (5.13.33)、式 (5.13.79)，由式 (5.13.136) 可以求得

$$W_{\pi}^{\mathrm{pv-s}}(k,E)=-\left(\frac{f_{\pi}}{m_{\pi}}\right)^{2}\frac{9M^{*}}{8\pi^{2}k}\oiint\left(\Delta_{\pi}^{0}(q)\right)^{2}q_{\mu}q^{\mu}\mathrm{Im}\pi^{\mathrm{pv}}(q)\quad(5.13.139)$$

$$\begin{aligned}W_{\pi}^{\mathrm{pv-0}}(k,E)=&-\left(\frac{f_{\pi}}{m_{\pi}}\right)^{2}\frac{9}{8\pi^{2}k}\oiint\left(\Delta_{\pi}^{0}(q)\right)^{2}\Big\{(E-V_{0}-q_{0})q_{\mu}q^{\mu}\\&-2q_{0}\left[(E-V_{0}-q_{0})q_{0}-\frac{1}{2}\left(k^{2}-q^{2}-P^{2}\right)\right]\Big\}\mathrm{Im}\pi^{\mathrm{pv}}(q)\end{aligned}\quad(5.13.140)$$

$$\begin{aligned}W_{\pi}^{\mathrm{pv-v}}(k,E)=&\left(\frac{f_{\pi}}{m_{\pi}}\right)^{2}\frac{9}{8\pi^{2}k^{3}}\oiint\left(\Delta_{\pi}^{0}(q)\right)^{2}\Big\{\frac{1}{2}\left(k^{2}-q^{2}+P^{2}\right)q_{\mu}q^{\mu}\\&-\left(k^{2}+q^{2}-P^{2}\right)\left[(E-V_{0}-q_{0})q_{0}-\frac{1}{2}\left(k^{2}-q^{2}-P^{2}\right)\right]\Big\}\mathrm{Im}\pi^{\mathrm{pv}}(q)\end{aligned}\quad(5.13.141)$$

利用式 (5.13.49) 可以求得

$$q_{\eta}\overline{p}^{*\eta}=-\frac{1}{2}q_{\eta}q^{\eta},\quad q_{\eta}\left(\overline{p}^{*}+q\right)^{\eta}=\frac{1}{2}q_{\eta}q^{\eta}\quad(5.13.142)$$

参照式 (5.13.72)，并利用式 (5.13.73) 和式 (5.13.142) 可以求得

$$
\begin{aligned}
&\operatorname{tr}\left\{\gamma^5\gamma^\mu q_\mu\left(\gamma^\lambda\overline{p}_\lambda^*+M^*\right)\gamma^5\gamma^\nu q_\nu\left[\gamma^\eta\left(\overline{p}^*+q\right)_\eta+M^*\right]\right\}\\
=&\operatorname{tr}\left\{\gamma^\mu q_\mu\left(\gamma^\lambda\overline{p}_\lambda^*-M^*\right)\gamma^\nu q_\nu\left[\gamma^\eta\left(\overline{p}^*+q\right)_\eta+M^*\right]\right\}\\
=&-4\lambda\left\{\left[M^{*2}+\overline{p}_\eta^*\left(\overline{p}^*+q\right)^\eta\right]g^{\mu\nu}-g^{\mu\mu}\overline{p}_\mu^*\left(\overline{p}^*+q\right)^\nu-g^{\nu\nu}\overline{p}_\nu^*\left(\overline{p}^*+q\right)^\mu\right\}q_\mu q_\nu\\
=&-4\lambda\left\{\left[M^{*2}+\overline{p}_\eta^*\left(\overline{p}^*+q\right)^\eta\right]q_\mu q^\mu-q_\mu\overline{p}^{*\mu}q_\nu\left(\overline{p}^*+q\right)^\nu-q_\nu\overline{p}^{*\nu}q_\mu\left(\overline{p}^*+q\right)^\mu\right\}\\
=&-4\lambda\left[2\left(M^{*2}-\frac{1}{4}q_\eta q^\eta\right)q_\mu q^\mu+\frac{1}{2}\left(q_\mu q^\mu\right)^2\right]\\
=&-8\lambda M^{*2}q_\mu q^\mu
\end{aligned}
\tag{5.13.143}
$$

于是由式 (5.13.133) 和式 (5.13.143)，再参照和对比式 (5.13.43)、式 (5.13.47)、式 (5.13.50)、式 (5.13.51)、式 (5.13.57)、式 (5.13.58) 等，我们可以求得

$$
\pi^{\mathrm{pv}}(q)=\left(\frac{f_\pi}{m_\pi}\right)^2\frac{\lambda M^{*2}}{2\pi q}q_\mu q^\mu\left(E_{\mathrm{F}}-E_x\right)
\tag{5.13.144}
$$

5.13.6 交换 ρ^{V}-ρ^{V} 介子过程对光学势虚部的贡献

交换两个具有矢量相互作用的 ρ 介子的二级传播子的表达式为

$$
\begin{aligned}
\mathrm{i}D_{\mu\nu,ij}^{(2)\mathrm{V}}(q)=&\,\mathrm{i}D_{\mu\alpha,il}^0(q)\,g_\rho^2\int\frac{\mathrm{d}^4p}{(2\pi)^4}\\
&\times\operatorname{tr}\left[\left(-\mathrm{i}\gamma^\alpha\tau_l\right)\left(-\mathrm{i}G(p)\right)\left(-\mathrm{i}\gamma^\beta\tau_m\right)\mathrm{i}G(p+q)\right]\mathrm{i}D_{\beta\nu,mj}^0(q)\\
\equiv&\,\mathrm{i}D_{\mu\alpha,il}^0(q)\,\varPi_{\mathrm{V}}^{\alpha\beta,lm}(q)\,\varDelta_{\beta\nu,mj}^0(q)
\end{aligned}
\tag{5.13.145}
$$

其中

$$
\varPi_{\mathrm{V}}^{\alpha\beta,lm}(q)=-\mathrm{i}g_\rho^2\int\frac{\mathrm{d}^4p}{(2\pi)^4}\operatorname{tr}\left[\gamma^\alpha\tau_lG(p)\gamma^\beta\tau_mG(p+q)\right]=3\delta_{lm}\varPi_{\mathrm{V}}^{\alpha\beta}(q)
\tag{5.13.146}
$$

$$
\varPi_{\mathrm{V}}^{\alpha\beta}(q)=-\mathrm{i}g_\rho^2\int\frac{\mathrm{d}^4p}{(2\pi)^4}\operatorname{tr}\left[\gamma^\alpha G(p)\gamma^\beta G(p+q)\right]
\tag{5.13.147}
$$

先把式 (5.12.60) 改写成

$$
D_{\mu\nu,ij}^0(q)=g_{\mu\nu}\delta_{ij}D_\rho^0(q)
\tag{5.13.148}
$$

$$
D_\rho^0(q)=\frac{1}{q^2-q_0^2+m_\rho^2}
\tag{5.13.149}
$$

当把 q 和 $k-q$ 交换以后，式 (5.13.62) 第一等式第二项变为

$$
\varSigma_\rho^{0\mathrm{V}}(k)=\mathrm{i}g_\rho^2\int\frac{\mathrm{d}^4q}{(2\pi)^4}\gamma^\mu\tau_iD_{\mu\nu,ij}^0(q)\,G(k-q)\,\gamma^\nu\tau_j
\tag{5.13.150}
$$

当把上式中的 $D^0_{\mu\nu,ij}(q)$ 用 $D_{\mu\alpha,il}(q)\Pi_{\mathrm{V}}^{\alpha\beta,lm}(q)D^0_{\beta\nu,mj}(q)$ 代替以后，并利用式 (5.13.148) 便得到

$$\Sigma_{\rho}^{\mathrm{V}}(k)=9\mathrm{i}g_{\rho}^2\int\frac{\mathrm{d}^4q}{(2\pi)^4}\left(D_{\rho}^0(q)\right)^2\gamma^{\mu}g_{\mu\mu}\Pi_{\mathrm{V}}^{\mu\nu}(q)g_{\nu\nu}G(k-q)\gamma^{\nu} \tag{5.13.151}$$

对比式 (5.13.151) 和式 (5.13.66)，参照式 (5.13.67) 我们得到

$$\begin{aligned}W_{\rho}^{\mathrm{V}}(k)=&9g_{\rho}^2\int\frac{\mathrm{d}\vec{q}}{(2\pi)^3}\left(D_{\rho}^0(q)\right)^2\gamma^{\mu}\frac{\gamma^{\lambda}(k^*-q)_{\lambda}+M^*}{2E_{k-q}}\\&\times g_{\mu\mu}\mathrm{Im}\Pi_{\mathrm{V}}^{\mu\nu}(q)g_{\nu\nu}\gamma^{\nu}\theta\left(\left|\vec{k}-\vec{q}\right|-k_{\mathrm{F}}\right)\bigg|_{q_0=k_0-V_0-E_{k-q}}\end{aligned} \tag{5.13.152}$$

把式 (5.13.147) 与式 (5.13.61) 比较，只需把式 (5.13.74)、式 (5.13.78)、式 (5.13.90) ~ 式 (5.13.92) 中的 ω 换成 ρ 便得到 $\mathrm{Im}\Pi_{\rho\mathrm{V}}^{\Lambda}(q),\mathrm{Im}\Pi_{\rho\mathrm{V}}^{00}(q),\mathrm{Im}\Pi_{\rho\mathrm{V}}^{\alpha}(q),\mathrm{Im}\Pi_{\rho\mathrm{V}}^{\beta}(q),\mathrm{Im}\Pi_{\rho\mathrm{V}}^{\gamma}(q)$。再把式 (5.13.152) 与式 (5.13.67) 作比较，在式 (5.13.93)、式 (5.13.94)、式 (5.13.95) 中只要把 π_{ω} 改成 $\Pi_{\rho\mathrm{V}}, D^0(q)$ 改成 $D_{\rho}^0(q), g_{\omega}^2$ 改成 $9g_{\rho}^2$，便可得到 $W_{\rho\mathrm{V}}^{\mathrm{s}}(k,E), W_{\rho\mathrm{V}}^{0}(k,E), W_{\rho\mathrm{V}}^{\mathrm{v}}(k,E)$。

5.13.7　交换 ρ^{T}-ρ^{T} 介子过程对光学势虚部的贡献

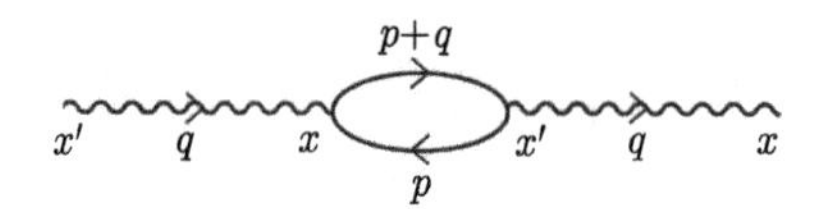

由式 (5.10.64) 和式 (5.12.67) 可知，在顶角 x 处 ρ 介子张量项的贡献为 $-\mathrm{i}\left(\frac{f_{\rho}}{2M}\right)\times(\gamma^{\mu}q_{\mu}\gamma^{\nu}-q^{\nu})\tau_i$，在顶角 x' 处要改变符号。交换由上图所示的两个具有张量相互作用的 ρ 介子的二级传播子的表达式为

$$\begin{aligned}\mathrm{i}D_{\mu\nu,ij}^{(2)\mathrm{T}}(q)=&\mathrm{i}D_{\mu\alpha,il}^0(q)\left(\frac{f_{\rho}}{2M}\right)^2\int\frac{\mathrm{d}^4p}{(2\pi)^4}\\&\times\mathrm{tr}\left\{\mathrm{i}\left(\gamma^{\xi}q_{\xi}\gamma^{\alpha}-q^{\alpha}\right)\tau_l\left(-\mathrm{i}G(p)\right)\left[-\mathrm{i}\left(\gamma^{\zeta}q_{\zeta}\gamma^{\beta}-q^{\beta}\right)\right]\tau_m\mathrm{i}G(p+q)\right\}\mathrm{i}D_{\beta\nu,mj}^0(q)\\\equiv&\mathrm{i}D_{\mu\alpha,il}^0(q)\Pi_{\mathrm{T}}^{\alpha\beta,lm}(q)D_{\beta\nu,mj}^0(q)\end{aligned} \tag{5.13.153}$$

其中

$$\begin{aligned}\Pi_{\mathrm{T}}^{\alpha\beta,lm}(q)=&\mathrm{i}\left(\frac{f_{\rho}}{2M}\right)^2\int\frac{\mathrm{d}^4p}{(2\pi)^4}\mathrm{tr}\left[\left(\gamma^{\xi}q_{\xi}\gamma^{\alpha}-q^{\alpha}\right)\tau_lG(p)\right.\\&\left.\times\left(\gamma^{\zeta}q_{\zeta}\gamma^{\beta}-q^{\beta}\right)\tau_mG(p+q)\right]=3\delta_{lm}\Pi_{\mathrm{T}}^{\alpha\beta}(q)\end{aligned} \tag{5.13.154}$$

$$\Pi_{\mathrm{T}}^{\alpha\beta}(q)=\mathrm{i}\left(\frac{f_{\rho}}{2M}\right)^2\int\frac{\mathrm{d}^4p}{(2\pi)^4}\mathrm{tr}\left[\left(\gamma^{\xi}q_{\xi}\gamma^{\alpha}-q^{\alpha}\right)G(p)\right.$$

$$\times\left(\gamma^{\zeta} q_{\zeta} \gamma^{\beta}-q^{\beta}\right) G(p+q)] \tag{5.13.155}$$

当把 q 和 $k-q$ 交换以后，式 (5.13.69) 第二等式变为

$$\begin{aligned}\Sigma_{\rho}^{0\mathrm{T}}(k)=&\mathrm{i}\left(\frac{f_{\rho}}{2M}\right)^{2} \int \frac{\mathrm{d}^{4} q}{(2\pi)^{4}}\left(\gamma^{\xi} q_{\xi} \gamma^{\mu}-q^{\mu}\right) \tau_{i} D_{\mu\nu, ij}^{0}(q)\\&\times G(k-q)\left(-\gamma^{\zeta} q_{\zeta} \gamma^{\nu}+q^{\nu}\right) \tau_{j}\end{aligned} \tag{5.13.156}$$

用类似方法可以得到

$$\begin{aligned}\Sigma_{\rho}^{\mathrm{T}}(k)=&9\mathrm{i}\left(\frac{f_{\rho}}{2M}\right)^{2} \int \frac{\mathrm{d}^{4} q}{(2\pi)^{4}}\left(D_{\rho}^{0}(q)\right)^{2}\left(\gamma^{\xi} q_{\xi} \gamma^{\mu}-q^{\mu}\right)\\&\times g_{\mu\mu} \Pi_{T}^{\mu\nu}(q) g_{\nu\nu} G(k-q)\left(-\gamma^{\zeta} q_{\zeta} \gamma^{\nu}+q^{\nu}\right)\end{aligned} \tag{5.13.157}$$

比较式 (5.13.157) 和式 (5.13.5)，参照式 (5.13.14) 我们得到

$$\begin{aligned}W_{\rho}^{\mathrm{T}}(k)=&9\left(\frac{f_{\rho}}{2M}\right)^{2} \int \frac{\mathrm{d}\vec{q}}{(2\pi)^{3}}\left(D_{\rho}^{0}(q)\right)^{2}\left(\gamma^{\xi} q_{\xi} \gamma^{\mu}-q^{\mu}\right) \frac{\gamma^{\lambda}\left(k^{*}-q\right)_{\lambda}+M^{*}}{2E_{k-q}}\\&\times g_{\mu\mu} \operatorname{Im} \Pi_{T}^{\mu\nu}(q) g_{\nu\nu}\left(-\gamma^{\zeta} q_{\zeta} \gamma^{\nu}+q^{\nu}\right) \theta\left(\left|\vec{k}-\vec{q}\right|-k_{\mathrm{F}}\right)\Big|_{q_{0}=k_{0}-V_{0}-E_{k-q}}\end{aligned} \tag{5.13.158}$$

下边求迹

$$\operatorname{tr}\left[\left(\gamma^{\xi} q_{\xi} \gamma^{\mu}-q^{\mu}\right)\left(-\gamma^{\zeta} q_{\zeta} \gamma^{\nu}+q^{\nu}\right)\right]=4\left(g^{\mu\nu} q_{\xi} q^{\xi}-q^{\mu} q^{\nu}\right) \tag{5.13.159}$$

参照推导式 (5.13.35) 的过程，由式 (5.13.30) 第一式我们可以得到

$$W_{\rho\mathrm{T}}^{\mathrm{s}}(k, E)=\left(\frac{f_{\rho}}{2M}\right)^{2} \frac{9M^{*}}{8\pi^{2} k} \oiint\left(D_{\rho}^{0}(q)\right)^{2}\left[g_{\mu\mu} \operatorname{Im} \Pi_{\mathrm{T}}^{\mu\mu}(q) q_{\xi} q^{\xi}-q_{\mu} \operatorname{Im} \Pi_{\mathrm{T}}^{\mu\nu}(q) q_{\nu}\right] \tag{5.13.160}$$

利用式 (5.1.152) 可以求出

$$\begin{aligned}&\operatorname{tr}\left\{\gamma^{0} \gamma^{\xi} q_{\xi} \gamma^{\mu} \gamma^{\lambda}\left(k^{*}-q\right)_{\lambda} \gamma^{\zeta} q_{\zeta} \gamma^{\nu}\right\}\\=&4\left\{q^{0}\left[\left(k^{*}-q\right)^{\mu} q^{\nu}+g^{\mu\nu}\left(k^{*}-q\right)^{\lambda} q_{\lambda}-q^{\mu}\left(k^{*}-q\right)^{\nu}\right]\right.\\&-q^{0\mu}\left[\left(k^{*}-q\right)^{\lambda} q_{\lambda} q^{\nu}+q^{\nu}\left(k^{*}-q\right)^{\lambda} q_{\lambda}-q_{\xi} q^{\xi}\left(k^{*}-q\right)^{\nu}\right]\\&+\left(k^{*}-q\right)^{0}\left[q^{\mu} q^{\nu}+q^{\mu} q^{\nu}-g^{\mu\nu} q_{\xi} q^{\xi}\right]\\&-q^{0}\left[q^{\mu}\left(k^{*}-q\right)^{\nu}+q^{\nu}\left(k^{*}-q\right)^{\mu}-g^{\mu\nu} q_{\lambda}\left(k^{*}-q\right)^{\lambda}\right]\\&\left.+q^{0\nu}\left[q^{\mu} q_{\lambda}\left(k^{*}-q\right)^{\lambda}+q_{\xi} q^{\xi}\left(k^{*}-q\right)^{\mu}-q_{\lambda}\left(k^{*}-q\right)^{\lambda} q^{\mu}\right]\right\}\end{aligned}$$

$$
\begin{aligned}
&= 4\left\{q^0\left[2g^{\mu\nu}q_\lambda\left(k^*-q\right)^\lambda-2q^\mu\left(k^*-q\right)^\nu\right]\right.\\
&\quad+\left(k^*-q\right)^0\left(2q^\mu q^\nu-g^{\mu\nu}q_\xi q^\xi\right)-2g^{0\mu}q^\nu q_\lambda\left(k^*-q\right)^\lambda\\
&\quad\left.+\left[g^{0\mu}\left(k^*-q\right)^\nu+g^{0\nu}\left(k^*-q\right)^\mu\right]q_\xi q^\xi\right\}
\end{aligned}
\tag{5.13.161}
$$

进而求得

$$
\begin{aligned}
&\operatorname{tr}\left\{\gamma^0\left(\gamma^\xi q_\xi\gamma^\mu-q^\mu\right)\left(\gamma^\lambda\left(k^*-q\right)_\lambda+M^*\right)\left(-\gamma^\zeta q_\zeta\gamma^\nu+q^\nu\right)\right\}\\
&=-4\Big\{q^\mu q^\nu\left(k^*-q\right)^0-q^\mu\left[\left(k^*-q\right)^0q^\nu+g^{0\nu}q_\lambda\left(k^*-q\right)^\lambda-q^0\left(k^*-q\right)^\nu\right]\\
&\quad-q^\nu\left[q^0\left(k^*-q\right)^\mu+\left(k^*-q\right)^0q^\mu-g^{0\mu}q_\lambda\left(k^*-q\right)^\lambda\right]\\
&\quad+q^0\left[2g^{\mu\nu}q_\lambda\left(k^*-q\right)^\lambda-2q^\mu\left(k^*-q\right)^\nu\right]\\
&\quad+\left(k^*-q\right)^0\left(2q^\mu q^\nu-g^{\mu\nu}q_\xi q^\xi\right)-2g^{0\mu}q^\nu q_\lambda\left(k^*-q\right)^\lambda\\
&\quad+\left[g^{0\mu}\left(k^*-q\right)^\nu+g^{0\nu}\left(k^*-q\right)^\mu\right]q_\xi q^\xi\Big\}\\
&=-4\left\{q^0\left[2g^{\mu\nu}q_\lambda\left(k^*-q\right)^\lambda-q^\mu\left(k^*-q\right)^\nu-q^\nu\left(k^*-q\right)^\mu\right]\right.\\
&\quad+\left(k^*-q\right)^0\left(q^\mu q^\nu-g^{\mu\nu}q_\xi q^\xi\right)-\left(g^{0\mu}q^\nu+g^{0\nu}q^\mu\right)q_\lambda\left(k^*-q\right)^\lambda\\
&\quad\left.+\left[g^{0\mu}\left(k^*-q\right)^\nu+g^{0\nu}\left(k^*-q\right)^\mu\right]q_\xi q^\xi\right\}
\end{aligned}
\tag{5.13.162}
$$

于是根据式 (5.13.162) 等可得

$$
\begin{aligned}
&W_{\rho\mathrm{T}}^0(k,E)\\
&=-\left(\frac{f_\rho}{2M}\right)^2\frac{9}{8\pi^2k}\oiint\left(D_\rho^0(q)\right)^2\Big\{\Big[2g_{\mu\mu}\mathrm{Im}\Pi_\mathrm{T}^{\mu\mu}(q)\,q_\lambda\left(k^*-q\right)^\lambda\\
&\quad-q_\mu\mathrm{Im}\Pi_\mathrm{T}^{\mu\nu}(q)\left(k^*-q\right)_\nu-\left(k^*-q\right)_\mu\mathrm{Im}\Pi_\mathrm{T}^{\mu\nu}(q)\,q_\nu\Big]q_0\\
&\quad-\left(E-V_0-q_0\right)\left[g_{\mu\mu}\mathrm{Im}\Pi_\mathrm{T}^{\mu\mu}(q)\,q_\xi q^\xi-q_\mu\mathrm{Im}\Pi_\mathrm{T}^{\mu\nu}(q)\,q_\nu\right]\\
&\quad-\left[\mathrm{Im}\Pi_\mathrm{T}^{0\nu}(q)\,q_\nu+q_\mu\mathrm{Im}\Pi_\mathrm{T}^{\mu0}(q)\right]q_\lambda\left(k^*-q\right)^\lambda\\
&\quad+\left[\mathrm{Im}\Pi_\mathrm{T}^{0\nu}(q)\left(k^*-q\right)_\nu+\left(k^*-q\right)_\mu\mathrm{Im}\Pi_\mathrm{T}^{\mu0}(q)\right]q_\xi q^\xi\Big\}\\
&=-\left(\frac{f_\rho}{2M}\right)^2\frac{9}{8\pi^2k}\oiint\left(D_\rho^0(q)\right)^2\left\{\left[2q_0q_\lambda\left(k^*-q\right)^\lambda-\left(E-V_0-q_0\right)q_\xi q^\xi\right]g_{\mu\mu}\mathrm{Im}\Pi_\mathrm{T}^{\mu\mu}(q)\right.\\
&\quad+\left[\left(E-V_0-q_0\right)q_\mu q_\nu-q_0q_\mu\left(k^*-q\right)_\nu-q_0\left(k^*-q\right)_\mu q_\nu\right]\mathrm{Im}\Pi_\mathrm{T}^{\mu\nu}(q)\\
&\quad+\left[\left(k^*-q\right)_\nu q_\xi q^\xi-q_\nu q_\lambda\left(k^*-q\right)^\lambda\right]\mathrm{Im}\Pi_\mathrm{T}^{0\nu}(q)\\
&\quad\left.+\left[\left(k^*-q\right)_\mu q_\xi q^\xi-q_\mu q_\lambda\left(k^*-q\right)^\lambda\right]\mathrm{Im}\Pi_\mathrm{T}^{\mu0}(q)\right\}
\end{aligned}
\tag{5.13.163}
$$

由于在推导式 (5.13.161) 和式 (5.13.162) 时并未使用 $g^{00}=1$ 和 $q^0=q_0$ 的性

质，故由式 (5.13.162) 可以得到

$$
\begin{aligned}
&\operatorname{tr}\left\{k^i\gamma^i\left(\gamma^\xi q_\xi\gamma^\mu-q^\mu\right)\left(\gamma^\lambda\left(k^*-q\right)_\lambda+M^*\right)\left(-\gamma^\zeta q_\zeta\gamma^\nu+q^\nu\right)\right\}\\
=&-4k^i\left\{q^i\left[2g^{\mu\nu}q_\lambda\left(k^*-q\right)^\lambda-q^\mu\left(k^*-q\right)^\nu-q^\nu\left(k^*-q\right)^\mu\right]\right.\\
&+\left(k^*-q\right)^i\left(q^\mu q^\nu-g^{\mu\nu}q_\xi q^\xi\right)-\left(g^{i\mu}q^\nu+g^{i\nu}q^\mu\right)q_\lambda\left(k^*-q\right)^\lambda\\
&\left.+\left[g^{i\mu}\left(k^*-q\right)^\nu+g^{i\nu}\left(k^*-q\right)^\mu\right]q_\xi q^\xi\right\}
\end{aligned}\tag{5.13.164}
$$

进而求得

$$
\begin{aligned}
&W_{\rho\mathrm{T}}^{\mathrm{v}}(k,E)\\
=&\left(\frac{f_\rho}{2M}\right)^2\frac{9}{8\pi^2k^3}\oiint\left(D_\rho^0(q)\right)^2k^i\left\{\left[2g_{\mu\mu}\mathrm{Im}\Pi_{\mathrm{T}}^{\mu\mu}(q)\,q_\lambda\left(k^*-q\right)^\lambda\right.\right.\\
&\left.-q_\mu\mathrm{Im}\Pi_{\mathrm{T}}^{\mu\nu}(q)\left(k^*-q\right)_\nu-\left(k^*-q\right)_\mu\mathrm{Im}\Pi_{\mathrm{T}}^{\mu\nu}(q)\,q_\nu\right]q^i\\
&-(k-q)^i\left[g_{\mu\mu}\mathrm{Im}\Pi_{\mathrm{T}}^{\mu\mu}(q)\,q_\xi q^\xi-q_\mu\mathrm{Im}\Pi_{\mathrm{T}}^{\mu\nu}(q)\,q_\nu\right]\\
&-\left[\mathrm{Im}\Pi_{\mathrm{T}}^{i\nu}(q)\,q_\nu+q_\mu\mathrm{Im}\Pi_{\mathrm{T}}^{\mu i}(q)\right]q_\lambda\left(k^*-q\right)^\lambda\\
&\left.+\left[\mathrm{Im}\Pi_{\mathrm{T}}^{i\nu}(q)\left(k^*-q\right)_\nu+\left(k^*-q\right)_\mu\mathrm{Im}\Pi_{\mathrm{T}}^{\mu i}(q)\right]q_\xi q^\xi\right\}\\
=&\left(\frac{f_\rho}{2M}\right)^2\frac{9}{8\pi^2k^3}\oiint\left(D_\rho^0(q)\right)^2k^i\left\{\left[2q^iq_\lambda\left(k^*-q\right)^\lambda-(k-q)^iq_\xi q^\xi\right]g_{\mu\mu}\mathrm{Im}\Pi_{\mathrm{T}}^{\mu\mu}(q)\right.\\
&+\left[(k-q)^iq_\mu q_\nu-q^iq_\mu\left(k^*-q\right)_\nu-q^i\left(k^*-q\right)_\mu q_\nu\right]\mathrm{Im}\Pi_{\mathrm{T}}^{\mu\nu}(q)\\
&+\left[\left(k^*-q\right)_\nu q_\xi q^\xi-q_\nu q_\lambda\left(k^*-q\right)^\lambda\right]\mathrm{Im}\Pi_{\mathrm{T}}^{i\nu}(q)\\
&\left.+\left[\left(k^*-q\right)_\mu q_\xi q^\xi-q_\mu q_\lambda\left(k^*-q\right)^\lambda\right]\mathrm{Im}\Pi_{\mathrm{T}}^{\mu i}(q)\right\}\\
=&\left(\frac{f_\rho}{2M}\right)^2\frac{9}{8\pi^2k^3}\oiint\left(D_\rho^0(q)\right)^2\left\{\left[2\vec{k}\cdot\vec{q}q_\lambda\left(k^*-q\right)^\lambda-\left(k^2-\vec{k}\cdot\vec{q}\right)q_\xi q^\xi\right]g_{\mu\mu}\mathrm{Im}\Pi_{\mathrm{T}}^{\mu\mu}(q)\right.\\
&+\left[\left(k^2-\vec{k}\cdot\vec{q}\right)q_\mu q_\nu-\vec{k}\cdot\vec{q}\left(q_\mu\left(k^*-q\right)_\nu+\left(k^*-q\right)_\mu q_\nu\right)\right]\mathrm{Im}\Pi_{\mathrm{T}}^{\mu\nu}(q)\\
&+\left[q_\xi q^\xi\left(k^*-q\right)_\nu-q_\lambda\left(k^*-q\right)^\lambda q_\nu\right]k^i\mathrm{Im}\Pi_{\mathrm{T}}^{i\nu}(q)\\
&\left.+\left[q_\xi q^\xi\left(k^*-q\right)_\mu-q_\lambda\left(k^*-q\right)^\lambda q_\mu\right]k^i\mathrm{Im}\Pi_{\mathrm{T}}^{\mu i}(q)\right\}
\end{aligned}\tag{5.13.165}
$$

利用式 (5.1.152) 又可以求得

$$
\begin{aligned}
&\operatorname{tr}\left\{\gamma^\xi q_\xi\gamma^\mu\gamma^\lambda\overline{p}_\lambda^*\gamma^\zeta q_\zeta\gamma^\nu\gamma^\eta\left(\overline{p}^*+q\right)_\eta\right\}\\
=&4\lambda\left\{q^\mu\left[\overline{p}_\xi^*q^\xi\left(\overline{p}^*+q\right)^\nu+q^\nu\overline{p}_\lambda^*\left(\overline{p}^*+q\right)^\lambda-\overline{p}^{*\nu}q_\lambda\left(\overline{p}^*+q\right)^\lambda\right]\right.\\
&-q^\xi\overline{p}_\xi^*\left[q^\mu\left(\overline{p}^*+q\right)^\nu+q^\nu\left(\overline{p}^*+q\right)^\mu-g^{\mu\nu}q_\lambda\left(\overline{p}^*+q\right)^\lambda\right]
\end{aligned}
$$

$$
\begin{aligned}
&+q_\xi q^\xi\left[\overline{p}^{*\mu}(\overline{p}^*+q)^\nu+\overline{p}^{*\nu}(\overline{p}^*+q)^\mu-g^{\mu\nu}\overline{p}_\lambda^{*\nu}(\overline{p}^*+q)^\lambda\right]\\
&-q^\nu\left[\overline{p}^{*\mu}q_\lambda(\overline{p}^*+q)^\lambda+\overline{p}_\xi^* q^\xi(\overline{p}^*+q)^\mu-q^\mu\overline{p}_\lambda^*(\overline{p}^*+q)^\lambda\right]\\
&+q_\lambda(\overline{p}^*+q)^\lambda\left[\overline{p}^{*\mu}q^\nu+g^{\mu\nu}\overline{p}_\xi^* q^\xi-q^\mu\overline{p}^{*\nu}\right]\Big\}\\
=&\,4\lambda\left\{q^\mu\left[2q^\nu\overline{p}_\lambda^*(\overline{p}^*+q)^\lambda-2\overline{p}^{*\nu}q_\lambda(\overline{p}^*+q)^\lambda\right]\right.\\
&-q^\xi\overline{p}_\xi^*\left[2q^\nu(\overline{p}^*+q)^\mu-2g^{\mu\nu}q_\lambda(\overline{p}^*+q)^\lambda\right]\\
&\left.+q_\xi q^\xi\left[\overline{p}^{*\mu}(\overline{p}^*+q)^\nu+\overline{p}^{*\nu}(\overline{p}^*+q)^\mu-g^{\mu\nu}\overline{p}_\lambda^*(\overline{p}^*+q)^\lambda\right]\right\}
\end{aligned}
\tag{5.13.166}
$$

进而求得

$$
\begin{aligned}
t_{\mathrm{T}}^{\mu\nu}\equiv&\operatorname{tr}\left\{\left(\gamma^\xi q_\xi\gamma^\mu-q^\mu\right)\left(\gamma^\lambda\overline{p}_\lambda^*+M^*\right)\left(\gamma^\zeta q_\zeta\gamma^\nu-q^\nu\right)\left(\gamma^\eta(\overline{p}^*+q)_\eta+M^*\right)\right\}\\
=&\,4\lambda\Big\{M^{*2}\left(q^\mu q^\nu-q^\mu q^\nu-q^\nu q^\mu+q^\mu q^\nu+q^\mu q^\nu-g^{\mu\nu}q_\xi q^\xi\right)+q^\mu q^\nu\overline{p}_\lambda^*(\overline{p}^*+q)^\lambda\\
&-q^\mu\left[\overline{p}_\xi^* q^\xi(\overline{p}^*+q)^\nu+q^\nu\overline{p}_\lambda^*(\overline{p}^*+q)^\lambda-\overline{p}^{*\nu}q_\lambda(\overline{p}^*+q)^\lambda\right]\\
&-q^\nu\left[q^\mu\overline{p}_\lambda^*(\overline{p}^*+q)^\lambda+\overline{p}^{*\mu}q_\lambda(\overline{p}^*+q)^\lambda-q^\xi\overline{p}_\xi^*(\overline{p}^*+q)^\mu\right]\\
&+q^\mu\left[2q^\nu\overline{p}_\lambda^*(\overline{p}^*+q)^\lambda-2\overline{p}^{*\nu}q_\lambda(\overline{p}^*+q)^\lambda\right]\\
&-q^\xi\overline{p}_\xi^*\left[2q^\nu(\overline{p}^*+q)^\mu-2g^{\mu\nu}q_\lambda(\overline{p}^*+q)^\lambda\right]\\
&+q_\xi q^\xi\left[\overline{p}^{*\mu}(\overline{p}^*+q)^\nu+\overline{p}^{*\nu}(\overline{p}^*+q)^\mu-g^{\mu\nu}\overline{p}_\lambda^*(\overline{p}^*+q)^\lambda\right]\Big\}\\
=&\,4\lambda\left\{M^{*2}\left(q^\mu q^\nu-g^{\mu\nu}q_\xi q^\xi\right)+q^\mu q^\nu\overline{p}_\lambda^*(\overline{p}^*+q)^\lambda\right.\\
&-\left[q^\mu(\overline{p}^*+q)^\nu+q^\nu(\overline{p}^*+q)^\mu-2g^{\mu\nu}q_\lambda(\overline{p}^*+q)^\lambda\right]q^\xi\overline{p}_\xi^*\\
&-\left(q^\mu\overline{p}^{*\nu}+q^\nu\overline{p}^{*\mu}\right)q_\lambda(\overline{p}^*+q)^\lambda\\
&\left.+\left[\overline{p}^{*\mu}(\overline{p}^*+q)^\nu+\overline{p}^{*\nu}(\overline{p}^*+q)^\mu-g^{\mu\nu}\overline{p}_\lambda^*(\overline{p}^*+q)^\lambda\right]q_\xi q^\xi\right\}
\end{aligned}
\tag{5.13.167}
$$

由上式可以看出 $\Pi_{\mathrm{T}}^{\mu\nu}(q)$ 对于 μ,ν 是对称的。

利用类似方法，由式 (5.13.155)、式 (5.13.167)、式 (5.13.142) 和式 (5.13.73) 可以得到含有对 μ 求和的以下表达式

$$
\begin{aligned}
\operatorname{Im}\Pi_{\mathrm{T}}^{\mathrm{A}}(q)\equiv&\sum_\mu g_{\mu\mu}\operatorname{Im}\Pi_{\mathrm{T}}^{\mu\mu}(q)\\
=&\left(\frac{f_\rho}{2M}\right)^2\frac{\lambda}{4\pi q}\left[-3M^{*2}q_\xi q^\xi+q_\xi q^\xi\left(M^{*2}-\frac{1}{2}q_\eta q^\eta\right)+\frac{1}{2}q_\xi q^\xi(q_\eta q^\eta)\right.\\
&-\frac{1}{2}q_\xi q^\xi 4q_\eta q^\eta+\frac{1}{2}q_\xi q^\xi q_\eta q^\eta+q_\xi q^\xi 2\left(M^{*2}-\frac{1}{2}q_\eta q^\eta\right)
\end{aligned}
$$

$$-4q_\xi q^\xi\left(M^{*2}-\frac{1}{2}q_\eta q^\eta\right)\Big](E_\mathrm{F}-E_x)$$

$$=-\left(\frac{f_\rho}{2M}\right)^2\frac{\lambda}{\pi q}\left(M^{*2}+\frac{1}{8}q_\xi q^\xi\right)q_\eta q^\eta(E_\mathrm{F}-E_x) \tag{5.13.168}$$

又可以求得

$$\begin{aligned}\mathrm{Im}\Pi_\mathrm{T}^{00}(q)=&\left(\frac{f_\rho}{2M}\right)^2\frac{\lambda}{4\pi q}\int_{E_x}^{E_\mathrm{F}}\Big[M^{*2}\left(q_0^2-q_\xi q^\xi\right)+q_0^2\left(M^{*2}-\frac{1}{2}q_\eta q^\eta\right)\\&+q_\xi q^\xi(E_p+q_0)q_0-q_\xi q^\xi\frac{1}{2}q_\eta q^\eta-\frac{1}{2}q_\xi q^\xi 2q_0E_p+2q_\xi q^\xi E_p(E_p+q_0)\\&-q_\xi q^\xi\left(M^{*2}-\frac{1}{2}q_\eta q^\eta\right)\Big]\mathrm{d}E_p\\=&\left(\frac{f_\rho}{2M}\right)^2\frac{\lambda}{4\pi q}\Big[\left(2M^{*2}q^2+\frac{1}{2}q_0^2q_\xi q^\xi\right)(E_\mathrm{F}-E_x)+q_0q_\xi q^\xi\left(E_\mathrm{F}^2-E_x^2\right)\\&+\frac{2}{3}q_\xi q^\xi\left(E_\mathrm{F}^3-E_x^3\right)\Big]\end{aligned} \tag{5.13.169}$$

根据式 (5.13.167)，并利用式 (5.13.73) 和式 (5.13.142) 可以求得

$$\begin{aligned}t_\mathrm{T}^{0i}=&4\lambda\Big\{\left[M^{*2}+\bar{p}_\lambda^*(\bar{p}^*+q)^\lambda\right]q_0q^i-q_\xi\bar{p}^{*\xi}\left[q_0p^i+(2q_0+E_p)q^i\right]\\&-q_\lambda(\bar{p}^*+q)^\lambda\left(q_0p^i+E_pq^i\right)+q_\xi q^\xi\left[(q_0+2E_p)p^i+E_pq^i\right]\Big\}\\=&4\lambda\Big(\Big\{\left[M^{*2}+\bar{p}_\lambda^*(\bar{p}^*+q)^\lambda\right]q_0-q_\xi\bar{p}^{*\xi}(2q_0+E_p)-q_\lambda(\bar{p}^*+q)^\lambda E_p+q_\xi q^\xi E_p\Big\}q^i\\&-\left[q_\xi\bar{p}^{*\xi}q_0+q_\lambda(\bar{p}^*+q)^\lambda q_0-q_\xi q^\xi(q_0+2E_p)p^i\right]\Big)\\=&4\lambda\left\{\left[2\left(M^{*2}+\frac{1}{4}q_\xi q^\xi\right)q_0+q_\xi q^\xi E_p\right]q^i+q_\xi q^\xi(q_0+2E_p)p^i\right\}\end{aligned} \tag{5.13.170}$$

$$\begin{aligned}t_\mathrm{T}^{ij}=&4\lambda\Big\{M^{*2}\left(q^iq^j+q_\xi q^\xi\delta_{ij}\right)+\bar{p}_\lambda^*(\bar{p}^*+q)^\lambda q^iq^j-q_\xi\bar{p}^{*\xi}\\&\times\left[q^i(p+q)^j+q^j(p+q)^i+2q_\lambda(\bar{p}^*+q)^\lambda\delta_{ij}\right]-q_\lambda(\bar{p}^*+q)^\lambda\left(q^ip^j+q^jp^i\right)\\&+q_\xi q^\xi\left[p^i(p+q)^j+p^j(p+q)^i+\bar{p}_\lambda^*(\bar{p}^*+q)^\lambda\delta_{ij}\right]\Big\}\\=&4\lambda\Big\{M^{*2}\left(q^iq^j+q_\xi q^\xi\delta_{ij}\right)+\left(M^{*2}-\frac{1}{2}q_\xi q^\xi\right)q^iq^j\\&+\frac{1}{2}q_\xi q^\xi\left[q^i(p+q)^j+q^j(p+q)^i+q_\eta q^\eta\delta_{ij}\right]-\frac{1}{2}q_\eta q^\eta\left(q^ip^j+q^jp^i\right)\\&+q_\xi q^\xi\left[p^i(p+q)^j+p^j(p+q)^i+\left(M^{*2}-\frac{1}{2}q_\eta q^\eta\right)\delta_{ij}\right]\Big\}\\=&8\lambda\Big\{M^{*2}q_\xi q^\xi\delta_{ij}+\left(M^{*2}+\frac{1}{4}q_\xi q^\xi\right)q^iq^j\end{aligned}$$

$$+\frac{1}{2}q_\xi q^\xi\left[p^i(p+q)^j+p^j(p+q)^i\right]\Bigg\} \tag{5.13.171}$$

利用式 (5.13.79) ~ 式 (5.13.82)，由式 (5.13.170) 和式 (5.13.171) 可进一步求得

$$\begin{aligned}q^i t_{\mathrm{T}}^{0i}=&4\lambda\left\{q^2\left[2\left(M^{*2}+\frac{1}{4}q_\xi q^\xi\right)q_0+q_\xi q^\xi E_p\right]\right.\\&\left.+q_\xi q^\xi\left[\frac{1}{2}q_0 q_\eta q^\eta+\left(2q_0^2-q^2\right)E_p+2q_0 E_p^2\right]\right\}\\=&4\lambda q_0\left[2M^{*2}q^2+\frac{1}{2}q_0^2 q_\xi q^\xi+2q_\xi q^\xi\left(q_0 E_p+E_p^2\right)\right]\end{aligned} \tag{5.13.172}$$

$$\begin{aligned}k^i t_{\mathrm{T}}^{0i}=&4\lambda\left\{\frac{1}{2}\left(k^2+q^2-P^2\right)\left[2\left(M^{*2}+\frac{1}{4}q_\xi q^\xi\right)q_0+q_\xi q^\xi E_p\right]\right.\\&\left.+\frac{2k^2 q_\xi q^\xi}{k^2+q^2-P^2}\left[\frac{1}{2}q_0 q_\eta q^\eta+\left(2q_0^2-q^2\right)E_p+2q_0 E_p^2\right]\right\}\\=&\frac{4\lambda}{k^2+q^2-P^2}\left(\left[\left(k^2+q^2-P^2\right)^2\left(M^{*2}+\frac{1}{4}q_\xi q^\xi\right)+k^2\left(q_\xi q^\xi\right)^2\right]q_0\right.\\&\left.+q_\xi q^\xi\left\{\left[\frac{1}{2}\left(k^2+q^2-P^2\right)^2+2k^2\left(2q_0^2-q^2\right)\right]E_p+4k^2 q_0 E_p^2\right\}\right)\end{aligned} \tag{5.13.173}$$

$$\begin{aligned}&q^i q^j t_{\mathrm{T}}^{ij}\\=&8\lambda\left\{M^{*2}q_\xi q^\xi q^2+\left(M^{*2}+\frac{1}{4}q_\xi q^\xi\right)q^4+q_\xi q^\xi\vec{p}\cdot\vec{q}\left(\vec{p}\cdot\vec{q}+q^2\right)\right\}\\=&8\lambda\left\{\left(M^{*2}q_0^2+\frac{1}{4}q_\xi q^\xi q^2\right)q^2+q_\xi q^\xi\left[\left(\frac{1}{2}q_\eta q^\eta+q_0 E_p\right)^2+\left(\frac{1}{2}q_\eta q^\eta+q_0 E_p\right)q^2\right]\right\}\\=&8\lambda q_0^2\left[M^{*2}q^2+\frac{1}{4}q_0^2 q_\xi q^\xi+q_\xi q^\xi\left(q_0 E_p+E_p^2\right)\right]\end{aligned} \tag{5.13.174}$$

$$\begin{aligned}q^i k^j t_{\mathrm{T}}^{ij}=&8\lambda\left\{M^{*2}q_\xi q^\xi\vec{k}\cdot\vec{q}+\left(M^{*2}+\frac{1}{4}q_\xi q^\xi\right)q^2\vec{k}\cdot\vec{q}\right.\\&\left.+\frac{1}{2}q_\xi q^\xi\left[\vec{p}\cdot\vec{q}\left(\vec{k}\cdot\vec{p}+\vec{k}\cdot\vec{q}\right)+\vec{k}\cdot\vec{p}\left(\vec{p}\cdot\vec{q}+q^2\right)\right]\right\}\\=&8\lambda\left(\frac{1}{2}\left(k^2+q^2-P^2\right)\left(M^{*2}q_0^2+\frac{1}{4}q^2 q_\xi q^\xi\right)+\frac{q_\xi q^\xi}{2\left(k^2+q^2-P^2\right)}\right.\\&\left.\times\left\{4k^2\left(\frac{1}{2}q_\eta q^\eta+q_0 E_p\right)^2+\left(\frac{1}{2}q_\eta q^\eta+q_0 E_p\right)\left[\frac{1}{2}\left(k^2+q^2-P^2\right)^2+2k^2 q^2\right]\right\}\right)\\=&\frac{4\lambda}{k^2+q^2-P^2}\left(\left\{\left(k^2+q^2-P^2\right)^2\left(M^{*2}q_0^2+\frac{1}{4}q^2 q_\xi q^\xi\right)+\frac{1}{4}\left[\left(k^2+q^2-P^2\right)^2\right.\right.\right.\\&\left.\left.+4k^2 q_0^2\right]\left(q_\xi q^\xi\right)^2\right\}+2q_0 q_\xi q^\xi\left\{\left[k^2\left(2q_0^2-q^2\right)+\frac{1}{4}\left(k^2+q^2-P^2\right)^2\right]E_p\end{aligned}$$

$$+ 2k^2 q_0 E_p^2 \Big\} \Big) \tag{5.13.175}$$

在下面做近似，认为对 $\left(\vec{k}\cdot\vec{p}\right)^2$ 用夹角公式时 $\cos(\varphi_p-\varphi_q)$ 项可以忽略，即式 (5.13.81) 仍然可以使用。于是由式 (5.13.171) 又可以求得

$$\begin{aligned}
k^i k^j t_{\mathrm{T}}^{ij} &= 8\lambda\left\{M^{*2}q_\xi q^\xi k^2+\left(M^{*2}+\frac{1}{4}q_\xi q^\xi\right)\left(\vec{k}\cdot\vec{q}\right)^2+q_\xi q^\xi\vec{k}\cdot\vec{p}\left(\vec{k}\cdot\vec{p}+\vec{k}\cdot\vec{q}\right)\right\}\\
&=8\lambda\Bigg\{M^{*2}k^2q_\xi q^\xi+\frac{1}{4}\left(k^2+q^2-P^2\right)^2\left(M^{*2}+\frac{1}{4}q_\xi q^\xi\right)+\frac{2k^2q_\xi q^\xi}{\left(k^2+q^2-P^2\right)^2}\\
&\quad\times\left[2k^2\left(\frac{1}{2}q_\eta q^\eta+q_0E_p\right)^2+\frac{1}{2}\left(k^2+q^2-P^2\right)^2\left(\frac{1}{2}q_\eta q^\eta+q_0E_p\right)\right]\Bigg\}\\
&=\frac{8\lambda}{\left(k^2+q^2-P^2\right)^2}\Bigg(\Bigg\{\left(k^2+q^2-P^2\right)^2\Bigg[M^{*2}k^2q_\xi q^\xi+\frac{1}{4}\left(k^2+q^2-P^2\right)^2\\
&\quad\times\left(M^{*2}+\frac{1}{4}q_\xi q^\xi\right)\Bigg]+k^2\left(q_\xi q^\xi\right)^2\left[k^2q_\eta q^\eta+\frac{1}{2}\left(k^2+q^2-P^2\right)^2\right]\Bigg\}\\
&\quad+4k^2q_0q_\xi q^\xi\left\{\left[k^2q_\eta q^\eta+\frac{1}{4}\left(k^2+q^2-P^2\right)^2\right]E_p+k^2q_0E_p^2\right\}\Bigg)
\end{aligned}\tag{5.13.176}$$

利用式 (5.13.172) ~ 式 (5.13.176) 和式 (5.13.155)，引入并求得以下物理量

$$\begin{aligned}
\mathrm{Im}\Pi_{\mathrm{T}}^1(q)\equiv q^i\mathrm{Im}\Pi_{\mathrm{T}}^{0i}(q)&=\left(\frac{f_\rho}{2M}\right)^2\frac{\lambda q_0}{4\pi q}\Bigg\{\left(2M^{*2}q^2+\frac{1}{2}q_0^2q_\xi q^\xi\right)\left(E_{\mathrm{F}}-E_x\right)\\
&\quad+2q_\xi q^\xi\left[\frac{1}{2}q_0\left(E_{\mathrm{F}}^2-E_x^2\right)+\frac{1}{3}\left(E_{\mathrm{F}}^3-E_x^3\right)\right]\Bigg\}
\end{aligned}\tag{5.13.177}$$

$$\begin{aligned}
&\mathrm{Im}\Pi_T^2(q)\equiv k^i\mathrm{Im}\Pi_{\mathrm{T}}^{0i}(q)=\left(\frac{f_\rho}{2M}\right)^2\frac{\lambda}{4\pi q\left(k^2+q^2-P^2\right)}\\
&\times\Bigg(\left[\left(k^2+q^2-P^2\right)^2\left(M^{*2}+\frac{1}{4}q_\xi q^\xi\right)+k^2\left(q_\xi q^\xi\right)^2\right]q_0\left(E_{\mathrm{F}}-E_x\right)\\
&+q_\xi q^\xi\left\{\frac{1}{2}\left[\frac{1}{2}\left(k^2+q^2-P^2\right)^2+2k^2\left(2q_0^2-q^2\right)\right]\left(E_{\mathrm{F}}^2-E_x^2\right)+\frac{4}{3}k^2q_0\left(E_{\mathrm{F}}^3-E_x^3\right)\right\}\Bigg)
\end{aligned}\tag{5.13.178}$$

$$\begin{aligned}
\mathrm{Im}\Pi_{\mathrm{T}}^3(q)\equiv q^iq^j\mathrm{Im}\Pi_{\mathrm{T}}^{ij}(q)&=\left(\frac{f_\rho}{2M}\right)^2\frac{\lambda q_0^2}{2\pi q}\Bigg\{\left(M^{*2}q^2+\frac{1}{4}q_0^2q_\xi q^\xi\right)\left(E_{\mathrm{F}}-E_x\right)\\
&\quad+q_\xi q^\xi\left[\frac{1}{2}q_0\left(E_{\mathrm{F}}^2-E_x^2\right)+\frac{1}{3}\left(E_{\mathrm{F}}^3-E_x^3\right)\right]\Bigg\}
\end{aligned}\tag{5.13.179}$$

$$\begin{aligned}
&\mathrm{Im}\Pi_{\mathrm{T}}^4(q)\equiv q^ik^j\mathrm{Im}\Pi_{\mathrm{T}}^{ij}(q)\\
&=\left(\frac{f_\rho}{2M}\right)^2\frac{\lambda}{4\pi q\left(k^2+q^2-P^2\right)}\Bigg(\Bigg\{\left(k^2+q^2-P^2\right)^2\left(M^{*2}q_o^2+\frac{1}{4}q^2q_\xi q^\xi\right)
\end{aligned}$$

$$+\frac{1}{4}\left[\left(k^2+q^2-P^2\right)^2+4k^2q_0^2\right]\left(q_\xi q^\xi\right)^2\Big\}\left(E_{\rm F}-E_x\right)+2q_0q_\xi q^\xi$$
$$\times\left\{\frac{1}{2}\left[k^2\left(2q_0^2-q^2\right)+\frac{1}{4}\left(k^2+q^2-P^2\right)^2\right]\left(E_{\rm F}^2-E_x^2\right)+\frac{2}{3}k^2q_0\left(E_{\rm F}^3-E_x^3\right)\right\}\Bigg) \tag{5.13.180}$$

$$\begin{aligned}{\rm Im}\Pi_{\rm T}^5(q)\equiv&\, k^ik^j{\rm Im}\Pi_{\rm T}^{ij}(q)\\ =&\left(\frac{f_\rho}{2M}\right)^2\frac{\lambda}{2\pi q\left(k^2+q^2-P^2\right)^2}\Bigg(\Big\{\left(k^2+q^2-P^2\right)^2\\ &\times\left[M^{*2}k^2q_\xi q^\xi+\frac{1}{4}\left(k^2+q^2-P^2\right)^2\left(M^{*2}+\frac{1}{4}q_\xi q^\xi\right)\right]+k^2\left(q_\xi q^\xi\right)^2\\ &\times\left[k^2q_\eta q^\eta+\frac{1}{2}\left(k^2+q^2-P^2\right)^2\right]\Big\}\left(E_{\rm F}-E_x\right)+4k^2q_0q_\xi q^\xi\\ &\times\left\{\frac{1}{2}\left[k^2q_\eta q^\eta+\frac{1}{4}\left(k^2+q^2-P^2\right)^2\right]\left(E_{\rm F}^2-E_x^2\right)+\frac{1}{3}k^2q_0\left(E_{\rm F}^3-E_x^3\right)\right\}\Bigg)\end{aligned} \tag{5.13.181}$$

根据式 (5.13.79) 又可求得

$$q_\lambda\left(k^*-q\right)^\lambda=\left(E-V_0-q_0\right)q_0-\frac{1}{2}\left(k^2-q^2-P^2\right) \tag{5.13.182}$$

利用式 (5.13.33)、式 (5.13.79)、式 (5.13.182) 及由式 (5.13.168)、式 (5.13.169)、式 (5.13.177) ~ 式 (5.13.181) 引入的符号，可把式 (5.13.160)、式 (5.13.163) 和式 (5.13.165) 改写成

$$\begin{aligned}W_{\rho{\rm T}}^{\rm s}(k,E)=&\left(\frac{f_\rho}{2M}\right)^2\frac{9M^*}{8\pi^2k}\oiint\left(D_\rho^0(q)\right)^2\\ &\times\left[q_\xi q^\xi{\rm Im}\Pi_{\rm T}^{\Lambda}(q)-q_0^2{\rm Im}\Pi_{\rm T}^{00}(q)+2q_0{\rm Im}\Pi_{\rm T}^1(q)-{\rm Im}\Pi_{\rm T}^3(q)\right]\end{aligned} \tag{5.13.183}$$

$$\begin{aligned}&W_{\rho{\rm T}}^0(k,E)\\ =&-\left(\frac{f_\rho}{2M}\right)^2\frac{9}{8\pi^2k}\oiint\left(D_\rho^0(q)\right)^2\Big\{\left[\left(E-V_0-q_0\right)\left(q_0^2+q^2\right)\right.\\ &\left.-q_0\left(k^2-q^2-P^2\right)\right]{\rm Im}\Pi_{\rm T}^{\Lambda}(q)-\left[\left(E-V_0-q_0\right)\left(q_0^2+2q^2\right)-q_0\left(k^2-q^2-P^2\right)\right]\\ &\times{\rm Im}\Pi_{\rm T}^{00}(q)+\left[2\left(E-V_0-q_0\right)q_0-\left(k^2+q^2-P^2\right)\right]{\rm Im}\Pi_{\rm T}^1(q)+2q^2{\rm Im}\Pi_{\rm T}^2(q)\\ &+\left(E-V_0+q_0\right){\rm Im}\Pi_{\rm T}^3(q)-2q_0{\rm Im}\Pi_{\rm T}^4(q)\Big\}\end{aligned} \tag{5.13.184}$$

$$\begin{aligned}&W_{\rho{\rm T}}^{\rm v}(k,E)\\ =&\left(\frac{f_\rho}{2M}\right)^2\frac{9}{8\pi^2k^3}\oiint\left(D_\rho^0(q)\right)^2\Bigg(\Big\{\left(k^2+q^2-P^2\right)\Big[\left(E-V_0-q_0\right)q_0\end{aligned}$$

$$-\frac{1}{2}\left(k^2-q^2-P^2\right)\Big]-\frac{1}{2}\left(k^2-q^2+P^2\right)q_\xi q^\xi\Big\}\mathrm{Im}\Pi_{\mathrm{T}}^{\Lambda}(q)$$
$$-q_0\left[(E-V_0-q_0)\left(k^2+q^2-P^2\right)-\frac{1}{2}q_0\left(k^2-q^2+P^2\right)\right]\mathrm{Im}\Pi_{\mathrm{T}}^{00}(q)$$
$$-\left[\left(k^2-q^2+P^2\right)q_0-\left(k^2+q^2-P^2\right)(E-V_0-2q_0)\right]\mathrm{Im}\Pi_{\mathrm{T}}^{1}(q)$$
$$-2\left[(E-V_0-q_0)q^2-\left(k^2-P^2\right)q_0\right]\mathrm{Im}\Pi_{\mathrm{T}}^{2}(q)+\frac{1}{2}\left(3k^2+q^2-P^2\right)\mathrm{Im}\Pi_{\mathrm{T}}^{3}(q)$$
$$-\frac{1}{2}\left[2(E-V_0-3q_0)q_0+k^2+7q^2-P^2\right]\mathrm{Im}\Pi_{\mathrm{T}}^{4}(q)-2q_\xi q^\xi\mathrm{Im}\Pi_{\mathrm{T}}^{5}(q)\Big)$$
$$(5.13.185)$$

5.13.8 交换 ρ^{V}-ρ^{T} 介子过程对光学势虚部的贡献

同时包含 ρ 介子矢量和张量相互作用的二级传播子的表达式为

$$\begin{aligned}
&\mathrm{i}D_{\mu\nu,ij}^{(2)\mathrm{VT}}(q)\\
=&\mathrm{i}D_{\mu\alpha,il}^{0}(q)g_\rho\left(\frac{f_\rho}{2M}\right)\int\frac{\mathrm{d}^4p}{(2\pi)^4}\mathrm{tr}\left[\mathrm{i}\left(\gamma^\xi q_\xi\gamma^\alpha-q^\alpha\right)\tau_l\left(-\mathrm{i}G(p)\right)\left(-\mathrm{i}\gamma^\beta\right)\right.\\
&\left.\times\tau_m\,\mathrm{i}G(p+q)\right]\mathrm{i}D_{\beta\nu,mj}^{0}(q)+\mathrm{i}D_{\mu\alpha,il}^{0}(q)g_\rho\left(\frac{f_\rho}{2M}\right)\\
&\times\int\frac{\mathrm{d}^4p}{(2\pi)^4}\mathrm{tr}\left[\left(-\mathrm{i}\gamma^\alpha\right)\tau_l\left(-\mathrm{i}G(p)\right)(-\mathrm{i})\left(\gamma^\xi q_\xi\gamma^\beta-q^\beta\right)\tau_m\mathrm{i}G(p+q)\right]\mathrm{i}D_{\beta\nu,mj}^{0}(q)\\
\equiv&\mathrm{i}D_{\mu\alpha,il}^{0}(q)\left(\Pi_{\mathrm{TV}}^{\alpha\beta,lm}(q)+\Pi_{\mathrm{VT}}^{\alpha\beta,lm}(q)\right)D_{\beta\nu,mj}^{0}(q)
\end{aligned}\tag{5.13.186}$$

其中

$$\begin{aligned}
\Pi_{\mathrm{TV}}^{\alpha\beta,lm}(q)&=\mathrm{i}g_\rho\left(\frac{f_\rho}{2M}\right)\int\frac{\mathrm{d}^4p}{(2\pi)^4}\mathrm{tr}\left[\left(\gamma^\xi q_\xi\gamma^\alpha-q^\alpha\right)\tau_lG(p)\gamma^\beta\tau_mG(p+q)\right]\\
&=3\delta_{lm}\Pi_{\mathrm{TV}}^{\alpha\beta}(q)
\end{aligned}\tag{5.13.187}$$

$$\Pi_{\mathrm{TV}}^{\alpha\beta}(q)=\mathrm{i}g_\rho\left(\frac{f_\rho}{2M}\right)\int\frac{\mathrm{d}^4p}{(2\pi)^4}\mathrm{tr}\left[\left(\gamma^\xi q_\xi\gamma^\alpha-q^\alpha\right)G(p)\gamma^\beta G(p+q)\right]\tag{5.13.188}$$

$$\begin{aligned}
\Pi_{\mathrm{VT}}^{\alpha\beta,lm}(q)&=-\mathrm{i}g_\rho\left(\frac{f_\rho}{2M}\right)\int\frac{\mathrm{d}^4p}{(2\pi)^4}\mathrm{tr}\left[\gamma^\alpha\tau_lG(p)\left(\gamma^\xi q_\xi\gamma^\beta-q^\beta\right)\tau_mG(p+q)\right]\\
&=3\delta_{lm}\Pi_{\mathrm{VT}}^{\alpha\beta}(q)
\end{aligned}\tag{5.13.189}$$

$$\Pi_{\mathrm{VT}}^{\alpha\beta}(q)=-\mathrm{i}g_\rho\left(\frac{f_\rho}{2M}\right)\int\frac{\mathrm{d}^4p}{(2\pi)^4}\mathrm{tr}\left[\gamma^\alpha G(p)\left(\gamma^\xi q_\xi\gamma^\beta-q^\beta\right)G(p+q)\right]\tag{5.13.190}$$

可以求得

$$\mathrm{tr}\left\{\left(\gamma^\xi q_\xi\gamma^\mu-q^\mu\right)\left(\gamma^\lambda\bar{p}_\lambda^*+M^*\right)\gamma^\nu\left[\gamma^\eta\left(\bar{p}^*+q\right)_\eta+M^*\right]\right\}$$

$$
\begin{aligned}
&= M^*\mathrm{tr}\left\{\left(\gamma^\xi q_\xi \gamma^\mu - q^\mu\right)\left[\gamma^\lambda \overline{p}_\lambda^* \gamma^\nu + \gamma^\nu \gamma^\eta \left(\overline{p}^* + q\right)_\eta\right]\right\} \\
&= 4\lambda M^* \left\{-q^\mu \left[\overline{p}^{*\nu} + \left(\overline{p}^* + q\right)^\nu\right] + q^\mu \overline{p}^{*\nu} + q^\nu \overline{p}^{*\mu} - g^{\mu\nu} q_\lambda \overline{p}^{*\lambda}\right. \\
&\quad \left. + q^\mu \left(\overline{p}^* + q\right)^\nu + g^{\mu\nu} q_\lambda \left(\overline{p}^* + q\right)^\lambda - q^\nu \left(\overline{p}^* + q\right)^\mu\right\} \\
&= 4\lambda M^* \left(g^{\mu\nu} q_\xi q^\xi - q^\mu q^\nu\right)
\end{aligned} \tag{5.13.191}
$$

$$
\begin{aligned}
&\mathrm{tr}\left\{\gamma^\mu \left(\gamma^\lambda \overline{p}_\lambda^* + M^*\right)\left(\gamma^\zeta q_\zeta \gamma^\nu - q^\nu\right)\left[\gamma^\eta \left(\overline{p}^* + q\right)_\eta + M^*\right]\right\} \\
&= M^*\mathrm{tr}\left[\gamma^\mu \left(\gamma^\zeta q_\zeta \gamma^\nu - q^\nu\right)\gamma^\eta \left(\overline{p}^* + q\right)_\eta + \gamma^\mu \gamma^\lambda \overline{p}_\lambda^* \left(\gamma^\zeta q_\zeta \gamma^\nu - q^\nu\right)\right] \\
&= 4\lambda M^* \left\{-q^\nu \left[\left(\overline{p}^* + q\right)^\mu + \overline{p}^{*\mu}\right] + q^\mu \left(\overline{p}^* + q\right)^\nu + q^\nu \left(\overline{p}^* + q\right)^\mu\right. \\
&\quad \left. - g^{\mu\nu} q_\lambda \left(\overline{p}^* + q\right)^\lambda + \overline{p}^{*\mu} q^\nu + g^{\mu\nu} q_\lambda \overline{p}^{*\lambda} - q^\mu \overline{p}^{*\nu}\right\} \\
&= -4\lambda M^* \left(g^{\mu\nu} q_\xi q^\xi - q^\mu q^\nu\right)
\end{aligned} \tag{5.13.192}
$$

于是根据式 (5.13.188)、式 (5.13.190)、式 (5.13.38) 和式 (5.13.41) 可知 $\Pi_{\mathrm{TV}}^{\mu\nu}(q) = \Pi_{\mathrm{VT}}^{\mu\nu}(q)$，并令

$$
\Pi_{\rho\mathrm{M}}^{\mu\nu}(q) = g_{\mu\mu}\left(\Pi_{\mathrm{TV}}^{\mu\nu}(q) + \Pi_{\mathrm{VT}}^{\mu\nu}(q)\right) g_{\nu\nu} \tag{5.13.193}
$$

参照式 (5.13.158) 可以写出

$$
\begin{aligned}
W_\rho^{\mathrm{TV}}(k) = {}& 9g_\rho \left(\frac{f_\rho}{2M}\right)\int \frac{\mathrm{d}\vec{q}}{(2\pi)^3}\left(D_\rho^0(q)\right)^2 \left(\gamma^\xi q_\xi \gamma^\mu - q^\mu\right)\frac{\gamma^\lambda (k^* - q)_\lambda + M^*}{2E_{k-q}} \\
&\times \frac{1}{2}\mathrm{Im}\Pi_{\rho\mathrm{M}}^{\mu\nu}(q)\gamma^\nu \theta\left(\left|\vec{k} - \vec{q}\right| - k_{\mathrm{F}}\right)\Big|_{q_0 = k_0 - V_0 - E_{k-q}}
\end{aligned} \tag{5.13.194}
$$

$$
\begin{aligned}
W_\rho^{\mathrm{VT}}(k) = {}& 9g_\rho \left(\frac{f_\rho}{2M}\right)\int \frac{\mathrm{d}\vec{q}}{(2\pi)^3}\left(D_\rho^0(q)\right)^2 \gamma^\mu \frac{\gamma^\lambda (k^* - q)_\lambda + M^*}{2E_{k-q}} \\
&\times \frac{1}{2}\mathrm{Im}\Pi_{\rho\mathrm{M}}^{\mu\nu}(q)\left(-\gamma^\zeta q_\zeta \gamma^\nu + q^\nu\right)\theta\left(\left|\vec{k} - \vec{q}\right| - k_{\mathrm{F}}\right)\Big|_{q_0 = k_0 - V_0 - E_{k-q}}
\end{aligned} \tag{5.13.195}
$$

可以求得

$$
\begin{aligned}
&\mathrm{tr}\left[\left(\gamma^\xi q_\xi \gamma^\mu - q^\mu\right)\left(\gamma^\lambda (k^* - q)_\lambda + M^*\right)\gamma^\nu\right] \\
&= 4\left[-q^\mu (k^* - q)^\nu + q^\mu (k^* - q)^\nu + q^\nu (k^* - q)^\mu - g^{\mu\nu} q_\lambda (k^* - q)^\lambda\right] \\
&= -4\left[g^{\mu\nu} q_\lambda (k^* - q)^\lambda - (k^* - q)^\mu q^\nu\right]
\end{aligned}
$$

$$
\begin{aligned}
&\mathrm{tr}\left\{\gamma^\mu \left[\gamma^\lambda (k^* - q)_\lambda + M^*\right]\left(-\gamma^\zeta q_\zeta \gamma^\nu + q^\nu\right)\right\} \\
&= 4\left[q^\nu (k^* - q)^\mu - q^\nu (k^* - q)^\mu - g^{\mu\nu} q_\lambda (k^* - q)^\lambda + q^\mu (k^* - q)^\nu\right] \\
&= -4\left[g^{\mu\nu} q_\lambda (k^* - q)^\lambda - q^\mu (k^* - q)^\nu\right]
\end{aligned} \tag{5.13.196}
$$

于是可以得到

$$\begin{aligned}W_{\rho\mathrm{M}}^{\mathrm{s}}(k,E) &\equiv W_{\rho}^{\mathrm{TVs}}(k,E)+W_{\rho}^{\mathrm{VTs}}(k,E)\\&=-g_{\rho}\left(\frac{f_{\rho}}{2M}\right)\frac{9}{8\pi^{2}k}\oiint\left(D_{\rho}^{0}(q)\right)^{2}\left\{g^{\mu\mu}q_{\lambda}(k^{*}-q)^{\lambda}\,\mathrm{Im}\Pi_{\rho\mathrm{M}}^{\mu\mu}(q)\right.\\&\quad\left.-\frac{1}{2}\left[q^{\mu}(k^{*}-q)^{\nu}+q^{\nu}(k^{*}-q)^{\mu}\right]\mathrm{Im}\Pi_{\rho\mathrm{M}}^{\mu\nu}(q)\right\}\end{aligned} \tag{5.13.197}$$

还可以求得

$$\begin{aligned}&\mathrm{tr}\left\{\gamma^{0}\left(\gamma^{\xi}q_{\xi}\gamma^{\mu}-q^{\mu}\right)\left[\gamma^{\lambda}(k^{*}-q)_{\lambda}+M^{*}\right]\gamma^{\nu}\right\}=4M^{*}\left(g^{\mu\nu}q^{0}-g^{0\mu}q^{\nu}\right)\\&\mathrm{tr}\left\{\gamma^{0}\gamma^{\mu}\left[\gamma^{\lambda}(k^{*}-q)_{\lambda}+M^{*}\right]\left(-\gamma^{\zeta}q_{\zeta}\gamma^{\nu}+q^{\nu}\right)\right\}=4M^{*}\left(g^{\mu\nu}q^{0}-g^{0\nu}q^{\mu}\right)\end{aligned} \tag{5.13.198}$$

于是可以得到

$$\begin{aligned}W_{\rho\mathrm{M}}^{0}(k,E) &\equiv W_{\rho}^{\mathrm{TV0}}(k,E)+W_{\rho}^{\mathrm{VT0}}(k,E)\\&=g_{\rho}\left(\frac{f_{\rho}}{2M}\right)\frac{9}{8\pi^{2}k}\oiint\left(D_{\rho}^{0}(q)\right)^{2}\left[q_{0}g^{\mu\mu}\mathrm{Im}\Pi_{\rho\mathrm{M}}^{\mu\mu}(q)\right.\\&\quad\left.-\frac{1}{2}\left(q^{\mu}\mathrm{Im}\Pi_{\rho\mathrm{M}}^{\mu0}(q)+q^{\nu}\mathrm{Im}\Pi_{\rho\mathrm{M}}^{0\nu}(q)\right)\right]\end{aligned} \tag{5.13.199}$$

又可以求得

$$\begin{aligned}&\mathrm{tr}\left\{\gamma^{i}\left(\gamma^{\xi}q_{\xi}\gamma^{\mu}-q^{\mu}\right)\left[\gamma^{\lambda}(k^{*}-q)_{\lambda}+M^{*}\right]\gamma^{\nu}\right\}=4M^{*}\left(g^{\mu\nu}q^{i}-g^{i\mu}q^{\nu}\right)\\&\mathrm{tr}\left\{\gamma^{i}\gamma^{\mu}\left[\gamma^{\lambda}(k^{*}-q)_{\lambda}+M^{*}\right]\left(-\gamma^{\zeta}q_{\zeta}\gamma^{\nu}+q^{\nu}\right)\right\}=4M^{*}\left(g^{\mu\nu}q^{i}-g^{i\nu}q^{\mu}\right)\end{aligned} \tag{5.13.200}$$

于是可以得到

$$\begin{aligned}W_{\rho\mathrm{M}}^{\mathrm{v}}(k,E) &\equiv W_{\rho}^{\mathrm{TVv}}(k,E)+W_{\rho}^{\mathrm{VTv}}(k,E)\\&=-g_{\rho}\left(\frac{f_{\rho}}{2M}\right)\frac{9M^{*}}{8\pi^{2}k^{3}}\oiint\left(D_{\rho}^{0}(q)\right)^{2}k^{i}\left[q^{i}g^{\mu\mu}\mathrm{Im}\Pi_{\rho\mathrm{M}}^{\mu\mu}(q)\right.\\&\quad\left.+\frac{1}{2}\left(q^{\mu}\mathrm{Im}\Pi_{\rho\mathrm{M}}^{\mu i}(q)+q^{\nu}\mathrm{Im}\Pi_{\rho\mathrm{M}}^{i\nu}(q)\right)\right]\end{aligned} \tag{5.13.201}$$

利用式 (5.13.188) 和式 (5.13.190) ~ 式 (5.13.193) 可以求得

$$\mathrm{Im}\Pi_{\rho\mathrm{M}}^{\mu\nu}(q)=g_{\rho}\left(\frac{f_{\rho}}{2M}\right)\frac{\lambda}{2\pi q}\left(g^{\mu\nu}q_{\xi}q^{\xi}-q^{\mu}q^{\nu}\right)(E_{\mathrm{F}}-E_{x}) \tag{5.13.202}$$

并且用上式引入以下符号

$$\mathrm{Im}\Pi_{\rho\mathrm{M}}^{\Lambda}(q)\equiv\sum_{\mu}g^{\mu\mu}\mathrm{Im}\Pi_{\rho\mathrm{M}}^{\mu\mu}(q)=g_{\rho}\left(\frac{f_{\rho}}{2M}\right)\frac{3\lambda}{2\pi q}q_{\xi}q^{\xi}(E_{\mathrm{F}}-E_{x}) \tag{5.13.203}$$

$$\mathrm{Im}\Pi_{\rho\mathrm{M}}^{00}(q) = -g_\rho\left(\frac{f_\rho}{2M}\right)\frac{\lambda q}{2\pi}(E_\mathrm{F}-E_x) \tag{5.13.204}$$

同时再利用式 (5.13.79) 又可以求得

$$\mathrm{Im}\Pi_{\rho\mathrm{M}}^{1}(q) \equiv q^i\mathrm{Im}\Pi_{\rho\mathrm{M}}^{0i}(q) = g_\rho\left(\frac{f_\rho}{2M}\right)\frac{\lambda q_0 q}{2\pi}(E_\mathrm{F}-E_x) \tag{5.13.205}$$

$$\mathrm{Im}\Pi_{\rho\mathrm{M}}^{2}(q) \equiv k^i\mathrm{Im}\Pi_{\rho\mathrm{M}}^{0i}(q) = g_\rho\left(\frac{f_\rho}{2M}\right)\frac{\lambda q_0}{4\pi q}\left(k^2+q^2-P^2\right)(E_\mathrm{F}-E_x) \tag{5.13.206}$$

$$\mathrm{Im}\Pi_{\rho\mathrm{M}}^{3}(q) \equiv q^iq^j\mathrm{Im}\Pi_{\rho\mathrm{M}}^{ij}(q) = g_\rho\left(\frac{f_\rho}{2M}\right)\frac{\lambda q}{2\pi}\left(q_0^2-2q^2\right)(E_\mathrm{F}-E_x) \tag{5.13.207}$$

$$\mathrm{Im}\Pi_{\rho\mathrm{M}}^{4}(q) \equiv q^ik^j\mathrm{Im}\Pi_{\rho\mathrm{M}}^{ij}(q) = g_\rho\left(\frac{f_\rho}{2M}\right)\frac{\lambda}{4\pi q}\left(k^2+q^2-P^2\right)\left(q_0^2-2q^2\right)(E_\mathrm{F}-E_x) \tag{5.13.208}$$

利用前面所引入的符号，可把式 (5.13.197)、式 (5.13.199) 和式 (5.13.201) 改写成

$$\begin{aligned}
&W_{\rho\mathrm{M}}^{\mathrm{s}}(k,E)\\
&= -g_\rho\left(\frac{f_\rho}{2M}\right)\frac{9}{8\pi^2k}\oiint\left(D_\rho^0(q)\right)^2\left\{\left[(E-V_0-q_0)q_0-\frac{1}{2}\left(k^2-q^2-P^2\right)\right]\mathrm{Im}\Pi_{\rho\mathrm{M}}^{\Lambda}(q)\right.\\
&\quad-(E-V_0-q_0)q_0\mathrm{Im}\Pi_{\rho\mathrm{M}}^{00}(q)-(E-V_0-2q_0)\mathrm{Im}\Pi_{\rho\mathrm{M}}^{1}(q)\\
&\quad\left.-q_0\mathrm{Im}\Pi_{\rho\mathrm{M}}^{2}(q)+\mathrm{Im}\Pi_{\rho\mathrm{M}}^{3}(q)-\mathrm{Im}\Pi_{\rho\mathrm{M}}^{4}(q)\right\}
\end{aligned} \tag{5.13.209}$$

$$\begin{aligned}
W_{\rho\mathrm{M}}^{0}(k,E) = g_\rho\left(\frac{f_\rho}{2M}\right)\frac{9M^*}{8\pi^2k}\oiint\left(D_\rho^0(q)\right)^2\left[q_0\mathrm{Im}\Pi_{\rho\mathrm{M}}^{\Lambda}(q)-q_0\mathrm{Im}\Pi_{\rho\mathrm{M}}^{00}(q)\right.\\
\left.-\mathrm{Im}\Pi_{\rho M}^{1}(q)\right]
\end{aligned} \tag{5.13.210}$$

$$\begin{aligned}
W_{\rho\mathrm{M}}^{\mathrm{v}}(k,E) = -g_\rho\left(\frac{f_\rho}{2M}\right)\frac{9M^*}{8\pi^2k^3}\oiint\left(D_\rho^0(q)\right)^2\left[\frac{1}{2}\left(k^2+q^2-P^2\right)\mathrm{Im}\Pi_{\rho\mathrm{M}}^{\Lambda}(q)\right.\\
\left.+q_0\mathrm{Im}\Pi_{\rho\mathrm{M}}^{2}(q)+\mathrm{Im}\Pi_{\rho\mathrm{M}}^{4}(q)\right]
\end{aligned} \tag{5.13.211}$$

在本节所讨论的费曼图中，对于三个内部核子线，由于均使用了含有 δ 函数的 Dirac 传播子 G_D，它们一定是在壳的，但是在公式推导中未使用介子传播子的极点，q_0 和 $\vec{q}$ 是相互独立的，即介子是离壳的。由式 (5.13.13) 给出的 $q_0 = E-V_0-E_{k-q}$ 可确保顶点处能量守恒。式 (5.13.15) 给出了该式的另一种形式

$$q_0 = E-V_0-\left[k^2+q^2-2kq\cos\theta+M^{*2}\right]^{1/2}$$

对于确定的 E,V_0,M^*,k 来说，q 和 $\cos\theta$ 不是独立的，式 (5.13.27) 已给出 $\cos\theta$ 从 $-1\to1$，对应于 q 从 $q_{r2}\to q_{r1}$，因而公式中所出现的对 q 积分实质上是对 $\cos\theta$

积分。在上述公式中 E 和 k 是独立变量，因而 E 和 k 以及 q_0 和 q 均可以是离壳的，这时由本节公式给出的相对论微观光学势虚部也是离壳的。若取

$$E=\left(k^2+M^{*2}\right)^{1/2}+V_0 \tag{5.13.212}$$

则对应的相对论微观光学势虚部便是在壳的。

在参考文献 [80] 中用相对论微观光学势和定域密度近似计算了核子弹性散射角分布 $I(\theta)$、分析本领 $A_y(\theta)$ 和自旋转动函数 $Q(\theta)$。

5.14 四级交换图对相对论微观光学势虚部的贡献

图 5.8(a) 和 (b) 分别代表 5.12 节所讨论的粒子之间交换介子的二级费曼图的 Hartree 项和 Fock 项，而图 5.8(c) 和 (d) 是与其对应的费米面以下空穴态之间交换介子的二级费曼图的 Hartree 项和 Fock 项。

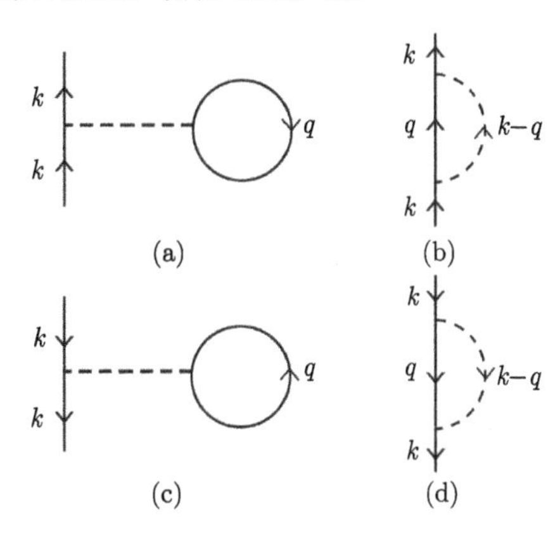

图 5.8 交换 σ 介子的二级费曼图

(a) 粒子 Hartree 项；(b) 粒子 Fock 项；(c) 空穴 Hartree 项；(d) 空穴 Fock 项

图 5.9(a) 是 5.13 节所讨论的中间态为 2plh 的四级粒子极化图，图 5.9(b) 是与其对应的四级粒子交换图，该图对于核子相对论微观光学势虚部也有贡献 [81]。图 5.9(c) 和 (d) 是分别与图 5.9(a) 和 (b) 相对应的四级空穴关联图，用它们可以求出中间态为 1p2h 的费米面以下的空穴态的单粒子势虚部 [82-84]。

1. 交换 σ-σ 介子

根据费曼规则，交换 σ-σ 介子的图 5.9(b) 所对应的表达式为

$$\mathrm{i}G^0(k)\,\Sigma_\sigma(k)\,G(k)=\mathrm{i}G^0(k)\left(-\mathrm{i}g_\sigma\right)^2\int\frac{\mathrm{d}^4q}{(2\pi)^4}\mathrm{i}\Delta^0(q)\mathrm{i}G(k-q)\left(-\mathrm{i}g_\sigma\right)^2$$

$$\times \int \frac{\mathrm{d}^4 p}{(2\pi)^4} \mathrm{i}G(p)\,\mathrm{i}\Delta^0(k-p-q)\mathrm{i}G(p+q)\,\mathrm{i}G(k) \tag{5.14.1}$$

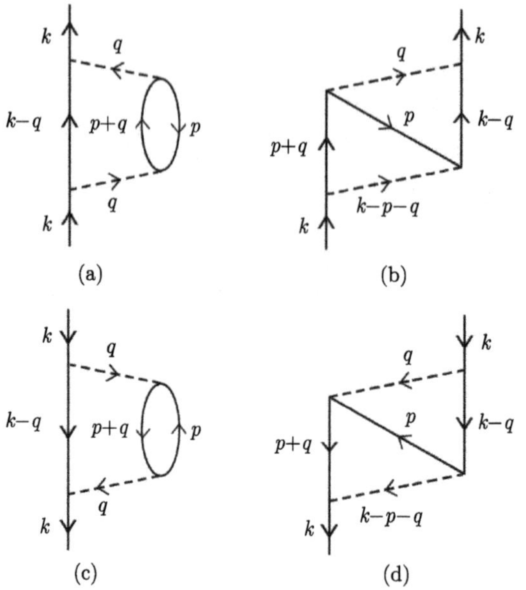

图 5.9　交换两个 σ 介子的四级费曼图

(a) 粒子直接极化图；(b) 粒子交换极化图；(c) 空穴直接关联图；(d) 空穴交换关联图

定义含有 γ 矩阵的以下符号

$$\pi_\sigma(k,q) = \mathrm{i}g_\sigma^2 \int \frac{\mathrm{d}^4 p}{(2\pi)^4} G(p)\,G(p+q)\,\Delta^0(k-p-q) \tag{5.14.2}$$

便可得到

$$\Sigma_\sigma(k) = \mathrm{i}g_\sigma^2 \int \frac{\mathrm{d}^4 q}{(2\pi)^4} \Delta^0(q) G(k-q) \pi_\sigma(k,q) \tag{5.14.3}$$

比较式 (5.14.3) 与式 (5.13.5)，根据式 (5.13.14) 可以写出

$$\begin{aligned} W_\sigma(k) = g_\sigma^2 \int & \frac{\mathrm{d}\vec{q}}{(2\pi)^3} \Delta^0(q) \frac{\gamma^\mu (k^* - q)_\mu + M^*}{2E_{k-q}} \mathrm{Im}\pi_\sigma(k,q) \\ & \times \theta(|\vec{k} - \vec{q}| - k_\mathrm{F})\Big|_{q_0 = E - V_0 - E_{k-q}} \end{aligned} \tag{5.14.4}$$

由图 5.7(b) 可知 $p+q$ 是粒子态，p 是空穴态，于是由式 (5.13.38) 和式 (5.13.41) 可知

$$G(p) = \frac{\gamma^\nu \overline{p}_\nu^* + M^*}{2E_p} \frac{\theta(k_\mathrm{F} - |\vec{p}|)}{p_0 - V_0 - E_p - \mathrm{i}\varepsilon} \tag{5.14.5}$$

$$G(p+q)=\frac{\gamma^{\eta}(\overline{p}^{*}+q)_{\eta}+M^{*}}{2E_{p+q}}\frac{\theta(|\vec{p}+\vec{q}|-k_{\mathrm{F}})}{p_0-V_0+q_0-E_{p+q}+\mathrm{i}\varepsilon}\tag{5.14.6}$$

根据式 (5.11.31) 可以写出

$$\varDelta^{0}(k-p-q)=\frac{1}{(k^{*}-p^{*}-q)_{\xi}(k^{*}-p^{*}-q)^{\xi}-m_{\sigma}^{2}}\tag{5.14.7}$$

比较式 (5.14.2) 和式 (5.13.2)，参照式 (5.13.50)、式 (5.13.51)、式 (5.13.57) 和式 (5.13.58) 可以写出

$$\mathrm{Im}\pi_{\sigma}(k,q)=\frac{g_{\sigma}^{2}}{16\pi q}\int_{E_x}^{E_{\mathrm{F}}}\mathrm{d}E_p\left(\gamma^{\nu}\overline{p}_{\nu}^{*}+M^{*}\right)\left[\gamma^{\eta}\left(\overline{p}^{*}+q\right)_{\eta}+M^{*}\right]\varDelta^{0}(k-p-q)\tag{5.14.8}$$

利用式 (5.13.79)、式 (5.13.80) 和式 (5.13.82) 可以求得

$$\begin{aligned}\overline{p}_{\xi}^{*}(k^{*}-q)^{\xi}&=(E-V_0-q_0)E_p-\vec{k}\cdot\vec{p}+\vec{p}\cdot\vec{q}=(E-V_0-q_0)E_p\\&\quad+\frac{1}{k^{2}+q^{2}-P^{2}}\left[(k^{2}+q^{2}-P^{2})-2k^{2}\right]\left(\frac{1}{2}q_{\eta}q^{\eta}+q_0E_p\right)\\&=-\frac{1}{2}F(q)q_{\eta}q^{\eta}+\left[(E-V_0-q_0)-F(q)q_0\right]E_p\end{aligned}\tag{5.14.9}$$

其中

$$F(q)=\frac{k^{2}-q^{2}+P^{2}}{k^{2}+q^{2}-P^{2}}\tag{5.14.10}$$

利用式 (5.1.149)、式 (5.14.9)、式 (5.13.182) 和式 (5.13.73) 可以求得

$$\begin{aligned}&\mathrm{tr}\left\{\left[\gamma^{\mu}\left(k^{*}-q\right)_{\mu}+M^{*}\right]\left(\gamma^{\nu}\overline{p}_{\nu}^{*}+M^{*}\right)\left[\gamma^{\eta}\left(\overline{p}^{*}+q\right)_{\eta}+M^{*}\right]\right\}\\&=4\lambda M^{*}\left[\overline{p}_{\xi}^{*}\left(k^{*}-q\right)^{\xi}+\left(\overline{p}^{*}+q\right)_{\xi}\left(k^{*}-q\right)^{\xi}+\overline{p}_{\xi}^{*}(\overline{p}^{*}+q)^{\xi}+M^{*2}\right]\\&=4\lambda M^{*}\Big\{-F(q)q_{\eta}q^{\eta}+2\left[(E-V_0-q_0)-F\left(q\right)q_0\right]E_p\\&\quad+\left(E-V_0-q_0\right)q_0-\frac{1}{2}\left(k^{2}-q^{2}-P^{2}\right)+2M^{*2}-\frac{1}{2}q_{\eta}q^{\eta}\Big\}\\&\equiv4\lambda\left[Q_{\sigma}^{\mathrm{s}}\left(q\right)+R_{\sigma}^{\mathrm{s}}\left(q\right)E_p\right]\end{aligned}\tag{5.14.11}$$

其中

$$Q_{\sigma}^{\mathrm{s}}\left(q\right)=M^{*}\left[2M^{*2}+\left(E-V_0-q_0\right)q_0-\frac{1}{2}\left(k^{2}-q^{2}-P^{2}\right)-\left(F\left(q\right)+\frac{1}{2}\right)q_{\eta}q^{\eta}\right]\tag{5.14.12}$$

$$R_{\sigma}^{\mathrm{s}}(q)=2M^{*}\left[(E-V_0-q_0)-F\left(q\right)q_0\right]\tag{5.14.13}$$

又可求得

$$\mathrm{tr}\left\{\gamma^{0}\left[\gamma^{\mu}\left(k^{*}-q\right)_{\mu}+M^{*}\right]\left(\gamma^{\nu}\overline{p}_{\nu}^{*}+M^{*}\right)\left[\gamma^{\eta}\left(\overline{p}^{*}+q\right)_{\eta}+M^{*}\right]\right\}$$

$$
\begin{aligned}
&= 4\lambda \left\{ M^{*2} \left[(k^* - q)^0 + \overline{p}^{*0} + (\overline{p}^* + q)^0 \right] + (k^* - q)^0 \overline{p}^*_\xi (\overline{p}^* + q)^\xi \right. \\
&\quad \left. + (\overline{p}^* + q)^0 \overline{p}^*_\xi (k^* - q)^\xi - \overline{p}^{*0} (\overline{p}^* + q)_\xi (k^* - q)^\xi \right\} \\
&= 4\lambda \Bigg(M^{*2} (E - V_0 + 2E_p) + (E - V_0 - q_0) \left(M^{*2} - \frac{1}{2} q_\eta q^\eta \right) \\
&\quad + q_0 \left\{ -\frac{1}{2} F(q) q_\eta q^\eta + [(E - V_0 - q_0) - F(q) q_0] E_p \right\} \\
&\quad - \left[(E - V_0 - q_0) q_0 - \frac{1}{2} \left(k^2 - q^2 - P^2 \right) \right] E_p \Bigg) \\
&\equiv 4\lambda \left[Q^0_\sigma (q) + R^0_\sigma (q) E_p \right]
\end{aligned}
\tag{5.14.14}
$$

其中

$$
Q^0_\sigma (q) = 2M^{*2} \left(E - V_0 - \frac{1}{2} q_0 \right) - \frac{1}{2} [(E - V_0 - q_0) + F(q) q_0] q_\eta q^\eta \tag{5.14.15}
$$

$$
R^0_\sigma (q) = 2M^{*2} + \frac{1}{2} (k^2 - q^2 - P^2) - F(q) q_0^2 \tag{5.14.16}
$$

再利用式 (5.13.79)、式 (5.13.80) 和式 (5.13.82) 又可以求得

$$
\begin{aligned}
& k^i \mathrm{tr} \left\{ \gamma^i \left[\gamma^\mu (k^* - q)_\mu + M^* \right] (\gamma^\nu \overline{p}^*_\nu + M^*) \left[\gamma^\eta (\overline{p}^* + q)_\eta + M^* \right] \right\} \\
&= 4\lambda k^i \left\{ M^{*2} \left[(k - q)^i + p^i + (p + q)^i \right] + (k^* - q)^i \overline{p}^*_\xi (\overline{p}^* + q)^\xi \right. \\
&\quad \left. + (p + q)^i \overline{p}^*_\xi (k^* - q)^\xi - p^i (\overline{p}^* + q)_\xi (k^* - q)^\xi \right\} \\
&= 4\lambda \Big[M^{*2} \left(k^2 + 2\vec{k} \cdot \vec{p} \right) + \left(k^2 - \vec{k} \cdot \vec{q} \right) \overline{p}^*_\xi (\overline{p}^* + q)^\xi \\
&\quad + \vec{k} \cdot \vec{q} \overline{p}^*_\xi (k^* - q)^\xi - \vec{k} \cdot \vec{p} q_\xi (k^* - q)^\xi \Big] \\
&= 4\lambda \Bigg(M^{*2} k^2 + \frac{1}{2} \left(k^2 - q^2 + P^2 \right) \left(M^{*2} - \frac{1}{2} q_\eta q^\eta \right) \\
&\quad + \frac{1}{2} \left(k^2 + q^2 - P^2 \right) \left\{ -\frac{1}{2} F(q) q_\eta q^\eta + [(E - V_0 - q_0) - F(q) q_0] E_p \right\} \\
&\quad + \frac{2k^2}{k^2 + q^2 - P^2} \left(\frac{1}{2} q_\eta q^\eta + q_0 E_p \right) \Big[2M^{*2} - (E - V_0 - q_0) q_0 \\
&\quad + \frac{1}{2} \left(k^2 - q^2 - P^2 \right) \Big] \Bigg) \equiv 4\lambda \left[Q^{\mathrm{v}}_\sigma (q) + R^{\mathrm{v}}_\sigma (q) E_p \right]
\end{aligned}
\tag{5.14.17}
$$

其中

$$
Q^{\mathrm{v}}_\sigma (q) = \frac{1}{2} \left(3k^2 - q^2 + P^2 \right) M^{*2} - \frac{1}{2} \left(k^2 - q^2 + P^2 \right) q_\eta q^\eta + Z_0 (q) q_\eta q^\eta \tag{5.14.18}
$$

$$
R^{\mathrm{v}}_\sigma (q) = \frac{1}{2} \left(k^2 + q^2 - P^2 \right) [(E - V_0 - q_0) - F(q) q_0] + 2Z_0 (q) q_0 \tag{5.14.19}
$$

$$Z_0(q)=\frac{k^2}{k^2+q^2-P^2}\left[2M^{*2}-(E-V_0-q_0)\,q_0+\frac{1}{2}\left(k^2-q^2-P^2\right)\right] \tag{5.14.20}$$

利用式 (5.13.79)、式 (5.13.80)、式 (5.13.82) 和式 (5.13.21) 可以求得

$$\begin{aligned}&(k^*-p^*-q)_\xi\,(k^*-p^*-q)^\xi\\=&(E-V_0-q_0-E_p)^2-k^2-p^2-q^2\\&+2\vec{k}\cdot\vec{p}+2\vec{k}\cdot\vec{q}-2\vec{p}\cdot\vec{q}\\=&P^2+M^{*2}-2\,(E-V_0-q_0)\,E_p+E_p^2-k^2-E_p^2\\&+M^{*2}-q^2+k^2+q^2-P^2\\&+\frac{2}{k^2+q^2-P^2}\left[2k^2-\left(k^2+q^2-P^2\right)\right]\left(\frac{1}{2}q_\eta q^\eta+q_0E_p\right)\\=&2\left[M^{*2}-(E-V_0-q_0)\,E_p+F\,(q)\left(\frac{1}{2}q_\eta q^\eta+q_0E_p\right)\right]\end{aligned} \tag{5.14.21}$$

于是由式 (5.14.7) 得到

$$\Delta^0\,(k-p-q)=\frac{1}{S_\sigma\,(q)+T(q)E_p} \tag{5.14.22}$$

其中

$$S_i\,(q)=2M^{*2}+F\,(q)\,q_\eta q^\eta-m_i^2\,,\quad i=\sigma,\omega \tag{5.14.23}$$

$$T\,(q)=-2\,(E-V_0-q_0)+2F\,(q)\,q_0 \tag{5.14.24}$$

有不定积分公式

$$\int\frac{\mathrm{d}x}{a+bx}=\frac{1}{b}\ln{(a+bx)}+C \tag{5.14.25}$$

$$\int\frac{x\mathrm{d}x}{a+bx}=\frac{1}{b^2}\left[a+bx-a\ln{(a+bx)}\right]+C \tag{5.14.26}$$

再定义

$$I_i\,(q)=\int_{E_x}^{E_\mathrm{F}}\frac{\mathrm{d}E_p}{S_i\,(q)+T\,(q)\,E_p}=\frac{1}{T\,(q)}\ln\left(\frac{S_i\,(q)+T(q)E_\mathrm{F}}{S_i\,(q)+T(q)E_x}\right)\,,\quad i=\sigma,\omega \tag{5.14.27}$$

$$\begin{aligned}J_i\,(q)=&\int_{E_x}^{E_\mathrm{F}}\frac{E_p\mathrm{d}E_p}{S_i\,(q)+T\,(q)\,E_p}\\=&\frac{1}{(T\,(q))^2}\left[T\,(q)\,(E_\mathrm{F}-E_x)-S_i\,(q)\ln\left(\frac{S_i\,(q)+T\,(q)\,E_\mathrm{F}}{S_i\,(q)+T\,(q)\,E_x}\right)\right]\,,\quad i=\sigma,\omega\end{aligned} \tag{5.14.28}$$

比较式 (5.14.4) 和式 (5.13.14)，根据式 (5.13.35) ~ 式 (5.13.37)，可以写出 σ 介子的四级交换图所贡献的相对论微观光学势虚部为

$$W_\sigma^{\mathrm{s}}(k,E)=\frac{g_\sigma^2}{8\pi^2 k}\oiint \Delta^0(q)\mathrm{Im}\pi_\sigma^{\mathrm{s}}(k,q) \tag{5.14.29}$$

$$W_\sigma^{0}(k,E)=\frac{g_\sigma^2}{8\pi^2 k}\oiint \Delta^0(q)\mathrm{Im}\pi_\sigma^{0}(k,q) \tag{5.14.30}$$

$$W_\sigma^{\mathrm{v}}(k,E)=-\frac{g_\sigma^2}{8\pi^2 k^3}\oiint \Delta^0(q)\mathrm{Im}\pi_\sigma^{\mathrm{v}}(k,q) \tag{5.14.31}$$

注意到在以上三式中已经把式 (5.14.4) 中的 $\left[\gamma^\mu(k^*-q)_\mu+M^*\right]$ 的贡献放到 $\mathrm{Im}\pi_\sigma^l$ $(l=\mathrm{s},0,\mathrm{v})$ 里边了。其中，符号 $\oiint$ 的定义已由式 (5.13.34) 给出。

用 $\left[\gamma^\mu(k^*-q)_\mu+M^*\right]$ 左乘式 (5.14.8)，根据式 (5.13.30) 求迹，注意到 W^{v} 项的负号已放在式 (5.14.31) 中了。然后再用式 (5.14.11) ~ 式 (5.14.28) 给出的结果便可得到

$$\mathrm{Im}\pi_\sigma^l(k,q)=\frac{\lambda g_\sigma^2}{4\pi q}\left(Q_\sigma^l(q)\,I_\sigma(q)+R_\sigma^l(q)\,J_\sigma(q)\right),\quad l=\mathrm{s},0,\mathrm{v} \tag{5.14.32}$$

2. 交换 ω-ω 介子

交换 ω-ω 介子的图 5.9(b) 所对应的表达式为

$$\begin{aligned}&\mathrm{i}G^0(k)\,\Sigma_\omega(k)\,G(k)\\&=\mathrm{i}G^0(k)\,(-\mathrm{i}g_\omega)^2\,\gamma^\mu\int\frac{\mathrm{d}^4q}{(2\pi)^4}\mathrm{i}D^0_{\mu\alpha}(q)\,\mathrm{i}G(k-q)\,(-\mathrm{i}g_\omega)^2\\&\quad\times\int\frac{\mathrm{d}^4p}{(2\pi)^4}\gamma^\alpha\mathrm{i}G(p)\gamma^\beta\mathrm{i}D^0_{\beta\nu}(k-p-q)\,\mathrm{i}G(p+q)\,\gamma^\nu\mathrm{i}G(k)\end{aligned} \tag{5.14.33}$$

利用式 (5.13.64) 并定义

$$\pi_\omega^{\mu\nu}(k,q)=\mathrm{i}g_\omega^2\int\frac{\mathrm{d}^4p}{(2\pi)^4}\gamma^\mu G(p)\gamma^\nu G(p+q)\,D^0(k-p-q) \tag{5.14.34}$$

便可得到

$$\Sigma_\omega(k)=\mathrm{i}g_\omega^2\int\frac{\mathrm{d}^4q}{(2\pi)^4}D^0(q)\,\gamma^\mu G(k-q)\,g_{\mu\mu}\pi_\omega^{\mu\nu}(k,q)\,g_{\nu\nu}\gamma^\nu \tag{5.14.35}$$

把式 (5.14.35) 和式 (5.14.3) 进行对比，根据式 (5.14.4) 可以写出

$$W_\omega(k)=g_\omega^2\int\frac{\mathrm{d}^4q}{(2\pi)^3}D^0(q)\,\gamma^\mu\frac{\gamma^\eta(k^*-q)_\eta+M^*}{2E_{k-q}}$$

$$\times g_{\mu\mu}\mathrm{Im}\pi_{\omega}^{\mu\nu}(k,q)\,g_{\nu\nu}\gamma^{\nu}\theta\left(\left|\vec{k}-\vec{q}\right|-k_{\mathrm{F}}\right)\Big|_{q_0=E-V_0-E_{k-q}} \tag{5.14.36}$$

再把式 (5.14.34) 与式 (5.14.2) 进行对比，根据式 (5.14.8) 可以写出

$$\begin{aligned}\mathrm{Im}\pi_{\omega}^{\mu\nu}(k,q)=&\frac{g_{\omega}^{2}}{16\pi q}\int_{E_x}^{E_{\mathrm{F}}}\mathrm{d}E_p\gamma^{\mu}\left(\gamma^{\xi}\overline{p}_{\xi}^{*}+M^{*}\right)\gamma^{\nu}\\&\times\left[\gamma^{\zeta}\left(\overline{p}^{*}+q\right)_{\zeta}+M^{*}\right]D^{0}(k-p-q)\end{aligned} \tag{5.14.37}$$

根据式 (5.13.65)、式 (5.14.7) 和式 (5.14.22) 又可以写出

$$D^{0}(k-p-q)=-\frac{1}{S_{\omega}(q)+T(q)E_p} \tag{5.14.38}$$

利用式 (5.12.37)、式 (5.1.149) ~ 式 (5.1.152)、式 (5.14.9)、式 (5.13.182) 和式 (5.13.73) 可以求得

$$\begin{aligned}&\mathrm{tr}\left\{g_{\mu\mu}\gamma^{\mu}\left[\gamma^{\eta}(k^{*}-q)_{\eta}+M^{*}\right]\gamma^{\mu}\left(\gamma^{\xi}\overline{p}_{\xi}^{*}+M^{*}\right)g_{\nu\nu}\gamma^{\nu}\left[\gamma^{\zeta}\left(\overline{p}^{*}+q\right)_{\zeta}+M^{*}\right]\gamma^{\nu}\right\}\\
&=16\mathrm{tr}\left\{\left[-\frac{1}{2}\gamma^{\eta}(k^{*}-q)_{\eta}+M^{*}\right]\left(\gamma^{\xi}\overline{p}_{\xi}^{*}+M^{*}\right)\left[-\frac{1}{2}\gamma^{\zeta}\left(\overline{p}^{*}+q\right)_{\zeta}+M^{*}\right]\right\}\\
&=16\lambda M^{*}\left\{-2\overline{p}_{\xi}^{*}(k^{*}-q)^{\xi}+\left(\overline{p}^{*}+q\right)_{\xi}(k^{*}-q)^{\xi}-2\overline{p}_{\xi}^{*}\left(\overline{p}^{*}+q\right)^{\xi}\right\}\\
&=-16\lambda M^{*}\left\{\overline{p}_{\xi}^{*}(k^{*}-q)^{\xi}-q_{\xi}(k^{*}-q)^{\xi}+2\overline{p}_{\xi}^{*}\left(\overline{p}^{*}+q\right)^{\xi}\right\}\\
&=-16\lambda M^{*}\left\{-\frac{1}{2}F(q)\,q_{\eta}q^{\eta}+\left[(E-V_0-q_0)-F(q)\,q_0\right]E_p\right.\\
&\qquad\left.-(E-V_0-q_0)\,q_0+\frac{1}{2}\left(k^{2}-q^{2}-P^{2}\right)+2\left(M^{*2}-\frac{1}{2}q_{\eta}q^{\eta}\right)\right\}\\
&=-16\lambda\left[Q_{\omega}^{\mathrm{s}}(q)+R_{\omega}^{\mathrm{s}}(q)E_p\right]\end{aligned} \tag{5.14.39}$$

其中

$$Q_{\omega}^{\mathrm{s}}(q)=M^{*}\left[2M^{*2}-(E-V_0-q_0)\,q_0+\frac{1}{2}(k^{2}-q^{2}-P^{2})-\frac{1}{2}\left(F(q)+2\right)q_{\eta}q^{\eta}\right] \tag{5.14.40}$$

$$R_{\omega}^{\mathrm{s}}(q)=M^{*}\left[(E-V_0-q_0)-F(q)\,q_0\right] \tag{5.14.41}$$

还可求得

$$\begin{aligned}&\mathrm{tr}\left\{\gamma^{0}g_{\mu\mu}\gamma^{\mu}\left[\gamma^{\eta}(k^{*}-q)_{\eta}+M^{*}\right]\gamma^{\mu}\left(\gamma^{\xi}\overline{p}_{\xi}^{*}+M^{*}\right)g_{\nu\nu}\gamma^{\nu}\left[\gamma^{\zeta}\left(\overline{p}^{*}+q\right)_{\zeta}+M^{*}\right]\gamma^{\nu}\right\}\\
&=16\mathrm{tr}\left\{\gamma^{0}\left[-\frac{1}{2}\gamma^{\eta}(k^{*}-q)_{\eta}+M^{*}\right]\left(\gamma^{\xi}\overline{p}_{\xi}^{*}+M^{*}\right)\left[-\frac{1}{2}\gamma^{\zeta}\left(\overline{p}^{*}+q\right)_{\zeta}+M^{*}\right]\right\}\\
&=16\lambda\left\{M^{*2}\left[-2(k^{*}-q)^{0}+4\overline{p}^{*0}-2\left(\overline{p}^{*}+q\right)^{0}\right]+(k^{*}-q)^{0}\,\overline{p}_{\xi}^{*}\left(\overline{p}^{*}+q\right)^{\xi}\right.\end{aligned}$$

$$+\left(\overline{p}^{*}+q\right)^{0}\overline{p}_{\xi}^{*}\left(k^{*}-q\right)^{\xi}-\overline{p}^{*0}\left(\overline{p}^{*}+q\right)_{\xi}\left(k^{*}-q\right)^{\xi}\Bigg\}$$

$$=-16\lambda\left\{2M^{*2}\left(E-V_0-E_p\right)-\left(E-V_0-q_0\right)\left(M^{*2}-\frac{1}{2}q_\eta q^\eta\right)+\frac{1}{2}F\left(q\right)q_0q_\eta q^\eta\right.$$

$$\left.-\left[\left(E-V_0-q_0\right)-F\left(q\right)q_0\right]q_0E_p+\left[\left(E-V_0-q_0\right)q_0-\frac{1}{2}\left(k^2-q^2-P^2\right)\right]E_p\right\}$$

$$\equiv-16\lambda\left[Q_\omega^0\left(q\right)+R_\omega^0\left(q\right)E_p\right] \tag{5.14.42}$$

其中

$$Q_\omega^0\left(q\right)=M^{*2}\left(E-V_0+q_0\right)+\frac{1}{2}\left[\left(E-V_0-q_0\right)+F(q)q_0\right]q_\eta q^\eta \tag{5.14.43}$$

$$R_\omega^0(q)=-2M^{*2}-\frac{1}{2}\left(k^2-q^2-P^2\right)+F(q)q_0^2 \tag{5.14.44}$$

又可以求得

$$k^i\mathrm{tr}\left\{\gamma^i g_{\mu\mu}\gamma^\mu\left[\gamma^\eta\left(k^*-q\right)_\eta+M^*\right]\gamma^\mu\left(\gamma^\xi\overline{p}_\xi^*+M^*\right)g_{\nu\nu}\gamma^\nu\left[\gamma^\xi\left(\overline{p}^*+q\right)_\xi+M^*\right]\gamma^\nu\right\}$$

$$=16k^i\mathrm{tr}\left\{\gamma^i\left[-\frac{1}{2}\gamma^\eta(k^*-q)_\eta+M^*\right]\left(\gamma^\xi\overline{p}_\xi^*+M^*\right)\left[-\frac{1}{2}\gamma^\zeta\left(\overline{p}^*+q\right)_\zeta+M^*\right]\right\}$$

$$=16\lambda k^i\Big\{M^{*2}\left[-2\left(k-q\right)^i+4p^i-2\left(p+q\right)^i\right]+\left(k-q\right)^i\overline{p}_\xi^*\left(\overline{p}^*+q\right)^\xi$$

$$+\left(p+q\right)^i\overline{p}_\xi^*\left(k^*-q\right)^\xi-p^i\left(\overline{p}^*+q\right)_\xi\left(k^*-q\right)^\xi\Big\}$$

$$=-16\lambda\Big[2M^{*2}\left(k^2-\vec{k}\cdot\vec{p}\right)-\left(k^2-\vec{k}\cdot\vec{q}\right)\overline{p}_\xi^*\left(\overline{p}^*+q\right)^\xi$$

$$-\vec{k}\cdot\vec{q}\,\overline{p}_\xi^*\left(k^*-q\right)^\xi+\vec{k}\cdot\vec{p}\,q_\xi\left(k^*-q\right)^\xi\Big]$$

$$=-16\lambda\Bigg\{2M^{*2}k^2-\frac{1}{2}\left(k^2-q^2+P^2\right)\left(M^{*2}-\frac{1}{2}q_\eta q^\eta\right)$$

$$-\frac{1}{2}\left(k^2+q^2-P^2\right)\left\{-\frac{1}{2}F\left(q\right)q_\eta q^\eta+\left[\left(E-V_0-q_0\right)-F\left(q\right)q_0\right]E_p\right\}$$

$$-\frac{2k^2}{k^2+q^2-P^2}\left(\frac{1}{2}q_\eta q^\eta+q_0E_p\right)\left[2M^{*2}-\left(E-V_0-q_0\right)q_0+\frac{1}{2}\left(k^2-q^2-P^2\right)\right]\Bigg\}$$

$$=-16\lambda\left[Q_\omega^{\mathrm{v}}\left(q\right)+R_\omega^{\mathrm{v}}\left(q\right)E_p\right] \tag{5.14.45}$$

其中

$$Q_\omega^{\mathrm{v}}\left(R\right)=\frac{1}{2}M^{*2}\left(3k^2+q^2-P^2\right)+\frac{1}{2}\left(k^2-q^2+P^2\right)q_\eta q^\eta-Z_0(q)q_\eta q^\eta \tag{5.14.46}$$

$$R_\omega^{\mathrm{v}}\left(R\right)=-\frac{1}{2}\left(k^2+q^2-P^2\right)\left[\left(E-V_0-q_0\right)-F\left(q\right)q_0\right]-2Z_0\left(q\right)q_0 \tag{5.14.47}$$

参照式 (5.14.29) ~ 式 (5.14.31) 可得

$$W_{\omega}^{\mathrm{s}}(k,E)=\frac{g_{\omega}^{2}}{8\pi^{2}k}\oiint D^{0}(q)\mathrm{Im}\pi_{\omega}^{\mathrm{s}}(k,q) \tag{5.14.48}$$

$$W_{\omega}^{0}(k,E)=\frac{g_{\omega}^{2}}{8\pi^{2}k}\oiint D^{0}(q)\mathrm{Im}\pi_{\omega}^{0}(k,q) \tag{5.14.49}$$

$$W_{\omega}^{\mathrm{v}}(k,E)=-\frac{g_{\omega}^{2}}{8\pi^{2}k^{3}}\oiint D^{0}(q)\mathrm{Im}\pi_{\omega}^{\mathrm{v}}(k,q) \tag{5.14.50}$$

将式 (5.14.36) ~ 式 (5.14.39) 与式 (5.14.4)、(5.14.8)、(5.14.22)、(5.14.11) 做对比，再参照式 (5.14.32) 又可以得到

$$\mathrm{Im}\pi_{\omega}^{l}(k,q)=\frac{\lambda g_{\omega}^{2}}{\pi q}\left[Q_{\omega}^{l}(q)I_{\omega}(q)+R_{\omega}^{l}(q)J_{\omega}(q)\right],\quad l=\mathrm{s},0,\mathrm{v} \tag{5.14.51}$$

3. 交换 σ-ω 介子

交换 σ-ω 和 ω-σ 介子的图 5.9(b) 所对应的表达式为

$$\begin{aligned}
&\mathrm{i}G^{0}(k)\Sigma_{\sigma\omega}(k)G(k)\\
&=\mathrm{i}G^{0}(k)\left[(-\mathrm{i}g_{\sigma})^{2}\int\frac{\mathrm{d}^{4}q}{(2\pi)^{4}}\mathrm{i}\Delta^{0}(q)\mathrm{i}G(k-q)\right.\\
&\quad\times(-\mathrm{i}g_{\omega})^{2}\int\frac{\mathrm{d}^{4}p}{(2\pi)^{4}}\mathrm{i}G(p)\gamma^{\mu}\mathrm{i}D_{\mu\nu}^{0}(k-p-q)\mathrm{i}G(p+q)\gamma^{\nu}\\
&\quad+(-\mathrm{i}g_{\omega})^{2}\gamma^{\mu}\int\frac{\mathrm{d}^{4}q}{(2\pi)^{4}}\mathrm{i}D_{\mu\nu}^{0}(q)\mathrm{i}G(k-q)(-\mathrm{i}g_{\sigma})^{2}\\
&\quad\left.\times\int\frac{\mathrm{d}^{4}p}{(2\pi)^{4}}\gamma^{\nu}\mathrm{i}G(p)\mathrm{i}\Delta^{0}(k-p-q)\mathrm{i}G(p+q)\right]\mathrm{i}G(k)
\end{aligned} \tag{5.14.52}$$

利用式 (5.13.64) 并定义

$$\begin{aligned}
\pi_{\sigma\omega}^{\mu}(k,q)&=\mathrm{i}g_{\sigma}g_{\omega}\int\frac{\mathrm{d}^{4}p}{(2\pi)^{4}}G(p)\gamma^{\mu}G(p+q)D^{0}(k-p-q)\\
\pi_{\omega\sigma}^{\mu}(k,q)&=\mathrm{i}g_{\sigma}g_{\omega}\int\frac{\mathrm{d}^{4}p}{(2\pi)^{4}}\gamma^{\mu}G(p)G(p+q)\Delta^{0}(k-p-q)
\end{aligned} \tag{5.14.53}$$

于是可以得到

$$\begin{aligned}
\Sigma_{\sigma\omega}(k)=\mathrm{i}g_{\sigma}g_{\omega}\int\frac{\mathrm{d}^{4}q}{(2\pi)^{4}}&\left[\Delta^{0}(q)G(k-q)g_{\mu\mu}\pi_{\sigma\omega}^{\mu}(k,q)\gamma^{\mu}\right.\\
&\left.+D^{0}(q)\gamma^{\mu}G(k-q)g_{\mu\mu}\pi_{\omega\sigma}^{\mu}(k,q)\right]
\end{aligned} \tag{5.14.54}$$

进行以下求迹运算

$$
\begin{aligned}
&\mathrm{tr}\left\{\left[\gamma^{\eta}(k^*-q)_{\eta}+M^*\right](\gamma^{\xi}\overline{p}_{\xi}^*+M^*)g_{\mu\mu}\gamma^{\mu}\left[\gamma^{\zeta}(\overline{p}^*+q)_{\zeta}+M^*\right]\gamma^{\mu}\right\}\\
&=4\mathrm{tr}\left\{\left[\gamma^{\eta}(k^*-q)_{\eta}+M^*\right](\gamma^{\xi}\overline{p}_{\xi}^*+M^*)\left[-\frac{1}{2}\gamma^{\zeta}(\overline{p}^*+q)_{\zeta}+M^*\right]\right\}\\
&=8\lambda M^*\left[2\overline{p}_{\xi}^*(k^*-q)^{\xi}-(\overline{p}^*+q)_{\xi}(k^*-q)^{\xi}-\overline{p}_{\xi}^*(\overline{p}^*+q)^{\xi}+2M^{*2}\right]\\
&=-8\lambda M^*\left\{\frac{1}{2}F(q)q_{\eta}q^{\eta}-[(E-V_0-q_0)-F(q)q_0]E_p\right.\\
&\quad\left.+(E-V_0-q_0)q_0-\frac{1}{2}(k^2-q^2-P^2)+3M^{*2}-\frac{1}{2}q_{\eta}q^{\eta}\right\}\\
&\equiv-8\lambda\left[Q_{\sigma\omega}^{\mathrm{s}}(q)+R_{\sigma\omega}^{\mathrm{s}}(q)E_p\right]
\end{aligned}\tag{5.14.55}
$$

$$
Q_{\sigma\omega}^{\mathrm{s}}(q)=M^*\left[3M^{*2}+(E-V_0-q_0)q_0-\frac{1}{2}(k^2-q^2-P^2)+\frac{1}{2}(F(q)-1)q_{\eta}q^{\eta}\right]\tag{5.14.56}
$$

$$
R_{\sigma\omega}^{\mathrm{s}}(q)=-M^*\left[(E-V_0-q_0)-F(q)q_0\right]\tag{5.14.57}
$$

$$
\begin{aligned}
&\mathrm{tr}\left\{g_{\mu\mu}\gamma^{\mu}\left[\gamma^{\eta}(k^*-q)_{\eta}+M^*\right]\gamma^{\mu}(\gamma^{\xi}\overline{p}_{\xi}^*+M^*)\left[\gamma^{\zeta}(\overline{p}^*+q)_{\zeta}+M^*\right]\right\}\\
&=4\mathrm{tr}\left\{\left[-\frac{1}{2}\gamma^{\eta}(k^*-q)_{\eta}+M^*\right](\gamma^{\xi}\overline{p}_{\xi}^*+M^*)\left[\gamma^{\zeta}(\overline{p}^*+q)_{\zeta}+M^*\right]\right\}\\
&=8\lambda M^*\left[-\overline{p}_{\xi}^*(k^*-q)^{\xi}-(\overline{p}^*+q)_{\xi}(k^*-q)^{\xi}+2\overline{p}_{\xi}^*(\overline{p}^*+q)^{\xi}+2M^{*2}\right]\\
&=8\lambda M^*\left\{F(q)q_{\eta}q^{\eta}-2[(E-V_0-q_0)-F(q)q_0]E_p\right.\\
&\quad\left.-(E-V_0-q_0)q_0+\frac{1}{2}(k^2-q^2-P^2)+4M^{*2}-q_{\eta}q^{\eta}\right\}\\
&\equiv8\lambda\left[Q_{\omega\sigma}^{\mathrm{s}}(q)+R_{\omega\sigma}^{\mathrm{s}}(q)E_p\right]
\end{aligned}\tag{5.14.58}
$$

$$
Q_{\omega\sigma}^{\mathrm{s}}(q)=M^*\left[4M^{*2}-(E-V_0-q_0)q_0+\frac{1}{2}(k^2-q^2-P^2)+(F(q)-1)q_{\eta}q^{\eta}\right]\tag{5.14.59}
$$

$$
R_{\omega\sigma}^{\mathrm{s}}(q)=-2M^*\left[(E-V_0-q_0)-F(q)q_0\right]\tag{5.14.60}
$$

$$
\begin{aligned}
&\mathrm{tr}\left\{\gamma^0\left[\gamma^{\eta}(k^*-q)_{\eta}+M^*\right](\gamma^{\xi}\overline{p}_{\xi}^*+M^*)g_{\mu\mu}\gamma^{u}\left[\gamma^{\zeta}(\overline{p}^*+q)_{\zeta}+M^*\right]\gamma^{\mu}\right\}\\
&=4\mathrm{tr}\left\{\gamma^0\left[\gamma^{\eta}(k^*-q)_{\eta}+M^*\right](\gamma^{\xi}\overline{p}_{\xi}^*+M^*)\left[-\frac{1}{2}\gamma^{\zeta}(\overline{p}^*+q)_{\zeta}+M^*\right]\right\}\\
&=8\lambda\left\{M^{*2}\left[2(k^*-q)^0+2\overline{p}^{*0}-(\overline{p}^*+q)^0\right]-(k^*-q)^0\overline{p}_{\xi}^*(\overline{p}^*+q)^{\xi}\right.\\
&\quad\left.-(\overline{p}^*+q)^0\overline{p}_{\xi}^*(k^*-q)^{\xi}+\overline{p}^{*0}(\overline{p}^*+q)_{\xi}(k^*-q)^{\xi}\right\}\\
&=-8\lambda\left\{-M^{*2}(2E-2V_0-3q_0+E_p)+(E-V_0-q_0)\left(M^{*2}-\frac{1}{2}q_{\eta}q^{\eta}\right)\right.
\end{aligned}
$$

$$+q_0\left\{-\frac{1}{2}F(q)\,q_\eta q^\eta+[(E-V_0-q_0)-F(q)\,q_0]\,E_p\right\}$$
$$-E_p\left[(E-V_0-q_0)-\frac{1}{2}\left(k^2-q^2-P^2\right)\right]\Bigg\}$$
$$\equiv -8\lambda\left[Q^0_{\sigma\omega}(q)+R^0_{\sigma\omega}(q)\,E_p\right] \tag{5.14.61}$$

$$Q^0_{\sigma\omega}(q)=-M^{*2}(E-V_0-2q_0)-\frac{1}{2}[(E-V_0-q_0)+F(q)\,q_0]\,q_\eta q^\eta \tag{5.14.62}$$

$$R^0_{\sigma\omega}(q)=-M^{*2}+\frac{1}{2}\left(k^2-q^2-P^2\right)-F(q)\,q_0^2 \tag{5.14.63}$$

参考以上三式可得

$$\mathrm{tr}\left\{\gamma^0 g_{\mu\mu}\gamma^\mu\left[\gamma^\eta(k^*-q)_\eta+M^*\right]\gamma^\mu\left(\gamma^\xi\overline{p}^*_\xi+M^*\right)\left[\gamma^\zeta(\overline{p}^*+q)_\zeta+M^*\right]\right\}$$
$$=4\mathrm{tr}\left\{\gamma^0\left[-\frac{1}{2}\gamma^\eta(k^*-q)_\eta+M^*\right]\left(\gamma^\xi\overline{p}^*_\xi+M^*\right)\left[\gamma^\zeta(\overline{p}^*+q)_\zeta+M^*\right]\right\}$$
$$=8\lambda\Big\{M^{*2}\left[-(k^*-q)^0+2\overline{p}^{*0}+2(\overline{p}^*+q)^0\right]-(k^*-q)^0\,\overline{p}^*_\xi(\overline{p}^*+q)^\xi$$
$$-(\overline{p}^*+q)^0\,\overline{p}^*_\xi(k^*-q)^\xi+\overline{p}^{*0}(\overline{p}^*+q)_\xi(k^*-q)^\xi\Big\}$$
$$\equiv 8\lambda\left[Q^0_{\omega\sigma}(q)+R^0_{\omega\sigma}(q)\,E_p\right] \tag{5.14.64}$$

$$Q^0_{\omega\sigma}(q)=-2M^{*2}(E-V_0-2q_0)+\frac{1}{2}[(E-V_0-q_0)+F(q)\,q_0]\,q_\eta q^\eta \tag{5.14.65}$$

$$R^0_{\omega\sigma}(q)=4M^{*2}-\frac{1}{2}\left(k^2-q^2-P^2\right)+F(q)\,q_0^2 \tag{5.14.66}$$

再进行以下求迹运算

$$k^i\mathrm{tr}\left\{\gamma^i\left[\gamma^\eta(k^*-q)_\eta+M^*\right]\left(\gamma^\xi\overline{p}^*_\xi+M^*\right)g_{\mu\mu}\gamma^\mu\left[\gamma^\zeta(\overline{p}^*+q)_\zeta+M^*\right]\gamma^\mu\right\}$$
$$=4k^i\mathrm{tr}\left\{\gamma^i\left[\gamma^\eta(k^*-q)_\eta+M^*\right]\left(\gamma^\xi\overline{p}^*_\xi+M^*\right)\left[-\frac{1}{2}\gamma^\zeta(\overline{p}^*+q)_\zeta+M^*\right]\right\}$$
$$=8\lambda k^i\left\{M^{*2}\left[2(k-q)^i+2p^i-(p+q)^i\right]-(k-q)^i\,\overline{p}^*_\xi(\overline{p}^*+q)^\xi\right.$$
$$\left.-(p+q)^i\,\overline{p}^*_\xi(k^*-q)^\xi+p^i(\overline{p}^*+q)_\xi(k^*-q)^\xi\right\}$$
$$=-8\lambda\left[-M^{*2}\left(2k^2-3\vec{k}\cdot\vec{q}+\vec{k}\cdot\vec{p}\right)+\left(k^2-\vec{k}\cdot\vec{q}\right)\overline{p}^*_\xi(\overline{p}^*+q)^\xi\right.$$
$$\left.+\vec{k}\cdot\vec{q}\,\overline{p}^*_\xi(k^*-q)^\xi-\vec{k}\cdot\vec{p}\,q_\xi(k^*-q)^\xi\right]$$
$$=-8\lambda\left\{-\frac{1}{2}M^{*2}\left(k^2-3q^2+3P^2\right)+\frac{1}{2}\left(k^2-q^2+P^2\right)\left(M^{*2}-\frac{1}{2}q_\eta q^\eta\right)\right.$$

$$+\frac{1}{2}\left(k^2+q^2-P^2\right)\left\{-\frac{1}{2}F\left(q\right)q_\eta q^\eta+\left[\left(E-V_0-q_0\right)-F\left(q\right)q_0\right]E_p\right\}$$

$$-\frac{2k^2}{k^2+q^2-P^2}\left(\frac{1}{2}q_\eta q^\eta+q_0E_p\right)\left[M^{*2}+\left(E-V_0-q_0\right)q_0-\frac{1}{2}\left(k^2-q^2-P^2\right)\right]\Bigg\}$$

$$\equiv-8\lambda\left[Q^{\mathrm{v}}_{\sigma\omega}\left(q\right)+R^{\mathrm{v}}_{\sigma\omega}\left(q\right)E_p\right] \tag{5.14.67}$$

$$Q^{\mathrm{v}}_{\sigma\omega}(q)=M^{*2}(q^2-P^2)-\frac{1}{2}(k^2-q^2+P^2)q_\eta q^\eta-Z_1\left(q\right)q_\eta q^\eta \tag{5.14.68}$$

$$R^{\mathrm{v}}_{\sigma\omega}(q)=\frac{1}{2}(k^2+q^2-P^2)[(E-V_0-q_0)-F(q)q_0]-2Z_1\left(q\right)q_0 \tag{5.14.69}$$

$$Z_1(q)=\frac{k^2}{k^2+q^2-P^2}\left[M^{*2}+(E-V_0-q_0)q_0-\frac{1}{2}(k^2-q^2-P^2)\right] \tag{5.14.70}$$

参考以上四式又可得到

$$k^i\mathrm{tr}\left\{\gamma^i g_{\mu\mu}\gamma^\mu\left[\gamma^\eta\left(k^*-q\right)_\eta+M^*\right]\gamma^\mu\left(\gamma^\xi\overline{p}^*_\xi+M^*\right)\left[\gamma^\zeta\left(\overline{p}^*+q\right)_\zeta+M^*\right]\right\}$$

$$=4k^i\mathrm{tr}\left\{\gamma^i\left[-\frac{1}{2}\gamma^\eta\left(k^*-q\right)_\eta+M^*\right]\left(\gamma^\xi\overline{p}^*_\xi+M^*\right)\left[\gamma^\zeta\left(\overline{p}^*+q\right)_\zeta+M^*\right]\right\}$$

$$=8\lambda k^i\left\{M^{*2}\left[-\left(k-q\right)^i+2p^i+2\left(p+q\right)^i\right]-\left(k-q\right)^i\overline{p}^*_\xi\left(\overline{p}^*+q\right)^\xi\right.$$

$$\left.-\left(p+q\right)^i\overline{p}^*_\xi\left(k^*-q\right)^\xi+p^i\left(\overline{p}^*+q\right)_\xi\left(k^*-q\right)^\xi\right\}$$

$$\equiv 8\lambda\left[Q^{\mathrm{v}}_{\omega\sigma}\left(q\right)+R^{\mathrm{v}}_{\omega\sigma}\left(q\right)E_p\right] \tag{5.14.71}$$

$$Q^{\mathrm{v}}_{\omega\sigma}\left(q\right)=2M^{*2}\left(q^2-P^2\right)+\frac{1}{2}\left(k^2-q^2+P^2\right)q_\eta q^\eta+Z_2\left(q\right)q_\eta q^\eta \tag{5.14.72}$$

$$R^{\mathrm{v}}_{\omega\sigma}\left(q\right)=-\frac{1}{2}\left(k^2-q^2-P^2\right)\left[\left(E-V_0-q_0\right)-F\left(q\right)q_0\right]+2Z_2\left(q\right)q_0 \tag{5.14.73}$$

$$Z_2\left(q\right)=\frac{k^2}{k^2+q^2-P^2}\left[4M^{*2}+\left(E-V_0-q_0\right)q_0-\frac{1}{2}\left(k^2-q^2-P^2\right)\right] \tag{5.14.74}$$

参考式 (5.14.29) ~ 式 (5.14.31) 和式 (5.14.48) ~ 式 (5.14.50) 可以得到

$$W^{\mathrm{s}}_{\sigma\omega}\left(k,E\right)=\frac{g_\sigma g_\omega}{8\pi^2k}\oiint\left[\varDelta^0(q)\mathrm{Im}\pi^{\mathrm{s}}_{\sigma\omega}\left(k,q\right)+D^0\left(q\right)\mathrm{Im}\pi^{\mathrm{s}}_{\omega\sigma}\left(k,q\right)\right] \tag{5.14.75}$$

$$W^{0}_{\sigma\omega}\left(k,E\right)=\frac{g_\sigma g_\omega}{8\pi^2k}\oiint\left[\varDelta^0(q)\mathrm{Im}\pi^{0}_{\sigma\omega}\left(k,q\right)+D^0\left(q\right)\mathrm{Im}\pi^{0}_{\omega\sigma}\left(k,q\right)\right] \tag{5.14.76}$$

$$W^{\mathrm{v}}_{\sigma\omega}\left(k,E\right)=-\frac{g_\sigma g_\omega}{8\pi^2k^3}\oiint\left[\varDelta^0(q)\mathrm{Im}\pi^{\mathrm{v}}_{\sigma\omega}\left(k,q\right)+D^0\left(q\right)\mathrm{Im}\pi^{\mathrm{v}}_{\omega\sigma}\left(k,q\right)\right] \tag{5.14.77}$$

参考式 (5.14.32) 和式 (5.14.51) 又可以得到

$$\mathrm{Im}\pi_{\sigma\omega}^{l}(k,q)=\frac{\lambda g_{\sigma}g_{\omega}}{2\pi q}\left[Q_{\sigma\omega}^{l}(q)\,I_{\omega}(q)+R_{\sigma\omega}^{l}(q)\,J_{\omega}(q)\right]$$

$$\mathrm{Im}\pi_{\omega\sigma}^{l}(k,q)=\frac{\lambda g_{\sigma}g_{\omega}}{2\pi q}\left[Q_{\omega\sigma}^{l}(q)\,I_{\sigma}(q)+R_{\omega\sigma}^{l}(q)\,J_{\sigma}(q)\right],\quad l=\mathrm{s},0,\mathrm{v} \tag{5.14.78}$$

为了简单起见，本节只讨论了 σ 和 ω 介子的贡献。

5.15 相对论 Bethe-Salpeter 方程

前几节的内容属于相对论平均场理论。用相对论平均场理论可以研究核物质性质，也可以研究有限核性质；可以研究球形核，也可以研究变形核；可以研究原子核基态，也可以研究原子核激发态。例如，相对论 Hartree-Fock-Bogoliubov 方程、相对论 RPA 巨共振理论等。还可以把这些理论用来研究原子核的对效应、壳效应、变形效应、集体激发、微观裂变位叠等，也可以研究与时间有关的相对论核问题。上述这些理论主要用来研究核结构问题，本书将不包含这些内容。

相对论平均场理论属于相对论单体理论。而建立在两体相互作用 (两体现实核力) 基础上的相对论理论属于相对论两体理论。

设两个核子发生相互作用之前和之后的 4 矢量动量分别为 p_1, p_2 和 p_1', p_2', 并令

$$P=p_1+p_2=p_1'+p_2',\quad q=\frac{1}{2}(p_1-p_2),\quad q'=\frac{1}{2}(p_1'-p_2') \tag{5.15.1}$$

其中，P 是二核子系总 4 矢量动量，是守恒量；q 和 q' 分别是初态和末态的相对运动的 4 矢量动量。设 $v(p_1',p_2';p_1,p_2)=v(q',q;P)$ 为两个自由核子之间的相互作用势。在核介质中，两核子之间的相互作用会受到其他核子的强相互作用和泡利不相容原理的影响。在多体理论中，v 包含了所有相连的两体不可约图，但是通常都采用梯形近似，即只保留一级图，于是在核介质中两核子之间的相互作用可用有效相互作用或反应矩阵 $t(p_1',p_2';p_1,p_2)=t(q',q;P)$ 来表示。

图 5.10 是在梯形近似下核介质中二核子发生反应的示意图，其中，k 是中间态的相对运动 4 矢量动量。根据费曼规则，v 线和 t 线分别对应于 $-\mathrm{i}v$ 和 $-\mathrm{i}t$，双核子格林函数贡献 $\mathrm{i}^2=-1$，故该图所对应的表达式为

$$\mathrm{t}(q',q;P)=v(q',q;P)+\int\frac{\mathrm{d}^4k}{(2\pi)^4}v(q',k;P)\ \mathrm{i}G(k,P)\,t(k,q;P) \tag{5.15.2}$$

这就是相对论 Bethe-Salpeter (BS) 方程 [85−89]。为了简单起见，在上式中未标示核子的自旋和同位旋。由于 BS 方程是根据费曼规则写出来的，所以 BS 方程满足 Lorentz 协变性。因为在式 (5.15.2) 中通过迭代来考虑介质中其他核子的影响，因

而可以暂且认为 $G(k,P)$ 代表两个自由核子的传播子。这时在由式 (5.11.91) 给出的单核子传播子中只需保留费米传播子 G_{F}^{0} 项即可，于是可以写出

$$G(k,P)=\frac{\gamma^{\mu}\left(\frac{1}{2}P+k\right)_{\mu}+M}{\left(\frac{1}{2}P+k\right)_{\mu}\left(\frac{1}{2}P+k\right)^{\mu}-M^{2}+\mathrm{i}\varepsilon}\,\frac{\gamma^{\mu}\left(\frac{1}{2}P-k\right)_{\mu}+M}{\left(\frac{1}{2}P-k\right)_{\mu}\left(\frac{1}{2}P-k\right)^{\mu}-M^{2}+\mathrm{i}\varepsilon} \tag{5.15.3}$$

其中，M 是核子静止质量；$G(k,P)$ 是离壳的。

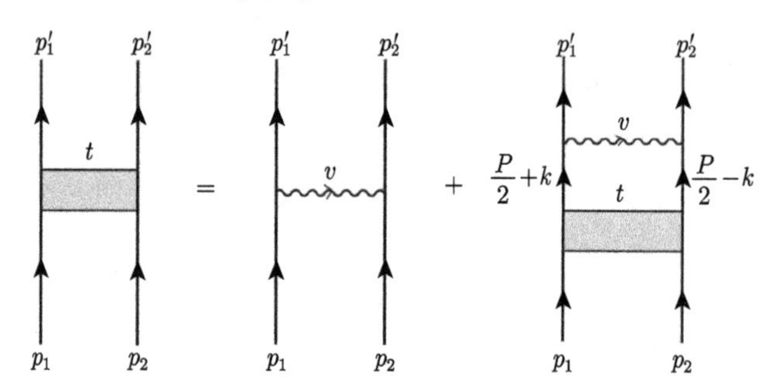

图 5.10　梯形近似下核介质中二核子反应示意图

先定义

$$E_{k\pm}\equiv E_{\frac{1}{2}P\pm k}=\left[M^{2}+\left(\frac{1}{2}\vec{P}\pm\vec{k}\right)^{2}\right]^{1/2} \tag{5.15.4}$$

再来分析

$$\begin{aligned}\left(\frac{1}{2}P+k\right)_{\mu}\left(\frac{1}{2}P+k\right)^{\mu}-M^{2}+\mathrm{i}\varepsilon&=\left(\frac{1}{2}P_0+k_0\right)^{2}-\left(\frac{1}{2}\vec{P}+\vec{k}\right)^{2}-M^{2}+\mathrm{i}\varepsilon\\&=\left(\frac{1}{2}P_0+k_0-E_{k+}-\mathrm{i}\varepsilon\right)\left(\frac{1}{2}P_0+k_0+E_{k+}+\mathrm{i}\varepsilon\right)\end{aligned} \tag{5.15.5}$$

$$\left(\frac{1}{2}P-k\right)_{\mu}\left(\frac{1}{2}P-k\right)^{\mu}-M^{2}+\mathrm{i}\varepsilon=\left(\frac{1}{2}P_0-k_0-E_{k-}-\mathrm{i}\varepsilon\right)\left(\frac{1}{2}P_0-k_0+E_{k-}+\mathrm{i}\varepsilon\right) \tag{5.15.6}$$

有主值积分公式

$$\begin{aligned}\frac{1}{(x_1-\mathrm{i}\varepsilon)(x_2-\mathrm{i}\varepsilon)}&=\left(\mathscr{P}\frac{1}{x_1}+\mathrm{i}\pi\delta(x_1)\right)\frac{1}{x_2-\mathrm{i}\varepsilon}+\frac{1}{x_1-\mathrm{i}\varepsilon}\left(\mathscr{P}\frac{1}{x_2}+\mathrm{i}\pi\delta(x_2)\right)\\&=2\left(\mathscr{P}\frac{1}{x_1}+\mathrm{i}\pi\delta(x_1)\right)\left(\mathscr{P}\frac{1}{x_2}+\mathrm{i}\pi\delta(x_2)\right)\end{aligned} \tag{5.15.7}$$

在进行数值积分时，由 $\mathscr{P}$ 项所代表的实数部分由于极点两侧的贡献会强烈相互抵消，故可以近似略掉 $\mathscr{P}$ 项的贡献，于是可得

$$\frac{1}{(x_1 - \mathrm{i}\varepsilon)(x_2 - \mathrm{i}\varepsilon)} \approx -2\pi^2 \delta(x_1)\,\delta(x_2) \tag{5.15.8}$$

把式 (5.15.5) 和式 (5.15.6) 代入式 (5.15.3)，并对二式中取正能量的第一项使用主值积分公式 (5.15.8)，于是可以得到

$$\begin{aligned} G(k,P) = &-\frac{\pi^2}{2E_{k+}E_{k-}}\left[\gamma^\mu\left(\frac{1}{2}P + k\right)_\mu + M\right]\left[\gamma^\mu\left(\frac{1}{2}P - k\right)_\mu + M\right] \\ &\times \delta\left(\frac{1}{2}P_0 + k_0 - E_{k+}\right)\delta\left(\frac{1}{2}P_0 - k_0 - E_{k-}\right) \end{aligned} \tag{5.15.9}$$

在核物质中并且是在在壳的情况下可以使用由式 (5.11.61) 给出的正能态投影算符 Λ_+，并且由 $\frac{1}{2}P_0 + k_0 - E_{k+} = 0$ 和 $\frac{1}{2}P_0 - k_0 - E_{K-} = 0$ 可以求得 $k_0 - \frac{1}{2}(E_{k+} - E_{k-}) = 0$ 和 $P_0 - (E_{k+} + E_{k-}) = 0$，于是可把式 (5.15.9) 改写成

$$\begin{aligned} G(k,P) \equiv G(k,P_0) = &-\frac{2\pi^2 M^2}{E_{k+}E_{k-}}\Lambda_+^{(1)}\left(\frac{1}{2}\vec{P} + \vec{k}\right)\Lambda_+^{(2)}\left(\frac{1}{2}\vec{P} - \vec{k}\right) \\ &\times \delta\left[k_0 - \frac{1}{2}(E_{k+} - E_{k-})\right]\delta\left[P_0 - (E_{k+} + E_{k-})\right] \end{aligned} \tag{5.15.10}$$

其中，(1) 和 (2) 代表粒子标号，并有

$$\Lambda_+\left(\vec{p}\right) = \frac{\gamma^0 E_p - \vec{\gamma}\cdot\vec{p} + M}{2M} = \sum_{\lambda=\pm\frac{1}{2}} u\left(\vec{p},\lambda\right)\bar{u}\left(\vec{p},\lambda\right) \tag{5.15.11}$$

这里，$u\left(\vec{p},\lambda\right)$ 是动量为 $\vec{p}$，自旋投影为 λ 的正能量 Dirac 旋量，并且由式 (5.1.93) 或式 (5.11.38) 可以写出

$$u\left(\vec{p},\lambda\right) = \sqrt{\frac{E+M}{2M}}\begin{pmatrix} \chi_\lambda \\ \dfrac{\hat{\sigma}\cdot\vec{p}}{E+M}\chi_\lambda \end{pmatrix} \tag{5.15.12}$$

其中，$\chi_{\frac{1}{2}} = \begin{pmatrix} 1 \\ 0 \end{pmatrix}$，$\chi_{-\frac{1}{2}} = \begin{pmatrix} 0 \\ 1 \end{pmatrix}$。

先令

$$E = E_{k+} + E_{k-} \tag{5.15.13}$$

由式 (5.15.1) 和式 (5.2.25) 可知

$$s = P_\mu P^\mu = P_0^2 - \vec{P}^2 \tag{5.15.14}$$

用 δ 函数公式

$$\delta\left(x^2 - a^2\right) = \frac{\delta(x-a) + \delta(x+a)}{2|a|} \tag{5.15.15}$$

可以写出

$$2E\delta(P_0^2 - E^2) = \delta(P_0 - E) + \delta(P_0 + E) \tag{5.15.16}$$

由于 $P_0 > 0$，再利用式 (5.15.14) 便可得到

$$\delta(P_0 - E) = 2E\delta\left(s - E^2 + \vec{P}^2\right) \tag{5.15.17}$$

并可把式 (5.15.10) 改写成

$$\begin{aligned} G(k,P) \equiv G(k,s) = & -4\pi^2 M^2 \frac{E_{k+} + E_{k-}}{E_{k+}E_{k-}} \Lambda_+^{(1)}\left(\frac{1}{2}\vec{P} + \vec{k}\right)\Lambda_+^{(2)}\left(\frac{1}{2}\vec{P} - \vec{k}\right) \\ & \times \delta\left[k_0 - \frac{1}{2}(E_{k+} - E_{k-})\right]\delta\left[s - (E_{k+} + E_{k-})^2 + \vec{P}^2\right] \end{aligned} \tag{5.15.18}$$

令 $z - \alpha = \rho e^{i\varphi}$, 有以下在全平面上的回路积分

$$\oint \frac{dz}{z-\alpha} = \oint \frac{d\left(\alpha + \rho\, e^{i\varphi}\right)}{\rho\, e^{i\varphi}} = \int_0^{2\pi} \frac{i\rho\, e^{i\varphi} d\varphi}{\rho\, e^{i\varphi}} = 2\pi i$$

如果对正实数轴所对应的半平面进行半回路积分，而且在纵向复数轴上没有奇点，便有 $\oint \frac{dz}{z-\alpha} = \pi i$。于是对于函数 $f(s)$ 可用正实数半平面的留数定理写出

$$f(s) = \frac{1}{\pi i}\int_{4M^2}^{\infty} \frac{f(s')}{s' - s - i\varepsilon} ds' \tag{5.15.19}$$

在上式中 $4M^2$ 是 s 的下限值。在式 (5.15.19) 中用 $G(k,s)$ 代替 $f(s)$，并利用式 (5.15.18) 可得

$$\begin{aligned} iG(k,P) = iG(k,s) = & -2\pi \frac{2M^2(E_{k+} + E_{k-})}{E_{k+}E_{k-}} \\ & \times \frac{\Lambda_+^{(1)}\left(\frac{1}{2}\vec{P} + \vec{k}\right)\Lambda_+^{(2)}\left(\frac{1}{2}\vec{P} - \vec{k}\right)}{(E_{k+} + E_{k-})^2 - \vec{P}^2 - s - i\varepsilon} \delta\left[k_0 - \frac{1}{2}(E_{k+} - E_{k-})\right] \end{aligned} \tag{5.15.20}$$

再定义

$$E_{q\pm} = E_{\frac{1}{2}P\pm q} = \left[M^2 + \left(\frac{1}{2}\vec{P} \pm \vec{q}\right)^2\right]^{1/2} \tag{5.15.21}$$

由于 s 是守恒量，在式 (5.15.20) 中的 s 可取为

$$s = \left(E_{q+} + E_{q-}\right)^2 - \vec{P}^2 \tag{5.15.22}$$

于是可把式 (5.15.20) 改写成

$$\begin{aligned} \mathrm{i}G(k,P) = {} & 2\pi \frac{2M^2\left(E_{k+}+E_{k-}\right)}{E_{k+}E_{k-}} \frac{\Lambda_+^{(1)}\left(\frac{1}{2}\vec{P}+\vec{k}\right)\Lambda_+^{(2)}\left(\frac{1}{2}\vec{P}-\vec{k}\right)}{\left(E_{q+}+E_{q-}\right)^2-\left(E_{k+}+E_{k-}\right)^2+\mathrm{i}\varepsilon} \\ & \times \delta\left[k_0 - \frac{1}{2}\left(E_{k+}-E_{k-}\right)\right] \end{aligned} \tag{5.15.23}$$

把式 (5.15.23) 代入由式 (5.15.2) 给出的 BS 方程，注意到在式 (5.15.23) 中含有 k_0 的 δ 函数，于是可以得到

$$t\left(\vec{q}',\vec{q};\vec{P}\right) = v\left(\vec{q}',\vec{q};\vec{P}\right) + \int \frac{\mathrm{d}\vec{k}}{(2\pi)^3} v\left(\vec{q}',\vec{k};\vec{P}\right) g\left(\vec{k},\vec{P}\right) t\left(\vec{k},\vec{q};\vec{P}\right) \tag{5.15.24}$$

其中

$$g\left(\vec{k},\vec{P}\right) = \frac{2M^2\left(E_{k+}+E_{k-}\right)}{E_{k+}E_{k-}} \frac{\Lambda_+^{(1)}\left(\frac{1}{2}\vec{P}+\vec{k}\right)\Lambda_+^{(2)}\left(\frac{1}{2}\vec{P}-\vec{k}\right)}{\left(E_{q+}+E_{q-}\right)^2-\left(E_{k+}+E_{k-}\right)^2+\mathrm{i}\varepsilon} \tag{5.15.25}$$

于是 $G(k,P)$ 转变成了三维传播子 $g\left(\vec{k},\vec{P}\right)$，式 (5.15.19) 和式 (5.15.23) 称为 Blankenbecler-Sugar (BbS) 选择 [90]。由式 (5.15.23) 可知，中间态的相对动量类时分量 k_0 不是独立变量。由于二核子相互作用也包含弹性散射过程，于是可以推断初态和末态的类时分量 q_0 和 q_0' 也不是独立变量，因而方程 (5.15.24) 和方程 (5.15.25) 是仅含三维动量 $\vec{q}$, $\vec{k}$, $\vec{q}'$, $\vec{P}$ 的方程。

采用角度平均近似，$\left(\frac{1}{2}\vec{P}+\vec{k}\right)^2 \approx \frac{1}{4}\vec{P}^2+\vec{k}^2$ 和 $\left(\frac{1}{2}\vec{P}-\vec{k}\right)^2 \approx \frac{1}{4}\vec{P}^2+\vec{k}^2$，式 (5.15.23) 和式 (5.15.25) 便可分别简化为

$$\mathrm{i}G(k,P) = 2\pi \frac{M^2}{E_{k+}} \frac{\Lambda_+^{(1)}\left(\frac{1}{2}\vec{P}+\vec{k}\right)\Lambda_+^{(2)}\left(\frac{1}{2}\vec{P}-\vec{k}\right)}{E_{q+}^2-E_{k+}^2+\mathrm{i}\varepsilon} \delta(k_0) \tag{5.15.26}$$

$$g\left(\vec{k},\vec{P}\right) = \frac{M^2}{E_{k+}} \frac{\Lambda_+^{(1)}\left(\frac{1}{2}\vec{P}+\vec{k}\right)\Lambda_+^{(2)}\left(\frac{1}{2}\vec{P}-\vec{k}\right)}{E_{q+}^2-E_{k+}^2+\mathrm{i}\varepsilon} \tag{5.15.27}$$

由 $\delta(k_0)$ 可知，此时 $k_0=q_0=q_0'=0$。在不考虑核子自旋和同位旋的情况下，在式 (5.15.11) 中出现的正能量 Dirac 旋量可用 $u\left(\vec{p}\right)$ 表示。在式 (5.15.24) 的左端和右端分别作用上 $\bar{u}_1\left(\frac{1}{2}\vec{P}+\vec{q}'\right)\bar{u}_2\left(\frac{1}{2}\vec{P}-\vec{q}'\right)$ 和 $u_1\left(\frac{1}{2}\vec{P}+\vec{q}\right)u_2\left(\frac{1}{2}\vec{P}-\vec{q}\right)$，由于 $u\left(\vec{p}\right)$ 和 $v\left(\vec{q}',\vec{q};\vec{P}\right)$ 都是 Lorentz 不变量，于是可以定义

$$\begin{aligned}&\bar{u}_1\left(\frac{1}{2}\vec{P}+\vec{q}'\right)\bar{u}_2\left(\frac{1}{2}\vec{P}-\vec{q}'\right)v\left(\vec{q}',\vec{q};\vec{P}\right)u_1\left(\frac{1}{2}\vec{P}+\vec{q}\right)u_2\left(\frac{1}{2}\vec{P}-\vec{q}\right)\\&=\bar{u}_1\left(\vec{q}'\right)\bar{u}_2\left(-\vec{q}'\right)v\left(\vec{q}',\vec{q}\right)u_1\left(\vec{q}\right)u_2\left(-\vec{q}\right)\equiv V\left(\vec{q}',\vec{q}\right)\end{aligned}\tag{5.15.28}$$

$$\begin{aligned}&\bar{u}_1\left(\frac{1}{2}\vec{P}+\vec{q}'\right)\bar{u}_2\left(\frac{1}{2}\vec{P}-\vec{q}'\right)t\left(\vec{q}',\vec{q};\vec{P}\right)u_1\left(\frac{1}{2}\vec{P}+\vec{q}\right)u_2\left(\frac{1}{2}\vec{P}-\vec{q}\right)\\&=\bar{u}_1\left(\vec{q}'\right)\bar{u}_2\left(-\vec{q}'\right)t\left(\vec{q}',\vec{q};\vec{P}\right)u_1\left(\vec{q}\right)u_2\left(-\vec{q}\right)\equiv T\left(\vec{q}',\vec{q};\vec{P}\right)\end{aligned}\tag{5.15.29}$$

严格来说 t 矩阵 $t\left(\vec{q}',\vec{q};\vec{P}\right)$ 不是 Lorentz 不变量。再利用式 (5.15.27) 和由式 (5.15.11) 给出的不含对 λ 求和的投影算符表达式便可以得到

$$T\left(\vec{q}',\vec{q};\vec{P}\right)=V\left(\vec{q}',\vec{q}\right)+\int\frac{\mathrm{d}\vec{k}}{(2\pi)^3}V\left(\vec{q}',\vec{k}\right)\frac{M^2}{E_{k+}}\frac{1}{E_{q+}^2-E_{k+}^2+\mathrm{i}\varepsilon}T\left(\vec{k},\vec{q};\vec{P}\right)\tag{5.15.30}$$

由式 (5.15.24) 和由式 (5.15.25) 构成的方程和由式 (5.15.30) 给出的方程称为 BbS 方程。

在二核子动心系 $(\vec{P}=0)$ 中，式 (5.15.26) 和式 (5.15.30) 被简化为

$$\mathrm{i}G(k,s)=2\pi\frac{M^2}{E_{k+}}\frac{\Lambda_+^{(1)}\left(\vec{k}\right)\Lambda_+^{(2)}\left(-\vec{k}\right)}{\left(\frac{1}{4}\right)s-E_k^2+\mathrm{i}\varepsilon}\delta\left(k_0\right)\tag{5.15.31}$$

$$T\left(\vec{q}',\vec{q}\right)=V\left(\vec{q}',\vec{q}\right)+\int\frac{\mathrm{d}\vec{k}}{(2\pi)^3}V\left(\vec{q}',\vec{k}\right)\frac{M^2}{E_k}\frac{1}{\vec{q}^2-\vec{k}^2+\mathrm{i}\varepsilon}T\left(\vec{k},\vec{q}\right)\tag{5.15.32}$$

其中

$$E_k=\left[M^2+\vec{k}^2\right]^{1/2}\tag{5.15.33}$$

根据正实数半平面的留数定理又可以写出

$$f\left(P_0\right)=\frac{1}{\pi\mathrm{i}}\int_{2M}^{\infty}\frac{f\left(P_0'\right)}{P_0'-P_0-\mathrm{i}\varepsilon}\mathrm{d}P_0'\tag{5.15.34}$$

在式 (5.15.34) 中用 $G(k,P_0)$ 代替 $f(P_0)$ 并利用式 (5.15.10) 可得

$$\begin{aligned}
\mathrm{i}G(k,P) =& \mathrm{i}G(k,P_0) \\
=& -2\pi\frac{M^2}{E_{k+}E_{k-}}\frac{\Lambda_+^{(1)}\left(\frac{1}{2}\vec{P}+\vec{k}\right)\Lambda_+^{(2)}\left(\frac{1}{2}\vec{P}-\vec{k}\right)}{(E_{k+}+E_{k-})-P_0-\mathrm{i}\varepsilon} \\
&\times\delta\left[k_0-\frac{1}{2}(E_{k+}-E_{k-})\right] \\
=& 2\pi\frac{M^2}{E_{k+}E_{k-}}\frac{\Lambda_+^{(1)}\left(\frac{1}{2}\vec{P}+\vec{k}\right)\Lambda_+^{(2)}\left(\frac{1}{2}\vec{P}-\vec{k}\right)}{E_{q+}+E_{q-}-E_{k+}-E_{k-}+\mathrm{i}\varepsilon}\delta\left[k_0-\frac{1}{2}(E_{k+}-E_{k-})\right]
\end{aligned} \tag{5.15.35}$$

把式 (5.15.35) 代入式 (5.15.2) 可得到方程 (5.15.24)，其中

$$g\left(\vec{k},\vec{P}\right)=\frac{M^2}{E_{k+}E_{k-}}\frac{\Lambda_+^{(1)}\left(\frac{1}{2}\vec{P}+\vec{k}\right)\Lambda_+^{(2)}\left(\frac{1}{2}\vec{P}-\vec{k}\right)}{E_{q+}+E_{q-}-E_{k+}-E_{k-}+\mathrm{i}\varepsilon} \tag{5.15.36}$$

同样也采用角度平均近似，同样也取正能量 Dirac 旋量的矩阵元可以得到

$$T\left(\vec{q}',\vec{q};\vec{P}\right)=V\left(\vec{q}',\vec{q}\right)+\int\frac{\mathrm{d}\vec{k}}{(2\pi)^3}V\left(\vec{q}',\vec{k}\right)\frac{M^2}{E_{k+}^2}\frac{1}{2E_{q+}-2E_{k+}+\mathrm{i}\varepsilon}T\left(\vec{k},\vec{q};\vec{P}\right) \tag{5.15.37}$$

由式 (5.15.24) 和式 (5.15.36) 构成的方程及由式 (5.15.37) 给出的方程称为 Thompson 方程 [91]。在二核动心系 ($\vec{P}=0$) 中，方程 (5.15.37) 简化为

$$T\left(\vec{q}',\vec{q}\right)=V\left(\vec{q}',\vec{q}\right)+\int\frac{\mathrm{d}\vec{k}}{(2\pi)^3}V\left(\vec{q}',\vec{k}\right)\frac{M^2}{E_k^2}\frac{1}{2E_q-2E_k+\mathrm{i}\varepsilon}T\left(\vec{k},\vec{q}\right) \tag{5.15.38}$$

由于 BbS 方程和 Thompson 方程是从 BS 方程出发，做了一定近似后而得到的，因而只能说它们近似满足 Lorentz 不变性，同时还可以认为 t 矩阵 $t\left(\vec{q}',\vec{q};\vec{P}\right)$ 也近似满足 Lorentz 不变性。

5.16 Bonn 单玻色子交换势

对于强相互作用核力的描述，通常应用建立在微扰论基础上的介子理论。对于 NN 散射的最低级的贡献就是单玻色子交换图。本节将介绍 Bonn 单玻色子交换势 (OBEP) [92−94]。

当两个核子之间的距离处在非常短程的情况下，由于强子内部结构的原因，介子交换图像将不再适用，通常的做法是唯象地引入顶角形状因子。由于在非常短程的情况下是排斥力，相当于建立了一个排斥墙。

用 (J^π, I) 代表介子的自旋、宇称和同位旋。在单玻色子交换 (OBE) 中包括三种同位旋标量介子 $\sigma(0^+,0)$, $\omega(1^-,0)$ 和 $\eta(0^-,0)$ 及三种同位旋矢量介子 $\delta(0^+,1)$, $\rho(1^-,1)$ 和 $\pi(0^-,1)$。由于实验上并未证实存在 σ 介子，因而人们通常把 σ 交换看成是有效的 2π 交换。

参考式 (5.10.62) ~ 式 (5.10.65) 可以写出属于同位旋标量的标量 $\mathrm{s}(\sigma)$，矢量 $\mathrm{v}(\omega)$，赝标量 $\mathrm{ps}(\eta)$ 和轴矢量 $\mathrm{pv}(\eta)$ 介子与核子耦合的拉式密度为 [89,92−94]

$$\mathscr{L}_{\mathrm{s}} = -g_{\mathrm{s}}\bar{\psi}\psi\varphi^{(\mathrm{s})} \tag{5.16.1}$$

$$\mathscr{L}_{\mathrm{v}} = -g_{\mathrm{v}}\bar{\psi}\gamma^\mu\psi\varphi_\mu^{(\mathrm{v})} - \frac{f_{\mathrm{v}}}{4M}\bar{\psi}\sigma^{\mu\nu}\psi\left(\partial_\mu\varphi_\nu^{(\mathrm{v})} - \partial_\nu\varphi_\mu^{(\mathrm{v})}\right) \tag{5.16.2}$$

$$\mathscr{L}_{\mathrm{ps}} = -g_{\mathrm{ps}}\bar{\psi}\mathrm{i}\gamma^5\psi\varphi^{(\mathrm{ps})} \tag{5.16.3}$$

$$\mathscr{L}_{\mathrm{pv}} = -\frac{f_{\mathrm{ps}}}{m_{\mathrm{ps}}}\bar{\psi}\gamma^5\gamma^\mu\psi\partial_\mu\varphi^{(\mathrm{ps})} \tag{5.16.4}$$

其中，ψ 是核子场；$\varphi_{(\mu)}^{(\alpha)}$ 是介子场。对于相应的同位旋矢量介子 δ, ρ, π ，要把 $\varphi_{(\mu)}^{(\alpha)}$ 用 $\vec{\tau}\cdot\vec{\varphi}_{(\mu)}^{(\alpha)}$ 代替。

对于两个裸核子间发生相互作用的研究通常是在二核子动心 (c.m.) 系中进行的。图 5.11 给出了在 c.m. 系中单玻色子交换对 NN 散射贡献的费曼图。由式 (5.11.31) 可以写出与此图对应的标量介子的传播子为

$$\varDelta_{\mathrm{s}}^0(q'-q) = \frac{1}{(q_0'-q_0)^2 - \left(\vec{q}\,'-\vec{q}\right)^2 - m_{\mathrm{s}}^2} \tag{5.16.5}$$

式 (5.15.26) 表明在采用角度平均近似情况下二核传播子中含有 $\delta(k_0)$，因而有 $k_0 = q_0 = q_0' = 0$，故可以采用三维静态传播子 [92]

$$\varDelta_{\mathrm{s}}^0(q'-q) = -\frac{1}{\left(\vec{q}\,'-\vec{q}\right)^2 + m_{\mathrm{s}}^2} \tag{5.16.6}$$

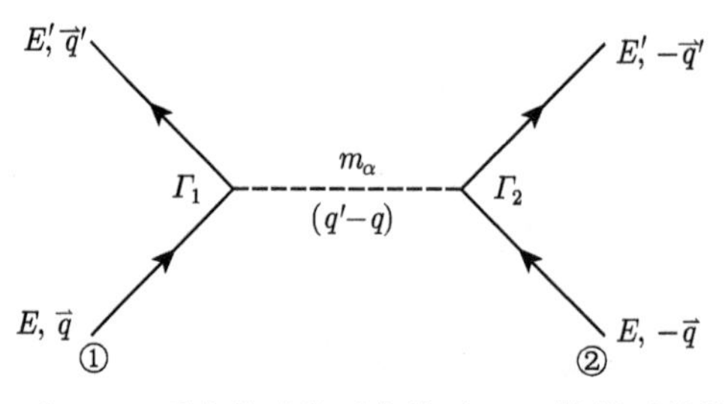

图 5.11　在 c.m. 系中单玻色子交换对 NN 散射贡献的费曼图

OBEP 的定义为

$$v_{\mathrm{OBEP}} = \sum_{\alpha=\sigma,\delta,\omega,\rho,\eta,\pi} v_{\alpha}^{\mathrm{OBE}} \tag{5.16.7}$$

对于同位旋矢量介子 δ,ρ,π 需要乘上一个因子 $\vec{\tau}_1\cdot\vec{\tau}_2$。在壳的正能自由核子平面波旋量为

$$u\left(\vec{q},\lambda\right) = \sqrt{\frac{E+M}{2M}}\begin{pmatrix} \chi_\lambda \\ \dfrac{\hat{\sigma}\cdot\vec{q}}{E+M}\chi_\lambda \end{pmatrix} \tag{5.16.8}$$

其中，$E=\left(\vec{q}^2+M^2\right)^{1/2}$。除去在 5.11 节介绍的费曼规则以外尚有以下费曼规则：

(1) 初态正能核子外线用 $u\left(\vec{q},\lambda\right)$ 表示，末态正能核子外线用 $\bar{u}\left(\vec{q},\lambda\right)$ 表示；

(2) 描述核子–核子相互作用 v 的线用 $-\mathrm{i}v$ 表示；

(3) c.m. 系中双核子初态用 $\left|\vec{q}\lambda_1\lambda_2\right\rangle$ 表示，末态用 $\left\langle\vec{q}\,'\lambda_1'\lambda_2'\right|$ 表示。

利用费曼规则首先可以写出标量介子的 OBE 振幅为

$$\left\langle\vec{q}\,'\lambda_1'\lambda_2'\right|v_{\mathrm{s}}^{\mathrm{OBE}}\left|\vec{q}\lambda_1\lambda_2\right\rangle = -\frac{g_{\mathrm{s}}^2\bar{u}\left(\vec{q}\,',\lambda_1'\right)u\left(\vec{q},\lambda_1\right)\bar{u}\left(-\vec{q}\,',\lambda_2'\right)u\left(-\vec{q},\lambda_2\right)}{\left(\vec{q}\,'-\vec{q}\right)^2+m_{\mathrm{s}}^2} \tag{5.16.9}$$

根据式 (5.11.122) 矢量介子的静态传播子为

$$D_{\mu\nu}^0\left(q'-q\right) = \frac{g_{\mu\nu}}{\left(\vec{q}\,'-\vec{q}\right)^2+m_{\mathrm{v}}^2} \tag{5.16.10}$$

在这里引入以下具有下标的 BD 度规的 γ 矩阵表示式

$$\gamma_\mu \equiv g_{\mu\mu}\gamma^\mu \tag{5.16.11}$$

$$\sigma_{\mu\nu} \equiv \frac{\mathrm{i}}{2}\left(\gamma_\mu\gamma_\nu-\gamma_\nu\gamma_\mu\right) = \frac{\mathrm{i}}{2}g_{\mu\mu}g_{\nu\nu}\left(\gamma^\mu\gamma^\nu-\gamma^\nu\gamma^\mu\right) = g_{\mu\mu}g_{\nu\nu}\sigma^{\mu\nu} \tag{5.16.12}$$

注意在以上二式中所出现的具有下标的 BD 度规的 γ 矩阵与由式 (5.1.26) 所引入的具有下标的泡利度规的 γ 矩阵是不相同的。由式 (5.12.47) 可知时空坐标中的介子传播子为

$$\mathrm{i}\Delta^0\left(x,x'\right) = \mathrm{i}\int\frac{\mathrm{d}^4k}{(2\pi)^4}\Delta^0(k)\,\mathrm{e}^{-\mathrm{i}k_\mu\left(x-x'\right)^\mu} \tag{5.16.13}$$

在顶角 x 处 $\partial_{\mu x}$ 贡献 $-\mathrm{i}k_\mu$，在顶角 x' 处 $\partial_{\mu x'}$ 贡献 $\mathrm{i}k_\mu$。在式 (5.16.2) 的第二项中 $\sigma^{\mu\nu}$ 是反对称的，因而 $\partial_\mu\varphi_\nu^{(\mathrm{v})}$ 和 $-\partial_\nu\varphi_\mu^{(\mathrm{v})}$ 有同样的贡献，我们取后者再乘以 2，并把式 (5.16.10) 中的 $g_{\mu\nu}\Rightarrow g_{\mu\mu}$ 用于第一顶角，再注意到图 5.11 中介子传播子的 4 动量是 $q'-q$，便可求得矢量介子的 OBE 振幅为

$$
\begin{aligned}
&\left\langle \vec{q}'\lambda_1'\lambda_2' \right| v_\mu^{\mathrm{OBE}} \left| \vec{q}\lambda_1\lambda_2 \right\rangle \\
&= \left[g_{\mathrm{v}}\bar{u}\left(\vec{q}',\lambda_1'\right)\gamma_\mu u\left(\vec{q},\lambda_1\right) + \frac{f_{\mathrm{v}}}{2M}\ \bar{u}\left(\vec{q}',\lambda_1'\right)\sigma_{\mu\nu}\mathrm{i}\left(q'-q\right)^\nu u\left(\vec{q},\lambda_1\right) \right] \\
&\quad \times \left[g_{\mathrm{v}}\bar{u}\left(-\vec{q}',\lambda_2'\right)\gamma^\mu u\left(-\vec{q},\lambda_2\right) - \frac{f_{\mathrm{v}}}{2M}\ \bar{u}\left(-\vec{q}',\lambda_2'\right)\sigma^{\mu\nu}\mathrm{i}\left(q'-q\right)_\nu u\left(-\vec{q}',\lambda_2\right) \right] \\
&\quad \times \frac{1}{\left[\left(\vec{q}'-\vec{q}\right)^2 + m_{\mathrm{v}}^2\right]}
\end{aligned}
\tag{5.16.14}
$$

同样可以写出

$$
\left\langle \vec{q}'\lambda_1'\lambda_2' \right| v_{\mathrm{ps}}^{\mathrm{OBE}} \left| \vec{q}\lambda_1\lambda_2 \right\rangle = \frac{-g_{\mathrm{ps}}^2\bar{u}\left(\vec{q}',\lambda_1'\right)\mathrm{i}\gamma^5 u\left(\vec{q},\lambda_1\right)\bar{u}\left(-\vec{q}',\lambda_2'\right)\mathrm{i}\gamma^5 u\left(-\vec{q},\lambda_2\right)}{\left(\vec{q}'-\vec{q}\right)^2 + m_{\mathrm{ps}}^2}
\tag{5.16.15}
$$

$$
\begin{aligned}
\left\langle \vec{q}'\lambda_1'\lambda_2' \right| v_{\mathrm{pv}}^{\mathrm{OBE}} \left| \vec{q}\lambda_1\lambda_2 \right\rangle &= \frac{f_{\mathrm{ps}}^2}{m_{\mathrm{ps}}^2}\bar{u}\left(\vec{q}',\lambda_1'\right)\gamma^5\gamma^\mu\mathrm{i}\left(q'-q\right)_\mu u\left(\vec{q},\lambda_1\right)\bar{u}\left(-\vec{q}',\lambda_2'\right) \\
&\quad \times \gamma^5\gamma^\mu\ \mathrm{i}\left(q'-q\right)_\mu u\left(-\vec{q},\lambda_2\right)\frac{1}{\left[\left(\vec{q}'-\vec{q}\right)^2 + m_{\mathrm{ps}}^2\right]}
\end{aligned}
\tag{5.16.16}
$$

对于每个介子–核子顶角所使用的形状因子为

$$
F_\alpha\left[\left(\vec{q}'-\vec{q}\right)^2\right] = \left[\frac{\Lambda_\alpha^2 - m_\alpha^2}{\Lambda_\alpha^2 + \left(\vec{q}'-\vec{q}\right)^2}\right]^{n_\alpha}
\tag{5.16.17}
$$

其中，Λ_α 称为截断质量。

由于二裸核子间会发生多次介子交换，因而需要利用 Brueckner 理论求得考虑了多次介子交换效应的有效相互作用。下面用 v 代替 v_{OBEP}，再令

$$
V\left(\vec{q}'\lambda_1'\lambda_2', \vec{q}\lambda_1\lambda_2\right) = \left\langle \vec{q}'\lambda_1'\lambda_2' \right| v \left| \vec{q}\lambda_1\lambda_2 \right\rangle
\tag{5.16.18}
$$

于是可把由式 (5.15.38) 给出的 c.m. 系中的 Thompson 方程改写成

$$
\begin{aligned}
&T\left(\vec{q}'\lambda_1'\lambda_2', \vec{q}\lambda_1\lambda_2\right) = V\left(\vec{q}'\lambda_1'\lambda_2', \vec{q}\lambda_1\lambda_2\right) \\
&\quad + \sum_{\tilde{\lambda}_1\tilde{\lambda}_2}\int \frac{\mathrm{d}\vec{k}}{(2\pi)^3} V\left(\vec{q}'\lambda_1'\lambda_2', \vec{k}\tilde{\lambda}_1\tilde{\lambda}_2\right)\frac{M^2}{E_k^2}\frac{1}{2E_q - 2E_k}T\left(\vec{k}\tilde{\lambda}_1\tilde{\lambda}_2, \vec{q}\lambda_1\lambda_2\right)
\end{aligned}
\tag{5.16.19}
$$

我们在 c.m. 系中选择初态入射粒子方向为 z 轴，末态粒子的 $\vec{q}'$ 处在 xz 平面上 (图 5.12)，相当于 $\vec{q}'$ 是把 $\vec{q}$ 绕 y 轴转动了角度 θ 而得到的。

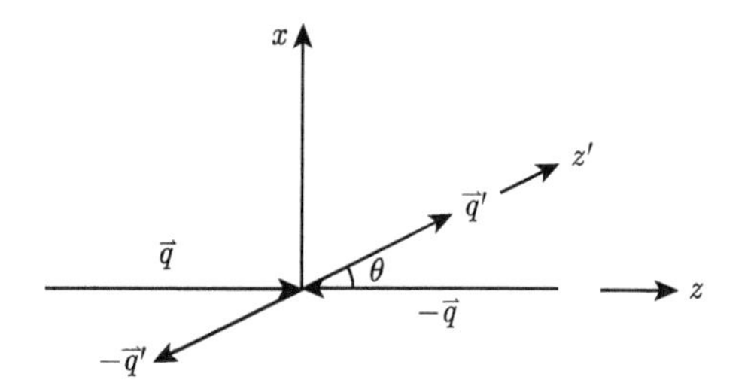

图 5.12 c.m. 系中两粒子散射示意图

在原坐标系中一点 $P(x,y,z)$ 在转动后的新坐标系中为 $P(x',y',z')$(图 5.13)，并有

$$\begin{aligned} x' &= x\cos\theta - z\sin\theta \\ y' &= y \\ z' &= x\sin\theta + z\cos\theta \end{aligned} \tag{5.16.20}$$

根据上式可以求得

$$\left.\frac{\partial}{\partial\theta}\right|_{\theta=0} = \left.\left(\frac{\partial x'}{\partial\theta}\frac{\partial}{\partial x'} + \frac{\partial z'}{\partial\theta}\frac{\partial}{\partial z'}\right)\right|_{\theta=0} = -z\frac{\partial}{\partial x} + x\frac{\partial}{\partial z}$$

可将波函数 $\psi\left(\vec{r}'\right)$ 写成

$$\psi\left(\vec{r}'\right) = \hat{R}_y\psi\left(\vec{r}\right) = \psi'\left(\vec{r}\right) \tag{5.16.21}$$

算符 $\hat{R}_y$ 可以从 $\psi\left(\vec{r}'\right)$ 的展开式求得

$$\begin{aligned} \psi\left(\vec{r}'\right) &= \psi\left(x\cos\theta - z\sin\theta,\ y,\ x\sin\theta + z\cos\theta\right) \\ &= \psi(x,y,z) + \theta\left(\frac{\partial}{\partial\theta}\psi\left(\vec{r}'\right)\right)_{\theta=0} + \frac{\theta^2}{2!}\left(\frac{\partial^2}{\partial\theta^2}\psi\left(\vec{r}'\right)\right)_{\theta=0} + \cdots \\ &= \left[1 - \theta\left(z\frac{\partial}{\partial x} - x\frac{\partial}{\partial z}\right) + \frac{\theta^2}{2!}\left(z\frac{\partial}{\partial x} - x\frac{\partial}{\partial z}\right)^2 + \cdots\right]\psi\left(\vec{r}\right) \\ &= \mathrm{e}^{-\theta\left(z\frac{\partial}{\partial x} - x\frac{\partial}{\partial z}\right)}\psi\left(\bar{r}\right) \end{aligned} \tag{5.16.22}$$

$$\hat{R}_y = \mathrm{e}^{-\mathrm{i}\theta\hat{L}_y} \tag{5.16.23}$$

设 $\chi_{\lambda_1}, \chi_{\lambda_2}, \chi_{\lambda_1'}, \chi_{\lambda_2'}$ 是 4 个粒子以自己运动方向为轴的二维螺旋波函数，而 $|\lambda_1\rangle, |\lambda_2\rangle, |\lambda_1'\rangle, |\lambda_2'\rangle$ 则为以前面所选的以公共 z 轴为轴的二维自旋波函数，注意到 λ_2 粒子的 $-\vec{q}$ 与 λ_1 的 $\vec{q}$ 方向相反以及 $\vec{q}'$ 相对于 $\vec{q}$ 的转动，便可以写出

$$|\lambda_1\rangle = \chi_{\lambda_1}, \quad |\lambda_2\rangle = \chi_{-\lambda_2} \tag{5.16.24}$$

$$\left|\lambda_1'\right\rangle = \mathrm{e}^{-\frac{\mathrm{i}}{2}\theta\hat{\sigma}_y}\chi_{\lambda_1'},\quad \left|\lambda_2'\right\rangle = \mathrm{e}^{-\frac{\mathrm{i}}{2}\theta\hat{\sigma}_y}\chi_{-\lambda_2'} \tag{5.16.25}$$

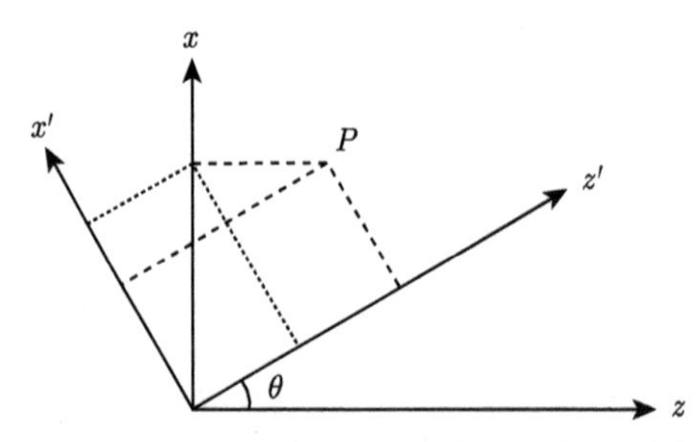

图 5.13　绕 y 轴转动了 θ 角的两个坐标系

$\left|\lambda_i^{(\prime)}\right\rangle (i=1,2)$ 是具有单位动量 $\hat{p}_i$ 的第 i 个核子的螺旋算符 $\frac{1}{2}\hat{\sigma}_i\cdot\hat{p}_i\left(=\frac{1}{2}\hat{\sigma}_{iz^{(\prime)}}\right)$ 的本征态，$(')$ 代表有撇或无撇，于是有

$$\frac{1}{2}\hat{\sigma}_i\cdot\hat{p}_i\left|\lambda_i^{(\prime)}\right\rangle = \lambda_i^{(\prime)}\left|\lambda_i^{(\prime)}\right\rangle,\quad i=1,2 \tag{5.16.26}$$

其中，$\lambda_i^{(\prime)}$ 代表核子螺旋值。约化转动矩阵元的定义为

$$d_{\lambda'\lambda}^J(\theta) = \left\langle J\lambda'\left|\mathrm{e}^{-\mathrm{i}\theta\hat{J}_y}\right|J\lambda\right\rangle \tag{5.16.27}$$

并有以下性质

$$d_{\lambda'\lambda}^J(\theta) = d_{-\lambda\ -\lambda'}^J(\theta) = (-1)^{\lambda'-\lambda}d_{\lambda\lambda'}^J(\theta) \tag{5.16.28}$$

$$\int d_{\lambda'\lambda}^J(\theta)\, d_{\lambda'\lambda}^{J'}(\theta)\ \mathrm{d}\cos\theta = \frac{2}{2J+1}\delta_{JJ'} \tag{5.16.29}$$

$$d_{00}^J(\theta) = \mathrm{P}_J(\cos\theta) \tag{5.16.30}$$

令

$$\left|\lambda_1\lambda_2\right\rangle = \chi_{\lambda_1}\chi_{-\lambda_2},\quad \left|\lambda_1'\lambda_2'\right\rangle = \chi_{\lambda_1'}\chi_{-\lambda_2'} \tag{5.16.31}$$

可以写出以下二核子系自旋耦合态波函数

$$\varphi_{\lambda_1\lambda_2} = \sum_S C_{\frac{1}{2}\lambda_1\ \frac{1}{2}\ -\lambda_2}^{S\ \lambda_1-\lambda_2}\left|\lambda_1\lambda_2\right\rangle,\quad \varphi_{\lambda_1'\lambda_2'} = \sum_{S'} C_{\frac{1}{2}\lambda_1'\ \frac{1}{2}\ -\lambda_2'}^{S'\ \lambda_1'-\lambda_2'}\left|\lambda_1'\lambda_2'\right\rangle \tag{5.16.32}$$

因为二核子系总自旋守恒，在以上二式同时展开时应保持 $S'=S$，可取的值为 0 和 1。故根据式 (5.16.27) 可以写出如下展开式 [93−95]

$$\left\langle\vec{q}'\lambda_1'\lambda_2'\right|v\left|\vec{q}\lambda_1\lambda_2\right\rangle = \frac{1}{4\pi}\sum_S(2S+1)d_{\lambda_1'-\lambda_2'\ \lambda_1-\lambda_2}^S(\theta)\left\langle\lambda_1'\lambda_2'\right|v^S(q',q)\left|\lambda_1\lambda_2\right\rangle \tag{5.16.33}$$

利用式 (5.16.29) 由上式可得

$$\langle\lambda_1'\lambda_2'|\,v^S\,(q',q)\,|\lambda_1\lambda_2\rangle=2\pi\int_{-1}^{1}d^S_{\lambda_1'-\lambda_2'\ \lambda_1-\lambda_2}(\theta)\left\langle\vec{q}\,'\lambda_1'\lambda_2'\right|v\left|\vec{q}\lambda_1\lambda_2\right\rangle\mathrm{d}\cos\theta \tag{5.16.34}$$

再进行以下展开

$$\begin{aligned}T(\vec{q}\,'\lambda_1'\lambda',\vec{q}\lambda_1\lambda_2)&\equiv\langle\lambda_1'\lambda_2'|\,T\left(\vec{q}\,',\vec{q}\right)|\lambda_1\lambda_2\rangle\\&=\frac{1}{2}\sum_{L'}(2L'+1)T^{L'}\left(q'\lambda_1'\lambda_2',q\lambda_1\lambda_2\right)\mathrm{P}_{L'}(\cos\theta)\end{aligned} \tag{5.16.35}$$

将式 (5.16.33) 和式 (5.16.35) 代入式 (5.16.19)，再从左面乘上 $\mathrm{P}_L\,(\cos\theta)$ 并对 $\cos\theta$ 积分，并注意到 $\vec{q}\,'\cdot\vec{k}$ 与 $\vec{q}\,'\cdot\vec{q}$ 和 $\vec{k}\cdot\vec{q}$ 之间满足夹角公式，便可化成只含有变量 k 的积分方程，其中每项都是 4×4 的矩阵。考虑到宇称守恒，时间反演不变和总自旋守恒，16 个矩阵元 $\langle\lambda_1'\lambda_2'|\,T\left(\vec{q}\,',\vec{q}\right)|\lambda_1\lambda_2\rangle$ 中只有以下 6 个是独立的 [95–98]

$$\langle++|\,T\,|++\rangle,\quad\langle++|\,T\,|--\rangle,\quad\langle+-|\,T\,|+-\rangle$$

$$\langle+-|\,T\,|-+\rangle,\quad\langle++|\,T\,|+-\rangle,\quad\langle+-|\,T\,|++\rangle$$

其中，$+$ 和 $-$ 分别代表螺旋值 $\dfrac{1}{2}$ 和 $-\dfrac{1}{2}$。在在壳情况下，由时间反演不变可得 $\langle++|\,T\,|+-\rangle=-\langle+-|\,T\,|++\rangle$，因而只有 5 个矩阵元是独立的。

还要考虑核子的同位旋，区分中子和质子，p-p 之间要包含库仑相互作用。

S 矩阵与 T 矩阵之间有关系式 [92,93]

$$\langle p_1'p_2'|\,S\,|p_1p_2\rangle=\langle p_1'p_2'\mid p_1p_2\rangle-2\pi\mathrm{i}\delta^{(4)}\left(p_1'+p_2'-p_1-p_2\right)\langle p_1'p_2'|\,T\,|p_1p_2\rangle \tag{5.16.36}$$

得到 S 矩阵元后，便可计算 NN 散射的截面、角分布和极化数据。同时还可以用 OBEP 通过解氘核束缚态的齐次方程来符合氘核基态性质 [92–95]。

在参考文献 [92] 中给出了由 Thompson 方程和 π, η 介子的 $\mathrm{p}\nu$ 耦合所得到的相对论动量空间的三组 OBEP(表 5.2)，其中，$g_{\mathrm{ps}}=f_{\mathrm{ps}}\dfrac{2M}{m_{\mathrm{ps}}}$；$M$ 是平均核子质量。上述 Bonn 势参数是通过 Thompson 方程计算符合 NN 散射实验数据和氘核基态性质而得到的，但是 Thompson 方程仅允许将中间态投影到正能散射态上，即在通过符合实验数据确定核力参数过程中已忽略了中间态为负能态的影响，相当于在一定程度上考虑了真空极化效应。在核物质中用 Thompson 方程或 BbS 方程进行计算时也未考虑中间态为负能态的做法与确定核力参数时的做法是一致的，同样也相当于在一定程度上考虑了真空极化效应。

近年来在用手征有效场论研究核力方面取得了新的突破 [99]，这是目前研究核力的前沿课题。

表 5.2　由 Thompson 方程和 π, η 介子的 pv 耦合所得到的相对论动量空间的 OBEP[92]

α	m_α /MeV	Bonn A		Bonn B		Bonn C	
		$g_\alpha^2/4\pi$	Λ_α/GeV	$g_\alpha^2/4\pi$	Λ_α/GeV	$g_\alpha^2/4\pi$	Λ_α/GeV
σ	550	8.3143	2.0	8.0769	2.0	8.0279	1.8
δ	983	0.7709	2.0	3.1155	1.5	5.0742	1.5
ω	782.6	20	1.5	20	1.5	20	1.5
ρ	769	0.99	1.3	0.95	1.3	0.95	1.3
η	548.8	7	1.5	5	1.5	3	1.5
π	138.03	14.9	1.05	14.6	1.2	14.6	1.3

注：$g_{\rm ps}=f_{\rm ps}\dfrac{2M}{m_{\rm ps}}$，$f_\omega/g_\omega=0$，$f_\rho/g_\rho=6.1$，$n_\alpha=1$。

5.17　基于 Dirac-Brueckner-Hartree-Fock 理论的核子相对论微观光学势

5.17.1　相对论 Brueckner 理论

在核物质介质中动量为 k 的核子所满足的 Dirac 方程已由式 (5.7.1) 给出

$$\left(\gamma^\mu k_\mu - M - \Sigma(k)\right) u\left(\vec{k},\lambda\right)=0 \tag{5.17.1}$$

其中，λ 代表核子自旋投影；自能 $\Sigma(k)$ 相当于平均场。式 (5.2.6) 已给出

$$\Sigma(k)=\Sigma^{\rm s}(k)+\gamma^0\Sigma^0(k)+\vec{\gamma}\cdot\vec{k}\Sigma^{\rm v}(k) \tag{5.17.2}$$

自能的分量可根据式 (5.13.30) 写出

$$\Sigma^{\rm s}(k)=\frac{1}{4}{\rm tr}\Sigma(k),\quad \Sigma^0(k)=\frac{1}{4}{\rm tr}\left(\gamma^0\Sigma(k)\right),\quad \Sigma^{\rm v}(k)=-\frac{1}{4k^2}{\rm tr}\left(\vec{\gamma}\cdot\vec{k}\Sigma(k)\right) \tag{5.17.3}$$

$\Sigma(k)$ 及其三个分量均为复数。把式 (5.17.2) 代入式 (5.17.1) 便可得到

$$\left\{\gamma^0\left[k_0-\Sigma^0(k)\right]-\vec{\gamma}\cdot\vec{k}\left[1+\Sigma^{\rm v}(k)\right]-\left[M+\Sigma^{\rm s}(k)\right]\right\}u\left(\vec{k},\lambda\right)=0 \tag{5.17.4}$$

令

$$M^*(k)=\frac{M+\Sigma^{\rm s}(k)}{1+\Sigma^{\rm v}(k)},\quad k_0^*=\frac{k_0-\Sigma^0(k)}{1+\Sigma^{\rm v}(k)},\quad \vec{k}^*=\vec{k} \tag{5.17.5}$$

这里的定义与式 (5.12.6) 有点不同，把式 (5.12.6) 右端除以 $[1+\Sigma^{\rm v}(k)]$ 便会得到式 (5.17.5)。式 (5.17.5) 的优点是 $\vec{k}^*=\vec{k}$。于是把式 (5.17.4) 改写成

$$\left[\gamma^\mu k_\mu^*-M^*(k)\right]u\left(\vec{k},\lambda\right)=0 \tag{5.17.6}$$

上式在形式上等价于一个自由核子的 Dirac 方程，我们把这种核子称为核物质中等价自由核子，或简称为价 (Valence) 核子。

设 $T(k)$ 是 5.16 节所讨论的在核物质中的二核子有效相互作用或称为反应矩阵。价核子的自能 $\Sigma(k)$ 与有效相互作用 $T(k)$ 及自洽传播子 G 之间的关系可用图 5.14 表示 [87]，其中右端第一项代表 Hartree 直接项，第二项代表 Fock 交换项。在费曼规则中相互作用线 V 或 T 用 $-\mathrm{i}V$ 或 $-\mathrm{i}T$ 表示，于是由图 5.14 可以写出

$$\begin{aligned}\mathrm{i}G(k)\,\Sigma(k)\,G(k) =& \mathrm{i}G(k)\int\frac{\mathrm{d}^4q}{(2\pi)^4}\{[-\mathrm{i}G(q)]\,[-\mathrm{i}T(kq,kq)]\}\mathrm{i}G(k)\\ &+\mathrm{i}G(k)\int\frac{\mathrm{d}^4q}{(2\pi)^4}\mathrm{i}G(q)\,[-\mathrm{i}T(kq,qk)]\,\mathrm{i}G(k)\end{aligned}\tag{5.17.7}$$

进而得到 [100]

$$\Sigma(k) = -\mathrm{i}\int\frac{\mathrm{d}^4q}{(2\pi)^4}\{\mathrm{tr}\,[G(q)\,T(kq,kq)] - G(q)\,T(kq,qk)\}\tag{5.17.8}$$

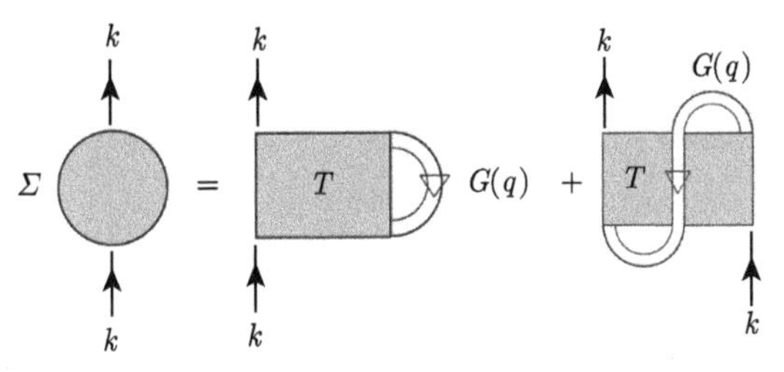

图 5.14 价核子自能 Σ 与有效相互作用 T 及自洽传播子 G 之间的关系

在核物质 (n.m.) 静止坐标系中进行相对论 Hartree-Fock (HF) 具体数值计算表明，在感兴趣的核物质密度范围内 Σ^{s} 和 Σ^0 与动量关系很弱，并且有 $\Sigma^{\mathrm{v}} \ll 1$，于是对于式 (5.17.2) 采用如下近似

$$\Sigma(k) \cong (M^* - M) + \gamma^0\Sigma^0\tag{5.17.9}$$

其中，$M^* \cong M + \Sigma^{\mathrm{s}}$ 与式 (5.17.5) 是一致的。在具体计算时我们首先取 M^* 和 Σ^0 为实常数，忽略掉 $\mathrm{Im}\Sigma$，称为准粒子近似。这一点类似于平均场包含了与动量无关的 Lorentz 标量 Σ^{s} 和类时矢量 Σ^0。在计算过程中会得到新的 M^* 和 Σ^0，可通过反复迭代来确定它们的数值。近似表达式 (5.17.9) 是在 n.m. 系中进行相对论 HF 计算中得到的，在任意坐标系中可把式 (5.17.9) 推广为

$$\Sigma(k) \cong (M^* - M) + \gamma^{\mu}\Sigma_{\mu}\tag{5.17.10}$$

而在 n.m. 系中 $\Sigma^{\mu} = \delta_{\mu 0}\Sigma^0$，$\vec{\Sigma} = 0$。

在 n.m. 系中利用由式 (5.17.5) 引入的符号，并令 $E_k^* = E^*(k)$，根据式 (5.11.91) 可以写出核物质中价核子的传播子为

$$G(k) = \left(\gamma^\mu k_\mu^* + M^*\right)\left[\frac{1}{k_\nu^* k^{\nu *} - M^{*2} + \mathrm{i}\varepsilon} + \frac{\mathrm{i}\pi}{E_k^*}\delta\left(k_0^* - E_k^*\right)\theta\left(k_\mathrm{F} - \underline{k}\right)\right] \tag{5.17.11}$$

其中，$\underline{k} = \left|\vec{k}\right|$。上式中 δ 函数表示价核子是在壳的，并有

$$E_k^* = \left(\underline{k}^2 + M^{*2}\right)^{1/2} \tag{5.17.12}$$

E_k^* 是对 E_k 的定义进行核物质修正后得到的。利用式 (5.17.10) 可得

$$\frac{1}{2E_k^*}\delta\left(k_0^* - E_k^*\right) = \delta\left(k_\nu^* k^{\nu *} - M^{*2}\right)\theta\left(k_0^*\right) \equiv \delta^+\left(k_\nu^* k^{\nu *} - M^{*2}\right) \tag{5.17.13}$$

上式定义了 δ^+ 函数，而且它是 Lorentz 标量。

根据式 (5.1.93) 可以写出满足式 (5.17.6) 的核物质中的正能量价核子的平面波旋量为

$$u\left(\vec{k}, \lambda\right) = \sqrt{\frac{E_k^* + M^*}{2M^*}}\begin{pmatrix} \chi_\lambda \\ \dfrac{\hat{\sigma}\cdot\vec{k}}{E_k^* + M^*}\chi_\lambda \end{pmatrix} \tag{5.17.14}$$

重子流密度 4 矢量的定义为

$$B^\mu = \bar{\psi}\gamma^\mu\psi \tag{5.17.15}$$

其中，ψ 是重子 Dirac 旋量。重子密度为

$$\rho_\mathrm{B} = \psi^+\psi = \bar{\psi}\gamma^0\psi = B^0 \tag{5.17.16}$$

其中，$\vec{B}(B^1, B^2, B^3)$ 是重子流密度。在 n.m. 系 (重子不流动) 中而且是在零温的情况下有

$$B_\mu B^\mu = (B^0)^2 = \rho_\mathrm{B}^2 \tag{5.17.17}$$

对于对称核物质式 (5.12.95) 已给出 $\rho_\mathrm{B} = \dfrac{2}{3\pi^2}k_\mathrm{F}^3$。在相对于 n.m. 系以速度 $\vec{v}$ 做匀速运动的任意坐标系中进行观察，重子是按 $-\vec{v}$ 的速度在流动。于是可知在新观察系中重子流速度为

$$\vec{\beta} \equiv \frac{\vec{v}}{c} = -\frac{\vec{B}}{B^0}, \quad \vec{B} = -\vec{\beta}B^0 \tag{5.17.18}$$

由于 $B_\mu B^\mu$ 是 lorentz 不变量，在任意坐标系中利用式 (5.17.17) 和式 (5.17.18) 可得

$$B_\mu B^\mu = \left(B^0\right)^2 - \vec{B}^2 = \left(1 - \beta^2\right)\left(B^0\right)^2 = \rho_\mathrm{B}^2 \tag{5.17.19}$$

$$\gamma = \left(1-\beta^2\right)^{-1/2} = \frac{B^0}{\rho_{\rm B}} \tag{5.17.20}$$

在 n.m. 系中 $\vec{\beta}=\vec{v}/c=0$，这时会有重子流密度 $\vec{B}=0$ 和自能流密度 $\vec{\Sigma}=0$。当核物质总的三维动量为 0 的时候，即在 n.m. 系中，对于对称核物质可用 $\theta\left(k_{\rm F}-\underline{k}\right)$ 代表核物质动量密度分布，称为费米球。这里的 $\vec{k}$ 代表核子在核物质中做无规费米运动的速度，再注意到 $\vec{k}^*=\vec{k}$ 便可以求得

$$\begin{aligned} k_{\rm F}^2+k_\nu^*k^{*\nu}-\frac{\left(k_\nu^*B^\nu\right)^2}{B_\mu B^\mu} &= k_{\rm F}^2+k_0^{*2}-\underline{k}^2-\frac{\left(k_0^*B_0-\vec{k}\cdot\vec{B}\right)^2}{\rho_{\rm B}^2} \\ &= k_{\rm F}^2+k_0^{*2}-\underline{k}^2-\left(k_0^{*2}+\underline{k}^2\beta^2+2\beta k_0^*\underline{k}\right) \\ &\xrightarrow[\beta\to 0]{} k_{\rm F}^2-\underline{k}^2=\left(k_{\rm F}-\underline{k}\right)\left(k_{\rm F}+\underline{k}\right) \end{aligned} \tag{5.17.21}$$

由于 $\theta\left(k_{\rm F}+\underline{k}\right)=1$，于是代表核子动量密度分布的 Lorentz 不变量 $n\left(k^*;B\right)$ 可取为

$$n\left(k^*;B\right)=\theta\left[k_{\rm F}^2+k_\nu^*k^{\nu*}-\frac{\left(k_\nu^*B^\nu\right)^2}{\left(B_\mu B^\mu\right)}\right]\xrightarrow[\text{n.m.系}]{}\theta\left(k_{\rm F}-\underline{k}\right) \tag{5.17.22}$$

利用式 (5.17.13) 和式 (5.17.22) 可把式 (5.17.11) 改写成

$$\begin{aligned} G\left(k;B\right) &= \left(\gamma^\mu k_\mu^*+M^*\right)\left[\frac{1}{k_\nu^*k^{\nu*}-M^{*2}+{\rm i}\varepsilon}+2\pi{\rm i}\delta^+\left(k_\nu^*k^{\nu*}-M^{*2}\right)n^*\left(k^*;B\right)\right] \\ &= G_{\rm F}\left(k;B\right)+G_{\rm D}\left(k;B\right) \end{aligned} \tag{5.17.23}$$

这时 $G\left(k;B\right)$ 变成了 Lorentz 不变量。由于 $G_{\rm F}$ 代表具有有效质量为 M^* 的虚的核子–反核子之间的传播，如果在计算自能 Σ 时只考虑真实存在的价核子，在计算 $\Sigma\left(k\right)$ 的表达式 (5.17.8) 时便可把 $G\left(q\right)$ 用 $G_{\rm D}\left(q;B\right)$ 代替 [87,100]，于是得到

$$\Sigma\left(k\right)=-{\rm i}\int\frac{{\rm d}^4q}{\left(2\pi\right)^4}\left\{{\rm tr}\left[G_{\rm D}\left(q;B\right)T\left(kq,kq\right)-G_{\rm D}\left(q;B\right)T\left(kq,qk\right)\right]\right\} \tag{5.17.24}$$

5.17.2 相对论泡利不相容算符

在图 5.10 中所示的两个中间态核子在核物质中可用 $\frac{1}{2}P^*+k$ 和 $\frac{1}{2}P^*-k$ 表示。根据式 (5.17.22) 其密度分布分别为 $n\left(\frac{1}{2}P^*+k;B\right)$ 和 $n\left(\frac{1}{2}P^*-k;B\right)$。由 5.16 节可知在进行角度平均情况下 $k_0=0$。由于要求这两个中间态中的某一个核子不能被散射到另一个核子的占据态，因而可以在 n.m. 系中引入如下的泡利不相容算符

$$Q\left(k,P^*;B\right)=\left[1-n\left(\frac{1}{2}P^*+k;B\right)\right]\left[1-n\left(\frac{1}{2}P^*-k;B\right)\right] \tag{5.17.25}$$

其中，$Q(k,P^*;B)$ 代表两个中间核子都没有占据的部分。注意，该泡利不相容算符并未排除核物质中核子的占据态，因而不便于被实际使用。

注意到在任意坐标系中有总的不变量

$$s^* = P^*_\mu P^{*\mu} = P_0^{*2} - \vec{P}^{*2} \tag{5.17.26}$$

而在 n.m. 系中 $\vec{B}=0$，介质不流动。在动量中心 (动心) c.m. 系中 $\vec{P}^*_c=0$，即把坐标原点固定在两个相互作用粒子的动心处，整个核物质相对于该二粒子的动心在流动，由式 (5.2.13) 可知这时重子流的速度为

$$\vec{\beta} = \frac{\vec{P}^*}{P_0^*} \tag{5.17.27}$$

其中，$\vec{\beta}$ 代表二粒子的动心相对 n.m. 系的速度，而在 c.m. 系中进行观察时重子流的速度为 $-\vec{\beta}$。并有

$$\gamma = \left(1-\beta^2\right)^{-1/2} = \frac{P_0^*}{\sqrt{s^*}} \tag{5.17.28}$$

由式 (5.1.102) 或式 (5.6.2) 给出的泡利度规的 Lorentz 矩阵在 BD 度规中应该变成

$$\alpha = \begin{pmatrix} \gamma & 0 & 0 & -\dfrac{\gamma}{c}\beta \\ 0 & 1 & 0 & 0 \\ 0 & 0 & 1 & 0 \\ -c\gamma\beta & 0 & 0 & \gamma \end{pmatrix} \tag{5.17.29}$$

对于 $\left(t,\vec{r}\right)$ 用该矩阵进行变换同样可以得到由式 (5.1.104) 给出的结果。如果速度 $\vec{v}$ 在 (x,y,z) 三个轴上均有非 0 分量，在 $\hbar=c=1$ 单位制中，可以把原始坐标系中的 $(a^0,\vec{a})$ 用以下公式变化成用下标 c 表示的新坐标系中的 $(a_c^0,\vec{a}_c)$[87]

$$a_c^0 = \gamma\left(a^0 - \vec{\beta}\cdot\vec{a}\right) \tag{5.17.30}$$

$$\vec{a}_c = \vec{a} + \vec{\beta}\gamma\left(\frac{\gamma}{\gamma+1}\vec{\beta}\cdot\vec{a} - a^0\right) \tag{5.17.31}$$

由以上二式可以写出相应的 Lorentz 变换矩阵为

$$\alpha = \begin{pmatrix} \gamma & -\gamma\beta_x & -\gamma\beta_y & -\gamma\beta_z \\ -\gamma\beta_x & 1+\dfrac{\gamma^2\beta_x^2}{\gamma+1} & \dfrac{\gamma^2\beta_x\beta_y}{\gamma+1} & \dfrac{\gamma^2\beta_x\beta_z}{\gamma+1} \\ -\gamma\beta_y & \dfrac{\gamma^2\beta_y\beta_x}{\gamma+1} & 1+\dfrac{\gamma^2\beta_y^2}{\gamma+1} & \dfrac{\gamma^2\beta_y\beta_z}{\gamma+1} \\ -\gamma\beta_z & \dfrac{\gamma^2\beta_z\beta_x}{\gamma+1} & \dfrac{\gamma^2\beta_z\beta_y}{\gamma+1} & 1+\dfrac{\gamma^2\beta_z^2}{\gamma+1} \end{pmatrix} \tag{5.17.32}$$

注意到

$$\frac{\gamma^2\beta^2}{\gamma+1}=\frac{\gamma^2\beta^2(\gamma-1)}{\gamma^2-1}=\frac{\gamma^2\beta^2(\gamma-1)}{\gamma^2(1-\gamma^{-2})}=\gamma-1$$

当 $\beta_x=\beta_y=0,\ \beta_z=\beta$ 时式 (5.17.32) 便自动退化为式 (5.17.29)。

我们取 n.m. 系为原始坐标系，取 $\vec{P}_c^*=0$ 的 c.m. 系为新坐标系 c，便有

$$\left(\vec{p}_1^{\,*}\right)_c=\left(\frac{1}{2}\vec{P}^*+\vec{k}\right)_c=\vec{k},\quad \left(\vec{p}_2^{\,*}\right)_c=\left(\frac{1}{2}\vec{P}^*-\vec{k}\right)_c=-\vec{k} \tag{5.17.33}$$

在下面将用 k 代表前面用过的 $\underline{k}=\left|\vec{k}\right|$。在 n.m. 系中粒子是在壳的，有 $(p_1^*)^0=E^*(p_1)$, 在 c.m. 系中有 $(p_1^*)_c^0=E^*(p_{1c})=E^*(k)$，并可求得

$$\begin{aligned}P_0^{*2}-\vec{P}^{*2}=s^*=(P_0^*)_c^2&=\left[E^*(p_{1c})+E^*(p_{2c})\right]^2\\&=\left[E^*(k)+E^*(-k)\right]^2=4\left(k^2+M^{*2}\right)\end{aligned} \tag{5.17.34}$$

进而得到

$$k=\left(\frac{1}{4}s^*-M^{*2}\right)^{1/2} \tag{5.17.35}$$

下面我们在 c.m. 系中研究泡利不相容算符。先令

$$E_{\mathrm{F}}^*=\left(k_{\mathrm{F}}^2+M^{*2}\right)^{1/2} \tag{5.17.36}$$

其中，k_{F} 是在 n.m. 系中定义的。利用式 (5.17.34) ~ 式 (5.17.36) 和 (5.17.19)，由式 (5.17.21) 在 c.m. 系中可得

$$\begin{aligned}n(k^*;B)&=\theta\left[E_{\mathrm{F}}^{*2}-\frac{(k_\nu^*B^\nu)^2}{\rho_{\mathrm{B}}^2}\right]\\&=\theta\left[\left(E_{\mathrm{F}}^*-\frac{k_\nu^*B^\nu}{\rho_{\mathrm{B}}}\right)\left(E_{\mathrm{F}}^*+\frac{k_\nu^*B^\nu}{\rho_{\mathrm{B}}}\right)\right]=\theta\left(E_{\mathrm{F}}^*-\frac{k_\nu^*B^\nu}{\rho_{\mathrm{B}}}\right)\end{aligned} \tag{5.17.37}$$

由于 $\dfrac{k_\nu^*B^\nu}{\rho_{\mathrm{B}}}=\dfrac{1}{\rho_{\mathrm{B}}}\left(k_0^*B^0-\vec{k}\cdot\vec{B}\right)$，在 c.m. 系中观察时 $\vec{B}/\rho_{\mathrm{B}}$ 为负数流，故式 (5.17.37) 的第二个等号后边第二个因子总为正值。注意到在式 (5.17.37) 的最后一个等式中含有 $\vec{k}\cdot\vec{B}=kB\cos\theta_k$ 项，因而由该式给出的 θ 函数会形成一个费米椭球。利用式 (5.17.18) 和式 (5.17.20)，由式 (5.17.37) 可知，在 c.m. 系中要求中间态粒子处在由在壳粒子占据态所形成的费米椭球之外的条件是

$$E_{\mathrm{F}}^*\leqslant\frac{\left(E_k^*B^0-\vec{k}\cdot\vec{B}\right)}{\rho_B}=\gamma\left(E_k^*+\vec{k}\cdot\vec{\beta}\right) \tag{5.17.38}$$

于是可以得到在 c.m. 系中 $\vec{k}$ 和 $-\vec{k}$ 两个中间态粒子所满足的泡利不相容算符为

$$Q\left(k^{*};B\right)=\theta\left[\gamma\left(E_{k}^{*}+\vec{k}\cdot\vec{\beta}\right)-E_{\mathrm{F}}^{*}\right]\theta\left[\gamma\left(E_{k}^{*}-\vec{k}\cdot\vec{\beta}\right)-E_{\mathrm{F}}^{*}\right] \tag{5.17.39}$$

其中，等号右侧相乘的两项分别对应于 $\vec{k}$ 和 $-\vec{k}$ 两个中间粒子。我们选择 $\vec{\beta}$ 方向为 z 轴，$\vec{k}$ 和 $\vec{\beta}$ 之间夹角为 θ_k。由式 (5.17.38) 可知上述费米椭球表面所满足的方程为

$$\gamma\left(E_{k}^{*}+k\beta\cos\theta_{k}\right)-E_{\mathrm{F}}^{*}=0 \tag{5.17.40}$$

在式 (5.17.40) 中取 $\cos\theta_k=0$ 便得到

$$\gamma^{2}\left(k^{2}+M^{*2}\right)=k_{\mathrm{F}}^{2}+M^{*2},\quad k^{2}-k_{\mathrm{F}}^{2}+\beta^{2}E_{\mathrm{F}}^{*2}=0 \tag{5.17.41}$$

令其解为

$$k_{\mathrm{u}}=\sqrt{k_{\mathrm{F}}^{2}-\beta^{2}E_{\mathrm{F}}^{*2}} \tag{5.17.42}$$

在式 (5.17.40) 中取 $\cos\theta_k=1$ 可得到

$$\begin{aligned}&E_{k}^{*}=\frac{1}{\gamma}E_{\mathrm{F}}^{*}-k\beta,\quad k^{2}=k_{\mathrm{F}}^{2}-\beta^{2}E_{\mathrm{F}}^{*2}+k^{2}\beta^{2}-\frac{2k\beta}{\gamma}E_{\mathrm{F}}^{*}\\&\frac{1}{\gamma^{2}}k^{2}+\frac{2k\beta}{\gamma}E_{\mathrm{F}}^{*}+\beta^{2}E_{\mathrm{F}}^{*2}=k_{\mathrm{F}}^{2},\quad \frac{k}{\gamma}+\beta E_{\mathrm{F}}^{*}=k_{\mathrm{F}}\end{aligned} \tag{5.17.43}$$

令其解为

$$k_{\mathrm{v}}=\gamma\left(k_{\mathrm{F}}-\beta E_{\mathrm{F}}^{*}\right) \tag{5.17.44}$$

在式 (5.17.40) 中取 $\cos\theta_k=-1$ 可得到

$$\frac{k}{\gamma}-\beta E_{\mathrm{F}}^{*}=k_{\mathrm{F}} \tag{5.17.45}$$

令其解为

$$k_{+}=\gamma\left(k_{\mathrm{F}}+\beta E_{\mathrm{F}}^{*}\right) \tag{5.17.46}$$

由式 (5.17.44) 和式 (5.17.46) 可知费米椭球长轴的总长为 $2\gamma k_{\mathrm{F}}$。由于费米椭球短半轴与 $\vec{\beta}$ 方向垂直，故对应于长轴中心处的短半轴仍为 k_{F}，而对应于动心处的短半径 $k_{\mathrm{u}}<k_{\mathrm{F}}$。再令

$$k_{-}=\min\left(k_{\mathrm{u}},k_{\mathrm{v}}\right) \tag{5.17.47}$$

$$\cos\alpha=\frac{\gamma E_{k}^{*}-E_{\mathrm{F}}^{*}}{\gamma\beta k} \tag{5.17.48}$$

于是可把式 (5.17.39) 改写成

$$Q\left(k^{*};B\right)=\begin{cases}0, & k<k_{-}\\ \theta\left(\cos\alpha-\cos\theta_{k}\right)\theta\left(\cos\theta_{k}+\cos\alpha\right), & k_{-}\leqslant k\leqslant k_{+}\\ 1, & k>k_{+}\end{cases} \tag{5.17.49}$$

由式 (5.17.49) 可以求得对 $\vec{k}$ 的方向角进行平均后的相对论泡利不相容算符为

$$\bar{Q}\left(k^{*};B\right)=\frac{1}{4\pi}\int \mathrm{d}\Omega_{k}Q\left(k^{*};B\right) \tag{5.17.50}$$

在式 (5.17.49) 的 $k_{-}\leqslant k\leqslant k_{+}$ 的情况下，两个 θ 函数同时为 1 的条件是

$$-\cos\alpha\leqslant\cos\theta_{k}\leqslant\cos\alpha \tag{5.17.51}$$

于是由式 (5.17.48) ~ 式 (5.17.51) 得到

$$\bar{Q}\left(k^{*};B\right)=\begin{cases}0, & k<k_{-}\\ \dfrac{\gamma E_{k}^{*}-E_{\mathrm{F}}^{*}}{\gamma\beta k}, & k_{-}\leqslant k\leqslant k_{+}\\ 1, & k>k_{+}\end{cases} \tag{5.17.52}$$

参考文献 [87], [101] 对上述 c.m. 系的相对论泡利不相容算符给出了较详细的推导，参考文献 [88], [102]~[104] 也引用了其最终结果。

下面我们研究 n.m. 系的泡利不相容算符。根据式 (5.17.22) 可以写出

$$\begin{aligned}&n\left(\frac{1}{2}P^{*}\pm k;B\right)\\ &=\theta k_{\mathrm{F}}^{2}+\left(\frac{1}{2}P^{*}\pm k\right)_{\nu}\left(\frac{1}{2}P^{*}\pm k\right)^{\nu}-\left[\left(\frac{1}{2}P^{*}\pm k\right)_{\nu}B^{\nu}\right]^{2}\Big/\left(B_{\mu}B^{\mu}\right)\end{aligned} \tag{5.17.53}$$

利用式 (5.17.18) ~ 式 (5.17.20) 和式 (5.17.27) 可以求得

$$\left(\frac{1}{2}P^{*}\pm k\right)_{\nu}\left(\frac{1}{2}P^{*}\pm k\right)^{\nu}=\left(\frac{1}{2}P_{0}^{*}\pm E_{k}^{*}\right)^{2}-\left(\frac{1}{2}P_{0}^{*}\vec{\beta}\pm\vec{k}\right)^{2} \tag{5.17.54}$$

$$\begin{aligned}\left[\left(\frac{1}{2}P^{*}\pm k\right)_{\nu}B^{\nu}\right]^{2}\Big/\left(B_{\mu}B^{\mu}\right)&=\left[\left(\frac{1}{2}P_{0}^{*}\pm E_{k}^{*}\right)B^{0}-\left(\frac{1}{2}P_{0}^{*}\vec{\beta}\pm\vec{k}\right)\cdot\vec{B}\right]^{2}\Big/\rho_{\mathrm{B}}^{2}\\ &=\gamma^{2}\left[\left(\frac{1}{2}P_{0}^{*}\pm E_{k}^{*}\right)+\left(\frac{1}{2}P_{0}^{*}\beta^{2}\pm\vec{k}\cdot\vec{\beta}\right)\right]^{2}\end{aligned} \tag{5.17.55}$$

令

$$D_{k}^{(\pm)}=\frac{1}{2}P_{0}^{*}\pm E_{k}^{*} \tag{5.17.56}$$

$$R_k^{(\pm)} = D_k^{(\pm)} + \frac{1}{2}P_0^*\beta^2 = \frac{1}{2}P_0^*\left(1+\beta^2\right) \pm E_k^* \tag{5.17.57}$$

由式 (5.17.53) 便可以得到在 n.m. 系中费米椭球表面所满足的方程为

$$\begin{aligned}&k_{\mathrm{F}}^2 + \left(\frac{1}{2}P^* \pm k\right)_\nu \left(\frac{1}{2}P^* \pm k\right)^\nu - \left[\left(\frac{1}{2}P^* \pm k\right)_\nu B^\nu\right]^2 \Big/ (B_\mu B^\mu) \\ &= k_{\mathrm{F}}^2 + D_k^{(\pm)2} - \left(\frac{1}{2}P_0^*\vec{\beta} \pm \vec{k}\right)^2 - \gamma^2\left(R_k^{(\pm)} \pm \vec{k}\cdot\vec{\beta}\right)^2 \\ &= k_{\mathrm{F}}^2 + D_k^{(\pm)2} - \frac{1}{4}P_0^{*2}\beta^2 - k^2 \mp P_0^*\beta k\cos\theta_k \\ &\quad - \gamma^2\left(R_k^{(\pm)2} + k^2\beta^2\cos^2\theta_k \pm 2k\beta R_k^{(\pm)}\cos\theta_k\right) = 0\end{aligned} \tag{5.17.58}$$

再引入符号

$$F_k^{(\pm)} = \gamma R_k^{(\pm)} + \frac{1}{2\gamma}P_0^* \tag{5.17.59}$$

$$C_k^{(\pm)} = \gamma^2 R_k^{(\pm)2} - D_k^{(\pm)2} + \frac{1}{4}\beta^2 P_0^{*2} + k^2 - k_{\mathrm{F}}^2 \tag{5.17.60}$$

可以看出当 $k \geqslant k_{\mathrm{F}}$ 时，$F_k^{(\pm)}$ 和 $C_k^{(\pm)}$ 均为正值。对于 $\frac{1}{2}P^* \pm k$ 由式 (5.17.58) 分别得到方程

$$\gamma^2 k^2\beta^2\cos^2\theta_k + 2\gamma k\beta F_k^{(+)}\cos\theta_k + C_k^{(+)} = 0 \tag{5.17.61}$$

$$\gamma^2 k^2\beta^2\cos^2\theta_k - 2\gamma k\beta F_k^{(-)}\cos\theta_k + C_k^{(-)} = 0 \tag{5.17.62}$$

以上二式与式 (5.17.58) 相比相当于乘上了 (−1)，因而以上二式左端大于 0 便表示处在费米椭球之外。

式 (5.17.61) 的解为

$$\cos\theta_{k\pm}^{(+)} = \frac{1}{\gamma^2k^2\beta^2}\left\{-\gamma k\beta F_k^{(+)} \pm \left[\left(\gamma k\beta F_k^{(+)}\right)^2 - \gamma^2k^2\beta^2 C_k^{(+)}\right]^{1/2}\right\} \equiv \frac{k_\pm^{(+)}}{k} \tag{5.17.63}$$

其中

$$k_\pm^{(+)} = \frac{1}{\gamma\beta}\left[-F_k^{(+)} \pm \left(F_k^{(+)2} - C_k^{(+)}\right)^{1/2}\right] \tag{5.17.64}$$

式 (5.17.62) 的解为

$$\cos\theta_{k\pm}^{(-)} \equiv \frac{k_\pm^{(-)}}{k} \tag{5.17.65}$$

其中

$$k_\pm^{(-)} = \frac{1}{\gamma\beta}\left[F_k^{(-)} \pm \left(F_k^{(-)2} - C_k^{(-)}\right)^{1/2}\right] \tag{5.17.66}$$

由式 (5.17.59) 和式 (5.17.60) 可得

$$
\begin{aligned}
H_k^{(\pm)} &\equiv F_k^{(\pm)2} - C_k^{(\pm)} = \frac{1}{4\gamma^2} P_0^{*2} + P_0^* R_k^{(\pm)} + D_k^{(\pm)2} - \frac{1}{4}\beta^2 P_0^{*2} - k^2 + k_{\mathrm{F}}^2 \\
&= P_0^* R_k^{(\pm)} + D_k^{(\pm)2} + \frac{1}{4}\left(1 - 2\beta^2\right) P_0^{*2} - k^2 + k_{\mathrm{F}}^2
\end{aligned} \tag{5.17.67}
$$

可以看出 $H_k^{(\pm)} \geqslant 0$ 分别是式 (5.17.61) 和 (5.17.62) 式有解的条件，而 $H_k^{(\pm)} < 0$ 分别代表式 (5.17.61) 和式 (5.17.62) 无解，即对应等式左端大于 0，即处在费米椭球之外。还要注意到 $k_-^{(+)} < 0$。

我们可以把 n.m. 系中的泡利不相容算符表示成

$$
Q\left(k^*, P^*; B\right) = Q^{(+)}\left(k^*, P^*; B\right) Q^{(-)}\left(k^*, P^*; B\right) \tag{5.17.68}
$$

其中

$$
\begin{aligned}
&Q^{(\pm)}\left(k^*, P^*; B\right) \\
&= \begin{cases}
0, & k < k_+^{(\pm)} \text{ 和 } k < -k_-^{(\pm)} \text{ 和 } H_k^{(\pm)} \geqslant 0 \\
\theta\left(\cos\theta_k - \dfrac{k_+^{(\pm)}}{k}\right), & k \geqslant \max\left(k_+^{(\pm)}, -k_+^{(\pm)}\right) \text{ 和 } k < -k_-^{(\pm)} \text{ 和 } H_k^{(\pm)} \geqslant 0 \\
\theta\left(\dfrac{k_-^{(\pm)}}{k} - \cos\theta_k\right), & k < k_+^{(\pm)} \text{ 和 } k \geqslant \max\left(k_-^{(\pm)}, -k_-^{(\pm)}\right) \text{ 和 } H_k^{(\pm)} \geqslant 0 \\
1, & \left(k < -k_+^{(\pm)} \text{ 和 } k < k_-^{(\pm)} \text{ 和 } H_k^{(\pm)} \geqslant 0\right) \text{ 或 } H_k^{(\pm)} < 0
\end{cases}
\end{aligned} \tag{5.17.69}
$$

不可能同时满足 $\cos\theta_k \geqslant \cos\theta_{k_+}^{(\pm)}$ 和 $\cos\theta_k \leqslant \cos\theta_{k_-}^{(\pm)}$。在 n.m. 系中对角度平均的相对论泡利不相容算符为

$$
\bar{Q}\left(k^*, P^*; B\right) = \frac{1}{2}\int_{-1}^{1} Q\left(k^*, P^*; B\right)\, \mathrm{d}\cos\theta_k \tag{5.17.70}
$$

参考前面介绍的 c.m. 系的泡利不相容算符，根据式 (5.17.68) ~ 式 (5.17.70) 还可以进一步求其解析表达式。

5.17.3 对称核物质中的 T 矩阵元及核物质性质的计算公式

根据式 (5.15.38) 可以写出在核物质中的 c.m. 系的 Thompson 方程为

$$
T\left(\vec{q}\,', \vec{q}\right) = V\left(\vec{q}\,', \vec{q}\right) + \int \frac{\mathrm{d}\vec{k}}{(2\pi)^3} V\left(\vec{q}\,', \vec{k}\right) \frac{M^{*2}}{E_k^{*2}} \frac{\bar{Q}(k^*; B)}{2E_q^* - 2E_k^*} T\left(\vec{k}, \vec{q}\right) \tag{5.17.71}
$$

其中，$\bar{Q}(k^*; B)$ 是对角度平均的泡利不相容算符；$T(\vec{q}\,', \vec{q})$ 是 c.m. 系中的 T 矩阵元。动心相对于 n.m. 系的速度 $\vec{\beta}$ 已由式 (5.17.27) 给出。采用 $\vec{J} = \vec{L} + \vec{S}$ 的角动

量耦合方式，利用前面研究 Bonn 单介子交换势的方法同样可以把式 (5.17.71) 化成相对动量 k 的一维方程，然后使用求逆矩阵的方法求解。设 $I = 0,1$ 是两核子系总同位旋，反对称化要求

$$(-1)^{L+S+I} = -1 \tag{5.17.72}$$

其中，L 是轨道角动量。

正如前面所述，对于对称核物质在在壳情况下只有 5 个线性独立的 T 矩阵的螺旋矩阵元，因而 T 矩阵元可以用 5 个线性独立的协变量进行展开。通常选用以下 5 个费米协变量 [87,103,105,106]

$$S=1,\quad V=\gamma_1^{\mu}\gamma_{2\mu},\quad T=\sigma_1^{\mu\nu}\sigma_{2\mu\nu},\quad A=\gamma_1^5\gamma_1^{\mu}\gamma_2^5\gamma_{2\mu},\quad P=\gamma_1^5\gamma_2^5 \tag{5.17.73}$$

我们再定义 5 个交换费米协变量

$$\tilde{S}=\tilde{S}S,\quad \tilde{V}=\tilde{S}V,\quad \tilde{T}=\tilde{S}T,\quad \tilde{A}=\tilde{S}A,\quad \tilde{P}=\tilde{S}P \tag{5.17.74}$$

其中，$\tilde{S}$ 是 S 的交换协变量，它的作用是交换粒子 1 和 2 的 Dirac 下标，例如 $\tilde{S}u(1)_\sigma u(2)_\tau = u(1)_\tau u(2)_\sigma$。5 个交换费米协变量与 5 个原始费米协变量之间满足以下 Fierz 变换关系 [105−107]

$$\begin{pmatrix}\tilde{S}\\ \tilde{V}\\ \tilde{T}\\ \tilde{A}\\ \tilde{P}\end{pmatrix} = \mathcal{F}\begin{pmatrix}S\\ V\\ T\\ A\\ P\end{pmatrix} = \frac{1}{4}\begin{pmatrix}1 & 1 & \frac{1}{2} & -1 & 1\\ 4 & -2 & 0 & -2 & -4\\ 12 & 0 & -2 & 0 & 12\\ -4 & -2 & 0 & -2 & 4\\ 1 & -1 & \frac{1}{2} & 1 & 1\end{pmatrix}\begin{pmatrix}S\\ V\\ T\\ A\\ P\end{pmatrix} \tag{5.17.75}$$

式 (5.17.73) 已经给出了费米协变算符 $\Gamma_{\rm i} = \{S,V,T,A,P\}$ 的具体形式，利用 γ 矩阵的对易关系由式 (5.17.75) 可以验证式 (5.17.74)。

根据 Hartree-Fock 理论同位旋为 I 的 t 矩阵应写成

$$t^I(q,\theta) = t^{I,\rm dir}(q,\theta) - t^{I,\rm exc}(q,\theta) \tag{5.17.76}$$

其中, θ 代表 $\vec{q}$ 和 $\vec{q}'$ 之间夹角。对于直接项可做如下展开

$$t^{I,\rm dir}(q,\theta) = \frac{1}{2}\left[F_S^I(q,\theta)S + F_V^I(q,\theta)V + F_T^I(q,\theta)T + F_A^I(q,\theta)A + F_P^I(q,\theta)P\right] \tag{5.17.77}$$

如果 $\vec{q}$ 对应于 θ 角，$-\vec{q}$ 则对应于 $\pi-\theta$ 角，二核子系同位旋 I=1 是对称的，I=0 是反对称的。可以写出 [103,106]

$$t^{I,\rm exc}(q,\theta) = (-1)^{I+1}\frac{1}{2}\left[F_S^I(q,\pi-\theta)\tilde{S} + F_V^I(q,\pi-\theta)\tilde{V}\right.$$

$$+F_T^I(q,\pi-\theta)\tilde{T}+F_A^I(q,\pi-\theta)\tilde{A}+F_P^I(q,\pi-\theta)\tilde{P}\Big] \tag{5.17.78}$$

由式 (5.17.73) 给出的 5 个费米协变量不是唯一的，例如 P 是赝标量，还可以把 P 换成通常轴矢量或者完全轴矢量形式 [103,106]。

在实际计算中有人发现如果把所有介子交换势 V 都转换成有效相互作用 T 并不能得到满意的结果，于是提出来把 T 分成两部分 [96,97]

$$T=V+\varDelta T \tag{5.17.79}$$

其中, V 是裸核子–核子相互作用。由于 NN 散射过程中单 π 交换起主要作用，为了获得满意的计算结果又提出 Subtracted T 矩阵方法 [103,106]，对于 π 和 η 介子采用完全赝矢量表示的裸 NN 相互作用，而其他介子采用赝标量表示的有效相互作用，即

$$T=T_{\text{sub}}+V_{\pi,\eta} \tag{5.17.80}$$

泡利算符 Q 与速度 β 有关，因而由式 (5.17.71) 求出的 T 矩阵元也与 β 有关。5.15 节已经明确指出 T 矩阵近似满足 Lorentz 不变性。因而在本节前面所论述的投影法中，把 T 矩阵元用 5 个线性独立的协变量进行展开，也只能看成是一种近似方法。严格来说，用这种方法所得到的结果可能会丢掉 T 矩阵元中非 Lorentz 不变量成分，在一定程度上会造成计算结果错误。上述求解 T 矩阵的方法是在 c.m. 系中进行的。用 5.16 节介绍的方法所得到的裸核子–核子相互作用 V 是 Lorentz 不变量，但是从相互作用 V 出发到求出 T 矩阵的整个过程并不能保证是 Lorentz 不变的，因而一般来说在 c.m. 系中求出的 T 矩阵在 n.m. 系中是不适用的。可以考虑按 5.2 节介绍的方法对计算结果进行坐标系变换。当然也可以像参考文献 [89] 那样，直接在 n.m. 系中求解 Thompson 方程，这时可以使用在本节前面所给出的 n.m. 系的泡利不相容算符。

在核物质中解出 T 矩阵之后便可用式 (5.17.22) ~ 式 (5.17.24) 计算核物质中核子的自能 $\varSigma(k)$。注意到我们使用的是 $\bar{u}u=1$ 平面波归一化方法，在由式 (5.11.64) 或式 (5.12.91) 给出的核子旋量场中含有因子 $\sqrt{\dfrac{M}{E}}$，故在核物质中相对论单粒子势为

$$U(k)=\frac{M^*}{E_k^*}\text{Re}\langle k|\varSigma(k)|k\rangle=\sum_{q\leqslant k_{\text{F}}}\frac{M^{*2}}{E_k^*E_q^*}\text{Re}\langle kq|T|kq-qk\rangle \tag{5.17.81}$$

如果忽略 $\varSigma^{\text{v}}(k)$，便有 $\varSigma(k)\cong\varSigma^{\text{s}}(k)+\gamma^0\varSigma^0(k)$，这时 $\varSigma^0(k)$ 项对应于 $u^+u=1$ 归一化方法，于是由式 (5.17.81) 得到

$$U(k)=\frac{M^*}{E_k^*}\varSigma^{\text{s}}(k)+\varSigma^0(k) \tag{5.17.82}$$

核物质中能量密度来源于动能和一半势能，并有

$$\varepsilon=\sum_{k\lambda}\frac{M^*}{E_k^*}\bar{u}\left(\vec{k},\lambda\right)\left[\vec{\gamma}\cdot\vec{k}+M+\frac{1}{2}\Sigma\left(k\right)\right]u\left(\vec{k},\lambda\right) \tag{5.17.83}$$

核物质中每个核子的能量称为结合能，其表达式为

$$E_{\rm b}=\frac{E}{A}-M=\frac{\varepsilon}{\rho_{\rm B}}-M \tag{5.17.84}$$

在 on-shell 情况下，由式 (5.17.5) 可以得到核物质中不含静止质量贡献的单粒子能量为

$$\varepsilon_{\rm sp}=\left(1+\Sigma^{\rm v}\left(k\right)\right)\left[k^2+M^*\left(k\right)\right]^{1/2}+\Sigma^0\left(k\right)-M \tag{5.17.85}$$

同时用式 (5.12.115) 可以计算压强 p，用式 (5.12.118) 可以计算不可压缩系数 K。

5.17.4 非对称核物质中的核子自能 [103,104]

在对称核物质中中子和质子的费米动量是相等的。然而在非对称核物质中，中子和质子占据大小不同的费米球，因而也具有不同的泡利不相容算符，并对应于不同的有效质量和自能。对于非对称核物质，需要区分 nn, pp, np 三个反应道。对于 np 反应道，考虑到反对称化对于相互作用 V 和有效期作用 T 可做以下分解

$$V_{\rm np}=V_{\rm np}^{\rm dir}-V_{\rm np}^{\rm exc},\quad T_{\rm np}=T_{\rm np}^{\rm dir}-T_{\rm np}^{\rm exc} \tag{5.17.86}$$

其中

$$V_{\rm np}^{\rm dir}=\langle{\rm np}|v|{\rm np}\rangle,\quad V_{\rm np}^{\rm exc}=\langle{\rm np}|v|{\rm pn}\rangle \tag{5.17.87}$$

对于 T 也有类似表达式。

在由式 (5.15.2) 给出的对称核物质的 BS 方程中，iG 代表两个自由核子的传播子，在形式上可用 iGG 表示，对于核物质又需要加上泡利算符 Q，对于 v 和 t 均取其螺旋矩阵元，于是可将式 (5.15.2) 用简化形式写成

$$T=V+{\rm i}\int VQGGT \tag{5.17.88}$$

对于非对称核物质需要同时处理以下 BS 方程

$$T_{\rm nn}=V_{\rm nn}+{\rm i}\int V_{\rm nn}Q_{\rm nn}G_{\rm n}G_{\rm n}T_{\rm nn} \tag{5.17.89}$$

$$T_{\rm pp}=V_{\rm pp}+{\rm i}\int V_{\rm pp}Q_{\rm pp}G_{\rm p}G_{\rm p}T_{\rm pp} \tag{5.17.90}$$

$$T_{\rm np}^{\rm dir}=V_{\rm np}^{\rm dir}+{\rm i}\int V_{\rm np}^{\rm dir}Q_{\rm np}G_{\rm n}G_{\rm p}T_{\rm np}^{\rm dir}+{\rm i}\int V_{\rm np}^{\rm exc}Q_{\rm pn}G_{\rm p}G_{\rm n}T_{\rm np}^{\rm exc} \tag{5.17.91}$$

$$T_{\mathrm{np}}^{\mathrm{exc}}=V_{\mathrm{np}}^{\mathrm{exc}}+\mathrm{i}\int V_{\mathrm{np}}^{\mathrm{exc}}Q_{\mathrm{pn}}G_{\mathrm{p}}G_{\mathrm{n}}T_{\mathrm{np}}^{\mathrm{dir}}+\mathrm{i}\int V_{\mathrm{np}}^{\mathrm{dir}}Q_{\mathrm{np}}G_{\mathrm{n}}G_{\mathrm{p}}T_{\mathrm{np}}^{\mathrm{exc}} \tag{5.17.92}$$

其中，$V_{ij}\,(i,j=\mathrm{n},\mathrm{p})$ 代表裸核子之间的单玻色子交换势。

假设在 np 反应道中，中子和质子有相同的平均有效质量。由式 (5.17.78) 可知 $T_{\mathrm{np}}^{\mathrm{dir}}$, $V_{\mathrm{np}}^{\mathrm{dir}}$ 通过 Fierz 变换与 $T_{\mathrm{np}}^{\mathrm{exc}}$,$V_{\mathrm{np}}^{\mathrm{exc}}$ 建立了关系，于是可把式 (5.17.91) 和式 (5.17.92) 化简为

$$T_{\mathrm{np}}=V_{\mathrm{np}}+\mathrm{i}\int V_{\mathrm{np}}Q_{\mathrm{np}}G_{\mathrm{n}}G_{\mathrm{p}}T_{\mathrm{np}} \tag{5.17.93}$$

根据式 (5.15.38) 可以写出核物质中有效 Thompson 传播子为

$$\mathrm{i}G_iG_j=\frac{M_i^*}{E_i^*}\frac{M_j^*}{E_j^*}\frac{1}{\sqrt{s^*}-E_i^*-E_j^*+\mathrm{i}\varepsilon} \tag{5.17.94}$$

在非对称核物质中，中子和质子的费米动量 $k_{\mathrm{F_n}}$ 和 $k_{\mathrm{F_p}}$ 是不同的，因而对于 np 反应道的泡利不相容算符要考虑大小不同的两个费米椭球。对于中子和质子而言其重子流速度 $\vec{\beta}$ 及相应的 γ 是一样的，再注意到对于 np 反应道假设中子和质子的有效质量是相等的，于是根据式 (5.17.42)、式 (5.17.44)、式 (5.17.46) ~ 式 (5.17.49)，对于 $i=\mathrm{n},\mathrm{p}$ 可以引入以下关系式

$$k_{\mathrm{u}i}=\sqrt{k_{\mathrm{F}_i}^2-\beta^2E_{\mathrm{F}_i}^{*2}} \tag{5.17.95}$$

$$k_{\mathrm{v}i}=\gamma\left(k_{\mathrm{F}_i}-\beta E_{\mathrm{F}_i}^*\right) \tag{5.17.96}$$

$$k_{+i}=\gamma\left(k_{\mathrm{F}_i}+\beta E_{\mathrm{F}_i}^*\right) \tag{5.17.97}$$

$$k_{-i}=\min\left(k_{\mathrm{u}i},k_{\mathrm{v}i}\right) \tag{5.17.98}$$

$$\cos\alpha_i=\frac{\gamma E_k^*-E_{\mathrm{F}_i}^*}{\gamma\beta k} \tag{5.17.99}$$

$$Q_i\left(k^*;B\right)=\begin{cases}0, & k<k_{-i}\\ \theta\left(\cos\alpha_i-\cos\theta_k\right)\theta\left(\cos\theta_k+\cos\alpha_i\right), & k_{-i}\leqslant k\leqslant k_{+i}\\ 1, & k>k_{+i}\end{cases} \tag{5.17.100}$$

在 c.m. 系中，np 反应道对角度平均的泡利不相容算符可以近似取为

$$\bar{Q}_{\mathrm{np}}\left(k^*;B\right)=\frac{1}{2}\int_{-1}^{1}Q_{\mathrm{n}}\left(k^*;B\right)Q_{\mathrm{p}}\left(k^*;B\right)\mathrm{d}\cos\theta_k \tag{5.17.101}$$

根据式 (5.17.8) 在形式上可以写出中子自能和质子自能分别为

$$\varSigma_{\mathrm{n}}=-\mathrm{i}\int_{\mathrm{F_n}}\left[\mathrm{tr}\left(G_{\mathrm{n}}T_{\mathrm{nn}}\right)-G_{\mathrm{n}}T_{\mathrm{nn}}\right]-\mathrm{i}\int_{\mathrm{F_p}}\left[\mathrm{tr}\left(G_{\mathrm{p}}T_{\mathrm{np}}\right)-G_{\mathrm{p}}T_{\mathrm{np}}\right] \tag{5.17.102}$$

$$\Sigma_{\mathrm{p}}=-\mathrm{i}\int_{\mathrm{F_p}}\left[\mathrm{tr}\left(G_{\mathrm{p}}T_{\mathrm{pp}}\right)-G_{\mathrm{p}}T_{\mathrm{pp}}\right]-\mathrm{i}\int_{\mathrm{F_n}}\left[\mathrm{tr}\left(G_{\mathrm{n}}T_{\mathrm{np}}\right)-G_{\mathrm{n}}T_{\mathrm{np}}\right] \tag{5.17.103}$$

核物质的不对称度定义为

$$\beta=\frac{\rho_{\mathrm{n}}-\rho_{\mathrm{p}}}{\rho} \tag{5.17.104}$$

其中，$\rho_{\mathrm{n}},\rho_{\mathrm{p}},\rho$ 分别为中子、质子和总的核密度。结合能 $E_{\mathrm{b}}\left(\rho,\beta\right)$ 是 ρ 和 β 的函数，并可展开成

$$E_{\mathrm{b}}\left(\rho,\beta\right)=E_{\mathrm{b}}\left(\rho\right)+E_{\mathrm{sym}}\left(\rho\right)\beta^{2}+O(\beta^{4}) \tag{5.17.105}$$

由上式可以得到对称能为

$$E_{\mathrm{sym}}\left(\rho\right)=\frac{1}{2}\left.\frac{\partial^{2}E_{\mathrm{b}}\left(\rho,\beta\right)}{\partial\beta^{2}}\right|_{\beta=0} \tag{5.17.106}$$

如果在式 (5.17.105) 中忽略 β^4 及 β 的更高次方项便可得到

$$E_{\mathrm{sym}}\left(b\right)\cong E_{\mathrm{b}}\left(\rho,\beta=1\right)-E_{\mathrm{b}}\left(\rho,\beta=0\right) \tag{5.17.107}$$

5.17.5　基于 DBHF 理论的核子相对论微观光学势

利用前面介绍的 Dirac-Brueckner-Hartree-Fock (DBHF) 理论可以计算核物质性质及核物质中核子的自能。由式 (5.17.3) 给出的核子自能的实部和虚部对应于核物质中核子光学势的实部和虚部。核物质饱合密度 $\rho_0\sim0.16\ \mathrm{fm}^{-3}$，由于在低密度情况下进行 DBHF 数值计算会遇到发散问题，在参考文献 [103] 中只给出了 $\rho\geqslant 0.08\ \mathrm{fm}^{-3}$ 范围的计算结果。如果想采用定域密度近似来计算有限核的微观光学势，就会遇到低密度区的自能如何选取问题。为了解决这个问题，人们通常采用一种所谓的具有与密度相关耦合常数的相对论平均场方法 [108−114]。一般做法是对于确定的密度，调整相对论平均场理论中 σ, ω 等介子的耦合常数，使其能符合在该密度下由微观 DBHF 计算所得到的自能，然后再利用所得到的与密度相关的耦合常数，通过定域密度近似用相对论平均场方法来计算有限核的基态性质 [108−113] 或微观光学势 [114]。与密度有关的介子耦合常数确定后在相对论平均场理论中可以直接解有限核方程。在参考文献 [114] 中只是针对微观光学势实部由 DBHF 计算结果获得与密度有关的介子耦合常数，事实上完全可以针对非对称核物质的微观光学实部和虚部同时自洽地获得与密度有关的介子耦合常数。关于如何用 DBHF 方法直接求解有限核问题是一项有待今后进一步发展的理论。另外，在参考文献 [115] 中用 DBHF 理论还研究了非对称核物质的离壳自能。

5.18 自旋为 1 粒子的 Proca 相对论动力学方程及其在氘核与原子核弹性散射计算中的应用

氘核是由中子和质子构成的自旋等于 1 的弱束缚态矢量粒子。为了计算氘核诱发的弹性散射及其他反应道的截面、微分截面及各种极化物理量，我们首先需要研究自旋为 1 粒子的相对论动力学方程。我们先不考虑氘核的有限大小及内部结构，暂且只把氘核看成是一种点状粒子。此外，W 玻色子也是自旋为 1 而且质量不为 0 的粒子，而光子是自旋为 1 其质量为 0 的粒子。本节将对描述自旋为 1 粒子的 Proca 相对论动力学方程进行讨论。

5.18.1 自由粒子的 Proca 方程

自旋为 1 的矢量粒子场的物理量可用 $\psi^{\mu}(x)$ 描述，相应的自由矢量粒子的拉氏密度可取为 [116,117]

$$\mathscr{L}=-\frac{1}{4}F_{\mu\nu}F^{\mu\nu}+\frac{1}{2}m^{2}\psi_{\mu}\psi^{\mu} \tag{5.18.1}$$

其中场强度张量为

$$F^{\mu\nu}=\partial^{\mu}\psi^{\nu}-\partial^{\nu}\psi^{\mu} \tag{5.18.2}$$

把式 (5.18.1) 代入拉氏方程 (5.10.6) 可得

$$\partial_{\mu}F^{\mu\nu}+m^{2}\psi^{\nu}=0 \tag{5.18.3}$$

这就是自旋为 1 的自由粒子所满足的 Proca 方程 [116−118]。如果为了消除粒子场的额外的成分，可以采用由式 (5.10.36) 给出的矢量粒子的 Lorentz 规范

$$\partial_{\nu}\psi^{\nu}=0 \tag{5.18.4}$$

这时式 (5.18.3) 就变成了如下的 Klein-Gordon 方程

$$\left(\partial_{\mu}\partial^{\mu}+m^{2}\right)\psi^{\nu}=0 \tag{5.18.5}$$

但是当存在相互作用势时，式 (5.18.4) 和式 (5.18.5) 不一定成立。

5.18.2 存在相互作用势的 Proca 方程

我们假设点状氘核与原子核的相互作用势由标量势 S 和矢量势的类时分量 V 构成，并用以下形式加入相互作用势 [118]

$$\partial_{\mu}\rightarrow D_{\mu}=\partial_{\mu}+\mathrm{i}V\delta_{\mu 0} \tag{5.18.6}$$

$$m \to \tilde{m} = m + S \tag{5.18.7}$$

对于 $\mu = 0$ 来说，式 (5.1.5) 已给出 $-\mathrm{i}E \to \dfrac{\partial}{\partial t}$，因而式 (5.18.6) 相当于 $E \to E - V$。这样便可把 Proca 方程 (5.18.3) 改写成

$$D_\mu \left(D^\mu \psi^\nu - D^\nu \psi^\mu\right) + \tilde{m}^2 \psi^\nu = 0 \tag{5.18.8}$$

参照电磁场理论，可把波函数 ψ 表示成

$$\psi = \begin{pmatrix} \phi \\ \vec{A} \end{pmatrix} \tag{5.18.9}$$

其中，ϕ 和 $\vec{A}$ 分别为场的标量成分和矢量成分。对于 $\nu = 0$，$\psi^0 = \phi$，并注意在式 (5.18.8) 中 $\mu = \nu$ 的项无贡献。我们再假设 S 和 V 均为球对称势，并注意到

$$-D_i D^0 \psi^i = -\partial_i \left(\frac{\partial}{\partial t} + \mathrm{i}V\right) \psi^i = \mathrm{i}\partial_i \left(E - V\right) \psi^i = -\mathrm{i}\frac{\mathrm{d}V}{\mathrm{d}r}\hat{r} \cdot \vec{A} + \mathrm{i}\left(E - V\right) \vec{\nabla} \cdot \vec{A}$$

并令

$$\omega = E - V \tag{5.18.10}$$

$$\varTheta = \frac{1}{\omega}\frac{\mathrm{d}V}{\mathrm{d}r} \tag{5.18.11}$$

于是由式 (5.18.8) 得到

$$\left(\vec{\nabla}^2 - \tilde{m}^2\right) \phi = -\mathrm{i}\omega \left(\varTheta \hat{r} \cdot \vec{A} - \vec{\nabla} \cdot \vec{A}\right) \tag{5.18.12}$$

对于 $\nu = i = 1, 2, 3$ 项，先注意到

$$D_\mu D^\mu \psi^i|_{\mu \neq i} = \left(\partial_\mu + \mathrm{i}V \delta_{\mu 0}\right) \left(\partial^\mu + \mathrm{i}V \delta_{\mu 0}\right) \psi^i|_{\mu \neq i} = \left(-\omega^2 - \vec{\nabla}^2\right) \psi^i + \vec{\nabla}_i^2 \psi^i$$

$$-D_\mu D^i \psi^\mu|_{\mu \neq i} = -\mathrm{i}\omega \partial_i \phi + \sum_{j \neq i} \vec{\nabla}_j \vec{\nabla}_i \psi^j$$

$$\sum_i \left(\vec{\nabla}_i^2 \psi^i + \sum_{j \neq i} \vec{\nabla}_j \vec{\nabla}_i \psi^j\right) = \sum_{i,j} \vec{\nabla}_i \vec{\nabla}_j \psi^j = \vec{\nabla} \left(\vec{\nabla} \cdot \vec{A}\right)$$

于是由式 (5.18.8) 得到

$$\left(\vec{\nabla}^2 + \omega^2 - \tilde{m}^2\right) \vec{A} = \vec{\nabla} \left(\vec{\nabla} \cdot \vec{A}\right) - \mathrm{i}\omega \vec{\nabla} \phi \tag{5.18.13}$$

为了消除式 (5.18.12) 中的 $\hat{r} \cdot \vec{A}$ 项，我们令

$$\vec{A} = \frac{E}{\omega} \vec{A}_1 \tag{5.18.14}$$

可以求得

$$\vec{\nabla}\cdot\vec{A}=\frac{E}{\omega}\vec{\nabla}\cdot\vec{A}_1+\frac{E}{\omega^2}\frac{\mathrm{d}V}{\mathrm{d}r}\hat{r}\cdot\vec{A}_1=\frac{E}{\omega}\vec{\nabla}\cdot\vec{A}_1+\frac{E}{\omega}\Theta\hat{r}\cdot\vec{A}_1$$

$$\vec{\nabla}\vec{A}=\frac{E}{\omega}\vec{\nabla}\vec{A}_1+\frac{E}{\omega^2}\frac{\mathrm{d}V}{\mathrm{d}r}\hat{r}\vec{A}_1=\frac{E}{\omega}\vec{\nabla}\vec{A}_1+\frac{E}{\omega}\Theta\hat{r}\vec{A}_1$$

于是可把式 (5.18.12) 改写成

$$\left(\vec{\nabla}^2-\tilde{m}^2\right)\phi=\mathrm{i}E\vec{\nabla}\cdot\vec{A}_1 \tag{5.18.15}$$

有公式

$$\vec{\nabla}\left(\frac{1}{r}\right)=-\frac{\vec{r}}{r^3},\quad \vec{\nabla}\cdot\vec{r}=3 \tag{5.18.16}$$

可以求得

$$\vec{\nabla}\cdot\hat{r}=\vec{\nabla}\cdot\left(\frac{\vec{r}}{r}\right)=\vec{\nabla}\left(\frac{1}{r}\right)\cdot\vec{r}+\frac{1}{r}\vec{\nabla}\cdot\vec{r}=\frac{2}{r} \tag{5.18.17}$$

注意到 $\vec{\nabla}^2=\vec{\nabla}\cdot\vec{\nabla}$，又可以求得

$$\begin{aligned}\vec{\nabla}^2\vec{A}=&\vec{\nabla}\cdot\left(\vec{\nabla}\vec{A}\right)=\vec{\nabla}\cdot\left(\frac{E}{\omega}\vec{\nabla}\vec{A}_1+\frac{E}{\omega}\Theta\hat{r}\vec{A}_1\right)=\frac{E}{\omega}\vec{\nabla}^2\vec{A}_1+\frac{E}{\omega}\Theta\hat{r}\cdot\vec{\nabla}\vec{A}_1\\&+\frac{E}{\omega}\Theta^2\vec{A}_1+\frac{E}{\omega}\Theta'\vec{A}_1+\frac{E}{\omega}\frac{2}{r}\Theta\vec{A}_1+\frac{E}{\omega}\Theta\hat{r}\cdot\vec{\nabla}\vec{A}_1\end{aligned} \tag{5.18.18}$$

其中

$$\Theta'=\frac{\mathrm{d}\Theta}{\mathrm{d}r} \tag{5.18.19}$$

再注意到

$$\vec{\nabla}\left(\hat{r}\cdot\vec{A}_1\right)=\vec{\nabla}\left(\frac{\vec{r}\cdot\vec{A}_1}{r}\right)=-\frac{\vec{r}}{r^3}\left(\vec{r}\cdot\vec{A}_1\right)+\frac{1}{r}\vec{\nabla}\left(\vec{r}\cdot\vec{A}_1\right) \tag{5.18.20}$$

便可求得

$$\begin{aligned}\vec{\nabla}\left(\vec{\nabla}\cdot\vec{A}\right)=&\vec{\nabla}\left(\frac{E}{\omega}\vec{\nabla}\cdot\vec{A}_1+\frac{E}{\omega}\Theta\hat{r}\cdot\vec{A}_1\right)=\frac{E}{\omega}\vec{\nabla}\left(\vec{\nabla}\cdot\vec{A}_1\right)+\frac{E}{\omega}\Theta\hat{r}\left(\vec{\nabla}\cdot\vec{A}_1\right)\\&+\frac{E}{\omega}\Theta^2\hat{r}\left(\hat{r}\cdot\vec{A}_1\right)+\frac{E}{\omega}\Theta'\hat{r}\left(\hat{r}\cdot\vec{A}_1\right)-\frac{E}{\omega}\Theta\frac{1}{r}\hat{r}\left(\hat{r}\cdot\vec{A}_1\right)+\frac{E}{\omega}\Theta\vec{\nabla}\left(\hat{r}\cdot\vec{A}_1\right)\end{aligned} \tag{5.18.21}$$

把式 (5.18.18) 和式 (5.18.21) 代入式 (5.18.13) 便可得到

$$\begin{aligned}\left(\vec{\nabla}^2+\omega^2-\tilde{m}^2\right)\vec{A}_1=&-\left(\Theta'+\Theta^2+\frac{2}{r}\Theta\right)\vec{A}_1-2\Theta\left(\hat{r}\cdot\vec{\nabla}\right)\vec{A}_1+\vec{\nabla}\left(\vec{\nabla}\cdot\vec{A}_1\right)\\&+\frac{\Theta}{r}\left(\vec{r}\vec{\nabla}\cdot\vec{A}_1+\vec{\nabla}\left(\vec{r}\cdot\vec{A}_1\right)\right)\end{aligned}$$

$$+\left(\Theta'+\Theta^2-\frac{\Theta}{r}\right)\hat{r}\left(\hat{r}\cdot\vec{A}_1\right)+\vec{R} \tag{5.18.22}$$

$$\vec{R}=-\mathrm{i}\frac{\omega^2}{E}\vec{\nabla}\phi \tag{5.18.23}$$

如果 $\vec{A}_1$ 已知，由式 (5.18.15) 可以解出 ϕ，再用式 (5.18.23) 便可以求得 $\vec{R}$。引入以下算符

$$\hat{Z}\equiv\vec{\nabla}^2+\omega^2-\tilde{m}^2 \tag{5.18.24}$$

由于在上式中 ω^2 中的 E^2 和 $\tilde{m}^2$ 中的 m^2 会相互抵消，因而在能量不是很高的情况下，可以近似认为 $\hat{Z}$ 远小于 ω^2。根据式 (5.18.15)，在形式上可把式 (5.18.23) 改写成

$$\vec{R}=-\omega^2\vec{\nabla}\left(\frac{1}{\omega^2-\hat{Z}}\vec{\nabla}\cdot\vec{A}_1\right) \tag{5.18.25}$$

5.18.3　与 $S=1$ 自旋算符相关的一些表达式 [119]

式 (3.1.51) 已给出在直角基表象中，自旋为 1 粒子的自旋算符在直角坐标系中的矩阵元为

$$\left[\hat{S}_k\right]_{ij}=-\mathrm{i}\varepsilon_{kij}=-\mathrm{i}\varepsilon_{ijk} \tag{5.18.26}$$

其中，ε_{ijk} 是由式 (1.2.7) 给出的三维总反对称化的单位张量；$\hat{S}$ 是 3×3 矩阵，$\vec{r}$ 和 $\vec{A}$ 是三维矢量，因而 $\left(\hat{S}\cdot\vec{r}\right)\left(\hat{S}\cdot\vec{r}\right)\vec{A}$ 也是三维矢量，用式 (5.18.26) 可以写出其矢量元为

$$\left[\left(\hat{S}\cdot\vec{r}\right)\left(\hat{S}\cdot\vec{r}\right)\vec{A}\right]_i=-\varepsilon_{ijk}\varepsilon_{jlm}r_kr_mA_l \tag{5.18.27}$$

有以下等式 [120]

$$\varepsilon_{rmn}\varepsilon_{rst}=\delta_{ms}\delta_{nt}-\delta_{mt}\delta_{ns} \tag{5.18.28}$$

左端暗含对 r 求和。于是可把式 (5.18.27) 改写成

$$\left[\left(\hat{S}\cdot\vec{r}\right)\left(\hat{S}\cdot\vec{r}\right)\vec{A}\right]_i=r_kr_kA_i-r_kr_iA_k \tag{5.18.29}$$

把上式变成矢量形式可得

$$\vec{r}\left(\vec{r}\cdot\vec{A}\right)=r^2\vec{A}-\left(\hat{S}\cdot\vec{r}\right)\left(\hat{S}\cdot\vec{r}\right)\vec{A} \tag{5.18.30}$$

又有以下矢量叉乘公式

$$\left(\vec{C}\times\vec{D}\right)_i=\varepsilon_{ijk}C_jD_k \tag{5.18.31}$$

利用上式可以写出

$$\left[\vec{\nabla}\times\left(\vec{r}\times\vec{A}\right)\right]_i=\varepsilon_{ijk}\nabla_j\varepsilon_{klm}r_lA_m \tag{5.18.32}$$

注意到 $p_j=-\mathrm{i}\nabla_j$，再利用式 (5.18.26) 可把上式右端改写成

$$\varepsilon_{ijk}\nabla_j\varepsilon_{lkm}r_lA_m=-\mathrm{i}\left[S_j\right]_{ik}p_j\left[S_l\right]_{km}r_lA_m$$

把上式代入式 (5.18.32) 可以得到以下矢量关系式

$$\vec{\nabla}\times\left(\vec{r}\times\vec{A}\right)=-\mathrm{i}\left(\hat{S}\cdot\vec{p}\right)\left(\hat{S}\cdot\vec{r}\right)\vec{A} \tag{5.18.33}$$

利用关系式 $p_ix_j=x_jp_i-\mathrm{i}\delta_{ij}$，可以求得

$$\vec{p}\,\vec{r}=p_i\vec{\mathrm{e}}_ix_j\vec{\mathrm{e}}_j=\left(x_jp_i-\mathrm{i}\delta_{ij}\right)\vec{\mathrm{e}}_i\vec{\mathrm{e}}_j=\vec{r}\,\vec{p}-\mathrm{i}\vec{\mathrm{e}}_i\vec{\mathrm{e}}_i$$

再注意到 $\hat{S}^2=2$ 便可以写出

$$\left(\hat{S}\cdot\vec{p}\right)\left(\hat{S}\cdot\vec{r}\right)=\left(\hat{S}\cdot\vec{r}\right)\left(\hat{S}\cdot\vec{p}\right)-2\mathrm{i} \tag{5.18.34}$$

这样便可以把式 (5.18.33) 改写成

$$\vec{\nabla}\times\left(\vec{r}\times\vec{A}\right)=-\mathrm{i}\left(\hat{S}\cdot\vec{r}\right)\left(\hat{S}\cdot\vec{p}\right)\vec{A}-2\vec{A} \tag{5.18.35}$$

轨道角动量 $\vec{L}=-\mathrm{i}\left(\vec{r}\times\vec{\nabla}\right)$，于是可得

$$\left(\vec{r}\times\vec{\nabla}\right)\times\vec{A}=\mathrm{i}\vec{L}\times\vec{A} \tag{5.18.36}$$

并可写出

$$\mathrm{i}\left(\vec{L}\times\vec{A}\right)_i=\mathrm{i}\varepsilon_{ijk}L_jA_k=-\mathrm{i}\varepsilon_{jik}L_jA_k \tag{5.18.37}$$

根据式 (5.18.26)、式 (5.18.36) 和式 (5.18.37) 可得

$$\left(\vec{r}\times\vec{\nabla}\right)\times\vec{A}=\left(\hat{S}\cdot\vec{L}\right)\vec{A} \tag{5.18.38}$$

有以下矢量恒等式

$$\vec{C}\left(\vec{\nabla}\cdot\vec{D}\right)=\left(\vec{C}\cdot\vec{\nabla}\right)\vec{D}+\vec{\nabla}\times\left(\vec{C}\times\vec{D}\right)-\left(\vec{D}\cdot\vec{\nabla}\right)\vec{C}+\vec{D}\left(\vec{\nabla}\cdot\vec{C}\right) \tag{5.18.39}$$

再注意到

$$\left(\vec{A}\cdot\vec{\nabla}\right)\vec{r}=A_i\vec{\mathrm{e}}_i\cdot\vec{\mathrm{e}}_j\frac{\mathrm{d}}{\mathrm{d}x_j}x_k\vec{\mathrm{e}}_k=A_i\vec{\mathrm{e}}_i\cdot\vec{\mathrm{e}}_j\vec{\mathrm{e}}_j=\vec{A} \tag{5.18.40}$$

利用上式由式 (5.18.39) 可以得到

$$\vec{r}\left(\vec{\nabla}\cdot\vec{A}\right)=2\vec{A}+\left(\vec{r}\cdot\vec{\nabla}\right)\vec{A}+\vec{\nabla}\times\left(\vec{r}\times\vec{A}\right) \tag{5.18.41}$$

把式 (5.18.35) 代入上式可得

$$\vec{r}\left(\vec{\nabla}\cdot\vec{A}\right)=\left(\vec{r}\cdot\vec{\nabla}\right)\vec{A}-\mathrm{i}\left(\hat{S}\cdot\vec{r}\right)\left(\hat{S}\cdot\vec{p}\right)\vec{A} \tag{5.18.42}$$

由式 (5.18.31) 可以写出

$$\left[\vec{r}\times\left(\vec{\nabla}\times\vec{A}\right)\right]_i=\varepsilon_{ijk}r_j\varepsilon_{klm}\nabla_l A_m=\varepsilon_{kij}\varepsilon_{klm}r_j\nabla_l A_m \tag{5.18.43}$$

利用式 (5.18.28) 可以写出

$$\varepsilon_{kij}\varepsilon_{klm}=\delta_{il}\delta_{jm}-\delta_{im}\delta_{jl}+\delta_{ml}\delta_{ij}-\delta_{ml}\delta_{ij}=\varepsilon_{ikm}\varepsilon_{kjl}+\delta_{ml}\delta_{ij}-\delta_{im}\delta_{jl}$$

于是可把式 (5.18.43) 改写成

$$\left[\vec{r}\times\left(\vec{\nabla}\times\vec{A}\right)\right]_i=\left(\varepsilon_{kjl}\varepsilon_{ikm}+\delta_{ij}\delta_{ml}-\delta_{im}\delta_{jl}\right)r_j\nabla_l A_m \tag{5.18.44}$$

把上式用矢量符号写出则为

$$\vec{r}\times\left(\vec{\nabla}\times\vec{A}\right)=\left(\vec{r}\times\vec{\nabla}\right)\times\vec{A}+\vec{r}\left(\vec{\nabla}\cdot\vec{A}\right)-\left(\vec{r}\cdot\vec{\nabla}\right)\vec{A} \tag{5.18.45}$$

利用式 (5.18.38) 和式 (5.18.42)，由式 (5.18.45) 可得

$$\vec{r}\times\left(\vec{\nabla}\times\vec{A}\right)=\left(\hat{S}\cdot\vec{L}\right)\vec{A}-\mathrm{i}\left(\hat{S}\cdot\vec{r}\right)\left(\hat{S}\cdot\vec{p}\right)\vec{A} \tag{5.18.46}$$

又有以下矢量恒等式

$$\vec{\nabla}\left(\vec{C}\cdot\vec{D}\right)=\left(\vec{D}\cdot\vec{\nabla}\right)\vec{C}+\left(\vec{C}\cdot\vec{\nabla}\right)\vec{D}+\vec{D}\times\left(\vec{\nabla}\times\vec{C}\right)+\vec{C}\times\left(\vec{\nabla}\times\vec{D}\right) \tag{5.18.47}$$

注意到 $\vec{\nabla}\times\vec{r}=0$ 便可以由上式写出

$$\vec{\nabla}\left(\vec{r}\cdot\vec{A}\right)=\left(\vec{A}\cdot\vec{\nabla}\right)\vec{r}+\left(\vec{r}\cdot\vec{\nabla}\right)\vec{A}+\vec{r}\times\left(\vec{\nabla}\times\vec{A}\right) \tag{5.18.48}$$

再利用式 (5.18.40)、式 (5.18.45) 和式 (5.18.41) 由上式可得

$$\vec{\nabla}\left(\vec{r}\cdot\vec{A}\right)=3\vec{A}+\left(\vec{r}\cdot\vec{\nabla}\right)\vec{A}+\left(\vec{r}\times\vec{\nabla}\right)\times\vec{A}+\vec{\nabla}\times\left(\vec{r}\times\vec{A}\right) \tag{5.18.49}$$

把式 (5.18.35) 和式 (5.18.38) 代入上式可得

$$\vec{\nabla}\left(\vec{r}\cdot\vec{A}\right)=\vec{A}+\left(\vec{r}\cdot\vec{\nabla}\right)\vec{A}+\left(\hat{S}\cdot\vec{L}\right)\vec{A}-\mathrm{i}\left(\hat{S}\cdot\vec{r}\right)\left(\hat{S}\cdot\vec{p}\right)\vec{A} \tag{5.18.50}$$

5.18.4 类薛定谔方程形式的 Proca 方程

式 (3.13.1) 给出以下表达式

$$T_2\left(\vec{a},\vec{b}\right)\cdot T_2\left(\vec{c},\vec{d}\right)=\left(\vec{a}\cdot\vec{c}\right)\left(\vec{b}\cdot\vec{d}\right)-\frac{1}{2}\left(\vec{a}\times\vec{b}\right)\cdot\left(\vec{c}\times\vec{d}\right)$$
$$-\frac{1}{3}\left(\vec{a}\cdot\vec{b}\right)\left(\vec{c}\cdot\vec{d}\right) \tag{5.18.51}$$

如果在上式中令 $\vec{a}=\vec{b}=\hat{S},\ \vec{c}=\vec{A},\vec{d}=\vec{B}$ 便可得到

$$T_{AB}=\left(\hat{S}\cdot\vec{A}\right)\left(\hat{S}\cdot\vec{B}\right)-\frac{\mathrm{i}}{2}\hat{S}\cdot\left(\vec{A}\times\vec{B}\right)-\frac{2}{3}\left(\vec{A}\cdot\vec{B}\right) \tag{5.18.52}$$

若取 $\vec{A}=\vec{B}=\vec{r}$，便可定义以下空间–空间张量算符

$$T_{\mathrm{RR}}=r^2\left[\left(\hat{S}\cdot\hat{r}\right)^2-\frac{2}{3}\right] \tag{5.18.53}$$

若取 $\vec{A}=\vec{r},\vec{B}=\vec{p}$，便可定义以下空间–动量张量算符

$$\begin{aligned}T_{\mathrm{RP}}&=\left(\hat{S}\cdot\vec{r}\right)\left(\hat{S}\cdot\vec{p}\right)-\frac{\mathrm{i}}{2}\hat{S}\cdot\vec{L}-\frac{2}{3}\left(\vec{r}\cdot\vec{p}\right)\\&=\left(\hat{S}\cdot\vec{r}\right)\left(\hat{S}\cdot\vec{p}\right)-\frac{\mathrm{i}}{2}\hat{S}\cdot\vec{L}+\frac{2\,\mathrm{i}}{3}\left(\vec{r}\cdot\vec{\nabla}\right)\end{aligned} \tag{5.18.54}$$

我们令

$$k^2=E^2-m^2 \tag{5.18.55}$$

再注意到 $\vec{\nabla}^2=-p^2$，把方程 (5.18.22) 除以 $(-2E)$ 可得

$$\begin{aligned}&\left\{\frac{p^2}{2E}+\frac{1}{2E}\left(-\omega^2+\tilde{m}^2+k^2-\left[\Theta'+\Theta\left(\Theta+\frac{2}{r}\right)\right]\right)\right\}\vec{A}_1\\&-\frac{1}{2E}\frac{2\Theta}{r}\left(\vec{r}\cdot\vec{\nabla}\right)\vec{A}_1+\frac{1}{2E}\vec{\nabla}\left(\vec{\nabla}\cdot\vec{A}_1\right)+\frac{1}{2E}\frac{\Theta}{r}\left[\vec{r}\vec{\nabla}\cdot\vec{A}_1+\vec{\nabla}\left(\vec{r}\cdot\vec{A}_1\right)\right]\\&+\frac{1}{2E}\left[\Theta'+\Theta\left(\Theta-\frac{1}{r}\right)\right]\hat{r}\left(\hat{r}\cdot\vec{A}_1\right)+\frac{\vec{R}}{2E}=\frac{k^2}{2E}\vec{A}_1\end{aligned} \tag{5.18.56}$$

当能量很低时，$\dfrac{k^2}{2E}$ 相当于非相对论动能。先用式 (5.18.42)、式 (5.18.50) 和式 (5.18.54) 合并在式 (5.18.56) 中出现的以下三项

$$\begin{aligned}&\vec{r}\vec{\nabla}\cdot\vec{A}_1+\vec{\nabla}\left(\vec{r}\cdot\vec{A}_1\right)-2\left(\vec{r}\cdot\vec{\nabla}\right)\vec{A}_1\\&=\left(\vec{r}\cdot\vec{\nabla}\right)\vec{A}_1-\mathrm{i}\left(\hat{S}\cdot\vec{r}\right)\left(\hat{S}\cdot\vec{p}\right)\vec{A}_1+\vec{A}_1\\&\quad+\left(\vec{r}\cdot\vec{\nabla}\right)\vec{A}_1+\left(\hat{S}\cdot\vec{L}\right)\vec{A}_1-\mathrm{i}\left(\hat{S}\cdot\vec{r}\right)\left(\hat{S}\cdot\vec{p}\right)\vec{A}_1-2\left(\vec{r}\cdot\vec{\nabla}\right)\vec{A}_1\end{aligned}$$

$$
\begin{aligned}
&=\vec{A}_1+\left(\hat{S}\cdot\vec{L}\right)\vec{A}_1-2\mathrm{i}\left(\hat{S}\cdot\vec{r}\right)\left(\hat{S}\cdot\vec{p}\right)\vec{A}_1\\
&=\vec{A}_1+\left(\hat{S}\cdot\vec{L}\right)\vec{A}_1-2\mathrm{i}\left[T_{\mathrm{RP}}+\frac{\mathrm{i}}{2}\left(\hat{S}\cdot\vec{L}\right)-\frac{2\,\mathrm{i}}{3}\left(\vec{r}\cdot\vec{\nabla}\right)\right]\vec{A}_1\\
&=\vec{A}_1+2\left(\hat{S}\cdot\vec{L}\right)\vec{A}_1-\frac{4}{3}\left(\vec{r}\cdot\vec{\nabla}\right)\vec{A}_1-2\mathrm{i}T_{\mathrm{RP}}
\end{aligned}
\tag{5.18.57}
$$

根据式 (5.18.30) 和式 (5.18.53) 可得

$$
\hat{r}\left(\hat{r}\cdot\vec{A}_1\right)=\left[1-\left(\hat{S}\cdot\hat{r}\right)^2\right]\vec{A}_1=-\frac{T_{\mathrm{RR}}}{r^2}\vec{A}_1+\frac{1}{3}\vec{A}_1 \tag{5.18.58}
$$

再对前面出现的部分中心势进行合并

$$
-\left[\Theta'+\Theta\left(\Theta+\frac{2}{r}\right)\right]+\frac{\Theta}{r}+\frac{1}{3}\left[\Theta'+\Theta\left(\Theta-\frac{1}{r}\right)\right]=-\frac{2}{3}\left[\Theta'+\Theta\left(\Theta+\frac{2}{r}\right)\right] \tag{5.18.59}
$$

利用式 (5.18.57) ∼ 式 (5.18.59) 给出的结果可把式 (5.18.56) 改写成

$$
\left[\frac{p^2}{2E}+U_{\mathrm{c}}+U_{\mathrm{SO}}\hat{S}\cdot\vec{L}+U_{\mathrm{D}}\left(\vec{r}\cdot\vec{\nabla}\right)+U_{\mathrm{RR}}\left(\frac{T_{\mathrm{RR}}}{r^2}\right)+\mathrm{i}U_{\mathrm{RP}}T_{\mathrm{RP}}\right]\vec{A}_1+\frac{1}{2E}\left(\vec{Q}+\vec{R}\right)=\frac{k^2}{2E}\vec{A}_1 \tag{5.18.60}
$$

其中，$U_{\mathrm{c}}, U_{\mathrm{SO}}, U_{\mathrm{D}}, U_{\mathrm{RR}}, U_{\mathrm{RP}}$ 分别为中心势、自旋–轨道耦合势、Darwin 势、空间–空间张量势、空间–动量张量势，其表达式分别为

$$
U_{\mathrm{c}}=\frac{1}{2E}\left\{-\omega^2+\tilde{m}^2+k^2-\frac{2}{3}\left[\Theta'+\Theta\left(\Theta+\frac{2}{r}\right)\right]\right\} \tag{5.18.61}
$$

$$
U_{\mathrm{SO}}=\frac{1}{2E}\frac{2\Theta}{r} \tag{5.18.62}
$$

$$
U_{\mathrm{D}}=-\frac{1}{2E}\frac{4\Theta}{3r} \tag{5.18.63}
$$

$$
U_{\mathrm{RR}}=-\frac{1}{2E}\left[\Theta'+\Theta\left(\Theta-\frac{1}{r}\right)\right] \tag{5.18.64}
$$

$$
U_{\mathrm{RP}}=-\frac{1}{2E}\frac{2\Theta}{r} \tag{5.18.65}
$$

同时还有

$$
\vec{Q}=\vec{\nabla}\left(\vec{\nabla}\cdot\vec{A}_1\right) \tag{5.18.66}
$$

而 $\vec{R}$ 已由式 (5.18.23) 给出。式 (5.18.60) 称为类薛定谔方程形式的 Proca 方程。

此外还需要人为加上库仑势，可以像 5.3 节讨论自旋 $\frac{1}{2}$ 粒子库仑势那样，在式 (5.18.60) 中令 $U_{\rm c} \to U_{\rm c} + \frac{\mu}{E} V_{\rm C}$，其中 μ 为氘核折合质量。如果在核势中除去标量势 S 和矢量势的类时分量 V 以外还要加上其他成分的光学势，则所得到的 Proca 方程也需要做相应的变化。

5.18.5 关于用 Proca 方程计算氘核与原子核弹性散射问题的讨论

当用 Proca 方程计算氘核与原子核的弹性散射时，可以直接采用氘核唯象光学势，也可以用折叠模型由核子–核子相互作用势求出氘核光学势，在折叠模型中可以考虑也可以不考虑氘核破裂道的贡献，也可以选用从有效核力、现实核力或介子交换耦合常数所得到的氘核微观光学势。

方程 (5.18.60) 和方程 (5.18.15) 构成了 4 矢量场 $\left(\phi, \vec{A}_1\right)$ 的联立方程组。如果在方程 (5.18.60) 中令 $\vec{Q} = \vec{R} = 0$，相当于略掉 $\vec{\nabla}\left(\vec{\nabla} \cdot \vec{A}_1\right)$ 项和 ϕ 项，其实只要令 $\vec{\nabla} \cdot \vec{A}_1 = 0$，就会同时使 $\vec{Q} = \vec{R} = 0$。这时方程 (5.18.60) 就给出了 $\vec{A}_1$ 的三个分量不相互耦合的三个方程。如果选择入射粒子方向为 z 轴，整个系统是轴对称的，于是在球坐标系中只需考虑 $\vec{A}_1$ 的径向分量和极角分量的两个方程。对于这两个变量可以只解 $\vec{A}_1$ 的径向分量方程，于是便可以像在非相对论情况下解薛定谔方程那样，可采用对波函数进行变换以及分离变量等数学处理方法，在解径向方程时再引入 S 矩阵，给出散射振幅，进而计算氘核弹性散射的微分截面及各种极化物理量。有时认为在方程 (5.18.60) 中，Darwin 项和两个张量项贡献比较小而被忽略掉。在参考文献 [118] 中用 Proca 方程计算了实验室系 400 MeV 的 $\mathrm{d} + {}^{58}\mathrm{Ni}$ 和 700 MeV 的 $\mathrm{d} + {}^{40}\mathrm{Ca}$ 弹性散射的微分截面 $\frac{\mathrm{d}\sigma}{\mathrm{d}\Omega}$，矢量分析本领 A_y 和张量分析本领 A_{yy}。${}^{58}\mathrm{Ni}$ 和 ${}^{40}\mathrm{Ca}$ 是自旋为 0 的靶核，根据本书第 3 章所介绍的理论，对于自旋不为 0 的靶核同样也可以进行计算。

当 $\vec{\nabla} \cdot \vec{A}_1 \neq 0$ 时，由方程 (5.18.60) 和方程 (5.18.15) 可以看出，这时 $\vec{A}_1$ 的三个分量和标量波函数 ϕ 满足耦合方程，在轴对称系统中，也有三个波函数分量要耦合求解，而且每个波函数分量中都有径向变量。在这种情况下，如何进行数值求解，并如何进而计算核反应的微分截面和各种极化物理量，是有待做进一步研究的课题。

在 Proca 方程中，描述场物理量的波函数用由标量场 ϕ 和矢量场 $\vec{A}$ 构成的 4 矢量场表示。还有一种可用于描述自旋为 1 粒子的 Kemmer-Duffin-Petiau (KDP) 方程 [118,119,121]，其中描述场物理量的波函数用把 $\left(\phi, \vec{A}, \vec{E}, -\vec{B}\right)$ 排成一列所构成的 10 维矢量表示。我们知道在电磁场理论中 $\vec{E}$ 和 $\vec{B}$ 是可以由 ϕ 和 $\vec{A}$ 求出来的。按照惯例，各种物理量都应该能从波函数求出来，而把属于导出量的 $\vec{E}$ 和 $\vec{B}$ 放进作为基本物理量的波函数中不大符合惯例，其实在解 KDP 方程时，最终还是要化成 ϕ 和 $\vec{A}$ 的方程再进行求解。

5.19　自旋为 1 粒子的 Weinberg 相对论动力学方程及关于将其用在氘核与原子核弹性散射问题的讨论

5.19.1　自由粒子的 Weinberg 方程

自旋 $\frac{1}{2}$ 核子的自旋算符用 2×2 矩阵表示，在 Dirac 方程中波函数分为上分量和下分量，于是其整个自旋空间用 4×4 的 γ 矩阵描述，并且，在低能近似情况下，下分量的贡献可以被忽略，会自动退化到只有上分量的 2×2 的自旋空间。自旋为 1 粒子自旋算符用 3×3 矩阵表示，在描述自旋为 1 粒子的 Weinberg 方程 [122,123] 中，也是把波函数表示成

$$\psi=\begin{pmatrix}\vec{A}\\ \vec{B}\end{pmatrix} \tag{5.19.1}$$

其中，$\vec{A}$ 和 $\vec{B}$ 分别为波函数的上分量和下分量，且均为三维矢量。Weinberg 方程可以写成 [116−118]

$$\left(p_\mu p_\nu\gamma^{\mu\nu}-m^2\right)\psi=0 \tag{5.19.2}$$

其中，m 为粒子静止质量；$\gamma^{\mu\nu}$ 是 6×6 矩阵，其具体表达式为

$$\gamma^{00}=\begin{pmatrix}\hat{I}_3 & \hat{0}\\ \hat{0} & \hat{I}_3\end{pmatrix} \tag{5.19.3}$$

$$\gamma^{0i}=\gamma^{i0}=\begin{pmatrix}\hat{0} & \hat{S}_i\\ -\hat{S}_i & \hat{0}\end{pmatrix} \tag{5.19.4}$$

$$\gamma^{ij}=\begin{pmatrix}\hat{S}_i\hat{S}_j+\hat{S}_j\hat{S}_i-\delta_{ij}\hat{I}_3 & \hat{0}\\ \hat{0} & -\left(\hat{S}_i\hat{S}_j+\hat{S}_j\hat{S}_i-\delta_{ij}\hat{I}_3\right)\end{pmatrix} \tag{5.19.5}$$

其中，$\hat{I}_k$ 是 $k\times k$ 的单位矩阵；$\hat{S}_i$ 是自旋为 1 粒子的自旋算符。

我们进行以下矩阵分解

$$p_\mu p_\nu\gamma^{\mu\nu}=\begin{pmatrix}\varGamma_{11} & \varGamma_{12}\\ \varGamma_{21} & \varGamma_{22}\end{pmatrix} \tag{5.19.6}$$

其中，$\Gamma_{ij}\,(i,j=1,2)$ 为 3×3 矩阵。对于定态系统，根据式 (5.1.61) 可知

$$(p_0,p_1,p_2,p_3)=\left(E,-\vec{p}\right) \tag{5.19.7}$$

利用式 (5.19.3) ~ 式 (5.19.7) 可得

$$\Gamma_{11}=E^2+2\left(\hat{S}\cdot\vec{p}\right)^2-\vec{p}^{\,2}=2\left(\hat{S}\cdot\vec{p}\right)^2+m^2 \tag{5.19.8}$$

$$\Gamma_{12}=-2E\hat{S}\cdot\vec{p} \tag{5.19.9}$$

$$\Gamma_{21}=2E\hat{S}\cdot\vec{p} \tag{5.19.10}$$

$$\Gamma_{22}=-\left[E^2+2\left(\hat{S}\cdot\vec{p}\right)^2-\vec{p}^{\,2}\right]=-\left[2\left(\hat{S}\cdot\vec{p}\right)^2+m^2\right] \tag{5.19.11}$$

把式 (5.19.6) 代入式 (5.19.2) 可得

$$\begin{pmatrix}\Gamma_{11}-m^2 & \Gamma_{12}\\ \Gamma_{21} & \Gamma_{22}-m^2\end{pmatrix}\begin{pmatrix}\vec{A}\\ \vec{B}\end{pmatrix}=0 \tag{5.19.12}$$

又可以把上式改写成

$$\frac{1}{2}\begin{pmatrix}-\left(\Gamma_{11}-m^2\right) & -\Gamma_{12}\\ \Gamma_{21} & \Gamma_{22}-m^2\end{pmatrix}\begin{pmatrix}\vec{A}\\ \vec{B}\end{pmatrix}=0 \tag{5.19.13}$$

于是把式 (5.19.8) ~ 式 (5.19.11) 代入式 (5.19.13) 可得

$$\begin{pmatrix}-\left(\hat{S}\cdot\vec{p}\right)^2 & E\left(\hat{S}\cdot\vec{p}\right)\\ E\left(\hat{S}\cdot\vec{p}\right) & -\left[\left(\hat{S}\cdot\vec{p}\right)^2+m^2\right]\end{pmatrix}\begin{pmatrix}\vec{A}\\ \vec{B}\end{pmatrix}=0 \tag{5.19.14}$$

这就是自旋为 1 的自由粒子的 Weinberg 方程。

5.19.2 存在相互作用势的 Weinberg 方程

我们假设自旋为 1 的粒子只具有标量势 S 和矢量势的类时分量 V，并且仍然采用由式 (5.18.6) 和式 (5.18.7) 给出的方式引入相互作用势 [118]，再注意到式 (5.1.62) 便可把方程 (5.19.2) 改写成

$$\left[\left(\mathrm{i}\partial_\mu-V\delta_{\mu 0}\right)\left(\mathrm{i}\partial_\nu-V\delta_{\nu 0}\right)\gamma^{\mu\nu}-\tilde{m}^2\right]\psi=0 \tag{5.19.15}$$

我们做以下矩阵分解

$$\left(\mathrm{i}\partial_\mu-V\delta_{\mu 0}\right)\left(\mathrm{i}\partial_\nu-V\delta_{\nu 0}\right)\gamma^{\mu\nu}=\begin{pmatrix}\Lambda_{11} & \Lambda_{12}\\ \Lambda_{21} & \Lambda_{22}\end{pmatrix} \tag{5.19.16}$$

其中，$\Lambda_{ij}\,(i,j=1,2)$ 为 3×3 矩阵。对于定态系统，并用由式 (5.18.10) 引入的 $\omega=E-V$，利用式 (5.19.3) ~ 式 (5.19.5) 和式 (5.19.16) 可得

$$\Lambda_{11}=\omega^2+\vec{\nabla}^2+2\left(\hat{S}\cdot\vec{p}\right)^2 \tag{5.19.17}$$

$$\Lambda_{12}=-2\omega^2\left(\hat{S}\cdot\vec{p}\right) \tag{5.19.18}$$

$$\Lambda_{21}=2\omega\left(\hat{S}\cdot\vec{p}\right) \tag{5.19.19}$$

$$\Lambda_{22}=-\left[\omega^2+\vec{\nabla}^2+2\left(\hat{S}\cdot\vec{p}\right)^2\right] \tag{5.19.20}$$

于是利用式 (5.19.15) ~ 式 (5.19.20) 可以得到

$$\begin{pmatrix} \omega^2-\tilde{m}^2+\vec{\nabla}^2+2\left(\hat{S}\cdot\vec{p}\right)^2 & -2\omega\left(\hat{S}\cdot\vec{p}\right) \\ 2\omega\left(\hat{S}\cdot\vec{p}\right) & -\left[\omega^2+\tilde{m}^2+\vec{\nabla}^2+2\left(\hat{S}\cdot\vec{p}\right)^2\right] \end{pmatrix}\begin{pmatrix}\vec{A}\\ \vec{B}\end{pmatrix}=0 \tag{5.19.21}$$

进而得到

$$\left[\vec{\nabla}^2+2\left(\hat{S}\cdot\vec{p}\right)^2+\omega^2-\tilde{m}^2\right]\vec{A}-2\omega\left(\hat{S}\cdot\vec{p}\right)\vec{B}=0 \tag{5.19.22}$$

$$2\omega\left(\hat{S}\cdot\vec{p}\right)\vec{A}-\left[\vec{\nabla}^2+2\left(\hat{S}\cdot\vec{p}\right)^2+\omega^2+\tilde{m}^2\right]\vec{B}=0 \tag{5.19.23}$$

在形式上可以把式 (5.19.23) 改写成

$$\vec{B}=\frac{2\omega\left(\hat{S}\cdot\vec{p}\right)}{\vec{\nabla}^2+2\left(\hat{S}\cdot\vec{p}\right)^2+\omega^2+\tilde{m}^2}\vec{A} \tag{5.19.24}$$

由于 $\omega=E-V$，因而式 (5.19.24) 的分子 $\sim Ep$，而分母 $\sim E^2$，当入射粒子能量相当低时有 $p\ll E$，这时下分量 $\vec{B}$ 项的贡献可以忽略，这与 Dirac 方程的结果相类似。但是，当能量比较高时，$\vec{B}$ 项的贡献不能忽略。可以把式 (5.19.22) 和 (5.19.23) 改写成

$$\left[\vec{\nabla}^2-2\left(\hat{S}\cdot\vec{\nabla}\right)^2+\omega^2-\tilde{m}^2\right]\vec{A}+2\mathrm{i}\omega\left(\hat{S}\cdot\vec{\nabla}\right)\vec{B}=0 \tag{5.19.25}$$

$$\left[\vec{\nabla}^2-2\left(\hat{S}\cdot\vec{\nabla}\right)^2+\omega^2+\tilde{m}^2\right]\vec{B}+2\mathrm{i}\omega\left(\hat{S}\cdot\vec{\nabla}\right)\vec{A}=0 \tag{5.19.26}$$

在以上方程中可以用与 5.3 节或 5.18 节相类似的方法引入库仑势。如果除去标量势 S 和矢量势的类时分量 V 以外还要添加其他成分的光学势，这时方程的形式也会发生相应的变化。

5.19.3 关于将 Weinberg 方程用于氘核与原子核弹性散射问题的讨论

可以看出在方程 (5.19.25) 和方程 (5.19.26) 中 $\vec{A}$ 和 $\vec{B}$ 的三个分量之间并不耦合。在轴对称系统中只需要研究 $\vec{A}$ 和 $\vec{B}$ 的 r 和 θ 方向的两个分量，在具体计算时只需要求出 $\vec{A}$ 和 $\vec{B}$ 的径向分量即可。对于 $\vec{A}$ 和 $\vec{B}$ 的径向分量可以给出分离变量解的形式，但在方程 (5.19.25) 和方程 (5.19.26) 中同时存在 $\vec{\nabla}^2$, $\left(\hat{S}\cdot\vec{\nabla}\right)^2$ 和 $\left(\hat{S}\cdot\vec{\nabla}\right)$ 项，需要对波函数寻找某种变换方式，使之能得到 $\vec{A}$ 和 $\vec{B}$ 的径向分量中的径向波函数能独立满足的方程。这样便可采用通常所用的求解耦合道方程的方法，通过边界条件引入上分量和下分量的 S 矩阵元，并按照 5.4 节介绍的方法建立上、下分量同时存在的自旋为 1 粒子的弹性散射的 S 矩阵理论，进而可以计算氘核弹性散射的微分截面和各种极化物理量。

5.20 考虑了入射氘核内部结构的相对论核反应理论

前两节介绍的由氘核诱发的相对论核反应理论都是把氘核看成是一个点粒子，不考虑氘核内部结构或内部自由度。计算结果表明用上述理论所得到的氘核自旋–轨道耦合势的强度太弱，所计算的矢量分析本领 A_y 和张量分析本领 A_{yy} 的数值也明显小于实验值 [118]。上述结果表明在研究氘核诱发的相对论核反应时有必要考虑处于弱束缚态的氘核内部结构对核反应过程的影响。

在氘核诱发的核反应理论中同样应该考虑多次散射过程，并且也可以采用梯形近似。设氘核中二核子总的 4 动量为 P，反应前和反应后二核子的相对运动 4 动量分别为 p 和 p'，参照由式 (5.15.2) 给出的 BS 方程，d-A 反应的跃迁矩阵可以写成 [124–126]

$$T_{\rm d}\left(P,p',p\right)=V_{\rm d}\left(P,p',p\right)+\int\frac{{\rm d}^4P'}{(2\pi)^4}V_{\rm d}\left(P',p',p\right)\ {\rm i}G\left(P',p',p\right)T_{\rm d}\left(P',p',p\right)\quad(5.20.1)$$

其中

$$V_{\rm d}\left(P,p',p\right)=V_1\left(\frac{P}{2}+p',\frac{P}{2}+p\right)+V_2\left(\frac{P}{2}-p',\frac{P}{2}-p\right)\quad(5.20.2)$$

V_1 和 V_2 分别代表氘核中第一个核子和第二个核子与靶核的相互作用势，$V_{\rm d}$ 中未包含氘核中两个核子之间的相互作用势，但是两个核子分别与靶核发生相互作用后二核子相对运动 4 动量由 p 变成了 p'。在各种总 4 动量 P' 下都可能造成这种 $p\to p'$ 的变化，故有方程 (5.20.1)。方程 (5.20.1) 中的 G 是氘核二核子系的两核子格林函数。为了得到氘核光学势，把 G 分成氘核质心运动贡献和氘核束缚态贡献两部分 [124–126]

$${\rm i}G\left(P,p',p\right)=\frac{R\left(P,p',p\right)}{P_\mu P^\mu-M_{\rm d}^2+{\rm i}\varepsilon}+M\left(P,p',p\right)\quad(5.20.3)$$

上式中的第一项类似于核子的费曼传播子，描述作为点粒子的氘核与反氘核的传播，$R(P',p',p)$ 是 $P_\mu P^\mu = M_\mathrm{d}^2$ 时的留数；第二项 $M(P,p',p)$ 描述氘核内部结构对 G 的贡献。利用式 (5.20.3) 可把式 (5.20.1) 分解成两个方程

$$T_\mathrm{d}(P,p',p) = U_\mathrm{d}(P,p',p) + \int \frac{\mathrm{d}^4 P'}{(2\pi)^4} U_\mathrm{d}(P',p',p) \frac{R(P',p',p)}{P'_\mu P'^\mu - M_\mathrm{d}^2 + \mathrm{i}\varepsilon} T_\mathrm{d}(P',p',p) \tag{5.20.4}$$

$$U_\mathrm{d}(P,p',p) = V_\mathrm{d}(P,p',p) + \int \frac{\mathrm{d}^4 P'}{(2\pi)^4} V_\mathrm{d}(P',p',p) M(P',p',p) U_\mathrm{d}(P',p',p) \tag{5.20.5}$$

由式 (5.20.5) 可以看出 U_d 仅包含氘核内部结构对氘核光学势的影响，因而可把该方程称为中能 d-A 散射的相对论折叠模型 [127]。而式 (5.20.4) 描述氘核质心发生多次散射的影响。

氘核波函数由二核子正能量 Dirac 旋量耦合而成

$$\chi_{P,m} = \psi(p) \sum_{\sigma_1 \sigma_2} C^{1m}_{\frac{1}{2}\sigma_1 \ \frac{1}{2}\sigma_2} u^{(1)}_{\sigma_1}\left(\frac{1}{2}P + p\right) u^{(2)}_{\sigma_2}\left(\frac{1}{2}P - p\right) \tag{5.20.6}$$

$\psi(p)$ 是氘核归一化的 S 态概率振幅。于是氘核的相对论折叠光学势为 [127]

$$\langle P', m' | U_\mathrm{d} | P, m \rangle = \langle \chi_{P',m'} | V_1 + V_2 | \chi_{P,m} \rangle \tag{5.20.7}$$

其中

$$V_i = V_i^\mathrm{s} + \gamma^0 V_i^0, \quad i = 1, 2 \tag{5.20.8}$$

V_i^s 和 V_i^0 可以用唯象势。在以上表达式中忽略了负能核子态的贡献。并且由式 (5.20.4) 可得

$$\begin{aligned}\langle P', m' | T_\mathrm{d} | P, m \rangle = & \langle P', m' | U_\mathrm{d} | P, m \rangle \\ & + \sum_{m''} \int \frac{\mathrm{d}^4 P''}{(2\pi)^4} \frac{\langle P', m' | U_\mathrm{d} R | P'', m'' \rangle}{P''_\mu P''^\mu - M_\mathrm{d}^2 + \mathrm{i}\varepsilon} \langle P'', m'' | T_\mathrm{d} | P, m \rangle\end{aligned} \tag{5.20.9}$$

用上述由 Santos 等发展的研究 d-A 散射的正能量冲量近似方法计算了 400 MeV 和 700 MeV 的 $\mathrm{d} + {}^{40}\mathrm{Ca}$ 和 $\mathrm{d} + {}^{58}\mathrm{Ni}$ 反应的微分截面、矢量分析本领 A_y 和张量分析本领 A_{yy}，得到了与实验符合尚可的结果 [124−126]。

如果想研究由相对论氘核诱发的同时包含散射道和破裂道的反应过程，可以发展相对论连续离散化耦合道 (RCDCC) 方法 [128]。

$\mathrm{N} + \mathrm{d}$ 反应也可以看成是 $\mathrm{d} + \mathrm{N}$ 反应，因而研究 $\mathrm{N} + \mathrm{d}$ 反应的相对论三体 Bethe-Salpeter 方程也属于氘核诱发的相对论核反应理论。

Faddeev 方程的基本思想是把三体跃迁算符 T 写成

$$T = T^{(1)} + T^{(2)} + T^{(3)} \tag{5.20.10}$$

其中，$T^{(1)}(E)$ 代表其他所有可能的三体过程 (包括没有发生相互作用的过程) 都发生了之后，粒子 2 和 3 再发生相互作用的跃迁算符。它可以用图表示为

$$T^{(1)} = \tag{5.20.11}$$

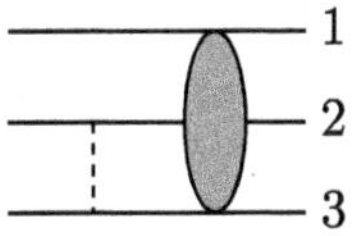

其中带阴影的液滴形图表示三粒子之间所发生的所有过程。用同样方法我们定义

$$T^{(2)} = \tag{5.20.12}$$

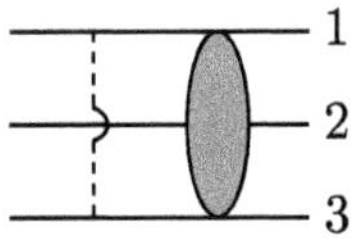

$$T^{(3)} = \tag{5.20.13}$$

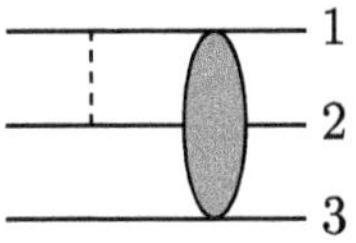

由于 $T^{(1)}, T^{(2)}$ 和 $T^{(3)}$ 之和显然包括了三体系统所有可能的微扰图，因而式 (5.20.10) 的分解是正确的。

我们把 $T^{(1)}$ 分解为两部分：在第一部分中，粒子 1 从未与粒子 2 或 3 发生相互作用，这些图之和正好是两体跃迁算符 t_1，即

$$t_1 = \quad = \quad + \quad + \cdots \tag{5.20.14}$$

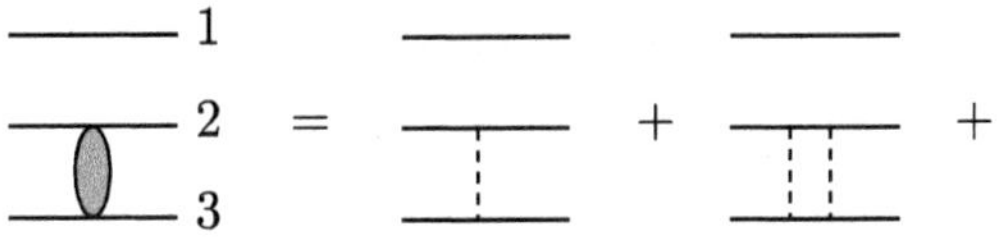

在第二部分中，在三个粒子之间发生任意次序的相互作用之后，再发生粒子 1 和 3 或粒子 1 和 2 的相互作用，然后粒子 2 和 3 再发生一次或多次相互作用。这些贡献的和可以表示成

$$\tilde{T}^{(1)} = \quad + \tag{5.20.15}$$

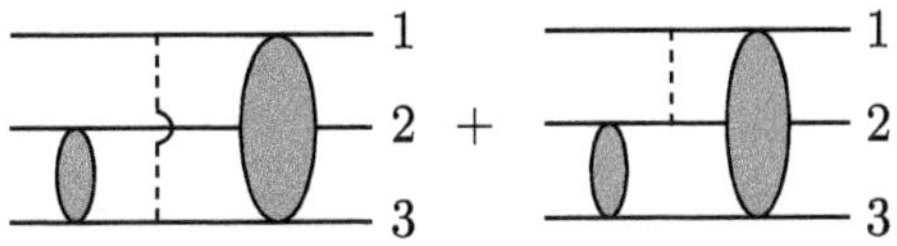

用 G^i 代表第 i 个核子的格林函数，根据费曼规则，描述由核子 2 和核子 3 进行传播的两核子格林函数表示式为

$$\mathrm{i}G^2\mathrm{i}G^3 = -G^2G^3 \equiv -G_1 \tag{5.20.16}$$

根据式 (5.20.12) ~ 式 (5.20.16) 可知

$$\tilde{T}^{(1)} = -t_1G_1T^{(2)} - t_1G_1T^{(3)} \tag{5.20.17}$$

式 (5.20.15) 中不能包括核子 2 和核子 3 之间有虚线的图，因为它已经包含在左边液滴形图之中了。根据式 (5.20.11)、式 (5.20.14)、式 (5.20.15) 和 (5.20.17) 可以看出

$$T^{(1)} = t_1 + \tilde{T}^{(1)} = t_1 - t_1 G_1 T^{(2)} - t_1 G_1 T^{(3)} \tag{5.20.18}$$

同理可得

$$T^{(2)} = t_2 - t_2 G_2 T^{(3)} - t_2 G_2 T^{(1)} \tag{5.20.19}$$

$$T^{(3)} = t_3 - t_3 G_3 T^{(1)} - t_3 G_3 T^{(2)} \tag{5.20.20}$$

将以上三式用矩阵形式写出则为 [125,126]

$$\begin{pmatrix} T^{(1)} \\ T^{(2)} \\ T^{(3)} \end{pmatrix} = \begin{pmatrix} t_1 \\ t_2 \\ t_3 \end{pmatrix} - \begin{pmatrix} 0 & t_1 G_1 & t_1 G_1 \\ t_2 G_2 & 0 & t_2 G_2 \\ t_3 G_3 & t_3 G_3 & 0 \end{pmatrix} \begin{pmatrix} T^{(1)} \\ T^{(2)} \\ T^{(3)} \end{pmatrix} \tag{5.20.21}$$

式 (5.20.21) 可以称为相对论 Faddeev 方程。两体 t 矩阵满足由式 (5.15.2) 给出的 BS 方程，在形式上可以表示成

$$t = v + \mathrm{i} \int vGt \tag{5.20.22}$$

其中，G 是由式 (5.20.16) 定义的两核子格林函数。因而也可以把式 (5.20.21) 称为三体 BS 方程。在具体计算时可把 4 维 BS 方程化成三维的 Thompson 方程或 BbS 方程。两体相互作用势 v 可以采用简化的分离势 [129,130]。

用上述三体 BS 方程还可以研究 π-d 弹性散射和三体破裂反应，可以计算 π-d 弹性散射的矢量分析本领 $\mathrm{i}T_{11}$ 和张量分析本领 T_{20}, T_{21}, T_{22} 等 [131,132]。也有人对极化核子的 β 衰变和负 π 介子衰变的弱相互作用过程进行了讨论 [133]。

参 考 文 献

[1] 马中玉，张竞上. 高等量子力学. 哈尔滨: 哈尔滨工业大学出版社, 2013: 120

[2] Serot B D, Walecka J D. The relativistic nuclear many-body problem//Negele J W, Vogt E. Advances in Nuclear Physics. New York-London: Plenum Press, 1986, 16: 16, 23, 28, 97, 106, 126, 238

[3] Yukawa H. On the interaction of elementary particles. I. Proc. Phys. Maths. Soc. (Japan), 1935, 17:48

[4] 申庆彪. 低能和中能核反应理论 (上册). 北京：科学出版社，2005: 128,295,146,196

[5] Dirac P A M. The quantum theory of the electron I & II. Proc. Roy. Soc. (London), 1928, A117:610 & A118: 351

[6] Bjorken J D, Drell S D. Relativistic Quantum Mechanics. New York: McGraw-Hill Book Company, 1964: 25, 28, 93

[7] Bjorken J D, Drell S D. Relativistic Quantum Fields. New York: McGraw-Hill Book Company, 1965: 56, 387

[8] Itzykson C, Zuber J B. Quantum Field Theory. New York: McGraw-Hill Book Company, 1980: 55, 127，217

[9] 李政道. 粒子物理和场论简介 (上册). 北京：科学出版社，1984:72

[10] Arnold L G , Clark B C, Mercer R L. Relativistic optical model analysis of medium energy p-^{4}He elastic scattering experiments. Phys. Rev., 1979, C19:917

[11] Arnold L G, Clark B C. Relativistic nucleon-nucleus optical model. Phys. Lett., 1979, B84:46

[12] Arnold L G , Clark B C, Mercer R L, et al. Dirac optical model analysis of $\vec{p}$-^{40}Ca elastic scattering at 180 MeV and the wine-bottle-bottom shape. Phys. Rev., 1981, C23:1949

[13] Clark B C，Mercer R L, Schwandt P. Prediction of the spin-rotation function $Q(\theta)$ using a Dirac equation based optical model. Phys. Lett., 1983, B122:211

[14] Kobos A M, Cooper E D, Johansson J I. Phenomenological study of relativistic optical model potentials in proton elastic scattering. Nucl. Phys., 1985, A445:605

[15] Kozack R, Madland D G . Parameter correlations and ambiguities in Dirac phenomenology. Nucl. Phys., 1993, A552:469

[16] Cooper E D，Clark B C, Kozack R. Global optical potentials for elastic p+^{40}Ca scattering using the Dirac equation. Phys. Rev., 1987, C36:2170

[17] Cooper E D, Clark B C, Hama S, et al. Dirac-global fits to calcium elastic scattering data in the range 21-200 MeV. Phys. Lett., 1988, B206:588

[18] Kozack R, Madland D G . Dirac optical potentials for nucleon scattering by ^{208}Pb at intermediate energies. Phys. Rev., 1989, C39:1461

[19] Kozack R, Madland D G . Prediction of intermediate- energy neutron scattering observables from a Dirac optical potential. Nucl. Phys., 1990, A509:664

[20] Hama S, Clark B C, Cooper E D, et al. Global Dirac optical potentials for elastic proton scattering from heavy nuclei. Phys. Rev., 1990, C41:2737

[21] Cooper E D, Hama S, Clark B C, et al. Global Dirac phenomenology for proton-nucleus elastic scattering. Phys. Rev., 1993, C47:297

[22] Typel S, Riedl O, Wolter H H. Elastic proton-nucleus scattering and the optical potential in a relativistic mean field model. Nucl. Phys., 2002, A709:299

[23] Shen Q B, Feng D C, Zhuo Y Z. Neutron relativistic phenomenological and microscopic optical potential. Phys. Rev., 1991, C43:2773

[24] 申庆彪,，冯大春，卓益忠. 中子相对论唯象光学势与微观光学势. 高能物理与核物理, 1991, 15:1033

[25] Horowitz C J . The Lorentz structure of the imaginary optical potential. Nucl. Phys., 1984, A412:228

[26] Horowitz C J, Serot B D. Properties of nuclear and neutron matter in a relativistic Hartree-Fock theory. Nucl. Phys., 1983, A399:529

[27] Jaminon M. Local and nonlocal space-like fields in the relativistic description of nucleon-nucleus scattering. Nucl. Phys., 1983, A402:366

[28] 申庆彪. 低能和中能核反应理论 (中册). 北京：科学出版社，2012: 114,117,138,152

[29] Raynal J. Ambiguity on the imaginary potentials in the Dirac formalism for the elastic and the inelastic scattering of nucleons. Phys. Lett., 1987, 196:7

[30] de Swiniarski R, Pham D L, Raynal J. Dirac coupled-channels analysis of inelastic scattering of 800 MeV polarized protons from ^{16}O, ^{24}Mg and ^{26}Mg. Phys. Lett., 1988, 213:247

[31] Shim S, Clark B C, Hama S, et al. Dirac coupled channels calculation for p+^{40}Ca inelastic scattering using the relativistic impulse approximation. Phys. Rev., 1988, C38:1968

[32] Kurth L, Clark B C, Cooper E D, et al. Dirac coupled channel calculations for proton inelastic scattering from spherically symmetric nuclei for projectile energies of 362, 500, and 800 MeV. Phys. Rev., 1994, C49:2086

[33] Shim S, Kim M W, Clark B C, et al. Dirac coupled channel analyses of 800 MeV proton inelastic scattering from ^{24}Mg. Phys. Rev., 1999, C59:317

[34] Sherif H S，Cooper E D，Sawafta R I. Relativistic DWBA calculations for polarization transfer in proton inelastic scattering. Phys. Lett., 1985, B158:193

[35] Sherif H S，Sawafta R I, Cooper E D. Proton inelastic scattering at intermediate energies and Dirac- equation-based optical potentials. Nucl. Phys., 1986, A449:709

[36] Johansson J I，Cooper E D，Sherif H S. Relativistic DWBA calculations for proton inelastic scattering. Nucl. Phys., 1988, A476:663

[37] Lisantti J, Horen D J, Bertrand F E, et al. Collective model distorted-wave Born approximation analysis of 500-MeV proton scattering from ^{40}Ca. Phys. Rev., 1989, C39:568

[38] Lisantti J, Mcdaniels D K, Tang Z, et al. Elastic and inelastic scattering of 280 and 489 MeV protons from ^{58}Ni. Nucl. Phys., 1990, A511:643

[39] Raynal J. Ambiguity on the imaginary potentials in the Dirac formalism for the elastic and the inelastic scattering of nucleons. Phys. Lett., 1987, B196:7

[40] Frekers D，Wong S S M，Azuma R E, et al. Elastic and inelastic scattering of 362 MeV polarized proton from ^{40}Ca. Phys. Rev., 1987, C35:2236

[41] McNeil J A, Shepard J R, Wallace S J. Impulse- approximation Dirac optical potential. Phys. Rev. Lett., 1983, 50:1439

[42] McNeil J A, Ray L, Wallace S J. Impulse- approximation Dirac optical potential. Phys. Rev., 1983, C27:2123

[43] Shepard J R, McNeil J A, Wallace S J. Relativistic impulse approximation for p-nucleus elastic scattering. Phys. Rev. Lett., 1983, 50:1443

[44] Clark B C，Hama S, Mercer R L, et al. Dirac-equation impulse approximation for intermediate-energy nucleon- nucleus scattering. Phys. Rev. Lett., 1983, 50:1644

[45] Clark B C, Hama S, Mercer R L, et al. Energy dependence of the relativistic impulse approximation for proton-nucleus elastic scattering. Phys. Rev., 1983, C28:1421

[46] Miller L D. Comment on nucleon-nucleus impulse- approximation optical-model potentials for the Dirac equation. Phys. Rev. Lett., 1983, 51:1807

[47] Clark B C，Hama S, McNeil J A , et al. Respond. Phys. Rev. Lett., 1983, 51:1808; Errata, Phys. Rev. Lett., 1984, 53:302

[48] Ray L, Hoffmann G W. Relativistic and nonrelativistic impulse approximation descriptions of 300-1000 MeV proton + nucleus elastic scattering. Phys. Rev., 1985, C31:538; 1986, C34:2353(E)

[49] Ray L, Hoffmann G W, Coker W K. Nonrelativistic and relativistic descriptions of proton–nucleus scattering. Phys. Rep., 1992, 212:223

[50] Horowitz C J. Relativistic Love-Franey model: Covariant representation of the NN interaction for N-nucleus scattering. Phys. Rev., 1985, C31:1340

[51] Hynes M V, Picklesimer A, Tandy P C, et al. Relativistic (Dirac equation) effects in microscopic elastic scattering calculations. Phys. Rev., 1985, C31:1438

[52] Fergerson R W, Barlett M L, Hoffmann G W, et al. Spin-rotation parameter Q for 800 MeV proton elastic scattering from ^{16}O, ^{40}Ca, and ^{208}Pb. Phys. Rev., 1986, C33:239

[53] Murdock D P, Horowitz C J . Microscopic relativistic description of proton-nucleus scattering. Phys. Rev., 1987, C35:1442

[54] Tjon J A, Wallace S J. Generalized impulse approximation for relativistic proton scattering. Phys. Rev., 1987, C36:1085

[55] Ray L, Hoffmann G W, Barlett M L, et al. Relativistic impulse approximation description of polarized proton elastic scattering from polarized ^{13}C. Phys. Rev., 1988, C37:1169

[56] Hoffmann G W, Barlett M L, Ciskowski D, et al. Cross sections, analyzing powers, and spin-rotation- depolarization observables for 500 MeV proton elastic scattering from ^{12}C and ^{13}C. Phys. Rev., 1990, C41:1651

[57] Kaki K, Toki H. Relativistic impulse approach for proton elastic scattering with ^{58}Ni and ^{120}Sn at E_p=200,300 and 400 MeV. Nucl. Phys., 2001, A696:453

[58] Shepard J R, Rost E, Piekarewicz J. Microscopic relativistic nucleon-nucleus inelastic scattering. Phys. Rev., 1984, C30:1604

[59] Schwandt P. The single-particle potential in a relativistic mean field model: Theoretical basis and application to nuclear structure and reactions. Lectures Presented at the 1983 RCNP-Kikuchi Summer School Held at Kyoto (Japan), 1983: 23-27

[60] Sparrow D A, Piekarewicz J, Rost E, et al. Relativistic impulse approximation, nuclear currents, and the spin- difference function. Phys. Rev. Lett., 1985, 54:2207

[61] Shepard J R, Rost E, McNeil J A. Relativistic plane-wave impulse approximation for nuclear inelastic scattering of proton and electrons. Phys. Rev., 1986, C33:634

[62] Piekarewicz J, Amado R D, Sparrow D A, et al. Dirac theory of nucleon-nucleus collective excitation. Phys. Rev., 1983, C28:2392

[63] Rost E, Shepard J R，Siciliano E R，et al. Impulse approximation Dirac theory of inelastic proton nucleus collective excitation. Phys. Rev., 1984, C29:209

[64] Shim S, Clark B C, Cooper E D, et al. Comparison of relativistic and nonrelativistic approaches to the collective treatment of p+^{40}Ca inelastic scattering. Phys. Rev., 1990, C42:1592

[65] Lane A M. New term in the nuclear optical potential: Implications for (p,n) mirror state reactions. Phys. Rev. Lett., 1962, 8:171

[66] Clark B C, Hama S, Sugarbaker E, et al. Relativistic description of (p,n) reaction to the isobaric analog state. Phys. Rev., 1984, C30:314

[67] 朱洪元. 量子场论. 北京：科学出版社，1960: 12, 19, 51，75

[68] Ring P. Relativistic mean field theory in finite nuclei. Prog. Part. Nucl. Phys., 1996, 37:193

[69] Walecka J A. The theory of highly condensed matter. Ann. Phys. (NY), 1974, 83:491

[70] Horowitz C J, Serot B D. Self-consistent Hartree description of finite nuclei in a relativistic quantum field theory. Nucl. Phys., 1981, A368:503

[71] Price C E, Walker G E. Self-consistent Hartree description of deformed nuclei in a relativistic quantum field theory. Phys. Rev., 1987, C36:354

[72] Gambhir Y K, Ring P, Thimet A. Relativistic mean field theory for finite nuclei. Ann. Phys. (NY), 1990, 198:132

[73] Ebran J P, Khan E, Arteaga D P, et al. Relativistic Hartree-Fock- Bogoliubov model for deformed nuclei. Phys. Rev., 2011, C83:064323

[74] Yao H B, Wu S S. Study of various charged ρ-meson masses in asymmetric nuclear matter. Chin. Phys., 2009, C33:842

[75] Chin S A. A relativistic many-body theory of high density matter. Ann. Phys. (NY), 1977, 108:301

[76] Furnstahl R J, Price C E. Vacuum polarization currents in finite nuclei. Phys. Rev., 1990, C41:1792

[77] Haga A, Tamenaga S, Toki H, et al. Relativistic Hartree approach with exact treatment of vacuum polarization for finite nuclei. Phys. Rev., 2004, C70:064322

[78] Bogoliubov N N, Shirkov D V. Quantum Fields. Moscow: Benjamin/Cummings Publishing Company, 1983, p.167,336

[79] 周邦融. 量子场论. 北京：高等教育出版社，2007: 45, 72

[80] Ma Z Y, Zhu P, Gu Y Q, et al. Optical potentials in relativistic meson-nucleon model. Nucl. Phys., 1988, A490:619

[81] 韩银录，申庆彪，卓益忠，等. 四级交换图对相对论微观光学势的贡献. 高能物理与核物理，1993，17:751

[82] Steffani M H, Betz M, Maris A J. Widths of nuclear hole states in a relativistic model. Nucl. Phys., 1989, A493:493

[83] Ma Z Y, Sun Z Y, Zhuo Y Z. Second order correction of relativistic optical potential. Commun. Theor. Phys., 1990, 13:327

[84] Dieperink A E L, Piekarewicz J, Wehrberger K. Imaginary part of the nucleon self-energy in a relativistic field theory. Phys. Rev., 1990, C41:R2479

[85] Salpeter E E, Bethe H A. A relativistic equation for bound-state problems. Phys. Rev., 1951, 84:1232

[86] Woloshyn R M, Jackson A D. Comparison of three-dimensional relativistic scattering equations. Nucl. Phys., 1973, B64:269

[87] Horowitz C J, Serot B D. The relativistic two-nucleon problem in nuclear matter. Nucl. Phys., 1987, A464:613

[88] Haar B T, Malfliet R. Nucleons, mesons and deltas in nuclear matter. A relativistic Dirac-Brueckner approach. Phys. Rep., 1987, 149:207

[89] Brockmann R, Machleidt R. Relativistic nuclear structure. Ⅰ. Nuclear matter. Phys. Rev., 1990, C42:1965

[90] Blankenbecler R, Sugar R. Linear integral equations for relativistic multichannel scattering. Phys. Rev., 1966, 142:1051

[91] Thompson R H. Three-dimensional Bethe-Salpeter equation applied to the nucleon-nucleon interaction. Phys. Rev., 1970, D1:110

[92] Machleidt R. The meson theory of nuclear forces and nuclear structure. Adv. Nucl. Phys., 1989, 19:189

[93] Machleidt R, Holinde K, Elster C. The Bonn meson-exchange model for the nucleon-nucleon interaction. Phys. Rep., 1987, 149:1

[94] Machleidt R. High-precision, charge-dependent Bonn nucleon-nucleon potential. Phys. Rev., 2001, C63:024001

[95] Erkelenz K. Current status of the relativistic two-nucleon one boson exchange potential. Phys. Rep., 1974, 13:191

[96] Schiller E, Muther H. Correlations and the Dirac structure of the nucleon self-energy. Eur. Phys. J., 2001, A11:15

[97] Elsenhans H, Muther H, Machleidt R. Parametrization of the relativistic effective interaction in nuclear matter. Nucl. Phys., 1990, A515:715

[98] Brown G E, Jackson A D. The Nucleon-Nucleon Interaction. Amsterdam: North-Holland, 1976

[99] Machleidt R. Chiral effective field theory for nuclear forces: Achievements and challenges. EPJ Web of Conferences, 2014, 66:01011

[100] Horowitz C J, Serot B D. Two-nucleon correlations in a relativistic theory of nuclear matter. Phys. Lett., 1984, B137:287

[101] Sehn L, Faessler A, Fuchs C. Pauli operator for colliding nuclear matter. J. Phys. G: Nucl. Part. Phys., 1998, 24:135

[102] Sehn L, Fuchs C, Faessler A. Nucleon self-energy in the relativistic Brueckner approach. Phys. Rev., 1997, C56:216

[103] van Dalen E N E, Fuchs C, Faessler A. The relativistic Dirac-Brueckner approach to asymmetric nuclear matter. Nucl. Phys., 2004, A744:227

[104] van Dalen E N E, Fuchs C, Faessler A. Dirac-Brueckner-Hartree-Fock calculations for isospin asymmetric nuclear matter based on improved approximation schemes. Eur. Phys. J. 2007, A31:29

[105] Tjon J A, Wallace S J. Meson theoretical basis for Dirac impulse approximation. Phys. Rev., 1985, C32:267

[106] Gross-Boelting T, Fuchs C, Faessler A. Covariant representations of the relativistic Brueckner T-matrix and the nuclear matter problem. Nucl. Phys., 1999, A648:105

[107] Goldberger M L, Grisaru M T, MacDowell S W, et al. Theory of low-energy nucleon-nucleon scattering. Phys. Rev.,1960, 120:2250

[108] Brockmann R, Toki H. Relativistic density-dependent Hartree approach for finite nuclei. Phys. Rev. Lett., 1992, 68:3408

[109] Boersma H F, Malfliet R. From nuclear matter to finite nuclei. Ⅰ. Parametrization of the Dirac-Brueckner G matrix. Phys. Rev., 1994, C49:233

[110] Shen H, Sugahara Y, Toki H. Relativistic mean field approach with density dependent couplings for finite nuclei. Phys. Rev., 1997, C55:1211

[111] Ulrych S, Muther H. Relativistic structure of the nucleon self-energy in asymmetric nuclei. Phys. Rev., 1997, C56:1788

[112] Muther H, Machleidt R, Brockmann R. Relativistic nuclear structure. Ⅱ. Finite nuclei. Phys. Rev., 1990, C42:1981

[113] Ma Z Y, Liu L. Effective Dirac Brueckner-Hartree-Fock for asymmetric nuclear matter and finite nuclei. Phys. Rev., 2002, C66:024321

[114] Rong J, Ma Z Y, Giai N V. Isospin-dependent optical potentials in Dirac-Brueckner-Hartree-Fock approach. Phys. Rev., 2006, C73:014614

[115] van Dalen E N E, Muther H. Off-shell behavior of nucleon self-energy in asymmetric nuclear matter. Phys. Rev., 2010, C82:014319

[116] Santos F D, van Dam H. Relativistic dynamics of spin-one particles and deuteron-nucleus scattering. Phys. Rev., 1986, C34:250

[117] Santos F D. Relativistic spin-1 dynamics and deuteron-nucleus elastic scattering. Phys. Lett., 1986, B175:110

[118] Mishra V K, Hama S, Clark B C, et al. Implications of various spin-one relativistic wave equations for intermediate-energy deuteron-nucleus scattering. Phys. Rev., 1991, C43:801

[119] Kozack R E, Clark B C, Hama S, et al. Spin-one Kemmer-Duffin-Petiau equations and intermediate-energy deuteron- nucleus scattering. Phys. Rev., 1989, C40:2181

[120] Varshalovich D A, Moskalev A N, Khersonskii V K. Quantum Theory of Angular Momentum. Singapore: World Scientific, 1988

[121] Kozack R E, Clark B C, Hama S, et al. Relativistic deuteron-nucleus scattering in the Kemmer-Duffin-Petiau formalism. Phys. Rev., 1988, C37:2898

[122] Weinberg S. Feynman rules for any spin. Phys. Rev., 1964, 133:B1318

[123] Weinberg S. Feynman rules for any spin. II. Massless particles. Phys. Rev., 1964, 134:B882

[124] Amorim A, Santos F D. From Dirac phenomenology to deuteron-nucleus elastic scattering at intermediate energies. Phys. Rev., 1991, C44:2100

[125] Amorim A, Santos F D. Relativistic impulse approximation for deuteron scattering. Phys. Lett., 1992, B297:31

[126] Pinto J P, Amorim A, Santos F D. Microscopic relativistic model for deuteron-nucleus scattering. Phys. Rev., 1996, C53:2376

[127] Santos F D, Amorim A. Relativistic folding model for intermediate energy deuteron-nucleus scattering. Phys. Rev., 1988, C37:1183

[128] Bertulani C A. Relativistic continuum-continuum coupling in the dissociation of halo nuclei. Phys. Rev. Lett., 2005, 94:072701

[129] Rupp G, Tjon J A. Bethe-Salpeter calculation of three-nucleon observables with rank-one separable potentials. Phys. Rev., 1988, C37:1729

[130] Adam J, van Orden J W. Comprehensive treatment of electromagnetic interactions and three-body spectator equations. Phys. Rev., 2005, C71:034003

[131] Garcilazo H. Relativistic Faddeev theory of the πNN system with application to πd scattering. Phys. Rev., 1987, C35:1804

[132] Garcilazo H. NΔ interaction in πd breakup. Phys. Rev., 1990, C42:2334

[133] Robson B A. The Theory of Polarization Phenomena. Oxford: Clarendon Press, 1974

第6章　极化粒子输运理论基础

6.1　极化粒子输运理论导论

粒子输运理论是研究粒子输运过程的数学理论。输运过程是指当大量粒子在空间或某种介质中运动时，由于各粒子位置、动量和其他特征量的变化而引起的各种有关物理量随时空变化的过程。在粒子输运理论中把粒子看成是点粒子，因此其所在位置、具有的动能和飞行方向可进行精确描述。

在通常的粒子输运理论中，都不考虑粒子的极化，认为所有粒子都是非极化的。事实上，当粒子在势场作用下进行运动时，不仅其坐标位置和动量在不断发生变化，同时粒子本身还会进行自转运动，称为自旋。由于量子效应，粒子的自旋只能是整数或半奇数，例如，电子、中子和质子的自旋为 $\frac{1}{2}$，氘核的自旋为 1，α 粒子的自旋为 0。实验和理论均已证明，对于自旋为 $\frac{1}{2}$ 的粒子，存在有自旋–轨道耦合势，对于自旋为 1 的粒子除去有自旋–轨道耦合势以外还有张量势，因而自旋磁量子数不同的粒子所感受的作用力是不同的，于是其运动行为也会不同，这就是极化现象。为了描述客观存在的物理上更加真实的极化粒子输运过程，就应该发展和建立极化粒子输运理论 (Polarized Particle Transport Theory)。

自旋极化电子在铁磁体和超导体中的输运过程已成为一个广泛的研究领域 [1-10]。自旋为 $\frac{1}{2}$ 的电子所感受的是电磁相互作用，需要研究自旋–轨道耦合势在极化电子输运过程中的效应，相应的理论称为极化电子输运理论 (Polarized Electron Transport Theory)。而本章所要论述的内容可称为极化核输运理论 (Polarized Nucleus Transport Theory)，不过本章仅局限于研究极化的自旋为 $\frac{1}{2}$ 和 1 的核子和轻复杂粒子的输运理论。核子和轻复杂粒子与原子核的相互作用属于强相互作用。

能否用粒子输运理论精确地描述大量粒子在介质中的输运行为，关键在于是否具有精确的粒子与介质原子核发生核反应的各种微观核数据。因而可以说，微观核数据的改进和精度提高会直接促进粒子输运理论计算结果精确度和可信度的提高。对于极化核输运理论来说，不仅需要通常的微观核数据，还需要微观极化核数据。本书的前几章已经详细论述了，如果入射粒子是极化的，考虑极化效应和不考虑极化效应所得到的微分截面是不同的。很明显，考虑极化效应能更准确、更客观地反映真实物理过程，而不考虑极化效应只是对真实物理过程的一种近似描述。如果在核输运理论中，采用了包含极化效应的微观核数据，于是就形成了极化核输运理论。但是，由于多种原因，当前所有核子输运计算都没有考虑极化效应。

选择入射粒子方向为 z 轴，y 轴选在垂直于反应平面的单位矢量 $\vec{n}$ 方向，式 (2.4.6) 已给出当靶核自旋为 0 时核子弹性散射微分截面为

$$\frac{\mathrm{d}\sigma}{\mathrm{d}\Omega}=\frac{\mathrm{d}\sigma^0}{\mathrm{d}\Omega}\left[1+p_y A_y(\theta)\right] \tag{6.1.1}$$

其中，$\dfrac{\mathrm{d}\sigma^0}{\mathrm{d}\Omega}$ 是非极化微分截面；p_y 是入射粒子极化率，$|p_y|\leqslant 1$; $A_y(\theta)$ 为入射粒子的分析本领 (图 6.1 和图 6.2)[11]。式 (6.1.1) 所对应的弹性散射积分截面为

$$\sigma=\int\frac{\mathrm{d}\sigma}{\mathrm{d}\Omega}\mathrm{d}\Omega=\sigma^0+\sigma^p \tag{6.1.2}$$

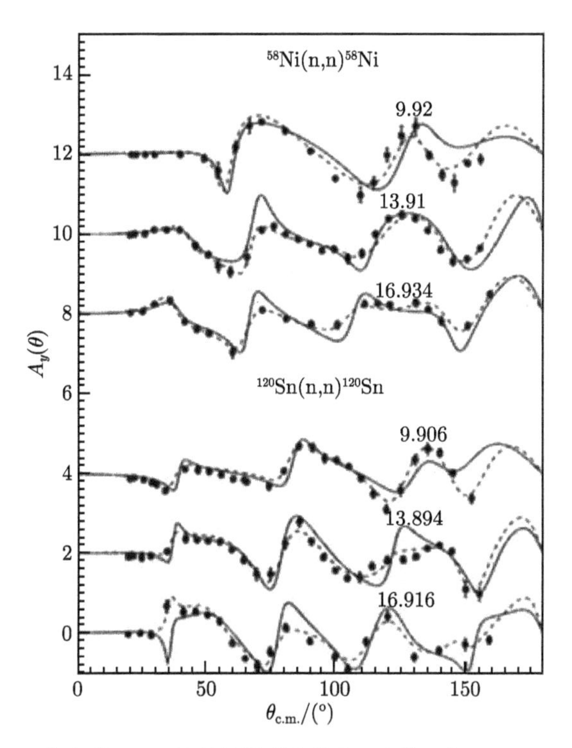

图 6.1 用由 Skyrme 力参数 SkC 得到的微观光学势 (实线) 和 Koning-Delaroche 唯象光学势 (虚线) 计算的 $n+^{58}$Ni 和 $n+^{120}$Sn 弹性散射的分析本领 $A_y(\theta)$ 与实验数据 (黑点符号) 的比较，图中所标的数值是入射中子能量，单位 MeV。最底部的曲线和数据点代表真实值，而上部的曲线和数据点依序分别加上了 2, 4, 8, 10, 12

其中

$$\sigma^0 = \int \frac{d\sigma^0}{d\Omega} d\Omega \tag{6.1.3}$$

$$\sigma^{\mathrm{p}} = p_y \int \frac{d\sigma^0}{d\Omega} A_y(\theta)\, d\Omega \tag{6.1.4}$$

σ^0 是非极化弹性散射积分截面，σ^{p} 是由入射粒子极化成分所贡献的弹性散射积分截面。对于自旋 1 粒子还要考虑张量分析本领。对于自旋 1 粒子以及靶核自旋不为 0 的情况也有与上述表达式相类似或更复杂的结果。

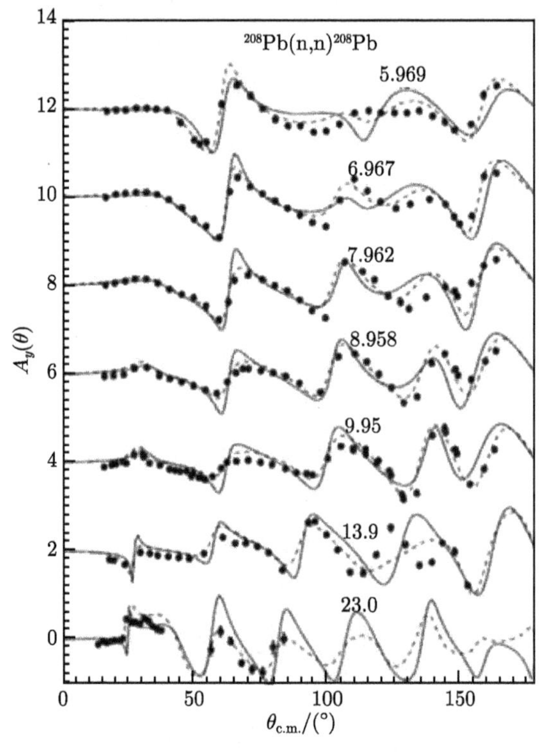

图 6.2　与图 6.1 类似，但是靶核是 ^{208}Pb

具体数值计算结果表明，当中子能量 $E_{\mathrm{n}} \leqslant 1$keV 时，较重原子核的 $\frac{d\sigma^0}{d\Omega}$ 非常接近各向同性，$|A_y(\theta)|_{\max} \ll 1$，因而对于热中子反应堆可以不考虑极化效应。快中子反应堆的平均中子能量为 ~ 0.1 MeV。对于重核和中重核来说，当中子能量为 0.1 MeV 时，弹性散射角分布与各向同性差别还不是很明显，$|A_y(\theta)|_{\max}$ 尚明显小于 1，但是在快中子反应堆中，存在一定比例其能量可达到 $0.5 \sim 1.0$ MeV 的中子，这时其弹性散射角分布已有明显各向异性趋势，$|A_y(\theta)|_{\max}$ 的数值也已经可以和 1 比较了。特别是对于 ^{23}Na 以及更轻的原子核，即使是对于 0.1 MeV 的中子，弹性

散射角分布也已呈现明显各向异性，$|A_y(\theta)|_{\max}$ 与 1 的差别也已经不大，更何况还有大约一半中子的能量 $E_{\rm n} > 0.1{\rm MeV}$。当然，如果在快中子反应堆中轻介质仅处在中子已经被大大慢化的外层区域，其极化效应也就不必考虑了。总之，对于快中子反应堆是否需要考虑极化效应的影响，还有待做进一步研究。

对于核子或轻复杂粒子之间的核反应，即使能量相当低，其角分布也呈现各向异性，因而对于属于低能的聚变反应也应该考虑极化效应。特别是目前有些人正在研究用极化带电粒子作燃料的聚变反应是否有可能提高聚变反应率问题 [12-17]，也有人正在探讨建造基于加速器的聚变堆的可能性 [18]。虽然目前人们主要关心的是在初级聚变反应中极化效应的影响，但是无论是人们正在探索的通常概念的聚变堆，还是研究用极化粒子作燃料的核聚变问题，都希望能实现长时间稳定运行，因而将来都可能要探讨次级反应的极化问题乃至极化粒子输运问题。

在加速器驱动的次临界装置中，质子能量为 $\sim$ GeV，通过散裂反应所产生的中子在装置的中心区域其能量也主要处在 MeV 和 GeV 能区。对于核子能量处于 MeV 和 GeV 能区的核装置，通过弹性散射和直接反应所产生的核子其非极化的微分截面和积分截面与考虑了极化效应的微分截面和积分截面可能会有一定程度的差异。而且，即使入射粒子是非极化的，经过核反应产生的次级粒子也是极化的。在某些核装置中，有时也会存在极化 d 核及其他轻复杂粒子的输运过程。

由于在强相互作用中存在有与自旋有关的核力成分，在核反应中粒子会被极化，这是客观存在的物理过程。因而对于核子能量处于 MeV 和 GeV 能区的核装置，有必要开展用极化核输运理论模拟相应的极化粒子输运过程的研究工作。但是，考虑到自旋–轨道耦合势相对于中心势是小量，而且分析本领 $A_y(\theta)$ 等极化量存在有正值和负值相互抵消现象，把考虑了极化效应与未考虑极化效应的计算结果进行比较到底有多大差别，只能等到核反应极化理论已经比较完善，极化核数据已经有一定程度的积累，并且开展了较多的极化核输运理论计算，那时才有可能给出比较明确的看法。即使将来证明极化效应对粒子输运影响不大，对于客观存在的物理过程研究清楚也是很有科学价值的。而且不排除，在研究极化问题过程中，有可能会发现原子核的极化效应有某种特殊的应用价值和发展前景。深入开展基础研究工作，更有利于把基础理论向应用方面转化。

在本章所讨论的极化核输运理论中， 我们假设靶核和剩余核都是非极化的，自旋 $\geqslant \dfrac{3}{2}$ 的粒子也都是非极化的，预平衡态反应和平衡态反应、三体或多体反应的出射粒子也都是非极化的。换言之，我们只研究自旋 $\dfrac{1}{2}$ 和 1 的粒子在形状 (势) 弹性散射和二体直接反应过程中的极化核输运问题。

6.2　$\frac{\vec{1}}{2}+\mathrm{A}\rightarrow\frac{\vec{1}}{2}+\mathrm{B}$ 反应极化粒子输运理论

6.2.1　与方位角有关的自旋 $\frac{1}{2}$ 粒子的极化量

在 $\frac{\vec{1}}{2}+\mathrm{A}\rightarrow\frac{\vec{1}}{2}+\mathrm{B}$ 反应中，入射粒子和出射粒子都是自旋 $\frac{1}{2}$ 的极化粒子，靶核 A 和剩余核 B 的自旋分别为 I 和 I'，而且都是非极化的。式 (2.7.18) 已经给出了具有确定自旋磁量子数 $M_I'M_I$ 的反应振幅为

$$\hat{\mathcal{F}}_{M_I'M_I}(\theta,\varphi)=\begin{pmatrix} A_{M_I'M_I}(\theta) & -\mathrm{i}B_{M_I'M_I}(\theta)\,\mathrm{e}^{-\mathrm{i}\varphi} \\ \mathrm{i}C_{M_I'M_I}(\theta)\,\mathrm{e}^{\mathrm{i}\varphi} & D_{M_I'M_I}(\theta)\end{pmatrix}\mathrm{e}^{\mathrm{i}\left(M_I-M_I'\right)\varphi} \tag{6.2.1}$$

其中，$A_{M_I'M_I},B_{M_I'M_I},C_{M_I'M_I},D_{M_I'M_I}$ 已由式 (2.7.9)～ 式 (2.7.12) 给出。因为在计算极化量时，在靶核和剩余核都是非极化的情况下，$\hat{\mathcal{F}}_{M_I'M_I}$ 和 $\hat{\mathcal{F}}^{+}_{M_I'M_I}$ 总是同时出现，所以因子 $\mathrm{e}^{\mathrm{i}\left(M_I-M_I'\right)\varphi}$ 必然被消掉，于是引入

$$\hat{F}=\begin{pmatrix} A & -\mathrm{i}B\mathrm{e}^{-\mathrm{i}\varphi} \\ \mathrm{i}C\mathrm{e}^{\mathrm{i}\varphi} & D\end{pmatrix},\quad \hat{F}^{+}=\begin{pmatrix} A^* & -\mathrm{i}C^*\mathrm{e}^{-\mathrm{i}\varphi} \\ \mathrm{i}B^*\mathrm{e}^{\mathrm{i}\varphi} & D^*\end{pmatrix} \tag{6.2.2}$$

其中，符号 A, B, C, D略掉了下标 $M_I'M_I$ 和宗量 (θ)；$\hat{F}$ 和 $\hat{F}^{+}$ 略掉了下标 $M_I'M_I$ 和宗量 (θ,φ)。由式 (6.2.2) 可以求得

$$\hat{F}\hat{F}^{+}=\begin{pmatrix} |A|^2+|B|^2 & -\mathrm{i}\left(AC^*+BD^*\right)\mathrm{e}^{-\mathrm{i}\varphi} \\ \mathrm{i}\left(CA^*+DB^*\right)\mathrm{e}^{\mathrm{i}\varphi} & |C|^2+|D|^2\end{pmatrix} \tag{6.2.3}$$

其中，用 α',α 分别代表出射粒子和入射粒子的种类；n',n 分别代表剩余核和靶核的能级，并引入一个简化符号

$$\tilde{\Sigma}\equiv\frac{1}{2I+1}\sum_{M_IM_I'} \tag{6.2.4}$$

再利用式 (2.7.46) 和式 (2.7.47) 便可得到非极化入射粒子的微分截面为

$$I_0(\theta)=\tilde{\Sigma}\left(|A|^2+|B|^2\right) \tag{6.2.5}$$

其中，$I_0(\theta)$ 略掉了出射道、入射道下标 $\alpha'n',\alpha n$。

利用式 (2.1.6) 和式 (6.2.2) 可以求得

$$\hat{\sigma}_x\hat{F}=\begin{pmatrix} \mathrm{i}B^*\mathrm{e}^{\mathrm{i}\varphi} & D^* \\ A^* & -\mathrm{i}C^*\mathrm{e}^{-\mathrm{i}\varphi}\end{pmatrix},\quad \hat{\sigma}_y\hat{F}^{+}=\begin{pmatrix} B^*\mathrm{e}^{\mathrm{i}\varphi} & -\mathrm{i}D^* \\ \mathrm{i}A^* & C^*\mathrm{e}^{-\mathrm{i}\varphi}\end{pmatrix}$$

$$\hat{\sigma}_z\hat{F}^+=\begin{pmatrix} A^* & -\mathrm{i}C^*\mathrm{e}^{-\mathrm{i}\varphi} \\ -\mathrm{i}B^*\mathrm{e}^{\mathrm{i}\varphi} & -D^* \end{pmatrix} \tag{6.2.6}$$

$$\hat{F}\hat{\sigma}_x\hat{F}^+=\begin{pmatrix} \mathrm{i}AB^*\mathrm{e}^{\mathrm{i}\varphi}-\mathrm{i}BA^*\mathrm{e}^{-\mathrm{i}\varphi} & AD^*-BC^*\mathrm{e}^{-2\mathrm{i}\varphi} \\ -CB^*\mathrm{e}^{2\mathrm{i}\varphi}+DA^* & \mathrm{i}CD^*\mathrm{e}^{\mathrm{i}\varphi}-\mathrm{i}DC^*\mathrm{e}^{-\mathrm{i}\varphi} \end{pmatrix}$$

$$\hat{F}\hat{\sigma}_y\hat{F}^+=\begin{pmatrix} AB^*\mathrm{e}^{\mathrm{i}\varphi}+BA^*\mathrm{e}^{-\mathrm{i}\varphi} & -\mathrm{i}AD^*-\mathrm{i}BC^*\mathrm{e}^{-2\mathrm{i}\varphi} \\ \mathrm{i}CB^*\mathrm{e}^{2\mathrm{i}\varphi}+\mathrm{i}DA^* & CD^*\mathrm{e}^{\mathrm{i}\varphi}+DC^*e^{-\mathrm{i}\varphi} \end{pmatrix}$$

$$\hat{F}\hat{\sigma}_z\hat{F}^+=\begin{pmatrix} |A|^2-|B|^2 & -\mathrm{i}\left(AC^*-BD^*\right)\mathrm{e}^{-\mathrm{i}\varphi} \\ \mathrm{i}\left(CA^*-DB^*\right)\mathrm{e}^{\mathrm{i}\varphi} & |C|^2-|D|^2 \end{pmatrix} \tag{6.2.7}$$

利用式 (2.7.46) 和式 (2.7.47) 可以得到

$$\tilde{\Sigma}\mathrm{Im}\left(AB^*+CD^*\right)=\tilde{\Sigma}\mathrm{Im}\left(AB^*+A^*B\right)=0 \tag{6.2.8}$$

$$\tilde{\Sigma}\mathrm{Re}\left(AB^*+CD^*\right)=2\tilde{\Sigma}\mathrm{Re}\left(AB^*\right) \tag{6.2.9}$$

于是利用式 (6.2.7) 可以得到

$$\begin{aligned}\frac{1}{2}\tilde{\Sigma}\mathrm{tr}\left(\hat{F}\hat{\sigma}_x\hat{F}^+\right)&=-\tilde{\Sigma}\mathrm{Im}\left[\left(AB^*+CD^*\right)\mathrm{e}^{\mathrm{i}\varphi}\right]\\&=-\tilde{\Sigma}\mathrm{Re}\left(AB^*+CD^*\right)\sin\varphi=-2\tilde{\Sigma}\mathrm{Re}\left(AB^*\right)\sin\varphi\end{aligned} \tag{6.2.10}$$

$$\begin{aligned}\frac{1}{2}\tilde{\Sigma}\mathrm{tr}\left(\hat{F}\hat{\sigma}_y\hat{F}^+\right)&=\tilde{\Sigma}\mathrm{Re}\left[\left(AB^*+CD^*\right)\mathrm{e}^{\mathrm{i}\varphi}\right]\\&=\tilde{\Sigma}\mathrm{Re}\left(AB^*+CD^*\right)\cos\varphi=2\tilde{\Sigma}\mathrm{Re}\left(AB^*\right)\cos\varphi\end{aligned} \tag{6.2.11}$$

当把 y 轴选在 $\vec{n}$ 方向时，便有以下只与 θ 角有关的分析本领

$$A_y\left(\theta\right)=\frac{2}{I_0\left(\theta\right)}\tilde{\Sigma}\mathrm{Re}\left(AB^*\right) \tag{6.2.12}$$

在一般情况下与 θ,φ 角同时有关的分析本领的定义为

$$\overline{A}_i\left(\theta,\varphi\right)=\frac{1}{2I_0\left(\theta\right)}\tilde{\Sigma}\mathrm{tr}\left(\hat{F}\hat{\sigma}_i\hat{F}^+\right),\quad i=x,y,z \tag{6.2.13}$$

于是由式 (6.2.7)、式 (6.2.10) ~ 式 (6.2.13) 及式 (2.7.46) 和式 (2.7.47) 可得

$$\overline{A}_x\left(\theta,\varphi\right)=-A_y\left(\theta\right)\sin\varphi,\quad \overline{A}_y\left(\theta,\varphi\right)=A_y\left(\theta\right)\cos\varphi,\quad \overline{A}_z\left(\theta,\varphi\right)=0 \tag{6.2.14}$$

极化入射粒子所对应的出射粒子微分截面为

$$I\left(\theta,\varphi\right)=I_0\left(\theta\right)\left[1+\sum_i p_i\overline{A}_i\left(\theta,\varphi\right)\right]=I_0\left(\theta\right)\left[1+p_x\overline{A}_x\left(\theta,\varphi\right)+p_y\overline{A}_y\left(\theta,\varphi\right)\right] \tag{6.2.15}$$

其中，p_x, p_y, p_z 分别为沿 x 轴、y 轴、z 轴的入射粒子极化率。

由式 (2.1.6) 和式 (6.2.3) 可以求得

$$\begin{aligned}
\frac{1}{2}\mathrm{tr}\left(\hat{\sigma}_x\hat{F}\hat{F}^+\right) &= \frac{1}{2}\left[\mathrm{i}\left(CA^*+DB^*\right)\mathrm{e}^{\mathrm{i}\varphi}-\mathrm{i}\left(AC^*+BD^*\right)\mathrm{e}^{-\mathrm{i}\varphi}\right] \\
&= \mathrm{Im}\left[\left(AC^*+BD^*\right)\mathrm{e}^{-\mathrm{i}\varphi}\right] \\
\frac{1}{2}\mathrm{tr}\left(\hat{\sigma}_y\hat{F}\hat{F}^+\right) &= \frac{1}{2}\left[\left(CA^*+DB^*\right)\mathrm{e}^{\mathrm{i}\varphi}+\left(AC^*+BD^*\right)\mathrm{e}^{-\mathrm{i}\varphi}\right] \\
&= \mathrm{Re}\left[\left(AC^*+BD^*\right)\mathrm{e}^{-\mathrm{i}\varphi}\right] \\
\frac{1}{2}\mathrm{tr}\left(\hat{\sigma}_z\hat{F}\hat{F}^+\right) &= \frac{1}{2}\left(|A|^2+|B|^2-|C|^2-|D|^2\right)
\end{aligned} \tag{6.2.16}$$

用与求式 (6.2.8) 和式 (6.2.9) 相类似的方法会得到

$$\tilde{\Sigma}\mathrm{Im}\left(AC^*+BD^*\right)=\tilde{\Sigma}\mathrm{Im}\left(AC^*+CA^*\right)=0 \tag{6.2.17}$$

$$\tilde{\Sigma}\mathrm{Re}\left(AC^*+BD^*\right)=2\tilde{\Sigma}\mathrm{Re}\left(AC^*\right) \tag{6.2.18}$$

当把 y 轴选在方向 $\vec{n}$ 时便有以下只与 θ 角有关的非极化入射粒子所对应的出射粒子极化率

$$P^y(\theta)=\frac{2}{I_0(\theta)}\tilde{\Sigma}\mathrm{Re}\left(AC^*\right) \tag{6.2.19}$$

在一般情况下与 θ,φ 角同时有关的非极化入射粒子所对应的出射粒子极化矢量为

$$\overline{P}^i(\theta)=\frac{1}{2I_0(\theta)}\tilde{\Sigma}\mathrm{tr}\left(\hat{\sigma}_i\hat{F}\hat{F}^+\right),\quad i=x,y,z \tag{6.2.20}$$

于是由式 (6.2.16)、式 (6.2.19)、式 (6.2.20)、式 (2.7.46) 和式 (2.7.47) 可得

$$\overline{P}^x(\theta,\varphi)=-P^y(\theta)\sin\varphi,\quad \overline{P}^y(\theta,\varphi)=P^y(\theta)\cos\varphi,\quad \overline{P}^z(\theta,\varphi)=0 \tag{6.2.21}$$

由式 (2.1.6) 和式 (6.2.7) 可以求得

$$\begin{aligned}
\frac{1}{2}\mathrm{tr}\left(\hat{\sigma}_x\hat{F}\hat{\sigma}_x\hat{F}^+\right) &= \mathrm{Re}\left(AD^*-BC^*\mathrm{e}^{-2\mathrm{i}\varphi}\right) \\
\frac{1}{2}\mathrm{tr}\left(\hat{\sigma}_y\hat{F}\hat{\sigma}_x\hat{F}^+\right) &= -\mathrm{Im}\left(AD^*-BC^*\mathrm{e}^{-2\mathrm{i}\varphi}\right) \\
\frac{1}{2}\mathrm{tr}\left(\hat{\sigma}_z\hat{F}\hat{\sigma}_x\hat{F}^+\right) &= -\mathrm{Im}\left[\left(AB^*-CD^*\right)\mathrm{e}^{\mathrm{i}\varphi}\right] \\
\frac{1}{2}\mathrm{tr}\left(\hat{\sigma}_x\hat{F}\hat{\sigma}_y\hat{F}^+\right) &= \mathrm{Im}\left(AD^*+BC^*\mathrm{e}^{-2\mathrm{i}\varphi}\right) \\
\frac{1}{2}\mathrm{tr}\left(\hat{\sigma}_y\hat{F}\hat{\sigma}_y\hat{F}^+\right) &= \mathrm{Re}\left(AD^*+BC^*\mathrm{e}^{-2\mathrm{i}\varphi}\right)
\end{aligned}$$

$$
\begin{aligned}
&\frac{1}{2}\mathrm{tr}\left(\hat{\sigma}_z\hat{F}\hat{\sigma}_y\hat{F}^+\right)=\mathrm{Re}\left(AB^*-CD^*\mathrm{e}^{\mathrm{i}\varphi}\right)\\
&\frac{1}{2}\mathrm{tr}\left(\hat{\sigma}_x\hat{F}\hat{\sigma}_z\hat{F}^+\right)=\mathrm{Im}\left[\left(AC^*-BD^*\right)\mathrm{e}^{-\mathrm{i}\varphi}\right]\\
&\frac{1}{2}\mathrm{tr}\left(\hat{\sigma}_y\hat{F}\hat{\sigma}_z\hat{F}^+\right)=\mathrm{Re}\left[\left(AC^*-BD^*\right)\mathrm{e}^{-\mathrm{i}\varphi}\right]\\
&\frac{1}{2}\mathrm{tr}\left(\hat{\sigma}_z\hat{F}\hat{\sigma}_z\hat{F}^+\right)=\frac{1}{2}\left(|A|^2-|B|^2-|C|^2+|D|^2\right)
\end{aligned}\tag{6.2.22}
$$

利用式 (2.7.46) 和式 (2.7.47) 可以得到

$$\tilde{\Sigma}\mathrm{Re}\left(AC^*-BD^*\right)=0,\quad \tilde{\Sigma}\mathrm{Re}\left(AB^*-CD^*\right)=0\tag{6.2.23}$$

$$\tilde{\Sigma}\mathrm{Im}\left(AC^*-BD^*\right)=2\tilde{\Sigma}\mathrm{Im}\left(AC^*\right),\quad \tilde{\Sigma}\mathrm{Im}\left(AB^*-CD^*\right)=2\tilde{\Sigma}\mathrm{Im}\left(AB^*\right)\tag{6.2.24}$$

式 (2.7.49) 已经证明 $\sum\limits_{M_I M_I'} A_{M_I' M_I} D^*_{M_I' M_I}$ 和 $\sum\limits_{M_I M_I'} B_{M_I' M_I} C^*_{M_I' M_I}$ 均为实数，于是可得

$$\tilde{\Sigma}\mathrm{Im}\left(AD^*\right)=0,\quad \tilde{\Sigma}\mathrm{Im}\left(BC^*\right)=0\tag{6.2.25}$$

引入以下只与 θ 角有关的极化转移系数分量

$$
\begin{aligned}
&R_1(\theta)=\frac{1}{I_0(\theta)}\tilde{\Sigma}\mathrm{Re}\left(AD^*\right),\quad R_2(\theta)=\frac{1}{I_0(\theta)}\tilde{\Sigma}\mathrm{Re}\left(BC^*\right)\\
&Q_1(\theta)=\frac{2}{I_0(\theta)}\tilde{\Sigma}\mathrm{Im}\left(AC^*\right),\quad Q_2(\theta)=\frac{2}{I_0(\theta)}\tilde{\Sigma}\mathrm{Im}\left(AB^*\right)\\
&W(\theta)=\frac{1}{I_0(\theta)}\tilde{\Sigma}\left(|A|^2-|B|^2\right)
\end{aligned}\tag{6.2.26}
$$

与 θ,φ 角均有关的极化转移系数的定义为

$$K_i^j(\theta,\varphi)=\frac{1}{2I_0(\theta)}\tilde{\Sigma}\mathrm{tr}\left(\hat{\sigma}_j\hat{F}\hat{\sigma}_i\hat{F}^+\right),\quad i,j=x,y,z\tag{6.2.27}$$

其中，i 和 j 分别代表入射和出射道下标。于是根据式 (6.2.22) ~ 式 (6.2.27) 可得

$$
\begin{aligned}
&K_x^x(\theta,\varphi)=R_1(\theta)-R_2(\theta)\cos(2\varphi),\quad &&K_y^x(\theta,\varphi)=-R_2(\theta)\sin(2\varphi)\\
&K_z^x(\theta,\varphi)=Q_1(\theta)\cos\varphi, &&K_x^y(\theta,\varphi)=-R_2(\theta)\sin(2\varphi)\\
&K_y^y(\theta,\varphi)=R_1(\theta)+R_2(\theta)\cos(2\varphi), &&K_z^y(\theta,\varphi)=Q_1(\theta)\sin\varphi\\
&K_x^z(\theta,\varphi)=-Q_2(\theta)\cos\varphi, &&K_y^z(\theta,\varphi)=-Q_2(\theta)\sin\varphi\\
&K_z^z(\theta,\varphi)=W(\theta)
\end{aligned}\tag{6.2.28}
$$

极化入射粒子所对应的出射粒子的极化矢量为

$$P_j(\theta,\varphi)=\frac{I_0(\theta)}{I(\theta,\varphi)}\left[\overline{P}^j(\theta,\varphi)+\sum_{i=x,y,z}p_iK_i^j(\theta,\varphi)\right],\quad j=x,y,z \tag{6.2.29}$$

其中，$p_i\,(i=x,y,z)$ 是入射粒子的极化率。

6.2.2　自旋 $\frac{1}{2}$ 粒子的极化核数据库

本小节要讨论的自旋 $\frac{1}{2}$粒子的极化核数据库仅包含形状弹性散射和两体直接反应道的随能量变化的以下八个与 θ 角有关的微分物理量。

(1) 非极化入射粒子所对应的微分截面：$I_0(\theta)$。

(2) 入射粒子的分析本领：$A_y(\theta)$。

(3) 非极化入射粒子所对应的出射粒子极化率：$P^y(\theta)$。

(4) 极化转移系数分量：$R_1(\theta),R_2(\theta),Q_1(\theta),Q_2(\theta),W(\theta)$。

以上物理量的表达式在 6.2.1 小节中已经给出。

对于弹性散射来说，由于时间反演不变性，在靶核和剩余核自旋不为 0 的情况下，仍然满足 $P^y(\theta)=A_y(\theta)$，该关系式在数值计算中已经得到验证。对于靶核和剩余核自旋均为 0 的情况，有 $P^y(\theta)=A_y(\theta)=P$，$Q_1(\theta)=Q_2(\theta)=Q,W(\theta)=W$，作为 θ 函数的 P，Q，W 已分别由式 (2.4.21) ～ 式 (2.4.23) 给出。Q 称为自旋转动函数，W 称为自旋延续函数。并且在靶核和剩余核自旋均为 0 的情况下有 $R_1(\theta)+R_2(\theta)=1,\quad R_1(\theta)-R_2(\theta)=W$。

$I_0(\theta)$ 和 $A_y(\theta)$ 可以进行实验测量，而且目前已经积累了一批实验数据。在形状弹性散射情况下 $P^y(\theta)=A_y(\theta)$，对于一般情况下的 $P^y(\theta)$ 以及五个极化转移系数分量如何直接或间接进行实验测量还有待研究。

我们规定入射粒子方向为 z 轴，在 xz 平面上 $\varphi=0$，因而在实验室系与质心系之间进行坐标系变换时 φ 角不变。由式 (6.2.15) 可以看出，$I(\theta,\varphi)$ 和 $I_0(\theta)$ 按照由式 (2.5.1) 给出的角分布变换公式进行变换，而且有

$$\overline{A}_i(\theta_L,\varphi)=\overline{A}_i(\theta_C,\varphi),\quad i=x,y,z \tag{6.2.30}$$

把式 (6.2.29) 从左端乘上 $I(\theta,\varphi)$，再进行坐标系变换可以看出有

$$\begin{aligned}&P_j(\theta_L,\varphi)=P_j(\theta_C,\varphi),\quad \overline{P}^j(\theta_L,\varphi)=\overline{P}^j(\theta_C,\varphi)\\&K_i^j(\theta_L,\varphi)=K_i^j(\theta_C,\varphi),\quad i,j=x,y,z\end{aligned} \tag{6.2.31}$$

θ_L 和 θ_C 之间的变换公式已由式 (2.5.6) 给出。但是要注意到对于 $\mathrm{a+A\to b+B}$ 反应有

$$\gamma=\left[\frac{m_{\mathrm{a}}m_{\mathrm{b}}(m_{\mathrm{b}}+M_{\mathrm{B}})}{M_{\mathrm{A}}M_{\mathrm{B}}(m_{\mathrm{a}}+M_{\mathrm{A}})}\frac{E_C}{E_C+Q}\right]^{1/2} \tag{6.2.32}$$

其中，Q 为反应能。在弹性散射情况下 $\gamma=\frac{m}{M}$。一般情况下理论计算的微分截面和极化量都是质心系的，为了便于用户使用，建议在极化核数据库中保存实验室系的极化核数据。

6.2.3 自旋 $\frac{1}{2}$ 粒子的极化粒子输运理论要点

这里讨论用 Monte-Carlo 方法模拟极化粒子输运过程。为了简单起见，在这里假设在装置中只发生 $\frac{\vec{1}}{2}+\mathrm{A}\rightarrow\frac{\vec{1}}{2}+\mathrm{B}$ 反应，该反应可以是形状弹性散射，也可以是二体直接反应，暂且把其他所有反应道全部略掉。

我们选择在实验室系中研究极化粒子输运过程，并选择初始入射粒子方向为 z 轴，初始入射粒子极化率 p_{0x},p_{0y},p_{0z} 由实验确定或人为假设。取发生 $\frac{\vec{1}}{2}+\mathrm{A}$ 初始反应 (也称为第一次反应) 的位置为坐标原点 O_0。当入射粒子实验室系能量 E_0 确定后便可以从极化核数据库中得到实验室系的八种微分数据：$I_0(\theta),A_y(\theta),P^y(\theta),R_1(\theta),R_2(\theta),Q_1(\theta),Q_2(\theta),W(\theta)$。于是根据式 (6.2.14)、式 (6.2.21) 和式 (6.2.28) 可以计算出与 (θ,φ) 角有关的各种极化量。

当初始入射粒子极化率 p_{0x} 和 p_{0y} 已知后，由式 (6.2.15) 可以得到对应于能量 E_0 的任意 (θ,φ) 角度的出射粒子微分截面。在不考虑其他反应道的情况下，经过抽样，假设在 (θ_1,φ_1) 方向，与原点 O_0 的距离为 L_1 的 O_1 处初始反应的出射粒子与原子核又发生了反应，称为第二次反应，与这次反应对应的入射粒子实验室系能量为 E_1。在 O_0 系中处在第二次核反应点 O_1 处的第一次核反应的初始入射粒子的 Stokes 矢量表示式为 [19]

$$S_1^{(\mathrm{i})}(\theta_1)=I_0(\theta_1)\begin{pmatrix}1\\p_{0x}\\p_{0y}\\p_{0z}\end{pmatrix}\tag{6.2.33}$$

相应的出射粒子的 Stokes 矢量表示式为

$$S_1^{(\mathrm{f})}(\theta_1,\varphi_1)=I(\theta_1,\varphi_1)\begin{pmatrix}1\\P_{1x}(\theta_1,\varphi_1)\\P_{1y}(\theta_1,\varphi_1)\\P_{1z}(\theta_1,\varphi_1)\end{pmatrix}\tag{6.2.34}$$

根据式 (6.2.15) 和式 (6.2.29) 可知以上二矢量满足以下关系式

$$S_1^{(\mathrm{f})}=Z_1S_1^{(\mathrm{i})}\tag{6.2.35}$$

其中

$$Z_1=\begin{pmatrix} 1 & \overline{A}_x & \overline{A}_y & 0 \\ \overline{P}^x & K_x^x & K_y^x & K_z^x \\ \overline{P}^y & K_x^y & K_y^y & K_z^y \\ 0 & K_x^z & K_y^z & K_z^z \end{pmatrix}_1 \tag{6.2.36}$$

式中，下标 1 对应于 (θ_1,φ_1) 和能量 E_0；Z_1 称为 Mueller 矩阵 [19]。在 O_0 处发生第一次反应后，在任意 (θ,φ) 角度处与式 (6.2.35) 类似的关系式都成立，在 (θ_1,φ_1) 处当然也成立，也就是说关系式 (6.2.35) 是由第一次反应决定的。

O_1 点在 O_0 系中的直角坐标为

$$X_1=L_1\sin\theta_1\cos\varphi_1\quad ,Y_1=L_1\sin\theta_1\sin\varphi_1,\quad Z_1=L_1\cos\theta_1 \tag{6.2.37}$$

式 (2.5.52) 已给出在三维直角坐标系转动 (θ,φ) 角的 D 矩阵为

$$\hat{B}(\theta,\varphi)=\begin{pmatrix} \cos\theta\cos\varphi & -\sin\varphi & \sin\theta\cos\varphi \\ \cos\theta\sin\varphi & \cos\varphi & \sin\theta\sin\varphi \\ -\sin\theta & 0 & \cos\theta \end{pmatrix} \tag{6.2.38}$$

式 (2.5.53) 又给出了与其对应的逆矩阵为

$$\hat{b}(\theta,\varphi)=\begin{pmatrix} \cos\theta\cos\varphi & \cos\theta\sin\varphi & -\sin\theta \\ -\sin\varphi & \cos\varphi & 0 \\ \sin\theta\cos\varphi & \sin\theta\sin\varphi & \cos\theta \end{pmatrix} \tag{6.2.39}$$

通过在 2.5 节中的讨论可知，当转动坐标系和转动物体的矢量时可分别通过以下二式来实现

$$\vec{p}\,'=\hat{b}(\theta,\varphi)\,\vec{p},\quad \vec{p}\,'=\hat{B}(\theta,\varphi)\,\vec{p} \tag{6.2.40}$$

把 O_0 坐标系中的三个直角系坐标轴转动 (θ_1,φ_1) 角后变成 O_1 坐标系的三个新坐标轴，再把坐标原点从 O_0 平移到 O_1，O_0O_1 方向正好是新 z 轴方向。

在 O_0 系中看，在 O_0 处发生第一次反应后在 O_1 处的出射粒子的极化矢量为 $\vec{P}_1(\theta_1,\varphi_1)$，它也是在 O_1 系中发生第二次反应时入射粒子的极化矢量 $\vec{p}_1$。这种情况相当于坐标系转动了 (θ_1,φ_1) 角，而物体并未转动，因而有

$$\vec{p}_1=\hat{b}(\theta_1,\varphi_1)\,\vec{P}_1(\theta_1,\varphi_1) \tag{6.2.41}$$

表明在 O_0 系中的 $\vec{P}_1$ 改在 O_1 系中观察则为 $\vec{p}_1$。利用式 (6.2.39) 由式 (6.2.41)

可得

$$
\begin{aligned}
p_{1x} &= \cos\theta_1\cos\varphi_1 P_{1x}(\theta_1,\varphi_1)+\cos\theta_1\sin\varphi_1 P_{1y}(\theta_1,\varphi_1)-\sin\theta_1 P_{1z}(\theta_1,\varphi_1)\\
p_{1y} &= -\sin\varphi_1 P_{1x}(\theta_1,\varphi_1)+\cos\varphi_1 P_{1y}(\theta_1,\varphi_1)\\
p_{1z} &= \sin\theta_1\cos\varphi_1 P_{1x}(\theta_1,\varphi_1)+\sin\theta_1\sin\varphi_1 P_{1y}(\theta_1,\varphi_1)+\cos\theta_1 P_{1z}(\theta_1,\varphi_1)
\end{aligned}
\tag{6.2.42}
$$

在 Monte-Carlo 模拟计算中，如果通过抽样确定在某处会发生核反应，就认为有百分之百的概率在这里发生核反应，因而在 O_1 系中与能量 E_1 相对应的非极化微分截面 $I_0(\theta)$ 仍然可以从极化核数据库中查到。在 O_1 处沿新 z 轴入射粒子能量为 E_1，入射粒子极化率可由式 (6.2.41) 或式 (6.2.42) 求出。于是利用极化核数据库及式 (6.2.15)，可以求得在 O_1 处发生第二次反应后在 O_1 系中任意 (θ,φ) 角度的出射粒子的微分截面。在不考虑其他反应道的情况下，经过抽样，假设在 O_1 系中在 (θ_2,φ_2) 方向，在与 O_1 的距离为 L_2 的 O_2 处发生了第三次核反应。在 O_1 系中 O_2 点的坐标为

$$
x_2=L_2\sin\theta_2\cos\varphi_2,\quad y_2=L_2\sin\theta_2\sin\varphi_2,\quad z_2=L_2\cos\theta_2 \tag{6.2.43}
$$

O_0 系的坐标轴相对于 O_1 系的坐标轴相当于逆转动了 (θ_1,φ_1) 角，因而把 O_2 点的坐标变换成在 O_0 系中观察 (但是以 O_1 为坐标原点) 则为

$$
\begin{pmatrix} X_2\\ Y_2\\ Z_2\end{pmatrix}=\hat{B}(\theta_1,\varphi_1)\begin{pmatrix} x_2\\ y_2\\ z_2\end{pmatrix} \tag{6.2.44}
$$

$\hat{B}$ 的表达式已由式 (6.2.38) 给出。在 O_2 处的粒子在实验室 O_0 坐标系中的位置为

$$
X=X_1+X_2,\quad Y=Y_1+Y_2,\quad Z=Z_1+Z_2 \tag{6.2.45}
$$

在 O_1 系中，在 O_2 处的入射粒子的 Stokes 矢量为

$$
S_2^{(\mathrm{i})}(\theta_2)=I_0(\theta_2)\begin{pmatrix}1\\ p_{1x}\\ p_{1y}\\ p_{1z}\end{pmatrix} \tag{6.2.46}
$$

在 O_2 处的出射粒子的 Stokes 矢量表示式为

$$
S_2^{(\mathrm{f})}(\theta_2,\varphi_2)=I(\theta_2,\varphi_2)\begin{pmatrix}1\\ P_{2x}(\theta_2,\varphi_2)\\ P_{2y}(\theta_2,\varphi_2)\\ P_{2z}(\theta_2,\varphi_2)\end{pmatrix} \tag{6.2.47}
$$

以上二式满足以下关系式

$$S_2^{(\mathrm{f})} = Z_2 S_2^{(\mathrm{i})} \tag{6.2.48}$$

下标 2 对应于 (θ_2, φ_2) 和能量 E_1。式 (6.2.48) 是由第二次反应决定的。

可把以上方法推广到第三次、第四次等反应过程，注意必须要一直跟踪最后那个出射粒子在实验室 O_0 系中的坐标 (X, Y, Z) 及其他物理量。可以看出，上述 Monte-Carlo 模拟计算的主要目的是计算再次碰撞后出射粒子的极化率，而极化分析本领、极化转移系数、非极化入射粒子的微分截面和非极化入射粒子所对应的出射粒子的极化率均可以直接从极化核数据库中查出。但是，要注意到真实的 Monte-Carlo 模拟过程必须要同时包含所有可能的反应道才行。

6.3 $\vec{1} + \mathrm{A} \rightarrow \vec{1} + \mathrm{B}$ 反应极化粒子输运理论

6.3.1 与方位角有关的自旋 1 粒子的极化量

在 $\vec{1} + \mathrm{A} \rightarrow \vec{1} + \mathrm{B}$ 反应中，假设入射粒子和出射粒子都是自旋 1 的极化粒子，而靶核 A 和剩余核 B 的自旋分别为 I 和 I'，而且都是非极化的。式 (3.7.23) 已经给出了具有确定自旋磁量子数 $M_I' M_I$ 的反应振幅为

$$\hat{\mathcal{F}}_{M_I' M_I}(\theta, \varphi) = \begin{pmatrix} B_{M_I' M_I}(\theta) & -\mathrm{i} C_{M_I' M_I}(\theta)\,\mathrm{e}^{-\mathrm{i}\varphi} & -E_{M_I' M_I}(\theta)\,\mathrm{e}^{-2\mathrm{i}\varphi} \\ \mathrm{i} O_{M_I' M_I}(\theta)\,\mathrm{e}^{\mathrm{i}\varphi} & A_{M_I' M_I}(\theta) & -\mathrm{i} D_{M_I' M_I}(\theta)\,\mathrm{e}^{-\mathrm{i}\varphi} \\ -F_{M_I' M_I}(\theta)\,\mathrm{e}^{2\mathrm{i}\varphi} & \mathrm{i} G_{M_I' M_I}(\theta)\,\mathrm{e}^{\mathrm{i}\varphi} & H_{M_I' M_I}(\theta) \end{pmatrix} \mathrm{e}^{\mathrm{i}\left(M_I - M_I'\right)\varphi} \tag{6.3.1}$$

其中，$A_{M_I' M_I}, B_{M_I' M_I}$ 等已由式 (3.7.4) ~ 式 (3.7.12) 给出。因为在计算极化量时，在靶核和剩余核都是非极化的情况下，$\hat{\mathcal{F}}_{M_I' M_I}$ 和 $\hat{\mathcal{F}}^+_{M_I' M_I}$ 总是同时出现，所以因子 $\mathrm{e}^{\mathrm{i}\left(M_I - M_I'\right)\varphi}$ 必然被消掉，于是引入

$$\hat{F} = \begin{pmatrix} B & -\mathrm{i} C \mathrm{e}^{-\mathrm{i}\varphi} & -E \mathrm{e}^{-2\mathrm{i}\varphi} \\ \mathrm{i} O \mathrm{e}^{\mathrm{i}\varphi} & A & -\mathrm{i} D \mathrm{e}^{-\mathrm{i}\varphi} \\ -F \mathrm{e}^{2\mathrm{i}\varphi} & \mathrm{i} G \mathrm{e}^{\mathrm{i}\varphi} & H \end{pmatrix}, \quad \hat{F}^+ = \begin{pmatrix} B^* & -\mathrm{i} O^* \mathrm{e}^{-\mathrm{i}\varphi} & -F^* \mathrm{e}^{-2\mathrm{i}\varphi} \\ \mathrm{i} C^* \mathrm{e}^{\mathrm{i}\varphi} & A^* & -\mathrm{i} G^* \mathrm{e}^{-\mathrm{i}\varphi} \\ -E^* \mathrm{e}^{2\mathrm{i}\varphi} & \mathrm{i} D^* \mathrm{e}^{\mathrm{i}\varphi} & H^* \end{pmatrix} \tag{6.3.2}$$

其中，符号 A, B 等略掉了下标 $M_I' M_I$ 和宗量 (θ)；$\hat{F}$ 和 $\hat{F}^+$ 略掉了下标 $M_I' M_I$ 和宗量 (θ, φ)。式 (3.7.26) 已经给出

$$\hat{F}\hat{F}^+ = \left(\begin{matrix} |B|^2 + |C|^2 + |E|^2 & -\mathrm{i}\left(BO^* + CA^* + ED^*\right)\mathrm{e}^{-\mathrm{i}\varphi} \\ \mathrm{i}\left(OB^* + AC^* + DE^*\right)\mathrm{e}^{\mathrm{i}\varphi} & |O|^2 + |A|^2 + |D|^2 \\ -\left(FB^* + GC^* + HE^*\right)\mathrm{e}^{2\mathrm{i}\varphi} & \mathrm{i}\left(FO^* + GA^* + HD^*\right)\mathrm{e}^{\mathrm{i}\varphi} \end{matrix} \right.$$

$$
\begin{aligned}
&-(BF^*+CG^*+EH^*)\,\mathrm{e}^{-2\mathrm{i}\varphi}\\
&-\mathrm{i}\,(OF^*+AG^*+DH^*)\,\mathrm{e}^{-\mathrm{i}\varphi}\\
&|F|^2+|G|^2+|H|^2
\end{aligned}
\Bigg)
\tag{6.3.3}
$$

同样使用由式 (6.2.4) 引入的符号，再利用式 (3.8.12) ~ 式 (3.8.16) 便可得到非极化入射粒子的微分截面为

$$
I_0(\theta)=\frac{1}{3}\tilde{\Sigma}\left[|A|^2+2\left(|B|^2+|C|^2+|D|^2+|E|^2\right)\right]
\tag{6.3.4}
$$

其中，$I_0(\theta)$ 略掉了出射道、入射道下标 $\alpha'n',\alpha n$。

式 (3.1.33) 和式 (3.1.36) 已分别给出自旋 1 粒子在球基表象直角坐标系中的自旋矢量算符和自旋张量算符的表示式。在张量算符 $\hat{Q}_{ij}$ 中我们取下标为 $xy,xz,yz,$ $xx-yy,zz$ 的 5 个独立张量算符。利用式 (3.1.33) 和式 (6.3.2) 可以求得

$$
\hat{S}_x\hat{F}^+=\frac{1}{\sqrt{2}}\begin{pmatrix}
\mathrm{i}C^*\mathrm{e}^{\mathrm{i}\varphi} & A^* & -\mathrm{i}G^*\mathrm{e}^{-\mathrm{i}\varphi}\\
B^*-E^*\mathrm{e}^{2\mathrm{i}\varphi} & -\mathrm{i}O^*\mathrm{e}^{-\mathrm{i}\varphi}+\mathrm{i}D^*\mathrm{e}^{\mathrm{i}\varphi} & -F^*\mathrm{e}^{-2\mathrm{i}\varphi}+H^*\\
\mathrm{i}C^*\mathrm{e}^{\mathrm{i}\varphi} & A^* & -\mathrm{i}G^*\mathrm{e}^{-\mathrm{i}\varphi}
\end{pmatrix}
$$

$$
\hat{S}_y\hat{F}^+=\frac{\mathrm{i}}{\sqrt{2}}\begin{pmatrix}
-\mathrm{i}C^*\mathrm{e}^{\mathrm{i}\varphi} & -A^* & \mathrm{i}G^*\mathrm{e}^{-\mathrm{i}\varphi}\\
B^*+E^*\mathrm{e}^{2\mathrm{i}\varphi} & -\mathrm{i}O^*\mathrm{e}^{-\mathrm{i}\varphi}-\mathrm{i}D^*\mathrm{e}^{\mathrm{i}\varphi} & -F^*\mathrm{e}^{-2\mathrm{i}\varphi}-H^*\\
\mathrm{i}C^*\mathrm{e}^{\mathrm{i}\varphi} & A^* & -\mathrm{i}G^*\mathrm{e}^{-\mathrm{i}\varphi}
\end{pmatrix}
$$

$$
\hat{S}_z\hat{F}^+=\begin{pmatrix}
B^* & -\mathrm{i}O^*\mathrm{e}^{-\mathrm{i}\varphi} & -F^*\mathrm{e}^{-2\mathrm{i}\varphi}\\
0 & 0 & 0\\
E^*\mathrm{e}^{2\mathrm{i}\varphi} & -\mathrm{i}D^*\mathrm{e}^{-\mathrm{i}\varphi} & -H^*
\end{pmatrix}
\tag{6.3.5}
$$

$$
\hat{F}\hat{S}_x\hat{F}^+=\frac{1}{\sqrt{2}}\Bigg(
\begin{matrix}
\mathrm{i}\left(BC^*\mathrm{e}^{\mathrm{i}\varphi}-CB^*\mathrm{e}^{-\mathrm{i}\varphi}+CE^*\mathrm{e}^{\mathrm{i}\varphi}-EC^*\mathrm{e}^{-\mathrm{i}\varphi}\right)\\
-OC^*\mathrm{e}^{2\mathrm{i}\varphi}+AB^*-AE^*\mathrm{e}^{2\mathrm{i}\varphi}+DC^*\\
\mathrm{i}\left(-FC^*\mathrm{e}^{3\mathrm{i}\varphi}+GB^*\mathrm{e}^{\mathrm{i}\varphi}-GE^*\mathrm{e}^{3\mathrm{i}\varphi}+HC^*\mathrm{e}^{\mathrm{i}\varphi}\right)
\end{matrix}
$$

$$
\begin{matrix}
BA^*-CO^*\mathrm{e}^{-2\mathrm{i}\varphi}+CD^*-EA^*\mathrm{e}^{-2\mathrm{i}\varphi}\\
\mathrm{i}\left(OA^*\mathrm{e}^{\mathrm{i}\varphi}-AO^*\mathrm{e}^{-\mathrm{i}\varphi}+AD^*\mathrm{e}^{\mathrm{i}\varphi}-DA^*\mathrm{e}^{-\mathrm{i}\varphi}\right)\\
-FA^*\mathrm{e}^{-2\mathrm{i}\varphi}+GO^*-GD^*\mathrm{e}^{2\mathrm{i}\varphi}+HA^*
\end{matrix}
$$

$$
\begin{matrix}
\mathrm{i}\left(-BG^*\mathrm{e}^{-\mathrm{i}\varphi}+CF^*\mathrm{e}^{-3\mathrm{i}\varphi}-CH^*\mathrm{e}^{-\mathrm{i}\varphi}+EG^*\mathrm{e}^{-3\mathrm{i}\varphi}\right)\\
OG^*-AF^*\mathrm{e}^{-2\mathrm{i}\varphi}+AH^*-DG^*\mathrm{e}^{-2\mathrm{i}\varphi}\\
\mathrm{i}\left(FG^*\mathrm{e}^{\mathrm{i}\varphi}-GF^*\mathrm{e}^{-\mathrm{i}\varphi}+GH^*\mathrm{e}^{\mathrm{i}\varphi}-HG^*\mathrm{e}^{-\mathrm{i}\varphi}\right)
\end{matrix}\Bigg)
$$

$$\hat{F}\hat{S}_y\hat{F}^+ = \frac{\mathrm{i}}{\sqrt{2}}\begin{pmatrix} -\mathrm{i}\left(BC^*\mathrm{e}^{\mathrm{i}\varphi}+CB^*\mathrm{e}^{-\mathrm{i}\varphi}+CE^*\mathrm{e}^{\mathrm{i}\varphi}+EC^*\mathrm{e}^{-\mathrm{i}\varphi}\right) & -BA^*-CO^*\mathrm{e}^{-2\mathrm{i}\varphi}-CD^*-EA^*\mathrm{e}^{-2\mathrm{i}\varphi} & \mathrm{i}\left(BG^*\mathrm{e}^{-\mathrm{i}\varphi}+CF^*\mathrm{e}^{-3\mathrm{i}\varphi}+CH^*\mathrm{e}^{-\mathrm{i}\varphi}+EG^*\mathrm{e}^{-3\mathrm{i}\varphi}\right) \\ OC^*\mathrm{e}^{2\mathrm{i}\varphi}+AB^*+AE^*\mathrm{e}^{2\mathrm{i}\varphi}+DC^* & -\mathrm{i}\left(OA^*\mathrm{e}^{\mathrm{i}\varphi}+AO^*\mathrm{e}^{-\mathrm{i}\varphi}+AD^*\mathrm{e}^{\mathrm{i}\varphi}+DA^*\mathrm{e}^{-\mathrm{i}\varphi}\right) & -OG^*-AF^*\mathrm{e}^{-2\mathrm{i}\varphi}-AH^*-DG^*\mathrm{e}^{-2\mathrm{i}\varphi} \\ \mathrm{i}\left(FC^*\mathrm{e}^{3\mathrm{i}\varphi}+GB^*\mathrm{e}^{\mathrm{i}\varphi}+GE^*\mathrm{e}^{3\mathrm{i}\varphi}+HC^*\mathrm{e}^{\mathrm{i}\varphi}\right) & FA^*\mathrm{e}^{2\mathrm{i}\varphi}+GO^*+GD^*\mathrm{e}^{2\mathrm{i}\varphi}+HA^* & -\mathrm{i}\left(FG^*\mathrm{e}^{\mathrm{i}\varphi}+GF^*\mathrm{e}^{-\mathrm{i}\varphi}+GH^*\mathrm{e}^{\mathrm{i}\varphi}+HG^*\mathrm{e}^{-\mathrm{i}\varphi}\right) \end{pmatrix}$$

$$\hat{F}\hat{S}_z\hat{F}^+ = \begin{pmatrix} |B|^2-|E|^2 & -\mathrm{i}\left(BO^*\mathrm{e}^{-\mathrm{i}\varphi}-ED^*\mathrm{e}^{-\mathrm{i}\varphi}\right) & -BF^*\mathrm{e}^{-2\mathrm{i}\varphi}+EH^*\mathrm{e}^{-2\mathrm{i}\varphi} \\ \mathrm{i}\left(OB^*\mathrm{e}^{\mathrm{i}\varphi}-DE^*\mathrm{e}^{\mathrm{i}\varphi}\right) & |O|^2-|D|^2 & -\mathrm{i}\left(OF^*\mathrm{e}^{-\mathrm{i}\varphi}-DH^*\mathrm{e}^{-\mathrm{i}\varphi}\right) \\ -FB^*\mathrm{e}^{2\mathrm{i}\varphi}+HE^*\mathrm{e}^{2\mathrm{i}\varphi} & \mathrm{i}\left(FO^*\mathrm{e}^{\mathrm{i}\varphi}-HD^*\mathrm{e}^{\mathrm{i}\varphi}\right) & |F|^2-|H|^2 \end{pmatrix} \tag{6.3.6}$$

由式 (6.3.6) 可以求得

$$\begin{aligned} \frac{1}{\sqrt{2}}\mathrm{tr}\left(\hat{F}\hat{S}_x\hat{F}^+\right) &= -\mathrm{Im}\left[\left(BC^*+CE^*+OA^*+AD^*+FG^*+GH^*\right)\mathrm{e}^{\mathrm{i}\varphi}\right] \\ \frac{1}{\sqrt{2}}\mathrm{tr}\left(\hat{F}\hat{S}_y\hat{F}^+\right) &= \mathrm{Re}\left[\left(BC^*+CE^*+OA^*+AD^*+FG^*+GH^*\right)\mathrm{e}^{\mathrm{i}\varphi}\right] \\ \mathrm{tr}\left(\hat{F}\hat{S}_z\hat{F}^+\right) &= |B|^2-|E|^2+|O|^2-|D|^2+|F|^2-|H|^2 \end{aligned} \tag{6.3.7}$$

利用式 (3.8.12) ~ 式 (3.8.18) 由式 (6.3.7) 可得

$$\begin{aligned} \frac{1}{\sqrt{2}}\tilde{\Sigma}\mathrm{tr}\left(\hat{F}\hat{S}_x\hat{F}^+\right) &= -2\tilde{\Sigma}\mathrm{Re}\left(BC^*+CE^*+OA^*\right)\sin\varphi \\ \frac{1}{\sqrt{2}}\tilde{\Sigma}\mathrm{tr}\left(\hat{F}\hat{S}_y\hat{F}^+\right) &= 2\tilde{\Sigma}\mathrm{Re}\left(BC^*+CE^*+OA^*\right)\cos\varphi \\ \tilde{\Sigma}\mathrm{tr}\left(\hat{F}\hat{S}_z\hat{F}^+\right) &= 0 \end{aligned} \tag{6.3.8}$$

定义以下仅与 θ 角有关的矢量分析本领

$$A_y(\theta) = \frac{2\sqrt{2}}{3I_0}\tilde{\Sigma}\mathrm{Re}\left(BC^*+CE^*+OA^*\right) \tag{6.3.9}$$

在一般情况下与 θ,φ 角同时有关的矢量分析本领为

$$\overline{A}_i(\theta,\varphi)=\frac{1}{3I_0}\tilde{\Sigma}\mathrm{tr}\left(\hat{F}\hat{S}_i\hat{F}^+\right),\quad i=x,y,z \tag{6.3.10}$$

于是由式 (6.3.8) ~ 式 (6.3.10) 可得

$$\overline{A}_x(\theta,\varphi)=-A_y(\theta)\sin\varphi,\quad \overline{A}_y(\theta,\varphi)=A_y(\theta)\cos\varphi,\quad \overline{A}_z(\theta,\varphi)=0 \tag{6.3.11}$$

利用式 (3.1.36) 和式 (6.3.2) 可以求得

$$\hat{Q}_{xy}\hat{F}^+=\frac{3\mathrm{i}}{2}\begin{pmatrix} E^*\mathrm{e}^{2\mathrm{i}\varphi} & -\mathrm{i}D^*\mathrm{e}^{\mathrm{i}\varphi} & -H^* \\ 0 & 0 & 0 \\ B^* & -\mathrm{i}O^*\mathrm{e}^{-\mathrm{i}\varphi} & -F^*\mathrm{e}^{-2\mathrm{i}\varphi} \end{pmatrix}$$

$$\hat{Q}_{xz}\hat{F}^+=\frac{3}{2\sqrt{2}}\begin{pmatrix} \mathrm{i}C^*\mathrm{e}^{2\mathrm{i}\varphi} & A^* & -\mathrm{i}G^*\mathrm{e}^{-\mathrm{i}\varphi} \\ B^*+E^*\mathrm{e}^{2\mathrm{i}\varphi} & -\mathrm{i}O^*\mathrm{e}^{-\mathrm{i}\varphi}-\mathrm{i}D^*\mathrm{e}^{\mathrm{i}\varphi} & -F^*\mathrm{e}^{-2\mathrm{i}\varphi}-H^* \\ -\mathrm{i}C^*\mathrm{e}^{\mathrm{i}\varphi} & -A^* & \mathrm{i}G^*\mathrm{e}^{-\mathrm{i}\varphi} \end{pmatrix}$$

$$\hat{Q}_{yz}\hat{F}^+=\frac{3\mathrm{i}}{2\sqrt{2}}\begin{pmatrix} -\mathrm{i}C^*\mathrm{e}^{\mathrm{i}\varphi} & -A^* & \mathrm{i}G^*\mathrm{e}^{-\mathrm{i}\varphi} \\ B^*-E^*\mathrm{e}^{2\mathrm{i}\varphi} & -\mathrm{i}O^*\mathrm{e}^{-\mathrm{i}\varphi}+\mathrm{i}D^*\mathrm{e}^{\mathrm{i}\varphi} & -F^*\mathrm{e}^{-2\mathrm{i}\varphi}+H^* \\ -\mathrm{i}C^*\mathrm{e}^{\mathrm{i}\varphi} & -A^* & \mathrm{i}G^*\mathrm{e}^{-\mathrm{i}\varphi} \end{pmatrix}$$

$$\hat{Q}_{xx-yy}\hat{F}^+=3\begin{pmatrix} -E^*\mathrm{e}^{2\mathrm{i}\varphi} & \mathrm{i}D^*\mathrm{e}^{\mathrm{i}\varphi} & H^* \\ 0 & 0 & 0 \\ B^* & -\mathrm{i}O^*\mathrm{e}^{-\mathrm{i}\varphi} & -F^*\mathrm{e}^{-2\mathrm{i}\varphi} \end{pmatrix}$$

$$\hat{Q}_{zz}\hat{F}^+=\begin{pmatrix} B^* & -\mathrm{i}O^*\mathrm{e}^{-\mathrm{i}\varphi} & -F^*\mathrm{e}^{-2\mathrm{i}\varphi} \\ -2\mathrm{i}C^*\mathrm{e}^{\mathrm{i}\varphi} & -2A^* & 2\mathrm{i}G^*\mathrm{e}^{-\mathrm{i}\varphi} \\ -E^*\mathrm{e}^{2\mathrm{i}\varphi} & \mathrm{i}D^*\mathrm{e}^{\mathrm{i}\varphi} & H^* \end{pmatrix} \tag{6.3.12}$$

$$\hat{F}\hat{Q}_{xy}\hat{F}^+=\frac{3\mathrm{i}}{2}\begin{pmatrix} BE^*\mathrm{e}^{2\mathrm{i}\varphi}-EB^*\mathrm{e}^{-2\mathrm{i}\varphi} & -\mathrm{i}\left(BD^*\mathrm{e}^{\mathrm{i}\varphi}-EO^*\mathrm{e}^{-3\mathrm{i}\varphi}\right) & -BH^*+EF^*\mathrm{e}^{-4\mathrm{i}\varphi} \\ \mathrm{i}\left(OE^*\mathrm{e}^{3\mathrm{i}\varphi}-DB^*\mathrm{e}^{-\mathrm{i}\varphi}\right) & OD^*\mathrm{e}^{2\mathrm{i}\varphi}-DO^*\mathrm{e}^{-2\mathrm{i}\varphi} & -\mathrm{i}\left(OH^*\mathrm{e}^{\mathrm{i}\varphi}-DF^*\mathrm{e}^{-3\mathrm{i}\varphi}\right) \\ -FE^*\mathrm{e}^{4\mathrm{i}\varphi}+HB^* & \mathrm{i}\left(FD^*\mathrm{e}^{3\mathrm{i}\varphi}-HO^*\mathrm{e}^{-\mathrm{i}\varphi}\right) & FH^*\mathrm{e}^{2\mathrm{i}\varphi}-HF^*\mathrm{e}^{-2\mathrm{i}\varphi} \end{pmatrix}$$

$$
\hat{F}\hat{Q}_{xz}\hat{F}^{+}=\frac{3}{2\sqrt{2}}\begin{pmatrix}
\mathrm{i}\left(BC^{*}\mathrm{e}^{\mathrm{i}\varphi}-CB^{*}\mathrm{e}^{-\mathrm{i}\varphi}-CE^{*}\mathrm{e}^{\mathrm{i}\varphi}+EC^{*}\mathrm{e}^{-\mathrm{i}\varphi}\right) & BA^{*}-CO^{*}\mathrm{e}^{-2\mathrm{i}\varphi}-CD^{*}+EA^{*}\mathrm{e}^{-2\mathrm{i}\varphi} & -\mathrm{i}\left(BG^{*}\mathrm{e}^{-\mathrm{i}\varphi}-CF^{*}\mathrm{e}^{-3\mathrm{i}\varphi}-CH^{*}\mathrm{e}^{-\mathrm{i}\varphi}+EG^{*}\mathrm{e}^{-3\mathrm{i}\varphi}\right) \\
-OC^{*}\mathrm{e}^{2\mathrm{i}\varphi}+AB^{*}+AE^{*}\mathrm{e}^{2\mathrm{i}\varphi}-DC^{*} & \mathrm{i}\left(OA^{*}\mathrm{e}^{\mathrm{i}\varphi}-AO^{*}\mathrm{e}^{-\mathrm{i}\varphi}-AD^{*}\mathrm{e}^{\mathrm{i}\varphi}+DA^{*}\mathrm{e}^{-\mathrm{i}\varphi}\right) & OG^{*}-AF^{*}\mathrm{e}^{-2\mathrm{i}\varphi}-AH^{*}+DG^{*}\mathrm{e}^{-2\mathrm{i}\varphi} \\
-\mathrm{i}\left(FC^{*}\mathrm{e}^{3\mathrm{i}\varphi}-GB^{*}\mathrm{e}^{\mathrm{i}\varphi}-GE^{*}\mathrm{e}^{3\mathrm{i}\varphi}+HC^{*}\mathrm{e}^{\mathrm{i}\varphi}\right) & -FA^{*}\mathrm{e}^{2\mathrm{i}\varphi}+GO^{*}+GD^{*}\mathrm{e}^{2\mathrm{i}\varphi}-HA^{*} & \mathrm{i}\left(FG^{*}\mathrm{e}^{\mathrm{i}\varphi}-GF^{*}\mathrm{e}^{-\mathrm{i}\varphi}-GH^{*}\mathrm{e}^{\mathrm{i}\varphi}+HG^{*}\mathrm{e}^{-\mathrm{i}\varphi}\right)
\end{pmatrix}
$$

$$
\hat{F}\hat{Q}_{yz}\hat{F}^{+}=\frac{3\mathrm{i}}{2\sqrt{2}}\begin{pmatrix}
-\mathrm{i}\left(BC^{*}\mathrm{e}^{\mathrm{i}\varphi}+CB^{*}\mathrm{e}^{-\mathrm{i}\varphi}-CE^{*}\mathrm{e}^{\mathrm{i}\varphi}-EC^{*}\mathrm{e}^{-\mathrm{i}\varphi}\right) & -BA^{*}-CO^{*}\mathrm{e}^{-2\mathrm{i}\varphi}+CD^{*}+EA^{*}\mathrm{e}^{-2\mathrm{i}\varphi} & \mathrm{i}\left(BG^{*}\mathrm{e}^{-\mathrm{i}\varphi}+CF^{*}\mathrm{e}^{-3\mathrm{i}\varphi}-CH^{*}\mathrm{e}^{-\mathrm{i}\varphi}-EG^{*}\mathrm{e}^{-3\mathrm{i}\varphi}\right) \\
OC^{*}\mathrm{e}^{2\mathrm{i}\varphi}+AB^{*}-AE^{*}\mathrm{e}^{2\mathrm{i}\varphi}-DC^{*} & -\mathrm{i}\left(OA^{*}\mathrm{e}^{\mathrm{i}\varphi}+AO^{*}\mathrm{e}^{-\mathrm{i}\varphi}-AD^{*}\mathrm{e}^{\mathrm{i}\varphi}-DA^{*}\mathrm{e}^{-\mathrm{i}\varphi}\right) & -OG^{*}-AF^{*}\mathrm{e}^{-2\mathrm{i}\varphi}+AH^{*}+DG^{*}\mathrm{e}^{-2\mathrm{i}\varphi} \\
\mathrm{i}\left(FC^{*}\mathrm{e}^{3\mathrm{i}\varphi}+GB^{*}\mathrm{e}^{\mathrm{i}\varphi}-GE^{*}\mathrm{e}^{3\mathrm{i}\varphi}-HC^{*}\mathrm{e}^{\mathrm{i}\varphi}\right) & FA^{*}\mathrm{e}^{2\mathrm{i}\varphi}+GO^{*}-GD^{*}\mathrm{e}^{2\mathrm{i}\varphi}-HA^{*} & -\mathrm{i}\left(FG^{*}\mathrm{e}^{\mathrm{i}\varphi}+GF^{*}\mathrm{e}^{-\mathrm{i}\varphi}-GH^{*}\mathrm{e}^{\mathrm{i}\varphi}-HG^{*}\mathrm{e}^{-\mathrm{i}\varphi}\right)
\end{pmatrix}
$$

$$
\hat{F}\hat{Q}_{xx-yy}\hat{F}^{+}=3\begin{pmatrix}
-BE^{*}\mathrm{e}^{2\mathrm{i}\varphi}-EB^{*}\mathrm{e}^{-2\mathrm{i}\varphi} & \mathrm{i}\left(BD^{*}\mathrm{e}^{\mathrm{i}\varphi}+EO^{*}\mathrm{e}^{-3\mathrm{i}\varphi}\right) & BH^{*}+EF^{*}\mathrm{e}^{-4\mathrm{i}\varphi} \\
-\mathrm{i}\left(OE^{*}\mathrm{e}^{3\mathrm{i}\varphi}+DB^{*}\mathrm{e}^{-\mathrm{i}\varphi}\right) & -OD^{*}\mathrm{e}^{2\mathrm{i}\varphi}-DO^{*}\mathrm{e}^{-2\mathrm{i}\varphi} & \mathrm{i}\left(OH^{*}\mathrm{e}^{\mathrm{i}\varphi}+DF^{*}\mathrm{e}^{-3\mathrm{i}\varphi}\right) \\
FE^{*}\mathrm{e}^{4\mathrm{i}\varphi}+HB^{*} & -\mathrm{i}\left(FD^{*}\mathrm{e}^{3\mathrm{i}\varphi}+HO^{*}\mathrm{e}^{-\mathrm{i}\varphi}\right) & -FH^{*}\mathrm{e}^{2\mathrm{i}\varphi}-HF^{*}\mathrm{e}^{-2\mathrm{i}\varphi}
\end{pmatrix}
$$

$$
\hat{F}\hat{Q}_{zz}\hat{F}^{+}=\begin{pmatrix}
|B|^{2}-2|C|^{2}+|E|^{2} & -\mathrm{i}\left(BO^{*}-2CA^{*}+ED^{*}\right)\mathrm{e}^{-\mathrm{i}\varphi} & -\left(BF^{*}-2CG^{*}+EH^{*}\right)\mathrm{e}^{-2\mathrm{i}\varphi} \\
\mathrm{i}\left(OB^{*}-2AC^{*}+DE^{*}\right)\mathrm{e}^{\mathrm{i}\varphi} & |O|^{2}-2|A|^{2}+|D|^{2} & -\mathrm{i}\left(OF^{*}-2AG^{*}+DH^{*}\right)\mathrm{e}^{-\mathrm{i}\varphi} \\
-\left(FB^{*}-2GC^{*}+HE^{*}\right)\mathrm{e}^{2\mathrm{i}\varphi} & \mathrm{i}\left(FO^{*}-2GA^{*}+HD^{*}\right)\mathrm{e}^{\mathrm{i}\varphi} & |F|^{2}-2|G|^{2}+|H|^{2}
\end{pmatrix}\tag{6.3.13}
$$

由式 (6.3.13) 又可以求得

$$
\begin{aligned}
&\operatorname{tr}\left(\hat{F}\hat{Q}_{xy}\hat{F}^{+}\right)=-3\operatorname{Im}\left[\left(BE^{*}+OD^{*}+FH^{*}\right)\mathrm{e}^{2\mathrm{i}\varphi}\right]\\
&\operatorname{tr}\left(\hat{F}\hat{Q}_{xz}\hat{F}^{+}\right)=-\frac{3}{\sqrt{2}}\operatorname{Im}\left[\left(BC^{*}-CE^{*}+OA^{*}-AD^{*}+FG^{*}-GH^{*}\right)\mathrm{e}^{\mathrm{i}\varphi}\right]\\
&\operatorname{tr}\left(\hat{F}\hat{Q}_{yz}\hat{F}^{+}\right)=\frac{3}{\sqrt{2}}\operatorname{Re}\left[\left(BC^{*}-CE^{*}+OA^{*}-AD^{*}+FG^{*}-GH^{*}\right)\mathrm{e}^{\mathrm{i}\varphi}\right]\\
&\operatorname{tr}\left(\hat{F}\hat{Q}_{xx-yy}\hat{F}^{+}\right)=-6\operatorname{Re}\left[\left(BE^{*}+OD^{*}+FH^{*}\right)\mathrm{e}^{2\mathrm{i}\varphi}\right]\\
&\operatorname{tr}\left(\hat{F}\hat{Q}_{zz}\hat{F}^{+}\right)=|B|^{2}+|E|^{2}+|O|^{2}+|D|^{2}+|F|^{2}+|H|^{2}\\
&\qquad-2\left(|C|^{2}+|A|^{2}+|G|^{2}\right)
\end{aligned}
\tag{6.3.14}
$$

于是利用式 (3.8.12) ~ 式 (3.8.18)，由式 (6.3.14) 可以求得

$$
\begin{aligned}
&\tilde{\Sigma}\operatorname{tr}\left(\hat{F}\hat{Q}_{xy}\hat{F}^{+}\right)=-3\tilde{\Sigma}\operatorname{Re}\left(2BE^{*}+OD^{*}\right)\sin\left(2\varphi\right)\\
&\tilde{\Sigma}\operatorname{tr}\left(\hat{F}\hat{Q}_{xz}\hat{F}^{+}\right)=-3\sqrt{2}\tilde{\Sigma}\operatorname{Im}\left(BC^{*}+OA^{*}+FG^{*}\right)\cos\varphi\\
&\tilde{\Sigma}\operatorname{tr}\left(\hat{F}\hat{Q}_{yz}\hat{F}^{+}\right)=-3\sqrt{2}\tilde{\Sigma}\operatorname{Im}\left(BC^{*}+OA^{*}+FG^{*}\right)\sin\varphi\\
&\tilde{\Sigma}\operatorname{tr}\left(\hat{F}\hat{Q}_{xx-yy}\hat{F}^{+}\right)=-6\tilde{\Sigma}\operatorname{Re}\left(2BE^{*}+OD^{*}\right)\cos\left(2\varphi\right)\\
&\tilde{\Sigma}\operatorname{tr}\left(\hat{F}\hat{Q}_{zz}\hat{F}^{+}\right)=2\left(|B|^{2}+|D|^{2}+|E|^{2}-|A|^{2}-2|C|^{2}\right)
\end{aligned}
\tag{6.3.15}
$$

与 θ,φ 角同时有关的张量分析本领的定义为

$$
\overline{A}_{i}\left(\theta,\varphi\right)=\frac{1}{3I_{0}}\tilde{\Sigma}\operatorname{tr}\left(\hat{F}\hat{Q}_{i}\hat{F}^{+}\right),\quad i=xy,xz,yz,xx-yy,zz
\tag{6.3.16}
$$

我们定义以下仅与 θ 角有关的张量分析本领

$$
\begin{aligned}
&A_{1}\left(\theta\right)=\frac{1}{I_{0}}\tilde{\Sigma}\operatorname{Re}\left(2BE^{*}+OD^{*}\right),\quad A_{2}\left(\theta\right)=\frac{\sqrt{2}}{I_{0}}\tilde{\Sigma}\operatorname{Im}\left(BC^{*}+OA^{*}+FG^{*}\right)\\
&A_{3}\left(\theta\right)=\frac{2}{3I_{0}}\tilde{\Sigma}\left(|B|^{2}+|D|^{2}+|E|^{2}-|A|^{2}-2|C|^{2}\right)
\end{aligned}
\tag{6.3.17}
$$

于是由式 (6.3.15) ~ 式 (6.3.17) 可得

$$
\begin{aligned}
&\overline{A}_{xy}\left(\theta,\varphi\right)=-A_{1}\left(\theta\right)\sin\left(2\varphi\right),\quad \overline{A}_{xz}\left(\theta,\varphi\right)=-A_{2}\left(\theta\right)\cos\varphi\\
&\overline{A}_{yz}\left(\theta,\varphi\right)=-A_{2}\left(\theta\right)\sin\varphi,\quad \overline{A}_{xx-yy}\left(\theta,\varphi\right)=-2A_{1}\left(\theta\right)\cos\left(2\varphi\right)\\
&\overline{A}_{zz}\left(\theta,\varphi\right)=A_{3}\left(\theta\right)
\end{aligned}
\tag{6.3.18}
$$

参考式 (3.5.9) 可以写出极化入射粒子所对应的出射粒子的微分截面为

$$\begin{aligned}I(\theta,\varphi)=&I_0(\theta)\left[1+\frac{3}{2}\left(p_x\overline{A}_x(\theta,\varphi)+p_y\overline{A}_y(\theta,\varphi)\right)\right.\\&+\frac{2}{3}\left(p_{xy}\overline{A}_{xy}(\theta,\varphi)+p_{xz}\overline{A}_{xz}(\theta,\varphi)+p_{yz}\overline{A}_{yz}(\theta,\varphi)\right)\\&\left.+\frac{1}{6}p_{xx-yy}\overline{A}_{xx-yy}(\theta,\varphi)+\frac{1}{2}p_{zz}\overline{A}_{zz}(\theta,\varphi)\right]\end{aligned}\tag{6.3.19}$$

其中，$p_{xx-yy}=p_{xx}-p_{yy}$, $p_i\,(i=x,y,xy,xz,yz,xx-yy,zz)$ 为入射粒子的极化率。

由式 (3.1.33) 和式 (6.3.3) 可以求得

$$\begin{aligned}\frac{1}{\sqrt{2}}\mathrm{tr}\left(\hat{S}_x\hat{F}\hat{F}^+\right)=&\frac{\mathrm{i}}{2}\left[(OB^*+AC^*+DE^*)\,\mathrm{e}^{\mathrm{i}\varphi}-(BO^*+CA^*+ED^*)\,\mathrm{e}^{-\mathrm{i}\varphi}\right.\\&\left.+(FO^*+GA^*+HD^*)\,\mathrm{e}^{\mathrm{i}\varphi}-(OF^*+AG^*+DH^*)\,\mathrm{e}^{-\mathrm{i}\varphi}\right]\\=&-\mathrm{Im}\left[(OB^*+AC^*+DE^*+FO^*+GA^*+HD^*)\,\mathrm{e}^{\mathrm{i}\varphi}\right]\\\frac{1}{\sqrt{2}}\mathrm{tr}\left(\hat{S}_y\hat{F}\hat{F}^+\right)=&\frac{1}{2}\left[(OB^*+AC^*+DE^*)\,\mathrm{e}^{\mathrm{i}\varphi}+(BO^*+CA^*+ED^*)\,\mathrm{e}^{-\mathrm{i}\varphi}\right.\\&\left.+(FO^*+GA^*+HD^*)\,\mathrm{e}^{\mathrm{i}\varphi}+(OF^*+AG^*+DH^*)\,\mathrm{e}^{-\mathrm{i}\varphi}\right]\\=&\mathrm{Re}\left[(OB^*+AC^*+DE^*+FO^*+GA^*+DH^*)\,\mathrm{e}^{\mathrm{i}\varphi}\right]\\\mathrm{tr}\left(\hat{S}_z\hat{F}\hat{F}^+\right)=&|B|^2+|C|^2+|E|^2-|F|^2-|G|^2-|H|^2\end{aligned}\tag{6.3.20}$$

利用式 (3.8.12) ~ 式 (3.8.18) 由式 (6.3.20) 可以求得

$$\begin{aligned}\frac{1}{\sqrt{2}}\tilde{\Sigma}\mathrm{tr}\left(\hat{S}_x\hat{F}\hat{F}^+\right)&=-2\tilde{\Sigma}\mathrm{Re}\,(OB^*+AC^*+DE^*)\sin\varphi\\\frac{1}{\sqrt{2}}\tilde{\Sigma}\mathrm{tr}\left(\hat{S}_y\hat{F}\hat{F}^+\right)&=2\tilde{\Sigma}\mathrm{Re}\,(OB^*+AC^*+DE^*)\cos\varphi\\\tilde{\Sigma}\mathrm{tr}\left(\hat{S}_z\hat{F}\hat{F}^+\right)&=0\end{aligned}\tag{6.3.21}$$

定义

$$P^y(\theta)=\frac{2\sqrt{2}}{3I_0}\tilde{\Sigma}\mathrm{Re}\,(OB^*+AC^*+DE^*)\tag{6.3.22}$$

$$\overline{P}^i(\theta,\varphi)=\frac{1}{3I_0}\tilde{\Sigma}tr\left(\hat{S}_i\hat{F}\hat{F}^+\right),\quad i=x,y,z\tag{6.3.23}$$

由式 (6.3.21) ~ 式 (6.3.23) 可得

$$\overline{P}^x(\theta,\varphi)=-P^y(\theta)\sin\varphi,\quad \overline{P}^y(\theta,\varphi)=P^y(\theta)\cos\varphi,\quad \overline{P}^z(\theta,\varphi)=0\tag{6.3.24}$$

由式 (3.1.36) 和式 (6.3.3) 可得

$$
\begin{aligned}
&\operatorname{tr}\left(\hat{Q}_{xy}\hat{F}\hat{F}^{+}\right)=-3\operatorname{Im}\left[\left(FB^{*}+GC^{*}+HE^{*}\right)\mathrm{e}^{2\mathrm{i}\varphi}\right]\\
&\operatorname{tr}\left(\hat{Q}_{xz}\hat{F}\hat{F}^{+}\right)=-\frac{3}{\sqrt{2}}\operatorname{Im}\left[\left(OB^{*}+AC^{*}+DE^{*}-FO^{*}-GA^{*}-HD^{*}\right)\mathrm{e}^{\mathrm{i}\varphi}\right]\\
&\operatorname{tr}\left(\hat{Q}_{yz}\hat{F}\hat{F}^{+}\right)=\frac{3}{\sqrt{2}}\operatorname{Re}\left[\left(OB^{*}+AC^{*}+DE^{*}-FO^{*}-GA^{*}-HD^{*}\right)\mathrm{e}^{\mathrm{i}\varphi}\right]\\
&\operatorname{tr}\left(\hat{Q}_{xx-yy}\hat{F}\hat{F}^{+}\right)=-6\operatorname{Re}\left[\left(FB^{*}+GC^{*}+HE^{*}\right)\mathrm{e}^{2\mathrm{i}\varphi}\right]\\
&\operatorname{tr}\left(\hat{Q}_{zz}\hat{F}\hat{F}^{+}\right)=|B|^{2}+|C|^{2}+|E|^{2}+|F|^{2}+|G|^{2}+|H|^{2}\\
&\qquad\qquad\qquad\quad-2\left(|O|^{2}+|A|^{2}+|D|^{2}\right)
\end{aligned}
\tag{6.3.25}
$$

于是利用式 (3.8.12) ~ 式 (3.8.18) 由式 (6.3.25) 可以求得

$$
\begin{aligned}
&\frac{1}{3}\tilde{\Sigma}\operatorname{tr}\left(\hat{Q}_{xy}\hat{F}\hat{F}^{+}\right)=-\tilde{\Sigma}\operatorname{Re}\left(2FB^{*}+GC^{*}\right)\sin\left(2\varphi\right)\\
&\frac{1}{3}\tilde{\Sigma}\operatorname{tr}\left(\hat{Q}_{xz}\hat{F}\hat{F}^{+}\right)=-\sqrt{2}\tilde{\Sigma}\operatorname{Im}\left(OB^{*}+AC^{*}+DE^{*}\right)\cos\varphi\\
&\frac{1}{3}\tilde{\Sigma}\operatorname{tr}\left(\hat{Q}_{yz}\hat{F}\hat{F}^{+}\right)=-\sqrt{2}\tilde{\Sigma}\operatorname{Im}\left(OB^{*}+AC^{*}+DE^{*}\right)\sin\varphi\\
&\frac{1}{3}\tilde{\Sigma}\operatorname{tr}\left(\hat{Q}_{xx-yy}\hat{F}\hat{F}^{+}\right)=-2\tilde{\Sigma}\operatorname{Re}\left(2FB^{*}+GC^{*}\right)\cos\left(2\varphi\right)\\
&\frac{1}{3}\tilde{\Sigma}\operatorname{tr}\left(\hat{Q}_{zz}\hat{F}\hat{F}^{+}\right)=\frac{2}{3}\tilde{\Sigma}\left(|B|^{2}+|C|^{2}+|E|^{2}-|A|^{2}-2|D|^{2}\right)
\end{aligned}
\tag{6.3.26}
$$

定义

$$
\begin{aligned}
&P^{1}(\theta)=\frac{1}{I_{0}}\tilde{\Sigma}\operatorname{Re}\left(2FB^{*}+GC^{*}\right)\\
&P^{2}(\theta)=\frac{\sqrt{2}}{I_{0}}\tilde{\Sigma}\operatorname{Im}\left(OB^{*}+AC^{*}+DE^{*}\right)\\
&P^{3}(\theta)=\frac{2}{3I_{0}}\tilde{\Sigma}\left(|B|^{2}+|C|^{2}+|E|^{2}-|A|^{2}-2|D|^{2}\right)
\end{aligned}
\tag{6.3.27}
$$

$$
\overline{P}^{i}(\theta,\varphi)=\frac{1}{3I_{0}}\tilde{\Sigma}\operatorname{tr}\left(\hat{Q}_{i}\hat{F}\hat{F}^{+}\right),\quad i=\gamma \tag{6.3.28}
$$

其中，坐标标号集 γ 已由式 (3.11.43) 给出。由式 (6.3.26) ~ 式 (6.3.28) 可得

$$
\begin{aligned}
&\overline{P}^{xy}(\theta,\varphi)=-P^{1}(\theta)\sin\left(2\varphi\right),\quad \overline{P}^{xz}(\theta,\varphi)=-P^{2}(\theta)\cos\varphi\\
&\overline{P}^{yz}(\theta,\varphi)=-P^{2}(\theta)\sin\varphi,\quad \overline{P}^{xx-yy}(\theta,\varphi)=-2P^{1}(\theta)\cos\left(2\varphi\right)\\
&\overline{P}^{zz}(\theta,\varphi)=P^{3}(\theta)
\end{aligned}
\tag{6.3.29}
$$

由式 (3.1.33) 和式 (6.3.6) 可得

$$
\begin{aligned}
&\operatorname{tr}\left(\hat{S}_x\hat{F}\hat{S}_x\hat{F}^+\right)=\operatorname{Re}\left[(AB^*+DC^*+GO^*+HA^*)-(OC^*+AE^*+FA^*+GD^*)\,\mathrm{e}^{2\mathrm{i}\varphi}\right]\\
&\operatorname{tr}\left(\hat{S}_y\hat{F}\hat{S}_x\hat{F}^+\right)=\operatorname{Im}\left[(AB^*+DC^*+GO^*+HA^*)-(OC^*+AE^*+FA^*+GD^*)\,\mathrm{e}^{2\mathrm{i}\varphi}\right]\\
&\operatorname{tr}\left(\hat{S}_z\hat{F}\hat{S}_x\hat{F}^+\right)=-\sqrt{2}\operatorname{Im}\left[(BC^*+CE^*-FG^*-GH^*)\,\mathrm{e}^{\mathrm{i}\varphi}\right]\\
&\operatorname{tr}\left(\hat{S}_x\hat{F}\hat{S}_y\hat{F}^+\right)=-\operatorname{Im}\left[(AB^*+DC^*+GO^*+HA^*)+(OC^*+AE^*+FA^*+GD^*)\,\mathrm{e}^{2\mathrm{i}\varphi}\right]\\
&\operatorname{tr}\left(\hat{S}_y\hat{F}\hat{S}_y\hat{F}^+\right)=\operatorname{Re}\left[(AB^*+DC^*+GO^*+HA^*)+(OC^*+AE^*+FA^*+GD^*)\,\mathrm{e}^{2\mathrm{i}\varphi}\right]\\
&\operatorname{tr}\left(\hat{S}_z\hat{F}\hat{S}_y\hat{F}^+\right)=\sqrt{2}\operatorname{Re}\left[(BC^*+CE^*-FG^*-GH^*)\,\mathrm{e}^{\mathrm{i}\varphi}\right]\\
&\operatorname{tr}\left(\hat{S}_x\hat{F}\hat{S}_z\hat{F}^+\right)=-\sqrt{2}\operatorname{Im}\left[(OB^*-DE^*+FO^*-HD^*)\,\mathrm{e}^{\mathrm{i}\varphi}\right]\\
&\operatorname{tr}\left(\hat{S}_y\hat{F}\hat{S}_z\hat{F}^+\right)=\sqrt{2}\operatorname{Re}\left[(OB^*-DE^*+FO^*-HD^*)\,\mathrm{e}^{\mathrm{i}\varphi}\right]\\
&\operatorname{tr}\left(\hat{S}_z\hat{F}\hat{S}_z\hat{F}^+\right)=|B|^2-|E|^2-|F|^2+|H|^2
\end{aligned}
\tag{6.3.30}
$$

用类似方法由式 (6.3.30) 可得

$$
\begin{aligned}
&\tilde{\Sigma}\operatorname{tr}\left(\hat{S}_x\hat{F}\hat{S}_x\hat{F}^+\right)=2\tilde{\Sigma}\operatorname{Re}\left[(AB^*+DC^*)-(OC^*+AE^*)\cos(2\varphi)\right]\\
&\tilde{\Sigma}\operatorname{tr}\left(\hat{S}_y\hat{F}\hat{S}_x\hat{F}^+\right)=-2\tilde{\Sigma}\operatorname{Re}(OC^*+AE^*)\sin(2\varphi)\\
&\tilde{\Sigma}\operatorname{tr}\left(\hat{S}_z\hat{F}\hat{S}_x\hat{F}^+\right)=-2\sqrt{2}\tilde{\Sigma}\operatorname{Im}(BC^*+CE^*)\cos\varphi\\
&\tilde{\Sigma}\operatorname{tr}\left(\hat{S}_x\hat{F}\hat{S}_y\hat{F}^+\right)=-2\tilde{\Sigma}\operatorname{Re}(OC^*+AE^*)\sin(2\varphi)\\
&\tilde{\Sigma}\operatorname{tr}\left(\hat{S}_y\hat{F}\hat{S}_y\hat{F}^+\right)=2\tilde{\Sigma}\operatorname{Re}\left[(AB^*+DC^*)+(OC^*+AE^*)\cos(2\varphi)\right]\\
&\tilde{\Sigma}\operatorname{tr}\left(\hat{S}_z\hat{F}\hat{S}_y\hat{F}^+\right)=-2\sqrt{2}\tilde{\Sigma}\operatorname{Im}(BC^*+CE^*)\sin\varphi\\
&\tilde{\Sigma}\operatorname{tr}\left(\hat{S}_x\hat{F}\hat{S}_z\hat{F}^+\right)=-2\sqrt{2}\tilde{\Sigma}\operatorname{Im}(OB^*-DE^*)\cos\varphi\\
&\tilde{\Sigma}\operatorname{tr}\left(\hat{S}_y\hat{F}\hat{S}_z\hat{F}^+\right)=-2\sqrt{2}\tilde{\Sigma}\operatorname{Im}(OB^*-DE^*)\sin\varphi\\
&\tilde{\Sigma}\operatorname{tr}\left(\hat{S}_z\hat{F}\hat{S}_z\hat{F}^+\right)=2\left(|B|^2-|E|^2\right)
\end{aligned}
\tag{6.3.31}
$$

定义

$$
R_1(\theta)=\frac{2}{3I_0}\tilde{\Sigma}\operatorname{Re}(AB^*+DC^*),\qquad R_2(\theta)=\frac{2}{3I_0}\tilde{\Sigma}\operatorname{Re}(OC^*+AE^*)
$$

$$Q_1(\theta)=\frac{2\sqrt{2}}{3I_0}\tilde{\Sigma}\mathrm{Im}\left(BC^*+CE^*\right),\quad Q_2(\theta)=\frac{2\sqrt{2}}{3I_0}\tilde{\Sigma}\mathrm{Im}\left(OB^*-DE^*\right)$$

$$W_1(\theta)=\frac{2}{3I_0}\tilde{\Sigma}\left(|B|^2-|E|^2\right) \tag{6.3.32}$$

再定义以下与 θ,φ 有关的极化转移系数

$$K_i^j(\theta,\varphi)=\frac{1}{3I_0}\tilde{\Sigma}\mathrm{tr}\left(\hat{S}_j\hat{F}\hat{S}_i\hat{F}^+\right),\quad i,j=x,y,z \tag{6.3.33}$$

由式 (6.3.31) ~ 式 (6.3.33) 可得

$$K_x^x(\theta,\varphi)=R_1(\theta)-R_2(\theta)\cos(2\varphi),\quad K_x^y(\theta,\varphi)=-R_2(\theta)\sin(2\varphi)$$

$$K_x^z(\theta,\varphi)=-Q_1(\theta)\cos\varphi,\quad K_y^x(\theta,\varphi)=-R_2(\theta)\sin(2\varphi)$$

$$K_y^y(\theta,\varphi)=R_1(\theta)+R_2(\theta)\cos(2\varphi),\quad K_y^z(\theta,\varphi)=-Q_1(\theta)\sin\varphi$$

$$K_z^x(\theta,\varphi)=-Q_2(\theta)\cos\varphi,\quad K_z^y(\theta,\varphi)=-Q_2(\theta)\sin\varphi$$

$$K_z^z(\theta,\varphi)=W_1(\theta) \tag{6.3.34}$$

由式 (3.1.36) 和式 (6.3.6) 又可以求得

$$\mathrm{tr}\left(\hat{Q}_{xy}\hat{F}\hat{S}_x\hat{F}^+\right)=\frac{3}{\sqrt{2}}\mathrm{Re}\left[\left(GB^*+HC^*\right)\mathrm{e}^{\mathrm{i}\varphi}-\left(FC^*+GE^*\right)\mathrm{e}^{3\mathrm{i}\varphi}\right]$$

$$\begin{aligned}\mathrm{tr}\left(\hat{Q}_{xz}\hat{F}\hat{S}_x\hat{F}^+\right)=&\frac{3}{2}\mathrm{Re}[(AB^*+DC^*-GO^*-HA^*)\\&-\left(OC^*+AE^*-FA^*-GD^*\right)\mathrm{e}^{2\mathrm{i}\varphi}]\end{aligned}$$

$$\begin{aligned}\mathrm{tr}\left(\hat{Q}_{yz}\hat{F}\hat{S}_x\hat{F}^+\right)=&\frac{3}{2}\mathrm{Im}[(AB^*+DC^*-GO^*-HA^*)\\&-\left(OC^*+AE^*-FA^*-GD^*\right)\mathrm{e}^{2\mathrm{i}\varphi}]\end{aligned}$$

$$\mathrm{tr}\left(\hat{Q}_{xx-yy}\hat{F}\hat{S}_x\hat{F}^+\right)=-3\sqrt{2}\mathrm{Im}\left[\left(GB^*+HC^*\right)\mathrm{e}^{\mathrm{i}\varphi}-\left(FC^*+GE^*\right)\mathrm{e}^{3\mathrm{i}\varphi}\right]$$

$$\mathrm{tr}\left(\hat{Q}_{zz}\hat{F}\hat{S}_x\hat{F}^+\right)=-\sqrt{2}\mathrm{Im}\left\{\left[\left(BC^*+CE^*+FG^*+GH^*\right)-2\left(OA^*+AD^*\right)\right]\mathrm{e}^{\mathrm{i}\varphi}\right\}$$

$$\mathrm{tr}\left(\hat{Q}_{xy}\hat{F}\hat{S}_y\hat{F}^+\right)=-\frac{3}{\sqrt{2}}\mathrm{Im}\left[\left(GB^*+HC^*\right)\mathrm{e}^{\mathrm{i}\varphi}+\left(FC^*+GE^*\right)\mathrm{e}^{3\mathrm{i}\varphi}\right]$$

$$\begin{aligned}\mathrm{tr}\left(\hat{Q}_{xz}\hat{F}\hat{S}_y\hat{F}^+\right)=&-\frac{3}{2}\mathrm{Im}[(AB^*+DC^*-GO^*-HA^*)\\&+\left(OC^*+AE^*-FA^*-GD^*\right)\mathrm{e}^{2\mathrm{i}\varphi}]\end{aligned}$$

$$\mathrm{tr}\left(\hat{Q}_{yz}\hat{F}\hat{S}_y\hat{F}^+\right)=\frac{3}{2}\mathrm{Re}[(AB^*+DC^*-GO^*-HA^*)$$

$$
\begin{aligned}
&+\left(OC^*+AE^*-FA^*-GD^*\right)\mathrm{e}^{2\mathrm{i}\varphi}\big] \\
&\mathrm{tr}\left(\hat{Q}_{xx-yy}\hat{F}\hat{S}_y\hat{F}^+\right)=-3\sqrt{2}\mathrm{Re}\left[\left(GB^*+HC^*\right)\mathrm{e}^{\mathrm{i}\varphi}+\left(FC^*+GE^*\right)\mathrm{e}^{3\mathrm{i}\varphi}\right] \\
&\mathrm{tr}\left(\hat{Q}_{zz}\hat{F}\hat{S}_y\hat{F}^+\right)=\sqrt{2}\mathrm{Re}\left\{\left[\left(BC^*+CE^*+FG^*+GH^*\right)-2\left(OA^*+AD^*\right)\right]\mathrm{e}^{\mathrm{i}\varphi}\right\} \\
&\mathrm{tr}\left(\hat{Q}_{xy}\hat{F}\hat{S}_z\hat{F}^+\right)=-3\mathrm{Im}\left[\left(FB^*-HE^*\right)\mathrm{e}^{2\mathrm{i}\varphi}\right] \\
&\mathrm{tr}\left(\hat{Q}_{xz}\hat{F}\hat{S}_z\hat{F}^+\right)=-\frac{3}{\sqrt{2}}\mathrm{Im}\left[\left(OB^*-DE^*-FO^*+HD^*\right)\mathrm{e}^{\mathrm{i}\varphi}\right] \\
&\mathrm{tr}\left(\hat{Q}_{yz}\hat{F}\hat{S}_z\hat{F}^+\right)=\frac{3}{\sqrt{2}}\mathrm{Re}\left[\left(OB^*-DE^*-FO^*+HD^*\right)\mathrm{e}^{\mathrm{i}\varphi}\right] \\
&\mathrm{tr}\left(\hat{Q}_{xx-yy}\hat{F}\hat{S}_z\hat{F}^+\right)=-6\mathrm{Re}\left[\left(FB^*-HE^*\right)\mathrm{e}^{2\mathrm{i}\varphi}\right] \\
&\mathrm{tr}\left(\hat{Q}_{zz}\hat{F}\hat{S}_z\hat{F}^+\right)=|B|^2-|E|^2+|F|^2-|H|^2-2\left(|O|^2-|D|^2\right)
\end{aligned}
\tag{6.3.35}
$$

用类似方法由式 (6.3.35) 可得

$$
\begin{aligned}
&\tilde{\Sigma}\mathrm{tr}\left(\hat{Q}_{xy}\hat{F}\hat{S}_x\hat{F}^+\right)=3\sqrt{2}\tilde{\Sigma}\left[\mathrm{Re}\left(GB^*\right)\cos\varphi-\mathrm{Re}\left(FC^*\right)\cos\left(3\varphi\right)\right] \\
&\tilde{\Sigma}\mathrm{tr}\left(\hat{Q}_{xz}\hat{F}\hat{S}_x\hat{F}^+\right)=3\tilde{\Sigma}\mathrm{Im}\left(OC^*+AE^*\right)\sin\left(2\varphi\right) \\
&\tilde{\Sigma}\mathrm{tr}\left(\hat{Q}_{yz}\hat{F}\hat{S}_x\hat{F}^+\right)=3\tilde{\Sigma}\left[\mathrm{Im}\left(AB^*+DC^*\right)-\mathrm{Im}\left(OC^*+AE^*\right)\cos\left(2\varphi\right)\right] \\
&\tilde{\Sigma}\mathrm{tr}\left(\hat{Q}_{xx-yy}\hat{F}\hat{S}_x\hat{F}^+\right)=-6\sqrt{2}\tilde{\Sigma}\left[\mathrm{Re}\left(GB^*\right)\sin\varphi-\mathrm{Re}\left(FC^*\right)\sin\left(3\varphi\right)\right] \\
&\tilde{\Sigma}\mathrm{tr}\left(\hat{Q}_{zz}\hat{F}\hat{S}_x\hat{F}^+\right)=-2\sqrt{2}\tilde{\Sigma}\mathrm{Re}\left(BC^*+CE^*-2OA^*\right)\sin\varphi \\
&\tilde{\Sigma}\mathrm{tr}\left(\hat{Q}_{xy}\hat{F}\hat{S}_y\hat{F}^+\right)=-3\sqrt{2}\tilde{\Sigma}\left[\mathrm{Re}\left(GB^*\right)\sin\varphi+\mathrm{Re}\left(FC^*\right)\sin(3\varphi)\right] \\
&\tilde{\Sigma}\mathrm{tr}\left(\hat{Q}_{xz}\hat{F}\hat{S}_y\hat{F}^+\right)=-3\tilde{\Sigma}\left[\mathrm{Im}\left(AB^*+DC^*\right)+\mathrm{Im}\left(OC^*+AE^*\right)\cos\left(2\varphi\right)\right] \\
&\tilde{\Sigma}\mathrm{tr}\left(\hat{Q}_{yz}\hat{F}\hat{S}_y\hat{F}^+\right)=-3\tilde{\Sigma}\mathrm{Im}\left(OC^*+AE^*\right)\sin\left(2\varphi\right) \\
&\tilde{\Sigma}\mathrm{tr}\left(\hat{Q}_{xx-yy}\hat{F}\hat{S}_y\hat{F}^+\right)=-6\sqrt{2}\tilde{\Sigma}\left[\mathrm{Re}\left(GB^*\right)\cos\varphi+\mathrm{Re}\left(FC^*\right)\cos\left(3\varphi\right)\right] \\
&\tilde{\Sigma}\mathrm{tr}\left(\hat{Q}_{zz}\hat{F}\hat{S}_y\hat{F}^+\right)=2\sqrt{2}\tilde{\Sigma}\left[\mathrm{Re}\left(BC^*+CE^*-2OA^*\right)\right]\cos\varphi \\
&\tilde{\Sigma}\mathrm{tr}\left(\hat{Q}_{xy}\hat{F}\hat{S}_z\hat{F}^+\right)=-6\tilde{\Sigma}\mathrm{Im}\left(FB^*\right)\cos\left(2\varphi\right) \\
&\tilde{\Sigma}\mathrm{tr}\left(\hat{Q}_{xz}\hat{F}\hat{S}_z\hat{F}^+\right)=-3\sqrt{2}\tilde{\Sigma}\mathrm{Re}\left(OB^*-DE^*\right)\sin\varphi \\
&\tilde{\Sigma}\mathrm{tr}\left(\hat{Q}_{yz}\hat{F}\hat{S}_z\hat{F}^+\right)=3\sqrt{2}\tilde{\Sigma}\mathrm{Re}\left(OB^*-DE^*\right)\cos\varphi \\
&\tilde{\Sigma}\mathrm{tr}\left(\hat{Q}_{xx-yy}\hat{F}\hat{S}_z\hat{F}^+\right)=12\tilde{\Sigma}\mathrm{Im}\left(FB^*\right)\sin\left(2\varphi\right) \\
&\tilde{\Sigma}\mathrm{tr}\left(\hat{Q}_{zz}\hat{F}\hat{S}_z\hat{F}^+\right)=0
\end{aligned}
\tag{6.3.36}
$$

定义

$$R_3(\theta)=\frac{\sqrt{2}}{I_0}\tilde{\Sigma}\mathrm{Re}\left(GB^*\right),\quad R_4(\theta)=\frac{\sqrt{2}}{I_0}\tilde{\Sigma}\mathrm{Re}\left(FC^*\right)$$

$$R_5(\theta)=\frac{2\sqrt{2}}{3I_0}\tilde{\Sigma}\mathrm{Re}\left(BC^*+CE^*-2OA^*\right),\quad R_6(\theta)=\frac{\sqrt{2}}{I_0}\tilde{\Sigma}\mathrm{Re}\left(OB^*-DE^*\right)$$

$$Q_3(\theta)=\frac{1}{I_0}\tilde{\Sigma}\mathrm{Im}\left(OC^*+AE^*\right),\quad Q_4(\theta)=\frac{1}{I_0}\tilde{\Sigma}\mathrm{Im}\left(AB^*+DC^*\right)$$

$$Q_5(\theta)=\frac{2}{I_0}\tilde{\Sigma}\mathrm{Im}\left(FB^*\right)\tag{6.3.37}$$

$$K_i^j(\theta,\varphi)=\frac{1}{3I_0}\tilde{\Sigma}\mathrm{tr}\left(\hat{Q}_j\hat{F}\hat{S}_i\hat{F}^+\right),\quad i=x,y,z;\quad j=\gamma\tag{6.3.38}$$

于是由式 (6.3.36) ~ 式 (6.3.38) 可得

$$\begin{aligned}
&K_x^{xy}(\theta,\varphi)=R_3(\theta)\cos\varphi-R_4(\theta)\cos(3\varphi)\\
&K_x^{xz}(\theta,\varphi)=Q_3(\theta)\sin(2\varphi)\\
&K_x^{yz}(\theta,\varphi)=Q_4(\theta)-Q_3(\theta)\cos(2\varphi)\\
&K_x^{xx-yy}(\theta,\varphi)=-2R_3(\theta)\sin\varphi+2R_4(\theta)\sin(3\varphi)\\
&K_x^{zz}(\theta,\varphi)=-R_5(\theta)\sin\varphi\\
&K_y^{xy}(\theta,\varphi)=-R_3(\theta)\sin\varphi-R_4(\theta)\sin(3\varphi)\\
&K_y^{xz}(\theta,\varphi)=-Q_4(\theta)-Q_3(\theta)\cos(2\varphi)\\
&K_y^{yz}(\theta,\varphi)=-Q_3(\theta)\sin(2\varphi)\\
&K_y^{xx-yy}(\theta,\varphi)=-2R_3(\theta)\cos\varphi-2R_4(\theta)\cos(3\varphi)\\
&K_y^{zz}(\theta,\varphi)=R_5(\theta)\cos\varphi\\
&K_z^{xy}(\theta,\varphi)=-Q_5(\theta)\cos(2\varphi)\\
&K_z^{xz}(\theta,\varphi)=-R_6(\theta)\sin\varphi\\
&K_z^{yz}(\theta,\varphi)=R_6(\theta)\cos\varphi\\
&K_z^{xx-yy}(\theta,\varphi)=2Q_5(\theta)\sin(2\varphi)\\
&K_z^{zz}(\theta,\varphi)=0
\end{aligned}\tag{6.3.39}$$

由式 (3.1.33) 和式 (6.3.13) 可得

$$\mathrm{tr}\left(\hat{S}_x\hat{F}\hat{Q}_{xy}\hat{F}^+\right)=\frac{3}{\sqrt{2}}\mathrm{Re}\left[\left(BD^*+OH^*\right)\mathrm{e}^{\mathrm{i}\varphi}-\left(OE^*+FD^*\right)\mathrm{e}^{3\mathrm{i}\varphi}\right]$$

$$\mathrm{tr}\left(\hat{S}_y\hat{F}\hat{Q}_{xy}\hat{F}^+\right)=-\frac{3}{\sqrt{2}}\mathrm{Im}\left[\left(BD^*+OH^*\right)\mathrm{e}^{\mathrm{i}\varphi}+\left(OE^*+FD^*\right)\mathrm{e}^{3\mathrm{i}\varphi}\right]$$

$$\begin{aligned}
\mathrm{tr}\left(\hat{S}_z\hat{F}\hat{Q}_{xy}\hat{F}^+\right) &= -3\mathrm{Im}\left[\left(BE^*-FH^*\right)\mathrm{e}^{2\mathrm{i}\varphi}\right] \\
\mathrm{tr}\left(\hat{S}_x\hat{F}\hat{Q}_{xz}\hat{F}^+\right) &= \frac{3}{2}\mathrm{Re}[(AB^*-DC^*+GO^*-HA^*) \\
&\quad -\left(OC^*-AE^*+FA^*-GD^*\right)\mathrm{e}^{2\mathrm{i}\varphi}] \\
\mathrm{tr}\left(\hat{S}_y\hat{F}\hat{Q}_{xz}\hat{F}^+\right) &= \frac{3}{2}\mathrm{Im}[(AB^*-DC^*+GO^*-HA^*) \\
&\quad -\left(OC^*-AE^*+FA^*-GD^*\right)\mathrm{e}^{2\mathrm{i}\varphi}] \\
\mathrm{tr}\left(\hat{S}_z\hat{F}\hat{Q}_{xz}\hat{F}^+\right) &= -\frac{3}{\sqrt{2}}\mathrm{Im}\left[\left(BC^*-CE^*-FG^*+GH^*\right)\mathrm{e}^{\mathrm{i}\varphi}\right] \\
\mathrm{tr}\left(\hat{S}_x\hat{F}\hat{Q}_{yz}\hat{F}^+\right) &= -\frac{3}{2}\mathrm{Im}[(AB^*-DC^*+GO^*-HA^*) \\
&\quad +\left(OC^*-AE^*+FA^*-GD^*\right)\mathrm{e}^{2\mathrm{i}\varphi}] \\
\mathrm{tr}\left(\hat{S}_y\hat{F}\hat{Q}_{yz}\hat{F}^+\right) &= \frac{3}{2}\mathrm{Re}[(AB^*-DC^*+GO^*-HA^*) \\
&\quad +\left(OC^*-AE^*+FA^*-GD^*\right)\mathrm{e}^{2\mathrm{i}\varphi}] \\
\mathrm{tr}\left(\hat{S}_z\hat{F}\hat{Q}_{yz}\hat{F}^+\right) &= \frac{3}{\sqrt{2}}\mathrm{Re}\left[\left(BC^*-CE^*-FG^*+GH^*\right)\mathrm{e}^{\mathrm{i}\varphi}\right] \\
\mathrm{tr}\left(\hat{S}_x\hat{F}\hat{Q}_{xx-yy}\hat{F}^+\right) &= -3\sqrt{2}\mathrm{Im}\left[\left(BD^*+OH^*\right)\mathrm{e}^{\mathrm{i}\varphi}-\left(OE^*+FD^*\right)\mathrm{e}^{3\mathrm{i}\varphi}\right] \\
\mathrm{tr}\left(\hat{S}_y\hat{F}\hat{Q}_{xx-yy}\hat{F}^+\right) &= -3\sqrt{2}\mathrm{Re}\left[\left(BD^*+OH^*\right)\mathrm{e}^{\mathrm{i}\varphi}+\left(OE^*+FD^*\right)\mathrm{e}^{3\mathrm{i}\varphi}\right] \\
\mathrm{tr}\left(\hat{S}_z\hat{F}\hat{Q}_{xx-yy}\hat{F}^+\right) &= -6\mathrm{Re}\left[\left(BE^*-FH^*\right)\mathrm{e}^{2\mathrm{i}\varphi}\right] \\
\mathrm{tr}\left(\hat{S}_x\hat{F}\hat{Q}_{zz}\hat{F}^+\right) &= -\sqrt{2}\mathrm{Im}\left[\left(OB^*-2AC^*+DE^*+FO^*-2GA^*+HD^*\right)\mathrm{e}^{\mathrm{i}\varphi}\right] \\
\mathrm{tr}\left(\hat{S}_y\hat{F}\hat{Q}_{zz}\hat{F}^+\right) &= \sqrt{2}\mathrm{Re}\left[\left(OB^*-2AC^*+DE^*+FO^*-2GA^*+HD^*\right)\mathrm{e}^{\mathrm{i}\varphi}\right] \\
\mathrm{tr}\left(\hat{S}_z\hat{F}\hat{Q}_{zz}\hat{F}^+\right) &= |B|^2-2|C|^2+|E|^2-|F|^2+2|G|^2-|H|^2
\end{aligned} \tag{6.3.40}$$

用类似方法由式 (6.3.40) 可得

$$\begin{aligned}
\tilde{\Sigma}\mathrm{tr}\left(\hat{S}_x\hat{F}\hat{Q}_{xy}\hat{F}^+\right) &= 3\sqrt{2}\tilde{\Sigma}\left[\mathrm{Re}\left(BD^*\right)\cos\varphi-\mathrm{Re}\left(OE^*\right)\cos\left(3\varphi\right)\right] \\
\tilde{\Sigma}\mathrm{tr}\left(\hat{S}_y\hat{F}\hat{Q}_{xy}\hat{F}^+\right) &= -3\sqrt{2}\tilde{\Sigma}\left[\mathrm{Re}\left(BD^*\right)\sin\varphi+\mathrm{Re}\left(OE^*\right)\sin\left(3\varphi\right)\right] \\
\tilde{\Sigma}\mathrm{tr}\left(\hat{S}_z\hat{F}\hat{Q}_{xy}\hat{F}^+\right) &= -6\tilde{\Sigma}\mathrm{Im}\left(BE^*\right)\cos\left(2\varphi\right) \\
\tilde{\Sigma}\mathrm{tr}\left(\hat{S}_x\hat{F}\hat{Q}_{xz}\hat{F}^+\right) &= 3\tilde{\Sigma}\mathrm{Im}\left(OC^*-AE^*\right)\sin\left(2\varphi\right) \\
\tilde{\Sigma}\mathrm{tr}\left(\hat{S}_y\hat{F}\hat{Q}_{xz}\hat{F}^+\right) &= 3\tilde{\Sigma}\left[\mathrm{Im}\left(AB^*-DC^*\right)-\mathrm{Im}\left(OC^*-AE^*\right)\cos\left(2\varphi\right)\right]
\end{aligned}$$

$$\tilde{\Sigma}\mathrm{tr}\left(\hat{S}_z\hat{F}\hat{Q}_{xz}\hat{F}^+\right)=-3\sqrt{2}\tilde{\Sigma}\mathrm{Re}\left(BC^*-CE^*\right)\sin\varphi$$
$$\tilde{\Sigma}\mathrm{tr}\left(\hat{S}_x\hat{F}\hat{Q}_{yz}\hat{F}^+\right)=-3\tilde{\Sigma}\left[\mathrm{Im}\left(AB^*-DC^*\right)+\mathrm{Im}\left(OC^*-AE^*\right)\cos\left(2\varphi\right)\right]$$
$$\tilde{\Sigma}\mathrm{tr}\left(\hat{S}_y\hat{F}\hat{Q}_{yz}\hat{F}^+\right)=-3\tilde{\Sigma}\mathrm{Im}\left(OC^*-AE^*\right)\sin\left(2\varphi\right)$$
$$\tilde{\Sigma}\mathrm{tr}\left(\hat{S}_z\hat{F}\hat{Q}_{yz}\hat{F}^+\right)=3\sqrt{2}\tilde{\Sigma}\mathrm{Re}\left(BC^*-CE^*\right)\cos\varphi$$
$$\tilde{\Sigma}\mathrm{tr}\left(\hat{S}_x\hat{F}\hat{Q}_{xx-yy}\hat{F}^+\right)=-6\sqrt{2}\tilde{\Sigma}\left[\mathrm{Re}\left(BD^*\right)\sin\varphi-\mathrm{Re}\left(OE^*\right)\sin\left(3\varphi\right)\right]$$
$$\tilde{\Sigma}\mathrm{tr}\left(\hat{S}_y\hat{F}\hat{Q}_{xx-yy}\hat{F}^+\right)=-6\sqrt{2}\tilde{\Sigma}\left[\mathrm{Re}\left(BD^*\right)\cos\varphi+\mathrm{Re}\left(OE^*\right)\cos\left(3\varphi\right)\right]$$
$$\tilde{\Sigma}\mathrm{tr}\left(\hat{S}_z\hat{F}\hat{Q}_{xx-yy}\hat{F}^+\right)=12\tilde{\Sigma}\mathrm{Im}\left(BE^*\right)\sin\left(2\varphi\right)$$
$$\tilde{\Sigma}\mathrm{tr}\left(\hat{S}_x\hat{F}\hat{Q}_{zz}\hat{F}^+\right)=-2\sqrt{2}\tilde{\Sigma}\mathrm{Re}\left(OB^*-2AC^*+DE^*\right)\sin\varphi$$
$$\tilde{\Sigma}\mathrm{tr}\left(\hat{S}_y\hat{F}\hat{Q}_{zz}\hat{F}^+\right)=2\sqrt{2}\tilde{\Sigma}\mathrm{Re}\left(OB^*-2AC^*+DE^*\right)\cos\varphi$$
$$\tilde{\Sigma}\mathrm{tr}\left(\hat{S}_z\hat{F}\hat{Q}_{zz}\hat{F}^+\right)=0 \tag{6.3.41}$$

定义

$$R_7\left(\theta\right)=\frac{\sqrt{2}}{I_0}\tilde{\Sigma}\mathrm{Re}\left(BD^*\right),\quad R_8\left(\theta\right)=\frac{\sqrt{2}}{I_0}\tilde{\Sigma}\mathrm{Re}\left(OE^*\right)$$
$$R_9\left(\theta\right)=\frac{\sqrt{2}}{I_0}\tilde{\Sigma}\mathrm{Re}\left(BC^*-CE^*\right),\quad R_{10}\left(\theta\right)=\frac{2\sqrt{2}}{3I_0}\tilde{\Sigma}\mathrm{Re}\left(OB^*-2AC^*+DE^*\right)$$
$$Q_6\left(\theta\right)=\frac{2}{I_0}\tilde{\Sigma}\mathrm{Im}\left(BE^*\right),\quad Q_7\left(\theta\right)=\frac{1}{I_0}\tilde{\Sigma}\mathrm{Im}\left(OC^*-AE^*\right)$$
$$Q_8\left(\theta\right)=\frac{1}{I_0}\tilde{\Sigma}\mathrm{Im}\left(AB^*-DC^*\right) \tag{6.3.42}$$

$$K_i^j\left(\theta,\varphi\right)=\frac{1}{3I_0}\tilde{\Sigma}\mathrm{tr}\left(\hat{S}_j\hat{F}\hat{Q}_i\hat{F}^+\right),\quad i=\gamma;\quad j=x,y,z \tag{6.3.43}$$

于是由式 (6.3.41) ~ 式 (6.3.43) 可得

$$K_{xy}^x\left(\theta,\varphi\right)=R_7\left(\theta\right)\cos\varphi-R_8\left(\theta\right)\cos\left(3\varphi\right)$$
$$K_{xy}^y\left(\theta,\varphi\right)=-R_7\left(\theta\right)\sin\varphi-R_8\left(\theta\right)\sin\left(3\varphi\right)$$
$$K_{xy}^z\left(\theta,\varphi\right)=-Q_6\left(\theta\right)\cos\left(2\varphi\right)$$
$$K_{xz}^x\left(\theta,\varphi\right)=Q_7\left(\theta\right)\sin\left(2\varphi\right)$$
$$K_{xz}^y\left(\theta,\varphi\right)=Q_8\left(\theta\right)-Q_7\left(\theta\right)\cos\left(2\varphi\right)$$

$$
\begin{aligned}
&K_{xz}^{z}(\theta,\varphi)=-R_9(\theta)\sin\varphi\\
&K_{yz}^{x}(\theta,\varphi)=-Q_8(\theta)-Q_7(\theta)\cos(2\varphi)\\
&K_{yz}^{y}(\theta,\varphi)=-Q_7(\theta)\sin(2\varphi)\\
&K_{yz}^{z}(\theta,\varphi)=R_9(\theta)\cos\varphi\\
&K_{xx-yy}^{x}(\theta,\varphi)=-2R_7(\theta)\sin\varphi+2R_8(\theta)\sin(3\varphi)\\
&K_{xx-yy}^{y}(\theta,\varphi)=-2R_7(\theta)\cos\varphi-2R_8(\theta)\cos(3\varphi)\\
&K_{xx-yy}^{z}(\theta,\varphi)=2Q_6(\theta)\sin(2\varphi)\\
&K_{zz}^{x}(\theta,\varphi)=-R_{10}(\theta)\sin\varphi\\
&K_{zz}^{y}(\theta,\varphi)=R_{10}(\theta)\cos\varphi\\
&K_{zz}^{z}(\theta,\varphi)=0
\end{aligned}\tag{6.3.44}
$$

由式 (3.1.36) 和式 (6.3.13) 又可以求得

$$
\begin{aligned}
&\mathrm{tr}\left(\hat{Q}_{xy}\hat{F}\hat{Q}_{xy}\hat{F}^{+}\right)=\frac{9}{2}\mathrm{Re}\left(HB^*-FE^*\mathrm{e}^{4\mathrm{i}\varphi}\right)\\
&\mathrm{tr}\left(\hat{Q}_{xz}\hat{F}\hat{Q}_{xy}\hat{F}^{+}\right)=\frac{9}{2\sqrt{2}}\mathrm{Re}\left[(BD^*-OH^*)\mathrm{e}^{\mathrm{i}\varphi}-(OE^*-FD^*)\mathrm{e}^{3\mathrm{i}\varphi}\right]\\
&\mathrm{tr}\left(\hat{Q}_{yz}\hat{F}\hat{Q}_{xy}\hat{F}^{+}\right)=-\frac{9}{2\sqrt{2}}\mathrm{Im}\left[(BD^*-OH^*)\mathrm{e}^{\mathrm{i}\varphi}+(OE^*-FD^*)\mathrm{e}^{3\mathrm{i}\varphi}\right]\\
&\mathrm{tr}\left(\hat{Q}_{xx-yy}\hat{F}\hat{Q}_{xy}\hat{F}^{+}\right)=-9\mathrm{Im}\left(HB^*-FE^*\mathrm{e}^{4\mathrm{i}\varphi}\right)\\
&\mathrm{tr}\left(\hat{Q}_{zz}\hat{F}\hat{Q}_{xy}\hat{F}^{+}\right)=-3\mathrm{Im}\left[(BE^*+FH^*-2OD^*)\mathrm{e}^{2\mathrm{i}\varphi}\right]\\
&\mathrm{tr}\left(\hat{Q}_{xy}\hat{F}\hat{Q}_{xz}\hat{F}^{+}\right)=\frac{9}{2\sqrt{2}}\mathrm{Re}\left[(GB^*-HC^*)\mathrm{e}^{\mathrm{i}\varphi}-(FC^*-GE^*)\mathrm{e}^{3\mathrm{i}\varphi}\right]\\
&\mathrm{tr}\left(\hat{Q}_{xz}\hat{F}\hat{Q}_{xz}\hat{F}^{+}\right)=\frac{9}{4}\mathrm{Re}[(AB^*-DC^*-GO^*+HA^*)\\
&\qquad -(OC^*-AE^*-FA^*+GD^*)\mathrm{e}^{2\mathrm{i}\varphi}]\\
&\mathrm{tr}\left(\hat{Q}_{yz}\hat{F}\hat{Q}_{xz}\hat{F}^{+}\right)=\frac{9}{4}\mathrm{Im}[(AB^*-DC^*-GO^*+HA^*)\\
&\qquad -(OC^*-AE^*-FA^*+GD^*)\mathrm{e}^{2\mathrm{i}\varphi}]\\
&\mathrm{tr}\left(\hat{Q}_{xx-yy}\hat{F}\hat{Q}_{xz}\hat{F}^{+}\right)=-\frac{9}{\sqrt{2}}\mathrm{Im}\left[(GB^*-HC^*)\mathrm{e}^{\mathrm{i}\varphi}-(FC^*-GE^*)\mathrm{e}^{3\mathrm{i}\varphi}\right]\\
&\mathrm{tr}\left(\hat{Q}_{zz}\hat{F}\hat{Q}_{xz}\hat{F}^{+}\right)=-\frac{3}{\sqrt{2}}\mathrm{Im}\left\{\left[BC^*-CE^*+FG^*-GH^*-2(OA^*-AD^*)\right]\mathrm{e}^{\mathrm{i}\varphi}\right\}\\
&\mathrm{tr}\left(\hat{Q}_{xy}\hat{F}\hat{Q}_{yz}\hat{F}^{+}\right)=-\frac{9}{2\sqrt{2}}\mathrm{Im}\left[(GB^*-HC^*)\mathrm{e}^{\mathrm{i}\varphi}+(FC^*-GE^*)\mathrm{e}^{3\mathrm{i}\varphi}\right]
\end{aligned}
$$

$$
\begin{aligned}
\operatorname{tr}\left(\hat{Q}_{xz}\hat{F}\hat{Q}_{yz}\hat{F}^{+}\right) &= -\frac{9}{4}\mathrm{Im}[(AB^{*}-DC^{*}-GO^{*}+HA^{*}) \\
&\quad +(OC^{*}-AE^{*}-FA^{*}+GD^{*})\,\mathrm{e}^{2\mathrm{i}\varphi}] \\
\operatorname{tr}\left(\hat{Q}_{yz}\hat{F}\hat{Q}_{yz}\hat{F}^{+}\right) &= \frac{9}{4}\mathrm{Re}[(AB^{*}-DC^{*}-GO^{*}+HA^{*}) \\
&\quad +(OC^{*}-AE^{*}-FA^{*}+GD^{*})\,\mathrm{e}^{2\mathrm{i}\varphi}] \\
\operatorname{tr}\left(\hat{Q}_{xx-yy}\hat{F}\hat{Q}_{yz}\hat{F}^{+}\right) &= -\frac{9}{\sqrt{2}}\mathrm{Re}\left[(GB^{*}-HC^{*})\,\mathrm{e}^{\mathrm{i}\varphi}+(FC^{*}-GE^{*})\,\mathrm{e}^{3\mathrm{i}\varphi}\right] \\
\operatorname{tr}\left(\hat{Q}_{zz}\hat{F}\hat{Q}_{yz}\hat{F}^{+}\right) &= \frac{3}{\sqrt{2}}\mathrm{Re}\left\{\left[BC^{*}-CE^{*}+FG^{*}-GH^{*}-2\,(OA^{*}-AD^{*})\right]\mathrm{e}^{\mathrm{i}\varphi}\right\} \\
\operatorname{tr}\left(\hat{Q}_{xy}\hat{F}\hat{Q}_{xx-yy}\hat{F}^{+}\right) &= 9\mathrm{Im}\left(HB^{*}+FE^{*}\mathrm{e}^{4\mathrm{i}\varphi}\right) \\
\operatorname{tr}\left(\hat{Q}_{xz}\hat{F}\hat{Q}_{xx-yy}\hat{F}^{+}\right) &= -\frac{9}{\sqrt{2}}\mathrm{Im}\left[(BD^{*}-OH^{*})\,\mathrm{e}^{\mathrm{i}\varphi}-(OE^{*}-FD^{*})\,\mathrm{e}^{3\mathrm{i}\varphi}\right] \\
\operatorname{tr}\left(\hat{Q}_{yz}\hat{F}\hat{Q}_{xx-yy}\hat{F}^{+}\right) &= -\frac{9}{\sqrt{2}}\mathrm{Re}\left[(BD^{*}-OH^{*})\,\mathrm{e}^{\mathrm{i}\varphi}+(OE^{*}-FD^{*})\,\mathrm{e}^{3\mathrm{i}\varphi}\right] \\
\operatorname{tr}\left(\hat{Q}_{xx-yy}\hat{F}\hat{Q}_{xx-yy}\hat{F}^{+}\right) &= 18\mathrm{Re}\left(HB^{*}+FE^{*}\mathrm{e}^{4\mathrm{i}\varphi}\right) \\
\operatorname{tr}\left(\hat{Q}_{zz}\hat{F}\hat{Q}_{xx-yy}\hat{F}^{+}\right) &= -6\mathrm{Re}\left[(BE^{*}+FH^{*}-2OD^{*})\,\mathrm{e}^{2\mathrm{i}\varphi}\right] \\
\operatorname{tr}\left(\hat{Q}_{xy}\hat{F}\hat{Q}_{zz}\hat{F}^{+}\right) &= -3\mathrm{Im}\left[(FB^{*}-2GC^{*}+HE^{*})\,\mathrm{e}^{2\mathrm{i}\varphi}\right] \\
\operatorname{tr}\left(\hat{Q}_{xz}\hat{F}\hat{Q}_{zz}\hat{F}^{+}\right) &= -\frac{3}{\sqrt{2}}\mathrm{Im}\left[(OB^{*}-2AC^{*}+DE^{*}-FO^{*}+2GA^{*}-HD^{*})\,\mathrm{e}^{\mathrm{i}\varphi}\right] \\
\operatorname{tr}\left(\hat{Q}_{yz}\hat{F}\hat{Q}_{zz}\hat{F}^{+}\right) &= \frac{3}{\sqrt{2}}\mathrm{Re}\left[(OB^{*}-2AC^{*}+DE^{*}-FO^{*}+2GA^{*}-HD^{*})\,\mathrm{e}^{\mathrm{i}\varphi}\right] \\
\operatorname{tr}\left(\hat{Q}_{xx-yy}\hat{F}\hat{Q}_{zz}\hat{F}^{+}\right) &= -6\mathrm{Re}\left[(FB^{*}-2GC^{*}+HE^{*})\,\mathrm{e}^{2\mathrm{i}\varphi}\right] \\
\operatorname{tr}\left(\hat{Q}_{zz}\hat{F}\hat{Q}_{zz}\hat{F}^{+}\right) &= |B|^{2}+|E|^{2}+|F|^{2}+|H|^{2} \\
&\quad -2\left(|C|^{2}+|G|^{2}+|O|^{2}+|D|^{2}\right)+4\,|A|^{2}
\end{aligned}
\tag{6.3.45}
$$

用类似方法由式 (6.3.45) 可得

$$
\begin{aligned}
\tilde{\Sigma}\operatorname{tr}\left(\hat{Q}_{xy}\hat{F}\hat{Q}_{xy}\hat{F}^{+}\right) &= \frac{9}{2}\tilde{\Sigma}\mathrm{Re}\left[HB^{*}-FE^{*}\cos(4\varphi)\right] \\
\tilde{\Sigma}\operatorname{tr}\left(\hat{Q}_{xz}\hat{F}\hat{Q}_{xy}\hat{F}^{+}\right) &= -\frac{9}{\sqrt{2}}\tilde{\Sigma}\left[\mathrm{Im}\,(BD^{*})\sin\varphi-\mathrm{Im}\,(OE^{*})\sin(3\varphi)\right] \\
\tilde{\Sigma}\operatorname{tr}\left(\hat{Q}_{yz}\hat{F}\hat{Q}_{xy}\hat{F}^{+}\right) &= -\frac{9}{\sqrt{2}}\tilde{\Sigma}\left[\mathrm{Im}\,(BD^{*})\cos\varphi+\mathrm{Im}\,(OE^{*})\cos(3\varphi)\right] \\
\tilde{\Sigma}\operatorname{tr}\left(\hat{Q}_{xx-yy}\hat{F}\hat{Q}_{xy}\hat{F}^{+}\right) &= 9\tilde{\Sigma}\mathrm{Re}\,(FE^{*})\sin(4\varphi) \\
\tilde{\Sigma}\operatorname{tr}\left(\hat{Q}_{zz}\hat{F}\hat{Q}_{xy}\hat{F}^{+}\right) &= -6\tilde{\Sigma}\mathrm{Re}\,(BE^{*}-OD^{*})\sin(2\varphi)
\end{aligned}
$$

$$
\begin{aligned}
&\tilde{\Sigma}\mathrm{tr}\left(\hat{Q}_{xy}\hat{F}\hat{Q}_{xz}\hat{F}^{+}\right)=-\frac{9}{\sqrt{2}}\tilde{\Sigma}\left[\mathrm{Im}\left(GB^{*}\right)\sin\varphi-\mathrm{Im}\left(FC^{*}\right)\sin\left(3\varphi\right)\right]\\
&\tilde{\Sigma}\mathrm{tr}\left(\hat{Q}_{xz}\hat{F}\hat{Q}_{xz}\hat{F}^{+}\right)=\frac{9}{2}\tilde{\Sigma}\mathrm{Re}\left[\mathrm{Im}\left(AB^{*}-DC^{*}\right)-\left(OC^{*}-AE^{*}\right)\cos\left(2\varphi\right)\right]\\
&\tilde{\Sigma}\mathrm{tr}\left(\hat{Q}_{yz}\hat{F}\hat{Q}_{xz}\hat{F}^{+}\right)=-\frac{9}{2}\tilde{\Sigma}\mathrm{Re}\left(OC^{*}-AE^{*}\right)\sin\left(2\varphi\right)\\
&\tilde{\Sigma}\mathrm{tr}\left(\hat{Q}_{xx-yy}\hat{F}\hat{Q}_{xz}\hat{F}^{+}\right)=-9\sqrt{2}\tilde{\Sigma}\left[\mathrm{Im}\left(GB^{*}\right)\cos\varphi-\mathrm{Im}\left(FC^{*}\right)\cos\left(3\varphi\right)\right]\\
&\tilde{\Sigma}\mathrm{tr}\left(\hat{Q}_{zz}\hat{F}\hat{Q}_{xz}\hat{F}^{+}\right)=-3\sqrt{2}\tilde{\Sigma}\left[\mathrm{Im}\left(BC^{*}-CE^{*}\right)-2\mathrm{Im}\left(OA^{*}\right)\cos\varphi\right]\\
&\tilde{\Sigma}\mathrm{tr}\left(\hat{Q}_{xy}\hat{F}\hat{Q}_{yz}\hat{F}^{+}\right)=-\frac{9}{\sqrt{2}}\tilde{\Sigma}\left[\mathrm{Im}\left(GB^{*}\right)\cos\varphi+\mathrm{Im}\left(FC^{*}\right)\cos\left(3\varphi\right)\right]\\
&\tilde{\Sigma}\mathrm{tr}\left(\hat{Q}_{xz}\hat{F}\hat{Q}_{yz}\hat{F}^{+}\right)=-\frac{9}{2}\tilde{\Sigma}\mathrm{Re}\left(OC^{*}-AE^{*}\right)\sin\left(2\varphi\right)\\
&\tilde{\Sigma}\mathrm{tr}\left(\hat{Q}_{yz}\hat{F}\hat{Q}_{yz}\hat{F}^{+}\right)=\frac{9}{2}\tilde{\Sigma}\mathrm{Re}\left[\left(AB^{*}-DC^{*}\right)+\left(OC^{*}-AE^{*}\right)\cos\left(2\varphi\right)\right]\\
&\tilde{\Sigma}\mathrm{tr}\left(\hat{Q}_{xx-yy}\hat{F}\hat{Q}_{yz}\hat{F}^{+}\right)=9\sqrt{2}\tilde{\Sigma}\left[\mathrm{Im}\left(GB^{*}\right)\sin\varphi+\mathrm{Im}\left(FC^{*}\right)\sin\left(3\varphi\right)\right]\\
&\tilde{\Sigma}\mathrm{tr}\left(\hat{Q}_{zz}\hat{F}\hat{Q}_{yz}\hat{F}^{+}\right)=-3\sqrt{2}\tilde{\Sigma}\mathrm{Im}\left(BC^{*}-CE^{*}\right)\sin\varphi\\
&\tilde{\Sigma}\mathrm{tr}\left(\hat{Q}_{xy}\hat{F}\hat{Q}_{xx-yy}\hat{F}^{+}\right)=9\tilde{\Sigma}\mathrm{Re}\left(FE^{*}\right)\sin\left(4\varphi\right)\\
&\tilde{\Sigma}\mathrm{tr}\left(\hat{Q}_{xz}\hat{F}\hat{Q}_{xx-yy}\hat{F}^{+}\right)=-9\sqrt{2}\tilde{\Sigma}\left[\mathrm{Im}\left(BD^{*}\right)\cos\varphi-\mathrm{Im}\left(OE^{*}\right)\cos\left(3\varphi\right)\right]\\
&\tilde{\Sigma}\mathrm{tr}\left(\hat{Q}_{yz}\hat{F}\hat{Q}_{xx-yy}\hat{F}^{+}\right)=9\sqrt{2}\tilde{\Sigma}\left[\mathrm{Im}\left(BD^{*}\right)\sin\varphi+\mathrm{Im}\left(OE^{*}\right)\sin\left(3\varphi\right)\right]\\
&\tilde{\Sigma}\mathrm{tr}\left(\hat{Q}_{xx-yy}\hat{F}\hat{Q}_{xx-yy}\hat{F}^{+}\right)=18\tilde{\Sigma}\left[\mathrm{Re}\left(HB^{*}\right)+RE\left(FE^{*}\right)\cos\left(4\varphi\right)\right]\\
&\tilde{\Sigma}\mathrm{tr}\left(\hat{Q}_{zz}\hat{F}\hat{Q}_{xx-yy}\hat{F}^{+}\right)=-12\tilde{\Sigma}\mathrm{Re}\left(BE^{*}-OD^{*}\right)\cos\left(2\varphi\right)\\
&\tilde{\Sigma}\mathrm{tr}\left(\hat{Q}_{xy}\hat{F}\hat{Q}_{zz}\hat{F}^{+}\right)=-6\tilde{\Sigma}\mathrm{Re}\left(FB^{*}-GC^{*}\right)\sin\left(2\varphi\right)\\
&\tilde{\Sigma}\mathrm{tr}\left(\hat{Q}_{xz}\hat{F}\hat{Q}_{zz}\hat{F}^{+}\right)=-3\sqrt{2}\tilde{\Sigma}\mathrm{Im}\left(OB^{*}-2AC^{*}+DE^{*}\right)\cos\varphi\\
&\tilde{\Sigma}\mathrm{tr}\left(\hat{Q}_{yz}\hat{F}\hat{Q}_{zz}\hat{F}^{+}\right)=-3\sqrt{2}\tilde{\Sigma}\mathrm{Im}\left(OB^{*}-2AC^{*}+DE^{*}\right)\sin\varphi\\
&\tilde{\Sigma}\mathrm{tr}\left(\hat{Q}_{xx-yy}\hat{F}\hat{Q}_{zz}\hat{F}^{+}\right)=-12\tilde{\Sigma}\mathrm{Re}\left(FB^{*}-GC^{*}\right)\cos\left(2\varphi\right)\\
&\tilde{\Sigma}\mathrm{tr}\left(\hat{Q}_{zz}\hat{F}\hat{Q}_{zz}\hat{F}^{+}\right)=2\tilde{\Sigma}\left[|B|^{2}+|E|^{2}-2\left(|C|^{2}+|D|^{2}-|A|^{2}\right)\right]
\end{aligned}
\tag{6.3.46}
$$

定义

$$
R_{11}\left(\theta\right)=\frac{3}{2I_0}\tilde{\Sigma}\mathrm{Re}\left(HB^{*}\right),\quad R_{12}\left(\theta\right)=\frac{3}{2I_0}\tilde{\Sigma}\mathrm{Re}\left(FE^{*}\right)
$$

$$
R_{13}\left(\theta\right)=\frac{2}{I_0}\tilde{\Sigma}\mathrm{Re}\left(BE^{*}-OD^{*}\right),\quad R_{14}\left(\theta\right)=\frac{3}{2I_0}\tilde{\Sigma}\mathrm{Re}\left(AB^{*}-DC^{*}\right)
$$

$$R_{15}(\theta)=\frac{3}{2I_0}\tilde{\Sigma}\mathrm{Re}\left(OC^*-AE^*\right),\quad R_{16}(\theta)=\frac{2}{I_0}\tilde{\Sigma}\mathrm{Re}\left(FB^*-GC^*\right)$$

$$Q_9(\theta)=\frac{3}{\sqrt{2}I_0}\tilde{\Sigma}\mathrm{Im}\left(BD^*\right),\quad Q_{10}(\theta)=\frac{3}{\sqrt{2}I_0}\tilde{\Sigma}\mathrm{Im}\left(OE^*\right)$$

$$Q_{11}(\theta)=\frac{3}{\sqrt{2}I_0}\tilde{\Sigma}\mathrm{Im}\left(GB^*\right),\quad Q_{12}(\theta)=\frac{3}{\sqrt{2}I_0}\tilde{\Sigma}\mathrm{Im}\left(FC^*\right)$$

$$Q_{13}(\theta)=\frac{\sqrt{2}}{I_0}\tilde{\Sigma}\mathrm{Im}\left(BC^*-CE^*\right),\quad Q_{14}(\theta)=\frac{2\sqrt{2}}{I_0}\tilde{\Sigma}\mathrm{Im}\left(OA^*\right)$$

$$Q_{15}(\theta)=\frac{\sqrt{2}}{I_0}\tilde{\Sigma}\mathrm{Im}\left(OB^*-2AC^*+DE^*\right)$$

$$W_2(\theta)=\frac{2}{3I_0}\tilde{\Sigma}\left[|B|^2+|E|^2-2\left(|C|^2+|D|^2-|A|^2\right)\right] \tag{6.3.47}$$

$$K_i^j(\theta,\varphi)=\frac{1}{3I_0}\tilde{\Sigma}\mathrm{tr}\left(\hat{Q}_j\hat{F}\hat{Q}_i\hat{F}^+\right),\quad i,j=\gamma \tag{6.3.48}$$

于是由式 (6.3.46) ~ 式 (6.3.48) 可得

$$K_{xy}^{xy}(\theta,\varphi)=R_{11}(\theta)-R_{12}(\theta)\cos(4\varphi)$$

$$K_{xy}^{xz}(\theta,\varphi)=-Q_9(\theta)\sin\varphi+Q_{10}(\theta)\sin(3\varphi)$$

$$K_{xy}^{yz}(\theta,\varphi)=-Q_9(\theta)\cos\varphi-Q_{10}(\theta)\cos(3\varphi)$$

$$K_{xy}^{xx-yy}(\theta,\varphi)=2R_{12}(\theta)\sin(4\varphi)$$

$$K_{xy}^{zz}(\theta,\varphi)=-R_{13}(\theta)\sin(2\varphi)$$

$$K_{xz}^{xy}(\theta,\varphi)=-Q_{11}(\theta)\sin\varphi+Q_{12}(\theta)\sin(3\varphi)$$

$$K_{xz}^{xz}(\theta,\varphi)=R_{14}(\theta)-R_{15}(\theta)\cos(2\varphi)$$

$$K_{xz}^{yz}(\theta,\varphi)=-R_{15}(\theta)\sin(2\varphi)$$

$$K_{xz}^{xx-yy}(\theta,\varphi)=-2Q_{11}(\theta)\cos\varphi+2Q_{12}(\theta)\cos(3\varphi)$$

$$K_{xz}^{zz}(\theta,\varphi)=-Q_{13}(\theta)+Q_{14}(\theta)\cos\varphi$$

$$K_{yz}^{xy}(\theta,\varphi)=-Q_{11}(\theta)\cos\varphi-Q_{12}(\theta)\cos(3\varphi)$$

$$K_{yz}^{xz}(\theta,\varphi)=-R_{15}(\theta)\sin(2\varphi)=K_{xz}^{yz}(\theta,\varphi)$$

$$K_{yz}^{yz}(\theta,\varphi)=R_{14}(\theta)+R_{15}(\theta)\cos(2\varphi)$$

$$K_{yz}^{xx-yy}(\theta,\varphi)=2Q_{11}(\theta)\sin\varphi+2Q_{12}(\theta)\sin(3\varphi)$$

$$K_{yz}^{zz}(\theta,\varphi)=-Q_{13}(\theta)\sin\varphi$$

$$
\begin{aligned}
&K_{xx-yy}^{xy}(\theta,\varphi)=2R_{12}(\theta)\sin(4\varphi)=K_{xy}^{xx-yy}(\theta,\varphi)\\
&K_{xx-yy}^{xz}(\theta,\varphi)=-2Q_{9}(\theta)\cos\varphi+2Q_{10}(\theta)\cos(3\varphi)\\
&K_{xx-yy}^{yz}(\theta,\varphi)=2Q_{9}(\theta)\sin\varphi+2Q_{10}(\theta)\sin(3\varphi)\\
&K_{xx-yy}^{xx-yy}(\theta,\varphi)=4R_{11}(\theta)+4R_{12}(\theta)\cos(4\varphi)\\
&K_{xx-yy}^{zz}(\theta,\varphi)=-2R_{13}(\theta)\cos(2\varphi)\\
&K_{zz}^{xy}(\theta,\varphi)=-R_{16}(\theta)\sin(2\varphi)\\
&K_{zz}^{xz}(\theta,\varphi)=-Q_{15}(\theta)\cos\varphi\\
&K_{zz}^{yz}(\theta,\varphi)=-Q_{15}(\theta)\sin\varphi\\
&K_{zz}^{xx-yy}(\theta,\varphi)=-2R_{16}(\theta)\cos(2\varphi)\\
&K_{zz}^{zz}(\theta,\varphi)=W_{2}(\theta)
\end{aligned}
\tag{6.3.49}
$$

参照式 (3.5.9)、式 (6.3.19) 和式 (6.2.29) 可以写出 $S=1$ 的极化入射粒子所对应的 $S=1$ 的出射粒子的与 θ,φ 同时有关的极化率为

$$
P_j(\theta,\varphi)=\frac{I_0(\theta)}{I(\theta,\varphi)}\left[\overline{P}^j(\theta,\varphi)+\sum_{i=\varepsilon}\overline{p}_iK_i^j(\theta,\varphi)\right],\quad j=\varepsilon \tag{6.3.50}
$$

下标符号集 $\varepsilon=x,y,z,xy,xz,yz,xx-yy,zz$ 的定义已由式 (3.7.125) 给出，与式 (3.12.16) 相类似，这里再定义

$$
\overline{p}_i=\begin{cases}\dfrac{3}{2}p_i, & i=x,y,z\\ \dfrac{2}{3}p_i, & i=xy,xz,yz\\ \dfrac{1}{6}p_i, & i=xx-yy\\ \dfrac{1}{2}p_i, & i=zz\end{cases} \tag{6.3.51}
$$

在前面所得到的结果中，若令 $\varphi=0$ 便自动退化为由 3.8 节所得到的结果。

6.3.2　自旋 1 粒子的极化核数据库

根据前面的讨论，自旋 1 粒子的极化核数据库应包含形状弹性散射和两体直接反应道的随能量变化的与 θ 角有关的以下微分物理量。

(1) 非极化入射粒子所对应的微分截面：$I_0(\theta)$。

(2) 入射粒子的矢量分析本领：$A_y(\theta)$；张量分析本领：$A_i(\theta)\ (i=1-3)$。

(3) 非极化入射粒子所对应的出射粒子的矢量极化率：$P^y(\theta)$；张量极化率：$P^i(\theta)\,(i=1-3)$。

(4) 极化转移系数分量：$R_i(\theta)\,(i=1-16)\,,Q_i(\theta)\,(i=1-15)\,,W_i(\theta)\,(i=1,2)$。

以上物理量的表达式在 6.3.1 小节中已经给出。$I_0(\theta)$ 和极化分析本领可以进行实验测量，对于实验上无法测量的物理量可通过理论计算获得。

由式 (6.2.30) ~ 式 (6.2.32) 给出的有关坐标系变换的讨论在本小节中也适用，而且仍然建议在极化核数据库中保存实验室系的极化核数据。

6.3.3 自旋 1 粒子的极化粒子输运理论要点

为了简单起见，假设在装置中只发生 $\vec{1}+\vec{\mathrm{A}}\rightarrow\vec{1}+\vec{\mathrm{B}}$ 反应，该反应可以是形状弹性散射，也可以是二体直接反应，暂且把其他反应道全部略掉。

我们选择在实验室系中进行研究，并选择初始入射粒子方向为 z 轴，初始入射粒子极化率 $p_{0i}\,(i=\varepsilon\equiv x,y,z,xy,xz,yz,xx-yy,zz)$ 由实验确定或人为假设。取发生 $\vec{1}+\mathrm{A}$ 初始反应 (也称为第一次反应) 的位置为坐标系原点 O_0。当入射粒子实验室系能量 E_0 确定后，便可以从 $\vec{1}+\vec{\mathrm{A}}\rightarrow\vec{1}+\vec{\mathrm{B}}$ 反应的极化核数据库中得到在 6.3.2 小节中列出的 42 种实验室系的微分物理量。于是根据式 (6.3.11)、式 (6.3.18)、式 (6.3.19)、式 (6.3.24)、式 (6.3.29)、式 (6.3.34)、式 (6.3.39)、式 (6.3.44) 和式 (6.3.49) 可以计算出与 (θ,φ) 角有关的各种极化量。

当初始入射粒子极化率 $p_{0i}\,(i=\varepsilon)$ 已知后，由式 (6.3.19) 可以得到对应于能量 E_0 的任意 (θ,φ) 角度的出射粒子微分截面。在不考虑其他反应道的情况下，经过抽样，假设在 (θ_1,φ_1) 方向，与原点 O_0 的距离为 L_1 的 O_1 处，第一次反应的出射粒子与原子核又发生了反应，称为第二次核反应，与这次反应对应的入射粒子能量为 E_1。在 O_0 系中，处在第二次反应点 O_1 处的第一次核反应的初始入射粒子和出射粒子的 Stokes 矢量表示式分别为

$$S_1^{(\mathrm{i})}(\theta_1)=I_0(\theta_1)\begin{pmatrix}1\\ \overline{p}_{0x}\\ \overline{p}_{0y}\\ \overline{p}_{0z}\\ \overline{p}_{0xy}\\ \overline{p}_{0xz}\\ \overline{p}_{0yz}\\ \overline{p}_{0\,xx-yy}\\ \overline{p}_{0zz}\end{pmatrix},\quad S_1^{(\mathrm{f})}(\theta_1,\varphi_1)=I(\theta_1,\varphi_1)\begin{pmatrix}1\\ P_{1x}(\theta_1,\varphi_1)\\ P_{1y}(\theta_1,\varphi_1)\\ P_{1z}(\theta_1,\varphi_1)\\ P_{1xy}(\theta_1,\varphi_1)\\ P_{1xz}(\theta_1,\varphi_1)\\ P_{1yz}(\theta_1,\varphi_1)\\ P_{1\,xx-yy}(\theta_1,\varphi_1)\\ P_{1zz}(\theta_1,\varphi_1)\end{pmatrix}\tag{6.3.52}$$

其中，$\overline{p}_{0i}$ 的定义已由式 (6.3.51) 给出。以上二矢量满足以下关系式

$$S_1^{(\mathrm{f})} = Z_1 S_1^{(\mathrm{i})} \tag{6.3.53}$$

其中

$$Z_1 = \begin{pmatrix} 1 & \overline{A}_x & \overline{A}_y & 0 & \overline{A}_{xy} & \overline{A}_{xz} & \overline{A}_{yz} & \overline{A}_{xx-yy} & \overline{A}_{zz} \\ \overline{P}^x & K_x^x & K_y^x & K_z^x & K_{xy}^x & K_{xz}^x & K_{yz}^x & K_{xx-yy}^x & K_{zz}^x \\ \overline{P}^y & K_x^y & K_y^y & K_z^y & K_{xy}^y & K_{xz}^y & K_{yz}^y & K_{xx-yy}^y & K_{zz}^y \\ 0 & K_x^z & K_y^z & K_z^z & K_{xy}^z & K_{xz}^z & K_{yz}^z & K_{xx-yy}^z & 0 \\ \overline{P}^{xy} & K_x^{xy} & K_y^{xy} & K_z^{xy} & K_{xy}^{xy} & K_{xz}^{xy} & K_{yz}^{xy} & K_{xx-yy}^{xy} & K_{zz}^{xy} \\ \overline{P}^{xz} & K_x^{xz} & K_y^{xz} & K_z^{xz} & K_{xy}^{xz} & K_{xz}^{xz} & K_{yz}^{xz} & K_{xx-yy}^{xz} & K_{zz}^{xz} \\ \overline{P}^{yz} & K_x^{yz} & K_y^{yz} & K_z^{yz} & K_{xy}^{yz} & K_{xz}^{yz} & K_{yz}^{yz} & K_{xx-yy}^{yz} & K_{zz}^{yz} \\ \overline{P}^{xx-yy} & K_x^{xx-yy} & K_y^{xx-yy} & K_z^{xx-yy} & K_{xy}^{xx-yy} & K_{xz}^{xx-yy} & K_{yz}^{xx-yy} & K_{xx-yy}^{xx-yy} & K_{zz}^{xx-yy} \\ \overline{P}^{zz} & K_x^{zz} & K_y^{zz} & 0 & K_{xy}^{zz} & K_{xz}^{zz} & K_{yz}^{zz} & K_{xx-yy}^{zz} & K_{zz}^{zz} \end{pmatrix}_1 \tag{6.3.54}$$

下标 1 对应于 (θ_1, φ_1) 和能量 E_0。式 (6.3.53) 是由式 (6.3.19) 和式 (6.3.50) 合并而成的。在 O_0 处发生第一次反应后，在任意 (θ, φ) 角度处与式 (6.3.53) 类似的关系式都成立，在 (θ_1, φ_1) 处当然也成立，也就是说关系式 (6.3.53) 是由第一次反应决定的。

O_1 点在 O_0 系中的直角坐标为

$$X_1 = L_1 \sin\theta_1 \cos\varphi_1, \quad Y_1 = L_1 \sin\theta_1 \sin\varphi_1, \quad Z_1 = L_1 \cos\varphi_1 \tag{6.3.55}$$

在 O_0 坐标系中的三个直角系坐标轴转动 (θ_1, φ_1) 角后变成 O_1 坐标系的三个新坐标轴，再把坐标原点从 O_0 平移到 O_1，O_0O_1 方向正好是新 z 轴方向。

对于坐标系的转动，把具有 5 个分量的二阶张量 $\hat{g}_2$ 转动 (θ, φ) 角变成了二阶张量 $\hat{T}_2$，由式 (1.3.2) 可知其变换关系式为

$$\hat{T}_{2M'} = \sum_{M=-2}^{2} \hat{g}_{2M} D_{MM'}^2 (\varphi, \theta, 0) \tag{6.3.56}$$

转动欧拉角的转动函数 $D_{MM'}^2 (\alpha, \beta, \gamma)$ 的表示式为

$$D_{MM'}^2 (\alpha, \beta, \gamma) = \mathrm{e}^{-\mathrm{i}M\alpha} d_{MM'}^2 (\beta)\, \mathrm{e}^{-\mathrm{i}M'\gamma} \tag{6.3.57}$$

$d_{MM'}^2 (\beta)$ 已由表 6.1 给出。由式 (6.3.57) 可知

$$D_{MM'}^2 (\varphi, \theta, 0) = d_{MM'}^2 (\theta)\, \mathrm{e}^{-\mathrm{i}M\varphi} \tag{6.3.58}$$

表 6.1 $d^2_{MM'}(\beta)$ 的表达式 [20]

M	$M'=2$	1	0	-1	-2
2	$\frac{(1+\cos\beta)^2}{4}$	$-\frac{\sin\beta(1+\cos\beta)}{2}$	$\frac{1}{2}\sqrt{\frac{3}{2}}\sin^2\beta$	$-\frac{\sin\beta(1-\cos\beta)}{2}$	$\frac{(1-\cos\beta)^2}{4}$
1	$\frac{\sin\beta(1+\cos\beta)}{2}$	$\frac{2\cos^2\beta+\cos\beta-1}{2}$	$-\sqrt{\frac{3}{2}}\sin\beta\cos\beta$	$-\frac{2\cos^2\beta-\cos\beta-1}{2}$	$-\frac{\sin\beta(1-\cos\beta)}{2}$
0	$\frac{1}{2}\sqrt{\frac{3}{2}}\sin^2\beta$	$\sqrt{\frac{3}{2}}\sin\beta\cos\beta$	$\frac{3\cos^2\beta-1}{2}$	$-\sqrt{\frac{3}{2}}\sin\beta\cos\beta$	$\frac{1}{2}\sqrt{\frac{3}{2}}\sin^2\beta$
-1	$\frac{\sin\beta(1-\cos\beta)}{2}$	$-\frac{2\cos^2\beta-\cos\beta-1}{2}$	$\sqrt{\frac{3}{2}}\sin\beta\cos\beta$	$\frac{2\cos^2\beta+\cos\beta-1}{2}$	$-\frac{\sin\beta(1+\cos\beta)}{2}$
-2	$\frac{(1-\cos\beta)^2}{4}$	$\frac{\sin\beta(1-\cos\beta)}{2}$	$\frac{1}{2}\sqrt{\frac{3}{2}}\sin^2\beta$	$\frac{\sin\beta(1+\cos\beta)}{2}$	$\frac{(1+\cos\beta)^2}{4}$

当我们研究自旋 1 粒子在五维空间直角坐标系转动时，可以取由式 (3.2.77) 给出的五维空间正交直角坐标系的极化张量基矢函数

$$(\hat{H}_{xx-yy},\hat{H}_{xy},\hat{H}_{xz},\hat{H}_{yz},\hat{H}_{zz})=\left(\sqrt{\frac{1}{6}}\hat{Q}_{xx-yy},\sqrt{\frac{2}{3}}\hat{Q}_{xy},\sqrt{\frac{2}{3}}\hat{Q}_{xz},\sqrt{\frac{2}{3}}\hat{Q}_{yz},\sqrt{\frac{1}{2}}\hat{Q}_{zz}\right) \tag{6.3.59}$$

于是可把式 (3.1.22) 改写成

$$\hat{T}_{2\pm2}=\frac{1}{\sqrt{2}}\left(\hat{H}_{xx-yy}\pm\mathrm{i}\hat{H}_{xy}\right),\quad \hat{T}_{2\pm1}=\mp\frac{1}{\sqrt{2}}\left(\hat{H}_{xz}\pm\mathrm{i}\hat{H}_{yz}\right),\quad \hat{T}_{20}=\hat{H}_{zz} \tag{6.3.60}$$

并且由式 (6.3.60) 或式 (3.1.21) 可以得到

$$\begin{aligned}
&\hat{H}_{xx-yy}=\frac{1}{\sqrt{2}}\left(\hat{T}_{2-2}+\hat{T}_{22}\right),\quad \hat{H}_{xy}=\frac{\mathrm{i}}{\sqrt{2}}\left(\hat{T}_{2-2}-\hat{T}_{22}\right)\\
&\hat{H}_{xz}=\frac{1}{\sqrt{2}}\left(\hat{T}_{2-1}-\hat{T}_{21}\right),\quad \hat{H}_{yz}=\frac{\mathrm{i}}{\sqrt{2}}\left(\hat{T}_{2-1}+\hat{T}_{21}\right)\\
&\hat{H}_{zz}=\hat{T}_{20}
\end{aligned} \tag{6.3.61}$$

这也正是式 (3.2.77) 给出的结果。可见式 (6.3.60) 和式 (6.3.61) 是五维二级张量基矢函数的幺正变换关系式。

我们用式 (6.3.60) 描述在式 (6.3.56) 中的 $\hat{g}_{2M}$ 和 $\hat{H}_i$ 之间的变换关系，其中 $M=\pm2,\pm1,0$; $i=xx-yy,xy,xz,yz,zz$。于是根据式 (6.3.56)、式 (6.3.58) 和表 6.1，再利用式 (6.3.60) 可以求出

$$\hat{T}_{22}=\frac{(1+\cos\theta)^2}{4}\frac{1}{\sqrt{2}}\left(\hat{H}_{xx-yy}+\mathrm{i}\hat{H}_{xy}\right)\mathrm{e}^{-2\mathrm{i}\varphi}$$

$$
\begin{aligned}
&-\frac{\sin\theta\,(1+\cos\theta)}{2}\frac{1}{\sqrt{2}}\left(\hat{H}_{xz}+\mathrm{i}\hat{H}_{yz}\right)\mathrm{e}^{-\mathrm{i}\varphi}+\frac{1}{2}\sqrt{\frac{3}{2}}\sin^2\theta\hat{H}_{zz}\\
&+\frac{\sin\theta\,(1-\cos\theta)}{2}\frac{1}{\sqrt{2}}\left(\hat{H}_{xz}-\mathrm{i}\hat{H}_{yz}\right)\mathrm{e}^{\mathrm{i}\varphi}\\
&+\frac{(1-\cos\theta)^2}{4}\frac{1}{\sqrt{2}}\left(\hat{H}_{xx-yy}-\mathrm{i}\hat{H}_{xy}\right)\mathrm{e}^{2\mathrm{i}\varphi}\\
=&\frac{1}{\sqrt{2}}\left\{\left[\frac{1+\cos^2\theta}{2}\hat{H}_{xx-yy}+\cos\theta\left(\mathrm{i}\hat{H}_{xy}\right)\right]\cos(2\varphi)\right.\\
&-\left[\cos\theta\hat{H}_{xx-yy}+\frac{1+\cos^2\theta}{2}\left(\mathrm{i}\hat{H}_{xy}\right)\right]\mathrm{i}\sin(2\varphi)\\
&-\left[\sin\theta\cos\theta\hat{H}_{xz}+\sin\theta\left(\mathrm{i}\hat{H}_{yz}\right)\right]\cos\varphi\\
&\left.+\left[\sin\theta\hat{H}_{xz}+\sin\theta\cos\theta\left(\mathrm{i}\hat{H}_{yz}\right)\right]\mathrm{i}\sin\varphi+\frac{\sqrt{3}}{2}\sin^2\theta\hat{H}_{zz}\right\}\\
=&\frac{1}{\sqrt{2}}\left\{\left[\frac{1+\cos^2\theta}{2}\left(\cos(2\varphi)\,\hat{H}_{xx-yy}+\sin(2\varphi)\,\hat{H}_{xy}\right)\right.\right.\\
&\left.-\frac{1}{2}\sin(2\theta)\left(\cos\varphi\hat{H}_{xz}+\sin\varphi\hat{H}_{yz}\right)+\frac{\sqrt{3}}{2}\sin^2\theta\hat{H}_{zz}\right]\\
&+\mathrm{i}\left[\cos\theta\left(\cos(2\varphi)\,\hat{H}_{xy}-\sin(2\varphi)\,\hat{H}_{xx-yy}\right)\right.\\
&\left.\left.-\sin\theta\left(\cos\varphi\hat{H}_{yz}-\sin\varphi\hat{H}_{xz}\right)\right]\right\}
\end{aligned}
$$

$$
\begin{aligned}
\hat{T}_{21}=&-\frac{\sin\theta\,(1+\cos\theta)}{2}\frac{1}{\sqrt{2}}\left(\hat{H}_{xx-yy}+\mathrm{i}\hat{H}_{xy}\right)\mathrm{e}^{-2\mathrm{i}\varphi}\\
&-\frac{2\cos^2\theta+\cos\theta-1}{2}\frac{1}{\sqrt{2}}\left(\hat{H}_{xz}+\mathrm{i}\hat{H}_{yz}\right)\mathrm{e}^{-\mathrm{i}\varphi}+\sqrt{\frac{3}{2}}\sin\theta\cos\theta\hat{H}_{zz}\\
&-\frac{2\cos^2\theta-\cos\theta-1}{2}\frac{1}{\sqrt{2}}\left(\hat{H}_{xz}-\mathrm{i}\hat{H}_{yz}\right)\mathrm{e}^{\mathrm{i}\varphi}\\
&+\frac{\sin\theta\,(1-\cos\theta)}{2}\frac{1}{\sqrt{2}}\left(\hat{H}_{xx-yy}-\mathrm{i}\hat{H}_{xy}\right)\mathrm{e}^{2\mathrm{i}\varphi}\\
=&-\frac{1}{\sqrt{2}}\left\{\left[\sin\theta\cos\theta\hat{H}_{xx-yy}+\sin\theta\left(\mathrm{i}\hat{H}_{xy}\right)\right]\cos(2\varphi)\right.\\
&-\left[\sin\theta\hat{H}_{xx-yy}+\sin\theta\cos\theta\left(\mathrm{i}\hat{H}_{xy}\right)\right]\mathrm{i}\sin(2\varphi)\\
&+\left[\left(2\cos^2\theta-1\right)\hat{H}_{xz}+\cos\theta\left(\mathrm{i}\hat{H}_{yz}\right)\right]\cos\varphi\\
&\left.-\left[\cos\theta\hat{H}_{xz}+\left(2\cos^2\theta-1\right)\left(\mathrm{i}\hat{H}_{yz}\right)\right]\mathrm{i}\sin\varphi-\frac{\sqrt{3}}{2}\sin(2\theta)\,\hat{H}_{zz}\right\}\\
=&-\frac{1}{\sqrt{2}}\left\{\left[\frac{1}{2}\sin(2\theta)\left(\cos(2\varphi)\,\hat{H}_{xx-yy}+\sin(2\varphi)\,\hat{H}_{xy}\right)\right.\right.
\end{aligned}
$$

$$
\begin{aligned}
&+\cos(2\theta)\left(\cos\varphi\hat{H}_{xz}+\sin\varphi\hat{H}_{yz}\right)-\frac{\sqrt{3}}{2}\sin(2\theta)\,\hat{H}_{zz}\Big]\\
&+\mathrm{i}\Big[\sin\theta\left(\cos(2\varphi)\,\hat{H}_{xy}-\sin(2\varphi)\,\hat{H}_{xx-yy}\right)\\
&+\cos\theta\left(\cos\varphi\hat{H}_{yz}-\sin\varphi\hat{H}_{xz}\right)\Big]\Big\}
\end{aligned}
$$

$$
\begin{aligned}
\hat{T}_{20}=&\frac{1}{2}\sqrt{\frac{3}{2}}\sin^2\theta\frac{1}{\sqrt{2}}\left(\hat{H}_{xx-yy}+\mathrm{i}\hat{H}_{xy}\right)\mathrm{e}^{-2\mathrm{i}\varphi}\\
&+\sqrt{\frac{3}{2}}\sin\theta\cos\theta\frac{1}{\sqrt{2}}\left(\hat{H}_{xz}+\mathrm{i}\hat{H}_{yz}\right)\mathrm{e}^{-\mathrm{i}\varphi}+\frac{3\cos^2\theta-1}{2}\hat{H}_{zz}\\
&+\sqrt{\frac{3}{2}}\sin\theta\cos\theta\frac{1}{\sqrt{2}}\left(\hat{H}_{xz}-\mathrm{i}\hat{H}_{yz}\right)\mathrm{e}^{\mathrm{i}\varphi}\\
&+\frac{1}{2}\sqrt{\frac{3}{2}}\sin^2\theta\frac{1}{\sqrt{2}}\left(\hat{H}_{xx-yy}-\mathrm{i}\hat{H}_{xy}\right)\mathrm{e}^{2\mathrm{i}\varphi}\\
=&\frac{\sqrt{3}}{2}\Big\{\sin^2\theta\left[\cos(2\varphi)\,\hat{H}_{xx-yy}+\sin(2\varphi)\,\hat{H}_{xy}\right]\\
&+\sin(2\theta)\left[\cos\varphi\hat{H}_{xz}+\sin\varphi\hat{H}_{yz}\right]+\frac{1}{\sqrt{3}}\left(3\cos^2\theta-1\right)\hat{H}_{zz}\Big\}
\end{aligned}
$$

$$
\begin{aligned}
\hat{T}_{2\,-1}=&-\frac{\sin\theta\,(1-\cos\theta)}{2}\frac{1}{\sqrt{2}}\left(\hat{H}_{xx-yy}+\mathrm{i}\hat{H}_{xy}\right)\mathrm{e}^{-2\mathrm{i}\varphi}\\
&+\frac{2\cos^2\theta-\cos\theta-1}{2}\frac{1}{\sqrt{2}}\left(\hat{H}_{xz}+\mathrm{i}\hat{H}_{yz}\right)\mathrm{e}^{-\mathrm{i}\varphi}-\sqrt{\frac{3}{2}}\sin\theta\cos\theta\hat{H}_{zz}\\
&+\frac{2\cos^2\theta+\cos\theta-1}{2}\frac{1}{\sqrt{2}}\left(\hat{H}_{xz}-\mathrm{i}\hat{H}_{yz}\right)\mathrm{e}^{\mathrm{i}\varphi}\\
&+\frac{\sin\theta\,(1+\cos\theta)}{2}\frac{1}{\sqrt{2}}\left(\hat{H}_{xx-yy}-\mathrm{i}\hat{H}_{xy}\right)\mathrm{e}^{2\mathrm{i}\varphi}\\
=&\frac{1}{\sqrt{2}}\Big\{\left[\sin\theta\cos\theta\hat{H}_{xx-yy}-\sin\theta\left(\mathrm{i}\hat{H}_{xy}\right)\right]\cos(2\varphi)\\
&+\left[\sin\theta\hat{H}_{xx-yy}-\sin\theta\cos\theta\left(\mathrm{i}\hat{H}_{xy}\right)\right]\mathrm{i}\sin(2\varphi)\\
&+\left[\left(2\cos^2\theta-1\right)\hat{H}_{xz}-\cos\theta\left(\mathrm{i}\hat{H}_{yz}\right)\right]\cos\varphi\\
&+\left[\cos\theta\hat{H}_{xz}-\left(2\cos^2\theta-1\right)\left(\mathrm{i}\hat{H}_{yz}\right)\right]\mathrm{i}\sin\varphi-\frac{\sqrt{3}}{2}\sin(2\theta)\,\hat{H}_{zz}\Big\}\\
=&\frac{1}{\sqrt{2}}\Big\{\Big[\frac{1}{2}\sin(2\theta)\left(\cos(2\varphi)\,\hat{H}_{xx-yy}+\sin(2\varphi)\,\hat{H}_{xy}\right)\\
&+\cos(2\theta)\left(\cos\varphi\hat{H}_{xz}+\sin\varphi\hat{H}_{yz}\right)-\frac{\sqrt{3}}{2}\sin(2\theta)\,\hat{H}_{zz}\Big]
\end{aligned}
$$

$$
-\mathrm{i}\left[\sin\theta\left(\cos(2\varphi)\hat{H}_{xy}-\sin(2\varphi)\hat{H}_{xx-yy}\right)\right.
$$
$$
\left.\left.+\cos\theta\left(\cos\varphi\hat{H}_{yz}-\sin\varphi\hat{H}_{xz}\right)\right]\right\}
$$

$$
\begin{aligned}
\hat{T}_{2\,-2}=&\frac{(1-\cos\theta)^2}{4}\frac{1}{\sqrt{2}}\left(\hat{H}_{xx-yy}+\mathrm{i}\hat{H}_{xy}\right)\mathrm{e}^{-2\mathrm{i}\varphi}\\
&+\frac{\sin\theta(1-\cos\theta)}{2}\frac{1}{\sqrt{2}}\left(\hat{H}_{xz}+\mathrm{i}\hat{H}_{yz}\right)\mathrm{e}^{-\mathrm{i}\varphi}+\frac{1}{2}\sqrt{\frac{3}{2}}\sin^2\theta\hat{H}_{zz}\\
&-\frac{\sin\theta(1+\cos\theta)}{2}\frac{1}{\sqrt{2}}\left(\hat{H}_{xz}-\mathrm{i}\hat{H}_{yz}\right)\mathrm{e}^{\mathrm{i}\varphi}\\
&+\frac{(1+\cos\theta)^2}{4}\frac{1}{\sqrt{2}}\left(\hat{H}_{xx-yy}-\mathrm{i}\hat{H}_{xy}\right)\mathrm{e}^{2\mathrm{i}\varphi}\\
=&\frac{1}{\sqrt{2}}\left\{\left[\frac{1+\cos^2\theta}{2}\hat{H}_{xx-yy}-\cos\theta\left(\mathrm{i}\hat{H}_{xy}\right)\right]\cos(2\varphi)\right.\\
&+\left[\cos\theta\hat{H}_{xx-yy}-\frac{1+\cos^2\theta}{2}\left(\mathrm{i}\hat{H}_{xy}\right)\right]\mathrm{i}\sin(2\varphi)\\
&-\left[\sin\theta\cos\theta\hat{H}_{xz}-\sin\theta\left(\mathrm{i}\hat{H}_{yz}\right)\right]\cos\varphi\\
&\left.-\left[\sin\theta\hat{H}_{xz}-\sin\theta\cos\theta\left(\mathrm{i}\hat{H}_{yz}\right)\right]\mathrm{i}\sin\varphi+\frac{\sqrt{3}}{2}\sin^2\theta\hat{H}_{zz}\right\}\\
=&\frac{1}{\sqrt{2}}\left\{\left[\frac{1+\cos^2\theta}{2}\left(\cos(2\varphi)\hat{H}_{xx-yy}+\sin(2\varphi)\hat{H}_{xy}\right)\right.\right.\\
&\left.-\frac{1}{2}\sin(2\theta)\left(\cos\varphi\hat{H}_{xz}+\sin\varphi\hat{H}_{yz}\right)+\frac{\sqrt{3}}{2}\sin^2\theta\hat{H}_{zz}\right]\\
&-\mathrm{i}\left[\cos\theta\left(\cos(2\varphi)\hat{H}_{xy}-\sin(2\varphi)\hat{H}_{xx-yy}\right)\right.\\
&\left.\left.-\sin\theta\left(\cos\varphi\hat{H}_{yz}-\sin\varphi\hat{H}_{xz}\right)\right]\right\}
\end{aligned}\tag{6.3.62}
$$

再利用式 (6.3.61) 由式 (6.3.62) 可得

$$
\begin{aligned}
\hat{H}'_{xx-yy}=&\frac{1}{\sqrt{2}}\left(\hat{T}_{2\,-2}+\hat{T}_{22}\right)\\
=&\frac{1+\cos^2\theta}{2}\left(\cos(2\varphi)\hat{H}_{xx-yy}+\sin(2\varphi)\hat{H}_{xy}\right)\\
&-\frac{1}{2}\sin(2\theta)\left(\cos\varphi\hat{H}_{xz}+\sin\varphi\hat{H}_{yz}\right)+\frac{\sqrt{3}}{2}\sin^2\theta\hat{H}_{zz}\\
=&\frac{1+\cos^2\theta}{2}\cos(2\varphi)\hat{H}_{xx-yy}+\frac{1+\cos^2\theta}{2}\sin(2\varphi)\hat{H}_{xy}
\end{aligned}
$$

$$-\frac{1}{2}\sin(2\theta)\cos\varphi\hat{H}_{xz}-\frac{1}{2}\sin(2\theta)\sin\varphi\hat{H}_{yz}+\frac{\sqrt{3}}{2}\sin^2\theta\hat{H}_{zz}$$

$$\begin{aligned}\hat{H}'_{xy}&=\frac{\mathrm{i}}{\sqrt{2}}\left(\hat{T}_{2\,-2}-\hat{T}_{22}\right)\\&=\cos\theta\left(\cos(2\varphi)\hat{H}_{xy}-\sin(2\varphi)\hat{H}_{xx-yy}\right)-\sin\theta\left(\cos\varphi\hat{H}_{yz}-\sin\varphi\hat{H}_{xz}\right)\\&=-\cos\theta\sin(2\varphi)\hat{H}_{xx-yy}+\cos\theta\cos(2\varphi)\hat{H}_{xy}\\&\quad+\sin\theta\sin\varphi\hat{H}_{xz}-\sin\theta\cos\varphi\hat{H}_{yz}\end{aligned}$$

$$\begin{aligned}\hat{H}'_{xz}&=\frac{1}{\sqrt{2}}\left(\hat{T}_{2\,-1}-\hat{T}_{21}\right)\\&=\frac{1}{2}\sin(2\theta)\left(\cos(2\varphi)\hat{H}_{xx-yy}+\sin(2\varphi)\hat{H}_{xy}\right)\\&\quad+\cos(2\theta)\ \left(\cos\varphi\hat{H}_{xz}+\sin\varphi\hat{H}_{yz}\right)-\frac{\sqrt{3}}{2}\sin(2\theta)\hat{H}_{zz}\\&=\frac{1}{2}\sin(2\theta)\cos(2\varphi)\hat{H}_{xx-yy}+\frac{1}{2}\sin(2\theta)\sin(2\varphi)\hat{H}_{xy}\\&\quad+\cos(2\theta)\cos\varphi\hat{H}_{xz}+\cos(2\theta)\sin\varphi\hat{H}_{yz}-\frac{\sqrt{3}}{2}\sin(2\theta)\hat{H}_{zz}\end{aligned}$$

$$\begin{aligned}\hat{H}'_{yz}&=\frac{\mathrm{i}}{\sqrt{2}}\left(\hat{T}_{2\,-1}+\hat{T}_{21}\right)\\&=\sin\theta\left(\cos(2\varphi)\hat{H}_{xy}-\sin(2\varphi)\hat{H}_{xx-yy}\right)+\cos\theta\left(\cos\varphi\hat{H}_{yz}-\sin\varphi\hat{H}_{xz}\right)\\&=-\sin\theta\sin(2\varphi)\hat{H}_{xx-yy}+\sin\theta\cos(2\varphi)\hat{H}_{xy}-\cos\theta\sin\varphi\hat{H}_{xz}+\cos\theta\cos\varphi\hat{H}_{yz}\end{aligned}$$

$$\begin{aligned}\hat{H}'_{zz}&=\hat{T}_{20}\\&=\frac{\sqrt{3}}{2}\left\{\sin^2\theta\left[\cos(2\varphi)\hat{H}_{xx-yy}+\sin(2\varphi)\hat{H}_{xy}\right]\right.\\&\quad\left.+\sin(2\theta)\left[\cos\varphi\hat{H}_{xz}+\sin\varphi\hat{H}_{yz}\right]+\frac{1}{\sqrt{3}}\left(3\cos^2\theta-1\right)\hat{H}_{zz}\right\}\\&=\frac{\sqrt{3}}{2}\sin^2\theta\cos(2\varphi)\hat{H}_{xx-yy}+\frac{\sqrt{3}}{2}\sin^2\theta\sin(2\varphi)\hat{H}_{xy}\\&\quad+\frac{\sqrt{3}}{2}\sin(2\theta)\cos\varphi\hat{H}_{xz}+\frac{\sqrt{3}}{2}\sin(2\theta)\sin\varphi\hat{H}_{yz}\\&\quad+\frac{1}{2}\left(3\cos^2\theta-1\right)\hat{H}_{zz}\end{aligned}\tag{6.3.63}$$

我们按照由式 (1.3.2) 给出的转动矩阵 D 的原始定义，根据式 (6.3.63) 定义五维正交直角坐标系的转动矩阵 $\hat{\varGamma}(\theta,\varphi)$ 如下

$$\hat{H}'_j(\theta,\varphi)=\sum_i \hat{H}_i \Gamma_{ij}(\theta,\varphi),\quad i,j=xx-yy,xy,xz,yz,zz \tag{6.3.64}$$

于是根据式 (6.3.63) 可以得到 $\hat{\Gamma}(\theta,\varphi)$ 矩阵为

$$\hat{\Gamma}(\theta,\varphi)=$$
$$\begin{pmatrix} \frac{1+\cos^2\theta}{2}\cos(2\varphi) & -\cos\theta\sin(2\varphi) & \frac{\sin(2\theta)\cos(2\varphi)}{2} & -\sin\theta\sin(2\varphi) & \frac{\sqrt{3}}{2}\sin^2\theta\cos(2\varphi) \\ \frac{1+\cos^2\theta}{2}\sin(2\varphi) & \cos\theta\cos(2\varphi) & \frac{\sin(2\theta)\sin(2\varphi)}{2} & \sin\theta\cos(2\varphi) & \frac{\sqrt{3}}{2}\sin^2\theta\sin(2\varphi) \\ -\frac{1}{2}\sin(2\theta)\cos\varphi & \sin\theta\sin\varphi & \cos(2\theta)\cos\varphi & -\cos\theta\sin\varphi & \frac{\sqrt{3}}{2}\sin(2\theta)\cos\varphi \\ -\frac{1}{2}\sin(2\theta)\sin\varphi & -\sin\theta\cos\varphi & \cos(2\theta)\sin\varphi & \cos\theta\cos\varphi & \frac{\sqrt{3}}{2}\sin(2\theta)\sin\varphi \\ \frac{\sqrt{3}}{2}\sin^2\theta & 0 & -\frac{\sqrt{3}}{2}\sin(2\theta) & 0 & \frac{1}{2}(3\cos^2\theta-1) \end{pmatrix} \tag{6.3.65}$$

令 $\hat{\gamma}(\theta,\varphi)$ 是 $\hat{\Gamma}(\theta,\varphi)$ 的逆矩阵，实数矩阵 $\hat{\Gamma}(\theta,\varphi)$ 的逆矩阵就是它的转置矩阵，于是由式 (6.3.65) 可以得到 $\hat{\gamma}(\theta,\varphi)$ 矩阵为

$$\hat{\gamma}(\theta,\varphi)=$$
$$\begin{pmatrix} \frac{1+\cos^2\theta}{2}\cos(2\varphi) & \frac{1+\cos^2\theta}{2}\sin(2\varphi) & -\frac{1}{2}\sin(2\theta)\cos\varphi & -\frac{1}{2}\sin(2\theta)\sin\varphi & \frac{\sqrt{3}}{2}\sin^2\theta \\ -\cos\theta\sin(2\varphi) & \cos\theta\cos(2\varphi) & \sin\theta\sin\varphi & -\sin\theta\cos\varphi & 0 \\ \frac{\sin(2\theta)\cos(2\varphi)}{2} & \frac{\sin(2\theta)\sin(2\varphi)}{2} & \cos(2\theta)\cos\varphi & \cos(2\theta)\sin\varphi & -\frac{\sqrt{3}}{2}\sin(2\theta) \\ -\sin\theta\sin(2\varphi) & \sin\theta\cos(2\varphi) & -\cos\theta\sin\varphi & \cos\theta\cos\varphi & 0 \\ \frac{\sqrt{3}}{2}\sin^2\theta\cos(2\varphi) & \frac{\sqrt{3}}{2}\sin^2\theta\sin(2\varphi) & \frac{\sqrt{3}}{2}\sin(2\theta)\cos\varphi & \frac{\sqrt{3}}{2}\sin(2\theta)\sin\varphi & \frac{1}{2}(3\cos^2\theta-1) \end{pmatrix} \tag{6.3.66}$$

可以看出当 $\theta=\varphi=0$ 时，$\hat{\Gamma}$ 和 $\hat{\gamma}$ 都是单位矩阵。

代表五维直角坐标系变换的式 (6.3.64) 用矩阵形式写出则为

$$\hat{H}'(\theta,\varphi)=\hat{\gamma}(\theta,\varphi)\hat{H} \tag{6.3.67}$$

$\hat{H}$ 在空间坐标中是一个五维矢量，它的每个分量在自旋空间都是一个 3×3 矩阵。类似于式 (6.3.59)，引入以下五维正交直角坐标系极化张量分量

$$(h_{xx-yy},h_{xy},h_{xz},h_{yz},h_{zz})\equiv\left(\sqrt{\frac{1}{6}}p_{xx-yy},\sqrt{\frac{2}{3}}p_{xy},\sqrt{\frac{2}{3}}p_{xz},\sqrt{\frac{2}{3}}p_{yz},\sqrt{\frac{1}{2}}p_{zz}\right) \tag{6.3.68}$$

自旋 1 粒子极化张量属于物体性质，当坐标系不转动只转动物体时，根据式 (2.5.54) 可以写出

$$\vec{h}'(\theta,\varphi)=\hat{\varGamma}(\theta,\varphi)\vec{h} \tag{6.3.69}$$

例如，假设转动前粒子正交极化张量的分量为 $h_{xx-yy}=h_{xy}=h_{xz}=h_{yz}=0$，$h_{zz}=h_{ZZ}$，然后将该粒子正交极化张量转动 (θ,φ) 角；或者认为在以极化方向为 Z 轴的 XYZ 直角坐标系中，在粒子正交极化张量的分量中只有 h_{ZZ} 不为 0，然后将 XYZ 坐标系逆转 (θ,φ) 角，这两种情况都可以根据式 (6.3.69) 写出

$$\begin{pmatrix} h_{xx-yy} \\ h_{xy} \\ h_{xz} \\ h_{yz} \\ h_{zz} \end{pmatrix}=\hat{\varGamma}(\theta,\varphi)\begin{pmatrix} 0 \\ 0 \\ 0 \\ 0 \\ h_{ZZ} \end{pmatrix} \tag{6.3.70}$$

再利用式 (6.3.65) 由式 (6.3.70) 可以得到

$$\begin{aligned}
&h_{xx-yy}=\frac{\sqrt{3}}{2}\sin^2\theta\cos(2\varphi)h_{ZZ},\quad h_{xy}=\frac{\sqrt{3}}{2}\sin^2\theta\sin(2\varphi)h_{ZZ}\\
&h_{xz}=\frac{\sqrt{3}}{2}\sin(2\theta)\cos\varphi h_{ZZ},\quad h_{yz}=\frac{\sqrt{3}}{2}\sin(2\theta)\sin\varphi h_{ZZ}\\
&h_{zz}=\frac{1}{2}\left(3\cos^2\theta-1\right)h_{ZZ}
\end{aligned} \tag{6.3.71}$$

再利用式 (6.3.68) 可以把上式改写成

$$\begin{aligned}
&p_{xx-yy}=\frac{3}{2}\sin^2\theta\cos(2\varphi)p_{ZZ},\quad p_{xy}=\frac{3}{4}\sin^2\theta\sin(2\varphi)p_{ZZ}\\
&p_{xz}=\frac{3}{4}\sin(2\theta)\cos\varphi p_{ZZ},\quad p_{yz}=\frac{3}{4}\sin(2\theta)\sin\varphi p_{ZZ}\\
&p_{zz}=\frac{1}{2}\left(3\cos^2\theta-1\right)p_{ZZ}
\end{aligned} \tag{6.3.72}$$

此式与通过其他途径所得到的式 (3.3.14) 和式 (3.3.15) 完全一致。

根据式 (1.4.8) 已由式 (4.1.73) 引入以下推广泡利矩阵

$$\hat{\varSigma}_M(S)=\hat{T}_{1M}(S)=\sqrt{\frac{3}{S(S+1)}}\hat{S}_M(S),\quad M=\pm1,0 \tag{6.3.73}$$

其中 $\hat{S}_M(S)$ 是自旋 S 粒子的自旋算符。当 $S=1$ 时由式 (6.3.73) 可得

$$\hat{\varSigma}_M(1)=\sqrt{\frac{3}{2}}\hat{S}_M(1),\quad M=\pm1,0 \tag{6.3.74}$$

根据式 (1.2.22) 又可以得到

$$\hat{\Sigma}_x = \frac{1}{\sqrt{2}}\left(\hat{\Sigma}_{-1} - \hat{\Sigma}_{+1}\right), \quad \hat{\Sigma}_y = \frac{\mathrm{i}}{\sqrt{2}}\left(\hat{\Sigma}_{-1} + \hat{\Sigma}_{+1}\right), \quad \hat{\Sigma}_z = \hat{\Sigma}_0 \tag{6.3.75}$$

再引入以下自旋 $S=1$ 粒子三维正交直角坐标系极化矢量分量

$$h_i = \sqrt{\frac{3}{2}} p_i, \quad i = x, y, z \tag{6.3.76}$$

如果在整个 $S=1$ 粒子的极化理论中，都使用由式 (6.3.59) 和式 (6.3.68) 引入的五维正交直角坐标系极化张量基矢函数和五维正交直角坐标系极化张量分量，以及由式 (6.3.75) 和式 (6.3.76) 引入的三维正交直角坐标系自旋基矢函数和正交直角坐标系极化矢量分量，由式 (3.5.9) 给出的自旋 1 粒子初态密度矩阵则变成

$$\hat{\rho}_{\text{in}} = \frac{1}{3}\left(\hat{I} + \sum_{i=x,y,z} h_i \hat{\Sigma}_i + \sum_{\substack{i=xx-yy,xy,\\ xz,yz,zz}} h_i \hat{H}_i\right) \tag{6.3.77}$$

可见，在理论公式推导中使用正交直角坐标系会减少一些系数处理方面的麻烦。

由式 (6.3.53) 可以得到极化率 $P_{1i}\,(i = x, y, z, xy, xz, yz, xx-yy, zz)$，这是在 O_0 系的计算结果。而在 O_1 系中所对应的第二次反应入射粒子的极化率 p_{1i} 为

$$\begin{pmatrix} p_{1x} \\ p_{1y} \\ p_{1z} \end{pmatrix} = \hat{b}\,(\theta_1, \varphi_1) \begin{pmatrix} P_{1x} \\ P_{1y} \\ P_{1z} \end{pmatrix}, \quad \begin{pmatrix} \sqrt{\frac{1}{6}} p_{1\ xx-yy} \\ \sqrt{\frac{2}{3}} p_{1xy} \\ \sqrt{\frac{2}{3}} p_{1xz} \\ \sqrt{\frac{2}{3}} p_{1yz} \\ \sqrt{\frac{1}{2}} p_{1zz} \end{pmatrix} = \hat{\gamma}\,(\theta_1, \varphi_1) \begin{pmatrix} \sqrt{\frac{1}{6}} P_{1\ xx-yy} \\ \sqrt{\frac{2}{3}} P_{1xy} \\ \sqrt{\frac{2}{3}} P_{1xz} \\ \sqrt{\frac{2}{3}} P_{1yz} \\ \sqrt{\frac{1}{2}} P_{1zz} \end{pmatrix} \tag{6.3.78}$$

$\hat{b}$ 和 $\hat{\gamma}$ 的表示式已分别由式 (6.2.39) 和式 (6.3.66) 给出。发生第一次反应后出现在 O_1 处的出射粒子能量为 E_1，再利用 $\vec{1} + \mathrm{A} \to \vec{1} + \mathrm{B}$ 反应的极化核数据库及式 (6.3.19)，可以求得在 O_1 处发生反应后出射粒子的微分截面。在不考虑其他反应道的情况下，经过抽样，计算在 O_1 系中在 (θ_2, φ_2) 方向与 O_1 距离为 L_2 的 O_2 处发生了第三次反应。在 O_1 系中 O_2 点的坐标为

$$x_2 = L_2 \sin\theta_2 \cos\varphi_2, \quad y_2 = L_2 \sin\theta_2 \sin\varphi_2, \quad z_2 = L_2 \cos\theta_2 \tag{6.3.79}$$

把 O_2 点的坐标变换到 O_0 系中 (但是以 O_1 为坐标原点) 则为

$$\begin{pmatrix} X_2 \\ Y_2 \\ Z_2 \end{pmatrix} = \hat{B}\,(\theta_1, \varphi_1) \begin{pmatrix} x_2 \\ y_2 \\ z_2 \end{pmatrix} \tag{6.3.80}$$

在 O_2 处的粒子在实验室 O_0 坐标系中的位置为

$$X=X_1+X_2,\quad Y=Y_1+Y_2,\quad Z=Z_1+Z_2 \tag{6.3.81}$$

在 O_1 系中，在 O_2 处的入射粒子和出射粒子的 Stokes 矢量分别为

$$S_2^{(\mathrm{i})}(\theta_2)=I_0(\theta_2)\begin{pmatrix}1\\ \overline{p}_{1x}\\ \overline{p}_{1y}\\ \overline{p}_{1z}\\ \overline{p}_{1xy}\\ \overline{p}_{1xz}\\ \overline{p}_{1yz}\\ \overline{p}_{1\,xx-yy}\\ \overline{p}_{1zz}\end{pmatrix},\quad S_2^{(\mathrm{f})}(\theta_2,\varphi_2)=I(\theta_2,\varphi_2)\begin{pmatrix}1\\ P_{2x}(\theta_2,\varphi_2)\\ P_{2y}(\theta_2,\varphi_2)\\ P_{2z}(\theta_2,\varphi_2)\\ P_{2xy}(\theta_2,\varphi_2)\\ P_{2xz}(\theta_2,\varphi_2)\\ P_{2yz}(\theta_2,\varphi_2)\\ P_{2\,xx-yy}(\theta_2,\varphi_2)\\ P_{2zz}(\theta_2,\varphi_2)\end{pmatrix} \tag{6.3.82}$$

其中，$\overline{p}_{1i}$ 的定义已由式 (6.3.51) 给出。以上二矢量满足以下关系式

$$S_2^{(\mathrm{f})}=Z_2S_2^{(\mathrm{i})} \tag{6.3.83}$$

其中，Z_2 的表达式可通过把由式 (6.3.54) 给出的 Z_1 中的 (θ_1,φ_1) 改成 (θ_2,φ_2) 而得到，但是对应于能量 E_1。式 (6.3.83) 是由第二次反应决定的。

可把以上方法推广到第三次、第四次 …… 反应过程，注意必须要一直跟踪最后那个出射粒子在实验室 O_0 系中的坐标 (X,Y,Z) 及其他物理量。

6.4 $\vec{1}+\mathrm{A}\to\vec{\frac{1}{2}}+\mathrm{B}$ 和 $\vec{\frac{1}{2}}+\mathrm{A}\to\vec{1}+\mathrm{B}$ 反应极化粒子输运理论

6.4.1 $\vec{1}+\mathrm{A}\to\vec{\frac{1}{2}}+\mathrm{B}$ 反应与方位角有关的极化量

在 $\vec{1}+\mathrm{A}\to\vec{\frac{1}{2}}+\mathrm{B}$ 反应中，入射粒子自旋为 1，出射粒子自旋为 $\frac{1}{2}$，而靶核 A 和剩余核 B 的自旋分别为 I 和 I'，而且都是非极化的。式 (3.9.17) 已经给出了具有确定自旋磁量子数 $M_I'M_I$ 的反应振幅为

$$\hat{\mathcal{F}}_{M_I'M_I}(\theta,\varphi)=\begin{pmatrix}A_{M_I'M_I}(\theta)\,\mathrm{e}^{\frac{\mathrm{i}}{2}\varphi} & -\mathrm{i}C_{M_I'M_I}(\theta)\,\mathrm{e}^{-\frac{\mathrm{i}}{2}\varphi} & -E_{M_I'M_I}(\theta)\,\mathrm{e}^{-\frac{3\mathrm{i}}{2}\varphi}\\ -F_{M_I'M_I}(\theta)\,\mathrm{e}^{\frac{3\mathrm{i}}{2}\varphi} & \mathrm{i}D_{M_I'M_I}(\theta)\,\mathrm{e}^{\frac{\mathrm{i}}{2}\varphi} & B_{M_I'M_I}(\theta)\,\mathrm{e}^{-\frac{\mathrm{i}}{2}\varphi}\end{pmatrix}\mathrm{e}^{\mathrm{i}(M_I-M_I')\varphi} \tag{6.4.1}$$

其中，$A_{M_I'M_I}, B_{M_I'M_I}$ 等已由式 (3.9.4) ~ 式 (3.9.9) 给出。因为在计算极化量时，在靶核和剩余核都是非极化的情况下，$\hat{\mathcal{F}}_{M_I'M_I}$ 和 $\hat{\mathcal{F}}^+_{M_I'M_I}$ 总是同时出现，所以因子 $\mathrm{e}^{\mathrm{i}(M_I-M_I')\varphi}$ 必然被消掉，于是引入

$$\hat{F}=\begin{pmatrix} A\mathrm{e}^{\frac{\mathrm{i}}{2}\varphi} & -\mathrm{i}C\mathrm{e}^{-\frac{\mathrm{i}}{2}\varphi} & -E\mathrm{e}^{-\frac{3\mathrm{i}}{2}\varphi} \\ -F\mathrm{e}^{\frac{3\mathrm{i}}{2}\varphi} & \mathrm{i}D\mathrm{e}^{\frac{\mathrm{i}}{2}\varphi} & B\mathrm{e}^{-\frac{\mathrm{i}}{2}\varphi} \end{pmatrix},\quad \hat{F}^+=\begin{pmatrix} A^*\mathrm{e}^{-\frac{\mathrm{i}}{2}\varphi} & -F^*\mathrm{e}^{-\frac{3\mathrm{i}}{2}\varphi} \\ \mathrm{i}C^*\mathrm{e}^{\frac{\mathrm{i}}{2}\varphi} & -\mathrm{i}D^*\mathrm{e}^{-\frac{\mathrm{i}}{2}\varphi} \\ -E^*\mathrm{e}^{\frac{3\mathrm{i}}{2}\varphi} & B^*\mathrm{e}^{\frac{\mathrm{i}}{2}\varphi} \end{pmatrix} \tag{6.4.2}$$

其中，符号 A, B 等略掉了下标 $M_I'M_I$ 和宗量 (θ)，$\hat{F}$ 和 $\hat{F}^+$ 略掉了下标 $M_I'M_I$ 和宗量 (θ,φ)。由式 (6.4.2) 可以求得

$$\hat{F}\hat{F}^+=\begin{pmatrix} |A|^2+|C|^2+|E|^2 & -(AF^*+CD^*+EB^*)\,\mathrm{e}^{-\mathrm{i}\varphi} \\ -(FA^*+DC^*+BE^*)\,\mathrm{e}^{\mathrm{i}\varphi} & |F|^2+|D|^2+|B|^2 \end{pmatrix} \tag{6.4.3}$$

同样使用由式 (6.2.4) 引入的符号，再利用式 (3.9.91) ~ 式 (3.9.93) 便可得到非极化入射粒子的微分截面为

$$I_0(\theta)=\frac{1}{3}\mathrm{tr}(\hat{F}\hat{F}^+)=\frac{2}{3}\tilde{\Sigma}\left(|A|^2+|C|^2+|E|^2\right) \tag{6.4.4}$$

其中，$I_0(\theta)$ 略掉了出射道、入射道下标 $\alpha'n', \alpha n$。

利用式 (3.1.33) 和式 (6.4.2) 可以求得

$$\hat{S}_x\hat{F}^+=\frac{1}{\sqrt{2}}\begin{pmatrix} \mathrm{i}C^*\mathrm{e}^{\frac{\mathrm{i}}{2}\varphi} & -\mathrm{i}D^*\mathrm{e}^{-\frac{\mathrm{i}}{2}\varphi} \\ A^*\mathrm{e}^{-\frac{\mathrm{i}}{2}\varphi}-E^*\mathrm{e}^{\frac{3\mathrm{i}}{2}\varphi} & -F^*\mathrm{e}^{-\frac{3\mathrm{i}}{2}\varphi}+B^*\mathrm{e}^{\frac{\mathrm{i}}{2}\varphi} \\ \mathrm{i}C^*\mathrm{e}^{\frac{\mathrm{i}}{2}\varphi} & -\mathrm{i}D^*\mathrm{e}^{-\frac{\mathrm{i}}{2}\varphi} \end{pmatrix}$$

$$\hat{S}_y\hat{F}^+=\frac{\mathrm{i}}{\sqrt{2}}\begin{pmatrix} -\mathrm{i}C^*\mathrm{e}^{\frac{\mathrm{i}}{2}\varphi} & \mathrm{i}D^*\mathrm{e}^{-\frac{\mathrm{i}}{2}\varphi} \\ A^*\mathrm{e}^{-\frac{\mathrm{i}}{2}\varphi}+E^*\mathrm{e}^{\frac{3\mathrm{i}}{2}\varphi} & -F^*\mathrm{e}^{-\frac{3\mathrm{i}}{2}\varphi}-B^*\mathrm{e}^{\frac{\mathrm{i}}{2}\varphi} \\ \mathrm{i}C^*\mathrm{e}^{\frac{\mathrm{i}}{2}\varphi} & -\mathrm{i}D^*\mathrm{e}^{-\frac{\mathrm{i}}{2}\varphi} \end{pmatrix}$$

$$\hat{S}_z\hat{F}^+=\begin{pmatrix} A^*\mathrm{e}^{-\frac{\mathrm{i}}{2}\varphi} & -F^*\mathrm{e}^{-\frac{3\mathrm{i}}{2}\varphi} \\ 0 & 0 \\ E^*\mathrm{e}^{\frac{3\mathrm{i}}{2}\varphi} & -B^*\mathrm{e}^{\frac{\mathrm{i}}{2}\varphi} \end{pmatrix} \tag{6.4.5}$$

$$\hat{F}\hat{S}_x\hat{F}^+=\frac{\mathrm{i}}{\sqrt{2}}\left(\begin{matrix} AC^*\mathrm{e}^{\mathrm{i}\varphi}-CA^*\mathrm{e}^{-\mathrm{i}\varphi}+CE^*\mathrm{e}^{\mathrm{i}\varphi}-EC^*\mathrm{e}^{-\mathrm{i}\varphi} \\ -FC^*\mathrm{e}^{2\mathrm{i}\varphi}+DA^*-DE^*\mathrm{e}^{2\mathrm{i}\varphi}+BC^* \end{matrix}\right.$$
$$\left.\begin{matrix} -AD^*+CF^*\mathrm{e}^{-2\mathrm{i}\varphi}-CB^*+ED^*\mathrm{e}^{-2\mathrm{i}\varphi} \\ FD^*\mathrm{e}^{\mathrm{i}\varphi}-DF^*\mathrm{e}^{-\mathrm{i}\varphi}+DB^*\mathrm{e}^{\mathrm{i}\varphi}-BD^*\mathrm{e}^{-\mathrm{i}\varphi} \end{matrix}\right)$$

$$\hat{F}\hat{S}_y\hat{F}^+=\frac{1}{\sqrt{2}}\begin{pmatrix} AC^*\mathrm{e}^{\mathrm{i}\varphi}+CA^*\mathrm{e}^{-\mathrm{i}\varphi}+CE^*\mathrm{e}^{\mathrm{i}\varphi}+EC^*\mathrm{e}^{-\mathrm{i}\varphi} & -AD^*-CF^*\mathrm{e}^{-2\mathrm{i}\varphi}-CB^*-ED^*\mathrm{e}^{-2\mathrm{i}\varphi} \\ -FC^*\mathrm{e}^{2\mathrm{i}\varphi}-DA^*-DE^*\mathrm{e}^{2\mathrm{i}\varphi}-BC^* & FD^*\mathrm{e}^{\mathrm{i}\varphi}+DF^*\mathrm{e}^{-\mathrm{i}\varphi}+DB^*\mathrm{e}^{\mathrm{i}\varphi}+BD^*\mathrm{e}^{-\mathrm{i}\varphi} \end{pmatrix}$$

$$\hat{F}\hat{S}_z\hat{F}^+=\begin{pmatrix} |A|^2-|E|^2 & -(AF^*-EB^*)\,\mathrm{e}^{-\mathrm{i}\varphi} \\ -(FA^*-BE^*)\,\mathrm{e}^{\mathrm{i}\varphi} & |F|^2-|B|^2 \end{pmatrix} \tag{6.4.6}$$

由式 (6.4.6) 可以求得

$$\frac{1}{\sqrt{2}}\mathrm{tr}\left(\hat{F}\hat{S}_x\hat{F}^+\right)=-\mathrm{Im}\left[(AC^*+CE^*+FD^*+DB^*)\,\mathrm{e}^{\mathrm{i}\varphi}\right]$$

$$\frac{1}{\sqrt{2}}\mathrm{tr}\left(\hat{F}\hat{S}_y\hat{F}^+\right)=\mathrm{Re}\left[(AC^*+CE^*+FD^*+DB^*)\,\mathrm{e}^{\mathrm{i}\varphi}\right]$$

$$\mathrm{tr}\left(\hat{F}\hat{S}_z\hat{F}^+\right)=|A|^2-|E|^2+|F|^2-|B|^2 \tag{6.4.7}$$

利用式 (3.9.88) ~ 式 (3.9.92) 由式 (6.4.7) 可以求得

$$\frac{1}{\sqrt{2}}\tilde{\Sigma}\mathrm{tr}\left(\hat{F}\hat{S}_x\hat{F}^+\right)=-2\tilde{\Sigma}\mathrm{Re}\,(AC^*+CE^*)\sin\varphi$$

$$\frac{1}{\sqrt{2}}\tilde{\Sigma}\mathrm{tr}\left(\hat{F}\hat{S}_y\hat{F}^+\right)=2\tilde{\Sigma}\mathrm{Re}\,(AC^*+CE^*)\cos\varphi$$

$$\tilde{\Sigma}\mathrm{tr}\left(\hat{F}\hat{S}_z\hat{F}^+\right)=0 \tag{6.4.8}$$

定义

$$A_y(\theta)=\frac{2\sqrt{2}}{3I_0}\tilde{\Sigma}\mathrm{Re}\,(AC^*+CE^*) \tag{6.4.9}$$

$$\overline{A}_i(\theta,\varphi)=\frac{1}{3I_0}\tilde{\Sigma}\mathrm{tr}\left(\hat{F}\hat{S}_i\hat{F}^+\right),\quad i=x,y,z \tag{6.4.10}$$

于是由式 (6.4.8) ~ 式 (6.4.10) 可得

$$\overline{A}_x(\theta,\varphi)=-A_y(\theta)\sin\varphi,\quad \overline{A}_y(\theta,\varphi)=A_y(\theta)\cos\varphi,\quad \overline{A}_z(\theta,\varphi)=0 \tag{6.4.11}$$

利用式 (3.1.36) 和式 (6.4.2) 可以求得

$$\hat{Q}_{xy}\hat{F}^+=\frac{3\mathrm{i}}{2}\begin{pmatrix} E^*\mathrm{e}^{\frac{3\mathrm{i}}{2}\varphi} & -B^*\mathrm{e}^{\frac{\mathrm{i}}{2}\varphi} \\ 0 & 0 \\ A^*\mathrm{e}^{-\frac{\mathrm{i}}{2}\varphi} & -F^*\mathrm{e}^{-\frac{3\mathrm{i}}{2}\varphi} \end{pmatrix}$$

$$\hat{Q}_{xz}\hat{F}^{+}=\frac{3}{2\sqrt{2}}\begin{pmatrix} \mathrm{i}C^{*}\mathrm{e}^{\frac{\mathrm{i}}{2}\varphi} & -\mathrm{i}D^{*}\mathrm{e}^{-\frac{\mathrm{i}}{2}\varphi} \\ A^{*}\mathrm{e}^{-\frac{\mathrm{i}}{2}\varphi}+E^{*}\mathrm{e}^{\frac{3\mathrm{i}}{2}\varphi} & -F^{*}\mathrm{e}^{-\frac{3\mathrm{i}}{2}\varphi}-B^{*}\mathrm{e}^{\frac{\mathrm{i}}{2}\varphi} \\ -\mathrm{i}C^{*}\mathrm{e}^{\frac{\mathrm{i}}{2}\varphi} & \mathrm{i}D^{*}\mathrm{e}^{-\frac{\mathrm{i}}{2}\varphi} \end{pmatrix}$$

$$\hat{Q}_{yz}\hat{F}^{+}=\frac{3\mathrm{i}}{2\sqrt{2}}\begin{pmatrix} -\mathrm{i}C^{*}\mathrm{e}^{\frac{\mathrm{i}}{2}\varphi} & \mathrm{i}D^{*}\mathrm{e}^{-\frac{\mathrm{i}}{2}\varphi} \\ A^{*}\mathrm{e}^{-\frac{\mathrm{i}}{2}\varphi}-E^{*}\mathrm{e}^{\frac{3\mathrm{i}}{2}\varphi} & -F^{*}\mathrm{e}^{-\frac{3\mathrm{i}}{2}\varphi}+B^{*}\mathrm{e}^{\frac{\mathrm{i}}{2}\varphi} \\ -\mathrm{i}C^{*}\mathrm{e}^{\frac{\mathrm{i}}{2}\varphi} & \mathrm{i}D^{*}\mathrm{e}^{-\frac{\mathrm{i}}{2}\varphi} \end{pmatrix}$$

$$\hat{Q}_{xx-yy}\hat{F}^{+}=3\begin{pmatrix} -E^{*}\mathrm{e}^{\frac{3\mathrm{i}}{2}\varphi} & B^{*}\mathrm{e}^{\frac{\mathrm{i}}{2}\varphi} \\ 0 & 0 \\ A^{*}\mathrm{e}^{-\frac{\mathrm{i}}{2}\varphi} & -F^{*}\mathrm{e}^{-\frac{3\mathrm{i}}{2}\varphi} \end{pmatrix}$$

$$\hat{Q}_{zz}\hat{F}^{+}=\begin{pmatrix} A^{*}\mathrm{e}^{-\frac{\mathrm{i}}{2}\varphi} & -F^{*}\mathrm{e}^{-\frac{3\mathrm{i}}{2}\varphi} \\ -2\mathrm{i}C^{*}\mathrm{e}^{\frac{\mathrm{i}}{2}\varphi} & 2\mathrm{i}D^{*}\mathrm{e}^{-\frac{\mathrm{i}}{2}\varphi} \\ -E^{*}\mathrm{e}^{\frac{3\mathrm{i}}{2}\varphi} & B^{*}\mathrm{e}^{\frac{\mathrm{i}}{2}\varphi} \end{pmatrix} \tag{6.4.12}$$

$$\hat{F}\hat{Q}_{xy}\hat{F}^{+}=\frac{3\mathrm{i}}{2}\begin{pmatrix} AE^{*}\mathrm{e}^{2\mathrm{i}\varphi}-EA^{*}\mathrm{e}^{-2\mathrm{i}\varphi} & -AB^{*}\mathrm{e}^{\mathrm{i}\varphi}+EF^{*}\mathrm{e}^{-3\mathrm{i}\varphi} \\ -FE^{*}\mathrm{e}^{3\mathrm{i}\varphi}+BA^{*}\mathrm{e}^{-\mathrm{i}\varphi} & FB^{*}\mathrm{e}^{2\mathrm{i}\varphi}-BF^{*}\mathrm{e}^{-2\mathrm{i}\varphi} \end{pmatrix}$$

$$\hat{F}\hat{Q}_{xz}\hat{F}^{+}=\frac{3\mathrm{i}}{2\sqrt{2}}\left(\begin{matrix} AC^{*}\mathrm{e}^{\mathrm{i}\varphi}-CA^{*}\mathrm{e}^{-\mathrm{i}\varphi}-CE^{*}\mathrm{e}^{\mathrm{i}\varphi}+EC^{*}\mathrm{e}^{-\mathrm{i}\varphi} \\ -\left(FC^{*}\mathrm{e}^{2\mathrm{i}\varphi}-DA^{*}-DE^{*}\mathrm{e}^{2\mathrm{i}\varphi}+BC^{*}\right) \end{matrix}\right.$$
$$\left.\begin{matrix} -\left(AD^{*}-CF^{*}\mathrm{e}^{-2\mathrm{i}\varphi}-CB^{*}+ED^{*}\mathrm{e}^{-2\mathrm{i}\varphi}\right) \\ FD^{*}\mathrm{e}^{\mathrm{i}\varphi}-DF^{*}\mathrm{e}^{-\mathrm{i}\varphi}-DB^{*}\mathrm{e}^{\mathrm{i}\varphi}+BD^{*}\mathrm{e}^{-\mathrm{i}\varphi} \end{matrix}\right)$$

$$\hat{F}\hat{Q}_{yz}\hat{F}^{+}=\frac{3}{2\sqrt{2}}\left(\begin{matrix} AC^{*}\mathrm{e}^{\mathrm{i}\varphi}+CA^{*}\mathrm{e}^{-\mathrm{i}\varphi}-CE^{*}\mathrm{e}^{\mathrm{i}\varphi}-EC^{*}\mathrm{e}^{-\mathrm{i}\varphi} \\ -FC^{*}\mathrm{e}^{2\mathrm{i}\varphi}-DA^{*}+DE^{*}\mathrm{e}^{2\mathrm{i}\varphi}+BC^{*} \end{matrix}\right.$$
$$\left.\begin{matrix} -AD^{*}-CF^{*}\mathrm{e}^{-2\mathrm{i}\varphi}+CB^{*}+ED^{*}\mathrm{e}^{-2\mathrm{i}\varphi} \\ FD^{*}\mathrm{e}^{\mathrm{i}\varphi}+DF^{*}\mathrm{e}^{-\mathrm{i}\varphi}-DB^{*}\mathrm{e}^{\mathrm{i}\varphi}-BD^{*}\mathrm{e}^{-\mathrm{i}\varphi} \end{matrix}\right)$$

$$\hat{F}\hat{Q}_{xx-yy}\hat{F}^{+}=3\begin{pmatrix} -AE^{*}\mathrm{e}^{2\mathrm{i}\varphi}-EA^{*}\mathrm{e}^{-2\mathrm{i}\varphi} & AB^{*}\mathrm{e}^{\mathrm{i}\varphi}+EF^{*}\mathrm{e}^{-3\mathrm{i}\varphi} \\ FE^{*}\mathrm{e}^{3\mathrm{i}\varphi}+BA^{*}\mathrm{e}^{-\mathrm{i}\varphi} & -FB^{*}\mathrm{e}^{2\mathrm{i}\varphi}-BF^{*}\mathrm{e}^{-2\mathrm{i}\varphi} \end{pmatrix}$$

$$\hat{F}\hat{Q}_{zz}\hat{F}^{+}=\begin{pmatrix} |A|^{2}-2|C|^{2}+|E|^{2} & -(AF^{*}-2CD^{*}+EB^{*})\,\mathrm{e}^{-\mathrm{i}\varphi} \\ -(FA^{*}-2DC^{*}+BE^{*})\,\mathrm{e}^{\mathrm{i}\varphi} & |F|^{2}-2|D|^{2}+|B|^{2} \end{pmatrix} \tag{6.4.13}$$

由式 (6.4.13) 可以求得

$$\mathrm{tr}\left(\hat{F}\hat{Q}_{xy}\hat{F}^{+}\right)=-3\mathrm{Im}\left[(AE^{*}+FB^{*})\,\mathrm{e}^{2\mathrm{i}\varphi}\right]$$

$$\begin{aligned}
&\mathrm{tr}\left(\hat{F}\hat{Q}_{xz}\hat{F}^{+}\right)=-\frac{3}{\sqrt{2}}\mathrm{Im}\left[\left(AC^{*}-CE^{*}+FD^{*}-DB^{*}\right)\mathrm{e}^{\mathrm{i}\varphi}\right]\\
&\mathrm{tr}\left(\hat{F}\hat{Q}_{yz}\hat{F}^{+}\right)=\frac{3}{\sqrt{2}}\mathrm{Re}\left[\left(AC^{*}-CE^{*}+FD^{*}-DB^{*}\right)\mathrm{e}^{\mathrm{i}\varphi}\right]\\
&\mathrm{tr}\left(\hat{F}\hat{Q}_{xx-yy}\hat{F}^{+}\right)=-6\mathrm{Re}\left[\left(AE^{*}+FB^{*}\right)\mathrm{e}^{2\mathrm{i}\varphi}\right]\\
&\mathrm{tr}\left(\hat{F}\hat{Q}_{zz}\hat{F}^{+}\right)=|A|^{2}+|E|^{2}+|F|^{2}+|B|^{2}-2\left(|C|^{2}+|D|^{2}\right)
\end{aligned}\tag{6.4.14}$$

利用式 (3.9.88) ~ 式 (3.9.92) 由式 (6.4.14) 可以求得

$$\begin{aligned}
&\tilde{\Sigma}\mathrm{tr}\left(\hat{F}\hat{Q}_{xy}\hat{F}^{+}\right)=-6\tilde{\Sigma}\mathrm{Re}\left(AE^{*}\right)\sin\left(2\varphi\right)\\
&\tilde{\Sigma}\mathrm{tr}\left(\hat{F}\hat{Q}_{xz}\hat{F}^{+}\right)=-3\sqrt{2}\tilde{\Sigma}\mathrm{Im}\left(AC^{*}-CE^{*}\right)\cos\varphi\\
&\tilde{\Sigma}\mathrm{tr}\left(\hat{F}\hat{Q}_{yz}\hat{F}^{+}\right)=-3\sqrt{2}\tilde{\Sigma}\mathrm{Im}\left(AC^{*}-CE^{*}\right)\sin\varphi\\
&\tilde{\Sigma}\mathrm{tr}\left(\hat{F}\hat{Q}_{xx-yy}\hat{F}^{+}\right)=-12\tilde{\Sigma}\mathrm{Re}\left(AE^{*}\right)\cos\left(2\varphi\right)\\
&\tilde{\Sigma}\mathrm{tr}\left(\hat{F}\hat{Q}_{zz}\hat{F}^{+}\right)=2\tilde{\Sigma}\left(|A|^{2}+|E|^{2}-2|C|^{2}\right)
\end{aligned}\tag{6.4.15}$$

定义

$$\begin{aligned}
&A_{1}(\theta)=\frac{2}{I_{0}}\tilde{\Sigma}\mathrm{Re}\left(AE^{*}\right),\quad A_{2}(\theta)=\frac{\sqrt{2}}{I_{0}}\tilde{\Sigma}\mathrm{Im}\left(AC^{*}-CE^{*}\right)\\
&A_{3}(\theta)=\frac{2}{3I_{0}}\tilde{\Sigma}\left(|A|^{2}+|E|^{2}-2|C|^{2}\right)
\end{aligned}\tag{6.4.16}$$

$$\overline{A}_{i}(\theta,\varphi)=\frac{1}{3I_{0}}\tilde{\Sigma}\mathrm{tr}\left(\hat{F}\hat{Q}_{i}\hat{F}^{+}\right),\quad i=\gamma\tag{6.4.17}$$

于是由式 (6.4.15) ~ 式 (6.4.17) 可得

$$\begin{aligned}
&\overline{A}_{xy}(\theta,\varphi)=-A_{1}(\theta)\sin\left(2\varphi\right),\quad\overline{A}_{xz}(\theta,\varphi)=-A_{2}(\theta)\cos\varphi\\
&\overline{A}_{yz}(\theta,\varphi)=-A_{2}(\theta)\sin\varphi,\quad\overline{A}_{xx-yy}(\theta,\varphi)=-2A_{1}(\theta)\cos\left(2\varphi\right)\\
&\overline{A}_{zz}(\theta,\varphi)=A_{3}(\theta)
\end{aligned}\tag{6.4.18}$$

参考式 (3.5.9) 可以写出极化入射粒子所对应的出射粒子的微分截面为

$$\begin{aligned}
I(\theta,\varphi)=&I_{0}(\theta)\left\{1+\frac{3}{2}\left[p_{x}\overline{A}_{x}(\theta,\varphi)+p_{y}\overline{A}_{y}(\theta,\varphi)\right]\right.\\
&+\frac{2}{3}\left[p_{xy}\overline{A}_{xy}(\theta,\varphi)+p_{xz}\overline{A}_{xz}(\theta,\varphi)+p_{yz}\overline{A}_{yz}(\theta,\varphi)\right]\\
&\left.+\frac{1}{6}p_{xx-yy}\overline{A}_{xx-yy}(\theta,\varphi)+\frac{1}{2}p_{zz}\overline{A}_{zz}(\theta,\varphi)\right\}
\end{aligned}\tag{6.4.19}$$

由式 (2.1.6) 和式 (6.4.3) 可以求得

$$
\begin{aligned}
&\operatorname{tr}\left(\hat{\sigma}_x\hat{F}\hat{F}^+\right) = -2\operatorname{Re}\left[\left(FA^*+DC^*+BE^*\right)\mathrm{e}^{\mathrm{i}\varphi}\right]\\
&\operatorname{tr}\left(\hat{\sigma}_y\hat{F}\hat{F}^+\right) = -2\operatorname{Im}\left[\left(FA^*+DC^*+BE^*\right)\mathrm{e}^{\mathrm{i}\varphi}\right]\\
&\operatorname{tr}\left(\hat{\sigma}_z\hat{F}\hat{F}^+\right) = |A|^2+|C|^2+|E|^2-|F|^2-|D|^2-|B|^2
\end{aligned}
\tag{6.4.20}
$$

用类似方法由式 (6.4.20) 可以求得

$$
\begin{aligned}
&\tilde{\Sigma}\operatorname{tr}\left(\hat{\sigma}_x\hat{F}\hat{F}^+\right) = -2\tilde{\Sigma}\operatorname{Re}\left(2FA^*+DC^*\right)\cos\varphi\\
&\tilde{\Sigma}\operatorname{tr}\left(\hat{\sigma}_y\hat{F}\hat{F}^+\right) = -2\tilde{\Sigma}\operatorname{Re}\left(2FA^*+DC^*\right)\sin\varphi\\
&\tilde{\Sigma}\operatorname{tr}\left(\hat{\sigma}_z\hat{F}\hat{F}^+\right) = 0
\end{aligned}
\tag{6.4.21}
$$

定义

$$
P^x(\theta) = \frac{2}{3I_0}\tilde{\Sigma}\operatorname{Re}\left(2FA^*+DC^*\right) \tag{6.4.22}
$$

$$
\overline{P}^i(\theta,\varphi) = \frac{1}{3I_0}\tilde{\Sigma}\operatorname{tr}\left(\hat{\sigma}_i\hat{F}\hat{F}^+\right),\quad i=x,y,z \tag{6.4.23}
$$

由式 (6.4.20) $\sim$ 式 (6.4.23) 可得

$$
\overline{P}^x(\theta,\varphi) = -P^x(\theta)\cos\varphi,\quad \overline{P}^y(\theta,\varphi) = -P^x(\theta)\sin\varphi,\quad \overline{P}^z(\theta,\varphi) = 0 \tag{6.4.24}
$$

由式 (2.1.6) 和式 (6.4.6) 可以求得

$$
\begin{aligned}
\operatorname{tr}\left(\hat{\sigma}_x\hat{F}\hat{S}_x\hat{F}^+\right) =& -\frac{\mathrm{i}}{\sqrt{2}}\left(FC^*\,\mathrm{e}^{2\mathrm{i}\varphi}-DA^*+DE^*\mathrm{e}^{2\mathrm{i}\varphi}-BC^*\right.\\
&\left.+AD^*-CF^*\mathrm{e}^{-2\mathrm{i}\varphi}+CB^*-ED^*\mathrm{e}^{-2\mathrm{i}\varphi}\right)\\
=&\sqrt{2}\operatorname{Im}\left[\left(AD^*+CB^*\right)+\left(FC^*+DE^*\right)\mathrm{e}^{2\mathrm{i}\varphi}\right]\\
\operatorname{tr}\left(\hat{\sigma}_y\hat{F}\hat{S}_x\hat{F}^+\right) =& \frac{1}{\sqrt{2}}\left(-FC^*\,\mathrm{e}^{2\mathrm{i}\varphi}+DA^*-DE^*\mathrm{e}^{2\mathrm{i}\varphi}+BC^*\right.\\
&\left.+AD^*-CF^*\mathrm{e}^{-2\mathrm{i}\varphi}+CB^*-ED^*\mathrm{e}^{-2\mathrm{i}\varphi}\right)\\
=&\sqrt{2}\operatorname{Re}\left[\left(AD^*+CB^*\right)-\left(FC^*+DE^*\right)\mathrm{e}^{2\mathrm{i}\varphi}\right]\\
\operatorname{tr}\left(\hat{\sigma}_z\hat{F}\hat{S}_x\hat{F}^+\right) =& -\sqrt{2}\operatorname{Im}\left[\left(AC^*+CE^*-FD^*-DB^*\right)\mathrm{e}^{\mathrm{i}\varphi}\right]\\
\operatorname{tr}\left(\hat{\sigma}_x\hat{F}\hat{S}_y\hat{F}^+\right) =& -\sqrt{2}\operatorname{Re}\left[\left(AD^*+CB^*\right)+\left(FC^*+DE^*\right)\mathrm{e}^{2\mathrm{i}\varphi}\right]\\
\operatorname{tr}\left(\hat{\sigma}_y\hat{F}\hat{S}_y\hat{F}^+\right) =& \sqrt{2}\operatorname{Im}\left[\left(AD^*+CB^*\right)-\left(FC^*+DE^*\right)\mathrm{e}^{2\mathrm{i}\varphi}\right]\\
\operatorname{tr}\left(\hat{\sigma}_z\hat{F}\hat{S}_y\hat{F}^+\right) =& \sqrt{2}\operatorname{Re}\left[\left(AC^*+CE^*-FD^*-DB^*\right)\mathrm{e}^{\mathrm{i}\varphi}\right]
\end{aligned}
$$

$$
\begin{aligned}
&\mathrm{tr}\left(\hat{\sigma}_x\hat{F}\hat{S}_z\hat{F}^+\right)=-2\mathrm{Re}\left[(FA^*-BE^*)\,\mathrm{e}^{\mathrm{i}\varphi}\right]\\
&\mathrm{tr}\left(\hat{\sigma}_y\hat{F}\hat{S}_z\hat{F}^+\right)=-2\mathrm{Im}\left[(FA^*-BE^*)\,\mathrm{e}^{\mathrm{i}\varphi}\right]\\
&\mathrm{tr}\left(\hat{\sigma}_z\hat{F}\hat{S}_z\hat{F}^+\right)=|A|^2-|E|^2-|F|^2+|B|^2
\end{aligned}
\tag{6.4.25}
$$

用类似方法由式 (6.4.25) 可得

$$
\begin{aligned}
&\tilde{\Sigma}\mathrm{tr}\left(\hat{\sigma}_x\hat{F}\hat{S}_x\hat{F}^+\right)=2\sqrt{2}\tilde{\Sigma}\mathrm{Re}\,(FC^*)\sin(2\varphi)\\
&\tilde{\Sigma}\mathrm{tr}\left(\hat{\sigma}_y\hat{F}\hat{S}_x\hat{F}^+\right)=2\sqrt{2}\tilde{\Sigma}\left[\mathrm{Re}\,(AD^*)-\mathrm{Re}\,(FC^*)\cos(2\varphi)\right]\\
&\tilde{\Sigma}\mathrm{tr}\left(\hat{\sigma}_z\hat{F}\hat{S}_x\hat{F}^+\right)=-2\sqrt{2}\tilde{\Sigma}\mathrm{Im}\,(AC^*+CE^*)\cos\varphi\\
&\tilde{\Sigma}\mathrm{tr}\left(\hat{\sigma}_x\hat{F}\hat{S}_y\hat{F}^+\right)=-2\sqrt{2}\tilde{\Sigma}\left[\mathrm{Re}\,(AD^*)+\mathrm{Re}\,(FC^*)\cos(2\varphi)\right]\\
&\tilde{\Sigma}\mathrm{tr}\left(\hat{\sigma}_y\hat{F}\hat{S}_y\hat{F}^+\right)=-2\sqrt{2}\tilde{\Sigma}\mathrm{Re}\,(FC^*)\sin(2\varphi)\\
&\tilde{\Sigma}\mathrm{tr}\left(\hat{\sigma}_z\hat{F}\hat{S}_y\hat{F}^+\right)=-2\sqrt{2}\tilde{\Sigma}\mathrm{Im}\,(AC^*+CE^*)\sin\varphi\\
&\tilde{\Sigma}\mathrm{tr}\left(\hat{\sigma}_x\hat{F}\hat{S}_z\hat{F}^+\right)=4\tilde{\Sigma}\mathrm{Im}\,(FA^*)\sin\varphi\\
&\tilde{\Sigma}\mathrm{tr}\left(\hat{\sigma}_y\hat{F}\hat{S}_z\hat{F}^+\right)=-4\tilde{\Sigma}\mathrm{Im}\,(FA^*)\cos\varphi\\
&\tilde{\Sigma}\mathrm{tr}\left(\hat{\sigma}_z\hat{F}\hat{S}_z\hat{F}^+\right)=2\tilde{\Sigma}\left(|A|^2-|E|^2\right)
\end{aligned}
\tag{6.4.26}
$$

定义

$$
\begin{aligned}
&R_1(\theta)=\frac{2\sqrt{2}}{3I_0}\tilde{\Sigma}\mathrm{Re}\,(FC^*),\quad R_2(\theta)=\frac{2\sqrt{2}}{3I_0}\tilde{\Sigma}\mathrm{Re}\,(AD^*)\\
&Q_1(\theta)=\frac{2\sqrt{2}}{3I_0}\tilde{\Sigma}\mathrm{Im}\,(AC^*+CE^*),\quad Q_2(\theta)=\frac{4}{3I_0}\tilde{\Sigma}\mathrm{Im}\,(FA^*)\\
&W_1(\theta)=\frac{2}{3I_0}\tilde{\Sigma}\left(|A|^2-|E|^2\right)
\end{aligned}
\tag{6.4.27}
$$

$$
K_i^j(\theta,\varphi)=\frac{1}{3I_0}\tilde{\Sigma}\mathrm{tr}\left(\hat{\sigma}_j\hat{F}\hat{S}_i\hat{F}^+\right),\quad i,j=x,y,z
\tag{6.4.28}
$$

由式 (6.4.26) ~ 式 (6.4.28) 可得

$$
\begin{aligned}
&K_x^x(\theta,\varphi)=R_1(\theta)\sin(2\varphi),\quad K_x^y(\theta,\varphi)=R_2(\theta)-R_1(\theta)\cos(2\varphi)\\
&K_x^z(\theta,\varphi)=-Q_1(\theta)\cos\varphi,\quad K_y^x(\theta,\varphi)=-R_2(\theta)-R_1(\theta)\cos(2\varphi)\\
&K_y^y(\theta,\varphi)=-R_1(\theta)\sin(2\varphi)=-K_x^x(\theta,\varphi)\\
&K_y^z(\theta,\varphi)=-Q_1(\theta)\sin\varphi,\quad K_z^x(\theta,\varphi)=Q_2(\theta)\sin\varphi\\
&K_z^y(\theta,\varphi)=-Q_2(\theta)\cos\varphi,\quad K_z^z(\theta,\varphi)=W_1(\theta)
\end{aligned}
\tag{6.4.29}
$$

由式 (2.1.6) 和式 (6.4.13) 可以求得

$$
\begin{aligned}
&\operatorname{tr}\left(\hat{\sigma}_x\hat{F}\hat{Q}_{xy}\hat{F}^+\right)=3\operatorname{Im}\left(AB^*\mathrm{e}^{\mathrm{i}\varphi}+FE^*\mathrm{e}^{3\mathrm{i}\varphi}\right)\\
&\operatorname{tr}\left(\hat{\sigma}_y\hat{F}\hat{Q}_{xy}\hat{F}^+\right)=3\operatorname{Re}\left(AB^*\mathrm{e}^{\mathrm{i}\varphi}-FE^*\mathrm{e}^{3\mathrm{i}\varphi}\right)\\
&\operatorname{tr}\left(\hat{\sigma}_z\hat{F}\hat{Q}_{xy}\hat{F}^+\right)=-3\operatorname{Im}\left[\left(AE^*-FB^*\right)\mathrm{e}^{2\mathrm{i}\varphi}\right]\\
&\operatorname{tr}\left(\hat{\sigma}_x\hat{F}\hat{Q}_{xz}\hat{F}^+\right)=\frac{3}{\sqrt{2}}\operatorname{Im}\left[\left(AD^*-CB^*\right)+\left(FC^*-DE^*\right)\mathrm{e}^{2\mathrm{i}\varphi}\right]\\
&\operatorname{tr}\left(\hat{\sigma}_y\hat{F}\hat{Q}_{xz}\hat{F}^+\right)=\frac{3}{\sqrt{2}}\operatorname{Re}\left[\left(AD^*-CB^*\right)-\left(FC^*-DE^*\right)\mathrm{e}^{2\mathrm{i}\varphi}\right]\\
&\operatorname{tr}\left(\hat{\sigma}_z\hat{F}\hat{Q}_{xz}\hat{F}^+\right)=-\frac{3}{\sqrt{2}}\operatorname{Im}\left[\left(AC^*-CE^*-FD^*-DB^*\right)\mathrm{e}^{\mathrm{i}\varphi}\right]\\
&\operatorname{tr}\left(\hat{\sigma}_x\hat{F}\hat{Q}_{yz}\hat{F}^+\right)=-\frac{3}{\sqrt{2}}\operatorname{Re}\left[\left(AD^*-CB^*\right)+\left(FC^*-DE^*\right)\mathrm{e}^{2\mathrm{i}\varphi}\right]\\
&\operatorname{tr}\left(\hat{\sigma}_y\hat{F}\hat{Q}_{yz}\hat{F}^+\right)=\frac{3}{\sqrt{2}}\operatorname{Im}\left[\left(AD^*-CB^*\right)-\left(FC^*-DE^*\right)\mathrm{e}^{2\mathrm{i}\varphi}\right]\\
&\operatorname{tr}\left(\hat{\sigma}_z\hat{F}\hat{Q}_{yz}\hat{F}^+\right)=\frac{3}{\sqrt{2}}\operatorname{Re}\left[\left(AC^*-CE^*-FD^*+DB^*\right)\mathrm{e}^{\mathrm{i}\varphi}\right]\\
&\operatorname{tr}\left(\hat{\sigma}_x\hat{F}\hat{Q}_{xx-yy}\hat{F}^+\right)=6\operatorname{Re}\left(AB^*\mathrm{e}^{\mathrm{i}\varphi}+FE^*\mathrm{e}^{3\mathrm{i}\varphi}\right)\\
&\operatorname{tr}\left(\hat{\sigma}_y\hat{F}\hat{Q}_{xx-yy}\hat{F}^+\right)=-6\operatorname{Im}\left(AB^*\mathrm{e}^{\mathrm{i}\varphi}-FE^*\mathrm{e}^{3\mathrm{i}\varphi}\right)\\
&\operatorname{tr}\left(\hat{\sigma}_z\hat{F}\hat{Q}_{xx-yy}\hat{F}^+\right)=-6\operatorname{Re}\left[\left(AE^*-FB^*\right)\mathrm{e}^{2\mathrm{i}\varphi}\right]\\
&\operatorname{tr}\left(\hat{\sigma}_x\hat{F}\hat{Q}_{zz}\hat{F}^+\right)=-2\operatorname{Re}\left[\left(FA^*-2DC^*+BE^*\right)\mathrm{e}^{\mathrm{i}\varphi}\right]\\
&\operatorname{tr}\left(\hat{\sigma}_y\hat{F}\hat{Q}_{zz}\hat{F}^+\right)=-2\operatorname{Im}\left[\left(FA^*-2DC^*+BE^*\right)\mathrm{e}^{\mathrm{i}\varphi}\right]\\
&\operatorname{tr}\left(\hat{\sigma}_z\hat{F}\hat{Q}_{zz}\hat{F}^+\right)=|A|^2+|E|^2-|F|^2-|B|^2-2\left(|C|^2-|D|^2\right)
\end{aligned}
\tag{6.4.30}
$$

用类似方法由式 (6.4.30) 可得

$$
\begin{aligned}
&\tilde{\Sigma}\operatorname{tr}\left(\hat{\sigma}_x\hat{F}\hat{Q}_{xy}\hat{F}^+\right)=3\tilde{\Sigma}\left[\operatorname{Re}\left(AB^*\right)\sin\varphi+\operatorname{Re}\left(FE^*\right)\sin\left(3\varphi\right)\right]\\
&\tilde{\Sigma}\operatorname{tr}\left(\hat{\sigma}_y\hat{F}\hat{Q}_{xy}\hat{F}^+\right)=3\tilde{\Sigma}\left[\operatorname{Re}\left(AB^*\right)\cos\varphi-\operatorname{Re}\left(FE^*\right)\cos\left(3\varphi\right)\right]\\
&\tilde{\Sigma}\operatorname{tr}\left(\hat{\sigma}_z\hat{F}\hat{Q}_{xy}\hat{F}^+\right)=-6\tilde{\Sigma}\operatorname{Im}\left(AE^*\right)\cos\left(2\varphi\right)\\
&\tilde{\Sigma}\operatorname{tr}\left(\hat{\sigma}_x\hat{F}\hat{Q}_{xz}\hat{F}^+\right)=3\sqrt{2}\tilde{\Sigma}\left[\operatorname{Im}\left(AD^*\right)+\operatorname{Im}\left(FC^*\right)\cos\left(2\varphi\right)\right]\\
&\tilde{\Sigma}\operatorname{tr}\left(\hat{\sigma}_y\hat{F}\hat{Q}_{xz}\hat{F}^+\right)=3\sqrt{2}\tilde{\Sigma}\operatorname{Im}\left(FC^*\right)\sin\left(2\varphi\right)\\
&\tilde{\Sigma}\operatorname{tr}\left(\hat{\sigma}_z\hat{F}\hat{Q}_{xz}\hat{F}^+\right)=-3\sqrt{2}\tilde{\Sigma}\operatorname{Re}\left(AC^*-CE^*\right)\sin\varphi\\
&\tilde{\Sigma}\operatorname{tr}\left(\hat{\sigma}_x\hat{F}\hat{Q}_{yz}\hat{F}^+\right)=3\sqrt{2}\tilde{\Sigma}\operatorname{Im}\left(FC^*\right)\sin\left(2\varphi\right)
\end{aligned}
$$

$$
\begin{aligned}
&\tilde{\Sigma}\mathrm{tr}\left(\hat{\sigma}_y\hat{F}\hat{Q}_{yz}\hat{F}^+\right)=3\sqrt{2}\tilde{\Sigma}\left[\mathrm{Im}\left(AD^*\right)-\mathrm{Im}\left(FC^*\right)\cos\left(2\varphi\right)\right]\\
&\tilde{\Sigma}\mathrm{tr}\left(\hat{\sigma}_z\hat{F}\hat{Q}_{yz}\hat{F}^+\right)=3\sqrt{2}\tilde{\Sigma}\mathrm{Re}\left(AC^*-CE^*\right)\cos\varphi\\
&\tilde{\Sigma}\mathrm{tr}\left(\hat{\sigma}_x\hat{F}\hat{Q}_{xx-yy}\hat{F}^+\right)=6\tilde{\Sigma}\left[\mathrm{Re}\left(AB^*\right)\cos\varphi+\mathrm{Re}\left(FE^*\right)\cos\left(3\varphi\right)\right]\\
&\tilde{\Sigma}\mathrm{tr}\left(\hat{\sigma}_y\hat{F}\hat{Q}_{xx-yy}\hat{F}^+\right)=-6\tilde{\Sigma}\left[\mathrm{Re}\left(AB^*\right)\sin\varphi-\mathrm{Re}\left(FE^*\right)\sin\left(3\varphi\right)\right]\\
&\tilde{\Sigma}\mathrm{tr}\left(\hat{\sigma}_z\hat{F}\hat{Q}_{xx-yy}\hat{F}^+\right)=12\tilde{\Sigma}\left(AE^*\right)\sin\left(2\varphi\right)\\
&\tilde{\Sigma}\mathrm{tr}\left(\hat{\sigma}_x\hat{F}\hat{Q}_{zz}\hat{F}^+\right)=-4\tilde{\Sigma}\mathrm{Re}\left(FA^*-DC^*\right)\cos\varphi\\
&\tilde{\Sigma}\mathrm{tr}\left(\hat{\sigma}_y\hat{F}\hat{Q}_{zz}\hat{F}^+\right)=-4\tilde{\Sigma}\mathrm{Re}\left(FA^*-DC^*\right)\sin\varphi\\
&\tilde{\Sigma}\mathrm{tr}\left(\hat{\sigma}_z\hat{F}\hat{Q}_{zz}\hat{F}^+\right)=0
\end{aligned}
\tag{6.4.31}
$$

定义

$$
\begin{aligned}
&R_3\left(\theta\right)=\frac{1}{I_0}\tilde{\Sigma}\mathrm{Re}\left(AB^*\right),\quad R_4\left(\theta\right)=\frac{1}{I_0}\tilde{\Sigma}\mathrm{Re}\left(FE^*\right)\\
&R_5\left(\theta\right)=\frac{\sqrt{2}}{I_0}\tilde{\Sigma}\mathrm{Re}\left(AC^*-CE^*\right),\quad R_6\left(\theta\right)=\frac{4}{3I_0}\tilde{\Sigma}\mathrm{Re}\left(FA^*-DC^*\right)\\
&Q_3\left(\theta\right)=\frac{2}{I_0}\tilde{\Sigma}\mathrm{Im}\left(AE^*\right),\quad Q_4\left(\theta\right)=\frac{\sqrt{2}}{I_0}\tilde{\Sigma}\mathrm{Im}\left(AD^*\right)\\
&Q_5\left(\theta\right)=\frac{\sqrt{2}}{I_0}\tilde{\Sigma}\mathrm{Im}\left(FC^*\right)
\end{aligned}
\tag{6.4.32}
$$

$$
K_i^j\left(\theta,\varphi\right)=\frac{1}{3I_0}\tilde{\Sigma}\mathrm{tr}\left(\hat{\sigma}_j\hat{F}\hat{Q}_i\hat{F}^+\right),\quad i=\gamma;\quad j=x,y,z \tag{6.4.33}
$$

由式 (6.4.31) ~ 式 (6.4.33) 可得

$$
\begin{aligned}
&K_{xy}^x\left(\theta,\varphi\right)=R_3\left(\theta\right)\sin\varphi+R_4\left(\theta\right)\sin\left(3\varphi\right)\\
&K_{xy}^y\left(\theta,\varphi\right)=R_3\left(\theta\right)\cos\varphi-R_4\left(\theta\right)\cos\left(3\varphi\right)\\
&K_{xy}^z\left(\theta,\varphi\right)=-Q_3\left(\theta\right)\cos\left(2\varphi\right)\\
&K_{xz}^x\left(\theta,\varphi\right)=Q_4\left(\theta\right)+Q_5\left(\theta\right)\cos\left(2\varphi\right)\\
&K_{xz}^y\left(\theta,\varphi\right)=Q_5\left(\theta\right)\sin\left(2\varphi\right)\\
&K_{xz}^z\left(\theta,\varphi\right)=-R_5\left(\theta\right)\sin\varphi\\
&K_{yz}^x\left(\theta,\varphi\right)=Q_5\left(\theta\right)\sin\left(2\varphi\right)\\
&K_{yz}^y\left(\theta,\varphi\right)=Q_4\left(\theta\right)-Q_5\left(\theta\right)\cos\left(2\varphi\right)\\
&K_{yz}^z\left(\theta,\varphi\right)=R_5\left(\theta\right)\sin\left(2\varphi\right)\\
&K_{xx-yy}^x\left(\theta,\varphi\right)=2R_3\left(\theta\right)\cos\varphi+2R_4\left(\theta\right)\cos\left(3\varphi\right)
\end{aligned}
$$

$$
\begin{aligned}
&K_{xx-yy}^{y}(\theta,\varphi) = -2R_3(\theta)\sin\varphi + 2R_4(\theta)\sin(3\varphi) \\
&K_{xx-yy}^{z}(\theta,\varphi) = 2Q_3(\theta)\sin(2\varphi) \\
&K_{zz}^{x}(\theta,\varphi) = -R_6(\theta)\cos\varphi \\
&K_{zz}^{y}(\theta,\varphi) = -R_6(\theta)\sin\varphi \\
&K_{zz}^{z}(\theta,\varphi) = 0
\end{aligned}
\tag{6.4.34}
$$

参照式 (3.5.9)、式 (6.4.19) 和式 (6.2.29) 可以写出 $\vec{1} + \mathrm{A} \to \vec{\frac{1}{2}} + \mathrm{B}$ 反应所对应的 $S = \frac{1}{2}$ 出射粒子与 θ, φ 角同时有关的极化率为

$$
P_j(\theta,\varphi) = \frac{I_0(\theta)}{I(\theta,\varphi)}\left[\overline{P}^j(\theta,\varphi) + \sum_{i=\varepsilon}\overline{p}_i K_i^j(\theta,\varphi)\right], \quad j = x, y, z \tag{6.4.35}
$$

下标符号集 ε 的定义已由式 (3.7.125) 给出，$\overline{p}_i$ 的定义已由式 (6.3.51) 给出。

在前面所得到的结果中，若令 $\varphi = 0$ 便自动退化为由 3.9 节所得到的结果。

6.4.2　$\vec{\mathbf{1}} + \mathbf{A} \to \vec{\frac{\mathbf{1}}{\mathbf{2}}} + \mathbf{B}$ 反应的极化核数据库

根据前面的讨论，$\vec{1} + \mathrm{A} \to \vec{\frac{1}{2}} + \mathrm{B}$ 反应的极化核数据库应包含两体直接反应道的随能量变化的与 θ 角有关的以下微分物理量。

(1) 非极化入射粒子所对应的微分截面：$I_0(\theta)$。

(2) 入射粒子的矢量分析本领：$A_y(\theta)$；张量分析本领：$A_i(\theta)\,(i = 1-3)$。

(3) 非极化入射粒子所对应的出射粒子的矢量极化率：$P^x(\theta)$。

(4) 极化转移系数分量：$R_i(\theta)\,(i = 1-6), Q_i(\theta)\,(i = 1-5), W_1(\theta)$。

以上物理量的表达式在 6.4.1 小节中已经给出。$I_0(\theta)$ 和极化分析本领可以进行实验测量，对于实验上无法测量的物理量可以通过理论计算获得。

由式 (6.2.30) ~ 式 (6.2.32) 给出的有关坐标系变换的讨论在本节也适用，而且仍然建议在极化核数据库中保存实验系的极化核数据。

6.4.3　$\vec{\frac{\mathbf{1}}{\mathbf{2}}} + \mathbf{A} \to \vec{\mathbf{1}} + \mathbf{B}$ 反应与方位角有关的极化量

在 $\vec{\frac{1}{2}} + \mathrm{A} \to \vec{1} + \mathrm{B}$ 反应中，入射粒子自旋为 $\frac{1}{2}$，出射粒子自旋为 1，而靶核和剩余核的自旋分别为 I 和 I'，而且都是非极化的。式 (3.10.15) 已经给出了具有确

定自旋磁量子数 $M_I'M_I$ 的反应振幅为

$$\hat{\mathcal{F}}_{M_I'M_I}(\theta,\varphi)=\begin{pmatrix} A_{M_I'M_I}(\theta)\mathrm{e}^{-\frac{\mathrm{i}}{2}\varphi} & -F_{M_I'M_I}(\theta)\mathrm{e}^{-\frac{3\mathrm{i}}{2}\varphi} \\ -\mathrm{i}C_{M_I'M_I}(\theta)\mathrm{e}^{\frac{\mathrm{i}}{2}\varphi} & \mathrm{i}D_{M_I'M_I}(\theta)\mathrm{e}^{-\frac{\mathrm{i}}{2}\varphi} \\ -E_{M_I'M_I}(\theta)\mathrm{e}^{\frac{3\mathrm{i}}{2}\varphi} & B_{M_I'M_I}(\theta)\mathrm{e}^{\frac{\mathrm{i}}{2}\varphi} \end{pmatrix}\mathrm{e}^{\mathrm{i}(M_I-M_I')\varphi} \tag{6.4.36}$$

其中，$A_{M_I'M_I}, B_{M_I'M_I}$ 等已由式 (3.10.3) ~ 式 (3.10.8) 给出。因为在计算极化量时，在靶核和剩余核都是非极化的情况下，$\hat{\mathcal{F}}_{M_I'M_I}$ 和 $\hat{\mathcal{F}}^+_{M_I'M_I}$ 总是同时出现，所以因子 $\mathrm{e}^{\mathrm{i}(M_I-M_I')\varphi}$ 必然被消掉，于是引入

$$\hat{F}=\begin{pmatrix} A\mathrm{e}^{-\frac{\mathrm{i}}{2}\varphi} & -F\mathrm{e}^{-\frac{3\mathrm{i}}{2}\varphi} \\ -\mathrm{i}C\mathrm{e}^{\frac{\mathrm{i}}{2}\varphi} & \mathrm{i}D\mathrm{e}^{-\frac{\mathrm{i}}{2}\varphi} \\ -E\mathrm{e}^{\frac{3\mathrm{i}}{2}\varphi} & B\mathrm{e}^{\frac{\mathrm{i}}{2}\varphi} \end{pmatrix},\quad \hat{F}^+=\begin{pmatrix} A^*\mathrm{e}^{\frac{\mathrm{i}}{2}\varphi} & \mathrm{i}C^*\mathrm{e}^{-\frac{\mathrm{i}}{2}\varphi} & -E^*\mathrm{e}^{-\frac{3\mathrm{i}}{2}\varphi} \\ -F^*\mathrm{e}^{\frac{3\mathrm{i}}{2}\varphi} & -\mathrm{i}D^*\mathrm{e}^{\frac{\mathrm{i}}{2}\varphi} & B^*\mathrm{e}^{-\frac{\mathrm{i}}{2}\varphi} \end{pmatrix} \tag{6.4.37}$$

其中，符号 A, B 等略掉了下标 $M_I'M_I$ 和宗量 (θ)，$\hat{F}$ 和 $\hat{F}^+$ 略掉了下标 $M_I'M_I$ 和宗量 (θ,φ)。由式 (6.4.37) 可以求得

$$\hat{F}\hat{F}^+=\begin{pmatrix} |A|^2+|F|^2 & \mathrm{i}(AC^*+DE^*)\mathrm{e}^{-\mathrm{i}\varphi} & -(AE^*+FB^*)\mathrm{e}^{-2\mathrm{i}\varphi} \\ -\mathrm{i}(CA^*+DF^*)\mathrm{e}^{\mathrm{i}\varphi} & |C|^2+|D|^2 & \mathrm{i}(CE^*+DB^*)\mathrm{e}^{-\mathrm{i}\varphi} \\ -(EA^*+BF^*)\mathrm{e}^{2\mathrm{i}\varphi} & -\mathrm{i}(EC^*+BD^*)\mathrm{e}^{\mathrm{i}\varphi} & |E|^2+|B|^2 \end{pmatrix} \tag{6.4.38}$$

同样使用由式 (6.2.4) 引入的符号，再利用式 (3.10.81) ~ 式 (3.10.83) 便可得到非极化入射粒子的微分截面为

$$I_0(\theta)=\frac{1}{2}\mathrm{tr}(\hat{F}\hat{F}^+)=\tilde{\Sigma}\left(|A|^2+|C|^2+|E|^2\right) \tag{6.4.39}$$

其中，$I_0(\theta)$ 略掉了出射道、入射道下标 $\alpha'n', \alpha n$。

利用式 (2.1.6) 和式 (6.4.37) 可以求得

$$\hat{\sigma}_x\hat{F}^+=\begin{pmatrix} -F^*\mathrm{e}^{\frac{3\mathrm{i}}{2}\varphi} & -\mathrm{i}D^*\mathrm{e}^{\frac{\mathrm{i}}{2}\varphi} & B^*\mathrm{e}^{-\frac{\mathrm{i}}{2}\varphi} \\ A^*\mathrm{e}^{\frac{\mathrm{i}}{2}\varphi} & \mathrm{i}C^*\mathrm{e}^{-\frac{\mathrm{i}}{2}\varphi} & -E^*\mathrm{e}^{-\frac{3\mathrm{i}}{2}\varphi} \end{pmatrix}$$

$$\hat{\sigma}_y\hat{F}^+=\begin{pmatrix} \mathrm{i}F^*\mathrm{e}^{\frac{3\mathrm{i}}{2}\varphi} & -D^*\mathrm{e}^{\frac{\mathrm{i}}{2}\varphi} & -\mathrm{i}B^*\mathrm{e}^{-\frac{\mathrm{i}}{2}\varphi} \\ \mathrm{i}A^*\mathrm{e}^{\frac{\mathrm{i}}{2}\varphi} & -C^*\mathrm{e}^{-\frac{\mathrm{i}}{2}\varphi} & -\mathrm{i}E^*\mathrm{e}^{-\frac{3\mathrm{i}}{2}\varphi} \end{pmatrix}$$

$$\hat{\sigma}_z\hat{F}^+=\begin{pmatrix} A^*\mathrm{e}^{\frac{\mathrm{i}}{2}\varphi} & \mathrm{i}C^*\mathrm{e}^{-\frac{\mathrm{i}}{2}\varphi} & -E^*\mathrm{e}^{-\frac{3\mathrm{i}}{2}\varphi} \\ F^*\mathrm{e}^{\frac{3\mathrm{i}}{2}\varphi} & \mathrm{i}D^*\mathrm{e}^{\frac{\mathrm{i}}{2}\varphi} & B^*\mathrm{e}^{-\frac{\mathrm{i}}{2}\varphi} \end{pmatrix} \tag{6.4.40}$$

$$\hat{F}\hat{\sigma}_x\hat{F}^+=\begin{pmatrix} -\left(AF^*\mathrm{e}^{\mathrm{i}\varphi}+FA^*\mathrm{e}^{-\mathrm{i}\varphi}\right) & -\mathrm{i}\left(AD^*+FC^*\mathrm{e}^{-2\mathrm{i}\varphi}\right) & AB^*\mathrm{e}^{-\mathrm{i}\varphi}+FE^*\mathrm{e}^{-3\mathrm{i}\varphi} \\ \mathrm{i}\left(CF^*\mathrm{e}^{2\mathrm{i}\varphi}+DA^*\right) & -\left(CD^*\mathrm{e}^{\mathrm{i}\varphi}+DC^*\mathrm{e}^{-\mathrm{i}\varphi}\right) & -\mathrm{i}\left(CB^*+DE^*\mathrm{e}^{-2\mathrm{i}\varphi}\right) \\ EF^*\mathrm{e}^{3\mathrm{i}\varphi}+BA^*\mathrm{e}^{\mathrm{i}\varphi} & \mathrm{i}\left(ED^*\mathrm{e}^{2\mathrm{i}\varphi}+BC^*\right) & -\left(EB^*\mathrm{e}^{\mathrm{i}\varphi}+BE^*\mathrm{e}^{-\mathrm{i}\varphi}\right) \end{pmatrix}$$

$$\hat{F}\hat{\sigma}_y\hat{F}^+ = \begin{pmatrix} \mathrm{i}\left(AF^*\mathrm{e}^{\mathrm{i}\varphi}-FA^*\mathrm{e}^{-\mathrm{i}\varphi}\right) & -AD^*+FC^*\mathrm{e}^{-2\mathrm{i}\varphi} & -\mathrm{i}\left(AB^*\mathrm{e}^{-\mathrm{i}\varphi}-FE^*\mathrm{e}^{-3\mathrm{i}\varphi}\right) \\ CF^*\mathrm{e}^{2\mathrm{i}\varphi}-DA^* & \mathrm{i}\left(CD^*\mathrm{e}^{\mathrm{i}\varphi}-DC^*\mathrm{e}^{-\mathrm{i}\varphi}\right) & -CB^*+DE^*\mathrm{e}^{-2\mathrm{i}\varphi} \\ -\mathrm{i}\left(EF^*\mathrm{e}^{3\mathrm{i}\varphi}-BA^*\mathrm{e}^{\mathrm{i}\varphi}\right) & ED^*\mathrm{e}^{2\mathrm{i}\varphi}-BC^* & \mathrm{i}\left(EB^*\mathrm{e}^{\mathrm{i}\varphi}-BE^*\mathrm{e}^{-\mathrm{i}\varphi}\right) \end{pmatrix}$$

$$\hat{F}\hat{\sigma}_z\hat{F}^+ = \begin{pmatrix} |A|^2-|F|^2 & \mathrm{i}\left(AC^*-FD^*\right)\mathrm{e}^{-\mathrm{i}\varphi} & -\left(AE^*-FB^*\right)\mathrm{e}^{-2\mathrm{i}\varphi} \\ -\mathrm{i}\left(CA^*-DF^*\right)\mathrm{e}^{\mathrm{i}\varphi} & |C|^2-|D|^2 & \mathrm{i}(CE^*-DB^*)\mathrm{e}^{-\mathrm{i}\varphi} \\ -(EA^*-BF^*)\mathrm{e}^{2\mathrm{i}\varphi} & -\mathrm{i}(EC^*-BD^*)\mathrm{e}^{\mathrm{i}\varphi} & |E|^2-|B|^2 \end{pmatrix} \tag{6.4.41}$$

由式 (6.4.41) 可以求得

$$\begin{aligned} \mathrm{tr}\left(\hat{F}\hat{\sigma}_x\hat{F}^+\right) &= -2\mathrm{Re}\left[\left(AF^*+CD^*+EB^*\right)\mathrm{e}^{\mathrm{i}\varphi}\right] \\ \mathrm{tr}\left(\hat{F}\hat{\sigma}_y\hat{F}^+\right) &= -2\mathrm{Im}\left[\left(AF^*+CD^*+EB^*\right)\mathrm{e}^{\mathrm{i}\varphi}\right] \\ \mathrm{tr}\left(\hat{F}\hat{\sigma}_z\hat{F}^+\right) &= |A|^2+|C|^2+|E|^2-|F|^2-|D|^2-|B|^2 \end{aligned} \tag{6.4.42}$$

利用式 (3.10.81) ~ 式 (3.10.83)、式 (3.9.91) 和式 (3.9.92) 由式 (6.4.42) 可以求得

$$\begin{aligned} \tilde{\Sigma}\mathrm{tr}\left(\hat{F}\hat{\sigma}_x\hat{F}^+\right) &= -2\tilde{\Sigma}\mathrm{Re}\left(2AF^*+CD^*\right)\cos\varphi \\ \tilde{\Sigma}\mathrm{tr}\left(\hat{F}\hat{\sigma}_y\hat{F}^+\right) &= -2\tilde{\Sigma}\mathrm{Re}\left(2AF^*+CD^*\right)\sin\varphi \\ \tilde{\Sigma}\mathrm{tr}\left(\hat{F}\hat{\sigma}_z\hat{F}^+\right) &= 0 \end{aligned} \tag{6.4.43}$$

定义

$$A_x(\theta) = \frac{1}{I_0}\tilde{\Sigma}\mathrm{Re}\left(2AF^*+CD^*\right) \tag{6.4.44}$$

$$\overline{A}_i(\theta,\varphi) = \frac{1}{2I_0}\tilde{\Sigma}\mathrm{tr}\left(\hat{F}\hat{\sigma}_i\hat{F}^+\right), \quad i=x,y,z \tag{6.4.45}$$

于是由式 (6.4.43) ~ 式 (6.4.45) 可得

$$\overline{A}_x(\theta,\varphi) = -A_x(\theta)\cos\varphi, \quad \overline{A}_y(\theta,\varphi) = -A_x(\theta)\sin\varphi, \quad \overline{A}_z(\theta,\varphi) = 0 \tag{6.4.46}$$

极化入射粒子所对应的出射粒子的微分截面为

$$I(\theta,\varphi) = I_0(\theta)\left[1+p_x\overline{A}_x(\theta,\varphi)+p_y\overline{A}_y(\theta,\varphi)\right] \tag{6.4.47}$$

由式 (3.1.33) 和式 (6.4.38) 可以求得

$$\begin{aligned} \mathrm{tr}\left(\hat{S}_x\hat{F}\hat{F}^+\right) = &-\frac{\mathrm{i}}{\sqrt{2}}\left[\left(CA^*+DF^*\right)\mathrm{e}^{\mathrm{i}\varphi}-\left(AC^*+FD^*\right)\mathrm{e}^{-\mathrm{i}\varphi}\right. \\ &\left.+\left(EC^*+BD^*\right)\mathrm{e}^{\mathrm{i}\varphi}-\left(CE^*+DB^*\right)\mathrm{e}^{-\mathrm{i}\varphi}\right] \end{aligned}$$

$$=\sqrt{2}\mathrm{Im}\left[\left(CA^*+DF^*+EC^*+BD^*\right)\mathrm{e}^{\mathrm{i}\varphi}\right]$$

$$\mathrm{tr}\left(\hat{S}_y\hat{F}\hat{F}^+\right)=-\frac{1}{\sqrt{2}}\left[\left(CA^*+DF^*\right)\mathrm{e}^{\mathrm{i}\varphi}+\left(AC^*+FD^*\right)\mathrm{e}^{-\mathrm{i}\varphi}\right.$$
$$\left.+\left(EC^*+BD^*\right)\mathrm{e}^{\mathrm{i}\varphi}+\left(CE^*+DB^*\right)\mathrm{e}^{-\mathrm{i}\varphi}\right]$$
$$=-\sqrt{2}\mathrm{Re}\left[\left(CA^*+DF^*+EC^*+BD^*\right)\mathrm{e}^{\mathrm{i}\varphi}\right]$$

$$\mathrm{tr}\left(\hat{S}_z\hat{F}\hat{F}^+\right)=|A|^2+|F|^2-|E|^2-|B|^2 \tag{6.4.48}$$

利用求式 (6.4.43) 的方法，由式 (6.4.48) 可以求得

$$\tilde{\Sigma}\mathrm{tr}\left(\hat{S}_x\hat{F}\hat{F}^+\right)=2\sqrt{2}\tilde{\Sigma}\mathrm{Re}\left(CA^*+DF^*\right)\sin\varphi$$
$$\tilde{\Sigma}\mathrm{tr}\left(\hat{S}_y\hat{F}\hat{F}^+\right)=-2\sqrt{2}\tilde{\Sigma}\mathrm{Re}\left(CA^*+DF^*\right)\cos\varphi$$
$$\tilde{\Sigma}\mathrm{tr}\left(\hat{S}_z\hat{F}\hat{F}^+\right)=0 \tag{6.4.49}$$

定义

$$P^y(\theta)=\frac{\sqrt{2}}{I_0}\tilde{\Sigma}\mathrm{Re}\left(CA^*+DF^*\right) \tag{6.4.50}$$

$$\overline{P}^i(\theta,\varphi)=\frac{1}{2I_0}\tilde{\Sigma}\mathrm{tr}\left(\hat{S}_i\hat{F}\hat{F}^+\right),\quad i=x,y,z \tag{6.4.51}$$

由式 (6.4.49) ~ 式 (6.4.51) 可得

$$\overline{P}^x(\theta,\varphi)=P^y(\theta)\sin\varphi,\quad \overline{P}^y(\theta,\varphi)=-P^y(\theta)\cos\varphi,\quad \overline{P}^z(\theta,\varphi)=0 \tag{6.4.52}$$

由式 (3.1.36) 和式 (6.4.38) 可以求得

$$\mathrm{tr}\left(\hat{Q}_{xy}\hat{F}\hat{F}^+\right)=-3\mathrm{Im}\left[\left(EA^*+BF^*\right)\mathrm{e}^{2\mathrm{i}\varphi}\right]$$
$$\mathrm{tr}\left(\hat{Q}_{xz}\hat{F}\hat{F}^+\right)=\frac{3}{\sqrt{2}}\mathrm{Im}\left[\left(CA^*+DF^*-EC^*-BD^*\right)\mathrm{e}^{\mathrm{i}\varphi}\right]$$
$$\mathrm{tr}\left(\hat{Q}_{yz}\hat{F}\hat{F}^+\right)=-\frac{3}{\sqrt{2}}\mathrm{Re}\left[\left(CA^*+DF^*-EC^*-BD^*\right)\mathrm{e}^{\mathrm{i}\varphi}\right]$$
$$\mathrm{tr}\left(\hat{Q}_{xx-yy}\hat{F}\hat{F}^+\right)=-6\mathrm{Re}\left[\left(EA^*+BF^*\right)\mathrm{e}^{2\mathrm{i}\varphi}\right]$$
$$tr\left(\hat{Q}_{zz}\hat{F}\hat{F}^+\right)==|A|^2+|F|^2+|E|^2+|B|^2-2\left(|C|^2+|D|^2\right) \tag{6.4.53}$$

利用求式 (6.4.43) 的方法，由式 (6.4.53) 可以求得

$$\tilde{\Sigma}\mathrm{tr}\left(\hat{Q}_{xy}\hat{F}\hat{F}^+\right)=-6\tilde{\Sigma}\mathrm{Re}\left(EA^*\right)\sin\left(2\varphi\right)$$
$$\tilde{\Sigma}\mathrm{tr}\left(\hat{Q}_{xz}\hat{F}\hat{F}^+\right)=3\sqrt{2}\tilde{\Sigma}\mathrm{Im}\left(CA^*+DF^*\right)\cos\varphi$$
$$\tilde{\Sigma}\mathrm{tr}\left(\hat{Q}_{yz}\hat{F}\hat{F}^+\right)=3\sqrt{2}\tilde{\Sigma}\mathrm{Im}\left(CA^*+DF^*\right)\sin\varphi$$

$$\tilde{\Sigma}\mathrm{tr}\left(\hat{Q}_{xx-yy}\hat{F}\hat{F}^{+}\right)=-12\tilde{\Sigma}\mathrm{Re}\left(EA^{*}\right)\cos\left(2\varphi\right)$$

$$\tilde{\Sigma}\mathrm{tr}\left(\hat{Q}_{zz}\hat{F}\hat{F}^{+}\right)=2\tilde{\Sigma}\left(\left|A\right|^{2}+\left|E\right|^{2}-2\left|C\right|^{2}\right)\tag{6.4.54}$$

定义

$$P^{1}\left(\theta\right)=\frac{3}{I_{0}}\tilde{\Sigma}\mathrm{Re}\left(EA^{*}\right),\quad P^{2}\left(\theta\right)=\frac{3}{\sqrt{2}I_{0}}\tilde{\Sigma}\mathrm{Im}\left(CA^{*}+DF^{*}\right)$$

$$P^{3}\left(\theta\right)=\frac{1}{I_{0}}\tilde{\Sigma}\left(\left|A\right|^{2}+\left|E\right|^{2}-2\left|C\right|^{2}\right)\tag{6.4.55}$$

$$\overline{P}^{i}\left(\theta,\varphi\right)=\frac{1}{2I_{0}}\tilde{\Sigma}\mathrm{tr}\left(\hat{Q}_{i}\hat{F}\hat{F}^{+}\right),\quad i=\gamma\tag{6.4.56}$$

由式 (6.4.54) ~ 式 (6.4.56) 可得

$$\overline{P}^{xy}\left(\theta,\varphi\right)=-P^{1}\left(\theta\right)\sin\left(2\varphi\right),\quad \overline{P}^{xz}\left(\theta,\varphi\right)=P^{2}\left(\theta\right)\cos\varphi$$

$$\overline{P}^{yz}\left(\theta,\varphi\right)=P^{2}\left(\theta\right)\sin\varphi,\quad \overline{P}^{xx-yy}\left(\theta\right)=-2P^{1}\left(\theta\right)\cos\left(2\varphi\right)$$

$$\overline{P}^{zz}\left(\theta,\varphi\right)=P^{3}\left(\theta\right)\tag{6.4.57}$$

由式 (3.1.33) 和式 (6.4.41) 可以求得

$$\mathrm{tr}\left(\hat{S}_{x}\hat{F}\hat{\sigma}_{x}\hat{F}^{+}\right)=-\sqrt{2}\mathrm{Im}\left[\left(DA^{*}+BC^{*}\right)+\left(CF^{*}+ED^{*}\right)\mathrm{e}^{2\mathrm{i}\varphi}\right]$$

$$\mathrm{tr}\left(\hat{S}_{y}\hat{F}\hat{\sigma}_{x}\hat{F}^{+}\right)=\sqrt{2}\mathrm{Re}\left[\left(DA^{*}+BC^{*}\right)+\left(CF^{*}+ED^{*}\right)\mathrm{e}^{2\mathrm{i}\varphi}\right]$$

$$\mathrm{tr}\left(\hat{S}_{z}\hat{F}\hat{\sigma}_{x}\hat{F}^{+}\right)=-2\mathrm{Re}\left[\left(AF^{*}-EB^{*}\right)\mathrm{e}^{\mathrm{i}\varphi}\right]$$

$$\mathrm{tr}\left(\hat{S}_{x}\hat{F}\hat{\sigma}_{y}\hat{F}^{+}\right)=-\sqrt{2}\mathrm{Re}\left[\left(DA^{*}+BC^{*}\right)-\left(CF^{*}+ED^{*}\right)\mathrm{e}^{2\mathrm{i}\varphi}\right]$$

$$\mathrm{tr}\left(\hat{S}_{y}\hat{F}\hat{\sigma}_{y}\hat{F}^{+}\right)=-\sqrt{2}\mathrm{Im}\left[\left(DA^{*}+BC^{*}\right)-\left(CF^{*}+ED^{*}\right)\mathrm{e}^{2\mathrm{i}\varphi}\right]$$

$$\mathrm{tr}\left(\hat{S}_{z}\hat{F}\hat{\sigma}_{y}\hat{F}^{+}\right)=-2\mathrm{Im}\left[\left(AF^{*}-EB^{*}\right)\mathrm{e}^{\mathrm{i}\varphi}\right]$$

$$\mathrm{tr}\left(\hat{S}_{x}\hat{F}\hat{\sigma}_{z}\hat{F}^{+}\right)=\sqrt{2}\mathrm{Im}\left[\left(CA^{*}-DF^{*}+EC^{*}-BD^{*}\right)\mathrm{e}^{\mathrm{i}\varphi}\right]$$

$$\mathrm{tr}\left(\hat{S}_{y}\hat{F}\hat{\sigma}_{z}\hat{F}^{+}\right)=-\sqrt{2}\mathrm{Re}\left[\left(CA^{*}-DF^{*}+EC^{*}-BD^{*}\right)\mathrm{e}^{\mathrm{i}\varphi}\right]$$

$$\mathrm{tr}\left(\hat{S}_{z}\hat{F}\hat{\sigma}_{z}\hat{F}^{+}\right)=\left|A\right|^{2}-\left|F\right|^{2}-\left|E\right|^{2}+\left|B\right|^{2}\tag{6.4.58}$$

利用求式 (6.4.43) 的方法，由式 (6.4.58) 可以求得

$$\tilde{\Sigma}\mathrm{tr}\left(\hat{S}_{x}\hat{F}\hat{\sigma}_{x}\hat{F}^{+}\right)=-2\sqrt{2}\tilde{\Sigma}\mathrm{Re}\left(CF^{*}\right)\sin\left(2\varphi\right)$$

$$\tilde{\Sigma}\mathrm{tr}\left(\hat{S}_{y}\hat{F}\hat{\sigma}_{x}\hat{F}^{+}\right)=2\sqrt{2}\tilde{\Sigma}\left[\mathrm{Re}\left(DA^{*}\right)+\mathrm{Re}\left(CF^{*}\right)\cos\left(2\varphi\right)\right]$$

$$\tilde{\Sigma}\mathrm{tr}\left(\hat{S}_{z}\hat{F}\hat{\sigma}_{x}\hat{F}^{+}\right)=4\tilde{\Sigma}\mathrm{Im}\left(AF^{*}\right)\sin\varphi$$

$$\begin{aligned}
&\tilde{\Sigma}\mathrm{tr}\left(\hat{S}_x\hat{F}\hat{\sigma}_y\hat{F}^+\right)=-2\sqrt{2}\tilde{\Sigma}\left[\mathrm{Re}\left(DA^*\right)-\mathrm{Re}\left(CF^*\right)\cos\left(2\varphi\right)\right]\\
&\tilde{\Sigma}\mathrm{tr}\left(\hat{S}_y\hat{F}\hat{\sigma}_y\hat{F}^+\right)=2\sqrt{2}\tilde{\Sigma}\mathrm{Re}\left(CF^*\right)\sin\left(2\varphi\right)\\
&\tilde{\Sigma}\mathrm{tr}\left(\hat{S}_z\hat{F}\hat{\sigma}_y\hat{F}^+\right)=-4\tilde{\Sigma}\mathrm{Im}\left(AF^*\right)\cos\varphi\\
&\tilde{\Sigma}\mathrm{tr}\left(\hat{S}_x\hat{F}\hat{\sigma}_z\hat{F}^+\right)=2\sqrt{2}\tilde{\Sigma}\mathrm{Im}\left(CA^*-DF^*\right)\cos\varphi\\
&\tilde{\Sigma}\mathrm{tr}\left(\hat{S}_y\hat{F}\hat{\sigma}_z\hat{F}^+\right)=2\sqrt{2}\tilde{\Sigma}\mathrm{Im}\left(CA^*-DF^*\right)\sin\varphi\\
&\tilde{\Sigma}\mathrm{tr}\left(\hat{S}_z\hat{F}\hat{\sigma}_z\hat{F}^+\right)=2\tilde{\Sigma}\left(|A|^2-|F|^2\right)
\end{aligned}\tag{6.4.59}$$

定义

$$\begin{aligned}
&R_1\left(\theta\right)=\frac{\sqrt{2}}{I_0}\tilde{\Sigma}\mathrm{Re}\left(DA^*\right),\quad R_2\left(\theta\right)=\frac{\sqrt{2}}{I_0}\tilde{\Sigma}\mathrm{Re}\left(CF^*\right)\\
&Q_1\left(\theta\right)=\frac{2}{I_0}\tilde{\Sigma}\mathrm{Im}\left(AF^*\right),\quad Q_2\left(\theta\right)=\frac{\sqrt{2}}{I_0}\tilde{\Sigma}\mathrm{Im}\left(CA^*-DF^*\right)\\
&W_1\left(\theta\right)=\frac{1}{I_0}\tilde{\Sigma}\left(|A|^2-|F|^2\right)
\end{aligned}\tag{6.4.60}$$

$$K_i^j\left(\theta,\varphi\right)=\frac{1}{2I_0}\tilde{\Sigma}\mathrm{tr}\left(\hat{S}_j\hat{F}\hat{\sigma}_i\hat{F}^+\right),\quad i,j=x,y,z\tag{6.4.61}$$

由式 (6.4.59) ~ 式 (6.4.61) 可得

$$\begin{aligned}
&K_x^x\left(\theta,\varphi\right)=-R_2\left(\theta\right)\sin\left(2\varphi\right),\quad K_x^y\left(\theta,\varphi\right)=R_1\left(\theta\right)+R_2\left(\theta\right)\cos\left(2\varphi\right)\\
&K_x^z\left(\theta,\varphi\right)=Q_1\left(\theta\right)\sin\varphi,\quad K_y^x\left(\theta,\varphi\right)=-R_1\left(\theta\right)+R_2\left(\theta\right)\cos\left(2\varphi\right)\\
&K_y^y\left(\theta,\varphi\right)=R_2\left(\theta\right)\sin\left(2\varphi\right),\quad K_y^z\left(\theta,\varphi\right)=-Q_1\left(\theta\right)\cos\varphi\\
&K_z^x\left(\theta,\varphi\right)=Q_2\left(\theta\right)\cos\varphi,\quad K_z^y\left(\theta,\varphi\right)=Q_2\left(\theta\right)\sin\varphi\\
&K_z^z\left(\theta,\varphi\right)=W_1\left(\theta\right)
\end{aligned}\tag{6.4.62}$$

由式 (3.1.36) 和式 (6.4.41) 可以求得

$$\begin{aligned}
&\mathrm{tr}\left(\hat{Q}_{xy}\hat{F}\hat{\sigma}_x\hat{F}^+\right)=3\mathrm{Im}\left(BA^*\mathrm{e}^{\mathrm{i}\varphi}+EF^*\mathrm{e}^{3\mathrm{i}\varphi}\right)\\
&\mathrm{tr}\left(\hat{Q}_{xz}\hat{F}\hat{\sigma}_x\hat{F}^+\right)=-\frac{3}{\sqrt{2}}\mathrm{Im}\left[\left(DA^*-BC^*\right)+\left(CF^*-ED^*\right)\mathrm{e}^{2\mathrm{i}\varphi}\right]\\
&\mathrm{tr}\left(\hat{Q}_{yz}\hat{F}\hat{\sigma}_x\hat{F}^+\right)=\frac{3}{\sqrt{2}}\mathrm{Re}\left[\left(DA^*-BC^*\right)+\left(CF^*-ED^*\right)\mathrm{e}^{2\mathrm{i}\varphi}\right]\\
&\mathrm{tr}\left(\hat{Q}_{xx-yy}\hat{F}\hat{\sigma}_x\hat{F}^+\right)=6\mathrm{Re}\left(BA^*\mathrm{e}^{\mathrm{i}\varphi}+EF^*\mathrm{e}^{3\mathrm{i}\varphi}\right)\\
&\mathrm{tr}\left(\hat{Q}_{zz}\hat{F}\hat{\sigma}_x\hat{F}^+\right)=-2\mathrm{Re}\left[\left(AF^*+EB^*-2CD^*\right)\mathrm{e}^{\mathrm{i}\varphi}\right]
\end{aligned}$$

$$\begin{aligned}
&\mathrm{tr}\left(\hat{Q}_{xy}\hat{F}\hat{\sigma}_y\hat{F}^+\right)=3\mathrm{Re}\left(BA^*\mathrm{e}^{\mathrm{i}\varphi}-EF^*\mathrm{e}^{3\mathrm{i}\varphi}\right)\\
&\mathrm{tr}\left(\hat{Q}_{xz}\hat{F}\hat{\sigma}_y\hat{F}^+\right)=-\frac{3}{\sqrt{2}}\mathrm{Re}\left[(DA^*-BC^*)-(CF^*-ED^*)\,\mathrm{e}^{2\mathrm{i}\varphi}\right]\\
&\mathrm{tr}\left(\hat{Q}_{yz}\hat{F}\hat{\sigma}_y\hat{F}^+\right)=-\frac{3}{\sqrt{2}}\mathrm{Im}\left[(DA^*-BC^*)-(CF^*-ED^*)\,\mathrm{e}^{2\mathrm{i}\varphi}\right]\\
&\mathrm{tr}\left(\hat{Q}_{xx-yy}\hat{F}\hat{\sigma}_y\hat{F}^+\right)=-6\mathrm{Im}\left(BA^*\mathrm{e}^{\mathrm{i}\varphi}-EF^*\mathrm{e}^{3\mathrm{i}\varphi}\right)\\
&\mathrm{tr}\left(\hat{Q}_{zz}\hat{F}\hat{\sigma}_y\hat{F}^+\right)=-2\mathrm{Im}\left[(AF^*+EB^*-2CD^*)\,\mathrm{e}^{\mathrm{i}\varphi}\right]\\
&\mathrm{tr}\left(\hat{Q}_{xy}\hat{F}\hat{\sigma}_z\hat{F}^+\right)=-3\mathrm{Im}\left[(EA^*-BF^*)\,\mathrm{e}^{2\mathrm{i}\varphi}\right]\\
&\mathrm{tr}\left(\hat{Q}_{xz}\hat{F}\hat{\sigma}_z\hat{F}^+\right)=\frac{3}{\sqrt{2}}\mathrm{Im}\left[(CA^*-DF^*-EC^*+BD^*)\,\mathrm{e}^{\mathrm{i}\varphi}\right]\\
&\mathrm{tr}\left(\hat{Q}_{yz}\hat{F}\hat{\sigma}_z\hat{F}^+\right)=-\frac{3}{\sqrt{2}}\mathrm{Re}\left[(CA^*-DF^*-EC^*+BD^*)\,\mathrm{e}^{\mathrm{i}\varphi}\right]\\
&\mathrm{tr}\left(\hat{Q}_{xx-yy}\hat{F}\hat{\sigma}_z\hat{F}^+\right)=-6\mathrm{Re}\left[(EA^*-BF^*)\,\mathrm{e}^{2\mathrm{i}\varphi}\right]\\
&\mathrm{tr}\left(\hat{Q}_{zz}\hat{F}\hat{\sigma}_z\hat{F}^+\right)=|A|^2-|F|^2+|E|^2-|B|^2-2\,|C|^2+2\,|D|^2
\end{aligned}\tag{6.4.63}$$

利用求式 (6.4.43) 的方法由式 (6.4.63) 可以求得

$$\begin{aligned}
&\tilde{\Sigma}\mathrm{tr}\left(\hat{Q}_{xy}\hat{F}\hat{\sigma}_x\hat{F}^+\right)=3\tilde{\Sigma}\left[\mathrm{Re}\left(BA^*\right)\sin\varphi+\mathrm{Re}\left(EF^*\right)\sin\left(3\varphi\right)\right]\\
&\tilde{\Sigma}\mathrm{tr}\left(\hat{Q}_{xz}\hat{F}\hat{\sigma}_x\hat{F}^+\right)=-3\sqrt{2}\tilde{\Sigma}\left[\mathrm{Im}\left(DA^*\right)+\mathrm{Im}\left(CF^*\right)\cos\left(2\varphi\right)\right]\\
&\tilde{\Sigma}\mathrm{tr}\left(\hat{Q}_{yz}\hat{F}\hat{\sigma}_x\hat{F}^+\right)=-3\sqrt{2}\tilde{\Sigma}\mathrm{Im}\left(CF^*\right)\sin\left(2\varphi\right)\\
&\tilde{\Sigma}\mathrm{tr}\left(\hat{Q}_{xx-yy}\hat{F}\hat{\sigma}_x\hat{F}^+\right)=6\tilde{\Sigma}\left[\mathrm{Re}\left(BA^*\right)\cos\varphi+\mathrm{Re}\left(EF^*\right)\cos\left(3\varphi\right)\right]\\
&\tilde{\Sigma}\mathrm{tr}\left(\hat{Q}_{zz}\hat{F}\hat{\sigma}_x\hat{F}^+\right)=-4\tilde{\Sigma}\mathrm{Re}\left(AF^*-CD^*\right)\cos\varphi\\
&\tilde{\Sigma}\mathrm{tr}\left(\hat{Q}_{xy}\hat{F}\hat{\sigma}_y\hat{F}^+\right)=3\tilde{\Sigma}\left[\mathrm{Re}\left(BA^*\right)\cos\varphi-\mathrm{Re}\left(EF^*\right)\cos\left(3\varphi\right)\right]\\
&\tilde{\Sigma}\mathrm{tr}\left(\hat{Q}_{xz}\hat{F}\hat{\sigma}_y\hat{F}^+\right)=-3\sqrt{2}\tilde{\Sigma}\mathrm{Im}\left(CF^*\right)\sin\left(2\varphi\right)\\
&\tilde{\Sigma}\mathrm{tr}\left(\hat{Q}_{yz}\hat{F}\hat{\sigma}_y\hat{F}^+\right)=-3\sqrt{2}\tilde{\Sigma}\left[\mathrm{Im}\left(DA^*\right)-\mathrm{Im}\left(CF^*\right)\cos\left(2\varphi\right)\right]\\
&\tilde{\Sigma}\mathrm{tr}\left(\hat{Q}_{xx-yy}\hat{F}\hat{\sigma}_y\hat{F}^+\right)=-6\tilde{\Sigma}\left[\mathrm{Re}\left(BA^*\right)\sin\varphi-\mathrm{Re}\left(EF^*\right)\sin\left(3\varphi\right)\right]\\
&\tilde{\Sigma}\mathrm{tr}\left(\hat{Q}_{zz}\hat{F}\hat{\sigma}_y\hat{F}^+\right)=-4\tilde{\Sigma}\mathrm{Re}\left(AF^*-CD^*\right)\sin\varphi\\
&\tilde{\Sigma}\mathrm{tr}\left(\hat{Q}_{xy}\hat{F}\hat{\sigma}_z\hat{F}^+\right)=-6\tilde{\Sigma}\mathrm{Im}\left(EA^*\right)\cos\left(2\varphi\right)\\
&\tilde{\Sigma}\mathrm{tr}\left(\hat{Q}_{xz}\hat{F}\hat{\sigma}_z\hat{F}^+\right)=3\sqrt{2}\tilde{\Sigma}\mathrm{Re}\left(CA^*-DF^*\right)\sin\varphi\\
&\tilde{\Sigma}\mathrm{tr}\left(\hat{Q}_{yz}\hat{F}\hat{\sigma}_z\hat{F}^+\right)=-3\sqrt{2}\tilde{\Sigma}\mathrm{Re}\left(CA^*-DF^*\right)\cos\varphi
\end{aligned}$$

$$\begin{aligned}&\tilde{\Sigma}\mathrm{tr}\left(\hat{Q}_{xx-yy}\hat{F}\hat{\sigma}_z\hat{F}^+\right)=12\tilde{\Sigma}\mathrm{Im}\left(EA^*\right)\sin\left(2\varphi\right)\\&\tilde{\Sigma}\mathrm{tr}\left(\hat{Q}_{zz}\hat{F}\hat{\sigma}_z\hat{F}^+\right)=0\end{aligned}\tag{6.4.64}$$

定义

$$\begin{aligned}&R_3\left(\theta\right)=\frac{3}{2I_0}\tilde{\Sigma}\mathrm{Re}\left(BA^*\right), &&R_4\left(\theta\right)=\frac{3}{2I_0}\tilde{\Sigma}\mathrm{Re}\left(EF^*\right)\\&R_5\left(\theta\right)=\frac{2}{I_0}\tilde{\Sigma}\mathrm{Re}\left(AF^*-CD^*\right), &&R_6\left(\theta\right)=\frac{3}{\sqrt{2}I_0}\tilde{\Sigma}\mathrm{Re}\left(CA^*-DF^*\right)\\&Q_3\left(\theta\right)=\frac{3}{\sqrt{2}I_0}\tilde{\Sigma}\mathrm{Im}\left(DA^*\right), &&Q_4\left(\theta\right)=\frac{3}{\sqrt{2}I_0}\tilde{\Sigma}\mathrm{Im}\left(CF^*\right)\\&Q_5\left(\theta\right)=\frac{3}{I_0}\tilde{\Sigma}\mathrm{Im}\left(EA^*\right)\end{aligned}\tag{6.4.65}$$

$$K_i^j\left(\theta,\varphi\right)=\frac{1}{2I_0}\tilde{\Sigma}\mathrm{tr}\left(\hat{Q}_j\hat{F}\hat{\sigma}_i\hat{F}^+\right),\quad i=x,y,z;\quad j=\gamma\tag{6.4.66}$$

由式 (6.4.64) ~ 式 (6.4.66) 可得

$$\begin{aligned}&K_x^{xy}\left(\theta,\varphi\right)=R_3\left(\theta\right)\sin\varphi+R_4\left(\theta\right)\sin\left(3\varphi\right)\\&K_x^{xz}\left(\theta,\varphi\right)=-Q_3\left(\theta\right)-Q_4\left(\theta\right)\cos\left(2\varphi\right)\\&K_x^{yz}\left(\theta,\varphi\right)=-Q_4\left(\theta\right)\sin\left(2\varphi\right)\\&K_x^{xx-yy}\left(\theta,\varphi\right)=2R_3\left(\theta\right)\cos\varphi+2R_4\left(\theta\right)\cos\left(3\varphi\right)\\&K_x^{zz}\left(\theta,\varphi\right)=-R_5\left(\theta\right)\cos\varphi\\&K_y^{xy}\left(\theta,\varphi\right)=R_3\left(\theta\right)\cos\varphi-R_4\left(\theta\right)\cos\left(3\varphi\right)\\&K_y^{xz}\left(\theta,\varphi\right)=-Q_4\left(\theta\right)\sin\left(2\varphi\right)\\&K_y^{yz}\left(\theta,\varphi\right)=-Q_3\left(\theta\right)+Q_4\left(\theta\right)\cos\left(2\varphi\right)\\&K_y^{xx-yy}\left(\theta,\varphi\right)=-2R_3\left(\theta\right)\sin\varphi+2R_4\left(\theta\right)\sin\left(3\varphi\right)\\&K_y^{zz}\left(\theta,\varphi\right)=-R_5\left(\theta\right)\sin\varphi\\&K_z^{xy}\left(\theta,\varphi\right)=-Q_5\left(\theta\right)\cos\left(2\varphi\right)\\&K_z^{xz}\left(\theta,\varphi\right)=R_6\left(\theta\right)\sin\varphi\\&K_z^{yz}\left(\theta,\varphi\right)=-R_6\left(\theta\right)\cos\varphi\\&K_z^{xx-yy}\left(\theta,\varphi\right)=2Q_5\left(\theta\right)\sin\left(2\varphi\right)\\&K_z^{zz}\left(\theta,\varphi\right)=0\end{aligned}\tag{6.4.67}$$

参照式 (6.2.29) 可以写出 $\vec{\frac{1}{2}}+\mathrm{A}\to\vec{1}+\mathrm{B}$ 反应所对应的 $S=1$ 出射粒子与

θ,φ 角同时有关的极化率为

$$P_j(\theta,\varphi)=\frac{I_0(\theta)}{I(\theta,\varphi)}\left[\overline{P}^j(\theta,\varphi)+\sum_{i=x,y,z}p_iK_i^j(\theta,\varphi)\right],\quad j=\varepsilon \tag{6.4.68}$$

其中，下标 ε 的定义已由式 (3.7.125) 给出。

在前面所得到的结果中，若令 $\varphi=0$ 便自动退化为由 3.10 节所得到的结果。

6.4.4　$\dfrac{\vec{1}}{2}+\mathrm{A}\to\vec{1}+\mathrm{B}$ 反应的极化核数据库

根据前面的讨论，$\dfrac{\vec{1}}{2}+\mathrm{A}\to\vec{1}+\mathrm{B}$ 反应的极化核数据库应包含两体直接反应道随能量变化的与 θ 角有关的以下微分物理量。

(1) 非极化入射粒子所对应的微分截面：$I_0(\theta)$。

(2) 入射粒子的矢量分析本领：$A_x(\theta)$。

(3) 非极化入射粒子所对应的出射粒子的矢量极化率：$P^y(\theta)$；张量极化率：$P^i(\theta)\,(i=1-3)$。

(4) 极化转移系数分量：$R_i(\theta)\,(i=1-6)\,,Q_i(\theta)\,(i=1-5)\,,W_1(\theta)$。

以上物理量的表达式在 6.4.3 小节中已经给出。

由式 (6.2.30) ~ 式 (6.2.32) 给出的有关坐标系变换的讨论在本节也适用。

6.4.5　$\vec{1}+\mathrm{A}\to\dfrac{\vec{1}}{2}+\mathrm{B}$ 和 $\dfrac{\vec{1}}{2}+\mathrm{A}\to\vec{1}+\mathrm{B}$ 反应极化粒子输运理论要点

为了简单起见，我们只考虑这两类反应的二体直接反应，把其他所有反应道都略掉。

取发生 $\vec{1}+\mathrm{A}$ 初始反应 (也称为第一次反应) 的位置为坐标原点 O_0，入射粒子方向为 z 轴。当入射粒子实验室系能量 E_0 确定后，便可以从 $\vec{1}+\mathrm{A}\to\dfrac{\vec{1}}{2}+\mathrm{B}$ 反应的极化核数据库中得到在 6.4.2 小节中列出的 18 种实验室系的微分物理量。于是根据式 (6.4.11)、式 (6.4.18)、式 (6.4.19)、式 (6.4.24)、式 (6.4.29) 和式 (6.4.34) 可以计算出与 (θ,φ) 角有关的各种极化量。

当入射粒子初始极化率 $p_{0i}(i=\varepsilon)$ 已知后，由式 (6.4.19) 可以得到出射粒子微分截面。在不考虑其他反应道的情况下，经过抽样，假设在 (θ_1,φ_1) 方向，与原点 O_0 的距离为 L_1 的 O_1 处第一次反应的出射粒子与原子核又发生了核反应，称为第二次反应。与这次反应对应的入射粒子能量为 E_1。在 O_0 系中处在第二次核反应点 O_1 处的第一次核反应的初始入射粒子和出射粒子的 Stokes 矢量表示式分别为

$$
S_1^{(\mathrm{i})}(\theta_1)=I_0(\theta_1)\begin{pmatrix}1\\ \overline{p}_{0x}\\ \overline{p}_{0y}\\ \overline{p}_{0z}\\ \overline{p}_{0xy}\\ \overline{p}_{0xz}\\ \overline{p}_{0yz}\\ \overline{p}_{0\,xx-yy}\\ \overline{p}_{0zz}\end{pmatrix},\quad S_1^{(\mathrm{f})}(\theta_1,\varphi_1)=I(\theta_1,\varphi_1)\begin{pmatrix}1\\ P_{1x}(\theta_1,\varphi_1)\\ P_{1y}(\theta_1,\varphi_1)\\ P_{1z}(\theta_1,\varphi_1)\end{pmatrix}
\tag{6.4.69}
$$

其中，$\overline{p}_{0i}$ 的定义已由式 (6.3.51) 给出。以上二矢量满足以下关系式

$$
S_1^{(\mathrm{f})}=Z_1S_1^{(\mathrm{i})}
\tag{6.4.70}
$$

其中

$$
Z_1=\begin{pmatrix}1 & \overline{A}_x & \overline{A}_y & 0 & \overline{A}_{xy} & \overline{A}_{xz} & \overline{A}_{yz} & \overline{A}_{xx-yy} & \overline{A}_{zz}\\ \overline{P}^x & K_x^x & K_y^x & K_z^x & K_{xy}^x & K_{xz}^x & K_{yz}^x & K_{xx-yy}^x & K_{zz}^x\\ \overline{P}^y & K_x^y & K_y^y & K_z^y & K_{xy}^y & K_{xz}^y & K_{yz}^y & K_{xx-yy}^y & K_{zz}^y\\ 0 & K_x^z & K_y^z & K_z^z & K_{xy}^z & K_{xz}^z & K_{yz}^z & K_{xx-yy}^z & 0\end{pmatrix}_1
\tag{6.4.71}
$$

这里，下标 1 对应于 (θ_1,φ_1) 和能量 E_0。式 (6.4.70) 是由式 (6.4.19) 和式 (6.4.35) 合并而成的。式 (6.4.70) 是由第一次反应决定的。

O_0 系的三个直角坐标轴转动 (θ_1,φ_1) 角后变成 O_1 系的三个新的直角坐标轴，再把坐标原点从 O_0 平移到 O_1 ，O_0O_1 方向正好是新 z 轴方向。

由式 (6.4.70) 可以得到自旋 $\frac{1}{2}$ 粒子的极化率 $P_{1i}(i=x,y,z)$，这是在在 O_0 系的计算结果。而在 O_1 系中所对应的第二次反应入射粒子的极化率 p_{1i} 为

$$
\begin{pmatrix}p_{1x}\\ p_{1y}\\ p_{1z}\end{pmatrix}=\hat{b}(\theta_1,\varphi_1)\begin{pmatrix}P_{1x}(\theta_1,\varphi_1)\\ P_{1y}(\theta_1,\varphi_1)\\ P_{1z}(\theta_1,\varphi_1)\end{pmatrix}
\tag{6.4.72}
$$

其中，$\hat{b}$ 的表示式已由式 (2.5.53) 或式 (6.2.39) 给出。发生第一次反应后出现在 O_1 处的出射粒子能量为 E_1，再利用 $\vec{\frac{1}{2}}+\mathrm{A}\to\vec{1}+\mathrm{B}$ 反应的极化核数据库及式 (6.4.47)，可以求得在 O_1 处发生反应后在 O_1 系中任意 (θ,φ) 角度的出射粒子的微分截面。在不考虑其他反应道的情况下，经过抽样，假设在 O_1 系中在 (θ_2,φ_2) 方向与 O_1 的距离为 L_2 的 O_2 处发生了第三次反应。在 O_1 系中，在 O_2 处的入射粒子和出射粒子的 Stokes 矢量分别为

$$S_2^{(\mathrm{i})}(\theta_2) = I_0(\theta_2)\begin{pmatrix} 1 \\ p_{1x} \\ p_{1y} \\ p_{1z} \end{pmatrix}, \quad S_2^{(\mathrm{f})} = I(\theta_2, \varphi_2)\begin{pmatrix} 1 \\ P_{2x}(\theta_2,\varphi_2) \\ P_{2y}(\theta_2,\varphi_2) \\ P_{2z}(\theta_2,\varphi_2) \\ P_{2xy}(\theta_2,\varphi_2) \\ P_{2xz}(\theta_2,\varphi_2) \\ P_{2yz}(\theta_2,\varphi_2) \\ P_{2\,xx-yy}(\theta_2,\varphi_2) \\ P_{2zz}(\theta_2,\varphi_2) \end{pmatrix} \tag{6.4.73}$$

以上二矢量满足以下关系式

$$S_2^{(\mathrm{f})} = Z_2 S_2^{(\mathrm{i})} \tag{6.4.74}$$

其中

$$Z_2 = \begin{pmatrix} 1 & \overline{A}_x & \overline{A}_y & 0 \\ \overline{P}^x & K_x^x & K_y^x & K_z^x \\ \overline{P}^y & K_x^y & K_y^y & K_z^y \\ 0 & K_x^z & K_y^z & K_z^z \\ \overline{P}^{xy} & K_x^{xy} & K_y^{xy} & K_z^{xy} \\ \overline{P}^{xz} & K_x^{xz} & K_y^{xz} & K_z^{xz} \\ \overline{P}^{yz} & K_x^{yz} & K_y^{yz} & K_z^{yz} \\ \overline{P}^{xx-yy} & K_x^{xx-yy} & K_y^{xx-yy} & K_z^{xx-yy} \\ \overline{P}^{zz} & K_x^{zz} & K_y^{zz} & 0 \end{pmatrix}_2 \tag{6.4.75}$$

这里，下标 2 对应于 (θ_2, φ_2) 和能量 E_1。Z_2 矩阵中所包含的物理量可以对于能量 E_1，根据式 (6.4.46)、式 (6.4.52)、式 (6.4.57)、式 (6.4.62) 和式 (6.4.67) 从极化核数据库求出。

O_1 系的三个直角坐标轴转动 (θ_2, φ_2) 角后变成 O_2 系的三个新直角坐标轴，再把坐标原点从 O_1 平移到 O_2，O_1O_2 方向正好是 O_2 系的 z 轴方向。通过抽样在 O_2 系的 $(L_3, \theta_3, \varphi_3)$ 处又发生了第三次核反应。

由式 (6.4.74) 可以得到自旋 1 粒子的极化率 $P_{2i}(i=\varepsilon)$，这是在 O_1 系的计算结果。而在 O_2 系中所对应的第三次反应入射粒子的极化率 p_{2i} 为

$$\begin{pmatrix} p_{2x} \\ p_{2y} \\ p_{2z} \end{pmatrix} = \hat{b}(\theta_2, \varphi_2)\begin{pmatrix} P_{2x}(\theta_2,\varphi_2) \\ P_{2y}(\theta_2,\varphi_2) \\ P_{2z}(\theta_2,\varphi_2) \end{pmatrix}$$

$$\begin{pmatrix} \sqrt{\frac{1}{6}}p_{2\ xx-yy} \\ \sqrt{\frac{2}{3}}p_{2xy} \\ \sqrt{\frac{2}{3}}p_{2xz} \\ \sqrt{\frac{2}{3}}p_{2yz} \\ \sqrt{\frac{1}{2}}p_{2zz} \end{pmatrix} = \hat{\gamma}(\theta_2,\varphi_2) \begin{pmatrix} \sqrt{\frac{1}{6}}P_{2\ xx-yy}(\theta_2,\varphi_2) \\ \sqrt{\frac{2}{3}}P_{2xy}(\theta_2,\varphi_2) \\ \sqrt{\frac{2}{3}}P_{2xz}(\theta_2,\varphi_2) \\ \sqrt{\frac{2}{3}}P_{2yz}(\theta_2,\varphi_2) \\ \sqrt{\frac{1}{2}}P_{2zz}(\theta_2,\varphi_2) \end{pmatrix} \tag{6.4.76}$$

其中，$\hat{\gamma}$ 的表达式已由式 (6.3.66) 给出。

式 (6.2.37)、式 (6.2.43) ～ 式 (6.2.45) 在本节都适用。

可把以上方法推广到第三次、第四次 …… 反应过程，注意必须要一直跟踪最后那个出射粒子在实验室 O_0 系中的坐标 (X,Y,Z) 及其他物理量。

前面介绍的是先发生 $\vec{1}+\mathrm{A}\to\vec{\frac{1}{2}}+\mathrm{B}$ 反应，后发生 $\vec{\frac{1}{2}}+\mathrm{A}\to\vec{1}+\mathrm{B}$ 反应的过程，用同样方法也可以研究先发生 $\vec{\frac{1}{2}}+\mathrm{A}\to\vec{1}+\mathrm{B}$ 反应，后发生 $\vec{1}+\mathrm{A}\to\vec{\frac{1}{2}}+\mathrm{B}$ 反应的过程。这两类反应往往又会与 $\vec{\frac{1}{2}}+\mathrm{A}\to\vec{\frac{1}{2}}+\mathrm{B}$ 和 $\vec{1}+\mathrm{A}\to\vec{1}+\mathrm{B}$ 反应联立求解。

6.5 极化粒子输运方程

通常的粒子输运方程为

$$\begin{aligned}&\frac{1}{v}\frac{\partial\psi(\vec{r},E,\vec{\varOmega},t)}{\partial t}+\vec{\varOmega}\cdot\vec{\nabla}\psi(\vec{r},E,\vec{\varOmega},t)+\varSigma_t(\vec{r},E,t)\psi(\vec{r},E,\vec{\varOmega},t)\\&=\iint\varSigma(\vec{r},t;E',\vec{\varOmega}'\to E,\vec{\varOmega})\psi(\vec{r},E',\vec{\varOmega}',t)\mathrm{d}E'\mathrm{d}\vec{\varOmega}'+Q(\vec{r},E,\vec{\varOmega},t)\end{aligned} \tag{6.5.1}$$

假设我们是在实验室系中进行研究。粒子速度 $v=\sqrt{\frac{2E}{m}}$，m 和 E 分别为粒子质量和能量。一般选用以初始入射粒子方向为 z 轴的 xyz 直角坐标系，通常把坐标原点 O_0 选在核装置中心处。$\vec{\varOmega}$ 代表所描述粒子相对于 O_0 直角坐标系的粒子运动方向，$\vec{\varOmega}$ 的长度为 1。ψ 是有 7 个自由度的粒子通量。宏观截面 $\varSigma$ 和微观截面 σ 的关系为 $\varSigma=\rho\sigma$，ρ 为核介质密度。如果核介质密度与时间 t 无关，$\rho=\rho(\vec{r})$，这时粒子输运方程可以单独求解；如果核介质密度与时间 t 有关，$\rho=\rho(\vec{r},t)$，这时粒子输运方程便要和描述核介质密度随时间和空间变化的流体力学方程联立求解。

本节虽然选用 $\rho = \rho(\vec{r}, t)$ 的情况，但是这里并不给出求解 $\rho(\vec{r}, t)$ 的方程。在方程 (6.5.1) 中，Σ_t 是宏观全截面，$\Sigma(\vec{r}, t; E', \vec{\Omega}' \to E, \vec{\Omega})$ 代表介质中全部核素的乘上次级粒子数的各种反应道宏观双微分截面之和。Q 为源项。

极化粒子输运方程变为

$$\begin{aligned}
&\frac{1}{v}\frac{\partial \psi(\vec{r}, E, \vec{\Omega}, s, t)}{\partial t} + \vec{\Omega} \cdot \vec{\nabla} \psi(\vec{r}, E, \vec{\Omega}, s, t) + \Sigma_t(\vec{r}, E, t)\psi(\vec{r}, E, \vec{\Omega}, s, t) \\
&= \iint \Sigma_0(\vec{r}, t; E', \vec{\Omega}' \to E, \vec{\Omega})\psi(\vec{r}, E', \vec{\Omega}', s, t)\mathrm{d}E'\mathrm{d}\vec{\Omega}' \\
&\quad + \iint \sum_{s'} \left[\Sigma_{\mathrm{p}}(\vec{r}, t; E', \vec{\Omega}', s' \to E, \vec{\Omega}, s)\psi(\vec{r}, E', \vec{\Omega}', s', t)\right]\mathrm{d}E'\mathrm{d}\vec{\Omega}' \\
&\quad + Q(\vec{r}, E, \vec{\Omega}, s, t)
\end{aligned} \tag{6.5.2}$$

设粒子自旋为 S，用 s 代表粒子自旋磁量子数，对于核子 $S = \dfrac{1}{2}$，$s = \dfrac{1}{2}, -\dfrac{1}{2}$；对于氘核 $S = 1$，$s = 1, 0, -1$。这时，ψ 是有 8 个自由度的粒子通量。在上式中，Σ_0 对应于 Σ 的非极化反应道部分，不改变 s 值；Σ_{p} 对应于 Σ 的极化反应道部分，可能会改变 s 值。

方程 (6.5.1) 中的 $\Sigma(\vec{r}, t; E', \vec{\Omega}' \to E, \vec{\Omega})\psi(\vec{r}, E', \vec{\Omega}', t)$ 和方程 (6.5.2) 中的 $\Sigma_0(\vec{r}, t; E', \vec{\Omega}' \to E, \vec{\Omega})\psi(\vec{r}, E', \vec{\Omega}', s, t)$ 代表具有各种能量 E' 和运动方向 $\vec{\Omega}'$ 的入射粒子在时刻 t 和空间点 $\vec{r}$ 处与靶核发生了核反应，这些反应都可以产生能量为 E、运动方向为 $\vec{\Omega}$ 的出射粒子。方程 (6.5.2) 中的 Σ_{p} 项代表自旋磁量子数为 s' 的入射粒子对于自旋磁量子数为 s 的出射粒子的贡献，s' 和 s 可以相同也可以不同。对 $\mathrm{d}E'\mathrm{d}\vec{\Omega}'$ 的积分在计算时可以把 $E', \vec{\Omega}'$ 离散化后用求和代替。

$\vec{\Omega}'$ 在 O_0 系中的方向角为 (θ', φ')。下边建立第二个直角坐标系，其坐标原点 O_1 选在 $\vec{r}$ 处，其新 z 轴 z_1 选在 $\vec{\Omega}'$ 方向，即 (θ', φ') 方向。注意，z_1 轴不是沿着 $\vec{r}$ 方向的。O_1 系的三个新坐标轴相对于 O_0 系的三个坐标轴转动了 (θ', φ') 角。我们知道角度 (θ', φ') 和 (θ, φ) 都是相对于 O_0 系的，而且 O_1 系的坐标轴与 O_0 系的坐标轴之间的角度关系与空间坐标 $\vec{r}$ 无关，并且由于核反应是在 $\vec{r}$ 处发生的，入射粒子和出射粒子也都出现在 $\vec{r}$ 处，因而我们把 O_0 点平移到 O_1 点进行分析，但是 O_0 系的坐标轴不做任何转动。在 O_0 系中单位矢量 $\vec{\Omega}$ 的三个分量为

$$\begin{aligned}
\Omega_x &= \sin\theta\cos\varphi \\
\Omega_y &= \sin\theta\sin\varphi \\
\Omega_z &= \cos\theta
\end{aligned} \tag{6.5.3}$$

同样是这个单位矢量 $\vec{\Omega}$，在 O_1 系中其三个分量则为

$$\begin{aligned}\varOmega_{x_1} &= \sin\theta_1\cos\varphi_1 \\ \varOmega_{y_1} &= \sin\theta_1\sin\varphi_1 \\ \varOmega_{z_1} &= \cos\theta_1\end{aligned} \tag{6.5.4}$$

用这种方法确定的 (θ_1,φ_1) 和 (θ,φ) 有一一对应关系。对于由式 (6.5.3) 给出的单位矢量 $\vec{\varOmega}$，使用由式 (6.2.39) 给出的矩阵 $\hat{b}(\theta',\varphi')$ 可以把它变换成在 O_1 系中的表示，即

$$\begin{pmatrix}\varOmega_{x_1}\\ \varOmega_{y_1}\\ \varOmega_{z_1}\end{pmatrix}=\hat{b}(\theta',\varphi')\begin{pmatrix}\varOmega_{x}\\ \varOmega_{y}\\ \varOmega_{z}\end{pmatrix} \tag{6.5.5}$$

利用式 (6.2.39) 和式 (6.5.3) 由上式可得

$$\begin{aligned}\varOmega_{x_1} &= \cos\theta'\cos\varphi' \ \sin\theta\cos\varphi+\cos\theta'\sin\varphi' \ \sin\theta\sin\varphi-\sin\theta'\cos\theta \\ \varOmega_{y_1} &= -\sin\varphi' \ \sin\theta\cos\varphi+\cos\varphi' \ \sin\theta\sin\varphi \\ \varOmega_{z_1} &= \sin\theta'\cos\varphi' \ \sin\theta\cos\varphi+\sin\theta'\sin\varphi' \ \sin\theta\sin\varphi+\cos\theta'\cos\theta\end{aligned} \tag{6.5.6}$$

把式 (6.5.4) 和式 (6.5.6) 的第三式进行对比可得

$$\begin{aligned}\cos\theta_1 &= \cos\theta'\cos\theta+\sin\theta'\sin\theta(\cos\varphi'\cos\varphi+\sin\varphi'\sin\varphi) \\ &= \cos\theta'\cos\theta+\sin\theta'\sin\theta\cos(\varphi-\varphi')\end{aligned} \tag{6.5.7}$$

把式 (6.5.4) 和式 (6.5.6) 的第一式除以第二式又可以得到

$$\cot\varphi_1=\cos\theta'\cot(\varphi-\varphi')-\frac{\sin\theta'\cot\theta}{\sin(\varphi-\varphi')} \tag{6.5.8}$$

以上二式与式 (1.3.3) 是一致的。对于需要考虑极化效应的形状弹性散射和二体直接反应道来说，由于实验室坐标系和质心坐标系的变换原因，在实验室系中，出射粒子能量 E 与粒子出射角度 θ_1 有一一对应关系。首先我们可以把式 (6.5.7) 改写成

$$\cos(\varphi-\varphi')=\frac{1}{\sin\theta'\sin\theta}(\cos\theta_1-\cos\theta'\cos\theta) \tag{6.5.9}$$

当出射粒子能量 E 确定后，$\cos\theta_1$ 也就确定了，因而在式 (6.5.2) 右边第二项对 $\mathrm{d}\vec{\varOmega}'$ 积分时，只要 θ' 确定了，便可由式 (6.5.9) 求得 φ' 值，这就相当于减少了一重积分。

下边我们以中子输运为例，并且只考虑一个极化反应道。在时间 t 和空间点 $\vec{r}$ 处，在 O_0 系中能量为 E' 的中子入射方向是 $\vec{\varOmega}'$。现在我们改成在 O_1 系中进行研究，这时入射中子方向是 z_1 轴方向。当入射中子实验室系能量 E' 确定后便可以从极化

核数据库中得到实验室系的八种微分量：$I_0(\theta_1), A_y(\theta_1), P^y(\theta_1), R_1(\theta_1), R_2(\theta_1), Q_1(\theta_1), Q_2(\theta_1), W(\theta_1)$。于是根据式 (6.2.14)、式 (6.2.21) 和式 (6.2.28) 可以计算出在 O_1 系中与 (θ_1, φ_1) 角有关的各种极化量。

设 $P_i(\vec{r}, E', \vec{\Omega}', s', t)$, $i = x, y, z$, 是 O_0 系中能量为 E'、运动方向为 $\vec{\Omega}'$、自旋磁量子数为 s' 的中子极化矢量分量，这 3 个极化率函数要和中子通量 $\psi(\vec{r}, E, \vec{\Omega}, s, t)$ 联合求解。注意，粒子运动方向和极化方向是两码事。若在 O_1 系中观察 $P_i(\vec{r}, E', \vec{\Omega}', s', t)$, $i = x, y, z$，它们则变成

$$\vec{p}_1(\vec{r}, E', \vec{\Omega}', s', t) = \hat{b}(\theta', \varphi')\vec{P}(\vec{r}, E', \vec{\Omega}', s', t) \tag{6.5.10}$$

矩阵 $\hat{b}(\theta', \varphi')$ 已由式 (2.5.53) 或式 (6.2.39) 给出，于是由上式得到

$$\begin{aligned}
p_{1x} &= \cos\theta' \cos\varphi' P_x + \cos\theta' \sin\varphi' P_y - \sin\theta' P_z \\
p_{1y} &= -\sin\varphi' P_x + \cos\varphi' P_y \\
p_{1z} &= \sin\theta' \cos\varphi' P_x + \sin\theta' \sin\varphi' P_y + \cos\theta' P_z
\end{aligned} \tag{6.5.11}$$

其中，$p_{1i} = p_{1i}(\vec{r}, E', \vec{\Omega}', s', t)$, $i = x, y, z$。于是在 O_1 系中可以写出入射中子的 Stokes 矢量为

$$S^{(\mathrm{i})}\left(\vec{r}, E', E, \theta_1, \vec{\Omega}', s', t\right) = I_0\left(E', E, \theta_1\right)\begin{pmatrix} 1 \\ p_{1x}(\vec{r}, E', \vec{\Omega}', s', t) \\ p_{1y}(\vec{r}, E', \vec{\Omega}', s', t) \\ p_{1z}(\vec{r}, E', \vec{\Omega}', s', t) \end{pmatrix} \tag{6.5.12}$$

出射中子的 Stokes 矢量表示式为

$$\begin{aligned}
&S^{(\mathrm{f})}\left(\vec{r}, E', E, \theta_1, \varphi_1, \vec{\Omega}', s', t\right) \\
&= I\left(\vec{r}, E', E, \theta_1, \varphi_1, \vec{\Omega}', s', t\right)\begin{pmatrix} 1 \\ P_{1x}\left(\vec{r}, E', E, \theta_1, \varphi_1, \vec{\Omega}', s', t\right) \\ P_{1y}\left(\vec{r}, E', E, \theta_1, \varphi_1, \vec{\Omega}', s', t\right) \\ P_{1z}\left(\vec{r}, E', E, \theta_1, \varphi_1, \vec{\Omega}', s', t\right) \end{pmatrix}
\end{aligned} \tag{6.5.13}$$

以上二式满足以下关系式

$$S^{(\mathrm{f})} = Z_1 S^{(\mathrm{i})} \tag{6.5.14}$$

其中，Mueller 矩阵 Z_1 的表达式已由式 (6.2.36) 给出

$$Z_1 = \begin{pmatrix} 1 & \overline{A}_x & \overline{A}_y & 0 \\ \overline{P}^x & K_x^x & K_y^x & K_z^x \\ \overline{P}^y & K_x^y & K_y^y & K_z^y \\ 0 & K_x^z & K_y^z & K_z^z \end{pmatrix}_1 \tag{6.5.15}$$

这里，下标 1 代表能量 E' 和角度 (θ_1, φ_1)。$I\left(\vec{r}, E', E, \theta_1, \varphi_1, \Omega', s', t\right)$ 就是出射中子微观微分截面，根据式 (6.5.7) 和式 (6.5.8) 可以解得 $\theta_1(\theta', \varphi', \theta, \varphi)$ 和 $\varphi_1(\theta', \varphi', \theta, \varphi)$，因而它也是 $(\theta', \varphi', \theta, \varphi)$ 的函数。设出射中子自旋磁量子数为 s，式 (6.5.13) 中的 $I\left(\vec{r}, E', E, \theta_1, \varphi_1, \Omega', s', t\right)$ 包含了 $s = \pm\dfrac{1}{2}$ 两部分的贡献。

式 (6.5.13) 中的出射中子的极化矢量 $\vec{P}_1$ 的三个分量 (P_{1x}, P_{1y}, P_{1z}) 是在 O_1 系中给出的。而改在 O_0 系中观察此矢量却变成

$$\vec{p} = \hat{B}(\theta', \varphi')\vec{P}_1 \tag{6.5.16}$$

矩阵 $\hat{B}(\theta', \varphi')$ 已由式 (2.5.52) 或式 (6.2.38) 给出，于是由上式得到

$$\begin{aligned} p_x &= \cos\theta' \cos\varphi' P_{1x} - \sin\varphi' P_{1y} + \sin\theta' \cos\varphi' P_{1z} \\ p_y &= \cos\theta' \sin\varphi' P_{1x} + \cos\varphi' P_{1y} + \sin\theta' \sin\varphi' P_{1z} \\ p_z &= -\sin\theta' P_{1x} + \cos\theta' P_{1z} \end{aligned} \tag{6.5.17}$$

其中，$p_i = p_i(\vec{r}, E', E, \theta_1, \varphi_1, \vec{\Omega}', s', t)$，$i = x, y, z$。由上式可以求得在 O_0 系中出射中子极化矢量 $\vec{p}$ 的绝对值为

$$p_0 = \sqrt{p_x^2 + p_y^2 + p_z^2} \tag{6.5.18}$$

在球坐标系中矢量 $\vec{p}$ 的径向分量就是 $p = p_0$。

我们知道自旋 $\dfrac{1}{2}$ 粒子极化度的定义为

$$p = N_{\frac{1}{2}} - N_{-\frac{1}{2}} \tag{6.5.19}$$

这里规定 $0 \leqslant N_s \leqslant 1$，$N_{\frac{1}{2}} \geqslant N_{-\frac{1}{2}}$，$p \geqslant 0$，即规定所占份额 N_s 大的自旋投影方向为粒子正极化方向。其归一化条件要求

$$N_{\frac{1}{2}} + N_{-\frac{1}{2}} = 1 \tag{6.5.20}$$

于是由以上二式可以求得

$$N_{\frac{1}{2}} = \frac{1}{2}(1 + p), \quad N_{-\frac{1}{2}} = \frac{1}{2}(1 - p) \tag{6.5.21}$$

在这里我们取 $p=p_0$，其中 p_0 已由式 (6.5.18) 给出。因此由上式得到的 N_s 也是 $\left(\vec{r},E',E,\theta_1,\varphi_1,\vec{\varOmega}',s',t\right)$ 的函数。

利用前面的结果可以得到在式 (6.5.2) 中出现的极化宏观双微分截面为

$$\begin{aligned}&\varSigma_{\mathrm{p}}(\vec{r},t;E',\vec{\varOmega}',s'\to E,\vec{\varOmega},s)\\&=\rho\left(\vec{r},t\right)N_s\left(\vec{r},E',E,\theta_1,\varphi_1,\vec{\varOmega}',s',t\right)I\left(\vec{r},E',E,\theta_1,\varphi_1,\vec{\varOmega}',s',t\right)\end{aligned}\tag{6.5.22}$$

其中，$\rho\left(\vec{r},t\right)$ 是核介质密度，N_s 已由式 (6.5.21) 给出，出现在式 (6.5.13) 中的 $I\left(\vec{r},E',E,\theta_1,\varphi_1,\vec{\varOmega}',s',t\right)$ 可由式 (6.5.14) 解出。进而还可以求得在 O_0 系中能量为 E、运动方向为 $\vec{\varOmega}$、自旋磁量子数为 s 的出射中子极化矢量分量为

$$\begin{aligned}&P_i(\vec{r},E,\vec{\varOmega},s,t)\\&=d_s\iint\sum_{s'}\left[N_s\left(\vec{r},E',E,\theta_1,\varphi_1,\vec{\varOmega}',s',t\right)p_i\left(\vec{r},E',E,\theta_1,\varphi_1,\vec{\varOmega}',s',t\right)\right]\mathrm{d}E'\mathrm{d}\vec{\varOmega}'\\&\qquad s=\frac{1}{2},-\frac{1}{2};\quad i=x,y,z\end{aligned}\tag{6.5.23}$$

其中，$p_i=p_i(\vec{r},E',E,\theta_1,\varphi_1,\vec{\varOmega}',s',t)$, $i=x,y,z$, 已由式 (6.5.17) 给出。方向因子 d_s 的定义为

$$d_s=\begin{cases}1, & 当s=\dfrac{1}{2}时\\-1, & 当s=-\dfrac{1}{2}时\end{cases}\tag{6.5.24}$$

在前面的表达式中，(θ_1,φ_1) 与 $(\theta',\varphi',\theta,\varphi)$ 的关系可由式 (6.5.7) 和式 (6.5.8) 得到，因此原来与角度 $(\theta_1,\varphi_1,\vec{\varOmega}')$ 有关的函数对角度 $\vec{\varOmega}'$ 积分后便只剩下与角度 $\vec{\varOmega}$ 的关系了。由式 (6.5.23) 给出的中子极化矢量分量正是在式 (6.5.10) 或式 (6.5.11) 中要用到的 O_0 系的中子极化矢量分量。当待解的 4 个函数的初始条件和边界条件确定后，把式 (6.5.22) 代入式 (6.5.2) 便可以和式 (6.5.23) 联合求解了。实际上，在求解中子通量过程中顺便就可以计算出中子极化矢量的三个分量，从计算数学角度看，中子极化矢量分量的计算不会带来多大困难。因而可以预计，当所需要的中子通常微观核数据和极化微观核数据具备以后，可以把求解通常中子输运方程的方法推广用于极化中子输运方程的求解。

下边我们研究极化氘核输运方程，并且也只考虑一个极化反应道。在时间 t 和空间点 $\vec{r}$ 处，在 O_0 系中能量为 E' 的氘核入射方向是 $\vec{\varOmega}'$。现在我们改成在 O_1 系中进行研究，这时入射氘核方向是 z_1 轴方向。当入射氘核实验室系能量 E' 确定后便可以从极化核数据库中得到实验室系的 42 种微分量：$I_0(\theta_1)$, $A_y(\theta_1)$,

$A_i(\theta_1)(i=1-3)$, $P^y(\theta_1)$, $P^i(\theta_1)(i=1-3)$, $R_i(\theta_1)(i=1-16), Q_i(\theta_1)(i=1-15)$, $W_i(\theta_1)(i=1,2)$。于是根据式 (6.3.11)、式 (6.3.18)、式 (6.3.19)、式 (6.3.24)、式 (6.3.29)、式 (6.3.34)、式 (6.3.39)、式 (6.3.44) 和式 (6.3.49) 可以计算出与 (θ_1,φ_1) 角有关的各种极化量。

设 $P_i^{\rm v}(\vec{r},E',\vec{\Omega}',s',t)$, $i=x,y,z$, 是 O_0 系中能量为 E'、运动方向为 $\vec{\Omega}'$、自旋磁量子数为 s' 的氘核极化矢量分量，设 $P_i^{\rm t}(\vec{r},E',\vec{\Omega}',s',t), i=xy,xz,yz,xx-yy,zz$ 是 O_0 系中能量为 E'、运动方向为 $\vec{\Omega}'$、自旋磁量子数为 s' 的氘核极化张量分量。这 8 个极化率函数要和氘核通量 $\psi(\vec{r},E,\vec{\Omega},s,t)$ 联合求解。若在 O_1 系中观察 $P_i^{\rm v}(\vec{r},E',\vec{\Omega}',s',t)$, $i=x,y,z$，它们则变成

$$\vec{p}_1^{\rm v}(\vec{r},E',\vec{\Omega}',s',t)=\hat{b}(\theta',\varphi')\vec{P}^{\rm v}(\vec{r},E',\vec{\Omega}',s',t) \tag{6.5.25}$$

矩阵 $\hat{b}(\theta',\varphi')$ 已由式 (2.5.53) 或式 (6.2.39) 给出。若在 O_1 系中观察 $P_i^{\rm t}(\vec{r},E',\vec{\Omega}',s',t)$, $i=xy,xz,yz,xx-yy,zz$，它们则变成

$$\begin{pmatrix}\sqrt{\frac{1}{6}}p_{1\ xx-yy}^{\rm t}(\vec{r},E',\vec{\Omega}',s',t)\\ \sqrt{\frac{2}{3}}p_{1\ xy}^{\rm t}(\vec{r},E',\vec{\Omega}',s',t)\\ \sqrt{\frac{2}{3}}p_{1\ xz}^{\rm t}(\vec{r},E',\vec{\Omega}',s',t)\\ \sqrt{\frac{2}{3}}p_{1\ yz}^{\rm t}(\vec{r},E',\vec{\Omega}',s',t)\\ \sqrt{\frac{1}{2}}p_{1\ zz}^{\rm t}(\vec{r},E',\vec{\Omega}',s',t)\end{pmatrix}=\hat{\gamma}(\theta',\varphi')\begin{pmatrix}\sqrt{\frac{1}{6}}P_{xx-yy}^{\rm t}(\vec{r},E',\vec{\Omega}',s',t)\\ \sqrt{\frac{2}{3}}P_{xy}^{\rm t}(\vec{r},E',\vec{\Omega}',s',t)\\ \sqrt{\frac{2}{3}}P_{xz}^{\rm t}(\vec{r},E',\vec{\Omega}',s',t)\\ \sqrt{\frac{2}{3}}P_{yz}^{\rm t}(\vec{r},E',\vec{\Omega}',s',t)\\ \sqrt{\frac{1}{2}}P_{zz}^{\rm t}(\vec{r},E',\vec{\Omega}',s',t)\end{pmatrix} \tag{6.5.26}$$

矩阵 $\hat{\gamma}(\theta',\varphi')$ 已由式 (6.3.66) 给出。再根据式 (6.3.51) 我们定义

$$\overline{p}_{1i}^{\rm v}(\vec{r},E',\vec{\Omega}',s',t)=\frac{3}{2}p_{1i}^{\rm v}(\vec{r},E',\vec{\Omega}',s',t),\quad i=x,y,z$$

$$\overline{p}_{1i}^{\rm t}(\vec{r},E',\vec{\Omega}',s',t)=\begin{cases}\frac{2}{3}p_{1i}^{\rm t}(\vec{r},E',\vec{\Omega}',s',t), & i=xy,xz,yz\\ \frac{1}{6}p_{1i}^{\rm t}(\vec{r},E',\vec{\Omega}',s',t), & i=xx-yy\\ \frac{1}{2}p_{1i}^{\rm t}(\vec{r},E',\vec{\Omega}',s',t), & i=zz\end{cases} \tag{6.5.27}$$

于是在 O_1 系中可以写出入射氘核的 Stokes 矢量为

$$
S^{(\mathrm{i})}\left(\vec{r},E',E,\theta_1,\vec{\Omega}',s',t\right)=I_0\left(E',E,\theta_1\right)\begin{pmatrix}1\\ \overline{p}^{\mathrm{v}}_{1x}(\vec{r},E',\vec{\Omega}',s',t)\\ \overline{p}^{\mathrm{v}}_{1y}(\vec{r},E',\vec{\Omega}',s',t)\\ \overline{p}^{\mathrm{v}}_{1z}(\vec{r},E',\vec{\Omega}',s',t)\\ \overline{p}^{\mathrm{t}}_{1xy}(\vec{r},E',\vec{\Omega}',s',t)\\ \overline{p}^{\mathrm{t}}_{1xz}(\vec{r},E',\vec{\Omega}',s',t)\\ \overline{p}^{\mathrm{t}}_{1yz}(\vec{r},E',\vec{\Omega}',s',t)\\ \overline{p}^{\mathrm{t}}_{1\ xx-yy}(\vec{r},E',\vec{\Omega}',s',t)\\ \overline{p}^{\mathrm{t}}_{1zz}(\vec{r},E',\vec{\Omega}',s',t)\end{pmatrix}\tag{6.5.28}
$$

出射氘核的 Stokes 矢量表示式为

$$
\begin{aligned}
&S^{(\mathrm{f})}\left(\vec{r},E',E,\theta_1,\varphi_1,\vec{\Omega}',s',t\right)\\
&=I\left(\vec{r},E',E,\theta_1,\varphi_1,\vec{\Omega}',s',t\right)\begin{pmatrix}1\\ P^{\mathrm{v}}_{1x}\left(\vec{r},E',E,\theta_1,\varphi_1,\vec{\Omega}',s',t\right)\\ P^{\mathrm{v}}_{1y}\left(\vec{r},E',E,\theta_1,\varphi_1,\vec{\Omega}',s',t\right)\\ P^{\mathrm{v}}_{1z}\left(\vec{r},E',E,\theta_1,\varphi_1,\vec{\Omega}',s',t\right)\\ P^{\mathrm{t}}_{1xy}\left(\vec{r},E',E,\theta_1,\varphi_1,\vec{\Omega}',s',t\right)\\ P^{\mathrm{t}}_{1xz}\left(\vec{r},E',E,\theta_1,\varphi_1,\vec{\Omega}',s',t\right)\\ P^{\mathrm{t}}_{1yz}\left(\vec{r},E',E,\theta_1,\varphi_1,\vec{\Omega}',s',t\right)\\ P^{\mathrm{t}}_{1\ xx-yy}\left(\vec{r},E',E,\theta_1,\varphi_1,\vec{\Omega}',s',t\right)\\ P^{\mathrm{t}}_{1zz}\left(\vec{r},E',E,\theta_1,\varphi_1,\vec{\Omega}',s',t\right)\end{pmatrix}
\end{aligned}\tag{6.5.29}
$$

以上二式满足以下关系式

$$
S^{(\mathrm{f})}=Z_1S^{(\mathrm{i})}\tag{6.5.30}
$$

其中，Mueller 矩阵 Z_1 的表达式已由式 (6.3.54) 给出

$Z_1 =$

$$\begin{pmatrix} 1 & \overline{A}_x & \overline{A}_y & 0 & \overline{A}_{xy} & \overline{A}_{xz} & \overline{A}_{yz} & \overline{A}_{xx-yy} & \overline{A}_{zz} \\ \overline{P}^x & K_x^x & K_y^x & K_z^x & K_{xy}^x & K_{xz}^x & K_{yz}^x & K_{xx-yy}^x & K_{zz}^x \\ \overline{P}^y & K_x^y & K_y^y & K_z^y & K_{xy}^y & K_{xz}^y & K_{yz}^y & K_{xx-yy}^y & K_{zz}^y \\ 0 & K_x^z & K_y^z & K_z^z & K_{xy}^z & K_{xz}^z & K_{yz}^z & K_{xx-yy}^z & 0 \\ \overline{P}^{xy} & K_x^{xy} & K_y^{xy} & K_z^{xy} & K_{xy}^{xy} & K_{xz}^{xy} & K_{yz}^{xy} & K_{xx-yy}^{xy} & K_{zz}^{xy} \\ \overline{P}^{xz} & K_x^{xz} & K_y^{xz} & K_z^{xz} & K_{xy}^{xz} & K_{xz}^{xz} & K_{yz}^{xz} & K_{xx-yy}^{xz} & K_{zz}^{xz} \\ \overline{P}^{yz} & K_x^{yz} & K_y^{yz} & K_z^{yz} & K_{xy}^{yz} & K_{xz}^{yz} & K_{yz}^{yz} & K_{xx-yy}^{yz} & K_{zz}^{yz} \\ \overline{P}^{xx-yy} & K_x^{xx-yy} & K_y^{xx-yy} & K_z^{xx-yy} & K_{xy}^{xx-yy} & K_{xz}^{xx-yy} & K_{yz}^{xx-yy} & K_{xx-yy}^{xx-yy} & K_{zz}^{xx-yy} \\ \overline{P}^{zz} & K_x^{zz} & K_y^{zz} & 0 & K_{xy}^{zz} & K_{xz}^{zz} & K_{yz}^{zz} & K_{xx-yy}^{zz} & K_{zz}^{zz} \end{pmatrix}_1 \tag{6.5.31}$$

这里，下标 1 代表能量 E' 和角度 (θ_1, φ_1)。$I\left(\vec{r}, E', E, \theta_1, \varphi_1, \Omega', s', t\right)$ 就是出射氘核微观微分截面，根据式 (6.5.7) 和式 (6.5.8) 可知它也是 $(\theta', \varphi', \theta, \varphi)$ 的函数。设出射氘核自旋磁量子数为 s，式 (6.5.29) 中的 $I\left(\vec{r}, E', E, \theta_1, \varphi_1, \Omega', s', t\right)$ 包含了 $s = \pm 1, 0$ 三部分的贡献。

式 (6.5.29) 中的出射氘核的极化矢量 $\vec{P}_1^{\mathrm{v}}$ 的三个分量 $\left(P_{1x}^{\mathrm{v}}, P_{1y}^{\mathrm{v}}, P_{1z}^{\mathrm{v}}\right)$ 和 $\vec{P}_1^{\mathrm{t}}$ 的五个分量 $\left(P_{1xy}^{\mathrm{t}}, P_{1xz}^{\mathrm{t}}, P_{1yz}^{\mathrm{t}}, P_{1\ xx-yy}^{\mathrm{t}}, P_{1zz}^{\mathrm{t}}\right)$ 是在 O_1 系中给出的。而改在 O_0 系中进行观察，$\vec{P}_1^{\mathrm{v}}$ 变成

$$\vec{p}^{\mathrm{v}} = \hat{B}(\theta', \varphi')\vec{P}_1^{\mathrm{v}} \tag{6.5.32}$$

矩阵 $\hat{B}(\theta', \varphi')$ 已由式 (2.5.52) 或式 (6.2.38) 给出；$\vec{P}_1^{\mathrm{t}}$ 变成

$$\begin{pmatrix} \sqrt{\frac{1}{6}} p_{xx-yy}^{\mathrm{t}} \\ \sqrt{\frac{2}{3}} p_{xy}^{\mathrm{t}} \\ \sqrt{\frac{2}{3}} p_{xz}^{\mathrm{t}} \\ \sqrt{\frac{2}{3}} p_{yz}^{\mathrm{t}} \\ \sqrt{\frac{1}{2}} p_{zz}^{\mathrm{t}} \end{pmatrix} = \hat{\Gamma}(\theta', \varphi') \begin{pmatrix} \sqrt{\frac{1}{6}} P_{1\ xx-yy}^{\mathrm{t}} \\ \sqrt{\frac{2}{3}} P_{1\ xy}^{\mathrm{t}} \\ \sqrt{\frac{2}{3}} P_{1\ xz}^{\mathrm{t}} \\ \sqrt{\frac{2}{3}} P_{1\ yz}^{\mathrm{t}} \\ \sqrt{\frac{1}{2}} P_{1\ zz}^{\mathrm{t}} \end{pmatrix} \tag{6.5.33}$$

矩阵 $\hat{\Gamma}(\theta', \varphi')$ 已由式 (6.3.65) 给出。在 O_0 系中出射氘核极化矢量 $\vec{p}^{\mathrm{v}}$ 和极化张量 $\vec{p}^{\mathrm{t}}$ 都是沿氘核极化方向的，在以氘核极化方向为 Z 轴的 XYZ 直角坐标系中，极化矢量分量只有 p_Z^{v} 不等于 0，极化张量分量只有 p_{ZZ}^{t} 不等于 0。可以求得出射氘核极化矢量 $\vec{p}^{\mathrm{v}}$ 的绝对值为

$$p_Z^{\mathrm{v}} = \sqrt{(p_x^{\mathrm{v}})^2 + (p_y^{\mathrm{v}})^2 + (p_z^{\mathrm{v}})^2} \tag{6.5.34}$$

假设出射氘核极化方向在 O_0 系中的角度为 (θ_2, φ_2)，式 (6.3.72) 已给出 $\vec{p}^{\mathrm{t}}$ 各个分

量与 $p_{ZZ}^{\rm t}$ 的关系式为

$$
\begin{aligned}
&p_{xx-yy}^{\rm t}=\frac{3}{2}\sin^2\theta_2\cos(2\varphi_2)p_{ZZ}^{\rm t},\quad p_{xy}^{\rm t}=\frac{3}{4}\sin^2\theta_2\sin(2\varphi_2)p_{ZZ}^{\rm t}\\
&p_{xz}^{\rm t}=\frac{3}{4}\sin(2\theta_2)\cos\varphi_2 p_{ZZ}^{\rm t},\quad p_{yz}^{\rm t}=\frac{3}{4}\sin(2\theta_2)\sin\varphi_2 p_{ZZ}^{\rm t}\\
&p_{zz}^{\rm t}=\frac{1}{2}\left(3\cos^2\theta_2-1\right)p_{ZZ}^{\rm t}
\end{aligned}\tag{6.5.35}
$$

由上式可以求得

$$
\begin{aligned}
(p_{xx-yy}^{\rm t})^2+4(p_{xy}^{\rm t})^2&=\frac{9}{4}\sin^4(\theta_2)(p_{ZZ}^{\rm t})^2\\
(p_{xz}^{\rm t})^2+(p_{yz}^{\rm t})^2&=\frac{9}{4}\sin^2(\theta_2)\cos^2(\theta_2)(p_{ZZ}^{\rm t})^2\\
(p_{zz}^{\rm t})^2&=\frac{9}{4}\left(\cos^4\theta_2-\frac{2}{3}\cos^2\theta_2+\frac{1}{9}\right)(p_{ZZ}^{\rm t})^2
\end{aligned}\tag{6.5.36}
$$

$$
\frac{1}{3}\left[(p_{xx-yy}^{\rm t})^2+4(p_{xy}^{\rm t})^2\right]+\frac{4}{3}\left[(p_{xz}^{\rm t})^2+(p_{yz}^{\rm t})^2\right]+(p_{zz}^{\rm t})^2=(p_{ZZ}^{\rm t})^2\tag{6.5.37}
$$

$$
p_{ZZ}^{\rm t}=\left\{\frac{1}{3}\left[(p_{xx-yy}^{\rm t})^2+4(p_{xy}^{\rm t})^2\right]+\frac{4}{3}\left[(p_{xz}^{\rm t})^2+(p_{yz}^{\rm t})^2\right]+(p_{zz}^{\rm t})^2\right\}^{1/2}\tag{6.5.38}
$$

其实，在五维正交直角坐标系中，利用由式 (6.3.68) 引入的符号，可以直接写出

$$
(h_{xx-yy}^{\rm t})^2+(h_{xy}^{\rm t})^2+(h_{xz}^{\rm t})^2+(h_{yz}^{\rm t})^2+(h_{zz}^{\rm t})^2=(h_{ZZ}^{\rm t})^2\tag{6.5.39}
$$

根据式 (6.3.68)，由式 (6.5.39) 立刻可以得到式 (6.5.37)。这就清楚地说明利用五维正交直角坐标系会带来比较大的方便。

在 O_0 系中出射氘核极化矢量 $\vec{p}^{\rm v}$ 和极化张量 $\vec{p}^{\rm t}$ 的各个分量是数值计算结果，由式 (6.5.34) 和式 (6.5.38) 可以分别求得 $p_Z^{\rm v}$ 和 $p_{ZZ}^{\rm t}$。式 (3.3.1)、式 (3.3.3) 和式 (3.3.4) 已给出氘核沿极化方向三种自旋投影所占的份额 N_1,N_0,N_{-1} 满足以下关系式

$$
N_1+N_0+N_{-1}=1,\quad p_Z^{\rm v}=N_1-N_{-1},\quad p_{ZZ}^{\rm t}=N_1-2N_0+N_{-1}\tag{6.5.40}
$$

由以上三式可以解得

$$
N_1=\frac{1}{6}\left(2+3p_Z^{\rm v}+p_{ZZ}^{\rm t}\right),\quad N_0=\frac{1}{3}\left(1-p_{ZZ}^{\rm t}\right),\quad N_{-1}=\frac{1}{6}\left(2-3p_Z^{\rm v}+p_{ZZ}^{\rm t}\right)\tag{6.5.41}
$$

由于 $p_Z^{\rm v}$ 和 $p_{ZZ}^{\rm t}$ 是 $\left(\vec{r},E',E,\theta_1,\varphi_1,\vec{\Omega}',s',t\right)$ 的函数，因此由上式所得到的 $N_s(s=\pm1,\ 0)$ 也是 $\left(\vec{r},E',E,\theta_1,\varphi_1,\vec{\Omega}',s',t\right)$ 的函数。

利用前面的结果可以得到在式 (6.5.2) 中出现的极化宏观双微分截面为

$$
\begin{aligned}
&\Sigma_{\mathrm{p}}(\vec{r},t;E',\vec{\Omega}',s'\to E,\vec{\Omega},s)\\
&=\rho\left(\vec{r},t\right)N_s\left(\vec{r},E',E,\theta_1,\varphi_1,\vec{\Omega}',s',t\right)I\left(\vec{r},E',E,\theta_1,\varphi_1,\vec{\Omega}',s',t\right)
\end{aligned}
\tag{6.5.42}
$$

其中，$\rho\left(\vec{r},t\right)$ 是核介质密度，N_s 已由式 (6.5.41) 给出，出现在式 (6.5.29) 中的 $I\left(\vec{r},E',E,\theta_1,\varphi_1,\vec{\Omega}',s',t\right)$ 可由式 (6.5.30) 解出。进而还可以求得在 O_0 系中能量为 E、运动方向为 $\vec{\Omega}$、自旋磁量子数为 s 的出射氘核极化矢量分量为

$$
\begin{aligned}
&P_i^{\mathrm{v}}(\vec{r},E,\vec{\Omega},s,t)\\
&=d_s^{\mathrm{v}}\iint\sum_{s'}\left[N_s\left(\vec{r},E',E,\theta_1,\varphi_1,\vec{\Omega}',s',t\right)p_i^{\mathrm{v}}\left(\vec{r},E',E,\theta_1,\varphi_1,\vec{\Omega}',s',t\right)\right]\mathrm{d}E'\mathrm{d}\vec{\Omega}'\\
&\qquad s=\pm1,0;\quad i=x,y,z
\end{aligned}
\tag{6.5.43}
$$

其中，$p_i^{\mathrm{v}}(\vec{r},E',E,\theta_1,\varphi_1,\vec{\Omega}',s',t)$, $i=x,y,z$，已由式 (6.5.32) 给出。在 O_0 系中能量为 E、运动方向为 $\vec{\Omega}$、自旋磁量子数为 s 的出射氘核极化张量分量为

$$
\begin{aligned}
&P_i^{\mathrm{t}}(\vec{r},E,\vec{\Omega},s,t)\\
&=d_s^{\mathrm{t}}\iint\sum_{s'}\left[N_s\left(\vec{r},E',E,\theta_1,\varphi_1,\vec{\Omega}',s',t\right)p_i^{\mathrm{t}}\left(\vec{r},E',E,\theta_1,\varphi_1,\vec{\Omega}',s',t\right)\right]\mathrm{d}E'\mathrm{d}\vec{\Omega}'\\
&\qquad s=\pm1,0;\quad i=xx-yy,xy,xz,yz,zz
\end{aligned}
\tag{6.5.44}
$$

其中，$p_i^{\mathrm{t}}(\vec{r},E',E,\theta_1,\varphi_1,\vec{\Omega}',s',t)$, $i=xx-yy,xy,xz,yz,zz$, 已由式 (6.5.33) 给出。氘核矢量方向因子 d_s^{v} 的定义为

$$
d_s^{\mathrm{v}}=\begin{cases}1, & \text{当}s=1\text{时}\\ 0, & \text{当}s=0\text{时}\\ -1, & \text{当}s=-1\text{时}\end{cases}
\tag{6.5.45}
$$

氘核张量方向因子 d_s^{t} 的定义为

$$
d_s^{\mathrm{t}}=\begin{cases}1, & \text{当}s=1\text{时}\\ -2, & \text{当}s=0\text{时}\\ 1, & \text{当}s=-1\text{时}\end{cases}
\tag{6.5.46}
$$

由式 (6.5.43) 和由式 (6.5.44) 给出的氘核极化矢量和极化张量分量正好分别是在式 (6.5.25) 和式 (6.5.26) 中要用到的 O_0 系的氘核极化矢量和极化张量分量。当待解的 9 个函数的初始条件和边界条件确定后，把式 (6.5.42) 代入式 (6.5.2) 便可以和式 (6.5.43) 和式 (6.5.44) 联合求解了。

对于自旋 1 氘核的极化粒子输运问题，除去还要考虑电离损失效应以外，由于存在 (d,n) 和 (n,d) 等反应道，显然需要把 $\vec{1}+\mathrm{A}\to\vec{1}+\mathrm{B}$、$\vec{1}+\mathrm{A}\to\vec{\frac{1}{2}}+\mathrm{B}$、$\vec{\frac{1}{2}}+\mathrm{A}\to\vec{1}+\mathrm{B}$、$\vec{\frac{1}{2}}+\mathrm{A}\to\vec{\frac{1}{2}}+\mathrm{B}$ 等反应道联合起来进行研究，也就是说要在极化粒子输运方程 (6.5.2) 中利用源项 Q 把中子输运和带电粒子输运联合起来求解，因而问题会变得相当复杂。

6.6 极化粒子输运理论展望

6.6.1 完善核反应极化理论

从核反应振幅出发计算核反应各种极化物理量的理论称为核反应极化理论，仍然属于核反应理论范畴。S 矩阵理论是描述核反应的基础理论，由 S 矩阵理论给出的反应振幅表达式满足角动量守恒和宇称守恒等基础性物理要求。本书对于自旋 $S=\frac{1}{2}$ 和 1 的入射粒子，自旋等于 0 或不等于 0 的非极化靶核和剩余核的两体核反应，分析了用 S 矩阵元表示的核反应振幅矩阵元之间所满足的某些内在关系，得到了相应核反应的各种极化量的清晰表达式。光学模型、耦合道光学模型、扭曲波玻恩近似理论、R 矩阵理论、相移分析方法，乃至某些微观核反应理论等都可以用来计算核反应的 S 矩阵元，上述理论属于通常意义上的核反应理论。因而可以说，本书出版使得自旋 $\frac{1}{2}$ 和 1 的入射粒子与具有任意自旋的非极化靶核和剩余核的核反应极化理论已经达到了可以进行实际计算的阶段。$S=\frac{1}{2}$ 的 $\mathrm{n,p,t,{}^3He}$ 和 $S=1$ 的 d 是粒子输运理论中最关心的粒子。今后需要进一步开展包含张量光学势的氘核普适光学势的研究工作，而且在被拟合的实验数据中应该包含极化实验数据。

α 粒子自旋为 0，本身没有极化问题。但是，对应于 $\vec{\frac{1}{2}}+\mathrm{A}\to 0+\mathrm{B}$，$\vec{1}+\mathrm{A}\to 0+\mathrm{B}$, $0+\mathrm{A}\to\vec{\frac{1}{2}}+\mathrm{B}$, $0+\mathrm{A}\to\vec{1}+\mathrm{B}$ 反应的 $(\mathrm{n},\alpha),(\mathrm{d},\alpha),(\alpha,\mathrm{n}),(\alpha,\mathrm{d})$ 等核反应的入射道或出射道却存在着极化问题。对于这种只有入射道或只有出射道是极化的二体直接核反应的极化现象研究工作相对来说要容易一些。

$^5\mathrm{He}$，$^7\mathrm{Li}$，$^7\mathrm{Be}$，$^9\mathrm{Be}$ 等粒子的自旋为 $\frac{3}{2}$，这些粒子比较重，为了核反应极化理论的完整性，对自旋 $\frac{3}{2}$ 粒子的极化理论也应该进行研究。本书先在球基坐标中研究了 $S=\frac{3}{2}$ 粒子的极化理论，然后在研究自旋 1 粒子所需要的五维二阶张量的基础上，找到了二阶及二阶以上张量球基坐标系和正交直角坐标系之间的幺正变换

关系式，给出了研究自旋 $\geqslant \frac{3}{2}$ 粒子极化现象的理论方法。

对于核反应微分截面呈现各向异性的能区才有必要研究核反应极化效应。对于少体核反应在 keV 能区就存在明显各向异性现象，如果靶核是中重核或重核，只有当入射粒子能量接近 MeV 能区时才呈现明显各向异性。

本书对于某些入射粒子和靶核同时都是极化的核反应也进行了研究，可把它们用符号表示成 $\vec{\frac{1}{2}}+\vec{\frac{1}{2}}, \vec{\frac{1}{2}}+\vec{1}, \vec{1}+\vec{1}$ 反应。当然，对应的出射道不同，理论公式也不同，本书只对部分出射道进行了研究。例如，我们对 $\vec{\mathrm{n}}+\vec{\mathrm{d}} \to \mathrm{n}+\mathrm{d}$ 反应进行了研究，但是未具体研究 $\vec{\mathrm{d}}+\vec{\mathrm{t}} \to \mathrm{n}+\alpha$ 反应，不过利用本书介绍的方法对其进行研究并不是很困难。本书对 $\vec{\mathrm{d}}+\vec{\mathrm{d}} \to \mathrm{p}+\mathrm{t}$ 反应也进行了研究，但是由于在公式中包含的项过多，我们建议用包括求迹在内的数值计算方法来处理该问题。

对于靶核和剩余核是中重核或重核的情况，通常都假设靶核和剩余核是非极化的。对于靶核和剩余核也是极化的情况，在具有任意自旋的靶核和 (或) 剩余核的极化率是已知的情况下，利用 2.8, 3.7, 3.9, 3.10 各节介绍的方法也可以进行各种极化量的计算，但是用这种方法无法计算反应后剩余核的极化率。如果较重的极化的靶核和剩余核的自旋是 $\frac{1}{2}$ 或 1，也可以用 2.9, 3.11, 3.12 各节所介绍的方法计算各种极化物理量，这种方法虽然理论本身比较复杂，可是与前面介绍的方法相比，不需要事先知道剩余核的极化率，而是通过理论计算可以给出剩余核的极化率。

关于光子束极化理论本书只是做了初步探索，还有待开展进一步的研究工作。此外，三体核反应的极化问题也有待做进一步探索，事实上，人们在研究微观少体核反应时已对三体核反应的极化问题开展了一些研究工作 [21-26]。

由于预平衡态和平衡态复合核反应均属于有很多核子参与的核反应过程，即使入射核子是极化的，经过上述多核子参与的反应过程，考虑到平均效应，出射核子应该是非极化的。

由于在相对论 Dirac 方程中可以自动产生自旋–轨道耦合势，因而用相对论核反应理论研究极化问题也是一个热门课题。在相对论光学模型中，是把 Dirac 方程化成类薛定谔方程，自然也就变成了用非相对论公式计算相应的极化物理量。本书发展了相对论核反应 Dirac S 矩阵理论，当能量相当低时，该理论会自动退化成 $S=\frac{1}{2}$ 的非相对论 S 矩阵理论。这样，只要用 Dirac 方程解出相对论反应振幅，便可以用相对论核反应 Dirac S 矩阵理论计算 $S=\frac{1}{2}$粒子包括极化量在内的各种微观物理量了。关于相对论 d 核极化理论还有待做进一步研究。

当入射核子能量高到需要用相对论理论描述时，核内级联反应便成为非常重要的反应机制之一，量子分子动力学 (QMD) 模型就是用来描述核内级联反应的理论。在核内级联过程中有可能只经过少数几次碰撞就把核子撞击到原子核之外了，因而核内级联反应属于少数核子参与的核反应。假设入射核子是极化的，原子核本身的核子都是非极化的，第一次碰撞便属于 $\frac{\vec{1}}{2}+\frac{1}{2}\rightarrow\frac{\vec{1}}{2}+\frac{\vec{1}}{2}$ 反应，接下来的碰撞一般也属于这种反应，只有当两个均已被碰撞过的核子之间发生碰撞时才属于 $\frac{\vec{1}}{2}+\frac{\vec{1}}{2}\rightarrow\frac{\vec{1}}{2}+\frac{\vec{1}}{2}$ 反应，发生这种碰撞的概率比较小。在 QMD 模型中，经过对极大数量的碰撞事件的模拟，考虑到系统的轴对称性，最后可以得到平均一个入射核子可以碰撞出的中子和质子的双微分截面为 $N_{\rm n}(E,\theta)$ 和 $N_{\rm p}(E,\theta)$，把它们对 E 和 θ 积分便得到被碰撞出的中子数和质子数。如果在原子核内的核子–核子碰撞过程中把极化率也传递过去，最后还会得到被碰撞出来的中子和质子的平均极化率 $P_{{\rm n}i}(E,\theta)$ 和 $P_{{\rm p}i}(E,\theta)(i=x,y,z)$。为了实现上述设想，就需要发展极化 QMD 模型。

6.6.2　建立极化核数据库

建立极化核数据库的目的是为开展极化核输运理论计算提供考虑了核反应极化效应的基础核数据。当前，我们只考虑靶核和剩余核都是非极化的情况。

关于极化核数据库我们建议按入射粒子种类分类，如中子极化核数据库，质子极化核数据库，氘核极化核数据库等。在每一种粒子极化核数据库中又包含多种靶核，对于每一个靶核又包含多种可能的反应道。例如，对于中子入射的核反应来说，弹性散射道只需包含形状弹性散射部分，分立能级非弹性散射道只需包含相应的直接非弹部分，还可以考虑 $({\rm n,p}),({\rm n,d}),({\rm n},\alpha)$ 等反应道的直接反应部分。对于由预平衡过程及平衡态复合核反应贡献的部分以及二次发射、三次发射 …… 贡献的部分都不考虑极化问题。对于要考虑极化效应的每个反应道又包含实验室系的多套、多能点的仅与 θ 角有关的极化微分物理量。在 6.2~6.4 节中已经指出，对于 $\frac{\vec{1}}{2}+{\rm A}\rightarrow\frac{\vec{1}}{2}+{\rm B}$ 反应包含 8 套，对于 $\vec{1}+{\rm A}\rightarrow\frac{\vec{1}}{2}+{\rm B}$ 和 $\frac{\vec{1}}{2}+{\rm A}\rightarrow\vec{1}+{\rm B}$ 反应各包含 18 套，对于 $\vec{1}+{\rm A}\rightarrow\vec{1}+{\rm B}$ 反应包含 42 套。还可以推断出，对于 $\frac{\vec{1}}{2}+{\rm A}\rightarrow 0+{\rm B}$ 和 $0+{\rm A}\rightarrow\frac{\vec{1}}{2}+{\rm B}$ 反应各包含 2 套，对于 $\vec{1}+{\rm A}\rightarrow 0+{\rm B}$ 和 $0+{\rm A}\rightarrow\vec{1}+{\rm B}$ 反应各包含 5 套。

极化核数据库的建立要用包括截面、角分布、双微分截面、极化数据等全套核数据的计算和评价结合在一起的方法进行，只有所使用的理论和模型参数能同时较好地符合该反应的多种实验数据时，理论上所预言的极化核数据才有一定程度的可信度。

极化核数据库的建立是个逐渐积累的过程。比如，开始可以只包含少数几个靶核中子入射时的数据，也可以只包含形状弹性散射道以及一、二条分立能级的直接非弹道。在开始阶段，只要能给出开展对个别宏观实验检验装置进行极化核输运理论探索性研究所需要的基础数据即可。

本书对于自旋 1 粒子的极化理论采用了由式 (3.1.21) 给出的 $\hat{Q}_i(i = xy, xz, yz, xx - yy, zz)$ 为基矢的五维独立直角坐标系，该坐标系尚不属于五维正交直角坐标系。如果以后有人想使用由式 (3.2.77)、或式 (6.3.59)、或式 (6.3.61) 给出的 $\hat{H}_i(i = xx - yy, xy, xz, yz, zz)$ 为基矢的五维正交直角坐标系，以及本书所引入的推广泡利矩阵，再推导一套自旋 1 粒子的极化理论公式，这样在新的公式中所包含各项的顺序和系数与本书给出的结果会有所不同，但是我建议仍然采用本书所定义的极化核数据库中仅与极角 θ 有关的各种极化物理量，这样两套自旋 1 粒子的极化理论公式便可以使用同样一个自旋 1 粒子的极化核数据库了。此外，由式 (6.3.65) 和式 (6.3.66) 给出的转动矩阵 $\hat{\Gamma}$ 和 $\hat{\gamma}$ 只适用于五维正交直角坐标系，所以对于本书给出的自旋 1 粒子的极化理论公式，在使用这些矩阵进行转动时，应该像式 (6.3.78)(或式 (6.4.76)，或式 (6.5.26)，或式 (6.5.33)) 那样，对相关物理量做适当变化。

6.6.3 研究极化粒子输运理论

开始阶段可以选择对于入射中子能量在 MeV 能区、在核介质中只包含一种或两种核素的宏观实验检验装置进行极化核输运理论的探索性研究。可以选用 Monte-Carlo 方法，也可以选用极化粒子输运方程方法，建议使用实验室系的直角坐标系，入射中子方向为 z 轴。再假设初始入射中子、靶核和剩余核都是非极化的。

在进行计算时通常的核数据库和极化核数据库要同时使用。首先在通常核数据库中要把在极化核数据库中已经包含的反应道扣除。比如，在极化核数据库中包含了形状弹性散射道及前两条能级的直接非弹道，那么在通常核数据库中弹性散射道只能包含复合核弹性散射的贡献，在头两条能级的非弹道中也要扣除直接非弹的贡献。上述做法相当于把原来的一个反应道在形式上变成了两个反应道，不考虑极化的反应道仍放在通常核数据库中，考虑极化的反应道放在极化核数据库中。当使用 Monte-Carlo 方法时，初始入射中子是非极化的，经过抽样可以得到次级中子，通过非极化道产生的次级中子仍然是非极化的，而通过极化道所产生的次级中子便是极化的。第二次反应的极化道对于第一次反应的非极化的和极化的次级中子都可以进行处理，它们所对应的出射粒子都是极化的；对于非极化道来说把极化的入射中子仍然当作非极化中子对待，对应的出射粒子也是非极化的。对于带电粒子来说还要考虑电离损失效应。

一般在 MeV 能区弹性散射道基本上都是形状弹性散射的贡献，低激发态的分立能级非弹也主要是直接反应的贡献，虽然在连续态非弹以及 (n,2n), (n,3n) 等反应道中未考虑极化，但是考虑了极化的反应道还是占相当大份额的。在需要用相对论理论研究的中能区，弹性散射道可以考虑极化。这时，由于入射粒子能量远大于分立能级高度，分立能级直接非弹以及其他直接反应道都不太重要，但是核内级联反应机制确有较大的贡献，因而发展极化 QMD 模型对于相对论核反应极化问题的研究是很有价值的。

实验和理论都已证明，自旋 $\frac{1}{2}$ 核子的核势包含自旋–轨道耦合势，自旋 1 氘核的核势除去包含自旋–轨道耦合势以外还包含张量势，因而具有不同自旋磁量子数的粒子在核势中运动时所感受的核力是不同的，因而其运动行为也会有所不同，这就是在自然界客观存在的核反应极化现象。在现有的描述重粒子在核介质中运动的输运理论中都没有考虑极化现象，认为所有粒子都是非极化的，从微观物理角度看这只是一种近似方法。为了能更加逼真地描述自然界客观存在的物理过程，为了研究极化现象的影响，就应该开展极化核输运理论研究工作。这就说明开展极化核输运理论研究工作具有必要性。

我们知道大多数原子核的自旋是不等于 0 的。但是在此之前尚没有描述自旋 $\frac{1}{2}$ 和 1 粒子与自旋不等于 0 的靶核和剩余核发生核反应的极化理论系统，因而无法得到全套极化核数据，当然也就不可能开展极化核输运理论研究。但是在本书中清晰地给出了描述自旋 $\frac{1}{2}$ 和 1 的入射粒子与具有任意自旋的非极化靶核和剩余核的核反应极化理论的计算公式，这样就使得建立极化核数据库和开展极化核输运理论研究具有了可行性。

本书第一次提出了建立极化核数据库和开展极化核输运理论的研究课题，该课题在今后的发展中还会遇到不少困难和挑战。到底该课题会如何发展，将来会有什么结果和结论，对于这些问题只有科研工作者通过他们未来的科研工作才能给出答案。

参考文献

[1] 肖贤波，李小毛，周光辉. 电磁波辐照下量子线的电子自旋极化输运性质. 物理学报, 2007, 56: 1649

[2] Johnson M. Spin accumulation in gold films. Phys. Rev. Lett., 1993, 70: 2142

[3] Hershfield S, Zhao H L. Charge and spin transport through a metallic ferromagnetic-paramagnetic- ferromagnetic junction. Phys. Rev., 1997, B56: 3296

[4] Moroz A V, Barnes C H W. Effect of the spin-orbit interaction on the band structure and conductance of quasi-one-dimensional systems. Phys. Rev., 1999, B60: 14272

[5] Brataas A, Nazarov Yu V, bauer G E W. Finite-element theory of transport in ferromagnet-normal metal systems. Phys. Rev. Lett., 2000, 84: 2481

[6] Moroz A V, Samokhin K V, Barnes C H W. Spin-orbit coupling in interacting quasi-one-dimensional electron systems. Phys. Rev. Lett., 2000, 84: 4164

[7] Nadgorny B, Soulen R J, Osofsky M S, et al. Transport spin polarization of Ni_xFe_{1-x}: Electronic kinematics and band structure. Phys. Rev., 2000, B61: R3788

[8] Tang H X, Monzon F G, Lifshitz R, et al. Ballistic spin transport in a two-dimensional electron gas. Phys. Rev., 2000, B61: 4437

[9] Mireles F, Kirczenow G. Ballistic spin-polarized transport and Rashba spin precession in semiconductor nanowires. Phys. Rev., 2001, B64: 024426

[10] Wang X F. Spin transport of electrons through quantum wires with a spatially modulated Rashba spin-orbit interaction. Phys. Rev., 2004, B69: 035302

[11] Xu Y L, Guo H R, Han Y L, et al. New Skyrme interaction parameters for a unified description of the nuclear properties. J. Phys. G: Nucl. Part. Phys. 2014, 41:015101

[12] Kulsrud R M, Furth H P, Valeo E J, et al. Fusion reactor plasmas with polarized nuclei. Phys. Rev. Lett., 1982, 49: 1248

[13] More R M. Nuclear spin-polarized fuel in inertial fusion. Phys. Rev. Lett., 1983, 51: 396

[14] Fletcher K A, Ayer Z, Black T C, et al. Tensor analyzing power for ^{2}H(d, p)^{3}H and ^{2}H(d,n)^{3}He at deuteron energies of 25,40, and 80 keV. Phys. Rev., 1994, C49: 2305

[15] Zhang J S, Liu K F, Shuy G W. Neutron suppression in polarized *dd* fusion reaction. Phys. Rev., 1999, C60: 054614

[16] Schieck H P G. The status of "polarized fusion". Eur. Phys. J., 2010, A44: 321

[17] Schieck H P G. "Polarized fusion": New aspects of an old project. Few-Body Syst., 2013, 54: 2159

[18] Liu K F, Chao A W. Accelerator based fusion reactor. Nucl. Fusion, 2017, 57: 084002

[19] Robson B A. The Theory of Polarization Phenomena. Oxford: Clarendon Press, 1974

[20] Varshalovich D A, Moskalev A N, Khersonskii V K. Quantum Theory of Angular Momentum. Singapore: World Scientific, 1988

[21] Deltuva A. Spin observables in three-body direct nuclear reactions, Nucl. Phys., 2009, A821: 72.

[22] Felsher P D, Howell C R, Tornow W, et al. Analyzing power measurement for the $\vec{\mathrm{d}} + \mathrm{d} \rightarrow \mathrm{d} + \mathrm{p} + \mathrm{n}$ breakup reaction at 12 MeV. Phys. Rev., 1997, C56: 38

[23] Kievsky A, Viviani M, Rosati S. Cross section, polarization observables, and phase-shift parameters in p-d and n-d elastic scattering. Phys. Rev., 1995, C52: R15

[24] Kievsky A, Rosati S, Viviani M. Proton-deuteron elastic scattering above the deuteron breakup. Phys. Rev. Lett., 1999, 82: 3759

[25] Kievsky A, Viviani M, Rosati S. Polarization observables in p-d scattering below 30 MeV. Phys. Rev., 2001, C64: 024002

[26] Kievsky A. Polarization observables in p-d and p-^{3}He scattering. Nucl. Phys., 2001, A689: 361c

附录　Clebsch-Gordan 系数、拉卡系数和 $9j$ 符号

在 Clebsch-Gordan (C-G) 系数 $C_{j_1m_1\ j_2m_2}^{j_3m_3}$ 中角动量磁量子数满足关系式 $m_1+m_2=m_3$。只有 a,b,c 均为整数，而且 $a+b+c$ 为偶数时，磁量子数均为 0 的 C-G 系数 $C_{a0\ b0}^{c0}$ 才有可能不为 0。拉卡 (Racah) 系数也称为 W 系数。引入以下简化符号

$$\hat{j}\equiv\sqrt{2j+1},\quad \hat{a}\equiv\sqrt{2a+1},\cdots\cdots \tag{A1}$$

下面将给出与 C-G 系数、拉卡系数和 $9j$ 符号有关的一些常用公式：

$$\begin{aligned}C_{j_1m_1\ j_2m_2}^{j_3m_3}&=(-1)^{j_1+j_2-j_3}C_{j_1\ -m_1\ j_2\ -m_2}^{j_3\ -m_3}\\&=(-1)^{j_1+j_2-j_3}C_{j_2m_2\ j_1m_1}^{j_3m_3}\end{aligned} \tag{A2}$$

$$\begin{aligned}C_{j_1m_1\ j_2m_2}^{j_3m_3}&=(-1)^{j_1-m_1}\frac{\hat{j}_3}{\hat{j}_2}C_{j_1m_1\ j_3\ -m_3}^{j_2\ -m_2}\\&=(-1)^{j_1-m_1}\frac{\hat{j}_3}{\hat{j}_2}C_{j_3m_3\ j_1\ -m_1}^{j_2m_2}\\&=(-1)^{j_2+m_2}\frac{\hat{j}_3}{\hat{j}_1}C_{j_3\ -m_3\ j_2m_2}^{j_1\ -m_1}\\&=(-1)^{j_2+m_2}\frac{\hat{j}_3}{\hat{j}_1}C_{j_2\ -m_2\ j_3m_3}^{j_1m_1}\end{aligned} \tag{A3}$$

$$C_{j_1m_1\ 00}^{j_2m_2}=\delta_{j_1j_2}\delta_{m_1m_2} \tag{A4}$$

$$\sum_{m_1m_2}C_{j_1m_1\ j_2m_2}^{jm}C_{j_1m_1\ j_2m_2}^{j'm'}=\delta_{jj'}\delta_{mm'} \tag{A5}$$

$$\sum_{jm}C_{j_1m_1\ j_2m_2}^{jm}C_{j_1m_1'\ j_2m_2'}^{jm}=\delta_{m_1m_1'}\delta_{m_2m_2'} \tag{A6}$$

$$\begin{aligned}W(abcd;ef)&=W(badc;ef)=W(cdab;ef)=W(dcba;ef)\\&=W(acbd;fe)\end{aligned} \tag{A7}$$

$$W(abcd;ef)=(-1)^{e+f-a-d}W(ebcf;ad)$$

$$= (-1)^{e+f-b-c} W(aefd; bc) \tag{A8}$$

$$\sum_e \hat{e}^2 \hat{f}^2 W(abcd; ef) W(abcd; eg) = \delta_{fg} \tag{A9}$$

$$\sum_e \hat{e}^2 (-)^{a+b-e} W(abcd; ef) W(bacd; eg) = W(afgb; cd) \tag{A10}$$

$$\sum_{\alpha\beta\delta\varepsilon\phi} C^{e\varepsilon}_{a\alpha\ b\beta} C^{c\gamma}_{e\varepsilon\ d\delta} C^{f\phi}_{b\beta\ d\delta} C^{c'\gamma'}_{a\alpha\ f\phi} = \delta_{cc'} \delta_{\gamma\gamma'} \hat{e}\hat{f} W(abcd; ef) \tag{A11}$$

$$\sum_{\beta\delta\varepsilon} C^{e\varepsilon}_{a\alpha\ b\beta} C^{c\gamma}_{e\varepsilon\ d\delta} C^{f\phi}_{b\beta\ d\delta} = \hat{e}\hat{f} C^{c\gamma}_{a\alpha\ f\phi} W(abcd; ef) \tag{A12}$$

$$\sum_{\varepsilon} C^{e\varepsilon}_{a\alpha\ b\beta} C^{c\gamma}_{e\varepsilon\ d\delta} = \sum_{f\phi} \hat{e}\hat{f} W(abcd; ef) C^{f\phi}_{b\beta\ d\delta} C^{c\gamma}_{a\alpha\ f\phi} \tag{A13}$$

$$W(abcd; 0f) = \frac{(-)^{f-b-d} \delta_{ab} \delta_{cd}}{\hat{b}\hat{d}} \tag{A14}$$

$$C^{e0}_{a0\ b0} W\left(abcd; e\frac{1}{2}\right) = -\frac{(-)^{c-d-a+b}}{\hat{a}\hat{b}} C^{e0}_{c\ -\frac{1}{2}\ d\frac{1}{2}} \tag{A15}$$

$$\begin{Bmatrix} a & b & c \\ d & e & f \\ g & h & i \end{Bmatrix} = \sum_k \hat{k}^2 W(aidh; kg) W(bfhd; ke) W(aibf; kc) \tag{A16}$$

$$\sum_c \hat{c}^2 W(aibf; kc) \begin{Bmatrix} a & b & c \\ d & e & f \\ g & h & i \end{Bmatrix} = W(aidh; kg) W(bfhd; ke) \tag{A17}$$

$$\delta_{cc'} \delta_{\gamma\gamma'} \begin{Bmatrix} a & b & c \\ d & e & f \\ g & h & i \end{Bmatrix} = \frac{\hat{c}}{\hat{f}\hat{g}\hat{h}\hat{i}^2} \sum_{\substack{\alpha\beta\delta\varepsilon \\ \phi\rho\eta\nu}} C^{c\gamma}_{a\alpha\ b\beta} C^{h\eta}_{b\beta\ e\varepsilon} C^{i\nu}_{c'\gamma'\ f\phi} C^{g\rho}_{a\alpha\ d\delta} C^{f\phi}_{d\delta\ e\varepsilon} C^{i\nu}_{g\rho\ h\eta} \tag{A18}$$

$$C^{c\gamma}_{a\alpha\ b\beta} \begin{Bmatrix} a & b & c \\ d & e & f \\ g & h & i \end{Bmatrix} = \frac{\hat{c}}{\hat{f}\hat{g}\hat{h}\hat{i}^2} \sum_{\substack{\delta\varepsilon\phi \\ \rho\eta\nu}} C^{h\eta}_{b\beta\ e\varepsilon} C^{i\nu}_{c\gamma\ f\phi} C^{g\rho}_{a\alpha\ d\delta} C^{f\phi}_{d\delta\ e\varepsilon} C^{i\nu}_{g\rho\ h\eta} \tag{A19}$$

$$\sum_{\delta\phi\rho\nu} C^{i\nu}_{c\gamma\ f\phi} C^{g\rho}_{a\alpha\ d\delta} C^{f\phi}_{d\delta\ e\varepsilon} C^{i\nu}_{g\rho\ h\eta} = \sum_{b\beta} \frac{\hat{b}^2 \hat{f}\hat{g}\hat{i}^2}{\hat{c}\hat{h}} C^{c\gamma}_{a\alpha\ b\beta} C^{h\eta}_{b\beta\ e\varepsilon} \begin{Bmatrix} a & b & c \\ d & e & f \\ g & h & i \end{Bmatrix} \tag{A20}$$

$$\sum_{\delta\rho} C^{g\rho}_{a\alpha\ d\delta} C^{f\phi}_{d\delta\ e\varepsilon} C^{i\nu}_{g\rho\ h\eta} = \sum_{b\beta c\gamma} \frac{\hat{b}^2 \hat{c} \hat{f} \hat{g}}{\hat{h}} C^{c\gamma}_{a\alpha\ b\beta} C^{h\eta}_{b\beta\ e\varepsilon} C^{i\nu}_{c\gamma\ f\phi} \left\{ \begin{matrix} a & b & c \\ d & e & f \\ g & h & i \end{matrix} \right\} \tag{A21}$$

$$\left\{ \begin{matrix} a & b & c \\ d & e & f \\ g & h & 0 \end{matrix} \right\} = \frac{(-1)^{c+g-a-e} \delta_{cf} \delta_{gh}}{\hat{c}\hat{g}} W(abde; cg) \tag{A22}$$

$$\left\{ \begin{matrix} a & b & c \\ d & e & c \\ g & g & 1 \end{matrix} \right\} = (-1)^{c+g-a-e} \frac{a(a+1) - b(b+1) - d(d+1) + e(e+1)}{\sqrt{4c(c+1)g(g+1)}\hat{c}\hat{g}} \times W(abde; cg) \tag{A23}$$

$$C^{e0}_{c0\ d0} \left\{ \begin{matrix} a & b & c \\ d & e & c \\ \frac{1}{2} & \frac{1}{2} & 1 \end{matrix} \right\} = \frac{(-1)^{a-b-c+d+1}}{\sqrt{6}\hat{c}^2 \hat{d}} C^{c1}_{a\frac{1}{2}\ b\frac{1}{2}} \tag{A24}$$

$$C^{e0}_{c+1\ 0\ d0} \left\{ \begin{matrix} a & b & c \\ d & e & c+1 \\ \frac{1}{2} & \frac{1}{2} & 1 \end{matrix} \right\} = (-1)^{a-\frac{1}{2}-c+d+e} \frac{(d-a)\hat{a}^2 + (e-b)\hat{b}^2 + c + 1}{\sqrt{6(c+1)(2c+3)}\hat{c}^2 \hat{d}} C^{c0}_{a\frac{1}{2}\ b\ -\frac{1}{2}} \tag{A25}$$

$$C^{e0}_{c-1\ 0\ d0} \left\{ \begin{matrix} a & b & c \\ d & e & c-1 \\ \frac{1}{2} & \frac{1}{2} & 1 \end{matrix} \right\} = (-1)^{a-\frac{1}{2}-c+d+e} \frac{(d-a)\hat{a}^2 + (e-b)\hat{b}^2 - c}{\sqrt{6c(2c-1)}\hat{c}^2 \hat{d}} C^{c0}_{a\frac{1}{2}\ b\ -\frac{1}{2}} \tag{A26}$$

另外，3j 符号为

$$\left(\begin{matrix} a & b & c \\ \alpha & \beta & \gamma \end{matrix} \right) = \frac{(-1)^{b-a+\gamma}}{\hat{c}} C^{c\ -\gamma}_{a\alpha\ b\beta} \tag{A27}$$

6j 符号为

$$\left\{ \begin{matrix} a & b & e \\ d & c & f \end{matrix} \right\} = (-1)^{a+b+c+d} W(abcd; ef) \tag{A28}$$

参考文献

[1] 洛斯 M E. 角动量理论. 万乙，译. 上海：上海科学技术出版社，1963.

[2] Brink D M, Satchler G R. Angular Momentum. Oxford: Clarendon Press, 1962.